U0290375

水体污染控制与治理科技重大专项
流域水生态承载力调控与污染减排管理技术研究项目
流域水生态保护目标制定技术研究课题
河流型流域水生态功能四级分区技术（2012ZX07501001-02）

辽河流域水生态功能区

孔维静　张　远　侯利萍　等／著

科学出版社
北京

内 容 简 介

本书是辽河流域水生态功能分区的研究成果，内容包括辽河流域自然地理特征、水生态特征、一至四级水生态功能区划分和功能区特征。针对一至四级的每个流域水生态功能区，总结了其行政区范围、自然地理背景、水系特征、土地利用背景、社会经济特征、生态功能、服务功能、水生态特征、水生态健康及水生态保护目标。本书对辽河流域水环境管理、流域规划、水生态保护具有重要意义，对我国流域水环境管理具有重要的借鉴作用。

本书可供从事水环境管理和水污染治理的科研人员、企业技术人员和相关政府部门工作人员，以及环境科学、环境工程、生态学等专业的本科生和研究生参考。

审图号：GS（2018）4024号

图书在版编目（CIP）数据

辽河流域水生态功能区/孔维静等著. — 北京：科学出版社, 2018.8

ISBN 978-7-03-054682-1

Ⅰ.①辽⋯ Ⅱ.①孔⋯ Ⅲ.①辽河流域 – 水环境 – 生态环境 Ⅳ.①X321.230.13

中国版本图书馆CIP数据核字(2017)第240167号

责任编辑：周 杰 / 责任校对：彭 涛

责任印制：肖 兴 / 封面设计：黄华斌

科学出版社 出版

北京东黄城根北街16号

邮政编码:100717

http://www.sciencep.com

北京汇瑞嘉合文化发展有限公司 印刷

科学出版社发行 各地新华书店经销

*

2018年8月第 一 版 开本：889×1194 1/16

2018年8月第一次印刷 印张：34 3/4

字数：1 090 000

定价：380.00元

（如有印装质量问题，我社负责调换）

《辽河流域水生态功能区》

著 者 名 单

孔维静　张　远　侯利萍　高　欣

殷旭旺　丁　森　徐彩彩　黄　荣

郦　威　夏会娟　李淼泉　胡　磊

前　言

流域是水体集水范围边界内的区域，是水体系统存在的基础。流域水生态系统包括静水、激流、流水等类型，不同水生态类型中的水化学因子、河道基质、流速等生境因子不同，生存的藻类、大型底栖动物、鱼类、两栖类等物种也不同。此外，群落的物种组成、优势物种、物种生活型组成也均不相同，由此形成了多样的水生态系统。

流域水生态功能分区是水质目标管理技术体系的核心，它基于水生态系统在河流上下游、干支流的差异，是识别水生态系统分布区域的边界，从而对水体及影响水体的陆域进行划分。2008 年，在“水体污染控制与治理科技重大专项”（简称水专项）支持下，研究人员围绕流域水生态功能分区开展了理论体系及重点流域分区方案的研究。水专项在“十一五”期间设定了“流域水生态功能评价与分区技术”“重点流域水生态功能一级二级分区研究”课题，“十二五”期间设定了“流域水生态保护目标制定技术”“重点流域水生态功能三级四级分区研究”课题。研究提出，流域水生态功能分区是嵌套式四级体系，一二级区体现流域水生态系统类型的空间差异，三级区体现流域内人类干扰和河流水系结构的差异，四级区体现水生态功能的差异。每一级区是对上一级区的细分，即一级区下划分二级区，二级区下划分三级区，三级区下划分四级区。针对每个流域，本书通过对水生生物群落、水生生境、水化学质量的调查，通过对气温、降水、地貌、地质、植被、土地利用等流域自然地理要素和人类活动的分析，通过对河流等级、河流比降、河流蜿蜒度、河道形态等河流水系结构指标的分析，识别了水生群落结构、功能及其驱动环境要素的空间分布规律，在该基础上进行了流域一至四级水生态功能区的划分。2015 年，完成了我国松花江、辽河、海河、淮河、东江、黑河等重点流域水生态功能区的划分。本书是“十一五”课题“流域水生态功能评价与分区技术”和“十二五”课题“流域水生态保护目标制定技术”在辽河流域的研究成果。

辽河是我国七大江河之一，流经河北、内蒙古、吉林和辽宁四省（自治区），在辽宁省盘锦市注入渤海，河流长 1345km，流域面积为 22.55 万 km^2。流域水生态系统空间变化显著，上游河流通常水生态环境质量较好，中游河流水生生物多样性较高，而下游是人类活动集中的地区，该区水环境污染、水生态退化严重。通过对辽河流域水生态功能区的划分，识别了流域主导的生态功能，并针对性地提出了水环境质量管理的目标，满足了差异化、精细化和由水环境质量管理向水生态管理转换的水环境管理需求。

本书将辽河流域共划分为 4 个一级区，14 个二级区，53 个三级区和 149 个四级区。针对各个级别上的每个流域水生态功能区，识别了区内自然地理背景、地貌、土地利用、植被类型、河流水系特征、水生生物群落特征、水化学特征，评价了河流健康状况。辽河流域水生态功能区可为辽河流域水污染防治规划、水生态保护规划、水生态监测样点布设、水环境基准标准制定、水生态健康评价、水生态修复等水生态环境保护工作提供支撑。

野外调查中得到了中国环境科学研究院的渠晓东、丁森、高欣、范俊韬、侯利萍、夏会娟、徐彩彩、黄荣、王一涵、鹂威、李飞龙、张浩、赵茜等，以及大连海洋大学的殷旭旺、李庆南等的帮助。在此一并表示衷心的感谢！

流域水生态功能分区在国内是一种新型的流域水生态环境管理技术手段，受制于数据获取、水生态系统退化现状、水生态研究现状，以及当前认识，在技术方法和分区方案中，仍有待于进一步细致的研究。希望本书的出版能为今后的流域水生态功能分区研究和辽河流域的水环境质量管理提供一定的基础。

作　者

2017 年于北京

目　　录

第一部分　图　　集

第二部分　论　　述

目录

第一部分

图　　集

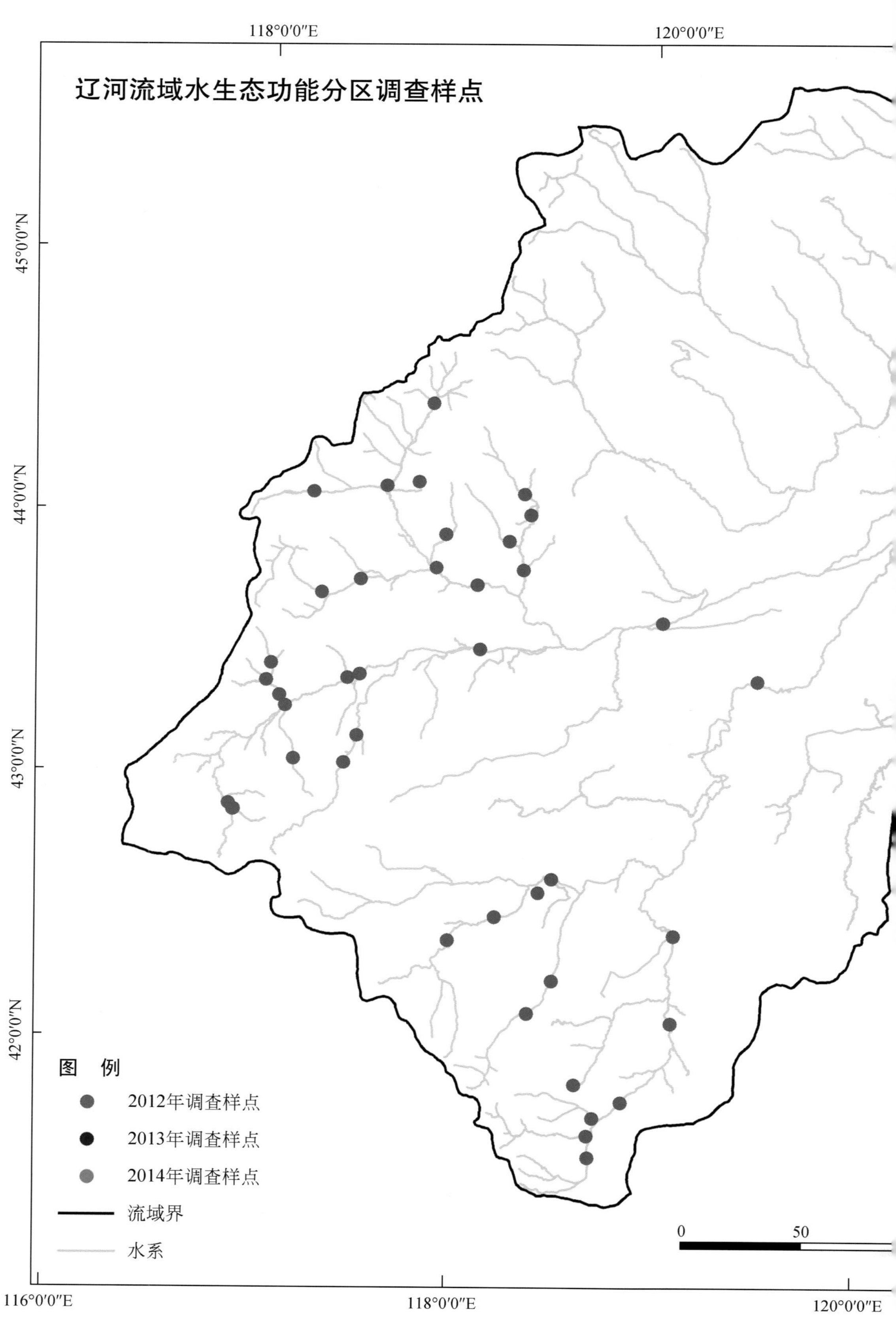
辽河流域水生态功能分区调查样点
118°0′0″E
120°0′0″E
45°0′0″N
44°0′0″N
43°0′0″N
42°0′0″N
图　例
2012年调查样点
2013年调查样点
2014年调查样点
流域界
水系
0
50
116°0′0″E
118°0′0″E
120°0′0″E

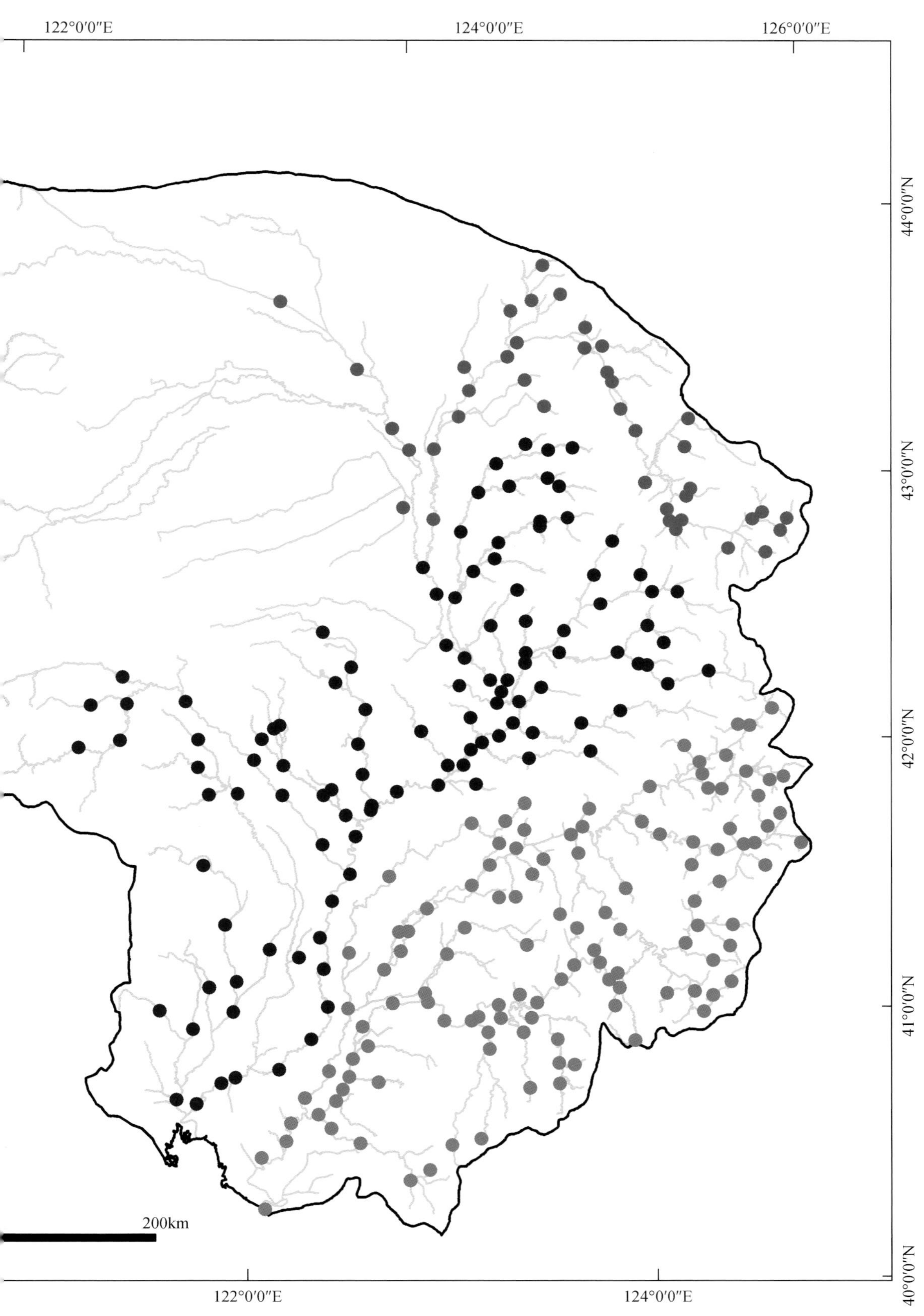
122°0′0″E
124°0′0″E
126°0′0″E
44°0′0″N
43°0′0″N
42°0′0″N
41°0′0″N
40°0′0″N
200km
122°0′0″E
124°0′0″E

第一部分 图 集

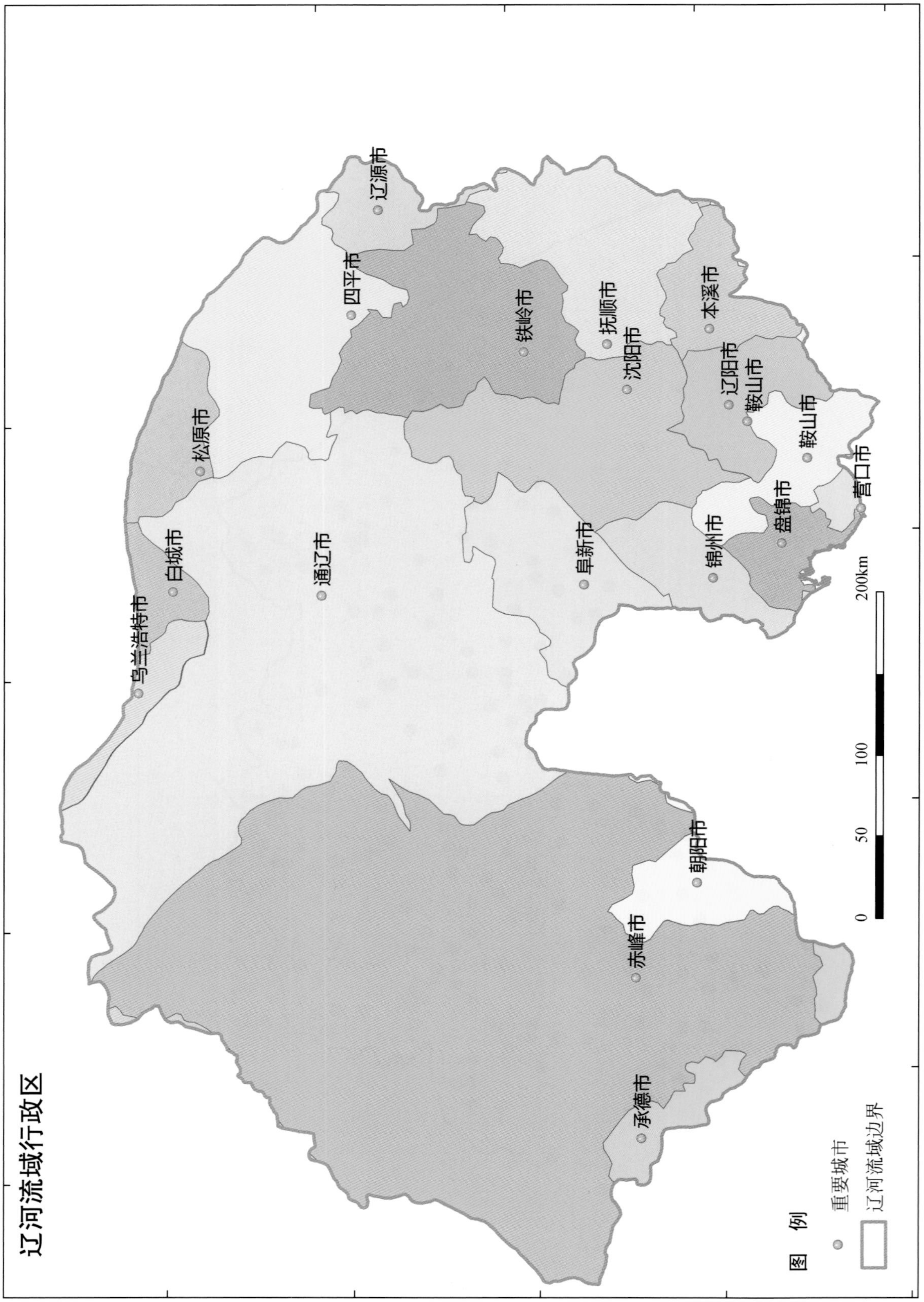

辽河流域行政区

乌兰浩特市
白城市
松原市
通辽市
四平市
辽源市
铁岭市
抚顺市
沈阳市
本溪市
辽阳市
鞍山市
鞍山市
营口市
盘锦市
锦州市
阜新市
朝阳市
赤峰市
承德市

图 例
重要城市
辽河流域边界

0 50 100 200km

118°0'0"E 120°0'0"E 122°0'0"E 124°0'0"E

41°0'0"N 42°0'0"N 43°0'0"N 44°0'0"N 45°0'0"N

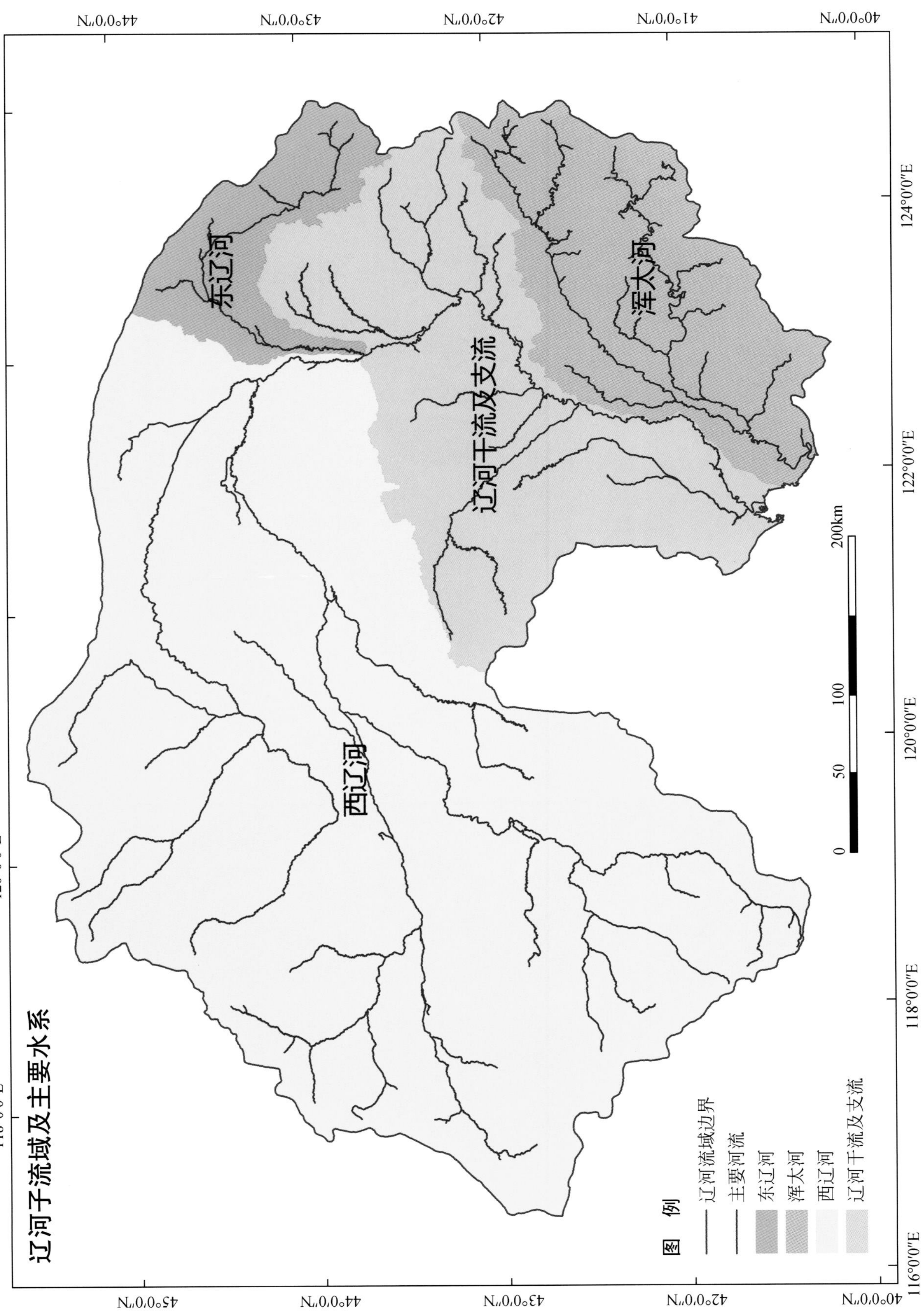

辽河子流域及主要水系

东辽河

浑太河

辽河干流及支流

西辽河

图例

辽河流域边界

主要河流

东辽河

浑太河

西辽河

辽河干流及支流

0 50 100 200km

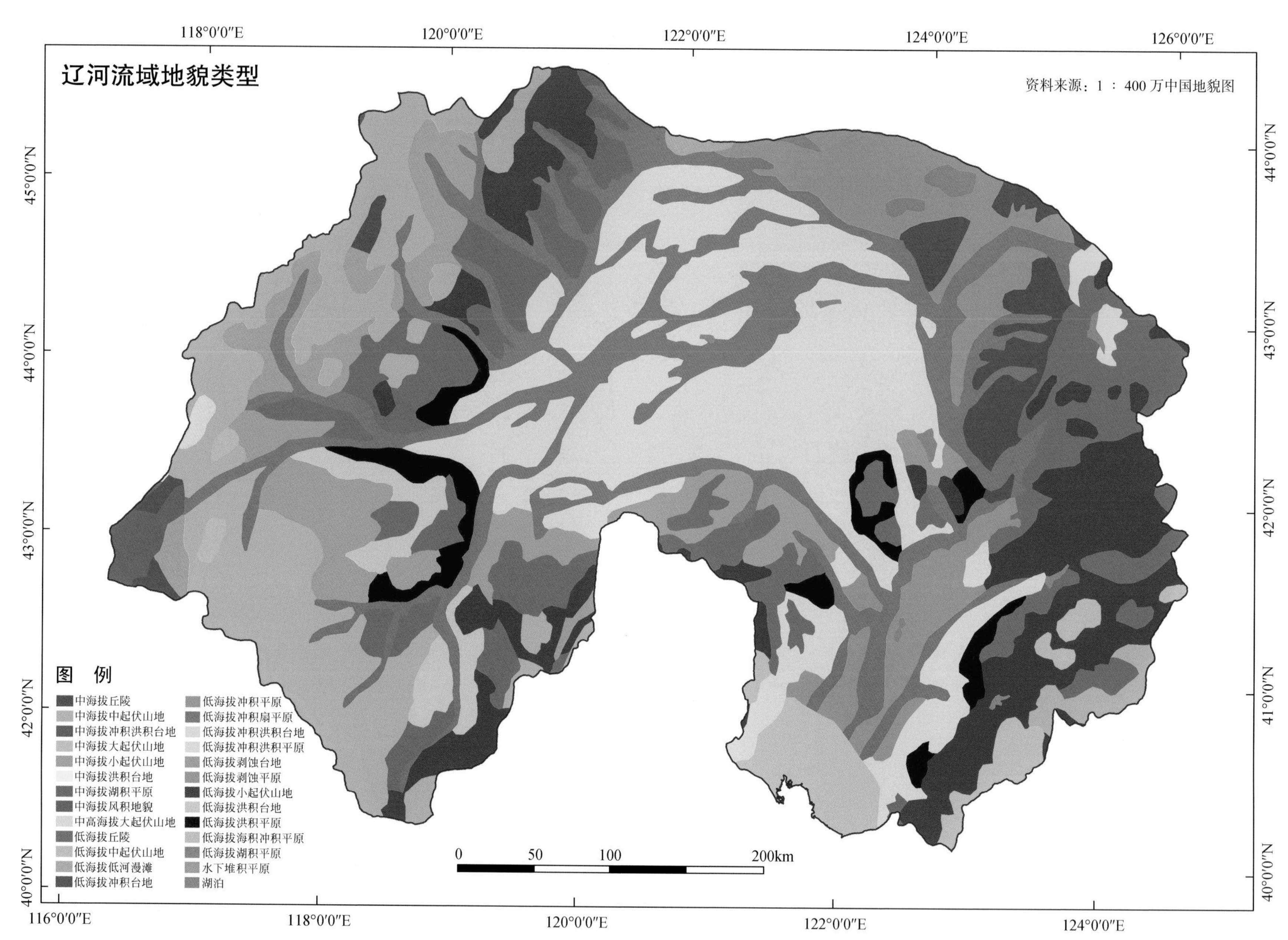
辽河流域地貌类型
资料来源：1 ：400 万中国地貌图
图 例
中海拔丘陵
中海拔中起伏山地
中海拔冲积洪积台地
中海拔大起伏山地
中海拔小起伏山地
中海拔洪积台地
中海拔湖积平原
中海拔风积地貌
中高海拔大起伏山地
低海拔丘陵
低海拔中起伏山地
低海拔低河漫滩
低海拔冲积台地
低海拔冲积平原
低海拔冲积扇平原
低海拔冲积洪积台地
低海拔冲积洪积平原
低海拔剥蚀台地
低海拔剥蚀平原
低海拔小起伏山地
低海拔洪积台地
低海拔洪积平原
低海拔海积冲积平原
低海拔湖积平原
水下堆积平原
湖泊
0 50 100 200km
116°0′0″E
118°0′0″E
120°0′0″E
122°0′0″E
124°0′0″E
126°0′0″E
40°0′0″N
41°0′0″N
42°0′0″N
43°0′0″N
44°0′0″N
45°0′0″N

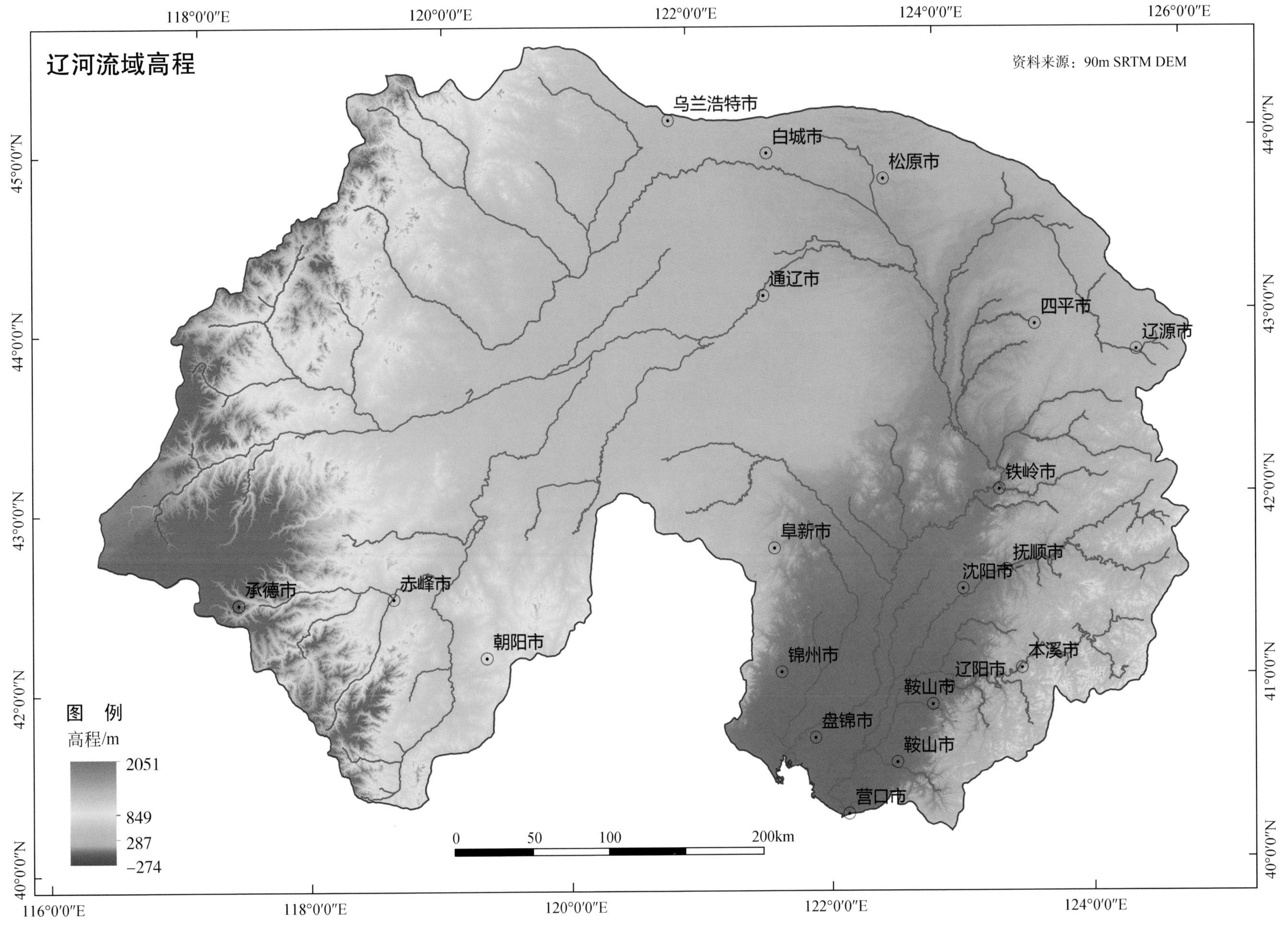
辽河流域高程
资料来源：90m SRTM DEM
乌兰浩特市
白城市
松原市
通辽市
四平市
辽源市
铁岭市
阜新市
抚顺市
沈阳市
承德市
赤峰市
朝阳市
锦州市
本溪市
辽阳市
鞍山市
盘锦市
鞍山市
营口市
图 例
高程/m
2051
849
287
−274
0
50
100
200km
116°0′0″E
118°0′0″E
120°0′0″E
122°0′0″E
124°0′0″E
126°0′0″E
40°0′0″N
41°0′0″N
42°0′0″N
43°0′0″N
44°0′0″N
45°0′0″N

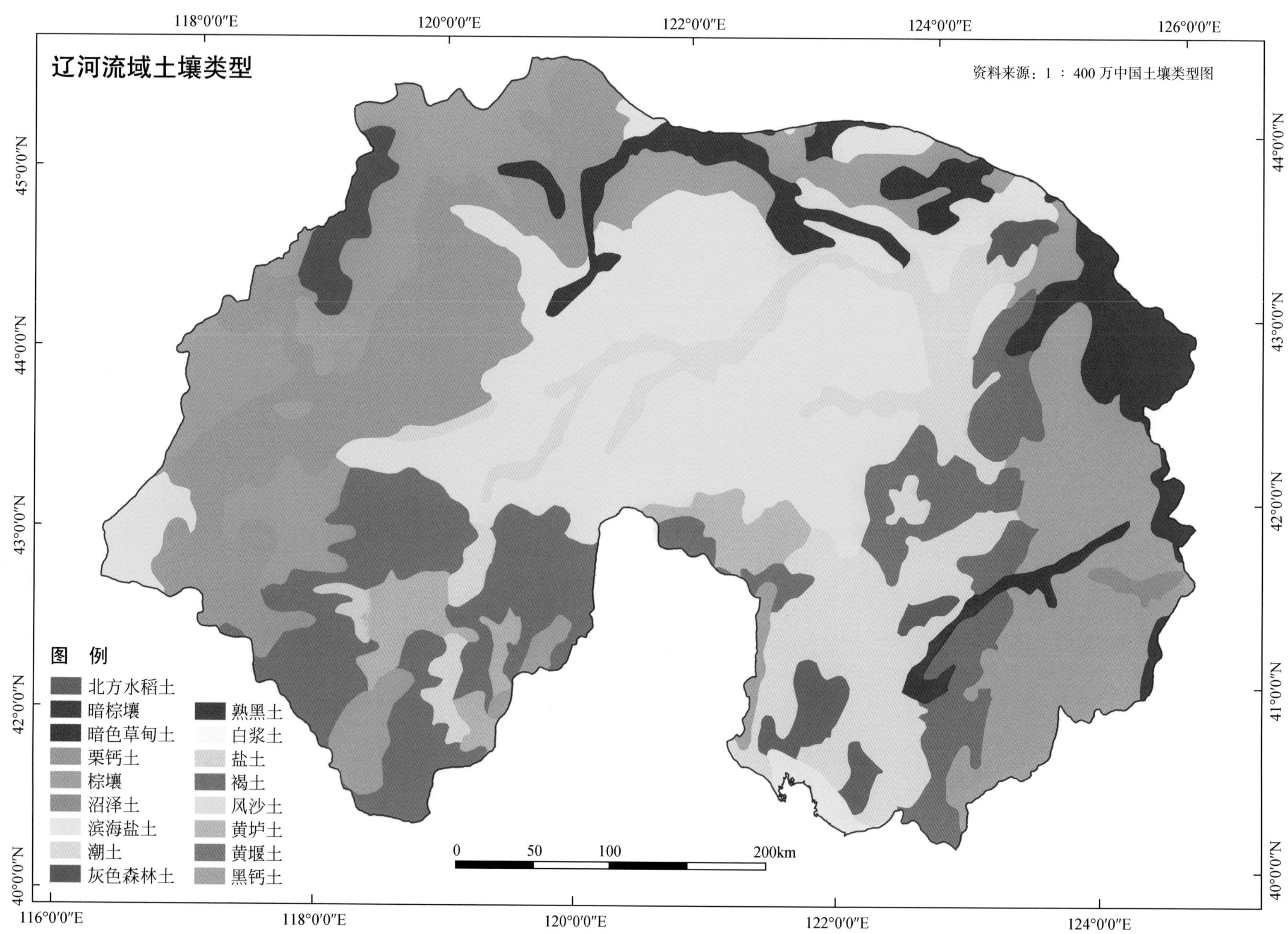
辽河流域土壤类型
资料来源：1 ：400 万中国土壤类型图
图例
北方水稻土
暗棕壤
暗色草甸土
栗钙土
棕壤
沼泽土
滨海盐土
潮土
灰色森林土
熟黑土
白浆土
盐土
褐土
风沙土
黄垆土
黄堰土
黑钙土
0
50
100
200km
116°0'0"E
118°0'0"E
120°0'0"E
122°0'0"E
124°0'0"E
126°0'0"E
40°0'0"N
41°0'0"N
42°0'0"N
43°0'0"N
44°0'0"N
45°0'0"N

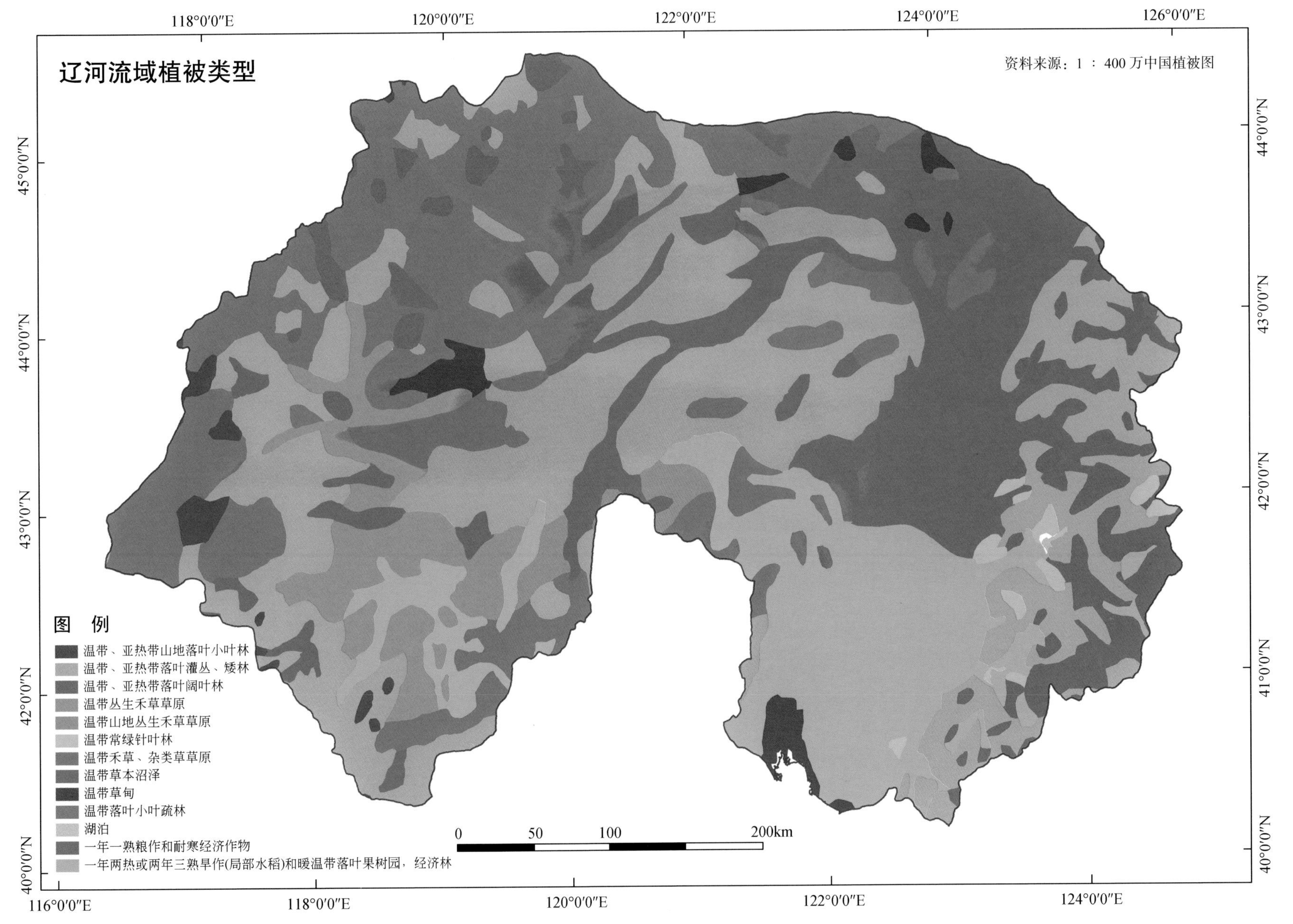
辽河流域植被类型
资料来源：1：400万中国植被图
图例
温带、亚热带山地落叶小叶林
温带、亚热带落叶灌丛、矮林
温带、亚热带落叶阔叶林
温带丛生禾草草原
温带山地丛生禾草草原
温带常绿针叶林
温带禾草、杂类草草原
温带草本沼泽
温带草甸
温带落叶小叶疏林
湖泊
一年一熟粮作和耐寒经济作物
一年两热或两年三熟旱作(局部水稻)和暖温带落叶果树园，经济林
0
50
100
200km
116°0′0″E
118°0′0″E
120°0′0″E
122°0′0″E
124°0′0″E
126°0′0″E
40°0′0″N
41°0′0″N
42°0′0″N
43°0′0″N
44°0′0″N
45°0′0″N

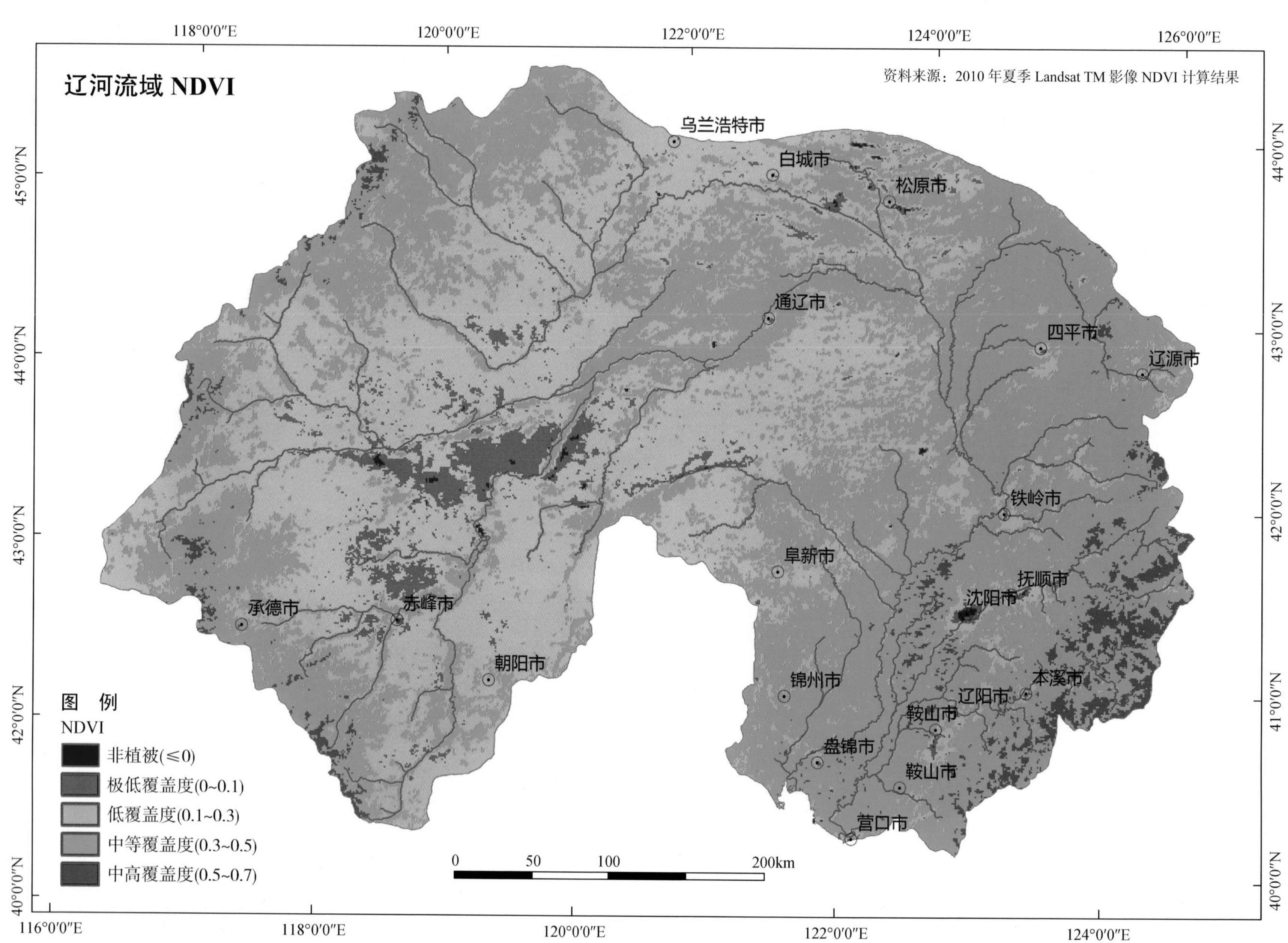
辽河流域 NDVI
资料来源：2010 年夏季 Landsat TM 影像 NDVI 计算结果
乌兰浩特市
白城市
松原市
通辽市
四平市
辽源市
铁岭市
阜新市
抚顺市
沈阳市
承德市
赤峰市
朝阳市
锦州市
本溪市
辽阳市
鞍山市
盘锦市
鞍山市
营口市
图例
NDVI
非植被(≤0)
极低覆盖度(0~0.1)
低覆盖度(0.1~0.3)
中等覆盖度(0.3~0.5)
中高覆盖度(0.5~0.7)
0
50
100
200km
118°0′0″E
120°0′0″E
122°0′0″E
124°0′0″E
126°0′0″E
116°0′0″E
45°0′0″N
44°0′0″N
43°0′0″N
42°0′0″N
41°0′0″N
40°0′0″N

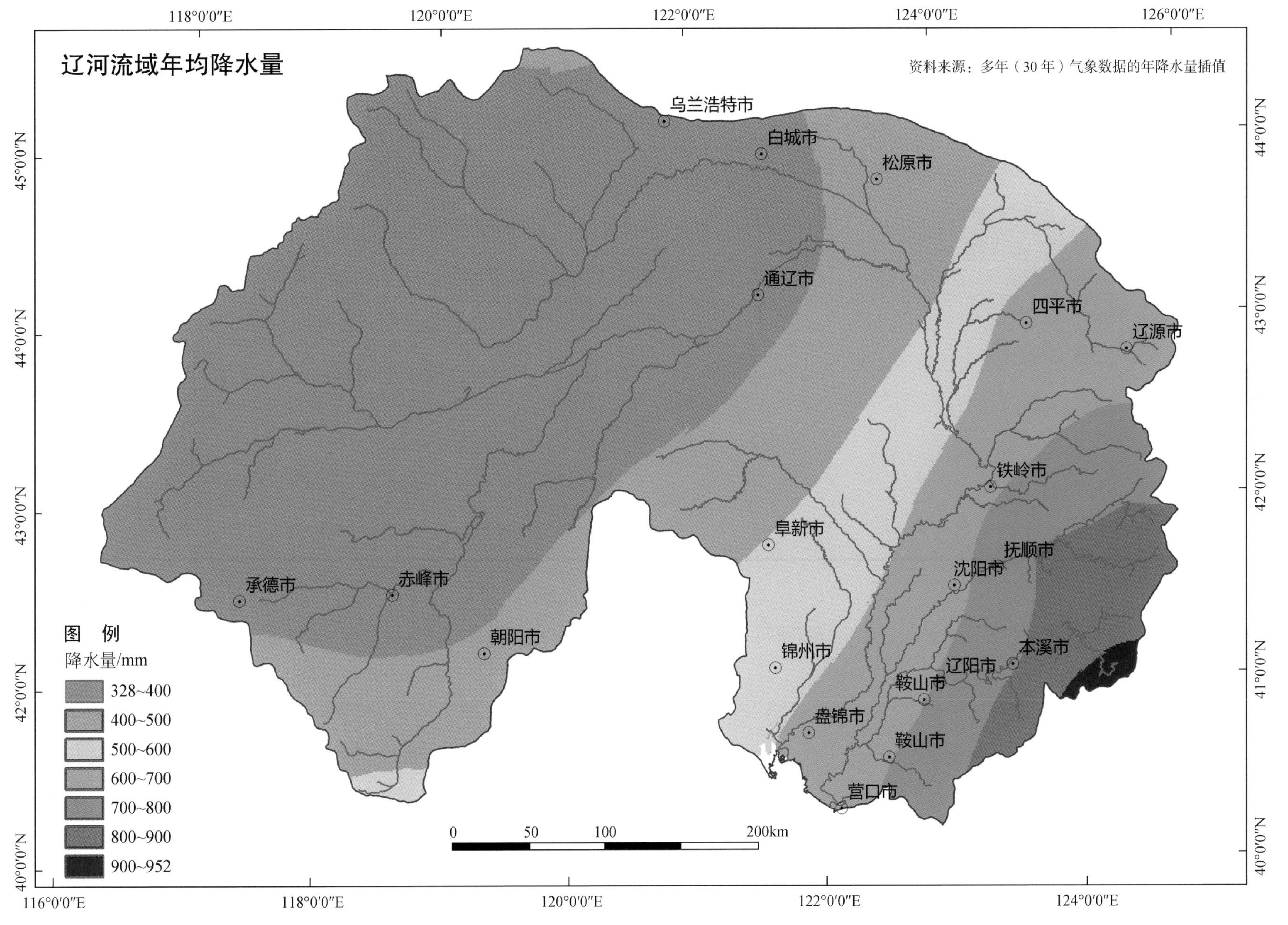

辽河流域年均降水量
资料来源：多年（30年）气象数据的年降水量插值
乌兰浩特市
白城市
松原市
通辽市
四平市
辽源市
铁岭市
阜新市
抚顺市
沈阳市
承德市
赤峰市
朝阳市
锦州市
本溪市
辽阳市
鞍山市
盘锦市
鞍山市
营口市
图 例
降水量/mm
328~400
400~500
500~600
600~700
700~800
800~900
900~952
0
50
100
200km
118°0'0"E
120°0'0"E
122°0'0"E
124°0'0"E
126°0'0"E
116°0'0"E
45°0'0"N
44°0'0"N
43°0'0"N
42°0'0"N
41°0'0"N
40°0'0"N

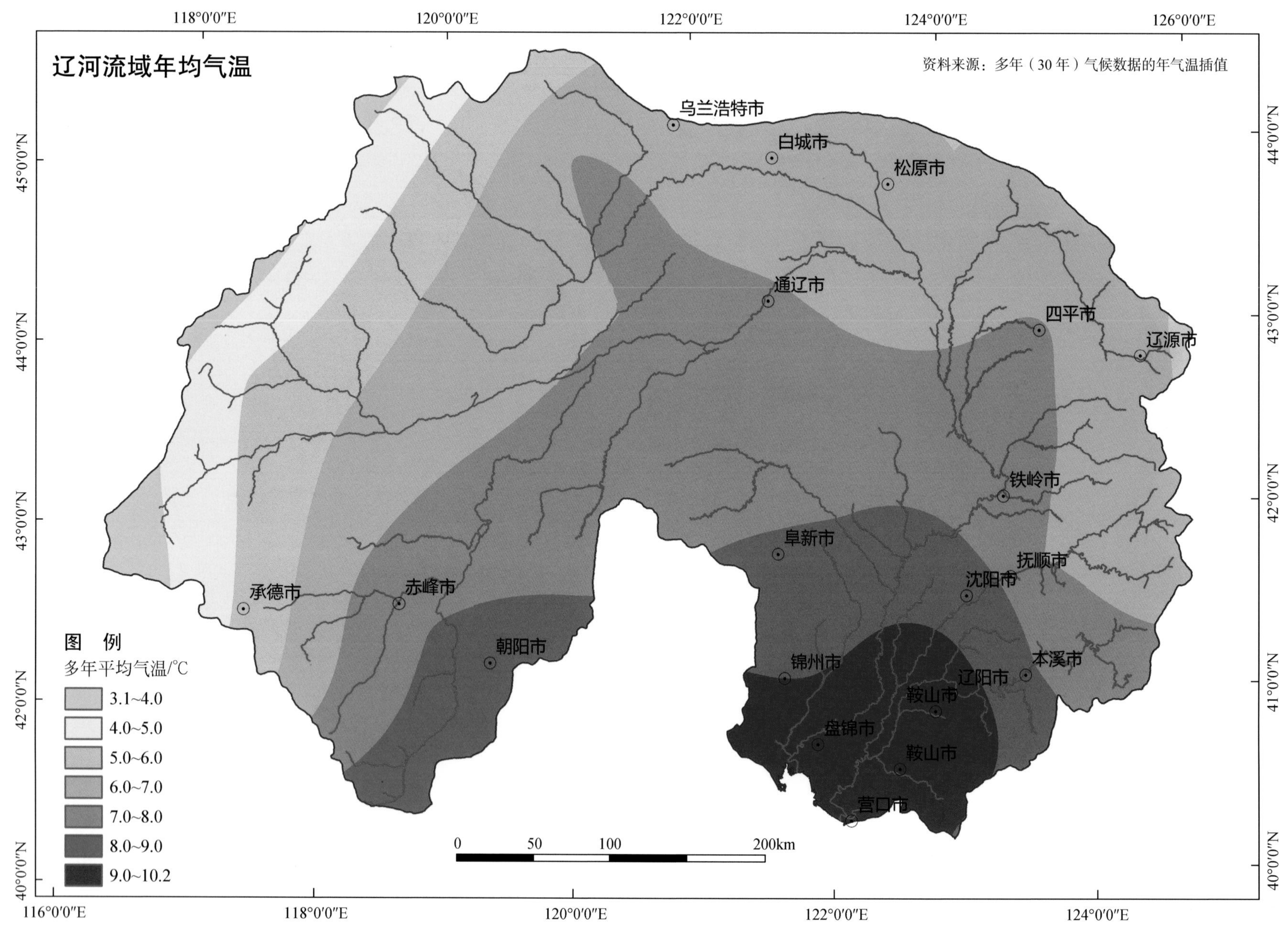
辽河流域年均气温
资料来源：多年（30年）气候数据的年气温插值
乌兰浩特市
白城市
松原市
通辽市
四平市
辽源市
铁岭市
阜新市
抚顺市
沈阳市
承德市
赤峰市
朝阳市
锦州市
本溪市
辽阳市
鞍山市
盘锦市
鞍山市
营口市
图 例
多年平均气温/°C
3.1~4.0
4.0~5.0
5.0~6.0
6.0~7.0
7.0~8.0
8.0~9.0
9.0~10.2
0
50
100
200km
118°0′0″E
120°0′0″E
122°0′0″E
124°0′0″E
126°0′0″E
116°0′0″E
45°0′0″N
44°0′0″N
43°0′0″N
42°0′0″N
41°0′0″N
40°0′0″N

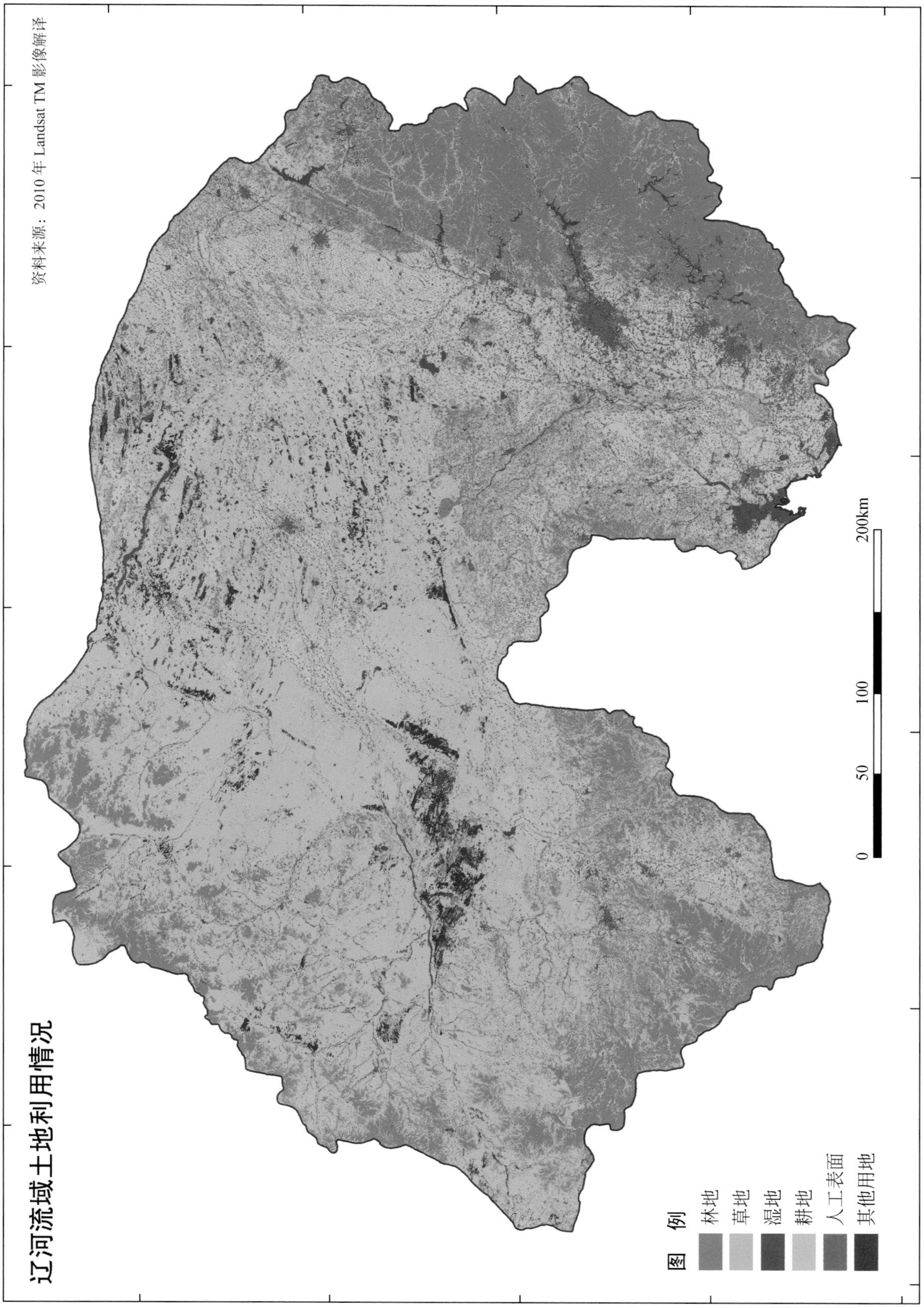

辽河流域土地利用情况

资料来源：2010 年 Landsat TM 影像解译

图例
林地
草地
湿地
耕地
人工表面
其他用地

0 50 100 200km

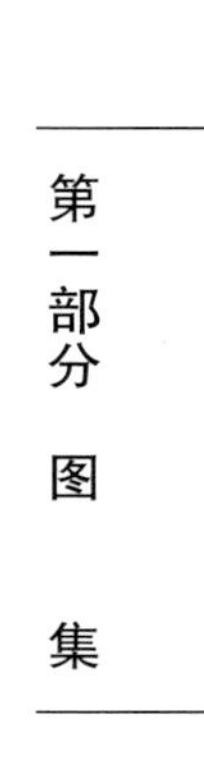

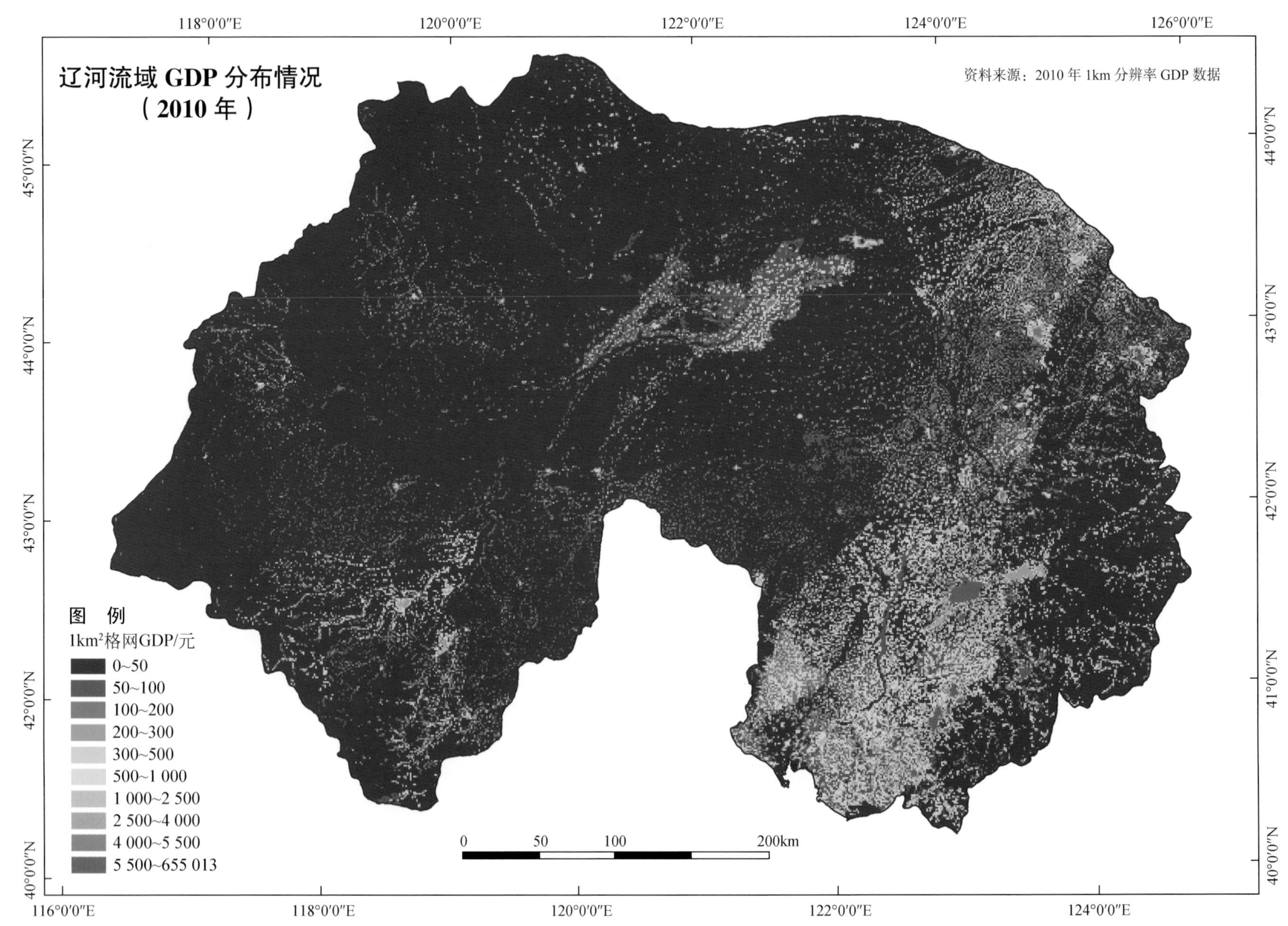
辽河流域 GDP 分布情况
（2010 年）
资料来源：2010 年 1km 分辨率 GDP 数据
图 例
1km²格网GDP/元
0~50
50~100
100~200
200~300
300~500
500~1 000
1 000~2 500
2 500~4 000
4 000~5 500
5 500~655 013
0 50 100 200km
118°0'0"E
120°0'0"E
122°0'0"E
124°0'0"E
126°0'0"E
116°0'0"E
40°0'0"N
41°0'0"N
42°0'0"N
43°0'0"N
44°0'0"N
45°0'0"N

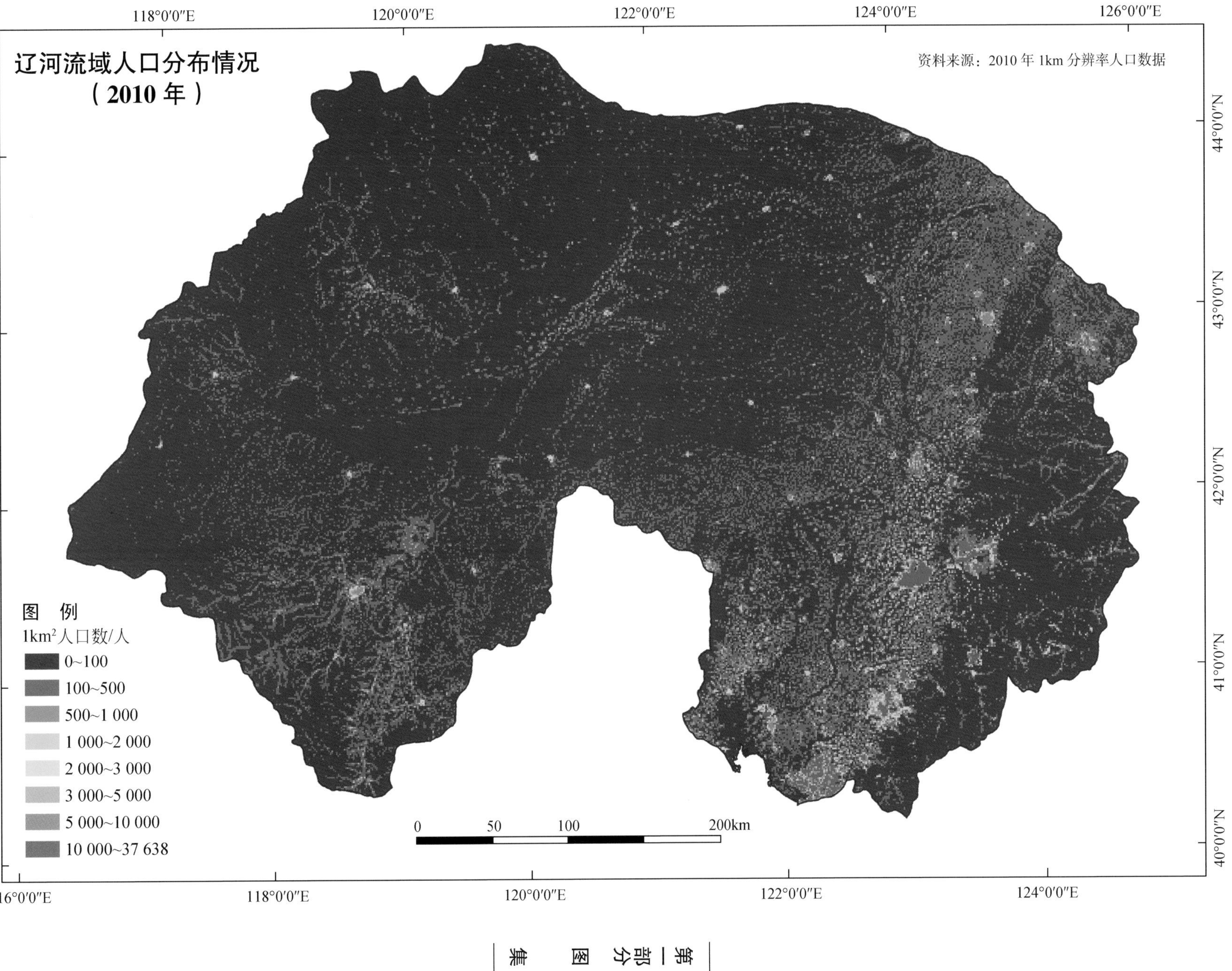
辽河流域人口分布情况
（2010年）
资料来源：2010年1km分辨率人口数据
图 例
1km²人口数/人
0~100
100~500
500~1 000
1 000~2 000
2 000~3 000
3 000~5 000
5 000~10 000
10 000~37 638
0
50
100
200km
116°0′0″E
118°0′0″E
120°0′0″E
122°0′0″E
124°0′0″E
126°0′0″E
40°0′0″N
41°0′0″N
42°0′0″N
43°0′0″N
44°0′0″N
45°0′0″N

第一部分 图集

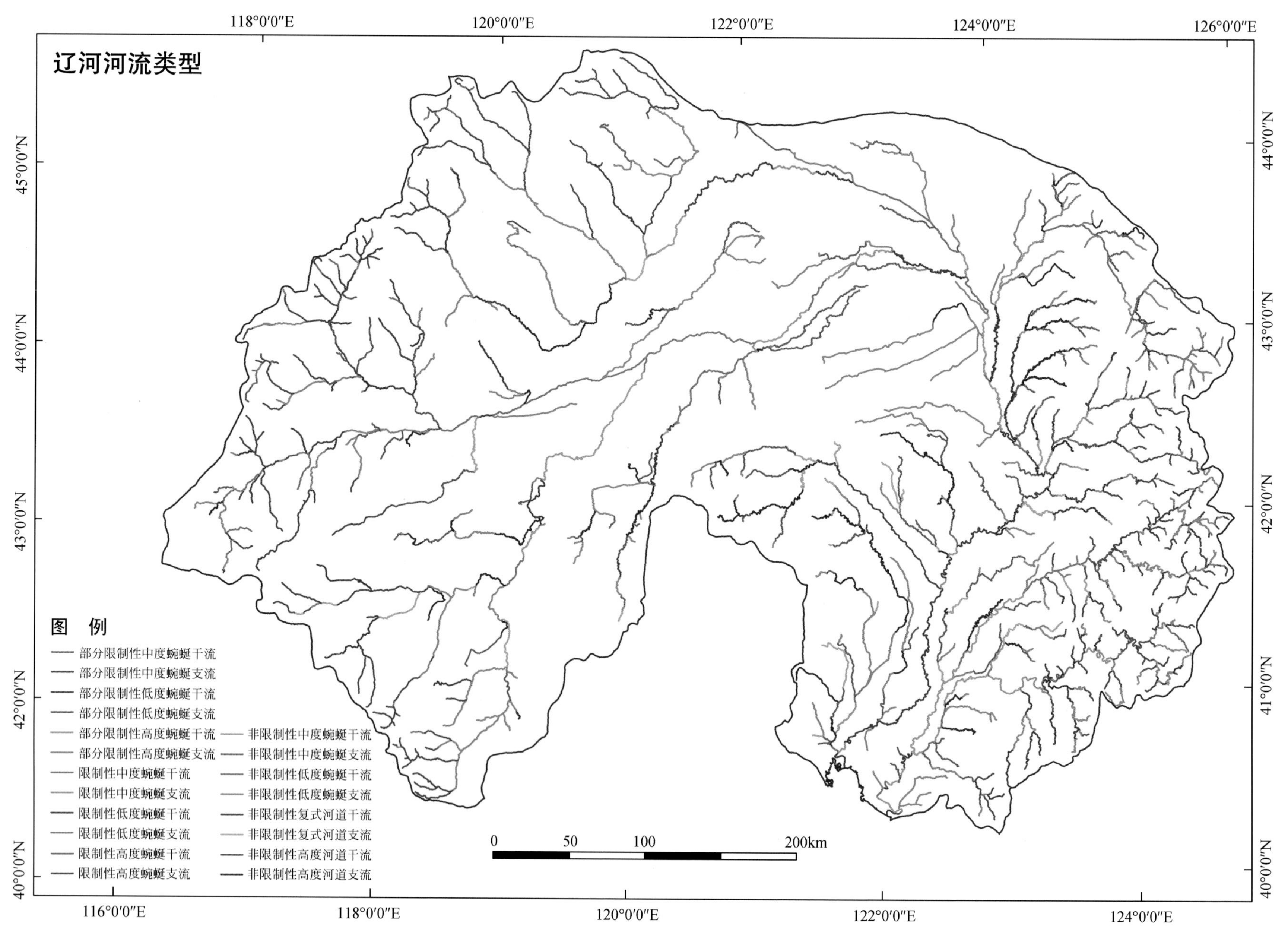
辽河河流类型
图 例
部分限制性中度蜿蜒干流
部分限制性中度蜿蜒支流
部分限制性低度蜿蜒干流
部分限制性低度蜿蜒支流
部分限制性高度蜿蜒干流
部分限制性高度蜿蜒支流
限制性中度蜿蜒干流
限制性中度蜿蜒支流
限制性低度蜿蜒干流
限制性低度蜿蜒支流
限制性高度蜿蜒干流
限制性高度蜿蜒支流
非限制性中度蜿蜒干流
非限制性中度蜿蜒支流
非限制性低度蜿蜒干流
非限制性低度蜿蜒支流
非限制性复式河道干流
非限制性复式河道支流
非限制性高度河道干流
非限制性高度河道支流
0 50 100 200km
118°0'0"E
120°0'0"E
122°0'0"E
124°0'0"E
126°0'0"E
116°0'0"E
45°0'0"N
44°0'0"N
43°0'0"N
42°0'0"N
41°0'0"N
40°0'0"N

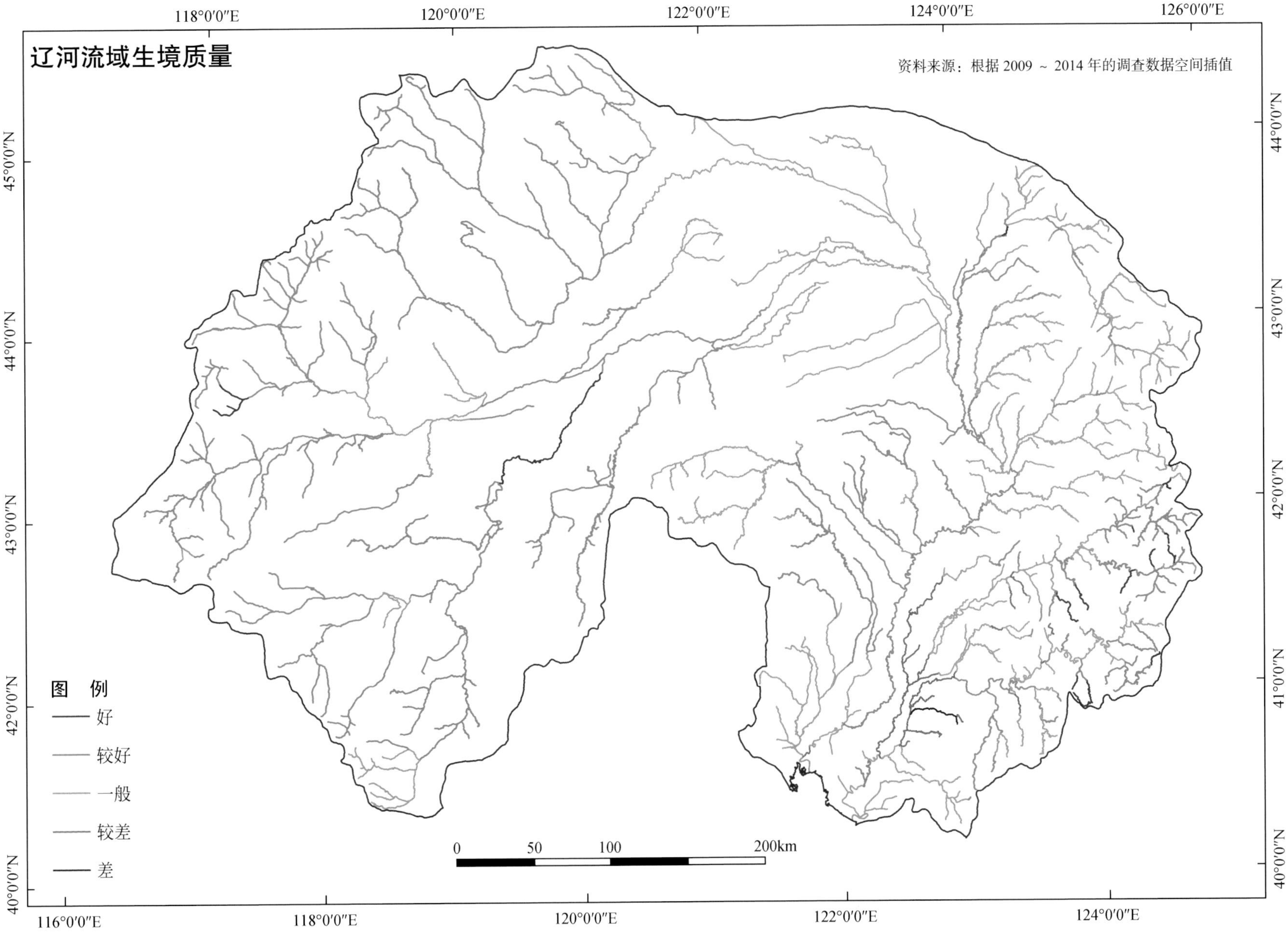

辽河流域生境质量

资料来源：根据 2009 ~ 2014 年的调查数据空间插值

图例

—— 好
—— 较好
—— 一般
—— 较差
—— 差

0 50 100 200km

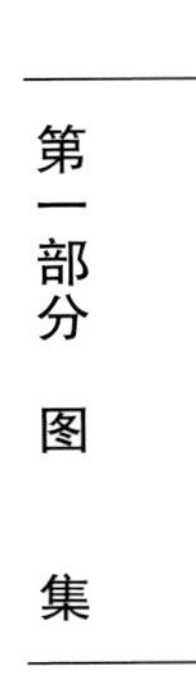

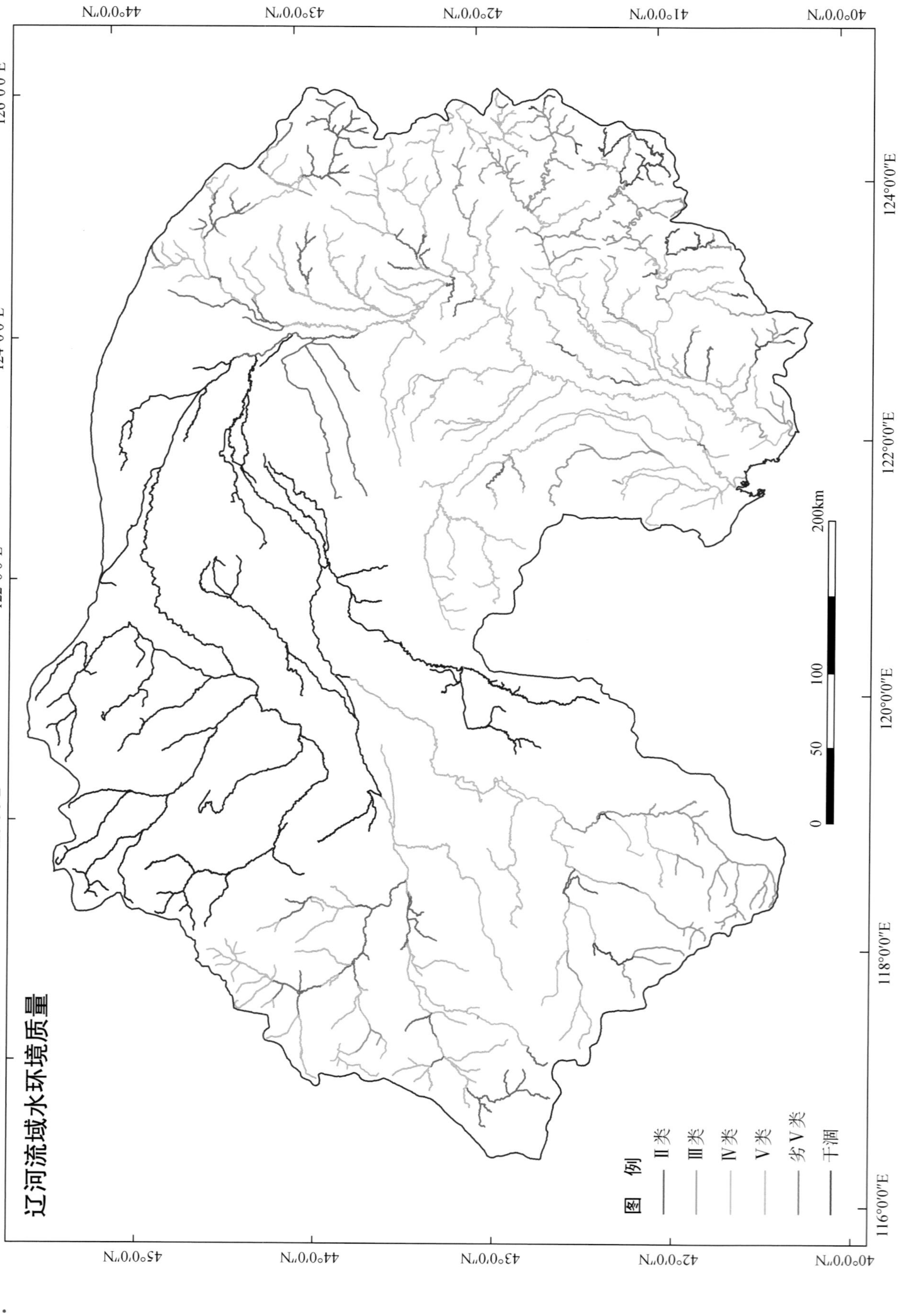

辽河流域水环境质量

图 例

Ⅱ类

Ⅲ类

Ⅳ类

Ⅴ类

劣Ⅴ类

干涸

0 50 100 200km

辽河流域水生态服务

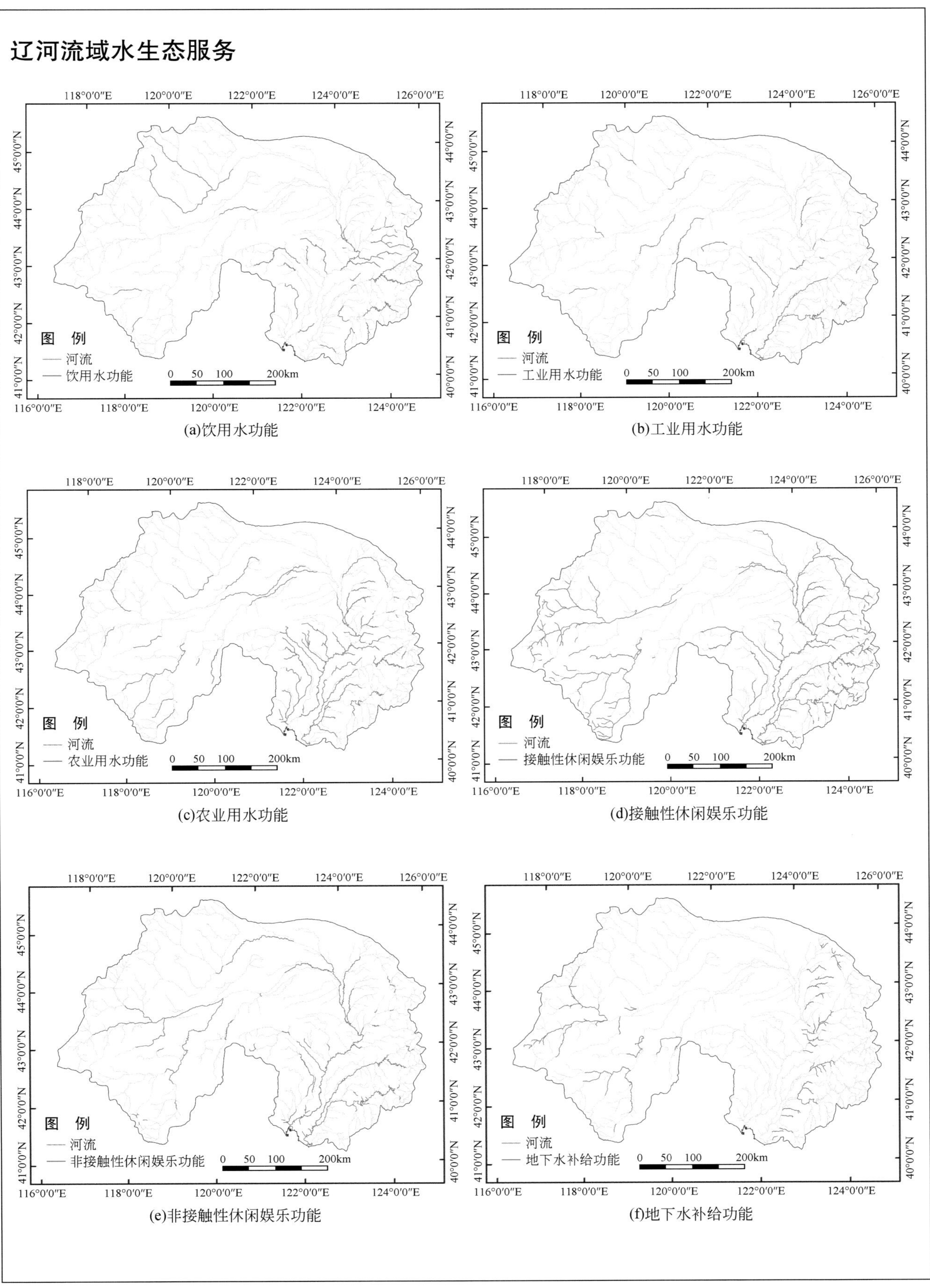

(a)饮用水功能

(b)工业用水功能

(c)农业用水功能

(d)接触性休闲娱乐功能

(e)非接触性休闲娱乐功能

(f)地下水补给功能

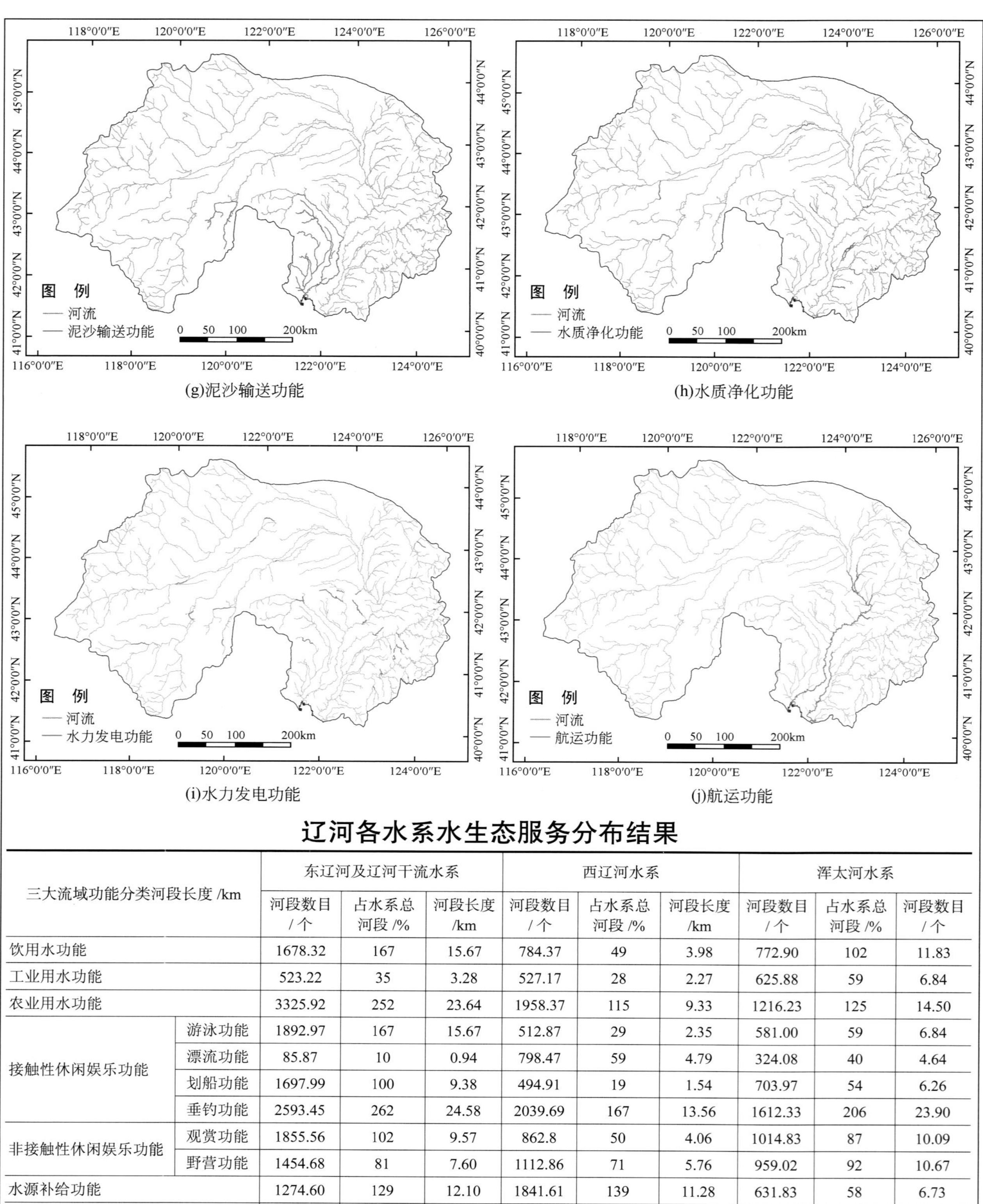

(g)泥沙输送功能

(h)水质净化功能

(i)水力发电功能

(j)航运功能

辽河各水系水生态服务分布结果

三大流域功能分类河段长度 /km		东辽河及辽河干流水系			西辽河水系			浑太河水系		
		河段数目 / 个	占水系总河段 /%	河段长度 /km	河段数目 / 个	占水系总河段 /%	河段长度 /km	河段数目 / 个	占水系总河段 /%	河段数目 / 个
饮用水功能		1678.32	167	15.67	784.37	49	3.98	772.90	102	11.83
工业用水功能		523.22	35	3.28	527.17	28	2.27	625.88	59	6.84
农业用水功能		3325.92	252	23.64	1958.37	115	9.33	1216.23	125	14.50
接触性休闲娱乐功能	游泳功能	1892.97	167	15.67	512.87	29	2.35	581.00	59	6.84
	漂流功能	85.87	10	0.94	798.47	59	4.79	324.08	40	4.64
	划船功能	1697.99	100	9.38	494.91	19	1.54	703.97	54	6.26
	垂钓功能	2593.45	262	24.58	2039.69	167	13.56	1612.33	206	23.90
非接触性休闲娱乐功能	观赏功能	1855.56	102	9.57	862.8	50	4.06	1014.83	87	10.09
	野营功能	1454.68	81	7.60	1112.86	71	5.76	959.02	92	10.67
水源补给功能		1274.60	129	12.10	1841.61	139	11.28	631.83	58	6.73
泥沙输送功能		2287.02	122	11.44	751.45	59	4.79	—	—	—
水产品提供功能		3132.19	214	20.08	2207.33	138	11.20	1463.05	167	19.37
水质净化功能		93.03	5	0.47	198.04	12	0.97	218.29	12	1.39
水力发电功能		740.53	31	2.91	272.62	11	0.89	393.12	38	4.41
航运功能		641.05	36	3.38	—	—	—	246.82	20	2.32

"—" 水系内所有河段不具有某功能。

辽河流域重要鱼类分布情况

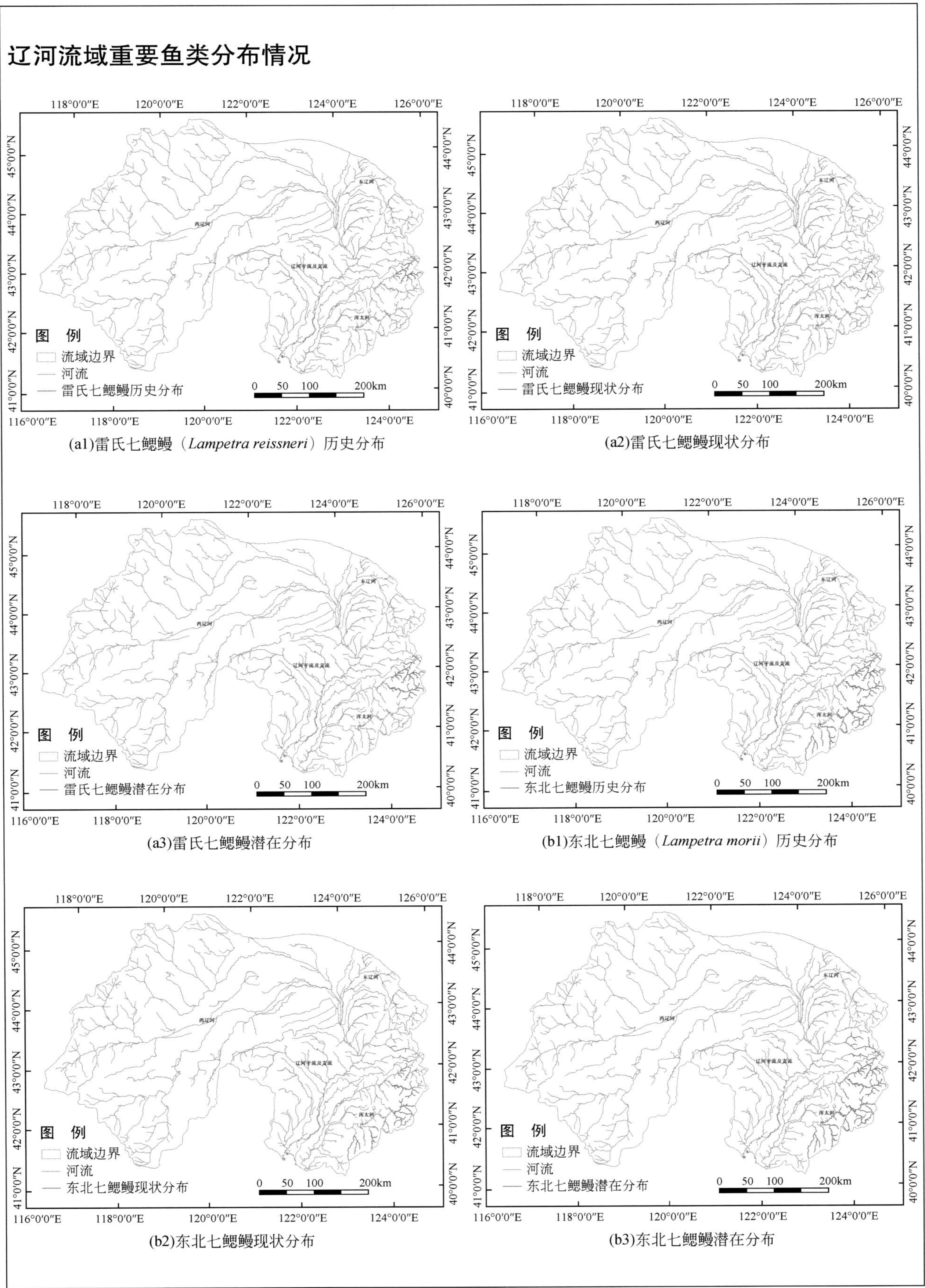

(a1)雷氏七鳃鳗（*Lampetra reissneri*）历史分布

(a2)雷氏七鳃鳗现状分布

(a3)雷氏七鳃鳗潜在分布

(b1)东北七鳃鳗（*Lampetra morii*）历史分布

(b2)东北七鳃鳗现状分布

(b3)东北七鳃鳗潜在分布

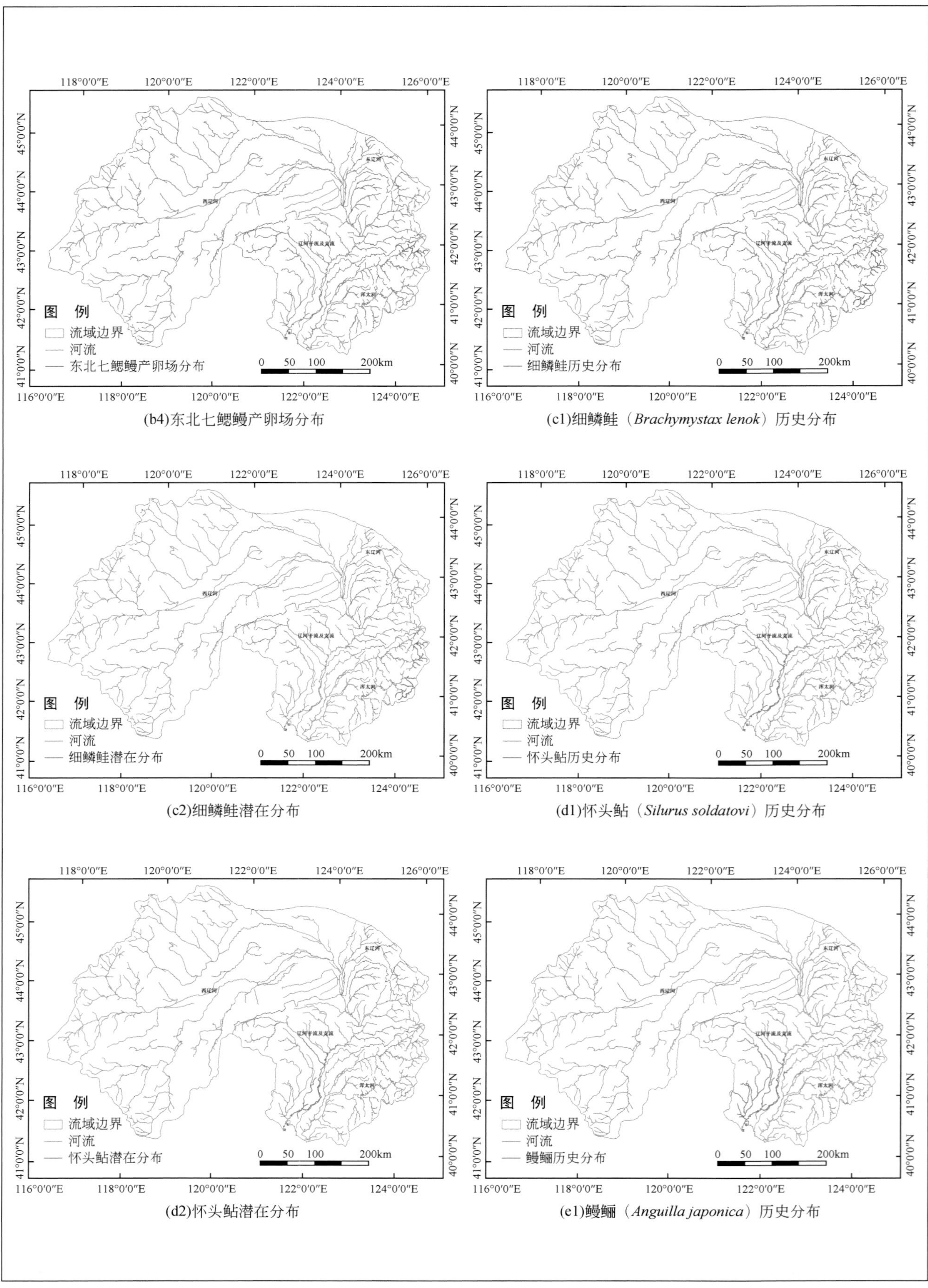

(b4)东北七鳃鳗产卵场分布

(c1)细鳞鲑（*Brachymystax lenok*）历史分布

(c2)细鳞鲑潜在分布

(d1)怀头鲇（*Silurus soldatovi*）历史分布

(d2)怀头鲇潜在分布

(e1)鳗鲡（*Anguilla japonica*）历史分布

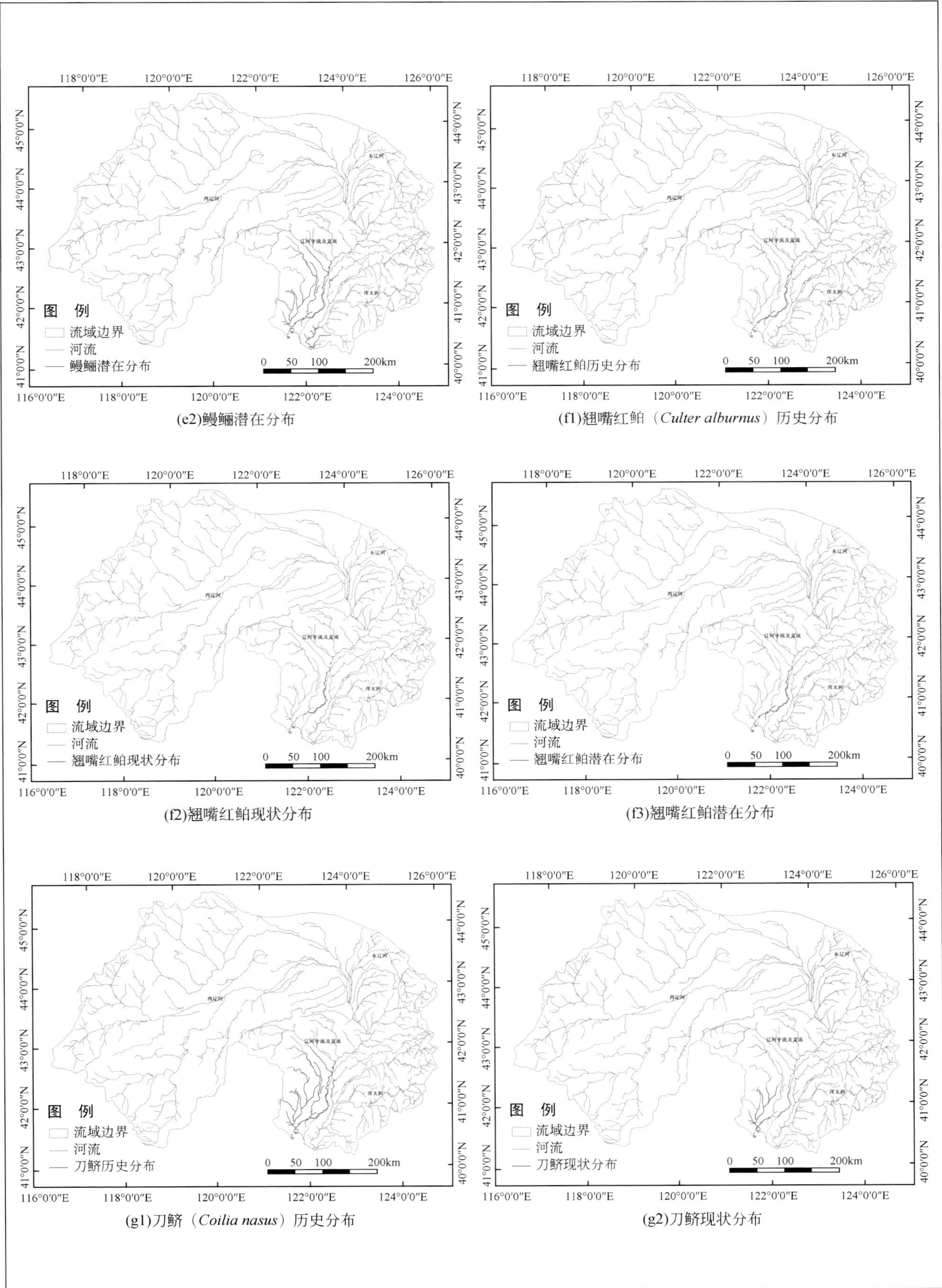

(e2)鳗鲡潜在分布

(f1)翘嘴红鲌（*Culter alburnus*）历史分布

(f2)翘嘴红鲌现状分布

(f3)翘嘴红鲌潜在分布

(g1)刀鲚（*Coilia nasus*）历史分布

(g2)刀鲚现状分布

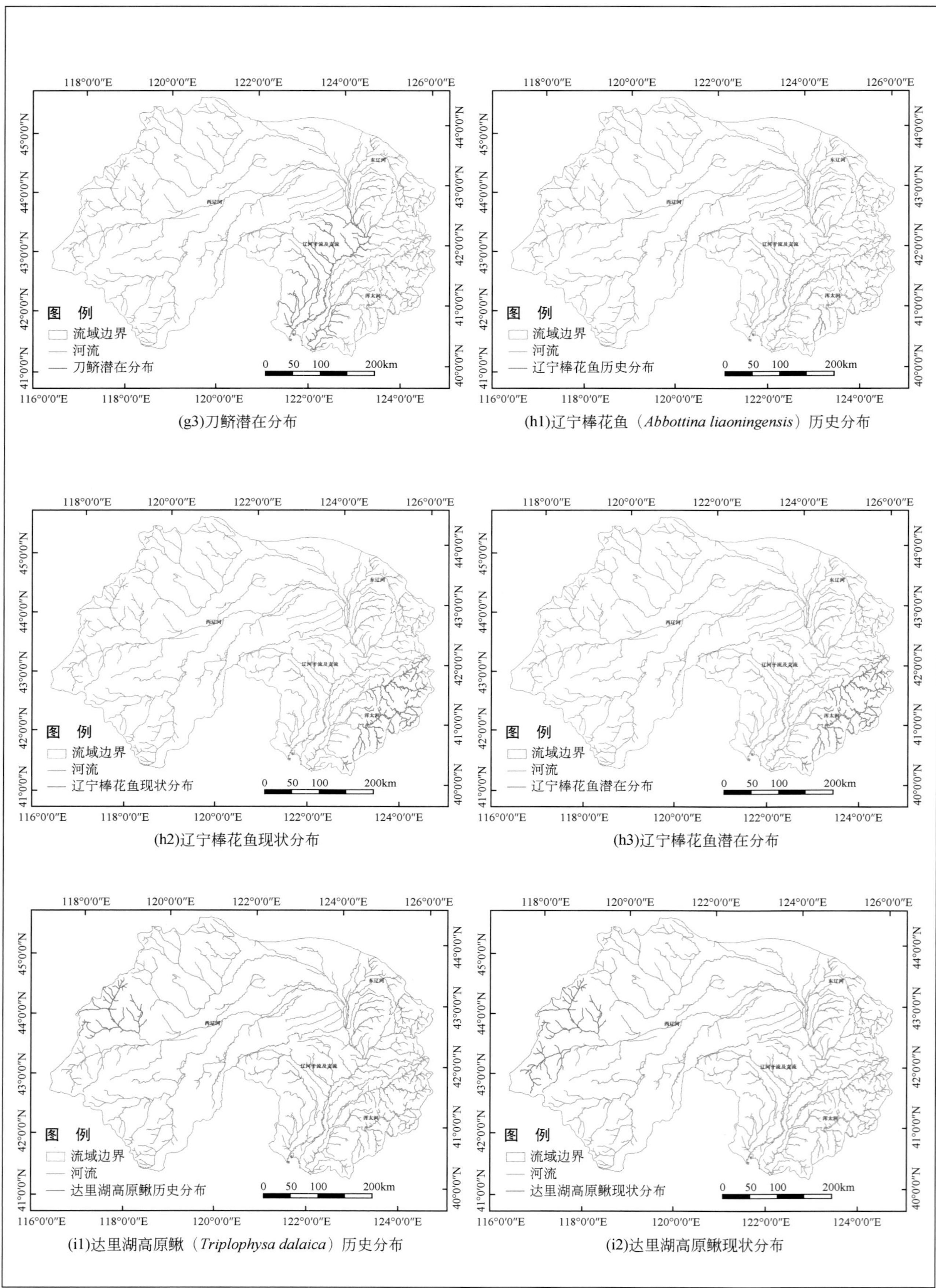

(g3)刀鲚潜在分布

(h1)辽宁棒花鱼（*Abbottina liaoningensis*）历史分布

(h2)辽宁棒花鱼现状分布

(h3)辽宁棒花鱼潜在分布

(i1)达里湖高原鳅（*Triplophysa dalaica*）历史分布

(i2)达里湖高原鳅现状分布

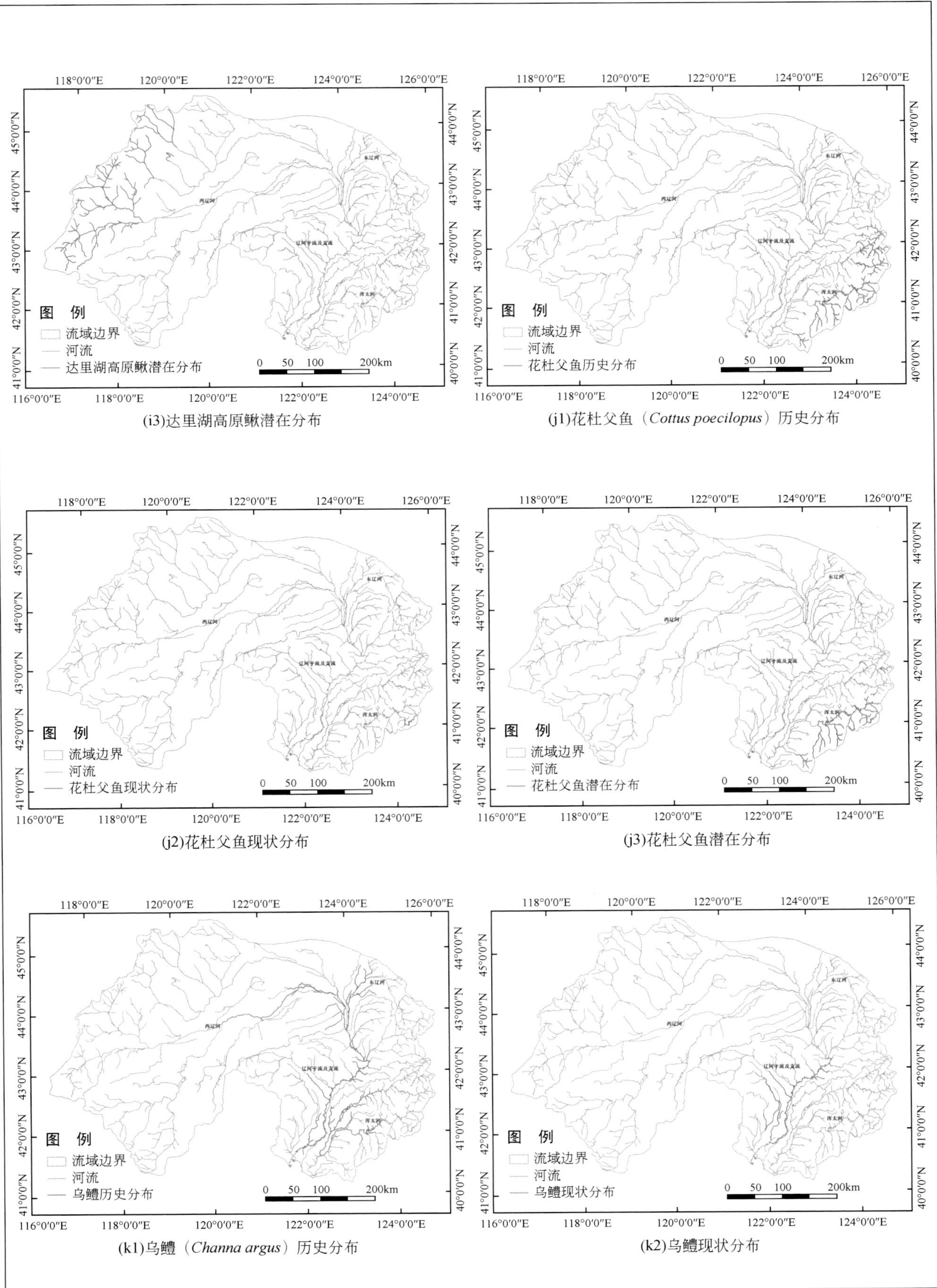

(i3)达里湖高原鳅潜在分布

(j1)花杜父鱼（*Cottus poecilopus*）历史分布

(j2)花杜父鱼现状分布

(j3)花杜父鱼潜在分布

(k1)乌鳢（*Channa argus*）历史分布

(k2)乌鳢现状分布

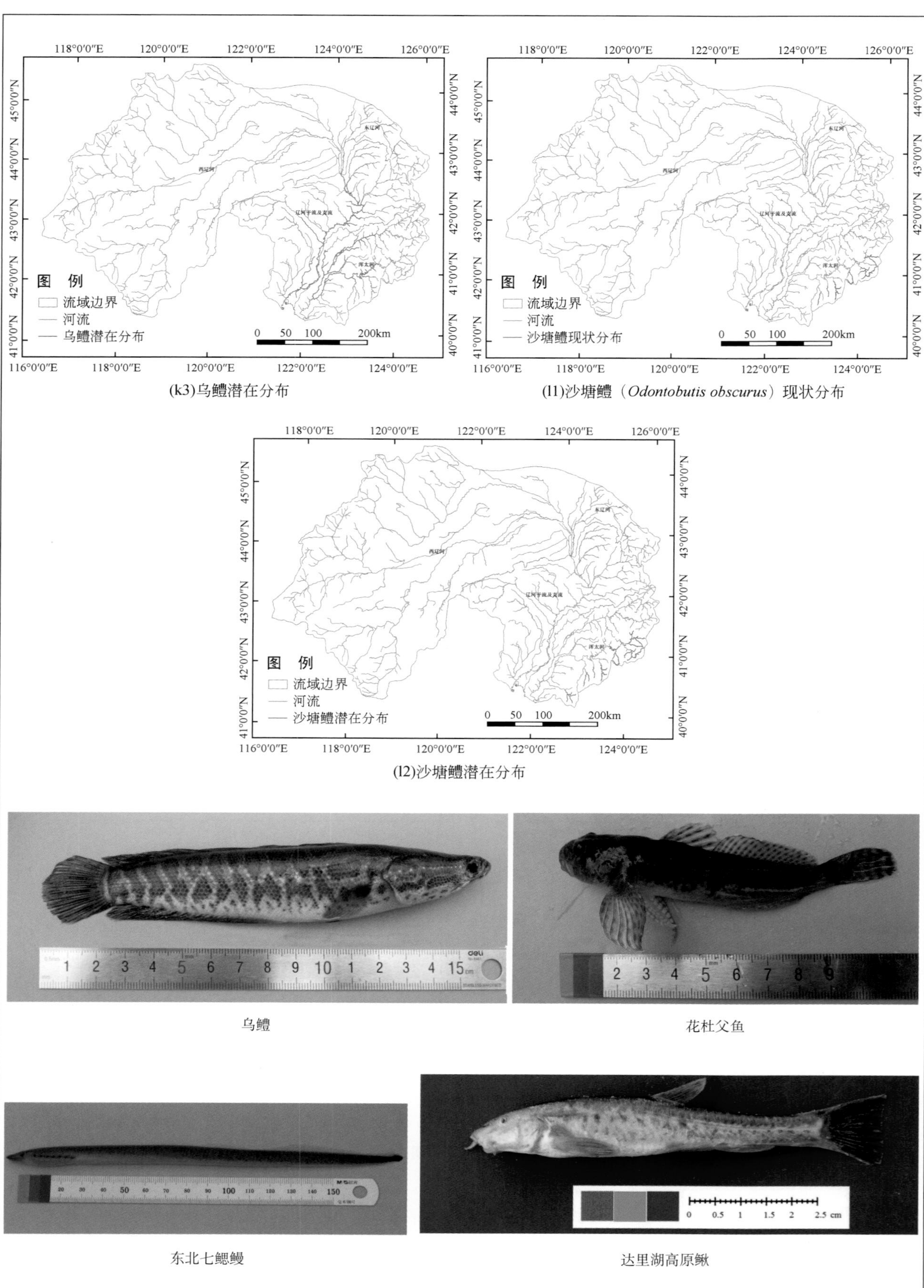

(k3)乌鳢潜在分布

(l1)沙塘鳢（*Odontobutis obscurus*）现状分布

(l2)沙塘鳢潜在分布

乌鳢

花杜父鱼

东北七鳃鳗

达里湖高原鳅

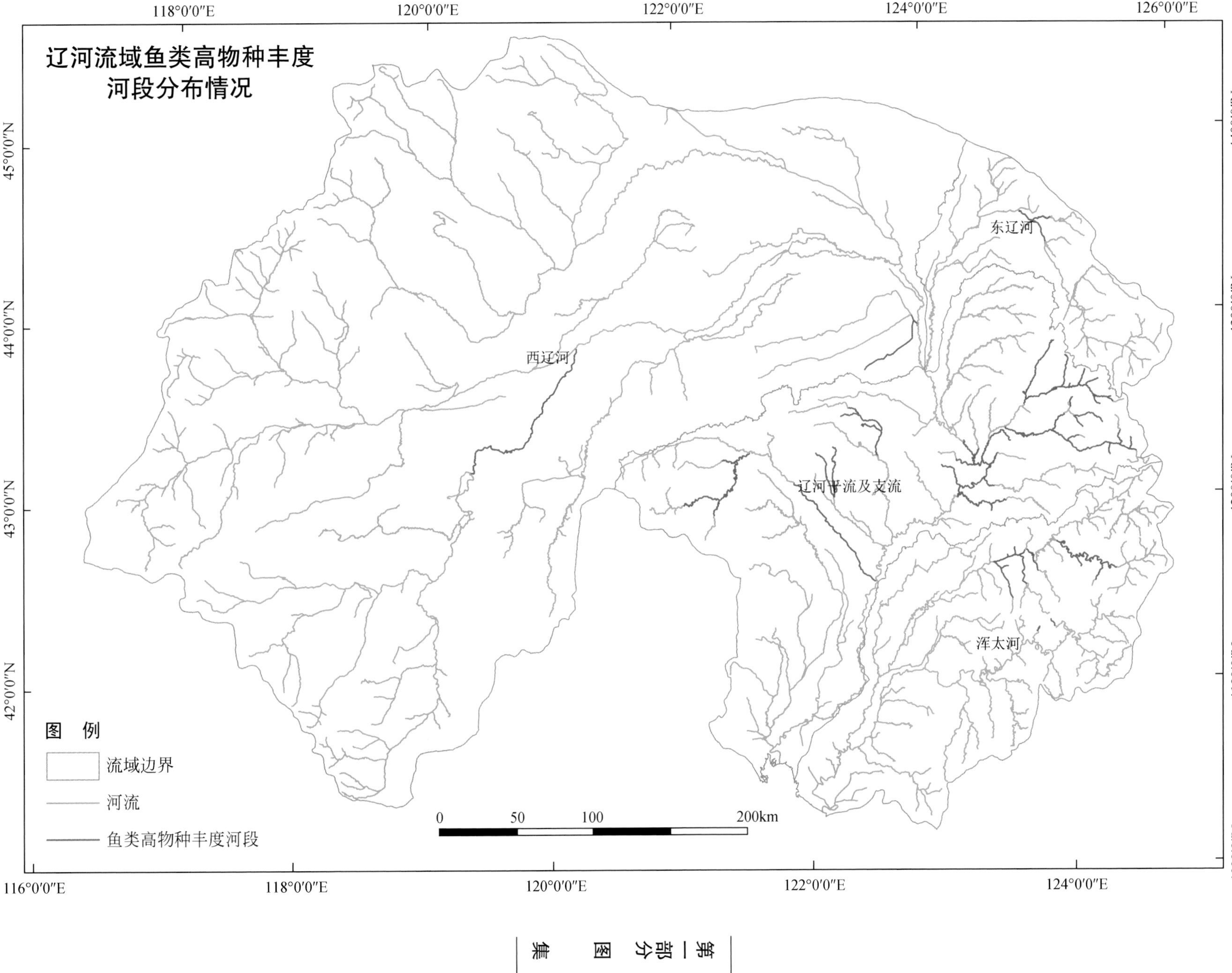
辽河流域鱼类高物种丰度
河段分布情况
东辽河
西辽河
辽河干流及支流
浑太河
图例
流域边界
河流
鱼类高物种丰度河段
0
50
100
200km
116°0'0"E
118°0'0"E
120°0'0"E
122°0'0"E
124°0'0"E
126°0'0"E
40°0'0"N
41°0'0"N
42°0'0"N
43°0'0"N
44°0'0"N
45°0'0"N

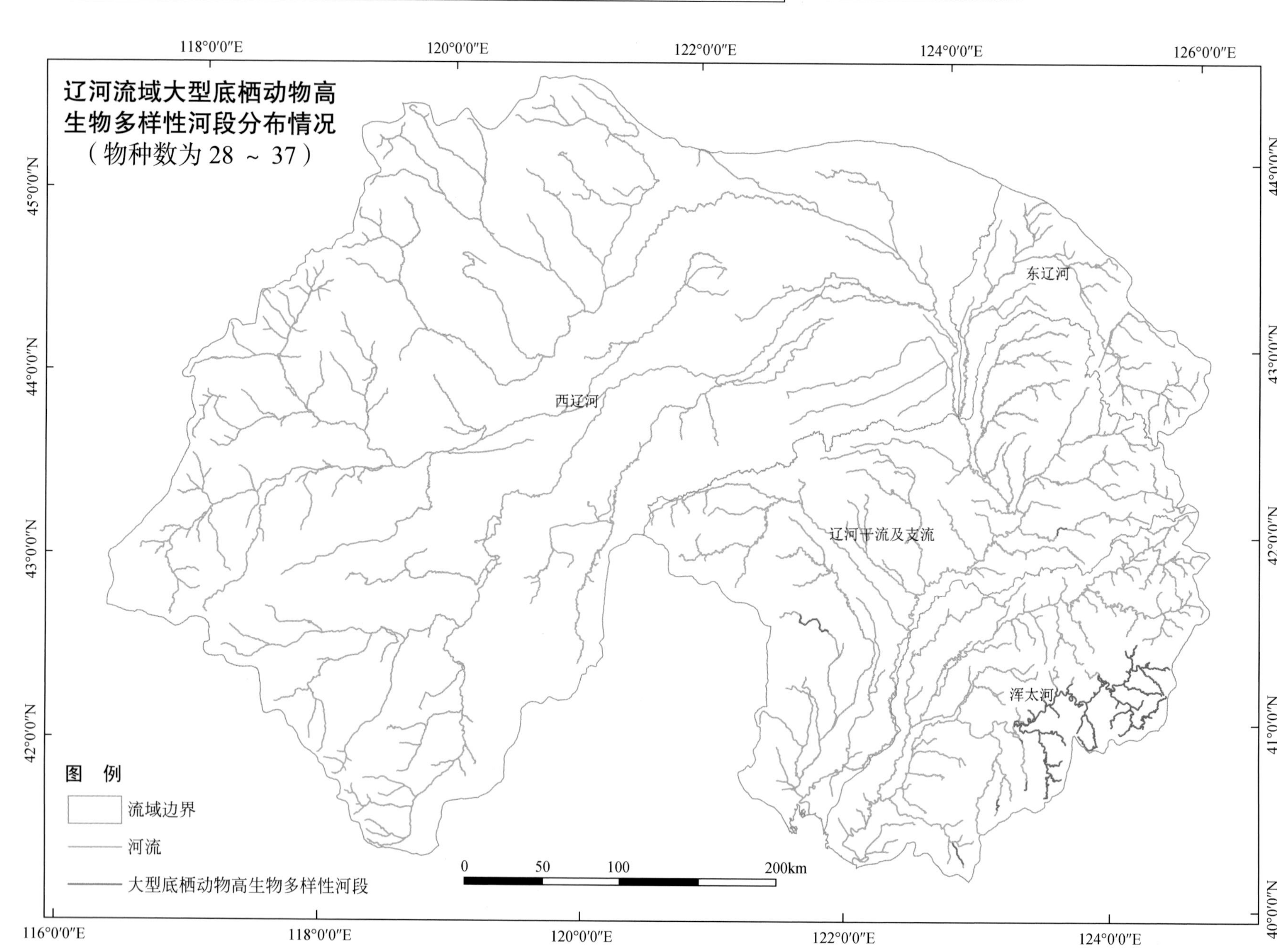
辽河流域大型底栖动物高生物多样性河段分布情况（物种数为 28 ～ 37）
东辽河
西辽河
辽河干流及支流
浑太河
图 例
流域边界
河流
大型底栖动物高生物多样性河段
0
50
100
200km
116°0′0″E
118°0′0″E
120°0′0″E
122°0′0″E
124°0′0″E
126°0′0″E
40°0′0″N
41°0′0″N
42°0′0″N
43°0′0″N
44°0′0″N
45°0′0″N

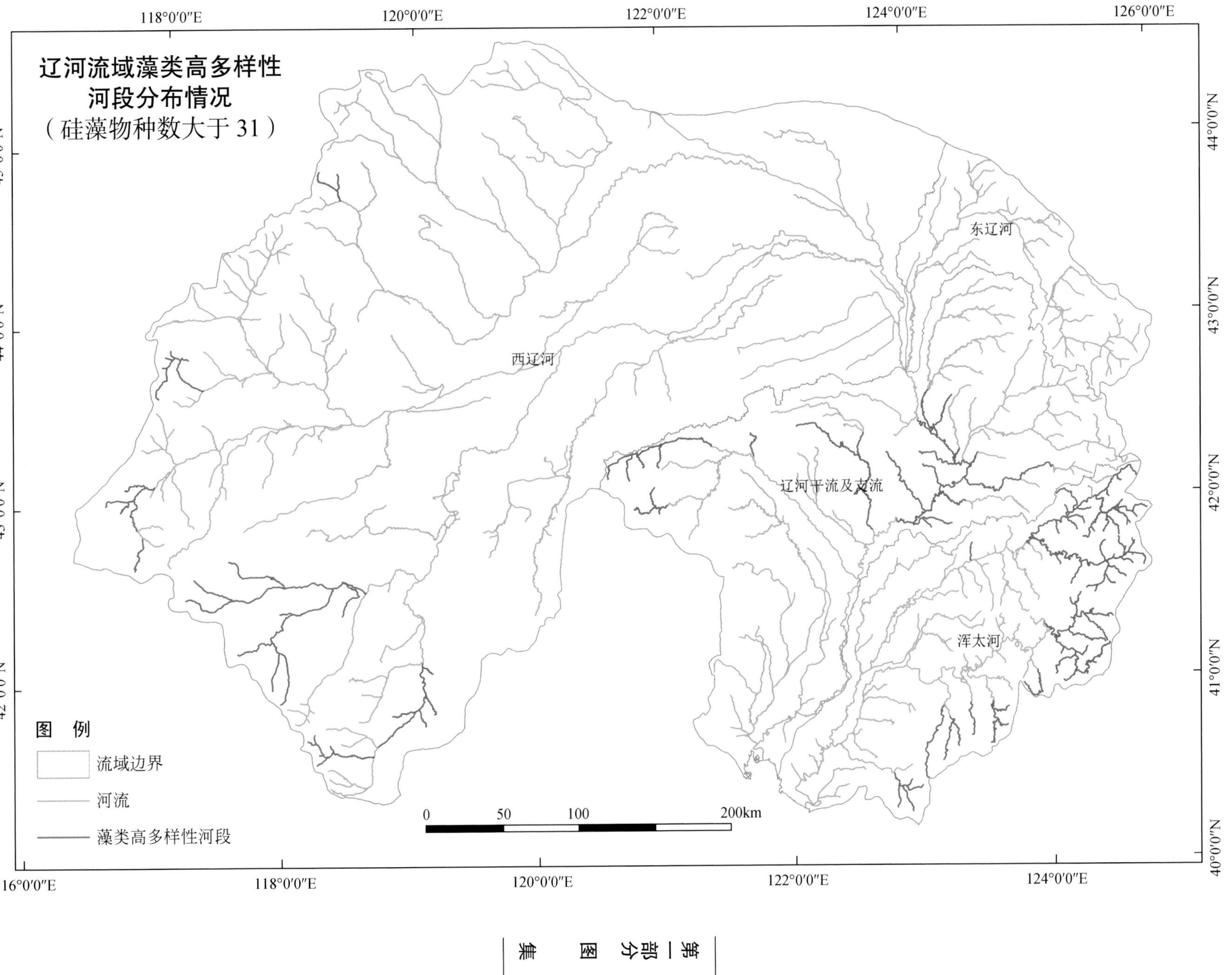

辽河流域藻类高多样性
河段分布情况
（硅藻物种数大于31）
118°0′0″E
120°0′0″E
122°0′0″E
124°0′0″E
126°0′0″E
45°0′0″N
44°0′0″N
43°0′0″N
42°0′0″N
东辽河
西辽河
辽河干流及支流
浑太河
图例
流域边界
河流
藻类高多样性河段
0
50
100
200km
116°0′0″E
118°0′0″E
120°0′0″E
122°0′0″E
124°0′0″E
44°0′0″N
43°0′0″N
42°0′0″N
41°0′0″N
40°0′0″N

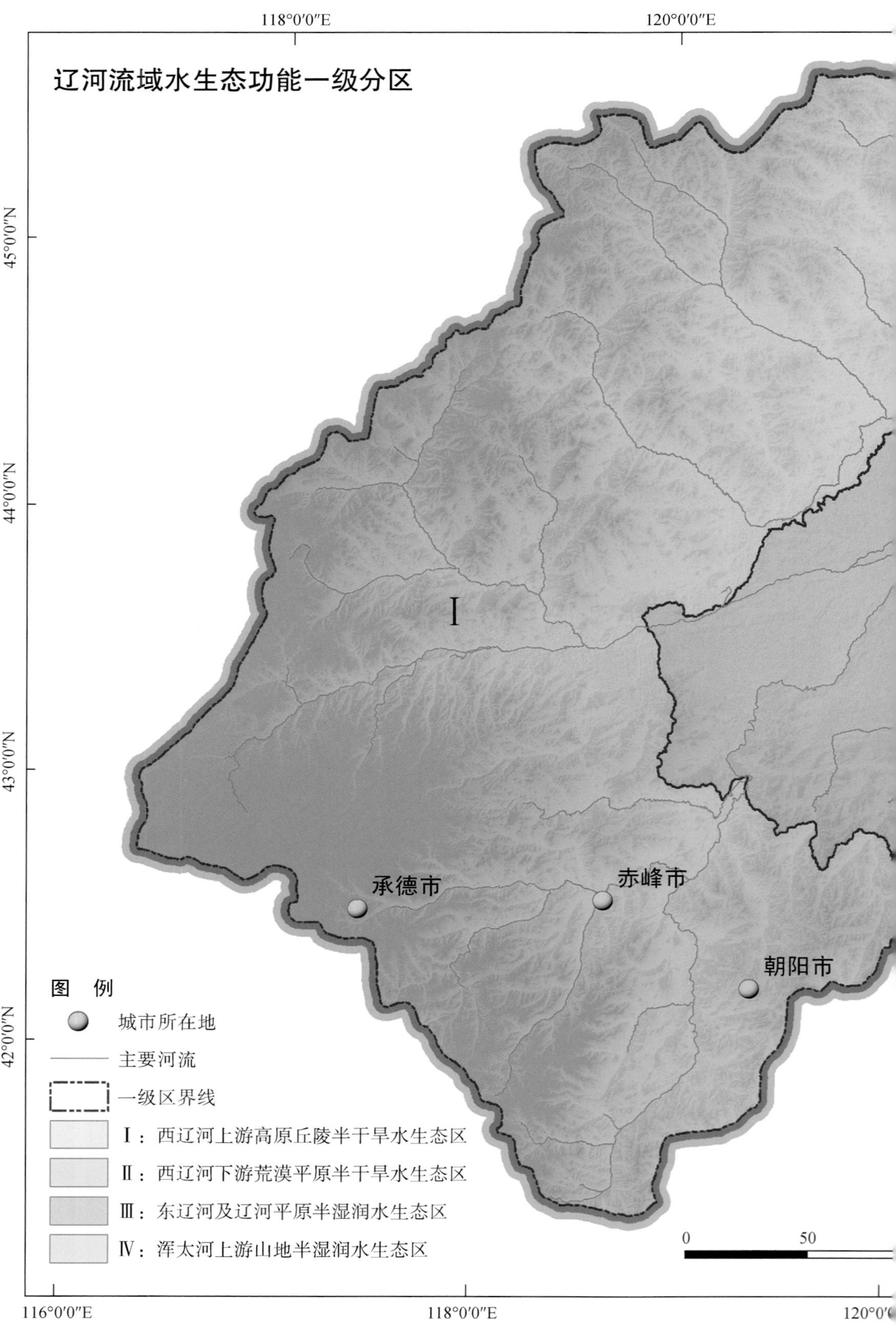
辽河流域水生态功能一级分区
118°0′0″E
120°0′0″E
45°0′0″N
44°0′0″N
43°0′0″N
42°0′0″N
I
承德市
赤峰市
朝阳市
图　例
城市所在地
主要河流
一级区界线
Ⅰ：西辽河上游高原丘陵半干旱水生态区
Ⅱ：西辽河下游荒漠平原半干旱水生态区
Ⅲ：东辽河及辽河平原半湿润水生态区
Ⅳ：浑太河上游山地半湿润水生态区
0
50
116°0′0″E
118°0′0″E

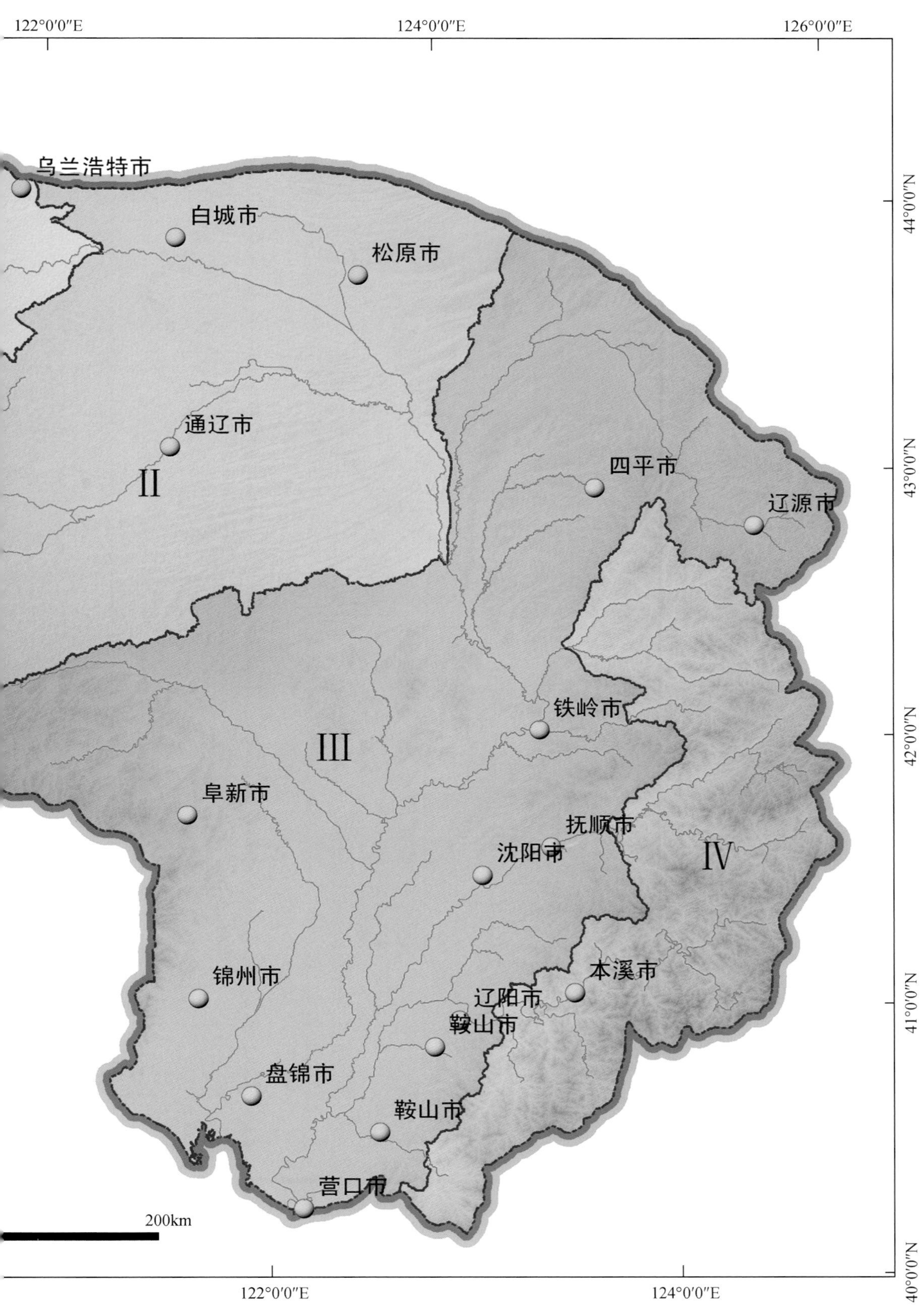

122°0′0″E
124°0′0″E
126°0′0″E
乌兰浩特市
白城市
松原市
通辽市
II
四平市
辽源市
铁岭市
III
阜新市
抚顺市
沈阳市
IV
锦州市
本溪市
辽阳市
鞍山市
盘锦市
鞍山市
营口市
200km
44°0′0″N
43°0′0″N
42°0′0″N
41°0′0″N
40°0′0″N
122°0′0″E
124°0′0″E

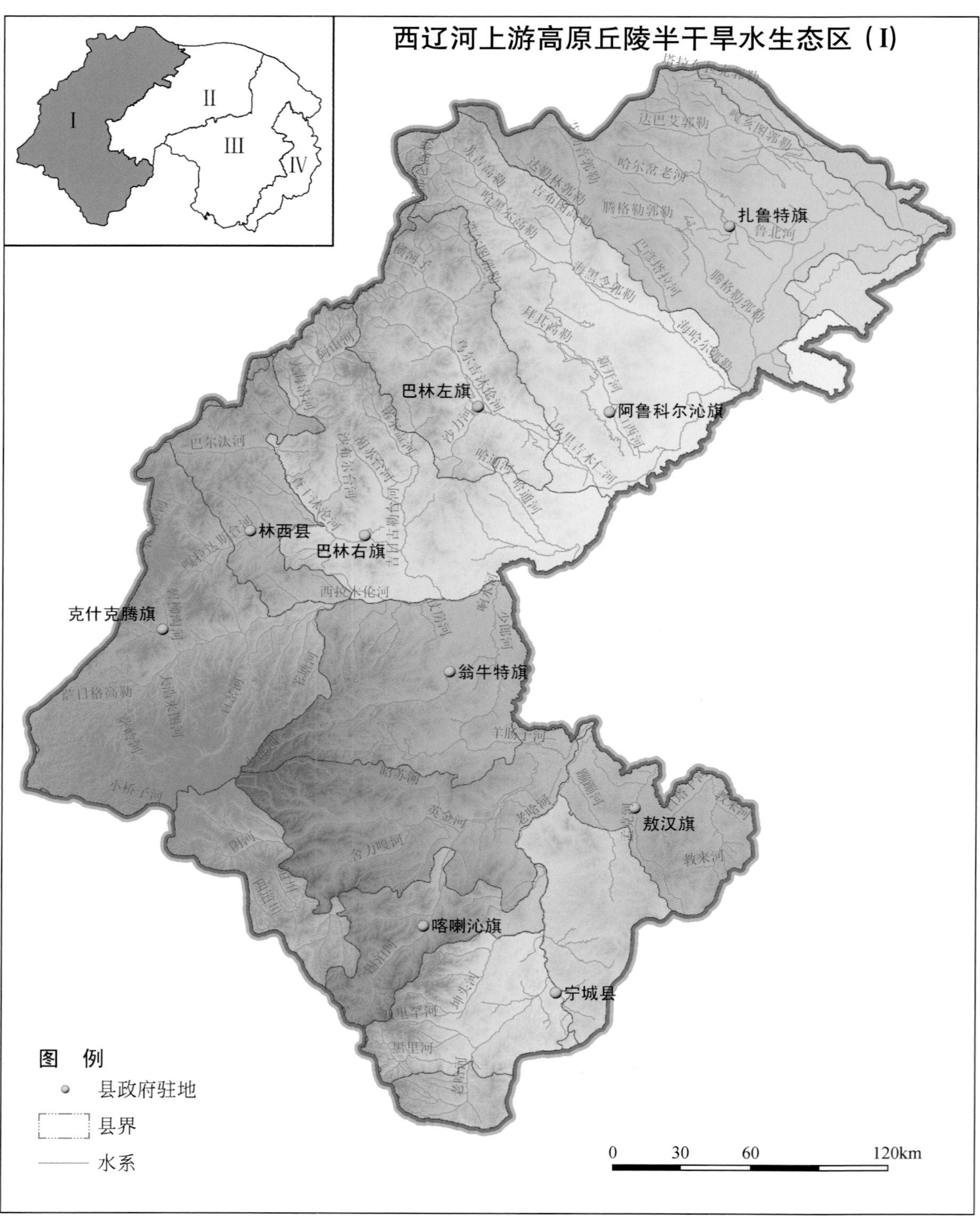
西辽河上游高原丘陵半干旱水生态区（I）
I
II
III
IV
扎鲁特旗
鲁北河
阿鲁科尔沁旗
巴林左旗
林西县
巴林右旗
巴尔汰河
西拉木伦河
克什克腾旗
翁牛特旗
羊肠子河
敖汉旗
教来河
喀喇沁旗
宁城县
图　例
县政府驻地
县界
水系
0
30
60
120km

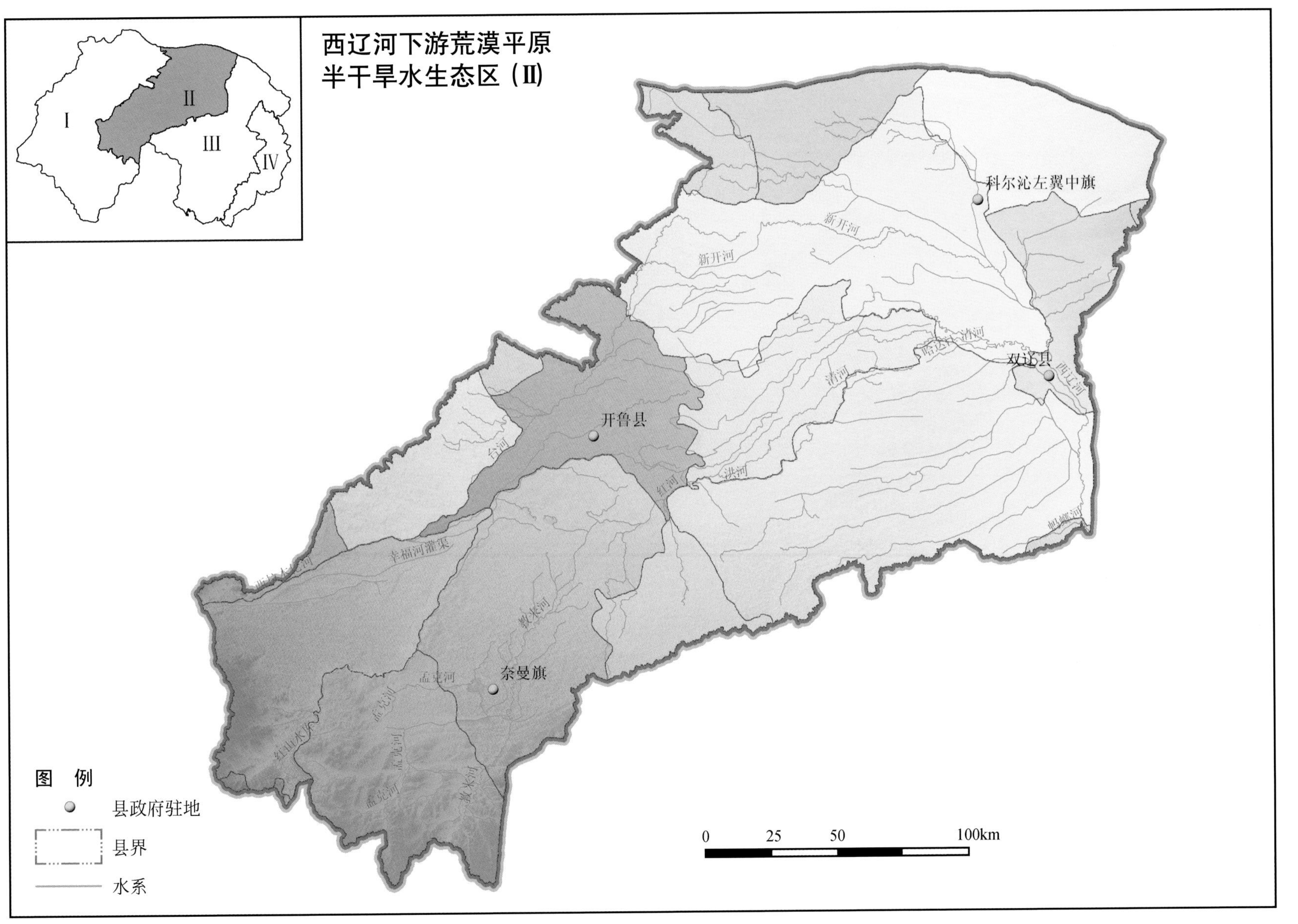
西辽河下游荒漠平原
半干旱水生态区（II）
I
II
III
IV
科尔沁左翼中旗
新开河
新开河
清河
洪河
红河
双辽县
西辽河
开鲁县
幸福河灌渠
教来河
奈曼旗
孟克河
图 例
县政府驻地
县界
水系
0
25
50
100km

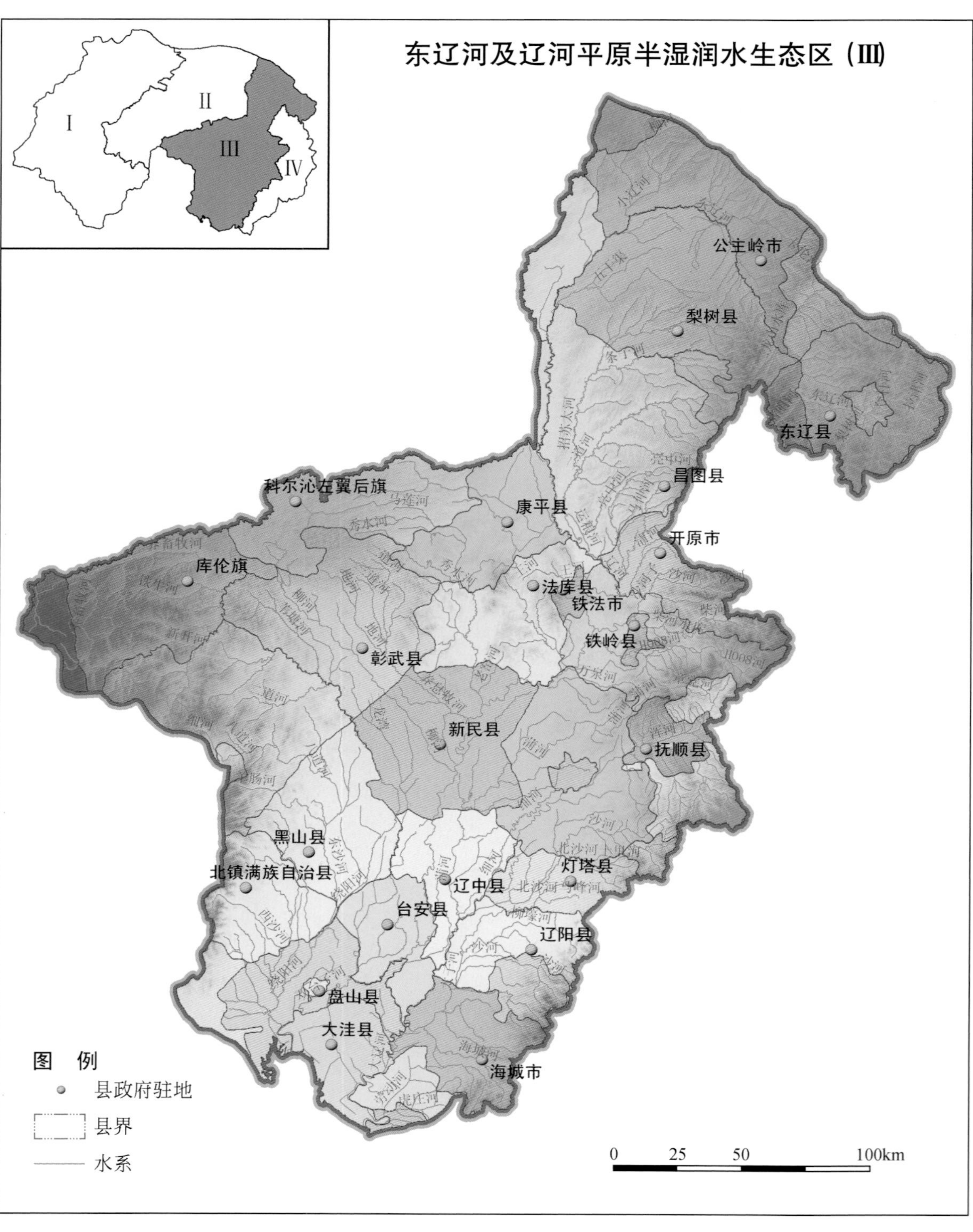

东辽河及辽河平原半湿润水生态区（Ⅲ）
I
II
III
IV
公主岭市
梨树县
东辽县
昌图县
开原市
科尔沁左翼后旗
康平县
库伦旗
法库县
铁法市
铁岭县
彰武县
新民县
抚顺县
黑山县
北镇满族自治县
辽中县
灯塔县
台安县
辽阳县
盘山县
大洼县
海城市
图 例
县政府驻地
县界
水系
0 25 50 100km

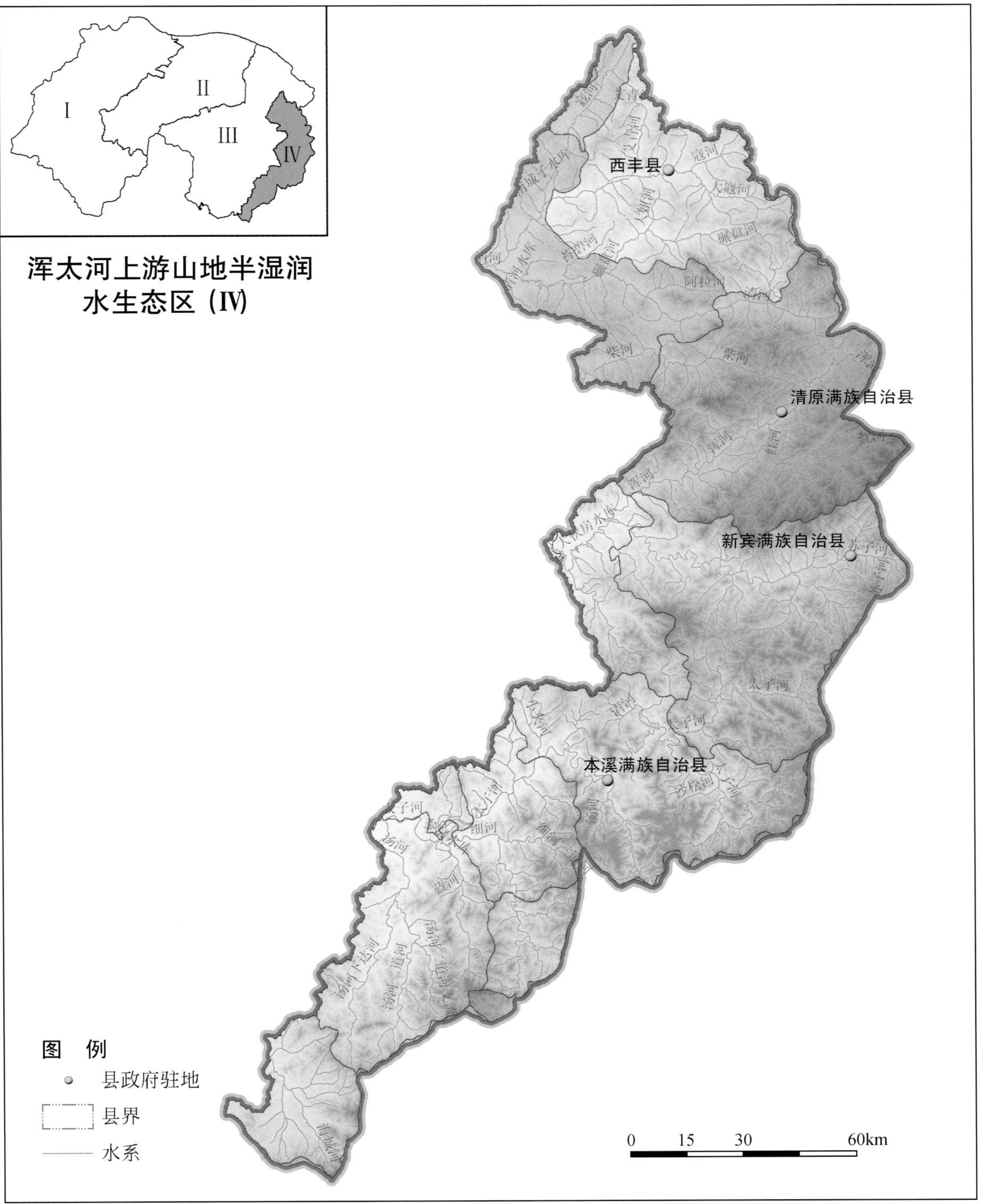

I
II
III
IV
浑太河上游山地半湿润水生态区（IV）
西丰县
清原满族自治县
新宾满族自治县
本溪满族自治县
图 例
县政府驻地
县界
水系
0 15 30 60km

第一部分 图集

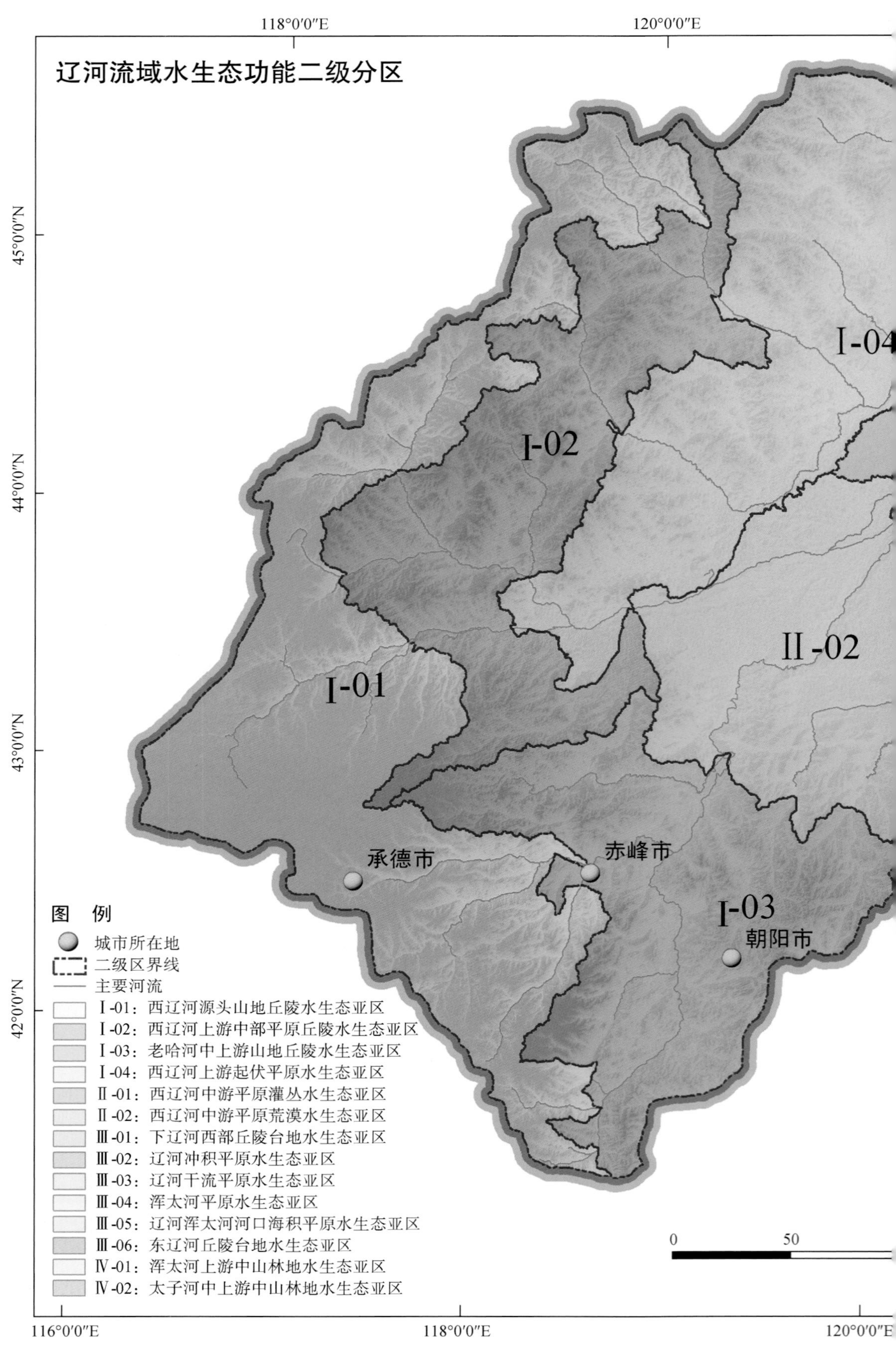
118°0′0″E
120°0′0″E
辽河流域水生态功能二级分区
45°0′0″N
44°0′0″N
43°0′0″N
42°0′0″N
Ⅰ-04
Ⅰ-02
Ⅱ-02
Ⅰ-01
Ⅰ-03
承德市
赤峰市
朝阳市
图 例
城市所在地
二级区界线
主要河流
Ⅰ-01：西辽河源头山地丘陵水生态亚区
Ⅰ-02：西辽河上游中部平原丘陵水生态亚区
Ⅰ-03：老哈河中上游山地丘陵水生态亚区
Ⅰ-04：西辽河上游起伏平原水生态亚区
Ⅱ-01：西辽河中游平原灌丛水生态亚区
Ⅱ-02：西辽河中游平原荒漠水生态亚区
Ⅲ-01：下辽河西部丘陵台地水生态亚区
Ⅲ-02：辽河冲积平原水生态亚区
Ⅲ-03：辽河干流平原水生态亚区
Ⅲ-04：浑太河平原水生态亚区
Ⅲ-05：辽河浑太河河口海积平原水生态亚区
Ⅲ-06：东辽河丘陵台地水生态亚区
Ⅳ-01：浑太河上游中山林地水生态亚区
Ⅳ-02：太子河中上游中山林地水生态亚区
0
50
116°0′0″E
118°0′0″E
120°0′0″E

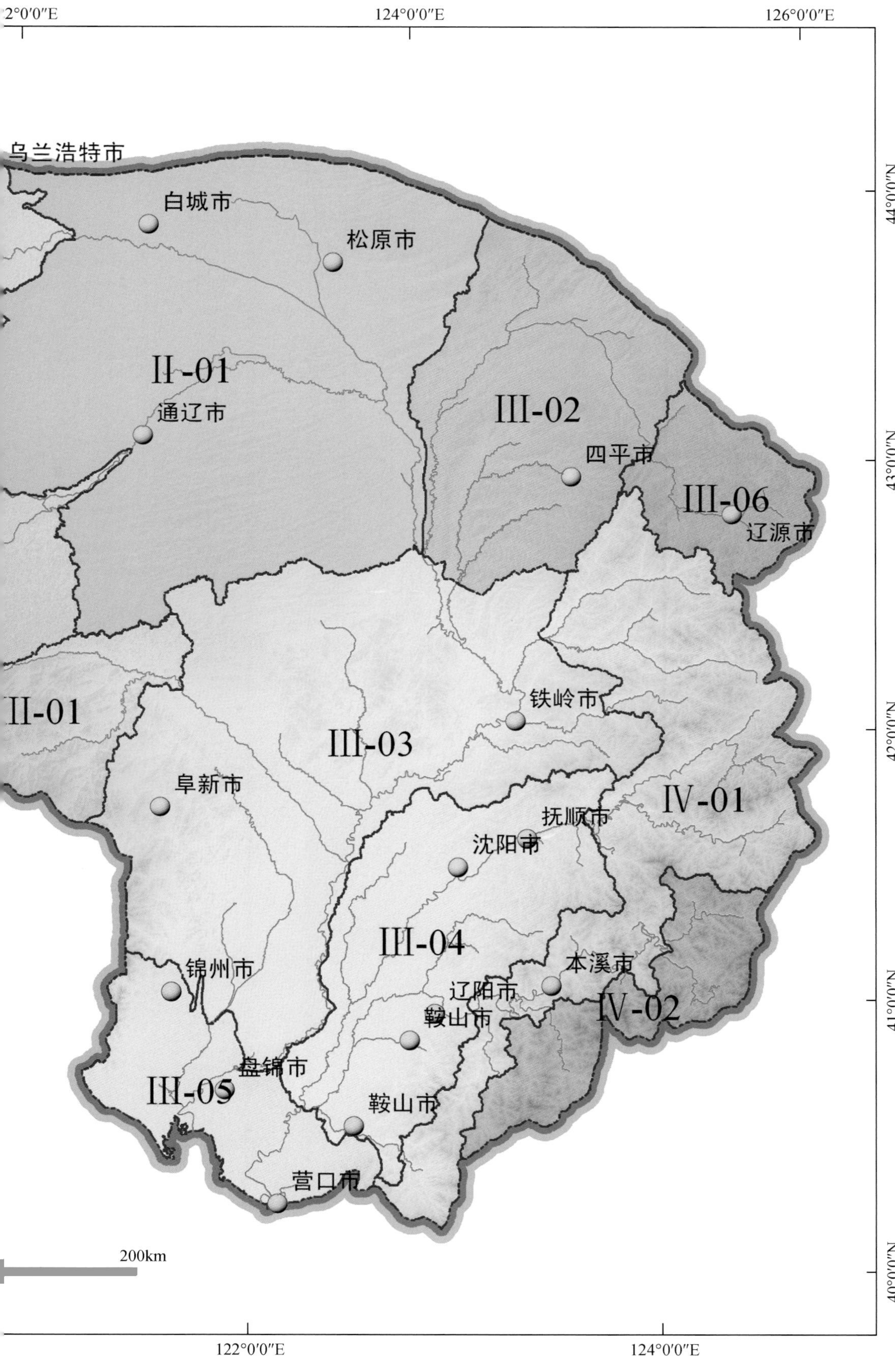
2°0′0″E
124°0′0″E
126°0′0″E
乌兰浩特市
白城市
松原市
Ⅱ-01
通辽市
Ⅲ-02
四平市
Ⅲ-06
辽源市
铁岭市
Ⅱ-01
Ⅲ-03
阜新市
Ⅳ-01
抚顺市
沈阳市
Ⅲ-04
锦州市
本溪市
辽阳市
Ⅳ-02
鞍山市
盘锦市
Ⅲ-05
鞍山市
营口市
200km
44°0′0″N
43°0′0″N
42°0′0″N
41°0′0″N
40°0′0″N
122°0′0″E
124°0′0″E

西辽河源头山地丘陵
水生态亚区（I-01）
I-04
II-01
III-02
I-02
III-06
I-01
II-02
III-01
III-03
IV-01
I-03
III-04
IV-02
III-05
西乌珠穆沁旗
扎鲁特旗
阿鲁科尔沁旗
巴林左旗
巴林右旗
林西县
巴尔汰河
巴林右旗
克什克腾旗
翁牛特旗
萨日格高勒
翁牛特旗
小桥子河
赤峰市市辖区
阴河
舍力嘎河
围场满族蒙古族自治县
赤峰市市辖区
喀喇沁旗
锡伯河
宁城县
隆化县
黑里河
承德县
平泉县
图　例
县界
水系
0
25
50
100km

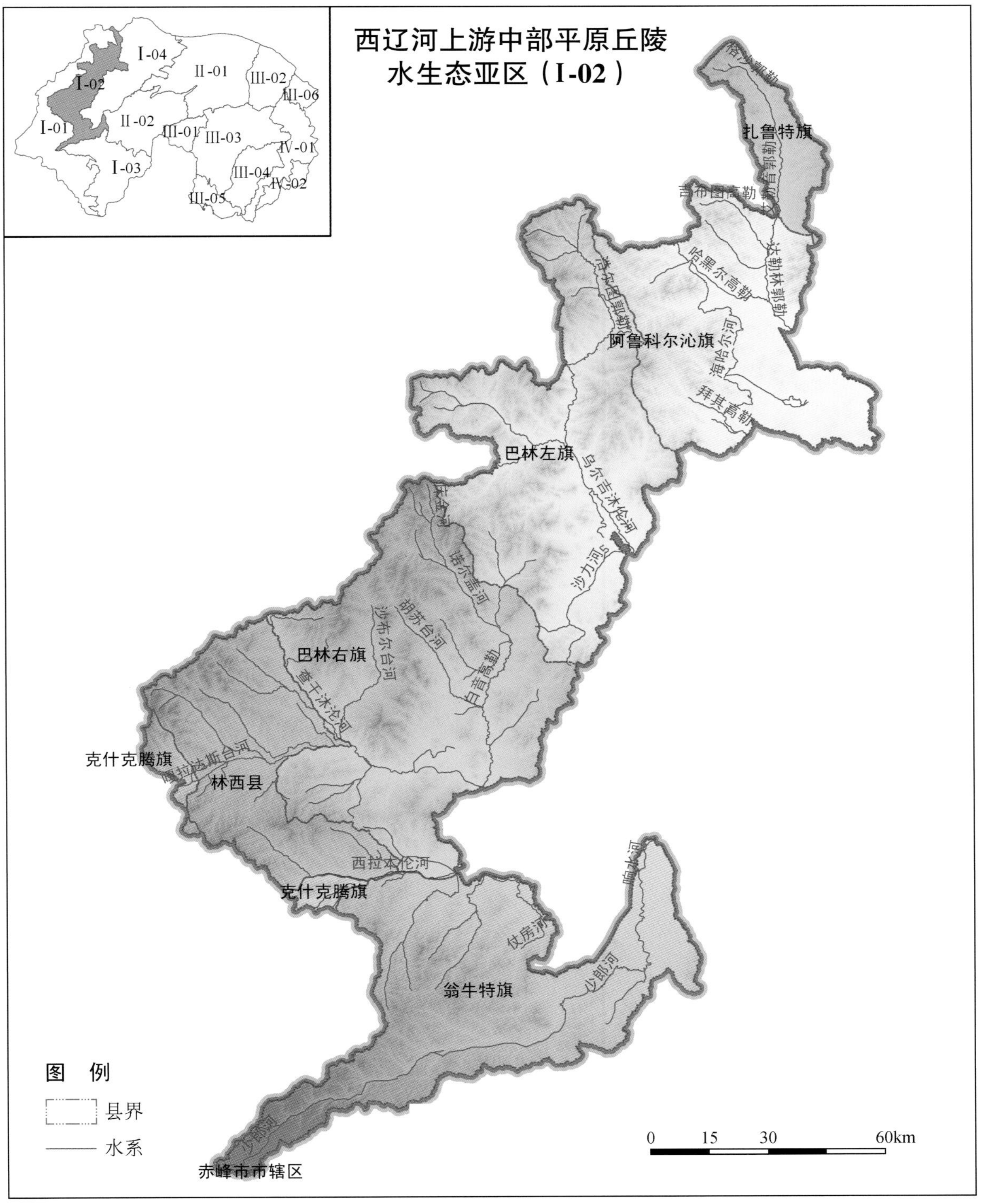
西辽河上游中部平原丘陵
水生态亚区（I-02）
I-04
II-01
III-02
I-02
III-06
II-02
I-01
III-01
III-03
IV-01
I-03
III-04
IV-02
III-05
扎鲁特旗
阿鲁科尔沁旗
巴林左旗
巴林右旗
克什克腾旗
林西县
克什克腾旗
翁牛特旗
赤峰市市辖区
西拉木伦河
乌尔吉沐伦河
沙力河
查干沐沦河
沙布尔台河
胡苏台河
诺尔盖河
哈黑尔高勒
达勒林郭勒
拜其高勒
海哈尔河
吉布图高勒
仗房河
少郎河
图 例
县界
水系
0 15 30 60km

第一部分 图集

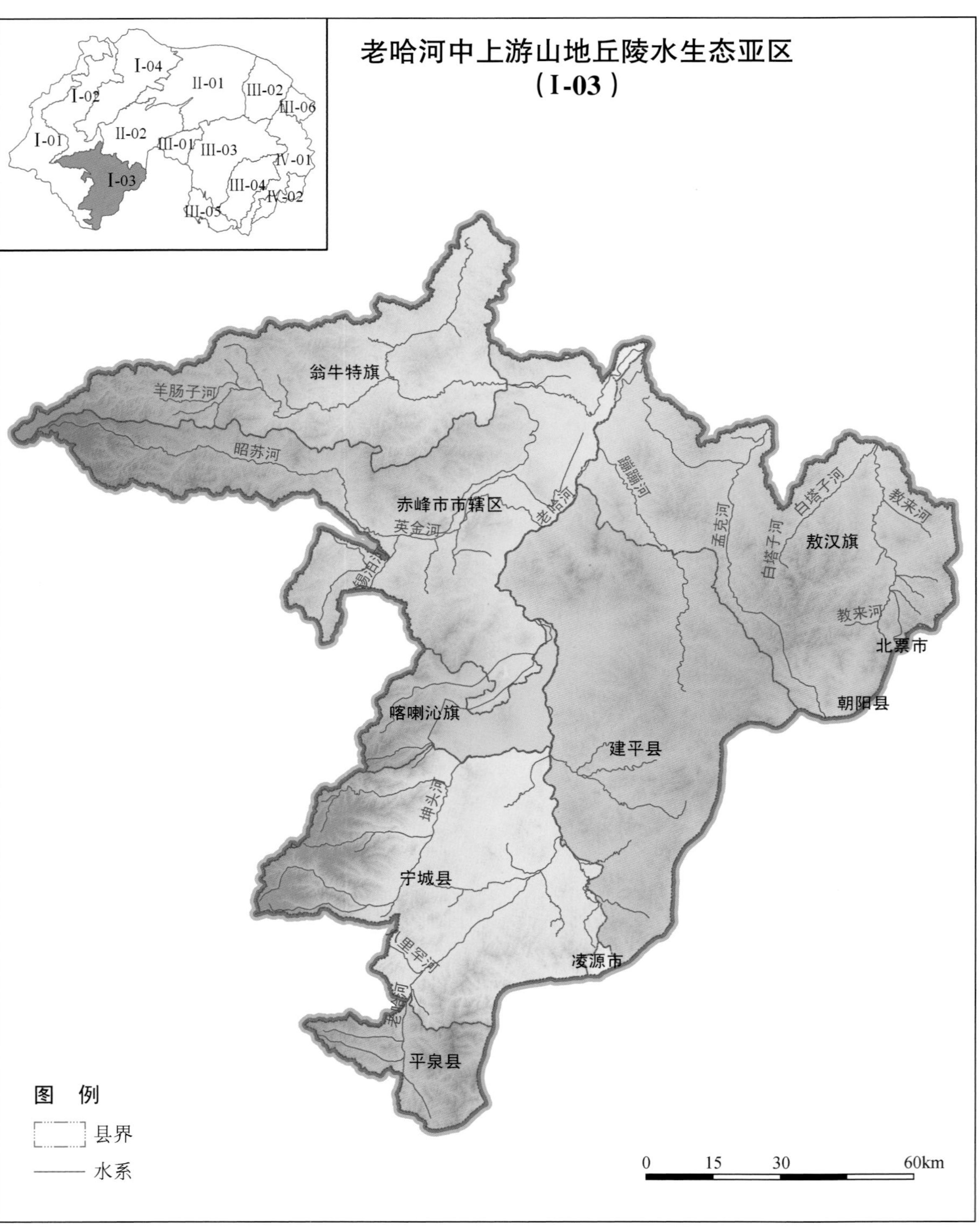
老哈河中上游山地丘陵水生态亚区
（I-03）
I-04
I-02
I-01
II-01
II-02
III-01
III-02
III-06
III-03
III-04
III-05
IV-01
IV-02
I-03
翁牛特旗
羊肠子河
昭苏河
赤峰市市辖区
英金河
老哈河
蹦蹦河
孟克河
白塔子河
教来河
敖汉旗
北票市
朝阳县
喀喇沁旗
建平县
坤头河
宁城县
黑里河
凌源市
平泉县
图 例
县界
水系
0 15 30 60km

西辽河上游起伏平原水生态亚区（I-04）
I-04
I-02
I-01
I-03
II-01
II-02
III-01
III-02
III-03
III-04
III-05
III-06
IV-01
IV-02
塔拉布拉克郭勒
达巴艾郭勒
嘎亥图郭勒
双井郭勒
塔布呼都格郭勒
呼浜郭勒
哈尔岱老河
科尔沁右翼中旗
腾格勒郭勒
扎鲁特旗
巴彦塔拉河
包洛金塔拉
科尔沁左翼中旗
海哈尔郭勒
新开河
开鲁县
阿鲁科尔沁旗
乌尔吉沐伦河
天山西河
巴林左旗
乌里吉木仁河
哈通河
巴林右旗
西拉木伦河
翁牛特旗
图 例
县界
水系
0 20 40 80km

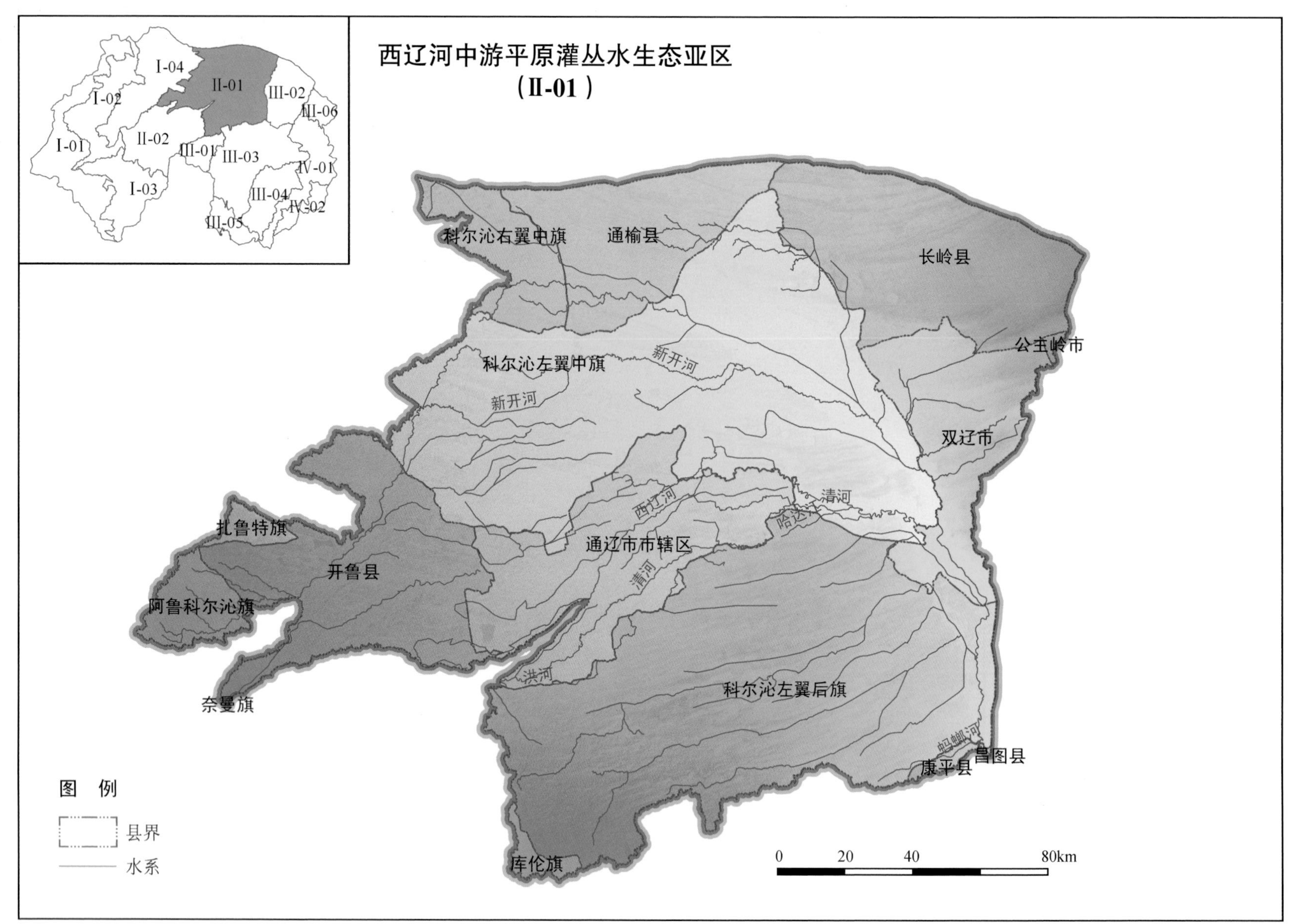

西辽河中游平原灌丛水生态亚区
（II-01）
I-04
II-01
III-02
III-06
I-02
I-01
II-02
III-01
III-03
IV-01
I-03
III-04
IV-02
III-05
科尔沁右翼中旗
通榆县
长岭县
公主岭市
科尔沁左翼中旗
新开河
新开河
双辽市
西辽河
清河
哈达
扎鲁特旗
开鲁县
通辽市市辖区
清河
阿鲁科尔沁旗
洪河
科尔沁左翼后旗
奈曼旗
康平县
昌图县
图 例
县界
水系
库伦旗
0
20
40
80km

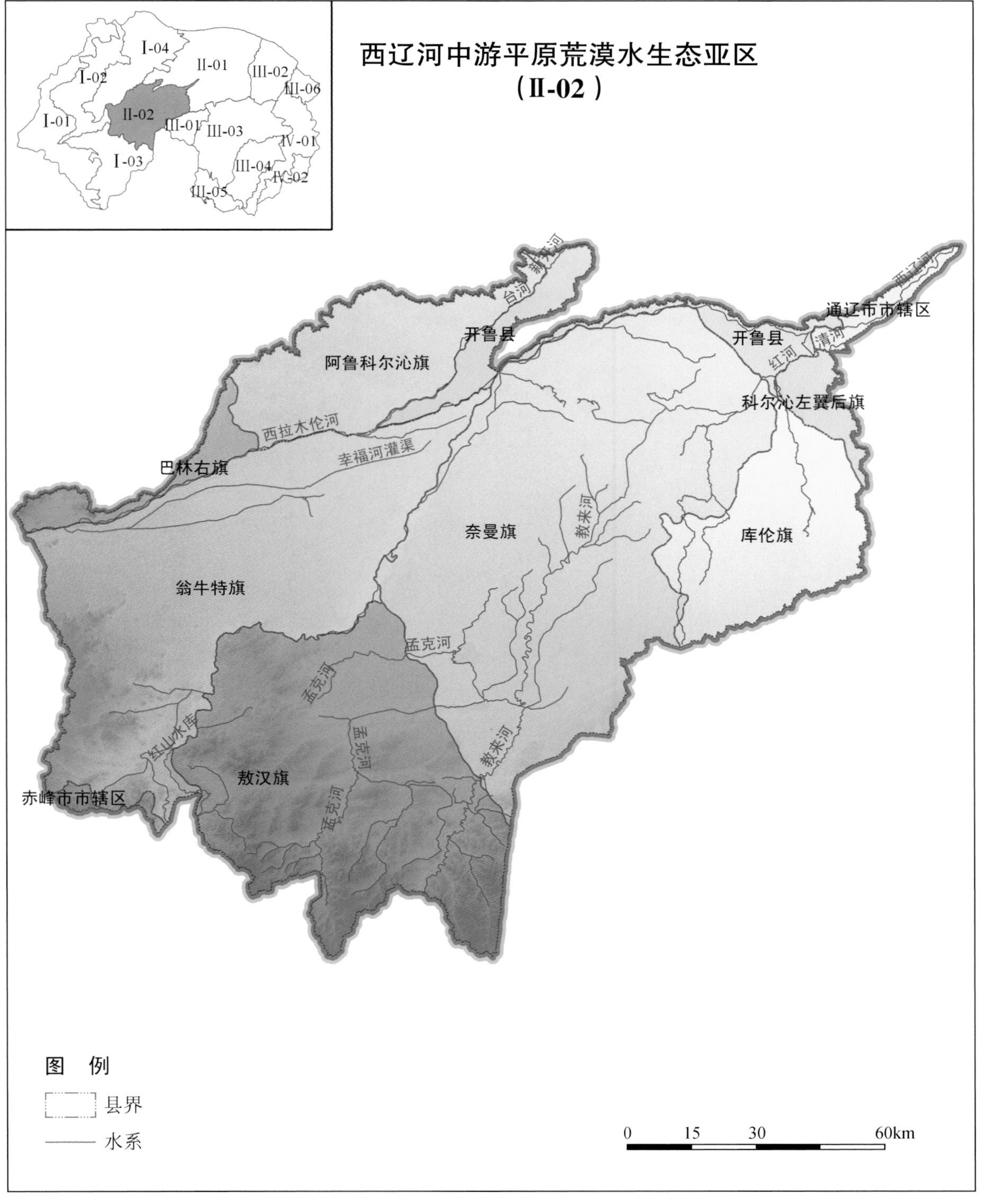
西辽河中游平原荒漠水生态亚区
（Ⅱ-02）
I-04
II-01
III-02
I-02
III-06
II-02
I-01
III-01
III-03
IV-01
I-03
III-04
IV-02
III-05
新开河
台河
开鲁县
阿鲁科尔沁旗
西辽河
通辽市市辖区
开鲁县
清河
红河
科尔沁左翼后旗
西拉木伦河
幸福河灌渠
巴林右旗
奈曼旗
教来河
库伦旗
翁牛特旗
孟克河
孟克河
红山水库
孟克河
教来河
敖汉旗
孟克河
赤峰市市辖区
图　例
县界
水系
0
15
30
60km

第一部分 图集

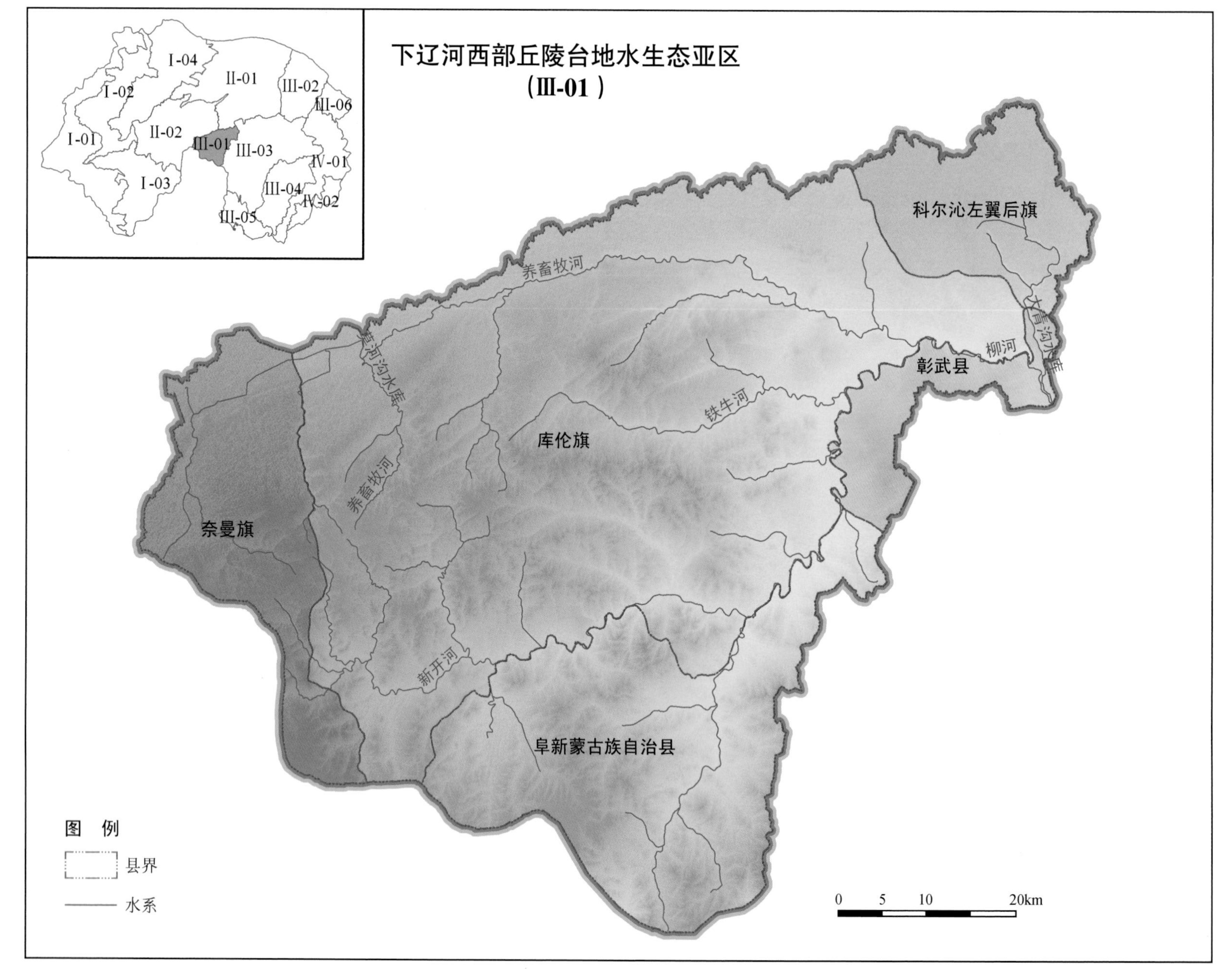
下辽河西部丘陵台地水生态亚区
(Ⅲ-01)
I-04
II-01
III-02
I-02
III-06
I-01
II-02
III-01
III-03
IV-01
I-03
III-04
IV-02
III-05
养畜牧河
科尔沁左翼后旗
大青沟水库
柳河
彰武县
莫河沟水库
铁牛河
库伦旗
养畜牧河
奈曼旗
新开河
阜新蒙古族自治县
图例
县界
水系
0
5
10
20km

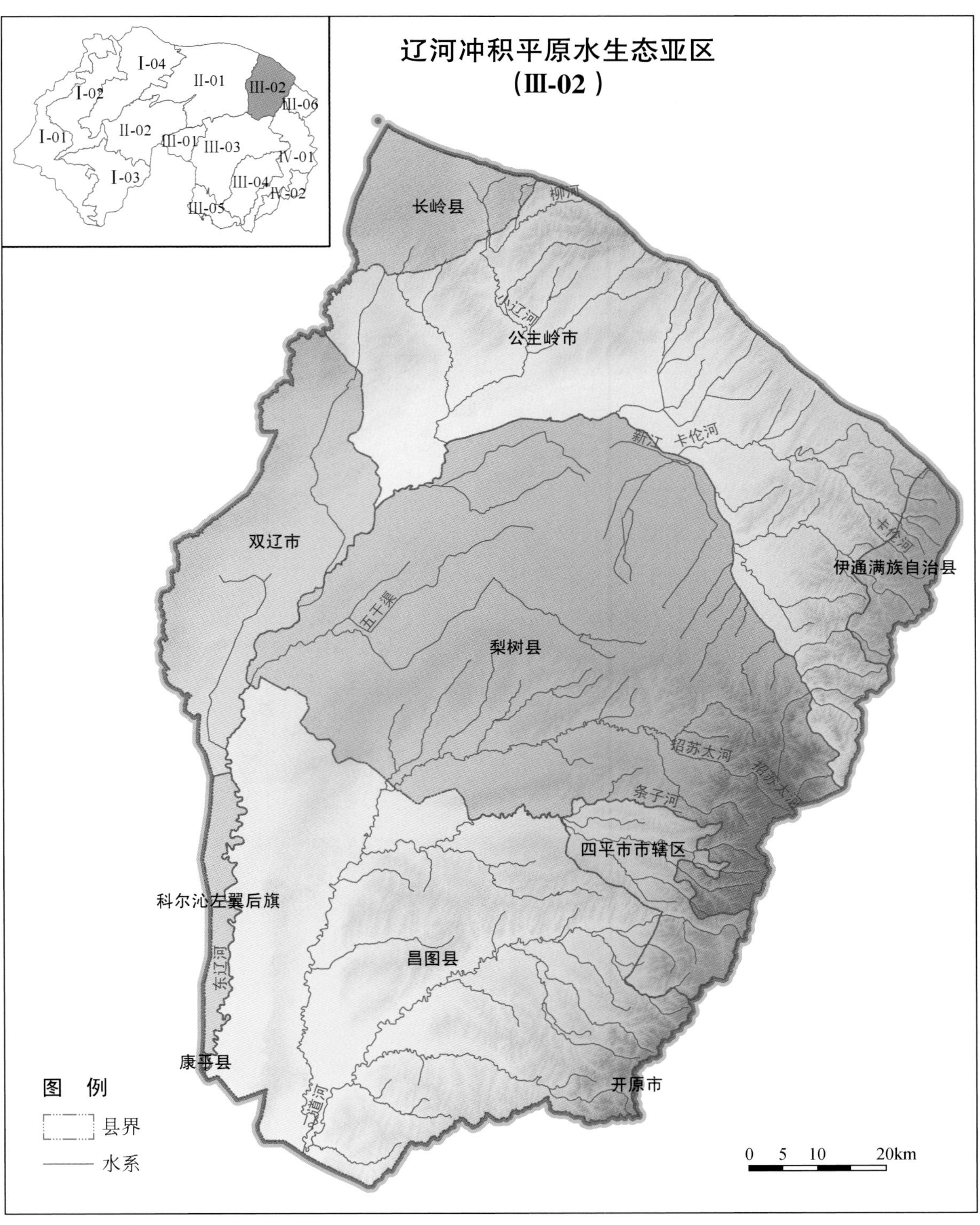
辽河冲积平原水生态亚区
(Ⅲ-02)
I-04
II-01
III-02
I-02
III-06
II-02
I-01
III-01
III-03
IV-01
I-03
III-04
IV-02
III-05
长岭县
柳河
小辽河
公主岭市
新江
卡伦河
卡伦河
伊通满族自治县
双辽市
五干渠
梨树县
招苏太河
招苏太河
条子河
四平市市辖区
科尔沁左翼后旗
东辽河
昌图县
康平县
二道河
开原市
图 例
县界
水系
0 5 10 20km

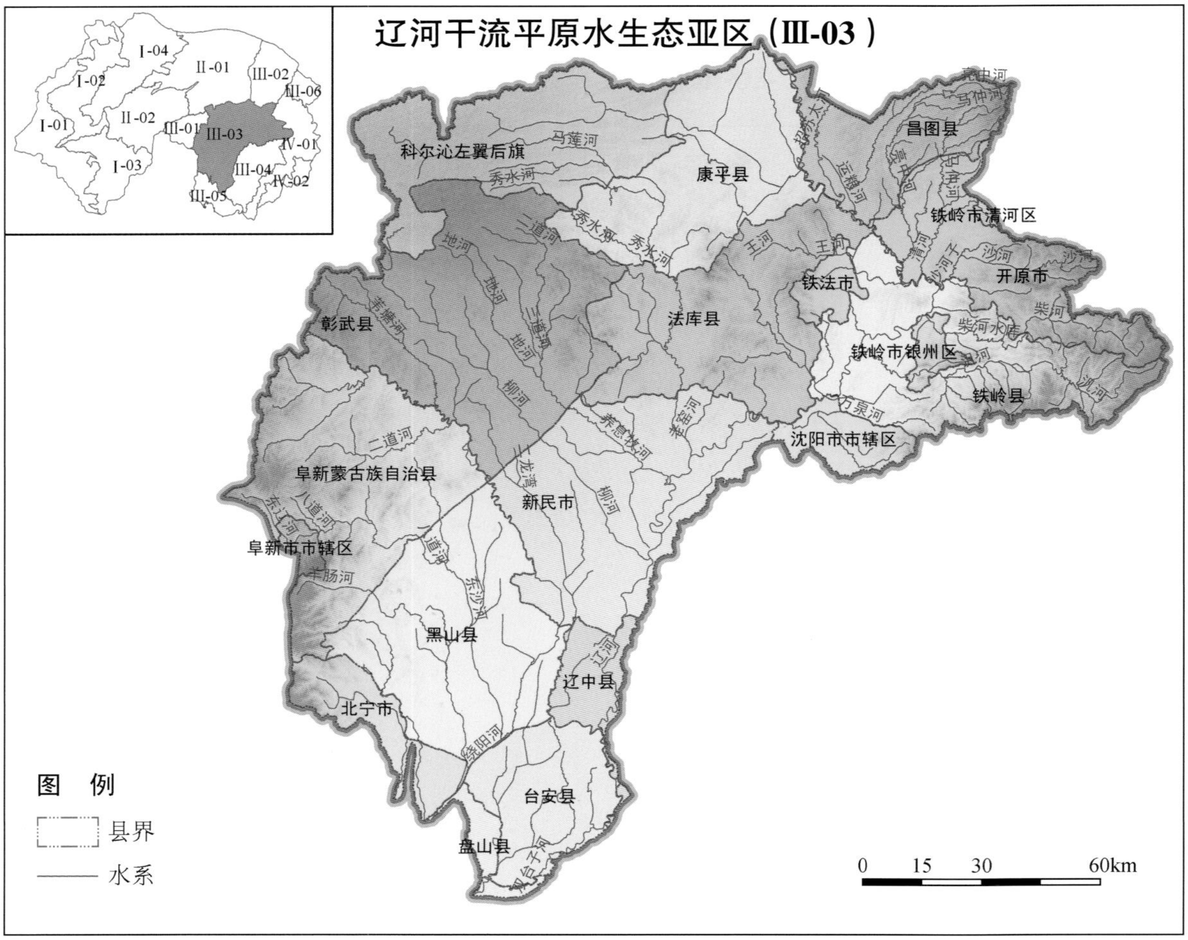

辽河干流平原水生态亚区（Ⅲ-03）

Ⅰ-04 Ⅱ-01 Ⅲ-02 Ⅰ-02 Ⅲ-06 Ⅰ-01 Ⅱ-02 Ⅲ-01 Ⅲ-03 Ⅳ-01 Ⅰ-03 Ⅲ-04 Ⅳ-02 Ⅲ-05

科尔沁左翼后旗 康平县 昌图县 铁岭市清河区 开原市 铁法市 彰武县 法库县 铁岭市银州区 铁岭县 沈阳市市辖区 阜新蒙古族自治县 新民市 阜新市市辖区 黑山县 辽中县 北宁市 台安县 盘山县

马莲河 秀水河 二道河 地河 柳河 养息牧河 万泉河 王河 清河 沙河 柴河 汎河 招苏台河 亮中河 马仲河 饶阳河 羊肠河 东沙河 辽河

图 例

县界

水系

0 15 30 60km

万泉河中游铁岭县境内

入辽干支流法库县境内

浑太河平原水生态亚区
（Ⅲ-04）
I-04
I-02
II-01
III-02
III-06
I-01
II-02
III-01
III-03
IV-01
I-03
III-04
IV-02
III-05
铁岭县
铁岭县
抚顺县
抚顺市市辖区
新民市
沈阳市市辖区
抚顺县
本溪市市辖区
辽中县
灯塔市
北沙河戈西河
太子河
辽阳市市辖区
辽阳县
辽阳县
运粮河
沙河
台安县
鞍山市市辖区
盘山县
海城市
海城河
蒲河
细河
浑河
沙河
北沙河东支
柳壕河
图 例
县界
水系
0 10 20 40km

第一部分 图集

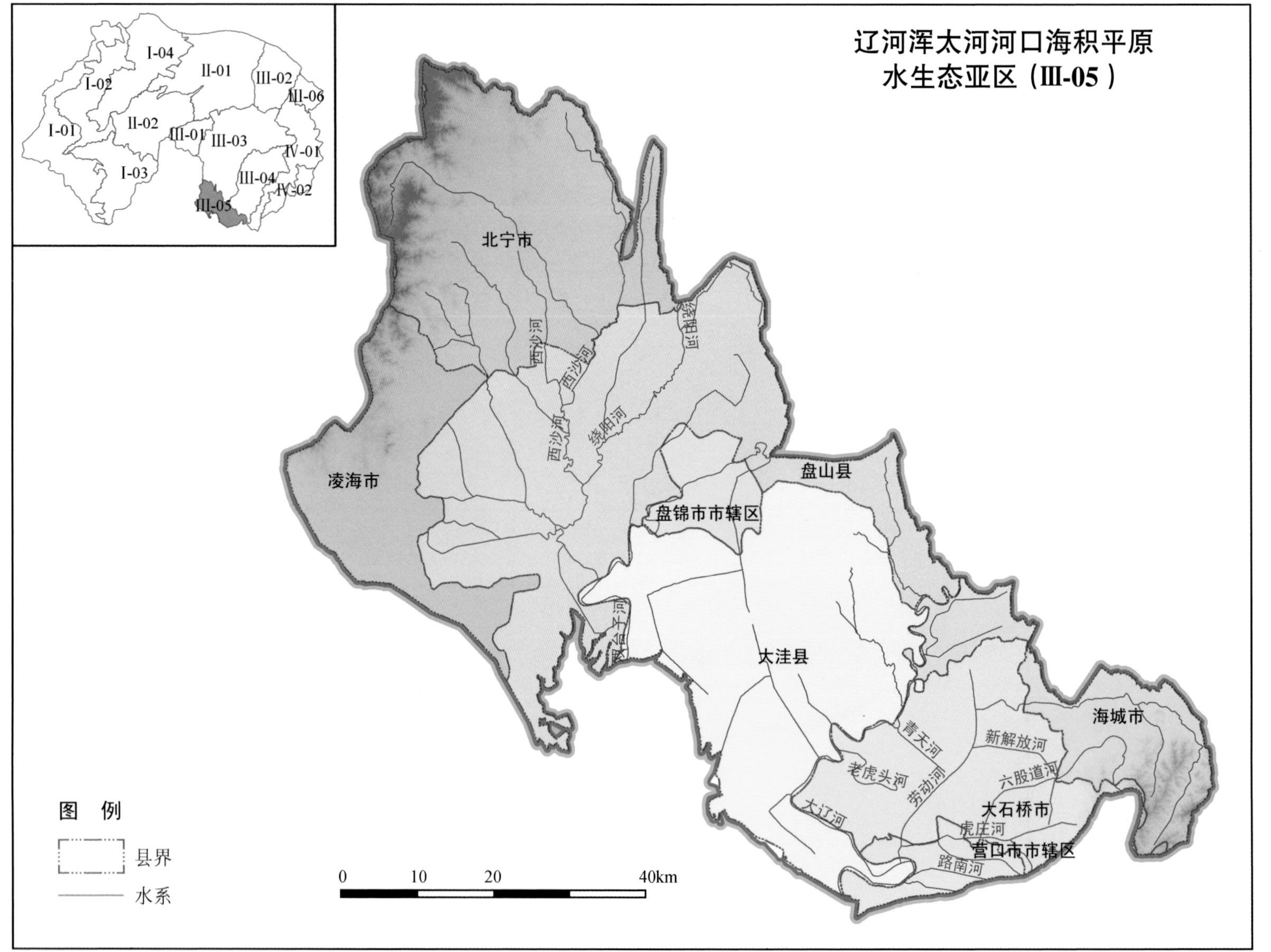

辽河浑太河河口海积平原
水生态亚区（Ⅲ-05）
I-01
I-02
I-03
I-04
II-01
II-02
III-01
III-02
III-03
III-04
III-05
III-06
IV-01
IV-02
北宁市
凌海市
西沙河
绕阳河
盘山县
盘锦市市辖区
大洼县
海城市
青天河
新解放河
老虎头河
劳动河
六股道河
大辽河
大石桥市
虎庄河
营口市市辖区
路南河
图例
县界
水系
0
10
20
40km

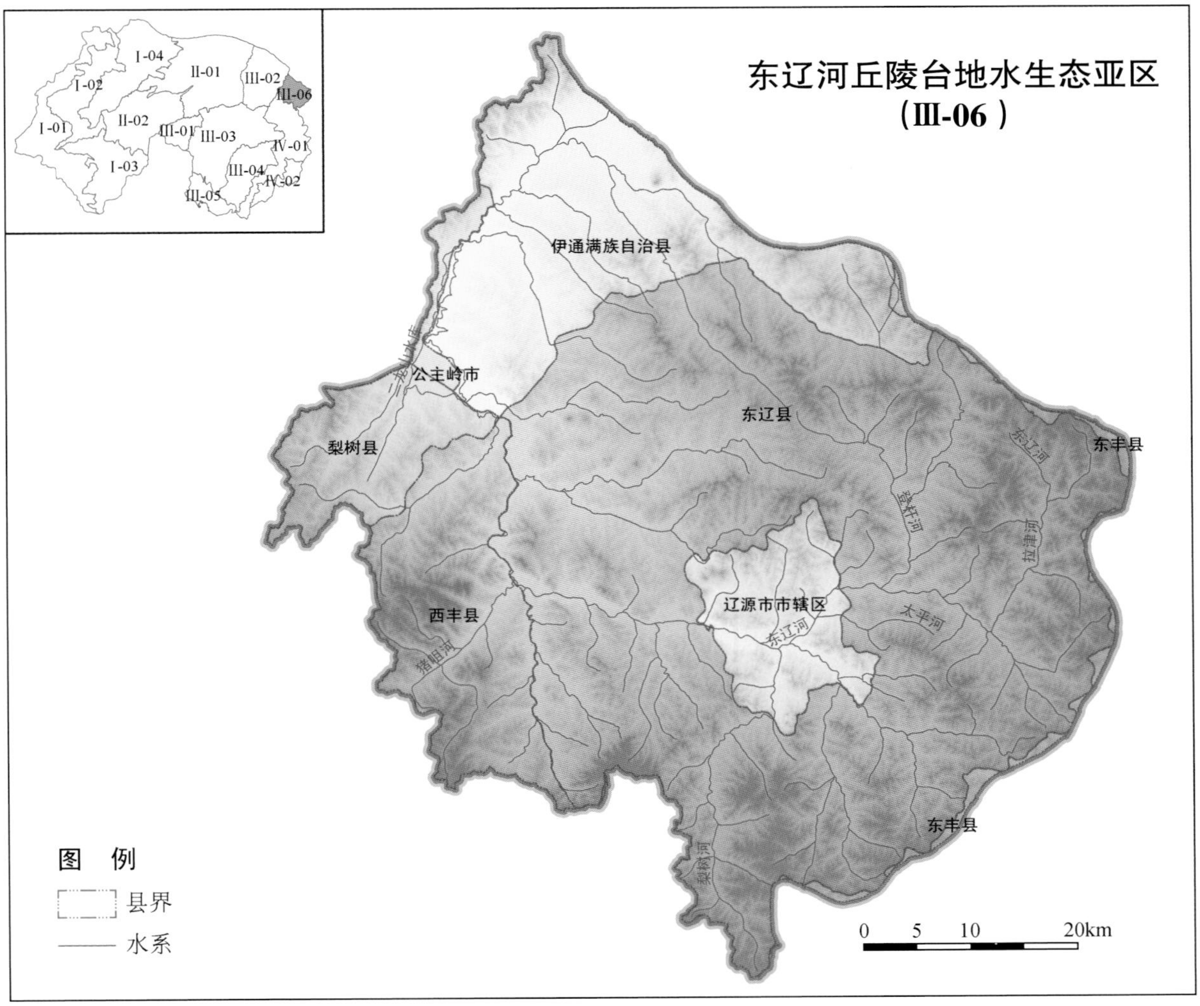

东辽河丘陵台地水生态亚区
(Ⅲ-06)
I-04
II-01
III-02
I-02
III-06
I-01
II-02
III-01
III-03
IV-01
I-03
III-04
IV-02
III-05
伊通满族自治县
公主岭市
东辽县
东丰县
梨树县
辽源市市辖区
西丰县
东辽河
拉津河
太平河
梨树河
东丰县
图 例
县界
水系
0 5 10 20km

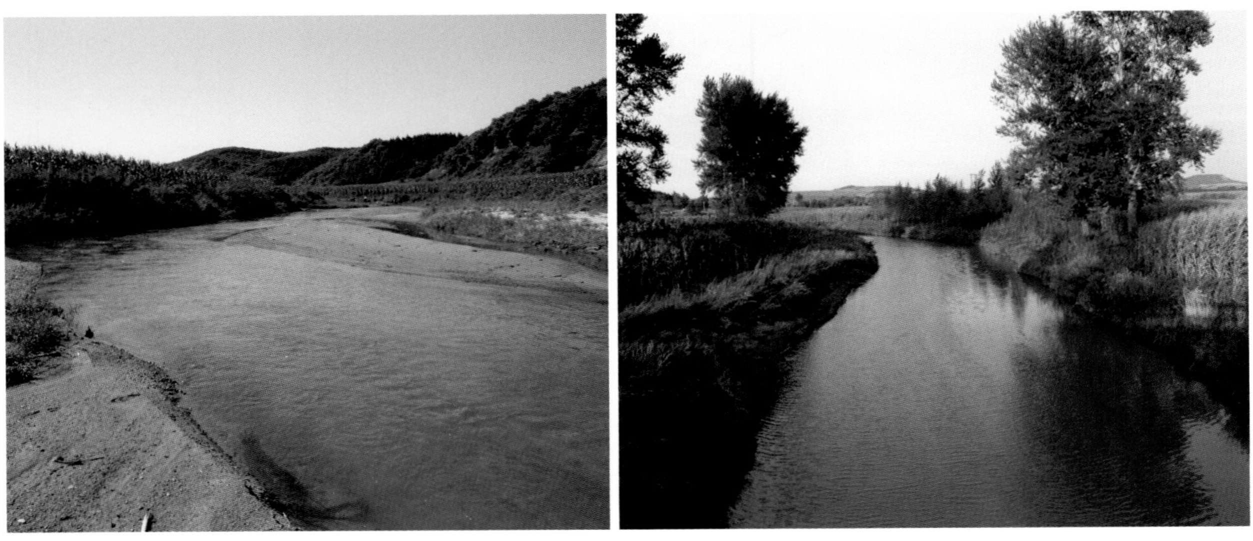

东辽河支流东辽县境内

拉津河东辽县境内

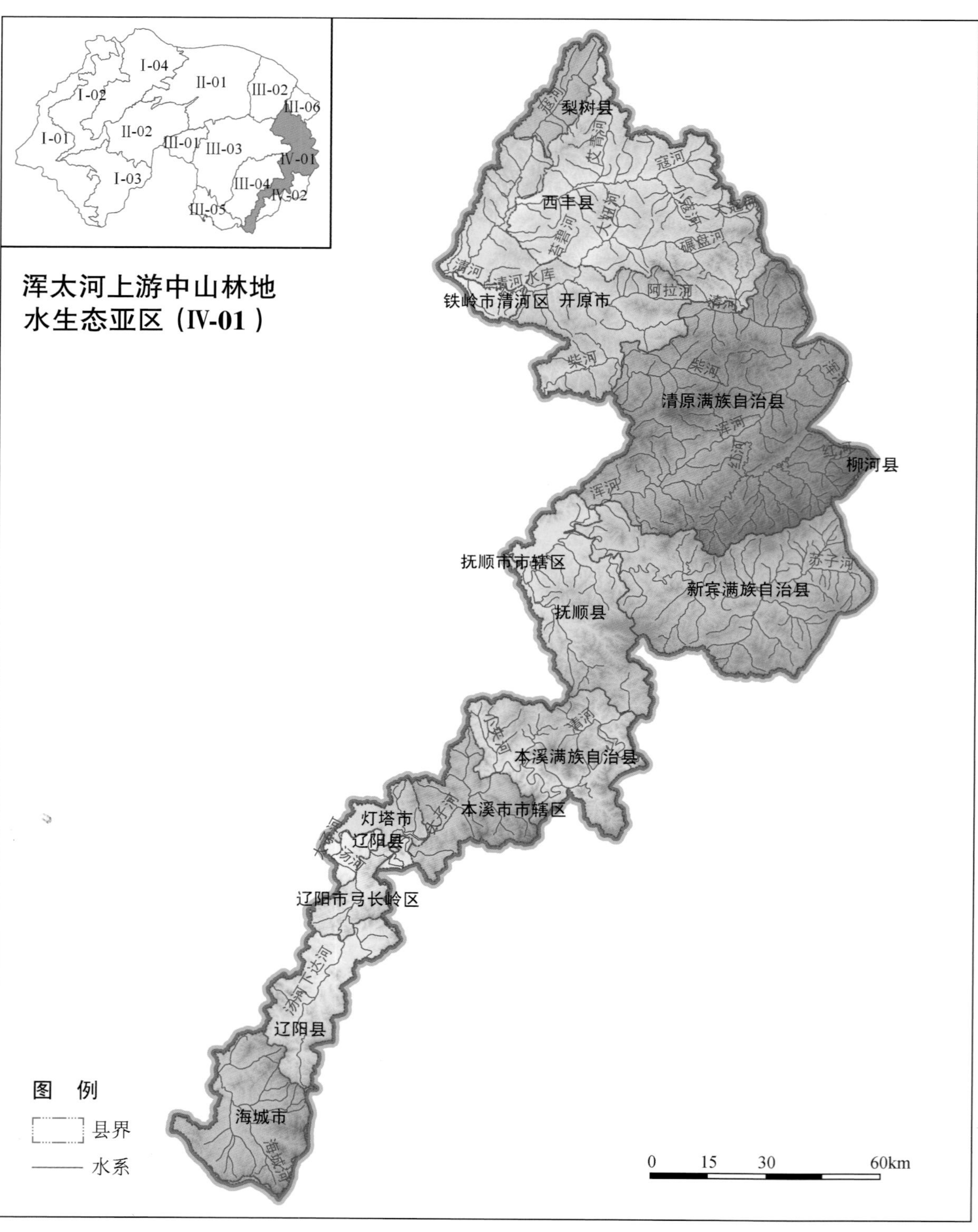
I-04
II-01
III-02
I-02
III-06
I-01
II-02
III-01
III-03
IV-01
I-03
III-04
IV-02
III-05
浑太河上游中山林地
水生态亚区（IV-01）
梨树县
西丰县
寇河
清河
清河水库
铁岭市清河区
开原市
阿拉河
柴河
清原满族自治县
浑河
柳河县
抚顺市市辖区
苏子河
新宾满族自治县
抚顺县
清河
本溪满族自治县
本溪市市辖区
灯塔市
辽阳县
辽阳市弓长岭区
汤河
辽阳县
海城市
图　例
县界
水系
0
15
30
60km

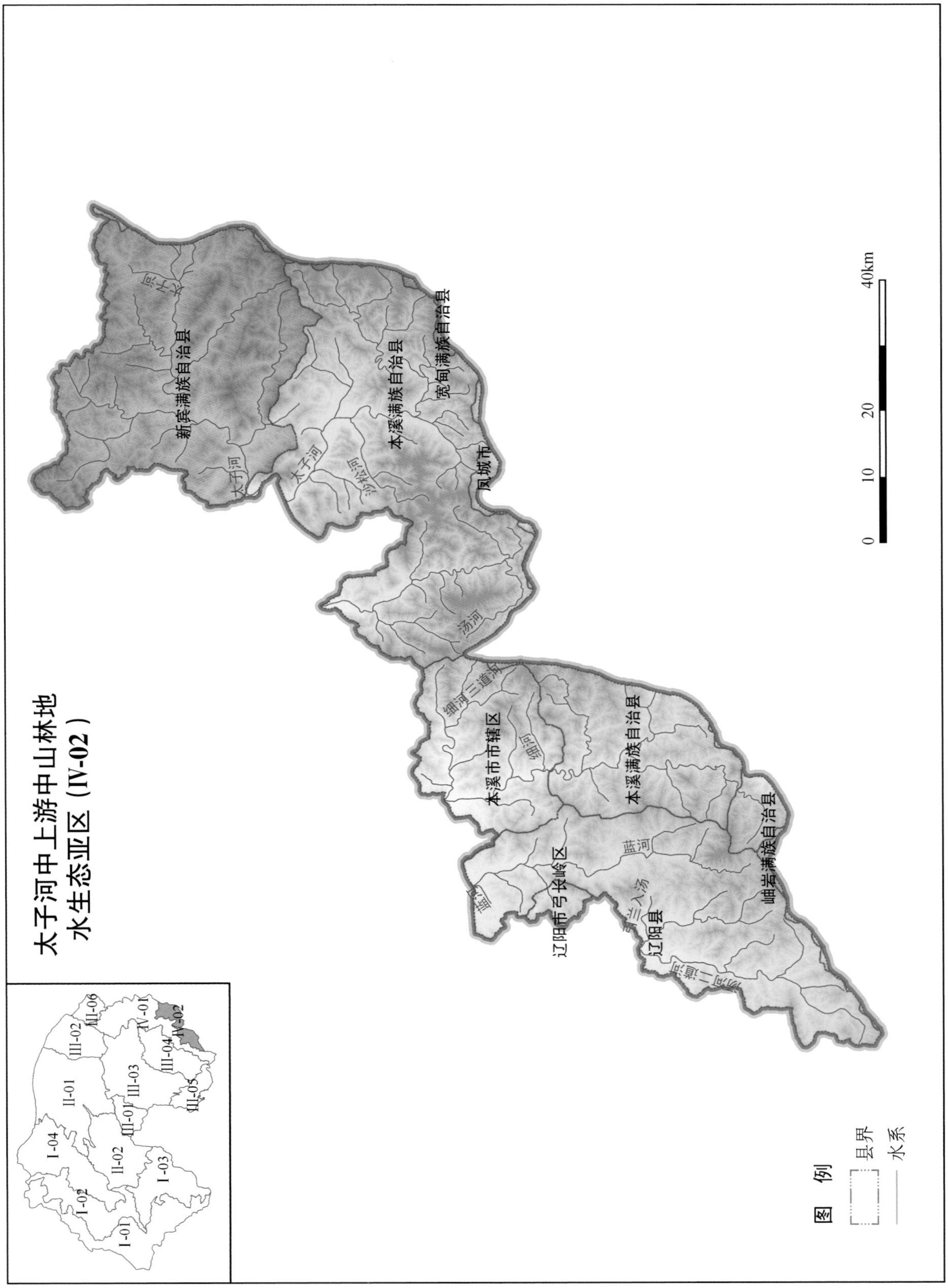

太子河中上游中山林地水生态亚区（Ⅳ-02）

I-04
II-01
III-02
III-06
I-02
II-02
I-01
III-01
III-03
IV-01
I-03
III-04
IV-02
III-05

新宾满族自治县
太子河
沙松河
本溪满族自治县
宽甸满族自治县
凤城市
汤河
本溪市市辖区
细河
辽阳市弓长岭区
兰入汤
蓝河
辽阳县
本溪满族自治县
岫岩满族自治县

图 例
县界
水系

0 10 20 40km

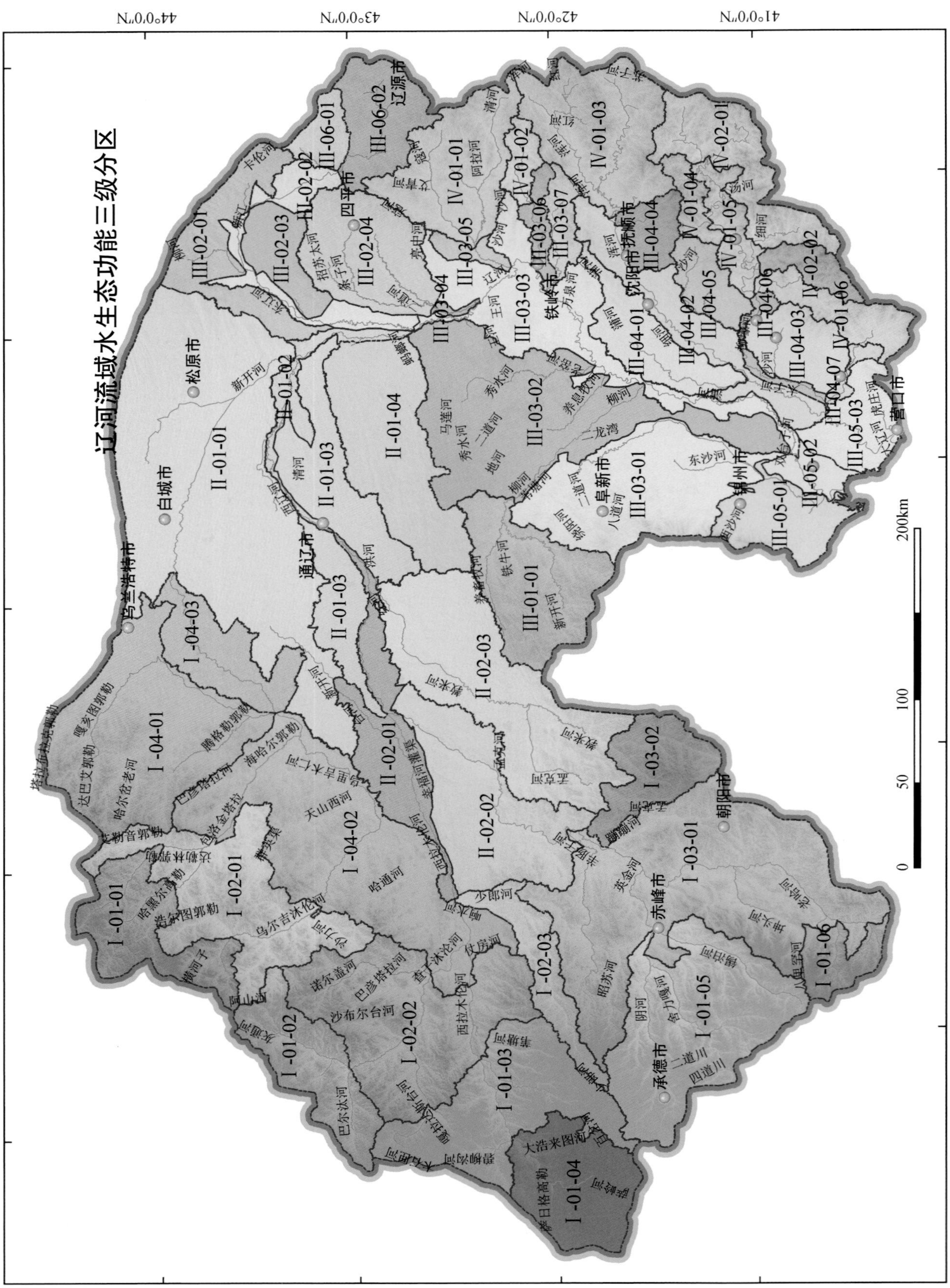

辽河流域水生态功能三级分区

图 例

地市所在地

三级区界线

主要河流

Ⅰ-01-01:乌尔吉木伦河中海拔中起伏山地水源涵养源头溪流区

Ⅰ-01-02:查干木伦河源头中海拔中起伏山地水源涵养溪流区

Ⅰ-01-03:西拉木伦河上游中海拔中起伏山地水源涵养中等河流区

Ⅰ-01-04:西拉木伦河源头中海拔中起伏山地水源涵养溪流区

Ⅰ-01-05:英金河中上游中海拔中起伏山地水源涵养中等河流区

Ⅰ-01-06:老哈河中海拔中起伏山地水源涵养源头溪流区

Ⅰ-02-01:乌尔吉木伦河支流上游中海拔小起伏山地水源涵养季节河流区

Ⅰ-02-02:西拉木伦河上游中海拔小起伏山地水源涵养中等河流区

Ⅰ-02-03:西拉木伦河中海拔小起伏山地水源涵养小型支流区

Ⅰ-03-01:老哈河中游台地丘陵农业维持中等河流区

Ⅰ-03-02:教来河台地丘陵水源涵养小型支流区

Ⅰ-04-01:腾格勒郭勒河低海拔丘陵水源涵养季节河流区

Ⅰ-04-02:乌力吉木伦河支流中下游低海拔丘陵水源涵养季节河流区

Ⅰ-04-03:乌力吉木伦河干流中游低海拔丘陵水源涵养季节河流区

Ⅱ-01-01:新开河湖积冲积平原农业维持季节河流区

Ⅱ-01-02:西辽河下游农业维持干流区

Ⅱ-01-03:西辽河冲积平原农业维持季节河流区

Ⅱ-01-04:西辽河湖积冲积平原农业维持季节河流区

Ⅱ-02-01:西辽河干流中游生物多样性维持干流区

Ⅱ-02-02:老哈河下游生物多样性维持中等河流区

Ⅱ-02-03:教来河中下游农业维持季节河流区

Ⅲ-01-01:养息牧河源头丘陵台地农业维持中等河流区

Ⅲ-02-01:东辽河下游右岸台地平原农田维持小型河流区

Ⅲ-02-02:东辽河干流中下游生物多样性维持干流区

Ⅲ-02-03:东辽河下游左岸台地平原农田维持小型河流区

Ⅲ-02-04:招苏台河台地冲积平原城市维持中等河流区

Ⅲ-03-01:饶阳河中下游冲积平原农业维持中等河流区

Ⅲ-03-02:柳河秀水河入干冲积平原农业维持中等河流区

Ⅲ-03-03:辽河干流冲积平原生物多样性维持干流区

Ⅲ-03-04:招苏台河下游冲积平原生物多样性维持干流区

Ⅲ-03-05:清河下游冲积平原生物多样性维持干流区

Ⅲ-03-06:柴河下游冲积平原生物多样性维持干流区

Ⅲ-03-07:凡河中下游平原生物多样性维持中等河流区

Ⅲ-04-01:蒲河冲积平原城市维持中等河流区

Ⅲ-04-02:浑河干流中下游冲积平原城市维持中等河流区

Ⅲ-04-03:太子河下游冲积平原城市维持小型河流区

Ⅲ-04-04:浑河中游低海拔丘陵山地水源涵养小型河流区

Ⅲ-04-05:北沙河冲积平原农业维持小型河流区

Ⅲ-04-06:太子河下游平原生物多样性维持干流区

Ⅲ-04-07:海城河下游冲积平原农业维持小型河流区

Ⅲ-05-01:饶阳河入海口平原农业维持中等河流区

Ⅲ-05-02:辽河干流入海口平原城市维持干流区

Ⅲ-05-03:大辽河干流入海口平原城市维持干流区

Ⅲ-06-01:东辽河上游低海拔丘陵农业维持中等支流区

Ⅲ-06-02:东辽河源头低海拔丘陵农业维持河流区

Ⅳ-01-01:清河中上游低海拔小起伏山地水源涵养中等河流区

Ⅳ-01-02:柴河上游低海拔小起伏山地水源涵养中等河流区

Ⅳ-01-03:浑河上游低海拔小起伏山地水源涵养中等河流区

Ⅳ-01-04:太子河中游低海拔小起伏山地水源涵养小型河流区

Ⅳ-01-05:太子河中游干流低海拔小起伏山地生物多样性维持中等河流区

Ⅳ-01-06:太子河中游低海拔小起伏山地水源涵养中等河流区

Ⅳ-02-01:太子河中上游中海拔中起伏山地水源涵养小型河流区

Ⅳ-02-02:太子河中游低海拔中起伏山地水源涵养支流区

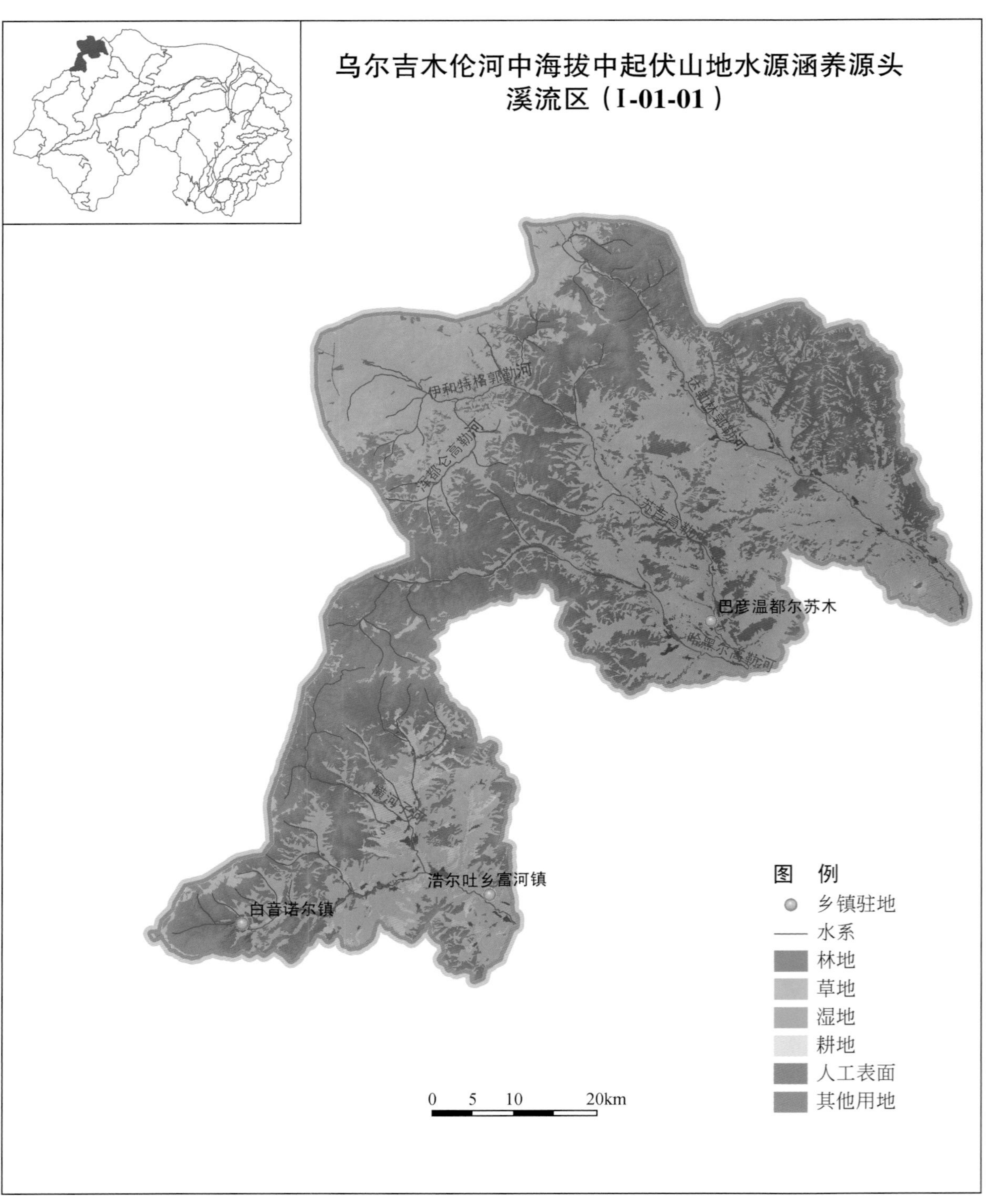
乌尔吉木伦河中海拔中起伏山地水源涵养源头
溪流区（I-01-01）
伊和特格郭勒河
苏吉高勒河
哈黑尔高勒河
巴彦温都尔苏木
浩尔吐乡富河镇
白音诺尔镇
图 例
乡镇驻地
水系
林地
草地
湿地
耕地
人工表面
其他用地
0 5 10 20km

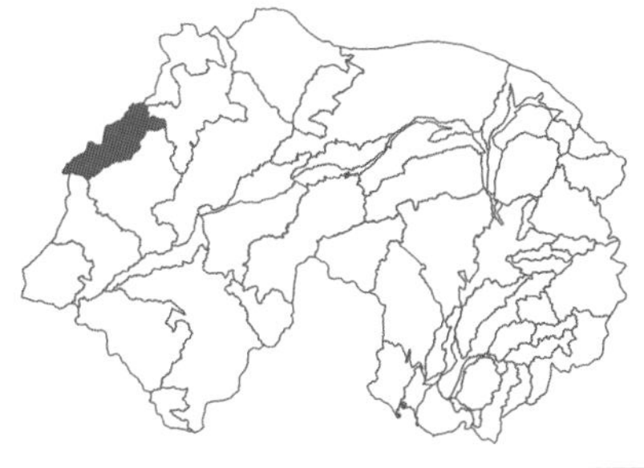

查干木伦河源头中海拔中起伏山地水源涵养溪流区
（I-01-02）

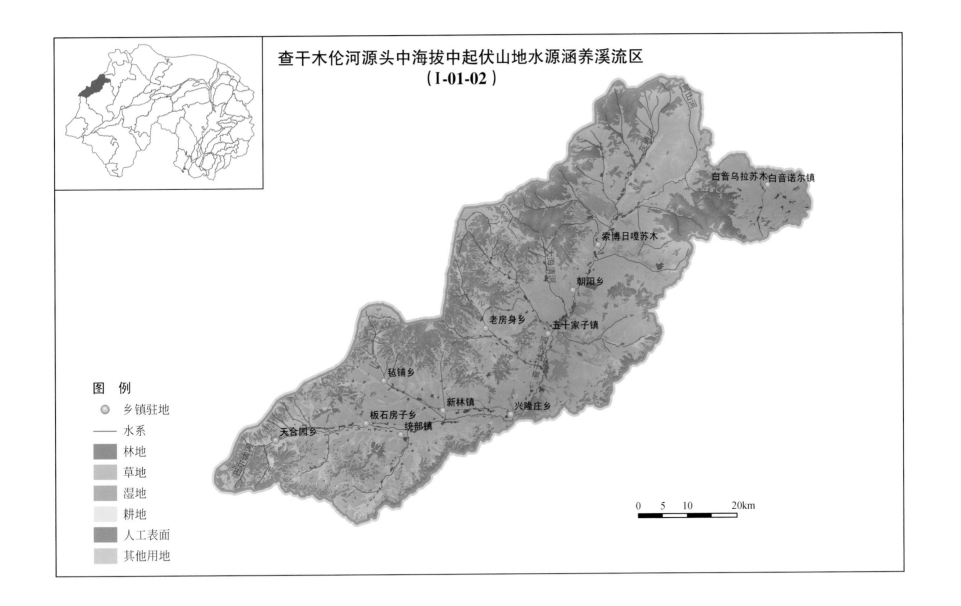

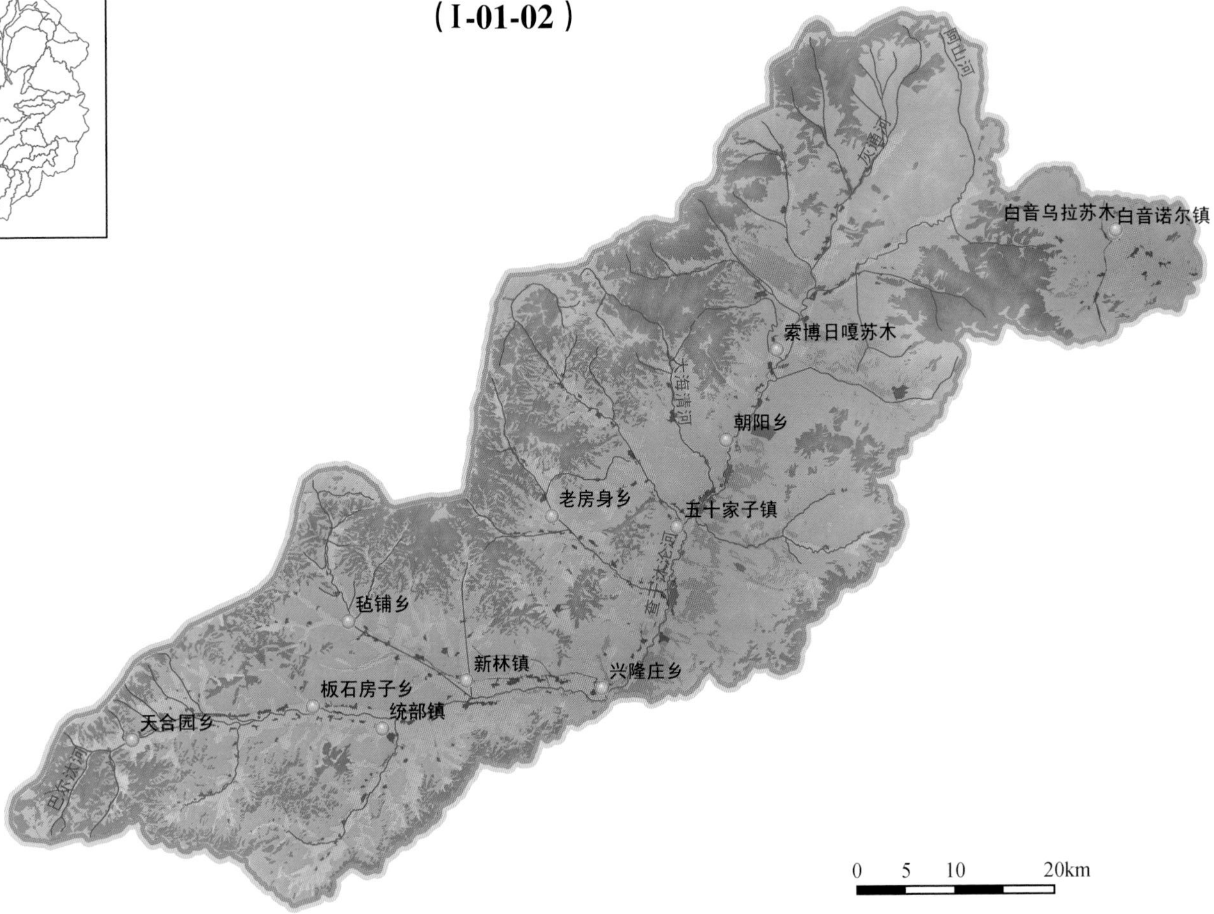

白音乌拉苏木
白音诺尔镇
索博日嘎苏木
朝阳乡
五十家子镇
老房身乡
毡铺乡
新林镇
兴隆庄乡
板石房子乡
统部镇
天合园乡
大海清河

0 5 10 20km

图 例

乡镇驻地
水系
林地
草地
湿地
耕地
人工表面
其他用地

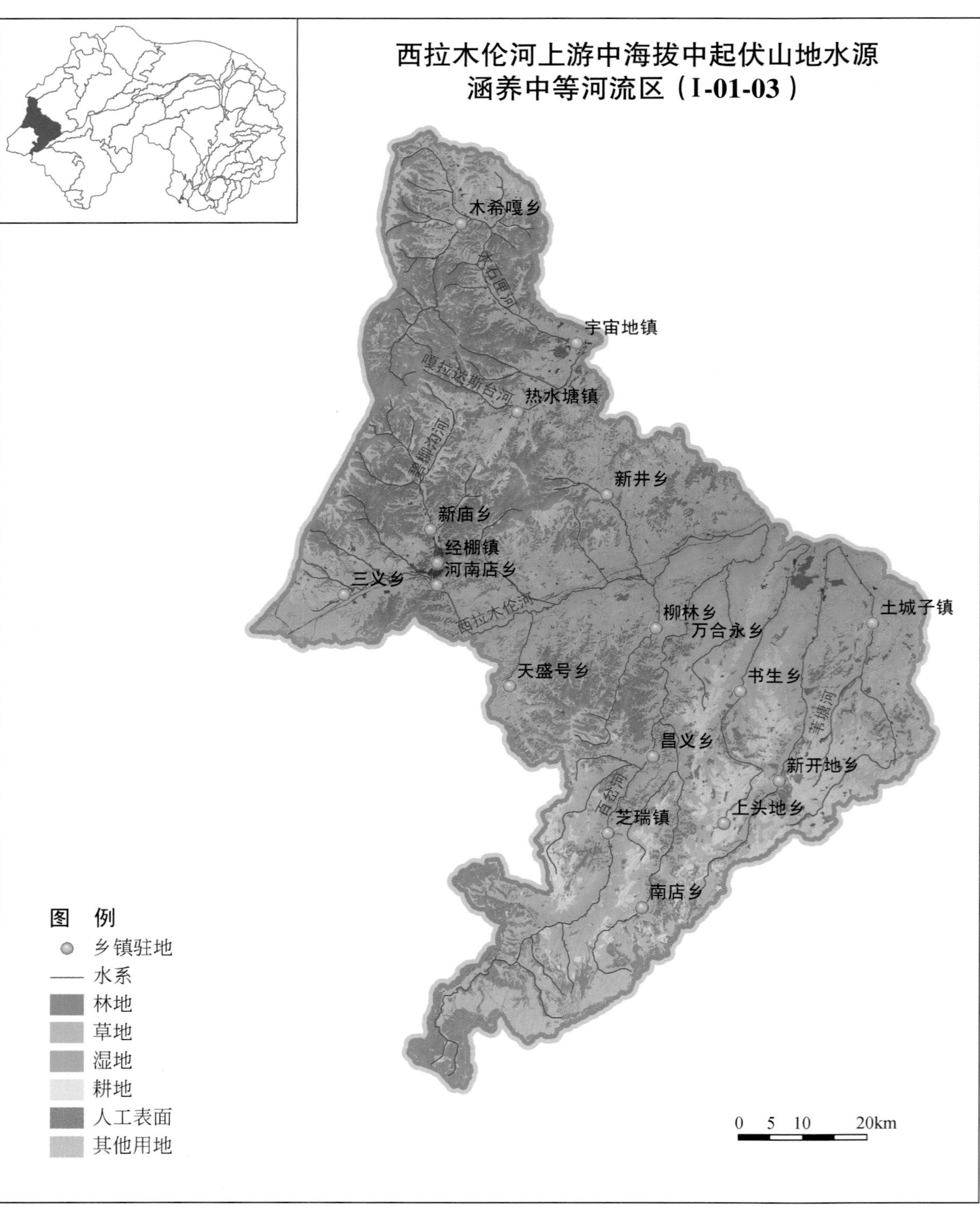
西拉木伦河上游中海拔中起伏山地水源
涵养中等河流区（I-01-03）
木希嘎乡
宇宙地镇
嘎拉达斯台河
热水塘镇
新井乡
新庙乡
经棚镇
河南店乡
三义乡
西拉木伦河
柳林乡
万合永乡
土城子镇
天盛号乡
书生乡
苇塘河
昌义乡
新开地乡
上头地乡
芝瑞镇
南店乡
图 例
乡镇驻地
水系
林地
草地
湿地
耕地
人工表面
其他用地
0 5 10 20km

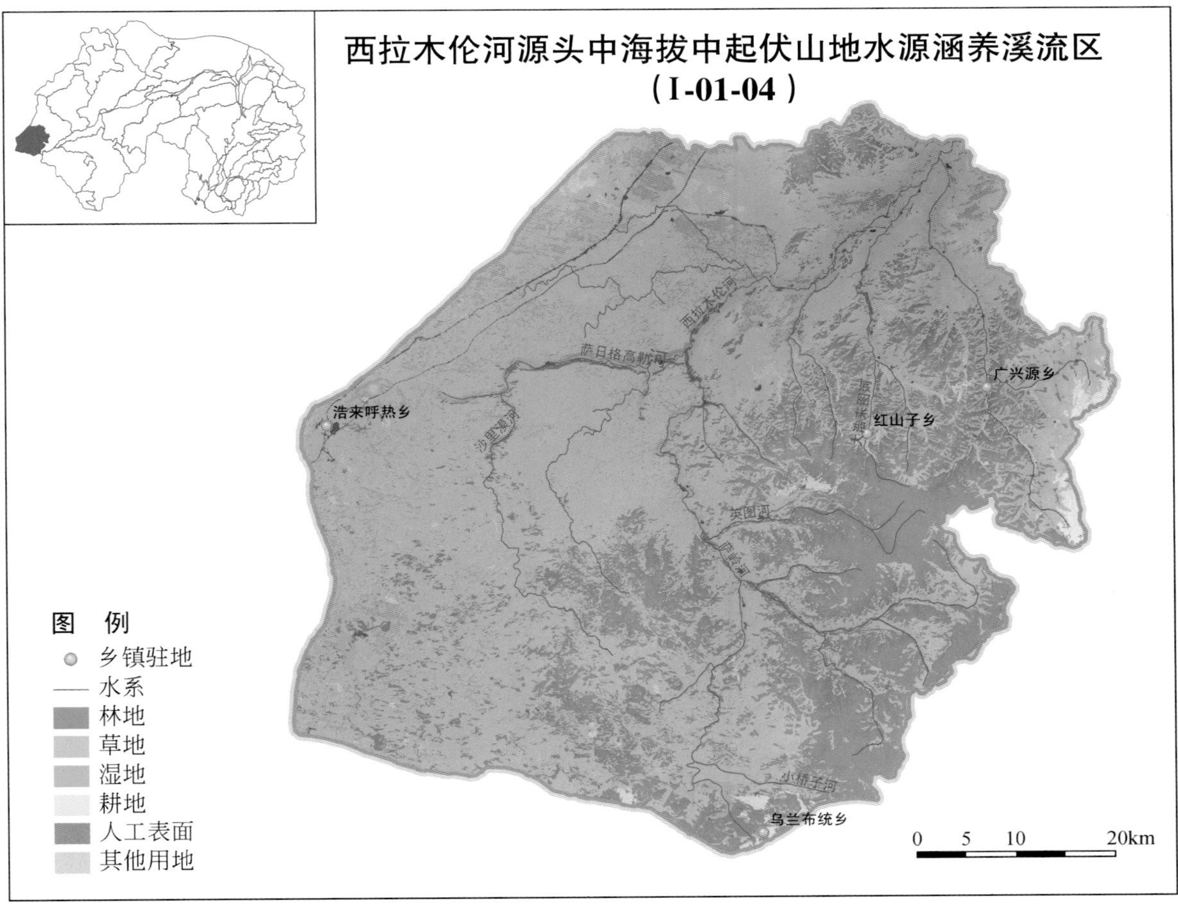

萨岭河中游克什克旗境内

第一部分 图集

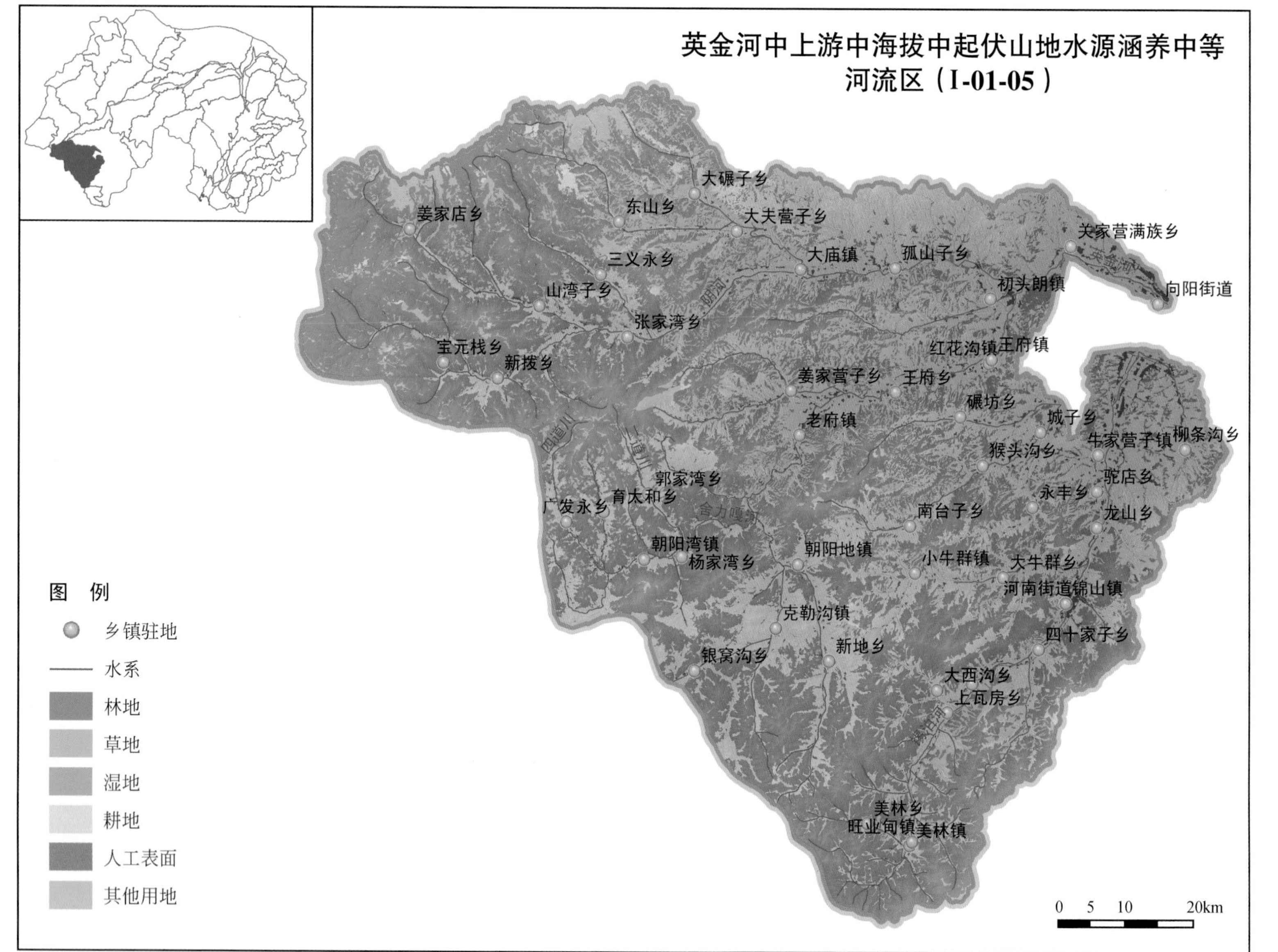
英金河中上游中海拔中起伏山地水源涵养中等河流区（I-01-05）
大碾子乡
东山乡
姜家店乡
大夫营子乡
三义永乡
大庙镇
孤山子乡
关家营满族乡
初头朗镇
向阳街道
山湾子乡
张家湾乡
宝元栈乡
新拨乡
红花沟镇
王府镇
姜家营子乡
王府乡
碾坊乡
老府镇
城子乡
牛家营子镇
柳条沟乡
猴头沟乡
驼店乡
郭家湾乡
育太和乡
永丰乡
广发永乡
南台子乡
龙山乡
朝阳湾镇
杨家湾乡
朝阳地镇
小牛群镇
大牛群乡
河南街道
锦山镇
克勒沟镇
四十家子乡
新地乡
银窝沟乡
大西沟乡
上瓦房乡
美林乡
旺业甸镇
美林镇
图例
乡镇驻地
水系
林地
草地
湿地
耕地
人工表面
其他用地
0 5 10 20km

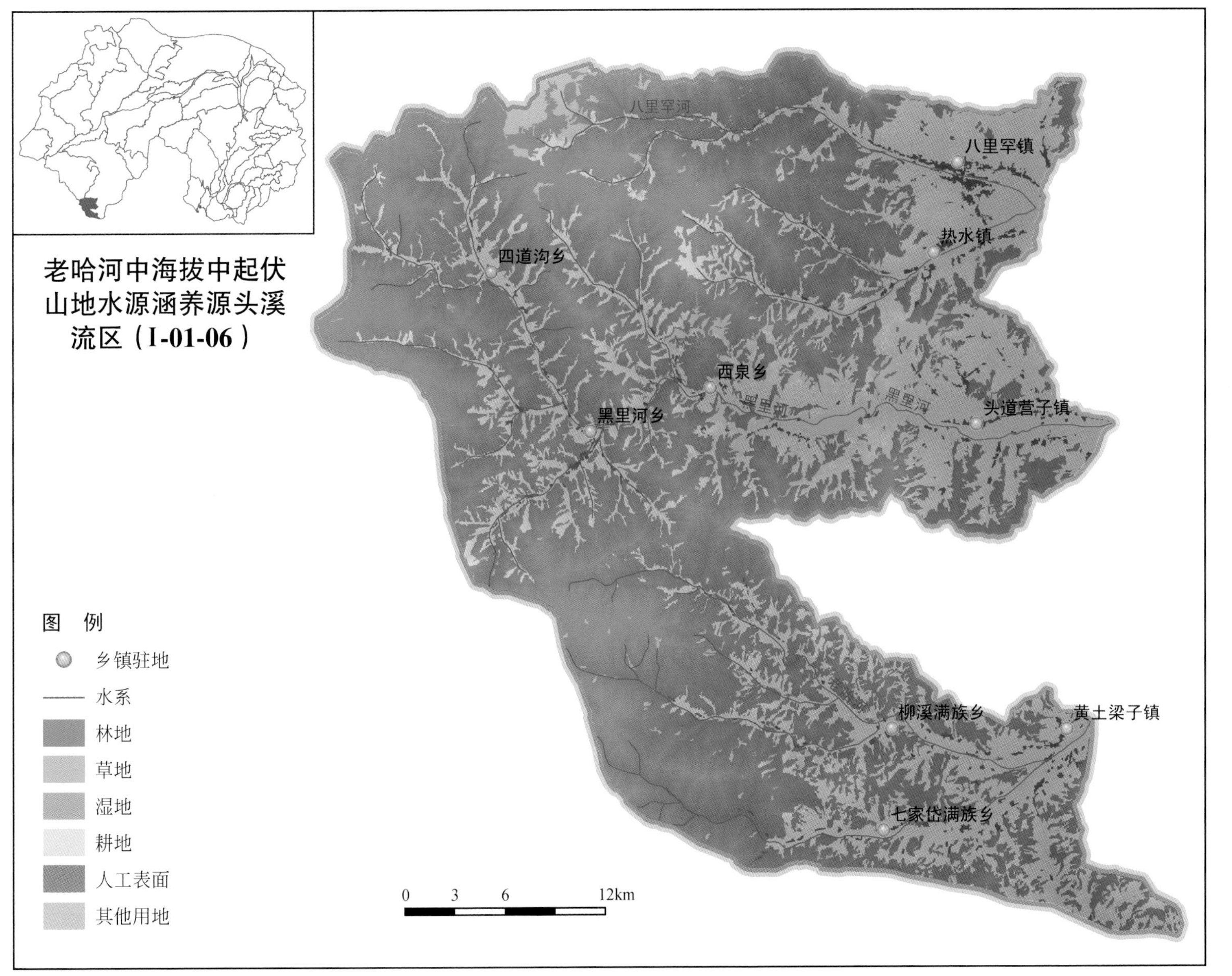

老哈河中海拔中起伏山地水源涵养源头溪流区（I-01-06）

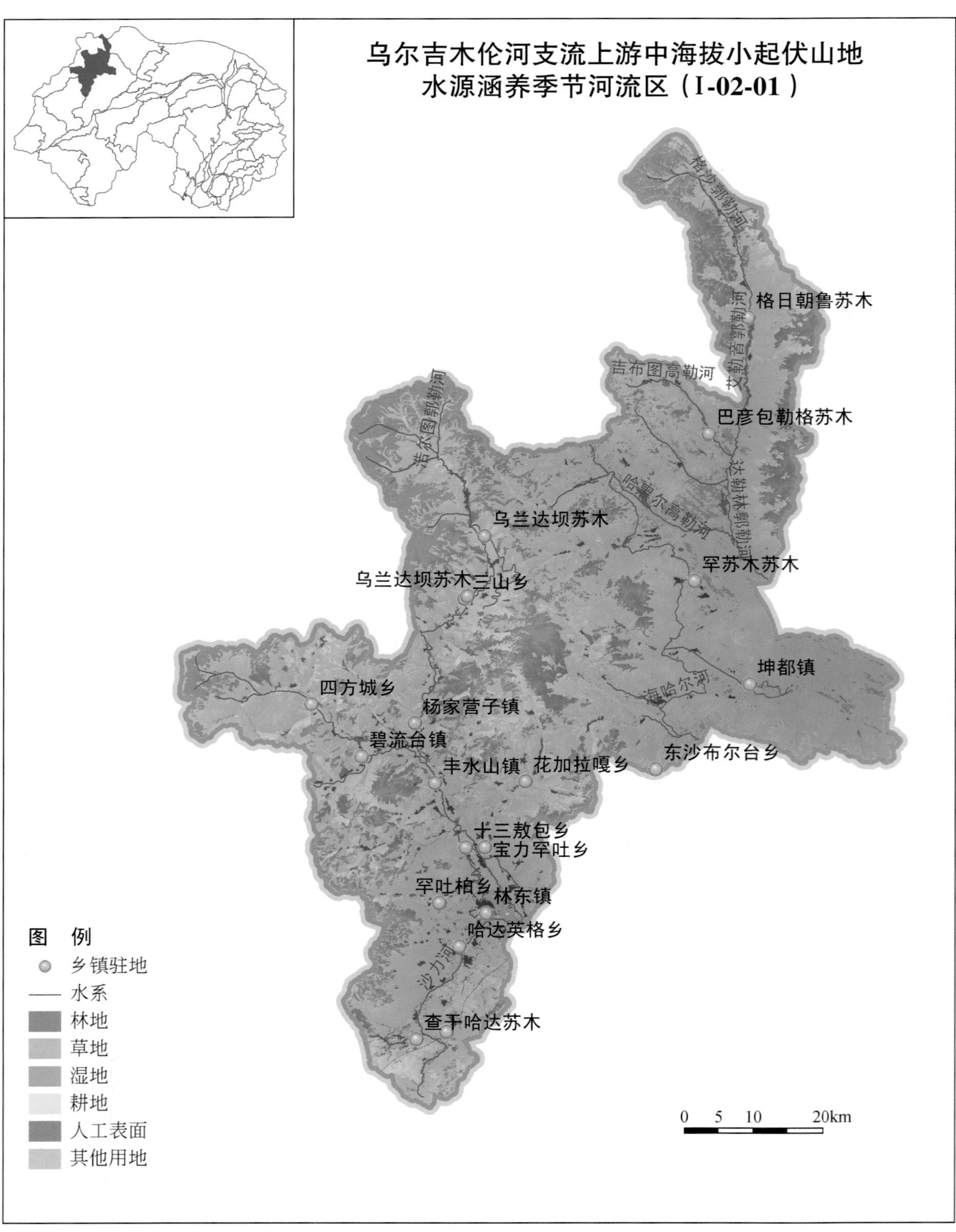
乌尔吉木伦河支流上游中海拔小起伏山地
水源涵养季节河流区（I-02-01）
格沙郭勒河
格日朝鲁苏木
吉布图高勒河
巴彦包勒格苏木
达勒林郭勒河
哈黑尔高勒河
乌兰达坝苏木
罕苏木苏木
乌兰达坝苏木
三山乡
坤都镇
海哈尔河
四方城乡
杨家营子镇
碧流台镇
东沙布尔台乡
丰水山镇
花加拉嘎乡
十三敖包乡
宝力罕吐乡
罕吐柏乡
林东镇
哈达英格乡
沙力河
查干哈达苏木
图　例
乡镇驻地
水系
林地
草地
湿地
耕地
人工表面
其他用地
0 5 10 20km

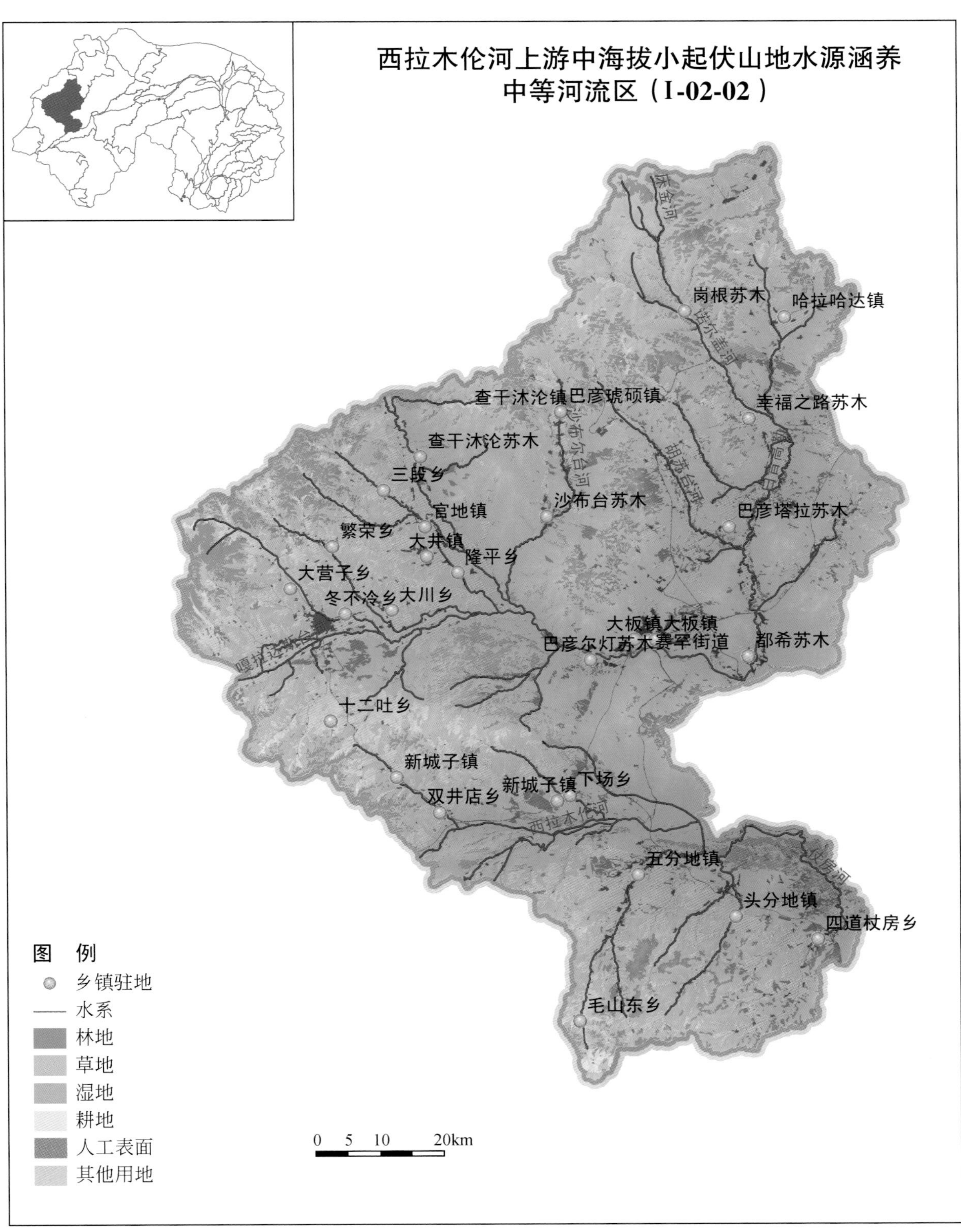
西拉木伦河上游中海拔小起伏山地水源涵养
中等河流区（I-02-02）
岗根苏木
哈拉哈达镇
查干沐沦镇
巴彦琥硕镇
幸福之路苏木
查干沐沦苏木
三段乡
沙布台苏木
巴彦塔拉苏木
官地镇
繁荣乡
大井镇
隆平乡
大营子乡
冬不冷乡
大川乡
大板镇
巴彦尔灯苏木
赛罕街道
都希苏木
十二吐乡
新城子镇
下场乡
双井店乡
西拉木伦河
五分地镇
头分地镇
四道杖房乡
毛山东乡
沙布尔台河
胡苏台河
0 5 10 20km
图 例
乡镇驻地
水系
林地
草地
湿地
耕地
人工表面
其他用地

第一部分 图集

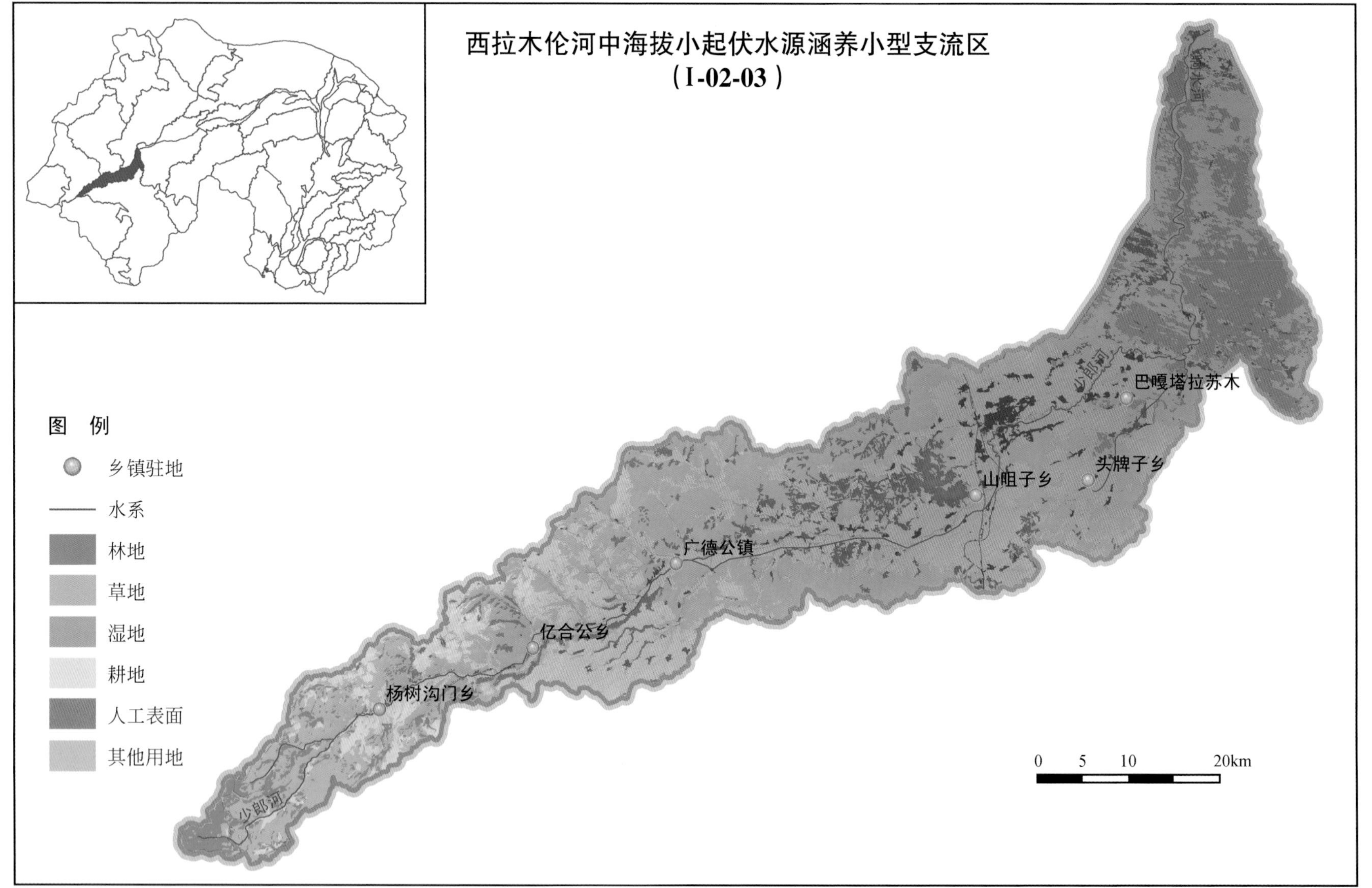
西拉木伦河中海拔小起伏水源涵养小型支流区
（I-02-03）
巴嘎塔拉苏木
头牌子乡
山咀子乡
广德公镇
亿合公乡
杨树沟门乡
少郎河
0 5 10 20km
图 例
乡镇驻地
水系
林地
草地
湿地
耕地
人工表面
其他用地

老哈河中游台地丘陵农业维持中等河流区（I-03-01）

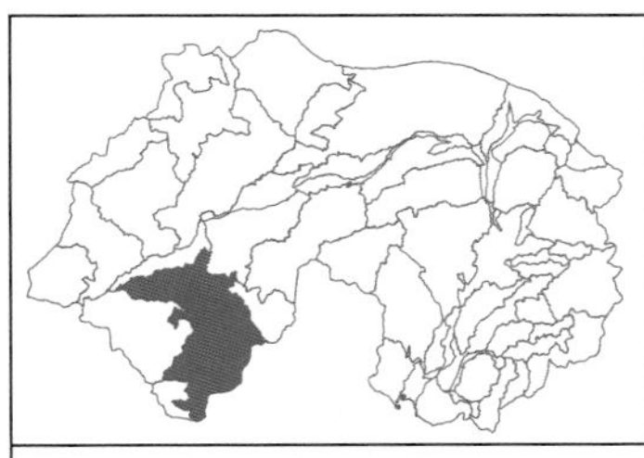

图 例

- 乡镇驻地
- 水系
- 林地
- 草地
- 湿地
- 耕地
- 人工表面
- 其他用地

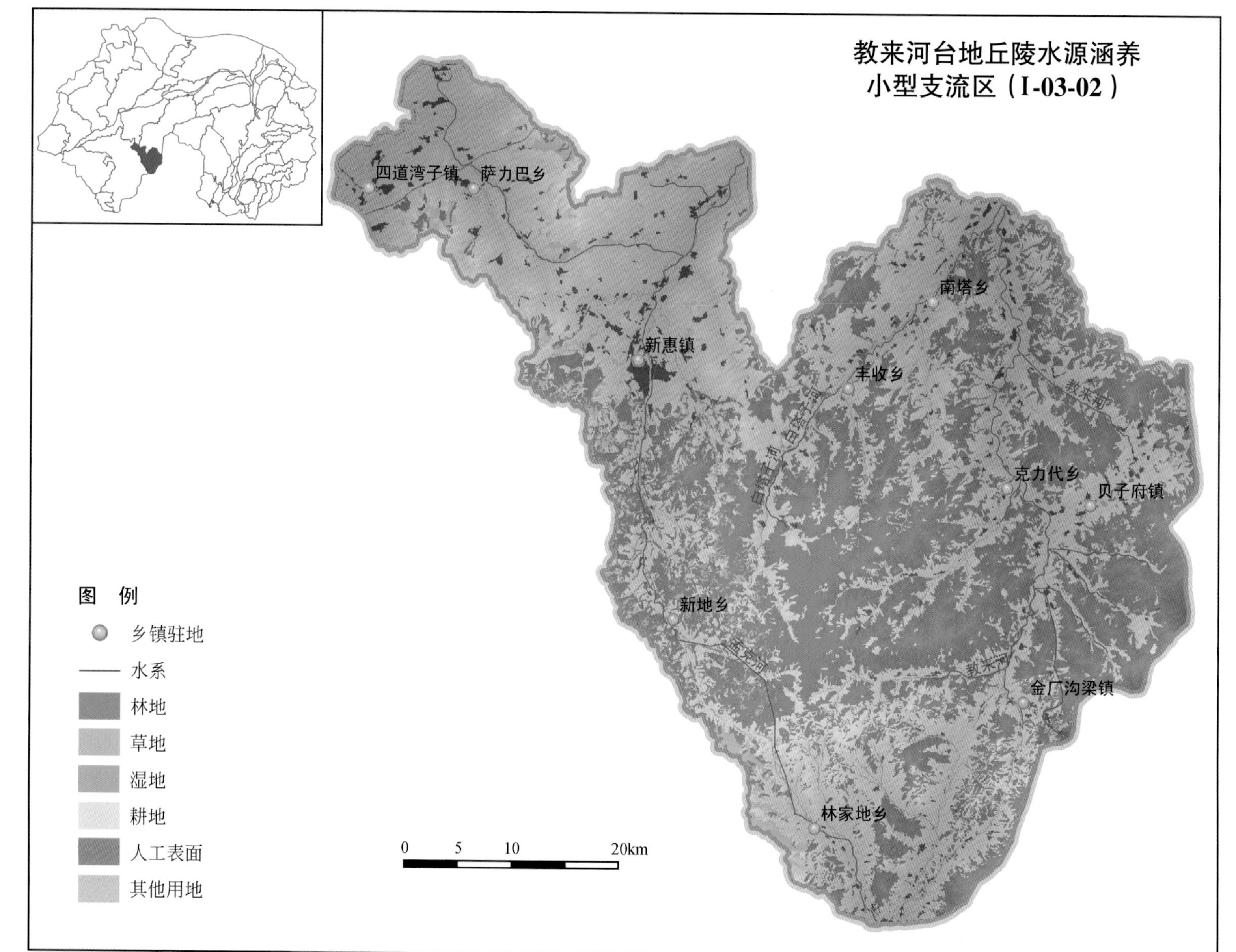
教来河台地丘陵水源涵养
小型支流区（I-03-02）
四道湾子镇
萨力巴乡
新惠镇
南塔乡
丰收乡
教来河
克力代乡
贝子府镇
新地乡
教来河
金厂沟梁镇
林家地乡
0
5
10
20km
图　例
乡镇驻地
水系
林地
草地
湿地
耕地
人工表面
其他用地

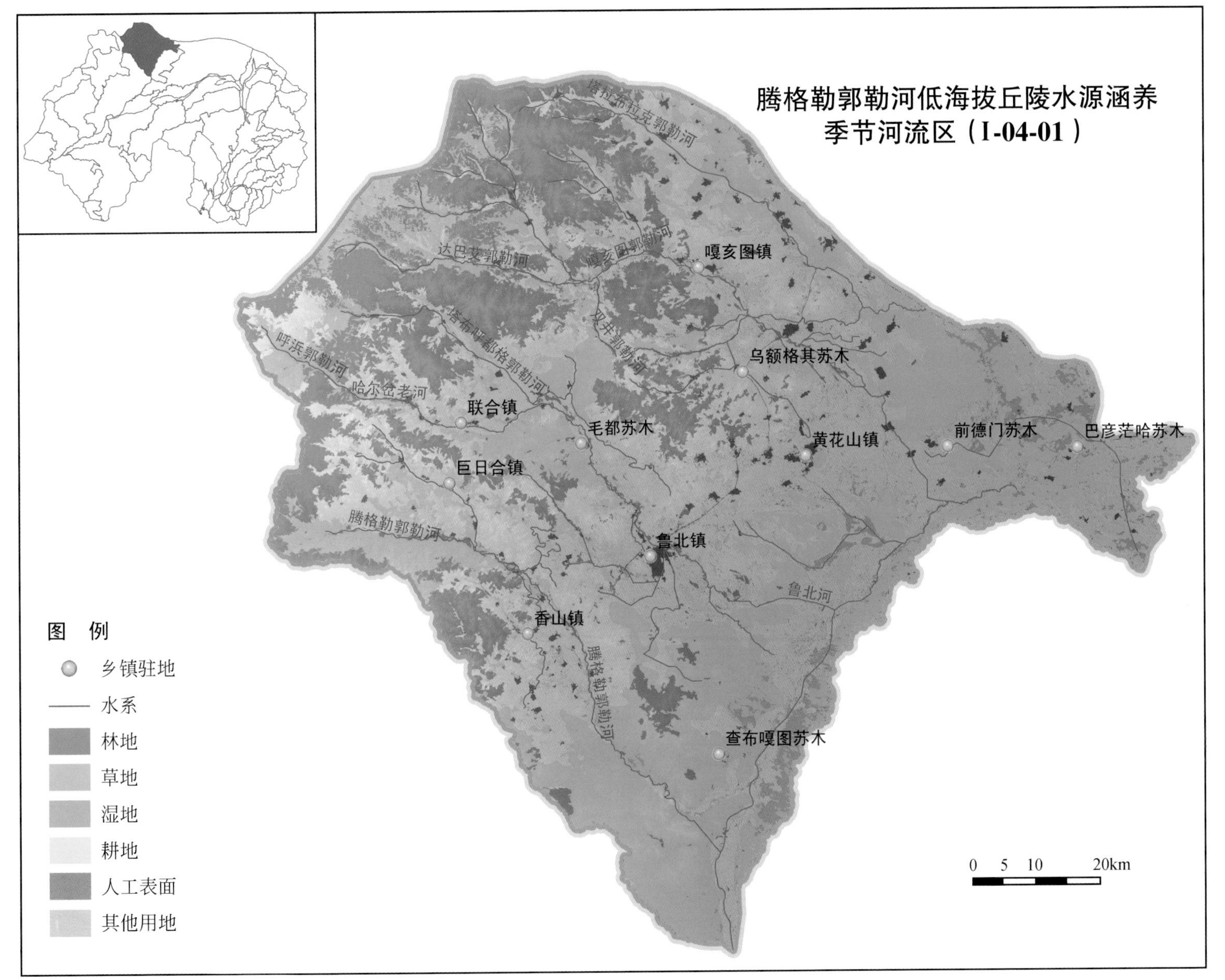

腾格勒郭勒河低海拔丘陵水源涵养季节河流区（I-04-01）
嘎亥图镇
乌额格其苏木
联合镇
毛都苏木
黄花山镇
前德门苏木
巴彦茫哈苏木
巨日合镇
鲁北镇
香山镇
查布嘎图苏木
达巴艾郭勒河
双井郭勒河
呼浜郭勒河
哈尔公老河
腾格勒郭勒河
鲁北河
图例
乡镇驻地
水系
林地
草地
湿地
耕地
人工表面
其他用地
0 5 10 20km

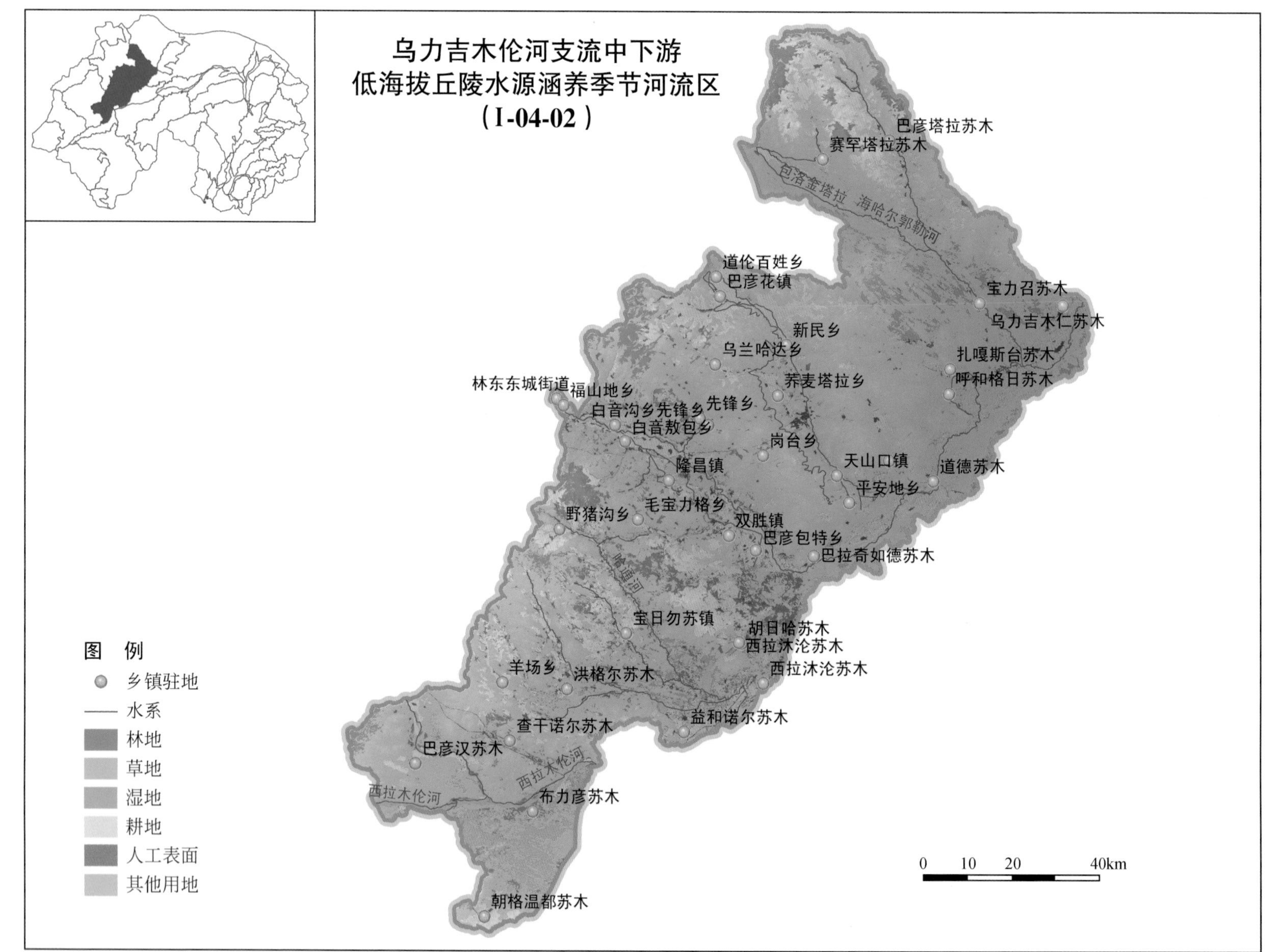
乌力吉木伦河支流中下游
低海拔丘陵水源涵养季节河流区
（I-04-02）
巴彦塔拉苏木
赛罕塔拉苏木
包洛金塔拉
海哈尔郭勒河
道伦百姓乡
巴彦花镇
宝力召苏木
乌力吉木仁苏木
新民乡
乌兰哈达乡
扎嘎斯台苏木
呼和格日苏木
荞麦塔拉乡
林东东城街道
福山地乡
白音沟乡
先锋乡
先锋乡
白音敖包乡
岗台乡
天山口镇
道德苏木
隆昌镇
平安地乡
毛宝力格乡
野猪沟乡
双胜镇
巴彦包特乡
巴拉奇如德苏木
宝日勿苏镇
胡日哈苏木
西拉沐沦苏木
西拉沐沦苏木
羊场乡
洪格尔苏木
益和诺尔苏木
查干诺尔苏木
巴彦汉苏木
西拉木伦河
西拉木伦河
布力彦苏木
朝格温都苏木
0 10 20 40km
图 例
乡镇驻地
水系
林地
草地
湿地
耕地
人工表面
其他用地

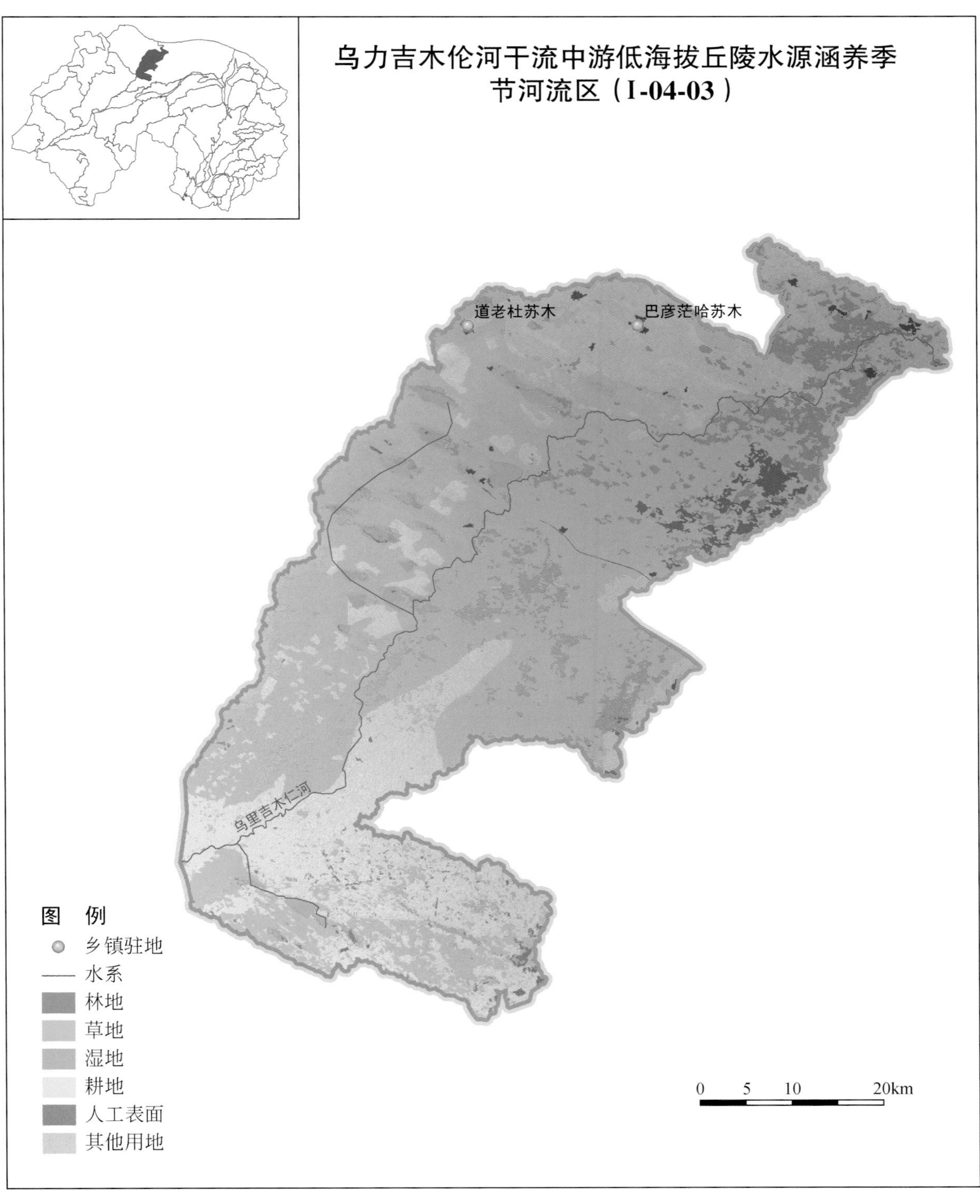
乌力吉木伦河干流中游低海拔丘陵水源涵养季节河流区（I-04-03）
道老杜苏木
巴彦茫哈苏木
乌里吉木仁河
图　例
乡镇驻地
水系
林地
草地
湿地
耕地
人工表面
其他用地
0 5 10 20km

第一部分 图集

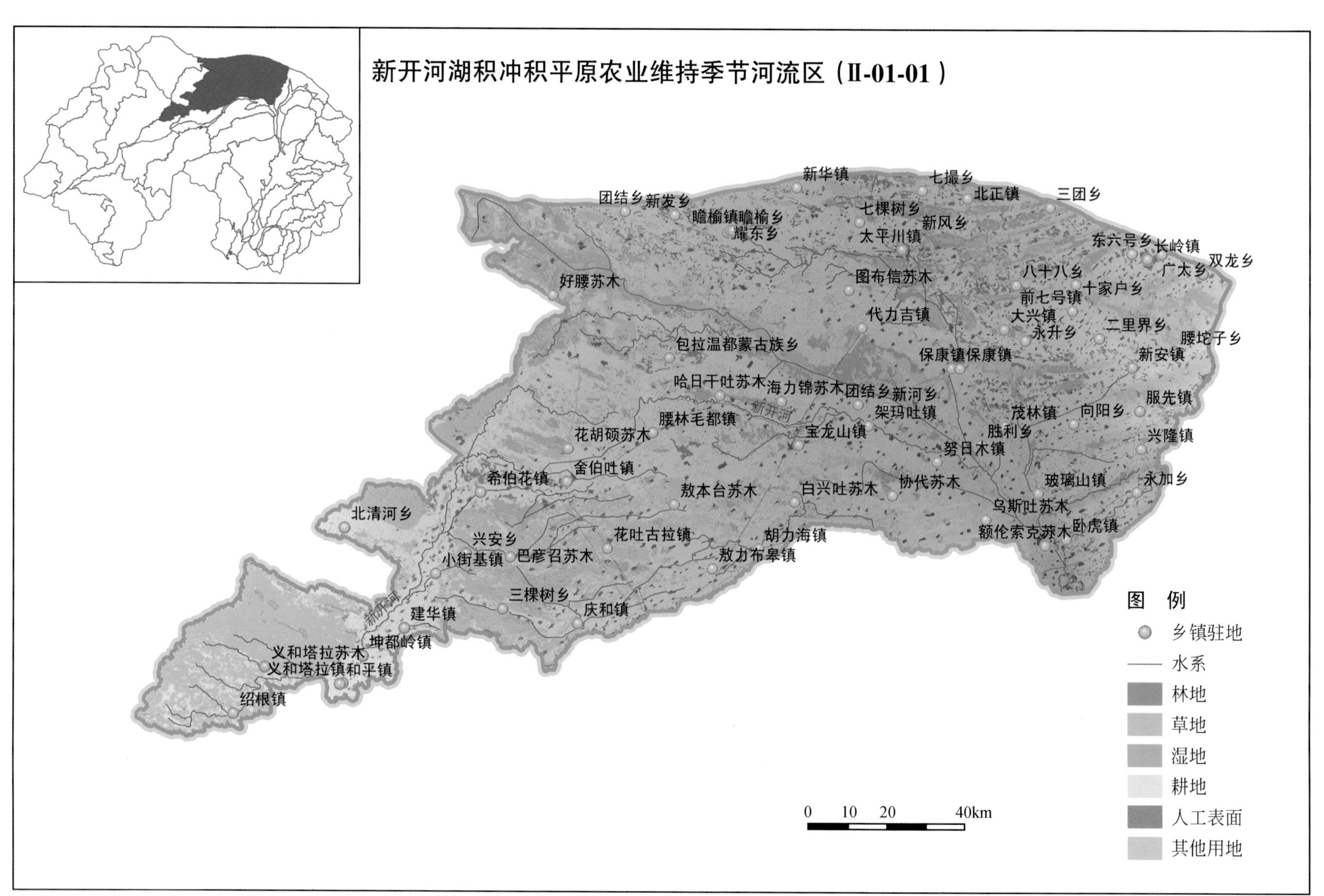
新开河湖积冲积平原农业维持季节河流区（Ⅱ-01-01）
新华镇
七撮乡
北正镇
三团乡
团结乡
新发乡
瞻榆镇瞻榆乡
耀东乡
七棵树乡
新风乡
太平川镇
东六号乡
长岭镇
双龙乡
广太乡
好腰苏木
图布信苏木
八十八乡
十家户乡
前七号镇
大兴镇
永升乡
二里界乡
腰坨子乡
代力吉镇
包拉温都蒙古族乡
保康镇保康镇
新安镇
哈日干吐苏木
海力锦苏木
团结乡
新河乡
架玛吐镇
服先镇
茂林镇
向阳乡
腰林毛都镇
新开河
花胡硕苏木
宝龙山镇
胜利乡
兴隆镇
努日木镇
舍伯吐镇
希伯花镇
敖本台苏木
白兴吐苏木
协代苏木
玻璃山镇
永加乡
乌斯吐苏木
北清河乡
额伦索克苏木
卧虎镇
兴安乡
花吐古拉镇
胡力海镇
小街基镇
巴彦召苏木
敖力布皋镇
三棵树乡
庆和镇
建华镇
坤都岭镇
义和塔拉苏木
义和塔拉镇和平镇
绍根镇
0 10 20 40km
图 例
乡镇驻地
水系
林地
草地
湿地
耕地
人工表面
其他用地

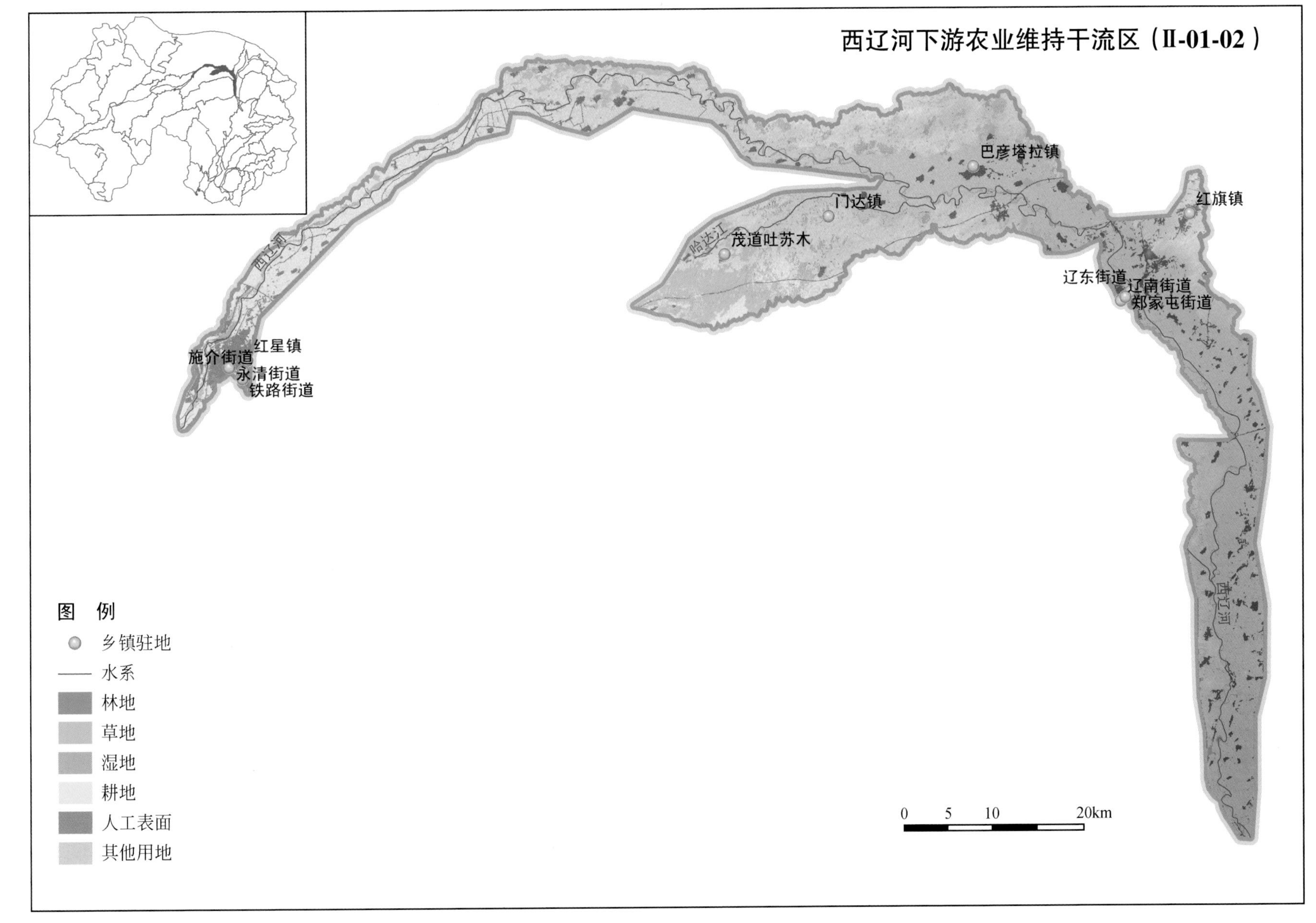
西辽河下游农业维持干流区（II-01-02）
巴彦塔拉镇
红旗镇
门达镇
茂道吐苏木
哈达江
辽东街道
辽南街道
郑家屯街道
西辽河
红星镇
施介街道
永清街道
铁路街道
图 例
乡镇驻地
水系
林地
草地
湿地
耕地
人工表面
其他用地
0 5 10 20km

第一部分 图集

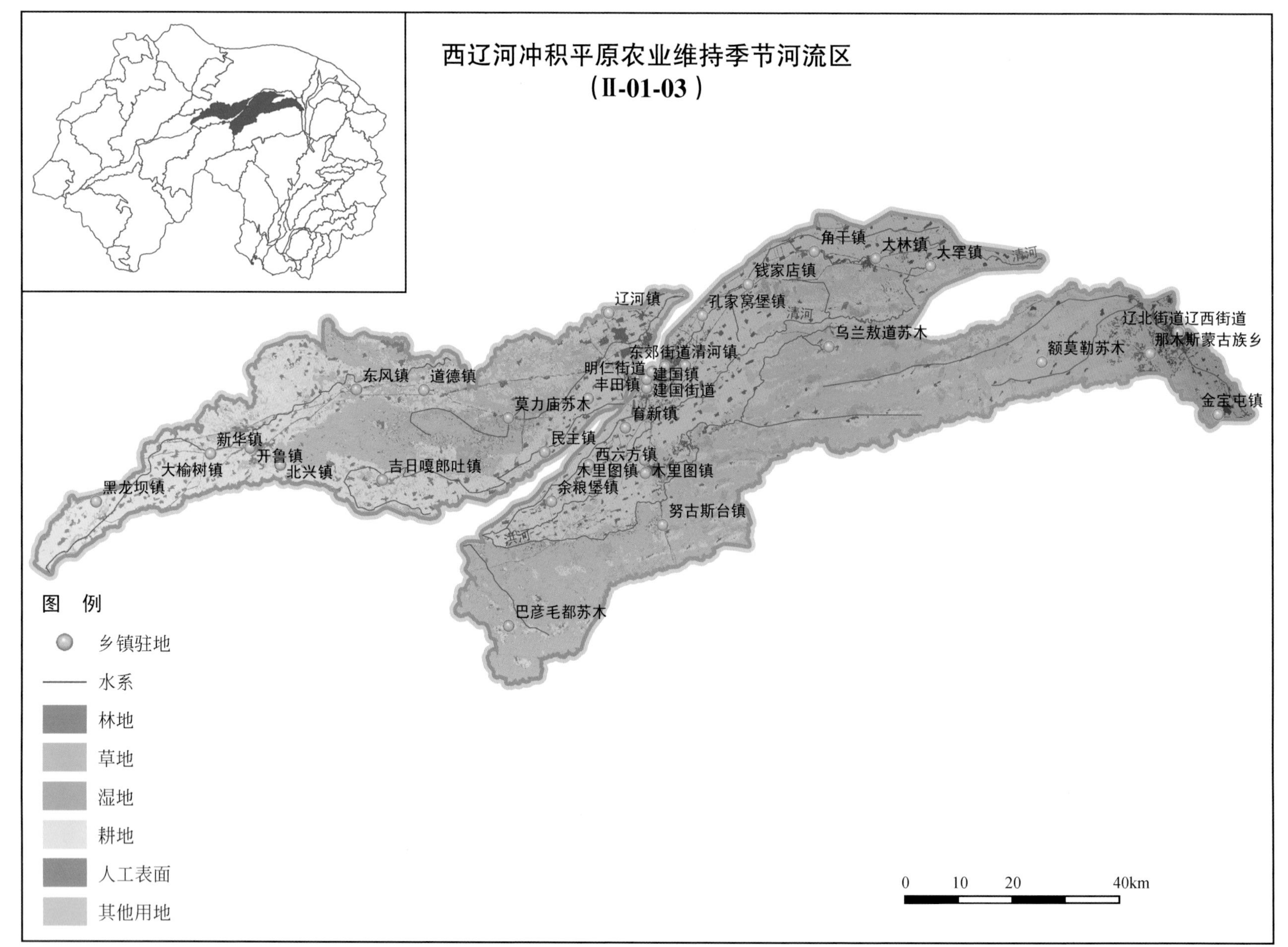
西辽河冲积平原农业维持季节河流区
（Ⅱ-01-03）
角干镇
大林镇
大罕镇
清河
钱家店镇
孔家窝堡镇
辽河镇
乌兰敖道苏木
东郊街道清河镇
明仁街道
建国镇
丰田镇
建国街道
额莫勒苏木
辽北街道辽西街道
那木斯蒙古族乡
金宝屯镇
东风镇
道德镇
莫力庙苏木
育新镇
民主镇
西六方镇
木里图镇
余粮堡镇
努古斯台镇
新华镇
开鲁镇
北兴镇
大榆树镇
吉日嘎郎吐镇
黑龙坝镇
巴彦毛都苏木
图 例
乡镇驻地
水系
林地
草地
湿地
耕地
人工表面
其他用地
0 10 20 40km

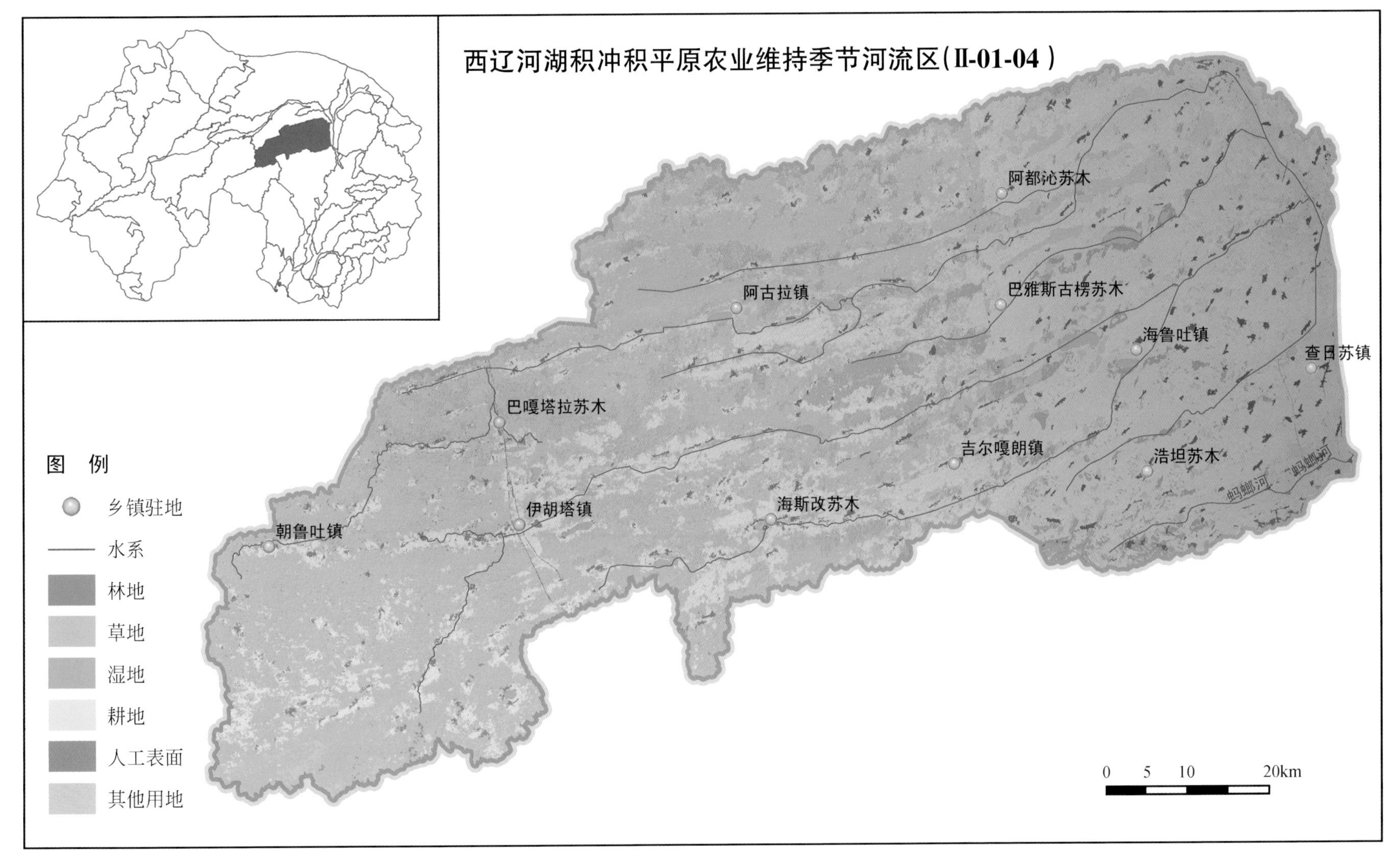
西辽河湖积冲积平原农业维持季节河流区(II-01-04)
阿都沁苏木
阿古拉镇
巴雅斯古楞苏木
海鲁吐镇
查日苏镇
巴嘎塔拉苏木
吉尔嘎朗镇
浩坦苏木
伊胡塔镇
海斯改苏木
朝鲁吐镇
图例
乡镇驻地
水系
林地
草地
湿地
耕地
人工表面
其他用地
0 5 10 20km

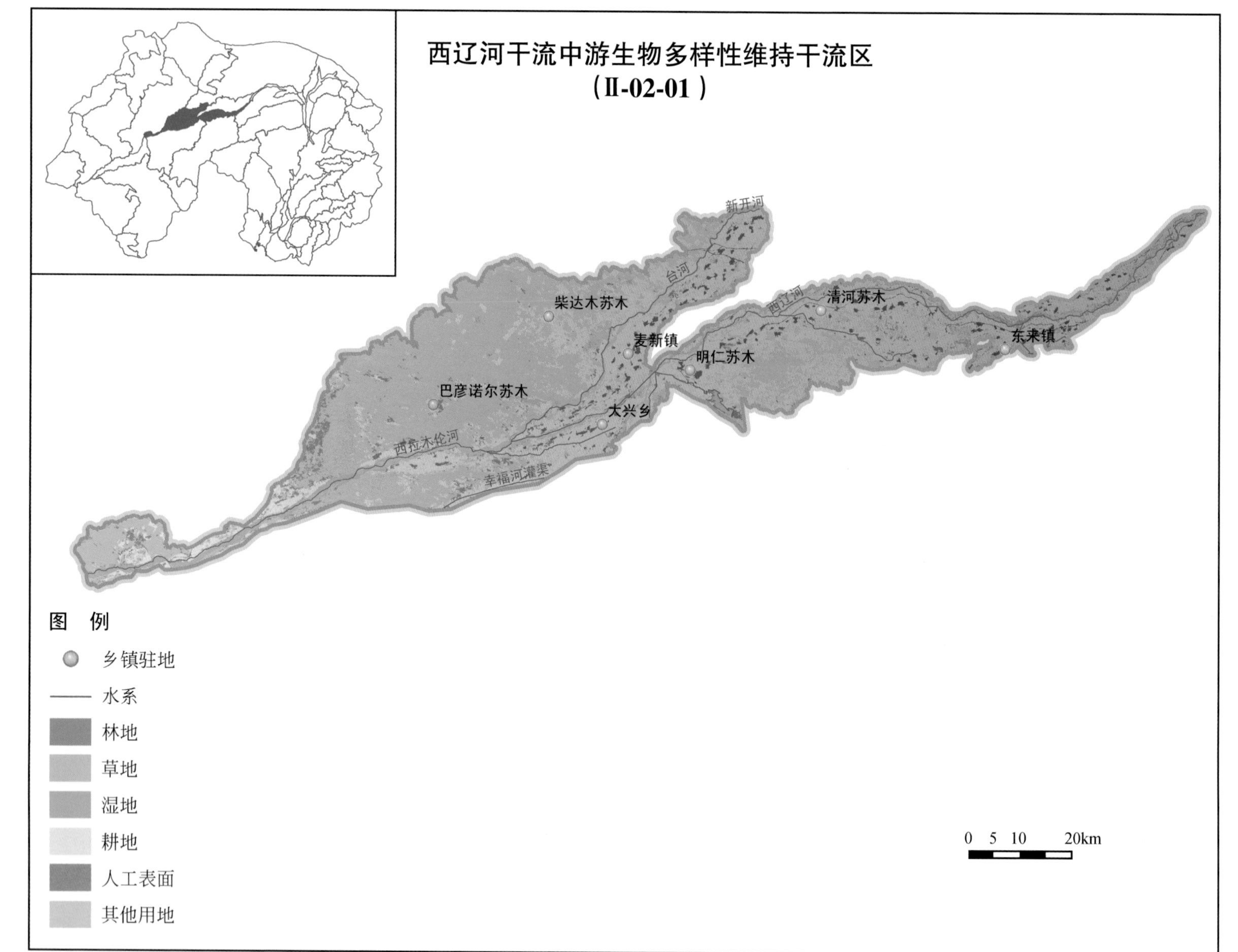
西辽河干流中游生物多样性维持干流区
（Ⅱ-02-01）
新开河
台河
西辽河
柴达木苏木
清河苏木
麦新镇
明仁苏木
东来镇
巴彦诺尔苏木
大兴乡
西拉木伦河
幸福河灌渠
图 例
乡镇驻地
水系
林地
草地
湿地
耕地
人工表面
其他用地
0 5 10 20km

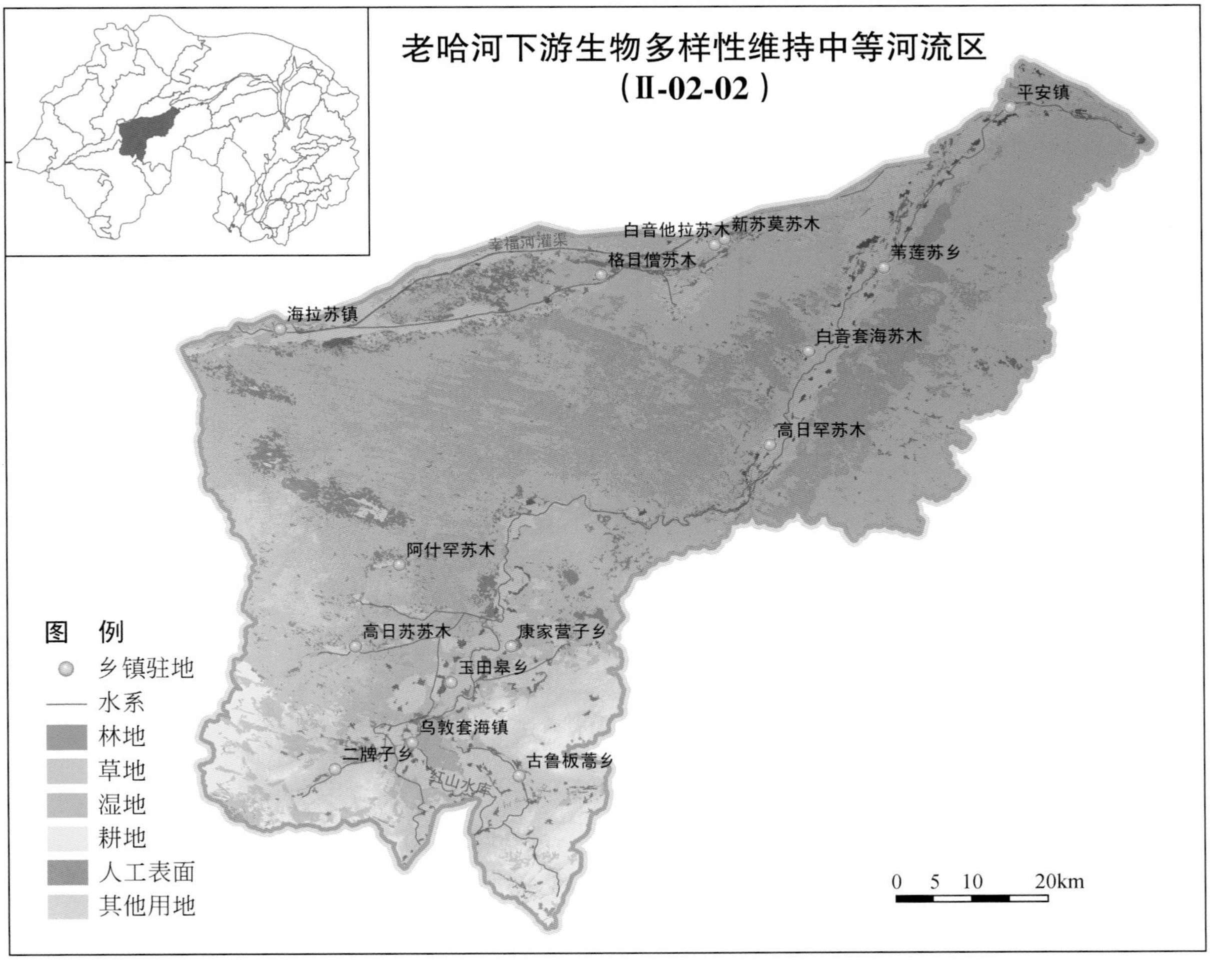

老哈河下游生物多样性维持中等河流区
（Ⅱ-02-02）

平安镇
白音他拉苏木
新苏莫苏木
苇莲苏乡
格日僧苏木
幸福河灌渠
海拉苏镇
白音套海苏木
高日罕苏木
阿什罕苏木
高日苏苏木
康家营子乡
玉田皋乡
乌敦套海镇
二牌子乡
古鲁板蒿乡
红山水库

图　例
乡镇驻地
水系
林地
草地
湿地
耕地
人工表面
其他用地

0　5　10　　20km

老哈河下游翁牛特旗境内

教来河中下游农业维持
季节河流区（II-02-03）
治安镇
红河
东明镇
奈林苏木
八仙筒镇
教来河
白音他拉苏木苇莲苏苏木
白音他拉苏木
固日班花苏木
茫汗苏木
额勒顺镇
章古台苏木
巴嘎波日和苏木
敖润苏莫苏木
孟克河
大沁他拉街道
大沁他拉镇
长胜镇
双井乡
新窝铺乡
黄花塔拉镇
义隆永镇
下洼镇
哈沙吐乡
木头营子乡
敖音勿苏乡
玛尼罕乡
牛古吐乡
敖吉乡
高家窝铺乡
图 例
乡镇驻地
水系
林地
草地
湿地
耕地
人工表面
其他用地
0 5 10 20km

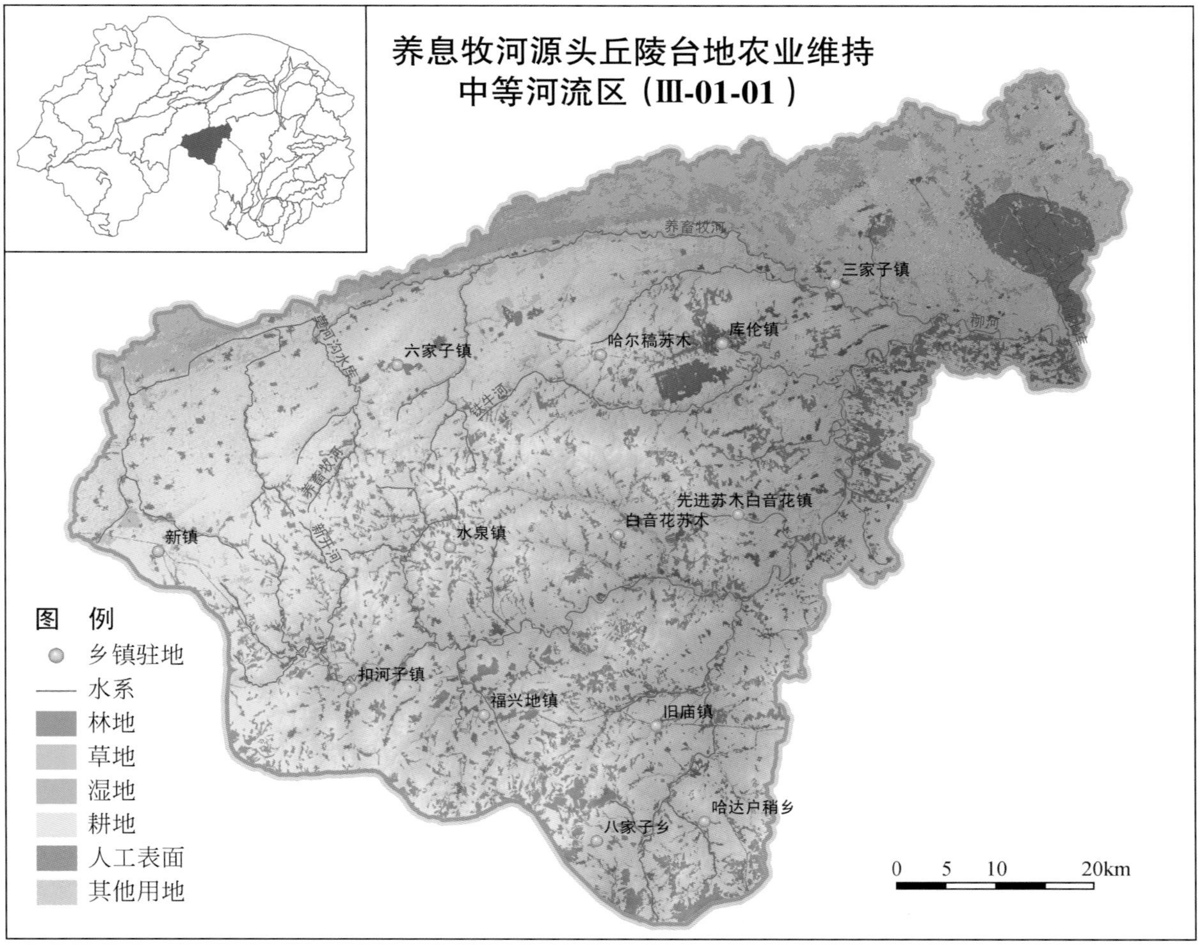

养息牧河源头丘陵台地农业维持中等河流区（Ⅲ-01-01）

养畜牧河
三家子镇
柳河
哈尔稿苏木
库伦镇
六家子镇
新开河
先进苏木白音花镇
白音花苏木
水泉镇
新镇
扣河子镇
福兴地镇
旧庙镇
哈达户稍乡
八家子乡

图　例

- 乡镇驻地
- 水系
- 林地
- 草地
- 湿地
- 耕地
- 人工表面
- 其他用地

0　5　10　20km

柳河上游库伦旗境内

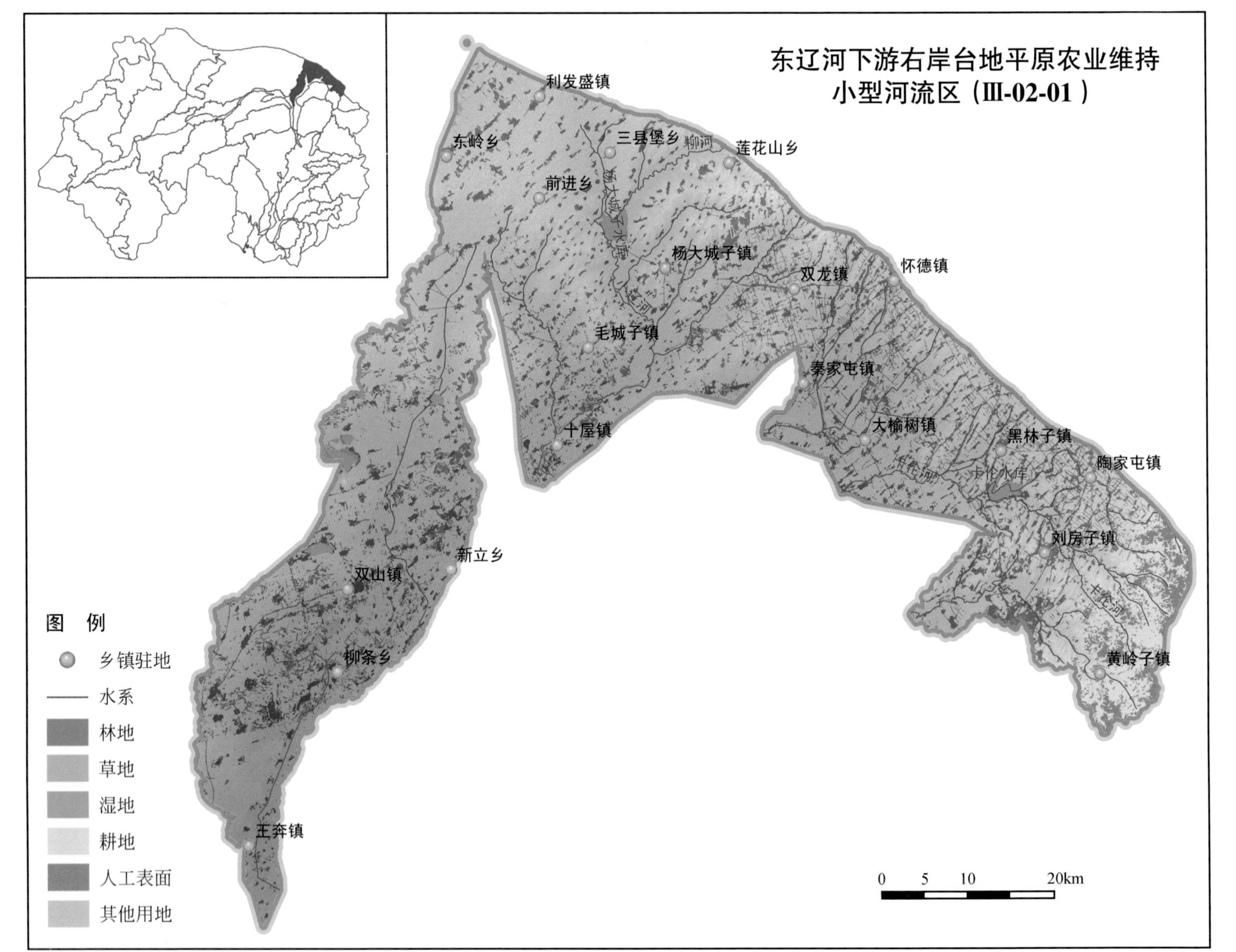
东辽河下游右岸台地平原农业维持
小型河流区（Ⅲ-02-01）
利发盛镇
东岭乡
三县堡乡
柳河
莲花山乡
前进乡
杨大城子水库
杨大城子镇
双龙镇
怀德镇
毛城子镇
秦家屯镇
十屋镇
大榆树镇
黑林子镇
陶家屯镇
卡伦水库
刘房子镇
新立乡
双山镇
柳条乡
黄岭子镇
王奔镇
图　例
乡镇驻地
水系
林地
草地
湿地
耕地
人工表面
其他用地
0　5　10　20km

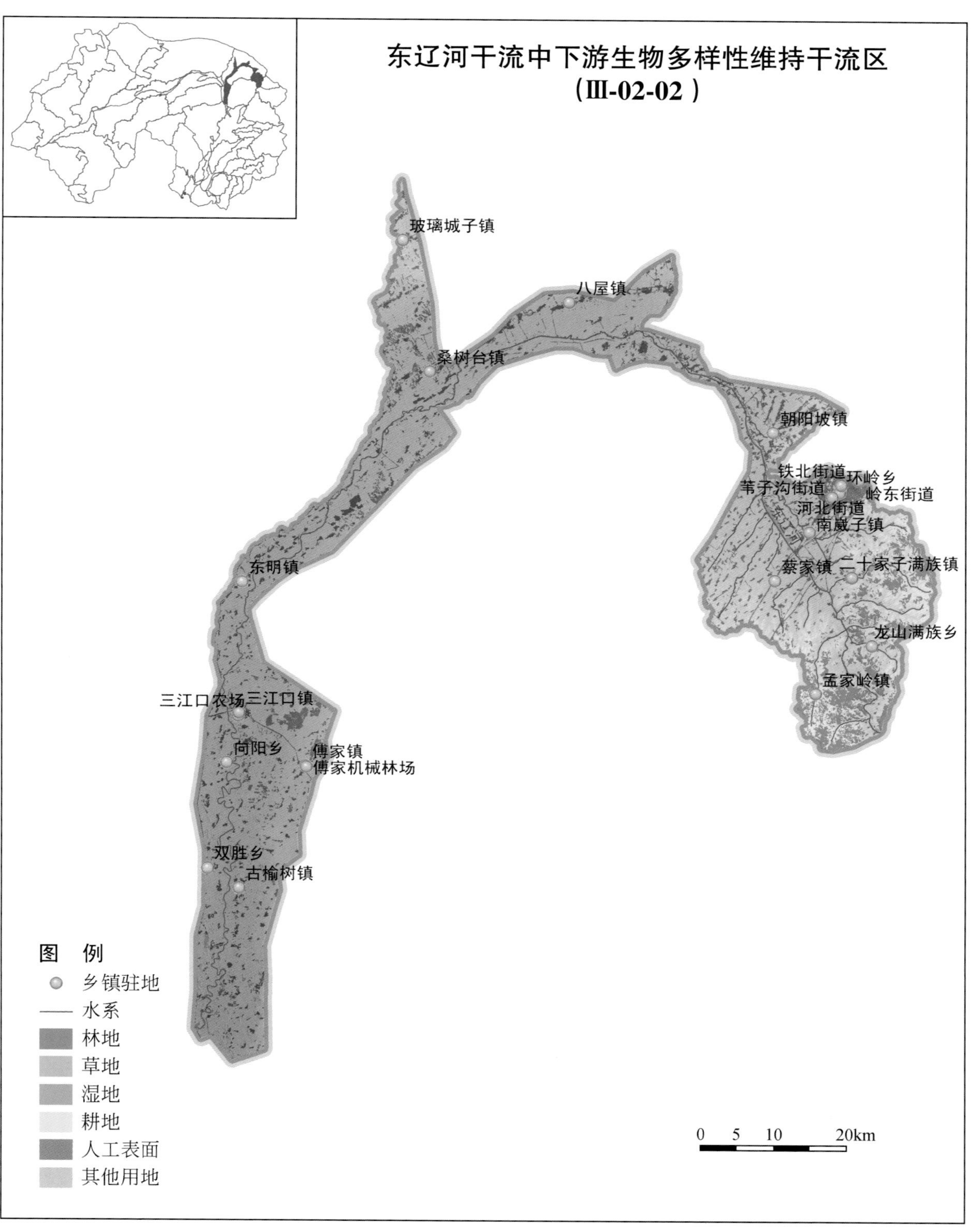
东辽河干流中下游生物多样性维持干流区
（Ⅲ-02-02）
玻璃城子镇
八屋镇
桑树台镇
朝阳坡镇
铁北街道
环岭乡
苇子沟街道
岭东街道
河北街道
南崴子镇
蔡家镇
二十家子满族镇
龙山满族乡
孟家岭镇
东明镇
三江口农场
三江口镇
向阳乡
傅家镇
傅家机械林场
双胜乡
古榆树镇
图 例
乡镇驻地
水系
林地
草地
湿地
耕地
人工表面
其他用地
0 5 10 20km

第一部分 图集

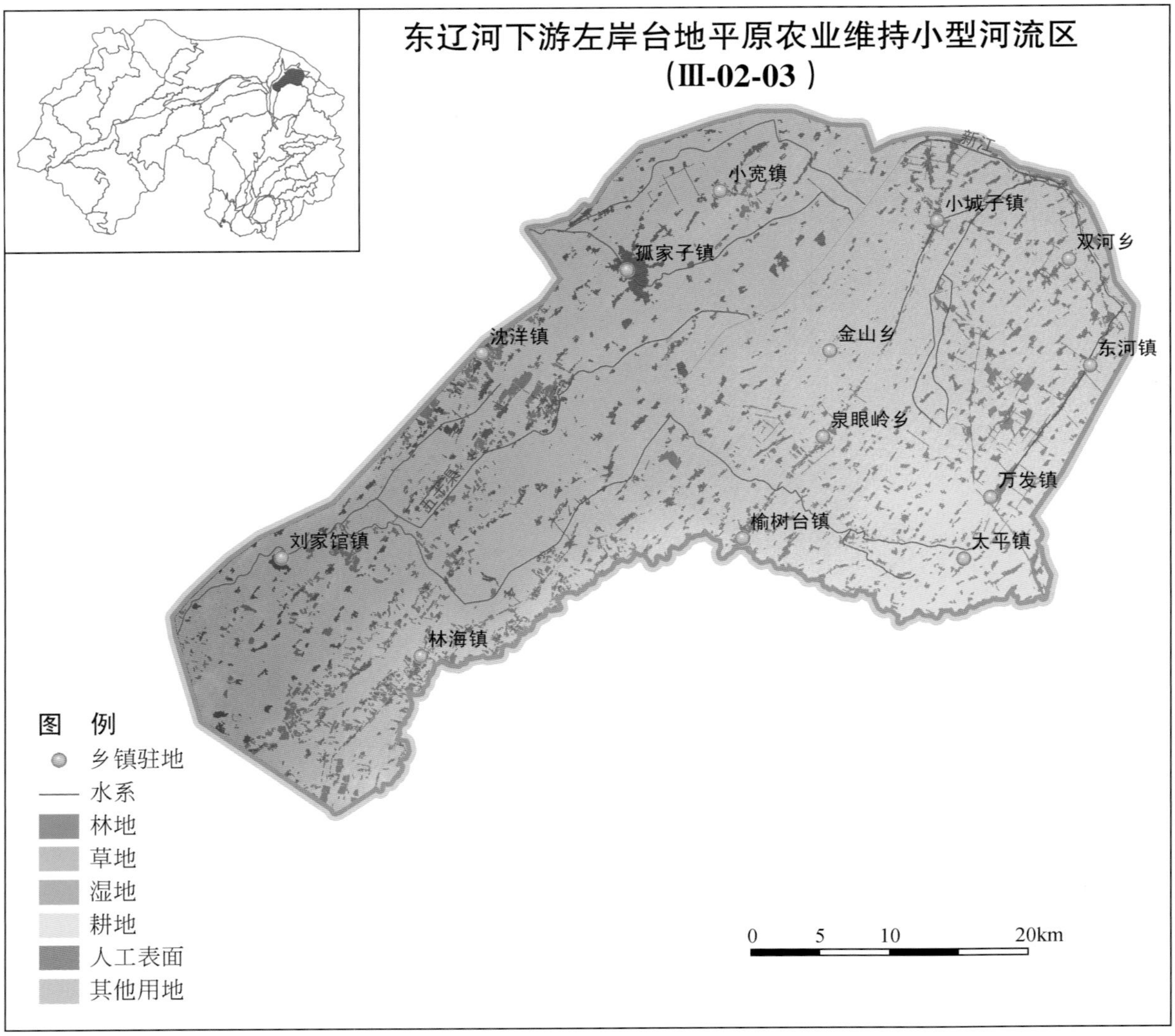

东辽河下游左岸台地平原农业维持小型河流区（Ⅲ-02-03）

小宽镇
小城子镇
孤家子镇
双河乡
沈洋镇
金山乡
东河镇
泉眼岭乡
万发镇
榆树台镇
太平镇
刘家馆镇
林海镇

图 例
乡镇驻地
水系
林地
草地
湿地
耕地
人工表面
其他用地

0 5 10 20km

入东辽河干流支流梨树县境内

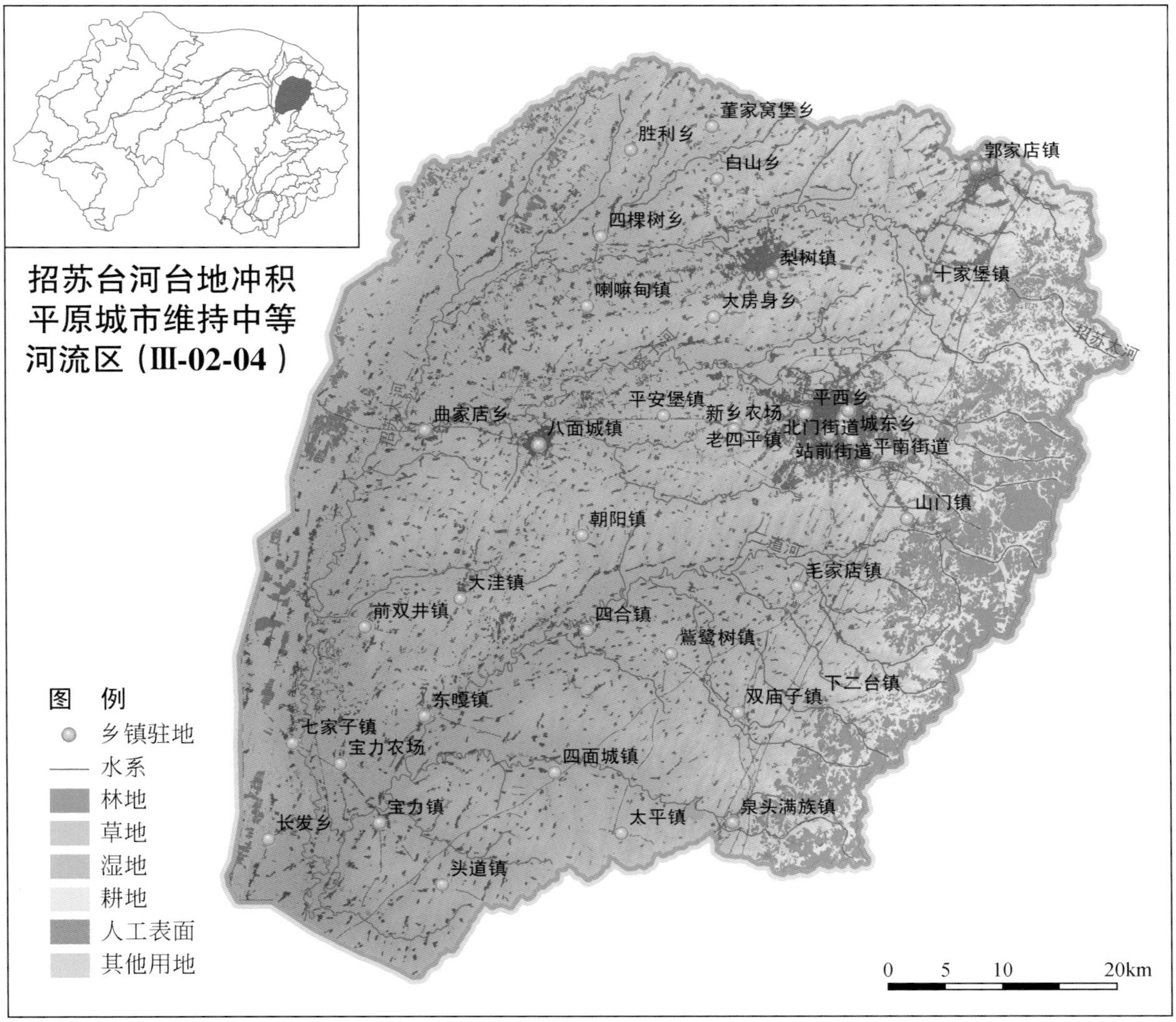

招苏台河台地冲积平原城市维持中等河流区（Ⅲ-02-04）

董家窝堡乡
胜利乡
白山乡
郭家店镇
四棵树乡
梨树镇
十家堡镇
喇嘛甸镇
大房身乡
招苏太河
平安堡镇
平西乡
曲家店乡
新乡农场
北门街道
城东乡
八面城镇
老四平镇
站前街道
平南街道
山门镇
朝阳镇
道河
毛家店镇
大洼镇
前双井镇
四合镇
鸶鹭树镇
下二台镇
双庙子镇
东嘎镇
七家子镇
宝力农场
四面城镇
泉头满族镇
宝力镇
长发乡
太平镇
头道镇

图　例
乡镇驻地
水系
林地
草地
湿地
耕地
人工表面
其他用地

0　5　10　20km

二道河中游昌图县境内

饶阳河中下游冲积平原农业维持中等河流区（Ⅲ-03-01）

满堂红乡 苇塘河 四堡子乡 丰田乡 哈尔套镇 平安地镇 塔营子乡 双庙乡 平安乡 建设镇 务欢池镇 大固本镇 扎兰营子乡 泡子办事处泡子镇 周家店林场 招束沟乡 细河 老河土乡 十家子镇 姚堡乡 沙拉镇 大巴镇 小东镇 新发街道兴隆街道 苍土乡 中兴街道 新立屯镇 长营子蒙古族镇 长营子镇 六合乡 富荣镇 罗屯乡 红旗乡 羊肠河 大板镇 芳山镇 薛屯乡 半拉门镇 红旗乡 李屯乡 无梁殿镇 二道乡 绕阳河镇 国华乡 太和镇 白厂门满族镇 八道壕镇 胡家镇 姜屯镇 大市镇 胜利乡 励家镇 正安镇 四间房乡 常兴镇 高力板乡 大虎山镇 汪家坟乡 中安镇 段家乡 四家子镇 高山子镇 饶阳河 新立乡 高升镇 喜彬乡

图　例
乡镇驻地
水系
林地
草地
湿地
耕地
人工表面
其他用地

0 5 10 20km

苇塘河中游彰武县境内

八道河黑山县境内

柳河秀水河入干冲积平原农业维持中等河流区（Ⅲ-03-02）

山东屯乡
海洲窝堡乡
公河来苏木
小城子镇
北四家子乡
甘旗卡街道
两家子乡
常胜镇
散都镇
胜利乡
康平镇
二牛所口镇
东关屯镇
郝官屯镇
北阿尔乡
东阿尔乡
南阿尔乡
西阿尔乡
张强镇
方家屯镇
章古台镇
东升满族蒙古族乡
柳树屯蒙古族满族乡
西关屯蒙古族满族乡
后新秋镇
卧牛石乡
大冷乡
冯家镇
四家子蒙古族乡
大德乡
包家屯乡
兴隆堡乡
双台子乡
前福兴地乡
苇子沟乡
兴隆山乡
丁家房镇
城郊乡
彰武镇
叶茂台镇
登仕堡子镇
西六乡
东六家子镇
五峰镇
东蛇山子乡
两家子乡
大柳屯镇
周坨子乡
高台子乡
梁山镇
辽滨街道
城郊乡
卢家屯乡
新城街道
柳河沟镇
大红旗镇
新兴镇
牛心坨镇
洪家乡
桓洞镇
西平乡
桑林镇
城郊乡
高升街道
新台镇
新开河镇
富家镇

图　例
乡镇驻地
水系
林地
草地
湿地
耕地
人工表面
其他用地

0　10　20　40km

三道河下游彰武县境内

三道河下游彰武县境内

第一部分　图集

辽河干流冲积平原生物多样性维持干流区（Ⅲ-03-03）
后窑乡
满井乡
亮中河
金家镇
万安乡
大四家子乡
大兴乡
两家子镇
和平乡
古城堡乡
八宝镇
庆云堡镇
大明镇
孟家乡
柏家沟镇
红五月乡
法库镇
中固镇
松山镇
晓明镇
三家子乡
五台子乡
小青镇
晓明镇
平顶堡镇
马家寨镇
蔡牛镇
晓南镇
十间房乡
孤山子镇
阿吉镇
大孤家子镇
冯贝堡乡
依牛堡子镇
新农村乡
陶家屯镇
新台子镇
公主屯镇
三面船镇
石佛寺街道
马刚乡
三道岗子乡
罗家房乡
清水台镇
金五台子乡
大黑岗子镇
老大房镇
满都户镇
西佛镇
达牛镇
新华镇
图例
乡镇驻地
水系
林地
草地
湿地
耕地
人工表面
其他用地
0
10
20
40km

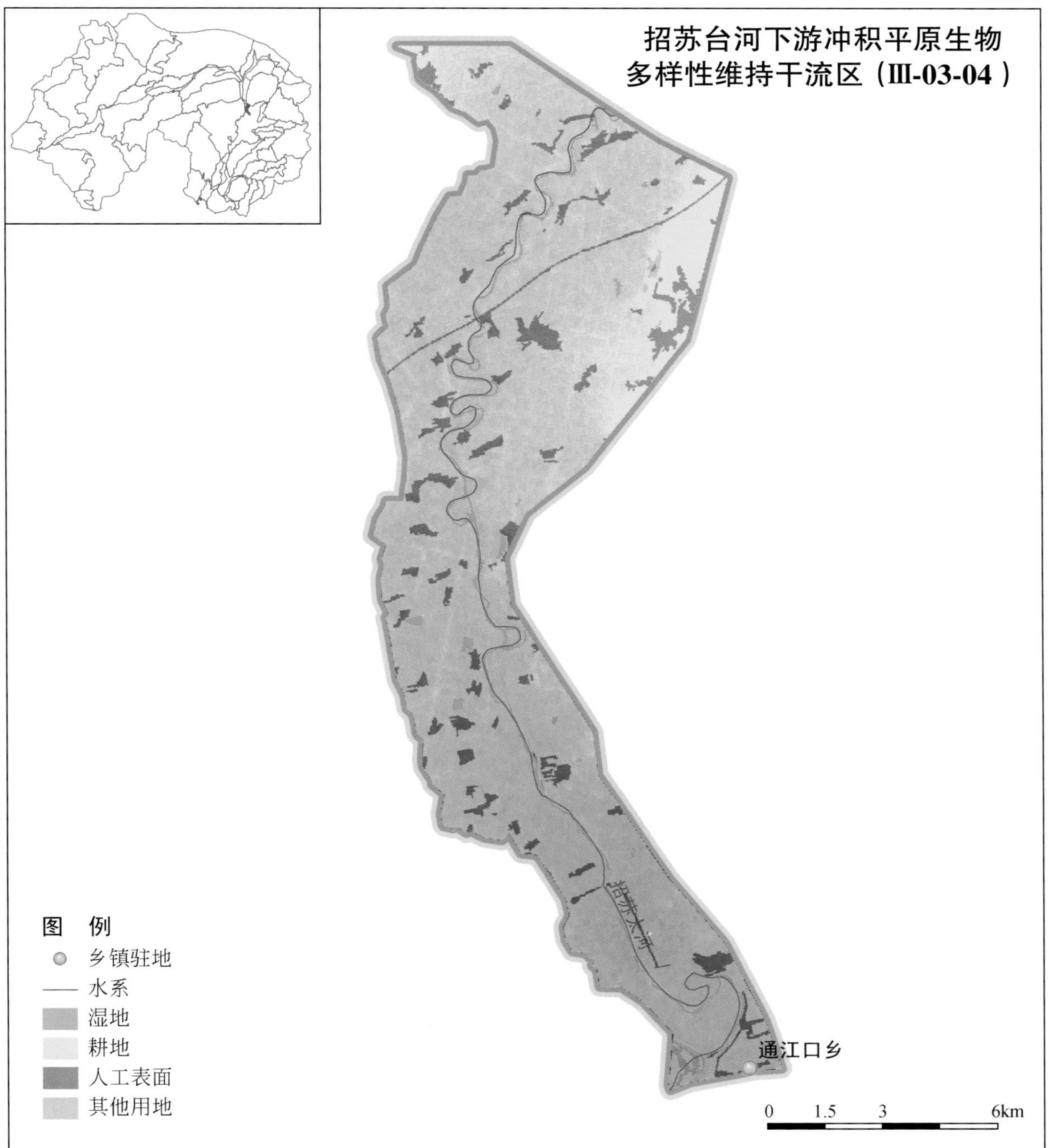
招苏台河下游冲积平原生物
多样性维持干流区（Ⅲ-03-04）
图 例
乡镇驻地
水系
湿地
耕地
人工表面
其他用地
通江口乡
招苏台河
0 1.5 3 6km

第一部分 图集

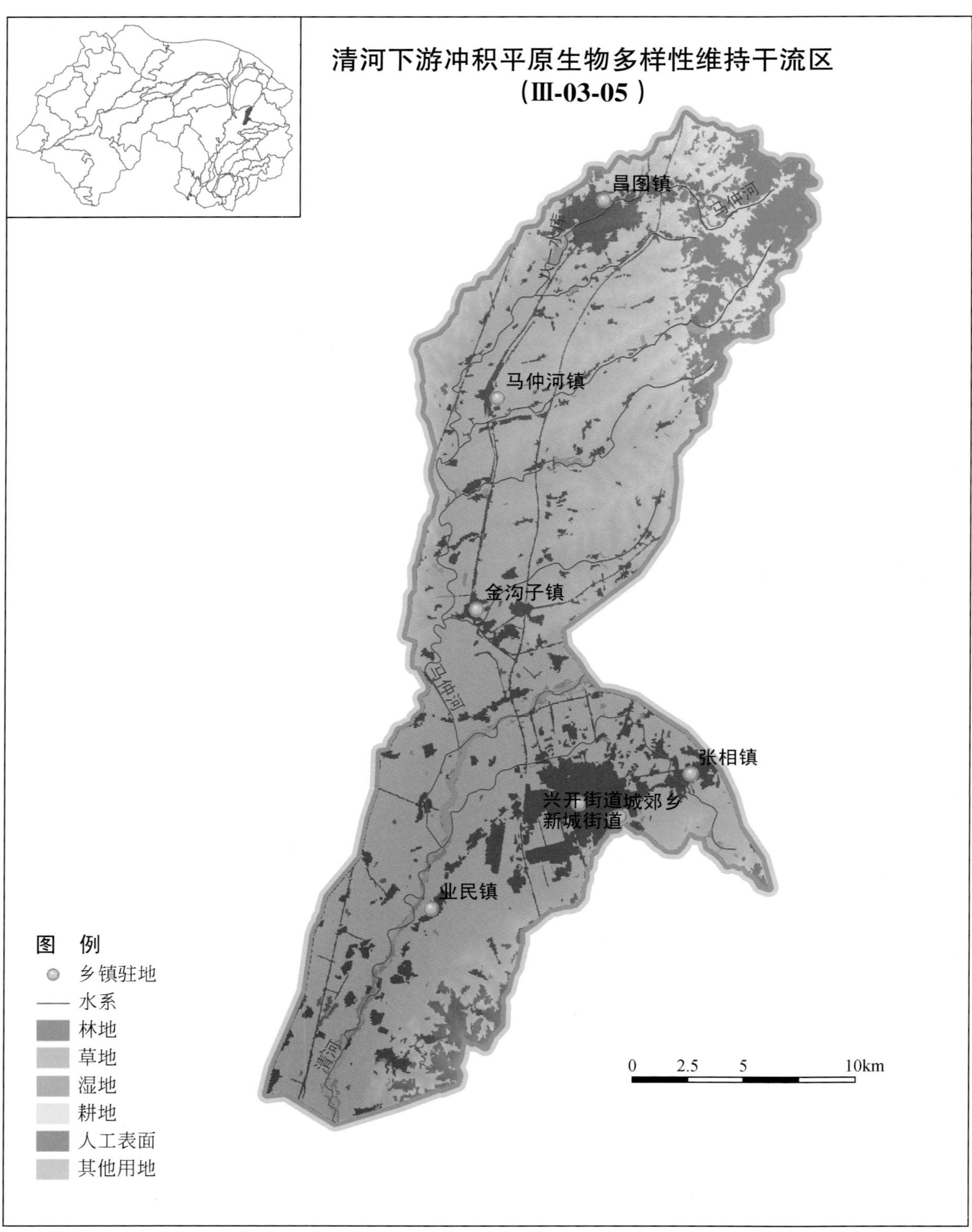
清河下游冲积平原生物多样性维持干流区
（Ⅲ-03-05）
昌图镇
马仲河镇
金沟子镇
张相镇
兴开街道城郊乡
新城街道
业民镇
马仲河
清河
图 例
乡镇驻地
水系
林地
草地
湿地
耕地
人工表面
其他用地
0
2.5
5
10km

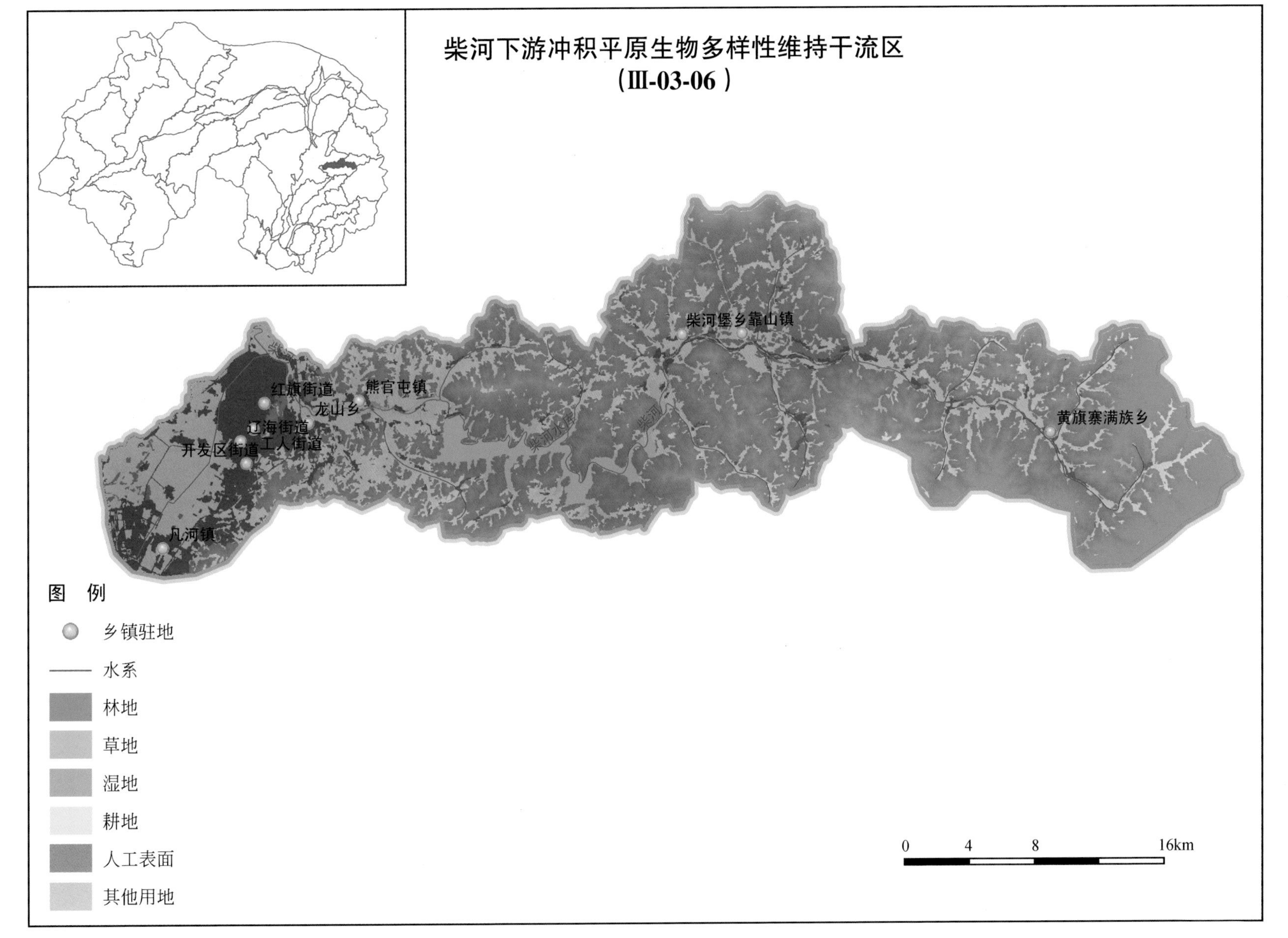
柴河下游冲积平原生物多样性维持干流区
（Ⅲ-03-06）
柴河堡乡
靠山镇
黄旗寨满族乡
红旗街道
熊官屯镇
龙山乡
辽海街道
开发区街道
工人街道
凡河镇
柴河水库
柴河
图例
乡镇驻地
水系
林地
草地
湿地
耕地
人工表面
其他用地
0
4
8
16km

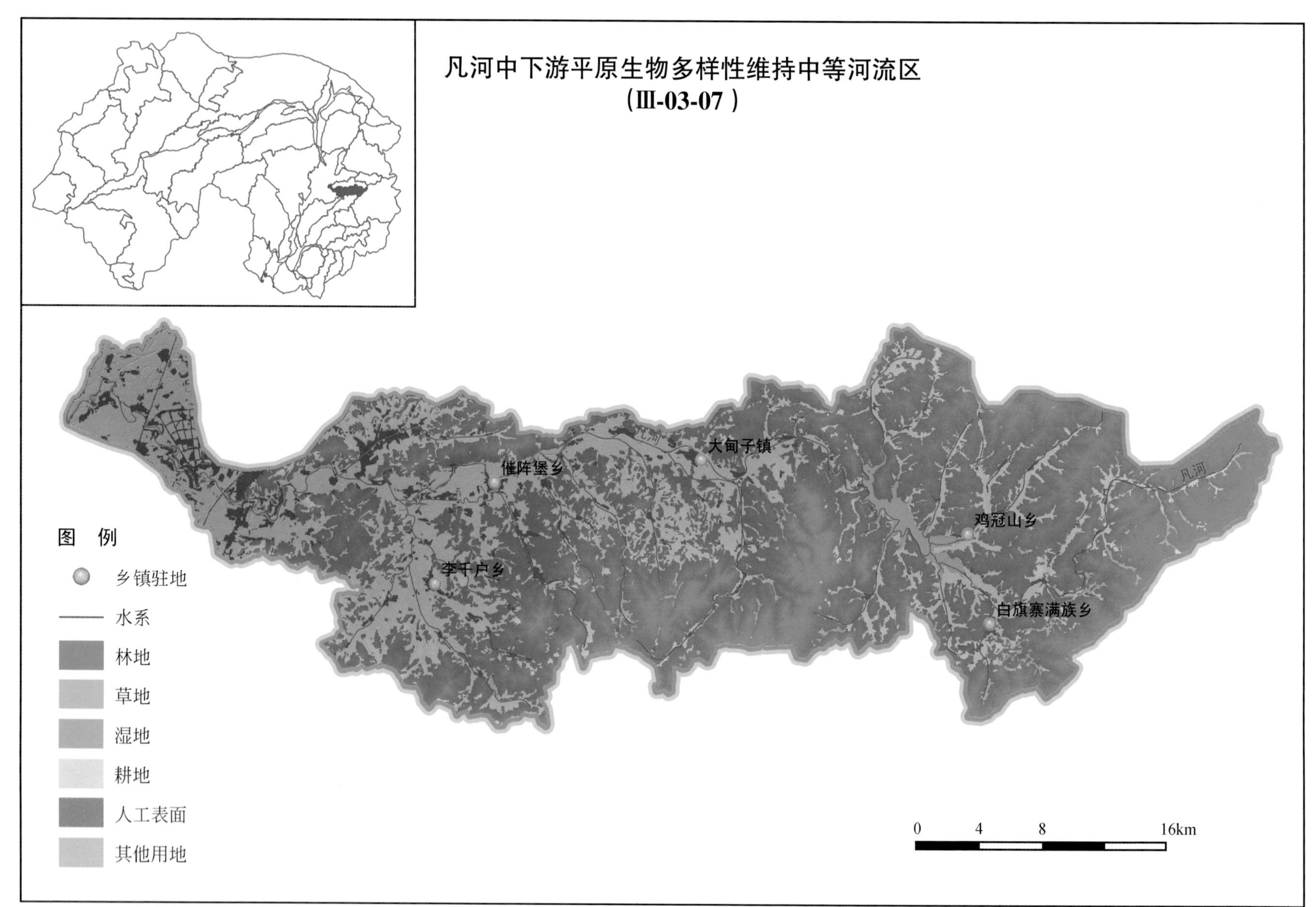
凡河中下游平原生物多样性维持中等河流区
(Ⅲ-03-07)
凡河
大甸子镇
催阵堡乡
李千户乡
鸡冠山乡
白旗寨满族乡
图 例
乡镇驻地
水系
林地
草地
湿地
耕地
人工表面
其他用地
0
4
8
16km

蒲河冲积平原城市维持中等河流区（Ⅲ-04-01）

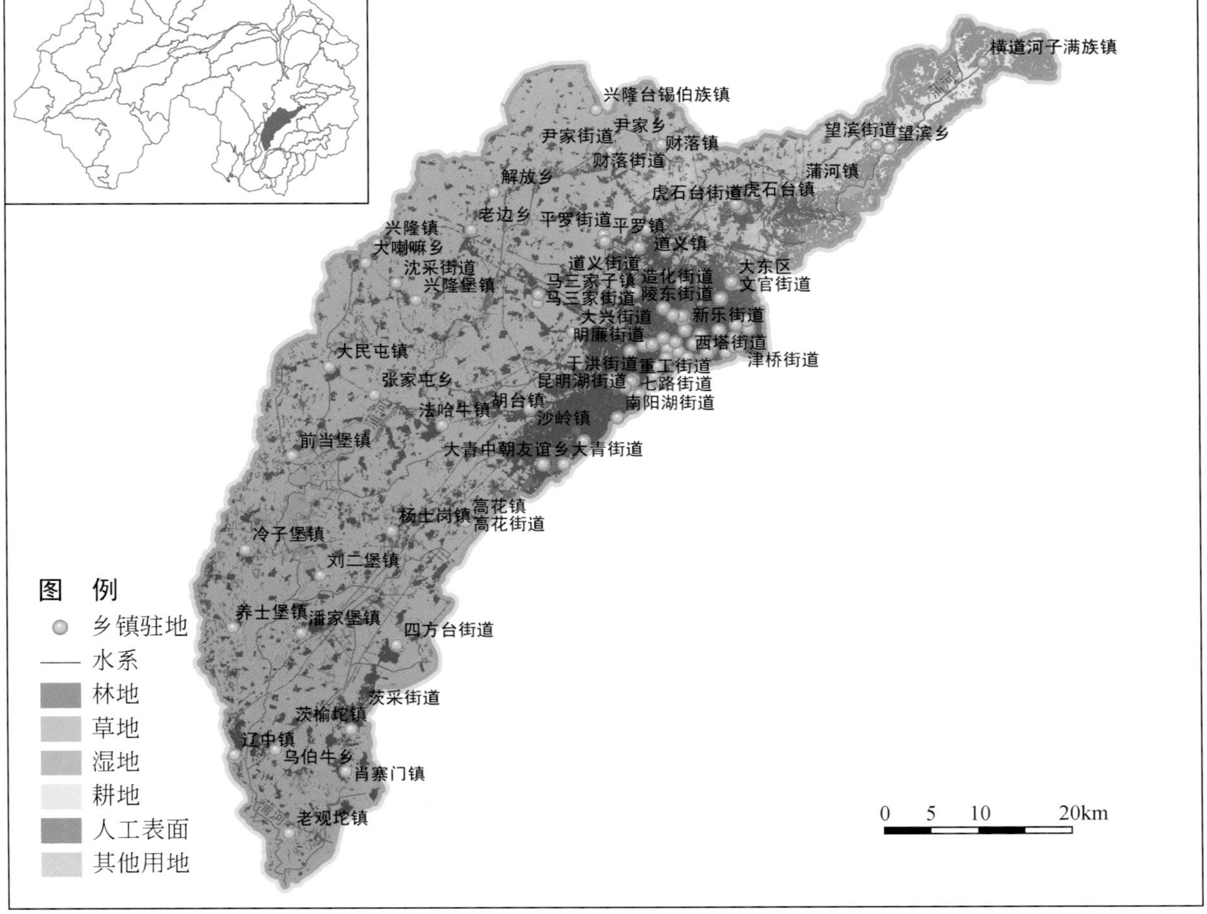

横道河子满族镇
兴隆台锡伯族镇
尹家乡
尹家街道
财落镇
财落街道
望滨街道
望滨乡
蒲河镇
解放乡
虎石台街道
虎石台镇
老边乡
平罗街道
平罗镇
兴隆镇
大喇嘛乡
道义镇
沈采街道
道义街道
大东区
兴隆堡镇
马三家子镇
造化街道
文官街道
马三家街道
陵东街道
大兴街道
新乐街道
明廉街道
西塔街道
大民屯镇
于洪街道
重工街道
津桥街道
张家屯乡
昆明湖街道
七路街道
法哈牛镇
胡台镇
南阳湖街道
沙岭镇
前当堡镇
大青中朝友谊乡
大青街道
杨士岗镇
高花镇
高花街道
冷子堡镇
刘二堡镇
养士堡镇
潘家堡镇
四方台街道
茨采街道
茨榆坨镇
辽中镇
乌伯牛乡
肖寨门镇
老观坨镇
蒲河

图 例

- 乡镇驻地
- 水系
- 林地
- 草地
- 湿地
- 耕地
- 人工表面
- 其他用地

0 5 10 20km

蒲河上游沈阳市境内

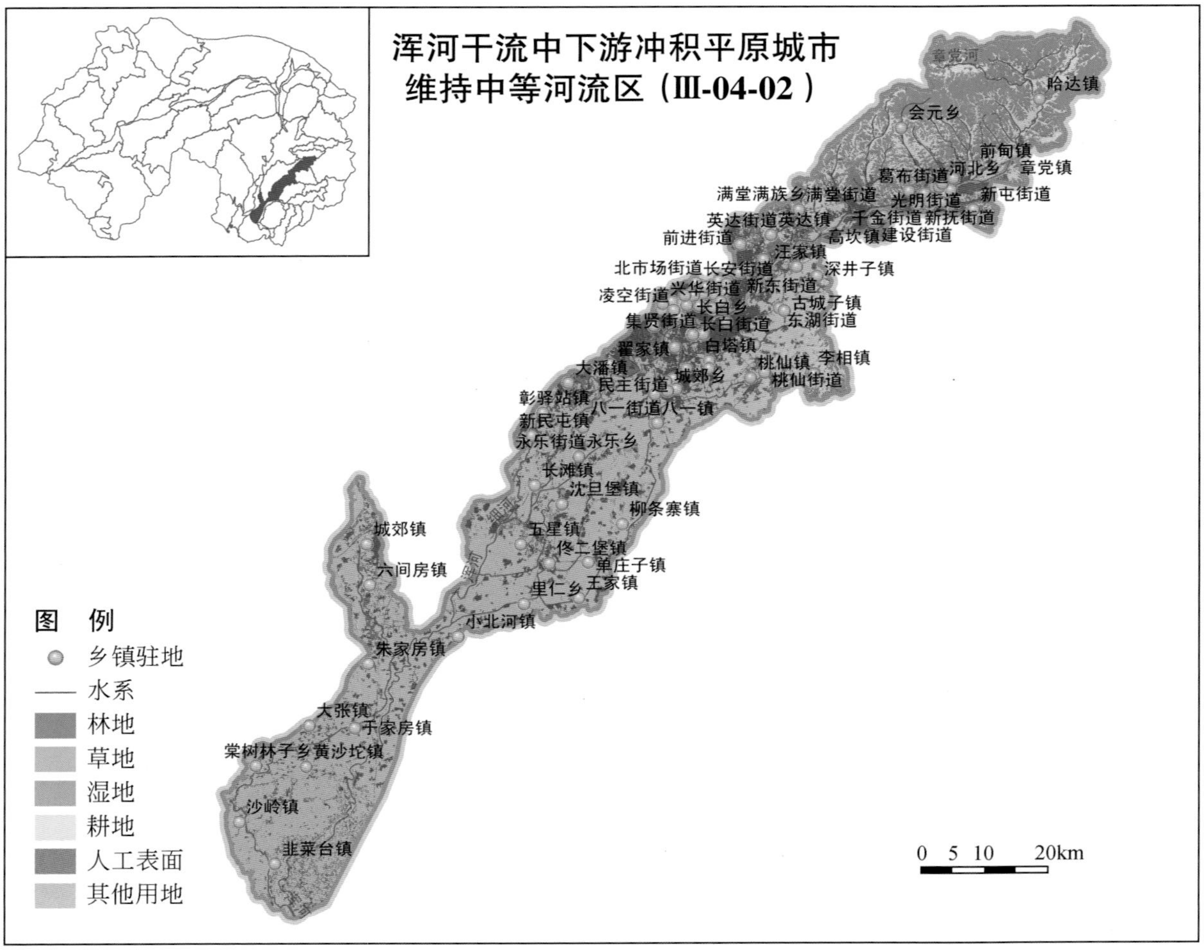

浑河干流中下游冲积平原城市维持中等河流区（Ⅲ-04-02）

章党河
哈达镇
会元乡
前甸镇
葛布街道
河北乡
章党镇
满堂满族乡
满堂街道
光明街道
新屯街道
英达街道
英达镇
千金街道
新抚街道
前进街道
高坎镇
建设街道
汪家镇
北市场街道
长安街道
深井子镇
凌空街道
兴华街道
新东街道
长白乡
古城子镇
集贤街道
长白街道
东湖街道
翟家镇
白塔镇
李相镇
大潘镇
桃仙镇
民主街道
城郊乡
桃仙街道
彰驿站镇
八一街道
八一镇
新民屯镇
永乐街道
永乐乡
长滩镇
沈旦堡镇
柳条寨镇
城郊镇
五星镇
佟二堡镇
六间房镇
单庄子镇
里仁乡
王家镇
小北河镇
朱家房镇
大张镇
于家房镇
棠树林子乡
黄沙坨镇
沙岭镇
韭菜台镇

图例
乡镇驻地
水系
林地
草地
湿地
耕地
人工表面
其他用地

0 5 10 20km

章党河中游抚顺县境内

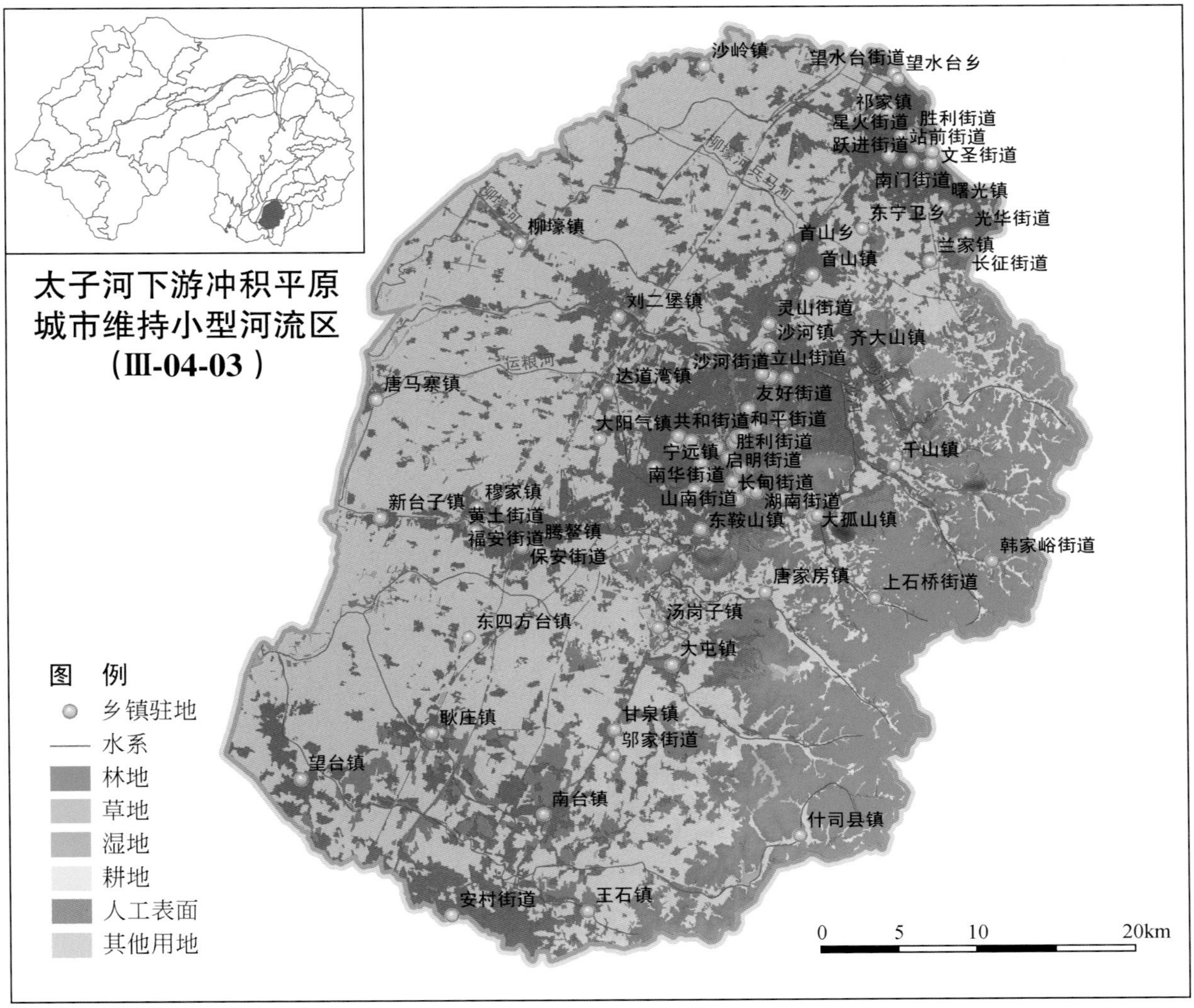

太子河下游冲积平原
城市维持小型河流区
（Ⅲ-04-03）
沙岭镇
望水台街道
望水台乡
祁家镇
星火街道
胜利街道
站前街道
跃进街道
文圣街道
南门街道
曙光镇
柳壕河兵马河
东宁卫乡
光华街道
柳壕镇
首山乡
兰家镇
首山镇
长征街道
刘二堡镇
灵山街道
沙河镇
齐大山镇
运粮河
沙河街道
立山街道
唐马寨镇
达道湾镇
友好街道
大阳气镇
共和街道
和平街道
胜利街道
千山镇
宁远镇
启明街道
南华街道
长甸街道
穆家镇
山南街道
湖南街道
新台子镇
黄土街道
东鞍山镇
大孤山镇
福安街道
腾鳌镇
韩家峪街道
保安街道
唐家房镇
上石桥街道
汤岗子镇
东四方台镇
大屯镇
图　例
乡镇驻地
水系
林地
草地
湿地
耕地
人工表面
其他用地
甘泉镇
耿庄镇
邬家街道
望台镇
南台镇
什司县镇
安村街道
王石镇
0
5
10
20km

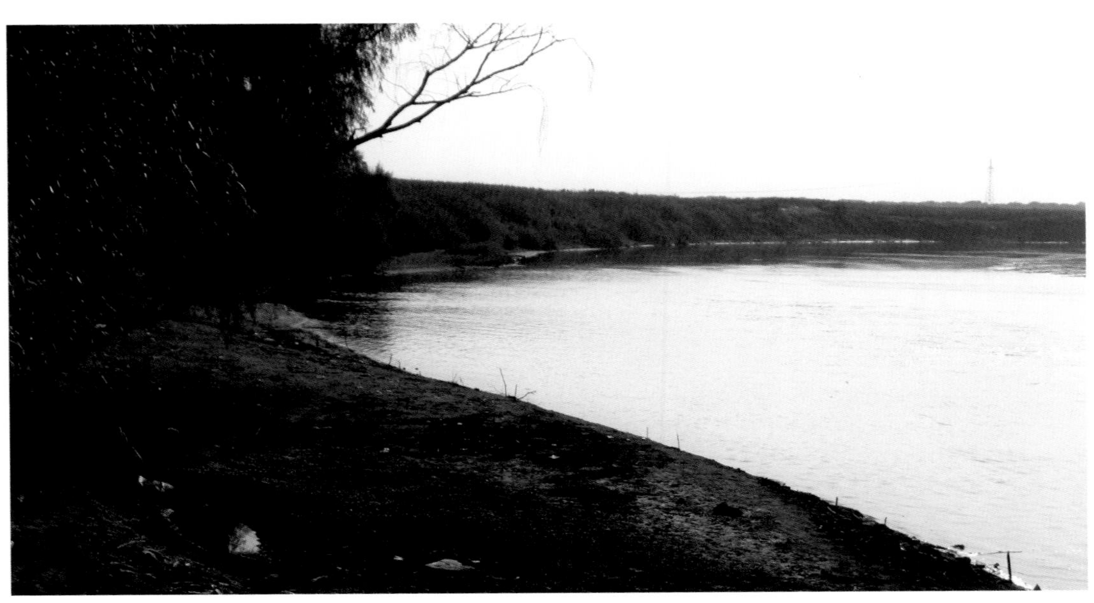

太子河下游辽阳县境内

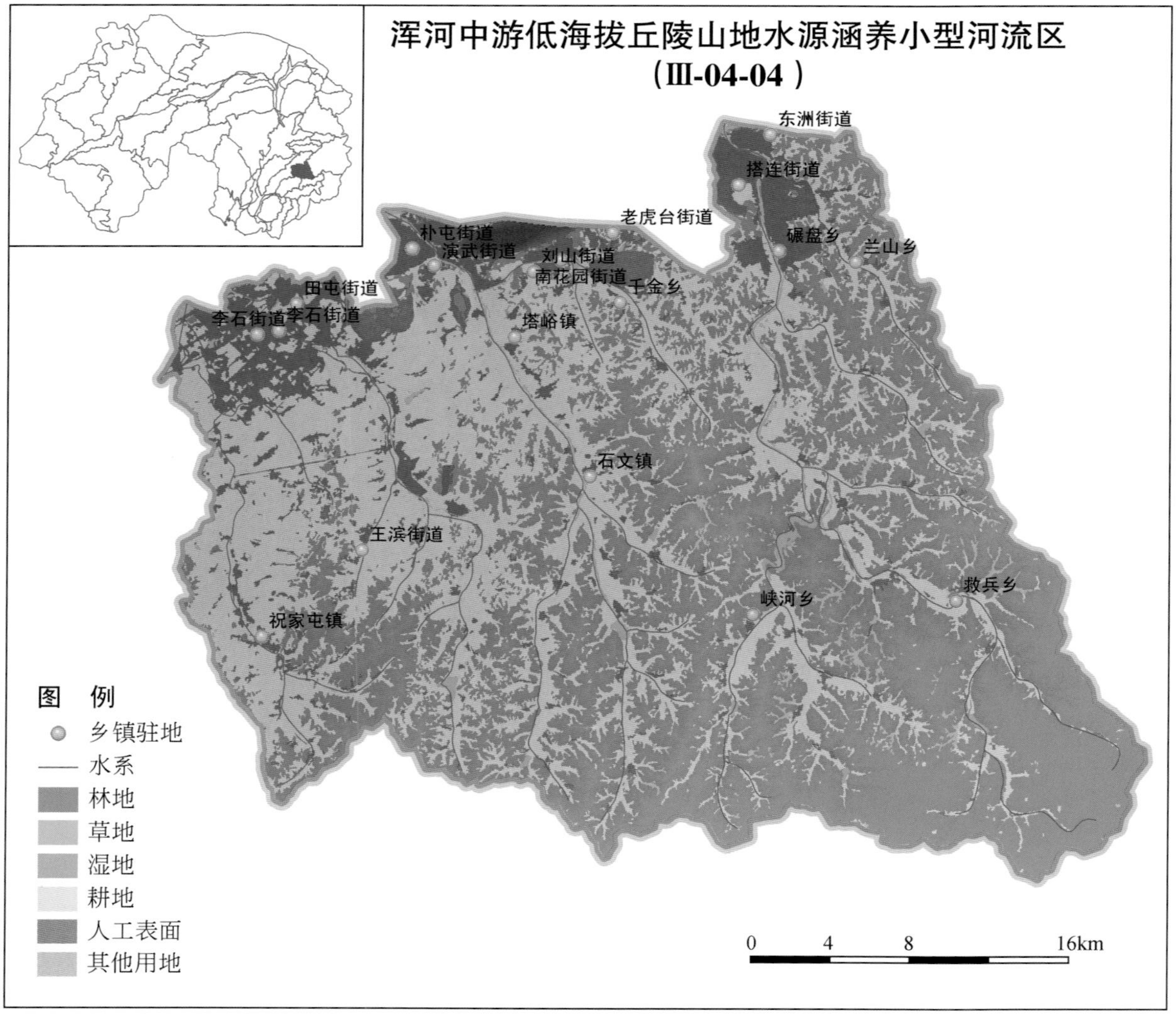

浑河中游低海拔丘陵山地水源涵养小型河流区（Ⅲ-04-04）

东洲街道
搭连街道
老虎台街道
碾盘乡
兰山乡
朴屯街道
演武街道
刘山街道
南花园街道
千金乡
田屯街道
李石街道
李石街道
塔峪镇
石文镇
王滨街道
救兵乡
峡河乡
祝家屯镇

图　例
乡镇驻地
水系
林地
草地
湿地
耕地
人工表面
其他用地

0　4　8　16km

浑河支流沈阳市境内

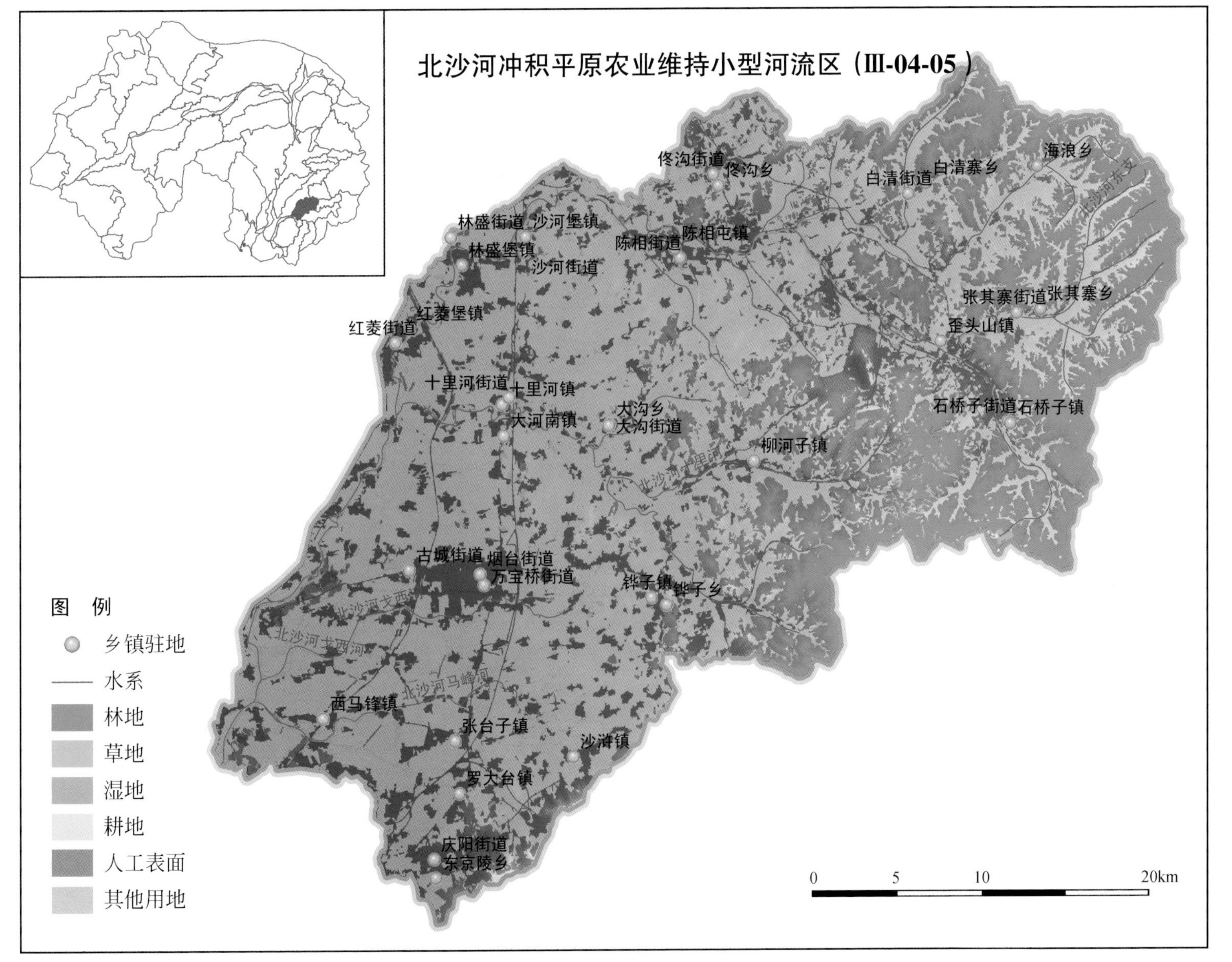
北沙河冲积平原农业维持小型河流区（Ⅲ-04-05）
海浪乡
白清街道
白清寨乡
佟沟街道
佟沟乡
张其寨街道
张其寨乡
歪头山镇
石桥子街道
石桥子镇
陈相街道
陈相屯镇
林盛街道
沙河堡镇
林盛堡镇
沙河街道
红菱堡镇
红菱街道
十里河街道
十里河镇
大河南镇
大沟乡
大沟街道
柳河子镇
古城街道
烟台街道
万宝桥街道
铧子镇
铧子乡
西马峰镇
张台子镇
沙浒镇
罗大台镇
庆阳街道
东京陵乡
0
5
10
20km
图例
乡镇驻地
水系
林地
草地
湿地
耕地
人工表面
其他用地

第一部分图集

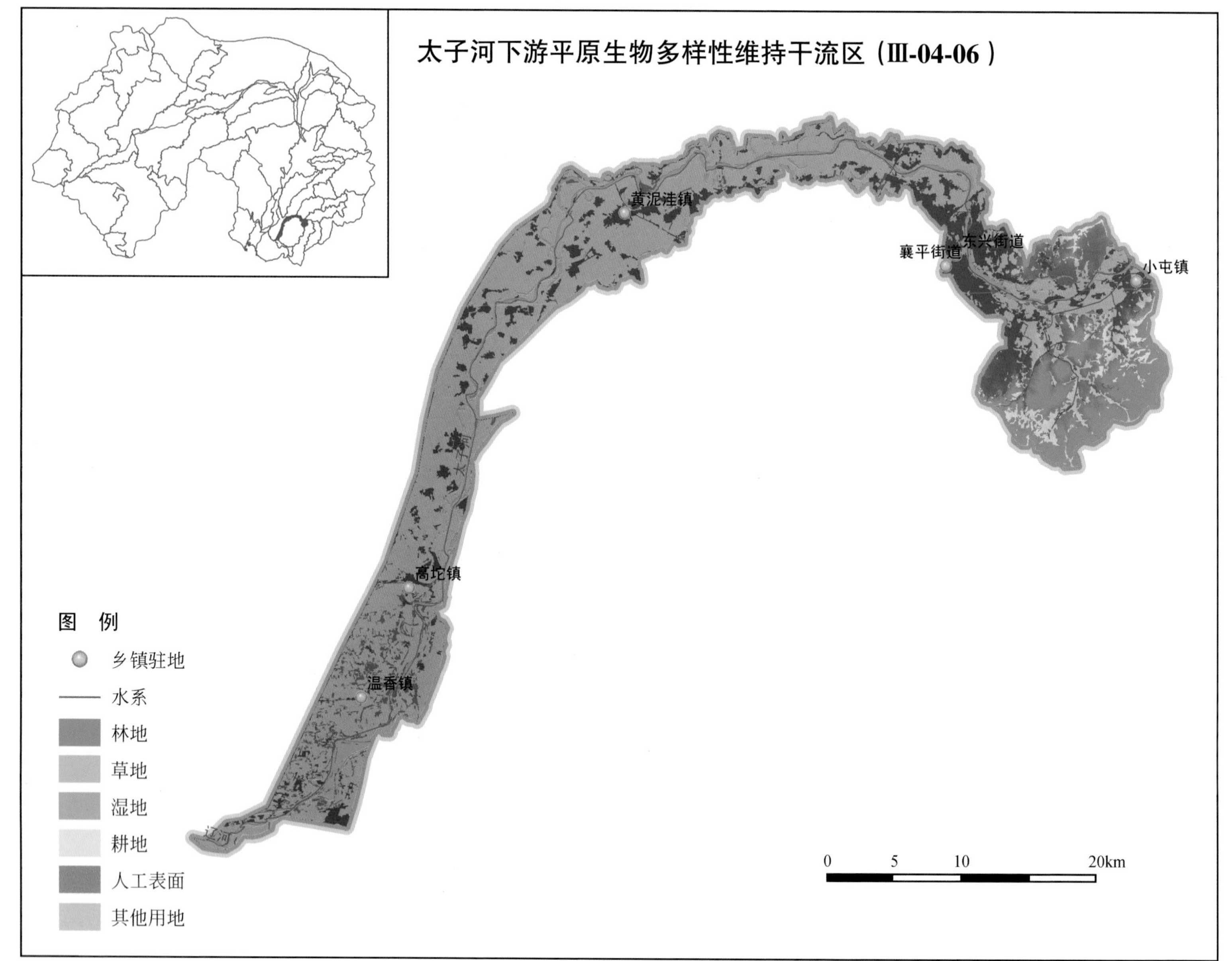
太子河下游平原生物多样性维持干流区（III-04-06）
黄泥洼镇
襄平街道
东兴街道
小屯镇
高坨镇
温香镇
辽河
图 例
乡镇驻地
水系
林地
草地
湿地
耕地
人工表面
其他用地
0
5
10
20km

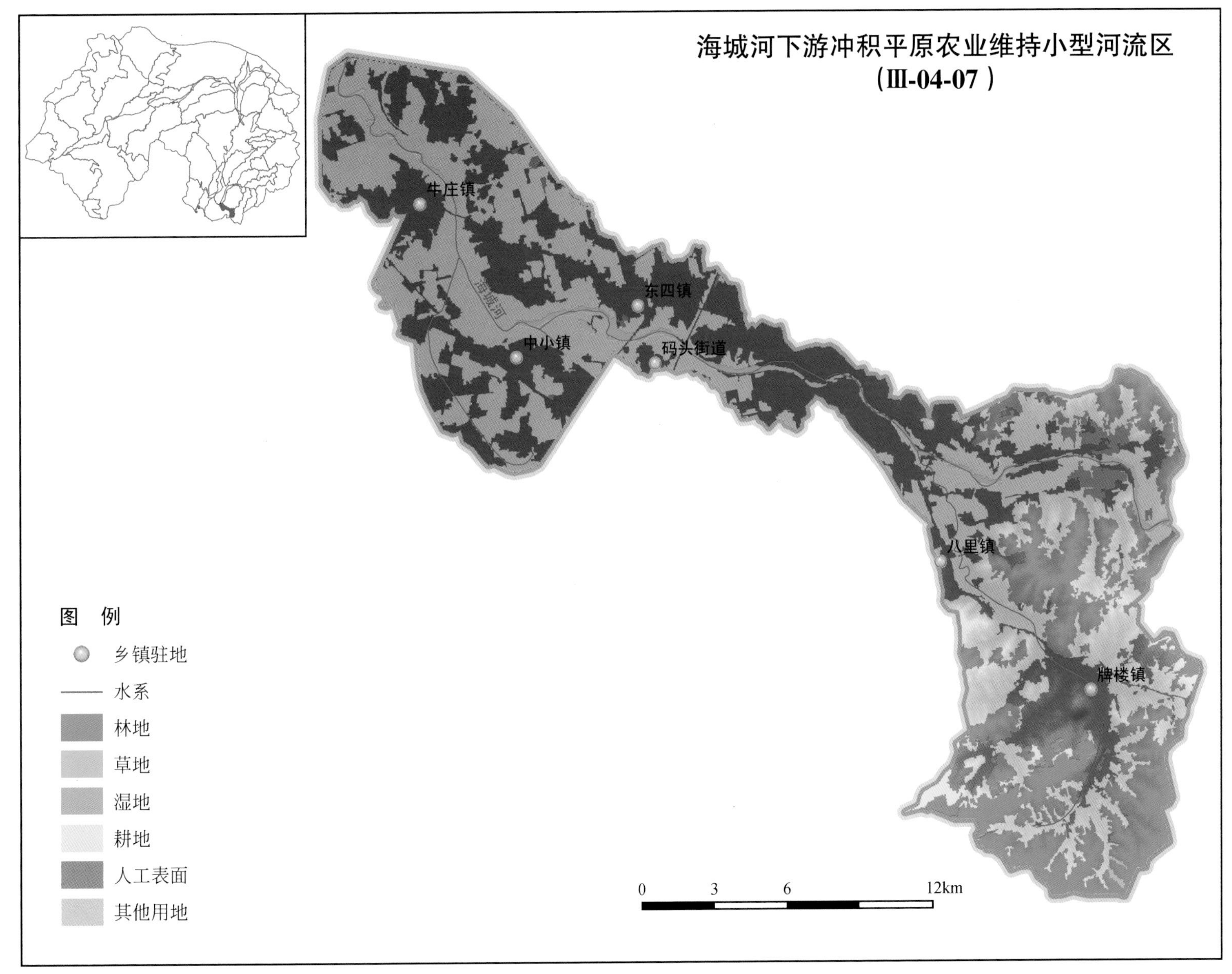
海城河下游冲积平原农业维持小型河流区
（III-04-07）
牛庄镇
海城河
东四镇
中小镇
码头街道
八里镇
牌楼镇
图 例
乡镇驻地
水系
林地
草地
湿地
耕地
人工表面
其他用地
0
3
6
12km

第一部分 图集

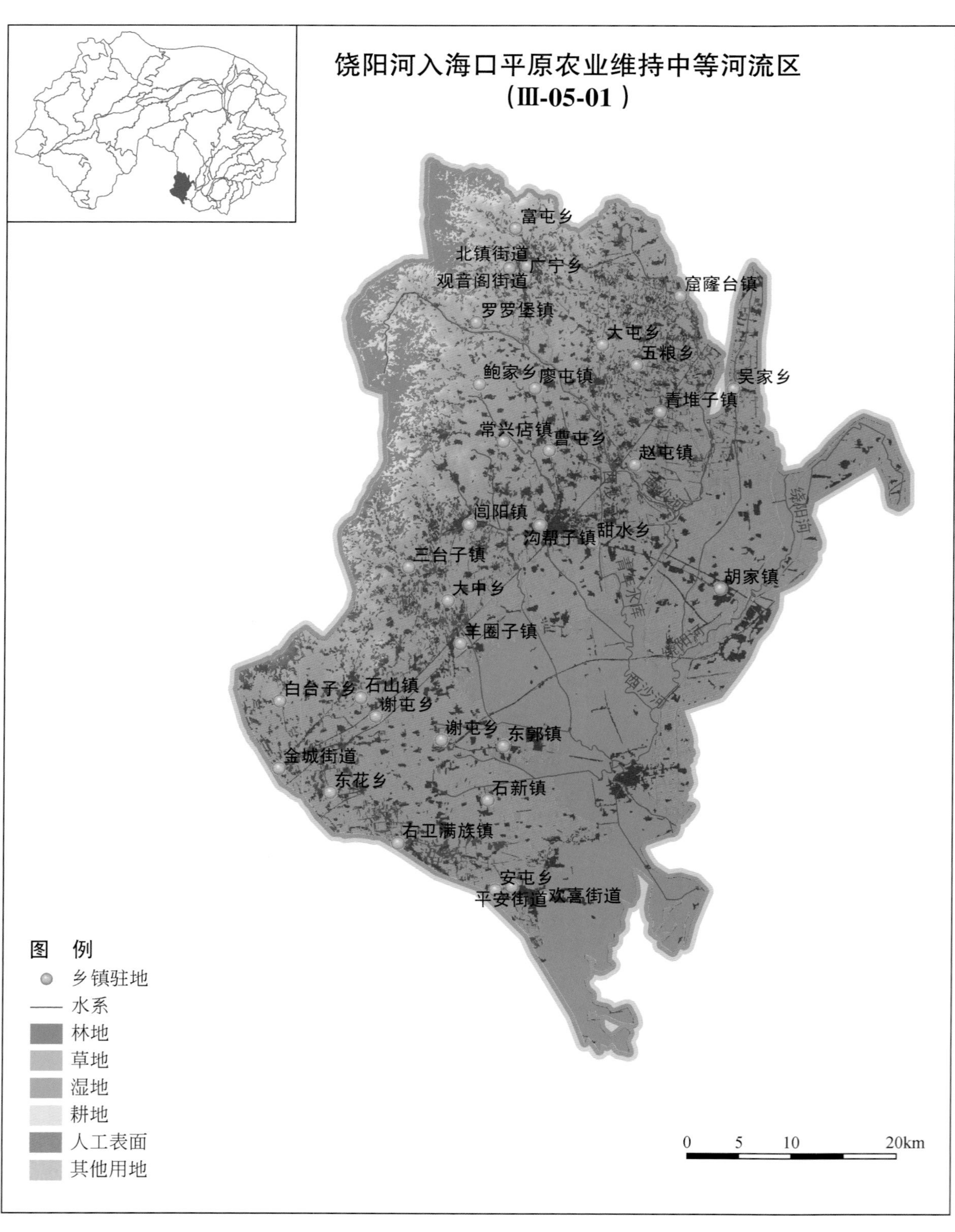
饶阳河入海口平原农业维持中等河流区
（Ⅲ-05-01）
富屯乡
北镇街道
广宁乡
观音阁街道
窟窿台镇
罗罗堡镇
大屯乡
五粮乡
鲍家乡
廖屯镇
吴家乡
青堆子镇
常兴店镇
曹屯乡
赵屯镇
闾阳镇
沟帮子镇
甜水乡
三台子镇
胡家镇
大中乡
羊圈子镇
饶阳河
西沙河
白台子乡
石山镇
谢屯乡
谢屯乡
东郭镇
金城街道
东花乡
石新镇
右卫满族镇
安屯乡
平安街道
欢喜街道
图例
乡镇驻地
水系
林地
草地
湿地
耕地
人工表面
其他用地
0 5 10 20km

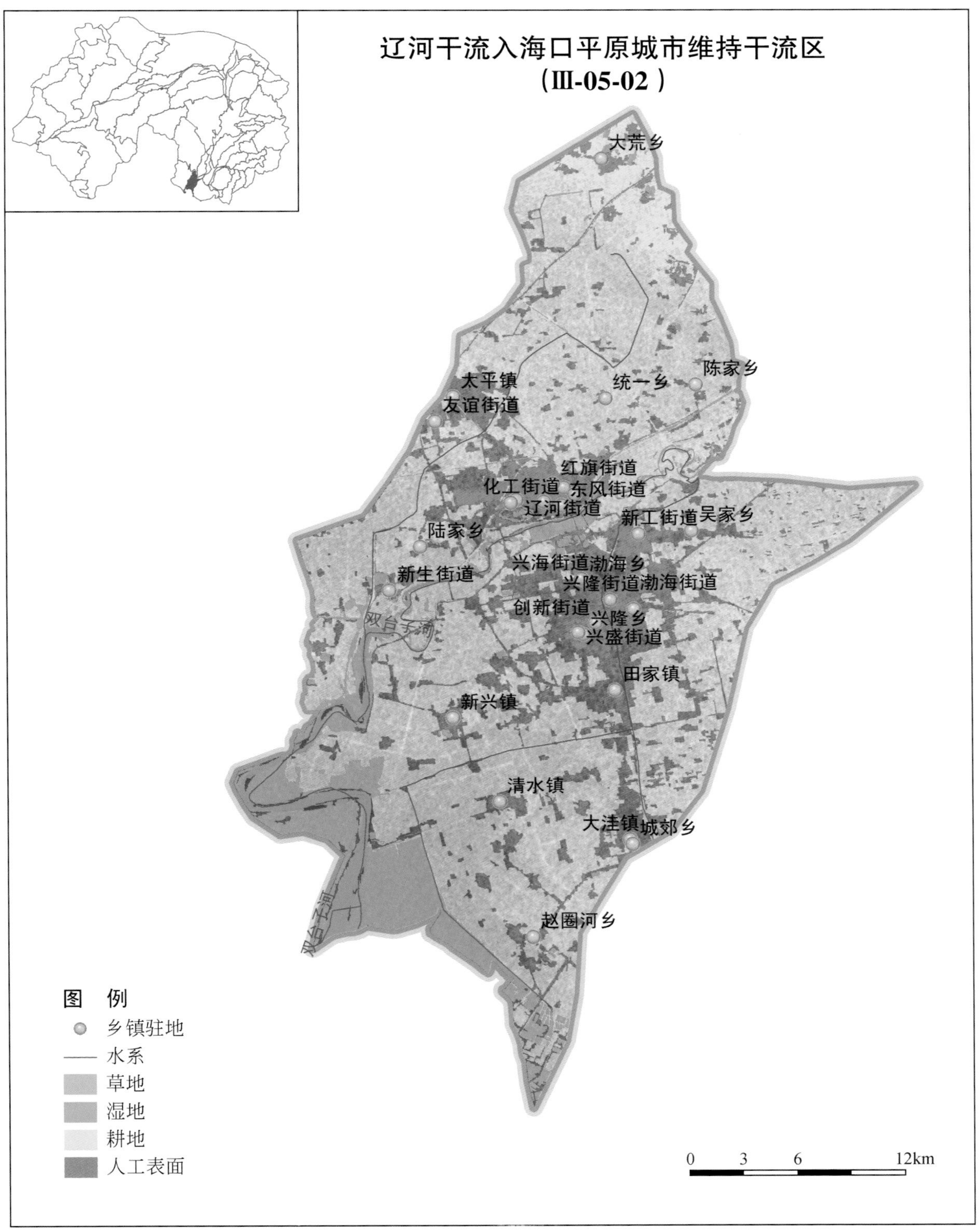
辽河干流入海口平原城市维持干流区
（Ⅲ-05-02）
大荒乡
太平镇
统一乡
陈家乡
友谊街道
红旗街道
化工街道
东风街道
辽河街道
新工街道
吴家乡
陆家乡
兴海街道
渤海乡
新生街道
兴隆街道
渤海街道
创新街道
兴隆乡
双台子河
兴盛街道
田家镇
新兴镇
清水镇
大洼镇
城郊乡
双台子河
赵圈河乡
图 例
乡镇驻地
水系
草地
湿地
耕地
人工表面
0
3
6
12km

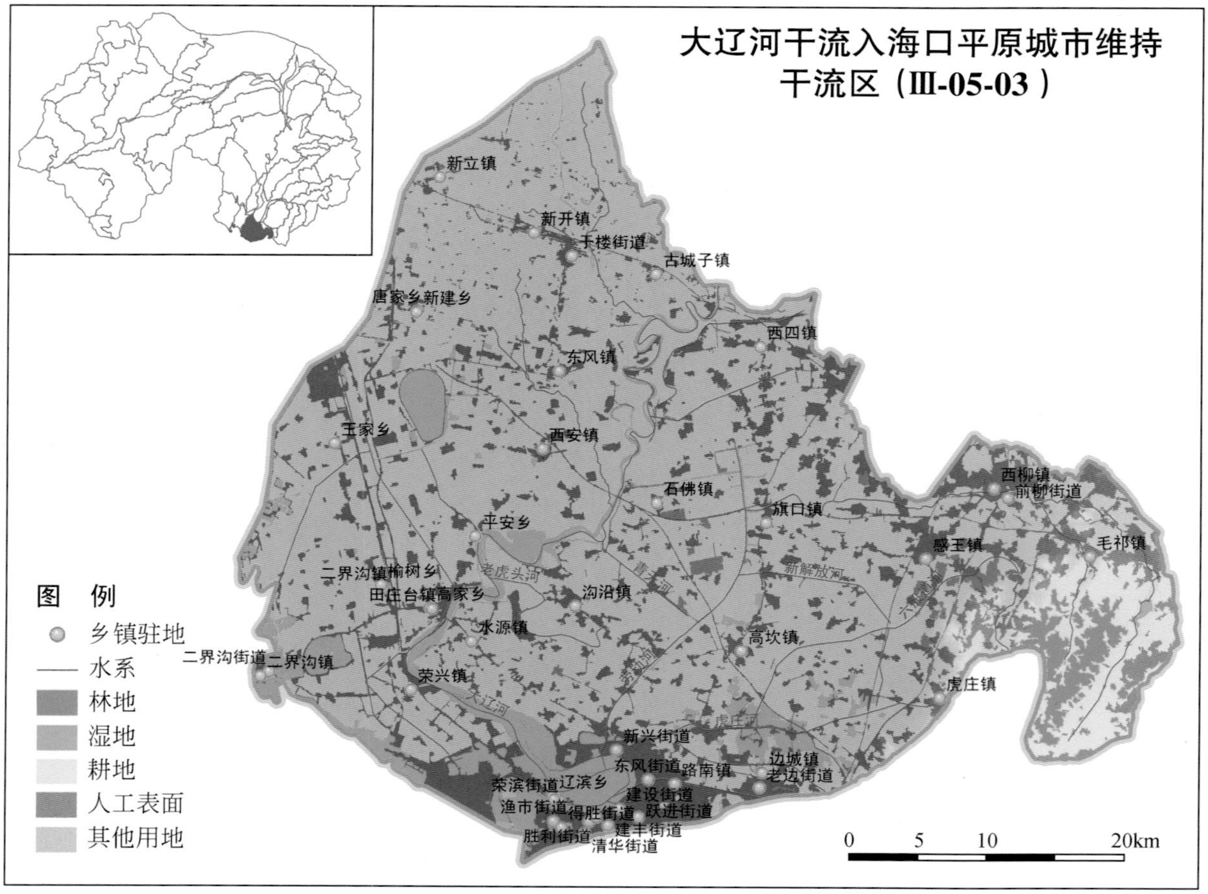

大辽河干流入海口平原城市维持干流区（Ⅲ-05-03）

新立镇
新开镇
于楼街道
古城子镇
唐家乡
新建乡
西四镇
东风镇
王家乡
西安镇
石佛镇
旗口镇
西柳镇
前柳街道
感王镇
毛祁镇
平安乡
二界沟镇
榆树乡
田庄台镇
高家乡
沟沿镇
水源镇
高坎镇
二界沟街道
二界沟镇
荣兴镇
虎庄镇
新兴街道
东风街道
路南镇
边城镇
老边街道
荣滨街道
辽滨乡
建设街道
渔市街道
得胜街道
跃进街道
建丰街道
胜利街道
清华街道
老虎头河
新解放河
大辽河

图　例
乡镇驻地
水系
林地
湿地
耕地
人工表面
其他用地

0　5　10　20km

大辽河下游营口市境内

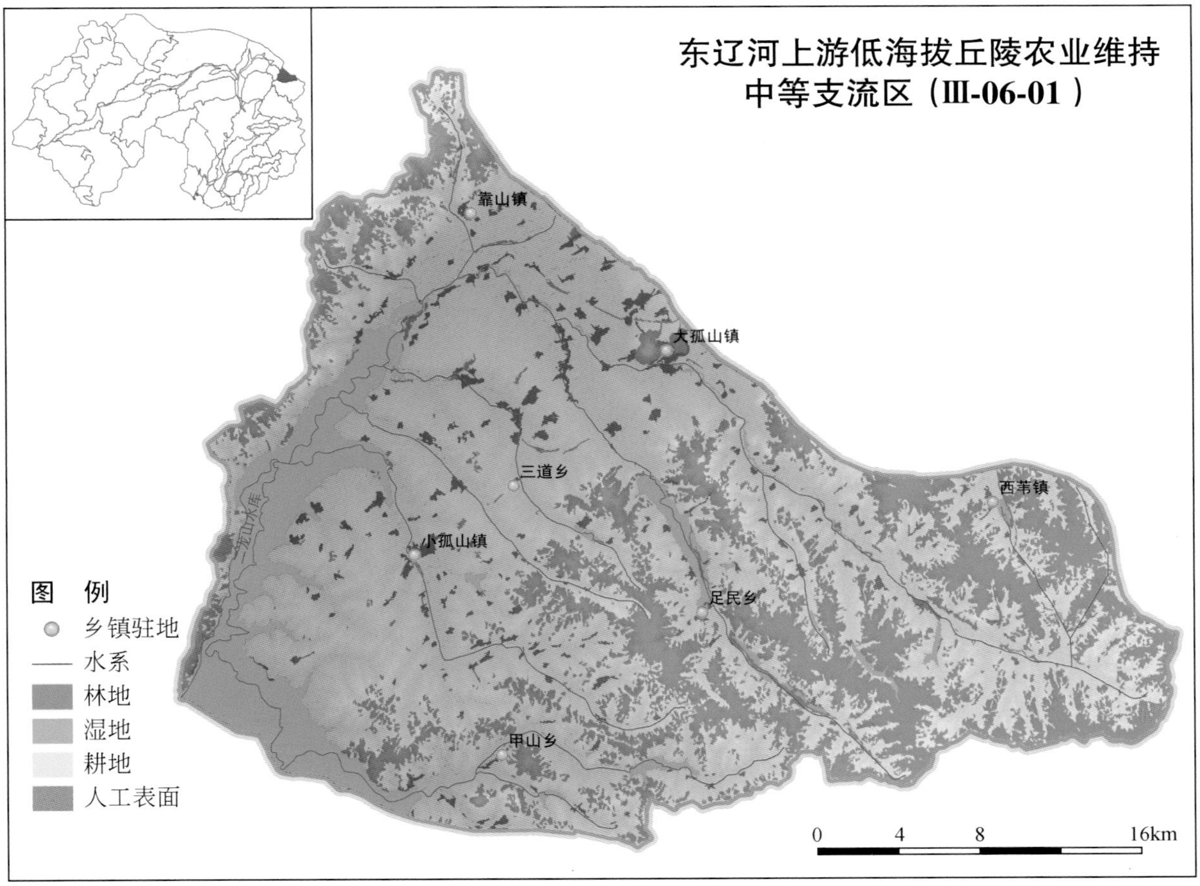

东辽河上游低海拔丘陵农业维持中等支流区（Ⅲ-06-01）

靠山镇
大孤山镇
三道乡
西苇镇
小孤山镇
足民乡
甲山乡

图　例
乡镇驻地
水系
林地
湿地
耕地
人工表面

0　4　8　16km

东辽河上游支流伊通满族自治县境内

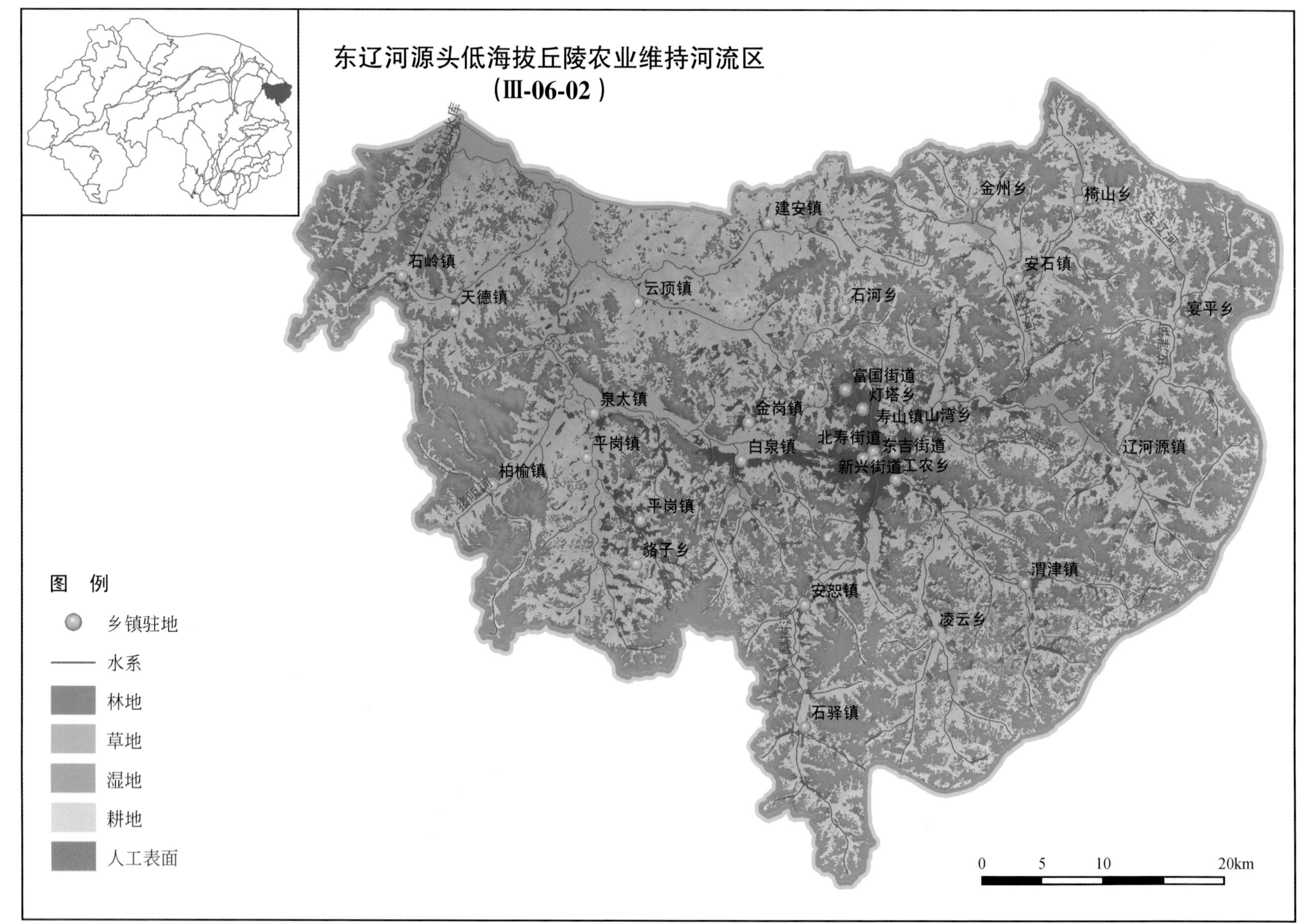
东辽河源头低海拔丘陵农业维持河流区
（Ⅲ-06-02）
石岭镇
天德镇
云顶镇
建安镇
金州乡
椅山乡
安石镇
石河乡
宴平乡
富国街道
灯塔乡
寿山镇
山湾乡
泉太镇
金岗镇
北寿街道
东吉街道
白泉镇
新兴街道
工农乡
平岗镇
辽河源镇
柏榆镇
平岗镇
貉子乡
渭津镇
安恕镇
凌云乡
石驿镇
图 例
乡镇驻地
水系
林地
草地
湿地
耕地
人工表面
0
5
10
20km

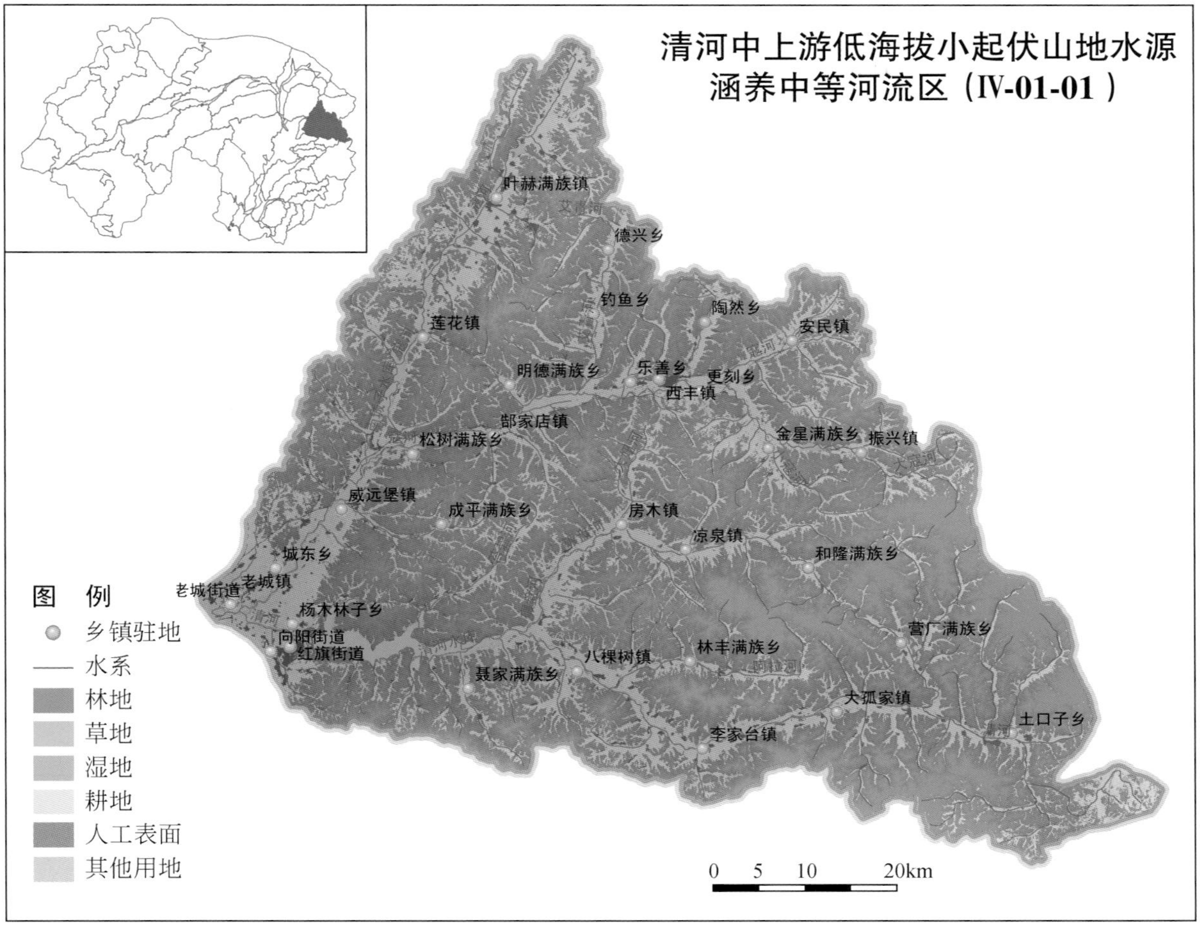

清河中上游低海拔小起伏山地水源涵养中等河流区（Ⅳ-01-01）

叶赫满族镇
德兴乡
钓鱼乡
陶然乡
安民镇
莲花镇
明德满族乡
乐善乡
更刻乡
西丰镇
郜家店镇
松树满族乡
金星满族乡
振兴镇
威远堡镇
成平满族乡
房木镇
凉泉镇
和隆满族乡
城东乡
老城街道
老城镇
杨木林子乡
营厂满族乡
向阳街道
红旗街道
八棵树镇
林丰满族乡
聂家满族乡
大孤家镇
土口子乡
李家台镇

图 例

乡镇驻地

水系

林地

草地

湿地

耕地

人工表面

其他用地

0 5 10 20km

艾青河下游西丰县境内

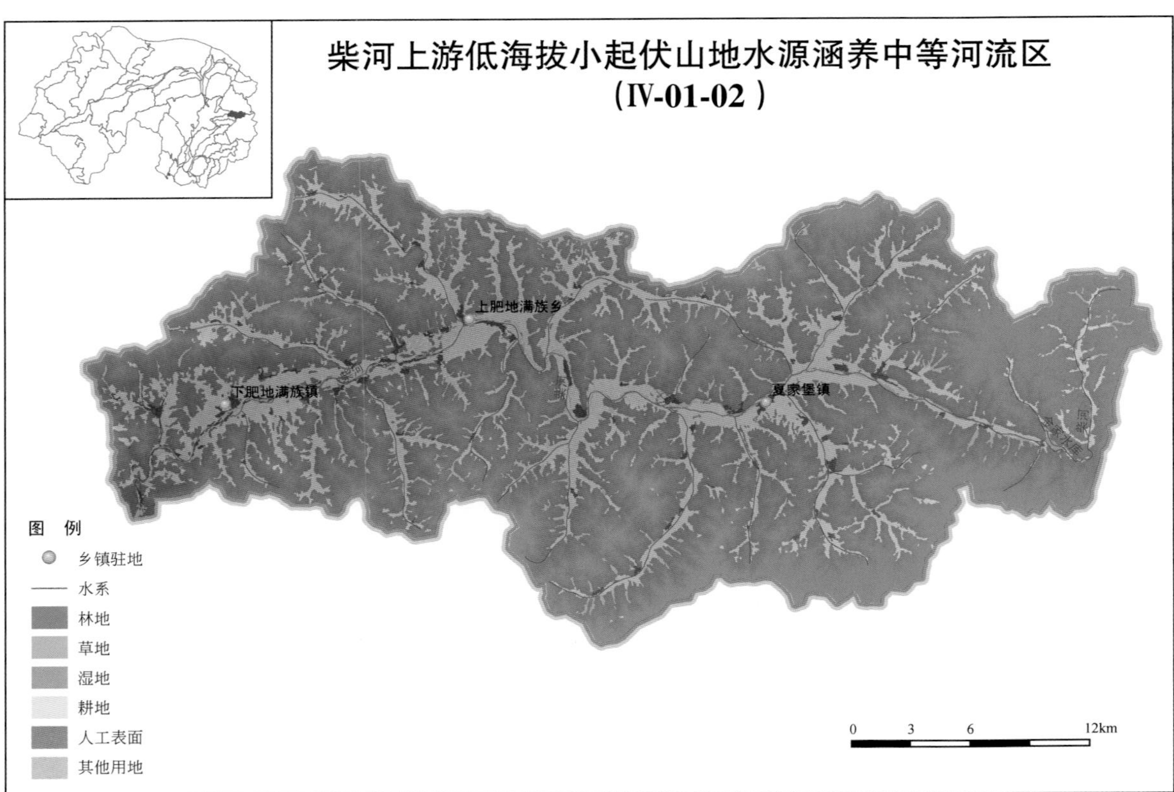
柴河上游低海拔小起伏山地水源涵养中等河流区
（Ⅳ-01-02）
上肥地满族乡
下肥地满族镇
夏家堡镇
图 例
乡镇驻地
水系
林地
草地
湿地
耕地
人工表面
其他用地
0 3 6 12km

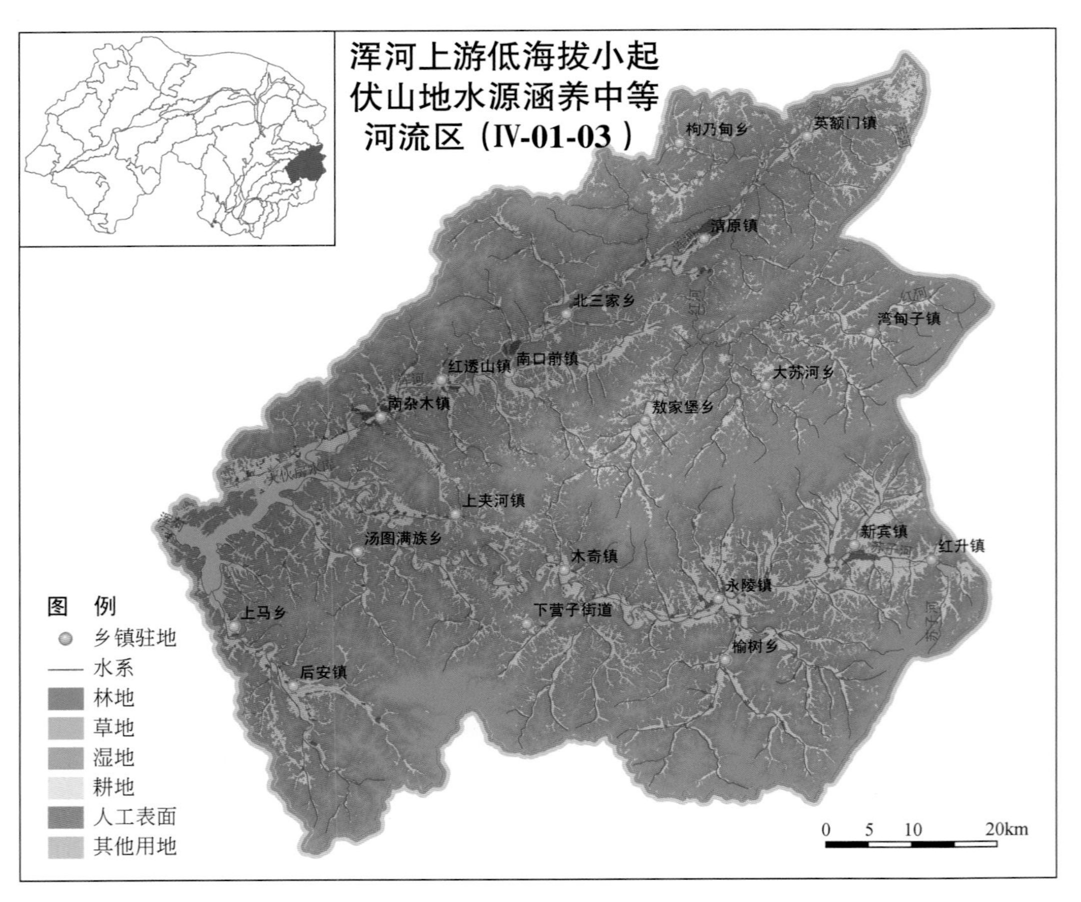
浑河上游低海拔小起伏山地水源涵养中等河流区（Ⅳ-01-03）
枸乃甸乡
英额门镇
清原镇
北三家乡
湾甸子镇
红透山镇
南口前镇
大苏河乡
南杂木镇
敖家堡乡
上夹河镇
汤图满族乡
木奇镇
新宾镇
红升镇
永陵镇
下营子街道
上马乡
榆树乡
后安镇
图 例
乡镇驻地
水系
林地
草地
湿地
耕地
人工表面
其他用地
0 5 10 20km

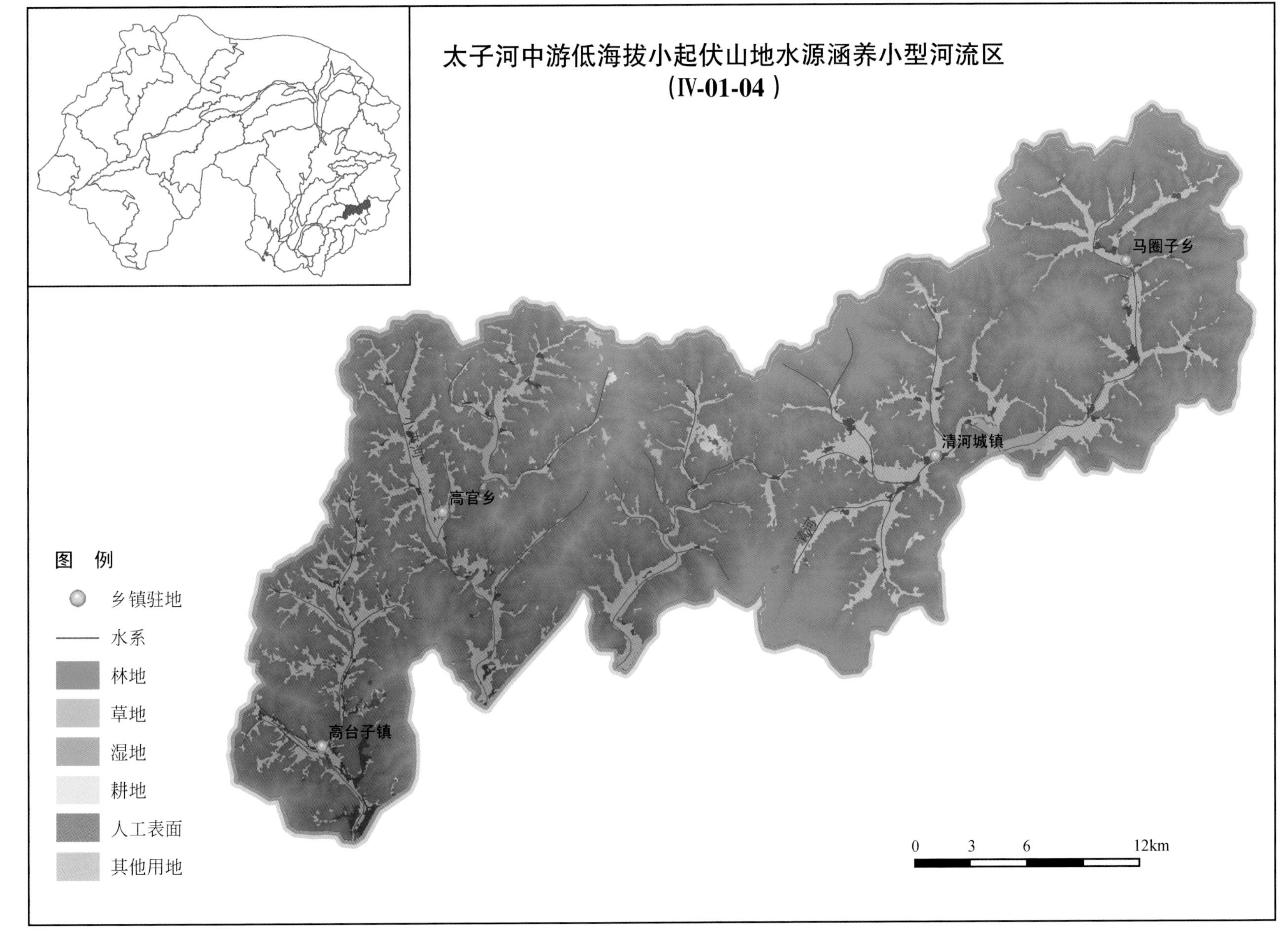
太子河中游低海拔小起伏山地水源涵养小型河流区
(IV-01-04)
马圈子乡
清河城镇
高官乡
高台子镇
图 例
乡镇驻地
水系
林地
草地
湿地
耕地
人工表面
其他用地
0 3 6 12km

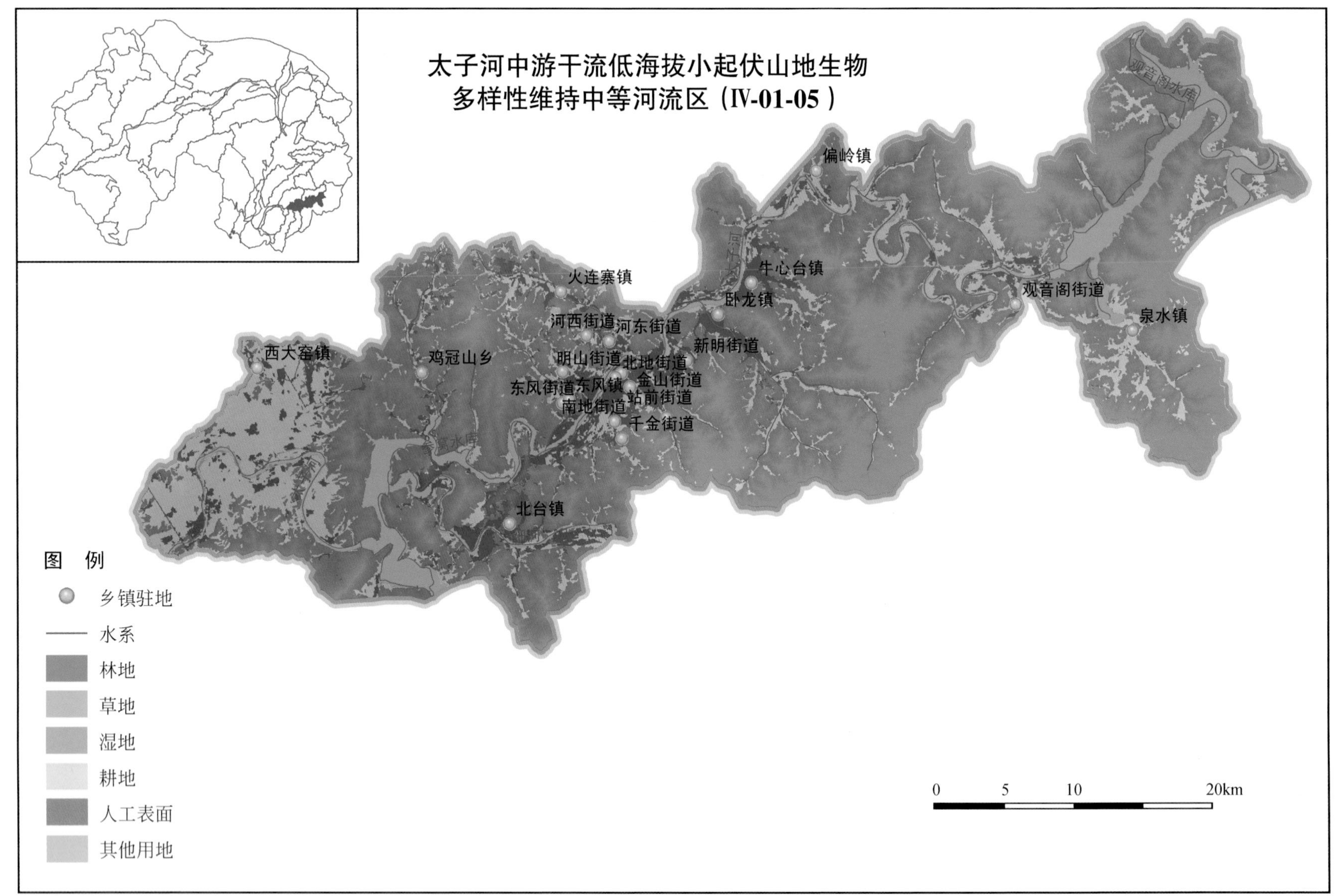
太子河中游干流低海拔小起伏山地生物
多样性维持中等河流区（Ⅳ-01-05）
观音阁水库
偏岭镇
牛心台镇
卧龙镇
观音阁街道
泉水镇
火连寨镇
河西街道
河东街道
新明街道
西大窑镇
鸡冠山乡
明山街道
北地街道
金山街道
东风街道
东风镇
站前街道
南地街道
千金街道
北台镇
图 例
乡镇驻地
水系
林地
草地
湿地
耕地
人工表面
其他用地
0
5
10
20km

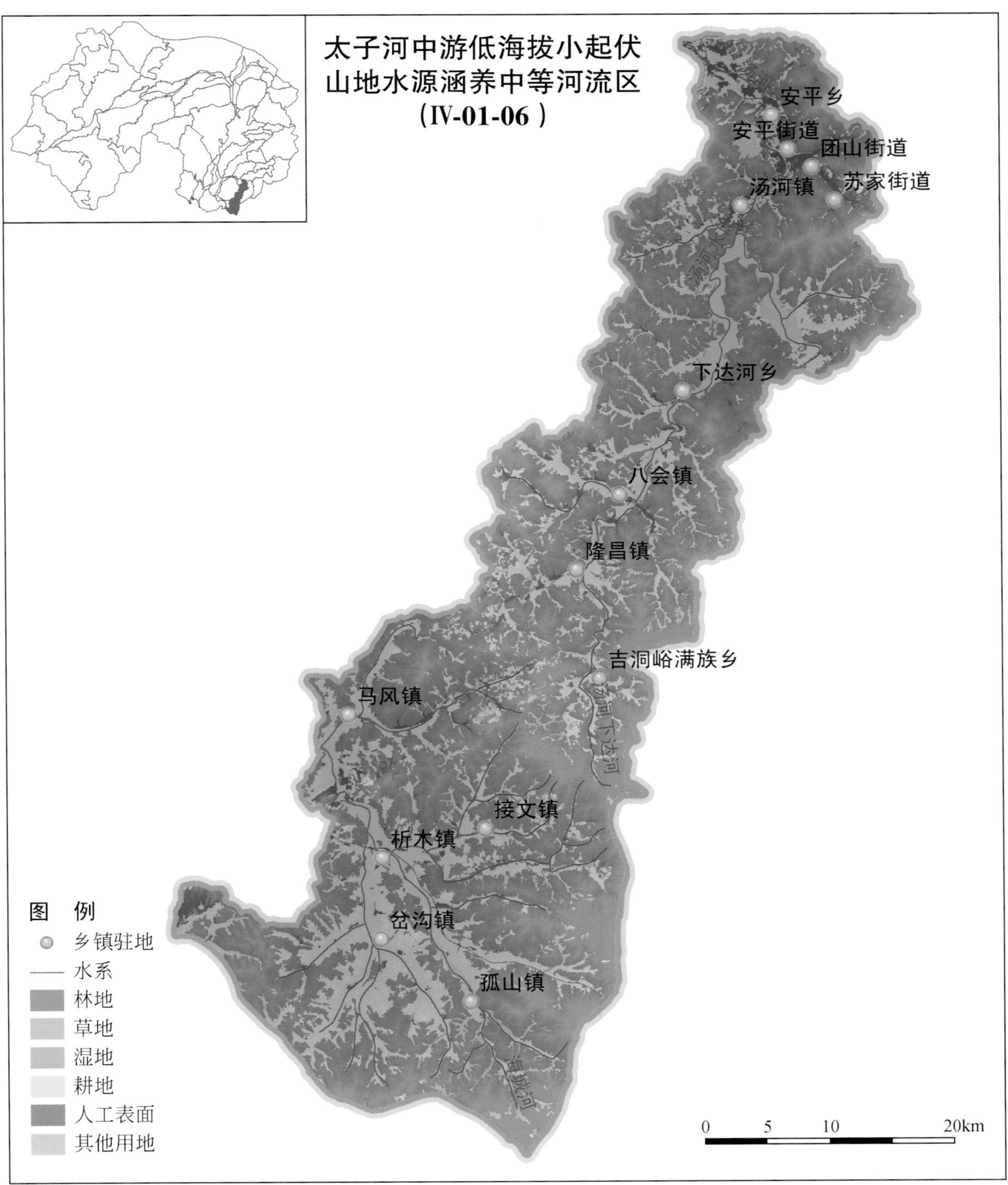
太子河中游低海拔小起伏
山地水源涵养中等河流区
（Ⅳ-01-06）
安平乡
安平街道
团山街道
苏家街道
汤河镇
下达河乡
八会镇
隆昌镇
吉洞峪满族乡
汤河下达河
马风镇
接文镇
析木镇
岔沟镇
孤山镇
海城河
图 例
乡镇驻地
水系
林地
草地
湿地
耕地
人工表面
其他用地
0 5 10 20km

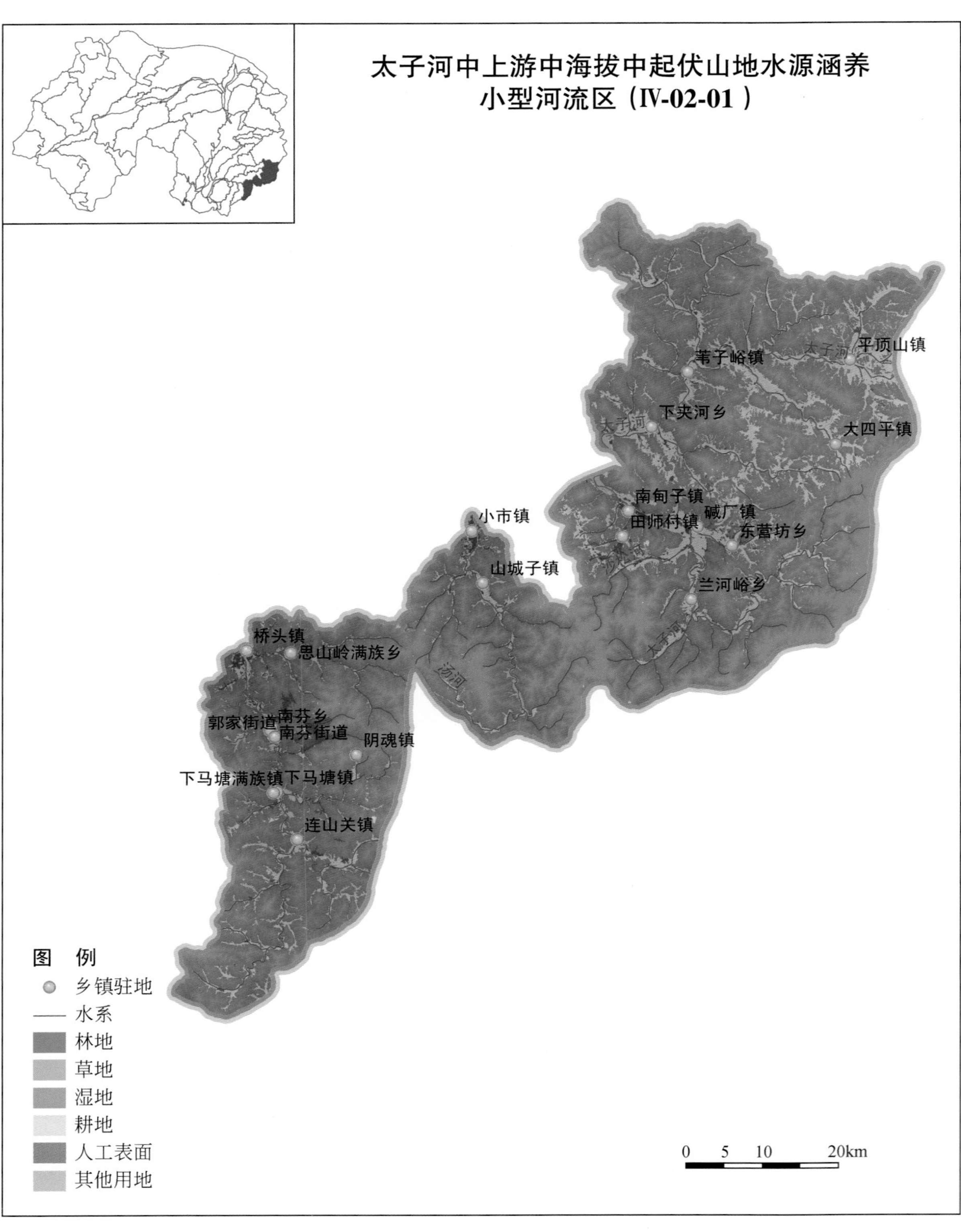
太子河中上游中海拔中起伏山地水源涵养
小型河流区（Ⅳ-02-01）
平顶山镇
苇子峪镇
太子河
下夹河乡
大四平镇
南甸子镇
碱厂镇
田师付镇
东营坊乡
小市镇
山城子镇
兰河峪乡
桥头镇
思山岭满族乡
汤河
郭家街道
南芬乡
南芬街道
阴魂镇
下马塘满族镇
下马塘镇
连山关镇
图 例
乡镇驻地
水系
林地
草地
湿地
耕地
人工表面
其他用地
0 5 10 20km

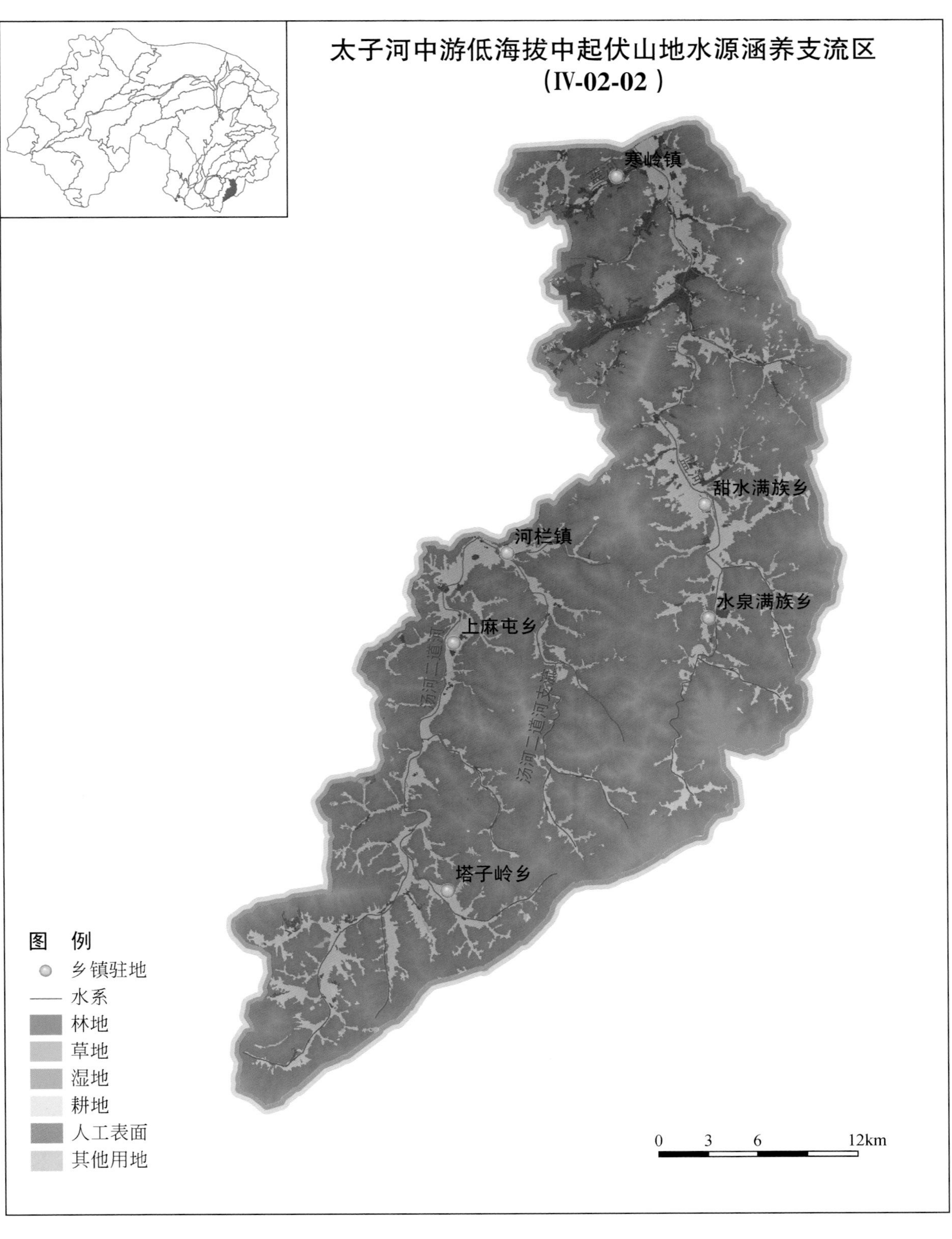
太子河中游低海拔中起伏山地水源涵养支流区
（Ⅳ-02-02）
寒岭镇
甜水满族乡
河栏镇
水泉满族乡
上麻屯乡
塔子岭乡
图　例
乡镇驻地
水系
林地
草地
湿地
耕地
人工表面
其他用地
0 3 6 12km

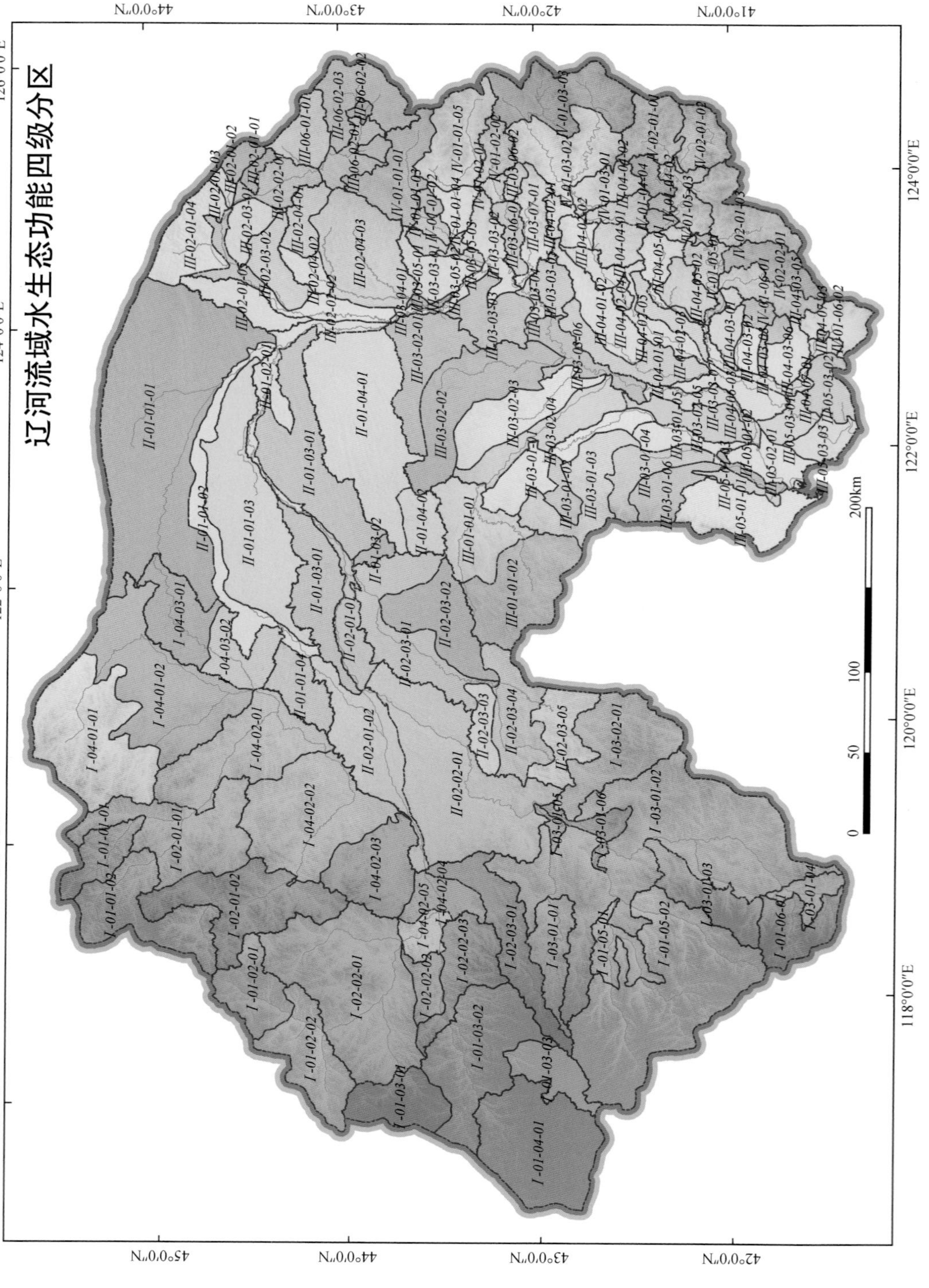
辽河流域水生态功能四级分区
0 50 100 200km
118°0′0″E
120°0′0″E
122°0′0″E
124°0′0″E
126°0′0″E
41°0′0″N
42°0′0″N
43°0′0″N
44°0′0″N
45°0′0″N

主要河流

Ⅰ-01-01-01:扎鲁特旗达勒林郭勒顺直河流区
Ⅰ-01-01-02:阿鲁科尔沁旗苏吉高勒顺直河流区
Ⅰ-01-02-01:巴林右旗查干木伦河源头河流区
Ⅰ-01-02-02:林西县查干木伦河本土特有物种生境功能区
Ⅰ-01-03-01:克什克腾旗木石匣河优良生境功能区
Ⅰ-01-03-02:克什克腾旗西拉木伦河本土特有物种生境功能区
Ⅰ-01-03-03:克什克腾旗百岔河优良生境功能区
Ⅰ-01-04-01:克什克腾旗西拉木伦河优良生境功能区
Ⅰ-01-05-01:赤峰市英金河水资源供给功能区
Ⅰ-01-05-02:围场满族蒙古族自治县锡伯河优良生境功能区
Ⅰ-01-06-01:宁城县黑里河优良生境功能区
Ⅰ-02-01-01:阿鲁科尔沁旗哈黑尔高勒顺直河流区
Ⅰ-02-01-02:巴林左旗乌力吉木伦河部分限制性支流区
Ⅰ-02-02-01:巴林右旗查干木伦河优良生境功能区
Ⅰ-02-02-02:林西县西拉木伦河地下水补给功能区
Ⅰ-02-02-03:翁牛特旗西拉木伦河本土特有物种生境功能区
Ⅰ-02-03-01:翁牛特旗少朗河生物多样性维持功能区
Ⅰ-03-01-01:翁牛特旗羊肠子河优良生境功能区
Ⅰ-03-01-02:赤峰市老哈河水资源供给功能区
Ⅰ-03-01-03:宁城县坤头河优良生境功能区
Ⅰ-03-01-04:平泉县老哈河源头优良生境功能区
Ⅰ-03-01-05:赤峰市羊肠子河水资源供给功能区
Ⅰ-03-01-06:建平县老哈河生物多样性维持功能区
Ⅰ-03-02-01:敖汉旗教来河水资源供给功能区
Ⅰ-04-01-01:扎鲁特旗嘎亥图郭勒部分限制性支流区
Ⅰ-04-01-02:扎鲁特旗腾格勒郭勒非限制性支流区
Ⅰ-04-02-01:阿鲁科尔沁旗乌力吉木仁河优良生境功能区
Ⅰ-04-02-02:阿鲁科尔沁旗乌力吉木仁河非限制性支流区
Ⅰ-04-02-03:巴林右旗哈通河非限制性支流区
Ⅰ-04-02-04:翁牛特旗西拉木伦河生物多样性维持功能区
Ⅰ-04-02-05:巴林右旗西拉木伦河地下水补给功能区
Ⅰ-04-03-01:扎鲁特旗乌力吉木仁河非限制性干流区
Ⅰ-04-03-02:开鲁县乌力吉木仁河非限制性干流区
Ⅱ-01-01-01:科尔沁右翼中旗乌力吉木仁河非限制性支流区
Ⅱ-01-01-02:科尔沁左翼中旗新开河水资源供给功能区
Ⅱ-01-01-03:科尔沁左翼中旗新开河非限制性顺直河流区
Ⅱ-01-01-04:开鲁县新开河非限制性支流区
Ⅱ-01-02-01:科尔沁左翼中旗西辽河水资源供给功能区
Ⅱ-01-03-01:科尔沁左翼后旗清河洪河非限制性支流区
Ⅱ-01-03-02:科尔沁左翼后旗清河非限制性支流区
Ⅱ-01-04-01:科尔沁左翼后旗西辽河非限制性支流区
Ⅱ-01-04-02:科尔沁左翼后旗西辽河蜿蜒支流区
Ⅱ-02-01-01:奈曼旗西辽河水资源供给功能区
Ⅱ-02-01-02:阿鲁科尔沁旗西拉木伦河非限制性干流区
Ⅱ-02-02-01:翁牛特旗老哈河生物多样性维持功能区
Ⅱ-02-03-01:奈曼旗教来河非限制性支流区
Ⅱ-02-03-02:库伦旗教来河非限制性支流区
Ⅱ-02-03-03:敖汉旗孟克河中度蜿蜒支流区
Ⅱ-02-03-04:敖汉旗孟克河教来河顺直河流区

Ⅲ-01-01-01:库伦旗柳河生物多样性维持功能区
Ⅲ-01-01-02:库伦旗养畜牧河新开河生物多样性维持功能区
Ⅲ-02-01-01:公主岭市东辽河景观娱乐功能区
Ⅲ-02-01-02:公主岭市卡伦河生物多样性维持功能区
Ⅲ-02-01-03:公主岭市卡伦河蜿蜒河流区
Ⅲ-02-01-04:公主岭市小辽河地下水补给功能区
Ⅲ-02-01-05:双辽市东辽河支流顺直河流区
Ⅲ-02-01-01:公主岭市东辽河水资源供给功能区
Ⅲ-02-02-02:昌图县东辽河水资源供给功能区
Ⅲ-02-03-01:梨树县东辽河支流地下水补给功能区
Ⅲ-02-03-02:梨树县五干渠优良生境功能区
Ⅲ-02-04-01:梨树县招苏台河地下水补给功能区
Ⅲ-02-04-02:梨树县招苏台河优良生境功能区
Ⅲ-02-04-03:昌图县招苏台河水资源供给功能区
Ⅲ-03-01-01:彰武县苇塘河生物多样性维持功能区
Ⅲ-03-01-02:阜新蒙古族自治县二道河优良生境功能区
Ⅲ-03-01-03:阜新蒙古族自治县八道河生物多样性维持功能区
Ⅲ-03-01-04:黑山县东沙河水资源供给功能区
Ⅲ-03-01-05:黑山县饶阳河鱼类三场一通道功能区
Ⅲ-03-01-06:北宁市饶阳河支流鱼类三场一通道功能区
Ⅲ-03-02-01:康平县辽河支流优良生境功能区
Ⅲ-03-02-02:康平县秀水河优良生境功能区
Ⅲ-03-02-03:彰武县养息牧河优良生境功能区
Ⅲ-03-02-04:彰武县柳河生物多样性维持功能区
Ⅲ-03-02-05:台安县双台子河支流鱼类三场一通道功能区
Ⅲ-03-03-01:昌图县亮中河水资源供给功能区
Ⅲ-03-03-02:开原市辽河生物多样性维持功能区
Ⅲ-03-03-03:法库县王河水资源供给功能区
Ⅲ-03-03-04:铁岭县辽河生物多样性维持功能区
Ⅲ-03-03-05:沈阳市万泉河水资源供给功能区
Ⅲ-03-03-06:新民市辽河生物多样性维持功能区
Ⅲ-03-03-07:台安县辽河鱼类三场一通道功能区
Ⅲ-03-04-01:昌图县招苏台河生物多样性维持功能区
Ⅲ-03-05-01:昌图县马仲河水资源供给功能区
Ⅲ-03-05-02:开原市清河景观娱乐功能区
Ⅲ-03-05-03:开原市清河水资源供给功能区
Ⅲ-03-06-01:铁岭县柴河生物多样性维持功能区
Ⅲ-03-06-02:开原市柴河优良生境功能区
Ⅲ-03-07-01:铁岭县凡河优良生境功能区
Ⅲ-04-01-01:新民市蒲河水资源供给功能区
Ⅲ-04-01-02:沈阳市蒲河景观娱乐功能区
Ⅲ-04-02-01:抚顺县章党河本土特有特种生境功能区
Ⅲ-04-02-02:抚顺市浑河景观娱乐功能区
Ⅲ-04-02-03:沈阳市浑河水资源供给功能区
Ⅲ-04-02-04:沈阳市浑河景观娱乐功能区
Ⅲ-04-02-05:灯塔市浑河支流水资源供给功能区
Ⅲ-04-03-01:辽阳县柳濠河水资源供给功能区
Ⅲ-04-03-02:鞍山市沙河景观娱乐功能区
Ⅲ-04-03-03:鞍山市沙河地下水补给功能区
Ⅲ-04-03-04:鞍山市太子河支流水资源供给功能区

Ⅲ-04-03-06:海城市太子河支流水资源供给功能区
Ⅲ-04-04-01:抚顺县浑河支流生物多样性维持功能区
Ⅲ-04-04-02:抚顺县浑河支流优良生境功能区
Ⅲ-04-05-01:沈阳市沙河生物多样性维持功能区
Ⅲ-04-05-02:灯塔市十里河地下水补给功能区
Ⅲ-04-05-03:灯塔市沙河水资源供给功能区
Ⅲ-04-06-01:辽阳县汤河支流景观娱乐功能区
Ⅲ-04-06-02:辽阳市太子河景观娱乐功能区
Ⅲ-04-06-03:辽阳县太子河水资源供给功能区
Ⅲ-04-07-01:海城市海城河水资源供给功能区
Ⅲ-04-07-02:海城市海城河景观娱乐功能区
Ⅲ-04-07-03:海城市海城河饮用水源地功能区
Ⅲ-05-01-01:北宁市西沙河水资源供给功能区
Ⅲ-05-01-02:盘山县西沙河鱼类三场一通道功能区
Ⅲ-05-01-03:盘山县饶阳河鱼类三场一通道功能区
Ⅲ-05-02-01:盘锦市双台子河鱼类三场一通道功能区
Ⅲ-05-03-01:盘山县大辽河鱼类三场一通道功能区
Ⅲ-05-03-02:大石桥市虎庄河水资源供给功能区
Ⅲ-05-03-03:大洼县大辽河鱼类三场一通道功能区
Ⅲ-06-01-01:伊通满族自治县东辽河水资源供给功能区
Ⅲ-06-02-01:西丰县东辽河生物多样性维持功能区
Ⅲ-06-02-02:辽源市东辽河景观娱乐功能区
Ⅲ-06-02-03:东辽县东辽河优良生境功能区
Ⅳ-01-01-01:西丰县寇河生物多样性维持功能区
Ⅳ-01-01-02:开原市寇河地下水补给功能区
Ⅳ-01-01-03:西丰县寇河支流优良生境功能区
Ⅳ-01-01-04:开原市清河生物多样性维持功能区
Ⅳ-01-01-05:西丰县清河珍稀濒危物种生境保护区
Ⅳ-01-02-01:开原市柴河生物多样性维持功能区
Ⅳ-01-02-02:清原满族自治县柴河珍稀濒危物种生境功能区
Ⅳ-01-03-01:抚顺县浑河饮用水源地功能区
Ⅳ-01-03-02:新宾满族自治县浑河生物多样性维持功能区
Ⅳ-01-03-03:清原满族自治县红河苏子河珍稀濒危物种生境功能区
Ⅳ-01-04-01:本溪市太子河支流优良生境功能区
Ⅳ-01-04-02:本溪满族自治县小夹河生物多样性维持功能区
Ⅳ-01-04-03:本溪满族自治县五道河优良生境功能区
Ⅳ-01-04-04:本溪满族自治县清河源头生物多样性维持功能区
Ⅳ-01-05-01:灯塔市太子河生物多样性维持功能区
Ⅳ-01-05-02:本溪市太子河景观娱乐功能区
Ⅳ-01-05-03:本溪满族自治县太子河本土特有物种生境功能区
Ⅳ-01-05-04:本溪满族自治县太子河干流优良生境功能区
Ⅳ-01-06-01:辽阳县汤河珍稀濒危物种生境功能区
Ⅳ-01-06-02:海城市海城河优良生境功能区
Ⅳ-01-06-03:海城市海城河生物多样性维持功能区
Ⅳ-02-01-01:新宾满族自治县太子河本土特有物种生境功能区
Ⅳ-02-01-02:本溪满族自治县太子河南支优良生境功能区
Ⅳ-02-01-03:本溪满族自治县细河优良生境功能区
Ⅳ-02-02-01:辽阳县蓝河汤河二道河本土特有物种生境功能区

第一部分　图集

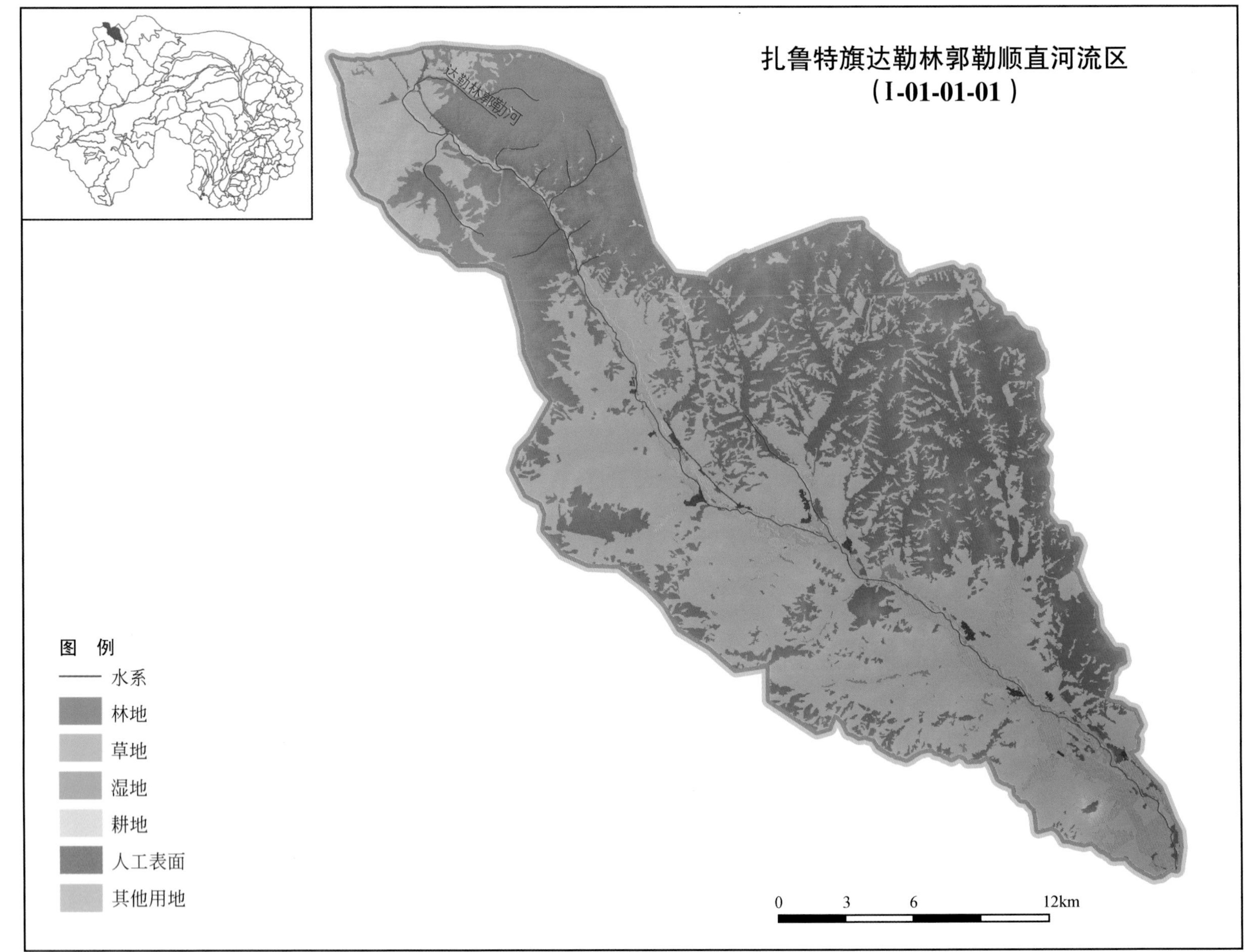
扎鲁特旗达勒林郭勒顺直河流区
（I-01-01-01）
达勒林郭勒河
图 例
水系
林地
草地
湿地
耕地
人工表面
其他用地
0 3 6 12km

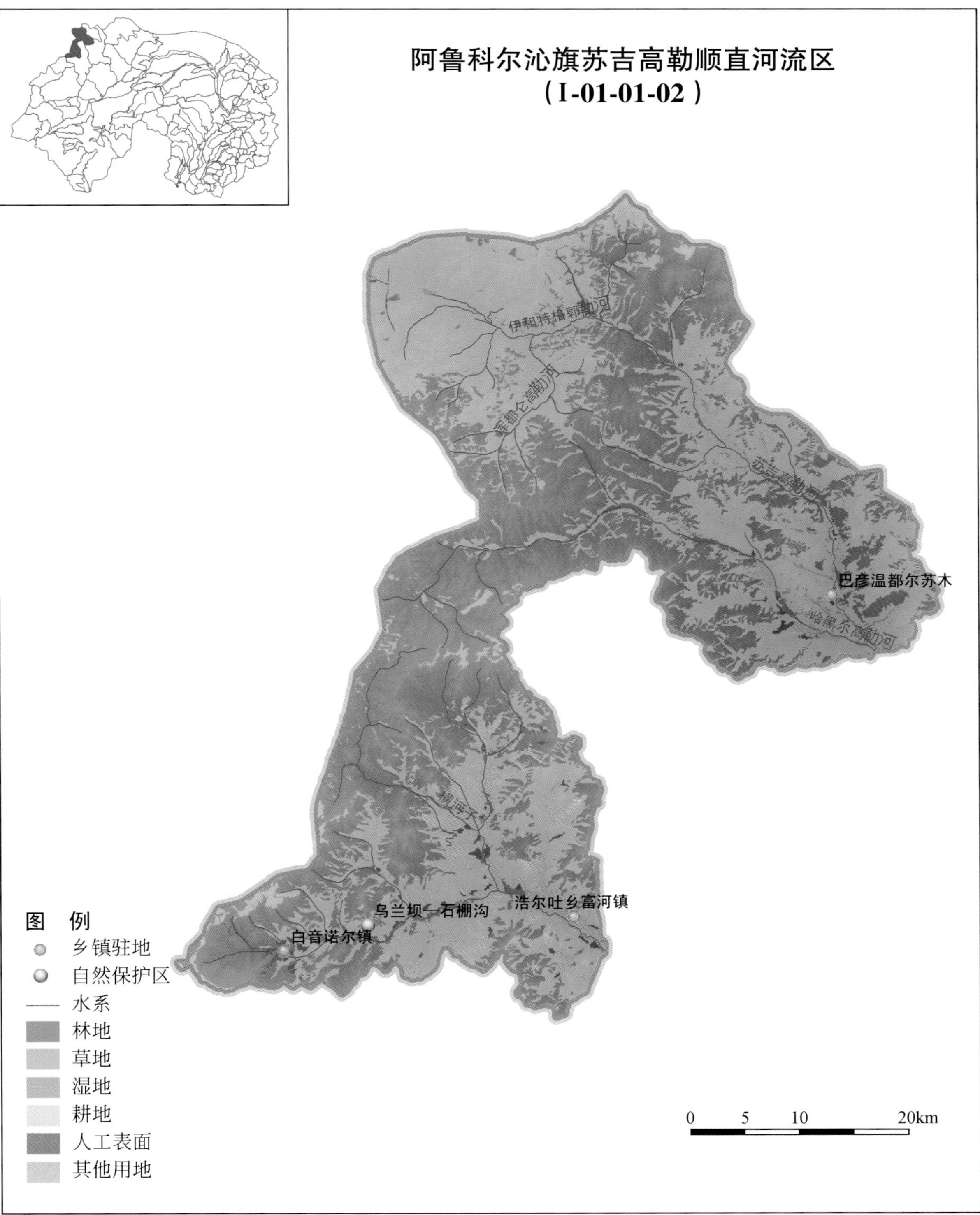

阿鲁科尔沁旗苏吉高勒顺直河流区
（I-01-01-02）
伊和特格郭勒河
浑都仑高勒河
苏吉高勒河
巴彦温都尔苏木
哈黑尔高勒河
横河子
浩尔吐乡富河镇
乌兰坝
石棚沟
白音诺尔镇
图 例
乡镇驻地
自然保护区
水系
林地
草地
湿地
耕地
人工表面
其他用地
0
5
10
20km

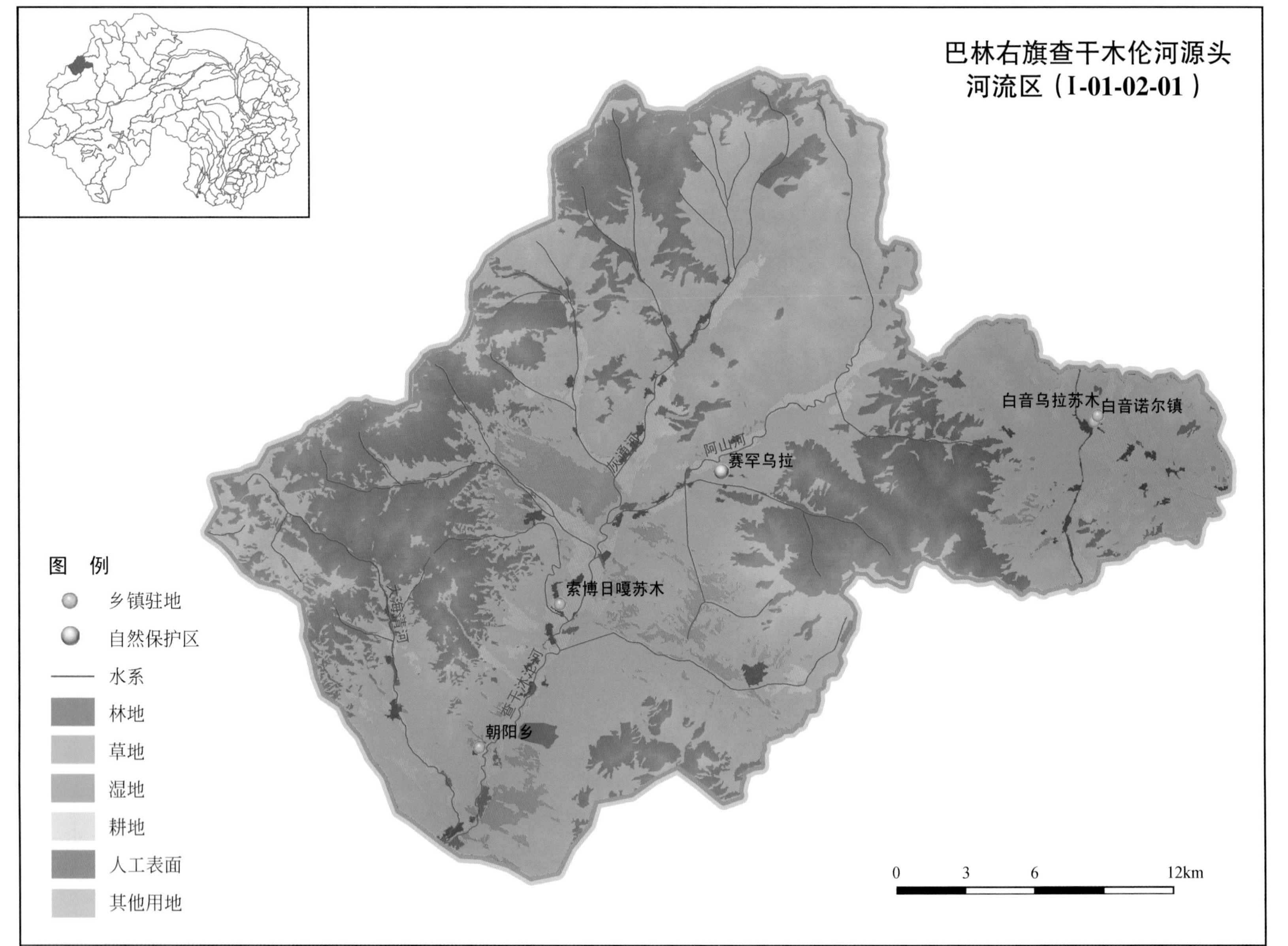
巴林右旗查干木伦河源头
河流区（I-01-02-01）
白音乌拉苏木
白音诺尔镇
赛罕乌拉
索博日嘎苏木
朝阳乡
大海清河
图 例
乡镇驻地
自然保护区
水系
林地
草地
湿地
耕地
人工表面
其他用地
0 3 6 12km

林西县查干木伦河本土特有物种生境功能区（I-01-02-02）

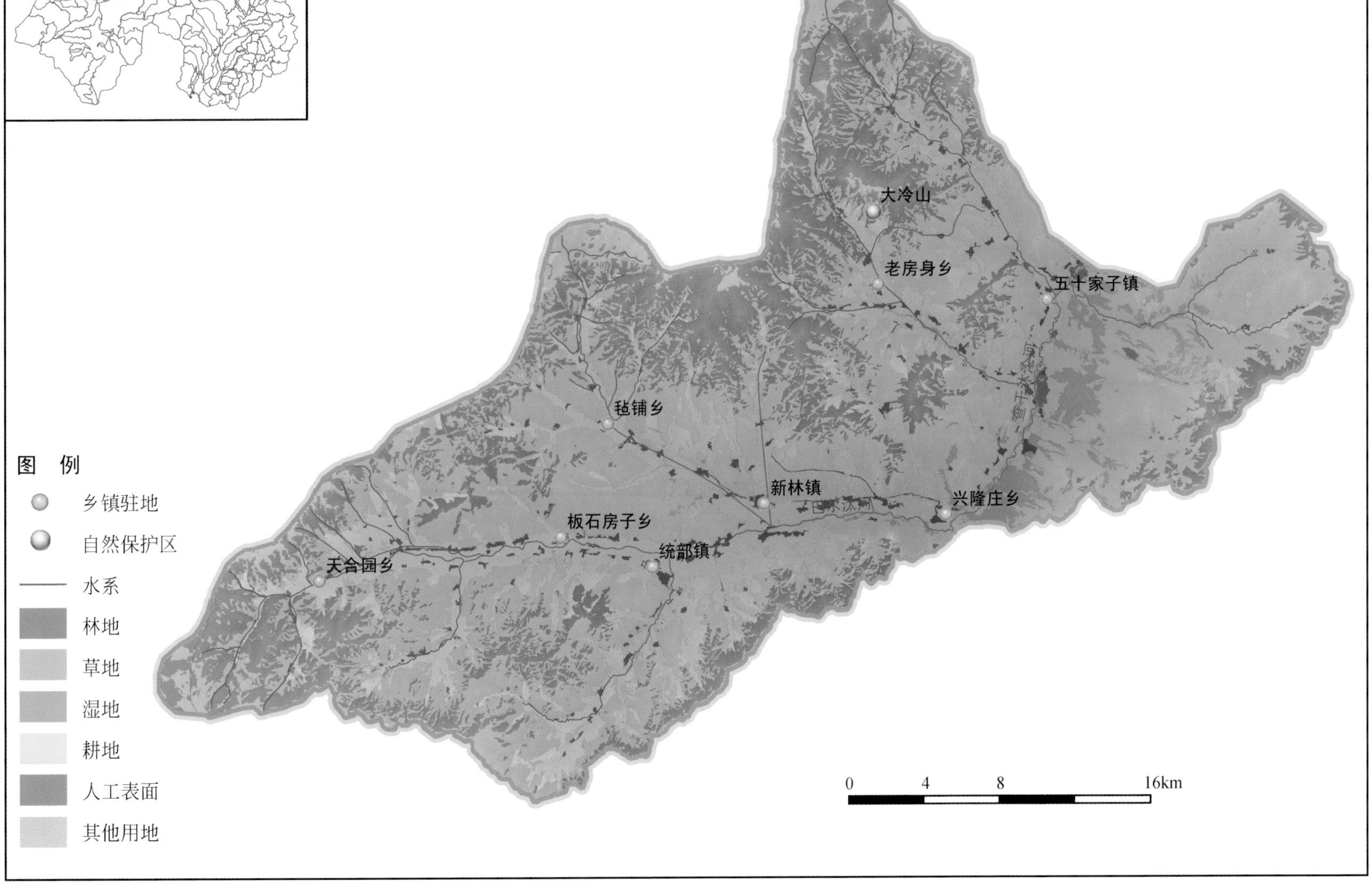

大冷山
老房身乡
五十家子镇
毡铺乡
新林镇
兴隆庄乡
板石房子乡
统部镇
天合园乡

图　例

乡镇驻地
自然保护区
水系
林地
草地
湿地
耕地
人工表面
其他用地

0　4　8　16km

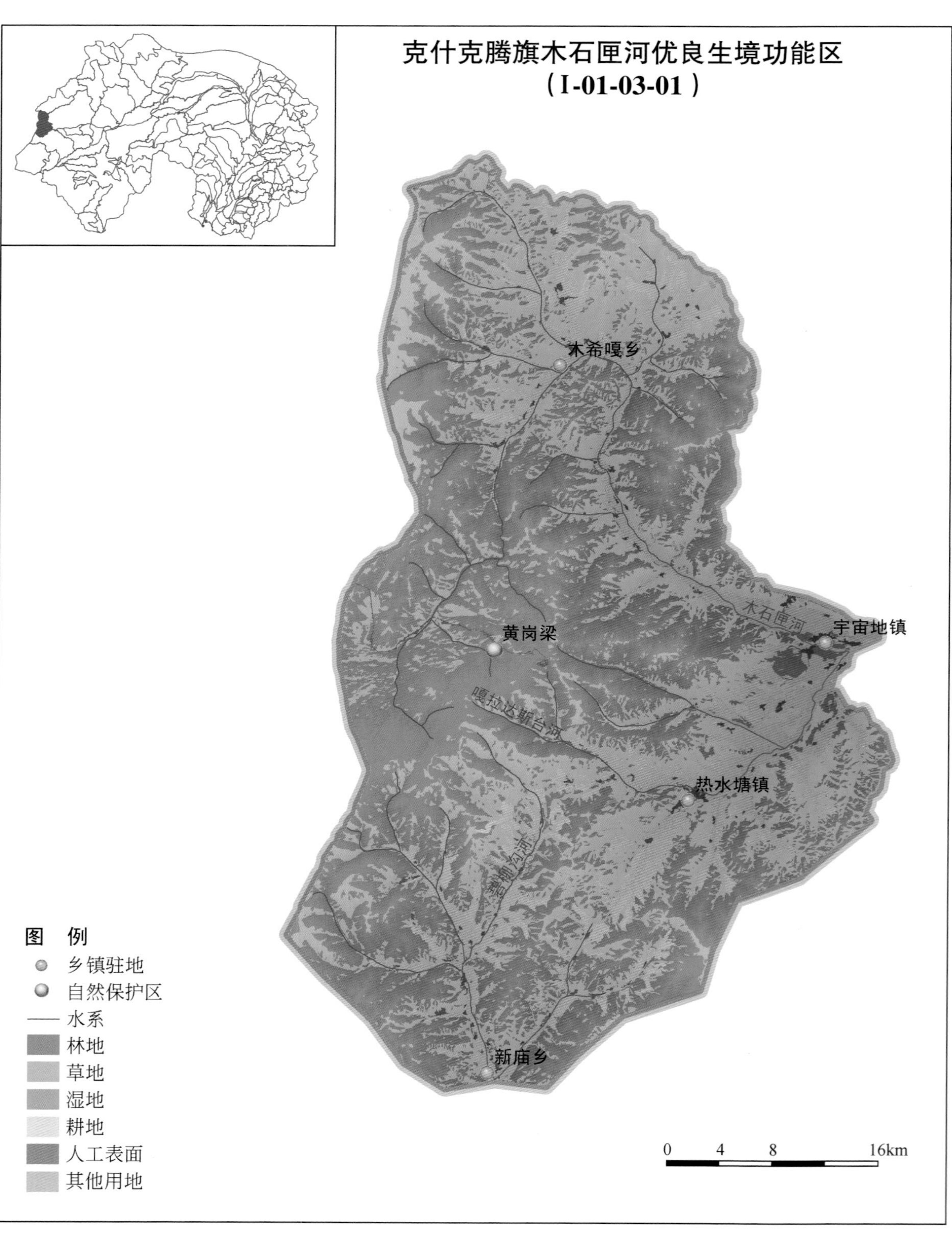
克什克腾旗木石匣河优良生境功能区
（I-01-03-01）
木希嘎乡
木石匣河
宇宙地镇
黄岗梁
嘎拉达斯台河
热水塘镇
新庙乡
图 例
乡镇驻地
自然保护区
水系
林地
草地
湿地
耕地
人工表面
其他用地
0 4 8 16km

克什克腾旗西拉木伦河本土特有物种生境功能区（I-01-03-02）

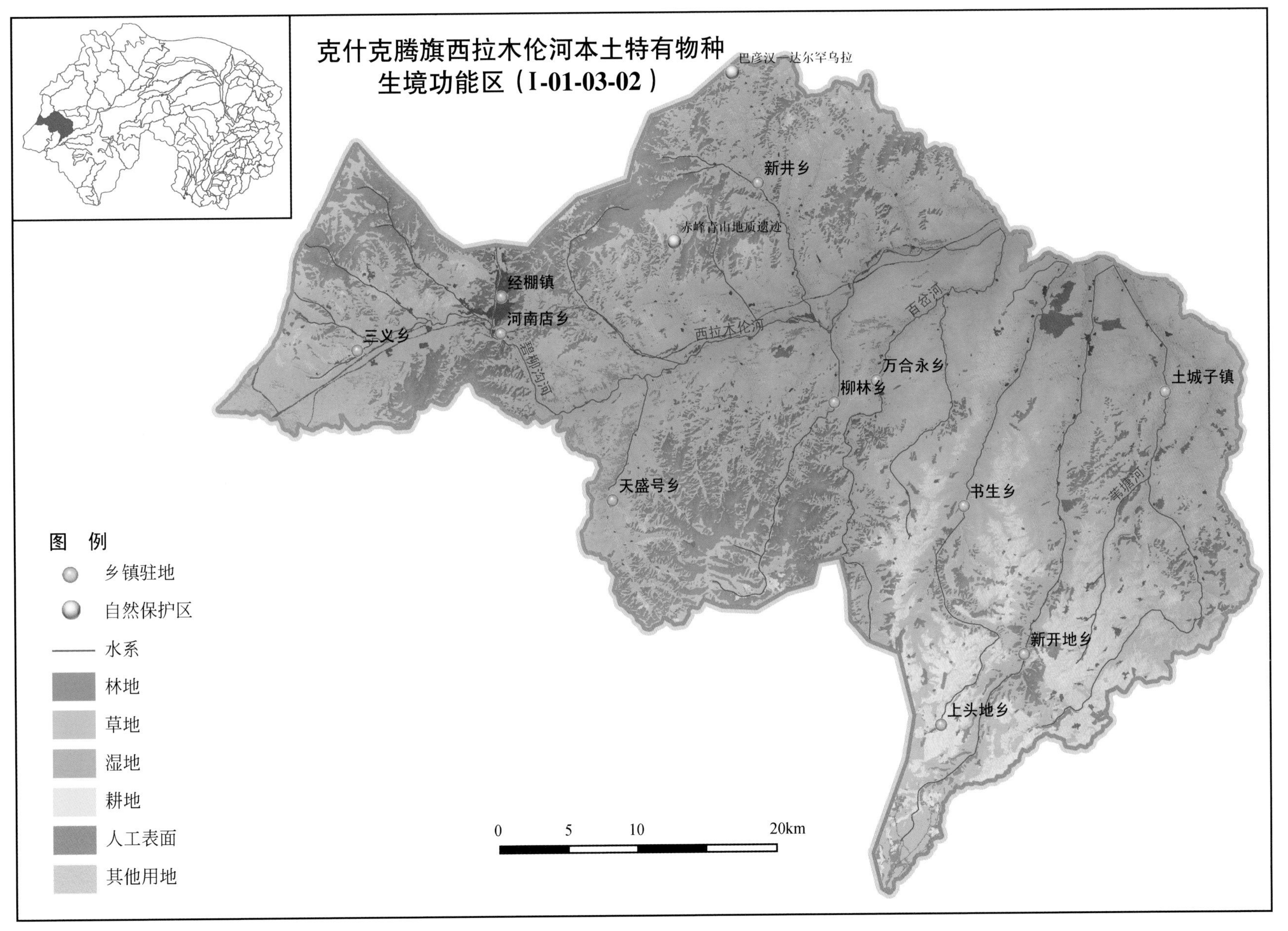

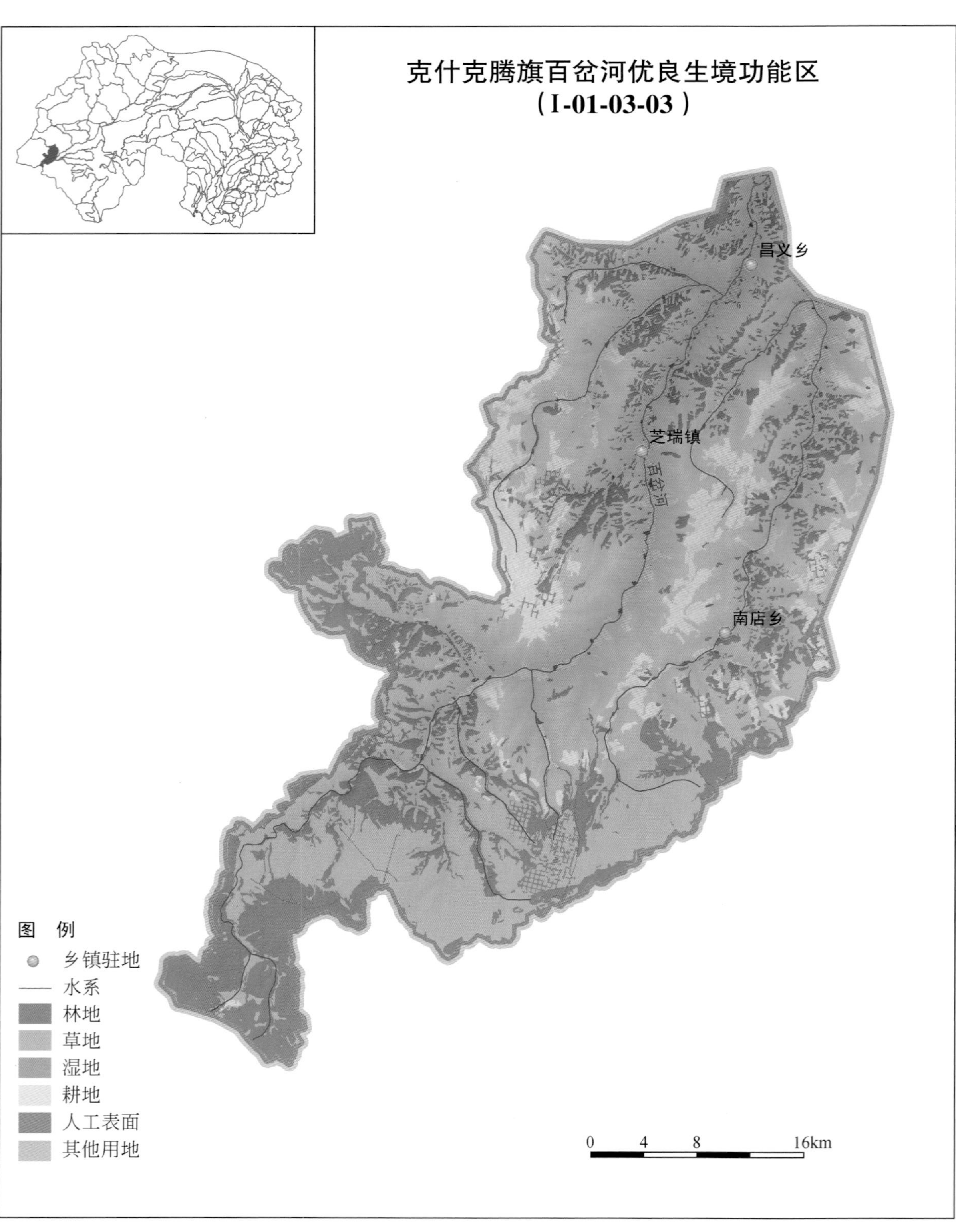
克什克腾旗百岔河优良生境功能区
（I-01-03-03）
昌义乡
芝瑞镇
百岔河
南店乡
图 例
乡镇驻地
水系
林地
草地
湿地
耕地
人工表面
其他用地
0
4
8
16km

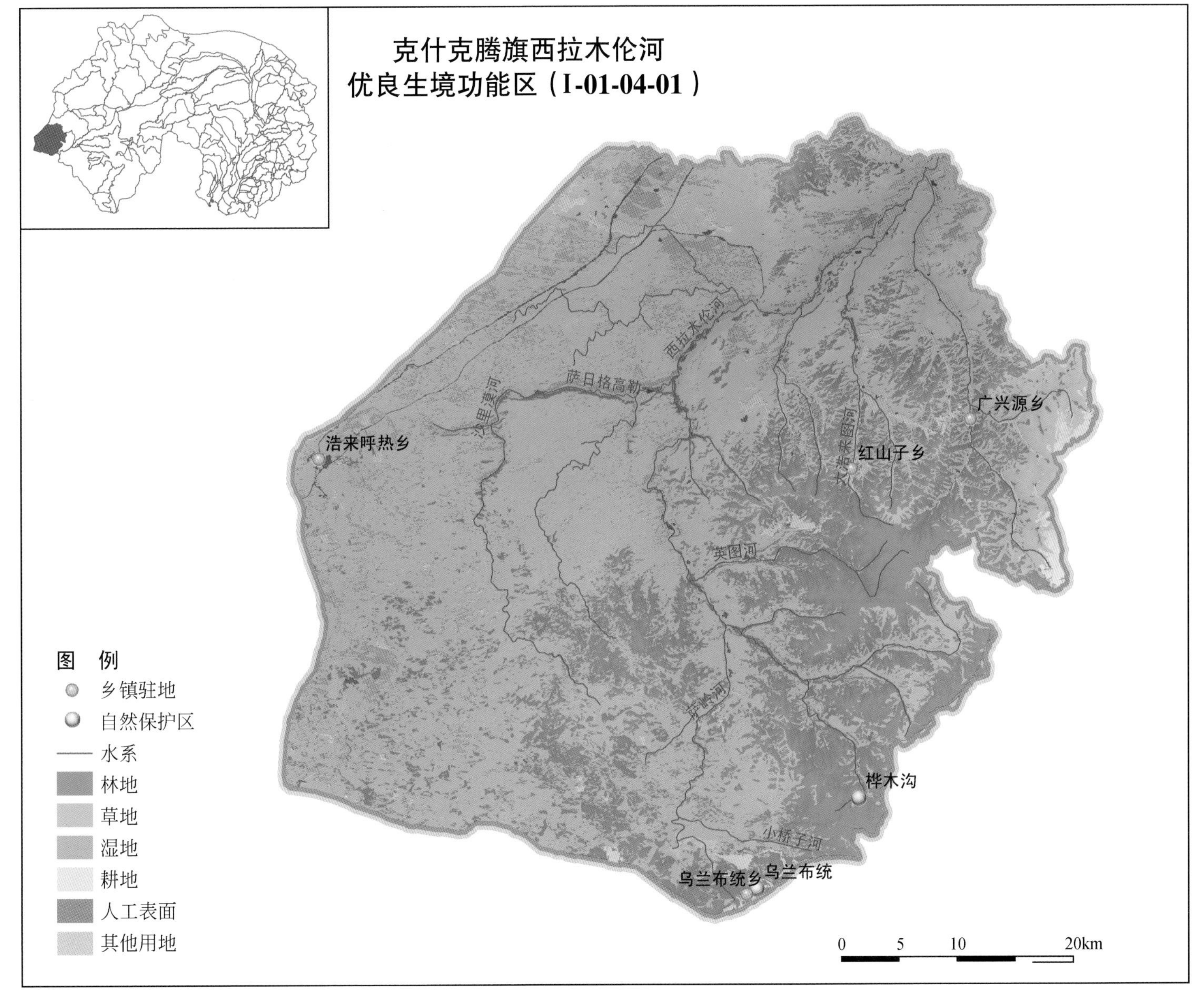
克什克腾旗西拉木伦河
优良生境功能区（I-01-04-01）
西拉木伦河
萨日格高勒
浩来呼热乡
广兴源乡
红山子乡
英图河
桦木沟
小桥子河
乌兰布统乡
乌兰布统
图 例
乡镇驻地
自然保护区
水系
林地
草地
湿地
耕地
人工表面
其他用地
0
5
10
20km

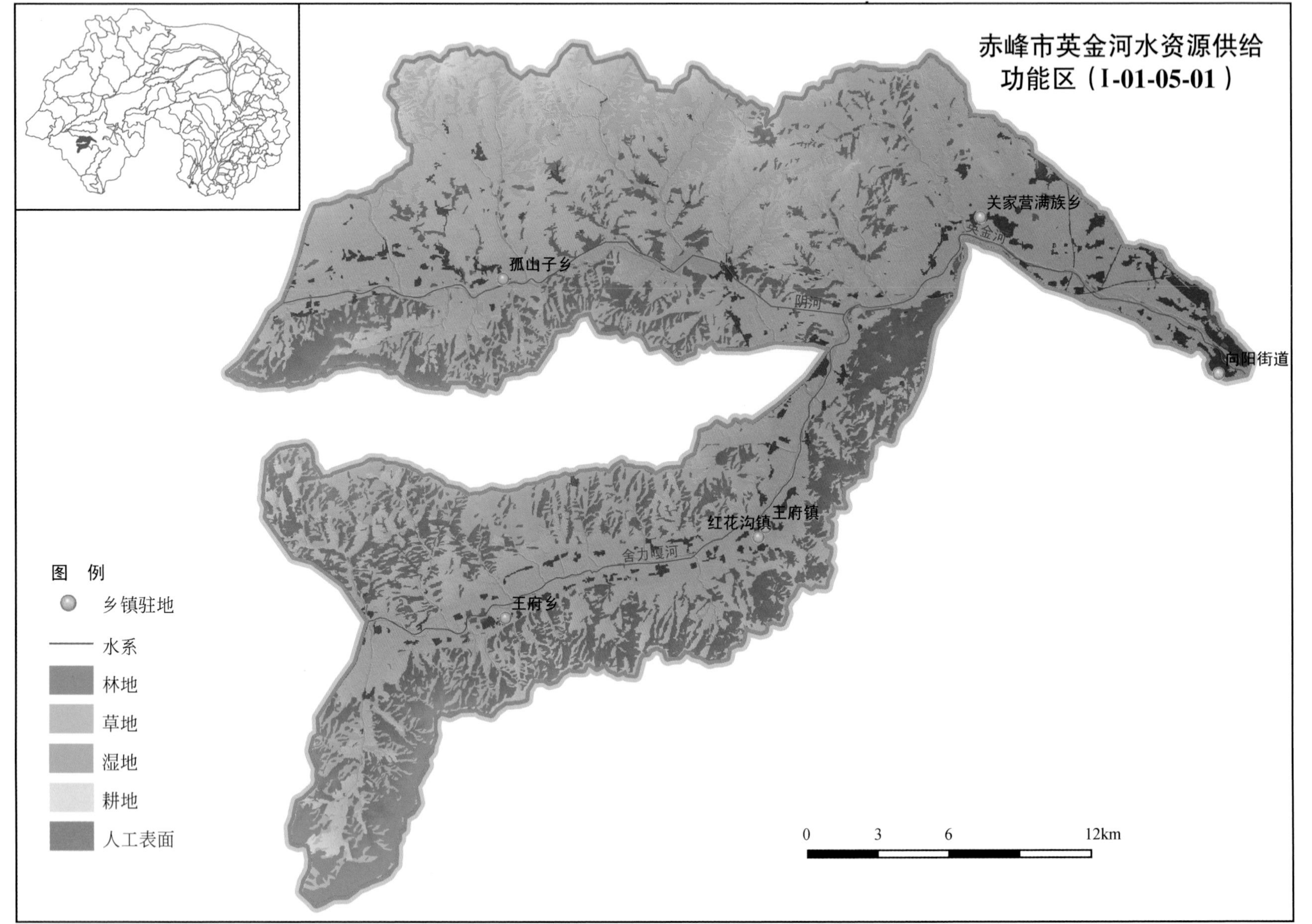

赤峰市英金河水资源供给
功能区（I-01-05-01）
关家营满族乡
英金河
孤山子乡
阴河
向阳街道
红花沟镇
王府镇
舍力虎河
王府乡
图 例
乡镇驻地
水系
林地
草地
湿地
耕地
人工表面
0 3 6 12km

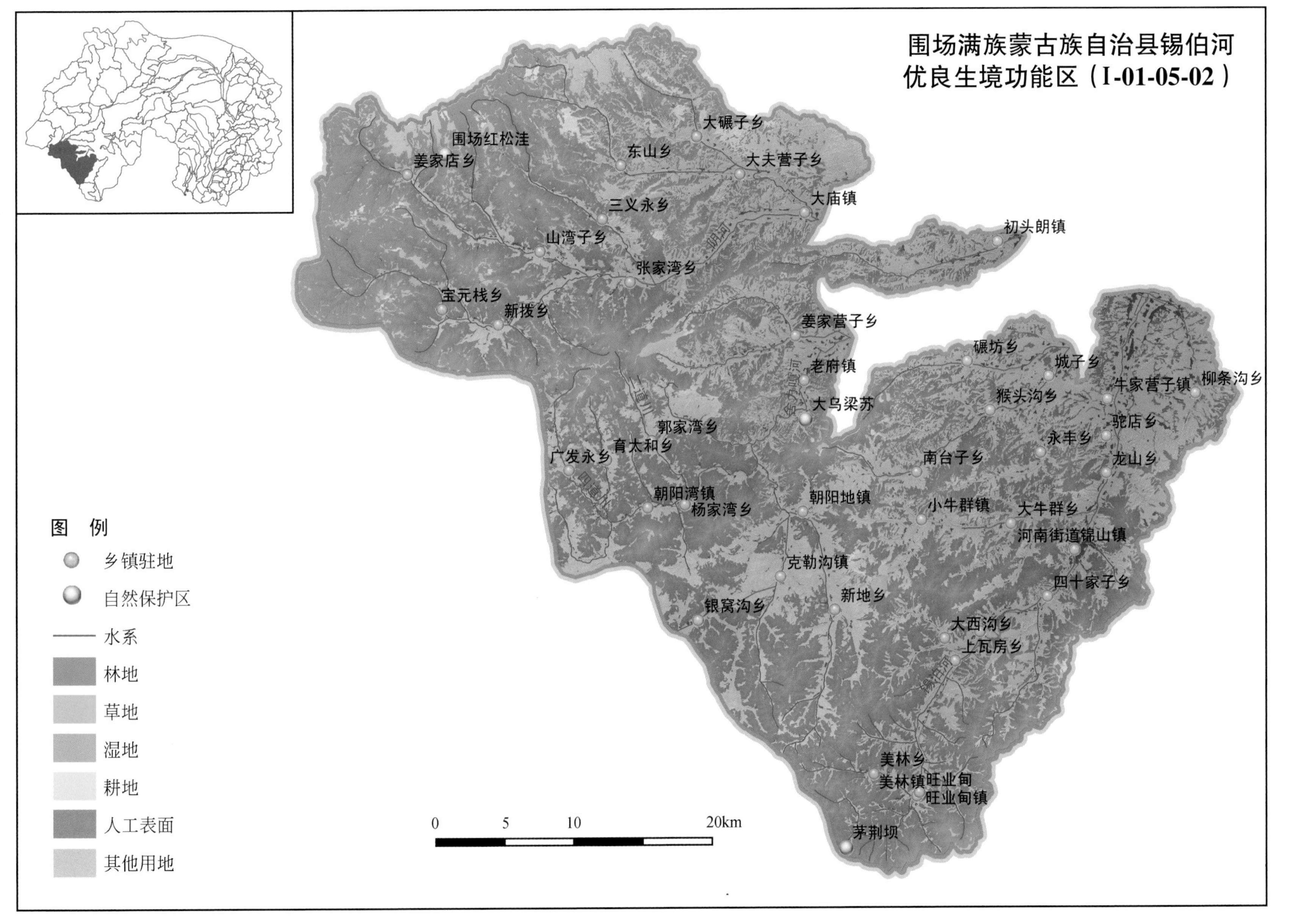
围场满族蒙古族自治县锡伯河
优良生境功能区（I-01-05-02）
大碾子乡
围场红松洼
东山乡
姜家店乡
大夫营子乡
大庙镇
三义永乡
初头朗镇
山湾子乡
张家湾乡
宝元栈乡
新拨乡
姜家营子乡
碾坊乡
城子乡
老府镇
牛家营子镇
柳条沟乡
猴头沟乡
大乌梁苏
驼店乡
郭家湾乡
永丰乡
育太和乡
广发永乡
南台子乡
龙山乡
朝阳湾镇
朝阳地镇
杨家湾乡
小牛群镇
大牛群乡
河南街道锡山镇
克勒沟镇
四十家子乡
新地乡
银窝沟乡
大西沟乡
上瓦房乡
美林乡
美林镇
旺业甸
旺业甸镇
茅荆坝
图例
乡镇驻地
自然保护区
水系
林地
草地
湿地
耕地
人工表面
其他用地
0
5
10
20km

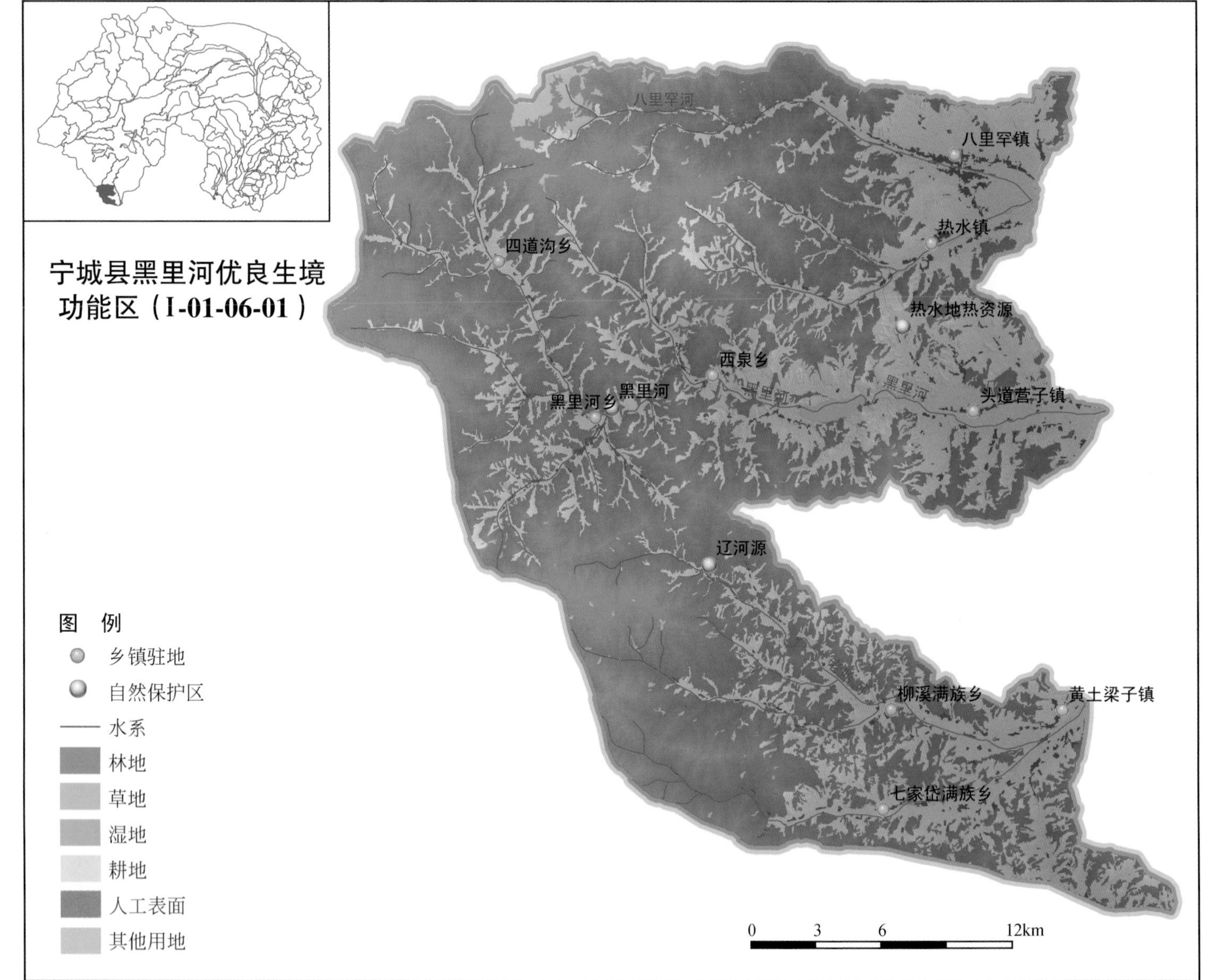

宁城县黑里河优良生境功能区（I-01-06-01）

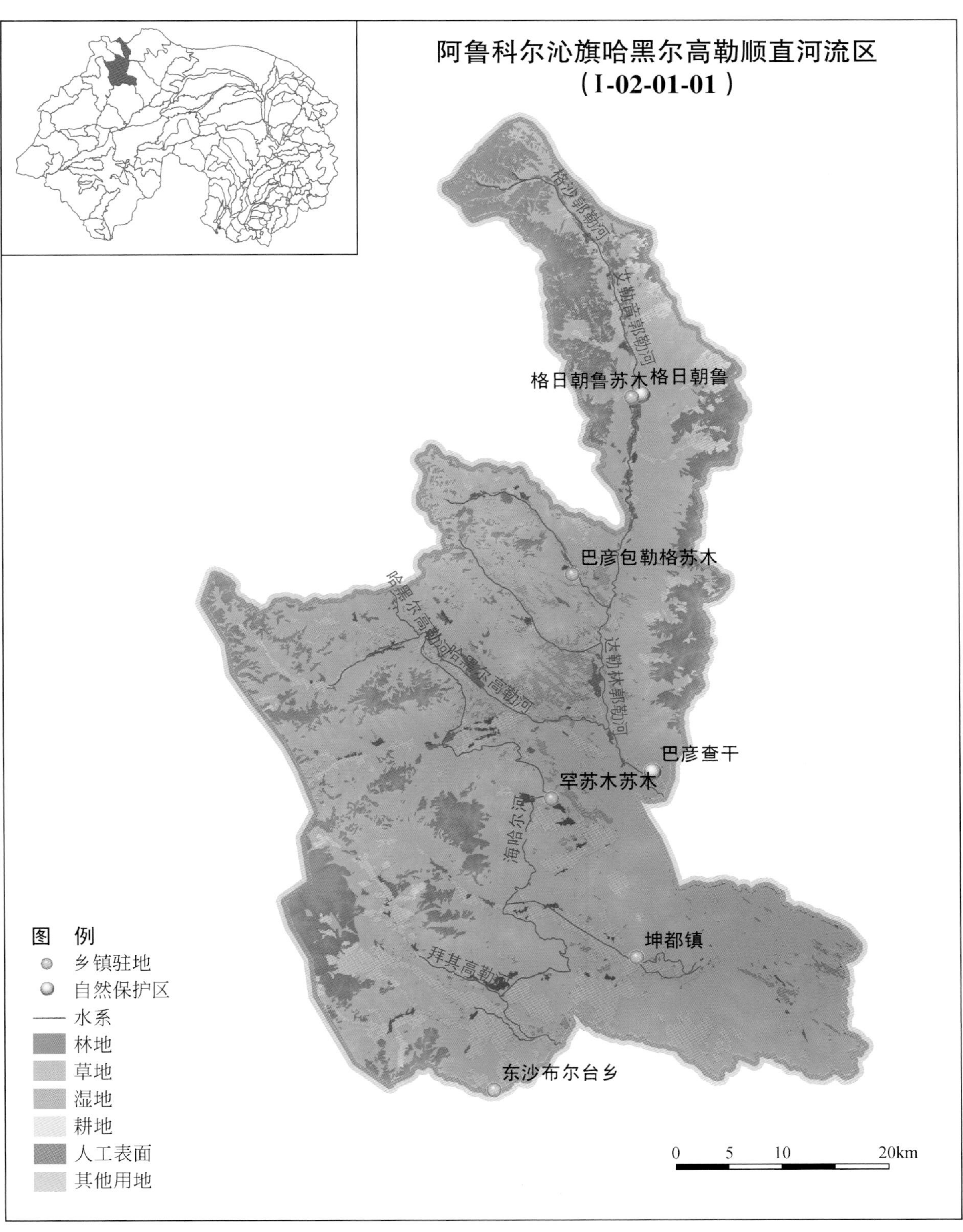
阿鲁科尔沁旗哈黑尔高勒顺直河流区
（I-02-01-01）
格沙郭勒河
艾勒吉郭勒河
格日朝鲁苏木
格日朝鲁
巴彦包勒格苏木
哈黑尔高勒河
哈黑尔高勒河
达勒林郭勒河
巴彦查干
罕苏木苏木
海哈尔河
坤都镇
拜其高勒河
东沙布尔台乡
图 例
乡镇驻地
自然保护区
水系
林地
草地
湿地
耕地
人工表面
其他用地
0 5 10 20km

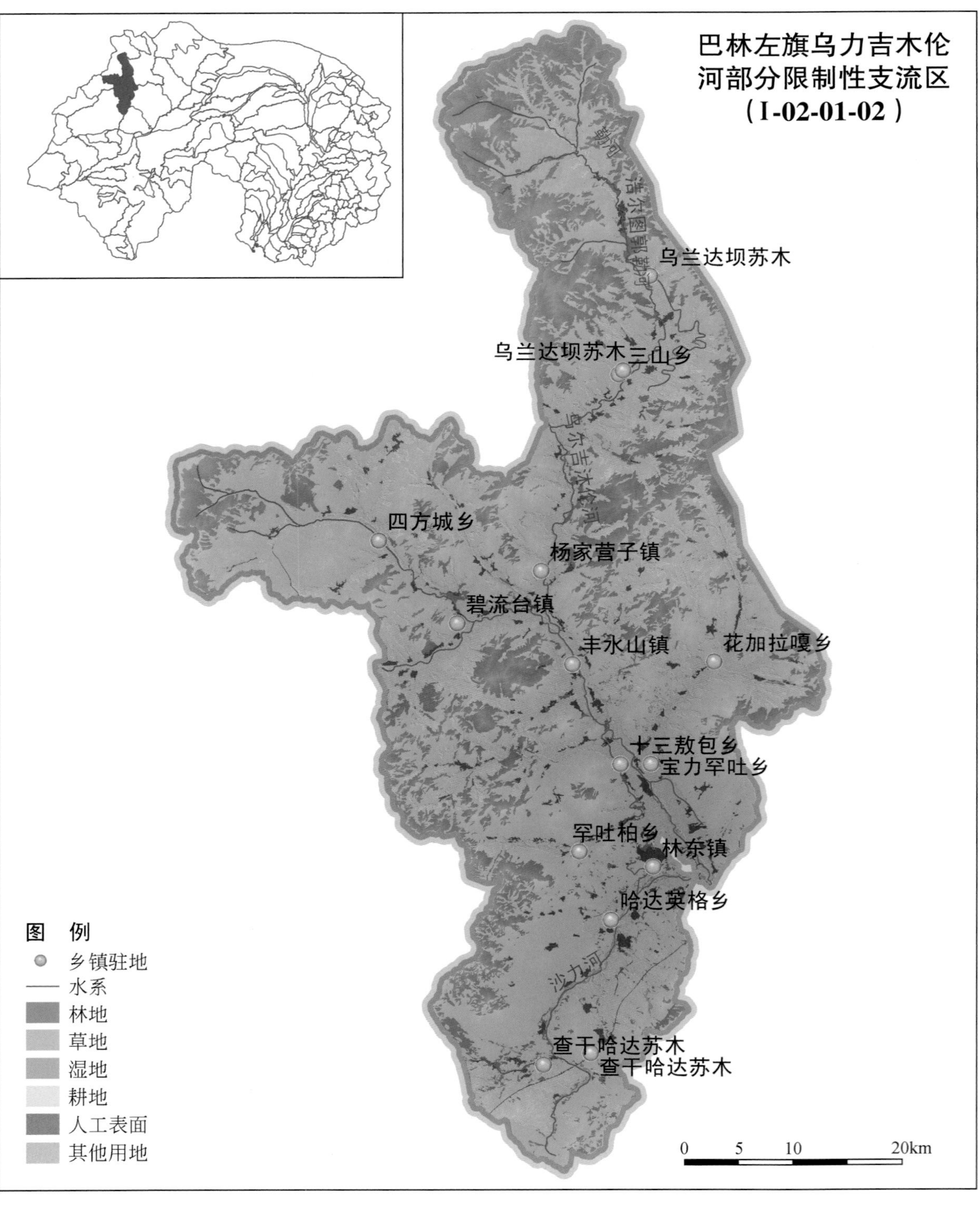
巴林左旗乌力吉木伦
河部分限制性支流区
（I-02-01-02）
乌兰达坝苏木
乌兰达坝苏木
三山乡
四方城乡
杨家营子镇
碧流台镇
丰水山镇
花加拉嘎乡
十三敖包乡
宝力罕吐乡
罕吐柏乡
林东镇
哈达英格乡
查干哈达苏木
查干哈达苏木
图　例
乡镇驻地
水系
林地
草地
湿地
耕地
人工表面
其他用地
0
5
10
20km

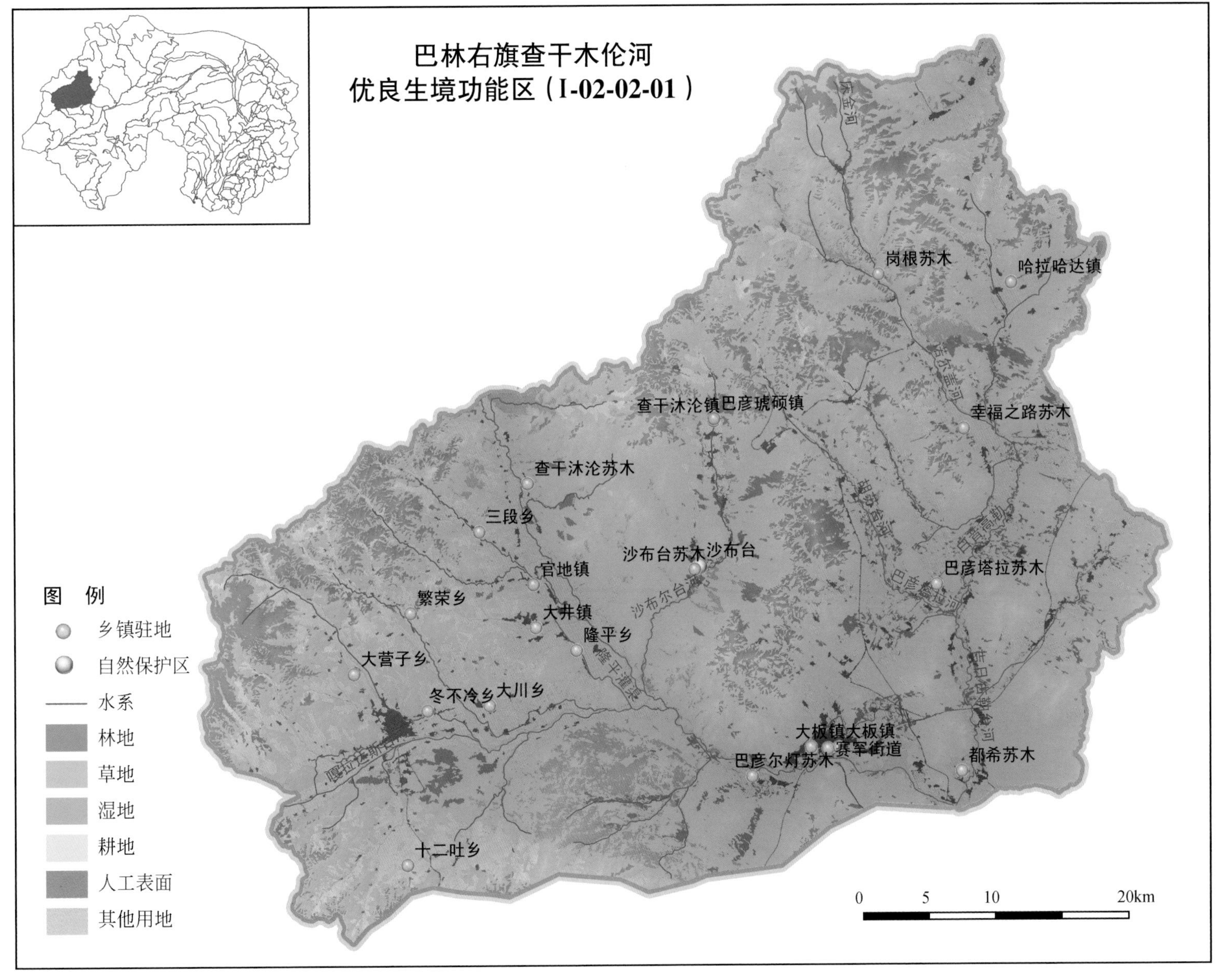
巴林右旗查干木伦河
优良生境功能区（I-02-02-01）
床金河
岗根苏木
哈拉哈达镇
查干沐沦镇巴彦琥硕镇
幸福之路苏木
查干沐沦苏木
三段乡
沙布台苏木沙布台
巴彦塔拉苏木
官地镇
繁荣乡
大井镇
隆平乡
隆平灌渠
大营子乡
冬不冷乡
大川乡
大板镇大板镇
赛罕街道
巴彦尔灯苏木
都希苏木
十二吐乡
图 例
乡镇驻地
自然保护区
水系
林地
草地
湿地
耕地
人工表面
其他用地
0
5
10
20km

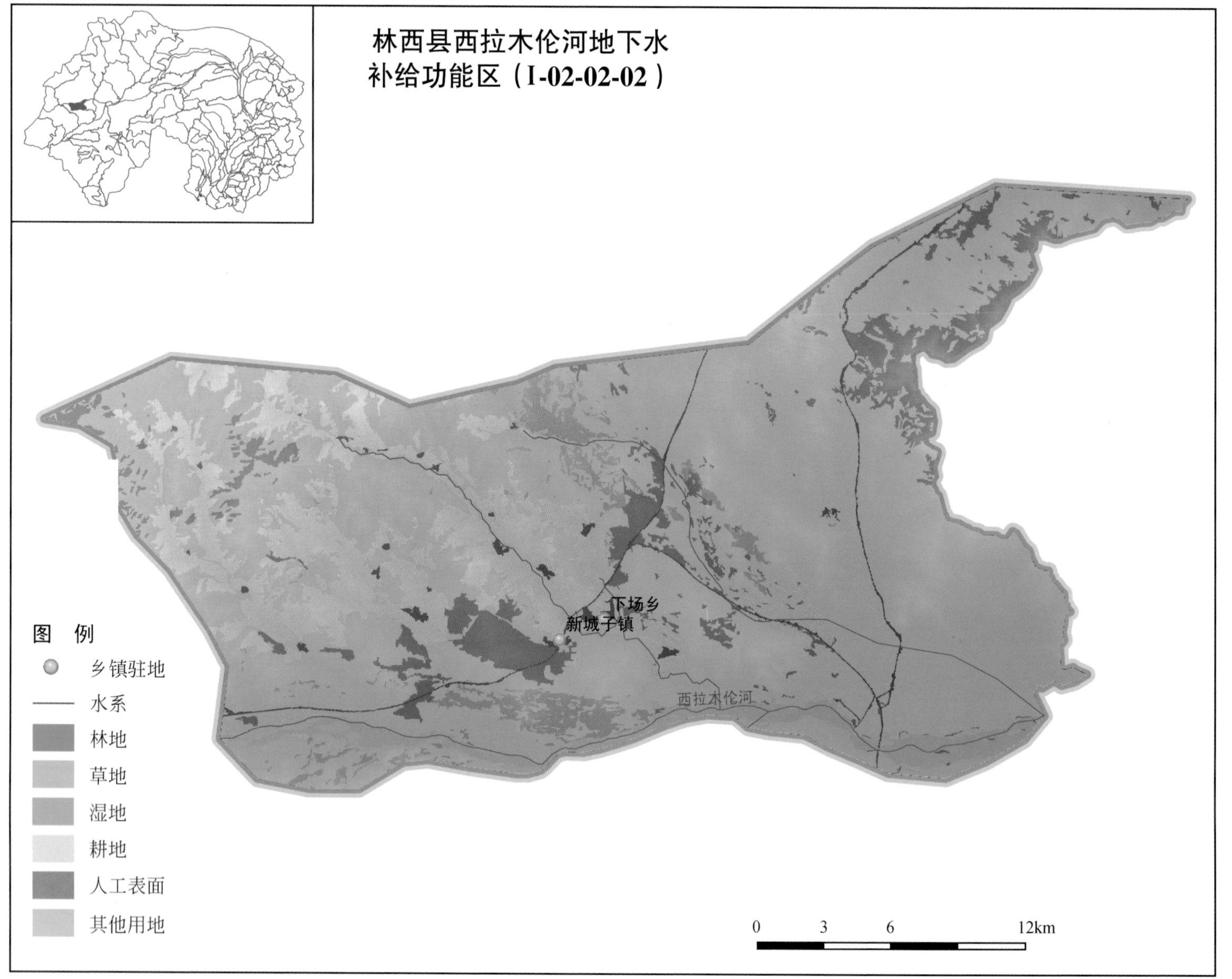

林西县西拉木伦河地下水
补给功能区（I-02-02-02）
下场乡
新城子镇
西拉木伦河
图 例
乡镇驻地
水系
林地
草地
湿地
耕地
人工表面
其他用地
0
3
6
12km

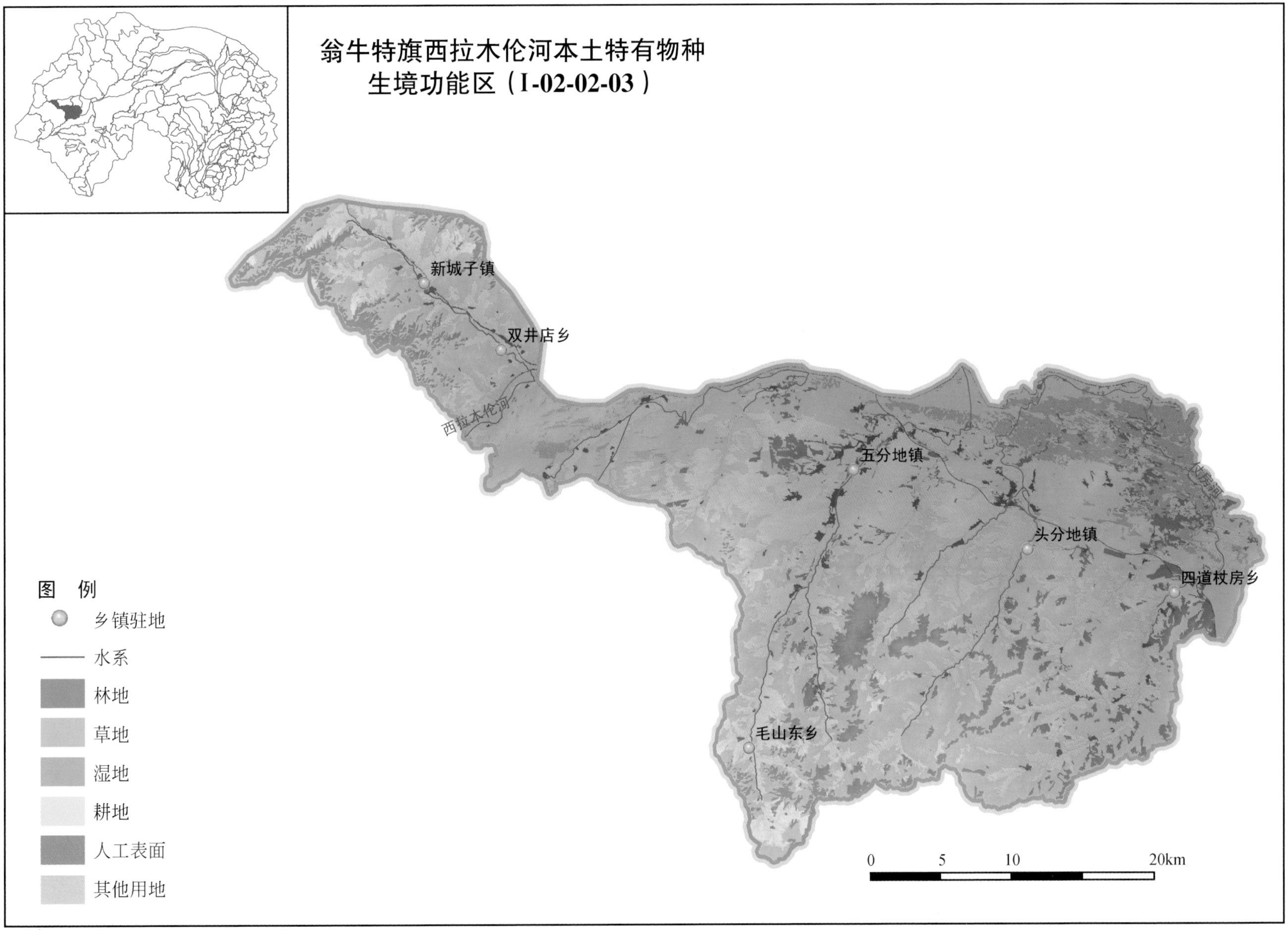

翁牛特旗西拉木伦河本土特有物种生境功能区（I-02-02-03）

新城子镇
双井店乡
西拉木伦河
五分地镇
头分地镇
四道杖房乡
毛山东乡

图　例
乡镇驻地
水系
林地
草地
湿地
耕地
人工表面
其他用地

0　5　10　20km

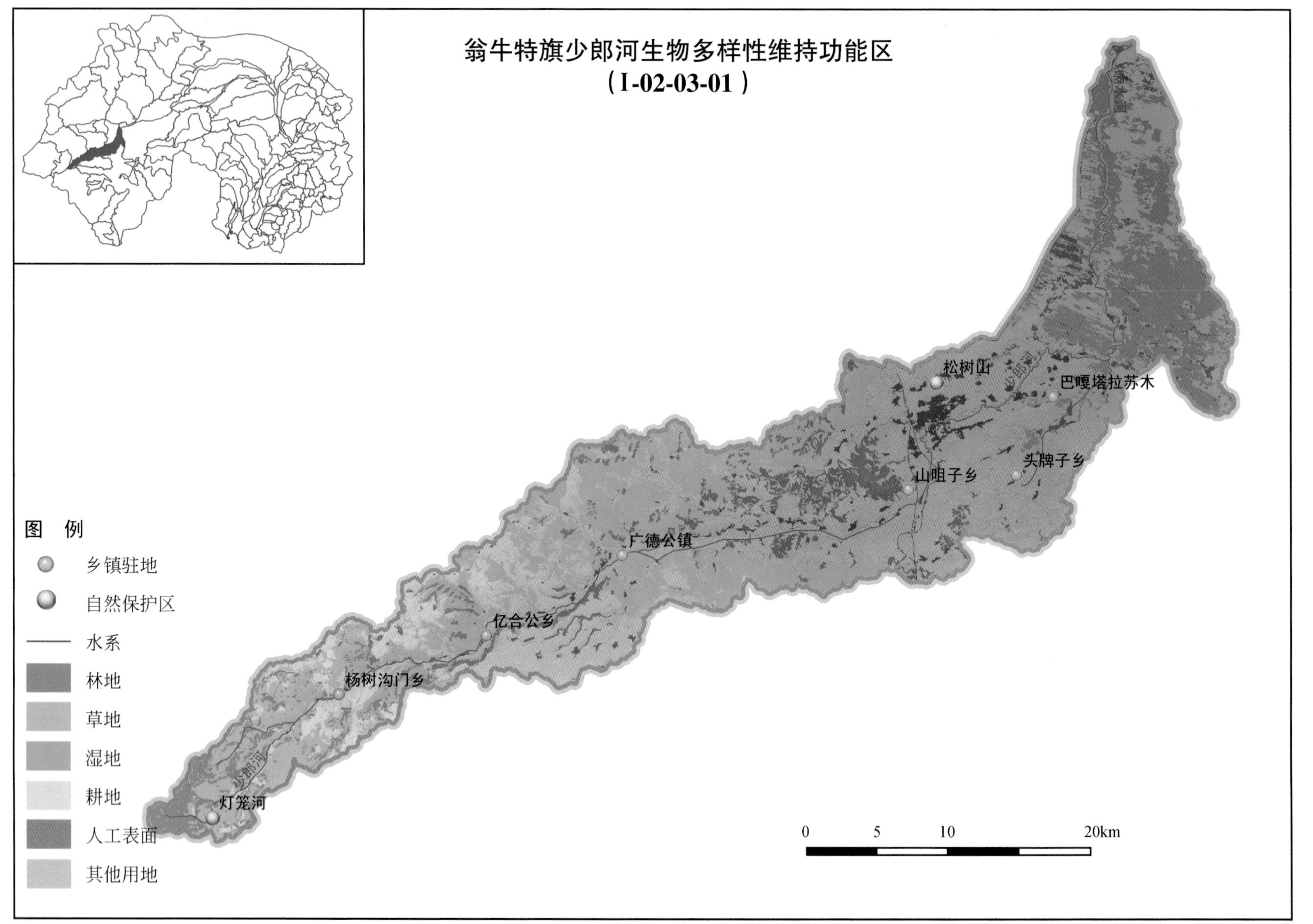

翁牛特旗少郎河生物多样性维持功能区
（I-02-03-01）
松树山
巴嘎塔拉苏木
头牌子乡
山咀子乡
广德公镇
亿合公乡
杨树沟门乡
灯笼河
少郎河
图 例
乡镇驻地
自然保护区
水系
林地
草地
湿地
耕地
人工表面
其他用地
0
5
10
20km

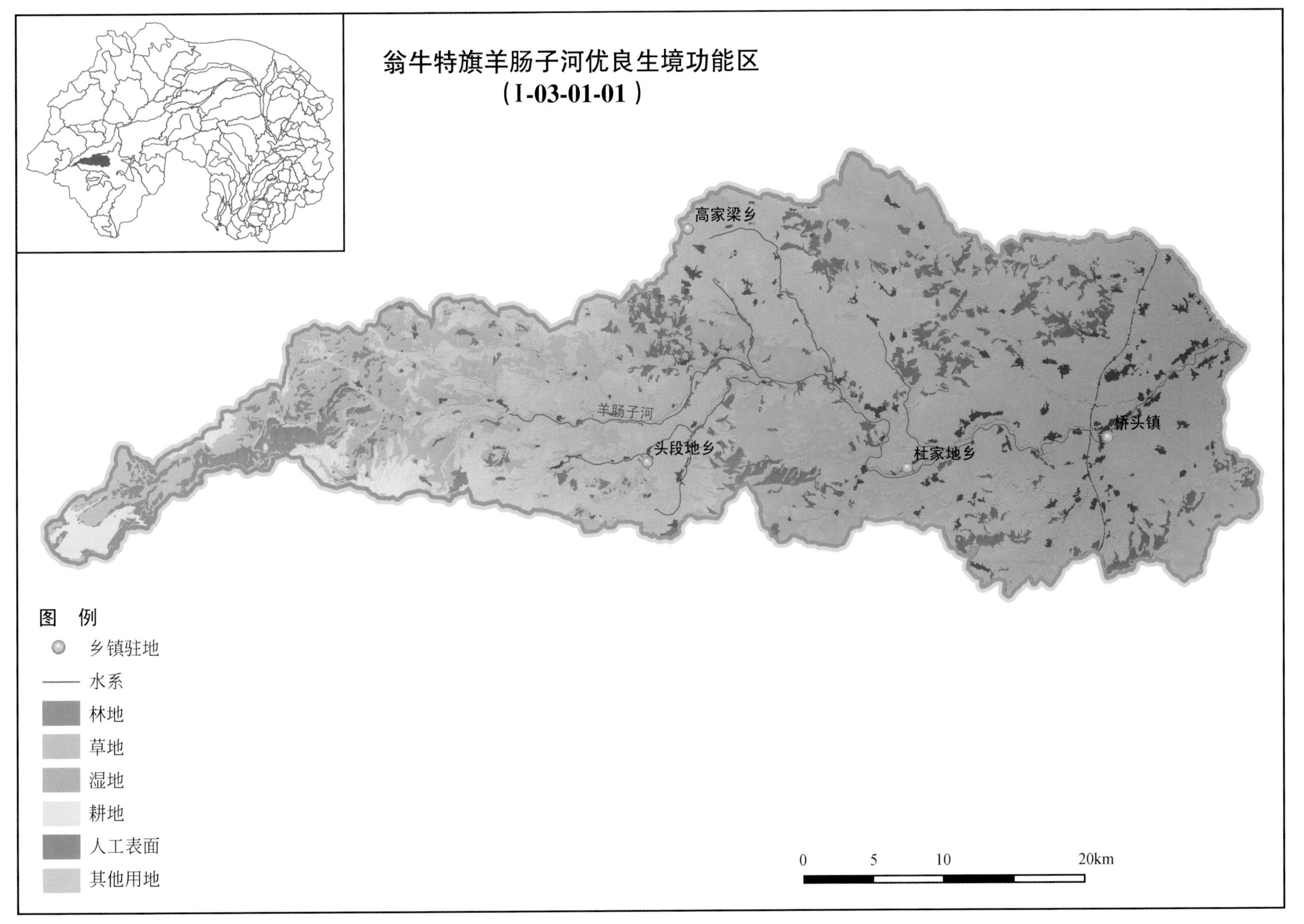

翁牛特旗羊肠子河优良生境功能区
（I-03-01-01）
高家梁乡
羊肠子河
头段地乡
杜家地乡
桥头镇
图 例
乡镇驻地
水系
林地
草地
湿地
耕地
人工表面
其他用地
0
5
10
20km

赤峰市老哈河水资源供给功能区（I-03-01-02）

东庄头营子乡
梧桐花镇
解放营子乡
河南营子乡
牤牛营子乡
昭苏河
大六份乡
岗子乡
上官地镇
碱场乡
木头沟乡
安庆沟镇
安庆镇
风水沟镇
水地乡
上窝铺
四德堂乡
王家店乡
元宝山镇
赤峰红山
桥北镇
五三镇
长青街道
马林镇
二十家子镇
老官地镇
振兴街道
文钟镇
文钟镇
美丽河镇
马场镇
三眼井乡
黑水镇
罗福沟乡
山前镇
马蹄营子镇
昌隆镇
昌盛远乡
建平镇
乃林镇
西桥镇
奎德素镇
张家营子镇
汐子镇
白山乡
小城子镇
太平庄乡
二龙镇
小塘镇
八肯中乡
三家蒙古族乡
三座店乡
大明镇
城关镇
天义镇
一肯中乡
大明镇
榆树林子乡
忙农镇
忙农镇
沙海镇
大双庙乡
必斯营子乡
石佛乡

图　例
乡镇驻地
自然保护区
水系
林地
草地
湿地
耕地
人工表面
其他用地

0　10　20　40km

老哈河上游宁城县境内

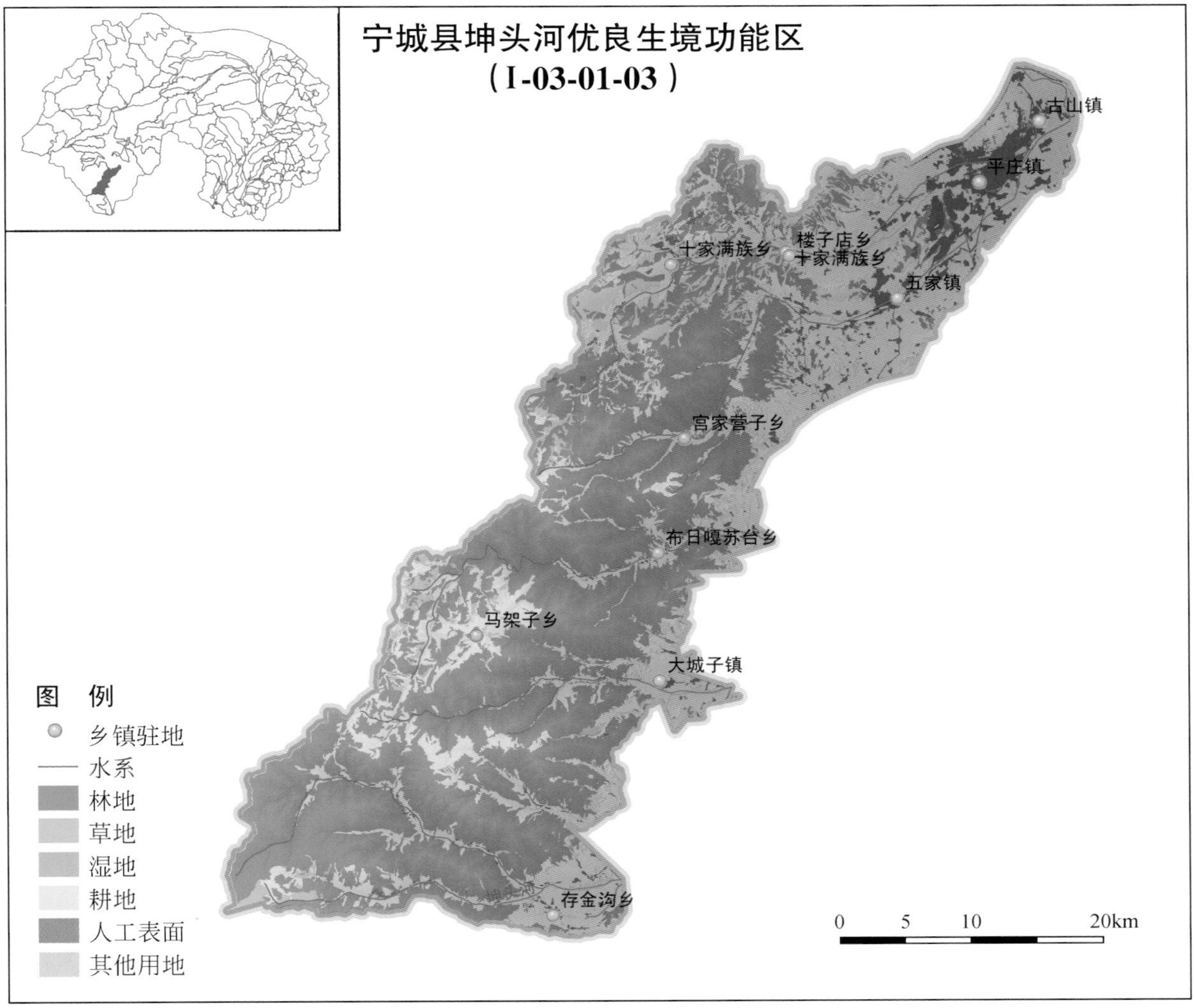

宁城县坤头河优良生境功能区
（I-03-01-03）

古山镇
平庄镇
楼子店乡
十家满族乡
十家满族乡
五家镇
宫家营子乡
布日嘎苏台乡
马架子乡
大城子镇
存金沟乡

图 例
乡镇驻地
水系
林地
草地
湿地
耕地
人工表面
其他用地

0 5 10 20km

坤头河上游宁城县境内

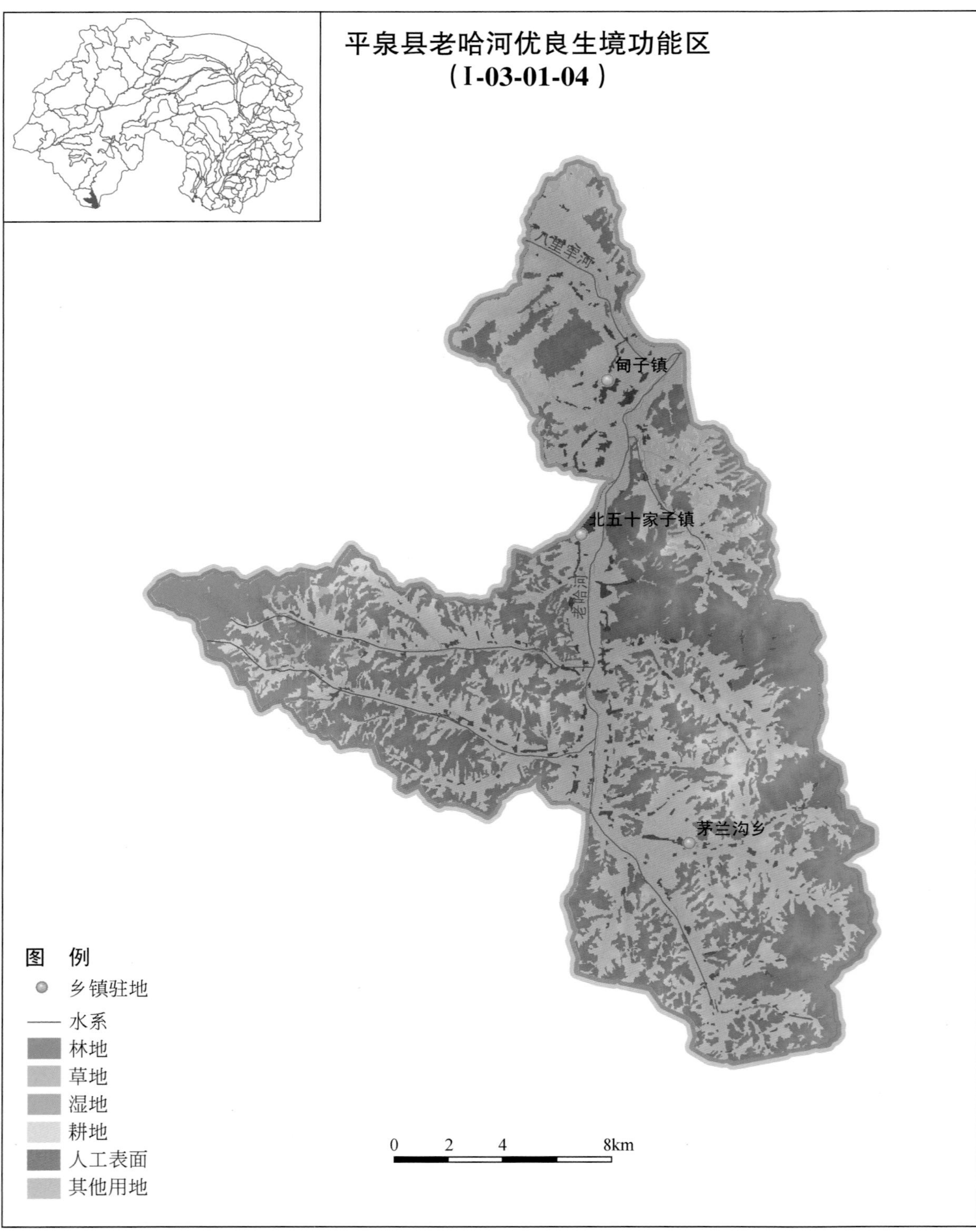
平泉县老哈河优良生境功能区
（I-03-01-04）
八里罕河
甸子镇
北五十家子镇
老哈河
茅兰沟乡
图 例
乡镇驻地
水系
林地
草地
湿地
耕地
人工表面
其他用地
0 2 4 8km

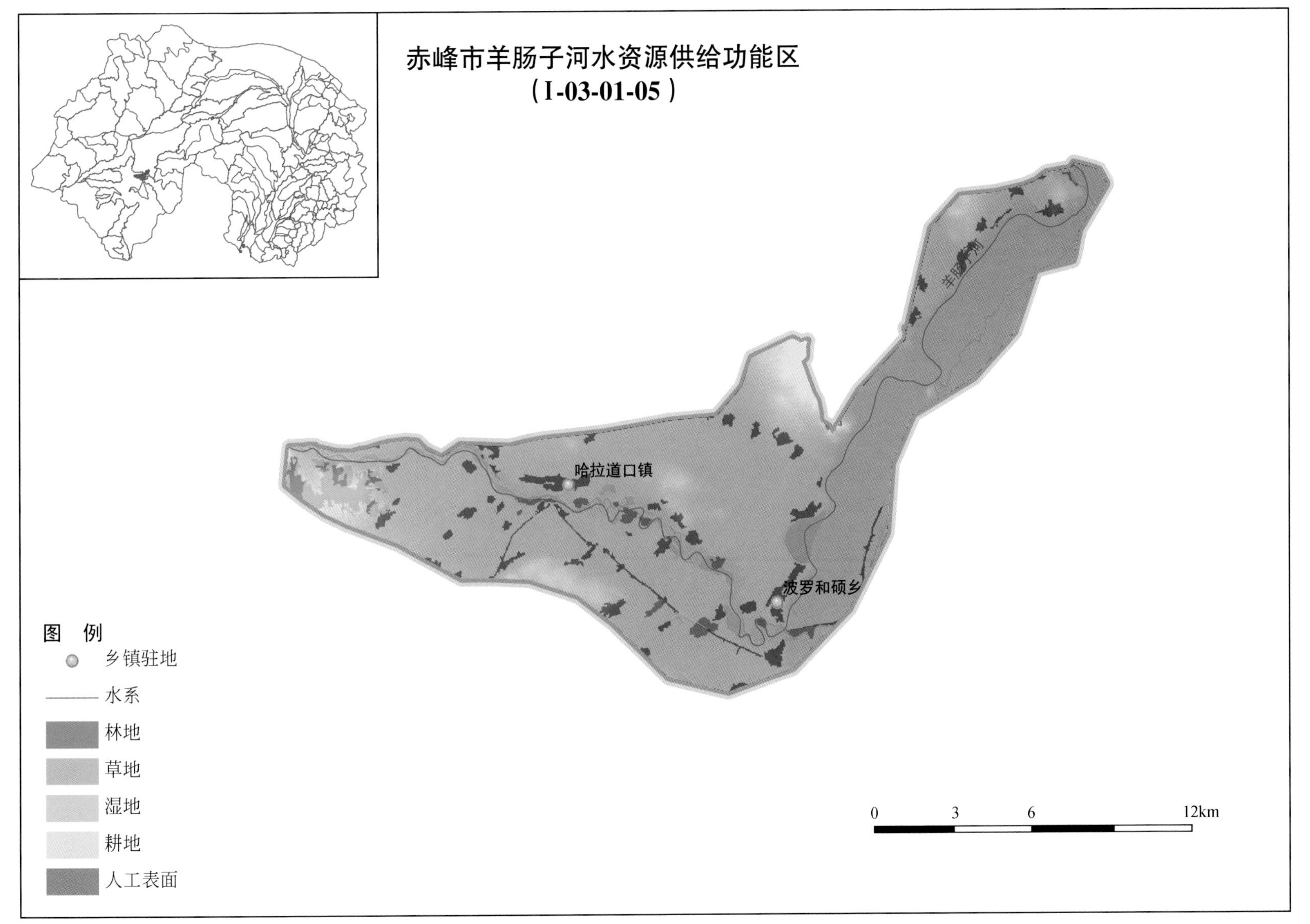
赤峰市羊肠子河水资源供给功能区
（I-03-01-05）
哈拉道口镇
波罗和硕乡
图例
乡镇驻地
水系
林地
草地
湿地
耕地
人工表面
0
3
6
12km

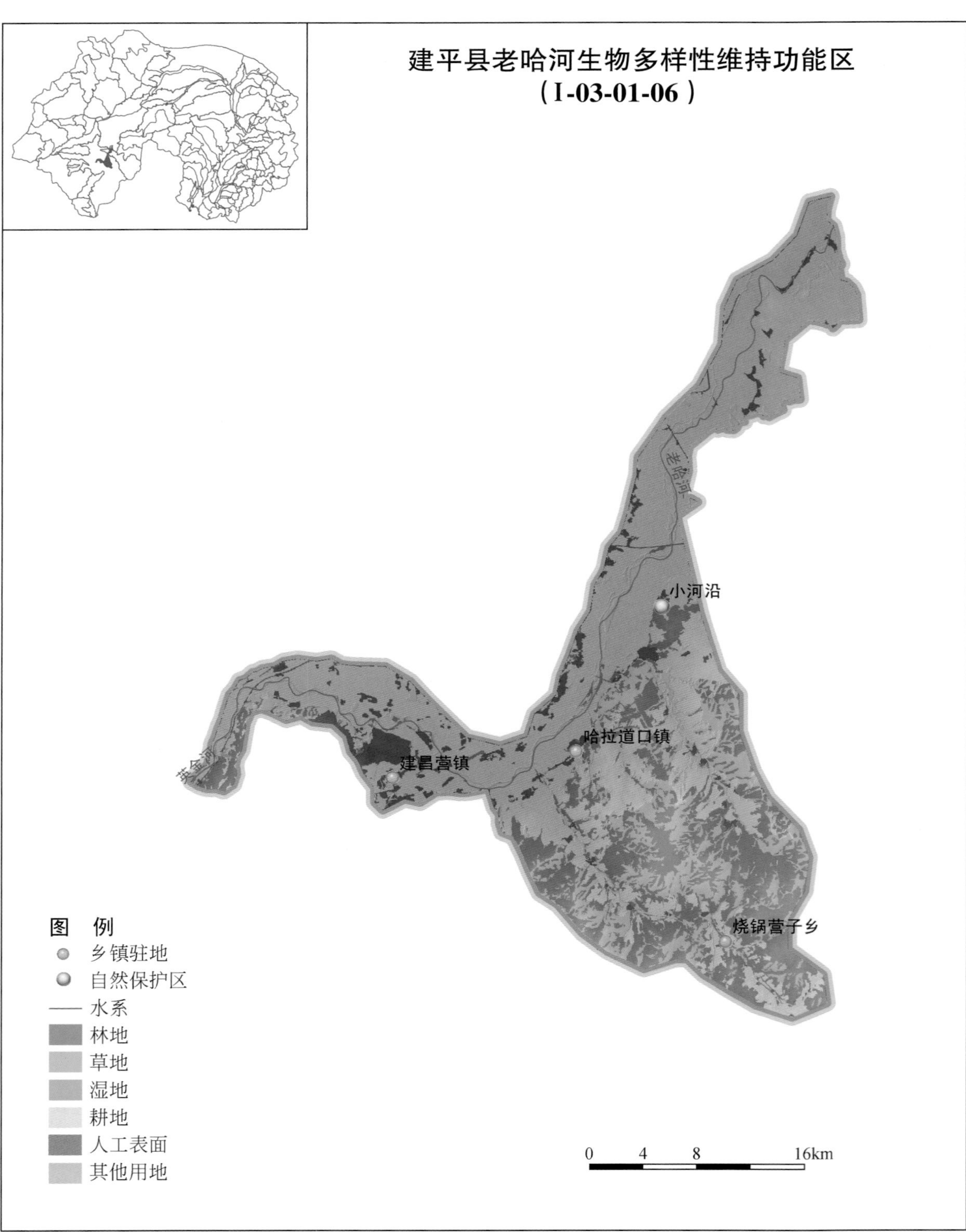
建平县老哈河生物多样性维持功能区
（Ⅰ-03-01-06）
老哈河
小河沿
哈拉道口镇
建昌营镇
烧锅营子乡
图 例
乡镇驻地
自然保护区
水系
林地
草地
湿地
耕地
人工表面
其他用地
0 4 8 16km

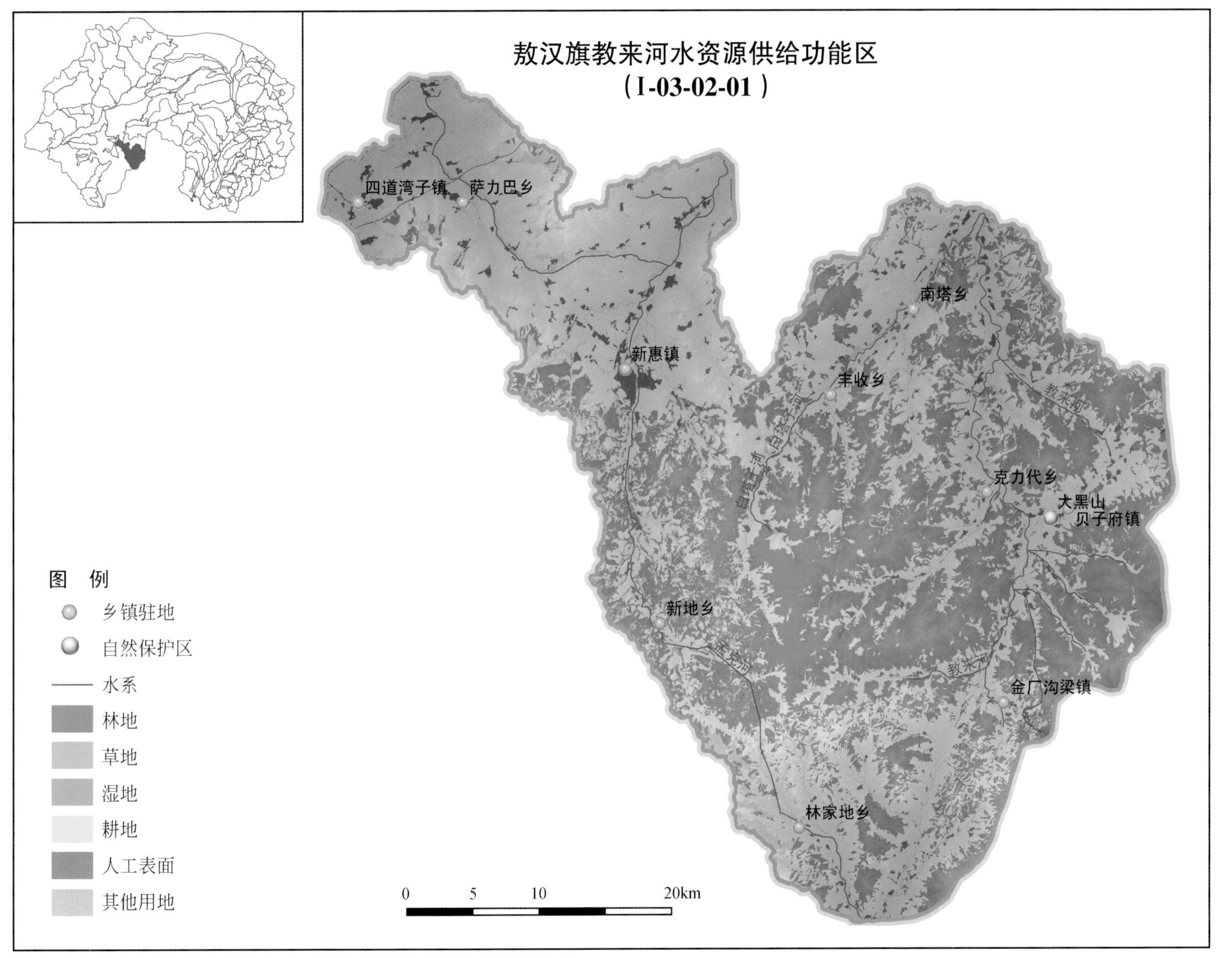

敖汉旗教来河水资源供给功能区
（I-03-02-01）
四道湾子镇
萨力巴乡
新惠镇
南塔乡
丰收乡
教来河
克力代乡
大黑山
贝子府镇
新地乡
孟克河
金厂沟梁镇
林家地乡
图 例
乡镇驻地
自然保护区
水系
林地
草地
湿地
耕地
人工表面
其他用地
0
5
10
20km

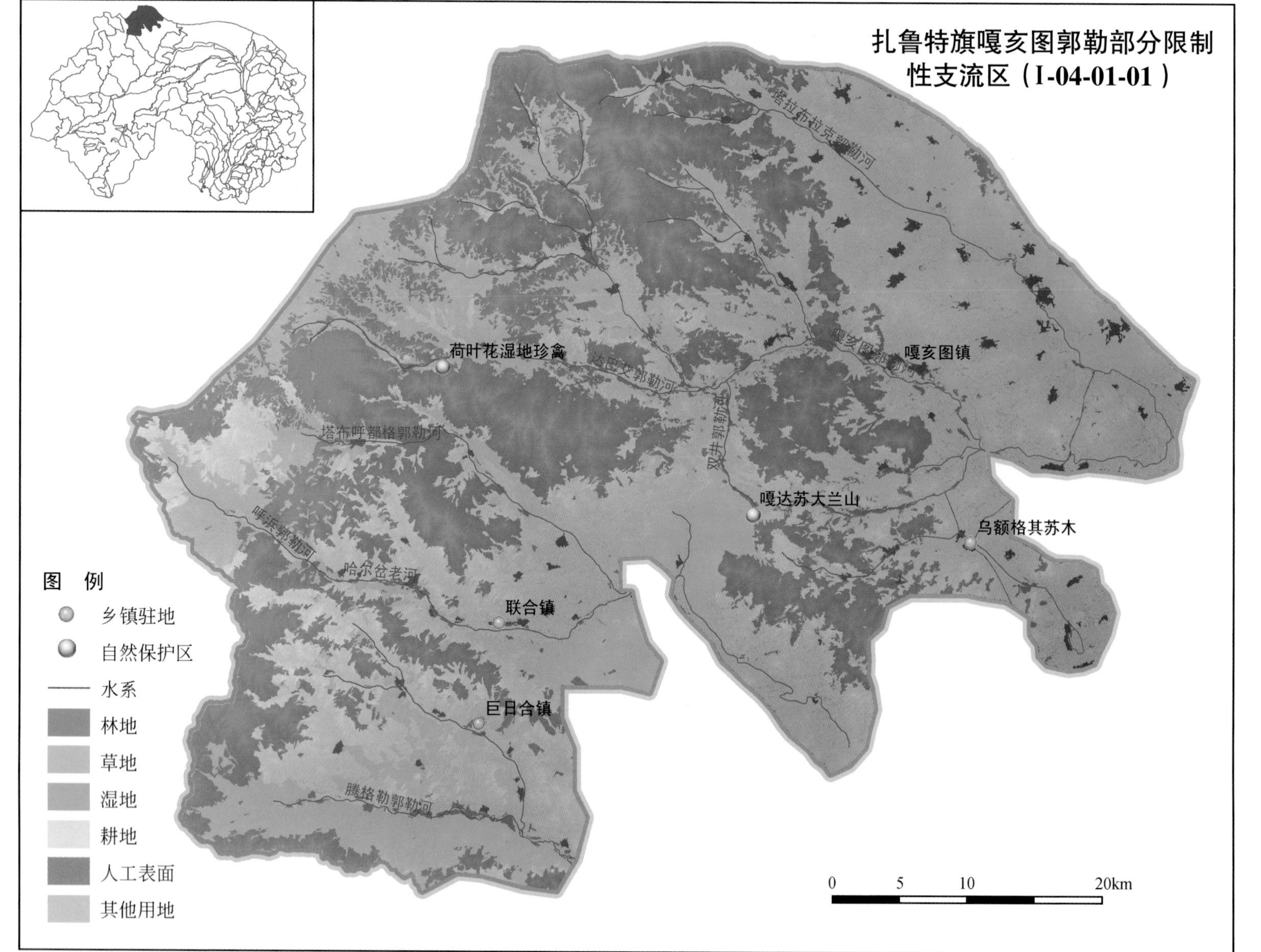
扎鲁特旗嘎亥图郭勒部分限制性支流区（I-04-01-01）
塔拉布拉克郭勒河
嘎亥图镇
荷叶花湿地珍禽
达巴艾郭勒河
塔布呼部格郭勒河
嘎达苏大兰山
乌额格其苏木
呼浜郭勒河
哈尔岔老河
联合镇
巨日合镇
腾格勒郭勒河
0
5
10
20km
图例
乡镇驻地
自然保护区
水系
林地
草地
湿地
耕地
人工表面
其他用地

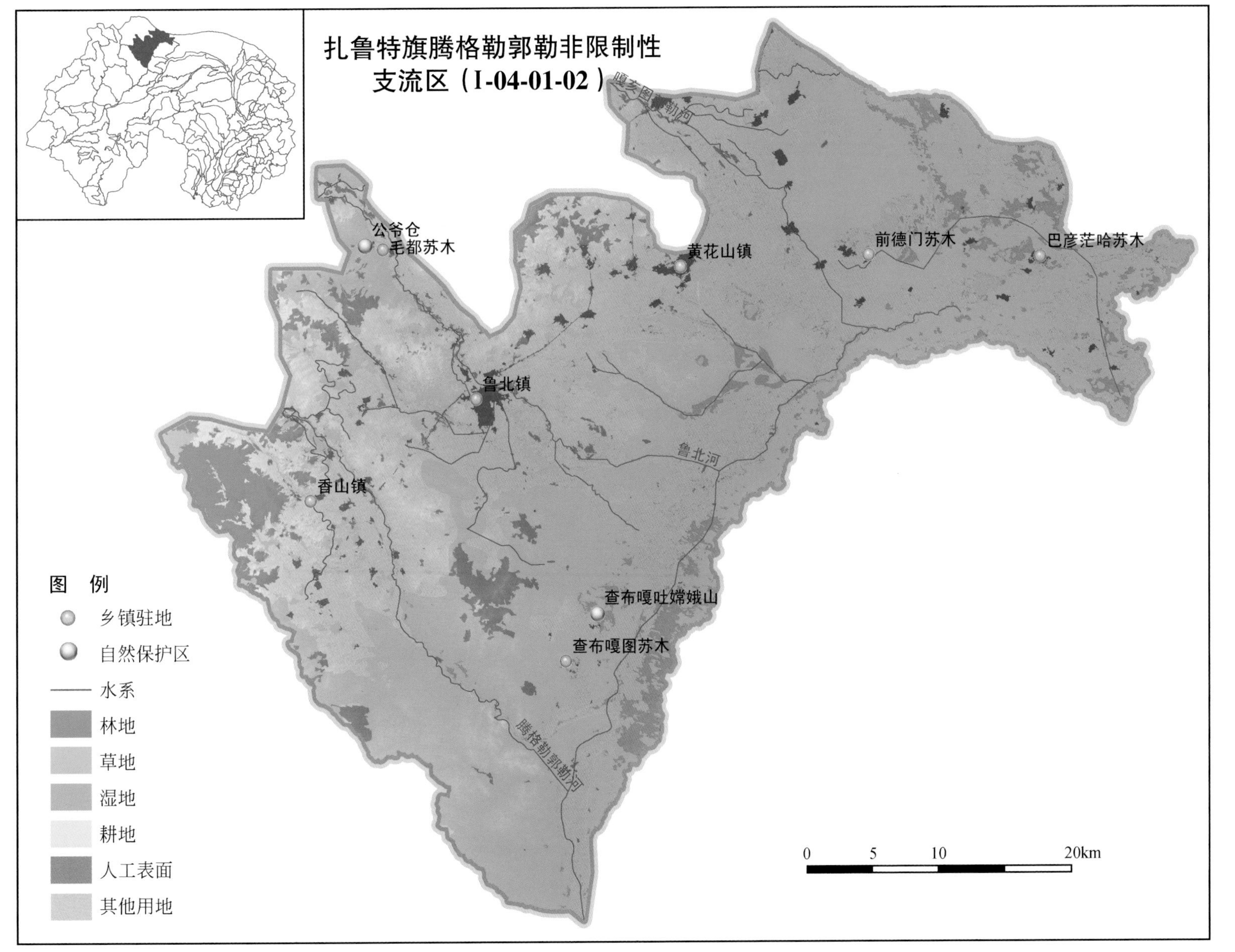
扎鲁特旗腾格勒郭勒非限制性
支流区（I-04-01-02）
公爷仓
毛都苏木
黄花山镇
前德门苏木
巴彦茫哈苏木
鲁北镇
鲁北河
香山镇
查布嘎吐嫦娥山
查布嘎图苏木
腾格勒郭勒河
图 例
乡镇驻地
自然保护区
水系
林地
草地
湿地
耕地
人工表面
其他用地
0
5
10
20km

第一部分图集

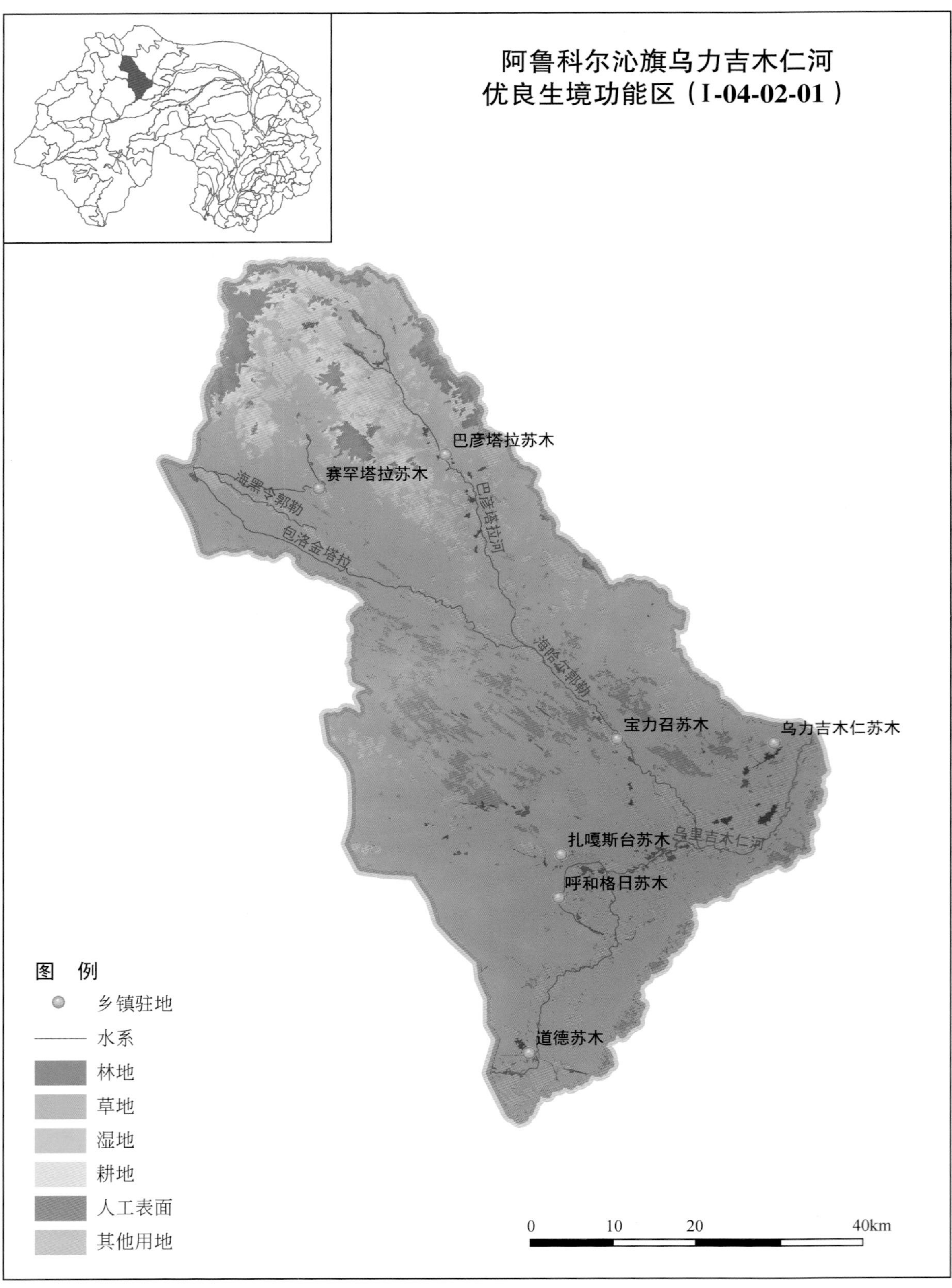
阿鲁科尔沁旗乌力吉木仁河
优良生境功能区（I-04-02-01）
巴彦塔拉苏木
赛罕塔拉苏木
海黑乌郭勒
包洛金塔拉
巴彦塔拉河
海哈尔郭勒
宝力召苏木
乌力吉木仁苏木
扎嘎斯台苏木
乌里吉木仁河
呼和格日苏木
道德苏木
图 例
乡镇驻地
水系
林地
草地
湿地
耕地
人工表面
其他用地
0
10
20
40km

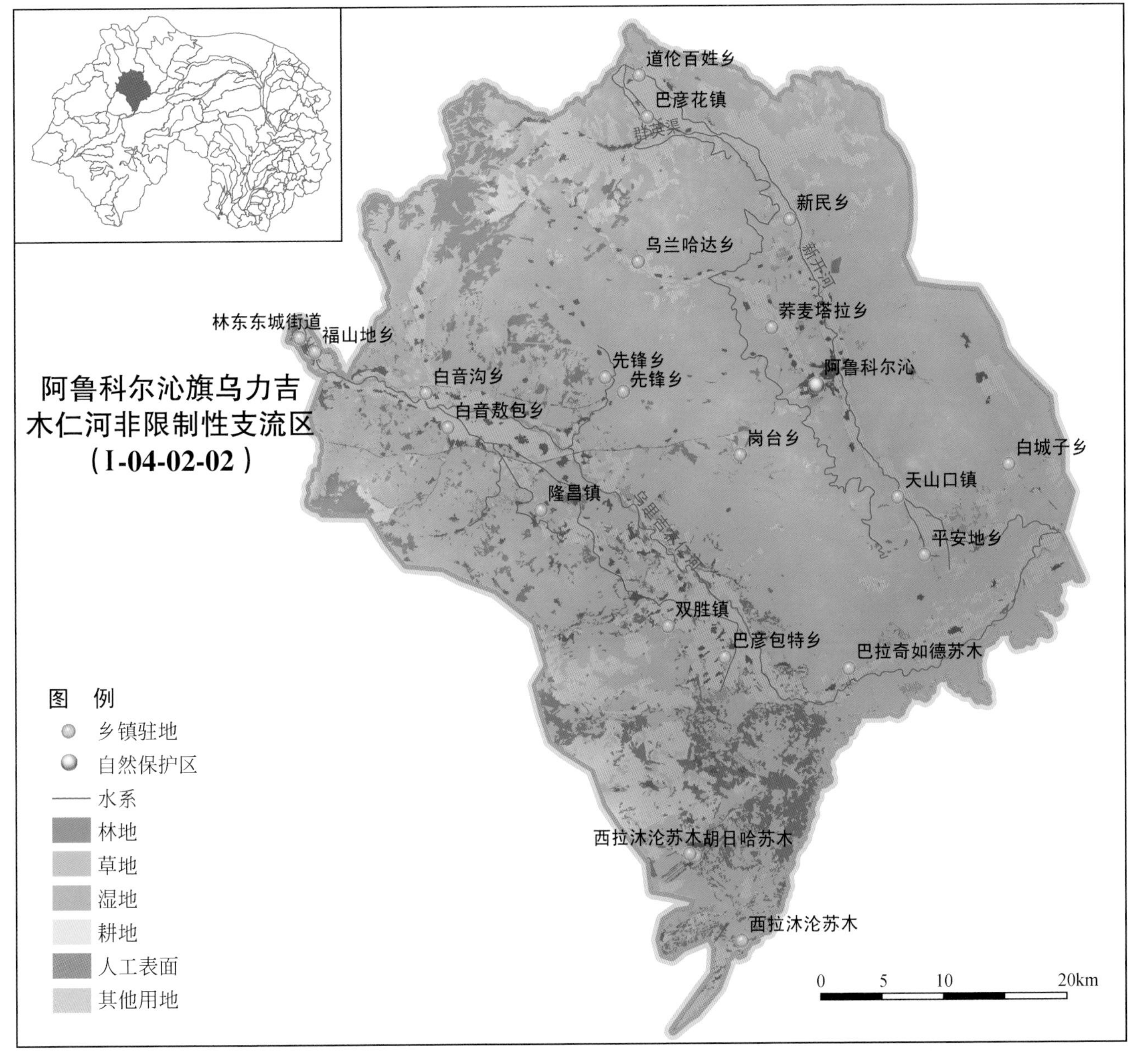

阿鲁科尔沁旗乌力吉
木仁河非限制性支流区
（I-04-02-02）
道伦百姓乡
巴彦花镇
新民乡
新开河
乌兰哈达乡
荞麦塔拉乡
林东东城街道
福山地乡
先锋乡
先锋乡
阿鲁科尔沁
白音沟乡
白音敖包乡
岗台乡
白城子乡
天山口镇
隆昌镇
平安地乡
双胜镇
巴彦包特乡
巴拉奇如德苏木
西拉沐沦苏木胡日哈苏木
西拉沐沦苏木
图 例
乡镇驻地
自然保护区
水系
林地
草地
湿地
耕地
人工表面
其他用地
0 5 10 20km

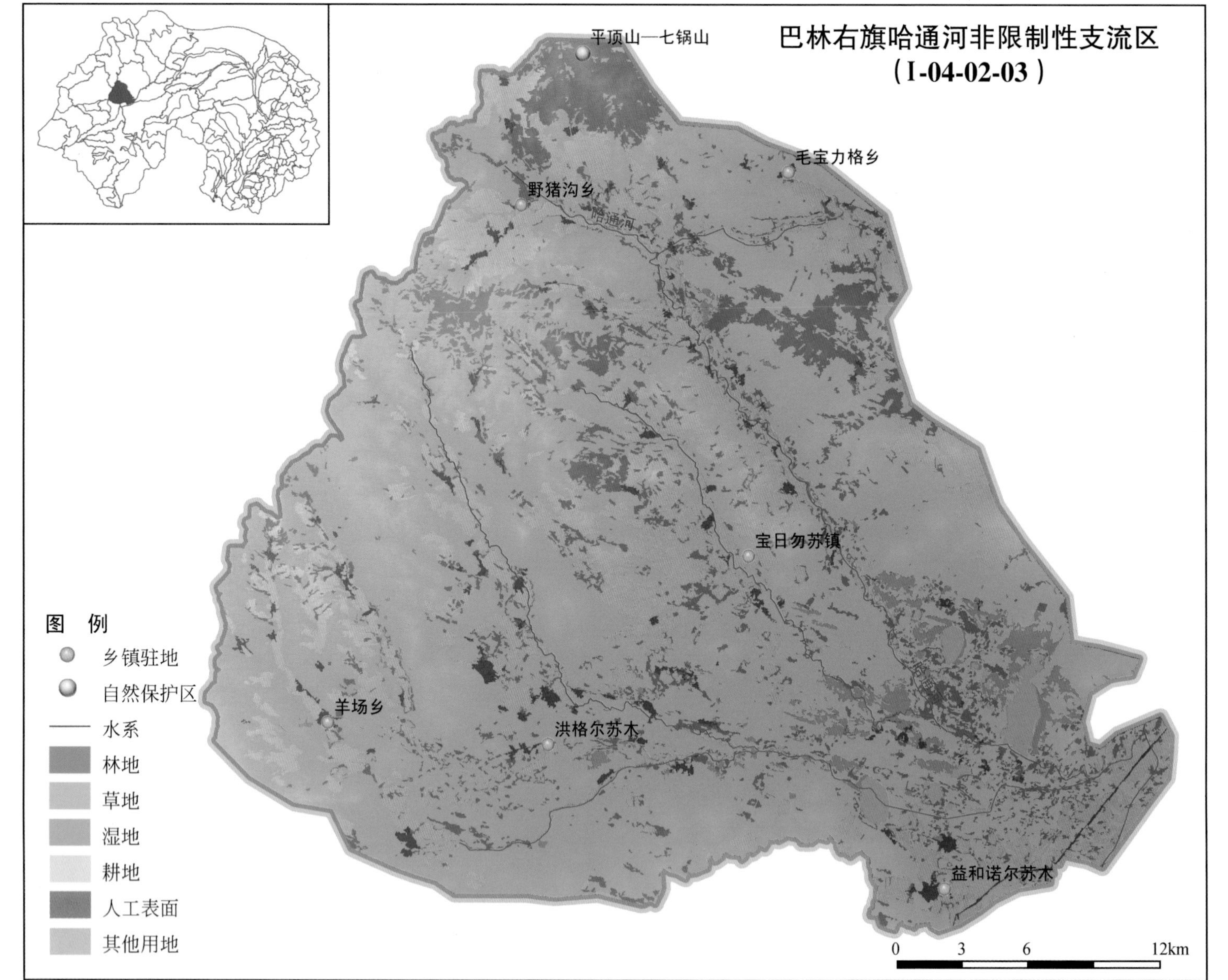
巴林右旗哈通河非限制性支流区
（I-04-02-03）
平顶山—七锅山
毛宝力格乡
野猪沟乡
哈通河
宝日勿苏镇
羊场乡
洪格尔苏木
益和诺尔苏木
0 3 6 12km
图 例
乡镇驻地
自然保护区
水系
林地
草地
湿地
耕地
人工表面
其他用地

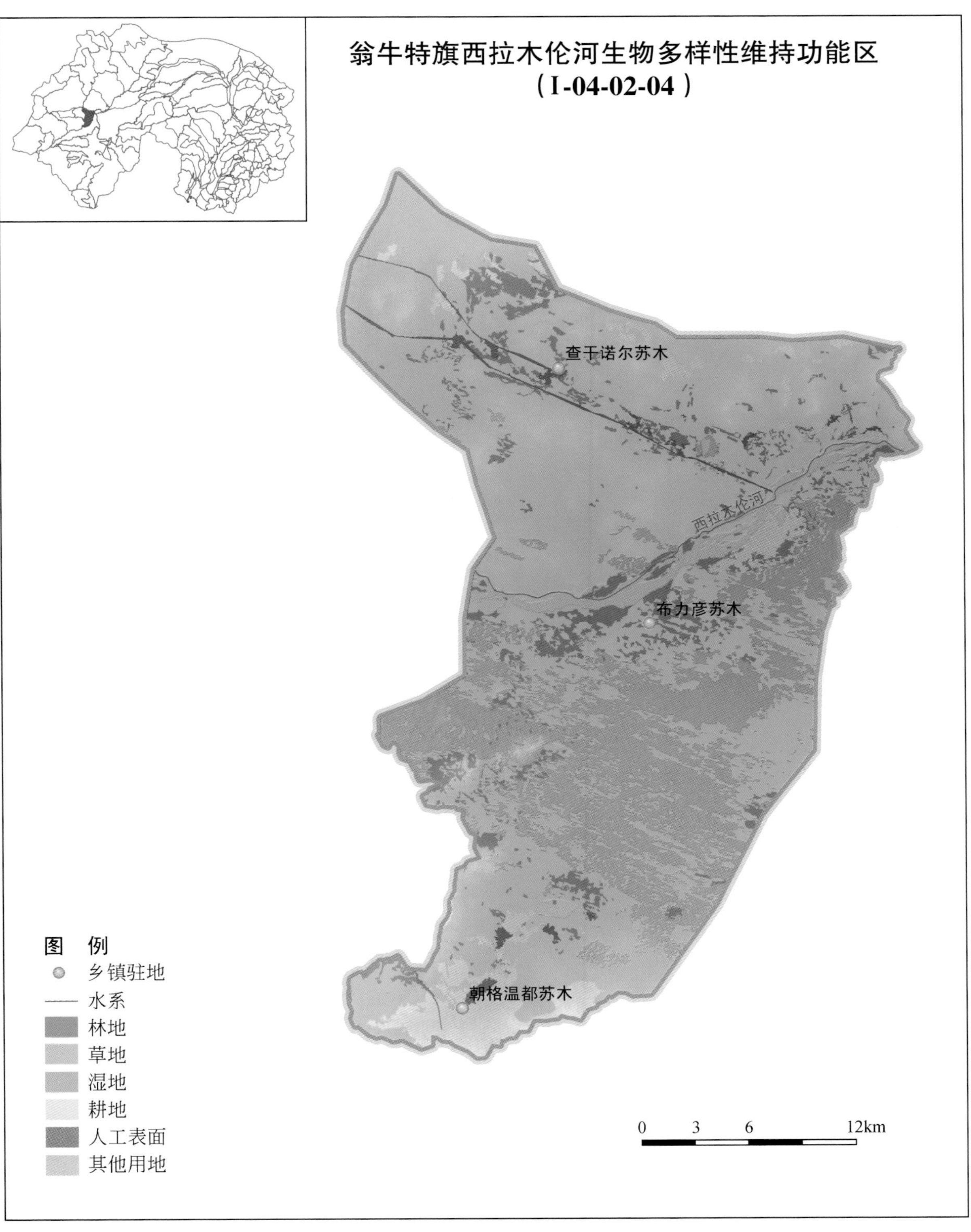
翁牛特旗西拉木伦河生物多样性维持功能区
（I-04-02-04）
查干诺尔苏木
西拉木伦河
布力彦苏木
朝格温都苏木
图 例
乡镇驻地
水系
林地
草地
湿地
耕地
人工表面
其他用地
0 3 6 12km

第一部分 图集

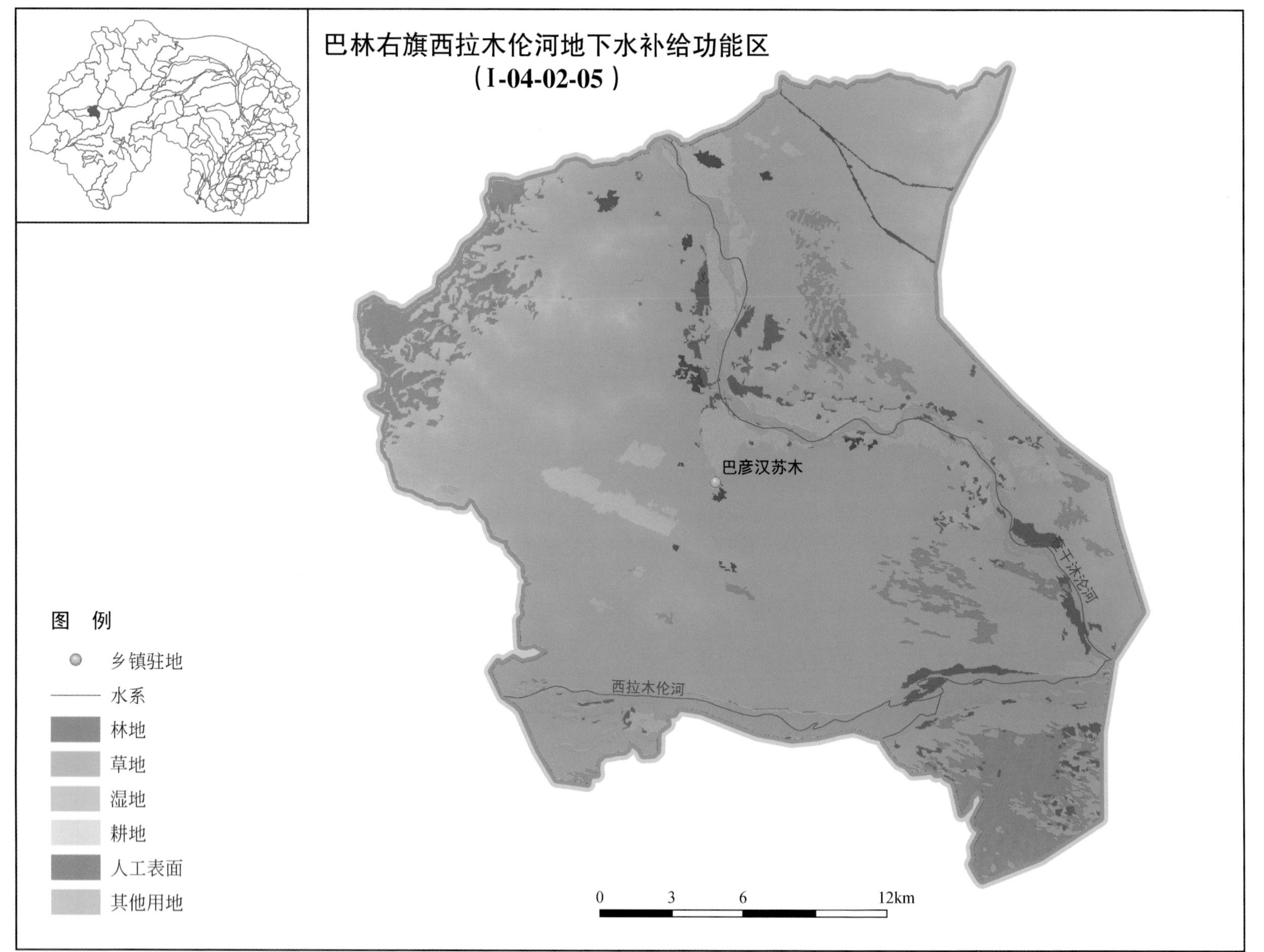
巴林右旗西拉木伦河地下水补给功能区
（I-04-02-05）
巴彦汉苏木
查干沐沦河
西拉木伦河
图 例
乡镇驻地
水系
林地
草地
湿地
耕地
人工表面
其他用地
0
3
6
12km

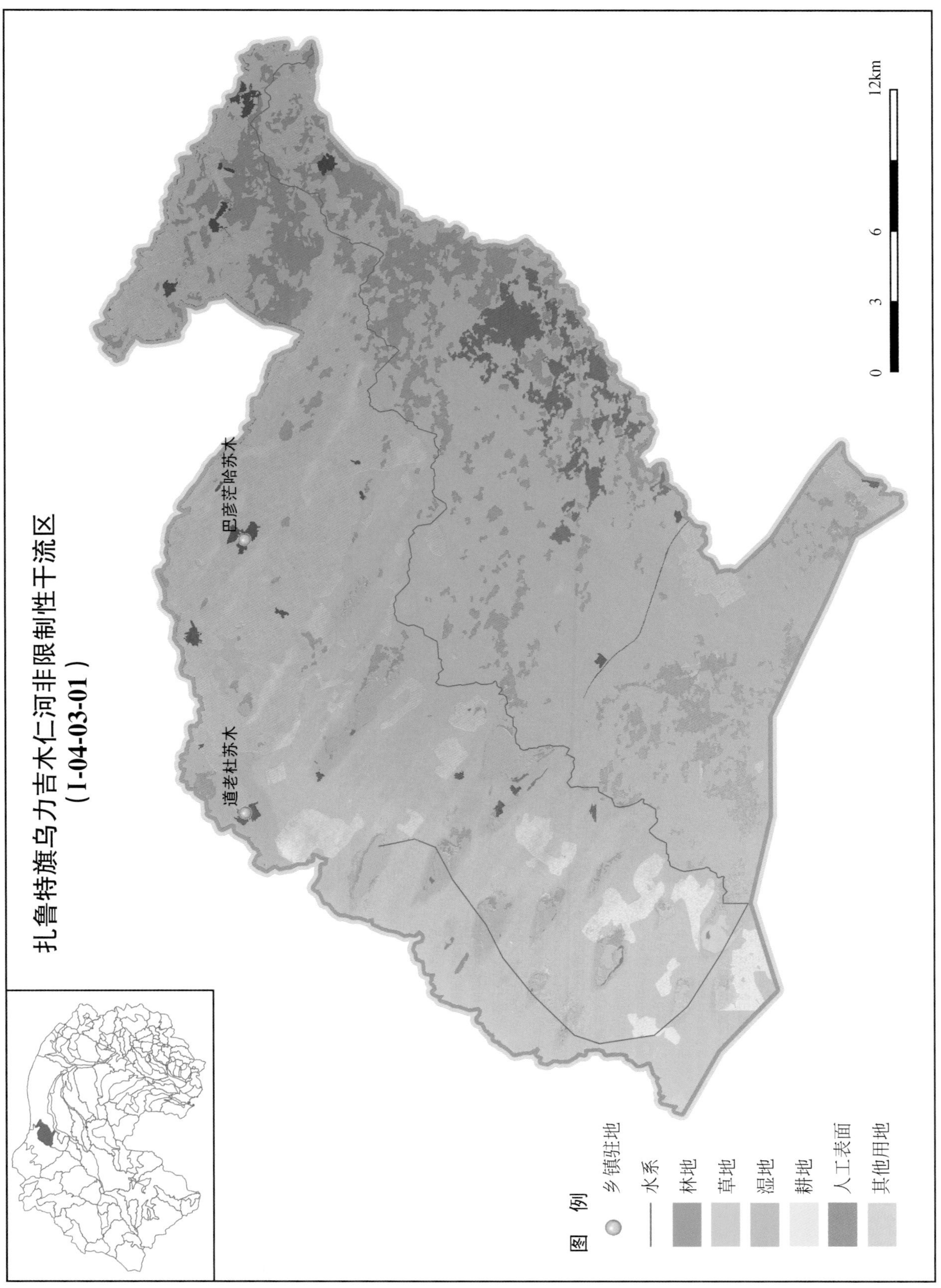

扎鲁特旗乌力吉木仁河非限制性干流区
（I-04-03-01）
巴彦茫哈苏木
道老杜苏木
0
3
6
12km
图 例
乡镇驻地
水系
林地
草地
湿地
耕地
人工表面
其他用地

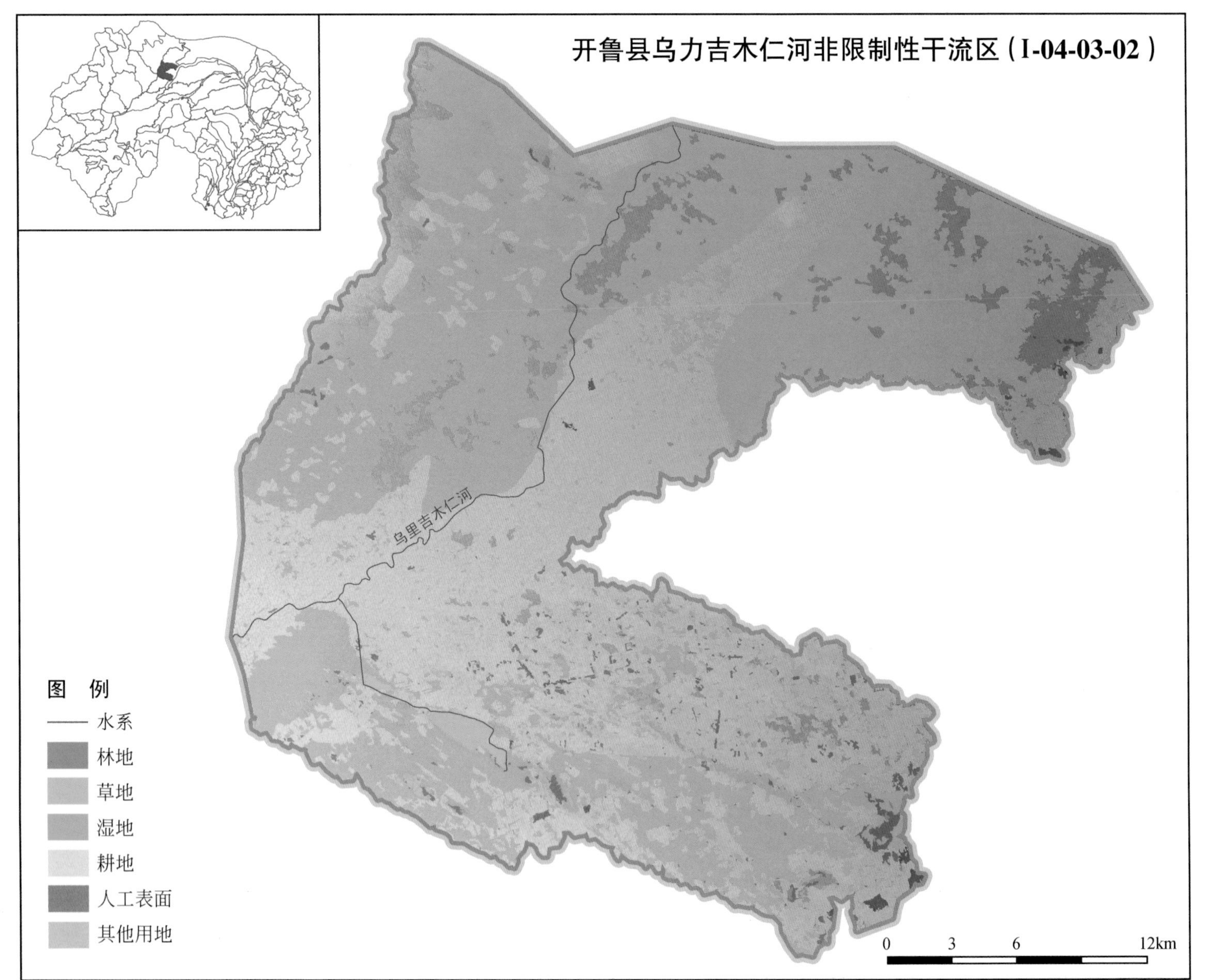
开鲁县乌力吉木仁河非限制性干流区（I-04-03-02）
乌里吉木仁河
图 例
水系
林地
草地
湿地
耕地
人工表面
其他用地
0
3
6
12km

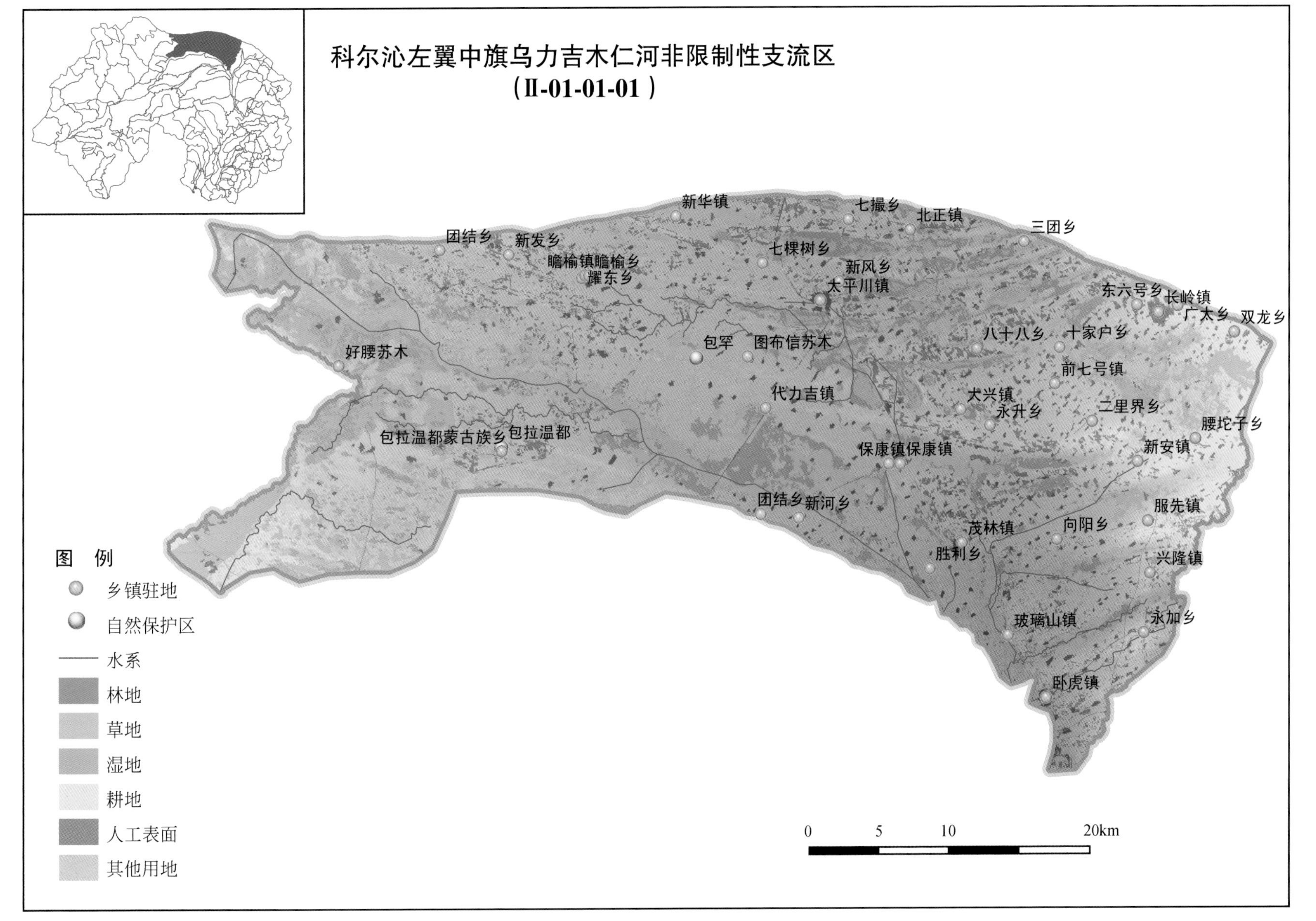

科尔沁左翼中旗乌力吉木仁河非限制性支流区
（II-01-01-01）
新华镇
七撮乡
北正镇
三团乡
团结乡
新发乡
瞻榆镇瞻榆乡
耀东乡
七棵树乡
新风乡
太平川镇
东六号乡
长岭镇
广太乡
双龙乡
八十八乡
十家户乡
好腰苏木
包罕
图布信苏木
前七号镇
代力吉镇
大兴镇
永升乡
二里界乡
腰坨子乡
包拉温都蒙古族乡
包拉温都
保康镇保康镇
新安镇
团结乡
新河乡
服先镇
茂林镇
向阳乡
胜利乡
兴隆镇
玻璃山镇
永加乡
卧虎镇
图例
乡镇驻地
自然保护区
水系
林地
草地
湿地
耕地
人工表面
其他用地
0
5
10
20km

第一部分图集

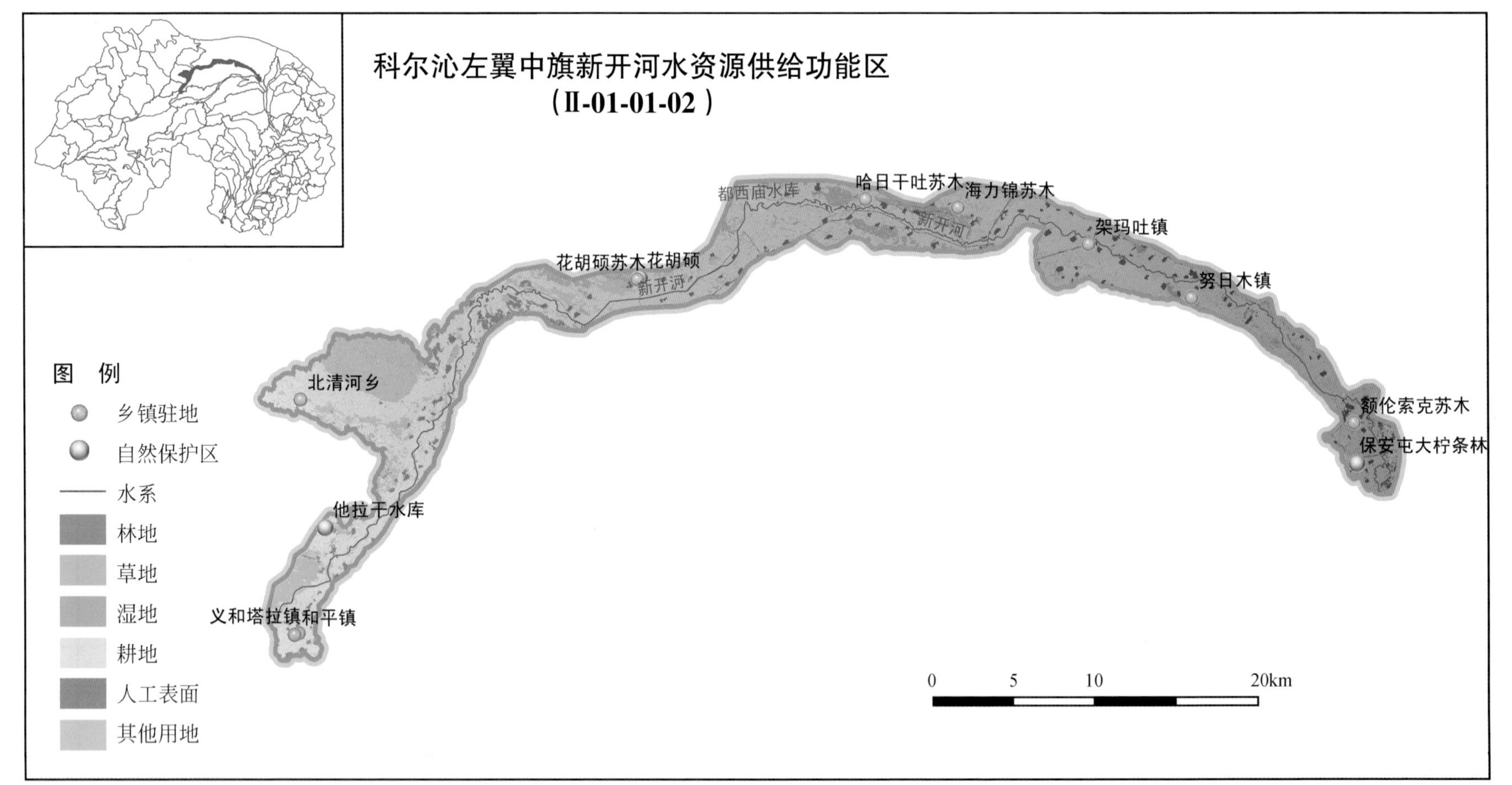
科尔沁左翼中旗新开河水资源供给功能区
（Ⅱ-01-01-02）
都西庙水库
哈日干吐苏木
海力锦苏木
新开河
架玛吐镇
努日木镇
花胡硕苏木花胡硕
新开河
额伦索克苏木
保安屯大柠条林
北清河乡
他拉干水库
义和塔拉镇和平镇
0
5
10
20km
图 例
乡镇驻地
自然保护区
水系
林地
草地
湿地
耕地
人工表面
其他用地

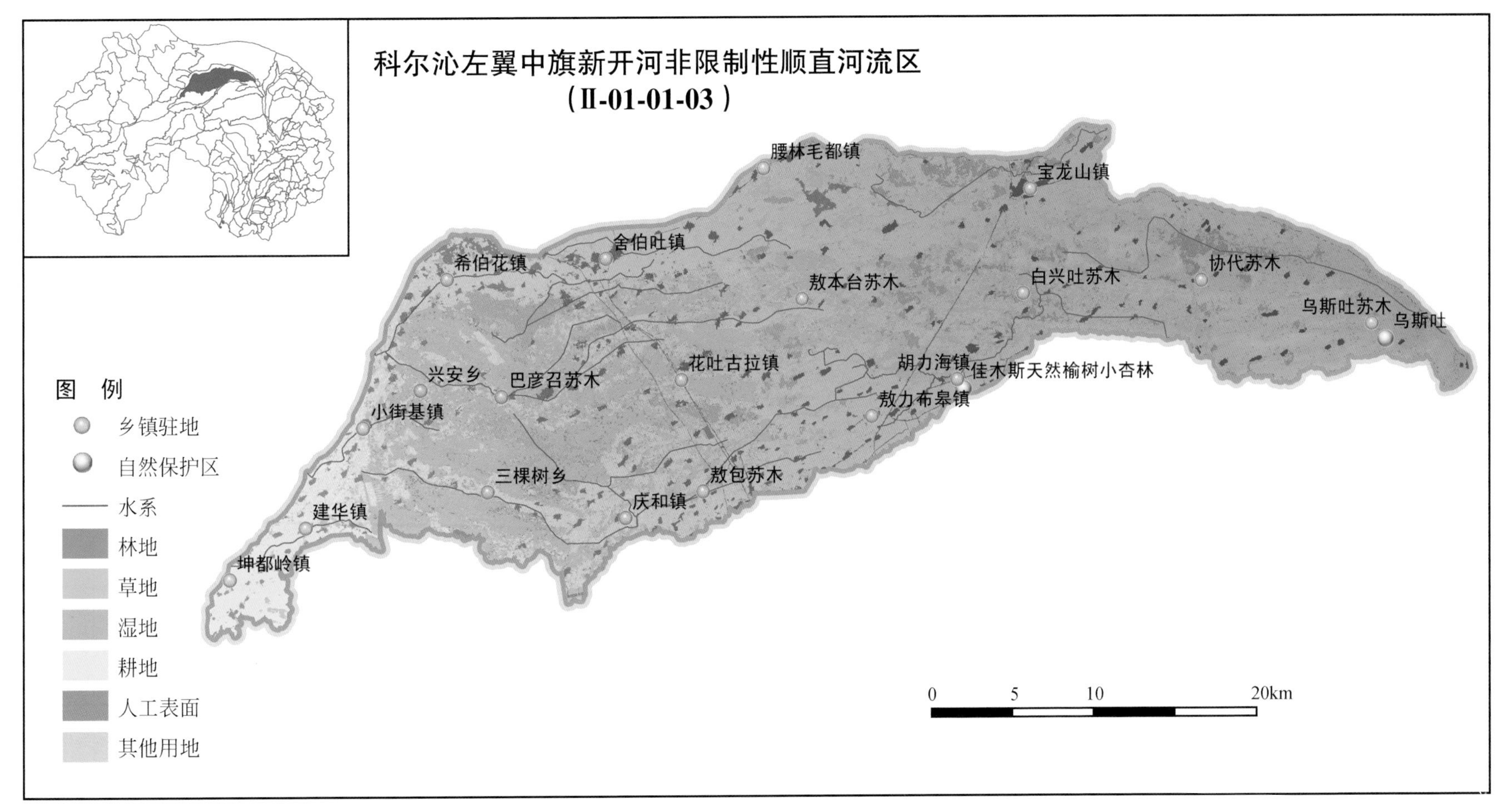
科尔沁左翼中旗新开河非限制性顺直河流区
（II-01-01-03）
腰林毛都镇
宝龙山镇
舍伯吐镇
希伯花镇
敖本台苏木
白兴吐苏木
协代苏木
乌斯吐苏木
乌斯吐
兴安乡
巴彦召苏木
花吐古拉镇
胡力海镇
佳木斯天然榆树小杏林
敖力布皋镇
小街基镇
三棵树乡
敖包苏木
庆和镇
建华镇
坤都岭镇
图　例
乡镇驻地
自然保护区
水系
林地
草地
湿地
耕地
人工表面
其他用地
0
5
10
20km

第一部分　图　集

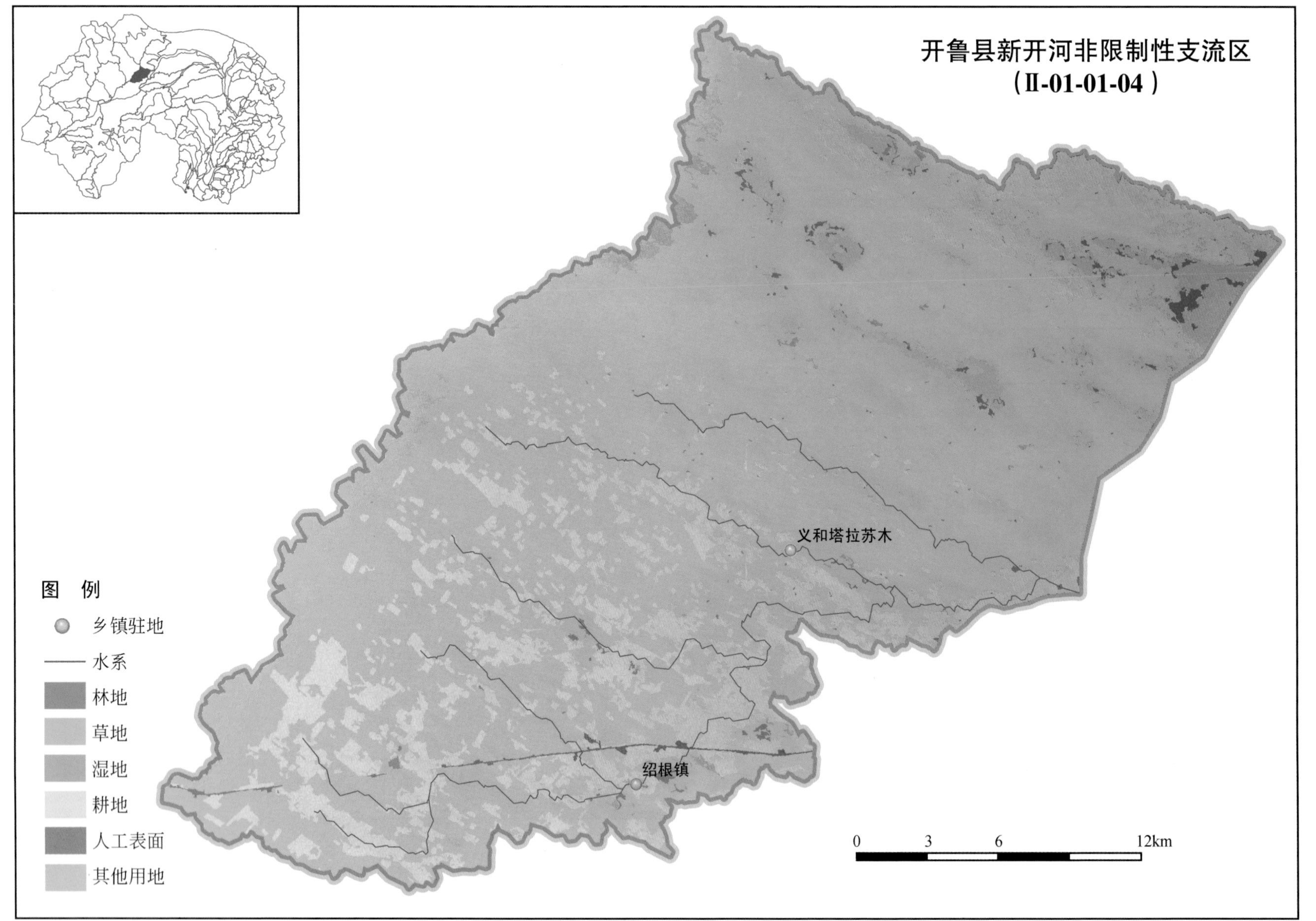
开鲁县新开河非限制性支流区
（Ⅱ-01-01-04）
义和塔拉苏木
绍根镇
0
3
6
12km
图例
乡镇驻地
水系
林地
草地
湿地
耕地
人工表面
其他用地

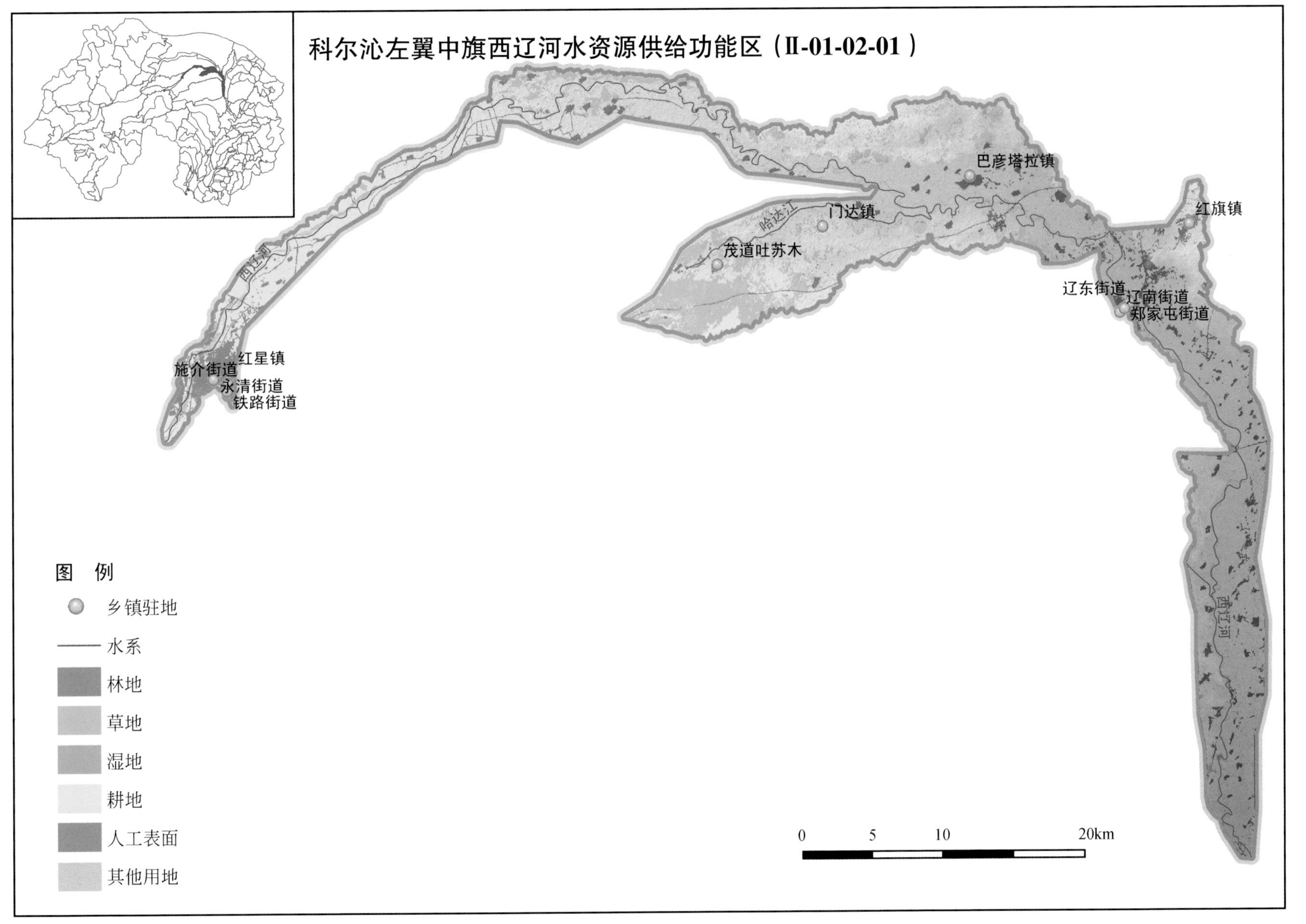
科尔沁左翼中旗西辽河水资源供给功能区（II-01-02-01）
巴彦塔拉镇
红旗镇
门达镇
哈达江
茂道吐苏木
辽东街道
辽南街道
郑家屯街道
西辽河
红星镇
施介街道
永清街道
铁路街道
图 例
乡镇驻地
水系
林地
草地
湿地
耕地
人工表面
其他用地
0
5
10
20km

第一部分图集

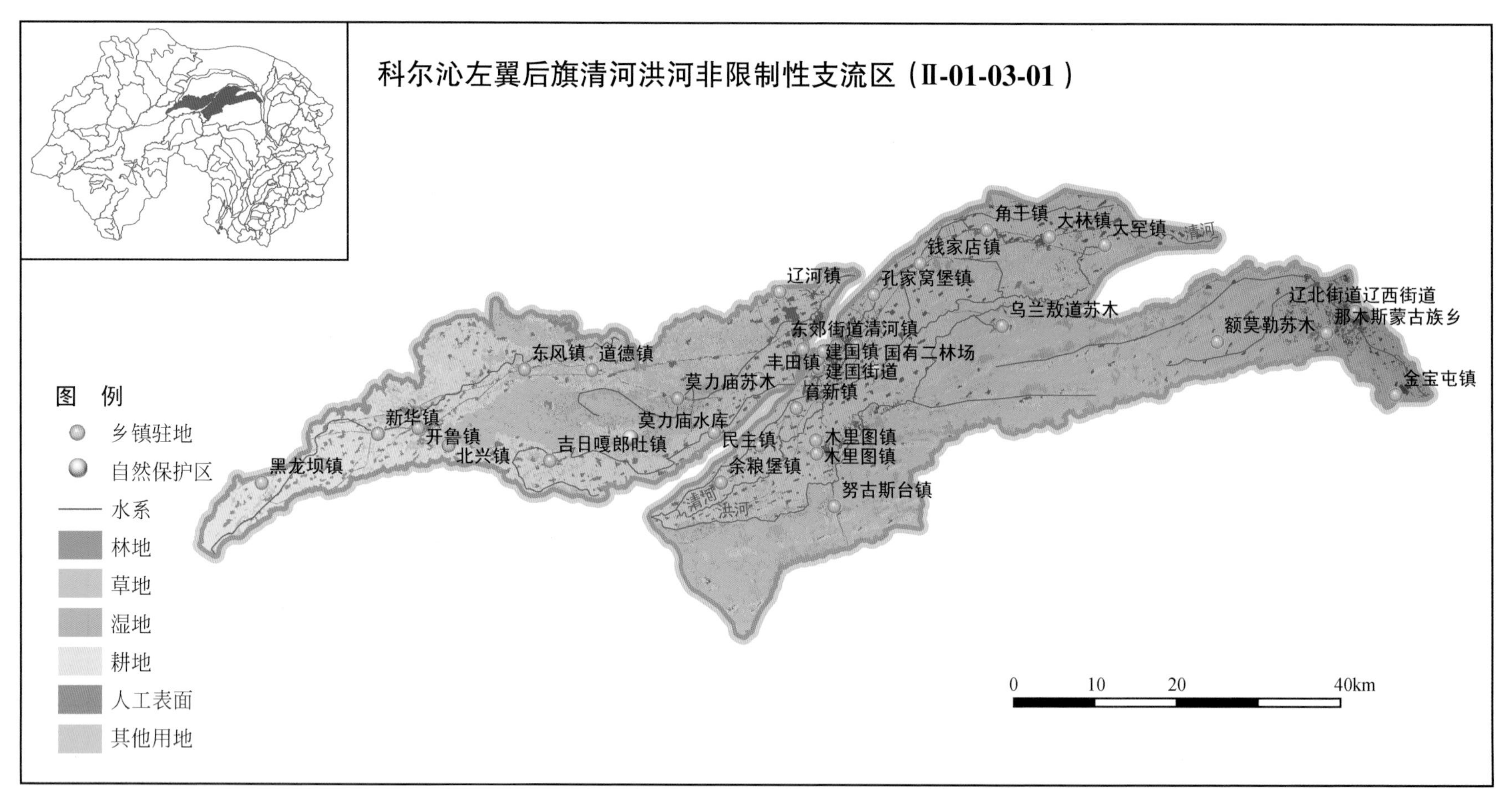
科尔沁左翼后旗清河洪河非限制性支流区（II-01-03-01）
图例
乡镇驻地
自然保护区
水系
林地
草地
湿地
耕地
人工表面
其他用地
0
10
20
40km
角干镇
大林镇
大罕镇
清河
钱家店镇
辽河镇
孔家窝堡镇
乌兰敖道苏木
辽北街道辽西街道
那木斯蒙古族乡
额莫勒苏木
东郊街道清河镇
建国镇
国有二林场
建国街道
丰田镇
东风镇
道德镇
莫力庙苏木
育新镇
金宝屯镇
莫力庙水库
新华镇
开鲁镇
木里图镇
民主镇
吉日嘎郎吐镇
北兴镇
木里图镇
余粮堡镇
黑龙坝镇
努古斯台镇
清河
洪河

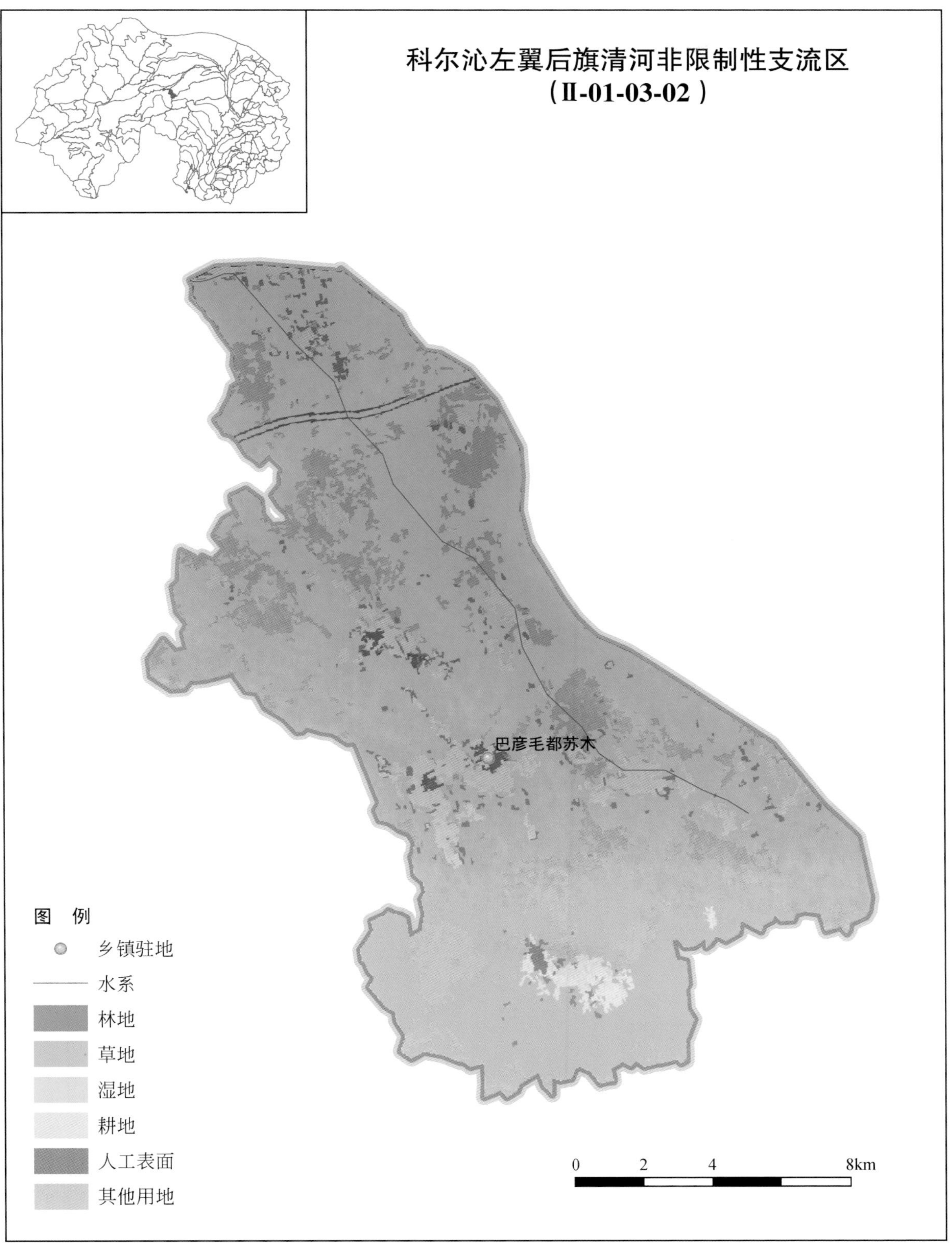
科尔沁左翼后旗清河非限制性支流区
（Ⅱ-01-03-02）
巴彦毛都苏木
图例
乡镇驻地
水系
林地
草地
湿地
耕地
人工表面
其他用地
0
2
4
8km

第一部分图集

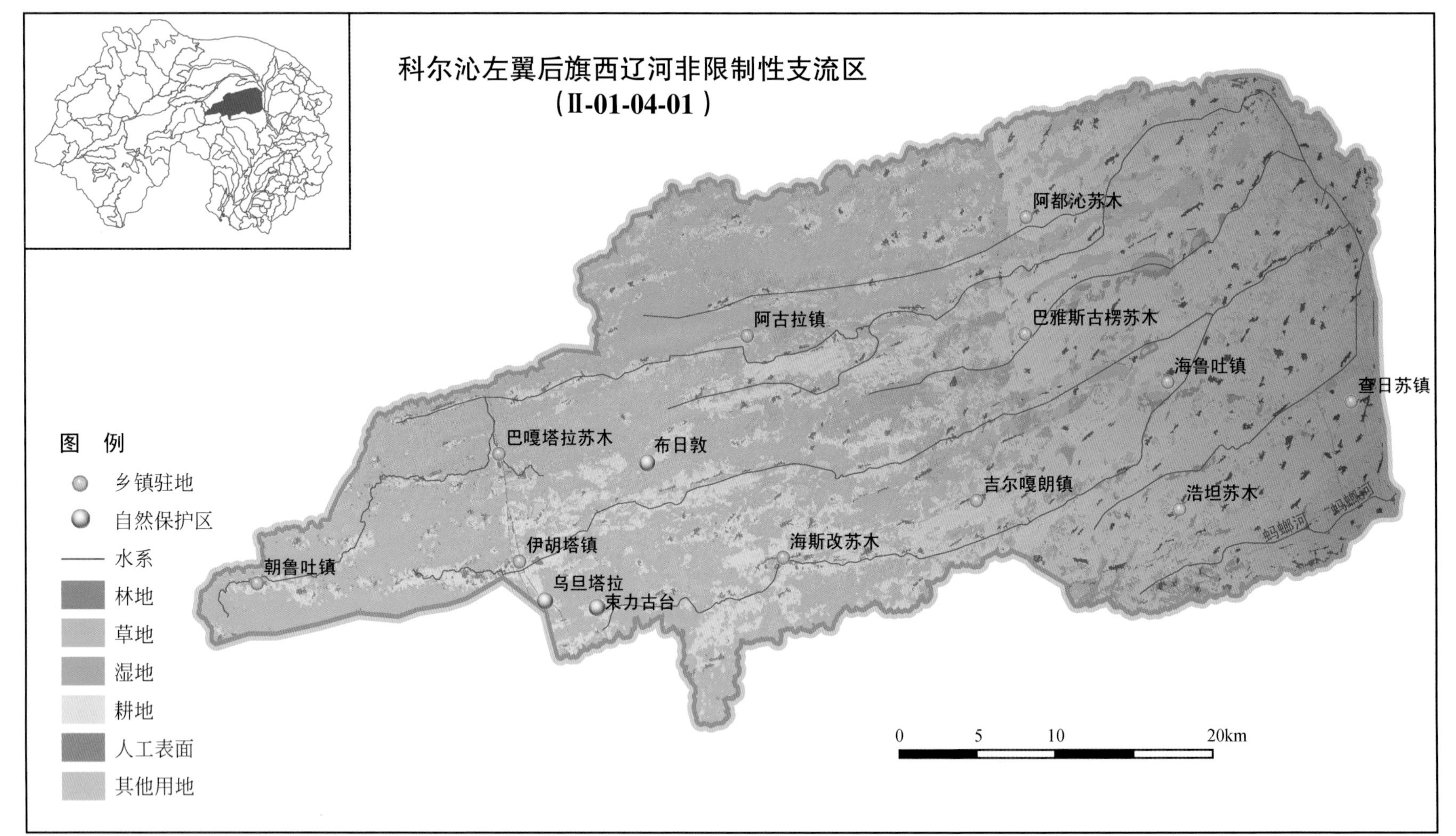
科尔沁左翼后旗西辽河非限制性支流区
（Ⅱ-01-04-01）
阿都沁苏木
阿古拉镇
巴雅斯古楞苏木
海鲁吐镇
查日苏镇
巴嘎塔拉苏木
布日敦
吉尔嘎朗镇
浩坦苏木
伊胡塔镇
海斯改苏木
朝鲁吐镇
乌旦塔拉
束力古台
0 5 10 20km
图 例
乡镇驻地
自然保护区
水系
林地
草地
湿地
耕地
人工表面
其他用地

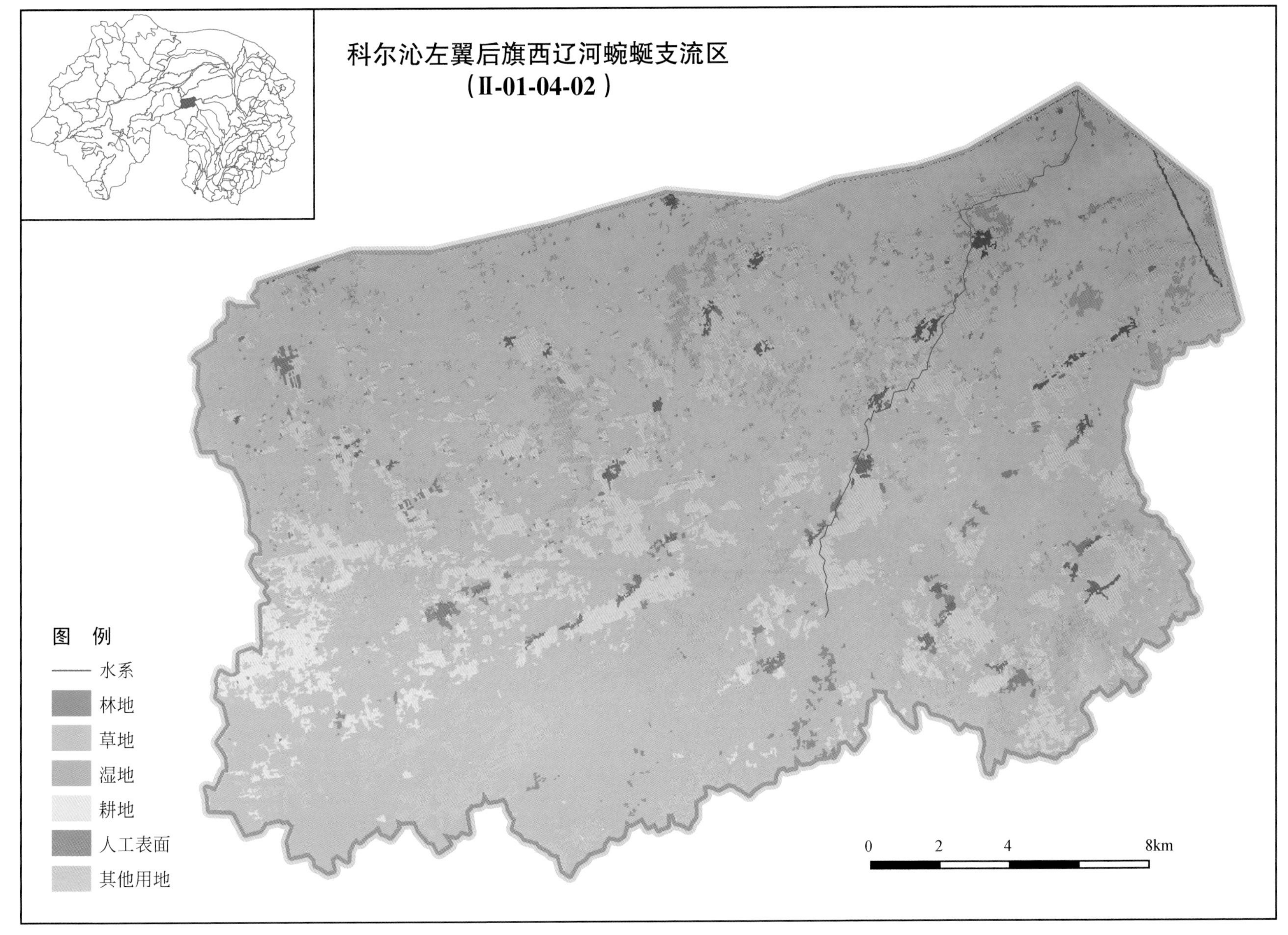

科尔沁左翼后旗西辽河蜿蜒支流区
（Ⅱ-01-04-02）
图例
水系
林地
草地
湿地
耕地
人工表面
其他用地
0
2
4
8km

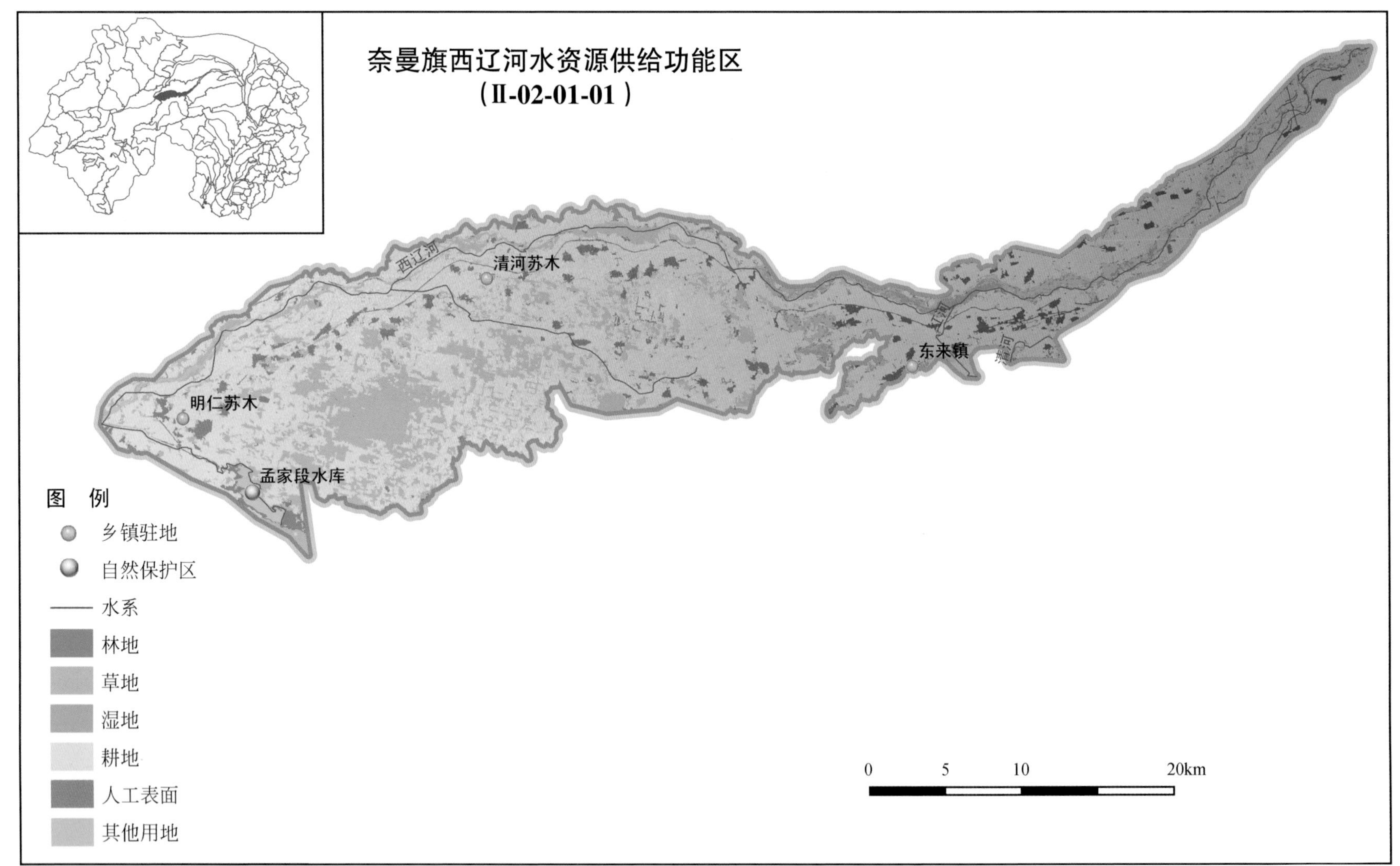
奈曼旗西辽河水资源供给功能区
（Ⅱ-02-01-01）
西辽河
清河苏木
东来镇
明仁苏木
孟家段水库
图　例
乡镇驻地
自然保护区
水系
林地
草地
湿地
耕地
人工表面
其他用地
0
5
10
20km

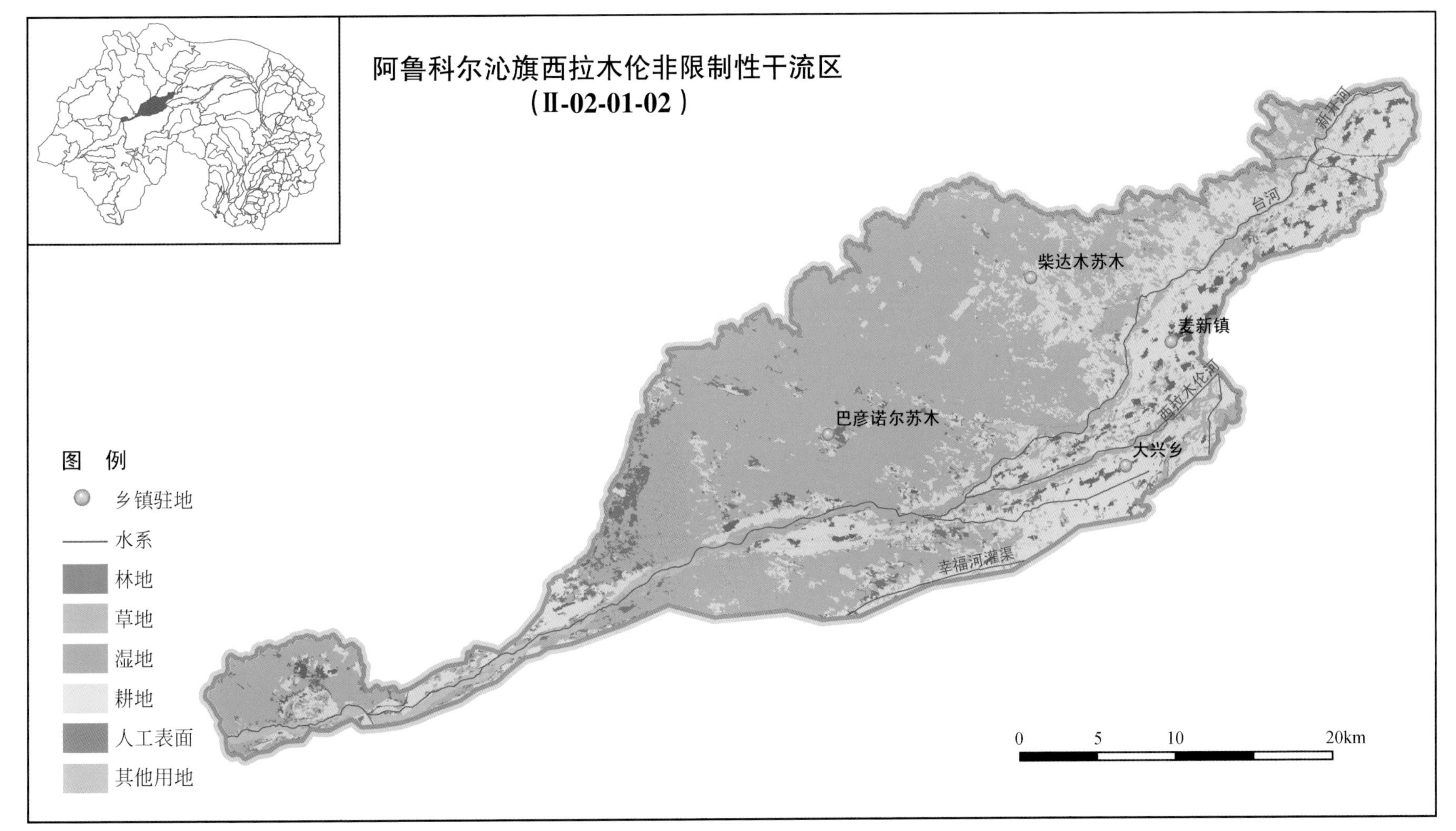
阿鲁科尔沁旗西拉木伦非限制性干流区
（Ⅱ-02-01-02）
新开河
台河
柴达木苏木
麦新镇
西拉木伦河
巴彦诺尔苏木
大兴乡
幸福河灌渠
0
5
10
20km
图 例
乡镇驻地
水系
林地
草地
湿地
耕地
人工表面
其他用地

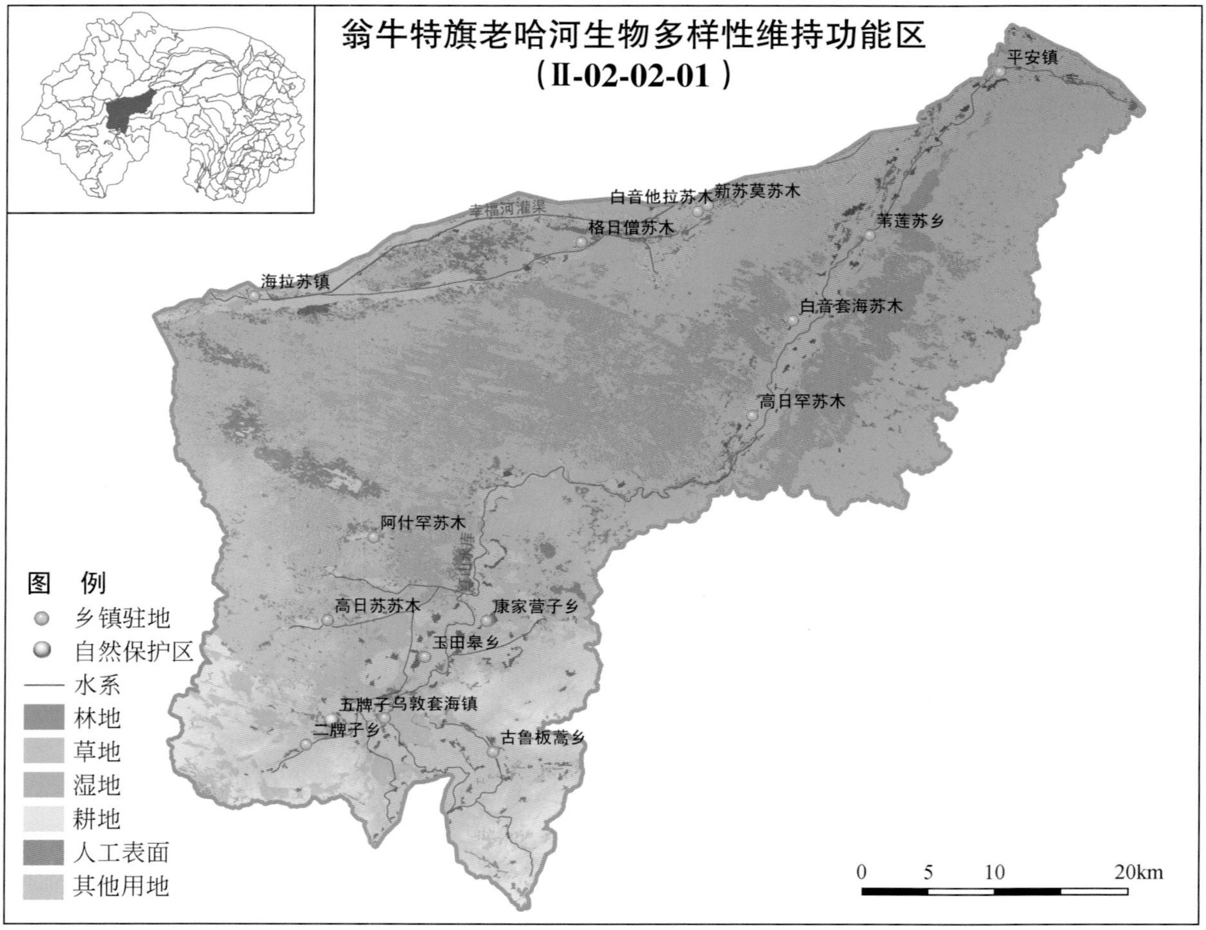

翁牛特旗老哈河生物多样性维持功能区
（Ⅱ-02-02-01）

平安镇
白音他拉苏木
新苏莫苏木
幸福河灌渠
格日僧苏木
苇莲苏乡
海拉苏镇
白音套海苏木
高日罕苏木
阿什罕苏木
高日苏苏木
康家营子乡
玉田皋乡
五牌子乌敦套海镇
二牌子乡
古鲁板蒿乡

图　例
乡镇驻地
自然保护区
水系
林地
草地
湿地
耕地
人工表面
其他用地

0　5　10　20km

老哈河下游翁牛特旗境内

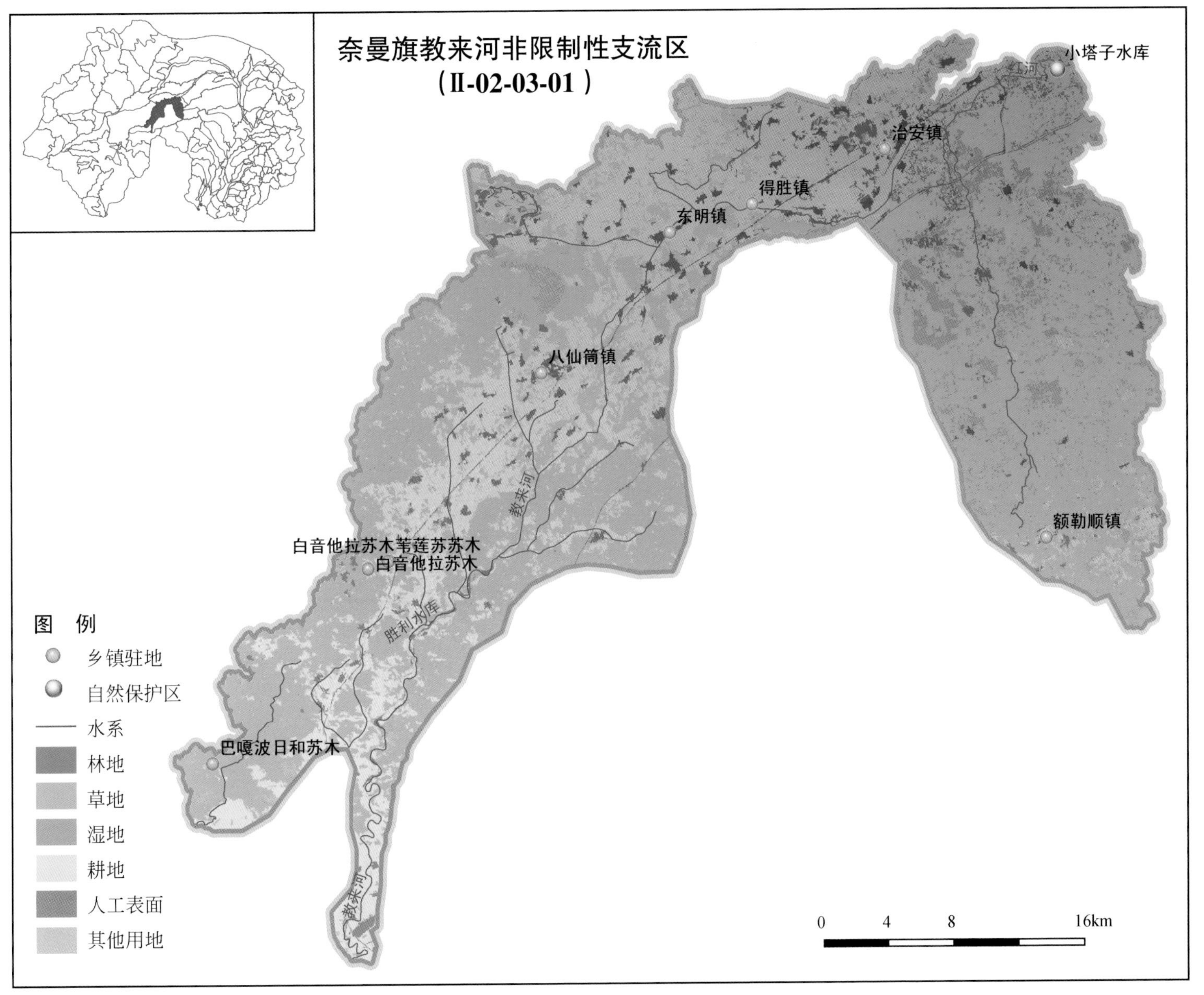
奈曼旗教来河非限制性支流区
（II-02-03-01）
小塔子水库
红河
治安镇
得胜镇
东明镇
八仙筒镇
教来河
额勒顺镇
白音他拉苏木苇莲苏苏木
白音他拉苏木
胜利水库
巴嘎波日和苏木
图 例
乡镇驻地
自然保护区
水系
林地
草地
湿地
耕地
人工表面
其他用地
0
4
8
16km

第一部分图集

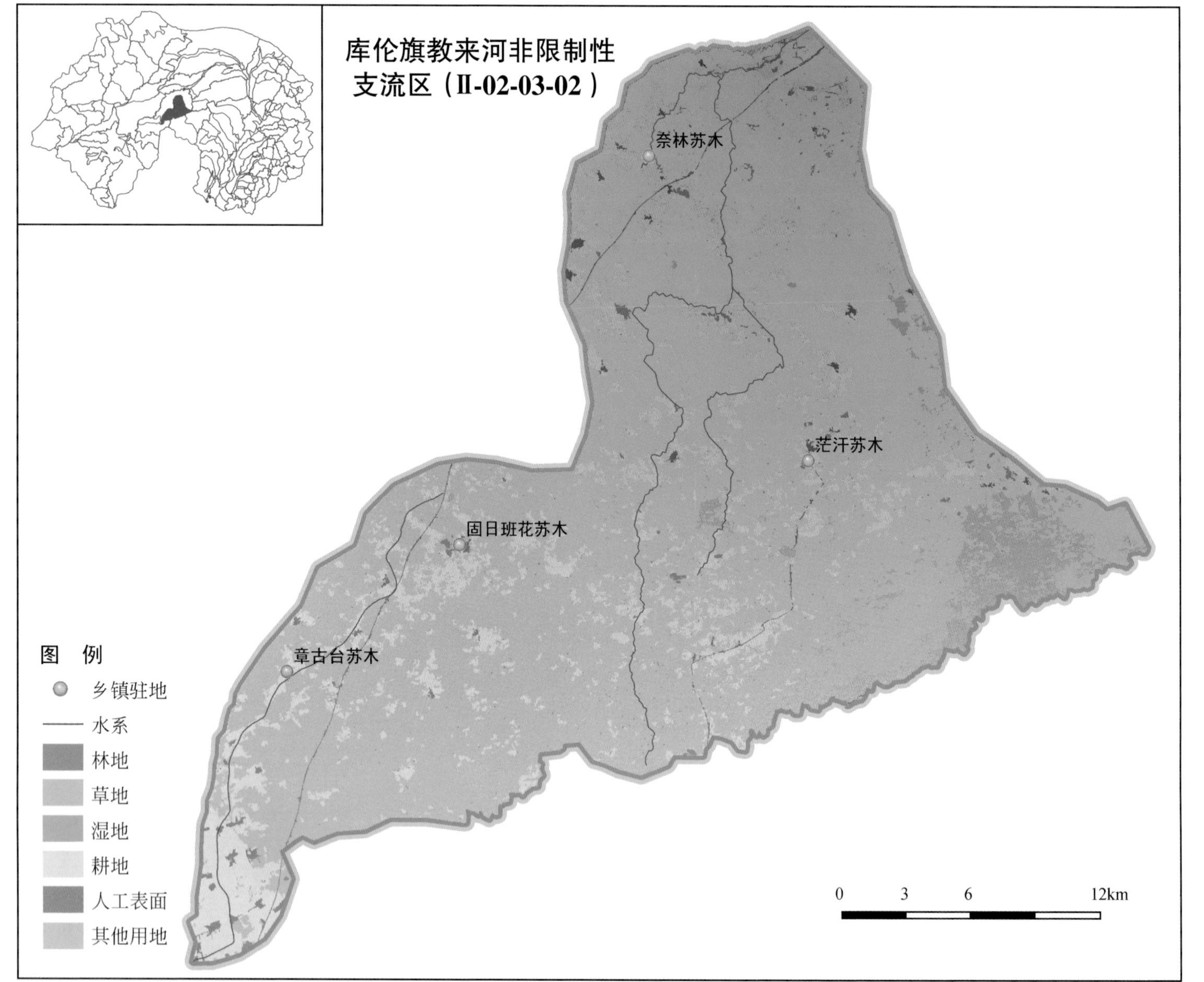
库伦旗教来河非限制性
支流区（II-02-03-02）
奈林苏木
茫汗苏木
固日班花苏木
章古台苏木
图 例
乡镇驻地
水系
林地
草地
湿地
耕地
人工表面
其他用地
0
3
6
12km

敖汉旗孟克河中度蜿蜒支流区（Ⅱ-02-03-03）

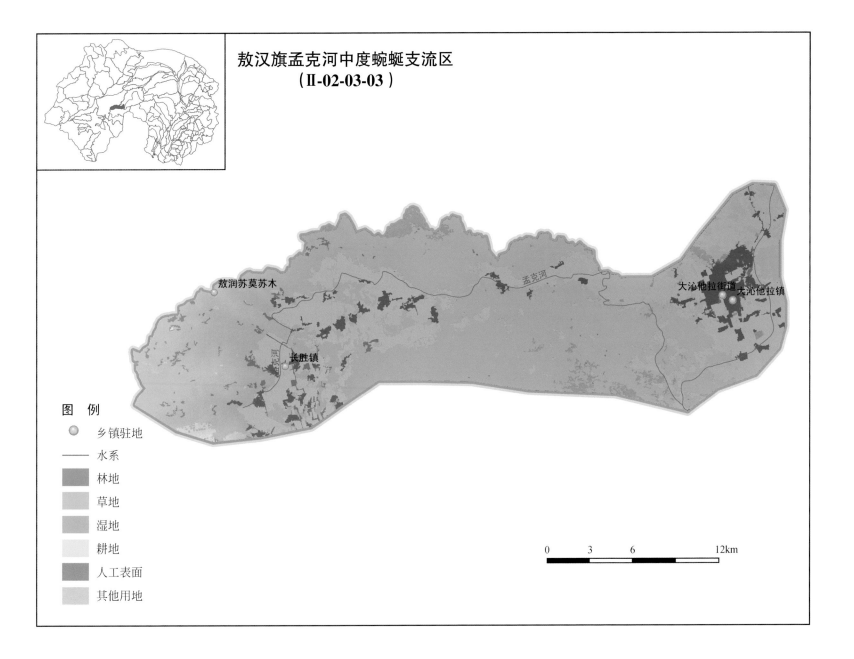

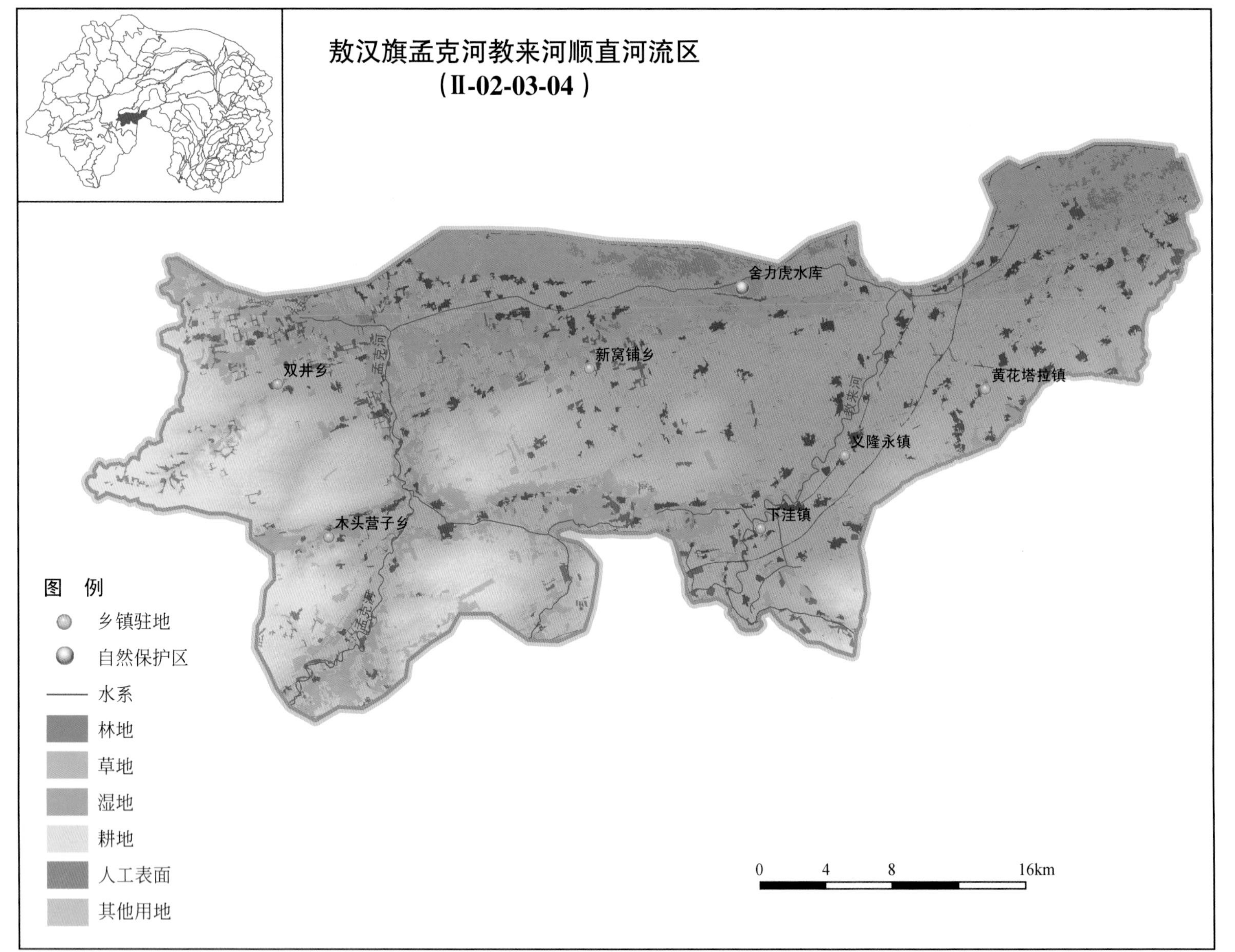
敖汉旗孟克河教来河顺直河流区
（II-02-03-04）
舍力虎水库
新窝铺乡
双井乡
黄花塔拉镇
义隆永镇
下洼镇
木头营子乡
孟克河
教来河
图 例
乡镇驻地
自然保护区
水系
林地
草地
湿地
耕地
人工表面
其他用地
0
4
8
16km

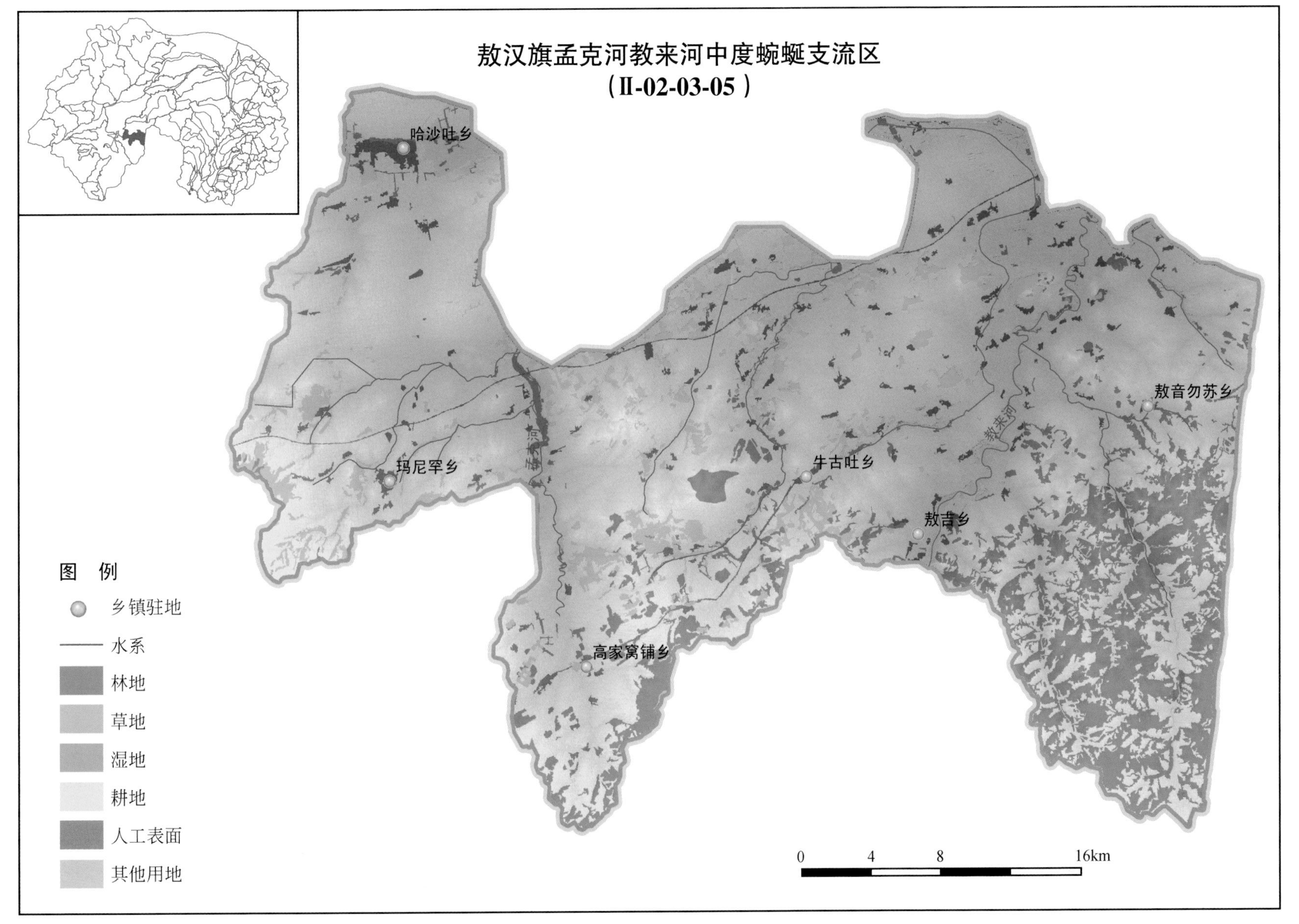
敖汉旗孟克河教来河中度蜿蜒支流区
（Ⅱ-02-03-05）
哈沙吐乡
玛尼罕乡
高家窝铺乡
牛古吐乡
敖吉乡
敖音勿苏乡
教来河
图 例
乡镇驻地
水系
林地
草地
湿地
耕地
人工表面
其他用地
0
4
8
16km

第一部分图集

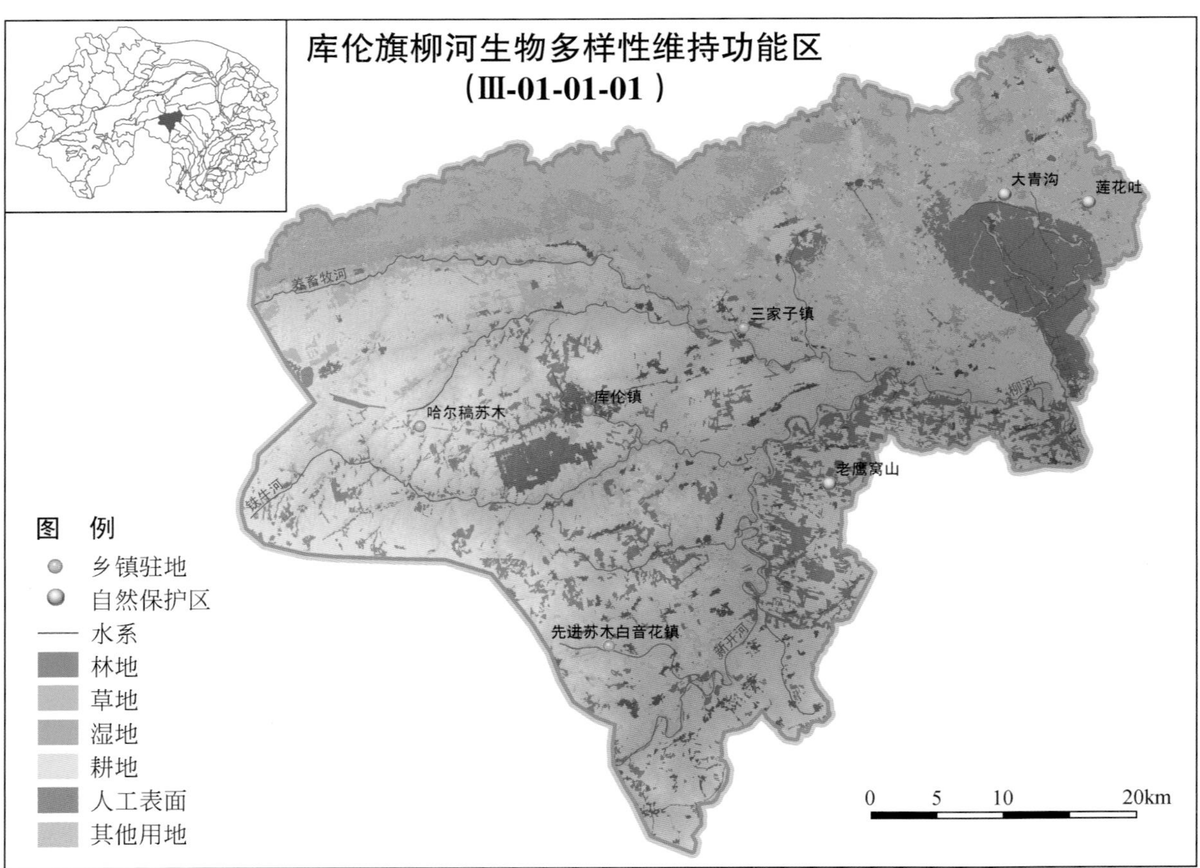

柳河上游阜新蒙古族自治县境内

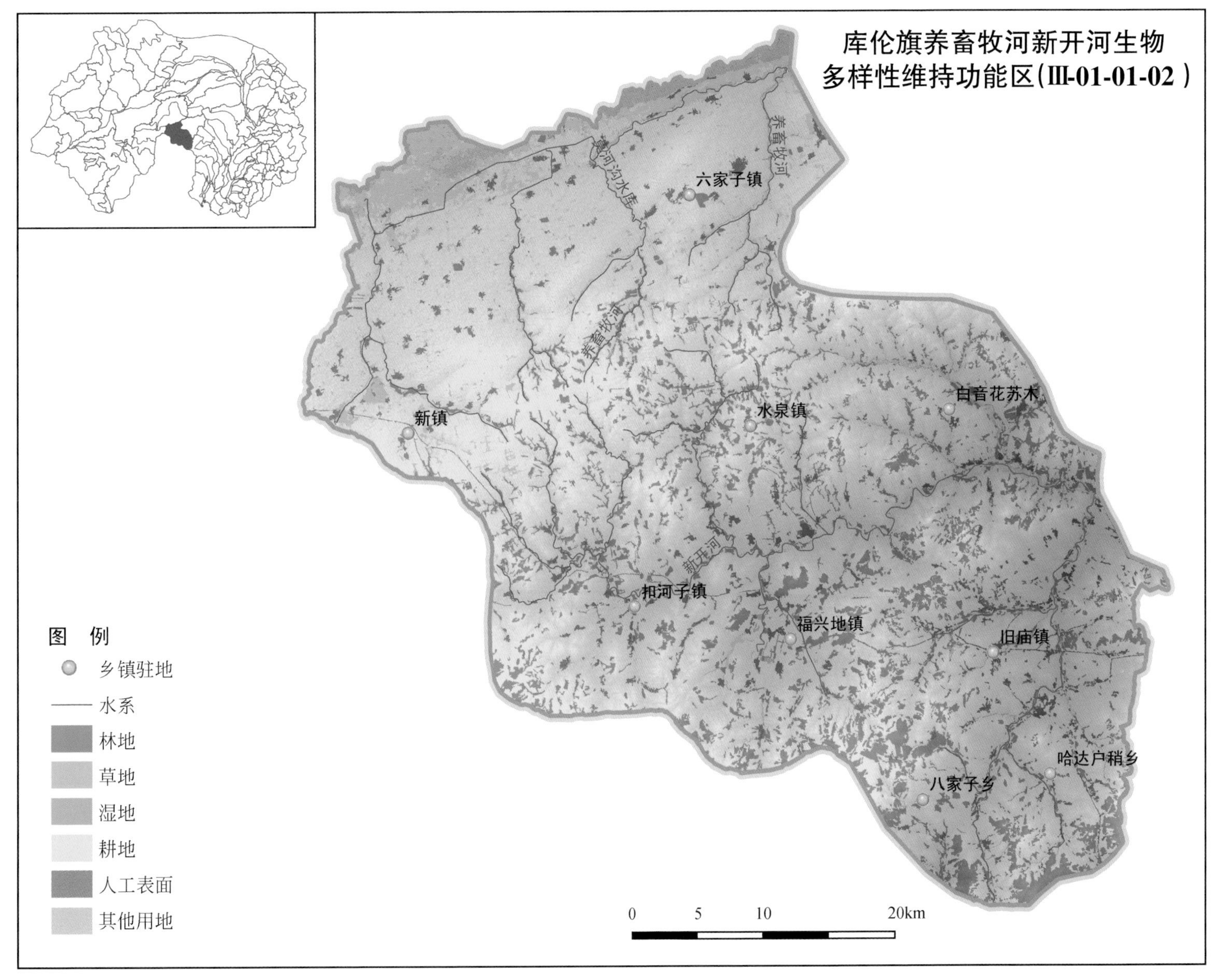
库伦旗养畜牧河新开河生物
多样性维持功能区(Ⅲ-01-01-02)
养畜牧河
六家子镇
新镇
水泉镇
白音花苏木
新开河
扣河子镇
福兴地镇
旧庙镇
哈达户稍乡
八家子乡
图例
乡镇驻地
水系
林地
草地
湿地
耕地
人工表面
其他用地
0 5 10 20km

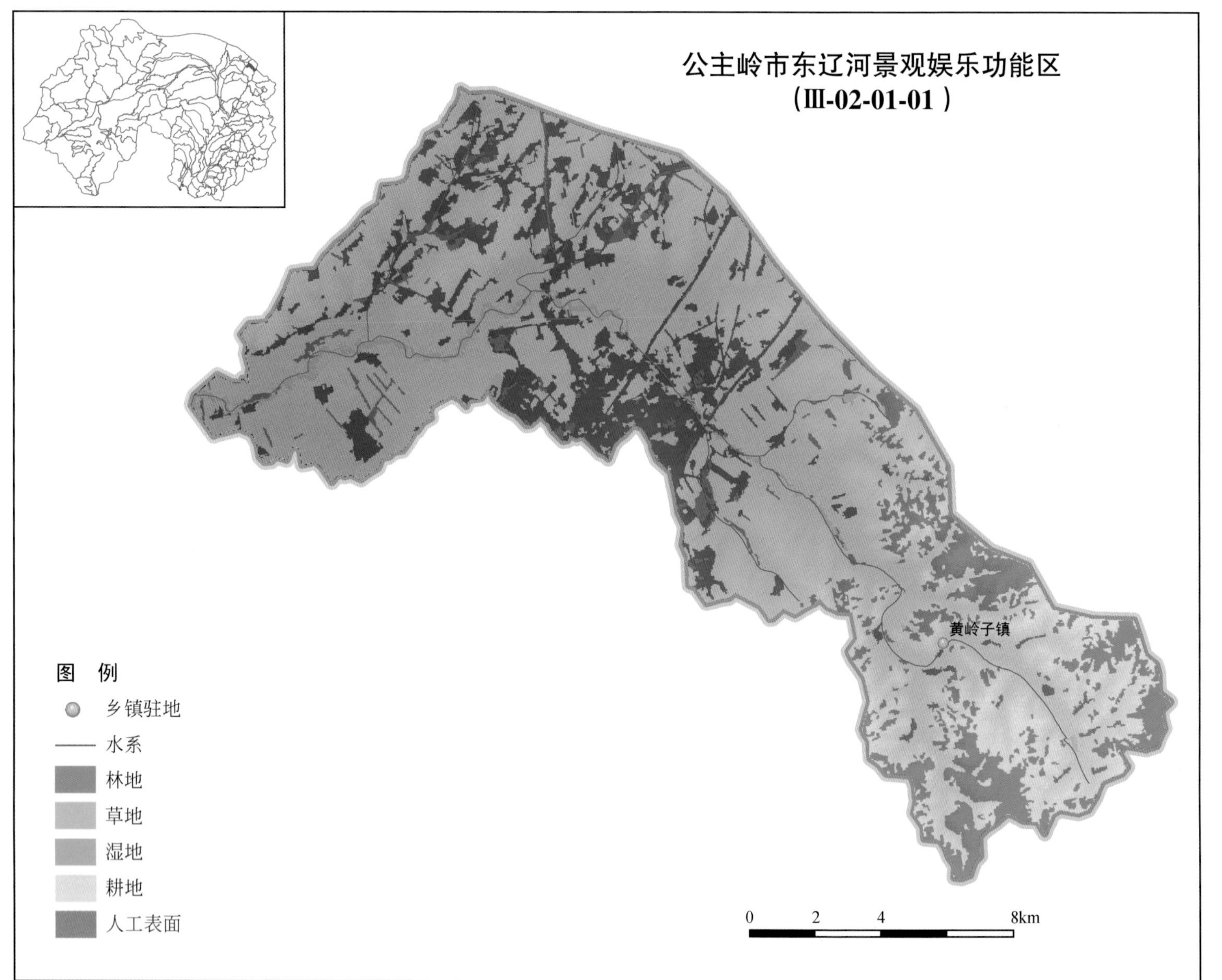
公主岭市东辽河景观娱乐功能区
(Ⅲ-02-01-01)
黄岭子镇
图 例
乡镇驻地
水系
林地
草地
湿地
耕地
人工表面
0
2
4
8km

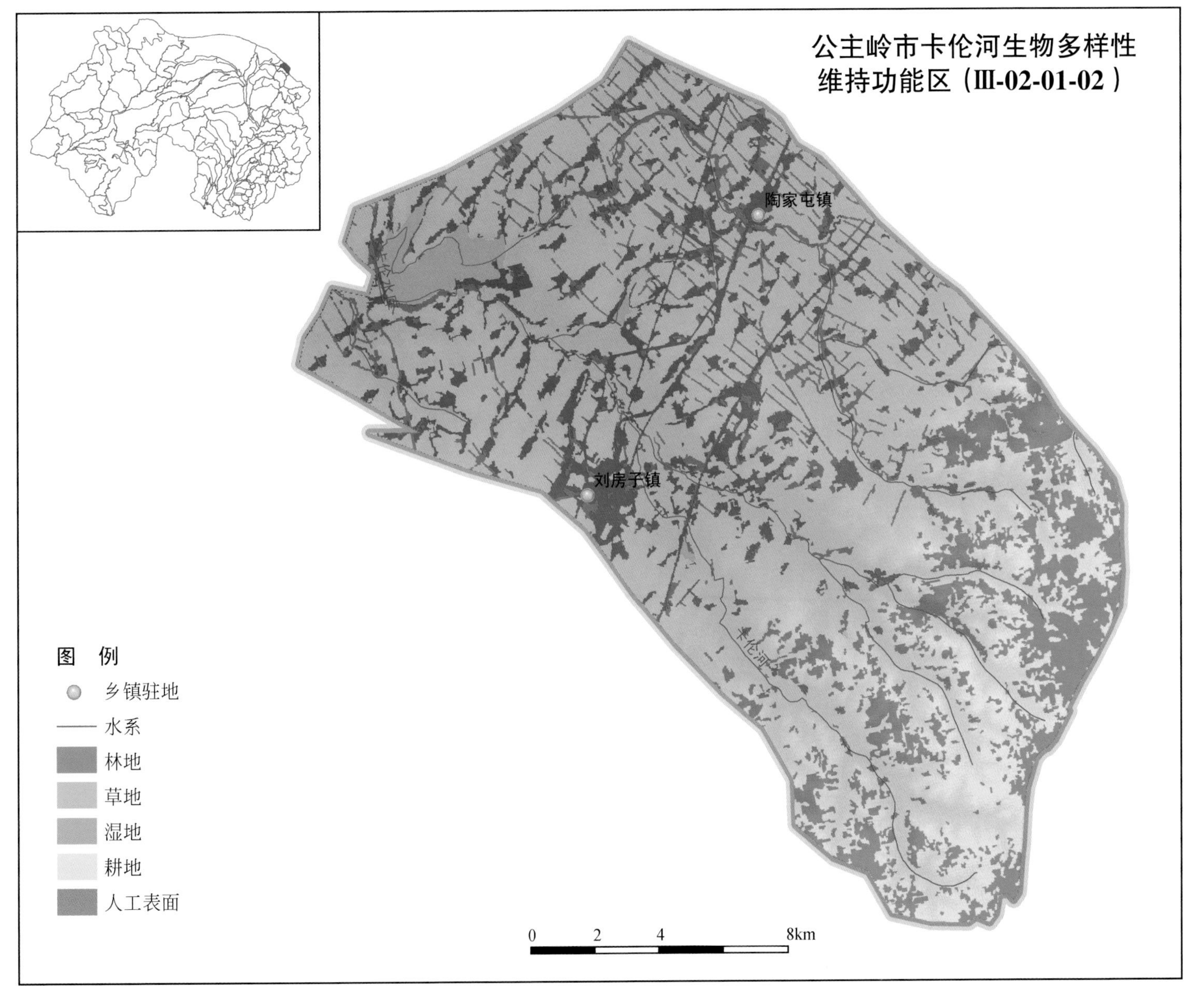
公主岭市卡伦河生物多样性
维持功能区（III-02-01-02）
陶家屯镇
刘房子镇
卡伦河
图 例
乡镇驻地
水系
林地
草地
湿地
耕地
人工表面
0
2
4
8km

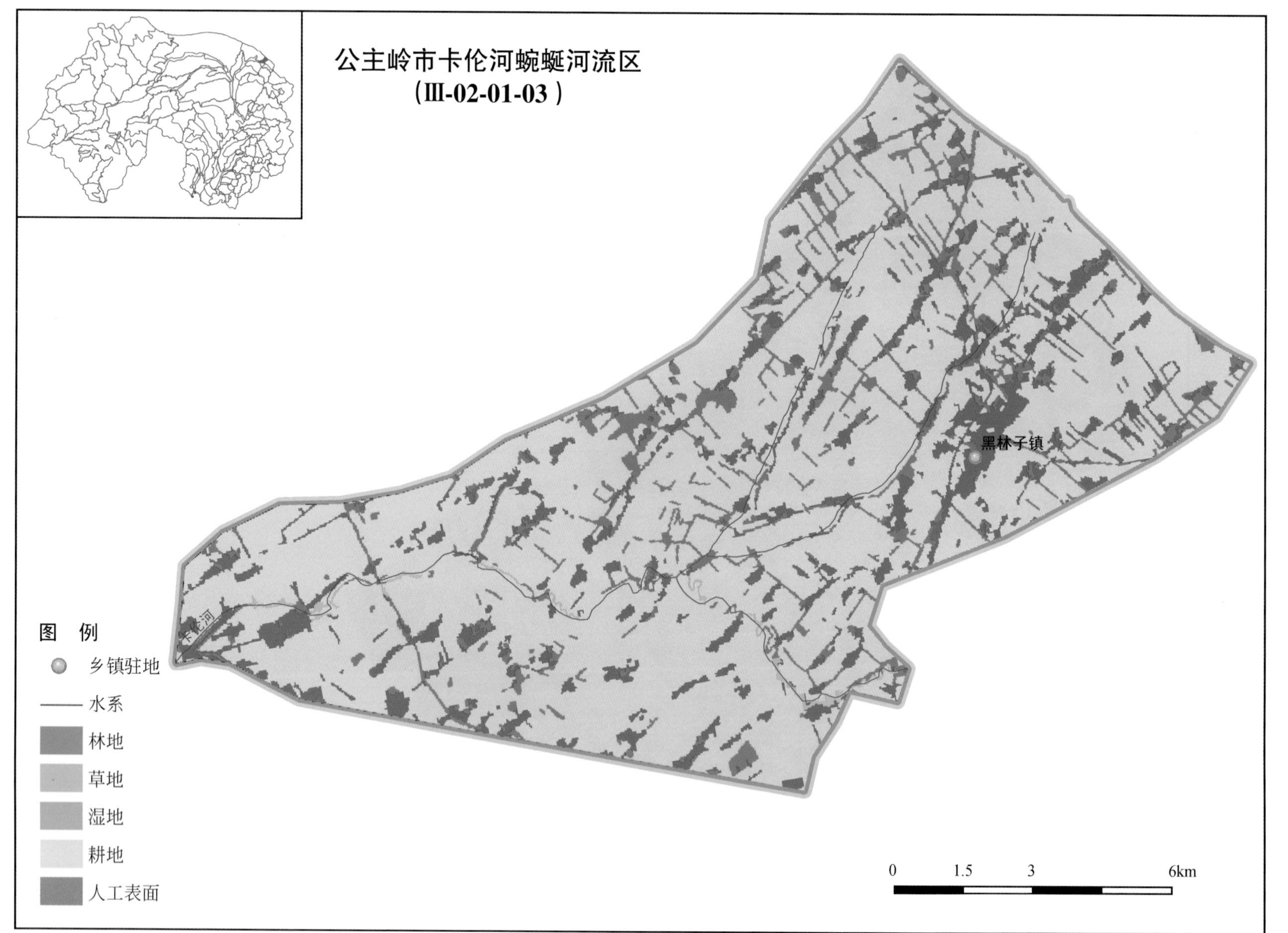
公主岭市卡伦河蜿蜒河流区
(III-02-01-03)
黑林子镇
图例
乡镇驻地
水系
林地
草地
湿地
耕地
人工表面
0 1.5 3 6km

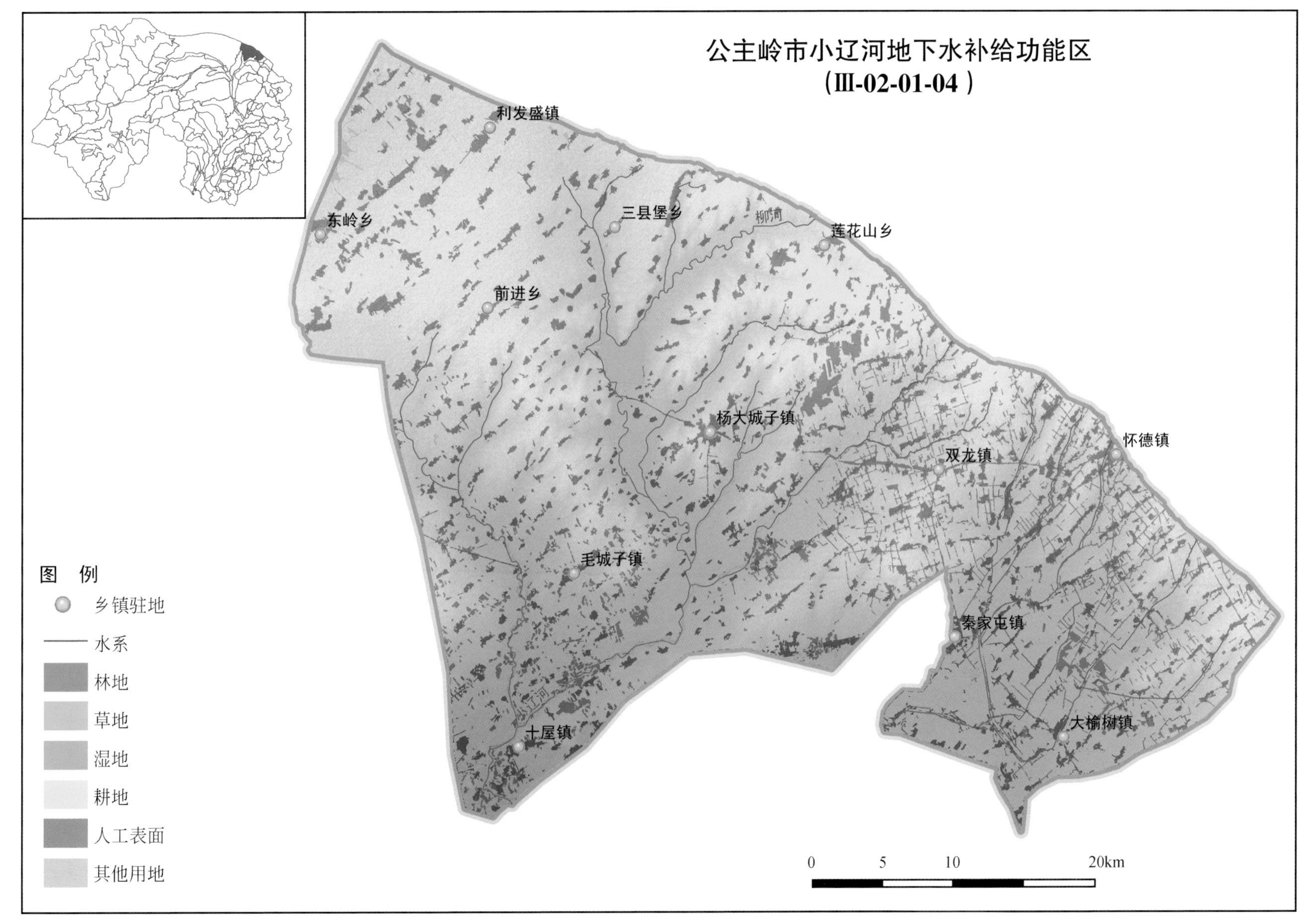

公主岭市小辽河地下水补给功能区
(Ⅲ-02-01-04)
利发盛镇
东岭乡
三县堡乡
柳河
莲花山乡
前进乡
杨大城子镇
怀德镇
双龙镇
毛城子镇
秦家屯镇
十屋镇
大榆树镇
图例
乡镇驻地
水系
林地
草地
湿地
耕地
人工表面
其他用地
0
5
10
20km

第一部分 图集

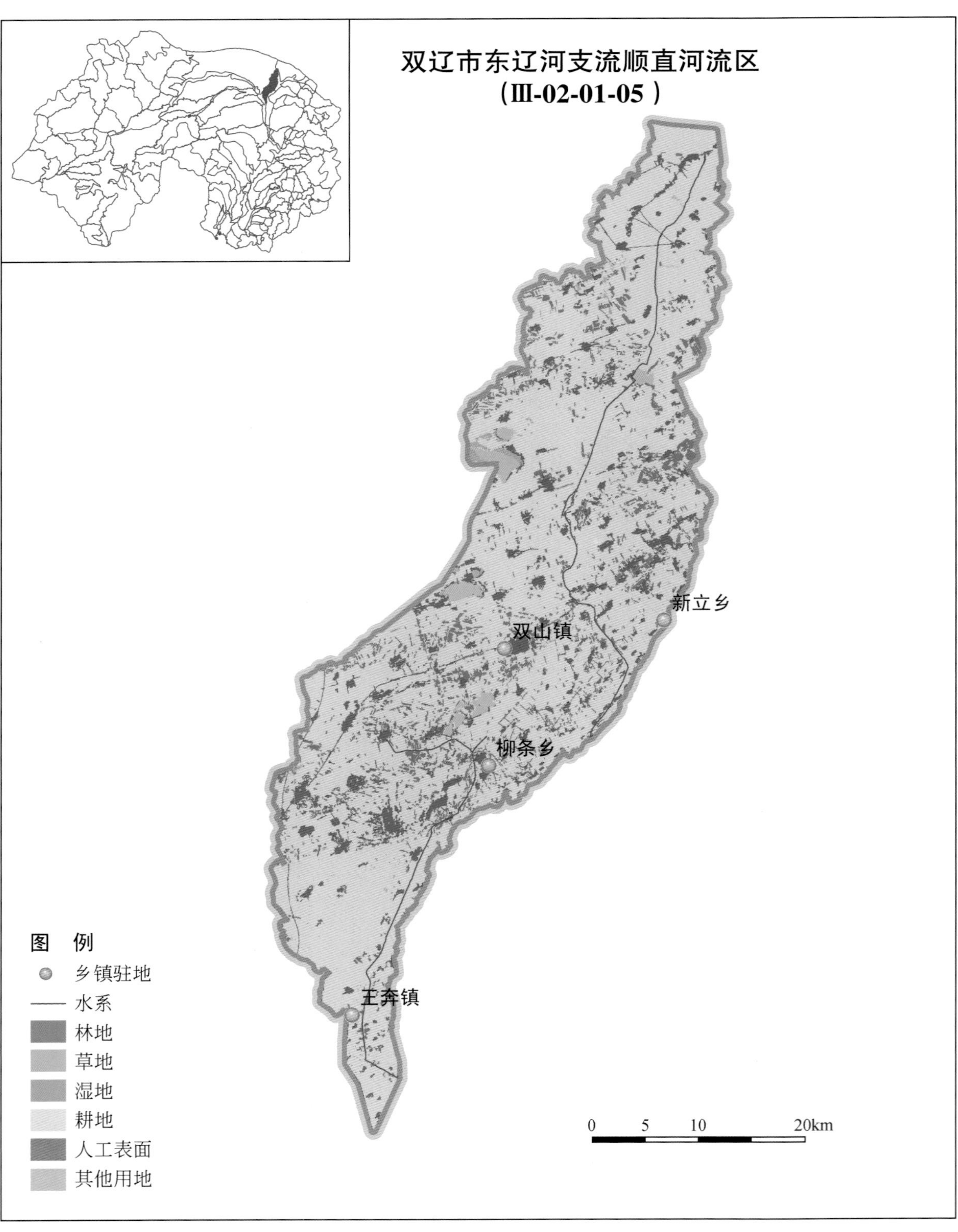
双辽市东辽河支流顺直河流区
（Ⅲ-02-01-05）
新立乡
双山镇
柳条乡
王奔镇
图 例
乡镇驻地
水系
林地
草地
湿地
耕地
人工表面
其他用地
0
5
10
20km

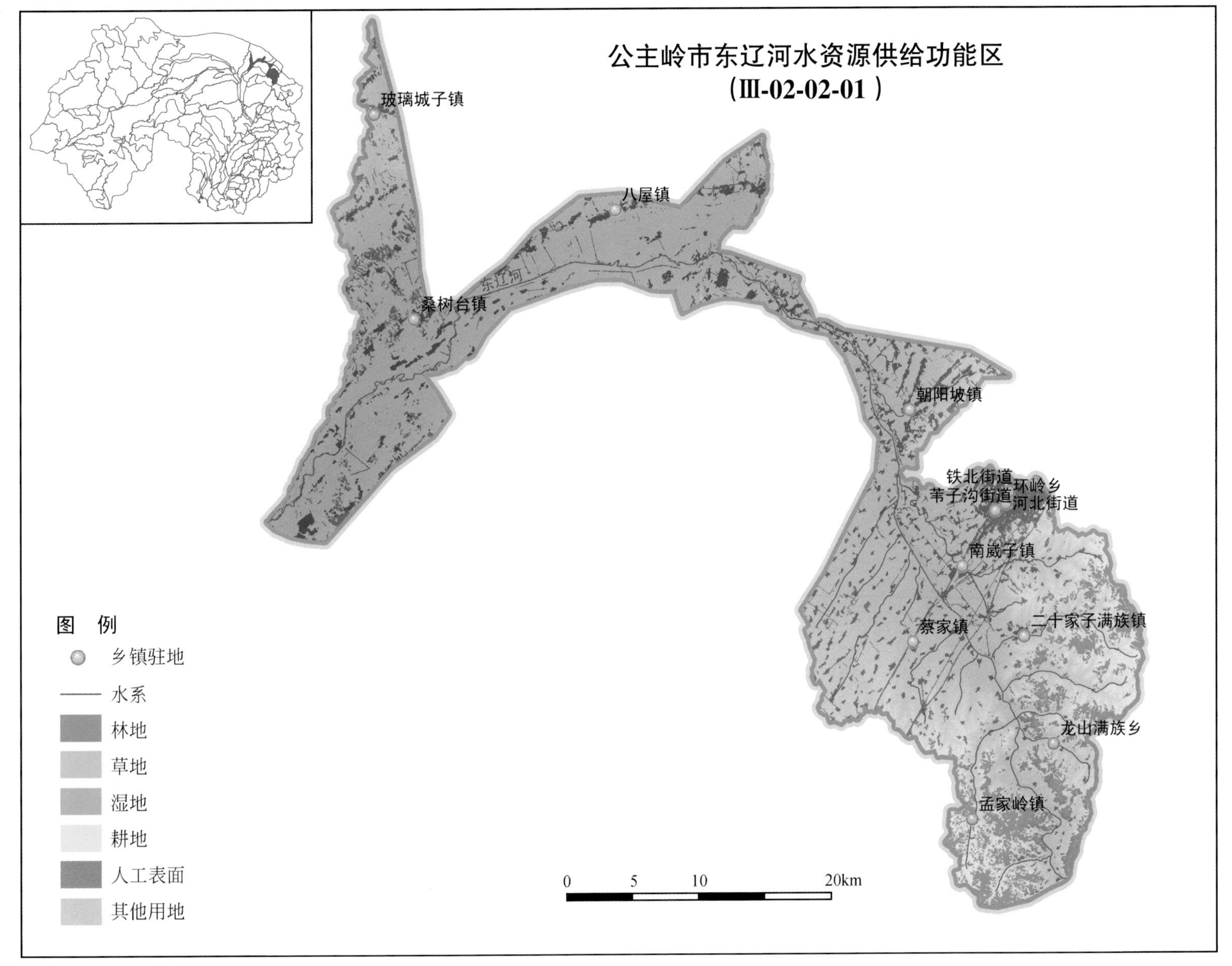
公主岭市东辽河水资源供给功能区
（Ⅲ-02-02-01）
玻璃城子镇
八屋镇
东辽河
桑树台镇
朝阳坡镇
铁北街道
环岭乡
苇子沟街道
河北街道
南崴子镇
蔡家镇
二十家子满族镇
龙山满族乡
孟家岭镇
0
5
10
20km
图 例
乡镇驻地
水系
林地
草地
湿地
耕地
人工表面
其他用地

第一部分图集

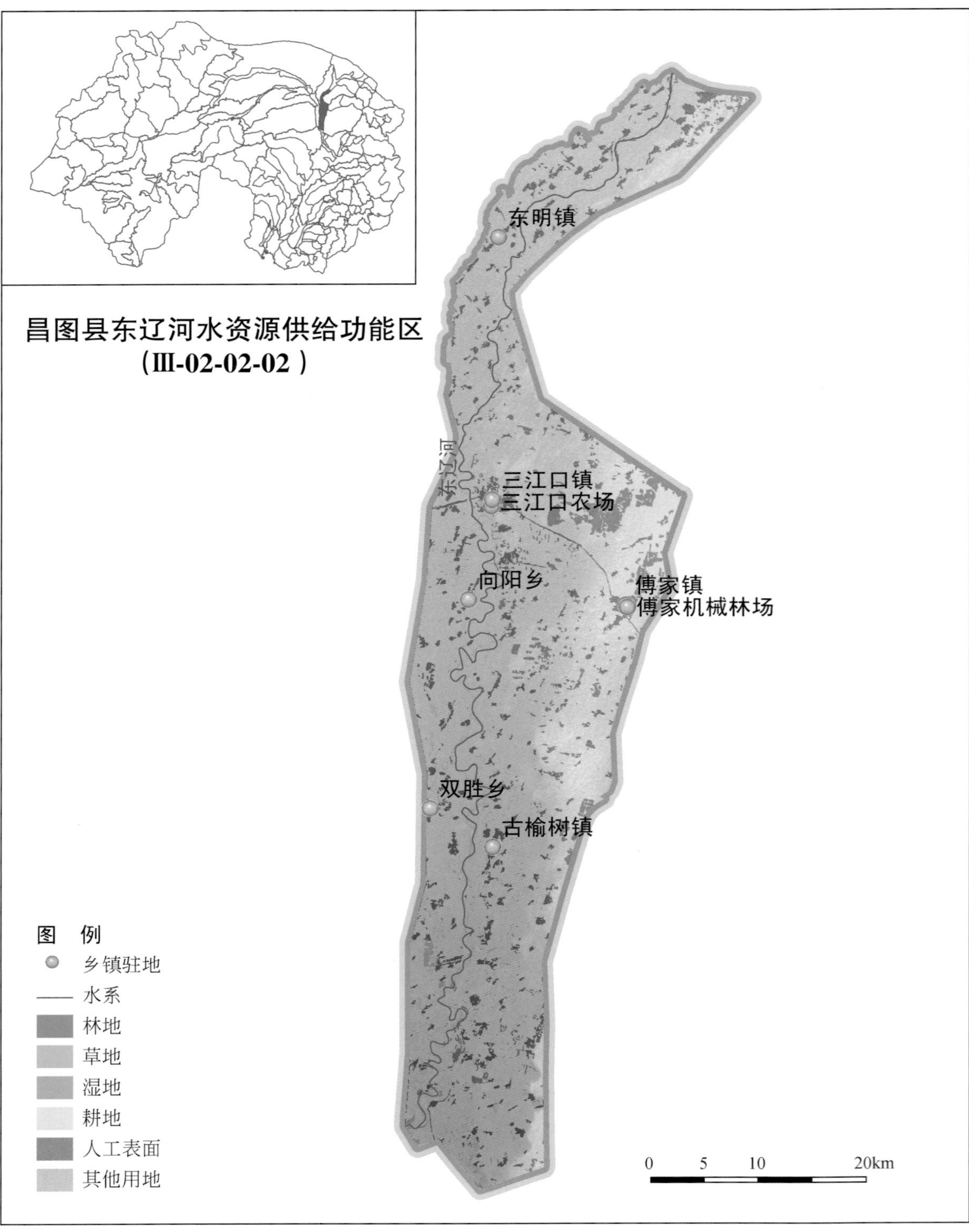
昌图县东辽河水资源供给功能区
（Ⅲ-02-02-02）
东明镇
东辽河
三江口镇
三江口农场
向阳乡
傅家镇
傅家机械林场
双胜乡
古榆树镇
图 例
乡镇驻地
水系
林地
草地
湿地
耕地
人工表面
其他用地
0
5
10
20km

梨树县东辽河支流地下水补给功能区
（Ⅲ-02-03-01）

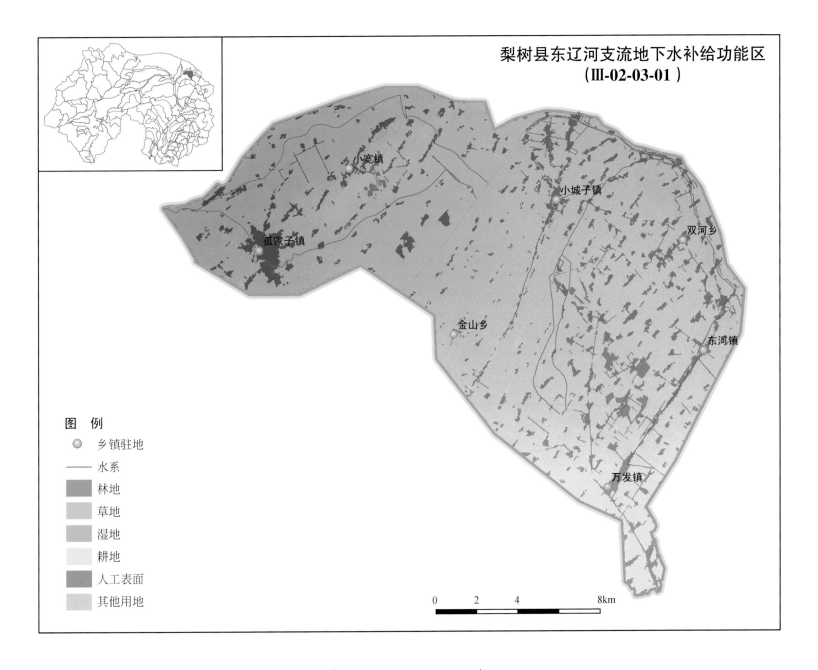

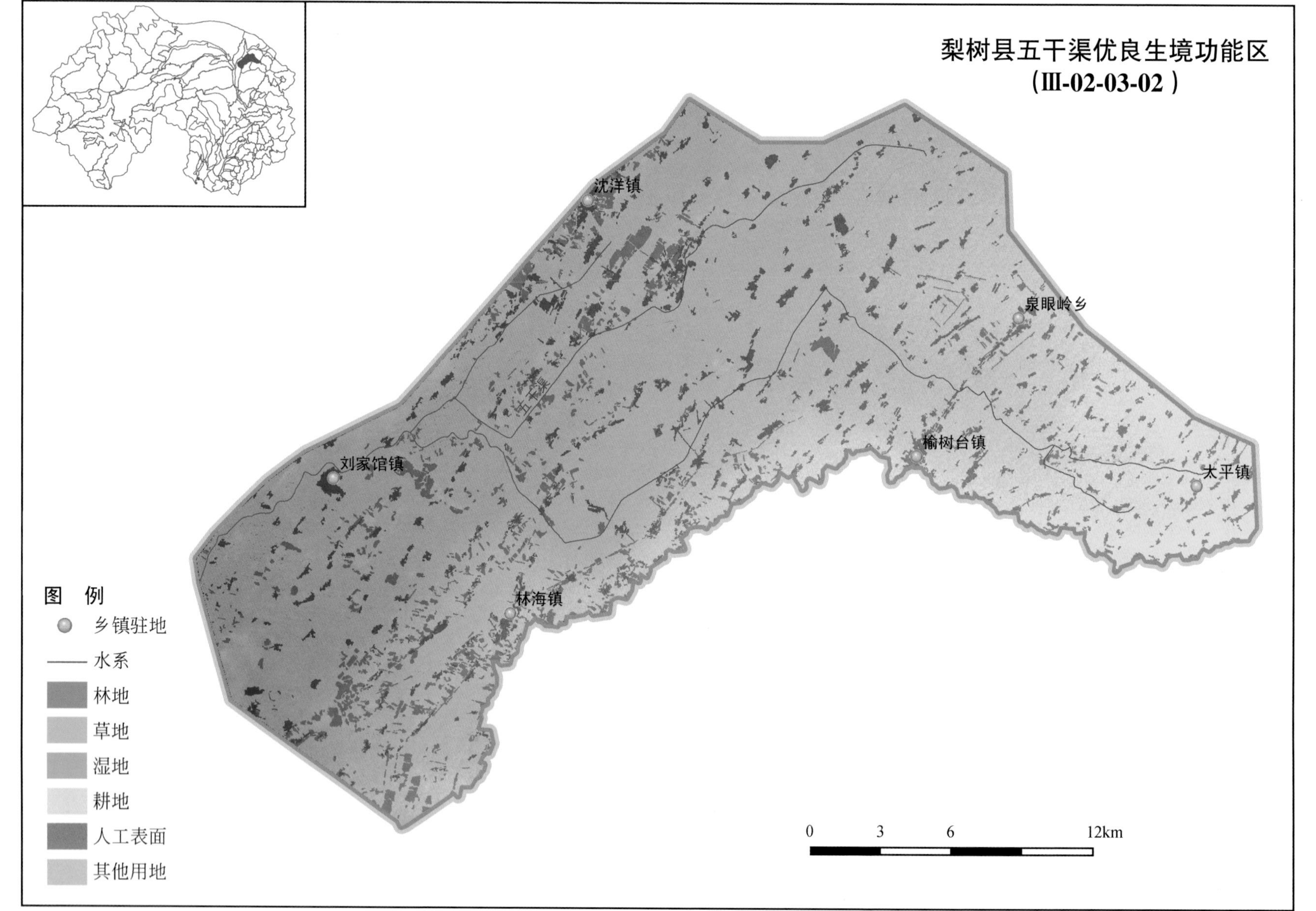
梨树县五干渠优良生境功能区
（III-02-03-02）
沈洋镇
泉眼岭乡
刘家馆镇
榆树台镇
太平镇
林海镇
图 例
乡镇驻地
水系
林地
草地
湿地
耕地
人工表面
其他用地
0
3
6
12km

梨树县招苏台河地下水补给功能区
（Ⅲ-02-04-01）

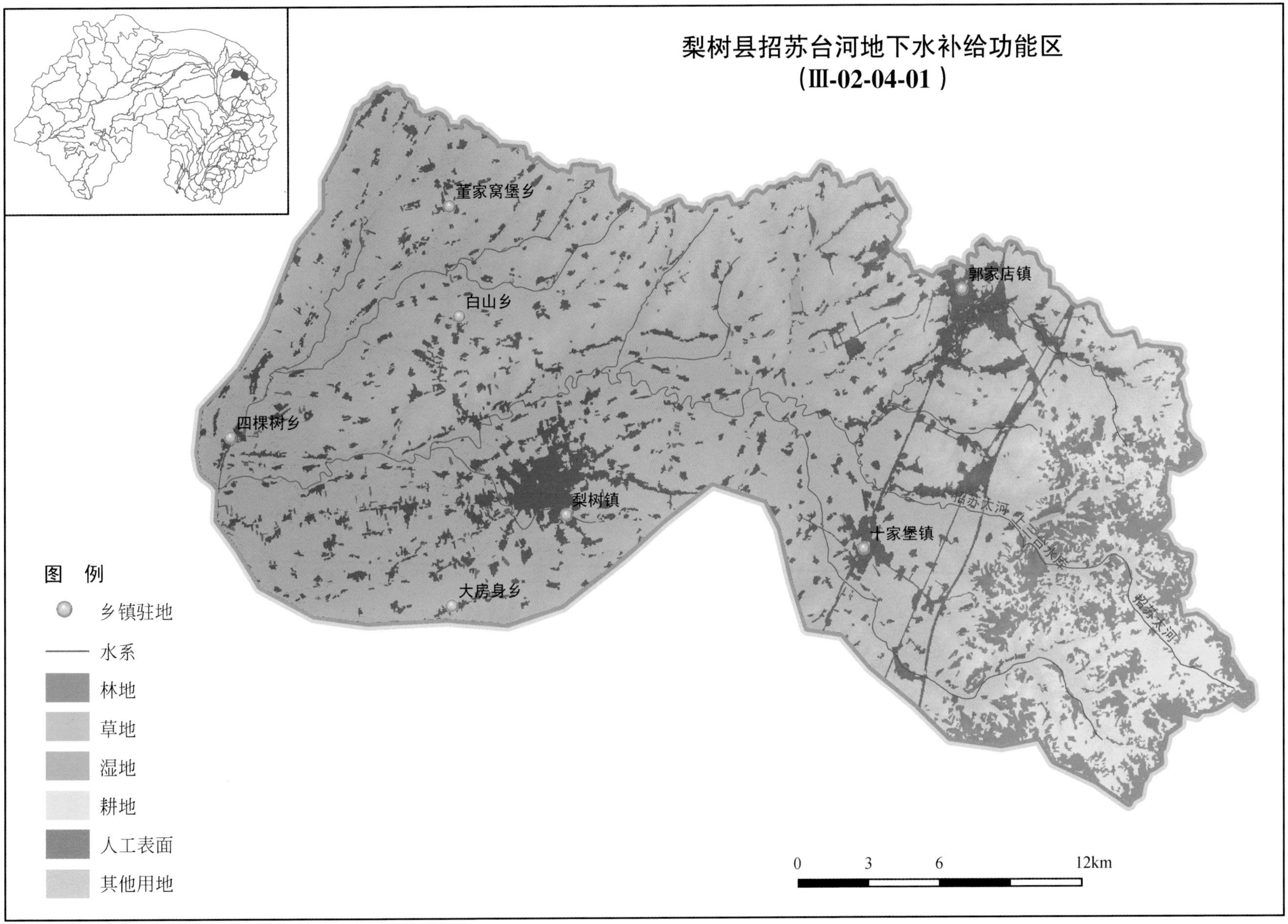

董家窝堡乡
白山乡
四棵树乡
梨树镇
大房身乡
郭家店镇
十家堡镇
昭苏太河
十三台水库
招苏太河

图 例

乡镇驻地
水系
林地
草地
湿地
耕地
人工表面
其他用地

0 3 6 12km

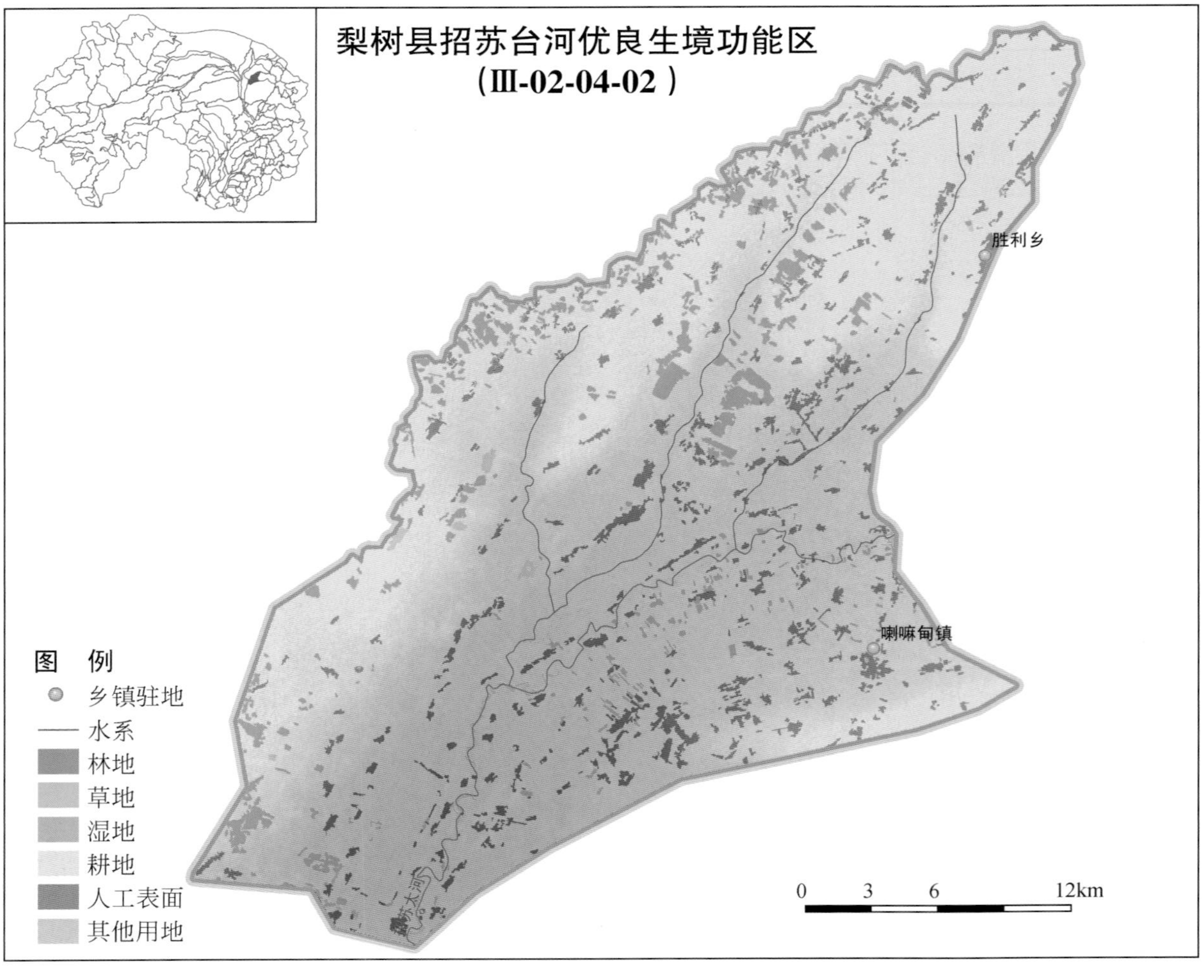

梨树县招苏台河优良生境功能区
（Ⅲ-02-04-02）

胜利乡

喇嘛甸镇

图 例

乡镇驻地

水系

林地

草地

湿地

耕地

人工表面

其他用地

0 3 6 12km

招苏台河梨树县境内

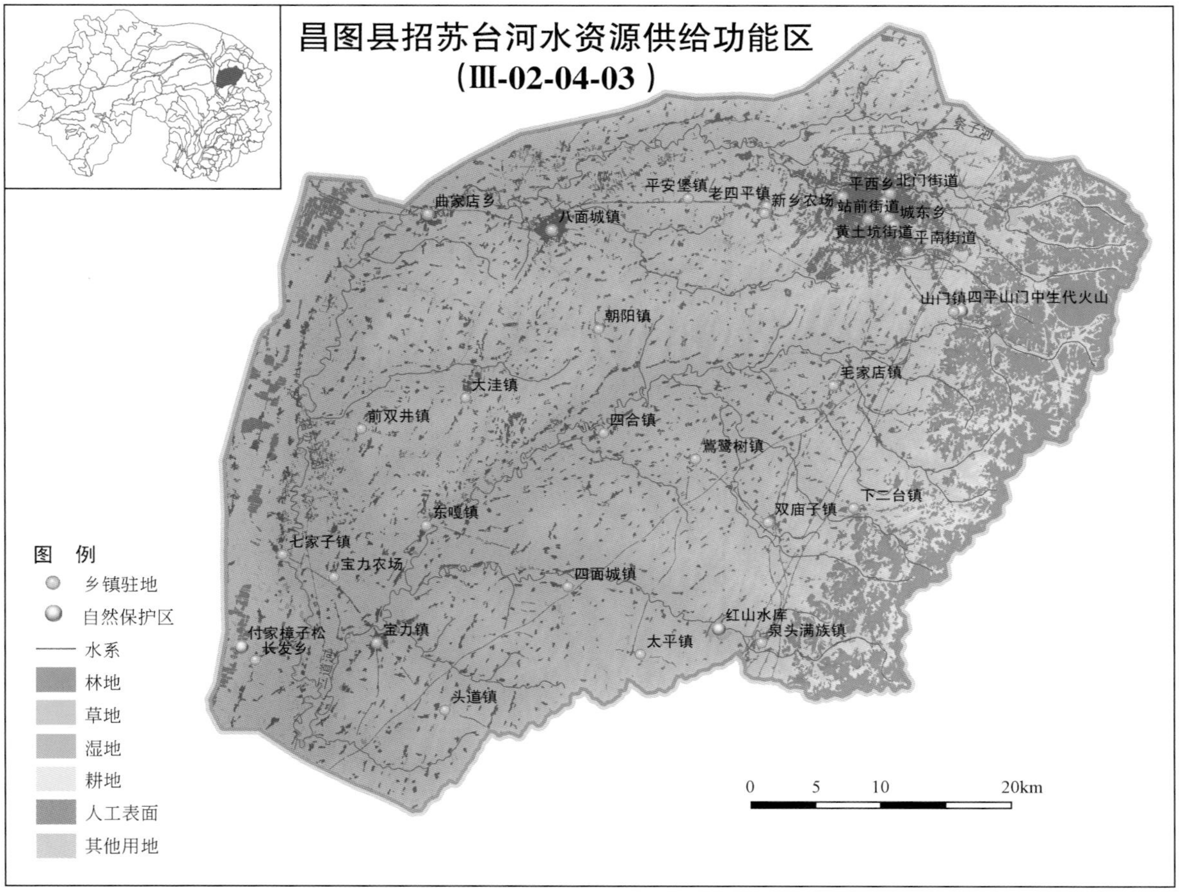

昌图县招苏台河水资源供给功能区
（Ⅲ-02-04-03）

曲家店乡
八面城镇
平安堡镇
老四平镇
新乡农场
平西乡
北门街道
站前街道
城东乡
黄土坑街道
平南街道
山门镇
四平山门中生代火山
朝阳镇
毛家店镇
大洼镇
前双井镇
四合镇
鹭鹭树镇
下二台镇
双庙子镇
东嘎镇
七家子镇
宝力农场
四面城镇
红山水库
泉头满族镇
付家樟子松
长发乡
宝力镇
太平镇
头道镇

图 例
乡镇驻地
自然保护区
水系
林地
草地
湿地
耕地
人工表面
其他用地

0 5 10 20km

小辽河支流公主岭市境内

第一部分 图集

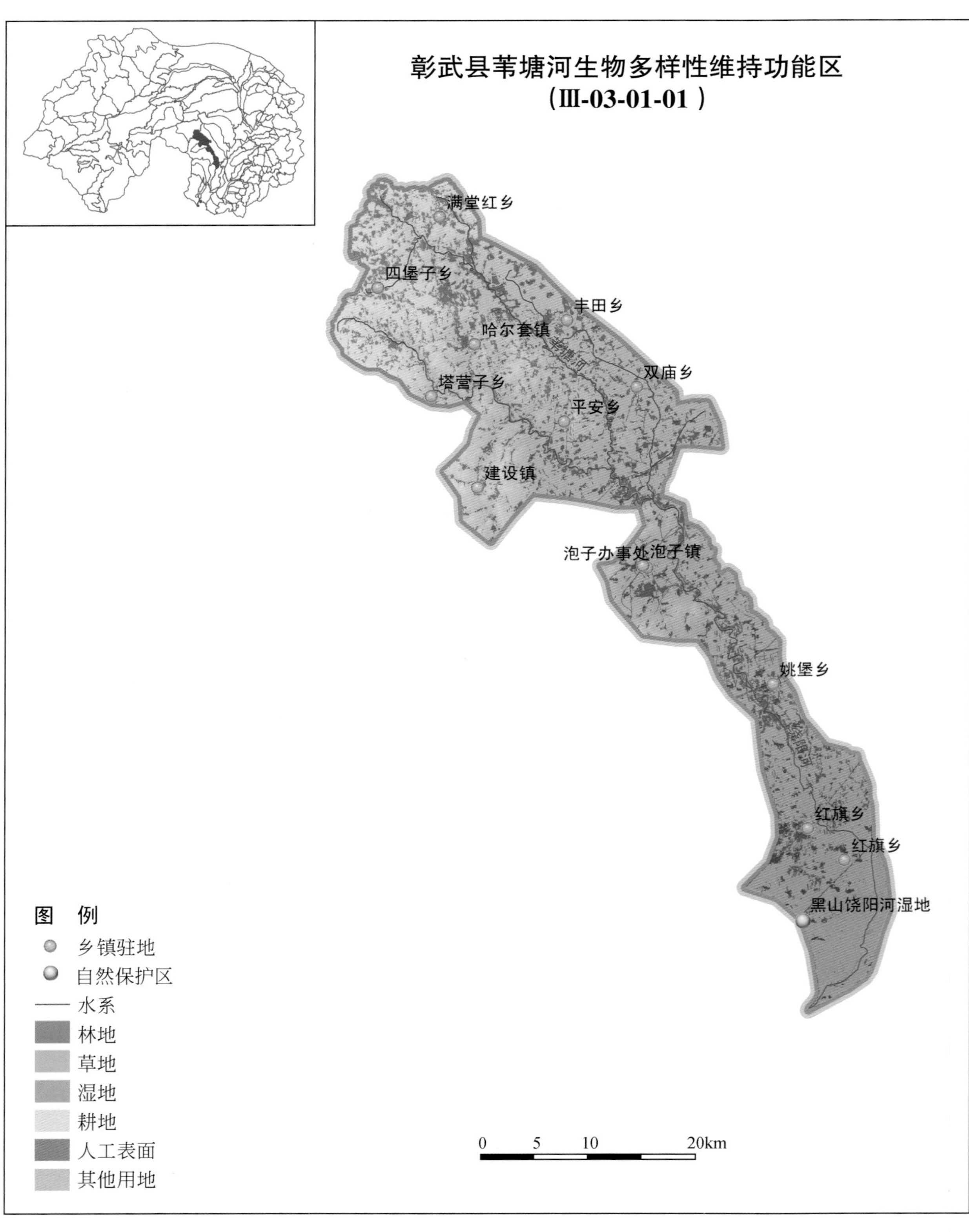
彰武县苇塘河生物多样性维持功能区
（Ⅲ-03-01-01）
满堂红乡
四堡子乡
丰田乡
哈尔套镇
苇塘河
双庙乡
塔营子乡
平安乡
建设镇
泡子办事处泡子镇
姚堡乡
红旗乡
红旗乡
黑山饶阳河湿地
图 例
乡镇驻地
自然保护区
水系
林地
草地
湿地
耕地
人工表面
其他用地
0 5 10 20km

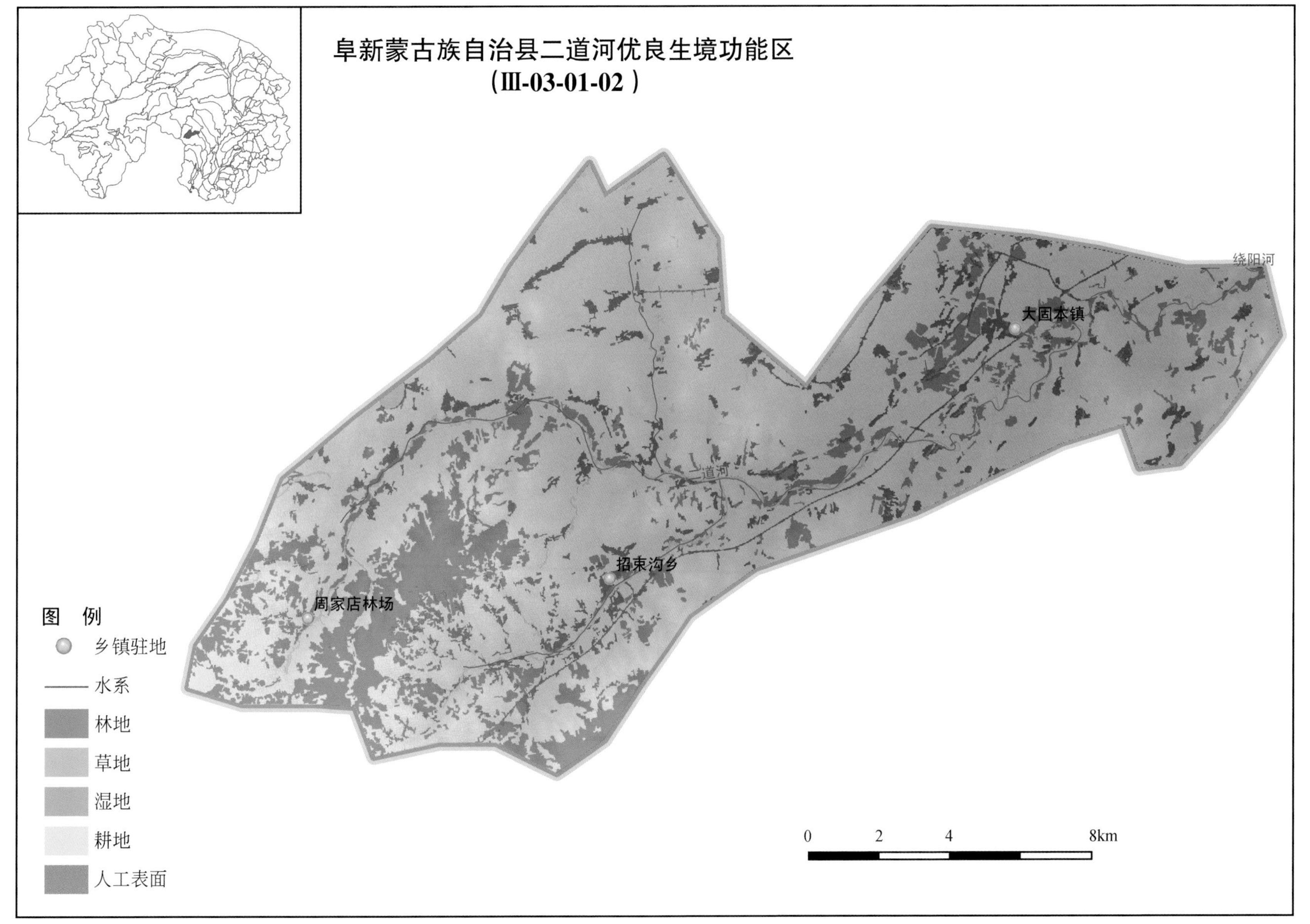

阜新蒙古族自治县二道河优良生境功能区
(Ⅲ-03-01-02)
绕阳河
大固本镇
二道河
招束沟乡
周家店林场
图 例
乡镇驻地
水系
林地
草地
湿地
耕地
人工表面
0
2
4
8km

第一部分 图集

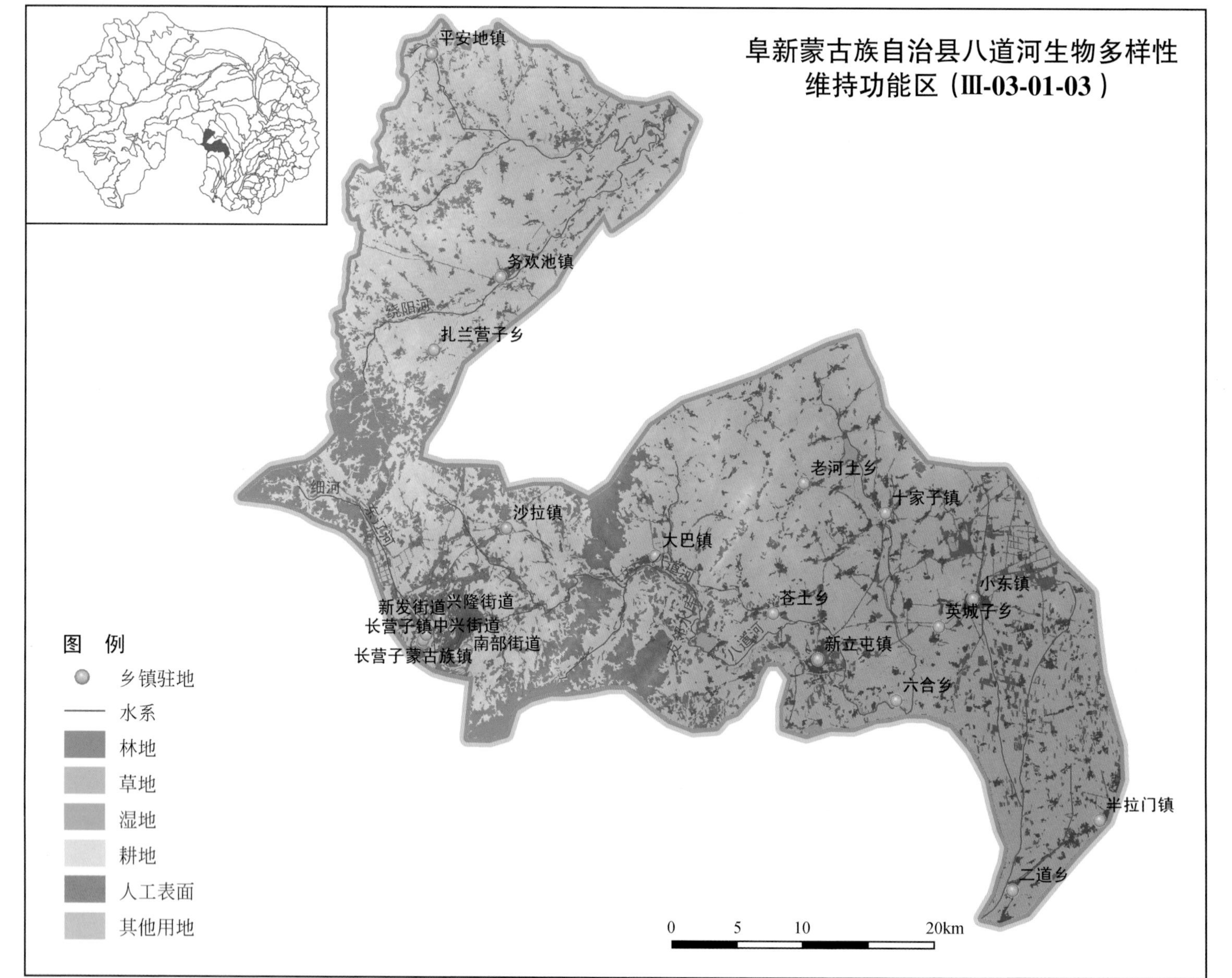
阜新蒙古族自治县八道河生物多样性
维持功能区（Ⅲ-03-01-03）
平安地镇
务欢池镇
扎兰营子乡
老河土乡
十家子镇
小东镇
英城子乡
六合乡
新立屯镇
苍土乡
大巴镇
沙拉镇
新发街道
兴隆街道
长营子镇
中兴街道
南部街道
长营子蒙古族镇
半拉门镇
二道乡
细河
八道河
0 5 10 20km
图 例
乡镇驻地
水系
林地
草地
湿地
耕地
人工表面
其他用地

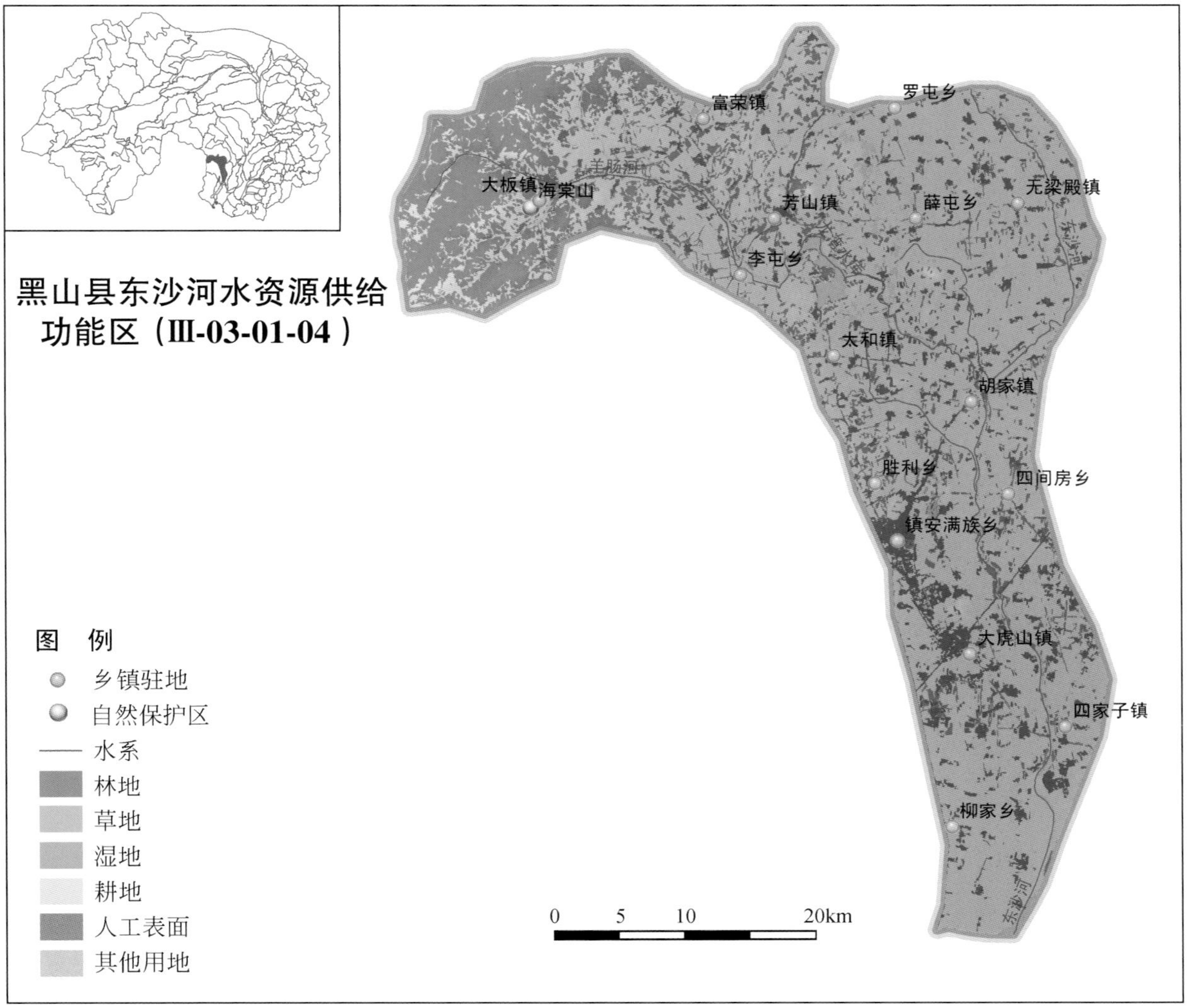

黑山县东沙河水资源供给功能区（Ⅲ-03-01-04）

富荣镇
罗屯乡
大板镇
海棠山
芳山镇
薛屯乡
无梁殿镇
羊肠河
李屯乡
太和镇
胡家镇
胜利乡
四间房乡
镇安满族乡
大虎山镇
四家子镇
柳家乡
东沙河

0　5　10　　20km

图　例

乡镇驻地
自然保护区
水系
林地
草地
湿地
耕地
人工表面
其他用地

东沙河下游黑山县境内

黑山县饶阳河鱼类三场一通道功能区
（Ⅲ-03-01-05）
饶阳河镇
励家镇
姜屯镇
常兴镇
饶阳河
高升镇
喜彬乡
图 例
乡镇驻地
水系
林地
湿地
耕地
人工表面
0 3 6 12km

北宁市饶阳河支流鱼类三场一通道功能区
（Ⅲ-03-01-06）

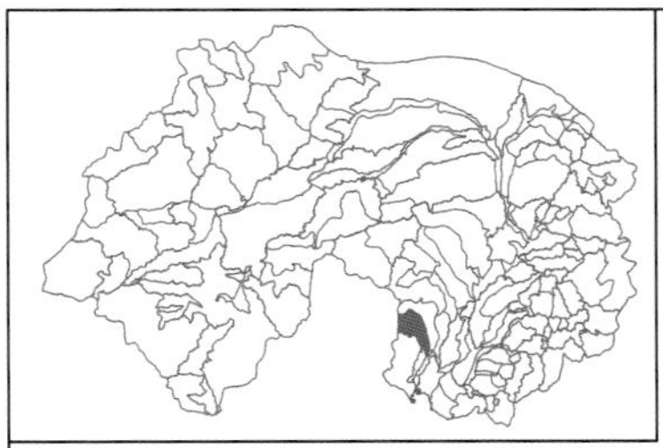

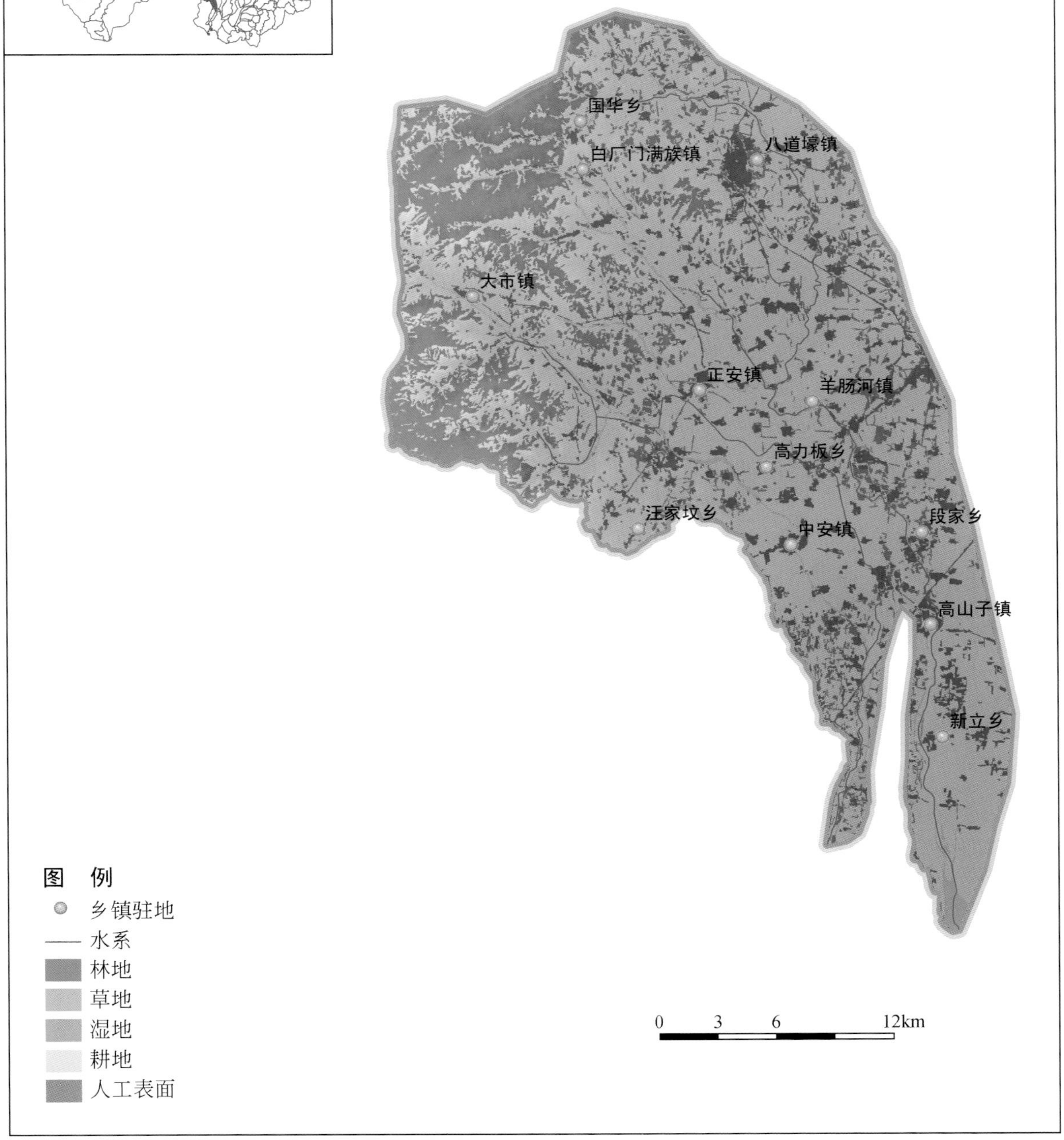

国华乡
白厂门满族镇
八道壕镇
大市镇
正安镇
羊肠河镇
高力板乡
汪家坟乡
中安镇
段家乡
高山子镇
新立乡

图 例
乡镇驻地
水系
林地
草地
湿地
耕地
人工表面

0 3 6 12km

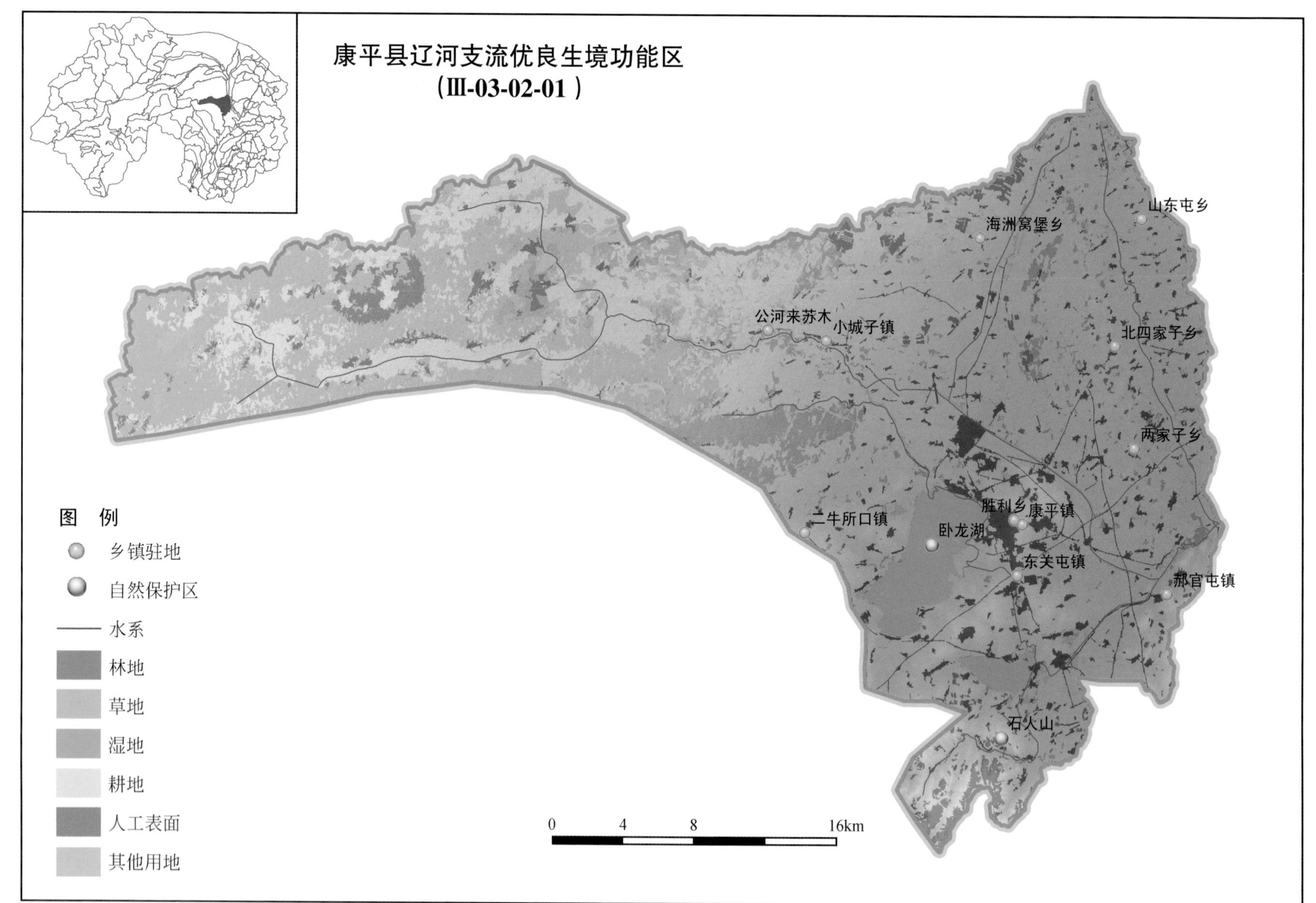
康平县辽河支流优良生境功能区
（Ⅲ-03-02-01）
山东屯乡
海洲窝堡乡
北四家子乡
两家子乡
公河来苏木
小城子镇
胜利乡
康平镇
二牛所口镇
卧龙湖
东关屯镇
郝官屯镇
石人山
图 例
乡镇驻地
自然保护区
水系
林地
草地
湿地
耕地
人工表面
其他用地
0
4
8
16km

康平县秀水河优良生境功能区(Ⅲ-03-02-02)

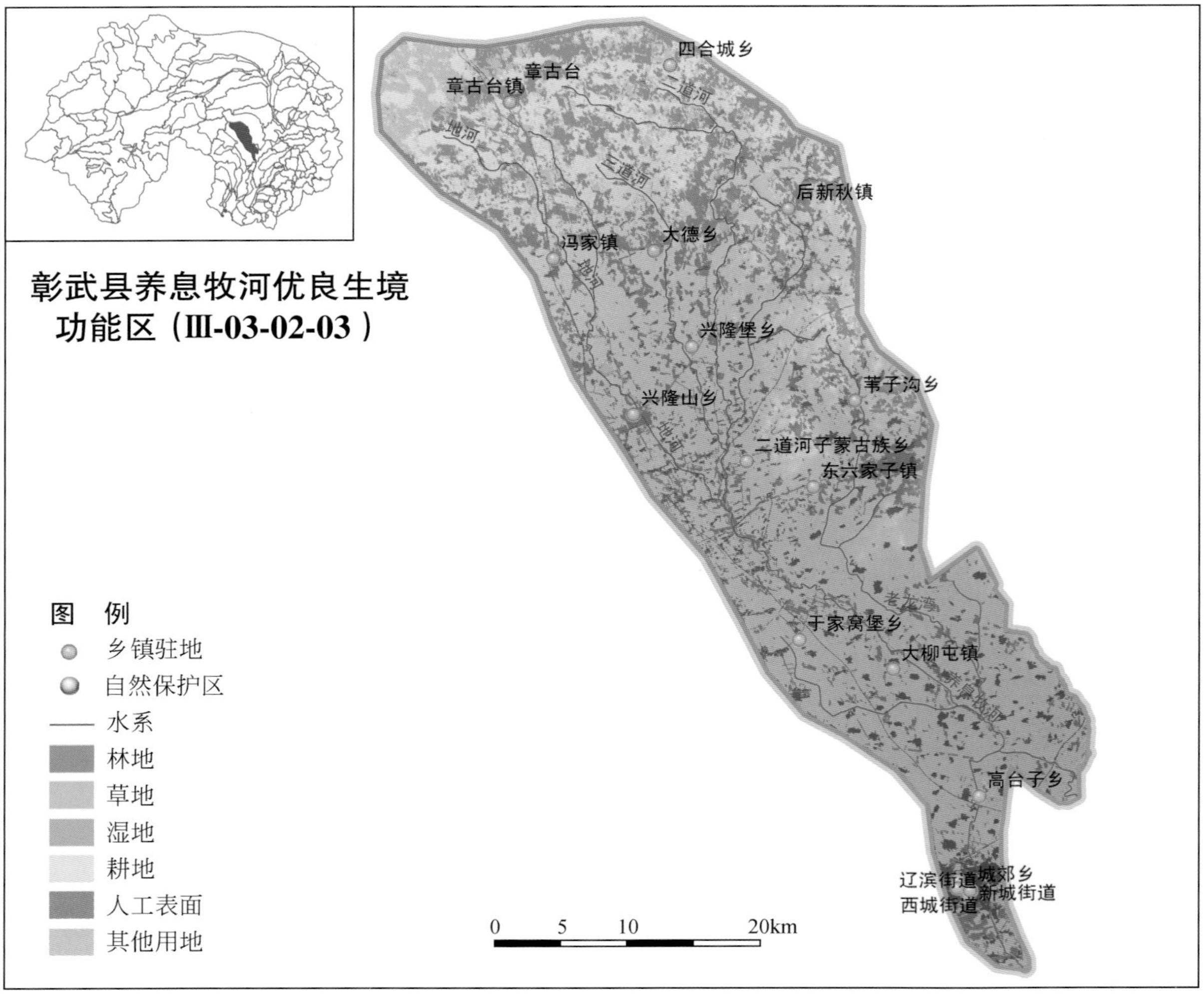

彰武县养息牧河优良生境功能区（Ⅲ-03-02-03）

四合城乡
章古台
章古台镇
二道河
地河
三道河
后新秋镇
冯家镇
大德乡
兴隆堡乡
苇子沟乡
兴隆山乡
二道河子蒙古族乡
东六家子镇
老龙湾
于家窝堡乡
大柳屯镇
高台子乡
辽滨街道
城郊乡
新城街道
西城街道

0 5 10 20km

图 例

- 乡镇驻地
- 自然保护区
- 水系
- 林地
- 草地
- 湿地
- 耕地
- 人工表面
- 其他用地

养息牧河上游彰武县境内

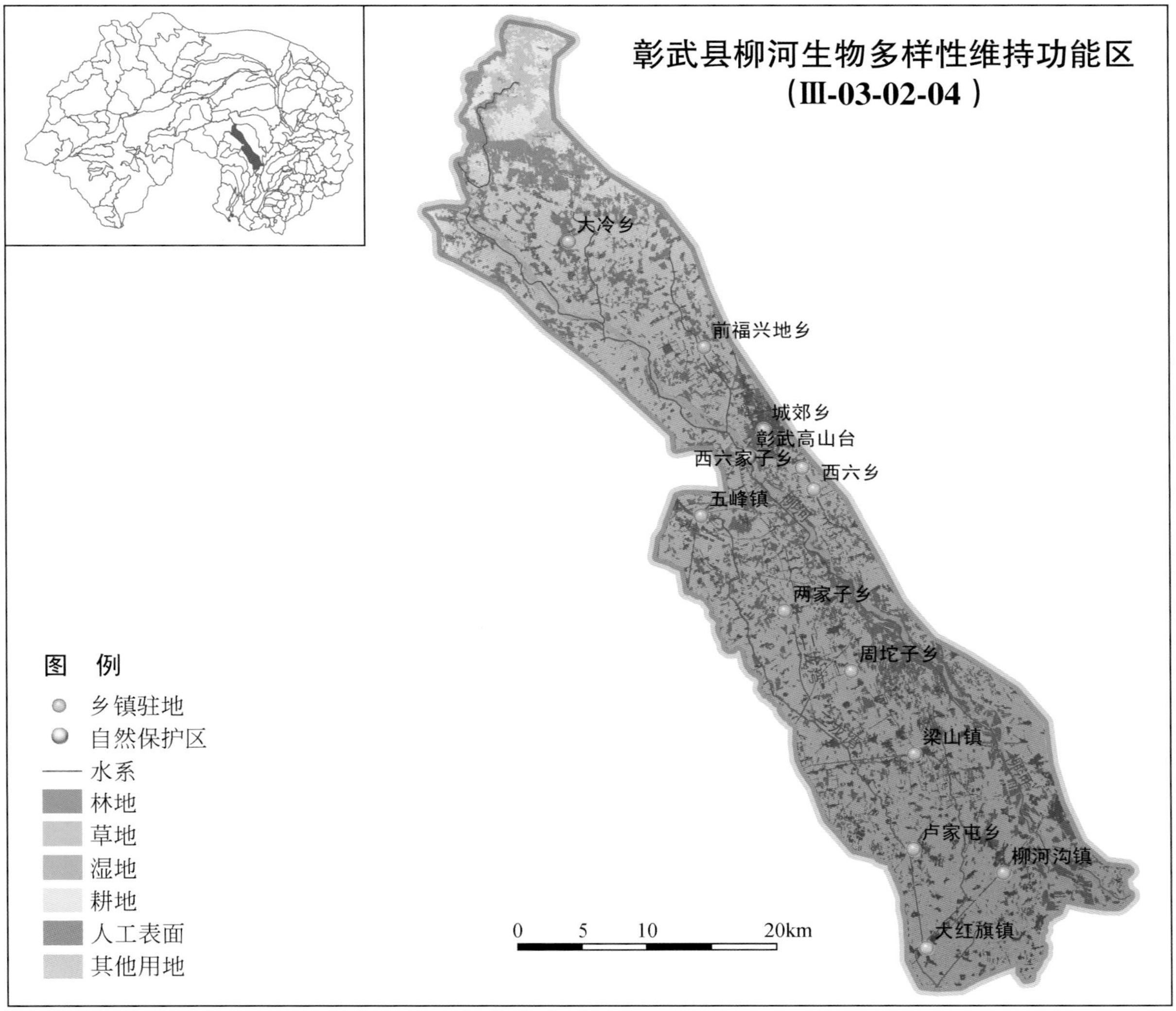

彰武县柳河生物多样性维持功能区
（Ⅲ-03-02-04）

大冷乡
前福兴地乡
城郊乡
彰武高山台
西六家子乡
西六乡
五峰镇
两家子乡
周坨子乡
梁山镇
卢家屯乡
柳河沟镇
大红旗镇

0 5 10 20km

图 例

- 乡镇驻地
- 自然保护区
- 水系
- 林地
- 草地
- 湿地
- 耕地
- 人工表面
- 其他用地

柳河上游彰武县境内

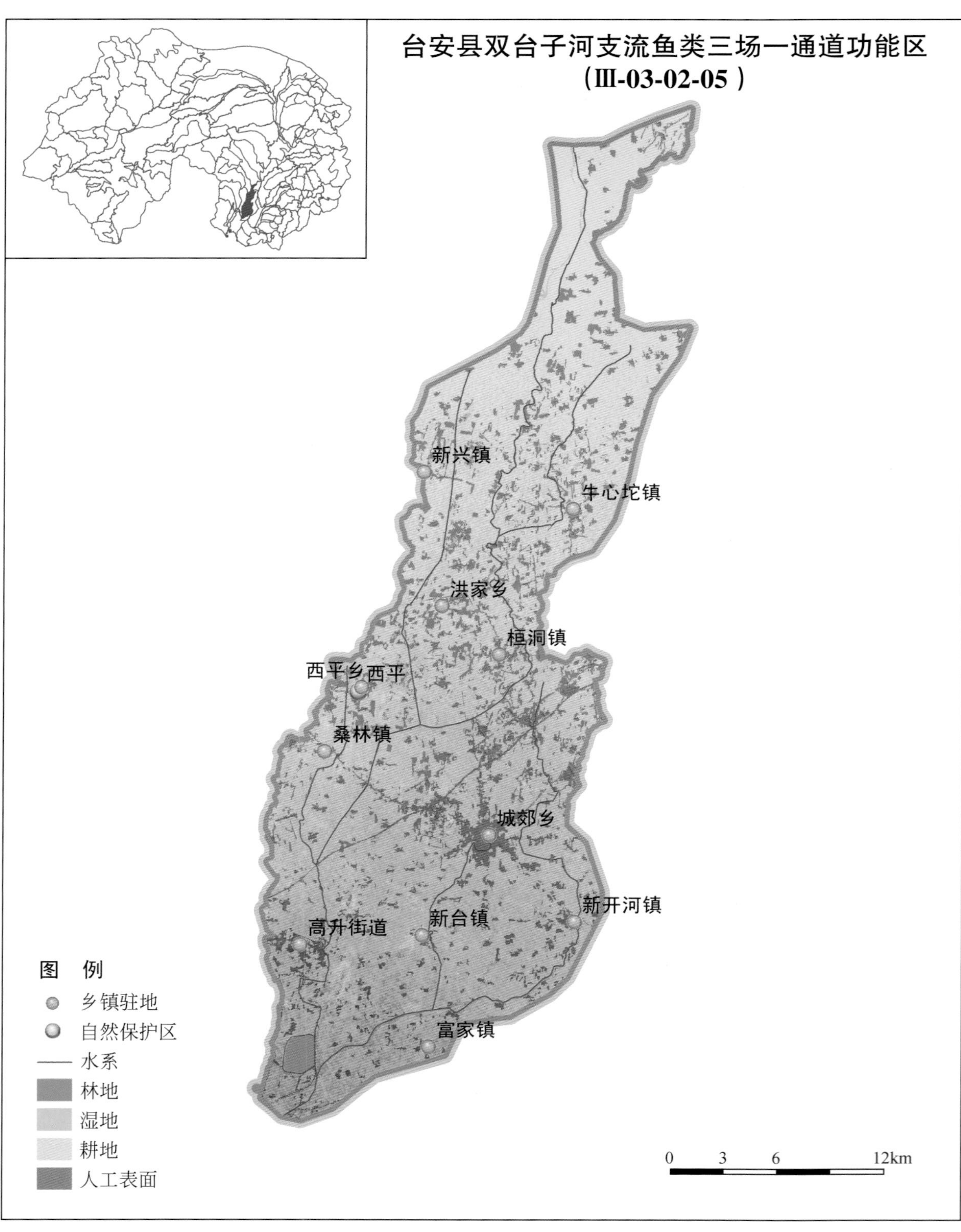
台安县双台子河支流鱼类三场一通道功能区
(Ⅲ-03-02-05)
新兴镇
牛心坨镇
洪家乡
桓洞镇
西平乡西平
桑林镇
城郊乡
新开河镇
新台镇
高升街道
富家镇
图 例
乡镇驻地
自然保护区
水系
林地
湿地
耕地
人工表面
0
3
6
12km

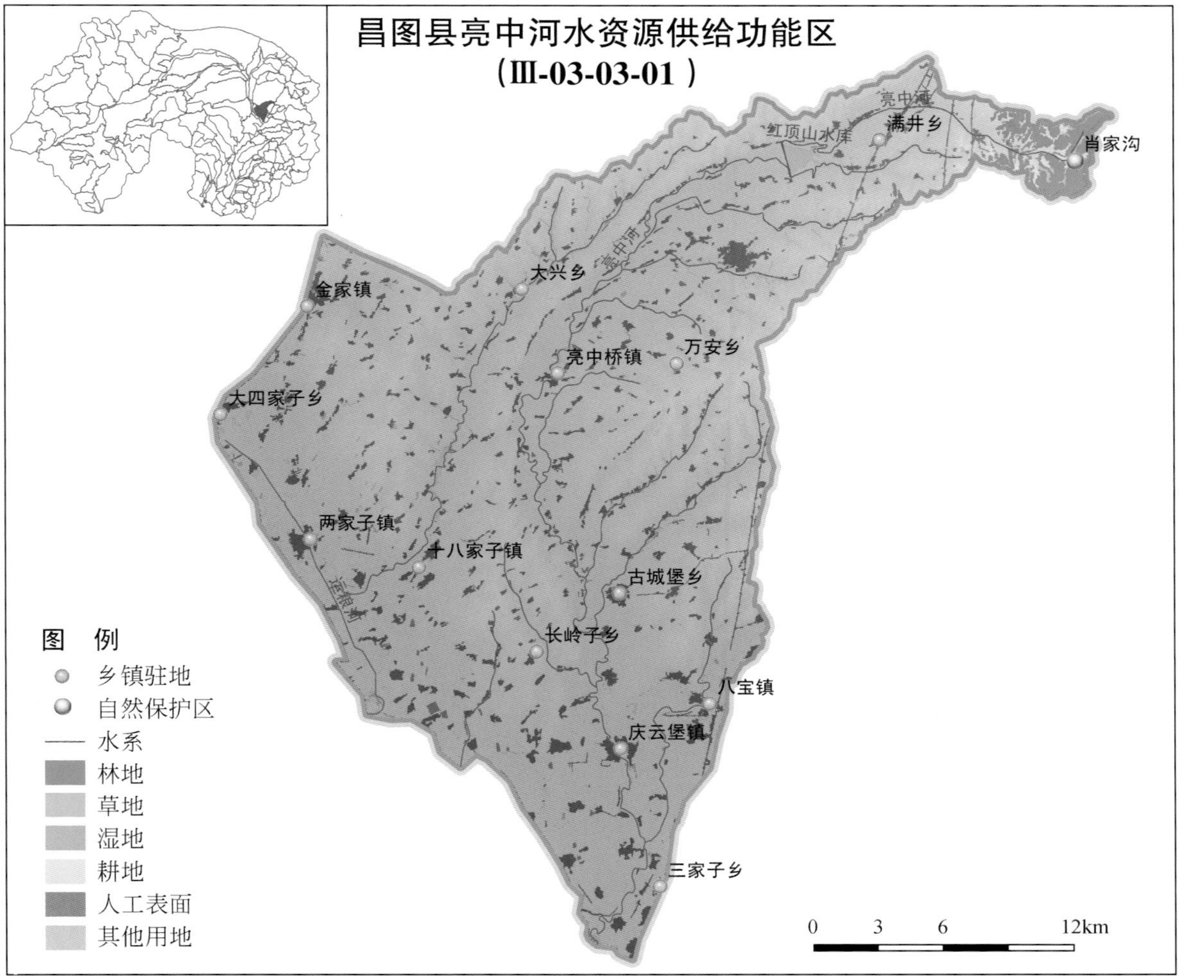

昌图县亮中河水资源供给功能区

（Ⅲ-03-03-01）

亮中河 满井乡 红顶山水库 肖家沟 大兴乡 亮中河 金家镇 万安乡 亮中桥镇 大四家子乡 两家子镇 十八家子镇 古城堡乡 长岭子乡 八宝镇 庆云堡镇 三家子乡

图例

- 乡镇驻地
- 自然保护区
- 水系
- 林地
- 草地
- 湿地
- 耕地
- 人工表面
- 其他用地

0 3 6 12km

亮中河昌图县境内

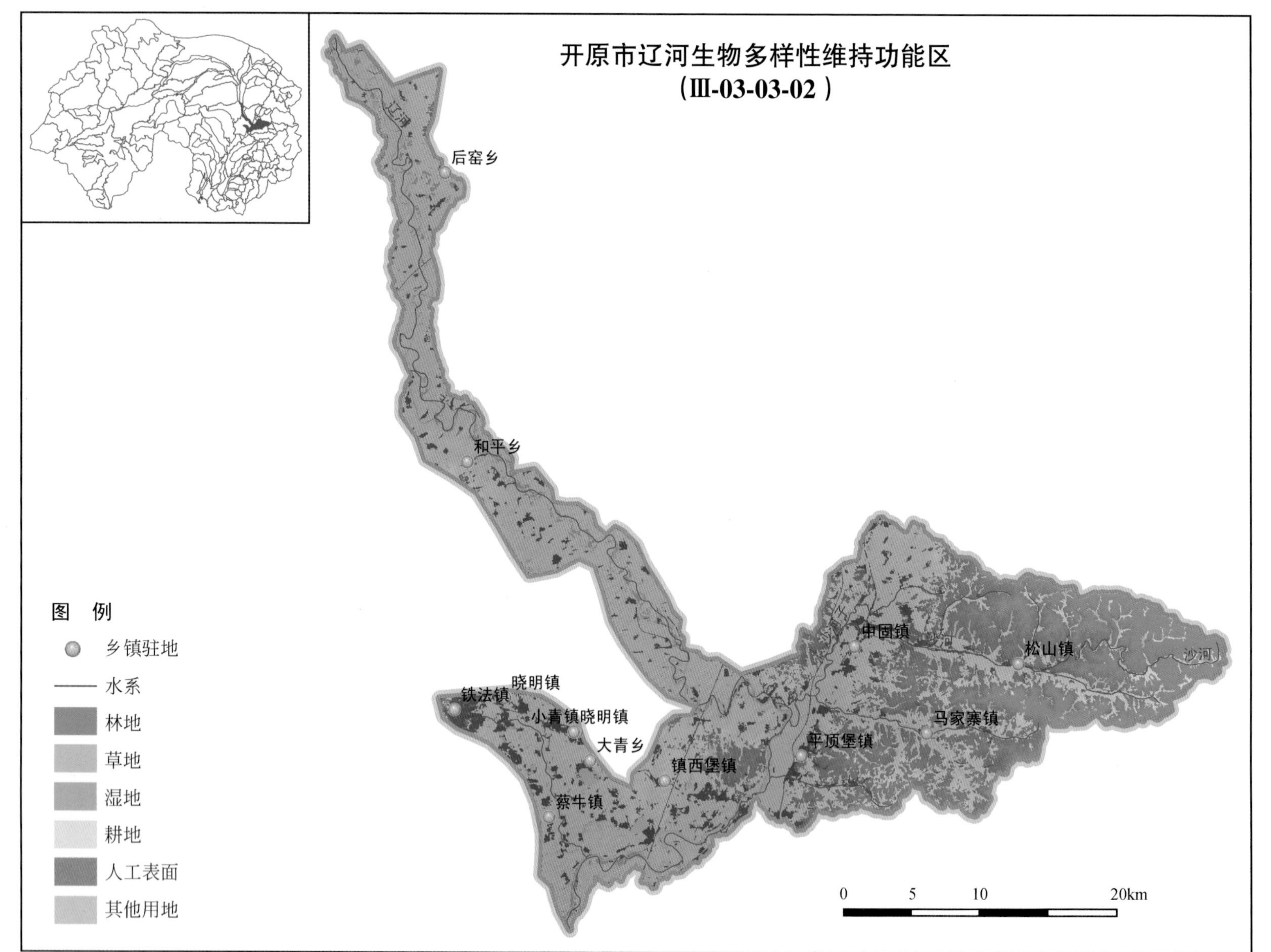
开原市辽河生物多样性维持功能区
（Ⅲ-03-03-02）
后窑乡
辽河
和平乡
铁法镇
晓明镇
小青镇晓明镇
大青乡
蔡牛镇
镇西堡镇
平顶堡镇
中固镇
马家寨镇
松山镇
沙河
0
5
10
20km
图 例
乡镇驻地
水系
林地
草地
湿地
耕地
人工表面
其他用地

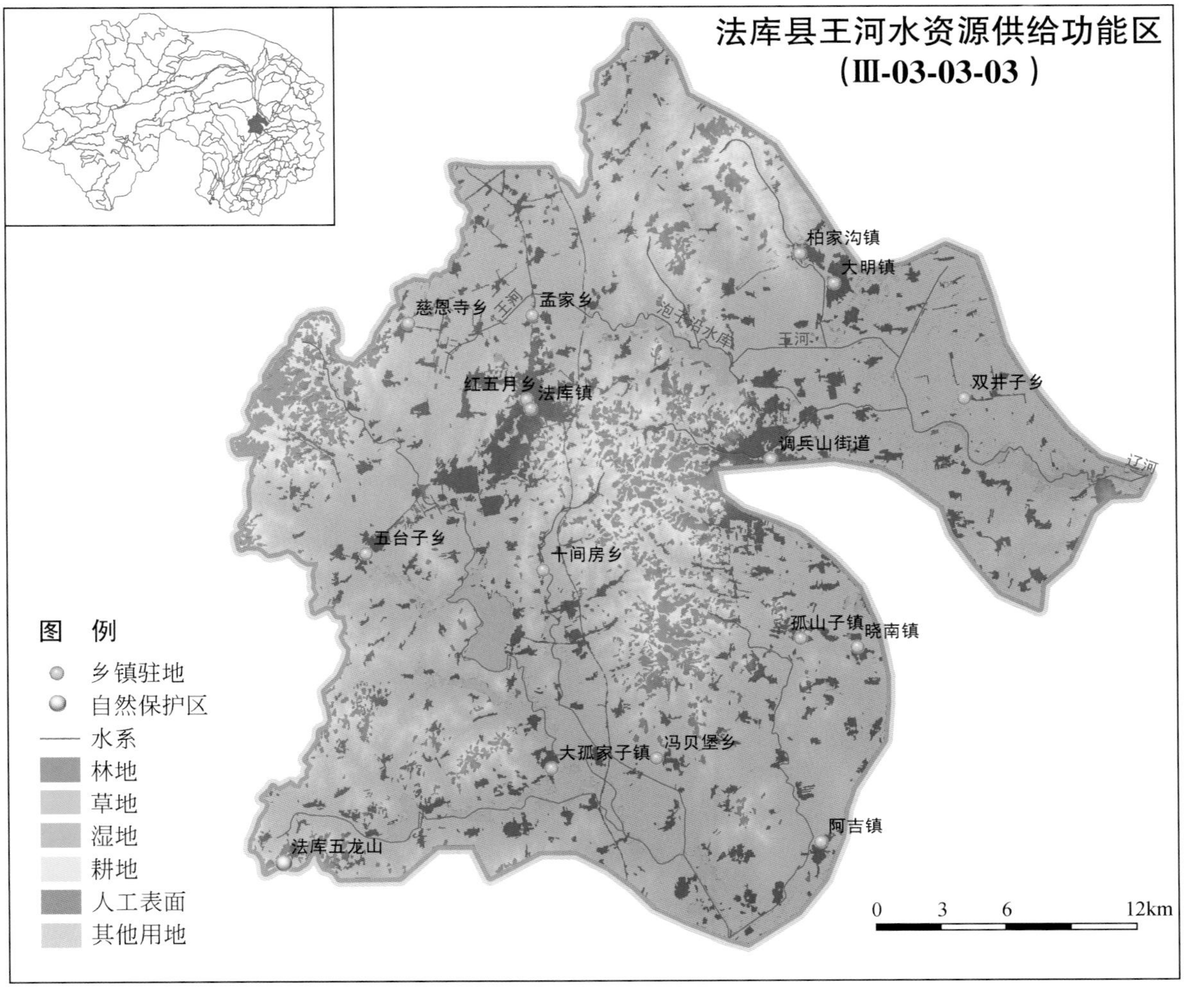

法库县王河水资源供给功能区
（Ⅲ-03-03-03）

柏家沟镇
大明镇
慈恩寺乡
孟家乡
王河
泡子沿水库
双井子乡
红五月乡
法库镇
调兵山街道
辽河
五台子乡
十间房乡
孤山子镇
晓南镇
大孤家子镇
冯贝堡乡
阿吉镇
法库五龙山

0 3 6 12km

图 例

乡镇驻地
自然保护区
水系
林地
草地
湿地
耕地
人工表面
其他用地

入辽河干流支流法库县境内

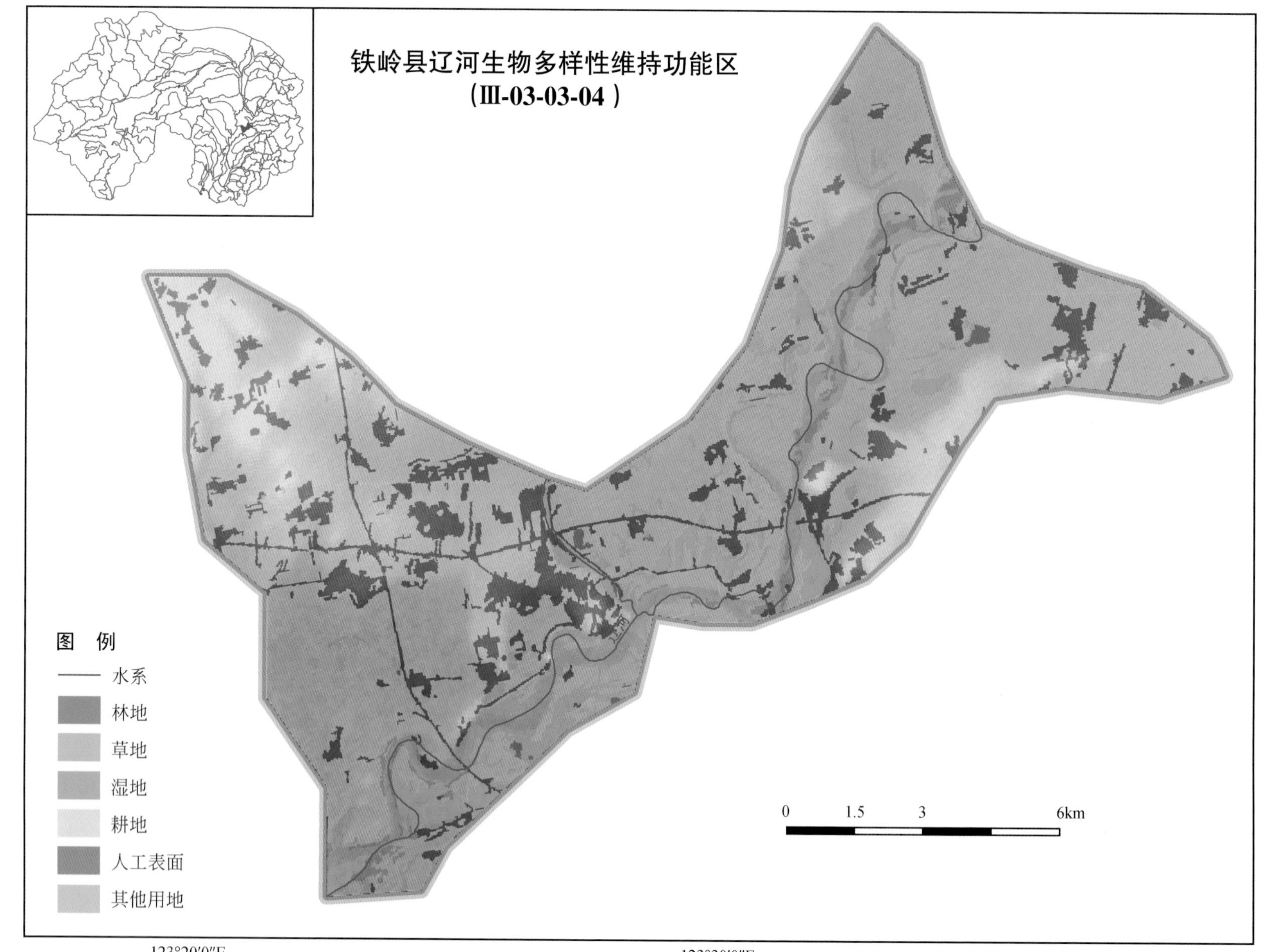
铁岭县辽河生物多样性维持功能区
(III-03-03-04)
图 例
水系
林地
草地
湿地
耕地
人工表面
其他用地
0
1.5
3
6km
123°20'0"E
123°30'0"E

沈阳市辖区万泉河水资源供给功能区
（III-03-03-05）

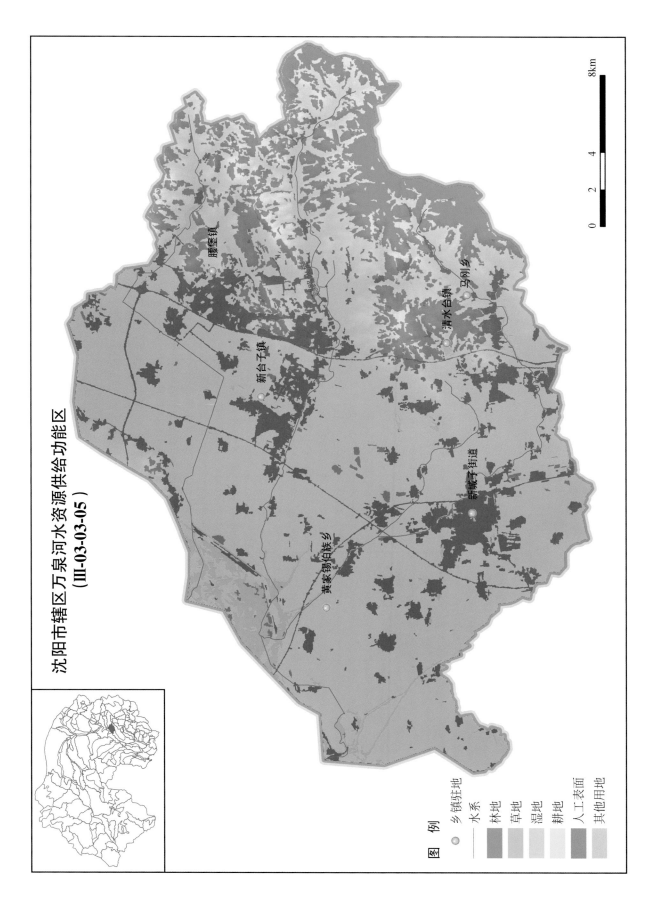

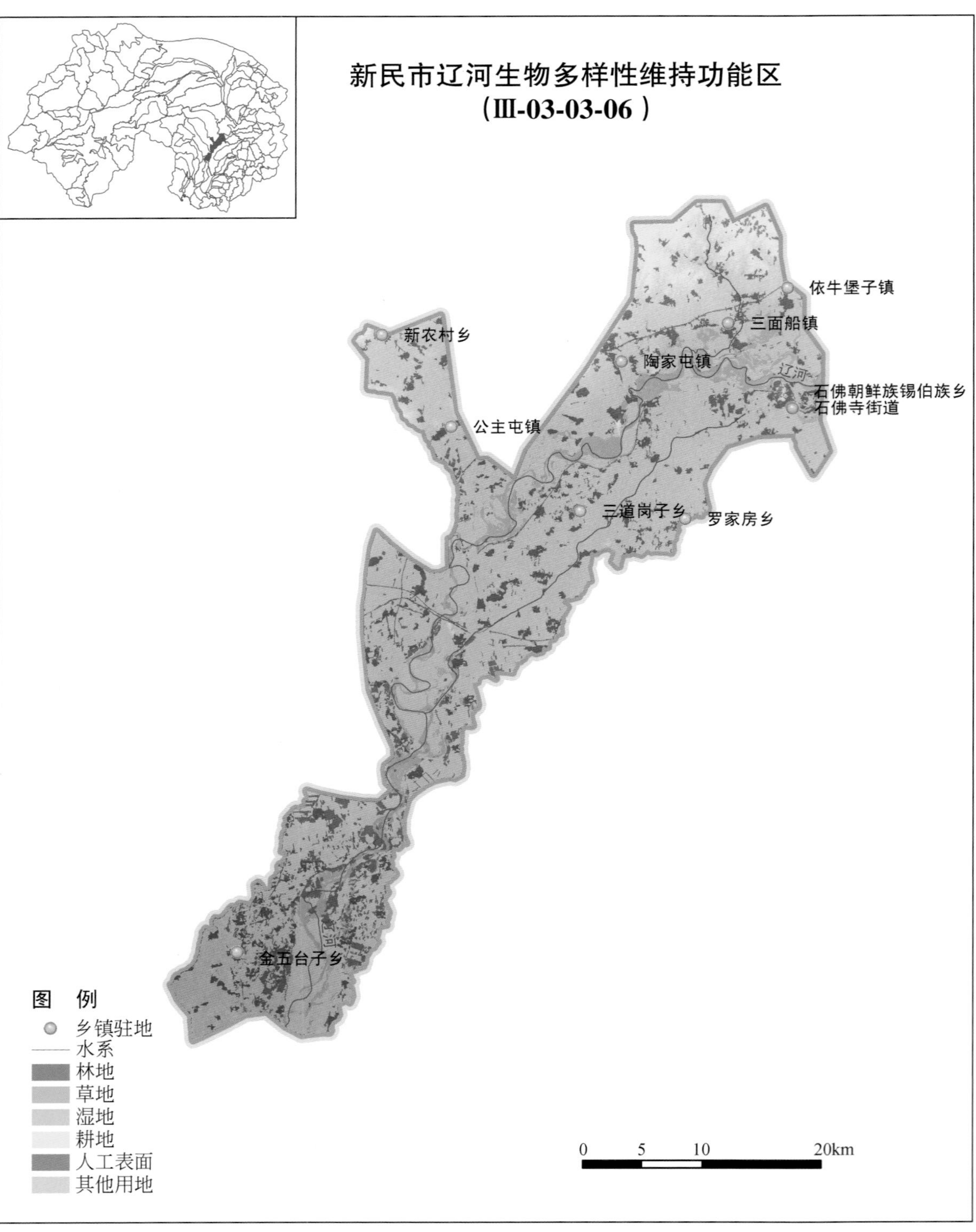

新民市辽河生物多样性维持功能区
（Ⅲ-03-03-06）
依牛堡子镇
三面船镇
新农村乡
陶家屯镇
辽河
石佛朝鲜族锡伯族乡
石佛寺街道
公主屯镇
三道岗子乡
罗家房乡
金五台子乡
图 例
乡镇驻地
水系
林地
草地
湿地
耕地
人工表面
其他用地
0 5 10 20km

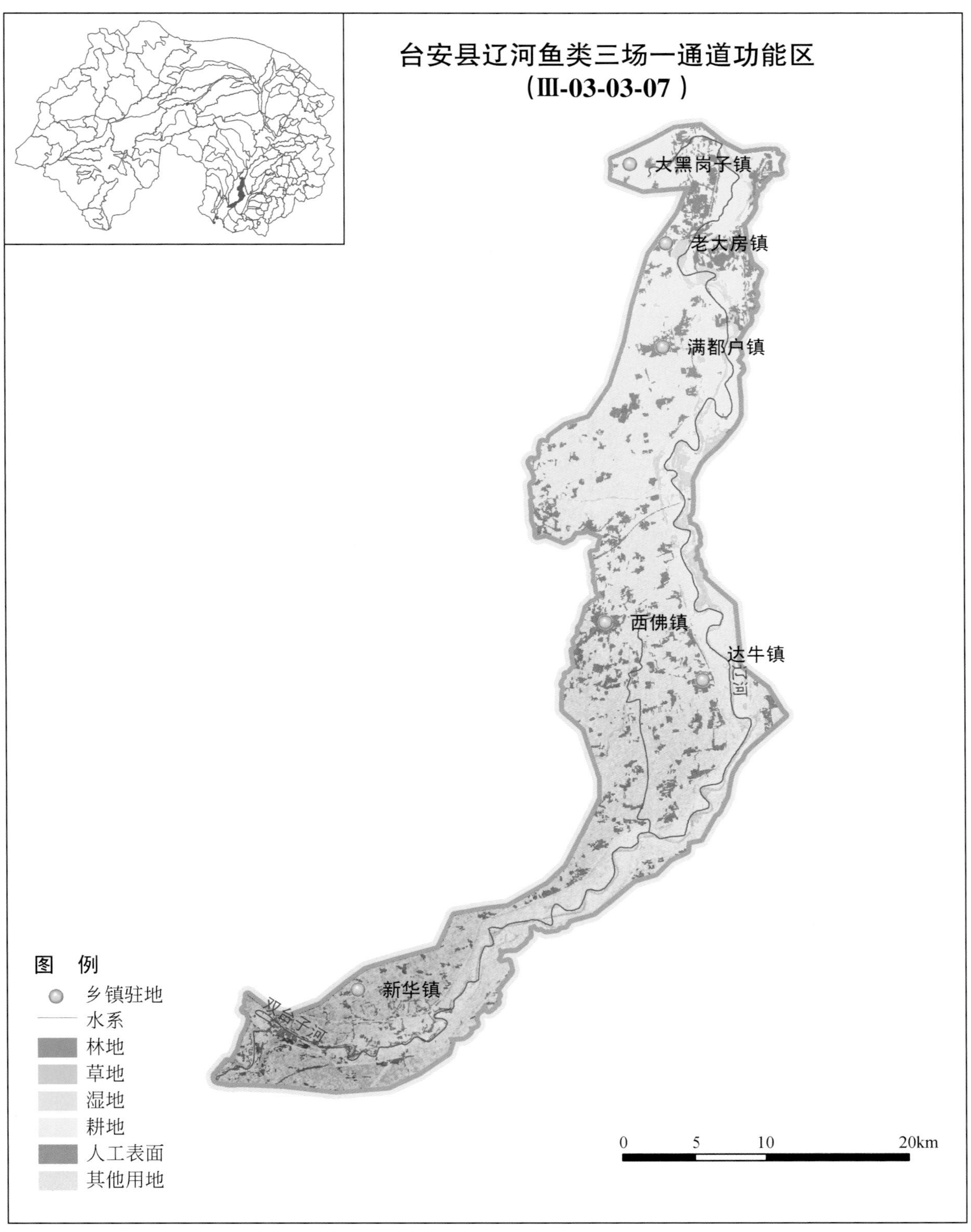
台安县辽河鱼类三场一通道功能区
（Ⅲ-03-03-07）
大黑岗子镇
老大房镇
满都户镇
西佛镇
达牛镇
辽河
新华镇
双台子河
图例
乡镇驻地
水系
林地
草地
湿地
耕地
人工表面
其他用地
0
5
10
20km

第一部分 图集

昌图县招苏台河生物多样性维持功能区
（Ⅲ-03-04-01）
招苏太河
通江口乡
图 例
乡镇驻地
水系
湿地
耕地
人工表面
其他用地
0
2
4
8km

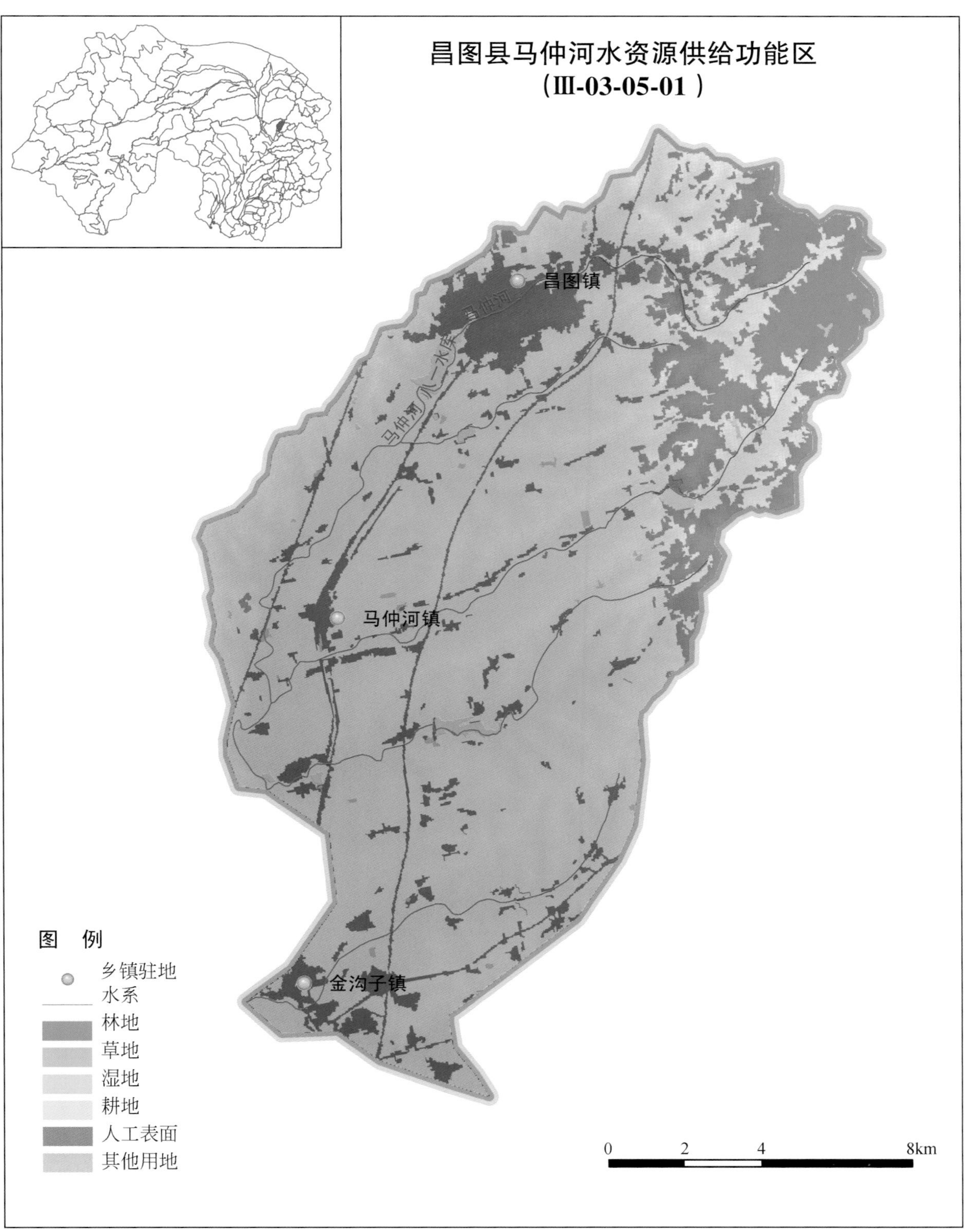
昌图县马仲河水资源供给功能区
（Ⅲ-03-05-01）
昌图镇
马仲河
八一水库
马仲河镇
金沟子镇
图 例
乡镇驻地
水系
林地
草地
湿地
耕地
人工表面
其他用地
0
2
4
8km

第一部分 图集

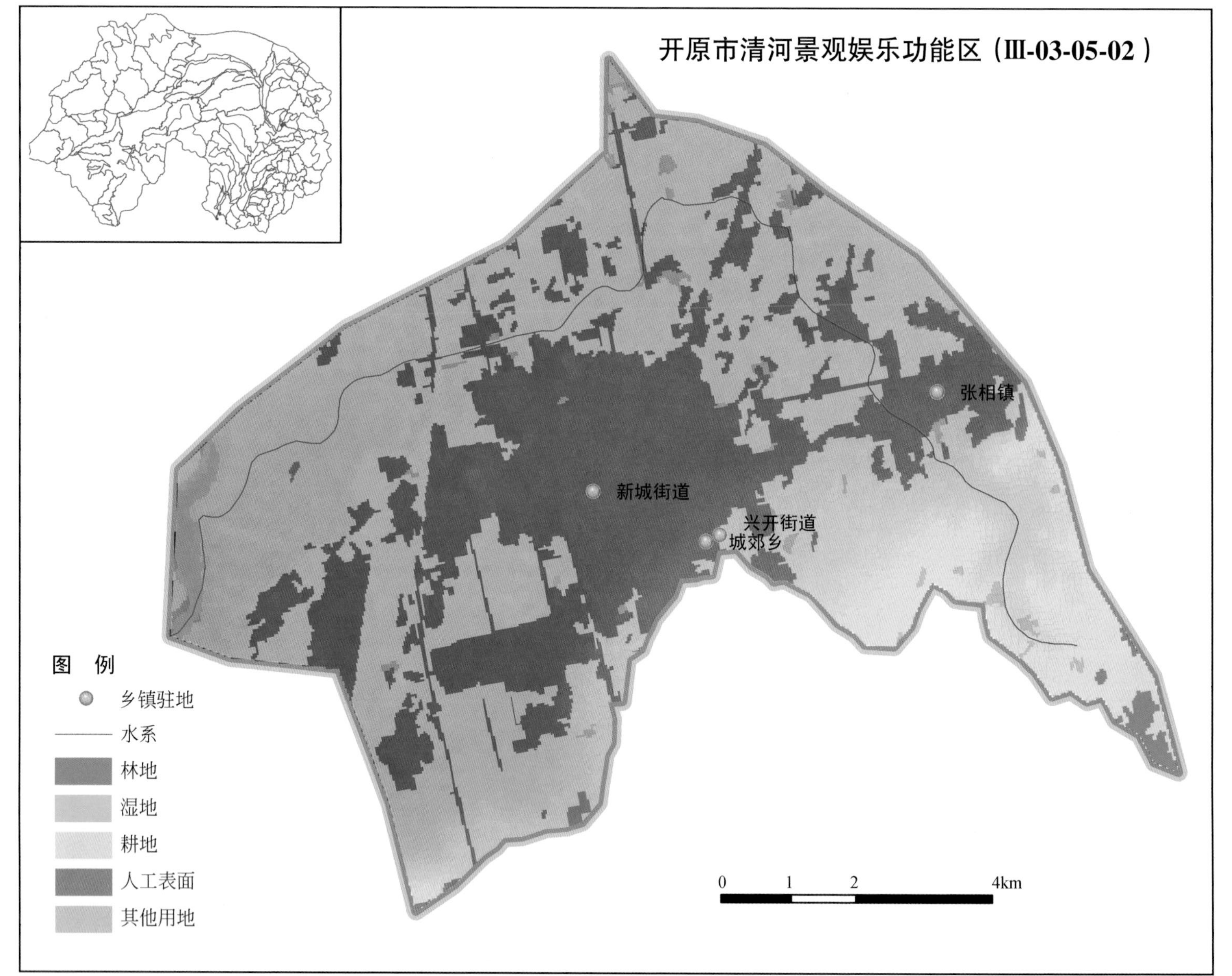
开原市清河景观娱乐功能区（III-03-05-02）
张相镇
新城街道
兴开街道
城郊乡
图例
乡镇驻地
水系
林地
湿地
耕地
人工表面
其他用地
0
1
2
4km

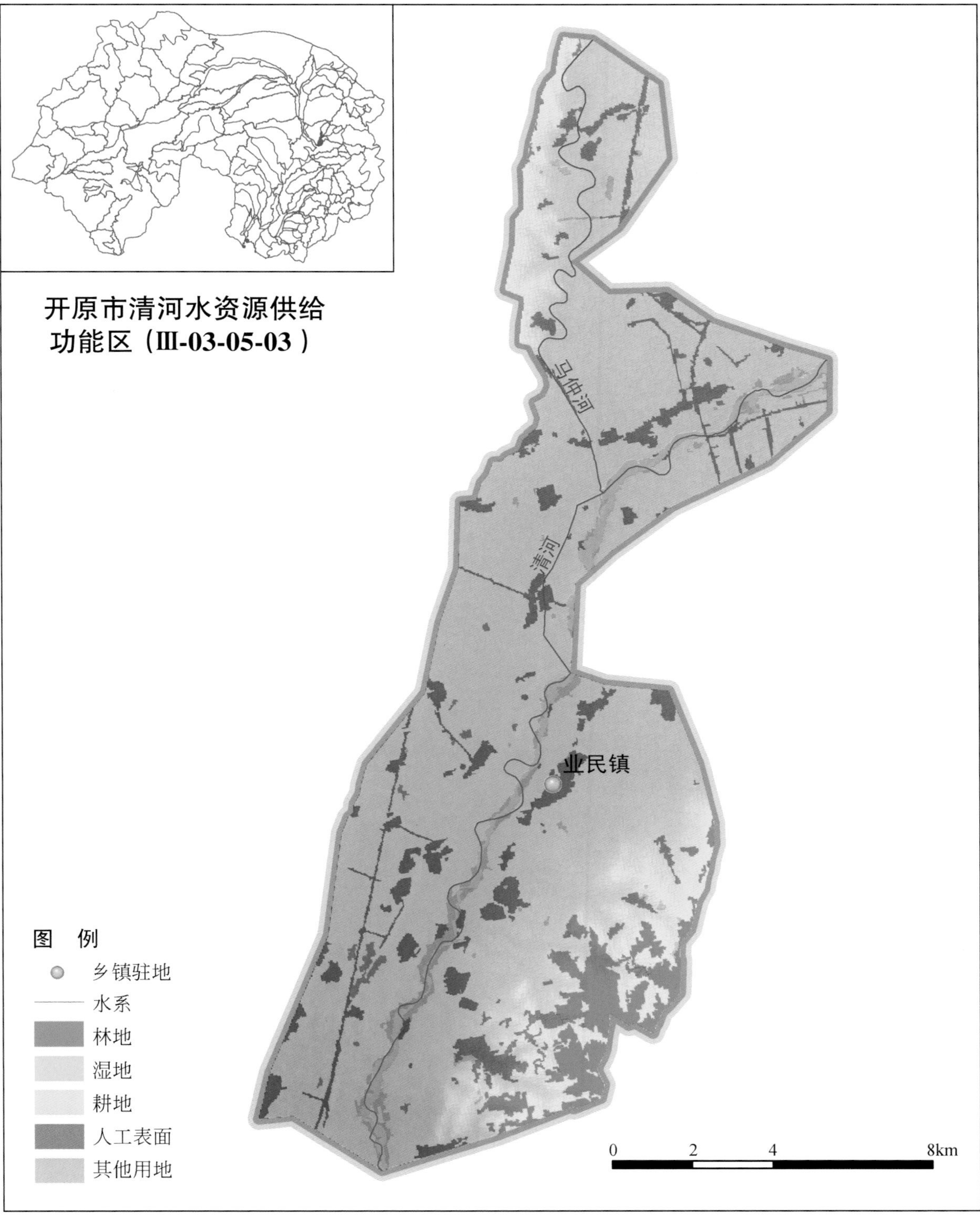
开原市清河水资源供给
功能区（Ⅲ-03-05-03）
马仲河
清河
业民镇
图　例
乡镇驻地
水系
林地
湿地
耕地
人工表面
其他用地
0
2
4
8km

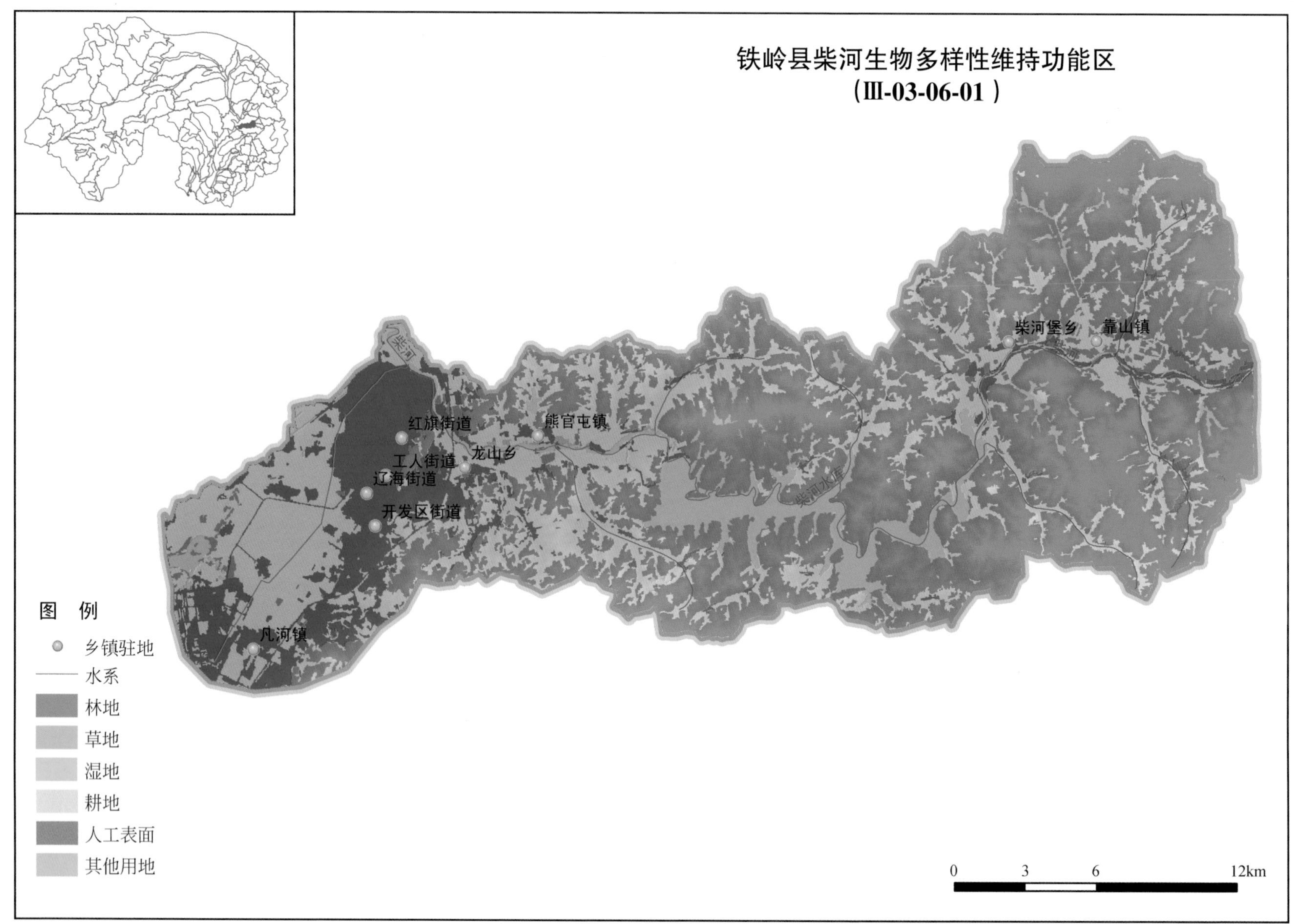
铁岭县柴河生物多样性维持功能区
（Ⅲ-03-06-01）
柴河堡乡
靠山镇
柴河水库
熊官屯镇
红旗街道
龙山乡
工人街道
辽海街道
开发区街道
凡河镇
柴河
图 例
乡镇驻地
水系
林地
草地
湿地
耕地
人工表面
其他用地
0
3
6
12km

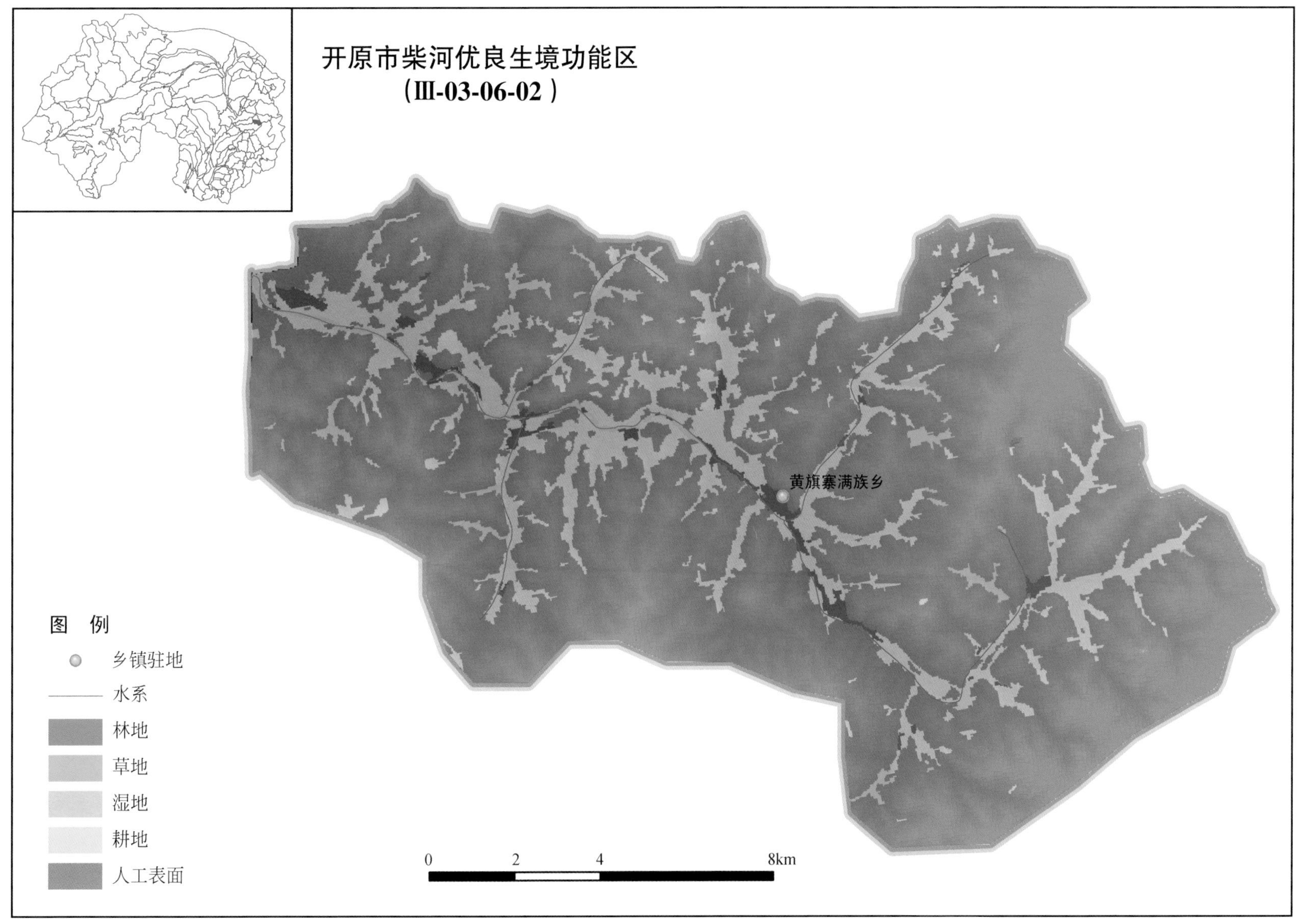
开原市柴河优良生境功能区
(Ⅲ-03-06-02)
黄旗寨满族乡
图 例
乡镇驻地
水系
林地
草地
湿地
耕地
人工表面
0
2
4
8km

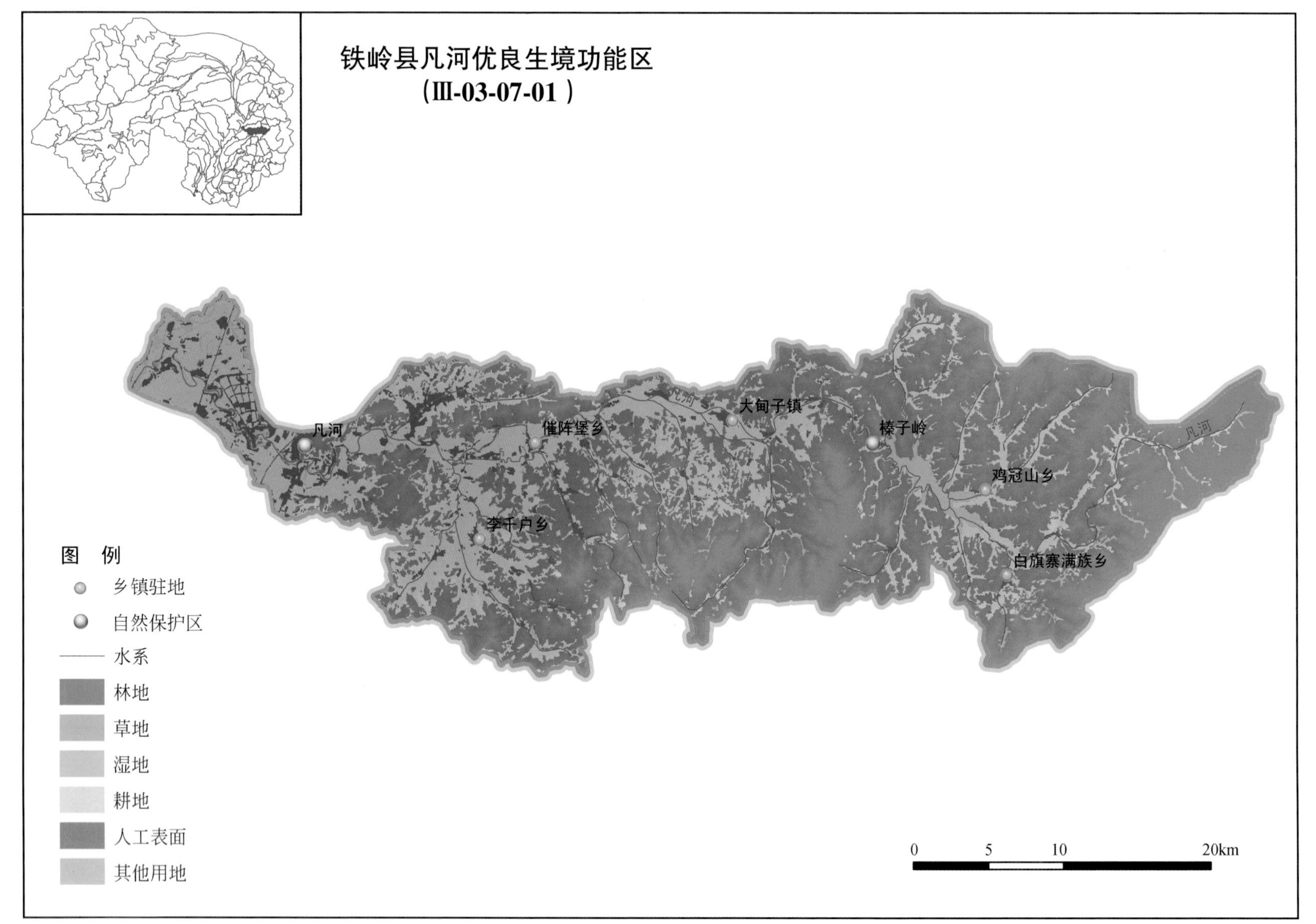
铁岭县凡河优良生境功能区
（III-03-07-01）
凡河
催阵堡乡
大甸子镇
榛子岭
鸡冠山乡
李千户乡
白旗寨满族乡
凡河
凡河
图 例
乡镇驻地
自然保护区
水系
林地
草地
湿地
耕地
人工表面
其他用地
0
5
10
20km

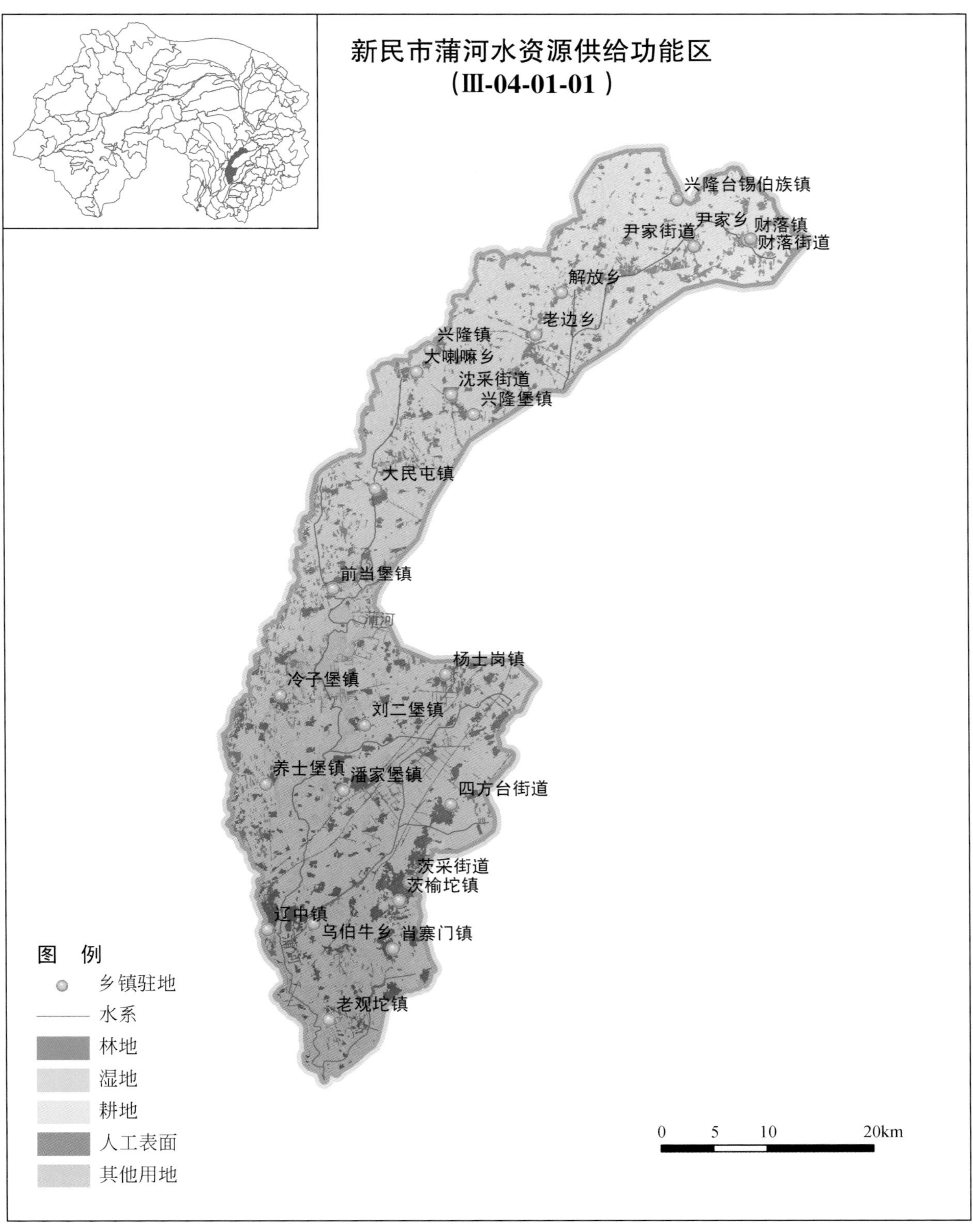
新民市蒲河水资源供给功能区
（Ⅲ-04-01-01）
兴隆台锡伯族镇
尹家乡
财落镇
尹家街道
财落街道
解放乡
老边乡
兴隆镇
大喇嘛乡
沈采街道
兴隆堡镇
大民屯镇
前当堡镇
蒲河
杨士岗镇
冷子堡镇
刘二堡镇
养士堡镇
潘家堡镇
四方台街道
茨采街道
茨榆坨镇
辽中镇
乌伯牛乡
肖寨门镇
老观坨镇
图 例
乡镇驻地
水系
林地
湿地
耕地
人工表面
其他用地
0
5
10
20km

第一部分 图集

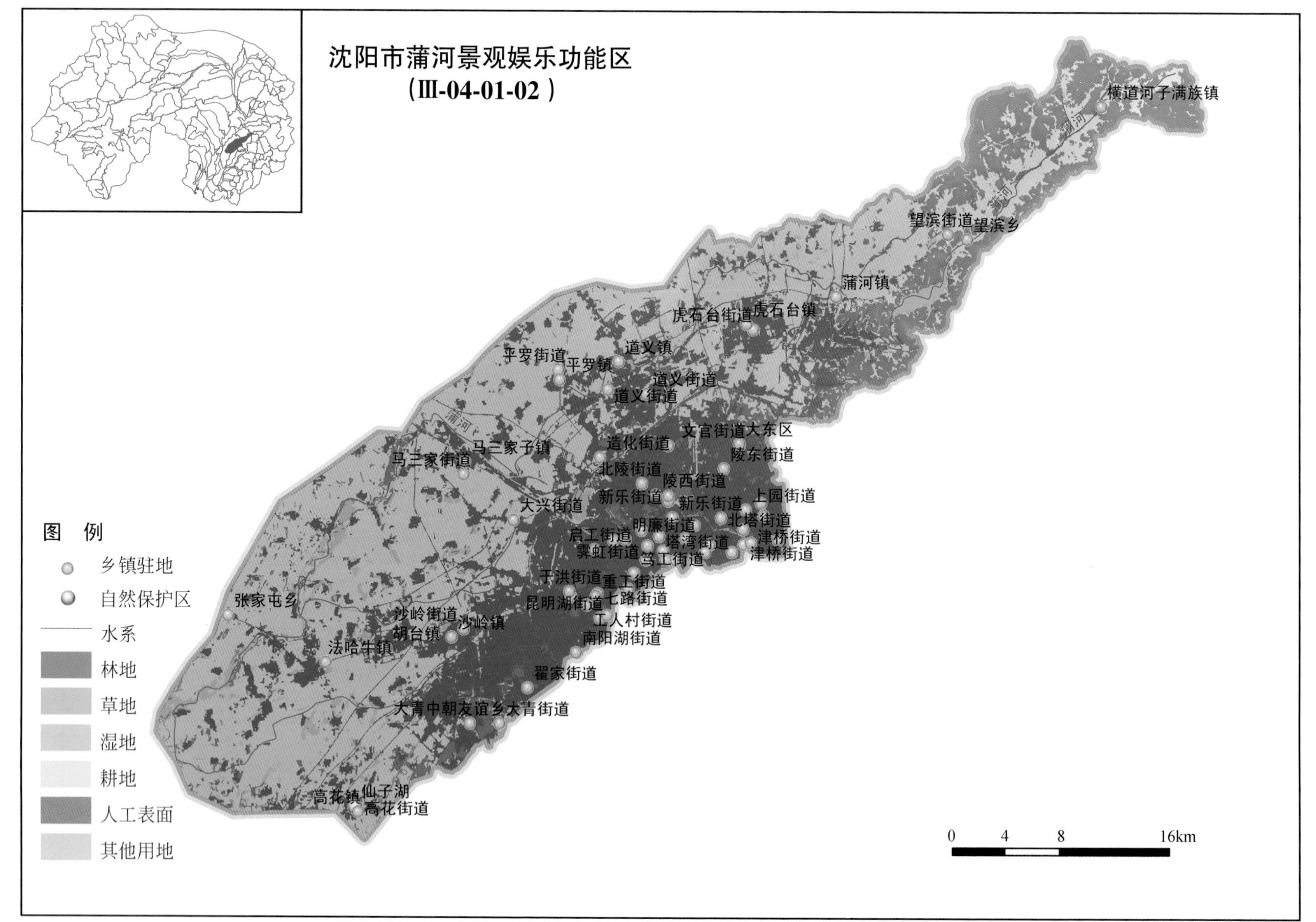
沈阳市蒲河景观娱乐功能区
(Ⅲ-04-01-02)
横道河子满族镇
望滨街道
望滨乡
蒲河镇
虎石台街道
虎石台镇
道义镇
平罗街道
平罗镇
道义街道
道义街道
文官街道
大东区
造化街道
陵东街道
马三家子镇
马三家街道
北陵街道
陵西街道
新乐街道
新乐街道
上园街道
大兴街道
北塔街道
明廉街道
启工街道
津桥街道
塔湾街道
霁虹街道
津桥街道
笃工街道
于洪街道
重工街道
七路街道
昆明湖街道
张家屯乡
沙岭街道
沙岭镇
工人村街道
胡台镇
南阳湖街道
法哈牛镇
翟家街道
大青中朝友谊乡
大青街道
高花镇
仙子湖
高花街道
图 例
乡镇驻地
自然保护区
水系
林地
草地
湿地
耕地
人工表面
其他用地
0
4
8
16km

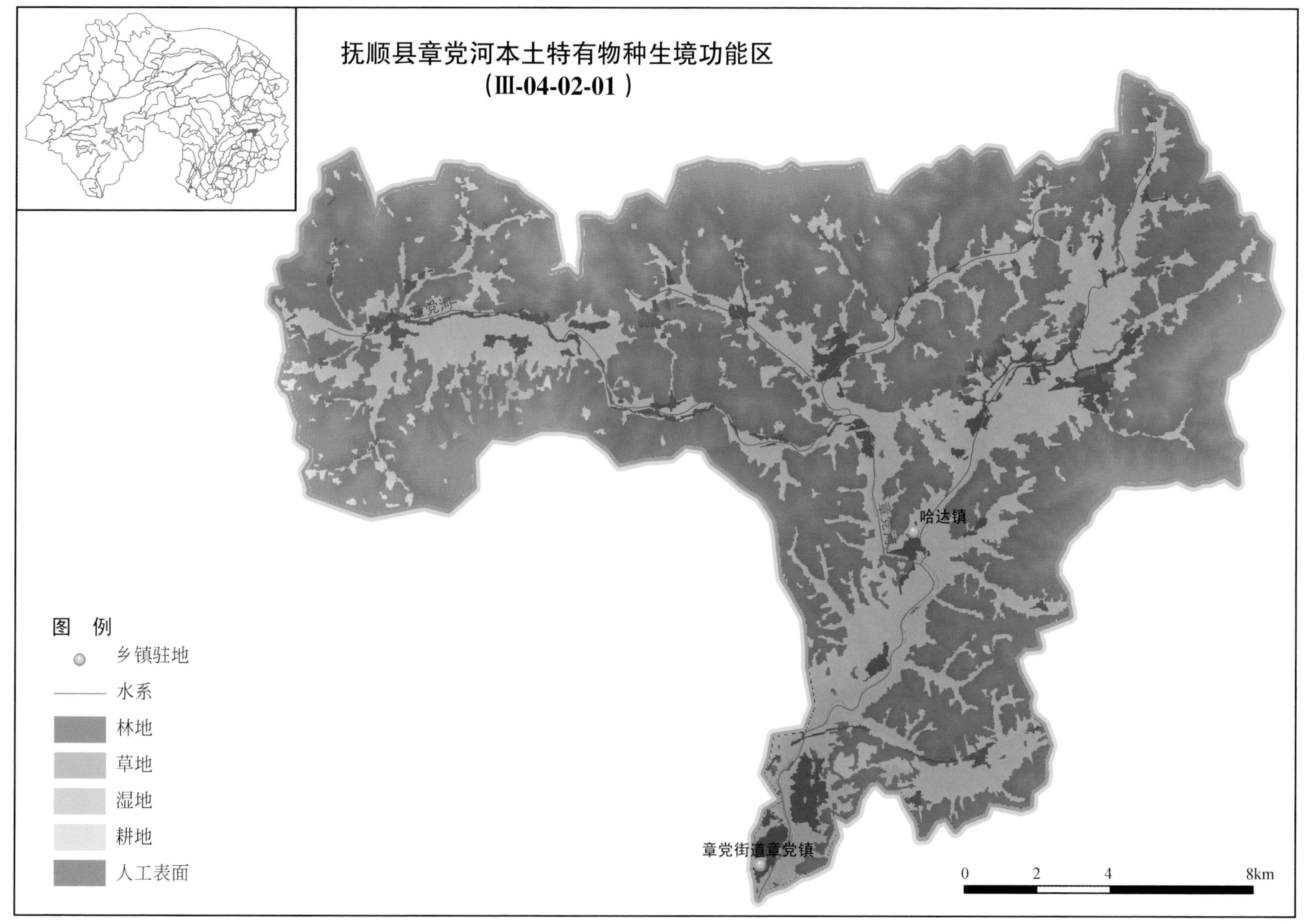

抚顺县章党河本土特有物种生境功能区
(Ⅲ-04-02-01)
章党河
哈达镇
章党街道
章党镇
图例
乡镇驻地
水系
林地
草地
湿地
耕地
人工表面
0
2
4
8km

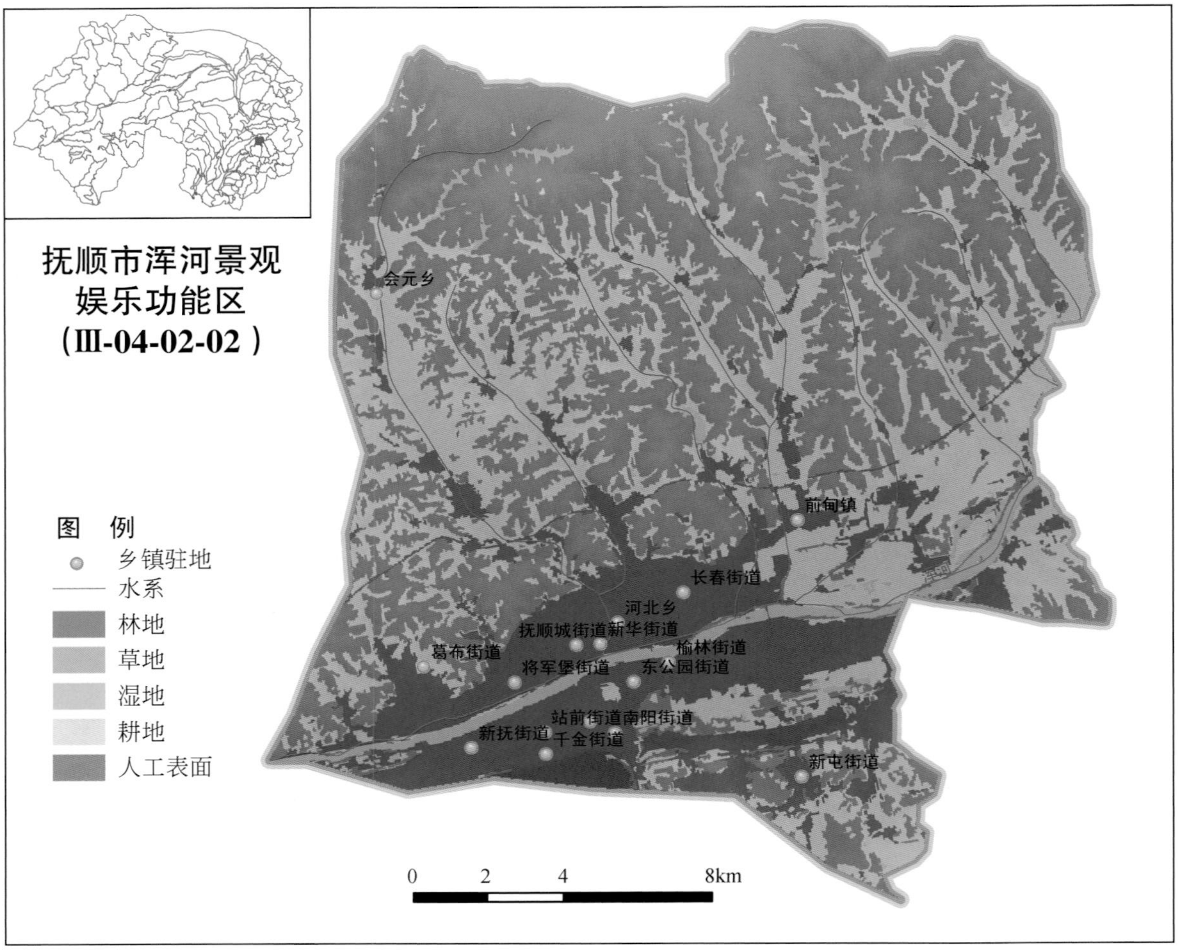

抚顺市浑河景观娱乐功能区（Ⅲ-04-02-02）

图 例

乡镇驻地
水系
林地
草地
湿地
耕地
人工表面

会元乡
前甸镇
长春街道
河北乡
抚顺城街道
新华街道
榆林街道
葛布街道
将军堡街道
东公园街道
站前街道
南阳街道
新抚街道
千金街道
新屯街道

0 2 4 8km

浑河中游抚顺市境内

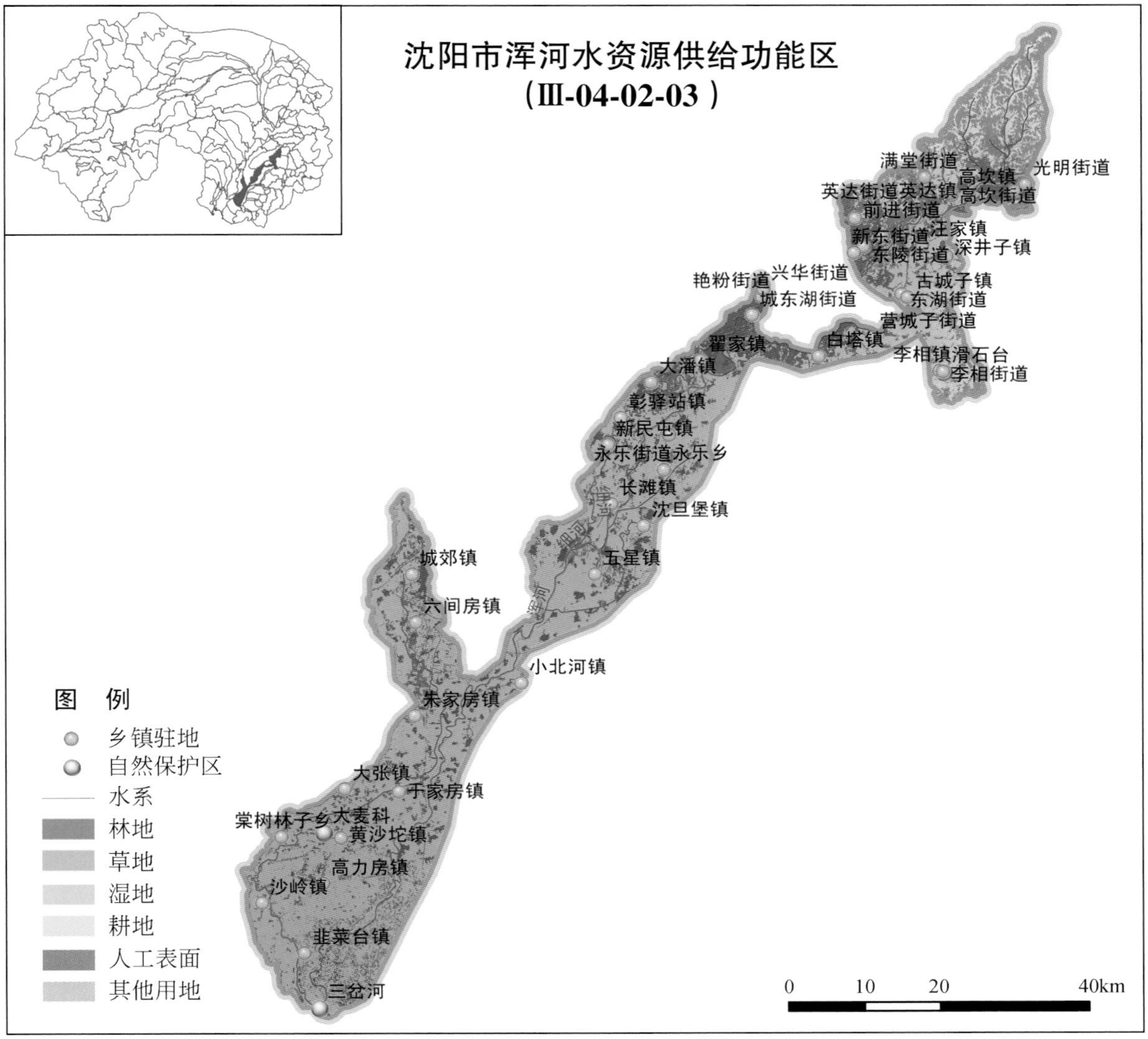

沈阳市浑河水资源供给功能区
（Ⅲ-04-02-03）

满堂街道 高坎镇 光明街道
英达街道 英达镇 高坎街道
前进街道
新东街道 汪家镇
东陵街道 深井子镇
艳粉街道 兴华街道
古城子镇
城东湖街道 东湖街道
营城子街道
翟家镇 白塔镇
李相镇 滑石台
大潘镇 李相街道
彰驿站镇
新民屯镇
永乐街道 永乐乡
长滩镇
沈旦堡镇
城郊镇 五星镇
六间房镇
小北河镇
朱家房镇
大张镇
于家房镇
棠树林子乡 大麦科
黄沙坨镇
高力房镇
沙岭镇
韭菜台镇
三岔河

0 10 20 40km

图 例

乡镇驻地
自然保护区
水系
林地
草地
湿地
耕地
人工表面
其他用地

浑河干流沈阳市境内

浑河干流灯塔县境内

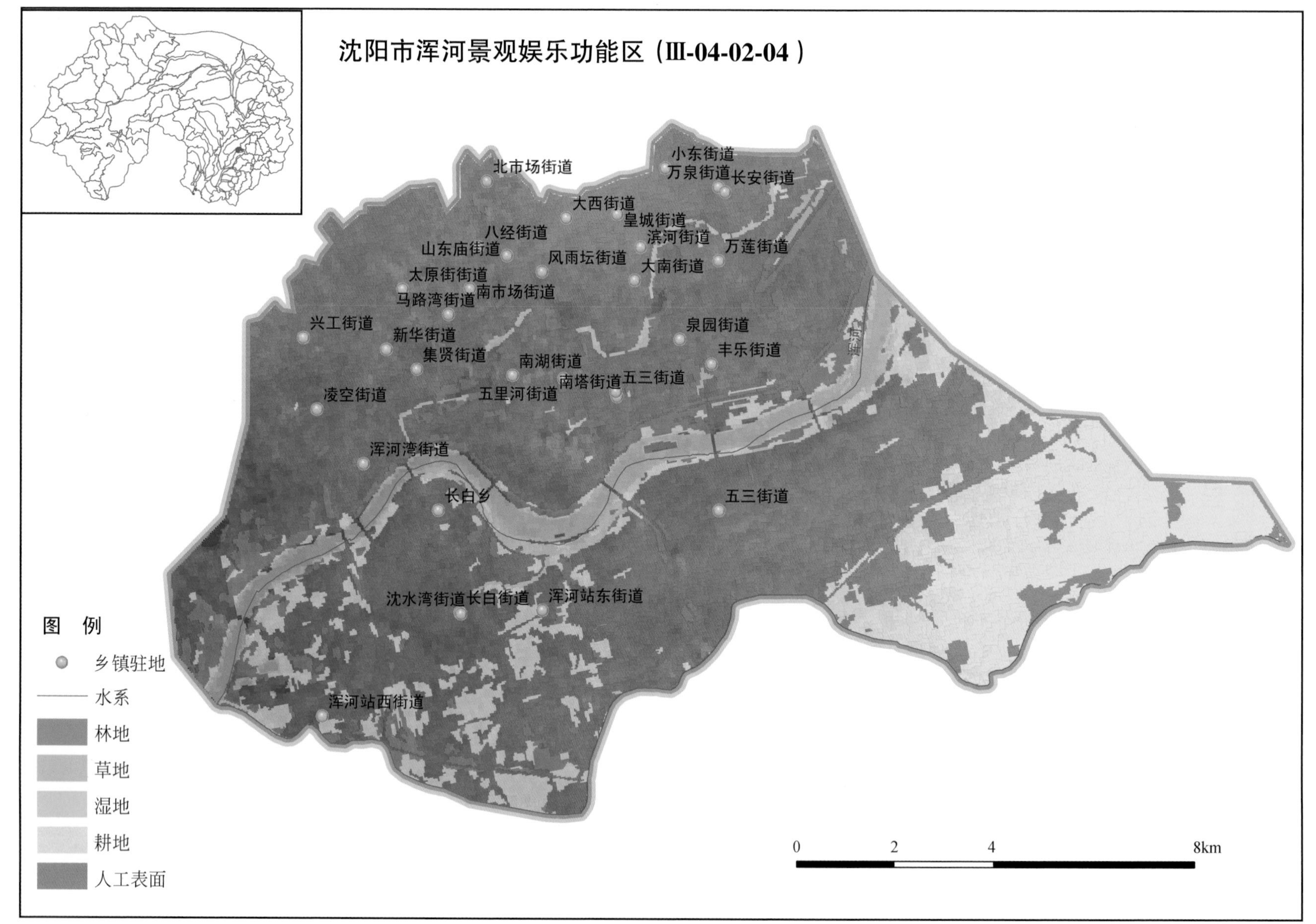
沈阳市浑河景观娱乐功能区（Ⅲ-04-02-04）
北市场街道
小东街道
万泉街道
长安街道
大西街道
皇城街道
八经街道
滨河街道
万莲街道
山东庙街道
风雨坛街道
大南街道
太原街道
南市场街道
马路湾街道
兴工街道
泉园街道
新华街道
丰乐街道
集贤街道
南湖街道
南塔街道
五三街道
凌空街道
五里河街道
浑河湾街道
长白乡
五三街道
沈水湾街道
长白街道
浑河站东街道
浑河站西街道
图 例
乡镇驻地
水系
林地
草地
湿地
耕地
人工表面
0
2
4
8km

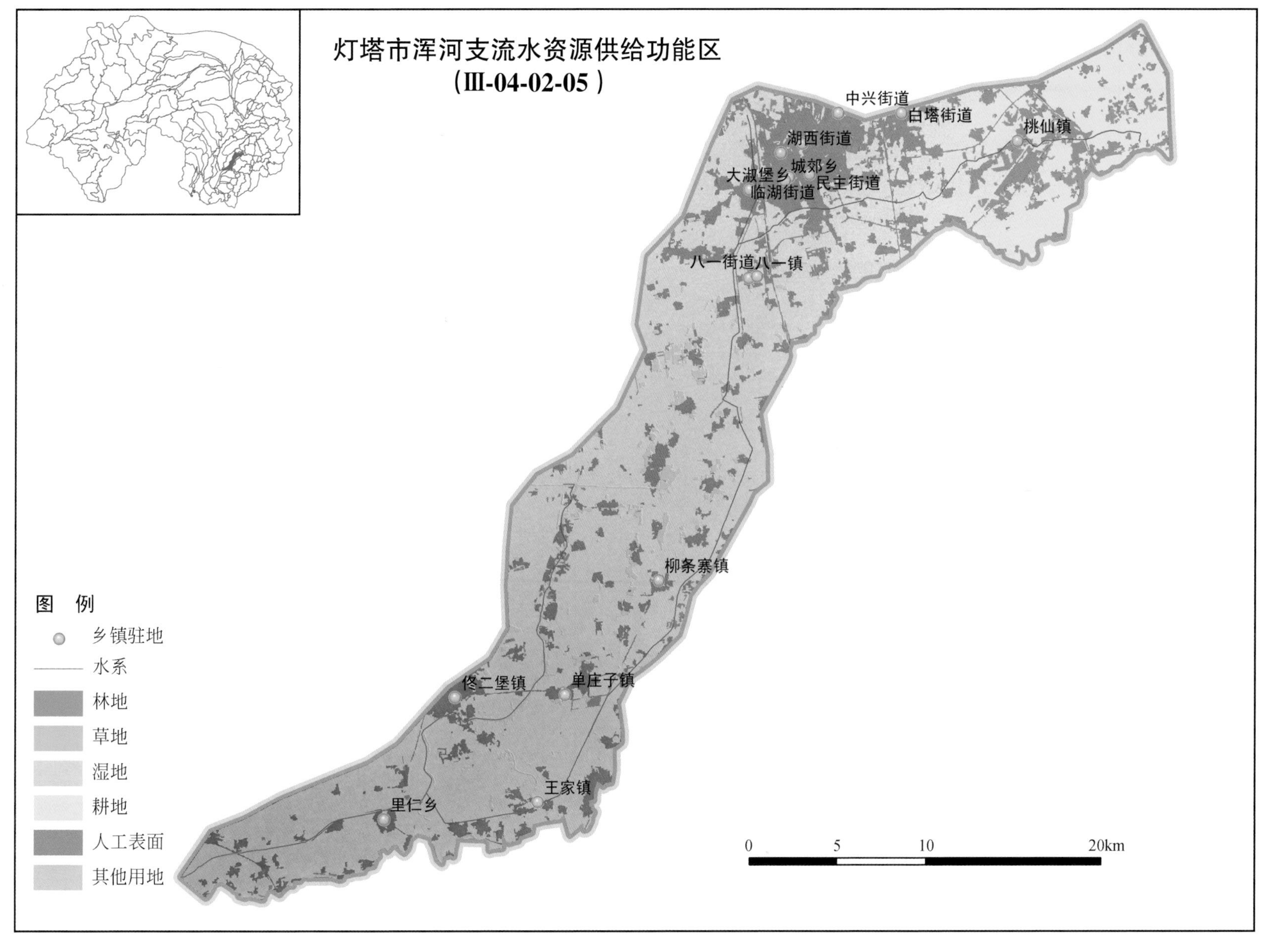
灯塔市浑河支流水资源供给功能区
（Ⅲ-04-02-05）
中兴街道
白塔街道
桃仙镇
湖西街道
城郊乡
大淑堡乡
民主街道
临湖街道
八一街道
八一镇
柳条寨镇
佟二堡镇
单庄子镇
王家镇
里仁乡
图　例
乡镇驻地
水系
林地
草地
湿地
耕地
人工表面
其他用地
0
5
10
20km

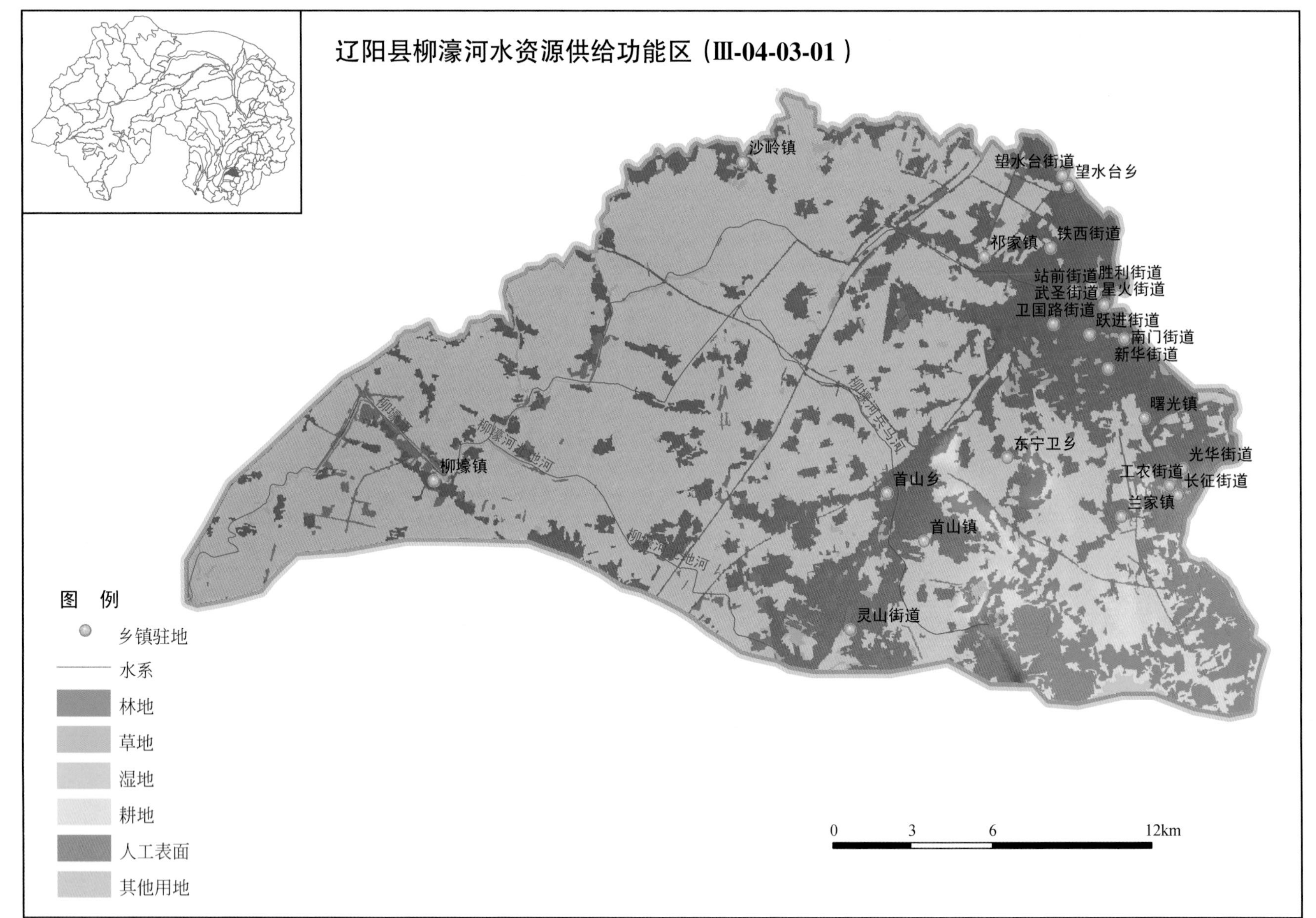

辽阳县柳壕河水资源供给功能区（Ⅲ-04-03-01）

鞍山市沙河景观娱乐功能区
（Ⅲ-04-03-02）

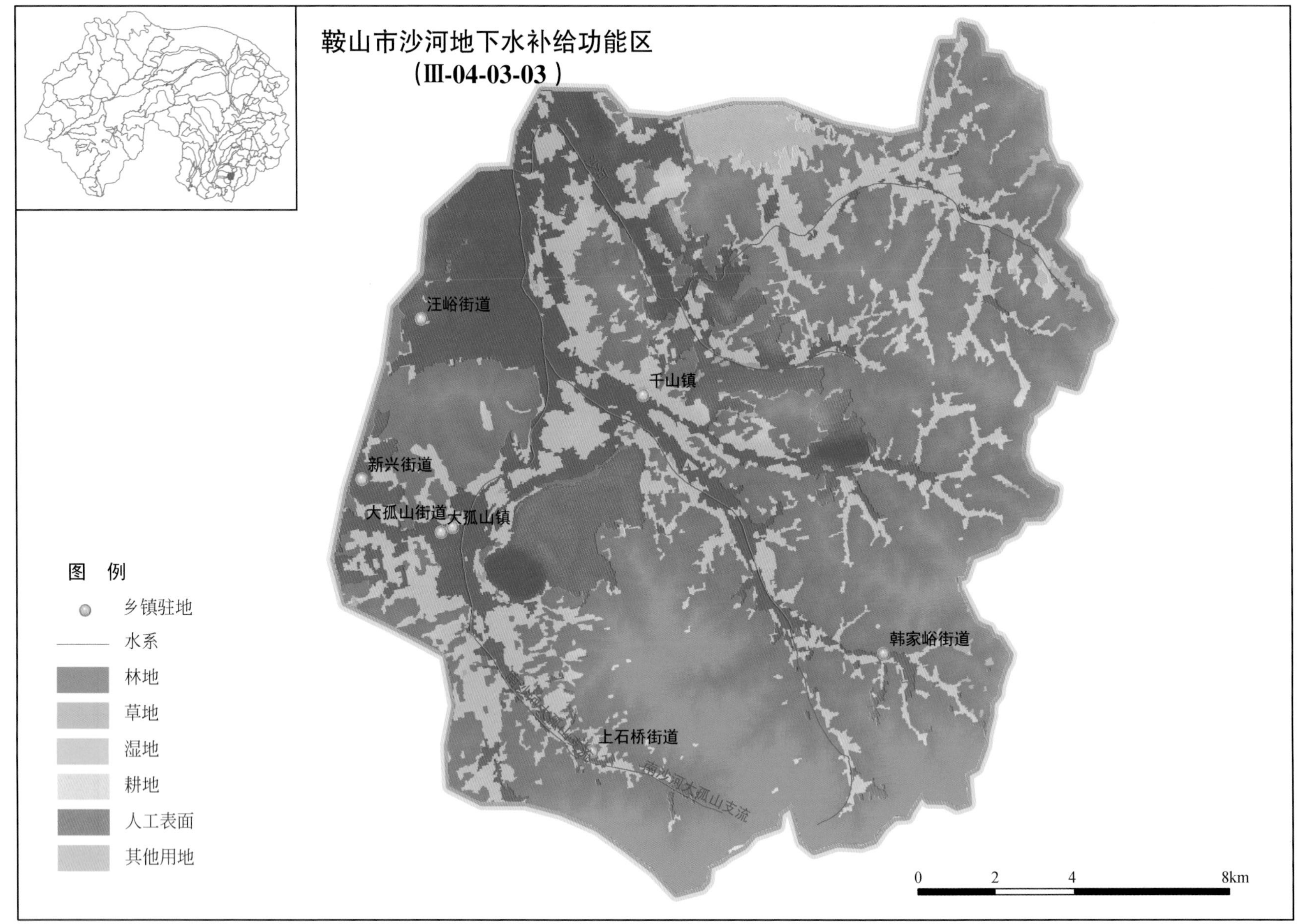
鞍山市沙河地下水补给功能区
（Ⅲ-04-03-03）
汪峪街道
千山镇
新兴街道
大孤山街道
大孤山镇
韩家峪街道
上石桥街道
南沙河大孤山支流
图 例
乡镇驻地
水系
林地
草地
湿地
耕地
人工表面
其他用地
0
2
4
8km

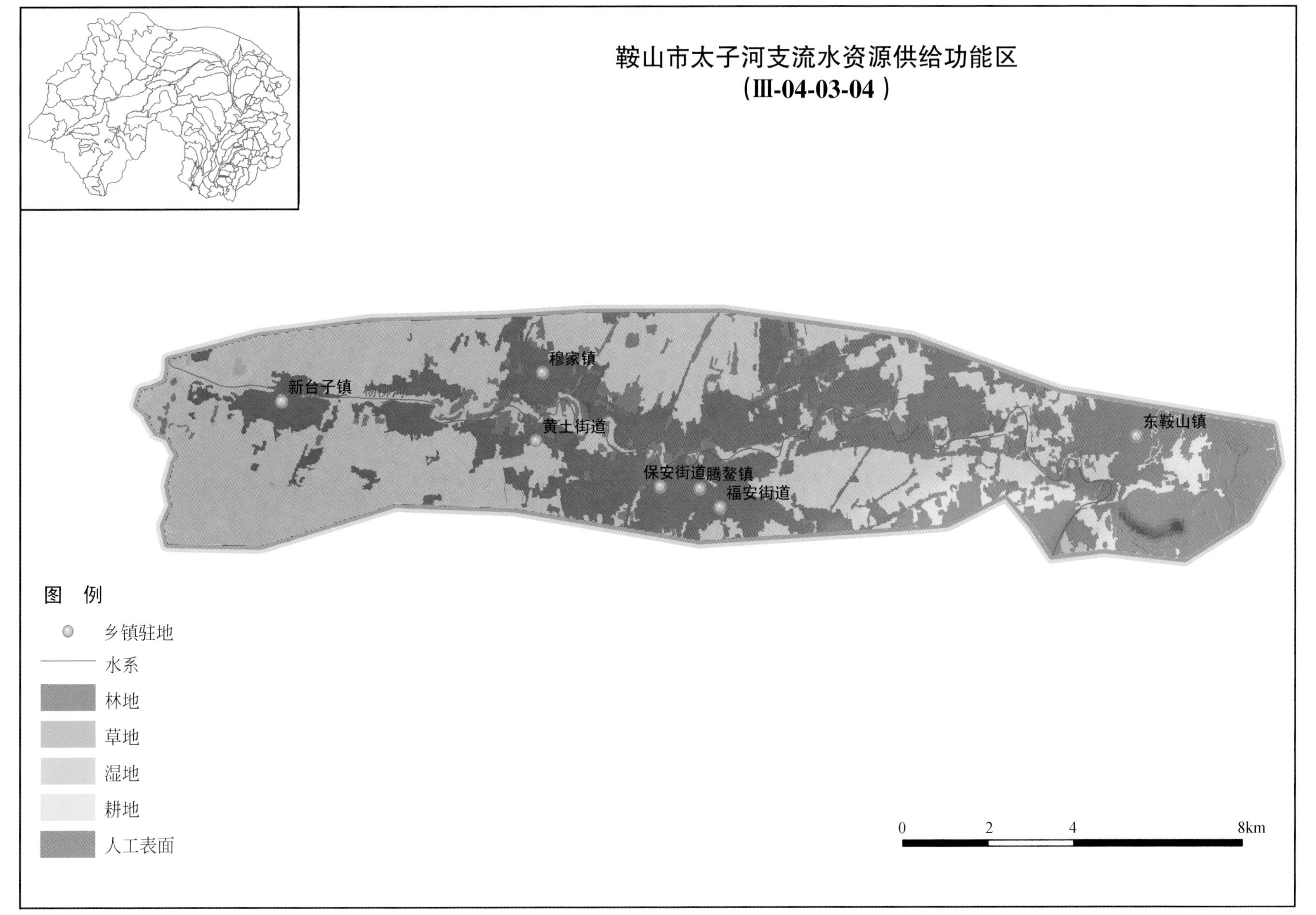
鞍山市太子河支流水资源供给功能区
(Ⅲ-04-03-04)
穆家镇
新台子镇
黄土街道
保安街道
腾鳌镇
福安街道
东鞍山镇
图 例
乡镇驻地
水系
林地
草地
湿地
耕地
人工表面
0
2
4
8km

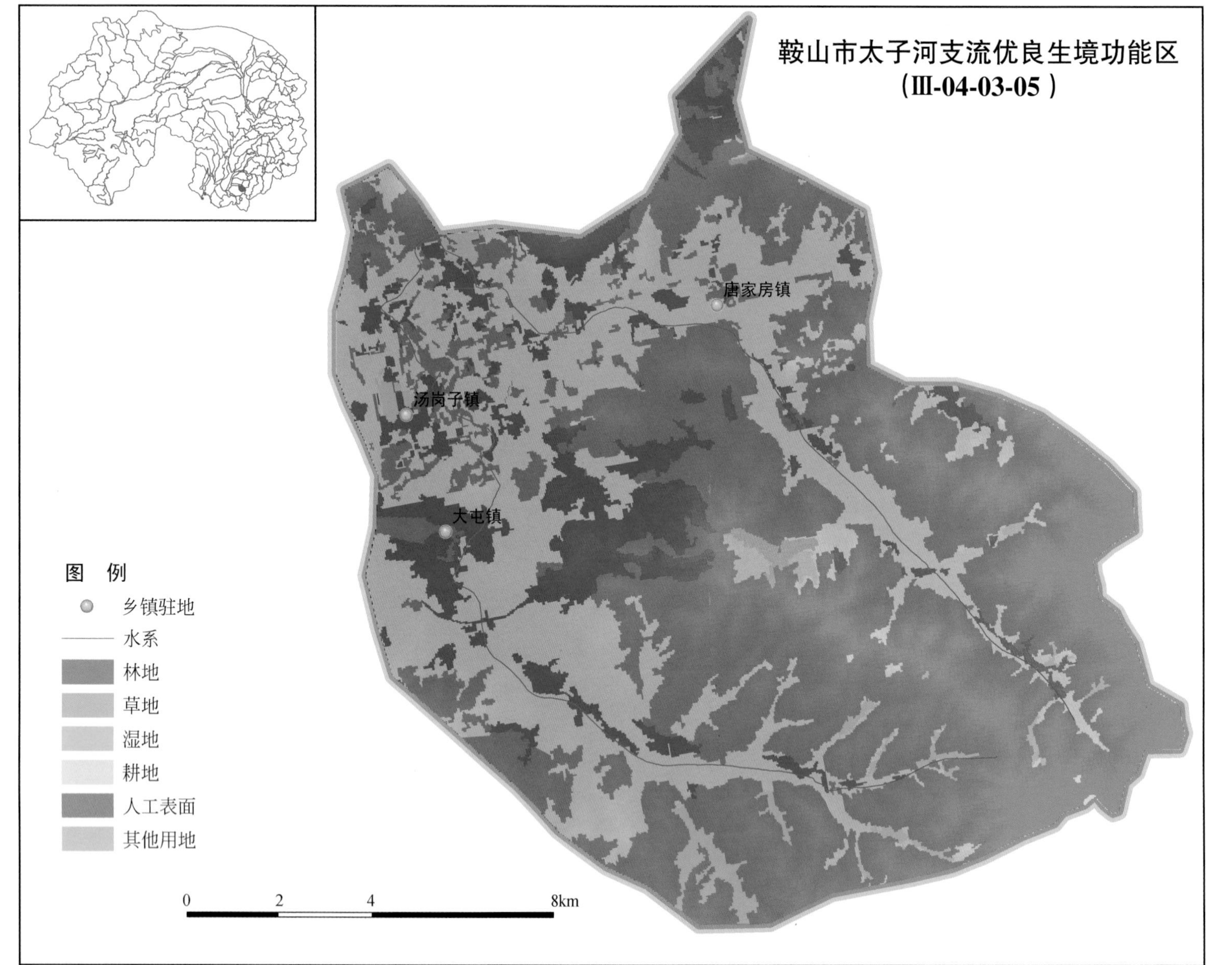
鞍山市太子河支流优良生境功能区
(Ⅲ-04-03-05)
唐家房镇
汤岗子镇
大屯镇
图 例
乡镇驻地
水系
林地
草地
湿地
耕地
人工表面
其他用地
0
2
4
8km

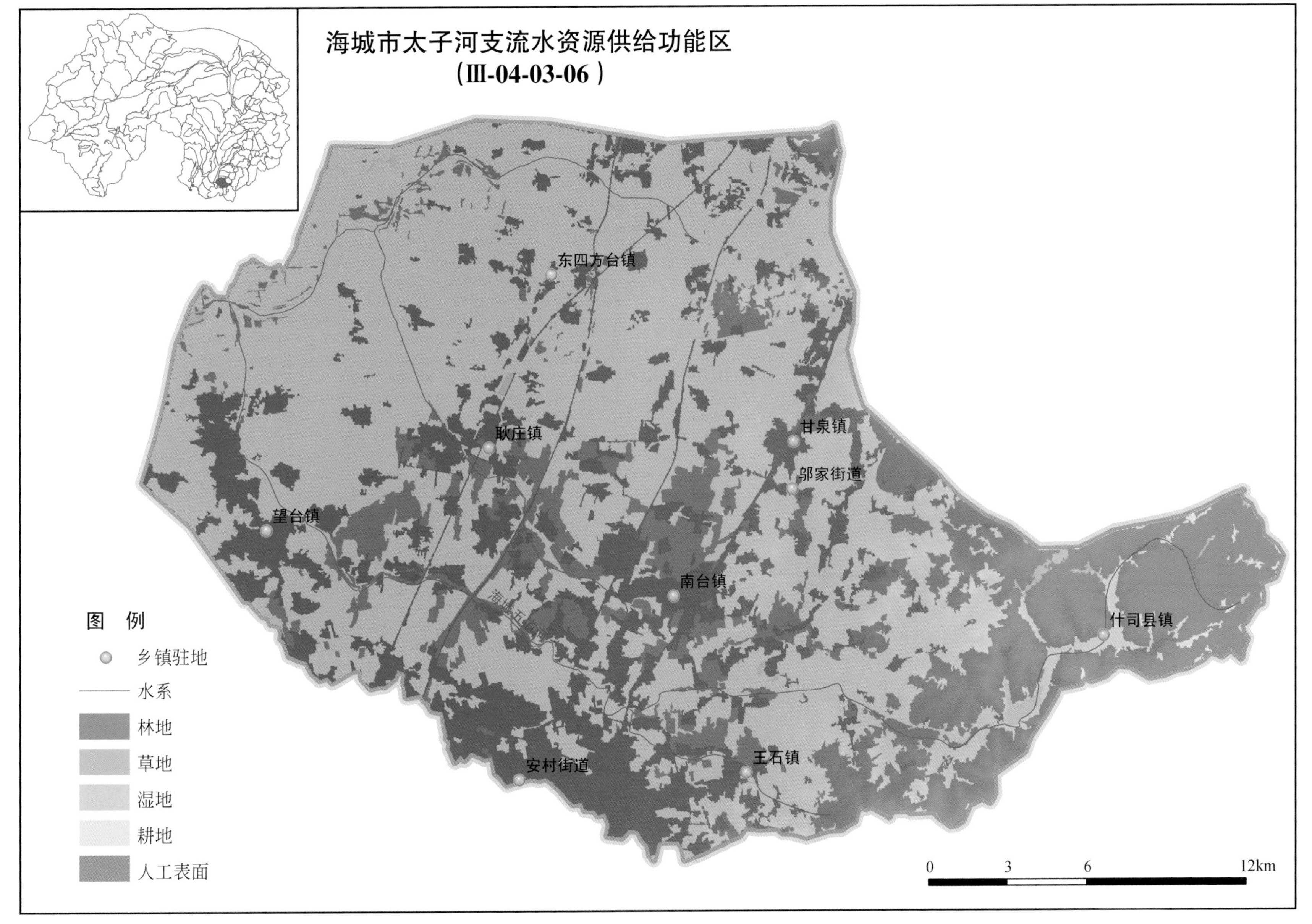
海城市太子河支流水资源供给功能区
（III-04-03-06）
东四方台镇
耿庄镇
甘泉镇
邬家街道
望台镇
南台镇
什司县镇
安村街道
王石镇
海城五道河
图 例
乡镇驻地
水系
林地
草地
湿地
耕地
人工表面
0
3
6
12km

抚顺县浑河支流生物多样性维持功能区（Ⅲ-04-04-01）

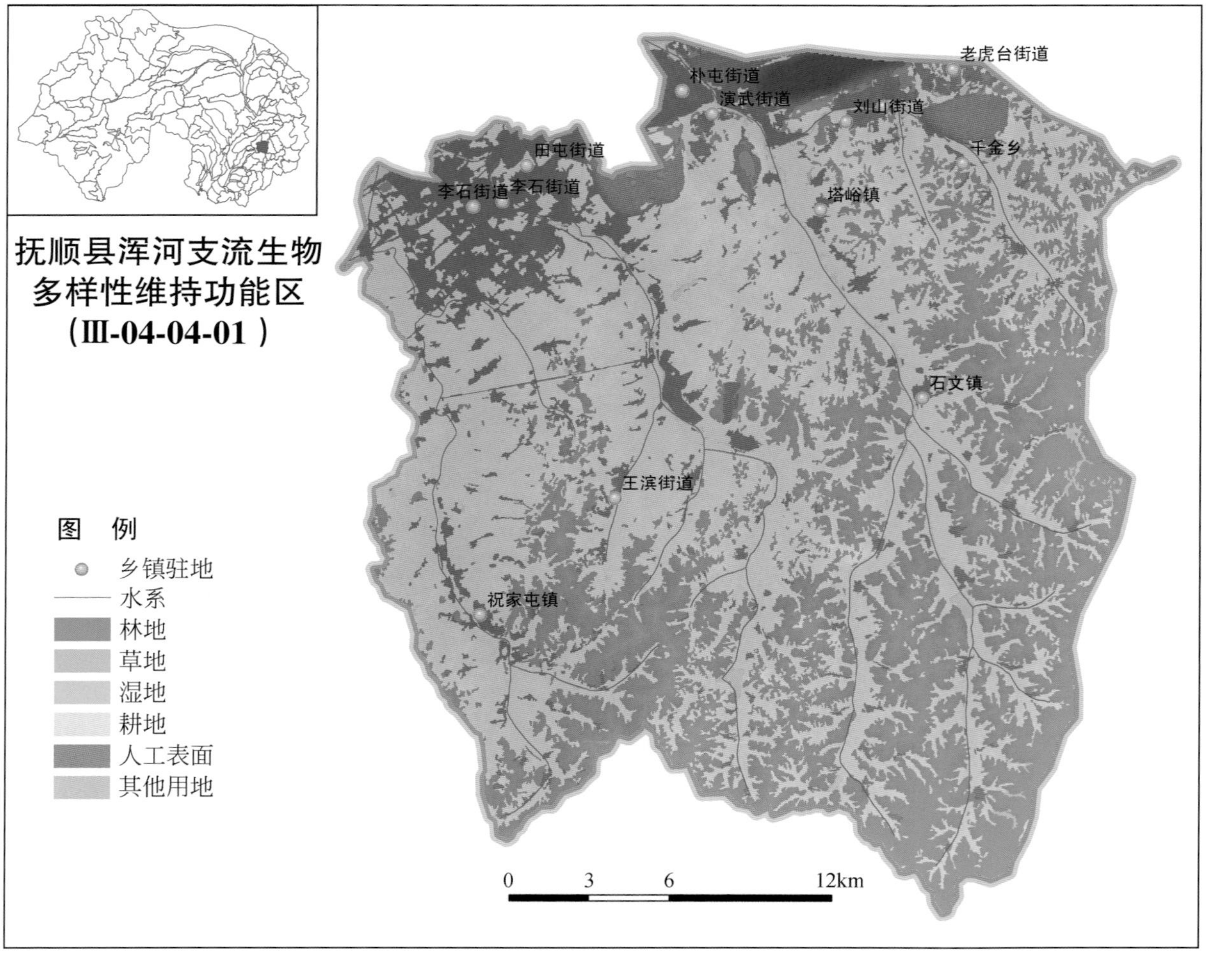

老虎台街道
朴屯街道
演武街道
刘山街道
千金乡
田屯街道
李石街道
李石街道
塔峪镇
石文镇
王滨街道
祝家屯镇

图 例

乡镇驻地
水系
林地
草地
湿地
耕地
人工表面
其他用地

0 3 6 12km

浑河中游支流抚顺县境内

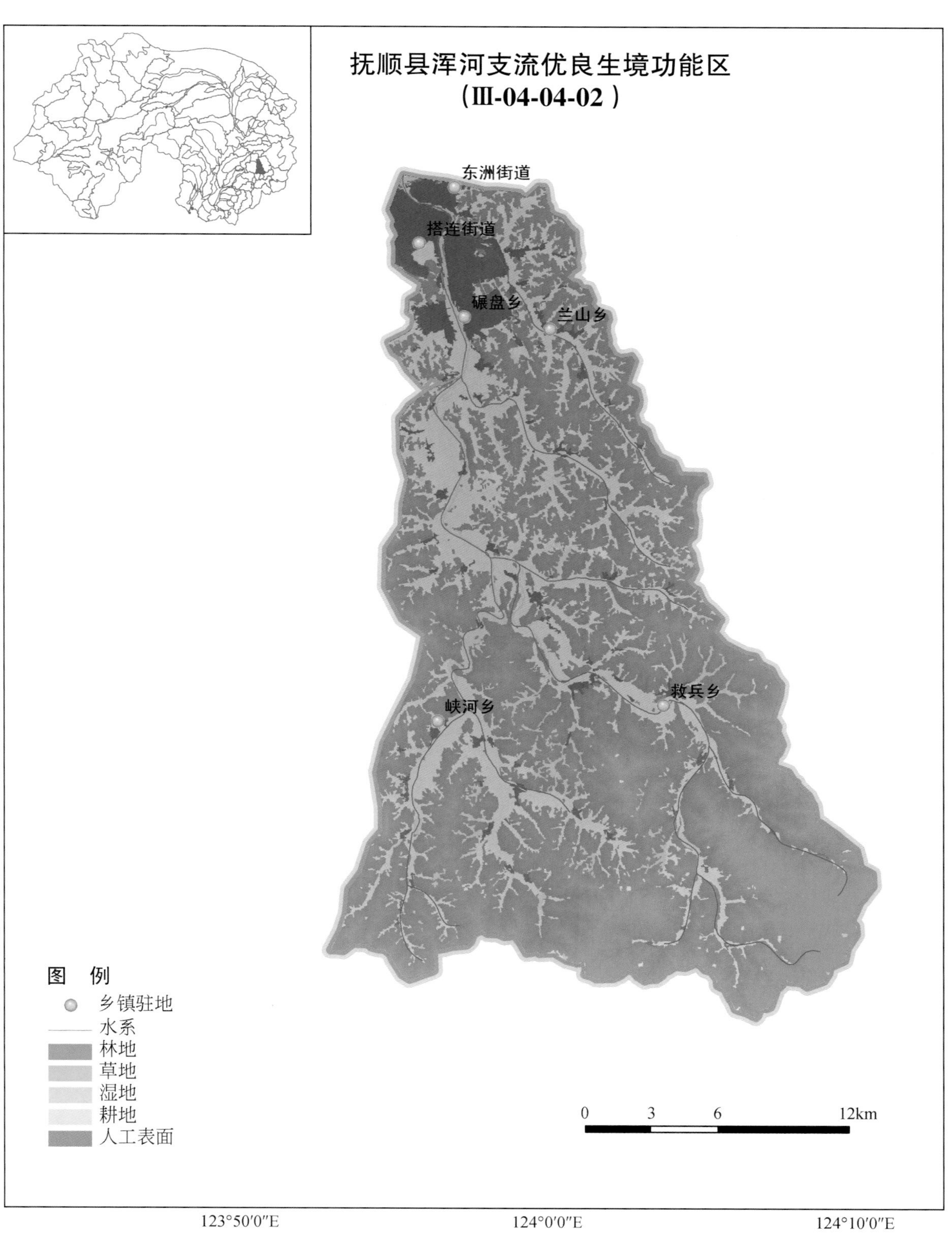

抚顺县浑河支流优良生境功能区
（Ⅲ-04-04-02）
东洲街道
搭连街道
碾盘乡
兰山乡
救兵乡
峡河乡
图 例
乡镇驻地
水系
林地
草地
湿地
耕地
人工表面
0
3
6
12km
123°50′0″E
124°0′0″E
124°10′0″E

第一部分 图 集

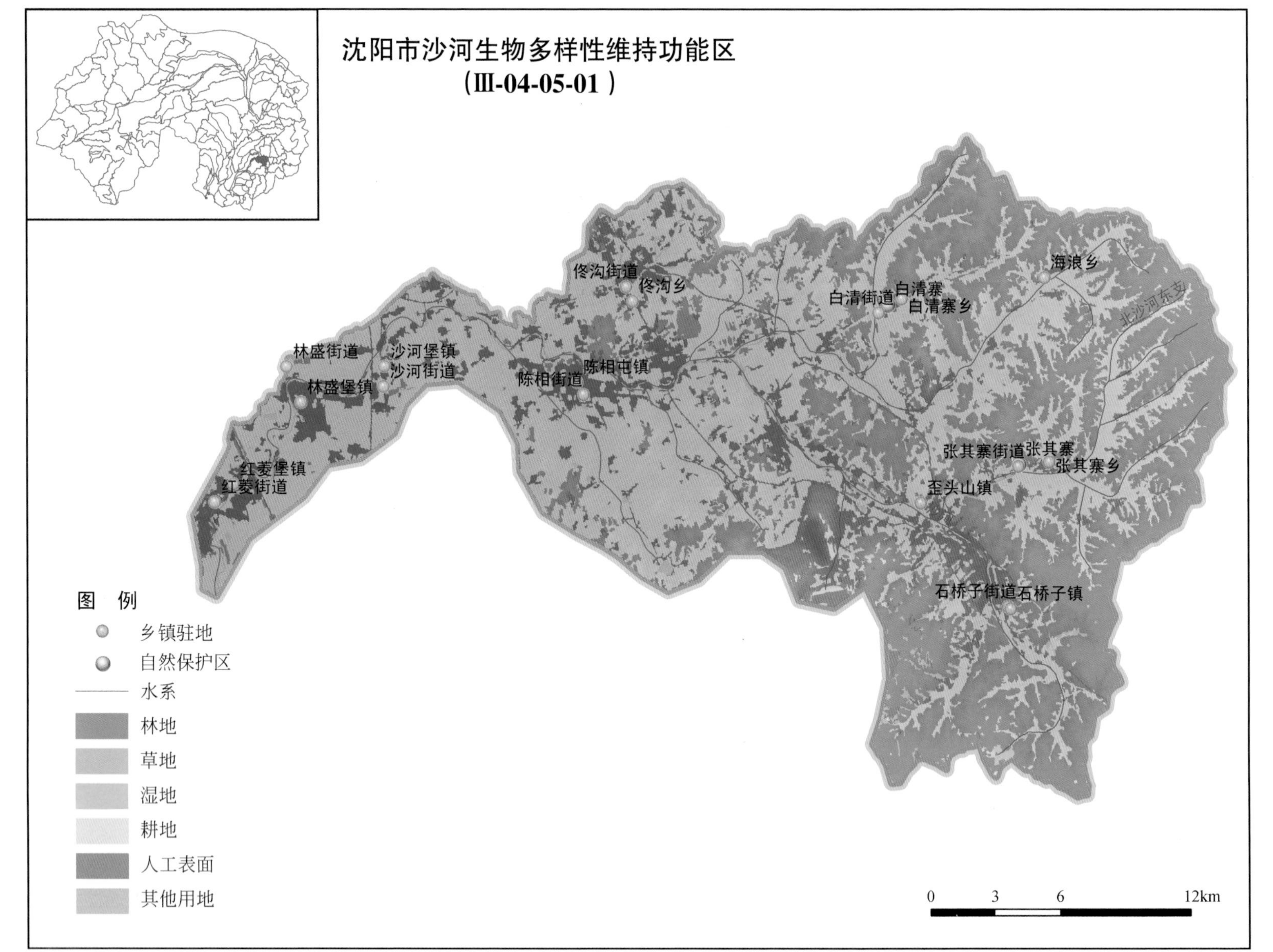
沈阳市沙河生物多样性维持功能区
(Ⅲ-04-05-01)
佟沟街道
佟沟乡
白清街道
白清寨
白清寨乡
海浪乡
北沙河东支
林盛街道
沙河堡镇
沙河街道
林盛堡镇
陈相街道
陈相屯镇
张其寨街道
张其寨
张其寨乡
歪头山镇
红菱堡镇
红菱街道
石桥子街道
石桥子镇
图例
乡镇驻地
自然保护区
水系
林地
草地
湿地
耕地
人工表面
其他用地
0
3
6
12km

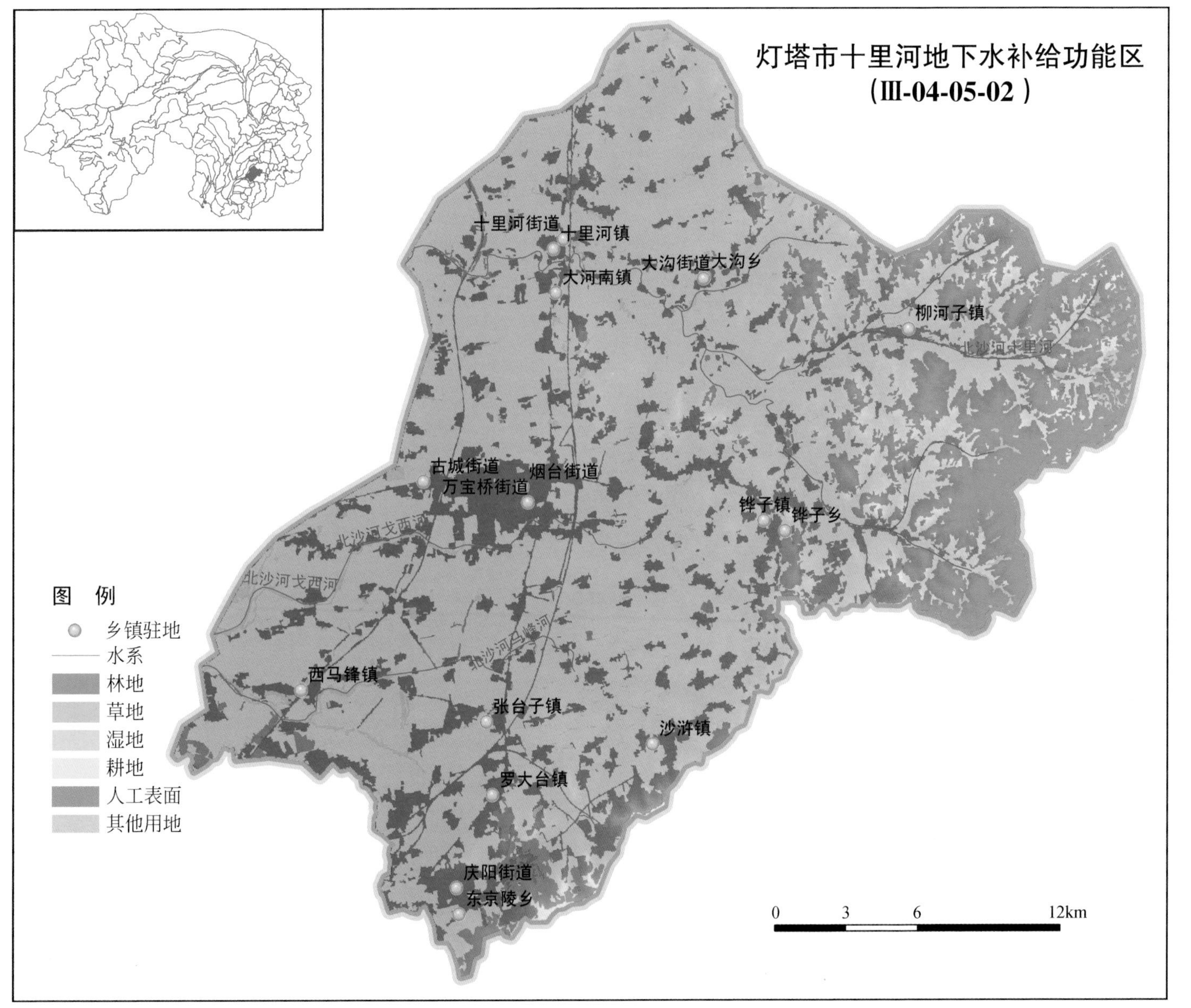
灯塔市十里河地下水补给功能区
(Ⅲ-04-05-02)
图例
乡镇驻地
水系
林地
草地
湿地
耕地
人工表面
其他用地
0
3
6
12km
十里河街道
十里河镇
大河南镇
大沟街道
大沟乡
柳河子镇
北沙河十里河
古城街道
万宝桥街道
烟台街道
铧子镇
铧子乡
北沙河戈西河
北沙河戈西河
北沙河马峰河
西马峰镇
张台子镇
沙浒镇
罗大台镇
庆阳街道
东京陵乡

第一部分 图集

灯塔市沙河水资源供给功能区
(Ⅲ-04-05-03)
沙河
图 例
乡镇驻地
水系
林地
草地
湿地
耕地
人工表面
0
2
4
8km

辽阳县汤河支流景观娱乐功能区
(Ⅲ-04-06-01)

小屯镇

图 例

乡镇驻地

林地

草地

湿地

耕地

人工表面

其他用地

0 1.5 3 6km

第一部分 图集

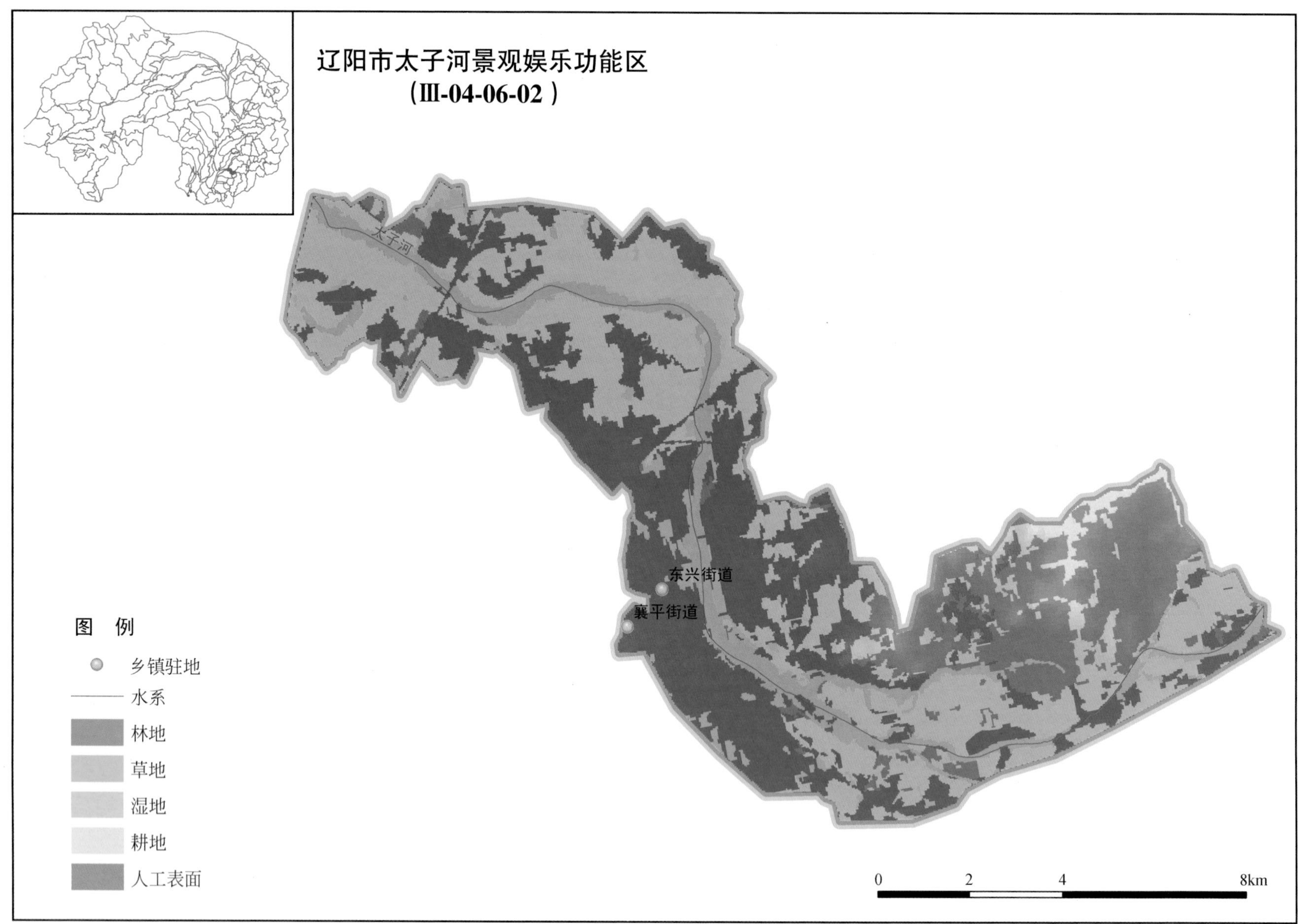
辽阳市太子河景观娱乐功能区
(Ⅲ-04-06-02)
太子河
东兴街道
襄平街道
图 例
乡镇驻地
水系
林地
草地
湿地
耕地
人工表面
0
2
4
8km

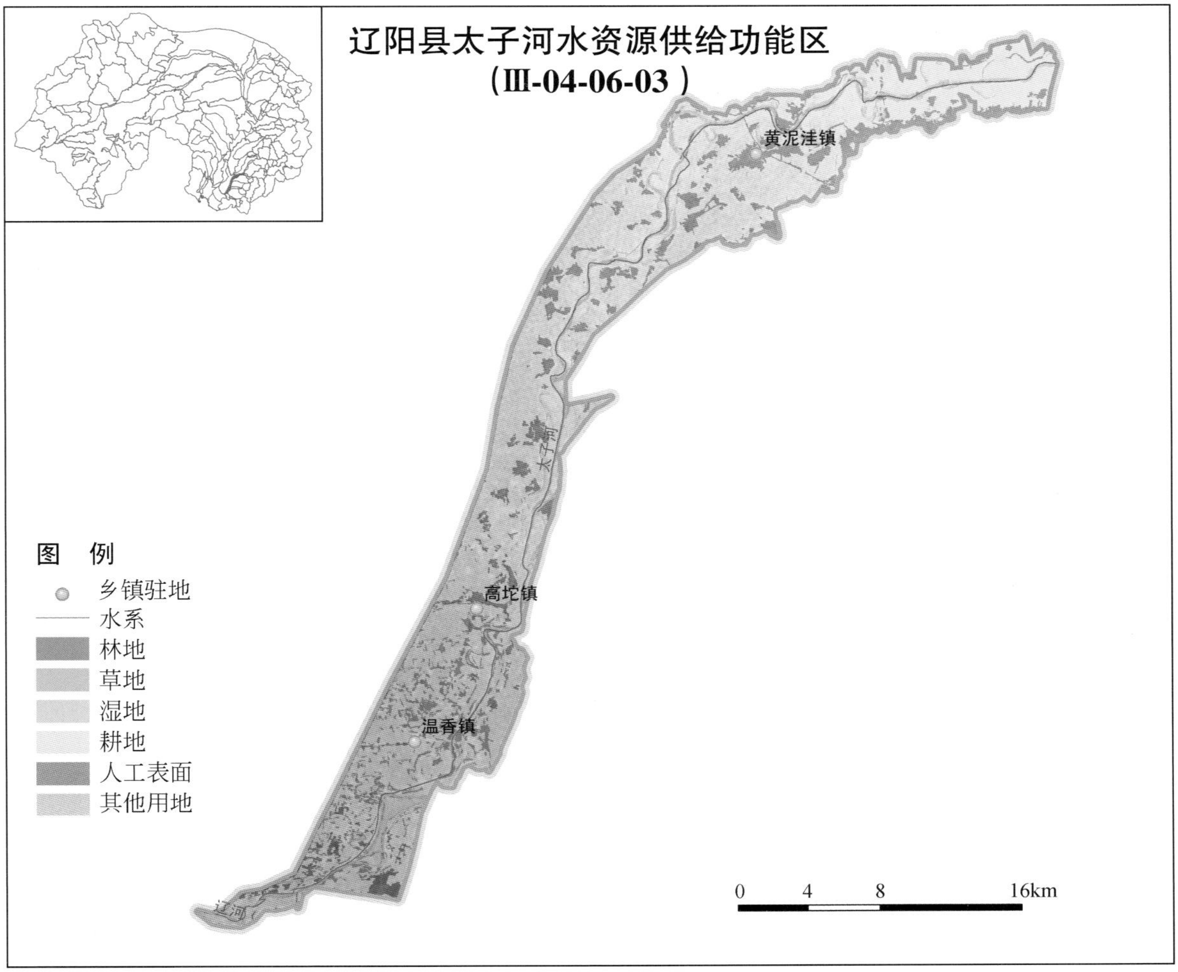

辽阳县太子河水资源供给功能区
（Ⅲ-04-06-03）

黄泥洼镇

太子河

高坨镇

温香镇

辽河

图 例

乡镇驻地

水系

林地

草地

湿地

耕地

人工表面

其他用地

0 4 8 16km

太子河下游辽阳县境内

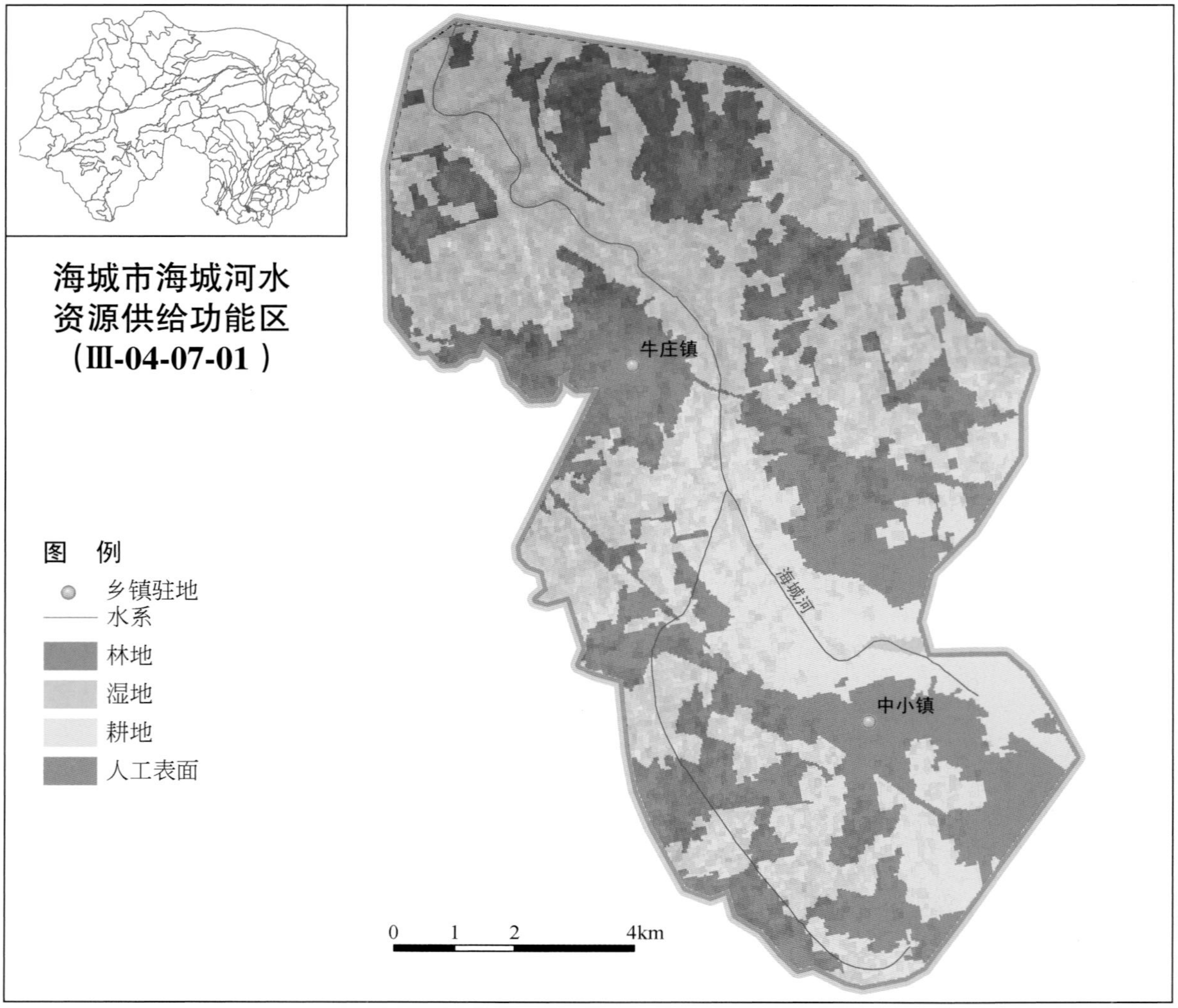

海城市海城河水资源供给功能区（Ⅲ-04-07-01）

图 例

乡镇驻地
水系
林地
湿地
耕地
人工表面

牛庄镇
海城河
中小镇

0 1 2 4km

海城河下游海城市境内

海城市海城河景观娱乐功能区
（Ⅲ-04-07-02）

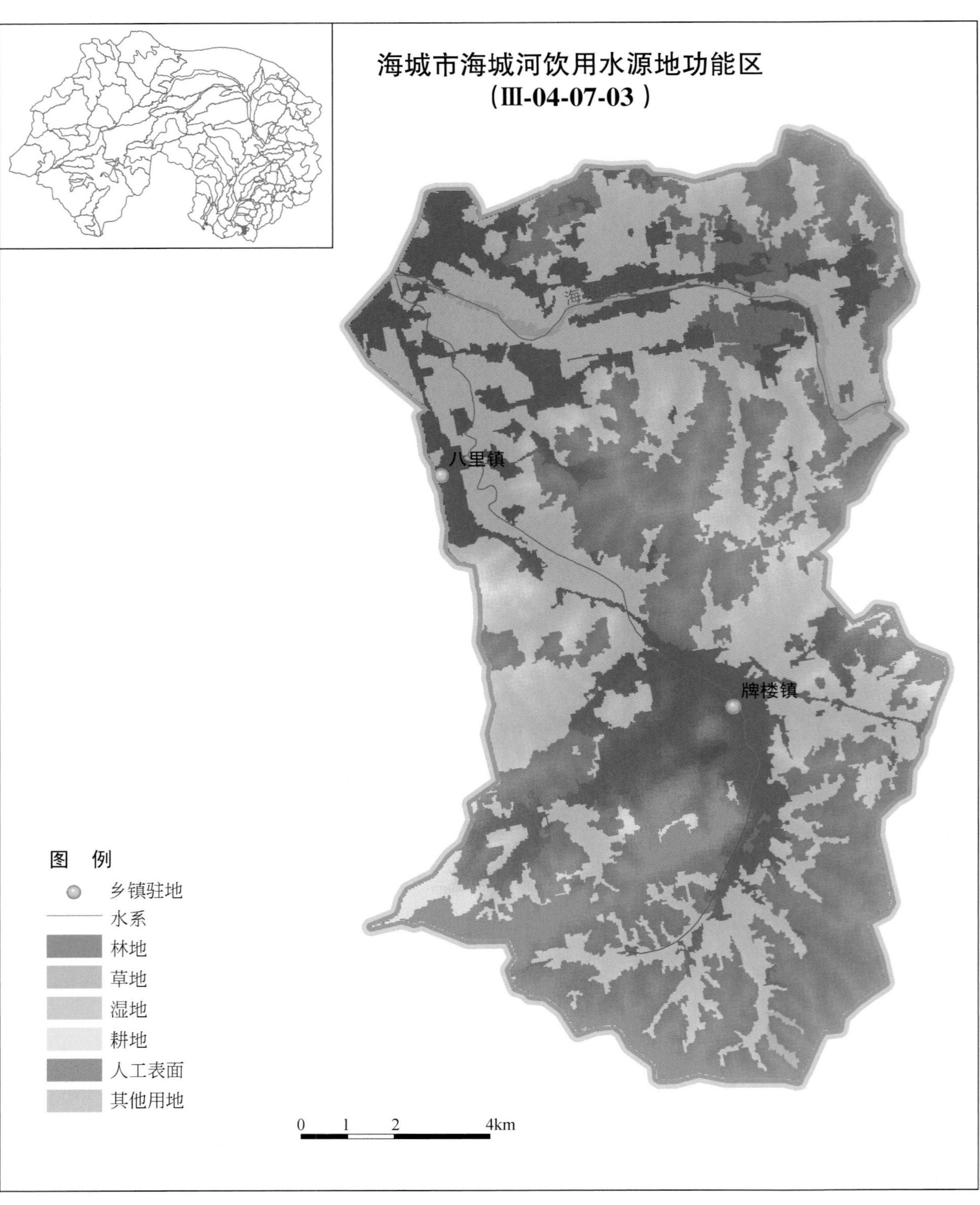
海城市海城河饮用水源地功能区
（Ⅲ-04-07-03）
八里镇
牌楼镇
图 例
乡镇驻地
水系
林地
草地
湿地
耕地
人工表面
其他用地
0 1 2 4km

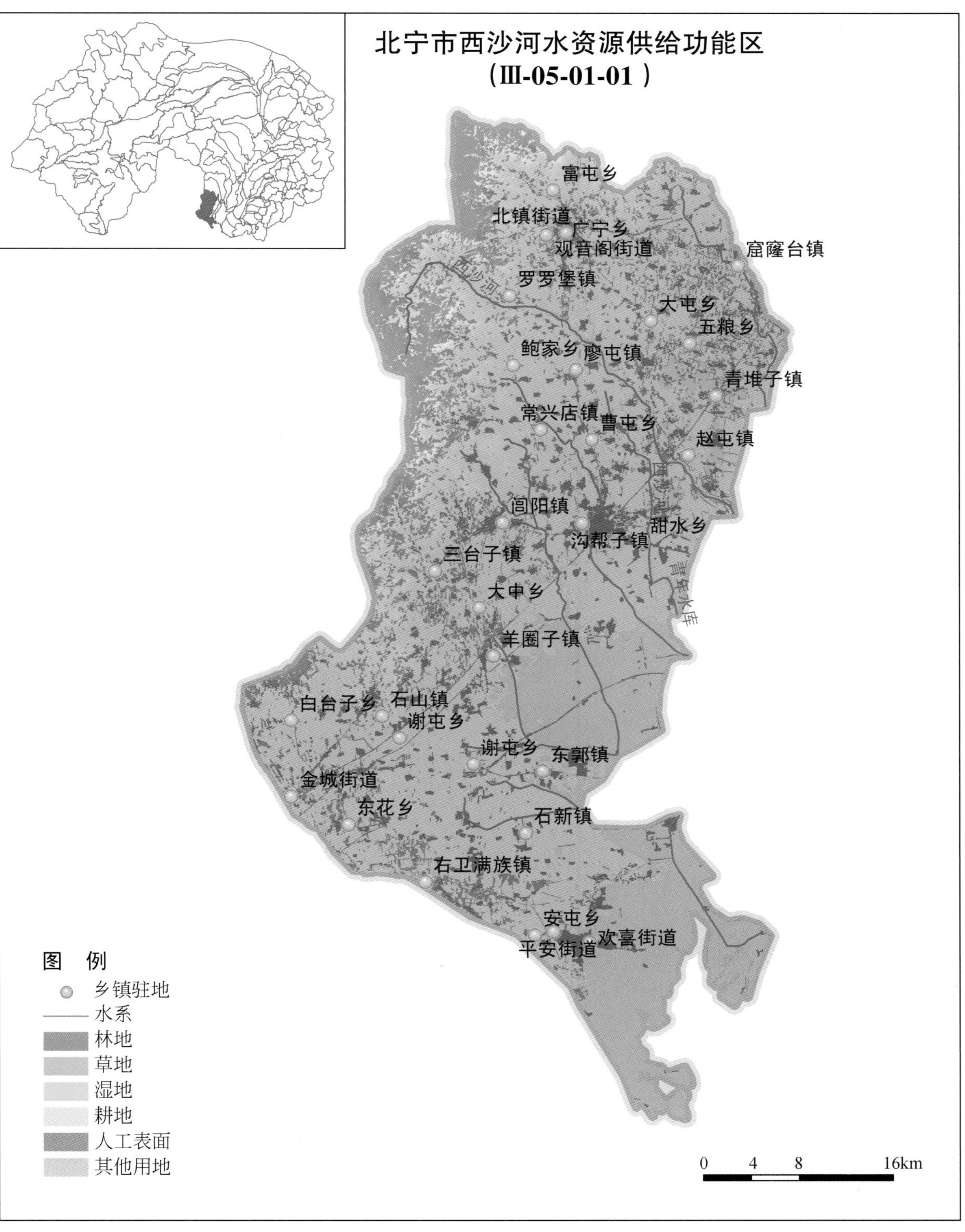
北宁市西沙河水资源供给功能区
（Ⅲ-05-01-01）
富屯乡
北镇街道
广宁乡
观音阁街道
窟窿台镇
西沙河
罗罗堡镇
大屯乡
五粮乡
鲍家乡
廖屯镇
青堆子镇
常兴店镇
曹屯乡
赵屯镇
闾阳镇
甜水乡
沟帮子镇
三台子镇
青年水库
大中乡
羊圈子镇
白台子乡
石山镇
谢屯乡
谢屯乡
东郭镇
金城街道
东花乡
石新镇
右卫满族镇
安屯乡
欢喜街道
平安街道
图　例
乡镇驻地
水系
林地
草地
湿地
耕地
人工表面
其他用地
0 4 8 16km

第一部分　图　集

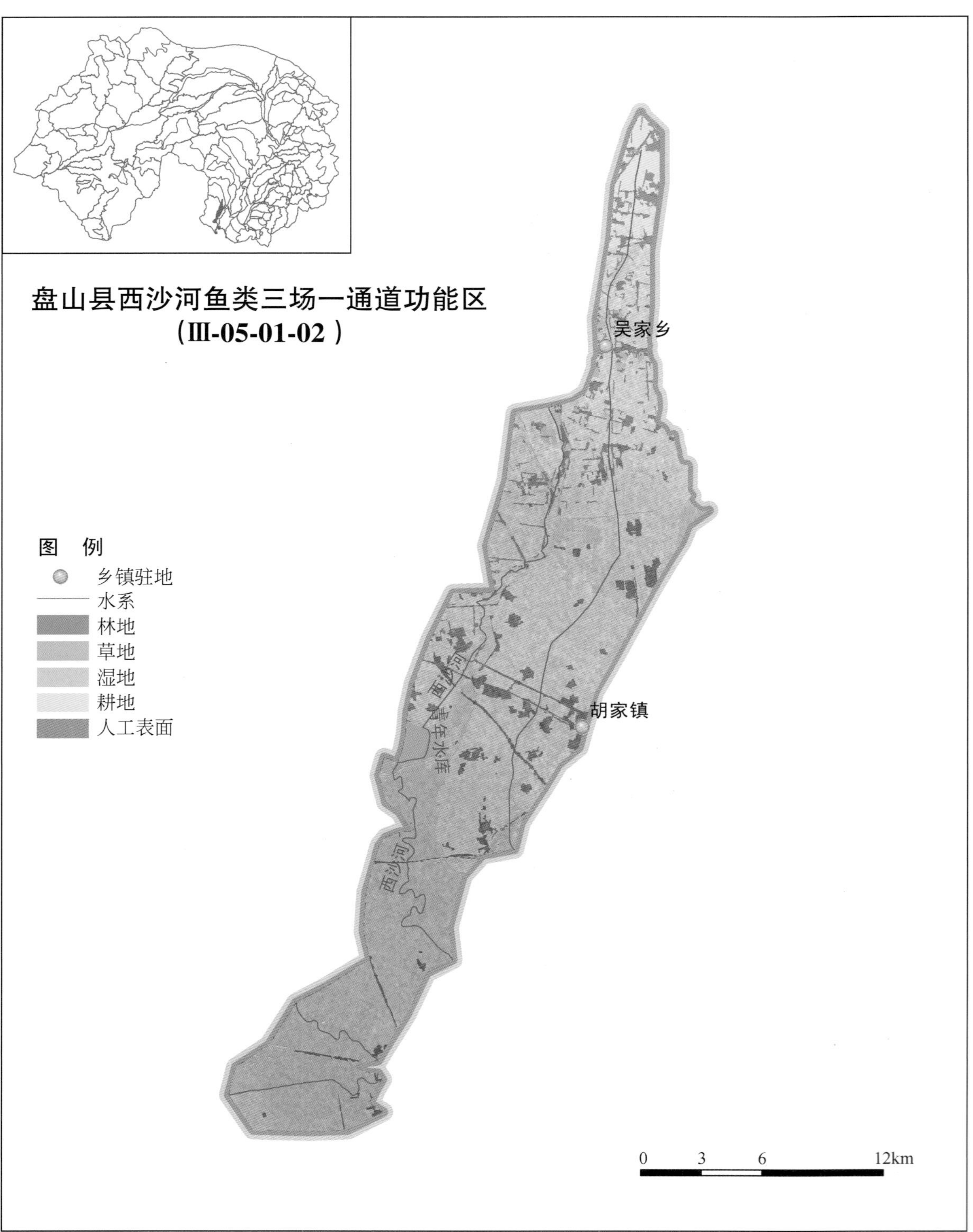
盘山县西沙河鱼类三场一通道功能区
（Ⅲ-05-01-02）
吴家乡
胡家镇
青年水库
西沙河
图 例
乡镇驻地
水系
林地
草地
湿地
耕地
人工表面
0
3
6
12km

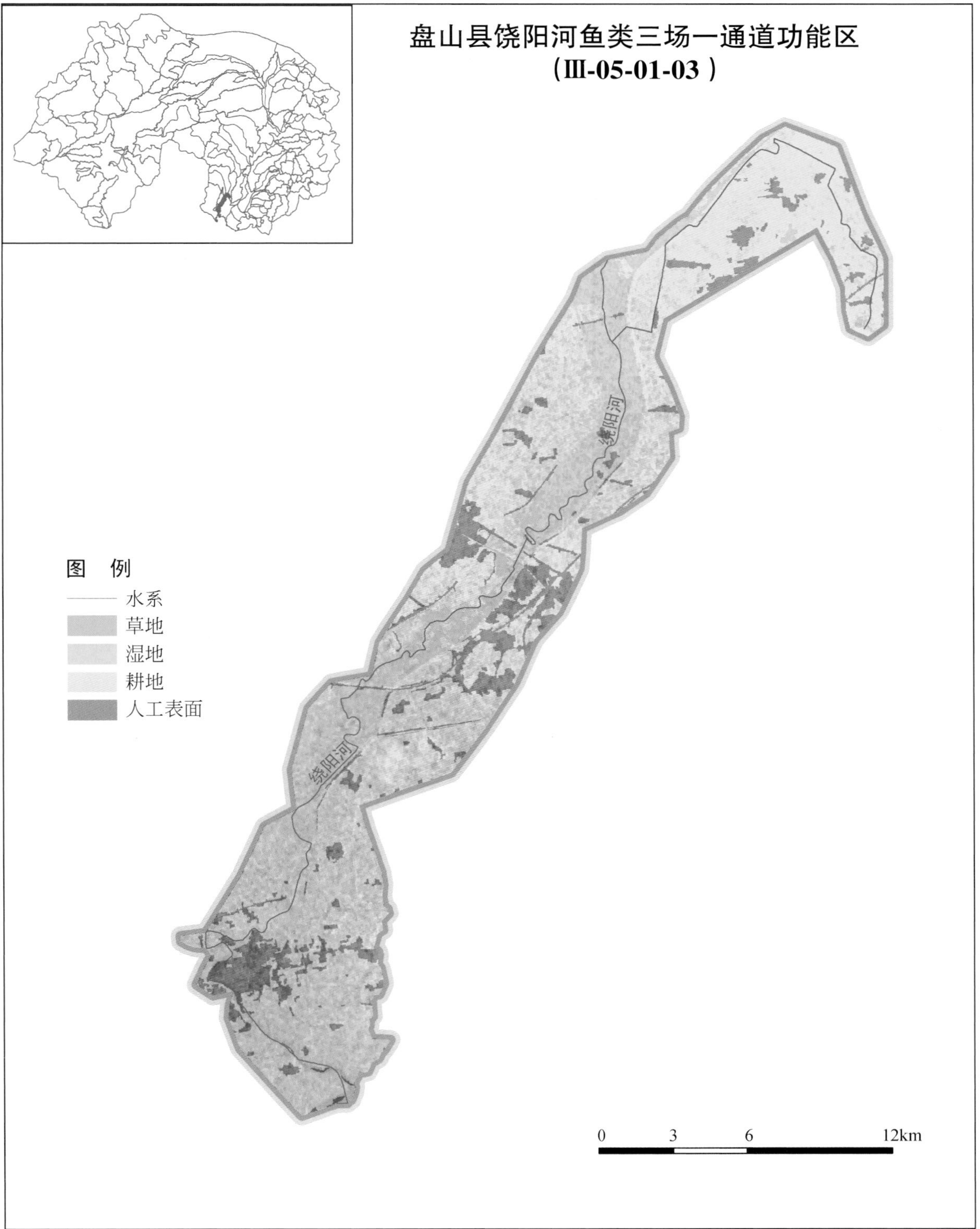
盘山县饶阳河鱼类三场一通道功能区
(Ⅲ-05-01-03)
饶阳河
饶阳河
图 例
水系
草地
湿地
耕地
人工表面
0
3
6
12km

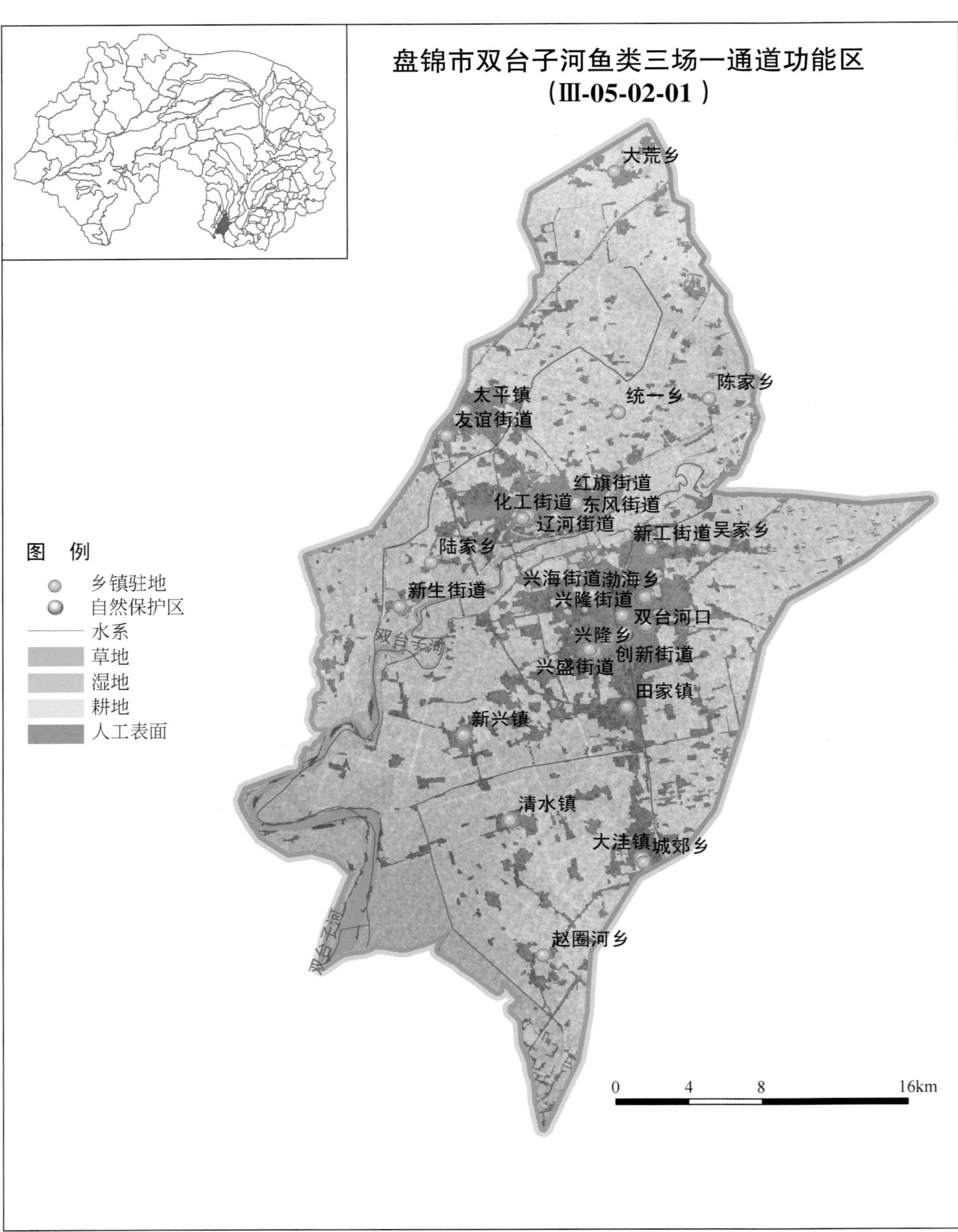
盘锦市双台子河鱼类三场一通道功能区
（Ⅲ-05-02-01）
大荒乡
太平镇
统一乡
陈家乡
友谊街道
红旗街道
化工街道
东风街道
辽河街道
新工街道
吴家乡
陆家乡
兴海街道
渤海乡
兴隆街道
新生街道
双台河口
兴隆乡
创新街道
兴盛街道
双台子河
田家镇
新兴镇
清水镇
大洼镇
城郊乡
赵圈河乡
双台子河
图　例
乡镇驻地
自然保护区
水系
草地
湿地
耕地
人工表面
0
4
8
16km

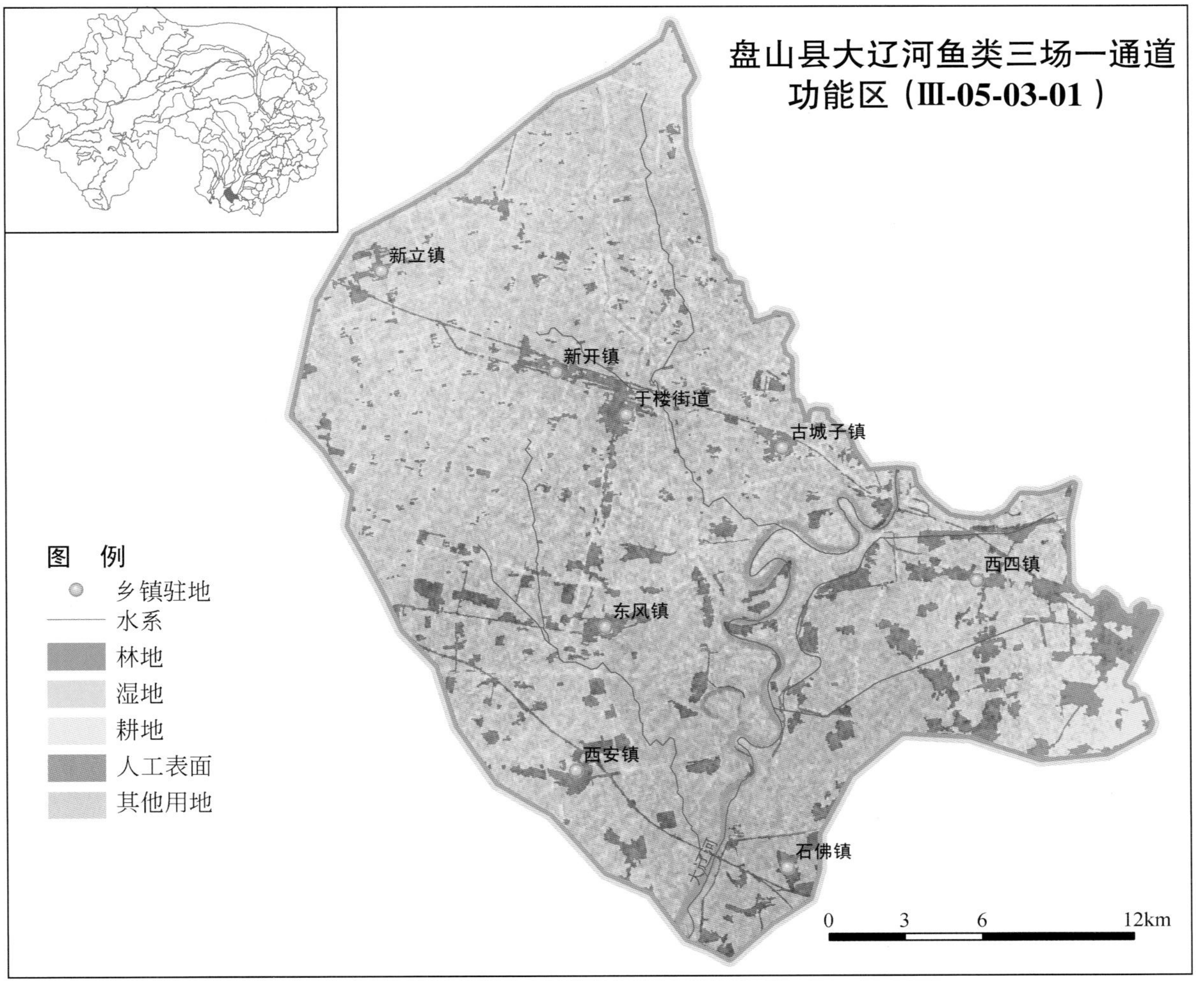

盘山县大辽河鱼类三场一通道功能区（Ⅲ-05-03-01）

新立镇
新开镇
于楼街道
古城子镇
西四镇
东风镇
西安镇
石佛镇
0 3 6 12km

图 例
乡镇驻地
水系
林地
湿地
耕地
人工表面
其他用地

大辽河盘山县境内

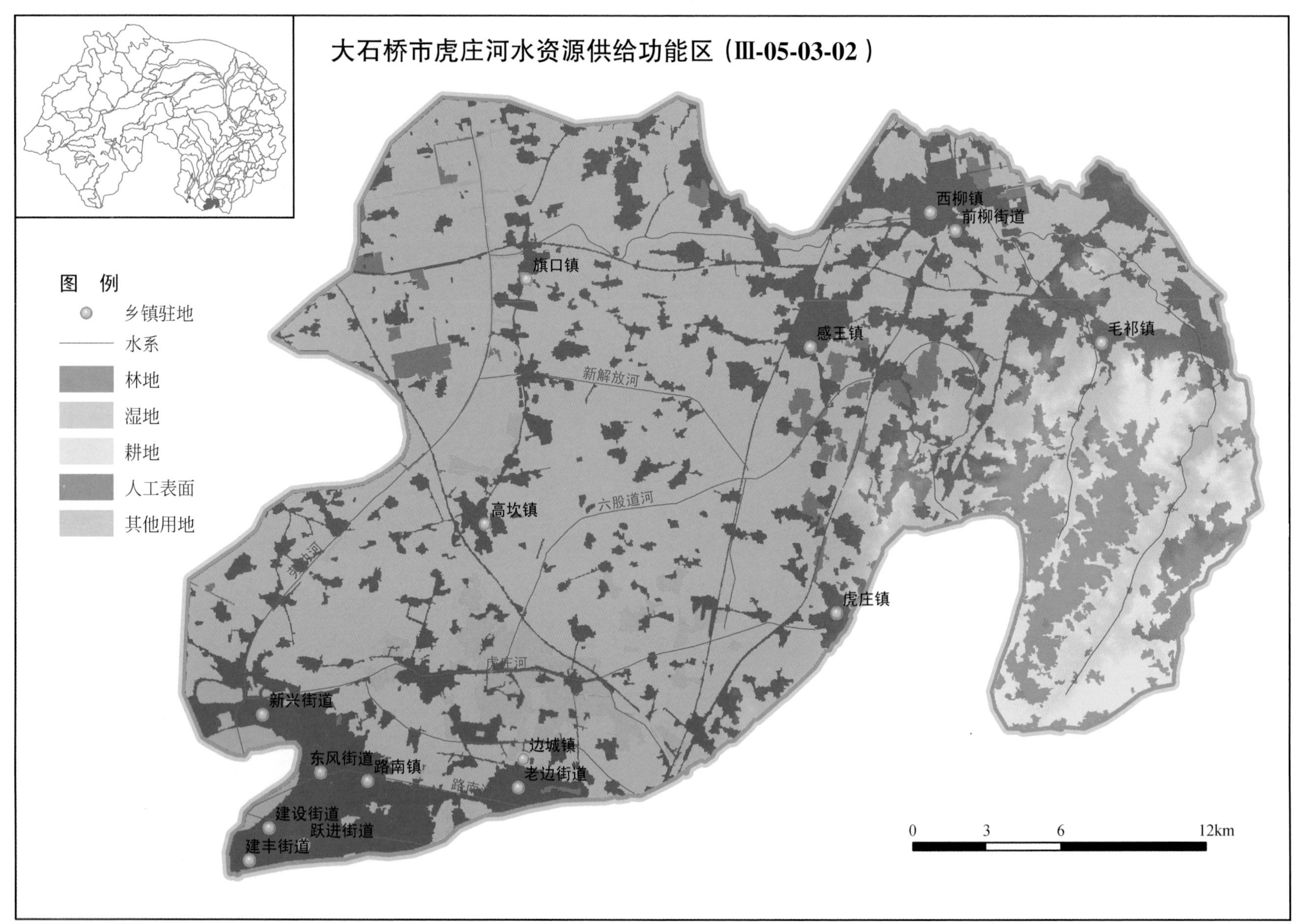
大石桥市虎庄河水资源供给功能区（III-05-03-02）
西柳镇
前柳街道
旗口镇
感王镇
毛祁镇
新解放河
高坎镇
六股道河
虎庄镇
虎庄河
新兴街道
边城镇
东风街道
路南镇
老边街道
建设街道
跃进街道
建丰街道
0
3
6
12km
图 例
乡镇驻地
水系
林地
湿地
耕地
人工表面
其他用地

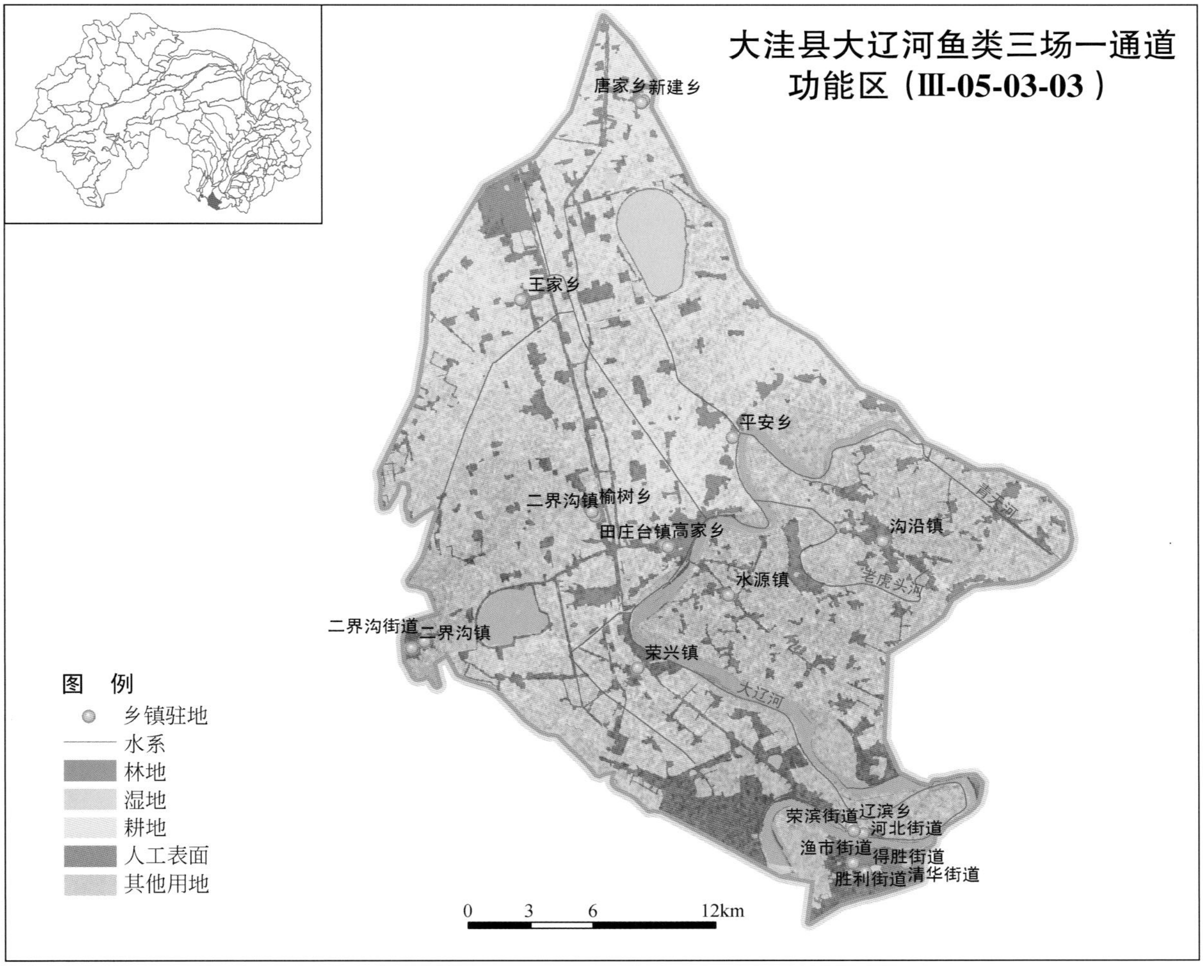

大洼县大辽河鱼类三场一通道功能区（Ⅲ-05-03-03）

唐家乡
新建乡
王家乡
平安乡
二界沟镇
榆树乡
田庄台镇
高家乡
沟沿镇
青天河
老虎头河
水源镇
二界沟街道
二界沟镇
荣兴镇
大辽河
荣滨街道
辽滨乡
河北街道
渔市街道
得胜街道
胜利街道
清华街道

图　例

乡镇驻地
水系
林地
湿地
耕地
人工表面
其他用地

0　3　6　12km

大辽河大洼县境内

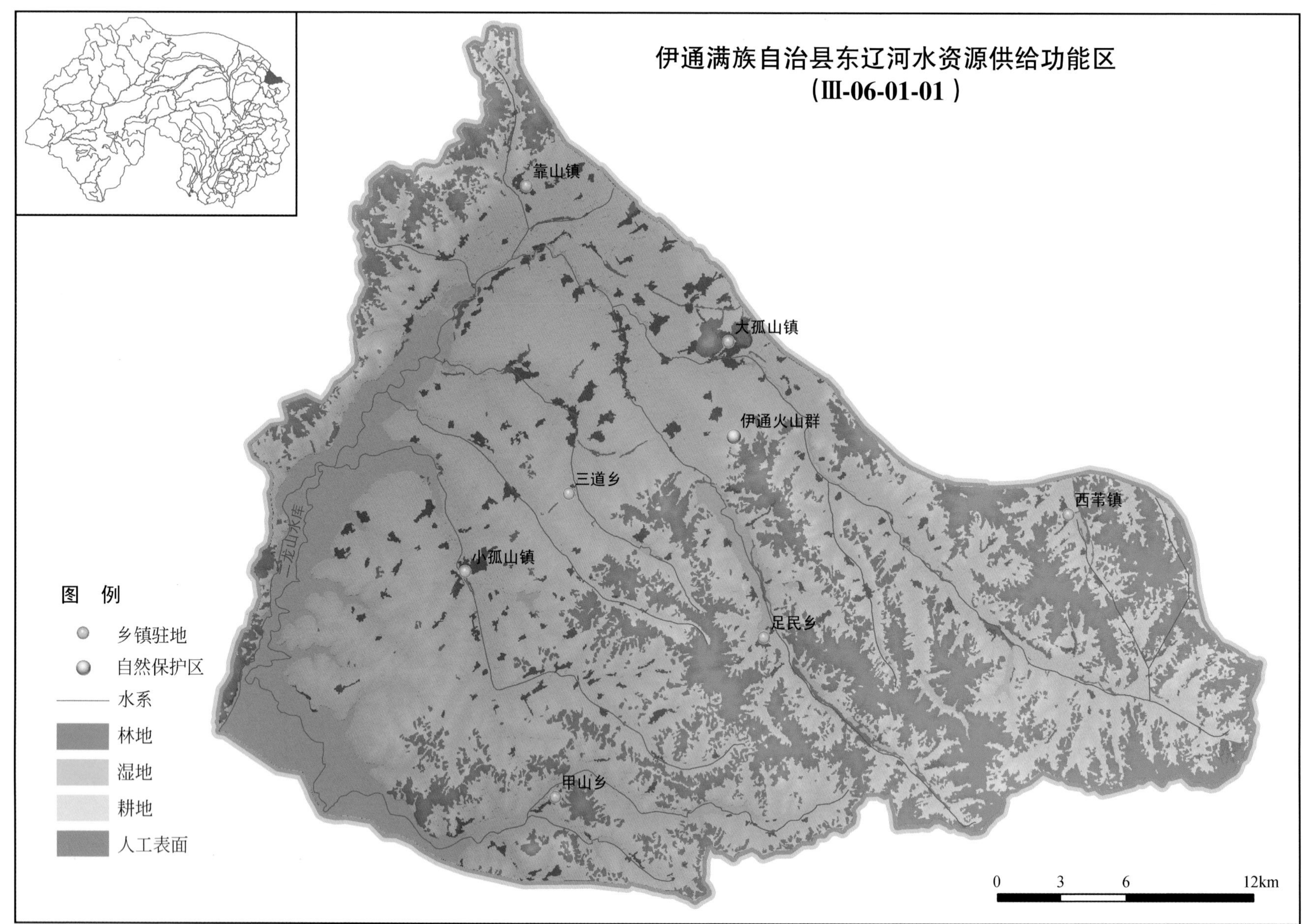
伊通满族自治县东辽河水资源供给功能区
（Ⅲ-06-01-01）
靠山镇
大孤山镇
伊通火山群
三道乡
西苇镇
小孤山镇
足民乡
甲山乡
二龙山水库
图 例
乡镇驻地
自然保护区
水系
林地
湿地
耕地
人工表面
0
3
6
12km

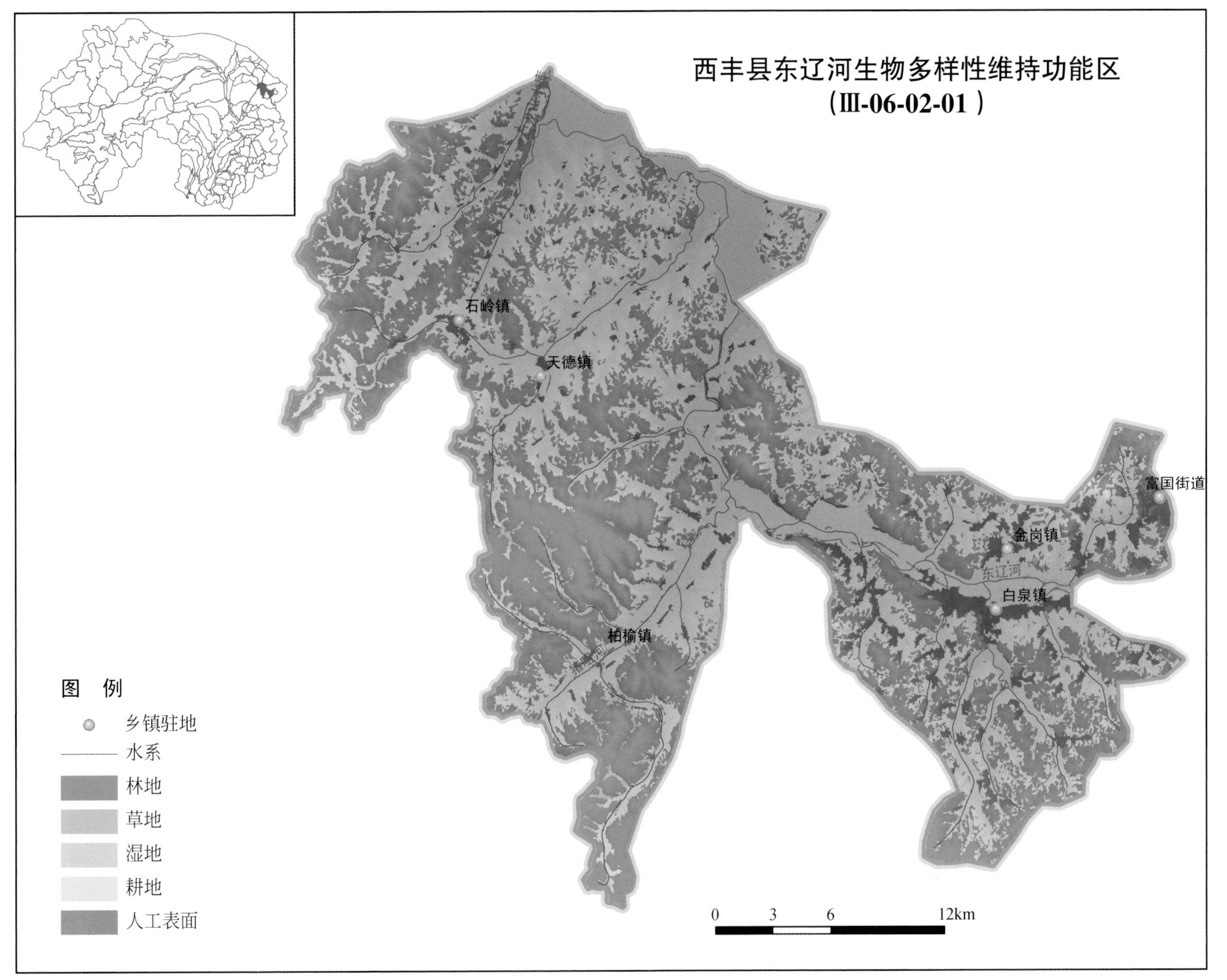
西丰县东辽河生物多样性维持功能区
(III-06-02-01)
石岭镇
天德镇
柏榆镇
富国街道
金岗镇
东辽河
白泉镇
图 例
乡镇驻地
水系
林地
草地
湿地
耕地
人工表面
0 3 6 12km

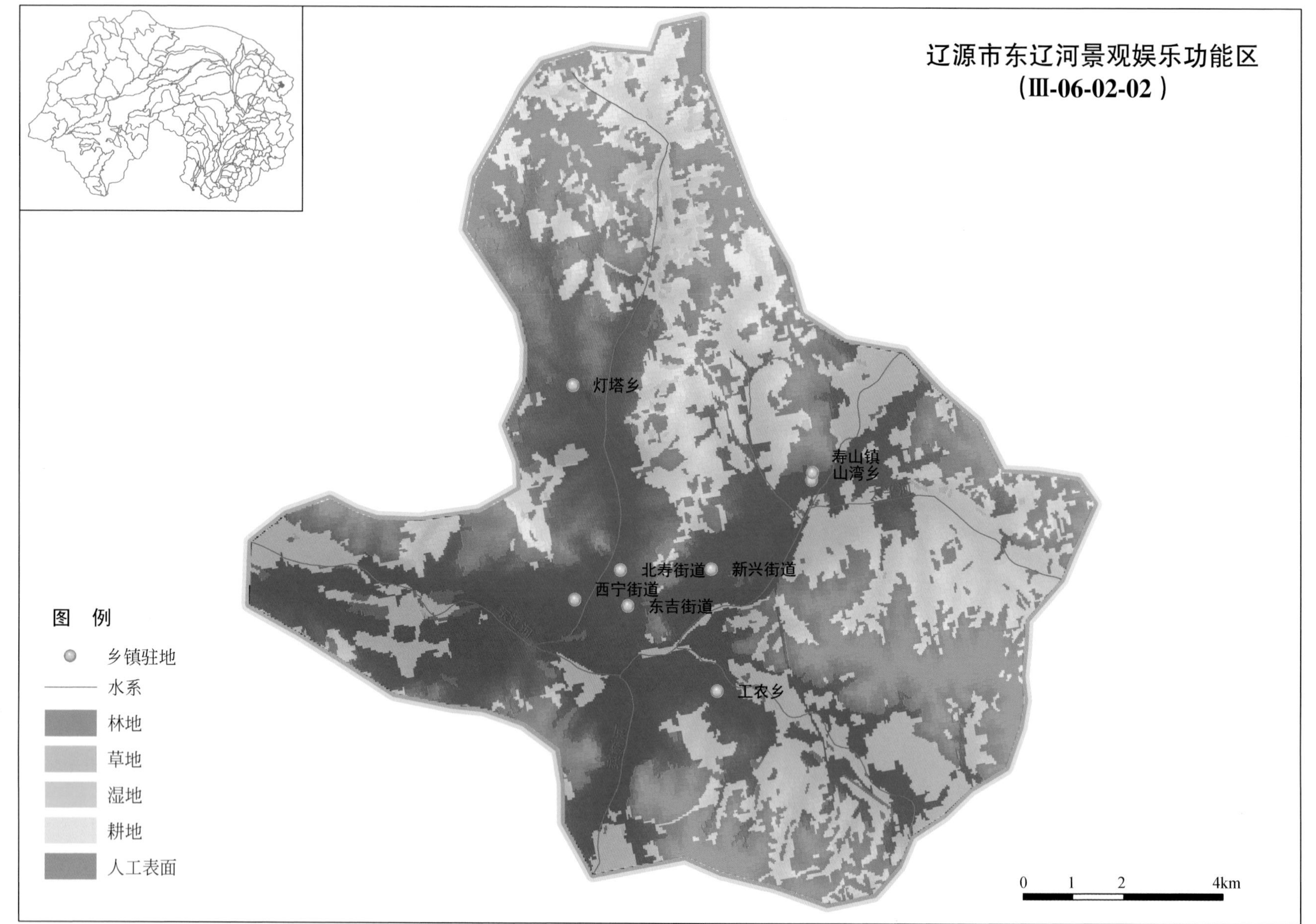
辽源市东辽河景观娱乐功能区
（Ⅲ-06-02-02）
灯塔乡
寿山镇
山湾乡
北寿街道
新兴街道
西宁街道
东吉街道
工农乡
图 例
乡镇驻地
水系
林地
草地
湿地
耕地
人工表面
0 1 2 4km

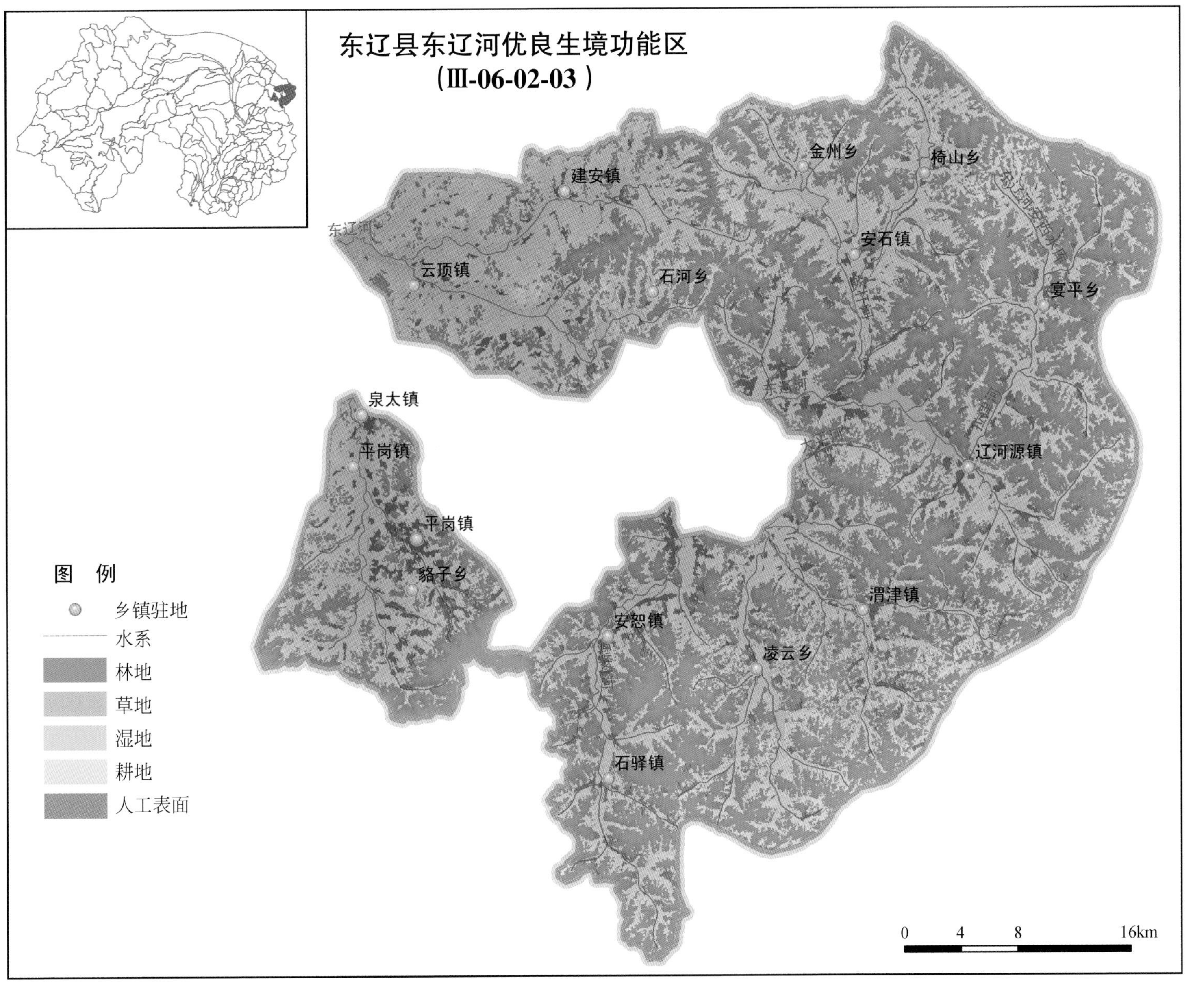
东辽县东辽河优良生境功能区
（Ⅲ-06-02-03）
建安镇
金州乡
椅山乡
东辽河
安石镇
云顶镇
石河乡
宴平乡
泉太镇
平岗镇
辽河源镇
平岗镇
络子乡
渭津镇
安恕镇
凌云乡
石驿镇
图 例
乡镇驻地
水系
林地
草地
湿地
耕地
人工表面
0
4
8
16km

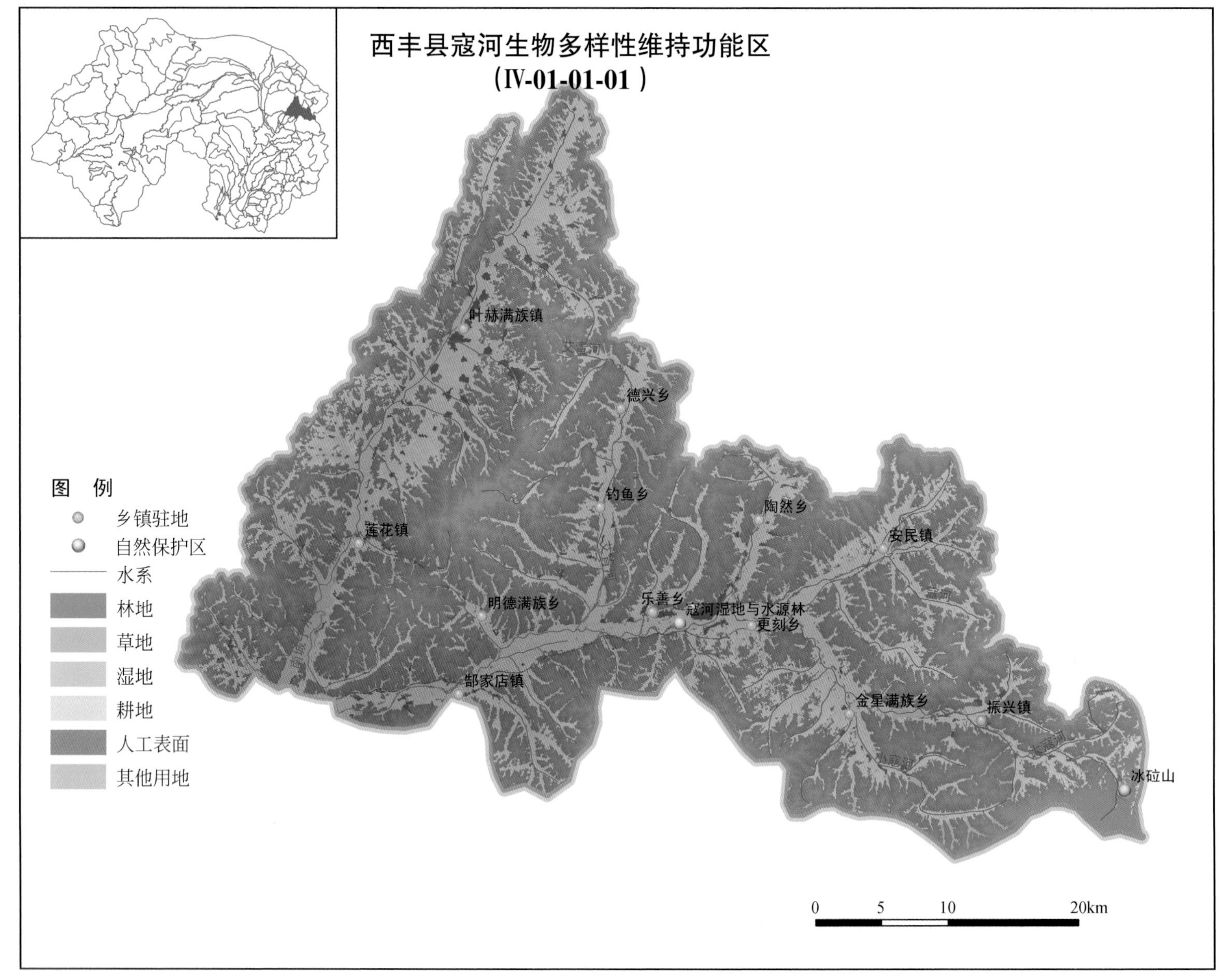
西丰县寇河生物多样性维持功能区
（IV-01-01-01）
叶赫满族镇
德兴乡
钓鱼乡
陶然乡
安民镇
莲花镇
明德满族乡
乐善乡
寇河湿地与水源林
更刻乡
郜家店镇
金星满族乡
振兴镇
冰砬山
图 例
乡镇驻地
自然保护区
水系
林地
草地
湿地
耕地
人工表面
其他用地
0
5
10
20km

开原市寇河地下水补给功能区（Ⅳ-01-01-02）

图　例

乡镇驻地

水系

林地

草地

湿地

耕地

人工表面

其他用地

威远堡镇

城东乡

老城镇

老城街道

0　2　4　8km

寇河下游开原市境内

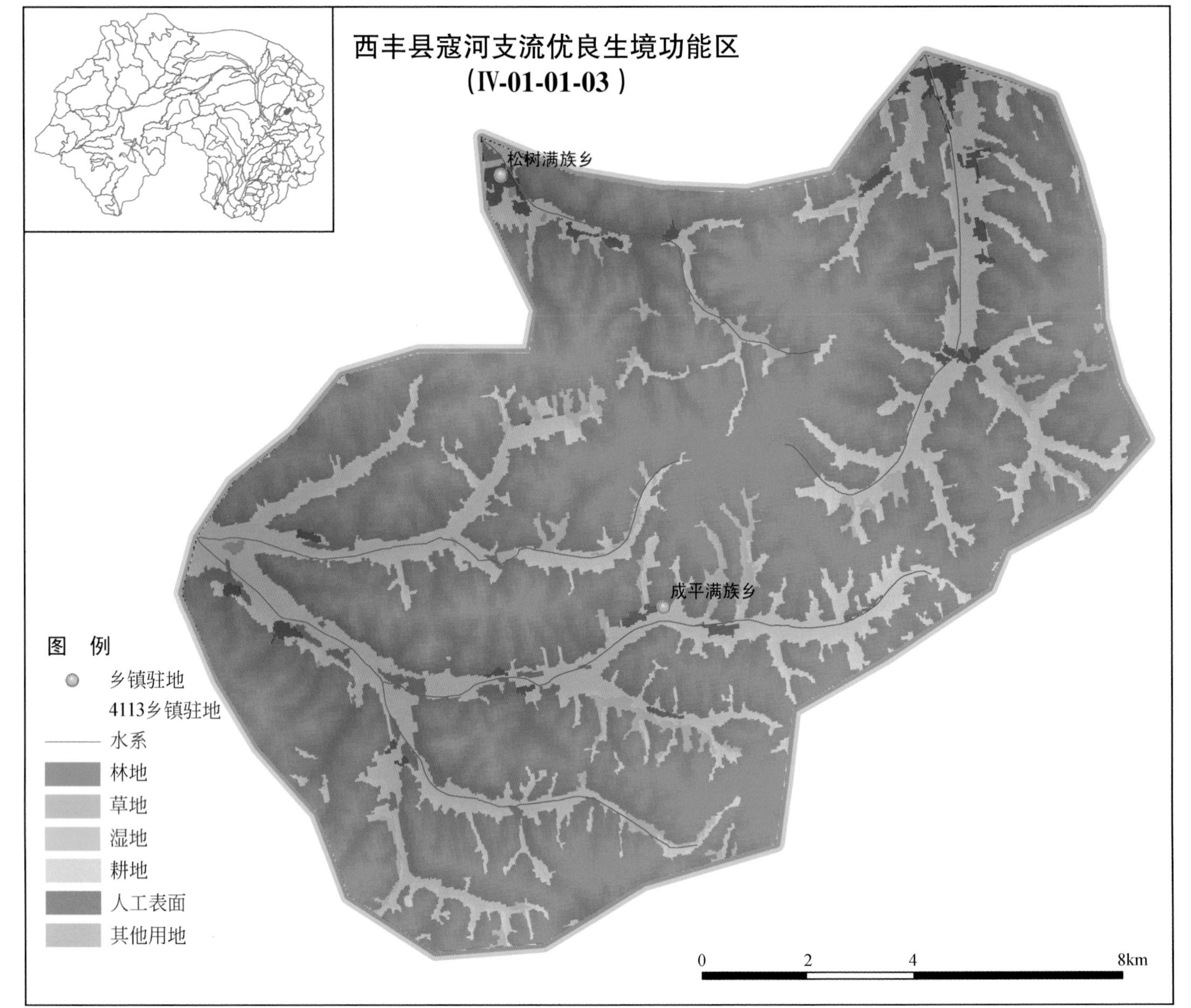
西丰县寇河支流优良生境功能区
（IV-01-01-03）
松树满族乡
成平满族乡
图 例
乡镇驻地
4113乡镇驻地
水系
林地
草地
湿地
耕地
人工表面
其他用地
0
2
4
8km

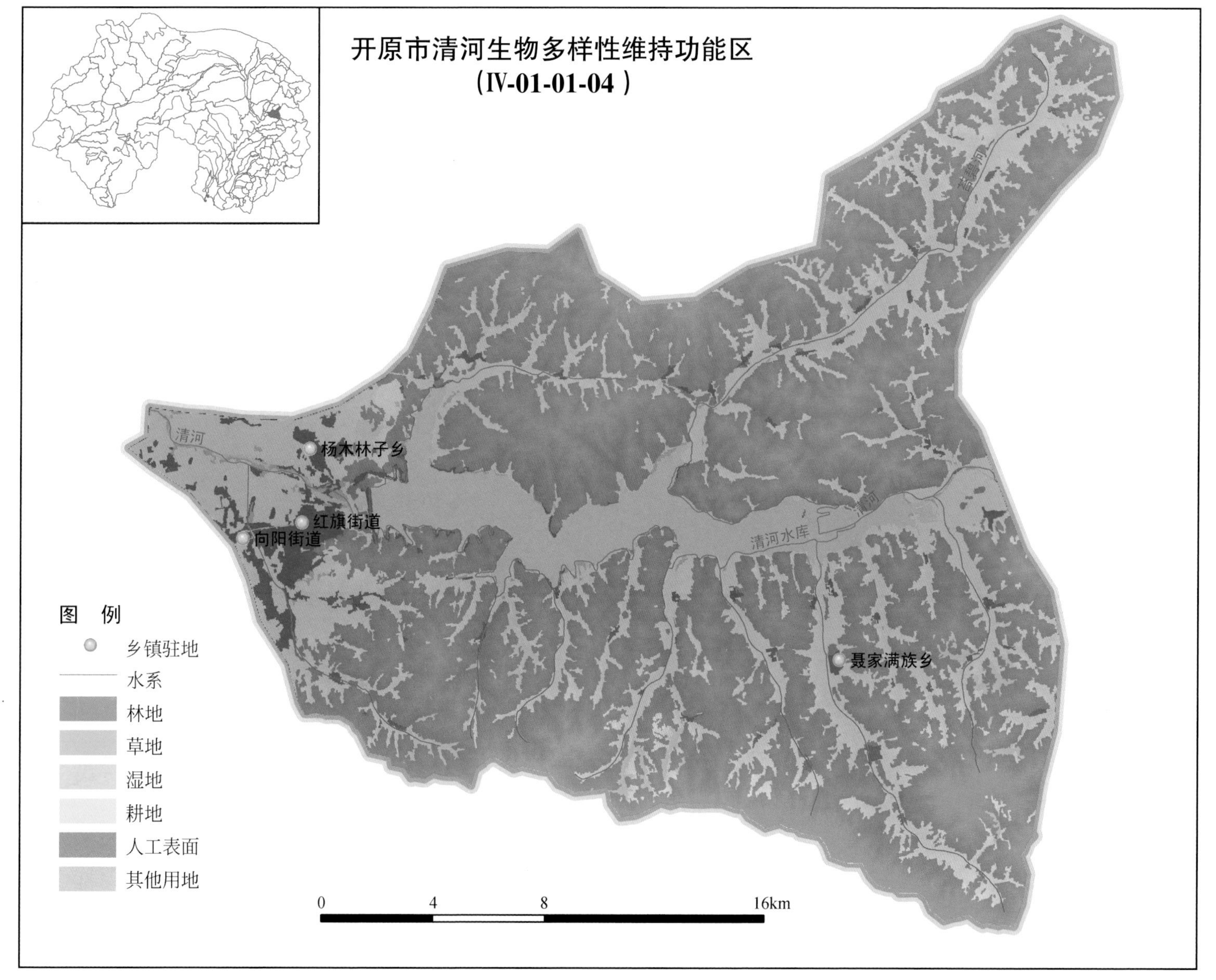

开原市清河生物多样性维持功能区
（IV-01-01-04）
杨木林子乡
红旗街道
向阳街道
聂家满族乡
清河水库
清河
图　例
乡镇驻地
水系
林地
草地
湿地
耕地
人工表面
其他用地
0
4
8
16km

第一部分图集

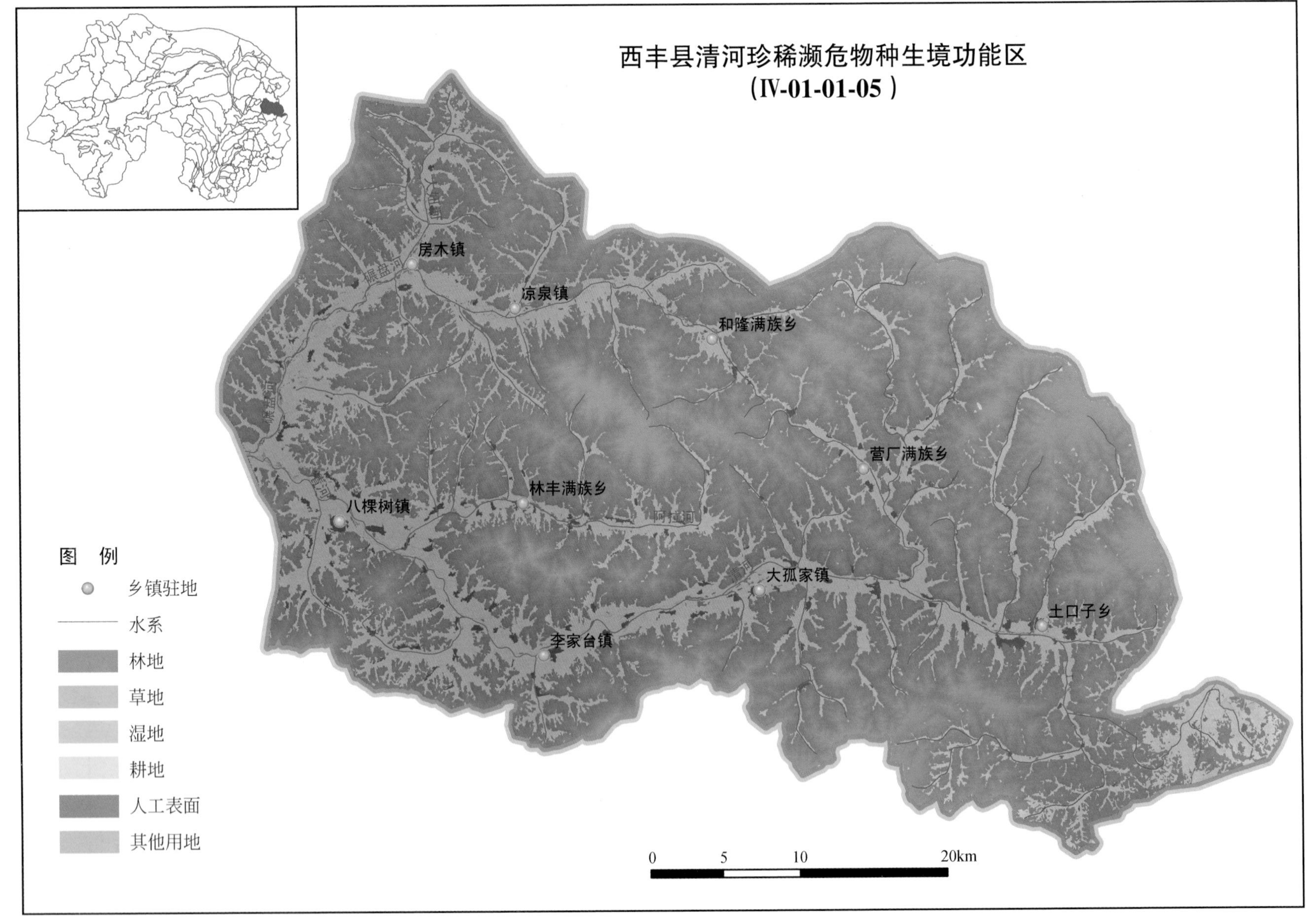
西丰县清河珍稀濒危物种生境功能区
（IV-01-01-05）
房木镇
凉泉镇
和隆满族乡
营厂满族乡
林丰满族乡
八棵树镇
大孤家镇
土口子乡
李家台镇
图 例
乡镇驻地
水系
林地
草地
湿地
耕地
人工表面
其他用地
0 5 10 20km

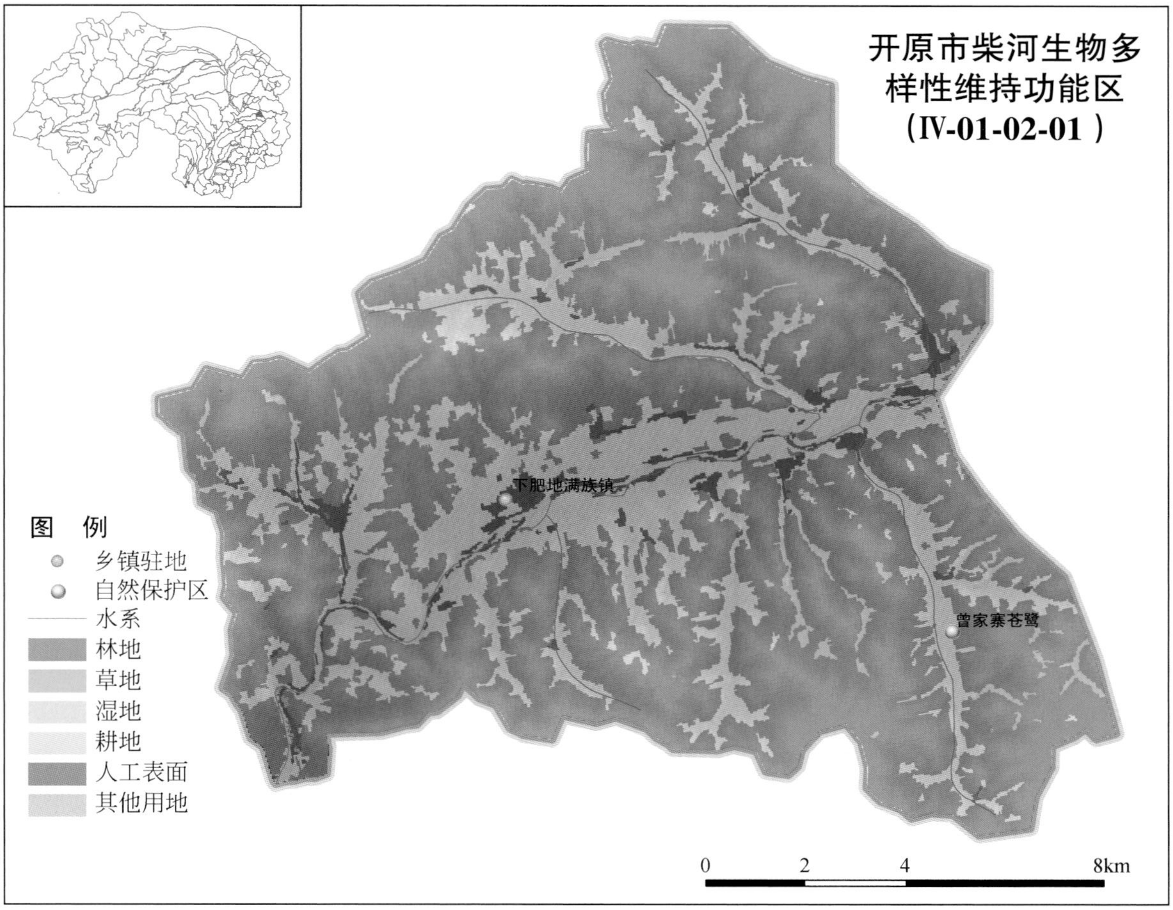

开原市柴河生物多样性维持功能区（IV-01-02-01）

下肥地满族镇

曾家寨苍鹭

图 例

乡镇驻地

自然保护区

水系

林地

草地

湿地

耕地

人工表面

其他用地

0 2 4 8km

柴河中游开原市境内

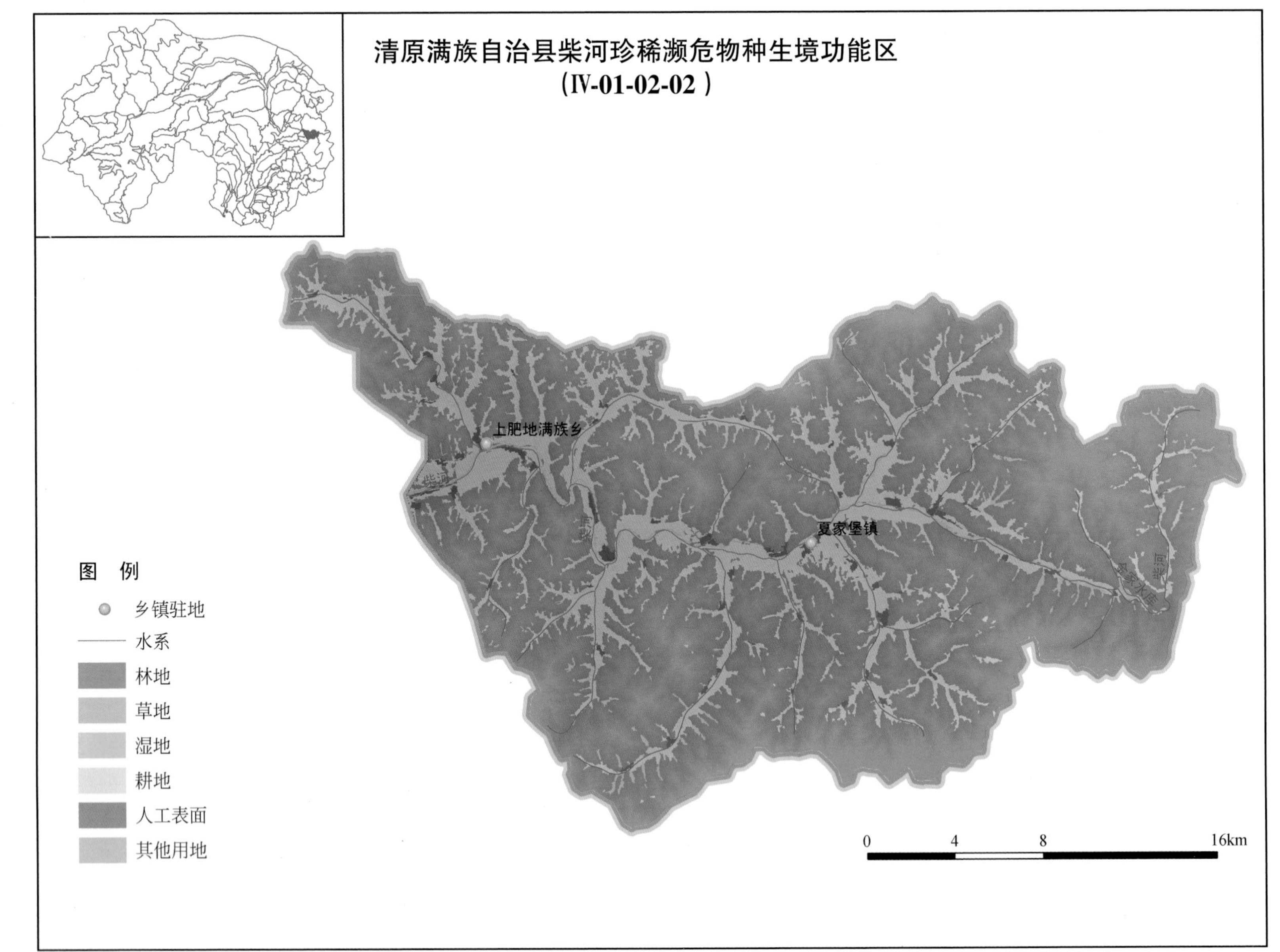
清原满族自治县柴河珍稀濒危物种生境功能区
(IV-01-02-02)
上肥地满族乡
夏家堡镇
图 例
乡镇驻地
水系
林地
草地
湿地
耕地
人工表面
其他用地
0
4
8
16km

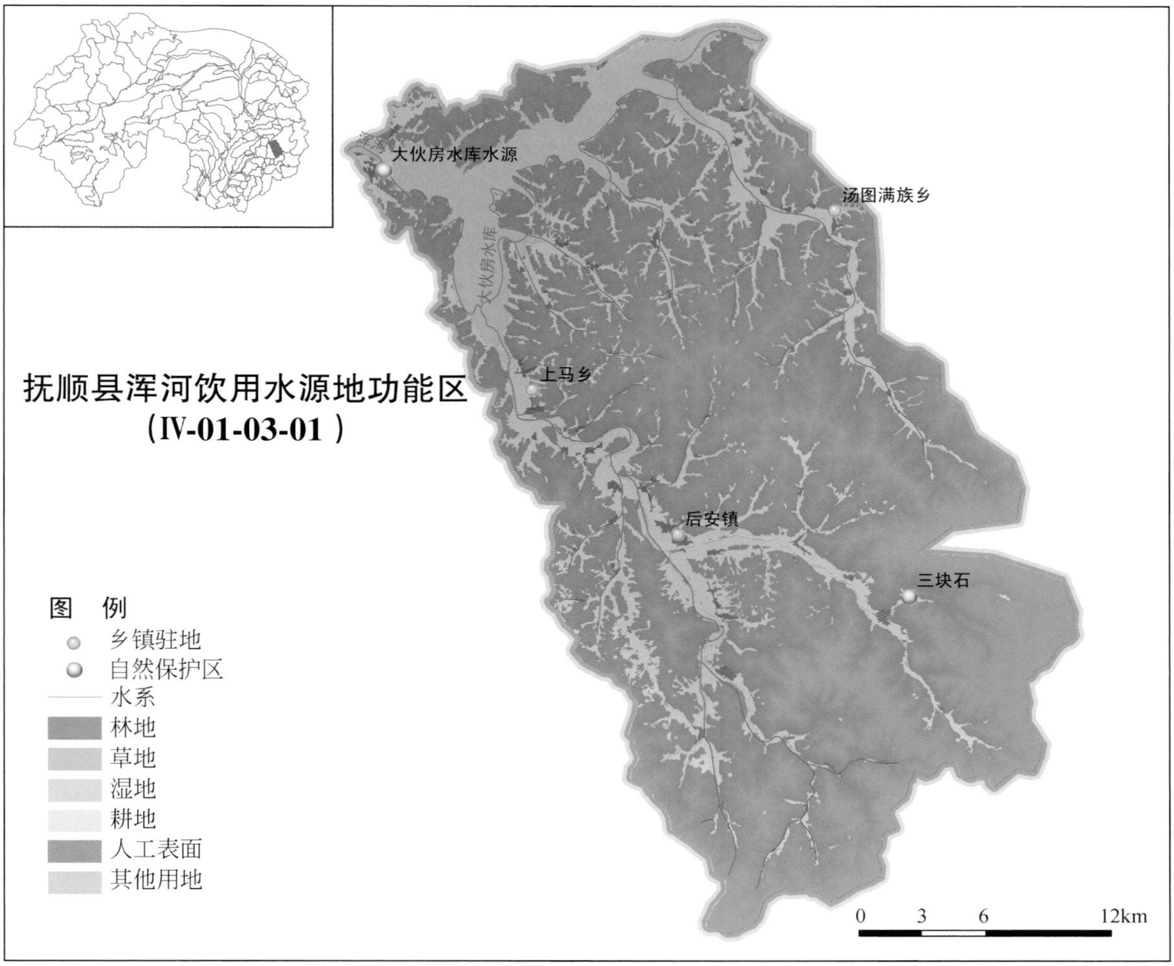

大伙房水库水源
汤图满族乡
大伙房水库
上马乡
后安镇
三块石

抚顺县浑河饮用水源地功能区
（Ⅳ-01-03-01）

图　例

- 乡镇驻地
- 自然保护区
- 水系
- 林地
- 草地
- 湿地
- 耕地
- 人工表面
- 其他用地

0　3　6　12km

浑河中游支流抚顺县境内

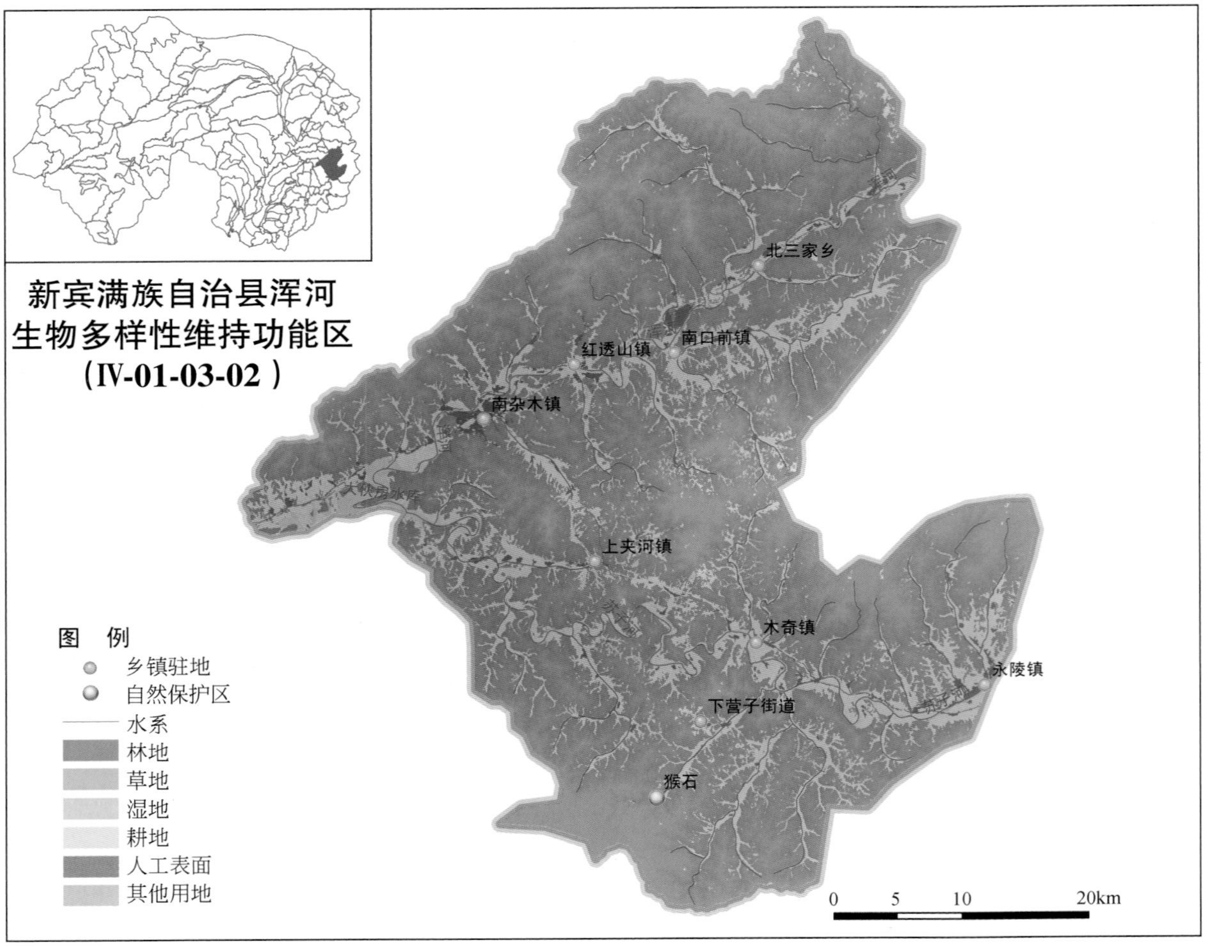

新宾满族自治县浑河生物多样性维持功能区（Ⅳ-01-03-02）

北三家乡
南口前镇
红透山镇
南杂木镇
上夹河镇
木奇镇
永陵镇
下营子街道
猴石

图　例
乡镇驻地
自然保护区
水系
林地
草地
湿地
耕地
人工表面
其他用地

0　5　10　20km

苏子河支流新宾满族自治县境内

清原满族自治县红河苏子河珍稀濒危物种生境功能区（Ⅳ-01-03-03）

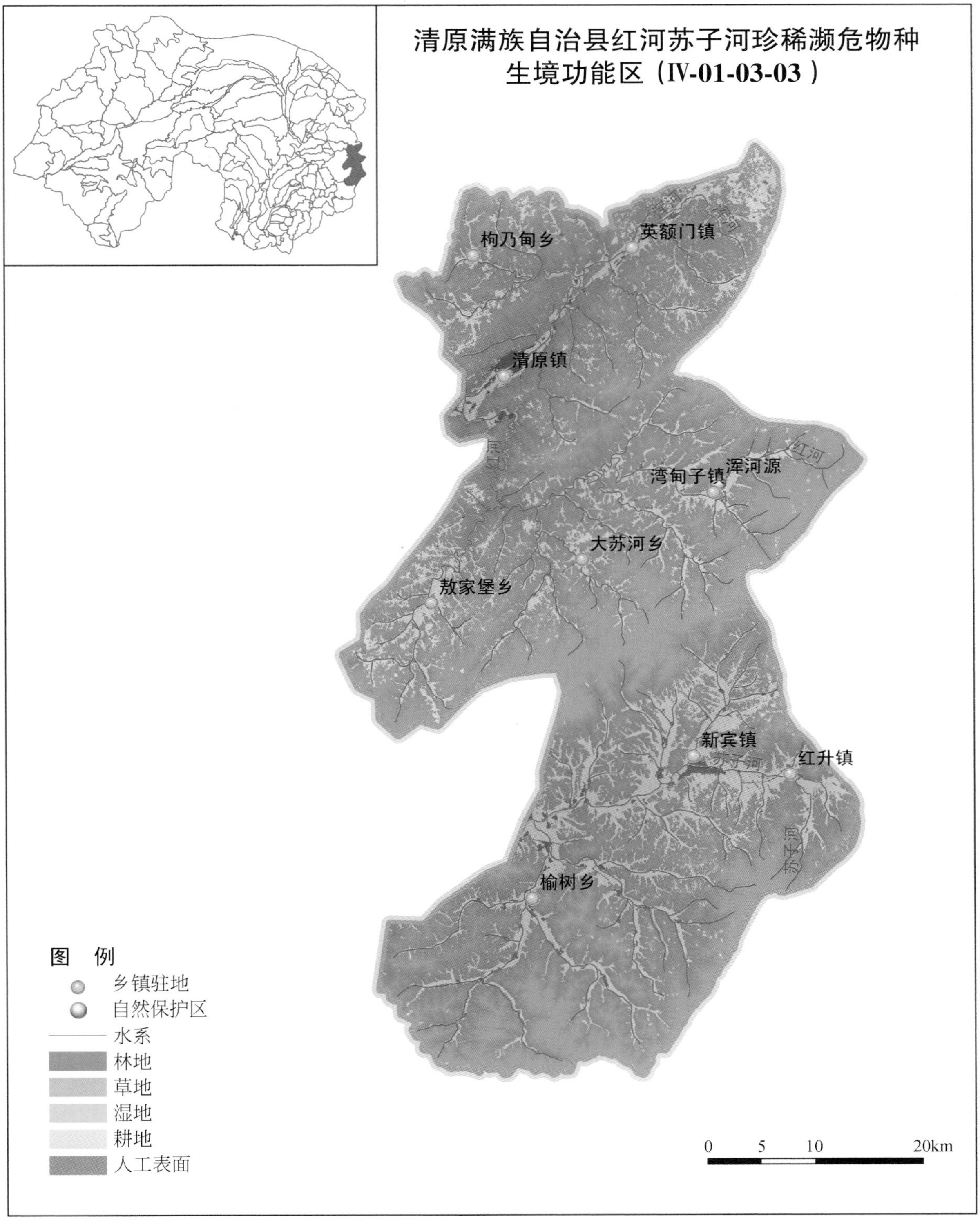

英额门镇
枸乃甸乡
清原镇
红河
湾甸子镇
浑河源
大苏河乡
敖家堡乡
新宾镇
苏子河
红升镇
榆树乡

图　例

乡镇驻地
自然保护区
水系
林地
草地
湿地
耕地
人工表面

0　5　10　20km

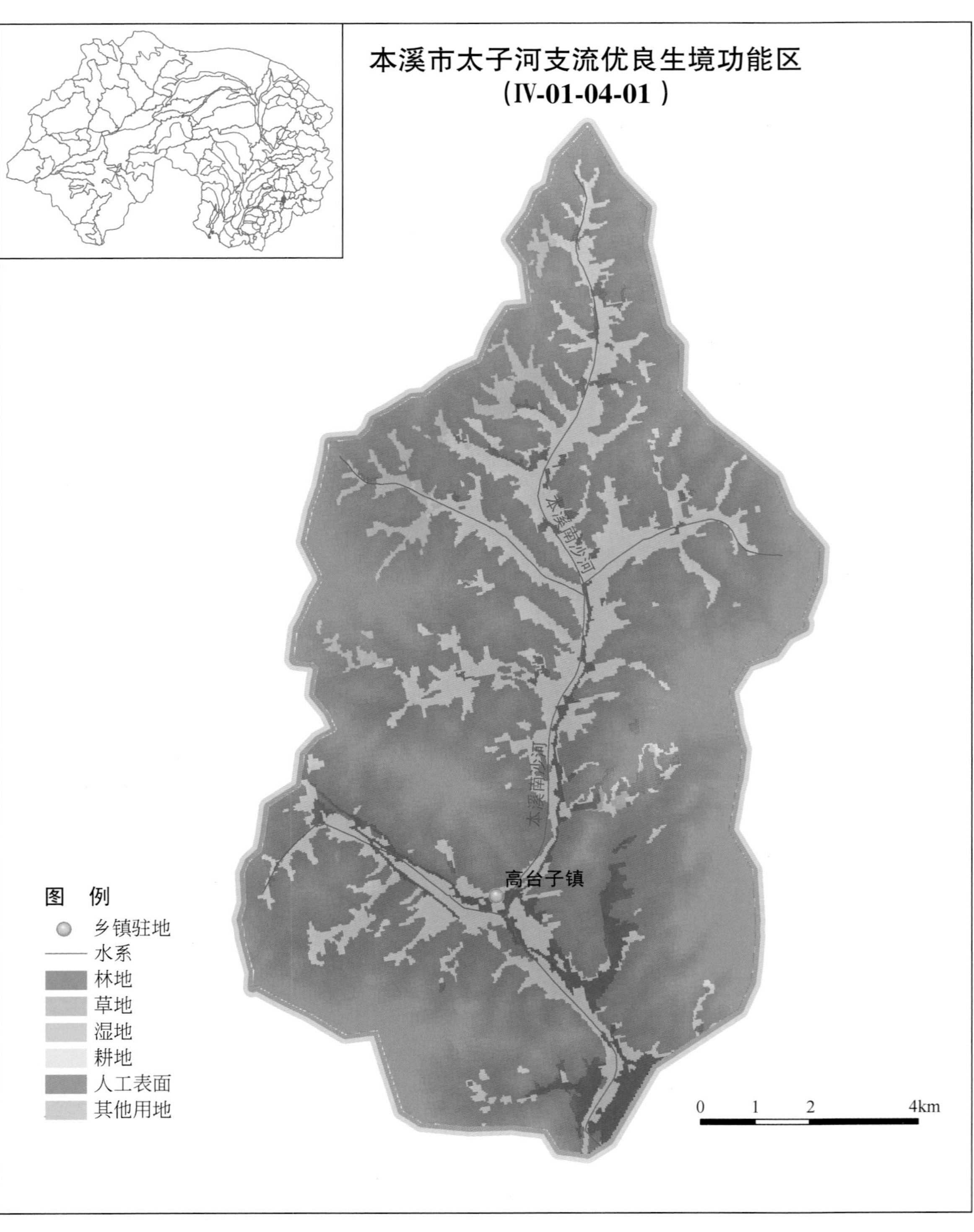
本溪市太子河支流优良生境功能区
（Ⅳ-01-04-01）
本溪南沙河
本溪南沙河
高台子镇
图　例
乡镇驻地
水系
林地
草地
湿地
耕地
人工表面
其他用地
0
1
2
4km

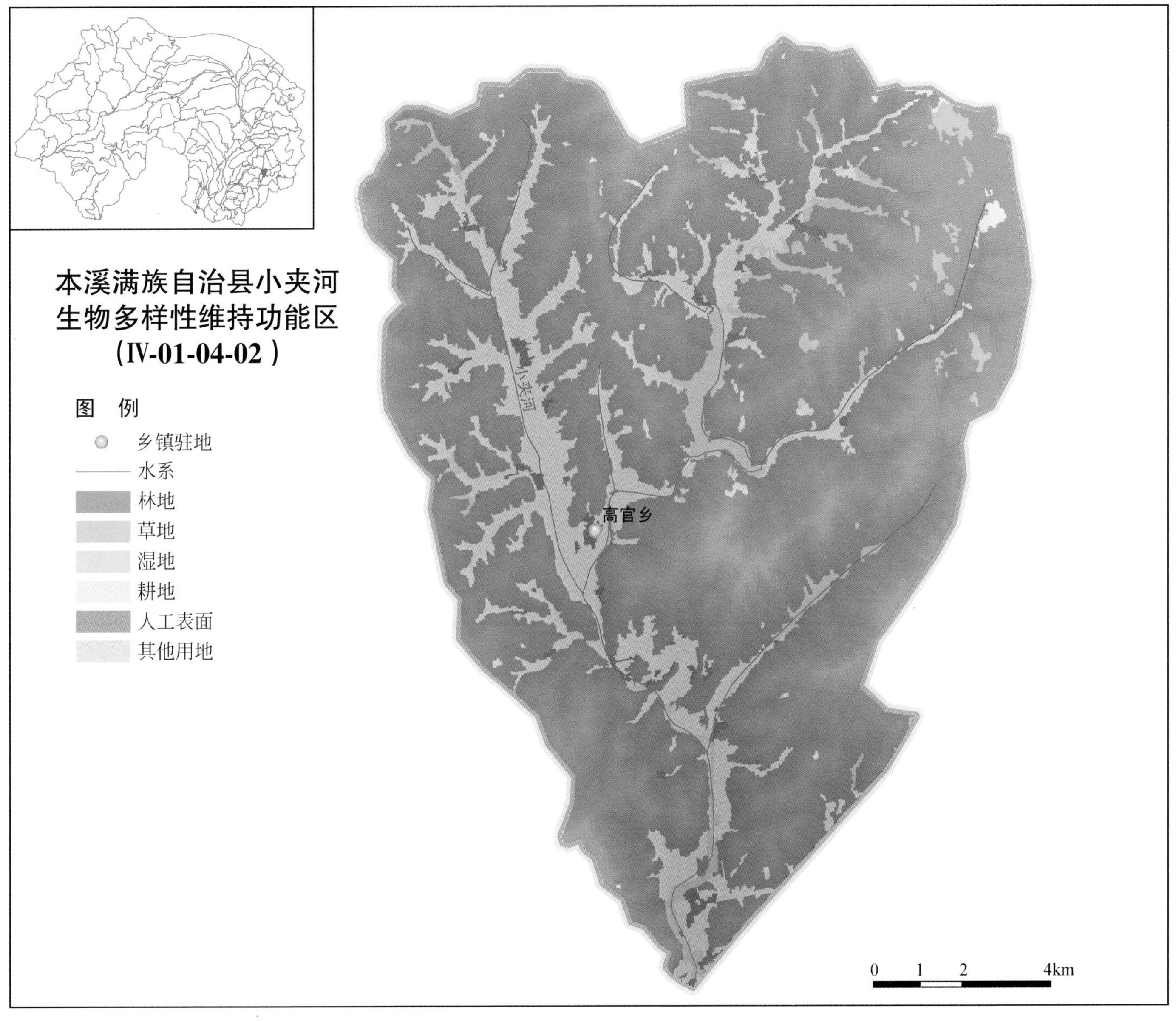
本溪满族自治县小夹河
生物多样性维持功能区
（IV-01-04-02）
图 例
乡镇驻地
水系
林地
草地
湿地
耕地
人工表面
其他用地
小夹河
高官乡
0 1 2 4km

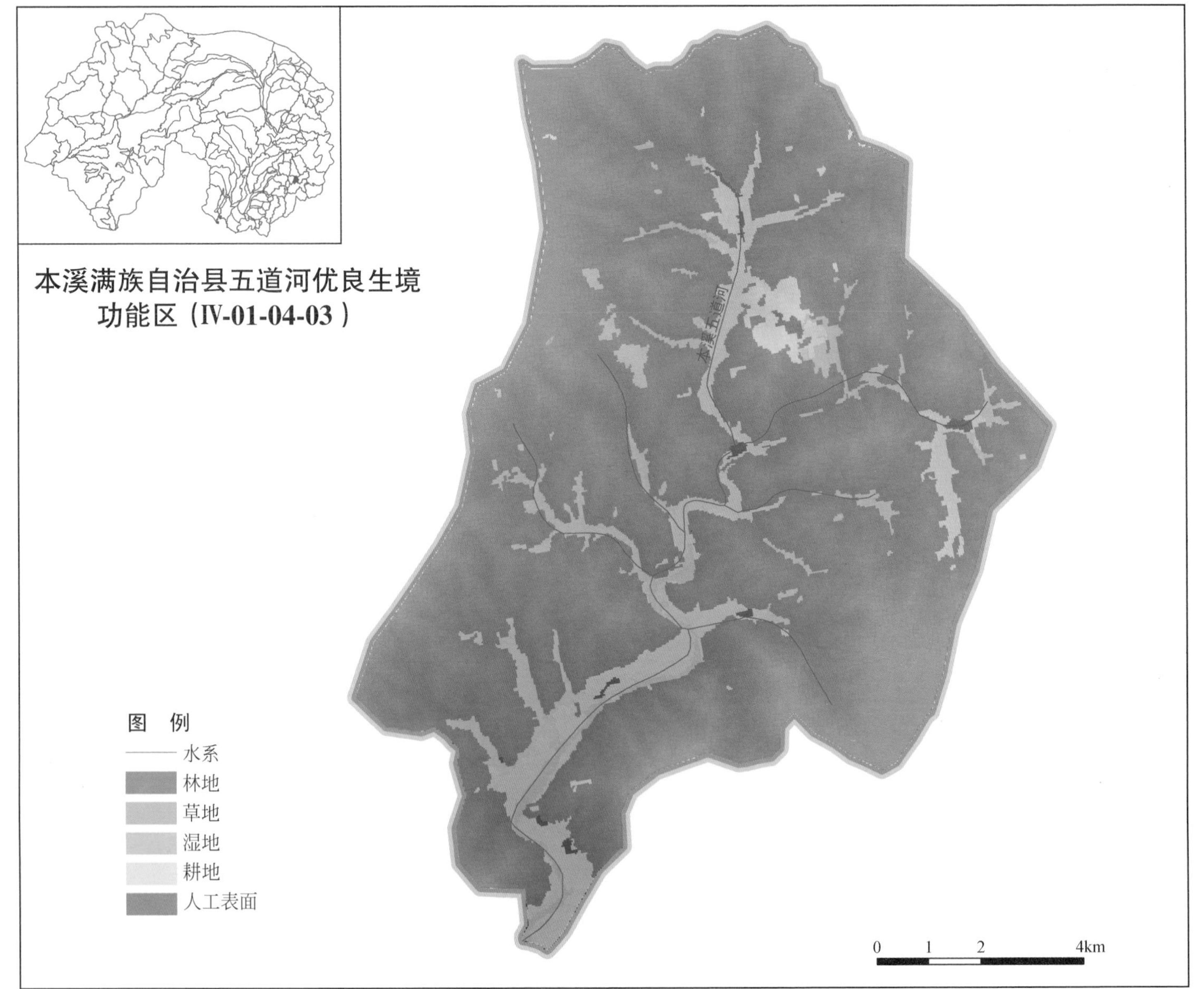
本溪满族自治县五道河优良生境功能区（IV-01-04-03）
图 例
水系
林地
草地
湿地
耕地
人工表面
0 1 2 4km

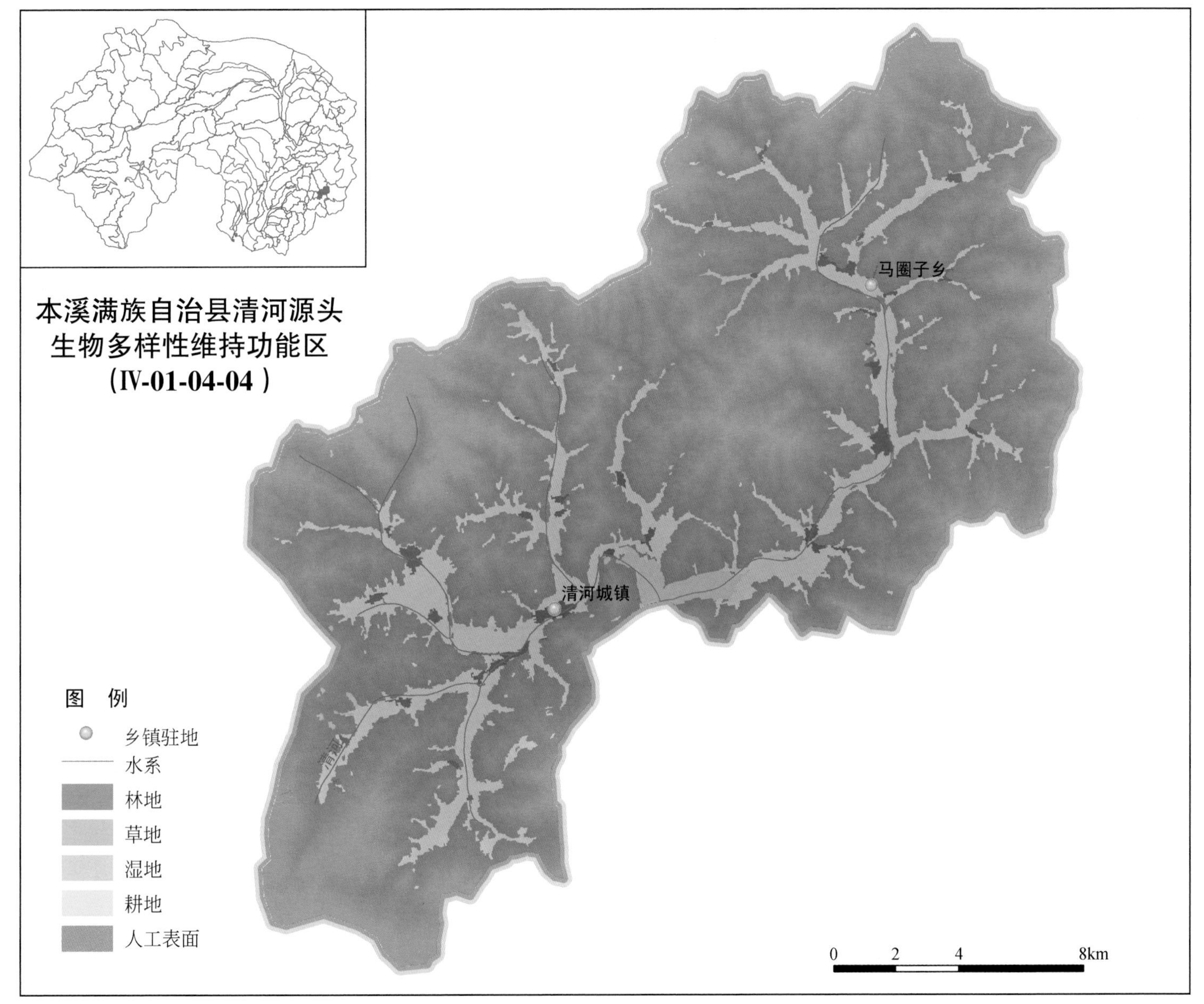
本溪满族自治县清河源头
生物多样性维持功能区
（IV-01-04-04）
图例
乡镇驻地
水系
林地
草地
湿地
耕地
人工表面
马圈子乡
清河城镇
0
2
4
8km

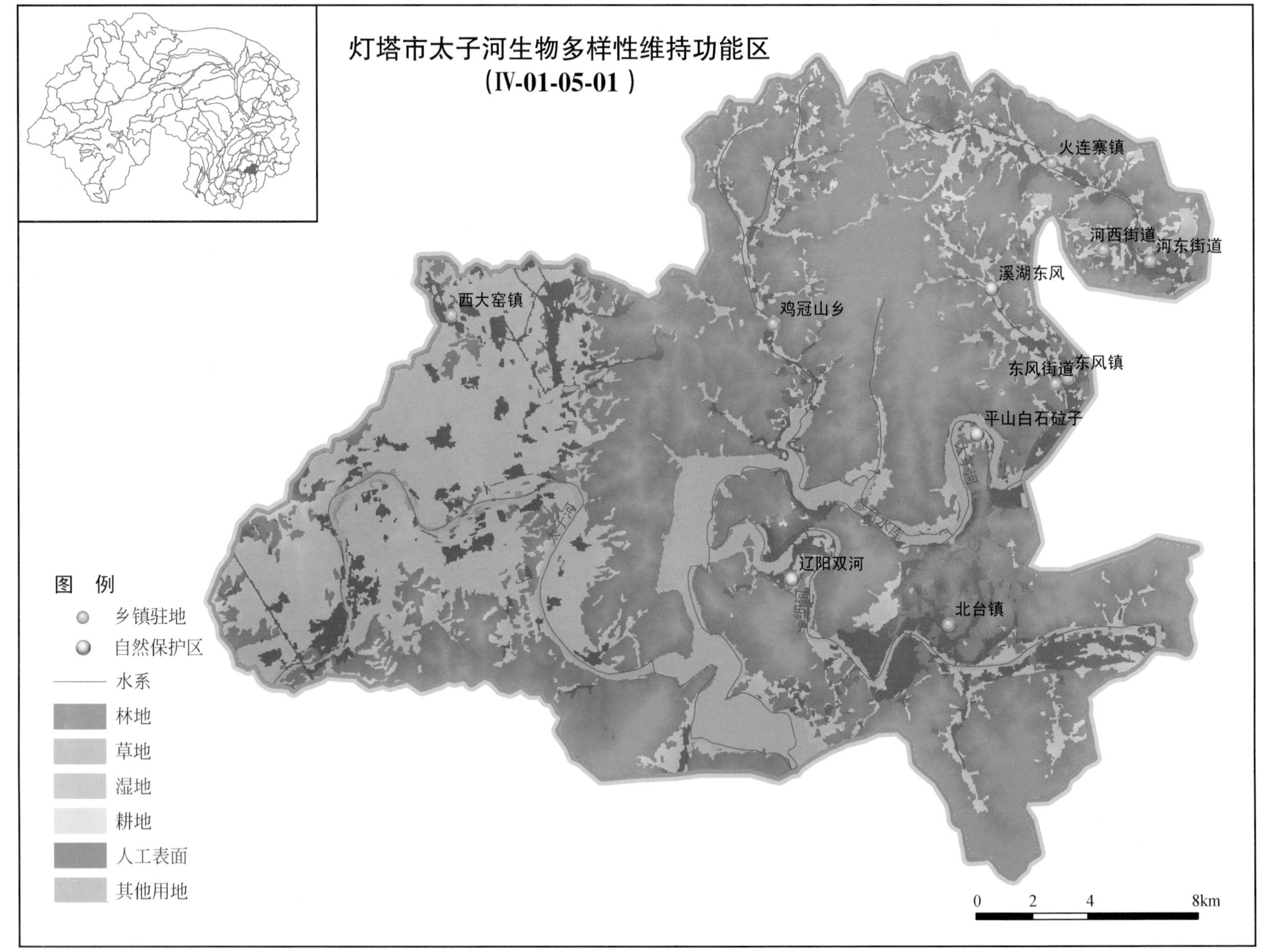
灯塔市太子河生物多样性维持功能区
（Ⅳ-01-05-01）
火连寨镇
河西街道
河东街道
溪湖东风
西大窑镇
鸡冠山乡
东风街道
东风镇
平山白石砬子
参窝水库
辽阳双河
北台镇
图 例
乡镇驻地
自然保护区
水系
林地
草地
湿地
耕地
人工表面
其他用地
0
2
4
8km

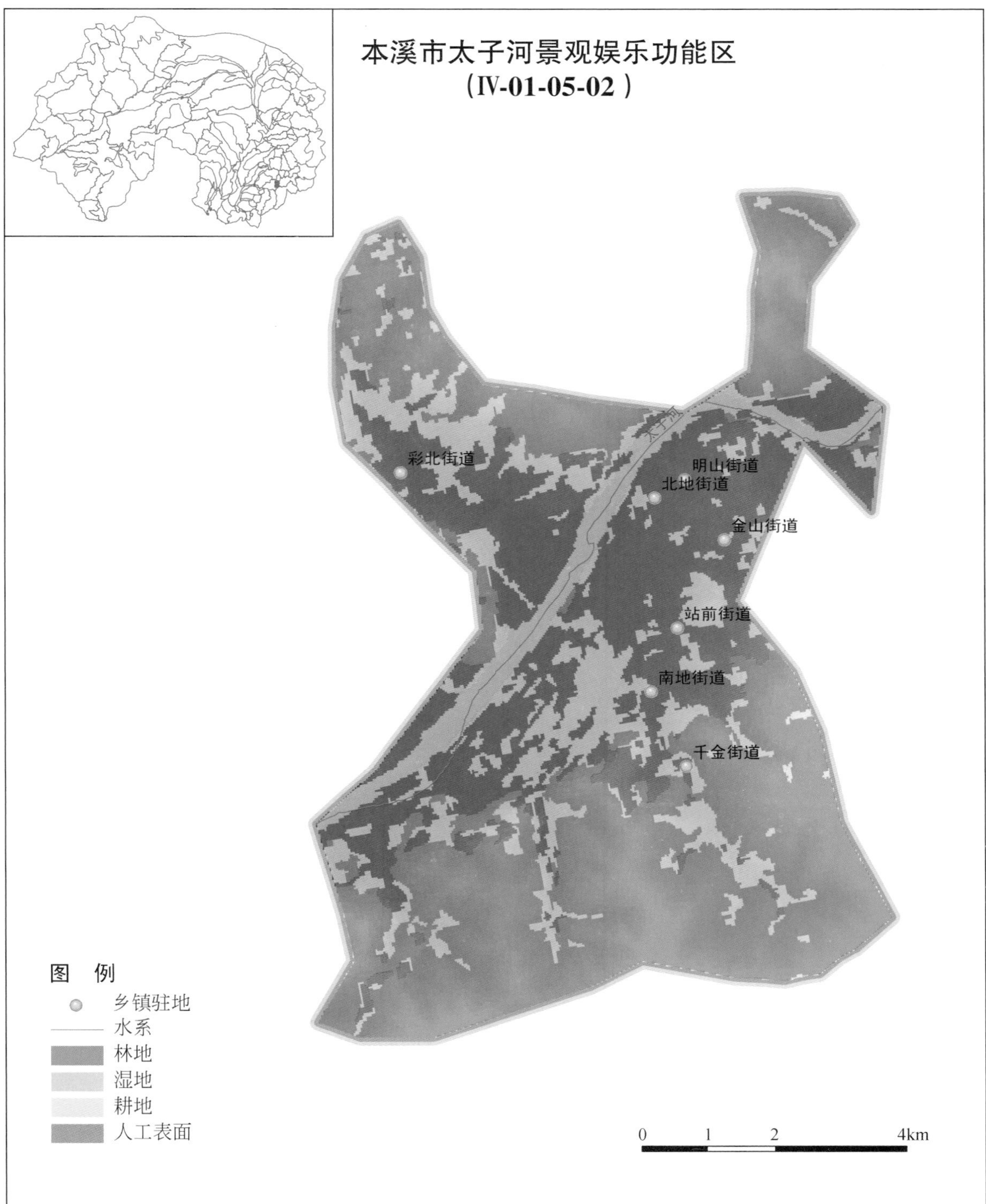
本溪市太子河景观娱乐功能区
（Ⅳ-01-05-02）
太子河
彩北街道
明山街道
北地街道
金山街道
站前街道
南地街道
千金街道
图　例
乡镇驻地
水系
林地
湿地
耕地
人工表面
0
1
2
4km

第一部分　图　集

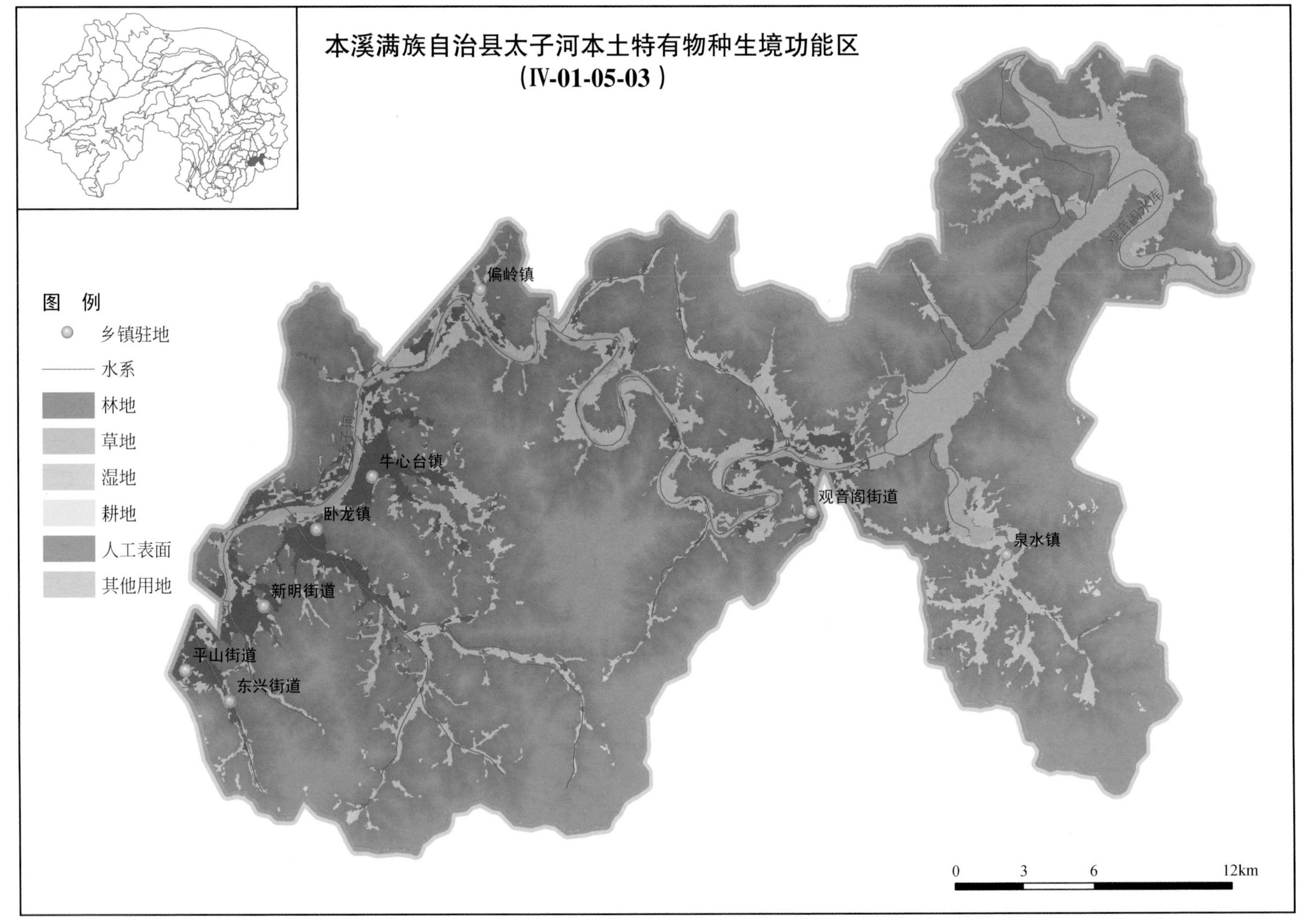
本溪满族自治县太子河本土特有物种生境功能区
（Ⅳ-01-05-03）
图 例
乡镇驻地
水系
林地
草地
湿地
耕地
人工表面
其他用地
偏岭镇
牛心台镇
卧龙镇
新明街道
平山街道
东兴街道
观音阁街道
泉水镇
观音阁水库
太子河
0
3
6
12km

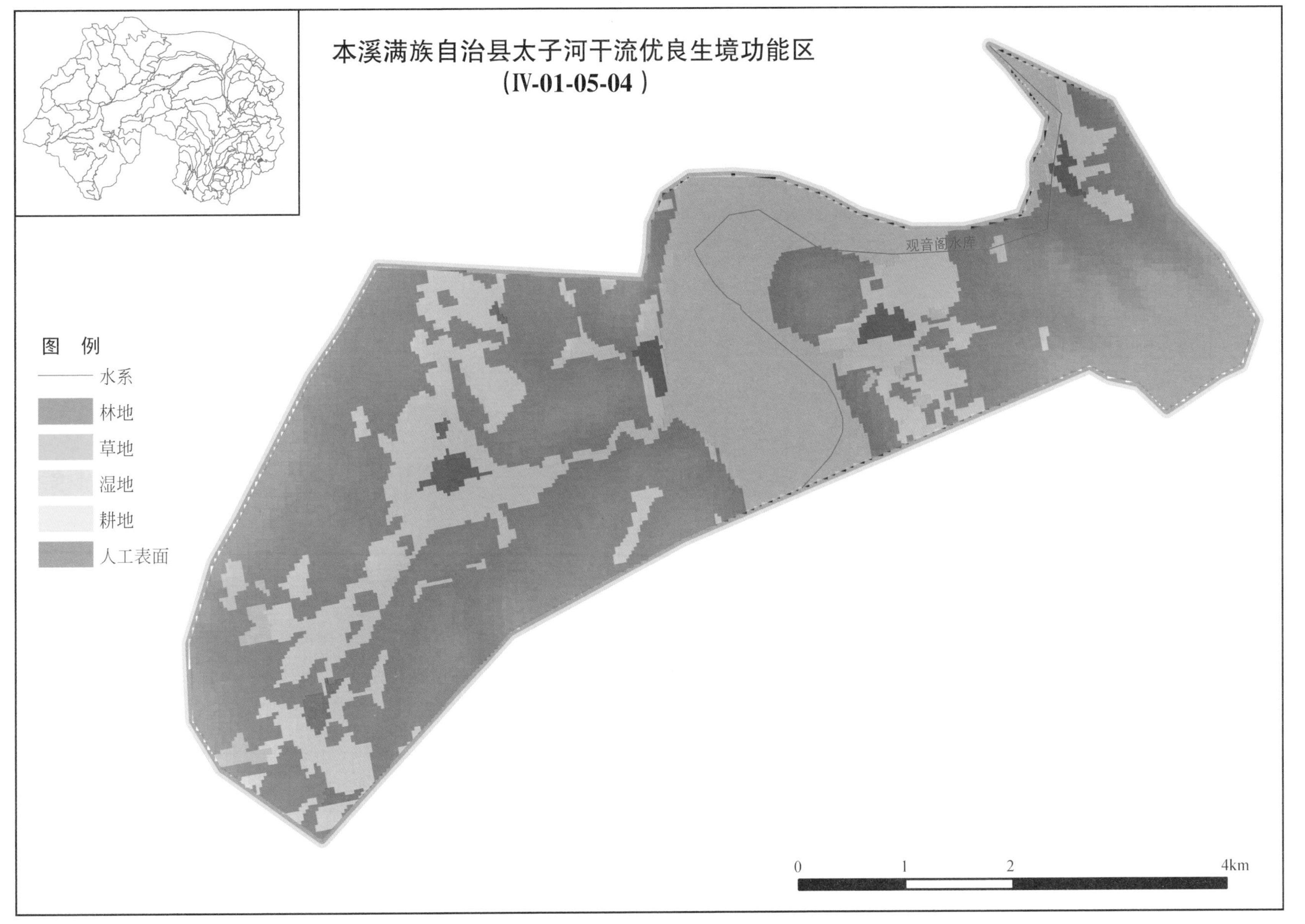
本溪满族自治县太子河干流优良生境功能区
(Ⅳ-01-05-04)
观音阁水库
图 例
水系
林地
草地
湿地
耕地
人工表面
0
1
2
4km

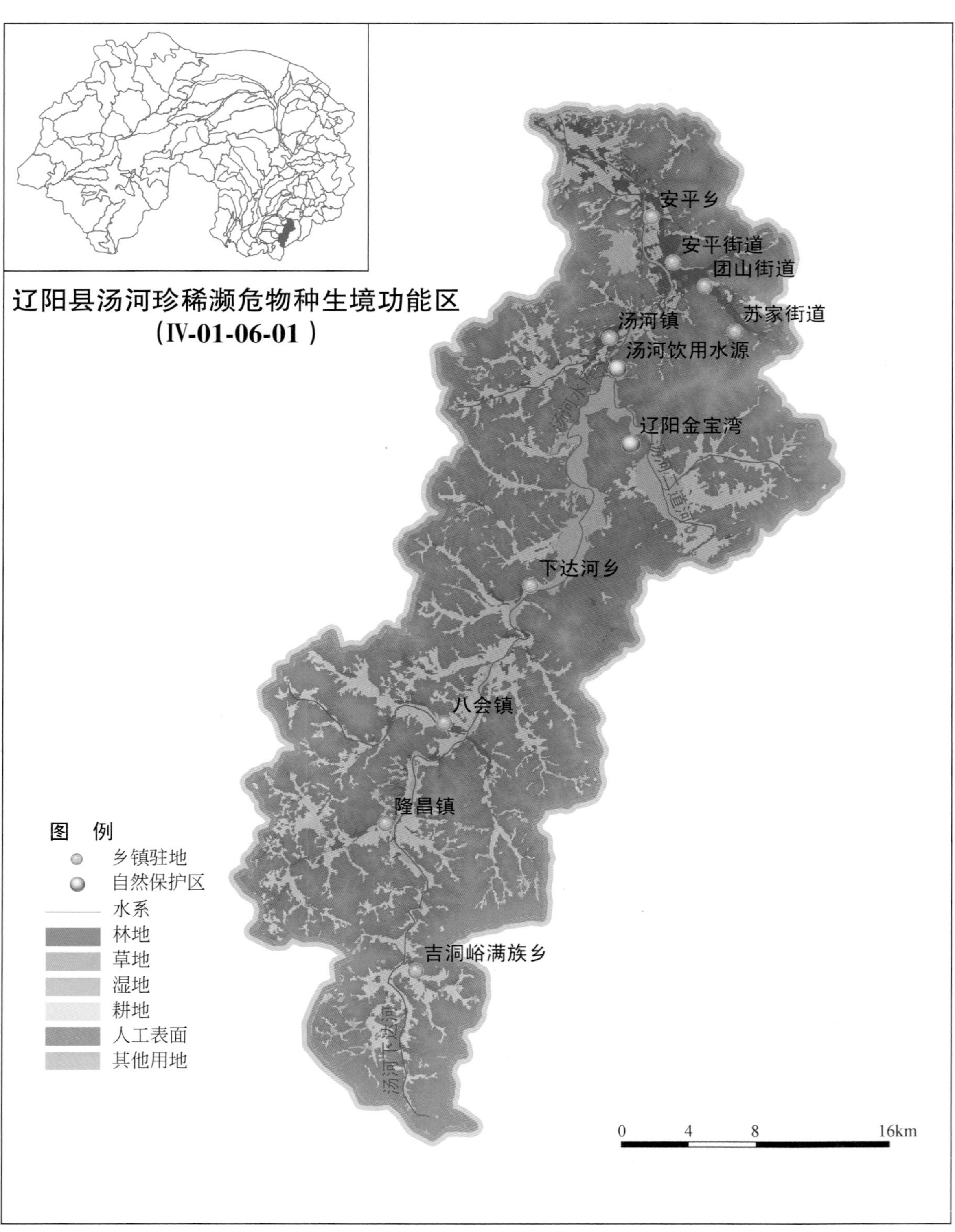
辽阳县汤河珍稀濒危物种生境功能区
（Ⅳ-01-06-01）
安平乡
安平街道
团山街道
苏家街道
汤河镇
汤河饮用水源
辽阳金宝湾
下达河乡
八会镇
隆昌镇
吉洞峪满族乡
汤河下达河
图 例
乡镇驻地
自然保护区
水系
林地
草地
湿地
耕地
人工表面
其他用地
0
4
8
16km

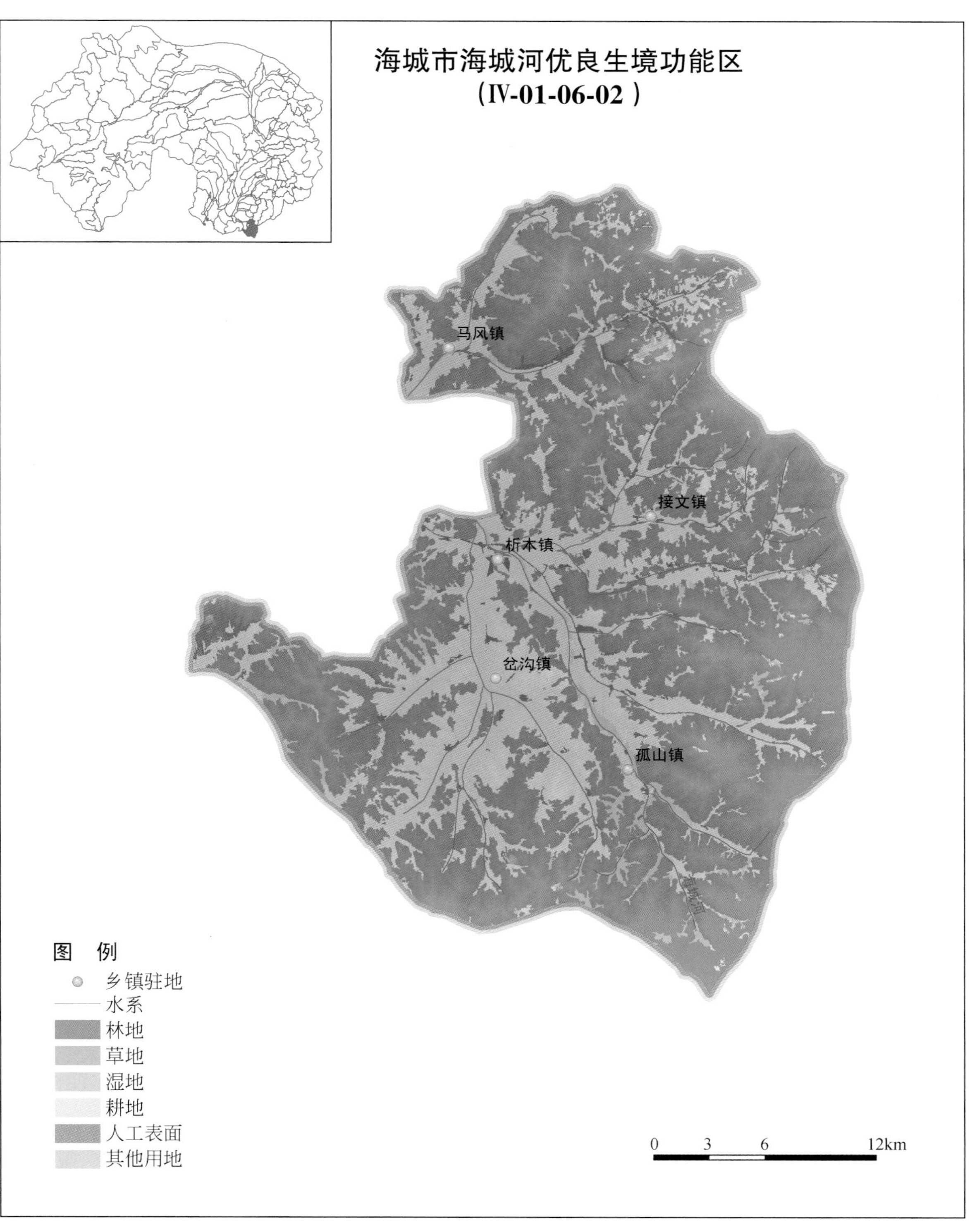
海城市海城河优良生境功能区
（Ⅳ-01-06-02）
马风镇
接文镇
析木镇
岔沟镇
孤山镇
图　例
乡镇驻地
水系
林地
草地
湿地
耕地
人工表面
其他用地
0
3
6
12km

第一部分　图　集

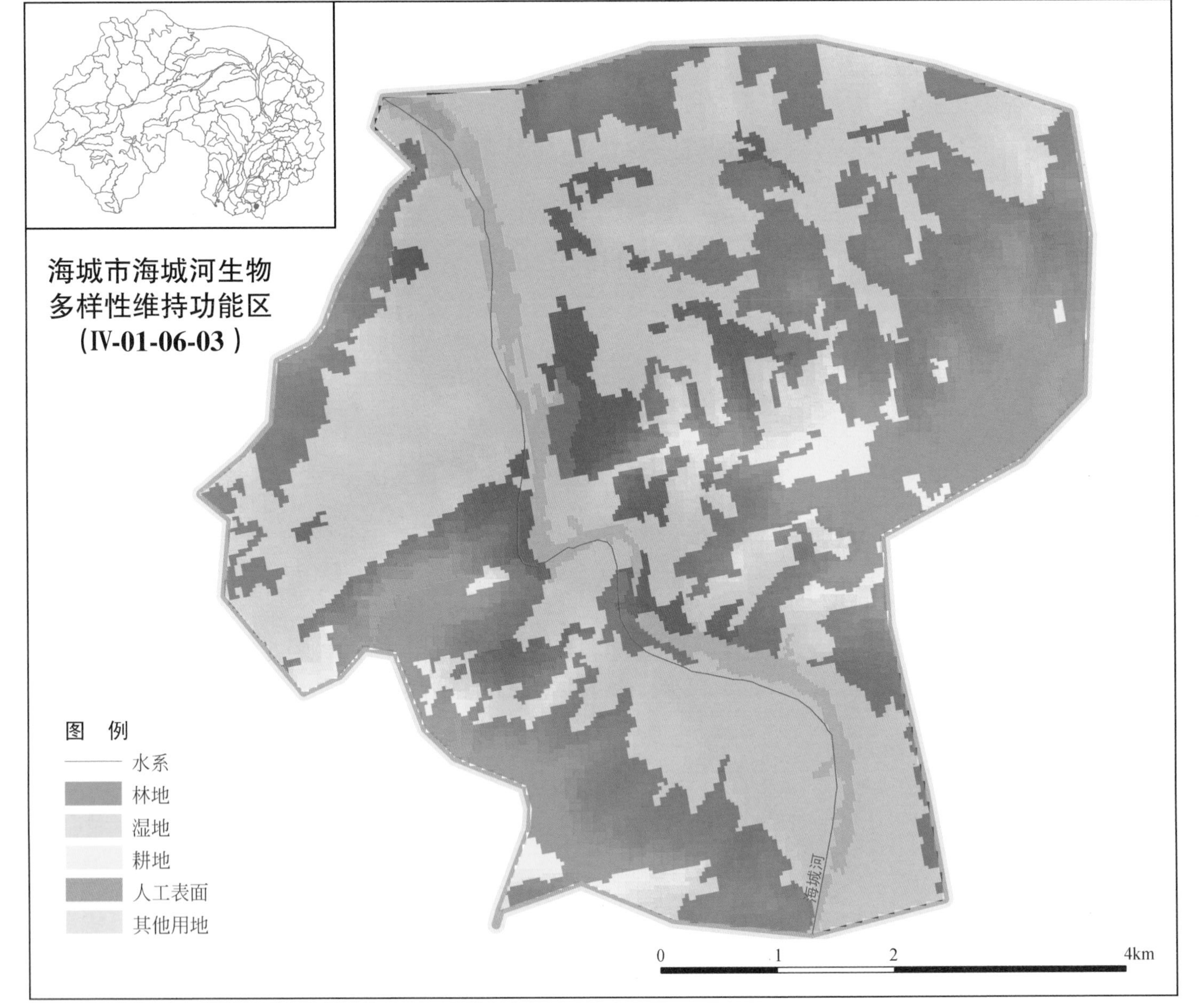
海城市海城河生物
多样性维持功能区
（IV-01-06-03）
图例
水系
林地
湿地
耕地
人工表面
其他用地
海城河
0
1
2
4km

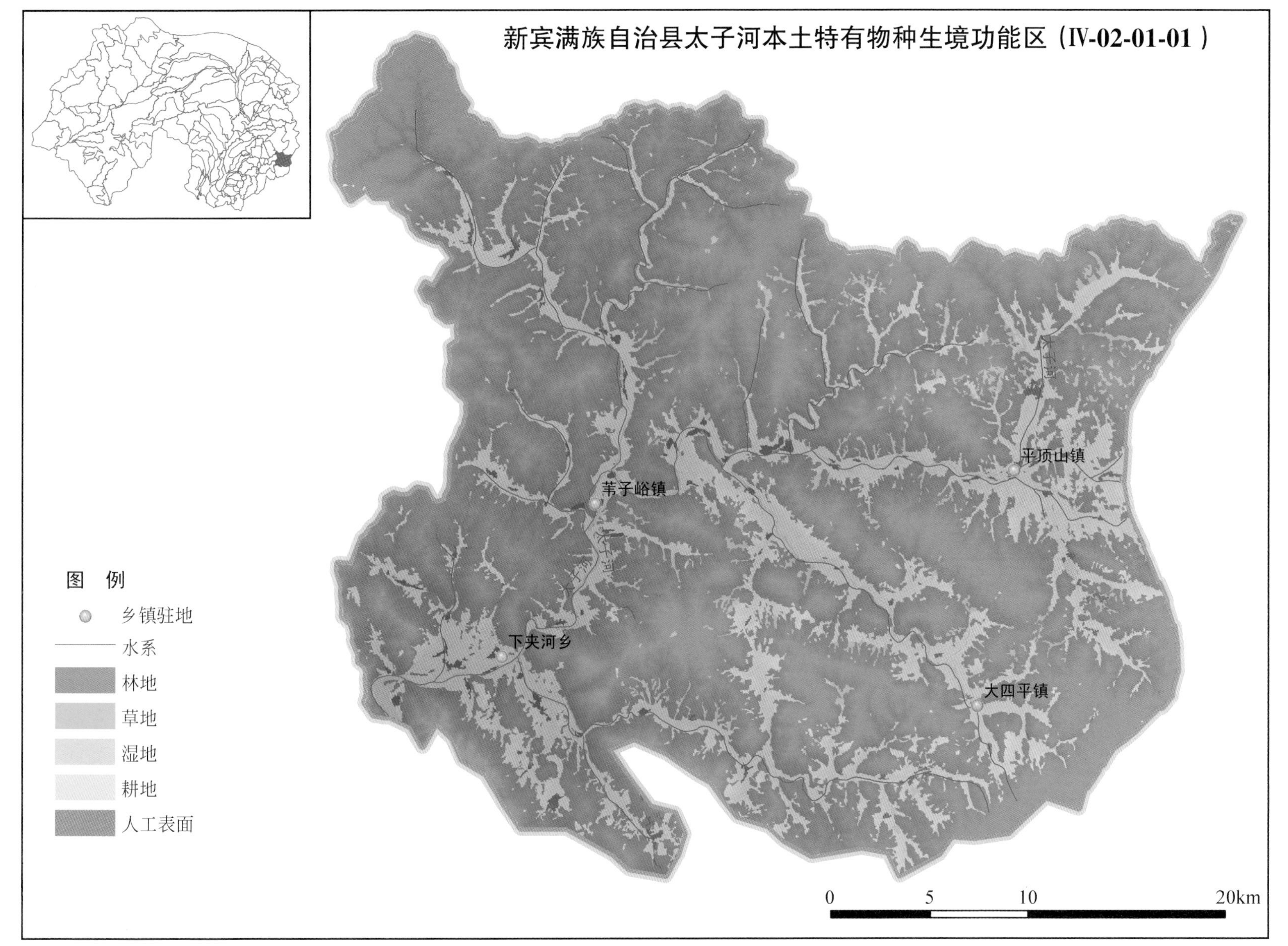

新宾满族自治县太子河本土特有物种生境功能区（IV-02-01-01）
平顶山镇
大四平镇
苇子峪镇
下夹河乡
太子河
0
5
10
20km
图例
乡镇驻地
水系
林地
草地
湿地
耕地
人工表面

第一部分 图集

本溪满族自治县太子河南支优良生境功能区（IV-02-01-02）

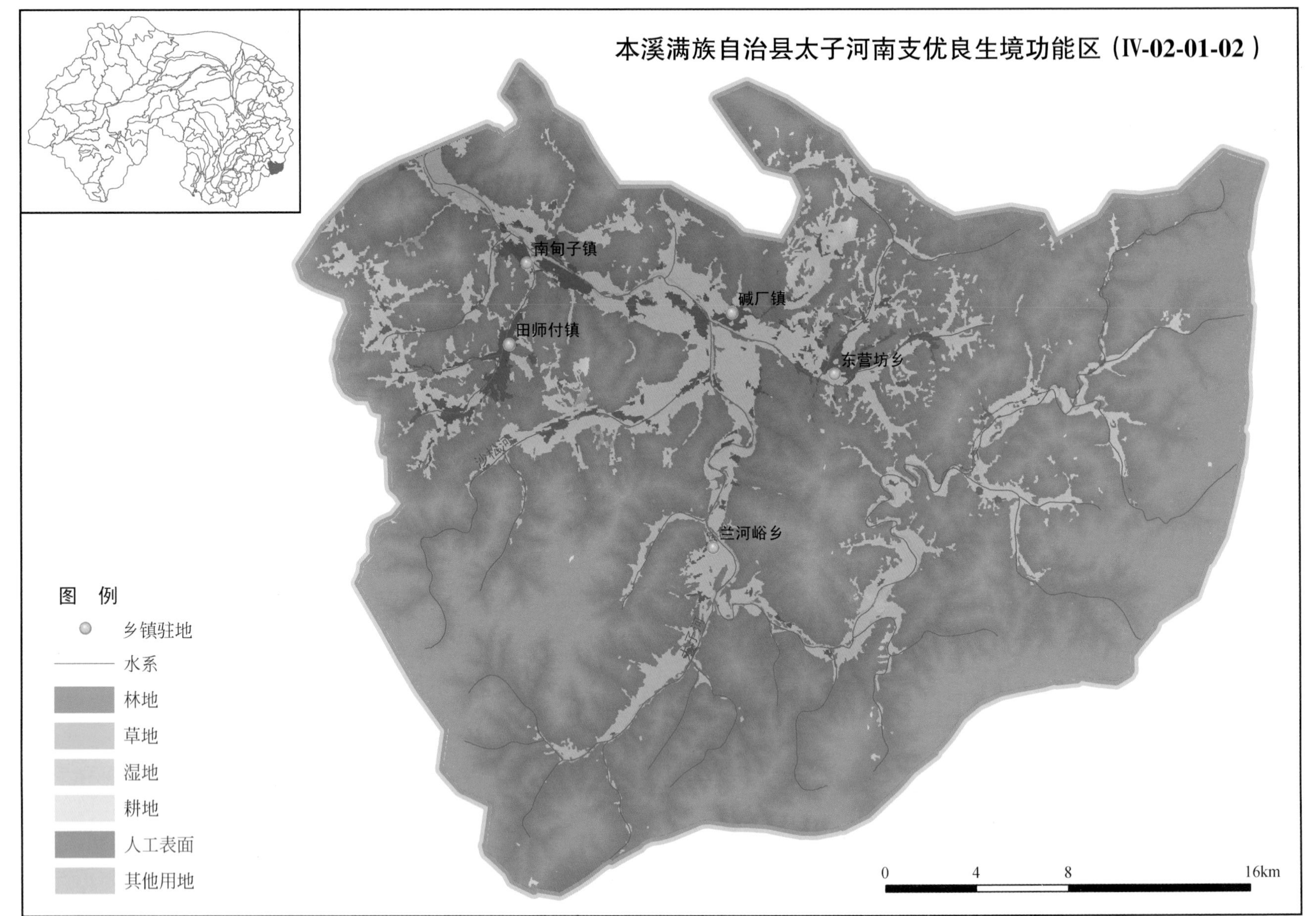

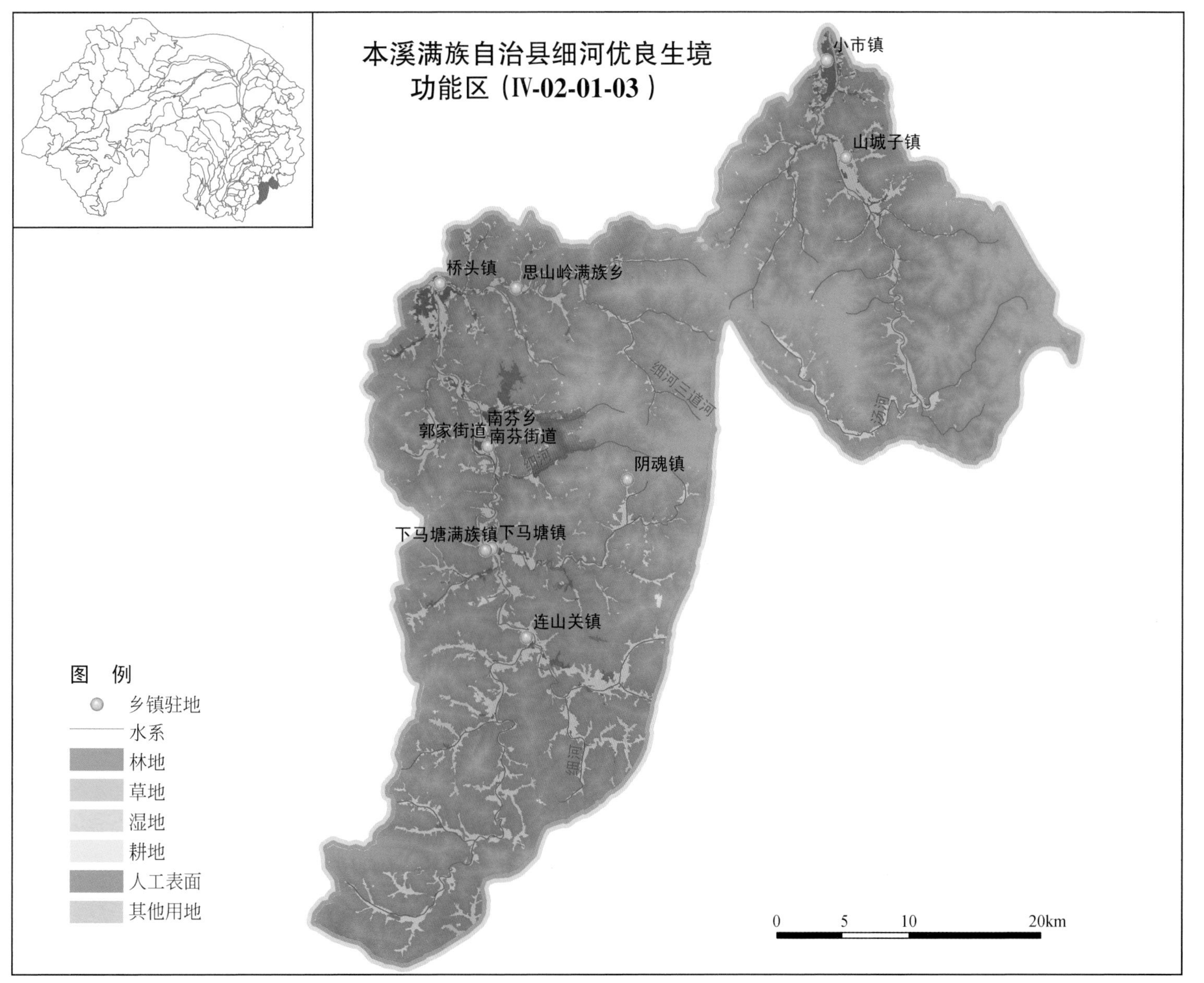
本溪满族自治县细河优良生境
功能区（IV-02-01-03）
小市镇
山城子镇
桥头镇
思山岭满族乡
细河三道河
南芬乡
郭家街道
南芬街道
阴魂镇
下马塘满族镇
下马塘镇
连山关镇
图 例
乡镇驻地
水系
林地
草地
湿地
耕地
人工表面
其他用地
0
5
10
20km

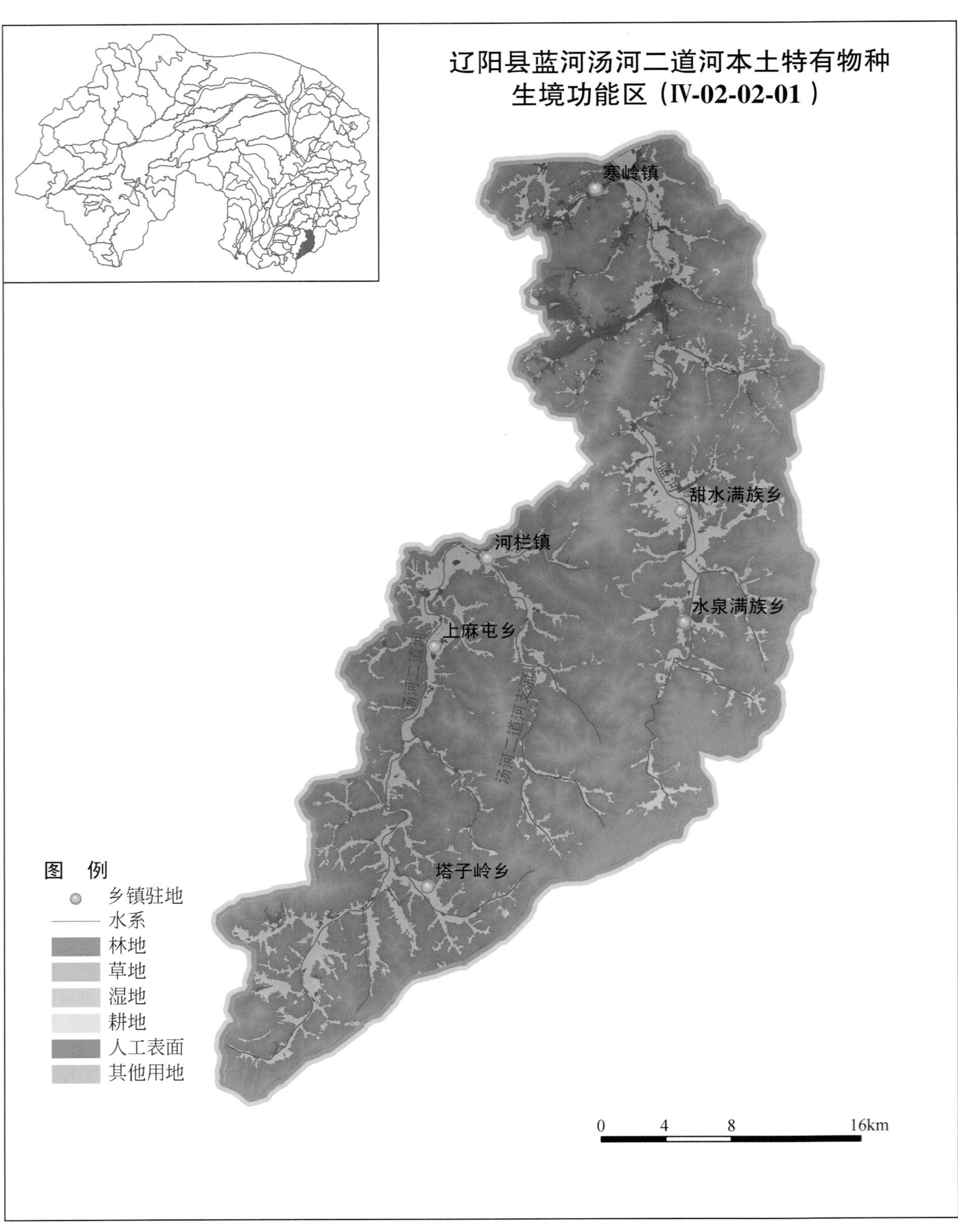
辽阳县蓝河汤河二道河本土特有物种
生境功能区（Ⅳ-02-02-01）
寒岭镇
甜水满族乡
河栏镇
水泉满族乡
上麻屯乡
汤河二道河
汤河二道河支流
塔子岭乡
图 例
乡镇驻地
水系
林地
草地
湿地
耕地
人工表面
其他用地
0 4 8 16km

第二部分

论　　述

第 1 章

辽河流域概况及分区数据

1.1 辽河流域概况

辽河流域位于我国东北地区西南部，地理位置在 116°40′E ～ 125°35′E，40°28′N ～ 45°12′N，东西横跨经度约 8°55′，南北纵贯纬度约 4°44′。辽河发源于河北省承德市七老图山脉的光头山，流经河北省、内蒙古自治区、吉林省和辽宁省，在辽宁省盘锦市注入渤海。整个流域东西宽、南北窄，总体上呈北高南低、东西高中部低的地势形态。

辽河全长 1345km，流域面积为 22.55 万 km^2，由东辽河、西辽河、浑太河、大辽河和辽河干流中下游水系组成。东辽河发源于辽源市境内的萨哈岭山，全长 488km。西辽河水系的绝大部分位于内蒙古自治区东北部，主要支流有西拉木伦河、老哈河、教来河和乌力吉木伦河。东、西辽河于福德店汇合后的部分称辽河干流，招苏台河、清河、柴河、柳河等支流流入辽河干流后经双台子河由盘锦入海。浑河、太子河于三岔河汇合后形成大辽河，由营口入海。辽河流域河污染季节性特征显著，枯水期污染最重，平水期次之，丰水期较轻。

辽河流域属于温带半湿润半干旱的季风气候。年降水量为 300 ～ 950mm（水利部松辽水利委员会，2004），60% 的降水量集中在每年的 4 ～ 9 月。降水量区域变化很大，辽河干流以东降水量达 900mm 左右，向西逐渐减少，西辽河上游多风沙，降水量减少到 300mm 左右，东部降水量达到西部的 2.5 倍。辽河全流域有很多季节性断流河段。全流域年均气温在 4 ～ 9℃，平原地区较高山地区低，气温自南向北逐渐递减。1 月全流域平均气温最低，达到 −17 ～ −9℃，7 月最高，除西辽河上游山区外，气温多在 22 ～ 24℃。

辽河流域东、西两侧被低山、中山所环绕，中部是广阔的大平原。全区山脉走向大多为北东、北北东向，次为北西或东西向，海拔一般在 500 ～ 800m。东有千山山脉、龙岗山脉；西有大兴安岭山脉和辽西山地；北有松辽分水岭，三面群山呈“马蹄”形环抱着辽河大平原。辽河流域地层分布较全，岩性种类多，除三叠系外，各时代地层均有不同程度的出露。

辽河流域在全国土壤分布区中跨两个地带性土类分布区，即东部棕色森林土类土壤区和西部褐色土类土壤区。流域北部与黑土分布区相毗邻，东北部与山地暗棕色森林土交错接壤，西部则与华北、内蒙古褐土区相连接。根据各地区土壤的形成与分布，辽河流域共有八大类土壤类型，分别为棕壤类土壤、褐土类土壤、黑土类土壤、栗钙土类土壤、湿土类土壤、水稻土类土壤、盐碱土类土壤、岩性土类土壤（水利部松辽水利委员会，2004）。

辽河流域自然植被处于长白、华北和内蒙古三大植被分布区的交叉地带，具有明显的过渡性和混杂性，各植被区的代表树种相互渗透，交错分布。由于人类活动——不断地开垦、采伐和人工建造，辽河流域内几乎已无原始植被。目前残存的自然植被主要分布在流域东部的丘陵山地，少量分布在辽西山地及辽河口一带的芦苇沼泽。流域的植被横跨 3 个植被区，分别是东部山地温带针阔混交林区、辽南和辽西暖温带落叶阔叶林区、辽北温带草原区（水利部松辽水利委员会，2004）。

辽河流域多年平均地表水资源量为 137.21 亿 m^3，多年平均地下水资源量为 139.57 亿 m^3，多年平均水资源总量为 221.92 亿 m^3 ①。辽河流域水资源可利用总量为 115.04 亿 m^3，水资源可利用率（水资源可利用总量与水资源总量的比值）为 51.8%。其中，地表水资源可利用量为 63.28 亿 m^3，占可利用总量的 55%（党连文，2011）。

辽河流域是我国重要的工业基地和商品粮基地。行政区划包括内蒙古、吉林、辽宁和河北 4 省（自治区）的 20 个市（盟）。2007 年全流域内总人口为 3383 万人，国内生产总值为 9172 亿元，工业增加值为 3168 亿元；耕地面积为 8327 万亩②，有效灌溉面积为 3319 万亩，粮食总产量为 2747 万 t（《辽河流域综合规划概要》）。辽河流域工业种类齐全，以冶金、石油、煤炭、电力、化工、机械、电子、毛纺、棉纺、印染、造纸、建材、制革、食品、酿造等为主，是我国重要的原材料工业和装备制造业基地。

1.2 辽河流域分区使用的数据

流域水生态功能分区是在识别水生态系统结构、功能空间分布的基础上进行的，通过对水生生物群落的结构功能以及影响其陆域因素的分析，识别陆域影响因素，利用定性和定量的方法进行划分，得到流域水生态功能区的边界。

因此，水生态系统数据、陆域及水体生境数据是分区的基础。

1.2.1 辽河流域水生态调查分析

2012 ～ 2014 年，每年 8 ～ 9 月分别对辽河流域中的西辽河、东辽河、辽河干流及支流和大辽河进行水生态调查，共调查 311 个样点。

在每个样点，选择典型河段，通过样方法、样带法采集藻类、大型底栖动物、鱼类和大型水生植物等水生生物数据；野外记录鱼类和大型水生植物的物种名称、个体数、生物量等数据；将采集的藻类、大型底栖动物样品带回实验室，鉴定物种，计数密度、个体数等；将

①资料来源于《辽河流域综合规划》概要（http://www.slwr.gov.cn/slzx/slwlygh/201308/W020130830832536018306.pdf）。

② 1 亩≈ 667m^2。

野外采集的水样带回实验室测定营养盐、基本离子、化学需氧量（DOC）等数据；调查基质、河宽、水深、流速等生境数据。

根据调查数据，通过空间分析、聚类分析、相关分析、梯度分析等技术方法，分析水生态系统结构功能空间变异性格局、水体结构变异性格局；通过生物多样性计算、物种分析、生境评价、模型预测等技术方法，识别高生物多样性河段、珍稀濒危生物分布河段等生态功能河段区域；通过定量分析、信息收集等方法识别为人类提供景观娱乐、饮用水源、航运等生态服务分布的河段区域。

1.2.2 辽河流域分区使用的空间数据

辽河流域水生态功能分区使用的空间数据包括自然地理、人类活动 / 干扰、规划 / 区划、保护区等方面的资料（表 1-1）。

表 1-1 辽河流域水生态功能分区使用的主要空间信息数据

类型	数据	来源
自然地理	降水	气象站点观测数据插值生成的栅格数据
	气温	气象站点观测数据插值生成的栅格数据
	地貌	《中华人民共和国地貌图集（1：100 万）》
	植被	1：100 万中国植被图
	土壤	1：100 万中华人民共和国土壤图
	DEM	30m 分辨率 ASTER DEM 数据
	坡度	30m 分辨率 DEM 计算
	水系	DEM 提取，或中国 1：100 万水系矢量图
	NDVI	Landsat TM 影像计算
人类活动 / 干扰	土地利用	Landsat TM 影像解译获取的矢量图
	GDP	2010 年全国 GDP 空间分布公里网格数据
	人口数	2010 年全国人口空间分布公里网格数据
	水库	《中国河湖大典 黑龙江、辽河卷》
规划 / 区划	水功能区划	《全国重要江河湖泊水功能区划（2011—2030）》
	生态功能区划	《全国生态功能区划（修编版）》
	主体功能区划	《全国及各地区主体功能区规划（上）》
	行政区划	国家基础地理信息系统数据库
保护区	自然保护区	全国自然保护区名录
	饮用水源地保护区	各地方饮用水源地规划

1.2.3 主要生态指标及说明

主要生态指标及说明见表 1-2。

表 1-2 主要生态指标及说明

指标	说明
总物种数	即调查样点或流域水生态功能区内物种的总数量。 在流域水生态功能四级区保护目标制订时，根据调查获取的功能区内样点总物种数，通过四分位数法确定物种数等级，根据物种数由多到少分为Ⅰ级、Ⅱ级、Ⅲ级、Ⅳ级和Ⅴ级；对于不同的生物类群，其等级确定依据的范围如下。 1）鱼类：Ⅰ级（≥ 14）、Ⅱ级（11 ～ 13）、Ⅲ级（8 ～ 10）、Ⅳ级（5 ～ 7）、Ⅴ级（2 ～ 4）。 2）大型底栖动物：Ⅰ级（≥ 22）、Ⅱ级（18 ～ 21）、Ⅲ级（13 ～ 17）、Ⅳ级（9 ～ 12）、Ⅴ级（5 ～ 8）。 3）藻类：Ⅰ级（≥ 34）、Ⅱ级（27 ～ 33）、Ⅲ级（19 ～ 26）、Ⅳ级（11 ～ 18）、Ⅴ级（3 ～ 10）
大型底栖动物功能摄食类群	按照物种食物来源和口器的主要形态特征，大型底栖动物划分为 4 个功能摄食类群。 1）撕食者：以粗颗粒有机物（CPOM，颗粒粒径≥ 1mm）为主要食物。 2）集食者：以细颗粒有机物（FPOM，颗粒粒径 0.45 ～ $1\times10^3\mu m$）为主要食物，FPOM 一部分来自于 CPOM 的分解，一部分由可溶性有机物 DOM 与藻类和原生动物等形成的絮结物。根据食物在水体中的位置（沉积或悬浮）和获取食物的方式，又可分为滤食者（以悬浮于水中的 FPOM 为食，具有某些特殊结构如前足胫节上的刚毛、上唇扇或者通过丝或丝状分泌物织成的网过滤悬浮于水中的有机物质一类生物，如蜉蝣目的等翅蜉科、双翅目蚋科、毛翅目纹石蛾科等）、收集者（主要取食沉积于底质表面的松散 FPOM，如蜉蝣目中的四节蜉科和细裳蜉科的部分种类）、穴食者（以沉积物中的 FPOM 为食，主要为 Oligochaeta 中的颤蚓和部分 *Chironomus* sp. 幼虫）。 3）刮食者（牧食者）：适合在石块底质或有机底质上牧食（刮食）微型或小型生物，如周丛生物、着生藻类和其他微生物的一类动物。例如，蜉蝣目中的扁蜉科、小蜉科，毛翅目瘤石蛾科瘤石蛾属（*Goera*），舌石石蛾科等，以及双翅目网蚊科等，同时绝大多数的软体动物（螺）均属于刮食者。 4）捕食者：直接吞食或刺食猎物的一类生物。例如，蜻蜓目、广翅目、襀翅目襀科等，毛翅目长角石蛾科栖长角石蛾属中的部分种类，以及蜉蝣目等翅石蛾科中的部分种类，同时水蛭也是河流中主要的捕食者
大型底栖动物生活型	按照生活习性，大型底栖动物主要可以分为以下八大类生活型：黏附型、穴居型、攀爬型、游泳型、潜水型、蔓生型、溜水型、钻蚀型。参考国内外文献资料，以黏附型的底栖动物作为评价水生态系统质量的一个指标。 黏附者为附着于河床底质表面的动物，该类群在身体外形或生活行为上具有很大的适应性，能够避免或经受水力冲击，可在水底表面或突出物上营终生固着或临时固着，主要包括蜉蝣目、襀翅目和毛翅目水生昆虫幼虫
Berger-Parker 优势度指数 (BP)	Berger-Parker 优势度指数是表征生物优势度的指数，它反映了各物种种群数量的变化情况，优势度指数越大，说明群落内物种数量分布越不均匀。计算公式如下： $D=N_{max}/N$ 式中，D 为 BP 指数；N_{max} 为优势物种的个体数；N 为功能团全部物种的个体数。 各类群等级阈值划分标准如下： 藻类：Ⅰ级（≥ 0.80）、Ⅱ级（0.63 ～ 0.79）、Ⅲ级（0.46 ～ 0.62）、Ⅳ级（0.29 ～ 0.45）、Ⅴ级（0.12 ～ 0.28）
香农 – 维纳多样性指数	根据调查样点水生生物群落数据计算，计算公式如下： $H'=-\sum_{i=1}^{S} P_i \ln P_i$ 式中，H' 为香农 – 维纳多样性指数；S 为总的物种数；P_i 为采样点第 i 种水生生物个体数占样本总个体数的比例。 根据四分位法确定藻类、大型底栖动物、鱼类等各类群等级的阈值，确定的范围如下： 1）鱼类：Ⅰ级（≥ 2.05）、Ⅱ级（1.61 ～ 2.04）、Ⅲ级（1.18 ～ 1.60）、Ⅳ级（0.75 ～ 1.17）、Ⅴ级（0.31 ～ 0.74）。 2）大型底栖动物：Ⅰ级（≥ 2.63）、Ⅱ级（2.31 ～ 2.62）、Ⅲ级（1.98 ～ 2.30）、Ⅳ级（1.66 ～ 1.97）、Ⅴ级（1.34 ～ 1.65）。 3）藻类：Ⅰ级（≥ 4.44）、Ⅱ级（3.63 ～ 4.43）、Ⅲ级（2.83 ～ 3.62）、Ⅳ级（2.03 ～ 2.82）、Ⅴ级（1.23 ～ 2.02）

续表

指标	说明
BMWP	DMWP 是一种计算科级分类单元敏感值的快速生物评价单因子指数，通过统计样点敏感物种的出现与否计算样点的 BMWP 得分。该指标根据大型底栖动物耐污特性的差异，从最不敏感至最敏感依次给予 1 ～ 10 的分值，对样点中所出现物种的科级敏感值求和，即为该样点的 BMWP 得分。分值越高，说明敏感物种越多，样点的人为扰动强度越小，河流健康状况越好。 底栖动物 BMWP 指数的等级划分如下：Ⅰ级（≥ 74）、Ⅱ级（48 ～ 73）、Ⅲ级（37 ～ 47）、Ⅳ级（34 ～ 36）、Ⅴ级（27 ～ 33）
EPT	EPT 物种数为大型底栖动物中蜉蝣目 (Ephemeroptera)、襀翅目 (Plecoptera) 和毛翅目 (Trichoptera)3 个类群分类单元数之和，代表了河流中主要的敏感类群，其数量常可直接指示河流的健康状况。 EPT 物种数等级划分标准如下：Ⅰ级（≥ 15）、Ⅱ级（6 ～ 14）、Ⅲ级（3 ～ 5）、Ⅳ级（2）、Ⅴ级（<2）
完整性指数（IBI）	完整性指数是河流生态系统健康评价的指数。兼顾水环境质量等级和栖息地质量评价，选取无人为干扰或干扰极小的样点为参考样点，干扰极重的样点为受损样点。综合参考目前有关 IBI 的研究，结合大型底栖动物、鱼类实际调查获取的数据，建立对环境变化较为敏感的候选指标库，通过判别分析、相关性分析等筛选评价指标。采用比值法进行大型底栖动物完整性（B-IBI）、鱼类完整性（F-IBI）的评分计算。以参照样点 IBI 值分布的 25% 分位数作为健康评价的标准，对于小于 25% 分位数值的分布范围，进行 4 等分，每一等分分别代表不同的健康程度。据此，可以确定出健康、亚健康、一般、差、极差 5 个等级的划分标准（Breine et al.，2004；Bozzetti et al.，2004；渠晓东等，2012）
大型底栖动物完整性指数（B-IBI）	浑太河、西辽河、东辽河及辽河干流水生态健康标准如下： 浑太河：健康（≥ 3.40）、亚健康（2.55 ～ 3.39）、一般（1.70 ～ 2.54）、较差（0.85 ～ 1.69）、极差（0 ～ 0.84）。 西辽河：健康（≥ 2.58）、亚健康（1.935 ～ 2.57）、一般（1.29 ～ 1.934）、较差（0.645 ～ 1.28）、极差（0 ～ 0.644）。 东辽河及辽河干流：健康（≥ 6.62）、亚健康（4.965 ～ 6.61）、一般（3.31 ～ 4.964）、较差（1.655 ～ 3.30）、极差（0 ～ 1.654）。 B-IBI 等级划分标准：Ⅰ级（≥ 4.54）、Ⅱ级（3.85 ～ 4.53）、Ⅲ级（3.16 ～ 3.84）、Ⅳ级（2.46 ～ 3.15）、Ⅴ级（1.77 ～ 2.45）
鱼类完整性指数（F-IBI）	辽河全流域地跨河北、内蒙古、吉林、辽河 4 省（自治区），流域内有着不同的地理类型和气候水生态功能区。通过建立参照系，与参照系的比较进行水生态系统健康评价。参照系的选择应在不同水生态功能区内进行，同时水生态系统健康评价也应在不同区内进行。 浑太河水生态健康标准划分如下：健康（≥ 62.99）、亚健康（50.03 ～ 62.98）、一般（37.06 ～ 50.02）、较差（24.10 ～ 37.05）、极差（≤ 24.09）。 西辽河水生态健康标准划分如下：健康（≥ 78.60）、亚健康（64.81 ～ 78.59）、一般（51.03 ～ 64.80）、较差（37.25 ～ 51.02）、极差（≤ 37.24）。 东辽河及辽河干流水生态健康标准划分如下：健康（≥ 68.45）、亚健康（51.36 ～ 68.44）、一般（34.27 ～ 51.35）、较差（17.18 ～ 34.26）、极差（≤ 17.17）。 F-IBI 等级划分标准划分如下：Ⅰ级（≥ 73.23）、Ⅱ级（61.75 ～ 73.22）、Ⅲ级（50.27 ～ 61.74）、Ⅳ级（38.80 ～ 50.26）、Ⅴ级（27.32 ～ 38.79）
藻类 IBI 指数（A-IBI）	A-IBI 等级划分标准如下：Ⅰ级（≥ 10.85）、Ⅱ级（8.13 ～ 10.84）、Ⅲ级（5.42 ～ 8.12）、Ⅳ（2.71 ～ 5.41）、Ⅴ级（0 ～ 2.70）
生物完整性指数（BI）	生物完整性指数是基于大型底栖动物物种敏感性计算的指数，计算公式如下： $$BI=\sum N_i t_i/N$$ 式中，N_i 为物种 i 的个体数；t_i 为物种 i 的耐污值；N 为样本总个体数。 根据分位数法，对大型底栖动物 BI 等级进行划分，划分标准如下：Ⅰ级（≤ 4.51）、Ⅱ级（4.52 ～ 5.70）、Ⅲ级（5.71 ～ 6.56）、Ⅳ（6.57 ～ 7.08）、Ⅴ级（7.09 ～ 7.26）

指标	说明
硅藻生物指数(IBD)	硅藻生物指数包括5个评价因子：物种丰富度、香农－维纳多样性指数、硅藻耐受性指数、敏感种相对多度和群落相似性指数。 硅藻生物指数值越大，表明受人类干扰程度越低，水质越清洁。其中，0～1分为健康状况极差，1～2分为健康状况较差，2～3分为健康状况一般，3～4分为健康状况较好，4～5分为健康状况极好。IBD为以上5种评价因子的加和，是得到的最终健康评价结果。 各评价因子得分标准如下： 1）物种丰富度：1分（≤19）、2分（20～29）、3分（30～49）、4分（50～69）、5分（≥70）。 2）香农－维纳多样性指数：1分（≤1.4）、2分（1.5～2.4）、3分（2.5～3.4）、4分（3.5～4.4）、5分（≥4.5）。 3）硅藻耐受性指数：1分（1.0～1.4）、2分（1.5～1.9）、3分（2.0～2.4）、4分（2.5～2.9）、5分（≥3.0）。 4）敏感种相对多度：1分（<0.1）、2分（0.1～0.9）、3分（1.0～4.9）、4分（5.0～19.9）、5分（20～100）。 5）群落相似性指数1分（≤9）、2分（10～29）、3分（30～49）、4分（50～74）、5分（75～100）。 6）根据分位数法，对藻类IBD指数进行等级划分，划分标准如下：Ⅰ级（≥20.00）、Ⅱ级（16.38～19.99）、Ⅲ级（12.76～16.37）、Ⅳ（9.14～12.75）、Ⅴ级（5.52～9.13）
河流等级	河流等级与河道形态、栖息地类型以及比例、栖息地稳定性及河流流量相关（Vannote et al.,1980；Higgins et al., 2005）。 根据Strahler法计算河流等级，顶端没有支流的河流为最低等级，根据支流的增加等级增加
河流类型	河流类型是根据河流地貌结构、物理、化学特征等划分的河段种类。例如，根据河流等级河流可以分为溪流、支流、干流、下游河流等；根据河流蜿蜒程度河流可以分为顺直河流、蜿蜒河流；根据河流基质类型河流可以分为沙质、泥质、石质河流。可以根据单个河流特征进行河流类型的划分，也可以根据多个河流特征进行河流类型的划分，如蜿蜒泥质干流，代表的河流类型是地质类型为泥质的蜿蜒型下游河流
水生态功能	水生态功能是根据水体满足水生态系统需求和人类需求评定的功能，包括生境维持、生物多样性保护等生态功能，饮用水源地、航运、景观娱乐等生态服务功能

第 2 章

辽河流域水生态功能一级区

2.1 辽河流域水生态功能一级分区

一级区体现辽河流域水资源、水生生物区系和地理位置的空间差异。

基于野外鱼类调查数据，本书分析了水生生物区系空间变化规律；收集了辽河流域降水、径流、气温、地貌等自然地理空间数据；识别了影响水资源、生物区系空间变化的自然地理要素。通过对水生生物格局和自然地理要素格局的分析，选择降水、地貌作为一级区划分的指标。

通过对分区指标的分类和空间叠加，本书将辽河流域共划分为 4 个一级区，分别是西辽河上游高原丘陵半干旱水生态区（Ⅰ）、西辽河下游荒漠平原半干旱水生态区（Ⅱ）、东辽河及辽河平原半湿润水生态区（Ⅲ）和浑太河上游山地半湿润水生态区（Ⅳ）。

2.2 辽河流域水生态功能一级区特征

2.2.1 西辽河上游高原丘陵半干旱水生态区（Ⅰ）

（1）自然环境概况

位置：该区位于辽河流域西部，地理位置在 116°40′E ～ 122°5′E，41°6′N ～ 45°12′N。

行政区：该区包括内蒙古自治区东南部的赤峰、通辽、锡林浩特、乌兰浩特，河北省东北部的承德和辽宁省西南部的朝阳等市的部分地区。

面积：该区流域面积约为 8.90 万 km^2，占辽河流域总面积的 39.47%。

地势地貌：该区地处大兴安岭南段东侧，山脉起伏连绵。海拔为 168 ～ 2051m，均值为 802m。地貌类型以中海拔中起伏山地、中海拔小起伏山地和低海拔丘陵为主。

气候：该区属于中温带半干旱区。因距海较远，且受内蒙古干燥气候的影响，该区降水量较小，多年平均降水量为 338 ～ 545mm；多年平均气温为 3.2 ～ 8.8℃。

水系：该区河流主要属于西辽河水系，河流有海哈尔郭勒河、乌力吉木伦河、嘎拉达斯台河、查干木伦河、西拉木伦河、英金河、老哈河等。老哈河是西辽河的源头。西拉木伦河是辽河的重要水源，多年平均径流为 10.02 亿 m^3，75% 枯水年的平均径流仍有 7.684 亿 m^3。

土壤：该区土壤类型主要为栗钙土、黑钙土、褐土和灰色森林土。

植被：该区植被属暖温带落叶阔叶林区，隶属华北植被区系；植被类型以温带禾草、杂类草草原，温带、亚热带落叶灌丛、矮林和温带丛生禾草草原为主。

（2）水生态特征

河流水体特征：该区是西辽河上游各支流的发源地。该区以山地、丘陵地貌为主，河床比降较大，水流急促，水量较小。河谷多为“V”型或“U”型，河床和河漫滩较窄。河流底质多砾石，砂质底质多见于宽谷处。绝大多数堤岸为天然堤岸，在城市附近有少量人工河堤，部分河堤人工硬化。区内新生代地层黄土较发育，且区内降水分配不均，山地、丘陵对雨水含蓄能力弱一旦出现集中降水，往往出现迅急猛烈的山洪，水土流失严重。同时因各支流河床较陡，故洪水涨落迅速，含沙量多。因此，该区是辽河泥沙的主要供给地之一。该区植被状况相对较好，为广大林牧区。区内有草原水库、南台子水库、白山水库等水利枢纽工程。

水质：该区 COD、总磷（TP）含量总体上从南向北递增。水质南部较好，中部次之，北部断流。该区南部水质以Ⅲ类、Ⅳ类为主，中部以Ⅴ类、劣Ⅴ类为主。

水生生物：水生群落为北方高原山地群落，多样性低，以耐寒种为主。根据野外调查，该区鱼类物种数量较低，以北方须鳅（*Bar batula nudus*）为优势物种，达里湖高原鳅和高体

（a）萨岭河中游

（b）锡伯河中游

（c）碧柳沟河中游

（d）西拉木伦河中游

西辽河上游水生态区景观

鮈（*Gobio soldatovi*）为该地区特有种。该区历史、现状、潜在分布着达里湖高原鳅。根据野外调查，该区大型底栖动物以摇蚊幼虫、热水四节蜉（*Baetis thermicus*）和 *Procloeon* sp. 为优势物种，直突 *Orthocladinae* sp. 幼虫和 *Tanytarsus* sp. 幼虫在该地区分布广泛；*Oecetis* sp. 仅在该区分布。

2.2.2 西辽河下游荒漠平原半干旱水生态区（Ⅱ）

（1）自然地理特征

位置：该区位于辽河流域中西部，地理位置在 119°20′E ～ 124°13′E，42°13′E ～ 44°33′E。

行政区：该区包括内蒙古自治区东南部的通辽、赤峰、乌兰浩特和吉林省西南部白城、松原、四平等市的部分地区。

面积：该区流域面积约为 5.27 万 km^2，占辽河流域总面积的 23.37%。

地势地貌：该区域地处科尔沁沙地，地势地平，海拔为 86 ～ 893m，平均为 252m。地貌类型以低海拔冲积洪积平原、低海拔冲积平原为主。

气候：该区位于中温带半干旱区，多年平均气温为 6.0 ～ 7.9℃；多年平均降水量为 328 ～ 540mm。

水系：该区河流主要属于西辽河流域，主要河流有新开河、西拉木伦河、西辽河、教来河、红河、老哈河等。西拉木伦河与老哈河汇流后形成西辽河干流。

土壤：该区土壤类型主要为风沙土、潮土、黑钙土、暗色草甸土和褐土。

植被：该区植被属温带森林草原区，是温带草原向暖温带落叶阔叶林的过渡地区，地带性植被为草甸草原，属内蒙古植被区系；植被类型以温带、亚热带落叶灌丛、矮林为主。

（2）水生态特征

河流水体特征：该区以冲积、洪积平原地貌为主，降水条件差，植被覆盖率较低，分布着大片的荒漠。土壤质地沙粒比重高、河水下渗率高，致使区内河流的断流状况严重，河流连续性较差，经常出现断流。由于集水区内的土壤侵蚀状况严重，水质污染表现出非点源特征，在丰水期河流含沙量较高，水质条件最差。西拉木伦河下游一带分布着大片的草原，是辽河流域内良好的牧区。区内有红山水库、他拉干水库等水利枢纽工程。

水质：该区大部分河流已断流，西南和东南未断流河段的 COD 含量较高，TP 含量相对较低，水质等级多为Ⅴ类和劣Ⅴ类。

水生生物：该区水生态特征为北方荒漠平原群落，河道多干涸，水生生物多样性低。

西辽洒下游水生态区景观

2.2.3 东辽河及辽河平原半湿润水生态区（Ⅲ）

（1）自然地理特征

位置：该区位于辽河流域中东部，地理位置在 120°56′E ～ 125°35′E，40°39′N ～ 44°11′N。

行政区：该区包括内蒙古东南部的通辽，吉林省西南部的松原、四平、辽源和辽宁省的铁岭、沈阳、抚顺、辽阳、鞍山、本溪、营口、盘锦、阜新、锦州等市的部分地区。

面积：该区流域面积为 6.41 万 km^2，占辽河流域总面积的 28.42%。

地势地貌：该区域地处辽河平原，地势较平，海拔为 −274 ～ 945m，海拔均值为 138m。地貌类型以低海拔冲积洪积平原、低海拔冲积平原和低海拔丘陵为主。

气候：该区位于中温带、暖温带半湿润区，多年平均气温为 5.8 ～ 10.2℃；多年平均降水量为 396 ～ 827mm。

水系：该区水系分属于东辽河、辽河干流及其支流和浑太河流域，主要河流有东辽河、招苏台河、辽河、柳河、浑河、太子河、双台子河、饶阳河、辽河干流等。东辽河是辽河干流上游区东侧的大支流。该区河道内水库、闸坝众多，河流受控性极强。

土壤：该区土壤类型主要为潮土、黄垆土和风沙土。

植被：该区大部分为农田，自然植被已很少见。植被类型北部以一年一熟粮作和耐寒经济作物为主，南部以一年两熟或一年三熟旱作和暖温带落叶果树园、经济林为主。

（2）水生态特征

河流水体特征：该区以丘陵、冲积平原地貌类型为主，区内人类活动频繁、土地开发强度大、自然植被较少，主要为农业耕作区。河宽水深，底质多为砂质或泥质。该区河床比降平缓，辽河每年都有大量的泥沙挟持而下，河槽易于冲刷左右摆动，自然裁弯多，河道中泓迁徙频繁，为辽河水患严重地区。区内主要水生态环境问题是工业与城市生活所造成的水质污染严重、河道淤积和河口三角洲的退化。区内有石佛寺水库、西泡子水库等水利枢纽工程。

水质：该区 COD、TP 含量较高，水质等级以Ⅳ类、Ⅴ类为主，部分地区为Ⅲ类和劣Ⅴ类。

水生生物：该区水生态特征为北方平原群落，多样性高，经济价值高。

根据野外调查，该区的鱼类物种数量最高，以鲫（*Carassius auratus*）为优势物种，䱗（*Hemiculter leucisculus*）、棒花鱼（*Abbottina rivularis*）和麦穗鱼（*Pseudorasbora parva*）也广泛分布，主要的半咸水种仅在该地区有所分布。该区历史、现状、潜在分布着洄游鱼类刀鲚，历史、潜在分布着洄游鱼类鳗鲡，顶级鱼类乌鳢，历史、现状、潜在分布着顶级鱼类乌鳢，历史、潜在分布着顶级鱼类怀头鲇，历史、潜在分布着经济鱼类翘嘴红鲌。

（a）招苏台河中游

（b）饶阳河上游

（c）养息牧河下游

（d）新民市境内辽河干流

东辽河及辽河平原水生态区景观

根据野外调查，该区大型底栖动物以 *Hydropsyche kozhantschikovi*、*Chironomus* sp.、*Gammarus* sp. 为优势物种，*Caenis* sp. 在该地区广泛分布；*Aeshna* sp. 仅在该区辽河干流存在。

2.2.4 浑太河上游山地半湿润水生态区（Ⅳ）

（1）自然地理特征

位置：该区位于辽河流域中东部，地理位置在 122°42′E ～ 125°17′E，40°28′N ～ 43°5′N。

行政区：该区包括吉林省西南部的四平和辽宁省中东部的铁岭、抚顺、本溪、丹东、辽阳、鞍山等市的部分地区。

面积：该区流域面积为 1.97 万 km^2，占辽河流域总面积的 8.74%。

地势地貌：该区域地处龙岗山、千山西侧，地势较高，是辽河下游左侧主要支流清河、浑河、太子河等河流的主要发源地，海拔为 31 ～ 1290m，海拔均值为 384m。地貌类型以低海拔小起伏山地和低海拔丘陵为主。

（a）苏子河中游支流
（b）浑河中游支流
（c）红河中游支流
（d）红河中游支流

浑太河上游水生态区景观

气候：该区位于中温带湿润区，多年平均气温为6.0～9.8℃，多年平均气温均值为7.3℃；多年平均降水量为644～951mm，多年平均降水量均值为789mm。

水系：该区主要河流有清河、红河、浑河、苏子河、太子河等。

土壤：该区土壤类型主要为棕壤和暗棕壤。

植被：该区植被区系为温带针阔混交林，植被类型以温带、亚热带落叶灌丛、矮林，温带、亚热带落叶阔叶林为主。

（2）水生态特征

河流水体特征：以山地、丘陵为主，河谷在山区多“V”型或“U”型，河床和河漫滩较窄。河流底质多砾石或砂质。因该区人类活动较少，生态系统状况保持较好，多为林地，植被状况良好、覆盖率大。主要问题是源头区的生态环境保护和水库修建对下游的影响。区内有大伙房水库、观音阁水库等水利枢纽工程。

水质：该区COD、TP含量较低，水质等级以Ⅱ类、Ⅲ类和Ⅳ类为主，部分地区为Ⅴ类。

水生生物：该区水生态特征为北方山地群落，物种多样性最丰富。

根据野外调查，该区鱼类物种数量较高，以洛氏鱥（*Phoxinus lagowskii*）、北方须鳅为优势物种，杂色杜父鱼（*Cottus poecilopus*）、鸭绿江沙塘鳢（*Odontobutis yaluensis*）、银鮈（*Squalidus argentatus*）等物种仅在该区有所分布。该区历史、现状、潜在分布着濒危鱼类雷氏七鳃鳗、东北七鳃鳗，历史分布有冷水鱼类细鳞鲑，历史、现状、潜在分布着冷水鱼类花杜父鱼，历史、现状、潜在分布着特有鱼类辽宁棒花鱼，潜在分布着经济鱼类翘嘴红鲌。

根据野外调查，该区大型底栖动物以直突摇蚊幼虫为优势物种，热水四节蜉、长跗摇蚊幼虫等物种在该地区分布广泛；*Trigomphus malampus*、*Isoperla* sp.等仅在太子河地区有所分布。

第 3 章 辽河流域水生态功能二级区

3.1 辽河流域水生态功能二级分区

二级区体现辽河流域地貌、植被和水生生物群落类型的空间差异。

基于野外鱼类、大型底栖动物调查数据，本书分析了水生生物群落结构空间变化规律；收集了辽河流域地貌、植被、地质、降水、土壤等自然地理空间数据；识别了影响水生生物群落空间变化的自然地理要素。本书通过对水生生物群落特征与自然地理要素的定量分析，选择地貌、植被作为二级区划分的指标。

通过对分区指标的聚类分析，本书将辽河流域划分为 14 个二级区。其中，西辽河上游高原丘陵半干旱水生态区（Ⅰ）包括 4 个二级区，西辽河下游荒漠平原半干旱水生态区（Ⅱ）包括 2 个二级区，东辽河及辽河平原半湿润水生态区（Ⅲ）包括 6 个三级区，浑太河上游山地半湿润水生态区（Ⅳ）包括 2 个三级区。

3.2 辽河流域水生态功能二级区特征

3.2.1 西辽河源头山地丘陵水生态亚区（Ⅰ-01）

（1）自然地理特征

位置：该区位于辽河流域的最西部，呈狭条状分布，地理位置在 116°40′ E ～ 120°4′ E，41°6′ N ～ 45°12′ N。

行政区：该区包括内蒙古自治区东南部的赤峰、锡林浩特和河北省东北部的承德等市的部分地区。

面积：该区流域面积为 28 563km^2，占辽河流域总面积的 12.67%。

地势地貌：该区海拔为 529 ～ 2051m，海拔均值为 1180m。地貌类型以中海拔中起伏山地为主，部分地区为中海拔小起伏山地、中海拔风积地貌、中海拔丘陵等。

气候：该区多年平均气温为 3.2 ～ 8.8℃，多年平均气温均值为 5.3℃；多年平均降水量为 340 ～ 542mm，多年平均降水量均值为 377mm。

水系：该区主要河流有查干木伦河、西拉木伦河上游；主要水库有南台子水库等。

土壤：该区土壤类型主要有黑钙土、栗钙土、褐土和灰色森林土。

植被：该区植被类型以温带禾草、杂类草草原和温带、亚热带落叶灌丛、矮林为主；其次有温带丛生禾草草原和温带、亚热带山地落叶小叶林等。

（2）水生态特征

生境：该区河流底质以石质为主。

水质：根据调查数据，该区溶解氧（DO）含量为 4.8 ～ 11.1mg/L，水质评价等级为Ⅰ类～Ⅳ类，以Ⅰ类、Ⅱ类为主。DO 大于 10mg/L 的点出现在老哈河上游支流舍力嘎河和查干木伦河上游支流巴尔汰河；最高值出现在巴尔汰河（滨岸带土地利用类型为耕地，滨岸带外零星分布有建设用地）。DO 小于 5mg/L 的点出现在老哈河上游的锡伯河，为该区域 DO 的最低值（滨岸带土地利用类型为耕地，外围为林地，上游不远处有大片建设用地）。

根据调查数据，该区氨氮（NH_3-N）为 0.033 ～ 4.266mg/L，水质评价等级为Ⅰ类～劣Ⅴ类，以Ⅰ类、Ⅱ类为主。NH_3-N 小于或等于 0.15mg/L 的点出现在西拉木伦河上游支流以及百岔河支流、舍力嘎河上游支流；最低值在西拉木伦河上游支流（滨岸带土地利用类型为草地）；NH_3-N 最大值在老哈河上游的锡伯河（与 DO 最低值为同一点，滨岸带土地利用类型为耕地，外围为林地，上游不远处有大片建设用地）。

根据调查数据，该区 TP 含量为 0.01 ～ 1.598mg/L，水质评价等级为Ⅰ类～劣Ⅴ类，以Ⅱ

（a）萨岭河中游

（b）巴尔汰河中游

（c）舍力嘎河中游

（d）锡伯河中游

西辽河源头水生态亚区景观

类为主。TP 小于 0.02mg/L 的点在老哈河上游支流黑里河、舍力嘎河及查干木伦河上游；最低值在老哈河上游支流黑里河（滨岸带土地利用类型为耕地）；最高值在老哈河上游支流英金河（滨岸带土地利用类型为建设用地）。

根据调查数据，该区 COD 为 1.36 ～ 25.11mg/L，水质评价等级为Ⅰ类～劣Ⅴ类。最低值在老哈河上游支流舍力嘎河（滨岸带土地利用类型为耕地）；最高值在西拉木伦河上游支流萨岭河（滨岸带土地利用类型为草地）。

水生生物：该区水生生物区系为中亚高山类群。

3.2.2 西辽河上游中部平原丘陵水生态亚区（Ⅰ-02）

（1）自然地理特征

位置：该区位于辽河流域的西北部，地理位置在 117°48′ E ～ 120°17′ E，42°37′ N ～ 45°7′ N。

行政区：该区包括内蒙古自治区东南部的赤峰、通辽等市的部分地区。

面积：该区流域面积为 18 147km^2，占辽河流域总面积的 8.05%。

地势地貌：该区海拔为 371 ～ 2017m，海拔均值为 804m。地貌类型以中海拔中起伏山地和中海拔小起伏山地为主，部分地区为低海拔丘陵、低海拔冲积扇平原。

气候：该区多年平均气温为 4.3 ～ 7.1℃，多年平均气温均值为 5.6℃；多年平均降水量为 357 ～ 391mm，多年平均降水量均值为 369mm。

水系：该区主要河流有查干木伦河、嘎拉达斯台河、西拉木伦河；主要水库有草原水库、沙那水库等。

土壤：该区土壤类型主要有黑钙土、栗钙土和褐土。

植被：该区植被类型北部以温带禾草、杂类草草原为主；南部以温带、亚热带落叶灌丛、矮林为主。另外还有温带丛生禾草草原，一年一熟粮食作物和耐寒经济作物，温带、亚热带落叶阔叶林等。

（2）水生态特征

生境：该区河流底质以土质为主。

水质：根据调查数据，该区 DO 为 5.25 ～ 8.94mg/L，水质评价等级为Ⅰ类～Ⅲ类，以Ⅰ类为主。最高值在查干木伦河上游支流巴彦塔拉河（滨岸带土地利用类型为林地和草地）；最低值在查干木伦河（滨岸带土地利用类型为耕地）。

根据调查数据，该区 NH_3-N 为 0.157 ～ 1.357mg/L，水质评价等级为Ⅱ类～Ⅳ类。最低值在查干木伦河上游支流嘎拉达斯台河（滨岸带土地利用类型为草地和耕地，外围有大片建设用地）；最高值在查干木伦河（滨岸带土地利用类型为耕地）。

根据调查数据，该区 TP 为 0.21 ～ 0.491mg/L，水质评价等级为Ⅱ类～劣Ⅴ类，以Ⅱ类、

Ⅲ类为主。最低值在查干木伦河上游支流白音高勒的支流（滨岸带土地利用类型为耕地）；最高值在查干木伦河（滨岸带土地利用类型为草地）。

根据调查数据，该区 COD 为 3.27 ～ 32.3mg/L，水质评价等级为Ⅱ类～劣Ⅴ类。最低值在查干木伦河上游支流沙布尔台河（滨岸带土地利用类型为林地）；最高值在查干木伦河支流嘎拉达斯台河（滨岸带土地利用类型为草地和耕地）。

水生生物：该区水生生物区系为北方山地类群。

（a）嘎拉达斯台河中游

（b）查干沐沦河下游

（c）诺尔盖河下游

（d）吉日古勒台河中游

西辽河上游水生态亚区景观

3.2.3 老哈河中上游山地丘陵水生态亚区（Ⅰ-03）

（1）自然地理特征

位置：该区位于辽河流域的西南部，地理位置在 117°58′E ～ 120°30′E，41°6′N ～ 42°57′N。

行政区：该区包括内蒙古自治区东南部的赤峰、河北省东北部的承德和辽宁省西南部的朝阳等市的部分地区。

面积：该区流域面积为 17 765km^2，占辽河流域总面积的 7.88%。

地势地貌：该区海拔为 427 ～ 1883m，海拔均值为 728m。地貌类型主要有低海拔小起伏山地、中海拔小起伏山地、低海拔洪积台地、低海拔洪积平原和低海拔丘陵。

气候：该区多年平均气温为 5.5 ～ 8.8℃，多年平均气温均值为 7.8℃；多年平均降水量为 355 ～ 545mm，多年平均降水量均值为 402mm。

水系：该区主要河流有英金河、老哈河；主要水库有白山水库、山湾子水库和烟台山水库等。

土壤：该区土壤类型主要有褐土、黄垆土和潮土。

植被：该区植被类型以温带丛生禾草草原，温带禾草、杂类草草原为主；其次有一年两熟或两年三熟旱作（局部水稻）和暖温带落叶果树园、经济林，温带、亚热带落叶灌丛、矮林，一年一熟粮作和耐旱经济作物，温带山地丛生禾草草原等。

（2）水生态特征

生境：该区河流底质以沙质为主。

水质：根据调查数据，该区 DO 含量为 5.8 ～ 9.1mg/L，水质评价等级为Ⅰ类～Ⅲ类，以Ⅰ类为主。最高值在老哈河中上游（滨岸带土地利用类型为耕地和林地）；最低值在老哈河中上游（最高值下游，滨岸带土地利用类型为耕地）。

根据调查数据，该区 NH_3-N 含量为 0.084 ～ 0.172mg/L，水质评价等级为Ⅰ类～Ⅱ类，以Ⅰ类为主。最低值在老哈河中游八里罕河（滨岸带土地利用类型为耕地）；最高值在老哈河上游（滨岸带土地利用类型为耕地）。

（a）老哈河中游

（b）坤头河上游

（c）老哈河中游

（d）老哈河中游

老哈河中上游水生态亚区景观

根据调查数据，该区 TP 含量为 0.005 882 ～ 0.049mg/L，水质评价等级为Ⅰ类和Ⅱ类。最低值在英金河支流锡伯河（滨岸带土地利用类型为建设用地）；最高值在老哈河上游（滨岸带土地利用类型为耕地）。

根据调查数据，该区 COD 为 1.41 ～ 12.594mg/L，水质评价等级为Ⅰ类～Ⅴ类水。最低值在老哈河上游和中游（滨岸带土地利用类型为耕地）；最高值在英金河支流锡伯河（滨岸带土地利用类型为建设用地）。

3.2.4 西辽河上游起伏平原水生态亚区（Ⅰ-04）

（1）自然地理特征

位置：该区位于辽河流域的西北部，地理位置在 116°40′E ～ 120°4′E，41°6′N ～ 45°12′N。

行政区：该区包括内蒙古自治区东南部的赤峰、通辽、乌兰浩特等市的部分地区。

面积：该区流域面积为 24 549km^2，占辽河流域总面积的 10.89%。

地势地貌：该区海拔为 168 ～ 1275m，海拔均值为 414m。地貌类型以中海拔丘陵、低海拔冲积扇平原、低海拔小起伏山地为主，部分地区为低海拔冲积洪积平原、低海拔洪积平原等。

气候：该区多年平均气温为 5.2 ～ 7.1℃，多年平均气温均值为 6.5℃；多年平均降水量为 338 ～ 406mm，多年平均降水量均值为 371mm。

水系：该区主要河流有海哈尔郭勒河、乌力吉木伦河、查干木伦河、西拉木伦河；主要水库有益和诺尔水库、巴彦花水库和小河西水库等。

土壤：该区土壤类型主要有栗钙土、风沙土、黑钙土和暗色草甸土。

植被：该区植被类型以温带禾草、杂类草草原为主，其次有温带、亚热带落叶灌丛、矮林，温带落叶小叶疏林，温带草甸，温带、亚热带落叶阔叶林等。

（2）水生态特征

生境：该区河流底质类型以沙质为主。

水生生物：该区水生生物区系为北方山地类群。

3.2.5 西辽河中游平原灌丛水生态亚区（Ⅱ-01）

（1）自然地理特征

位置：该区位于辽河流域的中北部，地理位置在 120°30′E ～ 124°13′E，42°52′N ～ 44°33′N。

行政区：该区包括内蒙古自治区东南部的通辽、赤峰、乌兰浩特和吉林省西南部的白城、松原、四平等市的部分地区。

面积：该区流域面积为 33 010km^2，占辽河流域总面积的 14.64%。

地势地貌：该区海拔为 85 ～ 333m，海拔均值为 178m。地貌类型以低海拔冲积洪积平原、低海拔冲积平原和低海拔冲积扇平原为主，部分地区为低海拔冲积台地、低海拔洪积平原。

气候：该区多年平均气温为 6.0 ～ 7.5℃，多年平均气温均值为 6.8℃；多年平均降水量为 328 ～ 544mm，多年平均降水量均值为 404mm。

水系：该区主要河流有乌力吉木伦河、西辽河、新开河；主要水库有他拉干水库、莫力庙水库、吐尔基山水库等。

土壤：该区土壤类型主要有风沙土、黑钙土、暗色草甸土和潮土。

植被：该区植被类型以温带、亚热带落叶灌丛、矮林，一年一熟粮作和耐寒经济作物为主；其次有温带禾草、杂类草草原，温带落叶小叶疏林等。

（2）水生态特征

生境：该区河流底质以沙质为主。

水质：根据调查数据，该区 DO 为 6.77 ～ 8.41mg/L，水质评价等级为Ⅰ类和Ⅱ类。最高值在新开河下游（滨岸带土地利用类型为耕地）；最低值在新开河汇入后的西辽河干流（滨岸带土地利用类型为耕地）。

根据调查数据，该区 NH_3-N 为 0.22 ～ 0.39mg/L，水质评价等级为Ⅱ类。最低值在新开河

（a）乌力吉木伦河下游

（b）科尔沁左翼后旗境内河流

（c）新开河下游

（d）乌力吉木伦河下游

西辽河中游水生态亚区景观

汇入后的西辽河干流（滨岸带土地利用类型为耕地）；最高值在乌力吉木仁河下游（滨岸带土地利用类型为草地和耕地）。

根据调查数据，该区 TP 为 0.06 ～ 0.11mg/L，水质评价等级为Ⅱ类和Ⅲ类，以Ⅱ类为主。最低值在该区南部的小河上（滨岸带土地利用类型为草地）；最高值在乌力吉木伦河下游（滨岸带土地利用类型为草地和耕地）。

根据调查数据，该区 COD 为 15.73 ～ 46.67mg/L，水质评价等级为劣Ⅴ类。最低值在新开河汇入后的西辽河（滨岸带土地利用类型为耕地）；最高值在该区南部的小河上（滨岸带土地利用类型为草地）。

水生生物：该区水生生物区系为北方平原类群。

3.2.6 西辽河中游平原荒漠水生态亚区（Ⅱ-02）

（1）自然地理特征

位置：该区位于辽河流域的中南部，地理位置在 119°18′E ～ 122°11′E，42°31′N ～ 43°34′N。

行政区：该区包括内蒙古自治区东南部的通辽、赤峰等市的部分地区。

面积：该区流域面积为 19 669km^2，占辽河流域总面积的 8.72%。

地势地貌：该区海拔为 179 ～ 893m，海拔均值为 376m。地貌类型以低海拔冲积洪积平原、低海拔冲积扇平原为主，部分为低海拔丘陵、低海拔剥离台地、低海拔洪积平原。

气候：该区多年平均气温为 6.6 ～ 7.9℃，多年平均气温均值为 7.2℃；多年平均降水量为 334 ～ 421mm，多年平均降水量均值为 371mm。

水系：该区主要河流有西拉木伦河、教来河、红河、老哈河、西辽河；主要水库有红山水库、益和诺尔水库、舍力虎水库、孟家段水库、胜利水库等。

土壤：该区土壤类型主要有风沙土、褐土和潮土。

植被：该区植被类型以温带、亚热带落叶灌丛、矮林为主；其次有一年一熟粮作和耐寒经济作物，温带落叶小叶疏林等。

（2）水生态特征

生境：该区河流底质以沙质为主。

水质：根据调查数据，该区 DO 为 4.32 ～ 6.66mg/L，水质评价等级为Ⅱ类和Ⅳ类。最高值在西拉木伦河（滨岸带土地利用类型为草地和耕地）；最低值在老哈河下游（红山水库出口下侧，滨岸带土地利用类型为草地）。

根据调查数据，该区 NH_3-N 为 0.27 ～ 0.57mg/L，水质评价等级为Ⅱ类和Ⅲ类。最低值在西拉木伦河（滨岸带土地利用类型为草地和耕地）；最高值在老哈河下游（红山水库出口下侧，滨岸带土地利用类型为草地）。

西辽河中游水生态亚区景观

根据调查数据，该区 TP 为 0.09 ～ 0.12mg/L，水质评价等级为Ⅱ类和Ⅲ类。最低值在西拉木伦河（滨岸带土地利用类型为草地和耕地）；最高值在老哈河下游（红山水库出口下侧，滨岸带土地利用类型为草地）。

根据调查数据，该区 COD 为 8.66 ～ 9.26mg/L，水质评价等级为Ⅳ类。最低值在老哈河下游（红山水库出口下侧，滨岸带土地利用类型为草地）；最高值在西拉木伦河（滨岸带土地利用类型为草地和耕地）。

水生生物：该区水生生物区系为江河平原类群。

3.2.7　下辽河西部丘陵台地水生态亚区（Ⅲ-01）

（1）自然地理特征

位置：该区位于辽河流域的中南部，地理位置在 120°55′E ～ 122°19′E，42°12′N ～ 42°55′N。

行政区：该区包括内蒙古东南部的通辽和辽宁省阜新等市的部分地区。

面积：该区流域面积为 5057km^2，占辽河流域总面积的 2.24%。

地势地貌：该区海拔为 132 ～ 802m，海拔均值为 333m。地貌类型以低海拔丘陵和低海拔剥蚀台地为主，部分地区为低海拔冲积洪积平原、低海拔冲积扇平原。

气候：该区多年平均气温为 7.3 ～ 8.2℃，多年平均气温均值为 7.6℃；多年平均降水量为 396 ～ 487mm，多年平均降水量均值为 436mm。

水系：该区主要河流为柳河；主要水库有漠河沟水库、闹得海水库等。

土壤：该区土壤类型主要有风沙土、黄垆土和褐土。

植被：植被类型主要有一年两熟或两年三熟旱作（局部水稻）和暖温带落叶果树园、经济林，温带山地丛生禾草草原，温带禾草、杂类草草原，温带、亚热带落叶灌丛、矮林。另外，还有一年一熟粮作和耐寒经济作物。

（2）水生态特征

生境：该区河流底质类型以土质为主。

水质：根据调查数据，该区 DO 为 8.5 ～ 11.39mg/L，属于Ⅰ类。最高值在柳河支流新开河（滨岸带土地利用类型为草地和耕地）；最低值在柳河支流新开河（最高值下游，滨岸带土地利用类型为耕地和林地）。

根据调查数据，该区 NH_3-N 为 0.02 ～ 0.03mg/L，水质评价等级为Ⅰ类。最低值在柳河支

（a）柳河上游

（b）铁牛河中游

（c）铁牛河中游

（d）柳河上游

下辽河西部水生态亚区景观

流新开河（滨岸带土地利用类型为草地和耕地）；最高值有 4 个，分别在柳河支流新开河（两个，滨岸带土地利用类型为耕地）、铁牛河（滨岸带土地利用类型为耕地）、养畜牧河（滨岸带土地利用类型为耕地）。

根据调查数据，该区 TP 为 0.04 ～ 0.2mg/L，水质评价等级为Ⅱ类～Ⅲ类。最低值在柳河支流新开河(滨岸带土地利用类型为耕地)；最高值在养畜牧河(滨岸带土地利用类型为耕地)。

根据调查数据，该区 COD 为 3.89 ～ 11.64mg/L，水质评价等级为Ⅱ类～Ⅴ类。最低值在柳河支流铁牛河（滨岸带土地利用类型为耕地）；最高值在柳河支流养畜牧河（滨岸带土地利用类型为耕地）。

水生生物：该区水生生物区系为江河平原类群。

3.2.8 辽河冲积平原水生态亚区（Ⅲ-02）

（1）自然地理特征

位置：该区位于辽河流域的东北部，地理位置在 123°30′E ～ 125°6′E，42°47′N ～ 44°11′N。

行政区：该区包括吉林省西南部的松原、四平、辽源和辽宁省中北部的铁岭等市的部分地区。

面积：该区流域面积为 11 782km^2，占辽河流域总面积的 5.23%。

地势地貌：该区海拔为 80 ～ 529m，海拔均值为 169m。地貌类型以低海拔冲积平原、低海拔冲积台地、低海拔冲积扇平原为主，部分地区为低海拔丘陵、低海拔小起伏山地、低海拔冲积洪积台地。

气候：该区多年平均气温为 6.1 ～ 7.3℃，多年平均气温均值为 6.7℃；多年平均降水量为 467 ～ 657mm，多年平均降水量均值为 566mm。

水系：该区主要河流有东辽河、招苏台河；主要水库有杨大城子水库、卡伦水库、上三台子水库等。

土壤：该区土壤类型主要有潮土、黄堰土、风沙土、黑钙土、熟黑土和棕壤。

植被：该区植被类型以一年一熟粮作和耐寒经济作物为主；其次有温带、亚热带落叶灌丛、矮林，温带禾草、杂类草草原，温带、亚热带落叶阔叶林，温带草甸。

（2）水生态特征

生境：该区河流底质以土质为主。

水质：根据调查数据，该区 DO 为 3.49 ～ 11.94mg/L，水质评价等级为Ⅰ类～Ⅳ类，以Ⅰ类和Ⅱ类为主。最高值在卡伦河汇入之前的东辽河（滨岸带土地利用类型为耕地）；最低值在招苏台河支流条子河（滨岸带土地利用类型为耕地和建设用地）。

根据调查数据，该区 NH_3-N 为 0.03 ～ 2.21mg/L，水质评价等级为Ⅰ类～劣Ⅴ类，以Ⅰ类

第二部分 论述

（a）小辽河下游支流

（b）二道河上游支流

（c）小辽河下游支流某处

（d）东辽河中游

辽河平原水生态亚区

和Ⅱ类为主。最低值在招苏台河支流（滨岸带土地利用类型为耕地）；最高值在东辽河支流卡伦河（滨岸带土地利用类型为耕地和建设用地）。

根据调查数据，该区 TP 为 0.005 ～ 2.92mg/L，水质评价等级为Ⅰ类～劣Ⅴ类。最低值在二龙山水库下游的东辽河（滨岸带土地利用类型为林地和耕地）；最高值在招苏台河支流条子河（滨岸带土地利用类型为耕地和建设用地）。

根据调查数据，该区 COD 为 1.22 ～ 24.5mg/L，分属于Ⅰ类～劣Ⅴ类水。最低值在东辽河支流（卡伦河下游，滨岸带土地利用类型为耕地）；最高值在东辽河支流（小辽河汇入后，滨岸带土地利用类型为耕地）。

水生生物：该区水生生物区系为江河平原类群。

3.2.9　辽河干流平原水生态亚区（Ⅲ-03）

（1）自然地理特征

位置：该区位于辽河流域的中南部，地理位置在 121°36′E ～ 124°33′E，41°10′N ～ 43°1′N。

行政区：该区包括内蒙古东南部的通辽和辽宁省铁岭、沈阳、鞍山、盘锦、阜新、锦州等市的部分地区。

面积：该区流域面积为 25 767km^2，占辽河流域总面积的 11.43%。

地势地貌：该区海拔为 1 ～ 766m，海拔均值为 112m。地貌类型以低海拔冲积洪积平原、低海拔冲积扇平原为主，部分地区为低海拔冲积平原、低海拔洪积平原、低海拔丘陵。

气候：多年平均气温为 6.6 ～ 9.7℃，多年平均气温均值为 8.0℃；多年平均降水量为 428 ～ 789mm，多年平均降水量均值为 573mm。

水系：该区主要河流有招苏台河、辽河、清河、秀水河、柳河；主要水库有石佛寺水库、西泡子水库、四道号水库、柴河水库、七家子水库、龙湾水库等。

土壤：该区土壤类型主要有潮土、黄堰土和风沙土。

植被：该区植被类型以一年一熟粮作和耐寒经济作物，一年两熟或两年三熟旱作（局部水稻）和暖温带落叶果树园、经济林为主；其次有温带、亚热带落叶灌丛、矮林，温带禾草、杂类草草原等。

（2）水生态特征

生境：该区河流底质类型以土质为主。

水质：根据调查数据，该区 DO 为 2.8 ～ 13.97mg/L，水质评价等级为Ⅰ类～Ⅴ类，以Ⅰ

（a）秀水河上游

（b）饶阳河上游

（c）王河中游

（d）凡河中游

辽河干流水生态亚区景观

类为主。最高值在辽河支流养息牧河（滨岸带土地利用类型为耕地）；最低值在养息牧河支流老龙湾（滨岸带土地利用类型为耕地）。

根据调查数据，该区 NH_3-N 为 0.01 ～ 0.33mg/L，水质评价等级为Ⅰ类和Ⅱ类，以Ⅰ类为主。最低值在清河汇入后的辽河（滨岸带土地利用类型为建设用地和耕地）；最高值在柴河汇入后的辽河干流右侧支流（滨岸带土地利用类型为耕地）。

根据调查数据，该区 TP 为 0.02 ～ 1.09mg/L，水质评价等级为Ⅰ类～劣Ⅴ类，以Ⅱ类和Ⅲ类为主。最低值在东沙河支流八道河（滨岸带土地利用类型为林地、耕地和建设用地）；最高值在辽河支流养息牧河（滨岸带土地利用类型为草地）。

根据调查数据，该区 COD 为 0.69 ～ 41.88mg/L，水质评价等级为Ⅰ类～劣Ⅴ类。最低值在辽河干流（滨岸带土地利用类型为耕地）；最高值在饶阳河上游（滨岸带土地利用类型为建设用地和林地）。

水生生物：该区水生生物区系为江河平原类群。

3.2.10 浑太河平原水生态亚区（Ⅲ-04）

（1）自然地理特征

位置：该区位于辽河流域的东南部，地理位置在 122°20′E ～ 124°16′E，40°39′N ～ 42°4′N。

行政区：该区包括辽宁省铁岭、沈阳、抚顺、辽阳、本溪、鞍山、盘锦等市的部分地区。

面积：该区流域面积为 11 921km^2，占辽河流域总面积的 5.29%。

地势地貌：该区海拔为 −274 ～ 951m，海拔均值为 75m。地貌类型以低海拔冲积平原、低海拔冲积洪积平原为主，部分地区为低海拔丘陵、低海拔洪积平原、低海拔冲积扇平原等。

气候：该区多年平均气温为 6.8 ～ 10.2℃，多年平均气温均值为 8.9℃；多年平均降水量为 606 ～ 827mm，多年平均降水量均值为 697mm。

水系：该区主要河流有浑河、太子河；主要水库有棋盘山水库、抚顺市关山水库、刘二堡团结水库等。

土壤：该区土壤类型主要有潮土、黄堰土和棕壤。

植被：该区植被类型以一年两熟或两年三熟旱作（局部水稻）和暖温带落叶果树园、经济林为主；其次有温带、亚热带落叶灌丛、矮林，温带草绿针叶林。

（2）水生态特征

生境：该区河流底质以土质为主。

水质：根据调查，该区 TP 为 0.01 ～ 2.63mg/L，水质评价等级为Ⅰ类～劣Ⅴ类。最低值在南沙河大孤山支流（滨岸带土地利用类型为林地）；最高值在太子河支流（没有名字，在海城河北侧，滨岸带土地利用类型为耕地和建设用地）。

根据调查数据，该区 COD 为 1.8 ～ 35.05mg/L，水质评价等级为Ⅰ类～劣Ⅴ类。最低值在南沙河大孤山支流（滨岸带土地利用类型为林地）；最高值在海城河（滨岸带土地利用类型为耕地）。

水生生物：该区水生生物区系为江河平原类群。

（a）细河中游

（b）蒲河中游

（c）章党河中游

（d）浑河中游

浑太河水生态亚区景观

3.2.11 辽河浑太河河口海积平原水生态亚区（Ⅲ-05）

（1）自然地理特征

位置：该区位于辽河流域的东南部，地理位置在 121°22′E ～ 122°45′E，40°39′N ～ 41°42′N。

行政区：该区包括辽宁省锦州、盘锦、营口、鞍山等市的部分地区。

面积：该区流域面积为 5683km^2，占辽河流域总面积的 2.52%。

地势地貌：该区海拔为 0 ～ 801m，海拔均值为 22m。地貌类型以低海拔海积洪积平原、低海拔冲积洪积平原为主，部分地区为低海拔小起伏山地、低海拔丘陵。

气候：该区多年平均气温为 8.8 ～ 9.8℃，多年平均气温均值为 9.6℃；多年平均降水量为 539 ～ 726mm，多年平均降水量均值为 616mm。

水系：该区主要河流有饶阳河、双台子河、大辽河；主要水库有青年水库、大青沟水库、疙瘩楼水库、大洼县水库、荣兴水库等。

土壤：该区土壤类型主要有潮土、北方水稻土和滨海盐土。

植被：该区植被类型以一年两熟或两年三熟旱作（局部水稻）和暖温带落叶果树园、经济林为主；其次有温带草甸，温带、亚热带落叶灌丛、矮林，温带、亚热带落叶阔叶林。

（2）水生态特征

生境：该区河流底质以土质为主。

水质：根据调查，该区 TP 为 0.05 ～ 1.56mg/L，水质评价等级为Ⅱ类～劣Ⅴ类，以Ⅱ类和Ⅲ类为主。最低值在青天河汇入后的大辽河（滨岸带土地利用类型为耕地）；最高值在双台子河（滨岸带土地利用类型为耕地）。

水生生物：该区水生生物区系为江河平原类群。

（a）大洼县境内大辽河

（b）西沙河上游

（c）盘锦市境内双台子河

（d）盘锦市境内双台子河

辽河浑太河河口水生态亚区景观

3.2.12 东辽河丘陵台地水生态亚区（Ⅲ-06）

（1）自然地理特征

位置：该区位于辽河流域的东北部，地理位置在 124°35′E ～ 125°35′E，42°36′N ～ 43°27′N。

行政区：该区包括吉林省西南部的四平、辽源和辽宁省的铁岭等市的部分地区。

面积：该区流域面积为 3888km^2，占辽河流域总面积的 1.72%。

地势地貌：该区海拔为 201 ～ 622m，海拔均值为 314m。地貌类型以低海拔丘陵为主，部分地区为低海拔冲积洪积台地、低海拔小起伏山地等。

气候：该区多年平均气温为 5.8 ～ 6.9℃，多年平均气温均值为 6.3℃；多年平均降水量为 624 ～ 698mm，多年平均降水量均值为 666mm。

水系：该区主要河流有东辽河；主要水库有二龙山水库、安西水库等。

土壤：该区土壤类型主要有暗棕壤和熟黑土。

植被：该植被类型以温带、亚热带落叶灌丛、矮林为主；其次有一年一熟粮作和耐寒经济作物，温带、亚热带落叶阔叶林。

（2）水生态特征

生境：该河流底质以泥质为主。

水质：根据调查数据，该区 DO 为 2.72 ～ 10.5mg/L，水质评价等级为Ⅰ类～Ⅴ类，以Ⅰ类为主。最高值在拉津河汇入前的东辽河（滨岸带土地利用类型为建设用地）；最低值在东辽河右侧支流（自东向西流，滨岸带土地利用类型为耕地）。

（a）东辽河上游

（b）拉津河下游

（c）东辽河上游支流

（d）东辽河上游某处

东辽河水生态亚区景观

根据调查，该区 NH_3-N 为 0.232 ～ 1.74mg/L，水质评价等级为Ⅱ类～Ⅴ类，以Ⅱ类为主。最低值在二龙山水库上游的河段（滨岸带土地利用类型为耕地）；最高值在猪咀河汇入前的东辽河（滨岸带土地利用类型为林地和耕地）。

根据调查，该区 TP 为 0.02 ～ 4.315 294mg/L，水质评价等级为Ⅰ类～劣Ⅴ类，以Ⅲ类为主。最低值在二龙山水库上游的河段（滨岸带土地利用类型为耕地）；最高值在梨树河汇入后的东辽河（滨岸带土地利用类型为耕地）。

根据调查数据，该区 COD 为 0.85 ～ 63.839mg/L，水质评价等级为Ⅰ类～劣Ⅴ类，以Ⅴ类和劣Ⅴ类为主。最低值在二龙山水库上游河流的左侧支流（没有名字，滨岸带土地利用类型为耕地）；最高值在梨树河汇入后的东辽河（滨岸带土地利用类型为耕地）。

水生生物：该区水生生物区系为北方山地类群。

3.2.13　浑太河上游中山林地水生态亚区（Ⅳ-01）

（1）自然地理特征

位置：该区位于辽河流域的东南部，地理位置在 122°42′E ～ 125°17′E，40°28′N ～ 43°5′N。

行政区：该区包括吉林省西南部的四平和辽宁省的铁岭、抚顺、本溪、辽阳、鞍山等市部分地区。

面积：该区流域面积为 15 028km^2，占辽河流域总面积的 6.66%。

地势地貌：该区海拔为 31 ～ 1119m，海拔均值为 346m。地貌类型以低海拔小起伏山地为主，部分地区为低海拔丘陵、低海拔中起伏山地。

气候：该区多年平均气温为 6.0 ～ 9.8℃，多年平均气温均值为 7.2℃；多年平均降水量为 646 ～ 895mm，多年平均降水量均值为 767mm。

水系：该区主要河流有清河、浑河、苏子河、太子河；主要水库有大伙房水库、观音阁水库、清河水库、参窝水库、汤河水库等。

土壤：该区土壤类型主要有棕壤、沼泽土和暗棕壤。

植被：该区植被类型以温带、亚热带落叶灌丛、矮林，温带、亚热带落叶阔叶林为主；其次有一年一熟粮作和耐寒经济作物，一年两熟或两年三熟旱作（局部水稻）和暖温带落叶果树园、经济林。

（2）水生态特征

生境：该区河流底质以石质为主。

水质：根据调查，该区 TP 为 0.005 ～ 0.62mg/L，水质评价等级为Ⅰ类～劣Ⅴ类，以Ⅰ类～Ⅲ类为主。最低值在苏子河左侧支流（滨岸带土地利用类型为耕地）；最高值在清河水库下游的清河（滨岸带土地利用类型为建设用地和耕地）。

根据调查，该区 COD 为 1.5 ～ 16.1mg/L，水质评价等级为 Ⅰ类～劣Ⅴ类，以Ⅱ类和Ⅲ类为主。最低值在苏子河（滨岸带土地利用类型为耕地）；最高值在本溪市西南侧的太子河（滨岸带土地利用类型为建设用地）。

水生生物：该区水生生物区系为北方山地类群。

（a）碾盘河中游支流

（b）碾盘河中游支流某处

（c）碾盘河中游

（d）寇河中游

浑太河上游水生态亚区景观

3.2.14 太子河中上游中山林地水生态亚区（Ⅳ-02）

（1）自然地理特征

位置：该区位于辽河流域的东南部，地理位置在 123°10′E ～ 124°55′E，40°43′N ～ 41°39′N。

行政区：该区包括辽宁省的抚顺、本溪、丹东、辽阳、鞍山等市的部分地区。

面积：该区流域面积为 4637km^2，占辽河流域总面积的 2.06%。

地势地貌：该区海拔为 91 ～ 1290m，海拔均值为 505m。地貌类型以中海拔中起伏山地、低海拔中起伏山地为主，部分为低海拔丘陵、低海拔小起伏山地。

气候：该区多年平均气温为 6.9 ～ 9.4℃，多年平均气温均值为 7.9℃；多年平均降水量为 767 ～ 951mm，多年平均降水量均值为 862mm。

水系：该区主要河流有太子河；主要水库有本溪观音山水库等。

土壤：该区土壤类型主要有棕壤和暗棕壤。

植被：该区植被类型以温带、亚热带落叶阔叶林为主，其次有温带、亚热带落叶灌丛、矮林，一年两熟或两年三熟旱作（局部水稻）和暖温带落叶果树园、经济林。

（2）水生态特征

生境：该区河流底质类型以石质为主。

水质：根据调查，该区 TP 为 0.004 ～ 1.63mg/L，水质评价等级为Ⅰ类～劣Ⅴ类，以Ⅰ类和Ⅱ类为主。最低值在汤河二道河（滨岸带土地利用类型为林地和耕地）；最高值在细河上游（滨岸带土地利用类型为耕地和林地）。

根据调查，该区 COD 为 0.5 ～ 12.5mg/L，水质评价等级为Ⅰ类～Ⅴ类，以Ⅰ类和Ⅱ类为主。最低值在左侧的太子河（滨岸带土地利用类型为耕地和林地）；最高值在蓝河（滨岸带土地利用为建设用地）。

水生生物：该区水生生物区系为北方山地类群。

（a）太子河上游

（b）太子河上游

（c）太子河上游

（d）汤河二道河上游

太子河中上游水生态亚区景观

第 4 章

辽河流域水生态功能三级区

4.1 辽河流域水生态功能三级分区

三级区体现辽河流域的土地利用、土壤、水系结构和水生生物群落组成的空间差异。

基于野外鱼类、大型底栖动物、藻类调查，论述了水生生物群落的空间变化规律，分析了辽河流域土地利用、河网密度、土壤组成等区域空间数据，识别了影响水生生物群落空间变化的区域环境背景要素。通过对水生生物群落特征与区域环境要素的定量分析，选择土地利用类型和河网密度作为三级区划分的指标。

通过对分区指标的聚类分析，本书将辽河流域划分为 53 个三级区。其中，西辽河上游高原丘陵半干旱水生态区（Ⅰ）包括 14 个三级区，西辽河下游荒漠平原半干旱水生态区（Ⅱ）包括 7 个三级区，东辽河及辽河平原半湿润水生态区（Ⅲ）包括 24 个三级区，浑太河上游山地半湿润水生态区（Ⅳ）包括 8 个三级区。

4.2 辽河流域水生态功能三级区特征

4.2.1 乌尔吉木伦河中海拔中起伏山地水源涵养源头溪流区（Ⅰ-01-01）

区域背景：该区主要包括内蒙古自治区赤峰市的巴林左旗、阿鲁科尔沁旗等县级行政区。区域面积为 3928km^2，占辽河流域总面积的 1.74%；海拔为 529 ～ 1713m，海拔均值为 959m；坡度为 0° ～ 53.6°，平均坡度为 10.2°；多年平均气温为 3.6 ～ 5.6℃，多年平均气温均值为 4.5℃；多年平均降水量为 355 ～ 389mm，多年平均降水量均值为 372mm。

地貌特征：该区主要地貌类型为中海拔中起伏山地和中海拔小起伏山地，还有小面积的中海拔丘陵、低海拔冲积扇平原和中海拔冲积洪积台地。

土地利用特征：该区土地利用类型以草地和林地为主，分别占总面积的 48.38% 和 44.91%，居住用地占 0.45%，耕地占 4.42%。

植被类型：该区主要植被类型为贝加尔针茅草原，线叶菊草原，虎榛子、绣线菊灌丛；还有少数的落叶栎林，榆树疏林结合沙生灌丛；另外，还分布有小面积的桦、杨林。

主要水体及特征：该区主要包含伊和特格郭勒河、浑都仑高勒河、苏吉高勒河、哈黑尔高勒河、达勒林郭勒河等。河流以一级河流为主，最大河流等级为三级。一级河流长

339.3km，占河流总长度的 50.1%；二级河流长 184.2km，占河流总长度的 27.2%；三级河流长 153.4km，占河流总长度的 22.7%。河道底质以石质为主。

4.2.2 查干木伦河源头中海拔中起伏山地水源涵养溪流区（Ⅰ-01-02）

区域背景：该区主要包括内蒙古自治区赤峰市林西县、巴林右旗等县级行政区。区域面积为 3789km^2，占辽河流域总面积的 1.65%；海拔为 673 ～ 1935m，海拔均值为 1117m；坡度为 0° ～ 58.6°，平均坡度为 9.9°；多年平均气温为 3.6 ～ 5.1℃，多年平均气温均值为 4.3℃；多年平均降水量为 343 ～ 367mm，多年平均降水量均值为 358mm。

地貌特征：该区主要地貌类型有中海拔中起伏山地、中海拔小起伏山地和低海拔冲积扇平原。

土地利用特征：该区土地利用类型以草地和林地为主，分别占总面积的 55.23% 和 25.49%，耕地占 14.10%，居住用地占 1.38%。

植被类型：该区主要植被类型为贝加尔针茅草原，线叶菊草原，虎榛子、绣线菊灌丛，落叶栎林；还分布有小面积的桦、杨林。

主要水体及特征：该区主要包含阿山河、灰通河、大海清河、查干木伦河、巴尔汰河等；河流等级以一级河流为主，最大河流等级为四级。一级河流长 410.7km，占河流总长度的 53.9%；二级河流长 225.2km，占河流总长度的 29.5%；三级河流长 71.3km，占河流总长度的 9.3%；四级河流长 55.4km，占河流总长度的 7.3%。河道底质以石质为主。

水生生物群落特征：该区鱼类调查样点 4 个，物种数为 1 ～ 10 种，以洛氏鱥、北方须鳅、纵纹北鳅（*Lefua costata*）、达里湖高原鳅、中华多刺鱼（*Pungitius Sinensis*）、鲫、棒花鱼、棒花鮈（*Gobio rivuloides*）、麦穗鱼为优势种，香农 - 维纳多样性指数为 0 ～ 1.78。鱼类食性以植食性鱼类为主，占总物种数的 70% ～ 100%，杂食性鱼类占总物种数的 0 ～ 10%，底栖食性鱼类占总物种数的 0 ～ 22.22%。敏感种有洛氏鱥、高体鮈、北方花鳅（*Cobitis granoci*）、中华多刺鱼。

大型底栖动物调查样点 4 个，物种数为 7 ～ 16 种，以 *Chironomus* sp.、长跗摇蚊、*Hydropsyche kozhantschikovi*、热水四节蜉、原二翅蜉、直突摇蚊、*Acanthomysis* sp. 为优势种，香农 - 维纳多样性指数为 0.62 ～ 2.09。功能摄食类群以直接收集者为主，其相对丰度为 58.75% ～ 85.47%，滤食者相对丰度为 0 ～ 17.21%，刮食者相对丰度为 0 ～ 18.99%，捕食者相对丰度为 3.86% ～ 28.16%，撕食者相对丰度为 0 ～ 2.56%；生活型为黏附者的物种数为 0 ～ 5 种，相对丰度为 0 ～ 21.96%；敏感种有 *Brachycentrus* sp.。

水化学特征：该区 NH_3-N 为 0.54 ～ 1.27mg/L，TP 为 0.02 ～ 0.28mg/L，COD 为 4.93 ～

24.5mg/L，DO 为 8.12 ～ 11.1mg/L。

河流健康状况：该区内有 1 个健康样点，2 个一般样点，1 个较差样点。

4.2.3 西拉木伦河上游中海拔中起伏山地水源涵养中等河流区（Ⅰ-01-03）

区域背景：该区主要包括内蒙古自治区赤峰市的克什克腾旗等县级行政区。区域面积为 6570km^2，占辽河流域总面积的 2.91%；海拔为 721 ～ 2049m，海拔均值为 1293m；坡度为 0° ～ 65.7°，平均坡度为 11.9°；多年平均气温为 3.9 ～ 6.1℃，多年平均气温均值为 4.9℃；多年平均降水量为 347 ～ 375mm，多年平均降水量均值为 361mm。

地貌特征：该区主要地貌类型为中海拔中起伏山地、中海拔小起伏山地，还有小面积的低海拔冲积扇平原、中海拔大起伏山地、中高海拔大起伏山地、中海拔洪积台地。

土地利用特征：该区土地利用类型以草地和林地为主，分别占总面积的 52.31% 和 27.70%，耕地占 17.45%，居住用地占 0.69%。

植被类型：该区主要植被类型以线叶菊草原，虎榛子、绣线菊灌丛为主；还有少量的贝加尔针茅草原，桦、杨林，羊草草原；小面积的大针茅、克氏针茅草原，春小麦、糜子、马铃薯、甜菜、胡麻。

主要水体及特征：该区主要包含木石匣河、嘎啦达斯台河、碧流沟河、百岔河、苇塘河及西拉木伦河源头。河流以一级河流为主，最大河流等级为五级。一级河流长 669.4km，占河流总长度的 58.5%；二级河流长 288.2km，占河流总长度的 25.2%；三级河流长 116.4km，占河流总长度的 10.2%；四级河流长 12.3km，占河流总长度的 1.1%；五级河流长 57.1km，占河流总长度的 5%。河道底质以石质为主。

水生生物群落特征：该区鱼类调查样点 7 个，物种数为 1 ～ 9 种，以北方须鳅、洛氏鱥、达里湖高原鳅、麦穗鱼、纵纹北鳅、中华多刺鱼、棒花鮈、高体鮈为优势种，香农－维纳多样性指数为 0 ～ 1.02。食性以植食性鱼类为主，占总物种数的 78% ～ 100%，无肉食性和杂食性鱼类，底栖食性鱼类占总物种数的 0 ～ 22%。敏感种有洛氏鱥、高体鮈、中华多刺鱼。

大型底栖动物调查样点 6 个，物种数为 4 ～ 16 种，以热水四节蜉、原二翅蜉、摇蚊、*Laccophilus lewisius*、长跗摇蚊、直突摇蚊、*Larsia* sp.、*Ablabesmyia* sp.、山瘤虻（*Hybomitra montana*）为优势种，香农－维纳多样性指数为 1.13 ～ 2.11。功能摄食类群以直接收集者为主，其相对丰度为 19.23% ～ 91.22%，刮食者相对丰度为 0.05% ～ 37%，捕食者相对丰度为 8.29% ～ 48.46%，滤食者相对丰度为 0 ～ 4.81%、撕食者相对丰度为 0 ～ 16.67%。生活型为黏附者的物种为 0 ～ 3 种，相对丰度为 0 ～ 18.75%。敏感种有 *Bezzia* sp.。

水化学特征：该区 NH_3-N 为 0.03 ～ 4.07mg/L，TP 为 0.03 ～ 0.83mg/L，COD 为 2.83 ～

8.48mg/L，DO 为 6.24 ～ 9.79mg/L。

河流健康状况：该区内有 3 个健康样点，3 个亚健康样点，1 个一般样点。

4.2.4 西拉木伦河源头中海拔中起伏山地水源涵养溪流区（I-01-04）

区域背景：该区主要包括内蒙古自治区赤峰市的克什克腾旗县级行政区。区域面积为 4290km^2，占辽河流域总面积的 1.9%；海拔为 915 ～ 2036m，海拔均值为 1402m；坡度为 0° ～ 54.2°，平均坡度为 7.3°；多年平均气温为 3.2 ～ 4.9℃，多年平均气温均值为 4.0℃；多年平均降水量为 340 ～ 372mm，多年平均降水量均值为 356mm。

地貌特征：该区主要地貌类型为中海拔风积地貌、中海拔中起伏山地、中海拔小起伏山地、中海拔丘陵，还有小面积的中海拔大起伏山地、低海拔冲积扇平原、中海拔湖积平原。

土地利用特征：该区土地利用类型以草地和林地为主，分别占总面积的 62.95% 和 25.52%，耕地占 3.06%，居住用地占 0.27%。

植被类型：该区主要植被类型为羊草草原，线叶菊草原，桦、杨林；还有少量的虎榛子、绣线菊灌丛，贝加尔针茅草原，榆树疏林结合沙生灌丛；小面积的草原沙地锦鸡儿、柳、蒿灌丛。

主要水体及特征：该区主要包含沙里漠河、萨岭河、小桥子河、大浩来图河，西拉木伦河等。河流以一级河流为主，最大河流等级为四级。一级河流长 346.4km，占河流总长度的 58.0%；二级河流长 170.2km，占河流总长度的 28.5%；三级河流长 38.2km，占河流总长度的 6.4%；四级河流长 42.7km，占河流总长度的 7.1%。河道底质以石质为主。

水生生物群落特征：该区鱼类调查样点 5 个，物种数为 1 ～ 6 种，以北方须鳅、麦穗鱼、达里湖高原鳅、中华多刺鱼、鲫、纵纹北鳅、洛氏鱥、棒花鱼、棒花鮈、东北雅罗鱼为优势种，香农 - 维纳多样性指数为 0 ～ 0.48。食性以植食性鱼类为主，占总物种数的 75% ～ 100%，无肉食性和杂食性鱼类，底栖食性鱼类占总物种数的 0 ～ 25%。敏感种有洛氏鱥、中华多刺鱼。

大型底栖动物调查样点 5 个，物种数为 12 ～ 14 种，以热水四节蜉、原二翅蜉、摇蚊、直突摇蚊、长跗摇蚊、*Limnogonus fossarum*、拉长足摇蚊、无突摇蚊、*Simulium* sp.、*Prosimulium* sp. 为优势种，香农 - 维纳多样性指数为 1.64 ～ 2.27。功能摄食类群以直接收集者为主，其相对丰度为 41.37% ～ 66.67%，滤食者相对丰度为 0 ～ 17.99%，刮食者相对丰度为 0 ～ 35.29%，捕食者相对丰度为 9.40% ～ 38.85%，撕食者相对丰度为 0 ～ 1.55%；生活型为黏附者的物种数为 1 ～ 2 种，相对丰度为 0 ～ 3.33%。敏感种有短石蛾、*Cincticostella orientalis*。

水化学特征：该区 NH_3-N 为 0.06 ～ 0.52mg/L，TP 为 0.02 ～ 0.29mg/L，COD 为 7.07 ～ 25.11mg/L，DO 为 5.74 ～ 8.48mg/L。

河流健康状况：该区内有 2 个健康样点，2 个亚健康样点，1 个一般样点。

4.2.5 英金河中上游中海拔中起伏山地水源涵养中等河流区（I-01-05）

区域背景：该区主要包括内蒙古自治区赤峰市辖区、喀喇沁旗和河北省承德市围场满族蒙古族自治县等县级行政区。区域面积为 8535km^2，占辽河流域总面积的 3.79%；海拔为 558 ～ 2051m，海拔均值为 1139m。坡度为 0° ～ 60.0°，平均坡度为 12.3°；多年平均气温为 4.5 ～ 7.9℃，多年平均气温均值为 6.5℃；多年平均降水量为 355 ～ 453mm，多年平均降水量均值为 392mm。

地貌特征：该区主要地貌类型为中海拔中起伏山地和小面积的低海拔冲积扇平原、低海拔丘陵、低海拔洪积平原。

土地利用特征：该区土地利用类型以林地和耕地为主，分别占总面积的 49.48% 和 32.49%，草地占 14.67%，居住用地占 1.88%。

植被类型：该区主要植被类型为虎榛子、绣线菊灌丛，本氏针茅、短花针茅草原；还有冬小麦、杂粮 (高粱、大豆、玉米、谷子) 两年三熟—棉花—枣、苹果、梨、葡萄、柿子、板栗、核桃，春小麦、大豆、玉米、高粱—甜菜、亚麻、李、杏、小苹果，春小麦、糜子、马铃薯、甜菜、胡麻，线叶菊草原，桦、杨林。

主要水体及特征：该区主要包含四道川河、二道川河、阴河、舍力噶河、锡伯河等。河流等级以一级河流为主，最大河流等级为四级。一级河流长 738km，占河流总长度的 58.8%；二级河流长 249.3km，占河流总长度的 19.8%；三级河流长 242.3km，占河流总长度的 19.3%；四级河流长 26.4km，占河流总长度的 2.1%。河道底质以石质为主。

水生生物群落特征：该区鱼类调查样点 5 个，物种数为 4 ～ 9 种，以洛氏鱥、棒花鱼、棒花鮈、麦穗鱼、北方须鳅、波氏吻鰕虎鱼（*Rhinogobius cliffordpopei*）、鲫、泥鳅（*Misgurnus anguillicaudatus*）、纵纹北鳅为优势种，香农 – 维纳多样性指数为 0.13 ～ 1.17。食性以植食性鱼类为主，占总物种数的 71% ～ 100%，无肉食性鱼类，杂食性鱼类占总物种数的 0 ～ 22%，底栖食性鱼类占总物种数的 0 ～ 14%；敏感种有洛氏鱥、北方花鳅。

大型底栖动物调查样点 5 个，物种数为 10 ～ 13 种，以 *Hydropsyche kozhantschikovi*、热水四节蜉、*Baetiella tuberculata*、摇蚊、原二翅蜉、*Cheumatopsyche criseyde*、椭圆萝卜螺（*Radix swinhoei*）、直突摇蚊、耳萝卜螺（*Radix auricularia*）、霍甫水丝蚓（*Limnodrilus hoffmeisteri*）、*Ephemerella setigera* 为优势种，香农 – 维纳多样性指数为 0.98 ～ 1.80。功能摄食类群以直接收集者为主，其相对丰度为 42.62% ～ 88.13%，滤食者相对丰度为 3.39% ～ 5.2%，捕食者相对丰度为 0 ～ 18.03%，刮食者相对丰度为 0 ～ 6.12%，无撕食者。

生活型为黏附者的物种数为 1 ～ 10 种，相对丰度为 0 ～ 52.46%。敏感种有耳萝卜螺。

水化学特征：该区 NH_3-N 为 0.12 ～ 4.23mg/L，TP 为 0.01 ～ 1.6mg/L，COD 为 1.36 ～ 12.31mg/L，DO 为 4.8 ～ 10.9mg/L。

河流健康状况：该区内有 1 个健康样点，2 个亚健康样点，2 个一般样点。

4.2.6 老哈河中海拔中起伏山地水源涵养源头溪流区（Ⅰ-01-06）

区域背景：该区主要包括内蒙古自治区赤峰市的宁城县和河北省承德市的平泉县。区域面积为 1450km^2，占辽河流域总面的 0.64%；海拔为 596 ～ 1886m，海拔均值为 1023m；坡度为 0° ～ 56°，平均坡度为 14.2°；多年平均气温为 7.5 ～ 8.8℃，多年平均气温均值为 8.1℃；多年平均降水量为 451 ～ 542mm，多年平均降水量均值为 483mm。

地貌特征：该区主要地貌类型为中海拔中起伏山地，还有小面积的低海拔丘陵、低海拔小起伏山地、低海拔冲积扇平原。

土地利用特征：该区土地利用类型以林地和耕地为主，分别占总面积的 63.04% 和 30.52%，草地占 4.32%，居住用地占 1.61%。

植被类型：该区主要植被类型为荆条灌丛，虎榛子、绣线菊灌丛；还有少量的白羊草、黄背草草原，春小麦、大豆、玉米、高粱—甜菜、亚麻、李、杏、小苹果；小面积的桦、杨林。

主要水体及特征：该区主要包含黑里河、八里罕河、老哈河。河流以一级河流为主，最大河流等级为四级。一级河流长 156.7km，占河流总长度的 43.1%；二级河流长 118.7km，占河流总长度的 32.6%；三级河流长 84.8km，占河流总长度的 23.3%；四级河流长 3.5km，占河流总长度的 1.0%。河道底质以石质为主。

水生生物群落特征：该区鱼类调查样点 1 个，物种数为 12 种，以洛氏鱥、棒花鱼、麦穗鱼、北方须鳅、北方花鳅为优势种，香农－维纳多样性指数为 1.51。食性以植食性和杂食性鱼类为主，占总物种数的 83%，肉食性鱼类占总物种数的 8.3%，无底栖食性鱼类。敏感种有洛氏鱥、北方花鳅。

大型底栖动物调查样点 1 个，物种数为 10 种，以摇蚊为优势种，香农－维纳多样性指数为 0.59。功能摄食类群以滤食者为主，其相对丰度为 68.42%，刮食者相对丰度为 28.95%，捕食者相对丰度为 2.63%，无直接收集者和撕食者。生活型为黏附者的物种数为 3 种，相对丰度为 44.74%。

水化学特征：该区 NH_3-N 为 0.19mg/L，TP 为 0.01mg/L，COD 为 4.24mg/L，DO 为 8.49mg/L。

河流健康状况：该区内有 1 个一般样点。

4.2.7 乌尔吉木伦河支流上游中海拔小起伏山地水源涵养季节河流区（Ⅰ-02-01）

区域背景：该区主要包括内蒙古自治区赤峰市的阿鲁科尔沁旗和巴林左旗等县级行政区。区域面积为 6975km^2，占辽河流域总面积的 3.09%；海拔为 371 ～ 1720m，海拔均值为 709m；坡度为 0° ～ 58.4°，平均坡度为 7.3°；多年平均气温为 4.3 ～ 6.6℃，多年平均气温均值为 5.5℃；多年平均降水量为 357 ～ 391mm，多年平均降水量均值为 371mm。

地貌特征：该区地貌类型主要有中海拔中起伏山地、中海拔小起伏山地、低海拔冲积扇平原、低海拔丘陵，还有小面积的中海拔丘陵、低海拔小起伏山地。

土地利用特征：该区土地利用类型以草地为主，占总面积的 60.18%，林地占 19.20%，耕地占 16.06%，居住用地占 1.62%。

植被类型：该区主要植被类型为贝加尔针茅草原，线叶菊草原，虎榛子、绣线菊灌丛；还有少量落叶栎林，榆树疏林结合沙生灌丛，春小麦、糜子、马铃薯、甜菜、胡麻，草原沙地锦鸡儿、柳、蒿灌丛；小面积的大针茅、克氏针茅草原。

主要水体及特征：该区主要包含格沙郭勒河、艾勒音郭勒河、吉布图高勒河、达勒林郭勒河、海哈尔河、哈墨尔高勒河、百里灌渠、拜其高勒河、乌尔吉木伦河、沙力河、浩尔图郭勒河等。河流等级以一级河流为主，最大河流等级为四级。一级河流长 330.9km，占河流总长度的 47.9%；二级河流长 224.2km，占河流总长度的 32.5%；三级河流长 124.5km，占河流总长度的 18.0%；四级河流长 11km，占河流总长度的 1.6%。河道底质以土质为主。

4.2.8 西拉木伦河上游中海拔小起伏山地水源涵养中等河流区（Ⅰ-02-02）

区域背景：该区主要包括内蒙古自治区赤峰市的林西县、巴林右旗、翁牛特旗等县级行政区。区域面积为 8830km^2，占辽河流域总面积的 3.92%；海拔为 542 ～ 1920m，海拔均值为 858m；坡度为 0° ～ 58.2°，平均坡度为 7°；多年平均气温为 4.4 ～ 6.6℃，多年平均气温均值为 5.5℃；多年平均降水量为 359 ～ 372mm，多年平均降水量均值为 368mm。

地貌特征：该区地貌类型主要为中海拔中起伏山地、中海拔小起伏山地、低海拔丘陵、低海拔冲积扇平原、低海拔洪积台地，还有小面积的低海拔洪积平原和低海拔小起伏山地。

土地利用特征：该区土地利用类型以草地为主，占总面积的 61.23%，林地占 11.39%，耕地占 19.82%，居住用地占 1.59%。

植被类型：该区主要植被类型为大针茅、克氏针茅草原，贝加尔针茅草原，草原沙地锦鸡儿、柳、蒿灌丛；本氏针茅、短花针茅草原，虎榛子、绣线菊灌丛，春小麦、糜子、马铃薯、甜菜、胡麻分布，落叶栎林，榆树疏林结合沙生灌丛。

主要水体及特征：该区主要包含床金河、诺尔盖河、胡苏台河、沙布尔台河、白音高勒河、隆平灌渠、查干木伦河、西拉木伦河等。河流等级以一级河流为主，最大河流等级为五级。一级河流长652.8km，占河流总长度的57.2%；二级河流长194.5km，占河流总长度的17.0%；三级河流长103.0km，占河流总长度的9.0%；四级河流长98.9km，占河流总长度的8.7%；五级河流长91.6km，占河流总长度的8.0%。河道底质以土质为主。

水生生物群落特征：该区鱼类调查样点9个，物种数为1～10种，以鲫、棒花鱼、棒花鮈、北方须鳅、泥鳅、麦穗鱼、波氏吻鰕虎鱼、纵纹北鳅、达里湖高原鳅、洛氏鱥、高体鮈、北方花鳅、中华多刺鱼为优势种，香农－维纳多样性指数为0～1.88。食性以植食性鱼类为主，占总物种数的60%～100%，杂食性鱼类占总物种数的0～20%，底栖食性鱼类占总物种数的0～33%。敏感种有洛氏鱥、高体鮈、中华多刺鱼、北方花鳅。

大型底栖动物调查样点9个，物种数为3～12种，以*Laccophilus lewisius*、热水四节蜉、摇蚊、直突摇蚊、长跗摇蚊、原二翅蜉、拉长足摇蚊、钩虾、无突摇蚊、*Gyraulus* sp.、贝蠓、*Atherix* sp.、山瘤虻为优势种，香农－维纳多样性指数为0.71～2.11。功能摄食类群以直接收集者为主，其相对丰度为25%～80.4%，捕食者相对丰度为0～56.82%，刮食者相对丰度为0～25%，滤食者相对丰度为0～50%，撕食者相对丰度为0～16.67%。生活型为黏附者的物种为0～8种，相对丰度为0～45.45%。敏感种有贝蠓。

水化学特征：该区NH_3-N为0.16～1.36mg/L，TP为0.07～0.37mg/L，COD为3.27～32.3mg/L，DO为5.25～8.94mg/L。

河流健康状况：该区内有3个亚健康样点，3个一般样点，2个较差样点。

4.2.9 西拉木伦河中海拔小起伏山地水源涵养小型支流区（Ⅰ-02-03）

区域背景：该区主要包括内蒙古自治区赤峰市翁牛特旗等县级行政区。区域面积为2342km^2，占辽河流域总面积的1.04%；海拔为474～2017m，海拔均值为887m；坡度为0°～45.5°，平均坡度为5.8°；多年平均气温为5.2～7.1℃，多年平均气温均值为6.5℃；多年平均降水量为361～371mm，多年平均降水量均值为364mm。

地貌特征：该区地貌类型主要有中海拔小起伏山地、中海拔中起伏山地、低海拔丘陵、低海拔洪积台地、低海拔洪积平原，还有小面积的低海拔冲积洪积平原。

土地利用特征：该区土地利用类型以草地和耕地为主，分别占总面积的41.61%和33.71%，林地占9.25%，居住用地占2.49%。

植被类型：该区主要植被类型为本氏针茅、短花针茅草原，春小麦、糜子、马铃薯、甜菜、胡麻，虎棒子、绣线菊灌丛，榆树疏林结合沙生灌丛；还有少量的线叶菊草原和草原沙地锦鸡儿、柳、蒿灌丛。

主要水体及特征：该区主要包含少郎河、响水河以及很小段的西拉木伦河。流等级以二级河流为主，最大河流等级为六级。一级河流长 55.9km，占河流总长度的 24.6%；二级河流长 170.3km，占河流总长度的 75.0%；六级河流长 0.9km，占河流总长度的 0.4%。河道底质以土质为主。

4.2.10 老哈河中游台地丘陵农业维持中等河流区（Ⅰ-03-01）

区域背景：该区主要包括内蒙古自治区赤峰市的翁牛特旗、赤峰市区、喀喇沁旗、宁城县和河北省承德市平泉县、辽宁省朝阳市建平县。区域面积为 14 851km^2，占辽河流域总面积的 6.59%；海拔为 427 ～ 1883m，海拔均值为 736m；坡度为 0° ～ 52.3°，平均坡度为 6.6°；多年平均气温为 5.5 ～ 8.8℃，多年平均气温均值为 7.8℃；多年平均降水量为 355 ～ 545mm，多年平均降水量均值为 401mm。

地貌特征：该区地貌类型变化多样，包括中海拔中起伏山地、中海拔小起伏山地、低海拔丘陵、低海拔冲积扇平原、低海拔洪积台地、低海拔洪积台地、低海拔洪积平原和低海拔剥蚀台地。

土地利用特征：该区土地利用类型以耕地为主，占总面积的 56.18%，林地占 23.79%，草地占 13.97%，居住用地占 4.24%。

植被类型：该区主要植被类型为冬小麦、杂粮 (高粱、大豆、玉米、谷子) 两年三熟—棉花—枣、苹果、梨、葡萄、柿子、板栗、核桃，荆条灌丛，草原沙地锦鸡儿、柳、蒿灌丛，虎榛子、绣线菊灌丛，白羊草、黄背草草原，本氏针茅、短花针茅草原，还有小面积的春小麦、大豆、玉米、高粱—甜菜、亚麻、李、杏、小苹果、糜子、马铃薯、甜菜、胡麻、桦林、杨林、线叶菊草原。

主要水体及特征：该区主要包含羊肠子河、昭苏河、英金河、老哈河、锡伯河、蹦蹦河、坤头河等。河流等级以一级河流为主，最大河流等级为五级。一级河流长 874km，占河流总长度的 54.1%；二级河流长 260km，占河流总长度的 16.1%；三级河流长 205.3km，占河流总长度的 12.7%；四级河流长 224.4km，占河流总长度的 13.9%；五级河流长 52.8km，占河流总长度的 3.3%。河道底质以沙质为主。

水生生物群落特征：该区鱼类调查样点 6 个，物种数为 4 ～ 10 种，以洛氏鱥、马口鱼（*Opsariichthys bidens*）、麦穗鱼、北方须鳅、北方花鳅、棒花鱼、鲫、清徐胡鮈（*Huigobio chinssuensis*）、鲤（*Cyprinus carpio*）、泥鳅、纵纹北鳅、大鳞副泥鳅（*Paramisgurnus dabryanus*）为优势种，香农 – 维纳多样性指数为 1.24 ～ 1.92。食性以植食性鱼类为主，占总物种数的70%～100%,杂食性鱼类占总物种数的0～13%,肉食性鱼类占总物种数的0～13%，无底栖食性鱼类。敏感种有洛氏鱥、北方花鳅。

大型底栖动物调查样点6个，物种数为6～22种，以*Hydropsyche kozhantschikovi*、热水四节蜉、摇蚊、奇埠扁蚴蜉（*Ecdyonurus kibunensis*）、长跗摇蚊、三斑小蜉（*Ephemerella atagosana*）、无突摇蚊、*Ephemerella setigera*、钩虾、*Antocha* sp.、*Tipula* sp.、旋螺、耳萝卜螺为优势种，香农－维纳多样性指数为1.00～2.39。功能摄食类群以直接收集者为主，其相对丰度为28.95%～96.96%,捕食者相对丰度为2.24%～15.38%,刮食者相对丰度为0～1.43%，滤食者相对丰度为0.32%～68.42%，撕食者相对丰度为0～0.81%。生活型为黏附者的物种数为0～10种，相对丰度为0～44.74%。敏感种有耳萝卜螺。

水化学特征：该区NH_3-N为0.08～0.17mg/L，TP为0.01～0.05mg/L，COD为1.41～12.60mg/L，DO为5.80～9.10mg/L。

河流健康状况：该区内有2个亚健康样点，4个一般样点。

4.2.11 教来河台地丘陵水源涵养小型支流区（Ⅰ-03-02）

区域背景：该区主要包括内蒙古自治区赤峰市敖汉旗。区域面积为2913km^2，占辽河流域总面积的1.29%；海拔为437～1236m，海拔均值为684m；坡度为0°～49.7°，平均坡度为7.2°；多年平均气温为7.5～8.7℃，多年平均气温均值为8.1℃；多年平均降水量为372～437mm，多年平均降水量均值为409mm。

地貌特征：该区主要地貌类型为低海拔丘陵、低海拔小起伏山地，还有小面积的低海拔中起伏山地和低海拔剥蚀台地。

土地利用特征：该区土地利用类型以耕地为主，占总面积的55.56%，林地占37.64%，草地占2.94%，居住用地占2.46%。

植被类型：该区主要植被类型为冬小麦、杂粮(高粱、大豆、玉米、谷子)两年三熟—棉花—枣、苹果、梨、葡萄、柿子、板栗、核桃，虎榛子、绣线菊灌丛；还有小面积的本氏针茅、短花针茅草原，白羊草、黄背草草原，温带山地丛生禾草草原春小麦、大豆、玉米、高粱—甜菜、亚麻、李、杏、小苹果。

主要水体及特征：该区主要包含孟克河、教来河、白塔子河。河流以一级河流为主，最大河流等级为二级。一级河流长241.5km，占河流总长度的78.3%；二级河流长66.8km，占河流总长度的21.7%。河道底质以沙质为主。

4.2.12 腾格勒郭勒河低海拔丘陵水源涵养季节河流区（Ⅰ-04-01）

区域背景：该区主要包括内蒙古自治区通辽市扎鲁特旗和乌兰浩特市科尔沁右翼中旗。区域面积为9384km²，占辽河流域总面积的4.16%；海拔为173～1255m，海拔均值为397m；坡度为0°～50.5°，平均坡度为4.6°；多年平均气温为5.2～7.1℃，多年平均气温均值为6.5℃；多年平均降水量为351～406mm，多年平均降水量均值为383mm。

地貌特征：该区主要地貌类型为低海拔小起伏山地、低海拔丘陵和低海拔冲积扇平原，还有小面积的中海拔中起伏山地、低海拔冲积洪积平原、低海拔地河漫滩。

土地利用特征：该区土地利用类型以耕地和草地为主，分别占总面积的38.28%和37.57%，林地占19.16%，居住用地占1.47%。

植被类型：该区主要植被类型为春小麦、糜子、马铃薯、甜菜、胡麻，贝加尔针茅草原，线叶菊草原；还有小面积的榆树疏林结合沙生灌丛，羊草草原，草原沙地锦鸡儿、柳、蒿灌丛，落叶栎林，虎棒子、绣线菊灌丛。

河流特征：该区主要包含塔拉布拉克郭勒河、嘎亥图郭勒河、达巴艾郭勒河、双井郭勒河、塔布呼都格郭勒河、鲁北河、哈尔岔老河、呼浜郭勒河、腾格勒郭勒河等。河流等级以一级河流为主，最大河流等级为四级。一级河流长634km，占河流总长度的52.4%；二级河流长324.7km，占河流总长度的26.8%；三级河流长236.2km，占河流总长度的19.5%；四级河流长15.7km，占河流总长度的1.3%。河道底质以沙质为主。

4.2.13 乌力吉木伦河支流中下游低海拔丘陵水源涵养季节河流区（Ⅰ-04-02）

区域背景：该区主要包括内蒙古自治区赤峰市的阿鲁科尔沁旗、巴林左旗和巴林右旗等县级行政区。区域面积为11 994km²，占辽河流域总面积的5.32%；海拔为249～1275m，海拔均值为482m；坡度为0°～56.1°，平均坡度为3.4°；多年平均气温为5.8～7.0℃，多年平均气温均值为6.5℃；多年平均降水量为346～379mm，多年平均降水量均值为365mm。

地貌特征：该区主要地貌类型为低海拔丘陵、低海拔冲积扇平原，还有小面积的低海拔小起伏山地、中海拔中起伏山地、低海拔洪积平原、低海拔冲积洪积台地。

土地利用特征：该区土地利用类型以草地为主，占总面积的68.74%，耕地占16.47%，林地占7.16%，居住用地占1.20%。

植被类型：该区主要植被类型为贝加尔针茅草原，香草、杂类草普通草甸，榆树疏林结合沙生灌丛；还有小面积的春小麦、糜子、马铃薯、甜菜、胡麻，本氏针茅、短花针茅草原，大针茅、克氏针茅草原，草原沙地锦鸡儿、柳、蒿灌丛，虎棒子、绣线菊灌丛，落叶栎林，线叶菊草原。

主要水体及特征：该区主要包含巴彦塔拉河、海黑令郭勒河、海哈尔郭勒河、群英渠、新开河、天山西河、哈通河、查干木伦河、乌力吉木仁河等。河流等级以一级河流为主，最大河流等级为六级。一级河流长 437.2km，占河流总长度的 41.1%；二级河流长 227.3km，占河流总长度的 21.4%；三级河流长 183.5km，占河流总长度的 17.3%；四级河流长 119.4km，占河流总长度的 11.2%；五级河流长 66.4km，占河流总长度的 6.2%；六级河流长 29.9km，占河流总长度的 2.8%。河道底质以沙质为主。

4.2.14 乌力吉木伦河干流中游低海拔丘陵水源涵养季节河流区（Ⅰ-04-03）

区域背景：该区主要包括内蒙古自治区通辽市的札鲁特旗、科尔沁左翼中旗、开鲁县和乌兰浩特市科尔沁右翼中旗。区域面积为 3172km^2，占辽河流域总面积的 1.41%；海拔为 168 ～ 291m，海拔均值为 210m；坡度为 0° ～ 12.8°，平均坡度为 1°；多年平均气温为 6.7 ～ 7.1℃，多年平均气温均值为 7.0℃；多年平均降水量为 338 ～ 383mm，多年平均降水量均值为 360mm。

地貌特征：该区地貌类型主要为低海拔冲积洪积平原，还有小面积的低海拔冲积扇平原。

土地利用特征：该区土地利用类型以草地为主，占总面积的 55.85%，耕地占 29.63%，林地占 1.76%，居住用地占 0.48%。

植被类型：该区主要植被类型有贝加尔针茅草原，春小麦、大豆、玉米、高粱—甜菜、亚麻、李、杏、小苹果，榆树疏林结合沙生灌丛，草原沙地锦鸡儿、柳、蒿灌丛。

主要水体及特征：该区主要包含乌力吉木仁河。河流等级以五级河流为主，最大河流等级为五级。一级河流长 51.9km，占河流总长度的 25.7%；五级河流长 149.8km，占河流总长度的 74.3%。河道底质以沙质为主。

4.2.15 新开河湖积冲积平原农业维持季节河流区（Ⅱ-01-01）

区域背景：该区主要包括内蒙古自治区通辽市的科尔沁左翼中旗、开鲁县和吉林省松原市的长岭县、白城市的通榆县及四平市的双辽市；区域面积为 19 141km^2，占辽河流域总面积的 8.49%；海拔为 113 ～ 333m，海拔均值为 173m；坡度为 0° ～ 33°，平均坡度为 1.1°；多年平均气温为 6.0 ～ 7.1℃，多年平均气温均值为 6.6℃；多年平均降水量为 331 ～ 483mm，多年平均降水量均值为 394mm。

地貌特征：该区主要地貌类型为低海拔冲积平原、低海拔冲积洪积平原和低海拔冲积扇平原，还有小面积的低海拔冲积台地、低海拔湖积平原、低海拔低河漫滩。

土地利用特征：该区土地利用类型以耕地为主，占总面积的57.13%，草地占24.4%，林地占3.91%，居住用地占3.17%。

植被类型：该区主要植被类型为春小麦、大豆、玉米、高粱—甜菜、亚麻、李、杏、小苹果，草原沙地锦鸡儿、柳、蒿灌丛，羊草草原；还有小面积的贝加尔针茅草原，春小麦、糜子、马铃薯、甜菜、胡麻，榆树疏林结合沙生灌丛，禾草、莎草类沼泽，禾草、杂类草盐生草甸，禾草、杂类草普通草甸。

主要水体及特征：该区主要为新开河。河流等级以一级河流为主，最大河流等级为五级。一级河流长1100.6km，占河流总长度的56.8%；二级河流长451km，占河流总长度的23.3%；三级河流长202.9km，占河流总长度的10.5%；五级河流长183.5km，占河流总长度的9.5%。河道底质以沙质为主。

水生生物群落特征：该区鱼类调查样点2个，物种数分别为7种、10种，以鲫、鳘、棒花鱼、泥鳅、波氏吻鰕虎鱼、麦穗鱼、北方须鳅、黄黝（*Hypseleotris swinhonis*）为优势种，香农－维纳多样性指数分别为1.08、1.28。食性以植食性鱼类为主，分别占总物种数的71.43%、80%，无肉食性鱼类，杂食性鱼类占物种总数的10%、14.29%，底栖食性鱼类占物种总数的10%、14.29%。敏感种有青鳉（*Oryzias latipes*）。

大型底栖动物调查样点2个，物种数分别为9种、13种，以细蜉、摇蚊、长跗摇蚊、原蚋、耳萝卜螺、山瘤虻、旋螺、霍甫水丝蚓为优势种，香农－维纳多样性指数分别为1.61、2.42。功能摄食类群以直接收集者为主，其相对丰度为23.08%、71.43%，滤食者相对丰度为0、26.15%，刮食者相对丰度为12.99%、20%，捕食者相对丰度为12.99%、26.15%；无黏附者生活型。敏感种有耳萝卜螺。

水化学特征：该区2个调查样点NH_3-N分别为0.33mg/L、0.40mg/L，TP分别为0.09mg/L、0.11mg/L，COD分别为21.58mg/L、25.11mg/L，DO分别为7.74mg/L、8.41mg/L。

河流健康状况：该区内有1个一般样点，1个较差样点。

4.2.16　西辽河下游农业维持干流区（Ⅱ-01-02）

区域背景：该区主要包括内蒙古自治区通辽市辖区、科尔沁左翼中旗、科尔沁左翼后旗和吉林省四平市双辽市。区域面积为1376km^2，占辽河流域总面积的0.61%；海拔为85～207m，海拔均值为136m；坡度为0°～21.3°，平均坡度为1.2°；多年平均气温为6.5～7.2℃，多年平均气温均值为6.7℃；多年平均降水量为368～545mm，多年平均降水量均值为444mm。

地貌特征：该区主要地貌类型为低海拔冲积扇平原、低海拔冲积洪积平原。

土地利用特征：该区土地利用类型以耕地为主，占总面积的 77.02%，草地占 9.57%，居住用地占 6.26%，林地占 0.68%。

植被类型：该区主要植被类型为春小麦、大豆、玉米、高粱—甜菜、亚麻、李、杏、小苹果；还有小面积的羊草草原，草原沙地锦鸡儿、柳、蒿灌丛，榆树疏林结合沙生灌丛。

主要水体及特征：该区主要包含哈达江和西辽河干流。河流等级以六级河流为主，最大河流等级为六级。一级河流长 33.1km，占河流总长度的 11.1%；二级河流长 0.5km，占河流总长度的 0.2%；三级河流长 4.8km，占河流总长度的 1.6%；六级河流长 259.0km，占河流总长度的 87.1%。河道底质以沙质为主。

水生生物群落特征：该区鱼类调查样点 2 个，物种数分别为 12 种、13 种，以鲫、兴凯鱊（*Acheilognathus chankaensis*）、棒花鱼、波氏吻鰕虎鱼、黄黝、麦穗鱼、青鳉为优势种，香农－维纳多样性指数分别为 1.53、1.73。食性主要以植食性鱼类为主，分别占总物种数的 54%、58%，肉食性鱼类占总物种数的 0、7%，杂食性鱼类占物种总数的 23%、25%，底栖食性鱼类分别占物种总数的 15%、17%。敏感种有青鳉。

大型底栖动物调查样点 1 个，物种数为 9 种，以摇蚊、*Aphelocheirus* sp.、钩虾、耳萝卜螺为优势种，香农－维纳多样性指数为 1.28。功能摄食类群以直接收集者为主，其相对丰度为 100%，无滤食者、刮食者和捕食者。无黏附者生活型。敏感种有耳萝卜螺、*Cipangopaludina cahayensis*。

水化学特征：该区 NH_3-N 分别为 0.22mg/L、0.38mg/L，TP 分别为 0.07mg/L、0.10mg/L，COD 分别为 15.73mg/L、21.92mg/L， DO 分别为 6.77mg/L、7.21mg/L。

河流健康状况：该区内有 1 个一般样点，1 个极差样点。

4.2.17 西辽河冲积平原农业维持季节河流区（Ⅱ-01-03）

区域背景：该区主要包括内蒙古自治区通辽市辖区、开鲁县、科尔沁左翼后旗；区域面积为 6121km^2，占辽河流域总面积的 2.71%；海拔为 99 ～ 286m，海拔均值为 190m；坡度为 0° ～ 25.4°，平均坡度为 1.0°；多年平均气温为 6.5 ～ 7.3℃，多年平均气温均值为 7.0℃；多年平均降水量为 328 ～ 495mm，多年平均降水量均值为 383mm。

地貌特征：该区主要地貌类型为低海拔冲积扇平原和低海拔冲积洪积平原，还有小面积的湖泊。

土地利用特征：该区土地利用类型以耕地和草地为主，分别占总面积的 49.12% 和 36.44%，居住用地占 5.12%，林地占 2.04%。

植被类型：主要植被类型为春小麦、大豆、玉米、高粱—甜菜、亚麻、李、杏、小苹果，草原沙地锦鸡儿、柳、蒿灌丛；还有小面积的榆树疏林结合沙生灌丛，羊草草原。

主要水体及特征：该区主要包含洪河、清河。河流等级以一级河流为主，最大河流等级为六级。一级河流长 584km，占河流总长度的 65.9%；二级河流长 299.7km，占河流总长度的 33.8%；六级河流长 1.9km，占河流总长度的 0.2%。河道底质以沙质为主。

4.2.18 西辽河湖积冲积平原农业维持季节河流区（Ⅱ-01-04）

区域背景：该区主要包括内蒙古自治区通辽市科尔沁左翼后旗等县级行政区。区域面积为 6373km^2，占辽河流域总面积的 2.83%；海拔为 88 ～ 311m，海拔均值为 192m；坡度为 0° ～ 22.3°，平均坡度为 1.2°；多年平均气温为 6.6 ～ 7.5℃，多年平均气温均值为 7.2℃；多年平均降水量为 386 ～ 537mm，多年平均降水量均值为 444mm。

地貌特征：该区主要地貌类型为低海拔冲积洪积平原，还有小面积的低海拔冲积扇平原。

土地利用特征：该区土地利用类型以耕地和草地为主，分别占总面积的 42.72% 和 42.63%，居住用地占 1.75%，林地占 0.73%。

植被类型：该区主要植被类型为春小麦、大豆、玉米、高粱—甜菜、亚麻、李、杏、小苹果，草原沙地锦鸡儿、柳、蒿灌丛，榆树疏林结合沙生灌丛，羊草草原。

主要水体及特征：该区主要为蚂蚰河。河流等级以一级河流为主，最大河流等级为三级。一级河流长 441.2km，占河流总长度的 36.5%；二级河流长 249.3km，占河流总长度的 35.9%；三级河流长 3.9km，占河流总长度的 0.6%。河道底质以沙质为主。

水生生物群落特征：该区鱼类调查样点 1 个，物种数为 14 种，以鲫、兴凯鱊、棒花鱼、清徐胡鮈、麦穗鱼、彩鳑鲏（*Rhodeus lighti*）、波氏吻鰕虎鱼为优势种，香农－维纳多样性指数在 1.81。食性以植食性鱼类为主，占总物种数的 57.14%，肉食性鱼类占总物种数的 14.29%，杂食性鱼类占物种总数的 21.43%，底栖食性鱼类占 7.14%。敏感种有青鳉。

水化学特征：该区 TP 为 0.06mg/L，COD 为 46.47mg/L。

河流健康状况：该区内有 1 个极差样点。

4.2.19 西辽河干流中游生物多样性维持干流区（Ⅱ-02-01）

区域背景：该区主要包括内蒙古自治区赤峰市阿鲁科尔沁旗、翁牛特旗和通辽市奈曼旗。区域面积为 3916km^2，占辽河流域总面积的 1.74%；海拔为 179 ～ 699m，海拔均值为 309m；坡度为 0° ～ 39.6°，平均坡度为 1.2°；多年平均气温为 6.6 ～ 7.2℃，多年平均气温均值为 7.0℃；多年平均降水量为 333 ～ 370mm，多年平均降水量均值为 353mm。

地貌特征：该区主要地貌类型为低海拔冲积扇平原和低海拔冲积洪积平原，还有小面积的低海拔丘陵和低海拔洪积平原。

土地利用特征：该区土地利用类型以草地和耕地为主，分别占总面积的 49.22% 和 41.13%，林地占 3.01%，居住用地占 2.28%。

植被类型：该区主要植被类型为贝加尔针茅草原，春小麦、大豆、玉米、高粱—甜菜、亚麻、李、杏、小苹果，草原沙地锦鸡儿、柳、蒿灌丛，榆树疏林结合沙生灌丛；还有小面积的大针茅、克氏针茅草原，香草、杂类草普通草甸。

主要水体及特征：该区主要包含幸福河灌渠、台河和西拉木伦河干流。河流等级以六级河流为主，最大河流等级为六级。一级河流长 104.1km，占河流总长度的 22.4%；二级河流长 0.5km，占河流总长度的 0.1%；三级河流长 80.9km，占河流总长度的 17.4%；四级河流长 8.4km，占河流总长度的 1.8%；五级河流长 9.1km，占河流总长度的 2.0%；六级河流长 262km，占河流总长度的 56.3%。河道底质以沙质为主。

4.2.20 老哈河下游生物多样性维持中等河流区（Ⅱ-02-02）

区域背景：该区主要包括内蒙古自治区赤峰市翁牛特旗、敖汉旗和通辽市奈曼旗。区域面积为 6586km^2，占辽河流域总面积的 2.92%；海拔为 271 ～ 893m，海拔均值为 426m；坡度为 0° ～ 40.7°，平均坡度为 2.1°；多年平均气温为 6.6 ～ 7.6℃，多年平均气温均值为 7.1℃；多年平均降水量为 348 ～ 380mm，多年平均降水量均值为 366mm。

地貌特征：该区主要地貌类型为低海拔冲积洪积平原和低海拔冲积扇平原，还有小面积的低海拔洪积平原、低海拔丘陵和低海拔剥蚀台地、低海拔洪积台地。

土地利用特征：该区土地利用类型以草地为主，占总面积的 48.56%，耕地占 23.28%，林地占 4.65%，居住用地占 1.12%。

植被类型：该区主要植被类型为本氏针茅、短花针茅草原，春小麦、大豆、玉米、高粱—甜菜、亚麻、李、杏、小苹果，草原沙地锦鸡儿、柳、蒿灌丛，榆树疏林结合沙生灌丛。

主要水体及特征：该区主要包含幸福河灌渠、老哈河、红山水库。河流等级以一级河流为主，最大河流等级为五级。一级河流长 206.1km，占河流总长度的 43.0%；二级河流长 91.5km，占河流总长度的 19.1%；五级河流长 181.5km，占河流总长度的 37.9%。河道底质以沙质为主。

水生生物群落特征：该区鱼类调查样点 1 个，物种数为 14 种，以鲫、兴凯鱊、棒花鱼、东北雅罗鱼、青鳉为优势种，香农 - 维纳多样性指数为 1.28。食性以植食性鱼类为主，占总物种数的 64%，杂食性鱼类占物种总数的 21%，底栖食性鱼类占物种总数的 14%。敏感种有中华多刺鱼、青鳉。

大型底栖动物调查样点 1 个，物种为 15 种，以钩虾、*Acanthomysis* sp.、赤豆螺（*Bithynia fuchsiana*）为优势种，香农－维纳多样性指数为 1.67。功能摄食类群以直接收集者为主，其相对丰度为 35.14%，滤食者相对丰度为 31.08%，刮食者相对丰度为 22.97%，捕食者相对丰度为 9.46%；无黏附者生活型；敏感种有 *Cincticostella orientalis*、中华圆田螺（*Cipangopaludina cahayensis*）。

水化学特征：该区 NH_3-N 为 0.58mg/L，TP 为 0.12mg/L，COD 为 8.66mg/L，DO 为 4.32mg/L。

河流健康状况：该区内有 1 个极差样点。

4.2.21　教来河中下游农业维持季节河流区（Ⅱ-02-03）

区域背景：该区主要包括内蒙古自治区赤峰市敖汉旗、通辽市奈曼旗和库伦旗；区域面积为 9167km^2，占辽河流域总面积的 4.07%；海拔为 207 ～ 848m；海拔均值为 368m；坡度为 0° ～ 39.2°，平均坡度为 1.6°；多年平均气温为 7.1 ～ 7.9℃，多年平均气温均值为 7.3℃；多年平均降水量为 345 ～ 422mm，多年平均降水量均值为 383mm。

地貌特征：该区主要地貌类型为低海拔冲积洪积平原、低海拔冲积扇平原、低海拔剥蚀台地，还有小面积的低海拔丘陵、低海拔小起伏山地。

土地利用特征：该区土地利用类型以草地和耕地为主，分别占总面积的 47.65% 和 42.61%，林地占 3.51%，居住用地占 2.31%。

植被类型：该区主要植被类型为本氏针茅、短花针茅草原，春小麦、大豆、玉米、高粱—甜菜、亚麻、李、杏、小苹果，草原沙地锦鸡儿、柳、蒿灌丛；还有小面积的温带山地丛生禾草草原，冬小麦、杂粮（高粱、大豆、玉米、谷子）两年三熟—棉花—枣、苹果、梨、葡萄、柿子、板栗、核桃，榆树疏林结合沙生灌丛，虎榛子、绣线菊灌丛，白羊草、黄背草草原。

主要水体及特征：该区主要包含教来河、红河和孟克河。河流等级以一级河流为主，最大河流等级为四级。一级河流长 621.8km，占河流总长度的 55.0%；二级河流长 199.4km，占河流总长度的 17.6%；三级河流长 146km，占河流总长度的 13.0%；四级河流长 164.0km，占河流总长度的 14.5%。河道底质以沙质为主。

4.2.22　养息牧河源头丘陵台地农业维持中等河流区（Ⅲ-01-01）

区域背景：该区主要包括内蒙古自治区通辽市奈曼旗、库伦旗、科尔沁左翼后旗和辽宁省阜新市阜新蒙古族自治县。区域面积为 5057km^2，占辽河流域总面积的 2.24%；海拔为 132 ～ 802m，海拔均值为 333m；坡度为 0° ～ 39.4°，平均坡度为 2.8°；多年平均气温为 7.3 ～ 8.2℃，多年平均气温均值为 7.6℃；多年平均降水量为 396 ～ 487mm，多年平均降水量均值为 436mm。

地貌特征：该区主要地貌类型为低海拔丘陵、低海拔剥蚀台地、低海拔冲积洪积平原，还有小面积的低海拔洪积扇平原、低海拔小起伏山地。

土地利用特征：该区土地利用类型以耕地为主，占总面积的 67.95%，草地占 12.99%，林地占 11.30%，居住用地占 2.68%。

植被类型：该区主要植被类型为冬小麦、杂粮（高粱、大豆、玉米、谷子）两年三熟—棉花—枣、苹果、梨、葡萄、柿子、板栗、核桃，白羊草、黄背草草原，温带山地丛生禾草草原，草原沙地锦鸡儿、柳、蒿灌丛，还有小面积的春小麦、大豆、玉米、高粱—甜菜、亚麻、李、杏、小苹果。

主要水体及特征：该区主要有养息牧河、铁牛河。河流等级以一级河流为主，最大河流等级为四级。一级河流长 378.3km，占河流总长度的 47.4%；二级河流长 198.9km，占河流总长度的 25.0%；三级河流长 197km，占河流总长度的 24.7%；四级河流长 24.2km，占河流总长度的 3%。河道底质以土质为主。

水生生物群落特征：该区鱼类调查样点 5 个，物种数为 8 ～ 14 种，以洛氏鱥、棒花鱼、宽鳍鱲（*Zacco platypus*）、北方须鳅、泥鳅、鲫、麦穗鱼、黑龙江鳑鲏（*Rhodeus sericeus*）、高体鮈、波氏吻鰕虎鱼、肉犁克丽鰕虎鱼（*Chloea sarchynnis*）、褐吻鰕虎鱼为优势种，香农－维纳多样性指数为 1.63 ～ 2.04。食性以杂食性鱼类为主，占总物种数的 50% ～ 90%，植食性鱼类占总物种数的 0 ～ 14%，底栖食性鱼类占总物种数的 10% ～ 38%。敏感种有洛氏鱥、彩鳑鲏、北方花鳅。

大型底栖动物调查样点 5 个，物种数为 4 ～ 21 种，以 *Platycnemis* sp.、直突摇蚊、无突摇蚊、细蜉、钩虾、椭圆萝卜螺、热水四节蜉、摇蚊、*Cloeon* sp.、*Sigara* sp. 为优势种，香农－维纳多样性指数为 0.82 ～ 2.88。功能摄食类群以直接收集者为主，其相对丰度为 71.43% ～ 93.75%，滤食者相对丰度为 0 ～ 5.61%，刮食者相对丰度为 0 ～ 8.77%，捕食者相对丰度为 4.76% ～ 28.57%，无撕食者。生活型为黏附者的物种数为 0 ～ 4 种，相对丰度为 0 ～ 4.59%。敏感种有扁蚴蜉（*Ecdyonueus tigris*）、盖蝽、*Phaenandrogomphus* sp.。

水化学特征：该区 NH_3-N 为 0.02 ～ 0.03mg/L，TP 为 0.04 ～ 0.2mg/L，COD 为 3.89 ～ 11.64mg/L，DO 为 8.5 ～ 11.39mg/L。

河流健康状况：该区内有 2 个亚健康样点，3 个一般样点。

4.2.23　东辽河下游右岸台地平原农业维持小型河流区（Ⅲ-02-01）

区域背景：该区主要包括吉林省四平市双辽市、公主岭市和松原市长岭县。区域面积为 3433km²，占辽河流域总面积的 1.52%；海拔为 105 ～ 529m，海拔均值为 188m；坡度为

0° ～ 32.1°，平均坡度为 1.5°；多年平均气温为 6.1 ～ 6.7℃，多年平均气温均值为 6.3℃；多年平均降水量为 467 ～ 628mm，多年平均降水量均值为 529mm。

地貌特征：该区主要地貌类型为低海拔冲积平原、低海拔冲积扇平原、低海拔冲积台地、低海拔冲积洪积台地，还有小面积的低海拔小起伏山地、低海拔丘陵。

土地利用特征：该区土地利用类型以耕地为主，占总面积的 80.50%，居住用地占 9.63%，林地占 7.95%，草地占 0.15%。

植被类型：该区主要植被类型为春小麦、大豆、玉米、高粱—甜菜、亚麻、李、杏、小苹果；还有小面积的羊草草原，榛子、胡枝子、蒙古栎灌丛，落叶栎林，禾草、杂类草盐生草甸。

主要水体及特征：该区主要包含小辽河、卡伦河。河流等级以一级河流为主，最大河流等级为三级。一级河流长 393.9km，占河流总长度的 60.0%；二级河流长 180.1km，占河流总长度的 27.4%；三级河流长 82.6km，占河流总长度的 12.6%。河道底质以土质为主。

水生生物群落特征：该区鱼类调查样点 7 个，物种数为 3 ～ 10 种，以鲫、䱗、棒花鱼、麦穗鱼、泥鳅、褐吻鰕虎鱼、纵纹北鳅、肉犁克丽鰕虎鱼、青鳉、黄黝、葛氏鲈塘鳢（*Perccottus glehni*）、北方须鳅、大鳞副泥鳅为优势种，香农 – 维纳多样性指数为 0.36 ～ 1.94。食性以杂食性鱼类为主，占总物种数的 66.67% ～ 100%，无肉食性鱼类，植食性鱼类占物种总数的 0 ～ 16.67%，底栖食性鱼类占物种总数的 0 ～ 33.33%。无敏感鱼类。

大型底栖动物调查样点 1 个，物种数为 9 种，以扇蟌、摇蚊、长跗摇蚊为优势种，香农 – 维纳多样性指数为 1.94。功能摄食类群以捕食者为主，其相对丰度为 83.48%，滤食者相对丰度为 1.34%，刮食者相对丰度为 3.13%，直接收集者相对丰度为 11.16%，撕食者相对丰度为 0.89%。生活型为黏附者的物种数为 1 种，相对丰度为 1.34%。

水化学特征：该区 NH_3-N 为 0.17 ～ 2.22mg/L，TP 为 0.03 ～ 0.99mg/L，COD 为 1.22 ～ 24.5mg/L，DO 为 5.63 ～ 9.10mg/L。

河流健康状况：该区内有 1 个健康样点，2 个亚健康样点，1 个一般样点，3 个较差样点。

4.2.24　东辽河干流中下游生物多样性维持干流区（Ⅲ-02-02）

区域背景：该区主要包括吉林省四平市公主岭市、梨树县和辽宁省铁岭市昌图县。区域面积为 2192km^2，占辽河流域总面积的 0.97%；海拔为 84 ～ 494m，海拔均值为 163m；坡度为 0° ～ 33.5°，平均坡度为 1.7°；多年平均气温为 6.2 ～ 7.3℃，多年平均气温均值为 6.7℃；多年平均降水量为 487 ～ 644mm，多年平均降水量均值为 560mm。

地貌特征：该区主要地貌类型为低海拔丘陵、低海拔冲积台地、低海拔冲积扇平原、低海拔冲积洪积台地。

土地利用特征：该区土地利用类型以耕地为主，占总面积的 81.79%，居住用地占 8.63%，林地占 7.26%，草地占 0.39%。

植被类型：该区主要植被类型为春小麦、大豆、玉米、高粱—甜菜、亚麻、李、杏、小苹果；还有小面积的羊草草原，榛子、胡枝子、蒙古栎灌丛，落叶栎林。

主要水体及特征：该区主要为东辽河干流。河流等级以四级河流为主，最大河流等级为四级。一级河流长 173.7km，占河流总长度的 38.5%；二级河流长 14.9km，占河流总长度的 3.3%；四级河流长 263.1km，占河流总长度的 58.2%。河道底质以土质为主。

水生生物群落特征：该区鱼类调查样点 8 个，物种数为 9 ～ 14 种，包括鲫、棒花鱼、清徐胡鮈、北方须鳅、泥鳅、波氏吻鰕虎鱼、兴凯鱊、彩鳑鲏、棒花鮈、褐吻鰕虎鱼、大鳞副泥鳅为优势种，香农 - 维纳多样性指数为 1.33 ～ 2.02。食性以杂食性鱼类为主，占总物种数的 45% ～ 100%，肉食性鱼类占总物种数的 0 ～ 27%，底栖食性鱼类占总物种数的 0 ～ 11%，植食性鱼类占总物种数的 0 ～ 18%。敏感种有凌源鮈（*Gobio lingyuanensis*）、彩鳑鲏和北方花鳅。

大型底栖动物调查样点 5 个，物种数为 1 ～ 8 种，以细蜉、摇蚊、直突摇蚊、钩虾、耳萝卜螺、瘤拟黑螺（*Melanoides tuberculata*）、*Cheumatopsyche* sp.、原二翅蜉、原蚋、*Hydropsyche* sp.、长跗摇蚊、苏氏尾鳃蚓（*Branchiura sowerbyi*）、霍甫水丝蚓、石蛭（*Nephelopsis* sp. 为优势种，香农 - 维纳多样性指数为 0 ～ 2.48。功能摄食类群以直接收集者为主，其相对丰度为 1.67% ～ 100%，滤食者相对丰度为 0 ～ 45.00%，刮食者相对丰度为 0 ～ 34.02%，捕食者相对丰度为 0 ～ 48.33%，无撕食者。生活型为黏附者的物种数为 0 ～ 2 种，相对丰度为 0 ～ 65.22%。敏感物种有 *Burmagomphus* sp.、贝蠓、*Glossiphonia* sp.。

水化学特征：该区 NH_3-N 为 0.21 ～ 1.54mg/L，TP 为 0.01 ～ 1.12mg/L，COD 为 2.32 ～ 21.04mg/L，DO 为 7.29 ～ 11.94mg/L。

河流健康状况：该区内有 1 亚健康个样点，7 个一般样点。

4.2.25 东辽河下游左岸台地平原农业维持小型河流区（Ⅲ-02-03）

区域背景：该区主要包括吉林省四平市梨树县。区域面积为 1782km^2，占辽河流域总面积的 0.79%；海拔为 109 ～ 221m，海拔均值为 156m；坡度为 0° ～ 13.3°，平均坡度为 0.9°；多年平均气温为 6.4 ～ 6.8℃，多年平均气温均值为 6.6℃；多年平均降水量为 497 ～ 606mm，多年平均降水量均值为 552mm。

地貌特征：该区主要地貌类型为低海拔冲积平原、低海拔冲积台地，还有小面积的低海拔冲积扇平原。

土地利用特征：该区土地利用类型以耕地为主，占总面积的 87.54%，居住用地占 7.97%，林地占 4.11%，草地占 0.02%。

植被类型：该区植被类型有春小麦、大豆、玉米、高粱—甜菜、亚麻、李、杏、小苹果，羊草草原。

主要水体及特征：该区主要包含五干渠、新江。河流等级以一级河流为主，最大河流等级为三级。一级河流长 199.5km，占河流总长度的 69.1%；二级河流长 72km，占河流总长度的 25.0%；三级河流长 17km，占河流总长度的 5.9%。河道底质以土质为主。

水生生物群落特征：该区鱼类调查样点 3 个，物种数为 6 ～ 11 种，有鲫、棒花鱼、北方须鳅、褐吻鰕虎鱼、葛氏鲈塘鳢、泥鳅、纵纹北鳅、黄黝、大鳞副泥鳅等，香农 – 维纳多样性指数为 1.00 ～ 1.96。食性主要以杂食性鱼类为主，占总物种数的 66.67% ～ 87.50%，无肉食性鱼类，植食性鱼类占物种总数的 0 ～ 9.09%，底栖食性鱼类占物种总数的 12.50% ～ 33.33%。

大型底栖动物调查样点 1 个，物种数为 14 种，以摇蚊、长跗摇蚊、赤豆螺（*Bithynia fuchsiana*）为优势种，香农 – 维纳多样性指数为 1.34。功能摄食类群以直接收集者为主，其相对丰度为 73.42%，刮食者相对丰度为 5.88%，捕食者相对丰度为 20.70%，无滤食者和撕食者。无黏附者生活型。敏感物种有贝蠓、水螟（*Potamomusa* sp.）。

水化学特征：该区 NH_3-N 为 0.16 ～ 0.88mg/L，TP 为 0.15 ～ 0.83mg/L，COD 为 4.93 ～ 20.45mg/L，DO 为 5.44 ～ 8.99mg/L。

河流健康状况：该区内有 1 个健康样点，2 个亚健康样点。

4.2.26　招苏台河台地冲积平原城市维持中等河流区（Ⅲ-02-04）

区域背景：该区主要包括吉林省四平市辖区、梨树县和辽宁省铁岭市昌图县。区域面为 4375km^2，占辽河流域总面积的 1.94%；海拔为 80 ～ 516m，海拔均值为 163m；坡度为 0° ～ 39.6°，平均坡度为 2.2°；多年平均气温为 6.7 ～ 7.3℃，多年平均气温均值为 7.0℃；多年平均降水量为 538 ～ 656mm，多年平均降水量均值为 604mm。

地貌特征：该区主要地貌类型为低海拔冲积台地、低海拔冲积扇平原和，还有小面积的低海拔丘陵、低海拔冲积平原、低海拔小起伏山地。

土地利用特征：该区土地利用类型以耕地为主，占总面积的 81.43%，林地占 8.70%，居住用地占 8.48%，草地占 0.09%。

植被类型：该区主要植被类型为春小麦、大豆、玉米、高粱—甜菜、亚麻、李、杏、小苹果，榛子、胡枝子、蒙古栎灌丛；还有小面积的落叶栎林，羊草草原。

主要水体及特征：该区主要包含条子河、二道河及招苏台河。河流等级以一级河流为主，最大河流等级为四级。一级河流长 585km，占河流总长度的 55.5%；二级河流长 210.6km，占河流总长度的 20.0%；三级河流长 183.1km，占河流总长度的 17.4%；四级河流长 75km，占河流总长度的 7.1%。河道底质以土质为主。

水生生物群落特征：该区鱼类调查样点 15 个，物种数为 1 ～ 13 种，以麦穗鱼、泥鳅、纵纹北鳅、黄蚴、棒花鱼、棒花鮈、大鳞副泥鳅、子陵吻鰕虎（*Rhinogobius giurinus*）、北方须鳅、波氏吻鰕虎鱼、肉犁克丽鰕虎鱼、青鳉、䱗、草鱼（*Ctenopharyngodon idellus*）、葛氏鲈塘鳢、彩鳑鲏、鲂（*Megalobrama terminalis*）、马口鱼、鲇（*Silurus asotus*）为优势种，香农－维纳多样性指数为 0 ～ 2.13。食性以杂食性鱼类为主，占总物种数的 40% ～ 100%，肉食性鱼类占总物种数的 10% ～ 29%，植食性鱼类占总物种数的 14% ～ 20%，底栖食性鱼类占总物种数的 10% ～ 40%。敏感种有彩鳑鲏。

大型底栖动物调查样点 15 个，物种数为 2 ～ 21 种，以摇蚊、长跗摇蚊、苏氏尾鳃蚓、霍甫水丝蚓、钩虾、*Hydropsyche kozhantschikovi*、华艳色蟌（*Neurobasis chinensis*）、细蜉、*Agabus* sp.、热水四节蜉、二翅蜉、原二翅蜉、*Baetis flavistriga*、缅春蜓、耳萝卜螺、扇蟌、雅丝扁蚴蜉（*Ecdyonurus yoshidae*）、动蜉（*Cinygma lyriformis*）、划蝽为优势种，香农－维纳多样性指数为 0.15 ～ 3.73。功能摄食类群以滤食者为主，其相对丰度为 0 ～ 97.96%，刮食者相对丰度为 0 ～ 24.49%，捕食者相对丰度为 0 ～ 44.34%，直接收集者相对丰度为 0 ～ 71.11%，无撕食者物种。生活型为黏附者的物种数为 0 ～ 4 种，相对丰度为 0 ～ 81.46%。敏感种有盖蝽、扁蚴蜉、显春蜓、缅春蜓、扁舌蛭。

水化学特征：该区 NH_3-N 为 0.03 ～ 0.71mg/L，TP 为 0.07 ～ 2.92mg/L，COD 为 2.23 ～ 14.82mg/L，DO 为 3.49 ～ 9.48mg/L。

河流健康状况：该区内有 2 个健康样点，3 个亚健康样点，7 个一般样点，2 个较差样点，1 个极差样点。

4.2.27 饶阳河中下游冲积平原农业维持中等河流区（Ⅲ-03-01）

区域背景：该区主要包括辽宁省阜新市阜新蒙古族自治县、彰武县和锦州市黑山县、北宁市。区域面积为 7015km^2，占辽河流域总面积的 3.11%；海拔为 2 ～ 766m，海拔均值为 113m；坡度为 0° ～ 52.9°，平均坡度为 2.7°；多年平均气温为 7.7 ～ 9.5℃，多年平均气温均值为 8.4℃；多年平均降水量为 454 ～ 614mm，多年平均降水量均值为 533mm。

地貌特征：该区主要地貌类型为低海拔剥蚀台地、低海拔丘陵、低海拔冲积洪积平原、海拔冲积扇平原，还有小面积的低海拔小起伏山地、低海拔洪积平原、低海拔冲积平原、低海拔中起伏山地、低海拔海积冲积平原。

土地利用特征：该区土地利用类型以耕地为主，占总面积的 74.88%，林地占 15.33%，居住用地占 7.43%，草地占 0.17%。

植被类型：该区主要植被类型为冬小麦、杂粮（高粱、大豆、玉米、谷子）两年三熟—棉花—枣、苹果、梨、葡萄、柿子、板栗、核桃；还有小面积的白羊草、黄背草草原，荆条灌丛，落叶栎林，线叶菊草原，草原沙地锦鸡儿、柳、蒿灌丛。

主要水体及特征：该区主要包含苇塘河、二道河、八道河、东沙河、羊肠河以及饶阳河。河流等级以一级河流为主，最大河流等级为四级。一级河流长 568.0km，占河流总长度的 51.5%；二级河流长 319.6km，占河流总长度的 29.0%；三级河流长 204.6km，占河流总长度的 18.5%；四级河流长 11.3km，占河流总长度的 1.0%。河道底质以土质为主。

水生生物群落特征：该区鱼类调查样点 10 个，物种数为 5 ～ 13 种，以鲫、兴凯鱊、棒花鱼、彩鳑鲏、红鳍原鲌（*Cultrichthys erythropterus*）、波氏吻鰕虎鱼、高体鮈、肉犁克丽鰕虎鱼、马口鱼、泥鳅、子陵吻鰕虎、麦穗鱼、北方须鳅为优势种，香农 - 维纳多样性指数为 0.76 ～ 2.08。食性以杂食性鱼类为主，占总物种数的 40% ～ 73%，肉食性鱼类占总物种数的 8% ～ 27%，植食性鱼类占总物种数的 0 ～ 15%，底栖食性鱼类占总物种数的 7% ～ 25%。敏感种有北方花鳅、彩鳑鲏。

大型底栖动物调查样点 10 个，物种数为 8 ～ 28 种，以热水四节蜉、扇蟌、细蜉、*Hydropsyche kozhantschikovi*、钩虾、摇蚊、二翅蜉、苏氏尾鳃蚓、短脉纹石蛾、赤豆螺、耳萝卜螺为优势种，香农 - 维纳多样性指数为 1.34 ～ 3.55。功能摄食类群以直接收集者为主，其相对丰度为 22.69% ～ 89.87%，滤食者相对丰度为 0 ～ 70.94%，刮食者相对丰度为 0 ～ 49.64%，捕食者相对丰度为 0 ～ 18.12%，撕食者相对丰度为 0 ～ 0.39%。生活型为黏附者的物种数为 0 ～ 7 种，相对丰度为 0 ～ 74.52%。敏感种有盖蝽、扁蚴蜉、缅春蜓、扁舌蛭。

水化学特征：该区 NH_3-N 为 0.02 ～ 0.06mg/L，TP 为 0.02 ～ 0.21mg/L，COD 为 1.92 ～ 41.88mg/L，DO 为 7.26 ～ 13.58mg/L。

河流健康状况：该区内有 4 个健康样点，2 个亚健康样点，3 个一般样点，1 个较差样点。

4.2.28　柳河秀水河流入干冲积平原农业维持中等河流区（Ⅲ-03-02）

区域背景：该区主要包括辽宁省阜新市彰武县，沈阳市康平县、法库县、新民市和内蒙古自治区通辽市科尔沁左翼后旗。区域面积为 10 280km^2，占辽河流域总面积的 4.56%；海拔为 1 ～ 417m，海拔均值为 110m；坡度为 0° ～ 44.8°，平均坡度为 1.4°；多年平均气温为 7.2 ～ 9.6℃，多年平均气温均值为 7.9℃；多年平均降水量为 428 ～ 632mm，多年平均降水量均值为 535mm。

地貌特征：该区主要地貌类型为低海拔冲积洪积平原、低海拔冲积扇平原、低海拔冲积平原，还有小面积的低海拔洪积平原、低海拔丘陵、低海拔剥蚀平原、低海拔小起伏山地、湖泊、低海拔海积冲积平原。

土地利用特征：该区土地利用类型以耕地为主，占总面积的 66.60%，林地占 11.72%，草地占 11.28%，居住用地占 5.67%。

植被类型：该区主要植被类型为冬小麦、杂粮（高粱、大豆、玉米、谷子）两年三熟—棉花—枣、苹果、梨、葡萄、柿子、板栗、核桃，春小麦、大豆、玉米、高粱—甜菜、亚麻、李、杏、小苹果；还有小面积的草原沙地锦鸡儿、柳、蒿灌丛，白羊草、黄背草草原，线叶菊草原。

主要水体及特征：该区主要包含马莲河、秀水河、二道河、三道河、养息牧河、二龙湾河及柳河。河流等级以一级河流为主，最大河流等级为四级。一级河流长 922.2km，占河流总长度的 55.3%；二级河流长 436.1km，占河流总长度的 26.2%；三级河流长 159.5km，占河流总长度的 9.6%；四级河流长 149.1km，占河流总长度的 8.9%。河道底质以土质为主。

水生生物群落特征：该区鱼类调查样点 19 个，物种数为 5 ～ 17 种，以鲫、棒花鱼、麦穗鱼、葛氏鲈塘醴、青鳉、细体鮈（*Gobio tenuicorpus*）、高体鮈、红鳍原鲌、棒花鮈、鲢（*Hypophthalmichthys molitrix*）、子陵吻鰕虎、鲇、泥鳅、大鳞副泥鳅、兴凯鱊、彩鳑鲏、波氏吻鰕虎鱼、清徐胡鮈、北方须鳅、肉犁克丽鰕虎鱼为优势种，香农 - 维纳多样性指数为 1.32 ～ 2.20。食性以杂食性鱼类为主，占总物种数的 45% ～ 70%，肉食性鱼类占总物种数的 0 ～ 20%，植食性鱼类占总物种数的 0 ～ 36%，底栖食性鱼类占总物种数的 9% ～ 40%。敏感种有彩鳑鲏。

大型底栖动物调查样点 19 个，物种数为 7 ～ 21 种，以短脉纹石蛾、摇蚊、*Hydropsyche kozhantschikovi*、华艳色蟌、细蜉、豆龙虱、扇蟌、二翅蜉、热水四节蜉、原二翅蜉、旋螺、钩虾、雅丝扁蚴蜉、划蝽、*Baetis flavistriga*、赤豆螺、斜纹似动蜉（*Cinygmina obliquistrita*）、Elmidae、原蚋、耳萝卜螺、直突摇蚊、长跗摇蚊、东方蜉（*Ephemera orientalis*）、苏氏尾鳃蚓为优势种，香农 - 维纳多样性指数为 1.21 ～ 3.52。功能摄食类群以直接收集者为主，相对丰度为 7.08% ～ 96.15%，滤食者相对丰度为 0 ～ 81.29%，刮食者相对丰度为 0 ～ 55.22%，捕食者相对丰度为 0.30% ～ 51.88%，撕食者相对丰度为 0 ～ 4.55%。生活型为黏附者的物种数为 0 ～ 3 种，相对丰度为 0 ～ 91.23%。敏感种有扁舌蛭、扁蚴蜉、盖蝽。

水化学特征：该区 NH_3-N 为 0.02 ～ 0.27mg/L，TP 为 0.07 ～ 1.09mg/L，COD 为 3.96 ～ 17.94mg/L，DO 为 2.8 ～ 13.97mg/L。

河流健康状况：该区内有 3 个健康样点，9 个亚健康样点，7 个一般样点。

4.2.29 辽河干流冲积平原生物多样性维持干流区（Ⅲ-03-03）

区域背景：该区主要包括辽宁省鞍山市台安县，沈阳市辽中县、新民市、法库县，铁岭市铁岭县、开原市、铁法市、昌图县。区域面积为 6125km^2，占辽河流域总面积的 2.72%；海拔为 1 ～ 671m，海拔均值为 86m；坡度为 0° ～ 46.3°，平均坡度为 2.5°；多年平均气温为 6.9 ～ 9.7℃，多年平均气温均值为 7.9℃；多年平均降水量为 546 ～ 725mm，多年平均降水量均值为 630mm。

地貌特征：该区主要地貌类型为低海拔冲积洪积平原，还有小面积的低海拔冲积台地、低海拔剥蚀平原、低海拔小起伏山地、低海拔洪积平原、低海拔丘陵、低海拔冲积平原、低海拔海积冲积平原。

土地利用特征：该区土地利用类型以耕地为主，占总面积的 75.19%，林地占 9.87%，居住用地占 9.14%，草地占 0.97%。

植被类型：该区主要植被类型为春小麦、大豆、玉米、高粱—甜菜、亚麻、李、杏、小苹果，冬小麦、杂粮（高粱、大豆、玉米、谷子）两年三熟—棉花—枣、苹果、梨、葡萄、柿子、板栗、核桃；还有小面积的榛子、胡枝子、蒙古栎灌丛，落叶栎林，松林。

主要水体及特征：该区主要包含辽河干流、万泉河、王河、亮中河、沙河。河流等级以一级河流为主，最大河流等级为六级。一级河流长 678km，占河流总长度的 50.0%；二级河流长 223.5km，占河流总长度的 16.5%；三级河流长 13.1km，占河流总长度的 1.0%，六级河流长 442.6km，占河流总长度的 32.6%。河道底质以土质为主。

水生生物群落特征：该区鱼类调查样点 33 个，物种数为 5 ～ 16 种，以鲫、高体鮈、彩鳑鲏、波氏吻虾虎鱼、红鳍原鲌、细体鮈、棒花鮈、肉犁克丽虾虎鱼、鲇、马口鱼、兴凯鱊、宽鳍鱲、泥鳅、北方花鳅、纵纹北鳅、褐栉虾虎鱼（*Ctenogobius brunneus*）、鳙（*Aristichthys nobilis*）、子陵吻虾虎、东北雅罗鱼、清徐胡鮈、鲢、犬首鮈（*Gobio cynocephalus*）为优势种，香农－维纳多样性指数为 0.89 ～ 2.09。食性以杂食性鱼类为主，占总物种数的 30% ～ 96%，肉食性鱼类占总物种数的 0 ～ 40%，植食性鱼类占总物种数的 0 ～ 25%，底栖食性鱼类占总物种数的 0 ～ 29%。敏感种有彩鳑鲏、池沼公鱼（*Hypomesus olidus*）、北方花鳅。

大型底栖动物调查样点 22 个，物种数为 1 ～ 20 种，以钩虾、华艳色蟌、*Hydropsyche kozhantschikovi*、短脉纹石蛾、二翅蜉、细蜉、缅春蜓、扇蟌、摇蚊、长跗摇蚊、苏氏尾鳃蚓、热水四节蜉、划蝽、*Limnogonus* sp.、耳萝卜螺、扁舌蛭、豆龙虱、赤豆螺、霍甫水丝蚓为优势种，香农－维纳多样性指数为 0 ～ 3.34。功能摄食类群以直接收集者为主，其相对丰度为 4.84% ～ 100%，滤食者相对丰度为 0 ～ 86.96%，刮食者相对丰度为 0 ～ 19.23%，捕食者相对丰度为 0 ～ 55.31%，无撕食者。生活型为黏附者的物种数为 0 ～ 5 种，相对丰度为 0 ～ 91.11%。

敏感种有缅春蜓、显春蜓、盖蝽、扁舌蛭、扁蜉蝣。

水化学特征：该区 NH_3-N 为 0.01 ～ 0.33mg/L，TP 为 0.08 ～ 0.85mg/L，COD 为 0.69 ～ 40.68mg/L，DO 为 5.08 ～ 8.93mg/L。

河流健康状况：该区内有 2 个健康样点，12 个亚健康样点，16 个一般样点，3 个较差样点。

4.2.30 招苏台河下游冲积平原生物多样性维持干流区（Ⅲ-03-04）

区域背景：该区包括辽宁省铁岭市昌图县。区域面积为 130km^2，占辽河流域总面积的 0.06%；海拔为 69 ～ 126m，海拔均值为 81m；坡度为 0° ～ 13.3°，平均坡度为 1.0°；多年平均气温为 7.3 ～ 7.5℃，多年平均气温均值为 7.4℃；多年平均降水量为 572 ～ 608mm，多年平均降水量均值为 586mm。

地貌特征：该区主要地貌类型为低海拔冲积扇平原，还有小面积的低海拔冲积台地。

土地利用特征：该区土地利用类型以耕地为主，占总面积的 89.83%，居住用地占 6.85%。

植被类型：该区主要植被类型为春小麦、大豆、玉米、高粱—甜菜、亚麻、李、杏、小苹果。

主要水体及特征：该区主要包含招苏台河。河流等级以四级河流为主，最大河流等级为四级。四级河流长 42.1km。河道底质以土质为主。

水生生物群落特征：该区鱼类调查样点 1 个，物种数为 10 种，以鲫、䱗、棒花鱼、棒花鮈、麦穗鱼、彩鳑鲏为优势种，香农 - 维纳多样性指数为 1.64。食性以杂食性鱼类为主，占总物种数的 80%，植食性和底栖食性鱼类均占总物种的 10%。敏感种有彩鳑鲏、北方花鳅。

大型底栖动物调查样点 1 个，物种数为 14 种，伞护种有钩虾、椭圆萝卜螺，香农 - 维纳多样性指数为 2.42。功能摄食类群以捕食者为主，其相对丰度为 65.64%，直接收集者相对丰度为 30.77%，刮食者相对丰度为 3.59%，无撕食者和滤食者。生活型为黏附者的物种数为 1 种，相对丰度为 1.03%。

水化学特征：该区 NH_3-N 为 0.14mg/L，TP 为 0.22mg/L，COD 为 5.52mg/L，DO 为 7.4mg/L。

河流健康状况：该区内有 1 个一般样点。

4.2.31 清河下游冲积平原生物多样性维持干流区（Ⅲ-03-05）

区域背景：该区主要包括辽宁省铁岭市昌图县、开原市、清河区。区域面积为 493km^2，占辽河流域总面积的 0.22%；海拔为 60 ～ 442m，海拔均值为 120m；坡度为 0° ～ 37.3°，平均坡度为 2.4°；多年平均气温为 7.1 ～ 7.5℃，多年平均气温均值为 7.3℃；多年平均降水量为 629 ～ 668mm，多年平均降水量均值为 645mm。

地貌特征：该区主要地貌类型为低海拔冲积扇平原、低海拔冲积台地、低海拔丘陵，还有小面积的中海拔丘陵。

土地利用特征：该区土地利用类型以耕地为主，占总面积的 75.74%，居住用地占 12.59%，林地占 6.92%，草地占 0.03%。

植被类型：该区主要植被类型为春小麦、大豆、玉米、高粱—甜菜、亚麻、李、杏、小苹果，还有小面积的榛子、胡枝子、蒙古栎灌丛。

主要水体及特征：该区主要包含清河、马仲河和八一水库。河流等级以一级河流为主，最大河流等级为四级。一级河流长 95.6km，占河流总长度的 61.2%；二级河流长 29.8km，占河流总长度的 19.1%；四级河流长 30.8km，占河流总长度的 19.7%。河道底质以土质为主。

水生生物群落特征：该区鱼类调查样点 3 个，物种数为 9 ～ 12 种，以马口鱼、犬首鮈、宽鳍鱲、北方花鳅、波氏吻虾虎鱼、鲫、兴凯鱊、棒花鱼、清徐胡鮈、子陵吻虾虎、麦穗鱼、彩鳑鲏、青鳉为优势种，香农 – 维纳多样性指数为 1.07 ～ 1.92。食性以杂食性鱼类为主，占总物种数的 42% ～ 67%，肉食性鱼类占总物种数的 0 ～ 17%，植食性鱼类占总物种数的 11% ～ 25%，底栖食性鱼类占总物种数的 8% ～ 25%。敏感种有犬首鮈、北方花鳅、彩鳑鲏。

大型底栖动物调查样点 3 个，物种数为 2 ～ 10 种，伞护种有苏氏尾鳃蚓、石蛭、钩虾，香农 – 维纳多样性指数为 0.92 ～ 2.52。功能摄食类群以直接收集者为主，其相对丰度为 30.00% ～ 66.67%，捕食者相对丰度为 9.88% ～ 33.33%，刮食者相对丰度为 0 ～ 7.41%，滤食者相对丰度为 0 ～ 43.21%，无撕食者。生活型为黏附者的物种数为 0 ～ 2，相对丰度为 0 ～ 4.94%。

水化学特征：该区 NH_3-N 为 0.02 ～ 0.04mg/L，TP 为 0.22 ～ 0.79mg/L，COD 为 4.39 ～ 7.86mg/L，DO 为 7.61 ～ 9.04mg/L。

河流健康状况：该区内有 1 个健康样点，2 个亚健康样点。

4.2.32 柴河下游冲积平原生物多样性维持干流区（Ⅲ-03-06）

区域背景：该区主要包括辽宁省铁岭市铁岭县、银州区、开原市。区域面积为 744km^2，占辽河流域总面积的 0.33%；海拔为 52 ～ 749m，海拔均值为 199m；坡度为 0° ～ 52.2°，平均坡度为 9.2°；多年平均气温为 6.6 ～ 7.6℃，多年平均气温均值为 7.1℃；多年平均降水量为 670 ～ 774mm，多年平均降水量均值为 724mm。

地貌特征：该区主要地貌类型为低海拔小起伏山地，其次为低海拔丘陵和低海拔冲积平原。

土地利用特征：该区土地利用类型以林地为主，占总面积的 61.07%，耕地占 24.15%，草地占 1.05%，居住用地占 9.18%。

植被类型：该区主要植被类型为松林，榛子、胡枝子、蒙古栎灌丛，春小麦、大豆、玉米、高粱—甜菜、亚麻、李、杏、小苹果；还有小面积的落叶栎林、温带常绿针叶林。

主要水体及特征：该区主要为柴河。河流等级以一级河流为主，最大河流等级为六级。一级河流长 95.3km，占河流总长度的 55.5%；二级河流长 15.4km，占河流总长度的 8.9%；三级河流长 60.9km，占河流总长度的 35.5%；六级河流长 0.2km，占河流总长度的 0.1%。河道底质以土质为主。

水生生物群落特征：该区鱼类调查样点 2 个，物种数分别为 10 种、14 种，以清徐胡鮈、麦穗鱼、宽鳍鱲、北方须鳅、子陵吻鰕虎、似鮈（*Pseudogobio vaillanti*）、北方花鳅为优势种，香农 – 维纳多样性指数分别为 1.33、2.18；食性以杂食性鱼类为主，分别占总物种数的 71%、80%，肉食性鱼类分别占总物种数的 0、7%，植食性鱼类分别占总物种数的 7%、10%，底栖食性鱼类分别占总物种数的 10%、14%。敏感鱼类为洛氏鱥、北方花鳅、犬首鮈。

大型底栖动物调查样点 2 个，物种数为 21 种、30 种，以 *Lamelligomphus* sp.、扁舌蛭、显春蜓、缅春蜓为优势种，大型底栖动物香农 – 维纳多样性指数分别为 2.22、3.77；功能摄食类群以滤食者为主，其相对丰度分别为 13.17%、59.54%，捕食者相对丰度分别为 3.47%、25.75%，刮食者相对丰度分别为 6.94%、46.11%，直接收集者相对丰度分别为 13.01%、14.97%，无撕食者。生活型为黏附者的物种数均为 6，相对丰度分别为 16.77%、78.61%。敏感种有环尾春蜓、显春蜓、缅春蜓、扁舌蛭。

水化学特征：该区 NH_3-N 为 0.05 ～ 0.25mg/L，TP 为 0.05 ～ 0.1mg/L，COD 为 3.89 ～ 4.74mg/L。

河流健康状况：该区内有 1 个亚健康样点，1 个一般样点。

4.2.33 凡河中下游平原生物多样性维持中等河流区（Ⅲ-03-07）

区域背景：该区主要包括辽宁省铁岭市铁岭县、银州区。区域面积为 981km^2，占辽河流域总面积的 0.43%；海拔为 49 ～ 699m，海拔均值为 238m；坡度为 0° ～ 51.3°，平均坡度为 9.4°；多年平均气温为 6.6 ～ 7.7℃，多年平均气温均值为 7.1℃；多年平均降水量为 656 ～ 789mm，多年平均降水量均值为 741mm。

地貌特征：该区主要地貌类型为低海拔小起伏山地，其次为低海拔丘陵和低海拔冲积平原。

土地利用特征：该区土地利用类型以林地为主，占总面积的 62.47%，耕地占 29.34%，居住用地占 4.85%，草地占 0.86%。

植被类型：该区主要植被类型为榛子、胡枝子、蒙古栎灌丛，春小麦、大豆、玉米、高粱—甜菜、亚麻、李、杏、小苹果；还有小面积的松林、落叶栎林、温带常绿针叶林。

主要水体及特征：该区主要包含凡河和榛子岭水库。河流等级以一级河流为主，最大河流等级为三级。一级河流长 201.7km，占河流总长度的 67.1%；二级河流长 11.1km，占河流总长度的 3.7%；三级河流长 87.8km，占河流总长度的 29.2%。河道底质以土质为主。

水生生物群落特征：该区鱼类调查样点 3 个，物种数为 9 ～ 15 种，以鲫、洛氏鱥、棒花鱼、犬首鮈、清徐胡鮈、麦穗鱼、彩鳑鲏、北方须鳅、泥鳅、宽鳍鱲、鳘、波氏吻鰕虎鱼为优势种，香农 - 维纳多样性指数为 1.21 ～ 1.76。食性以杂食性鱼类为主，占总物种数的 67% ～ 89%，肉食性鱼类占总物种数的 0 ～ 7%，植食性鱼类占总物种数的 0 ～ 13%，底栖食性鱼类占总物种数的 10% ～ 13%。敏感种有洛氏鱥、犬首鮈、彩鳑鲏、北方花鳅、池沼公鱼。

大型底栖动物调查样点 3 个，物种数为 2 ～ 17 种，以扁舌蛭、扁蚴蜉为优势种，香农 - 维纳多样性指数为 0.17 ～ 1.81。功能摄食类群以直接收集者为主，其相对丰度为 10.53% ～ 97.56%，滤食者相对丰度为 0 ～ 61.21%，捕食者相对丰度为 2.44% ～ 71.05%，刮食者相对丰度为 0 ～ 29.76%，无撕食者。生活型为黏附者的物种数为 0 ～ 3，相对丰度为 0 ～ 62.71%。敏感物种有扁舌蛭、扁蚴蜉。

水化学特征：该区 NH_3-N 为 0.03 ～ 0.11mg/L，TP 为 0.10 ～ 0.15mg/L，COD 为 9.36 ～ 13.50mg/L。

河流健康状况：该区内有 1 个亚健康样点，2 个一般样点。

4.2.34 蒲河冲积平原城市维持中等河流区（Ⅲ-04-01）

区域背景：该区主要包括辽宁省沈阳市辖区、新民市、辽中县。区域面积为 2725km^2，占辽河流域总面积的 1.21%；海拔为 4 ～ 550m，海拔均值为 43m；坡度为 0° ～ 44.8°，平均坡度为 1.4°；多年平均气温为 7.3 ～ 9.6℃，多年平均气温均值为 8.7℃；多年平均降水量为 606 ～ 753mm，多年平均降水量均值为 647mm。

地貌特征：该区主要地貌类型为低海拔冲积平原，还有小面积的低海拔冲积洪积平原、低海拔小起伏山地、低海拔冲积扇平原和湖泊。

土地利用特征：该区土地利用类型以耕地为主，占总面积的 64.60%，居住用地占 20.69%，林地占 8.79%，草地占 0.06%。

植被类型：该区主要植被类型为冬小麦、杂粮（高粱、大豆、玉米、谷子）两年三熟—棉花—枣、苹果、梨、葡萄、柿子、板栗、核桃；还有小面积的春小麦、大豆、玉米、高粱—甜菜、亚麻、李、杏、小苹果，松林，榛子、胡枝子、蒙古栎灌丛，落叶栎林。

主要水体及特征：该区主要包含蒲河和棋盘山水库。河流等级以一级河流为主，最大河流等级为三级。一级河流长 254.4km，占河流总长度的 55.0%；二级河流长 107.2km，占河流总长度的 23.2%；三级河流长 100.5km，占河流总长度的 21.8%。河道底质以土质为主。

水生生物群落特征：该区鱼类调查样点 5 个，物种数为 3 ～ 10 种，有鲫、麦穗鱼、青鲋、彩鳑鲏、葛氏鲈塘鳢、洛氏鱥、宽鳍鱲、北方须鳅、北方花鳅、兴凯鱊，香农－维纳多样性指数为 0.31 ～ 1.68。食性以杂食性鱼类为主，占总物种数的 31% ～ 100%，植食性鱼类占总物种数的 0 ～ 69%，底栖食性鱼类占总物种数的 0 ～ 27%，无肉食性鱼类。敏感种有北方花鳅。

大型底栖动物调查样点 5 个，物种数为 2 ～ 9 种，以 Orthocladinae、Chironominae、寡毛纲、Tanypodiinae、苏氏尾鳃蚓、椭圆萝卜螺、石蛭、*Ephydra* sp. 为优势种，香农－维纳多样性指数为 0.51 ～ 2.36。功能摄食类群以滤食者为主，其相对丰度为 3.45% ～ 100%，直接收集者相对丰度为 0 ～ 94.83%，刮食者相对丰度为 0 ～ 3.84%，捕食者相对丰度为 0 ～ 25.00%，无撕食者。生活型为黏附者的物种数为 0 ～ 1，相对丰度为 0 ～ 3.85%。

水化学特征：该区 TP 为 0.02 ～ 1.89mg/L，COD 为 2.7 ～ 12mg/L。

河流健康状况：该区内有 1 个健康样点，1 个亚健康样点，3 个较差样点。

4.2.35 浑河干流中下游冲积平原城市维持中等河流区（Ⅲ-04-02）

区域背景：该区主要包括辽宁省鞍山市台安县，沈阳市辖区、辽中县，辽阳市辽阳县、灯塔市，抚顺市抚顺县、抚顺市辖区。区域面积为 3456km^2，占辽河流域总面积的 1.53%；海拔为 -139 ～ 632m，海拔均值为 64m；坡度为 0° ～ 46.1°，平均坡度为 2.7°；多年平均气温为 6.8 ～ 9.9℃，多年平均气温均值为 8.7℃；多年平均降水量为 617 ～ 801mm，多年平均降水量均值为 692mm。

地貌特征：该区主要地貌类型为低海拔冲积洪积平原、低海拔冲积扇平原，还有小面积的低海拔小起伏山地、低海拔冲积平原、低海拔海积冲积平原。

土地利用特征：该区土地利用类型以耕地为主，分别占总面积的 59.04%，居住用地占 18.75%，林地占 17.67%，草地占 0.21%。

植被类型：该区主要植被类型为冬小麦、杂粮（高粱、大豆、玉米、谷子）两年三熟—棉花—枣、苹果、梨、葡萄、柿子、板栗、核桃，还有小面积的松林，榛子、胡枝子、蒙古栎林，落叶栎林，湖泊。

主要水体及特征：该区主要包含章党河、细河和浑河干流。河流等级以一级河流为主，最大河流等级为六级。一级河流长 497km，占河流总长度的 60.7%；二级河流长 96.6km，占河流总长度的 11.8%；五级河流长 221.9km，占河流总长度的 27.11%；六级河流长 3.5km，占河流总长度的 0.4%。河道底质以土质为主。

水生生物群落特征：鱼类调查样点 16 个，物种数为 1 ～ 12 种，以鲫、宽鳍鱲、泥鳅、日本鱵（*Hyporhamphus sajori*）、彩鳑鲏、鲤、棒花鱼、麦穗鱼、青鳉、褐栉鰕虎鱼、中华鳑鳑（*Rhodeus sinensis*）、兴凯鱊、辽宁棒花鱼、洛氏鱥、东北雅罗鱼、纵纹北鳅为优势种，香农－维纳多样性指数为 0 ～ 1.71。食性以杂食性鱼类为主，占总物种数的 69% ～ 100%，底栖食性鱼类占总物种数的 0 ～ 17%，植食性鱼类占总物种数的 0 ～ 31%，无肉食者鱼类。

大型底栖动物调查样点 16 个，物种数为 0 ～ 7 种，以钩虾、Chironominae、Orthocladinae、寡毛纲、赤豆螺、*Suwallia* sp.、东方蜉、Nematoda、石蛭、扁旋螺（*Gyraulus compressus*）、铜锈环棱螺（*Bellamya aeruginosa*）、*Dolichopus* sp.、Ceratopogoniidae、大蚊、*Placobdella* sp.、Dolichopodidae、苏氏尾鳃蚓、扇蟌、*Syncaris* sp.、六纹尾蟌（*Cercion sexlineatum*）、*Acanthomysis* sp. 为优势种，香农－维纳多样性指数为 0 ～ 2.50。功能摄食类群以直接收集者为主，其相对丰度为 0.56% ～ 100%，刮食者相对丰度为 0 ～ 29.31%，滤食者相对丰度为 0 ～ 97.18%，捕食者相对丰度为 0 ～ 23.53%，撕食者相对丰度为 0 ～ 20%。生活型为黏附者的物种数为 0 ～ 1，相对丰度为 0 ～ 10%。

水化学特征：该区 TP 为 0.01 ～ 1.68mg/L，COD 为 2.5 ～ 11.1mg/L。

河流健康状况：该区内有 1 个健康样点，2 个亚健康样点，1 个一般样点，9 个较差样点，3 个极差样点。

4.2.36 太子河下游冲积平原城市维持小型河流区（Ⅲ-04-03）

区域背景：该区主要包括辽宁省辽阳市辽阳县、辽阳市辖区，鞍山市市辖区、海城市。区域面积为 2145km^2，占辽河流域总面积的 0.95%；海拔为 −147 ～ 673m，海拔均值为 61m；坡度为 0° ～ 50.8°，平均坡度为 3.5°；多年平均气温为 9.4 ～ 10.2℃，多年平均气温均值为 9.8℃；多年平均降水量为 661 ～ 750mm，多年平均降水量均值为 701mm。

地貌特征：该区主要地貌类型为低海拔冲积洪积平原，还有小面积的低海拔冲积平原、低海拔洪积平原、低海拔小起伏山地、低海拔冲积扇平原。

土地利用特征：该区土地利用类型以耕地为主，占总面积的 50.21%，居住用地占 22.51%，林地占 21.79%，草地占 0.65%。

植被类型：该区主要植被类型为冬小麦、杂粮（高粱、大豆、玉米、谷子）两年三熟—棉花—枣、苹果、梨、葡萄、柿子、板栗、核桃，榛子、胡枝子、蒙古栎灌丛；还有小面积的松林、落叶栎林。

主要水体及特征：该区主要包含运粮河、柳壕河、沙河。河流等级以一级河流为主，最大河流等级为三级。一级河流长 269.9km，占河流总长度的 65.9%；二级河流长 102.7km，占河流总长度的 25.1%；三级河流长 36.8km，占河流总长度的 9.0%。河道底质以土质为主。

水生生物群落特征：该区鱼类调查样点 6 个，物种数为 2 ～ 4 种，以洛氏鱥、麦穗鱼、北方须鳅、纵纹北鳅、日本鱵、青鳉、棒花鱼、凌源鮈、犬首鮈、兴凯鱊为优势种，香农－维纳多样性指数为 0.64 ～ 1.20。食性以杂食性鱼类为主，占总物种数的 24% ～ 100%，植食性鱼类占总物种数的 0 ～ 47%，底栖食性鱼类占总物种数的 0 ～ 67%，无肉食者鱼类。敏感种有凌源鮈、犬首鮈。

大型底栖动物调查样点 13 个，物种数为 2 ～ 12 种，以 *Ampumixis* sp.、钩虾、Orthocladinae、Chironominae、扁旋螺、寡毛纲、*Beatis thermicus*、*Serratella setigera*、三斑小蜉、Ceratopogoniidae 为优势种，香农－维纳多样性指数为 0.02 ～ 2.19。功能摄食类群以滤食者为主，其相对丰度为 2.21% ～ 99.19%，直接收集者相对丰度为 0 ～ 94.71%，刮食者相对丰度为 0 ～ 20%，捕食者相对丰度为 0 ～ 9.52%，撕食者相对丰度为 0 ～ 0.4%。生活型为黏附者的物种数为 0 ～ 5，相对丰度为 0 ～ 18.38%。敏感物种有 *Glossosoma* sp.、条纹角石蛾（*Stenopsyche marmorata*）。

水化学特征：该区 TP 为 0.01 ～ 2.63mg/L，COD 为 1.8 ～ 22.1mg/L。

河流健康状况：该区内有 1 个亚健康样点，1 个一般样点，3 个较差样点，2 个极差样点。

4.2.37 浑河中游低海拔丘陵山地水源涵养小型河流区（Ⅲ-04-04）

区域背景：该区主要包括辽宁省抚顺市抚顺县、抚顺市辖区和沈阳市辖区。区域面积为 1240km^2，占辽河流域总面积的 0.55%；海拔为 -274 ～ 945m，海拔均值为 205m；坡度为 0° ～ 47°，平均坡度为 8.0°；多年平均气温为 7.1 ～ 8.3℃，多年平均气温均值为 7.6℃；多年平均降水量为 720 ～ 826mm，多年平均降水量均值为 777mm。

地貌特征：该区主要地貌类型为低海拔丘陵和低海拔小起伏山地，还有小面积的低海拔冲积洪积平原、低海拔洪积平原、低海拔中起伏山地、低海拔冲积扇平原。

土地利用特征：该区土地利用类型以林地和耕地为主，分别占总面积的 47.09% 和 39.92%，居住用地占 9.41%，草地占 0.88%。

植被类型：该区主要植被类型为榛子、胡枝子、蒙古栎灌丛，小麦、杂粮（高粱、大豆、玉米、谷子）两年三熟—棉花—枣、苹果、梨、葡萄、柿子、板栗、核桃，松林，落叶栎林。

主要水体及特征：该区主要包含浑河左侧的支流。河流等级以一级河流为主，最大河流等级为三级。一级河流长 185km，占河流总长度的 55.6%；二级河流长 119.4km，占河流总长度的 35.9%；三级河流长 28.5km，占河流总长度的 8.6%。河道底质以土质为主。

水生生物群落特征：该区鱼类调查样点 7 个，物种数为 5 ～ 14 种，以洛氏鱥、麦穗鱼、北方须鳅、北方花鳅、纵纹北鳅、泥鳅、宽鳍鱲、辽宁棒花鱼、褐栉鰕虎鱼、马口鱼、鲫、棒花鱼、彩鳑鲏为优势种，香农－维纳多样性指数为 0.58 ～ 1.97。食性以杂食性鱼类为主，占总物种数的 89% ～ 100%，植食性鱼类占总物种数的 0 ～ 6%，底栖食性鱼类占总物种数的

0 ～ 5%。敏感种有犬首鮈、北方花鳅。

大型底栖动物调查样点 7 个，物种数为 0 ～ 19 种，以 Chironominae、寡毛纲、Orthocladinae、原蚋、短脉纹石蛾、Tanypodiinae、东方蜉、钩虾、*Beatis thermicus*、山瘤虻、大蚊、椭圆萝卜螺、*Hydrophorus* sp.、苏氏尾鳃蚓为优势种，香农－维纳多样性指数为 0.85 ～ 2.65。功能摄食类群以滤食者和直接收集者为主，滤食者相对丰度为 10.53% ～ 72.73%，直接收集者相对丰度为 27.27% ～ 79.76%，刮食者相对丰度为 0 ～ 1.43%，捕食者相对丰度为 0 ～ 14.29%，撕食者相对丰度为 0 ～ 7.14%。生活型为黏附者的物种数为 0 ～ 10 种，相对丰度为 0 ～ 44.74%。敏感种有条纹角石蛾。

水化学特征：该区 TP 为 0.01 ～ 0.15mg/L，COD 为 2.20 ～ 3.40mg/L。

河流健康状况：该区内有 3 个健康样点，1 个亚健康样点，3 个一般样点。

4.2.38 北沙河冲积平原农业维持小型河流区（Ⅲ-04-05）

区域背景：该区主要包括辽宁省辽阳市灯塔市，本溪市辖区、沈阳市辖区。区域面积为 1442km^2，占辽河流域总面积的 0.64%；海拔为 13 ～ 532m，海拔均值为 93m；坡度为 0° ～ 45.4°，平均坡度为 4.1°；多年平均气温为 7.9 ～ 9.4℃，多年平均气温均值为 8.7℃；多年平均降水量为 685 ～ 780mm，多年平均降水量均值为 727mm。

地貌特征：该区主要地貌类型为低海拔冲积洪积平原、低海拔洪积平原、低海拔丘陵、低海拔小起伏山地，还有小面积的低海拔冲积扇平原。

土地利用特征：该区土地利用类型以耕地为主，占总面积的 58.32%，林地占 22.51%，居住用地占 14.16%，草地占 0.38%。

植被类型：该区主要植被类型为冬小麦、杂粮（高粱、大豆、玉米、谷子）两年三熟—棉花—枣、苹果、梨、葡萄、柿子、板栗、核桃，榛子、胡枝子、蒙古栎灌丛；还有小面积的松林。

主要水体及特征：该区主要包含北沙河十里河、北沙河戈西河、北沙河东支、沙河。河流等级以一级河流为主，最大河流等级为四级。一级河流长 182.8km，占河流总长度的 54.6%；二级河流长 46.3km，占河流总长度的 13.8%；三级河流长 79km，占河流总长度的 23.6%；四级河流长 26.4km，占河流总长度的 7.9%。河道底质以土质为主。

水生生物群落特征：该区鱼类调查样点 15 个，物种数为 1 ～ 9 种，以鲫、麦穗鱼、宽鳍鱲、棒花鱼、褐栉鰕虎鱼、洛氏鱥、泥鳅、北方须鳅、彩鳑鲏为优势种，香农－维纳多样性指数为 0 ～ 1.81。食性以杂食性鱼类为主，占总物种数的 65% ～ 100%，底栖食性鱼类占总物种数的 0 ～ 35%，肉食性鱼类占总物种数的 0 ～ 8%，无植食性鱼类。

大型底栖动物调查样点 18 个，物种数为 1 ～ 13 种，以 Orthocladinae、Chironominae、寡毛纲、

Beatis thermicus、石蛭、*Syncaris* sp.、*Placobdella* sp.、苏氏尾鳃蚓、Tanypodiinae、*Hexatoma* sp.、铜锈环棱螺为优势种，香农－维纳多样性指数为 0 ～ 2.56。功能摄食类群以滤食者为主，其相对丰度为 0 ～ 100%，直接收集者相对丰度为 0 ～ 100%，捕食者相对丰度为 0 ～ 41.67%，撕食者相对丰度为 0 ～ 50%。生活型为黏附者的物种数为 0 ～ 3 种，相对丰度为 0 ～ 20.98%。敏感种有印度大田鳖（*Lethocerus indicus*）、圆顶珠蚌（*Unio douglasiae*）。

水化学特征：该区 TP 为 0.01 ～ 0.6mg/L，COD 为 2.5 ～ 7.3mg/L。

河流健康状况：该区内有 1 个健康样点，2 个亚健康样点，7 个一般样点，5 个较差样点，1 个极差样点。

4.2.39 太子河下游平原生物多样性维持干流区（Ⅲ-04-06）

区域背景：该区主要包括辽宁省沈阳市辖区、辽阳县，鞍山市海城市。区域面积为 569km^2，占辽河流域总面积的 0.25%；海拔为 −2 ～ 462m，海拔均值为 37m；坡度为 0° ～ 43.3°，平均坡度为 2.8°，多年平均气温为 9.2 ～ 9.9℃，多年平均气温均值为 9.6℃；多年平均降水量为 656 ～ 750mm，多年平均降水量均值为 690mm。

地貌特征：该区主要地貌类型有低海拔冲积平原、低海拔冲积洪积平原、低海拔冲积扇平原、低海拔小起伏山地，还有小面积的低海拔海积冲积平原。

土地利用特征：该区土地利用类型以耕地为主，占总面积的 59.42%，林地占 16.86%，居住用地占 12.56%，草地占 0.59%。

植被类型：该区主要植被类型为冬小麦、杂粮（高粱、大豆、玉米、谷子）两年三熟—棉花—枣、苹果、梨、葡萄、柿子、板栗、核桃；还有小面积的榛子、胡枝子、蒙古栎灌丛，落叶栎林。

主要水体及特征：该区主要包含太子河干流。河流等级以五级河流为主，最大河流等级为五级。一级河流长 19km，占河流总长度的 13.4%；三级河流长 4.6km，占河流总长度的 3.3%；五级河流长 122.2km，占河流总长度的 86.5%。河道底质以土质为主。

水生生物群落特征：该区鱼类调查样点 9 个，物种数为 2 ～ 9 种，以鲫、棒花鱼、棒花鮈、兴凯鱊、沙塘鳢（*Odontobutis obscura*）、泥鳅、洛氏鱥、麦穗鱼、北方须鳅、北方花鳅、凌源鮈、宽鳍鱲、犬首鮈为优势种，香农－维纳多样性指数为 0.64 ～ 1.73。食性主要以杂食性鱼类为主，占总物种数的 27% ～ 100%，植食性鱼类占物种总数的 5% ～ 73%，底栖食性鱼类占物种总数的 0 ～ 55%，无肉食性鱼类。敏感种有沙塘鳢、北方花鳅、凌源鮈、犬首鮈。

大型底栖动物调查样点 9 个，物种数为 3 ～ 22 种，以 Chironominae、Tanypodiinae、寡毛纲、短脉纹石蛾、Orthocladinae、石蛭、Ceratopogoniidae 为优势种，香农－维纳多样性指数为

0.06 ～ 2.71。功能摄食类群以直接收集者和滤食者为主，直接收集者相对丰度为 0 ～ 99.11%，滤食者相对丰度为 0 ～ 99.39%，刮食者相对丰度为 0 ～ 2.18%，捕食者相对丰度为 0 ～ 28.57%。生态型为黏附者的物种数为 0 ～ 6，相对丰度为 0 ～ 42.30%。敏感种有 *Stylurus* sp.、舌石蚕。

水化学特征：该区 TP 为 0.03 ～ 0.51mg/L，COD 为 2.75 ～ 7.80mg/L。

河流健康状况：该区内有 1 个健康样点，1 个一般样点，4 个较差样点，3 个极差样点。

4.2.40 海城河下游冲积平原农业维持小型河流区（Ⅲ-04-07）

区域背景：该区包括辽宁省鞍山市海城市。区域面积为 343km^2，占辽河流域总面积的 0.15%；海拔为 -1 ～ 410m，海拔均值为 58m；坡度为 0° ～ 45.0°，平均坡度为 4.4°；多年平均气温为 9.4 ～ 9.9℃，多年平均气温均值为 9.7℃；多年平均降水量为 666 ～ 744mm，多年平均降水量均值为 708mm。

地貌特征：该区主要地貌类型为低海拔冲积洪积平原、低海拔小起伏山地，还有小面积低海拔海积冲积平原。

土地利用特征：该区土地利用类型以耕地和居住用地为主，分别占总面积的 44.23% 和 28.31%，林地占 18.44%，草地占 0.08%。

植被类型：该区主要植被类型为冬小麦、杂粮（高粱、大豆、玉米、谷子）两年三熟—棉花—枣、苹果、梨、葡萄、柿子、板栗、核桃；还有小面积的荆条灌丛。

主要水体及特征：该区主要包含海城河。河流等级以三级河流为主，最大河流等级为五级。一级河流长 32.9km，占河流总长度的 40.1%；三级河流长 49km，占河流总长度的 59.9%；五级河流长 6.7km，占河流总长度的 8.1%。河道底质以土质为主。

水生生物群落特征：该区鱼类调查样点 1 个，物种数为 4 种，以鲫、宽鳍鱲、兴凯鱊、大鳍鱊（*Acheilognathus macropterus*）为优势种，香农 - 维纳多样性指数为 1.15。食性以植食性鱼类为主，占总物种数的 29% ～ 77%，杂食性鱼类占物种总数的 23% ～ 77%，无肉食性和底栖食性鱼类。

大型底栖动物调查样点 8 个，物种数为 2 ～ 20 种，以 Chironominae、*Tomocerus* sp.、寡毛纲、铜锈环棱螺、Orthocladinae、短脉纹石蛾、赤豆螺、*Syncaris* sp.、Culicidae 为优势种，香农 - 维纳多样性指数为 0.25 ～ 3.11。功能摄食类群以直接收集者为主，其相对丰度为 1.19% ～ 95.83%，滤食者相对丰度为 2.69% ～ 83.33%，刮食者相对丰度为 0 ～ 79.65%，捕食者相对丰度为 0 ～ 13.51%，撕食者相对丰度为 0 ～ 23.64%。生态型为黏附者的物种数为 0 ～ 5 种，相对丰度为 0 ～ 59.89%。敏感种为 *Laccophilus* sp.。

水化学特征：该区 TP 为 0.01 ～ 0.40mg/L，COD 为 0 ～ 35.05mg/L。

河流健康状况：该区内有 1 个一般样点，1 个较差样点。

4.2.41 饶阳河入海口平原农业维持中等河流区（Ⅲ-05-01）

区域背景：该区主要包括辽宁省锦州市北宁市、凌海市，盘锦市盘山县。区域面积为 2621km^2，占辽河流域总面积的 1.16%；海拔为 −2 ～ 801m，海拔均值为 38m；坡度为 0° ～ 64.4°，平均坡度为 2.4°；多年平均气温为 8.8 ～ 9.8℃，多年平均气温均值为 9.4℃；多年平均降水量为 539 ～ 610mm，多年平均降水量均值为 579mm。

地貌特征：该区主要地貌类型有低海拔冲积洪积平原、低海拔海积冲积平原，还有小面积的低海拔中起伏山地、低海拔小起伏山地、低海拔冲积平原。

土地利用特征：该区土地利用类型以耕地为主，占总面积的 60.07%，林地占 9.97%，居住用地占 8.92%，草地占 0.97%。

植被类型：该区主要植被类型为冬小麦、杂粮（高粱、大豆、玉米、谷子）两年三熟—棉花—枣、苹果、梨、葡萄、柿子、板栗、核桃，禾草、杂类草盐生草甸，荆条灌丛，落叶栎林。

主要水体及特征：该区主要包含西沙河和饶阳河。河流等级以一级河流为主，最大河流等级为四级。一级河流长 268.2km，占河流总长度的 64.9%；二级河流长 81.9km，占河流总长度的 19.8%；三级河流长 6.3km，占河流总长度的 1.5%；四级河流长 56.8km，占河流总长度的 13.7%。河道底质以土质为主。

水生生物群落特征：该区鱼类调查样点 3 个，物种数为 8 ～ 10 种，以鲫、波氏吻𫚥虎鱼、鲮（*Liza haematocheila*）、斑鰶（*Konosirus punctatus*）、棒花鱼、细体鮈、麦穗鱼、彩鳑鲏、马口鱼、北方须鳅为优势种，香农－维纳多样性指数为 0.89 ～ 1.79。食性以杂食性鱼类为主，占总物种数的 60% ～ 75%，肉食性和底栖食性鱼类均占物种总数的 10% ～ 12.5%，植食性鱼类占总物种数的 0 ～ 20%。敏感种有彩鳑鲏、北方花鳅。

大型底栖动物调查样点 3 个，物种数为 1 ～ 18 种，以 *Hydropsyche kozhantschikovi*、热水四节蜉、摇蚊、直突摇蚊、长跗摇蚊、钩虾、划蝽为优势种，香农－维纳多样性指数为 0 ～ 2.88。功能摄食类群以直接收集者为主，其相对丰度为 33.51% ～ 100%，刮食者相对丰度为 0 ～ 1.23%，滤食者相对丰度为 0 ～ 39.42%，捕食者相对丰度为 0 ～ 64.73%，无撕食者。生活型为黏附者的物种数为 0 ～ 3 种，相对丰度为 0 ～ 39.42%。敏感种有缅春蜓。

水化学特征：该区 NH_3-N 为 0.04 ～ 0.92mg/L，TP 为 0.13 ～ 0.21mg/L，COD 为 2.62 ～ 4.38mg/L，DO 为 8.13 ～ 9.64mg/L。

河流健康状况：该区内有 2 个亚健康样点，1 个一般样点。

4.2.42 辽河干流入海口平原城市维持干流区（Ⅲ-05-02）

区域背景：该区主要包括辽宁省盘锦市辖区、大洼县和盘山县。区域面积为 872km^2，占辽河流域总面积的 0.39%；海拔为 -4 ～ 17m，海拔均值为 4m；坡度为 0° ～ 8.2°，平均坡度为 0.8°；多年平均气温为 9.3 ～ 9.8℃，多年平均气温均值为 9.6℃；多年平均降水量为 596 ～ 628mm，多年平均降水量均值为 613mm。

地貌特征：该区主要地貌类型为低海拔海积冲积平原、低海拔冲积平原。

土地利用特征：该区土地利用类型以耕地为主，占总面积的 65.13%，居住用地占 20.90%，草地占 0.20%。

植被类型：该区主要植被类型为冬小麦、杂粮 (高粱、大豆、玉米、谷子) 两年三熟—棉花—枣、苹果、梨、葡萄、柿子、板栗、核桃，禾草、杂类草盐生草甸。

主要水体及特征：该区主要包含双台子河。河流等级以一级河流为主，最大河流等级为六级。一级河流长 72.2km，占河流总长度的 47.9%；二级河流长 17.7km，占河流总长度的 11.8%；六级河流长 60.8km，占河流总长度的 40.3%。河道底质以土质为主。

水生生物群落特征：该区鱼类调查样点 3 个，物种数为 6 ～ 7 种，以鲫、鲤、红鳍原鲌、鲢、鲅、棒花鱼、泥鳅、波氏吻鰕虎鱼、兴凯鱊、高体鮈、彩鳑鲏为优势种，香农 - 维纳多样性指数为 0.84 ～ 1.31。食性以杂食性鱼类为主，占总物种数的 50% ～ 100%，肉食性、植食性和底栖食性均占总物种数的 0 ～ 17%。敏感种有彩鳑鲏。

大型底栖动物调查样点 1 个，物种数为 2 种，以摇蚊、钩虾为优势种，香农 - 维纳多样性指数为 0.41。功能摄食类群以直接收集者为主，其相对丰度为 100%，无刮食者、滤食者和撕食者。

水化学特征：该区 NH_3-N 为 0.02 ～ 0.03mg/L，TP 为 0.12 ～ 1.56mg/L，COD 为 6.48 ～ 8.52mg/L，DO 为 6.86 ～ 7.49mg/L。

河流健康状况：该区内有 2 个较差样点。

4.2.43 大辽河干流入海口平原城市维持干流区（Ⅲ-05-03）

区域背景：该区主要包括辽宁省盘锦市大洼县，营口市大石桥市、营口市辖区，鞍山市海城市。区域面积为 2190km^2，占辽河流域总面积的 0.97%；海拔为 -7 ～ 419m，海拔均值为 11m；坡度为 0° ～ 53.4°，平均坡度为 1.4°；多年平均气温为 9.5 ～ 9.8℃，多年平均气温均值为 9.7℃；多年平均降水量为 624 ～ 727mm，多年平均降水量均值为 661mm。

地貌特征：该区主要地貌类型为低海拔海积冲积平原，还有小面积的低海拔冲积洪积平原、低海拔丘陵、低海拔小起伏山地、低海拔冲积平原。

土地利用特征：该区土地利用类型以耕地为主，占总面积的 70.07%，林地占 2.61%，居住用地占 17.38%。

植被类型：该区主要植被类型为冬小麦、杂粮（高粱、大豆、玉米、谷子）两年三熟—棉花—枣、苹果、梨、葡萄、柿子、板栗、核桃；还有小面积的禾草、杂类草盐生草甸，荆条灌丛。

主要水体及特征：该区主要包含老虎头河、青天河、劳动河、六股道河、新解放河、虎庄河、老边河、路南河、营柳运河及大辽河等。河流等级以一级河流为主，最大河流等级为六级。一级河流长 256.7km，占河流总长度的 54.6%；二级河流长 100.1km，占河流总长度的 21.3%；三级河流长 13.2km，占河流总长度的 2.8%；六级河流长 100.0km，占河流总长度的 21.3%。河道底质以土质为主。

水生生物群落特征：该区鱼类调查样点 1 个，物种数为 2 种，以鲫为优势种，香农－维纳多样性指数为 0.53。食性以杂食性鱼类为主，占总物种数的 100%，无肉食性、植食性和底栖食性鱼类。

大型底栖动物调查样点 12 个，物种数为 1 ～ 10 种，以霍甫水丝蚓、寡毛纲、湖沼管水蚓（*Aulodrilus limnobius*）、苏氏尾鳃蚓、软铗小摇蚊（*Microchironomus tener*）、扁股异腹腮摇蚊（*Einfeldia pagana*）、闪蚬（*Corbicula nitens*）、泥螺（*Bullacta exarata*）、正颤蚓（*Tubifex tubifex*）、钩虾、三带环足摇蚊（*Cricotopus trifasciatus*）为优势种，香农－维纳多样性指数为 0.15 ～ 1.38。功能摄食类群以滤食者为主，其相对丰度为 0 ～ 100%，直接收集者相对丰度为 0 ～ 90.73%，捕食者相对丰度为 0 ～ 0.59%，撕食者相对丰度为 0 ～ 2.19%，无刮食者。

水化特征：该区 TP 为 0.05 ～ 0.31mg/L，COD 为 0 ～ 7.00mg/L。

河流健康状况：该区内有 1 个较差样点。

4.2.44 东辽河上游低海拔丘陵农业维持中等支流区（Ⅲ-06-01）

区域背景：该区主要包括吉林省四平市伊通满族自治县，辽源市东辽县。区域面积为 1020km^2，占辽河流域总面积的 0.45%；海拔为 205 ～ 501m，海拔均值为 278m；坡度为 0° ～ 37.9°，平均坡度为 3.6°；多年平均气温为 6.0 ～ 6.6℃，多年平均气温均值为 6.4℃；多年平均降水量为 624 ～ 673mm，多年平均降水量均值为 652mm。

地貌特征：该区主要地貌类型为低海拔丘陵、低海拔冲积洪积台地，还有小面积的低海拔小起伏山地和湖泊。

土地利用特征：该区土地利用类型以耕地为主，占总面积的 64.74%，林地占 22.65%，居住用地占 3.29%。

植被类型：该区主要植被类型为春小麦、大豆、玉米、高粱—甜菜、亚麻、李、杏、小苹果，落叶栎林，榛子、胡枝子、蒙古栎灌丛。

主要水体及特征：该区主要包含二龙山水库和东辽河的一部分支流。河流等级以一级河流为主，最大河流等级为三级。一级河流长 179.8km，占河流总长度的 61.3%；二级河流长 82.5km，占河流总长度的 28.1%；三级河流长 30.9km，占河流总长度的 10.6%。河道底质以泥质为主。

水生生物群落特征：该区鱼类调查样点 2 个，物种数均为 7 种，以鲫、北方须鳅、泥鳅、褐吻鰕虎鱼、波氏吻鰕虎鱼、䱗、棒花鱼、棒花鮈为优势种，香农－维纳多样性指数为 1.5、1.71。食性以杂食性鱼类为主，占总物种数的 71%、100%，肉食性鱼类占物种总数的 0、29%，无植食性和底栖食性鱼类。

大型底栖动物调查样点 2 个，物种数分别为 7 种、9 种，以原二翅蜉、*Heterocerus* sp.、摇蚊、长跗摇蚊、原蚋、显春蜓、钩虾为优势种，香农－维纳多样性指数为 1.24、2.33。功能摄食类群以直接收集者为主，其相对丰度为 35.82%、79.63%，滤食者相对丰度为 3.70%、8.21%，捕食者相对丰度为 12.96%、34.33%，刮食者相对风队为 0、19.40%，撕食者相对丰度为 0、2.24%；生态型为黏附者的物种数为 1 种、2 种，相对丰度分别为 7.41%、8.21%。敏感物种有显春蜓。

水化学特征：该区 NH_3-N 分别为 0.23mg/L、0.33mg/L，TP 为 0.02mg/L、0.03mg/L，COD 为 0.85mg/L、23.43mg/L，DO 分别为 5.81mg/L、5.96mg/L。

河流健康状况：该区内有 2 个一般样点。

4.2.45 东辽河源头低海拔丘陵农业维持河流区（Ⅲ-06-02）

区域背景：该区主要包括吉林省辽源市东辽县、辽源市市辖区和四平市梨树县，辽宁省铁岭市西丰县。区域面积为 2867km^2，占辽河流域总面积的 1.27%；海拔为 201 ～ 622m，海拔均值为 327m；坡度为 0° ～ 40.5°，平均坡度为 5.8°；多年平均气温为 5.8 ～ 6.9℃，多年平均气温均值为 6.3℃；多年平均降水量为 644 ～ 698mm，多年平均降水量均值为 671mm。

地貌特征：该区主要地貌类型为低海拔丘陵，还有小面积的低海拔小起伏山地、低海拔冲积洪积台地和湖泊。

土地利用特征：该区土地利用类型以耕地和林地为主，占总面积的 47.20% 和 42.29%，居住用地占 6.85%，草地占 0.13%。

植被类型：该区主要植被类型为春小麦、大豆、玉米、高粱—甜菜、亚麻、李、杏、小苹果，榛子、胡枝子、蒙古栎灌丛；还有小面积的落叶栎林。

主要水体及特征：该区主要包含太平河、登杆河、拉津河、东辽河、梨树河、猪咀河等东辽河源头河流。河流等级以一级河流为主，最大河流等级为四级。一级河流长 565.2km，占河流总长度的 64.4%；二级河流长 186.3km，占河流总长度的 21.2%；三级河流长 47.1km，占河流总长度的 5.4%；四级河流长 79.2km，占河流总长度的 9.0%。河道底质以泥质为主。

水生生物群落特征：该区鱼类调查样点 8 个，物种数为 7 ～ 14 种，以洛氏鱥、棒花鱼、凌源鮈、麦穗鱼、北方须鳅、泥鳅、鲫、大鳞副泥鳅、褐吻鰕虎鱼、波氏吻鰕虎鱼、马口鱼、子陵吻鰕虎为优势种，香农 - 维纳多样性指数为 1.08 ～ 1.99。食性以杂食性鱼类为主，占总物种数的 64% ～ 100%，肉食性鱼类占总物种数的 7% ～ 13%，植食性鱼类均占总物种数的 0 ～ 9%，底栖食性鱼类占总物种数的 8% ～ 21%。敏感种有洛氏鱥、凌源鮈、北方花鳅。

大型底栖动物调查样点 10 个，物种数为 5 ～ 17 种，以热水四节蜉、摇蚊、短脉纹石蛾、*Hydropsyche kozhantschikovi*、长跗摇蚊、原二翅蜉、无突摇蚊、钩虾、三斑小蜉、苏氏尾鳃蚓、霍甫水丝蚓、*Limnodrilus* sp.、中华圆田螺（*Cipangopaludina cathayensis*）为优势种，香农 - 维纳多样性指数为 1.09 ～ 2.75。功能摄食类群以直接收集者为主，其相对丰度为 13.47% ～ 79.14%，滤食者相对丰度为 0 ～ 66.67%，捕食者相对丰度为 7.31% ～ 29.87%，刮食者相对丰度为 0 ～ 39.06%，撕食者相对丰度为 0 ～ 0.54%；生态型为黏附者的物种数为 0 ～ 3 种，相对丰度为 0 ～ 43.85%。敏感种有中华圆田螺、*Hydrocyphon* sp.。

水化学特征：该区 NH_3-N 为 0.25 ～ 1.74mg/L，TP 为 0.02 ～ 4.32mg/L，COD 为 2.68 ～ 63.84mg/L，DO 为 2.72 ～ 10.50mg/L。

河流健康状况：该区内有 1 个健康样点，4 个亚健康样点，2 个一般样点，1 个较差样点。

4.2.46　清河中上游低海拔小起伏山地水源涵养中等河流区（Ⅳ-01-01）

区域背景：该区主要包括辽宁省铁岭市西丰县、开原市、铁岭市清河区，四平市梨树县和抚顺市清原满族自治县。区域面积为 4707km^2，占辽河流域总面积的 2.09%；海拔为 82 ～ 901m，海拔均值为 299m；坡度为 0° ～ 50.7°，平均坡度为 9.7°；多年平均气温为 6.0 ～ 7.3℃，多年平均气温均值为 6.7℃；多年平均降水量为 645 ～ 771mm，多年平均降水量均值为 695mm。

地貌特征：该区主要地貌类型为低海拔丘陵和低海拔小起伏山地，还有小面积的低海拔冲积扇平原。

土地利用特征：该区土地利用类型以林地为主，占总面积的 64.69%，耕地占 29.59%，居住用地占 2.09%，草地占 1.50%。

植被类型：该区主要植被类型为榛子、胡枝子、蒙古栎灌丛，春小麦、大豆、玉米、高粱—甜菜、亚麻、李、杏、小苹果。

主要水体及特征：该区主要包含寇河、艾青河、苔碧河、碾盘河、阿拉河、大寇河、小寇河、清河以及南城子水库、清河水库。河流等级以一级河流为主，最大河流等级为四级。一级河流长 961.3km，占河流总长度的 66.3%；二级河流长 242km，占河流总长度的 16.7%；三级河流长 172km，占河流总长度的 11.9%；四级河流长 74.2km，占河流总长度的 5.0%。河道底质以石质为主。

水生生物群落特征：鱼类调查样点 15 个，物种数为 10 ～ 17 种，以鲫、洛氏鱥、马口鱼、清徐胡鮈、宽鳍鱲、北方须鳅、东北七鳃鳗、棒花鱼、泥鳅、棒花鮈、子陵吻鰕虎、东北雅罗鱼、犬首鮈、兴凯鱊、麦穗鱼、波氏吻鰕虎鱼为优势种，香农 - 维纳多样性指数 1.71 ～ 2.35。食性以杂食性鱼类为主，占总物种数的 57% ～ 83%，肉食性鱼类占总物种数的 0 ～ 17%，植食性鱼类占总物种数的 0 ～ 18%，底栖食性鱼类占总物种数的 0 ～ 24%。敏感种洛氏鱥、犬首鮈、北方花鳅、池沼公鱼、彩鳑鲏。

大型底栖动物调查样点 15 个，物种数为 7 ～ 18 种，以三斑小蜉、热水四节蜉、短脉纹石蛾、*Hydropsyche kozhantschikovi*、*Ephemerella setigera*、钩虾、摇蚊、苏氏尾鳃蚓、宽叶高翔蜉（*Epeorus latifolium*）、直突摇蚊、长跗摇蚊、石蛭、扁蚴蜉、耳萝卜螺、扁舌蛭、贝蠓、原二翅蜉、二翅蜉、红锯形蜉（*Serratella rufa*）、无突摇蚊、细蜉、山瘤虻为优势种。功能摄食类群以滤食者和刮食者为主，滤食者相对丰度为 0 ～ 58.51%，刮食者相对丰度为 6.25% ～ 82.89%，直接收集者相对丰度为 8.33% ～ 43.75%，捕食者相对丰度为 2.38% ～ 28.57%，撕食者相对丰度为 0 ～ 2.63%。生活型为黏附者的物种数为 1 ～ 3 种，相对丰度为 0.66% ～ 59.57%。敏感种有贝蠓、显春蜓、缅春蜓、扁蚴蜉、扁舌蛭。

水化学特征：该区 NH_3-N 为 0.01 ～ 0.28mg/L，TP 为 0.17 ～ 0.62mg/L，COD 为 2.08 ～ 9.65mg/L，DO 为 7.49 ～ 8.72mg/L。

河流健康状况：该区内有 9 个亚健康样点，6 个一般样点。

4.2.47 柴河上游低海拔小起伏山地水源涵养中等河流区（Ⅳ-01-02）

区域背景：该区主要包括辽宁省铁岭市开原市和抚顺市清原满族自治县。区域面积为 783km^2，占辽河流域总面积的 0.35%；海拔为 128 ～ 992m，海拔均值为 352m；坡度为 0° ～ 49.1°，平均坡度为 11.8°；多年平均气温为 6.2 ～ 7.0℃，多年平均气温均值为 6.6℃；多年平均降水量为 720 ～ 777mm，多年平均降水量均值为 751mm。

地貌特征：该区地貌类型为低海拔小起伏山地。

土地利用特征：该区土地利用类型以林地为主，占总面积的 76.12%，耕地占 19.39%，草地占 2.10%，居住用地占 1.63%。

植被类型：该区主要植被类型为落叶栎林，春小麦、大豆、玉米、高粱—甜菜、亚麻、李、杏、小苹果，榛子、胡枝子、蒙古栎灌丛。

主要水体及特征：该区主要包含柴河。河流等级以一级河流为主，最大河流等级为三级。一级河流长 167.2km，占河流总长度的 69.2%；二级河流长 24.8km，占河流总长度的 10.3%；三级河流长 49.8km，占河流总长度的 20.6%。河道底质以石质为主。

水生生物群落特征：该区鱼类调查样点 1 个，物种数为 14 种，以鲫、棒花鱼、宽鳍鱲、北方花鳅、泥鳅为优势种，香农－维纳多样性指数为 2.18。食性以杂食性鱼类为主，占总物种数的 64%，肉食性和植食性鱼类均占总物种数的 7%，底栖食性鱼类占总物种数的 21%。敏感种有洛氏鱥、北方花鳅。

大型底栖动物调查样点 1 个，物种数为 10 种，以缅春蜓、*Hydropsyche kozhantschikovi*、东方蜉、摇蚊、长跗摇蚊为优势种。功能摄食类群以捕食者为主，其相对丰度为 43.48%，滤食者相对丰度为 21.74%，刮食者相对丰度为 13.04%，直接收集者相对丰度为 21.74%，无撕食者。生态型为黏附者的物种数为 1 种，相对丰度为 21.74%。敏感种有缅春蜓。

水化学特征：该区 NH_3-N 为 0.03 ～ 0.04mg/L，TP 为 0.07 ～ 0.09mg/L，COD 为 3.14 ～ 3.22mg/L。

河流健康状况：该区内有 1 个亚健康样点。

4.2.48 浑河上游低海拔小起伏山地水源涵养中等河流区（Ⅳ-01-03）

区域背景：该区主要包括辽宁省抚顺市清原满族自治县、新宾贵族自治县和抚顺县。区域面积为 5451km^2，占辽河流域总面积的 2.42%；海拔为 87 ～ 1119m，海拔均值为 429m；坡度为 0° ～ 54.6°，平均坡度为 12.9°；多年平均气温为 6.0 ～ 7.4℃，多年平均气温均值为 6.6℃；多年平均降水量为 756 ～ 858mm，多年平均降水量均值为 813mm。

地貌特征：该区主要地貌类型为低海拔丘陵和低海拔小起伏山地，还有小面积的低海拔中起伏山地、湖泊。

土地利用特征：该区土地利用类型以林地为主，占总面积的 76.41%，耕地占 18.46%，居住用地占 1.54%，草地占 1.47%。

植被类型：该区主要植被类型为榛子、胡枝子、蒙古栎灌丛，落叶栎林；还有小面积的冬小麦、杂粮（高粱、大豆、玉米、谷子）两年三熟—棉花—枣、苹果、梨、葡萄、柿子、板栗、核桃，松林。

主要水体及特征：该区主要包含红河、苏子河、浑河及大伙房水库。河流等级以一级河流为主，最大河流等级为五级。一级河流长 1001.1km，占河流总长度的 59.2%；二级河流长 302.4km，占河流总长度的 17.9%；三级河流长 113.2km，占河流总长度的 6.7%；四级河流长 218.8km，占河流总长度的 12.9%；五级河流长 55km，占河流总长度的 3.3%。河道底质以石质为主。

水生生物群落特征：该区鱼类调查样点 32 个，物种数为 2 ～ 17 种，以洛氏鱥、麦穗鱼、泥鳅、北方须鳅、中华多刺鱼、东北雅罗鱼、宽鳍鱲、棒花鱼、北方花鳅、池沼公鱼、彩鳑鲏、辽宁棒花鱼、清徐胡鮈、褐栉鰕虎鱼、犬首鮈、中华鳑鲏、马口鱼、纵纹北鳅、兴凯鱊为优势种，香农－维纳多样性指数为 0.11 ～ 1.67。食性以杂食性鱼类为主，占总物种数的 38% ～ 100%，植食性鱼类占总物种数的 0 ～ 20%，底栖食性鱼类占总物种数的 0 ～ 50%，肉食性鱼类占总物种数的 0 ～ 2%。敏感种有中华多刺鱼、北方花鳅、池沼公鱼、犬首鮈、凌源鮈。

大型底栖动物调查样点 32 个，物种数为 2 ～ 26 种，以 Orthocladinae、*Suwallia* sp.、Chironominae、*Hydropsyche nevae*、寡毛纲、舌石蚕、东方蜉、*Beatis thermicus*、白斑毛黑大蚊、短脉纹石蛾、*Serratella setigera*、石蛭、朝大蚊、红锯形蜉、*Dolichopus* sp.、大蚊、Dolichopodidae、Ceratopogoniidae、钩虾、山瘤虻、*Simulium* sp.、椭圆萝卜螺、凸旋螺（*Gyraulus convexiusculus*）为优势种，香农－维纳多样性指数为 0.51 ～ 4.12。功能摄食类群以直接收集者为主，其相对丰度为 7.69% ～ 96.96%，捕食者相对丰度为 2.2% ～ 78.38%，滤食者相对丰度为 0 ～ 69.23%，刮食者相对丰度为 0 ～ 25%，撕食者相对丰度为 0 ～ 16.67%。生活型为黏附者的物种数为 0 ～ 11，相对丰度为 0 ～ 52.46%。敏感种有舌石蚕、*Stylurus* sp.、贝蠓、条纹角石蛾、*Drunella basalis*。

水化学特征：该区 TP 为 0.01 ～ 0.46mg/L，COD 为 1.50 ～ 11.10mg/L。

河流健康状况：该区内有 9 个健康样点，12 个亚健康样点，9 个一般样点，1 个较差样点。

4.2.49 太子河中游低海拔小起伏山地水源涵养小型河流区（Ⅳ-01-04）

区域背景：该区主要包括辽宁省本溪市辖区和本溪满族自治县，抚顺市抚顺县。区域面积为 824km^2，占辽河流域总面积的 0.37%；海拔为 113 ～ 1008m，海拔均值为 371m；坡度为 0° ～ 58.7°，平均坡度为 13.2°；多年平均气温为 7.1 ～ 8.2℃，多年平均气温均值为 7.6℃；多年平均降水量为 774 ～ 857mm，多年平均降水量均值为 819mm。

地貌特征：该区地貌类型为低海拔小起伏山地和低海拔中起伏山地。

土地利用特征：该区土地利用类型以林地为主，占总面积的 82.65%，耕地占 13.09%，草地占 1.64%，居住用地占 1.35%。

植被类型：该区主要植被类型为榛子、胡枝子、蒙古栎灌丛；还有小面积的冬小麦、杂粮（高粱、大豆、玉米、谷子）两年三熟—棉花—枣、苹果、梨、葡萄、柿子、板栗、核桃，落叶栎林，一年一熟粮作和耐寒经济作物，松林。

主要水体及特征：该区主要包含小夹河、清河。河流等级以一级河流为主，最大河流等级为三级。一级河流长 137km，占河流总长度的 67.9%；二级河流长 47.5km，占河流总长度的 23.5%；三级河流长 17.3km，占河流总长度的 8.6%。河道底质以石质为主。

水生生物群落特征：该区鱼类调查样点 3 个，物种数为 4 ～ 18 种，以洛氏鱥、麦穗鱼、宽鳍鱲、北方花鳅、清徐胡鮈、纵纹北鳅、褐栉鰕虎鱼为优势种，香农－维纳多样性指数为 0.85 ～ 2.09。食性以杂食性鱼类为主，占总物种数的 9% ～ 96%，植食性鱼类占物种总数的 4% ～ 8%，肉食性和底栖食性鱼类均占物种总数的 0 ～ 0.2%。敏感种有北方花鳅、中华多刺鱼、凌源鮈。

大型底栖动物调查样点 3 个，物种数为 14 ～ 26 种，以 Chironominae、Orthocladinae、扁旋螺、朝大蚊、短脉纹石蛾、*Hydropsyche nevae*、Tanypodiinae、东方蜉、*Beatis thermicus*、椭圆萝卜螺、红锯形蜉、桃碧扁蚴蜉（*Ecdyonurus tobiironis*）为优势种，香农－维纳多样性指数为 3.29 ～ 3.42。功能摄食类群以直接收集者为主，其相对丰度为 50.79% ～ 77.96%，刮食者相对丰度为 6.12% ～ 18.73%，滤食者相对丰度为 1.77% ～ 25.74%，捕食者相对丰度为 4.20% ～ 9.80%，无撕食者。生活型为黏附者的物种数为 6 ～ 8 种，相对丰度为 25.30% ～ 44.89%。敏感种有条纹角石蛾、舌石蚕、*Glossosoma altaicum*、日本瘤石蛾（*Goera japonica*）。

水化学特征：该区 TP 为 0.01 ～ 0.13mg/L，COD 为 2.30 ～ 2.50mg/L。

河流健康状况：该区内有 3 个一般样点。

4.2.50 太子河中游干流低海拔小起伏山地生物多样性维持中等河流区（Ⅳ-01-05）

区域背景：该区主要包括辽宁省本溪市辖区、本溪满族自治县，辽阳市灯塔市。区域面积为 1455km^2，占辽河流域总面积的 0.65%；海拔为 31 ～ 1115m，海拔均值为 293m；坡度为 0° ～ 64.2°，平均坡度为 13.3°；多年平均气温为 7.3 ～ 9.2℃，多年平均气温均值为 8.1℃；多年平均降水量为 728 ～ 895mm，多年平均降水量均值为 808mm。

地貌特征：该区主要地貌类型为低海拔小起伏山地，还有小面积的低海拔洪积平原、中海拔中起伏山地、低海拔丘陵、低海拔中起伏山地。

土地利用特征：该区土地利用类型以林地为主，占总面积的 67.29%，耕地占 15.71%，居住用地占 6.34%，草地占 0.77%。

植被类型：该区主要植被类型为落叶栎林，榛子、胡枝子、蒙古栎灌丛，冬小麦、杂粮（高梁、大豆、玉米、谷子）两年三熟—棉花—枣、苹果、梨、葡萄、柿子、板栗、核桃；还有小面积的一年一熟粮食作物和耐寒经济作物，松林，椴、榆、桦杂木林。

主要水体及特征：该区主要包含太子河、观音阁水库和参窝水库。河流等级以五级河流为主，最大河流等级为五级。一级河流长 113.9km，占河流总长度的 30.0%；二级河流长 29.2km，占河流总长度的 7.7%；三级河流长 26km，占河流总长度的 6.9%；五级河流长 201.8km，占河流总长度的 53.2%。河道底质以石质为主。

水生生物群落特征：该区鱼类调查样点 12 个，物种数为 2 ～ 13 种，以洛氏鱥、麦穗鱼、宽鳍鱲、褐栉鰕虎鱼、凌源鮈、棒花鱼、泥鳅、北方花鳅、鲫、兴凯鱊、银色银鮈（*Squalidus argentatus*）、北方须鳅、辽宁棒花鱼、犬首鮈为优势种，香农 – 维纳多样性指数为 0.64 ～ 1.88。食性以杂食性鱼类为主，占总物种数的 67% ～ 100%，植食性鱼类占物种总数的 0 ～ 33%，底栖食性鱼类占物种总数的 0 ～ 9%，无肉食性鱼类。敏感种有凌源鮈、北方花鳅、犬首鮈、中华多刺鱼、沙塘鳢。

大型底栖动物调查样点 14 个，物种数为 8 ～ 35 种，以 Orthocladinae、Chironominae、朝大蚊、Tanypodiinae、*Ecdyonurus viridis*、寡毛纲、*Beatis thermicus*、*Hydropsyche nevae*、*Hydropsyche orientalis*、钩虾、短脉纹石蛾、Syrphidae，香农 – 维纳多样性指数为 1.38 ～ 3.42。功能摄食类群以直接收集者为主，其相对丰度为 18.82% ～ 94.17%，滤食者相对丰度为 1.19% ～ 75.88%，刮食者、捕食者相对丰度为 0.52% ～ 17.57%，撕食者相对丰度为 0 ～ 0.88%。生态型为黏附者的物种数为 0 ～ 15 种，相对丰度为 0 ～ 48.19%。敏感种有条纹角石蛾、舌石蚕、日本等蜉（*Isonychia japonica*）、日本瘤石蛾、霍山河花蜉（*Potamanthus huoshanensis*）。

水化学特征：该区 TP 为 0 ～ 0.60mg/L，COD 为 0 ～ 16.10mg/L。

河流健康状况：该区内有 6 个健康样点，1 个亚健康样点，2 个一般样点，2 个较差样点，1 个极差样点。

4.2.51　太子河中游低海拔小起伏山地水源涵养中等河流区（Ⅳ-01-06）

区域背景：该区主要包括辽宁省辽阳市弓长岭区、辽阳县，鞍山市海城市。区域面积为 1807km^2，占辽河流域总面积的 0.8%；海拔为 32 ～ 908m，海拔均值为 247m；坡度为 0° ～ 52.2°，平均坡为 11.9°；多年平均气温为 8.9 ～ 9.8℃，多年平均气温均值为 9.3℃；多年平均降水量为 724 ～ 801mm，多年平均降水量均值为 763mm。

地貌特征：该区主要地貌类型为低海拔小起伏山地和低海拔中起伏山地，还有小面积的低海拔洪积平原。

土地利用特征：该区土地利用类型以林地为主，占总面积的 67.42%，耕地占 24.05%，居住用地占 2.78%，草地占 1.79%。

植被类型：该区主要植被类型为榛子、胡枝子、蒙古栎灌丛，冬小麦、杂粮（高粱、大豆、玉米、谷子）两年三熟—棉花—枣、苹果、梨、葡萄、柿子、板栗、核桃，还有小面积的荆条灌丛和落叶栎林。

主要水体及特征：该区主要包含海城河、汤河下达河、汤河二道河、汤河及汤河水库。河流等级以一级河流为主，最大河流等级为三级。一级河流长 196.8km，占河流总长度的 56.0%；二级河流长 100km，占河流总长度的 28.4%；三级河流长 54.8km，占河流总长度的 15.6%。河道底质以石质为主。

水生生物群落特征：该区鱼类调查样点 23 个，物种数为 3 ～ 13 种，以洛氏鱥、鲫、宽鳍鱲、辽宁棒花鱼、泥鳅、北方须鳅、纵纹北鳅、褐栉鰕虎鱼、北方花鳅、暗纹鰕虎鱼（*Tridentiger obscurus*）、辽宁棒花鱼、兴凯鱊、兴凯银鮈（*Squalidus chankaensis*）、青鳉、彩鳑鲏、辽河突吻鮈（*Rostrogobio liaohensis*）、葛氏鲈塘鳢为优势种，香农－维纳多样性指数为 0.61 ～ 1.97。食性以杂食性鱼类为主，占总物种数的 47% ～ 100%，植食性鱼类占物种总数的 0 ～ 15%。底栖食性鱼类占总物种数的 0 ～ 47%，肉食性鱼类占总物种数的 0 ～ 2%。敏感种有北方花鳅、沙塘鳢。

大型底栖动物调查样点 34 个，物种数为 8 ～ 34 种，以 Orthocladinae、寡毛纲、Chironominae、短脉纹石蛾、朝大蚊、*Beatis thermicus*、*Ecdyonurus viridis*、钩虾、大蚊、水跳虫、*Ormosia* sp.、*Serratella setigera*、*Dugesia* sp.、椭圆萝卜螺、东方蜉、苏氏尾鳃蚓、石蛭、*Syncaris* sp. 为优势种，香农－维纳多样性指数为 1.10 ～ 3.42。功能摄食类群以直接收集者为主，其相对丰度为 15.15% ～ 97.25%，滤食者相对丰度为 0 ～ 73.83%，刮食者相对丰度为 0 ～ 17.26%，捕食者相对丰度为 0 ～ 11.76%，撕食者相对丰度为 0 ～ 26.53%。生活型为黏附者的物种数为 0 ～ 9 种，相对丰度为 0 ～ 47.7%。敏感种有 *Laccophilus* sp.、舌石蚕、*Choroterpes altioculus*、日本瘤石蛾、*Blepharicera* sp.。

水化学特征：该区 TP 为 0.01 ～ 0.29mg/L，COD 为 0 ～ 4.50mg/L。

河流健康状况：该区内有 2 个健康样点，10 个亚健康样点，7 个一般样点，4 个较差样点。

4.2.52 太子河中上游中海拔中起伏山地水源涵养小型河流区（Ⅳ-02-01）

区域背景：该区主要包括辽宁省抚顺市新宾贵族自治县、本溪市辖区和本溪满族自治县。区域面积为 3644km^2，占辽河流域总面积的 1.62%；海拔为 136 ～ 1290m，海拔均值为 353m；坡度为 0° ～ 74.4°，平均坡度为 16.8°；多年平均气温为 6.9 ～ 8.8℃，多年平均气温均值为 7.6℃；多年平均降水量为 801 ～ 950mm，多年平均降水量均值为 877mm。

地貌特征：该区主要地貌类型为中海拔中起伏山地，其次为低海拔丘陵、低海拔中起伏山地、低海拔小起伏山地。

土地利用特征：该区土地利用类型以林地为主，占总面积的 82.36%，耕地占 13.59%，居住用地占 1.62%，草地占 0.99%。

植被类型：该区主植被类型为落叶栎林，榛子、胡枝子、蒙古栎灌丛，椴、榆、桦杂木林。

主要水体及特征：该区主要包含细河、细河三道河、汤河、沙松河、太子河等。河流等级以一级河流为主，最大河流等级为四级。一级河流长 548.3km，占河流总长度的 59.2%；二级河流长 211.1km，占河流总长度的 22.8%；三级河流长 111.9km，占河流总长度的 12.1%；四级河流长 55.1km，占河流总长度的 5.9%。河道底质以石质为主。

水生生物群落特征：该区鱼类调查样点 32 个，物种数为 3 ～ 13 种，以洛氏鱥、泥鳅、北方须鳅、北方花鳅、宽鳍鱲、棒花鱼、东北雅罗鱼、沙塘鳢、东北七鳃鳗、麦穗鱼、似鮈、褐栉鰕虎鱼、犬首鮈、鲫、中华多刺鱼、兴凯银鮈、彩鳑鲏为优势种，香农 - 维纳多样性指数为 0.20 ～ 2.16。食性以杂食性鱼类为主，占总物种数的 0 ～ 100%，植食性鱼类占物种总数的 0 ～ 100%，底栖食性鱼类占物种总数的 1% ～ 83%，肉食性鱼类占物种总数的 0 ～ 11%。敏感种有北方花鳅、犬首鮈、沙塘鳢、中华多刺鱼。

大型底栖动物调查样点 79 个，物种数为 11 ～ 49 种，以 *Suwallia* sp.、Orthocladinae、木曾裸齿角石蛾（*Psilotreta kisoensis*）、Chironominae、*Paraleptophlebia japonica*、*Beatis thermicus*、朝大蚊、淡水三角涡虫、Tanypodiinae、*Ephemera strigata*、椭圆萝卜螺、钩虾、条纹角石蛾、*Ecdyonurus viridis*、红锯形蜉、寡毛纲、短脉纹石蛾、扁旋螺、*Simulium* sp.、宽叶高翔蜉、*Limnephilidae* sp.、东方蜉为优势种，香农 - 维纳多样性指数为 1.08 ～ 4.55。功能摄食类群以直接收集者为主，其相对丰度为 10.29% ～ 97.86%，滤食者相对丰度为 0 ～ 58.95%，刮食者相对丰度为 0 ～ 44.43%，捕食者相对丰度为 0.1% ～ 38.18%，撕食者相对丰度为 0 ～ 43.75%。生活型为黏附者的物种数为 1 ～ 16 种，相对丰度为 0.47% ～ 86.03%。敏感种有 *Rhyacophila kawamurae*、贝蠓、舌石蚕、*Ecdyonurus bajkovae*、*Paraleptophlebia japonica*、*Oyamia* sp.、*Megrcys ochracea*、条纹角石蛾、*Rhyacophila kawamurae*、*Rhyacophila brevicephala*、*Glossosoma altaicum*、*Choroterpes altioculus*、*Potamanthus huoshanensis*、*Drunella basalis*、圆花蚤、*Simulium yonagoense*、*Matrona cornelia*、*Baetis bicaudatus*、*Stylurus* sp.、日本瘤石蛾、日本等蜉、*Cincticostella orientalis*、*Eubrianax* sp.、圆顶珠蚌。

水化学特征：该区 TP 为 0 ～ 1.63mg/L，COD 为 0 ～ 5.65mg/L。

河流健康状况：该区内有 27 个健康样点，18 个亚健康样点，1 个一般样点，1 个较差样点。

4.2.53 太子河中游低海拔中起伏山地水源涵养支流区（Ⅳ-02-02）

区域背景：该区主要包括辽宁省辽阳市辽阳县。区域面积为993km^2，占辽河流域总面积的0.44%；海拔为91～1154m，海拔均值为395m；坡度为0°～58.9°，平均坡度为15.7°；多年平均气温为8.5～9.3℃，多年平均气温均值为8.9℃；多年平均降水量为767～848mm，多年平均降水量均值为807mm。

地貌特征：该区主要地貌类型为低海拔中起伏山地、低海拔小起伏山地。

土地利用特征：该区土地利用类型以林地为主，占总面积的80.43%，耕地占14.49%，居住用地占1.59%，草地占1.40%。

植被类型：该区主要植被类型为榛子、胡枝子、蒙古栎灌丛。

主要水体及特征：该区主要包含蓝河和汤河二道河支流。河流等级以一级河流为主，最大河流等级为二级。一级河流长129.1km，占河流总长度的59.6%；二级河流长87.6km，占河流总长度的40.4%。河道底质以石质为主。

水生生物群落特征：该区鱼类调查样点28个，物种数为2～10种，以洛氏鱥、泥鳅、北方须鳅、北方花鳅、纵纹北鳅、东北七鳃鳗、棒花鱼、沙塘鳢、辽宁棒花鱼、宽鳍鱲、犬首鮈、鲫、东北雅罗鱼（*Leuciscus waleckii*）、麦穗鱼、鲇、兴凯银鮈为优势种，香农－维纳多样性指数为0.42～1.85。食性以杂食性鱼类为主，占总物种数的73%～100%，植食性鱼类占物种总数的0～14%，肉食性鱼类占物种总数的0～15%，底栖食性鱼类占物种总数的0～19%。敏感种有北方花鳅、沙塘鳢、犬首鮈、凌源鮈。

大型底栖动物调查样点30个，物种数为0～31种，以Orthocladinae、*Ormosia* sp.、Chironominae、朝大蚊、短脉纹石蛾、寡毛纲、*Beatis thermicus*、*Dolichopus* sp.、*Glossosoma altaicum*、*Ampumixis* sp.、扁旋螺、红锯形蜉、*Serratella setigera*、白斑毛黑大蚊、*Hydropsyche nevae*、宽叶高翔蜉、三斑小蜉、淡水三角涡虫、山瘤虻、伪鹬虻、Diamesinae、Dolichopodidae、水跳虫为优势种，香农－维纳多样性指数为0～3.29。功能摄食类群以直接收集者为主，其相对丰度为0～100%，滤食者相对丰度为0～55%，捕食者相对丰度为0.12%～29.63%，撕食者相对丰度为0～1.6%。生态型为黏附者的物种数为1～16种，相对丰度为0.3%～80.12%。敏感种有大山石蝇、条纹角石蛾、*Glossosoma altaicum*、*Drunella basalis*、*Paraleptophlebia japonica*、奇埠扁蚴蜉、日本瘤石蛾、舌石蚕、*Rhyacophila brevicephala*。

水化学特征：该区TP为0～0.94mg/L，COD为0.70～12.50mg/L。

河流健康状况：该区内有11个健康样点，14个亚健康样点，2个一般样点，1个较差样点。

第 5 章

辽河流域水生态功能四级区

5.1　辽河流域水生态功能四级分区

四级区体现水体的河流生境类型、生态功能和服务功能。

针对每个三级区内的河段，选择蜿蜒度、河流等级、坡降、河道数、限制度、河岸土地利用等指标识别河流特征，并对河流进行分类。

根据文献、书籍等资料数据，结合鱼类、大型底栖动物、藻类、生境、水质等水生态环境调查，评估识别水体的珍稀濒危物种生境、本土特有物种生境、生物多样性维持、优良生境等水体生态功能；根据水（环境）功能区划、饮用水源地规划及其他涉水相关规划，使用功能可达性分析方法等功能识别方法，评估水体饮用水源地、工业用水、农业用水、地下水补给、水质净化、接触性休闲娱乐、非接触性休闲娱乐、洪水调蓄、航运等水体服务功能。

根据河流类型、水体生态功能和服务功能，结合集水区边界，通过聚类、专家经验优化，将辽河流域划分为 149 个四级区。

针对每个四级区，统计水系、生物、水化、生境、社会经济压力等指标，识别功能区特征，应用统计方法对各指标等级进行分类。以质量改善为目标，提出辽河流域水生态功能四级区水生态管理目标。

5.2　辽河流域水生态功能四级区特征

5.2.1　扎鲁特旗达勒林郭勒顺直河流区（Ⅰ-01-01-01）

面积：1115.17km^2。

行政区：①赤峰市的阿鲁科尔沁旗（罕苏木苏木）；②通辽市的扎鲁特旗（格日朝鲁苏木）。

水系名称 / 河长：达勒林郭勒河；以三级河流为主，河流总长度为 129.26km，其中一级河流长 43.29km，二级河流长 22.40km，三级河流长 63.57km。

河段生境类型：部分限制性低度蜿蜒支流河段，季节性河流。

社会经济压力（2010 年）：①土地利用。以草地和林地为主，分别占该区面积的 48.45% 和 44.34%，耕地占 4.24%，河流占 1.13%，居住用地占 0.33%。②人口。区域总人口为 5445 人，每平方千米不足 5 人。③ GDP。区域 GDP 为 22 377.4 万元，每平方千米 GDP 为 20.07 万元。

5.2.2 阿鲁科尔沁旗苏吉高勒顺直河流区（Ⅰ-01-01-02）

面积：2813.21km^2。

行政区：赤峰市的阿鲁科尔沁旗（罕苏木苏木）、巴林右旗（索博日嘎镇）、巴林左旗（白音诺尔镇、碧流台镇、富河镇、乌兰达坝苏木）。

水系名称 / 河长：伊和特格郭勒河、浑都仑高勒河、苏吉高勒河、哈黑尔高勒河、横河子河；以一级河流为主，河流总长度为 547.63km，其中一级河流长 296km，二级河流长 161.81km，三级河流长 89.81km。

河段生境类型：部分限制性低度蜿蜒支流，季节性河流。

生态功能：自然保护功能。

服务功能：饮用水功能、工业用水功能。

社会经济压力（2010 年）：①土地利用。以草地和林地为主，分别占该区面积的 48.35% 和 45.14%；耕地占 4.49%，河流占 0.32%，居住用地占 0.49%。②人口。区域总人口为 35 449 人，每平方千米不足 13 人。③ GDP。区域 GDP 为 86 904.3 万元，每平方千米 GDP 为 30.89 万元。

现状：生境。乌兰坝—石棚沟水源林省级保护区。

5.2.3 巴林右旗查干木伦河源头河流区（Ⅰ-01-02-01）

面积：1592.48km^2。

行政区：赤峰市的巴林右旗（索博日嘎镇、幸福之路苏木）、巴林左旗（白音诺尔镇、碧流台镇）、林西县（五十家子镇）。

水系名称 / 河长：阿山河、灰通河、大海清河、查干木伦河；以一级河流为主，河流总长度为 350.09km，其中一级河流长 202.75km，二级河流长 101.31km，三级河流长 18.30km，四级河流 27.73km。

河段生境类型：部分限制性低度蜿蜒支流、限制性低度蜿蜒支流。

生态功能：优良生境保护功能、本土特有物种生境保护功能、自然保护功能。

服务功能：农业用水功能、地下水补给功能。

社会经济压力（2010 年）：①土地利用。以草地为主，占该区面积的 59.64%，林地占 28.30%，耕地占 6.69%，河流占 0.14%，居住用地占 0.93%。②人口。区域总人口为 17 920 人，每平方千米超过 11 人。③ GDP。区域 GDP 为 48 699.2 万元，每平方千米 GDP 为 30.58 万元。

现状如下。

1）物种。①鱼类：优势种有洛氏鱥、北方须鳅、纵纹北鳅、达里湖高原鳅、中华多刺鱼，敏感种有洛氏鱥、高体鮈、北方花鳅、中华多刺鱼，特有种为达里湖高原鳅；②大型底栖动物：优势种有 *Hydropsyche kozhantschikovi*、热水四节蜉、原二翅蜉、摇蚊、直突摇蚊、*Acanthomysis* sp.，敏感种有短石蛾，伞护种有三斑小蜉；③藻类：优势种有细端菱形藻（*Nitzschia dissipata*）、简单舟形藻（*Navicula simplex*）、偏肿桥弯藻半环变种（*Cymbella ventricosa* var. *semicircularis*）、窄异极藻（*Gomphonema angustatum*）、变异直链藻（*Melosira varians*），敏感种有短线脆杆藻（*Fragilaria brevistriata*）、钝脆杆藻（*Fragilaria capucina*）、窄异极藻、膨胀桥弯藻（*Cymbella tumida*）、胡斯特桥弯藻（*Cymbella hustedtii*）、优美桥弯藻（*Cymbella delicatula*）。

2）群落。①鱼类：调查样点 1 个，物种数为 10 种（Ⅲ级），香农－维纳多样性指数为 1.78（Ⅱ级），鱼类生物完整性指数（F-IBI）为 52.19（Ⅲ级）；②大型底栖动物：调查样点 1 个，物种数为 16 种（Ⅲ级），EPT 物种数为 7 种（Ⅱ级），香农－维纳多样性指数为 2.09（Ⅲ级），底栖动物完整性指数（B-IBI）为 3.63（Ⅲ级），BMWP 指数为 71（Ⅱ级），BI 为 6.60（Ⅳ级）；③藻类：调查样点 1 个，物种数为 22 种（Ⅲ级），香农－维纳多样性指数为 3.31（Ⅲ级），A-IBI 为 5.01（Ⅳ级），IBD 为 6.7（Ⅴ级），BP 为 0.22（Ⅴ级），敏感种分类单元数为 6，可运动硅藻百分比为 45%，具柄硅藻百分比为 13%。

3）水化学特征。DO 为 9.56mg/L，NH_3-N 为 0.69mg/L，TP 为 0.02mg/L，COD 为 4.93mg/L。

4）生境。赛罕乌拉森林生态系统及马鹿等野生动物国家级保护区。

5）河流健康指数。根据基本水质、营养盐、藻类、底栖动物、鱼类综合评价，河流健康等级为良（综合评分为 0.60）。

保护目标如下。

1）物种。鱼类：潜在种达里湖高原鳅。

2）群落。①鱼类：总物种数达到Ⅱ级（11 ～ 13 种），香农－维纳多样性指数达到Ⅰ级（≥ 2.05），鱼类生物完整性指数达到Ⅱ级（61.75 ～ 73.23）；②大型底栖动物：物种丰富度达到Ⅱ级（18 ～ 22 种），EPT 物种数达到Ⅱ级（6 ～ 15），香农－维纳多样性指数达到Ⅱ级（2.31 ～ 2.63），底栖动物完整性指数（B-IBI）达到Ⅱ级（3.85 ～ 4.54），BMWP 指数达到Ⅱ级（48 ～ 74），BI 达到Ⅱ级（4.51 ～ 5.70）；③藻类：总物种数达到Ⅱ级（27 ～ 33 种），香农－维纳多样性指数为Ⅱ级（3.63 ～ 4.43），A-IBI 为Ⅲ级（5.42 ～ 8.12），IBD 为Ⅳ级（9.14 ～ 12.75），BP 为Ⅳ级（0.29 ～ 0.45）。

5.2.4 林西县查干木伦河本土特有物种生境功能区（Ⅰ-01-02-02）

面积：2196.57km^2。

行政区：赤峰市的巴林右旗（查干沐沦镇、索博日嘎镇、幸福之路苏木）、克什克腾旗（同兴镇）、林西县（板石房子乡、大营子乡、官地镇、老房身乡、统部镇、五十家子镇、新林镇、兴隆庄乡）。

水系名称 / 河长：巴尔汰河、查干木伦河；以一级河流为主，河流总长度为 412.73km，其中一级河流长 207.93，二级河流长 123.86km，三级河流长 53.13km，四级河流长 27.81km。

河段生境类型：部分限制性低度蜿蜒支流。

生态功能：本土特有物种生境保护功能、自然保护功能、优良生境保护功能。

服务功能：农业用水功能、接触性休闲娱乐功能、地下水补给功能。

社会经济压力（2010 年）：①土地利用。以草地为主，占该区面积的 52.02%，林地占 23.46%，耕地占 19.47%，居住用地占 1.70%，河流占 0.31%。②人口。区域总人口为 73 487 人，每平方千米不足 34 人。③ GDP。区域 GDP 为 167 402 万元，每平方千米 GDP 为 76.21 万元。

现状如下。

1）物种。①鱼类：优势种有鲫、棒花鱼、麦穗鱼、北方须鳅、达里湖高原鳅、棒花鮈、纵纹北鳅，特有种为达里湖高原鳅；②大型底栖动物：优势种有摇蚊、热水四节蜉、长跗摇蚊、直突摇蚊、原二翅蜉、拉长足摇蚊，敏感种有短石蛾，伞护种有宽叶高翔蜉；③藻类：优势种有谷皮菱形藻（*Nitzschia palea*）、简单舟形藻、系带舟形藻细头变种（*Navicula cincta* var. *leptocephala*）、小桥弯藻（*Cymbella pusilla*）、小片菱形藻细微变种（*Nitzschia frustulum* var. *perminuta*）、*Nitzschia inconspicua* syn. *Nitzschia frustulum*、小片菱形藻很小变种（*Nitzschia frustulum* var. *perpusilla*）、淡绿舟形藻头端变型（*Navicula viridula* f. *capitata*），敏感种有 *Navicula tenelloides*、窄异极藻、胡斯特桥弯藻、短小舟形藻（*Navicula exigua*）、小桥弯藻、钝脆杆藻、弯曲桥弯藻（*Cymbella sinnata*）、小头曲壳藻（*Achnanthes microcephala*）。

2）群落。①鱼类：调查样点 3 个，物种数为 1 ～ 8 种（Ⅲ～Ⅵ级），香农 – 维纳多样性指数为 0 ～ 1.70（Ⅱ～Ⅵ级），鱼类生物完整性指数为 46.62 ～ 100（Ⅰ～Ⅳ级）；②大型底栖动物：调查样点 3 个，物种数为 7 ～ 15 种（Ⅲ～Ⅴ级），EPT 物种数为 0 ～ 5 种（Ⅲ～Ⅴ级），香农 – 维纳多样性指数为 0.62 ～ 1.53（Ⅴ～Ⅵ级），底栖动物完整性指数（B-IBI）为 1.60 ～ 3.16（Ⅲ～Ⅵ级），BMWP 指数为 11 ～ 65（Ⅱ～Ⅵ级），BI 为 6.16 ～ 8.47（Ⅲ～Ⅵ级）；③藻类：调查样点 2 个，物种数分别为 18 种、19 种（Ⅲ、Ⅳ级），香农 – 维纳多样性指数分别为 3.36、3.52（Ⅲ级），A-IBI 分别为 5.96、6.48（Ⅲ级），IBD 指数分别为 8.4、9.6（Ⅳ、Ⅴ级），BP 指数分别为 0.18、0.22（Ⅴ级），敏感种分类单元数均为 5，可运动硅藻百分比分别为 81%、91%，具柄硅藻百分比均为 5%。

3）水化学特征。DO 为 8.12 ～ 11.1 mg/L，NH_3-N 为 0.54 ～ 1.27mg/L，TP 为 0.03 ～

0.28mg/L，COD 为 9.68 ～ 24.50mg/L。

4）生境。大冷山天然次生林市级保护区。

5）河流健康指数。根据基本水质、营养盐、藻类、底栖动物、鱼类综合评价，河流健康等级为差～一般（综合评分为 0.38 ～ 0.42）。

保护目标如下：

1）物种。鱼类：潜在种有达里湖高原鳅。

2）群落。①鱼类：总物种数达到Ⅲ级（8 ～ 10 种），香农 - 维纳多样性指数达到Ⅲ级（1.18 ～ 1.61），鱼类生物完整性指数达到Ⅰ级（≥ 73.23）；②大型底栖动物：物种丰富度达到Ⅲ级（13 ～ 18 种），EPT 物种数达到Ⅲ级（3 ～ 6），香农 - 维纳多样性指数Ⅲ级（1.98 ～ 2.31），底栖动物完整性指数（B-IBI）Ⅲ级（3.16 ～ 3.85），BMWP 指数达到Ⅲ级（37 ～ 48），BI 达到Ⅲ级（5.70 ～ 6.56）；③藻类：总物种数达到Ⅱ级（27 ～ 33 种），香农 - 维纳多样性指数达到Ⅱ级（3.63 ～ 4.43），A-IBI 为Ⅱ级（8.13 ～ 10.84），IBD 为Ⅳ级（9.14 ～ 12.75），BP 为Ⅳ级（0.29 ～ 0.45）。

5.2.5 克什克腾旗木石匣河优良生境功能区（Ⅰ-01-03-01）

面积：1603.59km^2。

行政区：赤峰市的克什克腾旗（经棚镇、同兴镇、宇宙地镇）、林西县（大营子乡、统部镇）。

水系名称 / 河长：木石匣河、碧柳沟河；以一级河流为主，河流总长度为 334.01km，其中一级河流长 187.54km，二级河流长 96.14km，三级河流长 50.33km。

河段生境类型：部分限制性低度蜿蜒支流。

生态功能：本土特有物种生境保护功能、自然保护功能、优良生境保护功能。

服务功能：接触性休闲娱乐功能。

社会经济压力（2010 年）：①土地利用。以林地为主，占该区面积的 50.35%，草地占 35.35%，耕地占 12.76%，居住用地占 0.85%，河流占 0.41%。②人口。区域总人口为 21 876 人，每平方千米不足 14 人。③ GDP。区域 GDP 为 94 447.8 万元，每平方千米 GDP 为 58.90 万元。

现状如下。

1）物种。①鱼类：优势种有洛氏鱥、棒花鮈、高体鮈、北方须鳅、纵纹北鳅、达里湖高原鳅、中华多刺鱼，敏感种有洛氏鱥、高体鮈、中华多刺鱼，特有物种为达里湖高原鳅；②大型底栖动物：优势种有热水四节蜉、原二翅蜉、三斑小蜉、摇蚊、拉长足摇蚊、直突摇蚊、耳萝卜螺，敏感种有短石蛾、*Lepidostoma* sp.、耳萝卜螺，伞护种有三斑小蜉、宽叶高翔蜉、石蛭；③藻类：优势种有扁圆卵形藻（*Cocconeis placentula*）、窄异极藻、高舟形藻（*Navicula excelsa*）、简单舟形藻、放射舟形藻柔弱变种（*Navicula radiosa* var. *tenella*）、普通等片藻（*Diatoma vulgare*）、隐头舟形藻（*Navicula cryptocephala*），敏感种有窄异极藻、优美桥弯藻、斯潘泽尔布纹藻（*Gyrosigma spenceri*）、淡绿舟形藻帕米尔变种（*Navicula viridula* var. *parmirensis*）、放射舟形藻柔弱变种、钝脆杆藻、膨胀桥弯藻、胡斯特桥弯藻、新月形桥弯藻（*Cymbella cymbiformis*）、布雷姆桥弯藻（*Cymbella bremii*）。

2）群落。①鱼类：调查样点 2 个，物种数分别为 1 种、9 种（Ⅲ、Ⅵ级），香农－维纳多样性指数分别为 0、1.02（Ⅳ、Ⅵ级），鱼类生物完整性指数分别为 57.46、100（Ⅰ、Ⅲ级）；②大型底栖动物：调查样点 2 个，物种数分别为 15 种、16 种（Ⅲ级），EPT 物种数分别为 5 种、7 种（Ⅱ、Ⅲ级），香农－维纳多样性指数分别为 1.72、2.11（Ⅲ、Ⅳ级），底栖动物完整性指数（B-IBI）分别为 3.08、3.86（Ⅱ、Ⅳ级），BMWP 指数分别为 58、85（Ⅰ、Ⅱ级），BI 分别为 5.68、6.79（Ⅱ、Ⅳ级）；③藻类：调查样点 2 个，物种数分别为 9 种、25 种（Ⅲ、Ⅴ级），香农－维纳多样性指数分别为 2.23、2.97（Ⅲ、Ⅳ级），A-IBI 分别为 1.72、8.34（Ⅱ、Ⅴ级），IBD 分别为 1.2、13.7（Ⅲ、Ⅵ级），BP 分别为 0.28、0.51（Ⅲ、Ⅴ级），敏感种分类单元数分别为 5、6，可运动硅藻百分比分别为 30%、51%，具柄硅藻百分比分别为 13%、17%。

3）水化学特征。DO 为 9.22mg/L、9.42mg/L，NH_3-N 为 0.17mg/L、0.35mg/L，TP 均为 0.05mg/L，COD 为 3.17mg/L、8.48mg/L。

4）生境。黄岗梁森林生态系统省级保护区。

5）河流健康指数。根据基本水质、营养盐、藻类、底栖动物、鱼类综合评价，河流健康等级为一般和良（综合评分为 0.49、0.62）。

保护目标如下。

1）物种。鱼类：潜在种达里湖高原鳅。

2）群落：①鱼类：总物种数达到Ⅲ级（8 ～ 10 种），香农－维纳多样性指数达到Ⅳ级（0.75 ～ 1.18），鱼类生物完整性指数达到Ⅰ级（≥ 73.23）；②大型底栖动物：物种丰富度达到Ⅱ级（18 ～ 22 种），EPT 物种数达到Ⅱ级（6 ～ 15），香农－维纳多样性指数为Ⅱ级（2.31 ～ 2.63），底栖动物完整性指数（B-IBI）达到Ⅱ级（3.85 ～ 4.54），BMWP 指数达到Ⅱ级（48 ～ 74），BI 达到Ⅱ级（4.51 ～ 5.70）；③藻类：总物种数Ⅱ级（27 ～ 33 种），香农－维纳多样性指数达到Ⅱ级（3.63 ～ 4.43），A-IBI 为Ⅱ级（8.13 ～ 10.84），IBD 为Ⅳ级（9.14 ～ 12.75），BP 为Ⅲ级（0.45 ～ 0.62）。

5.2.6　克什克腾旗西拉木伦河本土特有物种生境功能区（Ⅰ-01-03-02）

面积：3782.99km^2。

行政区：赤峰市的克什克腾旗（经棚镇、土城子镇、万合永镇、新开地乡、宇宙地镇、芝瑞镇）、林西县（十二吐乡、双井店乡、新城子镇）、翁牛特旗（五分地镇、亿合公镇）。

水系名称/河长：碧柳沟河、西拉木伦河、百岔河、苇塘河；以一级河流为主，河流总长度为578.53km，其中一级河流长330.04km，二级河流长122.47km，三级河流长56.56km，四级河流长12.32km，五级河流长57.14km。

河段生境类型：部分限制性低度蜿蜒支流。

生态功能：本土特有物种生境保护功能、自然保护功能。

服务功能：农业用水功能、接触性休闲娱乐功能、非接触性休闲娱乐功能、地下水补给功能。

社会经济压力（2010年）：①土地利用。以草地为主，占该区面积的56.72%，耕地占20.85%，林地占18.96%，河流占0.98%，居住用地占0.75%。②人口。区域总人口为130 516人，每平方千米不到35人。② GDP。区域GDP为340 048万元，每平方千米GDP为89.89万元。

现状如下。

1）物种。①鱼类：优势种有麦穗鱼、北方须鳅、纵纹北鳅、达里湖高原鳅、洛氏鱥、棒花鮈、中华多刺鱼，敏感种有洛氏鱥、中华多刺鱼，特有物种为达里湖高原鳅；②大型底栖动物：优势种有原二翅蜉、热水四节蜉、*Laccophilus lewisius*、摇蚊、钩虾、直突摇蚊、长跗摇蚊、拉长足摇蚊、山瘤虻、无突摇蚊，敏感种有贝蠓、耳萝卜螺，伞护种有钩虾；③藻类：优势种有谷皮菱形藻、小桥弯藻、放射舟形藻柔弱变种、简单舟形藻、瞳孔舟形藻（*Navicula pupula*）、延长等片藻细弱变种（*Diatoma elongatum* var. *tenuis*），敏感种有短线脆杆藻、*Navicula tenelloides*、窄异极藻、高山美壁藻（*Caloneis alpestris*）、胡斯特桥弯藻、小桥弯藻、延长等片藻细弱变种、*Navicula bryophila*、短小舟形藻、近缘桥弯藻（*Cymbella aequalis*）。

2）群落。①鱼类：调查样点4个，物种数为3～5种（Ⅳ～Ⅴ级），香农-维纳多样性指数为0.76～0.99（Ⅳ级），鱼类生物完整性指数为74.29～86（Ⅰ级）；②大型底栖动物：调查样点4个，物种数分别为4～12种（Ⅳ～Ⅵ级），EPT物种数为1～3种（Ⅲ～Ⅴ级），香农-维纳多样性指数为1.13～1.98（Ⅲ～Ⅵ级），底栖动物完整性指数（B-IBI）为1.03～3.56（Ⅲ～Ⅵ级），BMWP指数为10～34（Ⅳ～Ⅵ级），BI为6.03～7.29（Ⅲ～Ⅵ级）；③藻类：调查样点3个，物种数为1～28种（Ⅱ～Ⅵ级），香农-维纳多样性指数为1.98～3.19（Ⅲ～Ⅴ级），A-IBI为5.90～6.39（Ⅲ级），IBD为9.3～11.8（Ⅳ级），BP为0.23～1（Ⅰ～Ⅴ级），敏感种分类单元数为1～6种，可运动硅藻百分比为0～82%，具柄硅藻百分比为0～5%。

3）水化学特征。DO为6.24～9.79mg/L，NH_3-N为0.03～4.07mg/L，TP为0.03～0.83mg/L，COD为2.83～8.19mg/L。

4）生境。赤峰青山地质遗迹冰臼群省级保护区，巴彦汉-达尔罕乌拉草原生态系统县级保护区。

5）河流健康指数。根据基本水质、营养盐、藻类、底栖动物、鱼类综合评价，河流健康等级为极差～一般（综合评分为 0.13 ～ 0.49）。

保护目标如下。

1）物种：鱼类：潜在种达里湖高原鳅。

2）群落。①鱼类：总物种数达到Ⅳ级（5 ～ 7 种），香农 – 维纳多样性指数达到Ⅲ级（1.18 ～ 1.61），鱼类生物完整性指数达到Ⅰ级（≥ 73.23）；②大型底栖动物：物种丰富度达到Ⅲ级（13 ～ 18 种），EPT 物种数达到Ⅲ级（3 ～ 6），香农 – 维纳多样性指数达到Ⅲ级（1.98 ～ 2.31），底栖动物完整性指数（B-IBI）达到Ⅲ级（3.16 ～ 3.85），BMWP 指数达到Ⅲ级（37 ～ 48），BI 达到Ⅲ级（5.70 ～ 6.56）；③藻类：总物种数达到Ⅱ级（27 ～ 33 种），香农 – 维纳多样性指数达到Ⅲ级（2.83 ～ 3.62），A-IBI 为Ⅲ级（5.42 ～ 8.12），IBD 为Ⅳ级（12.76 ～ 16.37），BP 为Ⅱ级（0.63 ～ 0.79）。

5.2.7 克什克腾旗百岔河优良生境功能区（Ⅰ-01-03-03）

面积：1183.53km^2。

行政区：承德市的围场满族蒙古族自治县（红松洼牧场、姜家店乡）；赤峰市的克什克腾旗（红山子乡、万合永镇、芝瑞镇）、翁牛特旗（亿合公镇）。

水系名称 / 河长：百岔河；以一级河流为主，河流总长度为 230.89km，其中一级河流长 151.81km，二级河流长 69.59km，三级河流长 9.49km。

河段生境类型：部分限制性低度蜿蜒支流、限制性中度蜿蜒支流。

生态功能：本土特有物种生境保护功能、优良生境保护功能。

服务功能：农业用水功能、接触性休闲娱乐功能、地下水补给功能。

社会经济压力（2010 年）：①土地利用。以草地为主，占该区面积的 61.22%，林地占 24.96%，耕地占 12.91%，居住用地占 0.29%。②人口。区域总人口为 9424 人，每平方千米不足 8 人。③ GDP。区域 GDP 为 43 152.7 万元，每平方千米 GDP 为 36.46 万元。

现状如下。

1）物种。①鱼类：优势种有北方须鳅；②藻类：优势种有窄异极藻、简单舟形藻，敏感种有窄异极藻、简单舟形藻。

2）群落。①鱼类：调查样点 1 个，物种数为 1 种（Ⅵ级），香农 – 维纳多样性指数为 0.04（Ⅵ级），鱼类生物完整性指数为 20（Ⅵ级）；②藻类：调查样点 1 个，物种数为 2 种（Ⅵ级），香农 – 维纳多样性指数为 1（Ⅵ级），A-IBI 为 1（Ⅴ级），IBD 为 1（Ⅵ级），BP 为 0.54（Ⅲ

级），敏感种分类单元数为 2，可运动硅藻百分比为 46%，具柄硅藻百分比为 54%。

3）水化学特征。DO 为 8.35mg/L，NH_3-N 为 0.20 mg/L，TP 为 0.04mg/L，COD 为 3.76mg/L。

4）河流健康指数。根据基本水质、营养盐、藻类、底栖动物、鱼类综合评价，河流健康等级为极差（综合评分为 0.07）。

保护目标如下。

1）物种。鱼类：潜在种有达里湖高原鳅。

2）群落。①鱼类：总物种数达到Ⅴ级（2 ～ 4 种），香农 – 维纳多样性指数达到Ⅴ级（0.31 ～ 0.75），鱼类生物完整性指数达到Ⅴ级（27.32 ～ 38.80）；②藻类，总物种数达到Ⅴ级（3 ～ 10 种），香农 – 维纳多样性指数达到Ⅴ级（1.23 ～ 2.02），A-IBI 为Ⅳ级（2.71 ～ 5.41），IBD 为Ⅴ级（5.52 ～ 9.13），BP 为Ⅱ级（0.63 ～ 0.79）。

5.2.8 克什克腾旗西拉木伦河优良生境功能区（Ⅰ-01-04-01）

面积：4289.87km^2。

行政区：赤峰市克什克腾旗（红山子乡、经棚镇、芝瑞镇）。

水系名称 / 河长：沙里漠河、萨日格高勒河、萨岭河、小桥子河、英图河、大浩来图河；以一级河流为主，河流总长度为 597.54km，一级河流长 346.42km，二级河流长 170.22km，三级河流长 38.19km，四级河流长 42.71km。

河段生境类型：部分限制性低度蜿蜒支流、限制性低度蜿蜒支流。

生态功能：本土特有物种生境保护功能、自然保护功能、优良生境保护功能。

服务功能：接触性休闲娱乐功能、地下水补给功能、水力发电功能。

社会经济压力（2010 年）：①土地利用。以草地为主，占该区面积的 62.95%，林地占 25.52%，耕地占 3.06%，河流占 0.49%，居住用地占 0.27%。②人口。区域总人口为 25 205 人，每平方千米不到 6 人。③ GDP。区域 GDP 为 114 130 万元，每平方千米 GDP 为 26.60 万元。

现状如下。

1）物种。①鱼类：优势种有鲫、洛氏鱥、棒花鱼、棒花鮈、东北雅罗鱼、达里湖高原鳅、纵纹北鳅、中华多刺鱼、麦穗鱼、北方须鳅，敏感种有洛氏鱥、中华多刺鱼，珍稀濒危物种东北雅罗鱼，特有物种为达里湖高原鳅；②大型底栖动物：优势种有热水四节蜉、原二翅蜉、摇蚊、直突摇蚊、长跗摇蚊、*Limnogonus fossarum*、拉长足摇蚊、无突摇蚊、*Simulium* sp.、原蚋，敏感种有短石蛾、*Cincticostella orientalis*，伞护种有石蛭；③藻类：优势种有小桥弯藻、瞳孔舟形藻、谷皮菱形藻、近缘桥弯藻、偏肿桥弯藻半环变种、窄异极藻、放射舟形藻柔弱变种、披针形曲壳藻头端变型（*Achnacthes lanceolata* f. *capitata*）、扁圆卵形藻、简单舟形藻、羽纹脆杆藻（*Fragilaria pinnata*）、短线脆杆藻、普通等片藻、胡斯特桥弯藻、小形异极藻近椭圆变种（*Gomphonema parvulum* var. *subellipticum*）、卵圆双眉藻（*Amphora ovalis*）、弯曲桥弯藻、库津小环藻（*Cyclotella kuetzingiana*）、细端菱形藻，敏感种有小桥弯藻、近缘桥弯藻、偏肿桥弯藻半环变种、普通菱形藻缩短变种（*Nitzschia communis* var. *abbreviata*）、瞳孔舟形藻、窄异极藻、短小舟形藻、披针形曲壳藻头端变型、小片菱形藻很小变种、扁圆卵形藻、短线脆杆藻、羽纹脆杆藻、高山美壁藻、两尖菱板藻南北方变种（*Hantzschia amphioxys* var. *austroborealis*）、胡斯特桥弯藻、橄榄绿色异极藻（*Gomphonema olivaceum*）、小形异极藻近椭圆变种、弯曲桥弯藻、淡绿舟形藻帕米尔变种、放射舟形藻柔弱变种、细端菱形藻、简单舟形藻。

2）群落。①鱼类：调查样点5个，物种数为1～6种（Ⅳ～Ⅵ级），香农－维纳多样性指数为0～0.48（Ⅴ～Ⅵ级），鱼类生物完整性指数为72.76～100（Ⅰ～Ⅱ级）；②大型底栖动物：调查样点5个，物种数为12～14种（Ⅲ～Ⅳ级），EPT物种数为2～7种（Ⅱ～Ⅳ级），香农－维纳多样性指数为1.64～2.27（Ⅲ～Ⅴ级），底栖动物完整性指数（B-IBI）为1.88～3.30（Ⅲ～Ⅴ级），BMWP指数为32～62（Ⅱ～Ⅴ级），BI为6.23～6.91（Ⅲ～Ⅳ级）；③藻类：调查样点5个，物种数为6～15种（Ⅳ～Ⅴ级），香农－维纳多样性指数为1.63～3.61（Ⅲ～Ⅴ级），A-IBI为4.62～9.97（Ⅱ～Ⅳ级），IBD为6.6～18.3（Ⅱ～Ⅴ级），BP为0.19～0.65（Ⅱ～Ⅴ级），敏感种分类单元数均为5种，可运动硅藻百分比为0～61%，具柄硅藻百分比为0～33%。

3）水化学特征。DO为5.74～8.48 mg/L，NH_3-N为0.06～0.52mg/L，TP为0.02～0.29mg/L，COD为7.07～25.11mg/L。

4）生境。乌兰布统草原生态系统省级保护区，桦木沟森林生态系统省级保护区。

5）河流健康指数。根据基本水质、营养盐、藻类、底栖动物、鱼类综合评价，河流健康等级为差～一般（综合评分为0.36～0.57）。

保护目标如下。

1）物种。鱼类：潜在种有达里湖高原鳅。

2）群落。①鱼类：总物种数Ⅳ级（5～7种），香农－维纳多样性指数达到Ⅴ级（0.31～0.75），鱼类生物完整性指数达到Ⅰ级（≥73.23）；②大型底栖动物：物种丰富度达到Ⅲ级（13～18种），EPT物种数达到Ⅲ级（3～6），香农－维纳多样性指数达到Ⅲ级（1.98～2.31），底栖动物完整性指数（B-IBI）达到Ⅲ级（3.16～3.85），BMWP指数达到Ⅲ级（37～48），BI达到Ⅲ级（5.70～6.56）；③藻类：总物种数达到Ⅲ级（19～26种），香农－维纳多样性指数达到Ⅲ级（2.83～3.62），A-IBI为Ⅱ级（8.13～10.84），IBD为Ⅲ级（12.76～16.37），BP为Ⅳ级（0.29～0.45）。

5.2.9 赤峰市英金河水资源供给功能区（Ⅰ-01-05-01）

面积：955.78km^2。

行政区：赤峰市的红山区（桥北镇）、喀喇沁旗（小牛群镇）、松山区（城子乡、初头朗镇、大庙镇、当铺地镇、岗子乡、老府镇、穆家营子镇、上官地镇、王府镇、向阳街道、振兴街道）。

水系名称/河长：阴河、舍力嘎河、英金河；以三级河流为主，河流总长度为96.75km，其中三级河流长70.33km，四级河流长26.42km。

河段生境类型：部分限制性低度蜿蜒支流、非限制性复式河道支流。

生态功能：优良生境保护功能。

服务功能：饮用水功能、农业用水功能、工业用水功能、接触性休闲娱乐功能、地下水补给功能、水力发电功能。

社会经济压力（2010年）：①土地利用。以耕地为主，占该区面积的52.55%，林地占22.89%，草地占18.39%，居住用地占3.42%，河流占2.38%。②人口。区域总人口为88 310人，每平方千米超过92人。③ GDP。区域GDP为329 489万元，每平方千米GDP为344.73万元。

现状如下。

1）物种。①鱼类：优势种有洛氏鱥、麦穗鱼、北方须鳅、泥鳅、波氏吻鰕虎鱼、纵纹北鳅，敏感种有洛氏鱥、北方花鳅；②大型底栖动物：*Hydropsyche kozhantschikovi*、热水四节蜉、*Baetiella tuberculata*、摇蚊、原二翅蜉，敏感种有耳萝卜螺，伞护种有三斑小蜉；③藻类：优势种有窄异极藻、冬生等片藻（*Diatoma hiemale*）、披针形曲壳藻头端变型、小头曲壳藻、小头桥弯藻（*Cymbella microcephala*）、简单舟形藻、胡斯特桥弯藻、小桥弯藻、淡绿舟形藻头端变型、近缘桥弯藻、膨大桥弯藻（*Cymbella turgida*）、优美桥弯藻，敏感种有短线脆杆藻、小形异极藻细小变种（*Gomphonema parvulum* var. *micropus*）、窄异极藻、膨胀桥弯藻、优美桥弯藻、小头桥弯藻、橄榄绿色异极藻、近缘桥弯藻、*Navicula tenelloides*、极小桥弯藻（*Cymbella perpusilla*）、胡斯特桥弯藻、短小舟形藻、*Pinnularia obscura*、小桥弯藻、膨大桥弯藻。

2）群落。①鱼类：调查样点2个，物种数分别为4种、9种（Ⅲ、Ⅴ级），香农-维纳多样性指数分别为0.13、1.17（Ⅳ、Ⅵ级），鱼类生物完整性指数分别为59.61、80.43（Ⅰ、Ⅲ级）；②大型底栖动物：调查样点2个，物种数均为10种（Ⅳ级），EPT物种数分别为3种、5种（Ⅲ级），香农-维纳多样性指数分别为1.30、1.50（Ⅴ、Ⅵ级），底栖动物完整性指数（B-IBI）分别为2.58、2.82（Ⅳ级），BMWP指数分别为27、35（Ⅳ、Ⅴ级），BI分别为7.01、7.07（Ⅳ级）；③藻类：调查样点3个，物种数为3～36种（Ⅰ～Ⅴ级），香农-维纳多样性指数为1.46～3.78（Ⅱ～Ⅴ级），A-IBI为8.51～11.49（Ⅰ～Ⅱ级），IBD为13.4～20.0（Ⅰ～Ⅲ级），BP为0.19～0.50（Ⅲ～Ⅴ级），敏感种分类单元数为3～11种，可运动硅藻百分比为0～36%，具柄硅藻百分比为 0 ～ 44%。

3）水化学特征。DO 为 5.18 ～ 10.90mg/L，NH_3-N 为 0.17 ～ 1.16mg/L，TP 为 0.01 ～ 1.60mg/L，COD 为 1.36 ～ 12.31mg/L。

4）河流健康指数。根据基本水质、营养盐、藻类、底栖动物、鱼类综合评价，河流健康等级为极差～一般（综合评分为 0.02 ～ 0.56）。

保护目标：群落。①鱼类：总物种数Ⅲ级（8 ～ 10），香农－维纳多样性指数Ⅳ级（0.75 ～ 1.18），鱼类生物完整性指数Ⅰ级（≥ 73.23）；②大型底栖动物：物种丰富度Ⅱ级（18 ～ 22 种），EPT 物种数Ⅱ级（6 ～ 15），香农－维纳多样性指数Ⅱ级（2.31 ～ 2.63），底栖动物完整性指数（B-IBI）Ⅱ级（3.85 ～ 4.54），BMWP 指数Ⅱ级（48 ～ 74），BI 为Ⅱ级（4.51 ～ 5.70）；③藻类：总物种数Ⅱ级（27 ～ 33 种），香农－维纳多样性指数Ⅱ级（3.63 ～ 4.43），A-IBI 为Ⅰ级（≥ 10.85），IBD 为Ⅰ级（≥ 20），BP 为Ⅲ级（0.46 ～ 0.62）。

5.2.10 围场满族蒙古族自治县锡伯河优良生境功能区（Ⅰ-01-05-02）

面积：7579.63km^2。

行政区：①承德市的围场满族蒙古族自治县（宝元栈乡、朝阳地镇、朝阳湾镇、广发永乡、郭家湾乡、红松洼牧场、姜家店乡、克勒沟镇、三义永乡、山湾子乡、新拨乡、新地乡、杨家湾乡、腰站乡、银窝沟乡、育太和乡、张家湾乡）；②赤峰市的红山区（城郊乡、文钟镇）、喀喇沁旗（锦山街道、锦山镇、美林镇、牛家营子镇、十家满族乡、王爷府镇、小牛群镇）、克什克腾旗（芝瑞镇）、宁城县（八里罕镇、大城子镇、黑里河镇、三座店乡）、松山区（城子乡、初头朗镇、大夫营子乡、大庙镇、岗子、老府镇、穆家营子镇、王府镇）、翁牛特旗（亿合公镇）。

水系名称 / 河长：阴河、二道川河、四道川河、锡伯河；以一级河流为主，河流总长度为 1159.30km，其中一级河流长 738.03km，二级河流长 249.29km，三级河流长 171.98km。

河段生境类型：部分限制性低度蜿蜒支流。

生态功能：自然保护功能、优良生境保护功能。

服务功能：饮用水功能、接触性休闲娱乐功能、非接触性休闲娱乐功能、地下水补给功能。

社会经济压力（2010 年）：①土地利用。以林地为主，占该区面积的 52.83%，耕地占 29.97%，草地占 14.21%，居住用地占 1.68%，河流占 1.02%。②人口。区域总人口为 523 207 人，每平方千米超过 69 人。③ GDP。区域 GDP 为 1 062 140 万元，每平方千米 GDP 为 140.13 万元。

现状如下。

1）物种。①鱼类：优势种有鲫、棒花鱼、麦穗鱼、北方须鳅、泥鳅、波氏吻鰕虎鱼、洛氏鱥、棒花鮈，敏感种有洛氏鱥、北方花鳅；②大型底栖动物：优势种有 *Cheumatopsyche criseyde*、摇蚊、椭圆萝卜螺、*Hydropsyche kozhantschikovi*、直突摇蚊、耳萝卜螺、热水四节蜉、霍甫水丝蚓、*Ephemerella setigera*，敏感种有耳萝卜螺，伞护种有 *Serratella setigera*、朝大蚊、石蛭、椭圆萝卜螺；③藻类：优势种有窄异极藻、橄榄绿色异极藻、钝脆杆藻、简单舟形藻、放射舟形藻柔弱变种、近缘曲壳藻（*Achnanthes affinis*）、短小曲壳藻（原变种）（*Achnanthes exigua* var. *exigua*）、小头桥弯藻、平片针杆藻（*Synedra tabulata*），敏感种有钝脆杆藻、窄异极藻、膨胀桥弯藻、胡斯特桥弯藻、短小舟形藻、橄榄绿色异极藻、近缘桥弯藻、短线脆杆藻、*Navicula tenelloides*、小形异极藻细小变种、高山美壁藻、优美桥弯藻、新月形桥弯藻、小头桥弯藻。

2）群落。①鱼类：调查样点 3 个，物种数为 6 ～ 9 种（Ⅲ～Ⅳ级），香农－维纳多样性指数为 0.39 ～ 0.93（Ⅳ～Ⅴ级），鱼类生物完整性指数为 26.02 ～ 73.18（Ⅱ～Ⅵ级）；②大型底栖动物：调查样点 3 个，物种数为 11 ～ 13 种（Ⅲ～Ⅳ级），EPT 物种数为 1 ～ 6 种（Ⅲ～Ⅵ级），香农－维纳多样性指数为 0.98 ～ 1.80（Ⅳ～Ⅵ级），底栖动物完整性指数（B-IBI）为 2.68 ～ 3.68（Ⅲ～Ⅳ级），BMWP 指数为 32 ～ 55（Ⅱ～Ⅴ级），BI 为 1.91 ～ 8.46（Ⅰ～Ⅵ级）；③藻类：调查样点 2 个，物种数分别为 15 种、44 种（Ⅰ、Ⅳ级），香农－维纳多样性指数分别为 2.90、4.49（Ⅰ、Ⅲ级），A-IBI 分别为 6.10、9.00（Ⅱ、Ⅲ级），IBD 分别为 9.3、13.5（Ⅲ、Ⅳ级），BP 分别为 0.12、0.31（Ⅳ、Ⅴ级），敏感种分类单元数分别为 7、10，可运动硅藻百分比分别为 20%、32%，具柄硅藻百分比分别为 37%、55%。

3）水化学特征。DO 为 4.8 ～ 10.74mg/L，NH_3-N 为 0.12 ～ 4.23mg/L，TP 为 0.01 ～ 0.04mg/L，COD 为 2.00 ～ 4.93mg/L。

4）生境。茅荆坝森林生态系统和野生动物国家级保护区，旺业甸水源涵养林市级保护区，大乌梁苏森林生态系统及珍稀野生动植物县级保护区，围场红松洼草原生态系统国家级保护区。

5）河流健康指数。根据基本水质、营养盐、藻类、底栖动物、鱼类综合评价，河流健康等级为差～一般（综合评分为 0.22 ～ 0.57）。

保护目标：群落。①鱼类：总物种数Ⅲ级（8 ～ 10 种），香农－维纳多样性指数Ⅳ级（0.75 ～ 1.18），鱼类生物完整性指数Ⅱ级（61.75 ～ 73.23）；②大型底栖动物：物种丰富度Ⅱ级（18 ～ 22 种），EPT 物种数Ⅱ级（6 ～ 15），香农－维纳多样性指数Ⅱ级（2.31 ～ 2.63），底栖动物完整性指数（B-IBI）Ⅱ级（3.85 ～ 4.54），BMWP 指数Ⅱ级（48 ～ 74），BI 为Ⅱ级（4.51 ～ 5.70）；③藻类：总物种数Ⅰ级（≥ 34 种），香农－维纳多样性指数Ⅰ级（≥ 4.44），A-IBI 为Ⅱ级（8.13 ～ 10.84），IBD 为Ⅲ级（12.76 ～ 16.37），BP 为Ⅳ级（0.29 ～ 0.45）。

5.2.11 宁城县黑里河优良生境功能区（Ⅰ-01-06-01）

面积：1450.24km^2。

行政区：①承德市平泉县（黄土梁子镇、柳溪满族乡、茅兰沟满族蒙古族乡、蒙和乌苏蒙古族乡、七家岱满族乡、卧龙镇）；②赤峰市的喀喇沁旗（美林镇）、宁城县（八里罕镇、甸子镇、黑里河镇、三座店乡）。

水系名称 / 河长：八里罕河、黑里河；以一级河流为主，河流总长度为 363.70km，其中一级河流长 156.71km，二级河流长 118.68km，三级河流长 84.82km，四级河流长 3.49km。

河段生境类型：部分限制性低度蜿蜒支流。

生态功能：自然保护功能、优良生境保护功能。

服务功能：接触性休闲娱乐功能、非接触性休闲娱乐功能。

社会经济压力（2010 年）：①土地利用。以林地为主，占该区面积的 63.05%，耕地占 30.52%，草地占 4.32%，居住用地占 1.61%，河流占 0.15%。②人口。区域总人口为 76 568 人，每平方千米不足 53 人。③ GDP。区域 GDP 为 159 012 万元，每平方千米 GDP 为 109.65 万元。

现状如下。

1）物种。①鱼类：优势种有洛氏鱥、棒花鱼、麦穗鱼、北方须鳅、北方花鳅，敏感种有洛氏鱥、北方花鳅；②大型底栖动物：优势种有摇蚊，伞护种有朝大蚊；③藻类：优势种有普通等片藻、冬生等片藻、橄榄绿色异极藻、窄异极藻、胡斯特桥弯藻，敏感种有钝脆杆藻、小形异极藻细小变种、窄异极藻、膨胀桥弯藻、胡斯特桥弯藻、新月形桥弯藻、橄榄绿色异极藻、二齿脆杆藻（*Fragilaria bidens* Heiberg）、近缘桥弯藻。

2）群落。①鱼类：调查样点 1 个，物种数为 12 种（Ⅱ级），香农－维纳多样性指数为 1.51（Ⅲ级），鱼类生物完整性指数为 52.58（Ⅲ级）；②大型底栖动物：调查样点 1 个，物种数为 10 种（Ⅳ级），EPT 物种数为 2 种（Ⅳ级），香农－维纳多样性指数为 0.59（Ⅵ级），底栖动物完整性指数（B-IBI）为 1.87（Ⅴ级），BMWP 指数为 30（Ⅴ级），BI 为 8.62（Ⅵ级）；③藻类：调查样点 1 个，物种数为 38 种（Ⅰ级），香农－维纳多样性指数为 4.06（Ⅱ级），A-IBI 为 11.33（Ⅰ级），IBD 为 18.6（Ⅱ级），BP 为 0.20（Ⅴ级），敏感种分类单元数为 9，可运动硅藻百分比为 13%，具柄硅藻百分比为 21%。

3）水化学特征。DO 为 8.49mg/L，NH_3-N 为 0.19mg/L，TP 为 0.01mg/L，COD 为 4.24mg/L。

4）生境。辽河源森林生态系统省级保护区，黑里河森林生态系统国家级保护区，热水地热资源地热资源县级保护区。

5）河流健康指数。根据基本水质、营养盐、藻类、底栖动物、鱼类综合评价，河流健康等级为一般（综合评分为 0.50）。

保护目标：群落。①鱼类：总物种数Ⅰ级（≥ 14 种），香农－维纳多样性指数Ⅱ级（1.61 ～ 2.05），鱼类生物完整性指数Ⅱ级（61.75 ～ 73.23）；②大型底栖动物：物种丰富度Ⅱ级（18 ～ 22 种），EPT 物种数Ⅱ级（6 ～ 15），香农－维纳多样性指数Ⅱ级（2.31 ～ 2.63），底栖动物完整性指数（B-IBI）Ⅱ级（3.85 ～ 4.54），BMWP 指数Ⅱ级（48 ～ 74），BI 为Ⅱ级（4.51 ～ 5.70）；③藻类：总物种数Ⅰ级（≥ 34 种），香农－维纳多样性指数Ⅰ级（≥ 4.44），A-IBI 为Ⅰ级（≥ 10.85），IBD 为Ⅲ级（≥ 20），BP 为Ⅳ级（0.29 ～ 0.45）。

5.2.12 阿鲁科尔沁旗哈黑尔高勒顺直河流区（Ⅰ-02-01-01）

面积：3456.84km^2。

行政区：①赤峰市的阿鲁科尔沁旗（巴彦花镇、罕苏木苏木、坤都镇、赛罕塔拉苏木）、巴林左旗（十三敖包镇、乌兰达坝苏木）；②通辽市扎鲁特旗（格日朝鲁苏木、巨日合镇、联合屯镇、太平山乡）。

水系名称 / 河长：艾勒音郭勒河、吉布图高勒河、哈黑尔高勒河、海哈尔河、拜其高勒河；以一级河流为主，河流总长度为 326.31km，其中一级河流长 156.45km，二级河流长 99.29km，三级河流长 59.59km，四级河流长 10.99km。

河段生境类型：部分限制性低度蜿蜒支流，季节性河流。

生态功能：自然保护功能。

服务功能：饮用水功能、工业用水功能。

社会经济压力（2010 年）：①土地利用。以草地为主，占该区面积的 67.02%，林地占 16.58%，耕地占 11.52%，居住用地占 0.77%，河流占 0.37%。②人口。区域总人口为 52 888 人，每平方千米超过 15 人。③ GDP。区域 GDP 为 134 763 万元，每平方千米 GDP 为 38.98 万元。

现状：生境。巴彦查干天然次生林市级保护区，格日朝鲁草甸草原生态系统县级保护区。

5.2.13 巴林左旗乌力吉木伦河部分限制性支流区（Ⅰ-02-01-02）

面积：3518.56km^2。

行政区：赤峰市的阿鲁科尔沁旗（巴彦花镇、罕苏木苏木、坤都镇）、巴林右旗（巴彦塔拉苏木、查干诺尔镇、幸福之路苏木）、巴林左旗（白音诺尔镇、碧流台镇、查干哈达苏木、富河镇、哈拉哈达镇、林东东城街道、林东西城街道、林东镇、隆昌镇、十三敖包镇、乌兰达坝苏木）。

水系名称 / 河长：浩尔图郭勒河、乌尔吉木伦河、沙力河；以一级河流为主，河流总长度为 364.30km，其中一级河流长 174.92km，二级河流长 124.92km，三级河流长 64.91km。

河段生境类型：部分限制性低度蜿蜒支流、非限制性低度蜿蜒支流、部分限制性高度蜿蜒支流、部分限制性中度蜿蜒支流，季节性河流。

服务功能：饮用水功能、工业用水功能、水质净化功能。

社会经济压力（2010 年）：①土地利用：以草地为主，占该区面积的 53.46%，林地占 21.78%，耕地占 20.57%，河流占 0.94%，居住用地占 2.45%。②人口。区域总人口为 201 591 人，每平方千米超过 57 人。③ GDP。区域 GDP 为 377 303 万元，每平方千米 GDP 为 107.23 万元。

5.2.14 巴林右旗查干木伦河优良生境功能区（Ⅰ-02-02-01）

面积：6326.28km^2。

行政区：赤峰市的巴林右旗（巴彦塔拉苏木、查干沐沦镇、查干诺尔镇、大板镇、索博日嘎镇、幸福之路苏木）、巴林左旗（白音诺尔镇、碧流台镇、查干哈达苏木、哈拉哈达镇、林东镇、十三敖包镇）、克什克腾旗（同兴镇、万合永镇、宇宙地镇）、林西县（大川乡、大井镇、大营子乡、官地镇、林西镇、隆平乡、十二吐乡、统部镇、下场乡、新林镇、兴隆庄乡）。

水系名称 / 河长：床金河、诺尔盖河、白音高勒河、吉日古勒台河、胡苏台河、沙布尔台河、查干木伦河、嘎拉达斯台河；以一级河流为主，河流总长度为 799.41km，其中一级河流长 460.53，二级河流长 114.99km，三级河流长 82.02km，四级河流长 98.87km，五级河流长 42.99km。

河段生境类型：部分限制性低度蜿蜒支流。

生态功能：本土特有物种生境保护功能、自然保护功能、优良生境保护功能。

服务功能：农业用水功能、接触性休闲娱乐功能、非接触性休闲娱乐功能、地下水补给功能。

社会经济压力（2010 年）：①土地利用。以草地为主，占该区面积的 63.26%，耕地占 17.74%，林地占 12.09%，居住用地占 1.78%，河流占 1.44%。②人口。区域总人口为 283 930 人，每平方千米不足 45 人。③ GDP。区域 GDP 为 443 686 万元，每平方千米 GDP 为 70.13 万元。

现状如下。

1）物种。①鱼类：优势种有洛氏鱥、高体鮈、北方须鳅、鲫、棒花鱼、麦穗鱼、纵纹北鳅、中华多刺鱼、泥鳅、达里湖高原鳅、波氏吻鰕虎鱼、北方花鳅，敏感种有洛氏鱥、高体鮈、中华多刺鱼、北方花鳅，特有物种为达里湖高原鳅；②大型底栖动物：优势种有 *Laccophilus lewisius*、热水四节蜉、摇蚊、直突摇蚊、长跗摇蚊、原二翅蜉、拉长足摇蚊、钩虾、无突摇蚊、旋螺、贝蠓、伪鹬虻、山瘤虻，敏感种有贝蠓，伞护种有钩虾；③藻类：优势种有淡绿舟形藻帕米尔变种、谷皮菱形藻、淡绿舟形藻头端变型、简单舟形藻、细端菱形藻、窄异极藻、卵圆双眉藻、优美桥弯藻、小桥弯藻、膨胀桥弯藻、近缘桥弯藻、近缘曲壳藻、胡斯特桥弯藻、拉普兰脆杆藻（*Fragilaria lapponica* Grun.var. *lapponica*）、小片菱形藻很小变种、橄榄绿色异极藻，敏感种有 *Navicula tenelloides*、*Navicula bryophila*、很小桥弯藻、膨胀桥弯藻、胡斯特桥弯藻、橄榄绿色异极藻、小桥弯藻、窄异极藻、卵圆双眉藻、优美桥弯藻、谷皮菱形藻、简单舟形藻、钝脆杆藻、纤细异极藻（原变种）（*Gomphonema gracile* var. *gracile*）、近缘桥弯藻。

2）群落。①鱼类：调查样点 8 个，物种数为 1 ～ 10 种（Ⅲ～Ⅵ级），香农－维纳多样性指数为 0 ～ 1.88（Ⅱ～Ⅵ级），鱼类生物完整性指数为 36.29 ～ 81.33（Ⅰ～Ⅴ级）；②大型底栖动物：调查样点 8 个，物种数为 4 ～ 12 种（Ⅳ～Ⅵ级），EPT 物种数为 0 ～ 3 种（Ⅳ～Ⅵ级），香农－维纳多样性指数为 0.93 ～ 2.11（Ⅲ～Ⅵ级），底栖动物完整性指数（B-IBI）为 0.90 ～ 2.21（Ⅴ～Ⅵ级），BMWP 指数为 8 ～ 35（Ⅳ～Ⅵ级），BI 为 5.03 ～ 8.08（Ⅱ～Ⅵ级）；③藻类：调查样点 5 个，物种数为 3 ～ 37 种（Ⅰ～Ⅴ级），香农－维纳多样性指数为 1.24 ～ 3.84（Ⅱ～Ⅴ级），A-IBI 为 3.82 ～ 10.17（Ⅱ～Ⅳ级），IBD 为 6.4 ～ 18.5（Ⅱ～Ⅴ级），BP 为 0.19 ～ 0.64（Ⅱ～Ⅴ级），敏感种分类单元数为 3 ～ 7，可运动硅藻百分比为 0 ～ 91%，具柄硅藻百分比为 0 ～ 43%。

3）水化学特征。DO 为 5.25 ～ 8.94mg/L，NH_3-N 为 0.16 ～ 1.36mg/L，TP 为 0.07 ～ 0.37mg/L，COD 为 3.27 ～ 32.3mg/L。

4）生境。沙布台森林生态系统市级保护区。

5）河流健康指数。根据基本水质、营养盐、藻类、底栖动物、鱼类综合评价，河流健康等级为差～一般（综合评分为 0.29 ～ 0.56）。

保护目标如下。

1）物种：鱼类：潜在种达里湖高原鳅。

2）群落。①鱼类：总物种数Ⅲ级（8 ～ 10 种），香农－维纳多样性指数Ⅲ级（1.18 ～ 1.61），鱼类生物完整性指数Ⅰ级（≥ 73.23）；②大型底栖动物：物种丰富度Ⅳ级（9 ～ 13 种），EPT 物种数Ⅳ级（2 ～ 3），香农－维纳多样性指数Ⅳ级（1.66 ～ 1.98），底栖动物完整性指数（B-IBI）Ⅳ级（2.46 ～ 3.16），BMWP 指数Ⅳ级（34 ～ 37），BI 为Ⅳ级（6.56 ～ 7.08）；③藻类：总物种数Ⅱ级（27 ～ 33 种），香农－维纳多样性指数Ⅳ级（2.03 ～ 2.82），A-IBI 为Ⅳ级（2.71 ～ 5.41），IBD 为Ⅴ级（5.52 ～ 9.13），BP 为Ⅲ级（0.46 ～ 0.62）。

5.2.15 林西县西拉木伦河地下水补给功能区（Ⅰ-02-02-02）

面积：699.43km^2。

行政区：赤峰市的巴林右旗（大板镇）、克什克腾旗（土城子镇）、林西县（十二吐乡、双井店乡、下场乡）、翁牛特旗（乌丹镇、五分地镇）。

水系名称 / 河长：西拉木伦河；以一级和五级河流为主，河流总长度为 98.53km，其中一级河流长 49.51km，二级河流长 7.85km，三级河流长 1.15km，五级河流长 40.01km。

河段生境类型：非限制性低度蜿蜒支流。

服务功能：接触性休闲娱乐功能、非接触性休闲娱乐功能、地下水补给功能。

社会经济压力（2010 年）：①土地利用。以草地为主，占该区面积的 71.06%，耕地占 13.10%，林地占 7.67%，河流占 3.38%，居住用地占 0.49%。②人口。区域总人口为 10 255 人，每平方千米不足 15 人。③ GDP。区域 GDP 为 26 268.9 万元，每平方千米 GDP 为 37.56 万元。

现状如下。

1）物种。①鱼类：优势种有鲫、棒花鱼、棒花鮈、北方须鳅、泥鳅；②大型底栖动物：优势种有摇蚊、长跗摇蚊；③藻类：优势种有谷皮菱形藻、小片菱形藻很小变种、放射舟形藻柔弱变种、近缘曲壳藻、简单舟形藻，敏感种有窄异极藻、膨胀桥弯藻、胡斯特桥弯藻、近缘桥弯藻、岩生桥弯藻（*Cymbella rupicola*）。

2）群落。①鱼类：调查样点 1 个，物种数为 7 种（Ⅳ级），香农 – 维纳多样性指数为 1.16（Ⅳ级），鱼类生物完整性指数为 63.75（Ⅱ级）；②大型底栖动物：调查样点 1 个，物种数为 3 种（Ⅵ级），EPT 物种数为 0（Ⅴ级），香农 – 维纳多样性指数为 0.71（Ⅵ级），底栖动物完整性指数（B-IBI）为 0.67（Ⅵ级），BMWP 指数为 9（Ⅵ级），BI 指数为 7.36（Ⅵ级）；③藻类：调查样点 1 个，物种数为 19 种（Ⅲ级），香农 – 维纳多样性指数为 2.88（Ⅲ级），A-IBI 为 6.59（Ⅲ级），IBD 为 10.3（Ⅳ级），BP 为 0.38（Ⅳ级），敏感种分类单元数为 5，可运动硅藻百分比为 87%，具柄硅藻百分比为 5%。

3）水化学特征。DO 为 6.19mg/L，NH_3-N 为 0.37mg/L，TP 为 0.35mg/L，COD 为 8.05mg/L。

4）河流健康指数。根据基本水质、营养盐、藻类、底栖动物、鱼类综合评价，河流健康等级为一般（综合评分为 0.43）。

保护目标如下。

1）物种。鱼类：潜在种达里湖高原鳅。

2）群落。①鱼类：总物种数Ⅲ级（8 ～ 10 种），香农 – 维纳多样性指数Ⅲ级（1.18 ～ 1.61），鱼类生物完整性指数 Ⅰ级（≥ 73.23）；②大型底栖动物：物种丰富度Ⅳ级（9 ～ 13 种），EPT 物种数Ⅳ级（2 ～ 3），香农 – 维纳多样性指数Ⅳ级（1.66 ～ 1.98），底栖动物完整性指数（B-IBI）Ⅳ级（2.46 ～ 3.16），BMWP 指数Ⅳ级（34 ～ 37），BI 为Ⅳ级（6.56 ～ 7.08）；③藻类：总物种数 Ⅱ级（27 ～ 33 种），香农 – 维纳多样性指数 Ⅱ级（3.63 ～ 4.43），A-IBI 为Ⅱ级（8.13 ～ 10.84），IBD 为Ⅲ级（12.76 ～ 16.37），BP 为Ⅲ级（0.46 ～ 0.62）。

5.2.16 翁牛特旗西拉木伦河本土特有物种生境功能区（Ⅰ-02-02-03）

面积：1803.96km^2。

行政区：赤峰市的巴林右旗（大板镇）、克什克腾旗（土城子镇、万合永镇）、林西县（十二吐乡、双井店乡、下场乡、新城子镇）、翁牛特旗（广德公镇、乌丹镇、五分地镇）。

水系名称 / 河长：西拉木伦河、仗房河；以一级河流为主，河流总长度为 242.75km，其中一级河流长 142.72km，二级河流长 71.64km，三级河流长 19.79km，五级河流长 8.59km。

河段生境类型：部分限制性低度蜿蜒支流。

生态功能：本土特有物种生境保护功能。

服务功能：接触性休闲娱乐功能、非接触性休闲娱乐功能、地下水补给功能。

社会经济压力（2010 年）：①土地利用。以草地为主，占该区面积的 50.56%，耕地占 29.72%，林地占 10.35%，河流占 2.01%，居住用地占 1.36%。②人口。区域总人口为 50 851 人，每平方千米超过 28 人。③ GDP。区域 GDP 为 119 840 万元，每平方千米 GDP 为 66.43 万元。

5.2.17 翁牛特旗少郎河生物多样性维持功能区（Ⅰ-02-03-01）

面积：2342.18km^2。

行政区：赤峰市的巴林右旗（西拉沐沦苏木）、克什克腾旗（新开地乡、芝瑞镇）、翁牛特旗（阿什罕苏木、广德公镇、海拉苏镇、桥头镇、乌丹镇、梧桐花镇、五分地镇、亿合公镇）。

水系名称 / 河长：少郎河；以二级河流为主，河流总长度为 227.05km，其中一级河流长 55.89km，二级河流长 170.31km，六级河流长 0.85km。

河段生境类型：部分限制性低度蜿蜒支流、非限制性中度蜿蜒支流。

生态功能：生物多样性维持功能、自然保护功能。

服务功能：农业用水功能、接触性休闲娱乐功能、非接触性休闲娱乐功能、地下水补给功能、水质净化功能。

社会经济压力（2010 年）：①土地利用。以草地和耕地为主，分别占该区面积的 41.61% 和 33.71%；林地占 9.25%，居住用地占 2.49%，河流占 1.87%。②人口。区域总人口为 168 981 人，每平方千米超过 72 人。③ GDP。区域 GDP 为 200 648 万元，每平方千米 GDP 为 85.67 万元。

现状：生境。灯笼河草原生态系统及珍禽市级保护区，松树山湿地生态系统及野生动植物省级保护区。

5.2.18 翁牛特旗羊肠子河优良生境功能区（Ⅰ-03-01-01）

面积：1298.35km^2。

行政区：赤峰市的松山区（当铺地镇、岗子乡、上官地镇）、翁牛特旗（广德公镇、解放营子乡、桥头镇、梧桐花镇、亿合公镇）。

水系名称／河长：羊肠子河；以一级河流为主，河流总长度为138.90km，其中一级河流长78.59km，二级河流长9.97km，三级河流长50.34km。

河段生境类型：部分限制性中度蜿蜒支流、非限制性中度蜿蜒支流。

生态功能：优良生境保护功能。

服务功能：接触性休闲娱乐功能。

社会经济压力（2010年）：①土地利用。以耕地为主，占该区面积的55.10%，林地占9.48%，草地占31.00%，河流占1.66%，居住用地占2.60%。②人口。区域总人口为66 495人，每平方千米超过51人。③ GDP。区域GDP为137 142万元，每平方千米GDP为105.63万元。

5.2.19 赤峰市老哈河水资源供给功能区（Ⅰ-03-01-02）

面积：10 569.50km^2。

行政区：①朝阳市的建平县（白山乡、昌隆永镇、二十家子镇、哈拉道口镇、黑水镇、建平镇、喀喇沁镇、奎德素镇、老官地镇、罗卜沟乡、马场镇、青峰山乡、三家蒙古族乡、沙海镇、烧锅营子乡、深井镇、太平庄乡、小塘镇、杨树岭、义成功、张家营子乡）、凌源市（万元店镇）；②承德市的平泉县（茅兰沟满族蒙古族乡、平房满族蒙古族乡、台头山乡、榆树林子镇）；③赤峰市的敖汉旗（萨力巴乡、四道湾子镇、四家子镇、新惠镇）、红山区（长青街道、城郊乡、东城街道、哈达街道、红庙子镇、南新街街道、桥北镇、三中街街道、铁南街道、文钟镇、西屯街道、永巨街道、站前街道）、喀喇沁旗（乃林镇、牛家营子镇、十家满族乡、西桥镇）、宁城县（八里罕镇、必斯营子乡、大城子镇、大明镇、大双庙镇、甸子镇、忙农镇、三座店乡、天义镇、五化镇、汐子镇、小城子镇）、松山区（安庆镇、城子乡、初头朗镇、大夫营子乡、大庙镇、当铺地镇、岗子乡、哈拉道口镇、穆家营子镇、上官地镇、松州街道、太平地镇、铁东街道、王府镇、夏家店乡、向阳街道、振兴街道）、翁牛特旗（阿什罕苏木、广德公镇、解放营子乡、桥头镇、乌丹镇、乌敦套海镇、梧桐花镇、亿合公镇）、元宝山区（风水沟镇、美丽河镇、平庄镇、五家镇、元宝山镇）。

水系名称／河长：昭苏河、英金河、英金河第一干渠、老哈河、蹦蹦河、坤头河；以一级河流为主，河流总长度为968.77km，其中一级河流长562.57km，二级河流长146.84km，三级河流长 90.45km，四级河流长 168.91km。

河段生境类型：非限制性低度蜿蜒支流、非限制性中度蜿蜒支流、部分限制性高度蜿蜒支流。

生态功能：自然保护功能、优良生境保护功能。

服务功能：农业用水功能、工业用水功能、接触性休闲娱乐功能、非接触性休闲娱乐功能、地下水补给功能、水质净化功能。

社会经济压力（2010 年）：①土地利用。以耕地为主，占该区面积的 59.73%，林地占 20.27%，草地占 13.62%，居住用地占 4.63%，河流占 1.17%。②人口。区域总人口为 1 568 060 人，每平方千米超过 148 人。③ GDP。区域 GDP 为 4 474 930 万元，每平方千米 GDP 为 423.38 万元。

现状如下。

1）物种。①鱼类：优势种有洛氏鱥、马口鱼、棒花鱼、清徐胡鮈、北方须鳅、鲫、麦穗鱼、泥鳅、鲤、纵纹北鳅、大鳞副泥鳅，敏感种有洛氏鱥、北方花鳅；②大型底栖动物：优势种有 *Hydropsyche kozhantschikovi*、热水四节蜉、摇蚊、奇埠扁蚴蜉、长跗摇蚊、三斑小蜉、无突摇蚊、*Ephemerella setigera*、钩虾、耳萝卜螺，敏感种有耳萝卜螺，伞护种有 *Serratella setigera*、三斑小蜉、钩虾；③藻类：优势种有小片菱形藻很小变种、窄异极藻、谷皮菱形藻、高舟形藻、平片针杆藻、瞳孔舟形藻、钝脆杆藻、梅尼小环藻（*Cyclotella meneghiniana*）、小桥弯藻，敏感种有短线脆杆藻、钝脆杆藻、*Navicula tenelloides*、*Navicula bryophila*、窄异极藻、膨胀桥弯藻、短小舟形藻、橄榄绿色异极藻、近缘桥弯藻、小形异极藻近椭圆变种、平片针杆藻、梅尼小环藻、小桥弯藻。

2）群落。①鱼类：调查样点 3 个，物种数为 4 ～ 9 种（Ⅲ～Ⅴ级），香农 - 维纳多样性指数为 1.24 ～ 1.92（Ⅱ～Ⅲ级），鱼类生物完整性指数为 56.87 ～ 78.60（Ⅰ～Ⅲ级）；②大型底栖动物：调查样点 3 个，物种数为 6 ～ 15 种（Ⅲ～Ⅴ级），EPT 物种数为 1 ～ 10 种（Ⅱ～Ⅴ级），香农 - 维纳多样性指数为 1.00 ～ 2.14（Ⅲ～Ⅵ级），底栖动物完整性指数（B-IBI）为 1.02 ～ 4.43（Ⅱ～Ⅵ级），BMWP 指数为 19 ～ 90（Ⅰ～Ⅵ级），BI 为 4.38 ～ 7.98（Ⅰ～Ⅵ级）；③藻类：调查样点 3 个，物种数为 8 ～ 32 种（Ⅱ～Ⅴ级），香农 - 维纳多样性指数为 2.21 ～ 4.08（Ⅱ～Ⅳ级），A-IBI 为 4.56 ～ 7.09（Ⅲ～Ⅳ级），IBD 为 6.9 ～ 10.1（Ⅳ～Ⅴ级），BP 为 0.14 ～ 0.53（Ⅲ～Ⅴ级），敏感种分类单元数为 5 ～ 9，可运动硅藻百分比为 49% ～ 78%，具柄硅藻百分比为 8% ～ 14%。

3）水化学特征。DO 为 5.80 ～ 9.10mg/L，NH_3-N 为 0.14 ～ 0.17mg/L，TP 为 0.01 ～ 0.04mg/L，COD 为 1.41 ～ 12.60mg/L。

4）生境。赤峰红山岩体及古文化遗址县级保护区，上窝铺森林生态系统及珍稀野生动植物县级保护区。

5）河流健康指数：根据基本水质、营养盐、藻类、底栖动物、鱼类综合评价，河流健康等级为一般～良（综合评分为0.42～0.61）。

保护目标：群落。①鱼类：总物种数Ⅲ级（8～10种），香农－维纳多样性指数Ⅱ级（1.61～2.05），鱼类生物完整性指数Ⅰ级（≥73.23）；②大型底栖动物：物种丰富度Ⅲ级（13～18种），EPT物种数Ⅲ级（3～6），香农－维纳多样性指数Ⅲ级（1.98～2.31），底栖动物完整性指数（B-IBI）Ⅲ级（3.16～3.85），BMWP指数Ⅲ级（37～48），BI为Ⅲ级（5.70～6.56）；③藻类：总物种数Ⅱ级（27～33种），香农－维纳多样性指数Ⅱ级（3.63～4.43），A-IBI为Ⅱ级（8.13～10.84），IBD为Ⅳ级（9.14～12.75），BP为Ⅳ级（0.29～0.45）。

5.2.20 宁城县坤头河优良生境功能区（Ⅰ-03-01-03）

面积：1584.40km^2。

行政区：①朝阳市建平县（老官地镇）；②赤峰市的红山区（文钟镇）、喀喇沁旗（锦山镇、美林镇、乃林镇、牛家营子镇、十家满族乡、王爷府镇、西桥镇）、宁城县（八里罕镇、大城子镇、三座店乡、小城子镇）、元宝山区（美丽河镇、平庄城区街道、平庄镇、五家镇、西露天街道）。

水系名称/河长：坤头河；以一级河流为主，河流总长度为276.33km，其中一级河流长172.42km，二级河流长103.91km。

河段生境类型：部分限制性低度蜿蜒支流。

生态功能：优良生境保护功能。

服务功能：接触性休闲娱乐功能、非接触性休闲娱乐功能、地下水补给功能。

社会经济压力（2010年）：①土地利用。以林地为主，占该区面积的54.45%，耕地占32.84%，草地占7.28%，居住用地占3.69%，河流占0.61%。②人口。区域总人口为378 530人，每平方千米不足239人。③GDP。区域GDP为937 996万元，每平方千米GDP为592.02万元。

现状如下。

1）物种。①鱼类：优势种有洛氏鱥、马口鱼、棒花鱼、麦穗鱼、北方须鳅；②大型底栖动物：优势种有 *Hydropsyche kozhantschikovi*、热水四节蜉、摇蚊，敏感种耳萝卜螺，伞护种有宽叶高翔蜉、*Serratella setigera*、三斑小蜉、朝大蚊、石蛭；③藻类：优势种有窄异极藻、近缘桥弯藻、简单舟形藻、放射舟形藻柔弱变种、细端菱形藻，敏感种有短线脆杆藻、钝脆杆藻、窄异极藻、膨胀桥弯藻、胡斯特桥弯藻、短小舟形藻、橄榄绿色异极藻、近缘桥弯藻。

2）群落。①鱼类：调查样点1个，物种数为8种（Ⅲ级），香农－维纳多样性指数为1.67

（Ⅱ级），鱼类生物完整性指数为 54.65（Ⅲ级）；②大型底栖动物：调查样点 1 个，物种数为 22 种（Ⅰ级），EPT 物种数为 9（Ⅱ级），香农－维纳多样性指数为 2.02（Ⅲ级），底栖动物完整性指数（B-IBI）为 4.61（Ⅰ级），BMWP 指数为 93（Ⅰ级），BI 为 5.44（Ⅱ级）；③藻类：调查样点 1 个，物种数为 25 种（Ⅲ级），香农－维纳多样性指数为 3.40（Ⅲ级），A-IBI 为 10（Ⅱ级），IBD 为 16.6（Ⅱ级），BP 为 0.23（Ⅴ级），敏感种分类单元数为 8，可运动硅藻百分比为 31%，具柄硅藻百分比为 26%。

3）水化学特征。DO 为 8.01mg/L，NH_3-N 为 0.14mg/L，TP 为 0.03mg/L，COD 为 2.58mg/L。

4）河流健康指数。根据基本水质、营养盐、藻类、底栖动物、鱼类综合评价，河流健康等级为良（综合评分为 0.63）。

保护目标：群落。①鱼类：总物种数Ⅱ级（11 ～ 13 种），香农－维纳多样性指数Ⅰ级（≥ 2.05），鱼类生物完整性指数Ⅱ级（61.75 ～ 73.23）；②大型底栖动物，物种丰富度Ⅱ级（18 ～ 22 种），EPT 物种数Ⅱ级（6 ～ 15），香农－维纳多样性指数Ⅱ级（2.31 ～ 2.63），底栖动物完整性指数（B-IBI）Ⅱ级（3.85 ～ 4.54），BMWP 指数Ⅱ级（48 ～ 74），BI 为Ⅱ级（4.51 ～ 5.70）；③藻类，总物种数Ⅰ级（≥ 34 种），香农－维纳多样性指数Ⅱ级（3.63 ～ 4.43），A-IBI 为Ⅱ级（≥ 10.85），IBD 为Ⅰ级（≥ 20），BP 为Ⅳ级（0.29 ～ 0.45）。

5.2.21　平泉县老哈河源头优良生境功能区（Ⅰ-03-01-04）

面积：629.42km^2。

行政区：①承德市平泉县（黄土梁子镇、柳溪满族乡、茅兰沟满族蒙古族乡、蒙和乌苏蒙古族乡、平房满族蒙古族乡、台头山乡、卧龙镇、榆树林子镇）；②赤峰市宁城县（八里罕镇、必斯营子乡、大双庙镇、甸子镇、黑里河镇）。

水系名称 / 河长：老哈河、八里罕河；以一级河流为主，河流总长度为 97.73km，其中一级河流长 60.43km，三级河流长 11.31km，四级规划长 25.99km。

河段生境类型：部分限制性低度蜿蜒支流。

生态功能：优良生境保护功能。

服务功能：农业用水功能、接触性休闲娱乐功能、地下水补给功能。

社会经济压力（2010 年）：①土地利用。以耕地和林地为主，分别占该区面积的 50.17% 和 42.86%，草地占 3.34%，居住用地占 2.76%，河流占 0.66%。②人口。区域总人口为 73 995 人，每平方千米不足 118 人。③ GDP。区域 GDP 为 127 187 万元，每平方千米 GDP 为 202.07 万元。

现状如下。

1）物种。①鱼类：优势种有洛氏鱥、马口鱼、麦穗鱼、北方须鳅、北方花鳅、鲫、棒花鱼，敏感种有洛氏鱥、北方花鳅；②大型底栖动物：优势种有 *Hydropsyche kozhantschikovi*、*Ephemerella setigera*、摇蚊、钩虾、朝大蚊、大蚊、旋螺，敏感种有耳萝卜螺、*Radix auracularis*，伞护种有三斑小蜉、宽叶高翔蜉、朝大蚊、*Serratella setigera*、钩虾、石蛭、钩虾；③藻类：优势种有窄异极藻、平片针杆藻，敏感种有窄异极藻、平片针杆藻。

2）群落。①鱼类：调查样点 2 个，物种数分别为 6 种、10 种（Ⅲ、Ⅳ级），香农－维纳多样性指数分别为 1.38、1.71（Ⅱ、Ⅲ级），鱼类生物完整性指数分别为 60.58、66.88（Ⅱ、Ⅲ级）；②大型底栖动物：调查样点 2 个，物种数分别为 16 种、21 种（Ⅱ、Ⅲ级），EPT 物种数分别为 5 种、9 种（Ⅱ、Ⅲ级），香农－维纳多样性指数分别为 1.68、2.39（Ⅱ、Ⅳ级），底栖动物完整性指数（B-IBI）分别为 4.04、4.67（Ⅰ、Ⅱ级），BMWP 指数分别为 75、98（Ⅰ级），BI 分别为 5.51、6.12（Ⅱ、Ⅲ级）；③藻类：调查样点 1 个，物种数为 2 种（Ⅵ级），香农－维纳多样性指数为 1（Ⅵ级），A-IBI 为 1（Ⅴ级），IBD 为 1（Ⅵ级），BP 为 0.50（Ⅲ级），敏感种分类单元数为 2，可运动硅藻百分比为 0，具柄硅藻百分比为 50%。

3）水化学特征。DO 为 8.04mg/L、8.75 mg/L，NH_3-N 为 0.08mg/L、0.17mg/L，TP 为 0.02mg/L、0.05mg/L，COD 为 1.41mg/L、2.71mg/L。

4）河流健康指数。根据基本水质、营养盐、藻类、底栖动物、鱼类综合评价，河流健康等级为一般（综合评分为 0.51 ～ 0.58）。

保护目标：群落。①鱼类：总物种数Ⅱ级（11 ～ 13 种），香农－维纳多样性指数Ⅱ级（1.61 ～ 2.05），类生物完整性指数（F-IBI）Ⅰ级（≥ 73.23）；②大型底栖动物：物种丰富度Ⅲ级（13 ～ 18 种），EPT 物种数Ⅲ级（3 ～ 6），香农－维纳多样性指数Ⅲ级（1.98 ～ 2.31），底栖动物完整性指数（B-IBI）Ⅲ级（3.16 ～ 3.85），BMWP 指数Ⅲ级（37 ～ 48），BI 为Ⅲ级（5.70 ～ 6.56）；③藻类：总物种数Ⅴ级（3 ～ 10 种），香农－维纳多样性指数Ⅴ级（1.23 ～ 2.02），A-IBI 为Ⅳ级（2.71 ～ 5.41），IBD 为Ⅴ级（5.52 ～ 9.13），BP 为Ⅱ级（0.63 ～ 0.79）。

5.2.22　赤峰市羊肠子河水资源供给功能区（Ⅰ-03-01-05）

面积：185.38km^2。

行政区：赤峰市的敖汉旗（古鲁板蒿乡）、松山区（哈拉道口镇、太平地镇）、翁牛特旗（乌敦套海镇）。

水系名称 / 河长：羊肠子河；以三级河流为主，河流总长度为 53.38km，其中三级河流长 53.20km，五级河流长 0.18km。

河段生境类型：非限制性高度蜿蜒支流。

服务功能：农业用水功能、接触性休闲娱乐功能、地下水补给功能、水力发电功能。

社会经济压力（2010 年）：①土地利用。以耕地为主，占该区面积的 87.80%，居住用地占 4.72%，草地占 2.34%，河流占 2.05%，林地占 1.55%。②人口。区域总人口为 41 543 人，每平方千米约为 224 人。③ GDP。区域 GDP 为 75 453.2 万元，每平方千米 GDP 为 407.02 万元。

5.2.23 建平县老哈河生物多样性维持功能区（Ⅰ-03-01-06）

面积：584.56km^2。

行政区：①朝阳市建平县（哈拉道口镇、老官地镇、烧锅营子）；②赤峰市的敖汉旗（古鲁板蒿乡、萨力巴乡、四道湾子镇）、松山区（安庆镇、哈拉道口镇、太平地镇、夏家店乡）、翁牛特旗（乌敦套海镇）、元宝山区（风水沟镇、元宝山镇）。

水系名称 / 河长：老哈河；以五级河流为主，河流总长度为 82.16km，其中二级河流长 0.02km，四级河流长 29.48km，五级河流长 52.65km。

河段生境类型：非限制性高度蜿蜒支流、非限制性中度蜿蜒干流、非限制性低度蜿蜒干流。

生态功能：生物多样性维持功能、自然保护功能。

服务功能：农业用水功能、接触性休闲娱乐功能、非接触性休闲娱乐功能、地下水补给功能、水质净化功能。

社会经济压力（2010 年）：①土地利用。以耕地为主，占该区面积的 54.13%，林地占 22.48%，草地占 15.86%，河流占 1.87%，居住用地占 3.96%。②人口。区域总人口为 77 480 人，每平方千米不足 133 人。③ GDP。区域 GDP 为 314 662 万元，每平方千米 GDP 为 538.29 万元。

现状：生境。小河沿珍稀鸟类及湿地省级保护区。

5.2.24 敖汉旗教来河水资源供给功能区（Ⅰ-03-02-01）

面积：2913.22km^2。

行政区：①朝阳市建平县（二十家子镇、喀喇沁镇、罗卜沟乡、马场镇）；②赤峰市敖汉旗（贝子府镇、丰收乡、金厂沟梁镇、玛尼罕乡、牛古吐乡、萨力巴乡、四道湾子镇、四家子镇、新惠镇）。

水系名称 / 河长：孟克河、教来河、白塔子河；以一级河流为主，河流总长度为 308.29km，其中一级河流长 241.49km，二级河流长 66.80km。

河段生境类型：非限制性中度蜿蜒支流、部分限制性低度蜿蜒支流，季节性河流。

生态功能：自然保护功能。

服务功能：农业用水功能、泥沙输送功能。

社会经济压力（2010 年）：①土地利用。以耕地为主，占该区面积的 55.56%，林地占 37.64%，草地占 2.94%，居住用地占 2.46%，河流占 1.14%。②人口。区域总人口为 215 297 人，每平方千米约为 74 人。③ GDP。区域 GDP 为 321 038 万元，每平方千米 GDP 为 110.20 万元。

现状：生境。大黑山天然阔叶林国家级保护区。

5.2.25　扎鲁特旗嘎亥图郭勒部分限制性支流区（I-04-01-01）

面积：4488.62km^2。

行政区：①通辽市扎鲁特旗（巴雅尔吐胡硕镇、嘎亥图镇、格日朝鲁苏木、黄花山镇、巨日合镇、联合屯镇、鲁北镇、毛都苏木、太平山乡、乌额格其苏木、乌兰哈达苏木、香山镇）；②兴安盟科尔沁右翼中旗（巴彦呼舒镇、白音胡硕镇、杜尔基镇）。

水系名称 / 河长：塔拉布拉克郭勒河、嘎亥图郭勒河、双井郭勒河、达巴艾郭勒河、塔布呼都格郭勒河、呼浜郭勒河、哈尔岔老河、腾格勒郭勒河；以一级河流为主，河流总长度为 587.54km，其中一级河流长 344.52km，二级河流长 193.71km，三级河流长 49.31km。

河段生境类型：部分限制性低度蜿蜒支流，季节性河流。

生态功能：自然保护功能。

服务功能：接触性休闲娱乐功能。

社会经济压力（2010 年）：①土地利用。以耕地和林地为主，分别占该区面积的 34.67% 和 34.01%，草地占 29.54%，居住用地占 1.38%，河流占 0.20%。②人口。区域总人口为 92 476 人，每平方千米约为 21 人。③ GDP。区域 GDP 为 358 234 万元，每平方千米 GDP 为 79.81 万元。

现状：生境。嘎达苏大兰山天然次生林县级保护区，荷叶花湿地珍禽湿地生态系统及水禽省级保护区。

5.2.26　扎鲁特旗腾格勒郭勒非限制性支流区（I-04-01-02）

面积：4894.78km^2。

行政区：①赤峰市阿鲁科尔沁旗（赛罕塔拉苏木）；②通辽市扎鲁特旗（巴彦芒哈苏木、巴彦塔拉苏木、查布嘎图苏木、道老杜苏木、嘎达苏种畜场、罕山镇、黄花山镇、联合屯镇、鲁北镇、毛都苏木、前德门苏木、太平山乡、乌额格其苏木、乌力吉木仁苏木、香山镇）；③兴安盟科尔沁右翼中旗(巴彦茫哈苏木、巴彦淖尔苏木、白音胡硕镇、高力板镇、好腰苏木镇)。

水系名称 / 河长：鲁北河、腾格勒郭勒河；以一级河流为主，河流总长度为 622.97km，其中一级河流长 289.39km，二级河流长 131km，三级河流长 186.86km，四级河流长 15.72km。

河段生境类型：非限制性低度蜿蜒支流、非限制性中度蜿蜒支流，季节性河流。

生态功能：自然保护功能。

社会经济压力（2010 年）：①土地利用。以草地和耕地为主，分别占该区面积的 44.94% 和 41.59%，林地占 5.54%，居住用地占 1.57%，河流占 0.84%。②人口。区域总人口为 161 434 人，每平方千米约为 33 人。③ GDP。区域 GDP 为 469 359 万元，每平方千米 GDP 为 95.89 万元。

现状：生境。查布嘎吐嫦娥山森林生态系统市级保护区，公爷仓森林生态系统市级保护区。

5.2.27 阿鲁科尔沁旗乌力吉木仁河优良生境功能区（Ⅰ-04-02-01）

面积：3586.45km^2。

行政区：①赤峰市阿鲁科尔沁旗（罕苏木苏木、坤都镇、赛罕塔拉苏木、绍根镇、天山口镇、天山镇、新民乡）；②通辽市扎鲁特旗（巴彦塔拉苏木、查布嘎图苏木、格日朝鲁苏木、罕山镇、太平山乡、乌力吉木仁苏木、香山镇）。

水系名称 / 河长：巴彦塔拉河、海黑令郭勒河、海哈尔郭勒河；以四级河流为主，河流总长度为 289.48km，其中一级河流长 70.18km，二级河流长 45.03km，三级河流长 54.89km，四级河流长 119.38km。

河段生境类型：非限制性低度蜿蜒支流、部分限制性低度蜿蜒支流，季节性河流。

生态功能：优良生境保护功能。

服务功能：饮用水功能、农业用水功能、非接触性休闲娱乐功能。

社会经济压力（2010 年）：①土地利用。以草地为主，占该区面积的 72.09%，林地占 3.78%，耕地占 17.13%，河流占 0.69%，居住用地占 0.41%。②人口。区域总人口为 58 129 人，每平方千米约为 16 人。③ GDP。区域 GDP 为 188 647 万元，每平方千米 GDP 为 52.60 万元。

5.2.28 阿鲁科尔沁旗乌力吉木仁河非限制性支流区（Ⅰ-04-02-02）

面积：4496.51km^2。

行政区：赤峰市的阿鲁科尔沁旗（巴拉奇如德苏木、巴彦花镇、坤都镇、赛罕塔拉苏木、绍根镇、双胜镇、天山街道、天山口镇、天山镇、先锋乡、新民乡）、巴林右旗（宝日勿苏镇、西拉沐沦苏木）、巴林左旗（查干哈达苏木、林东东城街道、林东西城街道、林东镇、隆昌镇、十三敖包镇）。

水系名称 / 河长：群英河、新开河、天山西河、乌力吉木仁河；以一级河流为主，河流总长度为 441.21km，其中一级河流长 230.23km，二级河流长 97.22km，三级河流长 113.77km。

河段生境类型：非限制性高度蜿蜒支流，季节性河流。

生态功能：自然保护功能。

服务功能：饮用水功能、农业用水功能、水质净化功能。

社会经济压力（2010 年）：①土地利用。以草地为主，占该区面积的 68.46%，耕地占 19.42%，林地占 7.81%，居住用地占 1.81%，河流占 0.44%。②人口。区域总人口为 262 543 人，每平方千米约为 58 人。③ GDP。区域 GDP 为 442 109 万元，每平方千米 GDP 为 98.32 万元。

现状：生境。阿鲁科尔沁草原、湿地及珍稀鸟类国家级保护区。

5.2.29 巴林右旗哈通河非限制性支流区（Ⅰ-04-02-03）

面积：2313.10km^2。

行政区：赤峰市的巴林右旗（巴彦塔拉苏木、宝日勿苏镇、查干诺尔镇、西拉沐沦苏木）、巴林左旗（查干哈达苏木、隆昌镇）。

水系名称 / 河长：哈通河；以一级河流为主，河流总长度为 233.19km，其中一级河流长 136.78km，二级河流长 81.72km，三级河流长 14.69km。

河段生境类型：非限制性低度蜿蜒支流、部分限制性中度蜿蜒支流，季节性河流。

生态功能：自然保护功能。

服务功能：接触性休闲娱乐功能、地下水补给功能。

社会经济压力（2010 年）：①土地利用。以草地为主，占该区面积的 65.31%，耕地占 17.19%，林地占 11.80%，居住用地占 1.70%，河流占 0.58%。②人口。区域总人口为 55 523 人，每平方千米约为 24 人。③ GDP。区域 GDP 为 147 662 万元，每平方千米 GDP 为 63.84 万元。

现状：生境。平顶山 – 七锅山地质遗迹省级保护区。

5.2.30 翁牛特旗西拉木伦河生物多样性维持功能区（Ⅰ-04-02-04）

面积：962.03km^2。

行政区：赤峰市的巴林右旗（宝日勿苏镇、查干诺尔镇、大板镇、西拉沐沦苏木）、翁牛特旗（海拉苏镇、乌丹镇）。

水系名称 / 河长：西拉木伦河；只有六级河流，河流总长度为 29.89km。

河段生境类型：非限制性低度蜿蜒干流。

生态功能：生物多样性维持功能。

服务功能：接触性休闲娱乐功能、非接触性休闲娱乐功能。

社会经济压力（2010 年）：①土地利用。以草地为主，占该区面积的 61.19%，林地占 6.99%，耕地占 5.36%，河流占 2.50%，居住用地占 0.59%。②人口。区域总人口为 10 869 人，每平方千米约为 11 人。③ GDP。区域 GDP 为 30 003.9 万元，每平方千米 GDP 为 31.19 万元。

5.2.31 巴林右旗西拉木伦河地下水补给功能区（Ⅰ-04-02-05）

面积：636.00km^2。

行政区：赤峰市的巴林右旗（查干诺尔镇、大板镇）、翁牛特旗（乌丹镇）。

水系名称 / 河长：西拉木伦河、查干木伦河；以五级河流为主，河流总长度为 69.90km，其中二级河流长 3.35km，三级河流长 0.14km，五级河流长 66.41km。

河段生境类型：非限制性中度蜿蜒支流。

服务功能：接触性休闲娱乐功能、非接触性休闲娱乐功能、地下水补给功能。

社会经济压力（2010 年）：①土地利用。以草地为主，占该区面积的 75.76%，耕地占 6.14%，河流占 5.81%，林地占 5.12%，居住用地占 0.45%。②人口。区域总人口为 8659 人，每平方千米约为 14 人。③ GDP。区域 GDP 为 23 379.3 万元，每平方千米 GDP 为 36.76 万元。

5.2.32 扎鲁特旗乌力吉木仁河非限制性干流区（Ⅰ-04-03-01）

面积：1831.11km^2。

行政区：①通辽市的科尔沁左翼中旗（花胡硕苏木、珠日河牧场）、扎鲁特旗（巴彦芒哈苏木、查布嘎图苏木、道老杜苏木、前德门苏木）；②兴安盟科尔沁右翼中旗（巴彦茫哈苏木、好腰苏木镇）。

水系名称 / 河长：乌力吉木仁河；以五级河流为主，河流总长度为 136.42km，其中一级河流长 35.62km，五级河流长 100.80km。

河段生境类型：非限制性高度蜿蜒干流，季节性河流。

服务功能：非接触性休闲娱乐功能。

社会经济压力（2010 年）：①土地利用。以草地为主，占该区面积的 60.00%，耕地占 22.10%，林地占 2.25%，居住用地占 0.7%，河流占 0.01%。②人口。区域总人口为 17 286 人，每平方千米约为 9 人。③ GDP。区域 GDP 为 76 100.6 万元，每平方千米 GDP 为 41.56 万元。

5.2.33 开鲁县乌力吉木仁河非限制性干流区（Ⅰ-04-03-02）

面积：1340.93km^2。

行政区：通辽市的开鲁县（建华镇、开鲁镇、小街基镇）、科尔沁左翼中旗（珠日河牧场）、扎鲁特旗（查布嘎图苏木、乌力吉木仁苏木）。

水系名称 / 河长：乌力吉木伦河；以五级河流为主，河流总长度为 65.26km，其中一级河流长 16.22km，五级河流长 49.04km。

河段生境类型：非限制性中度蜿蜒干流，季节性河流。

服务功能：饮用水功能、非接触性休闲娱乐功能。

社会经济压力（2010 年）：①土地利用。以草地为主，占该区面积的 50.18%，耕地占 39.90%，林地占 1.08%，居住用地占 0.18%，河流占 0.03%。②人口。区域总人口为 12 487 人，每平方千米约为 9 人。③ GDP。区域 GDP 为 87 339.2 万元，每平方千米 GDP 为 65.13 万元。

5.2.34 科尔沁左翼中旗乌力吉木仁河非限制性支流区（Ⅱ-01-01-01）

面积：10 999.50km^2。

行政区：①白城市通榆县（包拉温都蒙古族乡、边昭镇、团结乡、新华镇、新乡、瞻榆镇）；②四平市的公主岭市（玻璃城子镇）、双辽市（玻璃山镇、服先镇、红旗镇、柳条乡、茂林镇、双山镇、卧虎镇、兴隆镇、永加乡）；③松原市长岭县（八十八乡、北正镇、大兴镇、东岭乡、东六号乡、海青乡、利发盛镇、流水镇、前七号镇、三团乡、太平川镇、新安镇、腰索子乡）；④通辽市的科尔沁左翼中旗（保康镇、代力吉镇、额伦索克苏木、丰库牧场、哈日干吐苏木、海力锦苏木、花胡硕苏木、架玛吐镇、努日木镇、七棵树乡、胜利乡、图布信苏木、团结乡、新河乡、腰林毛都镇、珠日河牧场）、扎鲁特旗（巴彦芒哈苏木）；⑤兴安盟科尔沁右翼中旗（巴彦茫哈苏木、巴彦淖尔苏木、好腰苏木镇）。

水系名称 / 河长：乌力吉木仁河、新开河支流；以一级河流为主，河流总长度为 814.32km，其中一级河流长 424.52km，二级河流长 168.56km，三级河流长 85.91km，五级河流长 135.34km。

河段生境类型：非限制性低度蜿蜒支流，季节性河流。

生态功能：自然保护功能。

服务功能：接触性休闲娱乐功能、非接触性休闲娱乐功能。

社会经济压力（2010 年）：①土地利用。以耕地为主，占该区面积的 60.65%，草地占 16.68%，林地占 5.45%，居住用地占 3.10%，河流占 0.04%。②人口。区域总人口为 778 514 人，每平方千米约为 71 人。③ GDP。区域 GDP 为 1 837 170 万元，每平方千米 GDP 为 167.02 万元。

现状如下。

1）物种。①鱼类：优势种有鲫、䱗、棒花鱼、泥鳅、波氏吻鰕虎鱼，敏感种青鳉；②大型底栖动物：优势种有摇蚊、旋螺、霍甫水丝蚓，敏感种有耳萝卜螺，伞护种有钩虾；③藻类：优势种有近缘曲壳藻、放射舟形藻柔弱变种、小桥弯藻、梅尼小环藻、高舟形藻，敏感种有钝脆杆藻、窄异极藻、胡斯特桥弯藻、短小舟形藻、小桥弯藻、近缘桥弯藻。

2）群落。①鱼类，调查样点 1 个，物种数为 7 种（Ⅳ级），香农－维纳多样性指数为 1.28（Ⅲ级），鱼类生物完整性指数为 48.25（Ⅳ级）；②大型底栖动物，调查样点 1 个，物种数为 9 种（Ⅳ级），EPT 物种数 0（Ⅴ级），香农－维纳多样性指数为 1.61（Ⅴ级），底栖动物完整性指数（B-IBI）为 2.86（Ⅳ级），BMWP 指数为 27（Ⅴ级），BI 为 7.21（Ⅴ级）；③藻类，调查样点 1 个，物种数为 21 种（Ⅲ级），香农－维纳多样性指数为 3.88（Ⅱ级），A-IBI 为 9.49（Ⅱ级），IBD 为 15.1（Ⅲ级），BP 为 0.15（Ⅴ级），敏感种分类单元数为 6，可运动硅藻百分比为 45%，具柄硅藻百分比为 18%。

3）水化学特征。DO 为 7.74mg/L，NH_3-N 为 0.40mg/L，TP 为 0.11mg/L，COD 为 21.58mg/L。

4）生境。包拉温都芦苇沼泽为主的天然湿地生态系统及珍稀野生动物栖息地和蒙古山杏林省级保护区，包罕森林生态系统县级保护区。

5）河流健康指数。根据基本水质、营养盐、藻类、底栖动物、鱼类综合评价，河流健康等级为一般（综合评分 0.45）。

保护目标：群落。①鱼类：总物种数Ⅲ级（8 ～ 10 种），香农－维纳多样性指数Ⅱ级（1.61 ～ 2.05），鱼类生物完整性指数Ⅲ级（50.27 ～ 61.75）；②大型底栖动物：物种丰富度Ⅳ级（9 ～ 13 种），EPT 物种数Ⅳ级（2 ～ 3），香农－维纳多样性指数Ⅳ级（1.66 ～ 1.98），底栖动物完整性指数（B-IBI）Ⅳ级（2.46 ～ 3.16），BMWP 指数Ⅳ级（34 ～ 37），BI 为Ⅳ级（6.56 ～ 7.08）；③藻类：总物种数Ⅱ级（27 ～ 33 种），香农－维纳多样性指数Ⅰ级（≥ 4.44），A-IBI 为Ⅰ级（≥ 10.85），IBD 为Ⅱ级（16.38 ～ 19.99），BP 为Ⅳ级（0.29 ～ 0.45）。

5.2.35 科尔沁左翼中旗新开河水资源供给功能区（Ⅱ-01-01-02）

面积：1977.23km^2。

行政区：①四平市双辽市（卧虎镇）；②通辽市的开鲁县（建华镇、开鲁镇、小街基镇、义和塔拉镇）、科尔沁左翼中旗（宝龙山镇、额伦索克苏木、哈日干吐苏木、海力锦苏木、花胡硕苏木、架玛吐镇、努日木镇、舍伯吐镇、胜利乡、团结乡、乌斯吐苏木、希伯花镇、新河乡、腰林毛都镇、珠日河牧场）。

水系名称 / 河长：新开河；以一级河流为主，河流总长度为 313.23km，其中一级河流长 110.91km，二级河流长 98.27km，三级河流长 55.84km，五级河流长 48.19km，六级河流长 0.02km。

河段生境类型：非限制性中度蜿蜒支流，季节性河流。

生态功能：自然保护功能。

服务功能：农业用水功能、接触性休闲娱乐功能、非接触性休闲娱乐功能、水质净化功能。

社会经济压力（2010 年）：①土地利用。以耕地为主，占该区面积的 68.32%，草地占 17.00%，林地占 1.85%，河流占 0.22%，居住用地占 4.10%。②人口。区域总人口为 141 014 人，每平方千米约为 71 人。③ GDP。区域 GDP 为 400 645 万元，每平方千米 GDP 为 202.63 万元。

现状如下。

1）物种。①鱼类：优势种有鲫、棒花鱼、麦穗鱼、北方须鳅、黄蚴，敏感种有青鳉；②大型底栖动物：优势种有细蜉、摇蚊、长跗摇蚊、原蚋、山瘤虻、旋螺、耳萝卜螺、霍甫水丝蚓，敏感种有耳萝卜螺，伞护种有苏氏尾鳃蚓；③藻类：优势种有简单舟形藻、放射舟形藻柔弱变种、双头等片藻（*Diatoma anceps*）、短线脆杆藻、*Navicula perminute*，敏感种有简单舟形藻、放射舟形藻柔弱变种、双头等片藻、短线脆杆藻、*Navicula perminute*。

2）群落。①鱼类：调查样点 1 个，物种数为 10 种（Ⅲ级），香农 – 维纳多样性指数为 1.08（Ⅳ级），鱼类生物完整性指数为 30.08（Ⅴ级）；②大型底栖动物：调查样点 1 个，物种数为 13 种（Ⅲ级），EPT 物种数为 2 种（Ⅳ级），香农 – 维纳多样性指数为 2.42（Ⅱ级），底栖动物完整性指数（B-IBI）为 3.23（Ⅲ级），BMWP 指数为 34（Ⅳ级），BI 为 5.95（Ⅲ级）；③藻类：调查样点 1 个，物种数为 5 种（Ⅴ级），香农 – 维纳多样性指数为 2.04（Ⅳ级），A-IBI 为 8.37（Ⅱ级），IBD 为 14.7（Ⅲ级），BP 为 0.36（Ⅳ级），敏感种分类单元数为 5，可运动硅藻百分比为 73%，具柄硅藻百分比为 0。

3）水化学特征。DO 为 8.41mg/L，NH_3-N 为 0.33mg/L，TP 为 0.09mg/L，COD 为 25.11mg/L。

4）生境。保安屯大柠条林森林生态系统及柠条林县级保护区，他拉干水库湿地生态系统县级保护区，花胡硕草原草甸及榆树林县级保护区。

5）河流健康指数。根据基本水质、营养盐、藻类、底栖动物、鱼类综合评价，河流健康等级为一般（综合评分为 0.41）。

保护目标：群落。①鱼类：总物种数Ⅱ级（11 ～ 13 种），香农 – 维纳多样性指数Ⅲ级（1.18 ～ 1.61），鱼类生物完整性指数Ⅳ级（38.80 ～ 50.27）；②大型底栖动物：物种丰富度Ⅳ级（9 ～ 13 种），EPT 物种数Ⅳ级（2 ～ 3），香农 – 维纳多样性指数Ⅳ级（1.66 ～ 1.98），底栖动物完整性指数（B-IBI）Ⅳ级（2.46 ～ 3.16），BMWP 指数Ⅳ级（34 ～ 37），BI 为Ⅳ级（6.56 ～ 7.08）；③藻类：总物种数Ⅴ级（3 ～ 10 种），香农 – 维纳多样性指数Ⅲ级（2.83 ～ 3.62），A-IBI 为Ⅰ级（≥ 10.85），IBD 为Ⅱ级（16.38 ～ 19.99），BP 为Ⅲ级（0.46 ～ 0.62）。

5.2.36 科尔沁左翼中旗新开河非限制性顺直河流区（Ⅱ-01-01-03）

面积：4965.85km^2。

行政区：通辽市的开鲁县（东风镇、建华镇、开鲁镇、小街基镇、义和塔拉镇）、科尔沁区（敖力布皋镇、大罕镇、胡力海镇、角干镇、辽河镇、莫力庙苏木、庆和镇）、科尔沁左翼中旗（敖包苏木、敖本台苏木、巴彦塔拉镇、巴彦召苏木、白兴吐苏木、宝龙山镇、额伦索克苏木、海力锦苏木、花胡硕苏木、花吐古拉镇、架玛吐镇、努日木镇、舍伯吐镇、胜利乡、团结乡、乌斯吐苏木、希伯花镇、协代苏木、腰林毛都镇、珠日河牧场）。

水系名称 / 河长：新开河支流、西辽河支流；以一级河流为主，河流总长度为648.11km，其中一级河流长 454.09km，二级河流长 129.86km，三级河流长 61.13km，五级河流长 3.04km。

河段生境类型：非限制性低度蜿蜒支流，季节性河流。

生态功能：自然保护功能。

服务功能：农业用水功能、接触性休闲娱乐功能、水质净化功能。

社会经济压力（2010 年）：①土地利用。以耕地为主，占该区面积的 54.37%，草地占31.68%，居住用地占 3.71%，林地占 2.08%。②人口。区域总人口 392 481 人，每平方千米约为 79 人。③ GDP。区域 GDP 为 1 478 840 万元，每平方千米 GDP 为 297.80 万元。

现状：生境。乌斯吐森林生态系统省级保护区，佳木斯天然榆树小杏林森林生态系统县级保护区。

5.2.37 开鲁县新开河非限制性支流区（Ⅱ-01-01-04）

面积：1198.12km^2。

行政区：①赤峰市阿鲁科尔沁旗（赛罕塔拉苏木、绍根镇）；②通辽市的开鲁县（建华镇、开鲁镇、义和塔拉镇）、扎鲁特旗（乌力吉木仁苏木）。

水系名称 / 河长：新开河支流；以一级河流为主，河流总长度为 165.41km，其中一级河流长 111.08km，二级河流长 54.34km。

河段生境类型：非限制性中度蜿蜒支流，季节性河流。

社会经济压力（2010 年）：①土地利用。以草地为主，占该区面积的 77.34%，耕地占17.70%，林地占 0.74%，河流占 0.02%。②人口。区域总人口为 16 639 人，每平方千米约为 14 人。③ GDP。区域 GDP 为 67 990.9 万元，每平方千米 GDP 为 56.75 万元。

5.2.38 科尔沁左翼中旗西辽河水资源供给功能区（Ⅱ-01-02-01）

面积：1375.69km^2。

行政区：①沈阳市康平县（山东屯乡）；②四平市双辽市（红旗镇、辽东街道、那木斯蒙古族乡、王奔镇、卧虎镇）；③通辽市的科尔沁区（敖力布皋镇、大罕镇、大林镇、东郊街道、河西镇、红星街道、胡力海镇、霍林街道、建国街道、角干镇、科尔沁街道、孔家窝堡镇、辽河镇、明仁街道、钱家店镇、清真街道、施介街道、铁南街道、西门街道、永清街道）、科尔沁左翼后旗（查日苏镇、额莫勒苏木、金宝屯镇、茂道吐苏木、双胜镇、向阳乡）、科尔沁左翼中旗（巴彦塔拉农场、巴彦塔拉镇、白兴吐苏木、额伦索克苏木、门达镇、乌斯吐苏木、协代苏木）。

水系名称 / 河长：西辽河、哈达河；以六级河流为主，河流总长度为 297.50km，其中一级河流长 33.13km，二级河流长 0.47km，三级河流长 4.82km，六级河流长 259.08km。

河段生境类型：非限制性中度蜿蜒干流、非限制性高度蜿蜒干流。

服务功能：饮用水功能、农业用水功能、接触性休闲娱乐功能、非接触性休闲娱乐功能、水质净化功能。

社会经济压力（2010 年）：①土地利用。以耕地为主，占该区面积的 77.02%，草地占 9.57%，居住用地占 6.26%，河流占 1.70%，林地占 0.68%。②人口。区域总人口为 378 615 人，每平方千米约为 275 人。③ GDP。区域 GDP 为 1 051 820 万元，每平方千米 GDP 为 764.58 万元。

现状如下。

1）物种。①鱼类：优势种有鲫、兴凯鱊、棒花鱼、麦穗鱼、波氏吻鰕虎鱼、青鳉、黄蚴，敏感种有青鳉，经济物种有怀头鲇；②大型底栖动物：优势种有摇蚊、盖蝽、钩虾、耳萝卜螺，敏感种有耳萝卜螺、*Cipangopaludina cahayensis*，伞护种有钩虾；③藻类：优势种有梅尼小环藻、近缘曲壳藻、高舟形藻、简单舟形藻、库津小环藻辐纹变种（*Cyclotella kuetzingiana* var. *radiosa*）、胡斯特桥弯藻、窄异极藻、谷皮菱形藻，敏感种有梅尼小环藻、近缘曲壳藻、高舟形藻、简单舟形藻、库津小环藻辐纹变种、钝脆杆藻、*Navicula tenelloides*、窄异极藻、胡斯特桥弯藻、短小舟形藻、*Pinnularia obscura*。

2）群落。①鱼类：调查样点 2 个，物种数分别为 12 种、13 种（Ⅱ级），香农－维纳多样性指数分别为 1.53、1.73（Ⅱ、Ⅲ级），鱼类生物完整性指数分别为 23.46、34.89（Ⅴ、Ⅵ级）；②大型底栖动物：调查样点 1 个，物种数为 9 种（Ⅳ级），EPT 物种数为 0（Ⅴ级），香农－维纳多样性指数为 1.28（Ⅴ级），底栖动物完整性指数（B-IBI）为 3.32（Ⅲ级），BMWP 指数为 27（Ⅴ级），BI 指数为 5.95（Ⅴ级）；③藻类：调查样点 2 个，物种数分别为 5 种、33 种（Ⅱ、Ⅴ级），香农－维纳多样性指数分别为 1.97、3.25（Ⅲ、Ⅴ级），A-IBI 分别为 7.08、7.09（Ⅲ级），IBD 分别为 10.9、12.2（Ⅳ级），BP 分别为 0.46、0.47（Ⅲ级），敏感种分类单元数分别为 5、6，可运动硅藻百分比分别为 17%、26%，具柄硅藻百分比分别为 7%、21%。

3）水化学特征。DO 为 6.77 ～ 7.21mg/L，NH_3-N 为 0.22 ～ 0.38mg/L，TP 为 0.07 ～ 0.10mg/L，COD 为 15.73 ～ 21.92mg/L。

4）河流健康指数。根据基本水质、营养盐、藻类、底栖动物、鱼类综合评价，河流健康等级为极差～一般（综合评分为 0.15 ～ 0.46）。

保护目标：群落。①鱼类：总物种数Ⅰ级（≥ 14 种），香农－维纳多样性指数Ⅰ级（≥ 2.05），鱼类生物完整性指数Ⅳ级（38.80 ～ 50.27）；②大型底栖动物：物种丰富度Ⅳ级（9 ～ 13 种），EPT 物种数Ⅳ级（2 ～ 3），香农－维纳多样性指数Ⅳ级（1.66 ～ 1.98），底栖动物完整性指数（B-IBI）Ⅳ级（2.46 ～ 3.16），BMWP 指数Ⅳ级（34 ～ 37），BI 为Ⅳ级（6.56 ～ 7.08）；③藻类：总物种数Ⅱ级（27 ～ 33 种），香农－维纳多样性指数Ⅲ级（2.83 ～ 3.62），A-IBI 为Ⅱ级（8.13 ～ 10.84），IBD 为Ⅲ级（12.76 ～ 16.37），BP 为Ⅱ级（0.63 ～ 0.79）。

5.2.39 科尔沁左翼后旗清河洪河非限制性支流区（Ⅱ-01-03-01）

面积：5882.36km^2。

行政区：①四平市双辽市（辽东街道、那木斯蒙古族乡、王奔镇）；②通辽市的开鲁县（大榆树镇、东风镇、黑龙坝镇、吉日嘎郎吐镇、建华镇、开鲁镇、麦新镇、小街基镇、义和塔拉镇）、科尔沁区（敖力布皋镇、大罕镇、大林镇、东郊街道、丰田镇、河西镇、红星街道、胡力海镇、霍林街道、建国街道、角干镇、科尔沁街道、孔家窝堡镇、辽河镇、民主镇、明仁街道、莫力庙苏木、木里图镇、钱家店镇、清河镇、庆和镇、施介街道、铁南街道、西六方镇、永清街道、余粮堡镇、育新镇）、科尔沁左翼后旗（阿都沁苏木、阿古拉镇、巴彦毛都苏木、常胜镇、朝鲁吐镇、额莫勒苏木、金宝屯镇、茂道吐苏木、努古斯台镇、乌兰敖道苏木、向阳乡）、科尔沁左翼中旗（敖包苏木、巴彦塔拉农场、巴彦塔拉镇、门达镇）、奈曼旗（八仙筒镇、明仁苏木）。

水系名称 / 河长：清河、洪河；以一级河流为主，河流总长度为 861.21km，其中一级河流长 559.59km，二级河流长 299.74km，六级河流长 1.88km。

河段生境类型：非限制性中度蜿蜒支流、非限制性低度蜿蜒支流，季节性河流。

生态功能：自然保护功能。

服务功能：农业用水功能、水质净化功能。

社会经济压力（2010 年）：①土地利用。以耕地为主，占该区面积的 50.83%，草地占 34.86%，居住用地占 5.31%，林地占 2.05%，河流占 0.08%。②人口。区域总人口为 864 232 人，每平方千米约为 147 人。③ GDP。区域 GDP 为 3 936 500 万元，每平方千米 GDP 为 669.20 万元。

现状：生境。莫力庙水库湖泊湿地市级保护区，国有二林场森林生态系统县级保护区。

5.2.40 科尔沁左翼后旗清河非限制性支流区（Ⅱ-01-03-02）

面积：238.41km^2。

行政区：通辽市的科尔沁区（余粮堡镇）、科尔沁左翼后旗（巴彦毛都苏木、朝鲁吐镇）。

水系名称/河长：清河支流；只有一级河流，河流总长度为24.43km。

河段生境类型：非限制性低度蜿蜒支流，季节性河流。

社会经济压力（2010年）：①土地利用。以草地为主，占该区面积的75.60%，耕地占6.87%，林地占1.75%，居住用地占0.54%。②人口。区域总人口为3260人，每平方千米约为14人。③GDP。区域GDP为9492.81万元，每平方千米GDP为39.82万元。

5.2.41 科尔沁左翼后旗西辽河非限制性支流区（Ⅱ-01-04-01）

面积：5494.71km^2。

行政区：①沈阳市康平县（海州窝堡乡、山东屯乡、小城子镇）；②四平市双辽市（那木斯蒙古族乡）；③通辽市科尔沁左翼后旗（阿都沁苏木、阿古拉镇、巴雅斯古楞苏木、巴彦毛都苏木、查日苏镇、常胜镇、朝鲁吐镇、额莫勒苏木、甘旗卡镇、公河来苏木、海鲁吐镇、海斯改苏木、浩坦苏木、吉尔嘎朗镇、金宝屯镇、努古斯台镇、乌兰敖道苏木、伊胡塔镇）。

水系名称/河长：蚂螂河；以一级河流为主，河流总长度为666.38km，其中一级河流长413.18km，二级河流长249.33km，三级河流长3.87km。

河段生境类型：非限制性低度蜿蜒支流。

生态功能：生物多样性维持功能、自然保护功能。

服务功能：接触性休闲娱乐功能。

社会经济压力（2010年）：①土地利用。以耕地和草地为主，分别占该区面积的47.09%和37.56%，居住用地占1.89%，林地占0.64%。②人口。区域总人口为193 053人，每平方千米约为35人。③GDP。区域GDP为505 862万元，每平方千米GDP为92.06万元。

现状如下。

1）物种。①鱼类：优势种有鲫、兴凯鱊、棒花鱼、清徐胡鮈、麦穗鱼、彩鳑鲏、波氏吻鰕虎鱼，敏感种有青鳉，经济物种有怀头鲇；②藻类：优势种有放射舟形藻柔弱变种、伪峭壁舟形藻（*Navicula pseudomuralis*）、胡斯特桥弯藻、梅尼小环藻、简单舟形藻，敏感种有短线脆杆藻、钝脆杆藻、*Navicula tenelloides*、窄异极藻、胡斯特桥弯藻、短小舟形藻、二齿脆杆藻、小桥弯藻。

2）群落。①鱼类：调查样点1个，物种数为14种（Ⅰ级），香农－维纳多样性指数为1.81

（Ⅱ级），鱼类生物完整性指数为 35.09（Ⅴ级）；②藻类：调查样点 1 个，物种数为 24 种（Ⅲ级），香农－维纳多样性指数为 3.79（Ⅱ级），A-IBI 为 11.27（Ⅰ级），IBD 为 11.5（Ⅳ级），BP 为 0.17（Ⅴ级），敏感种分类单元数为 8，可运动硅藻百分比为 62%，具柄硅藻百分比为 4%。

3）生境。束力古台天然山杏林县级保护区，乌旦塔拉沙地原生植被省级保护区，布日敦天然阔叶林县级保护区。

4）河流健康指数。根据基本水质、营养盐、藻类、底栖动物、鱼类综合评价，河流健康等级为差（综合评分为 0.23）。

保护目标：群落。①鱼类，总物种数Ⅰ级（≥ 14 种），香农－维纳多样性指数Ⅰ级（≥ 2.05），鱼类生物完整性指数Ⅳ级（38.80 ～ 50.27）；②藻类，总物种数Ⅱ级（27 ～ 33 种），香农－维纳多样性指数Ⅲ级（≥ 4.44），A-IBI 为Ⅰ级（≥ 10.85），IBD 为Ⅲ级（12.76 ～ 16.37），BP 为Ⅳ级（0.29 ～ 0.45）。

5.2.42 科尔沁左翼后旗西辽河蜿蜒支流区（Ⅱ-01-04-02）

面积：878.96km^2。

行政区：通辽市的科尔沁左翼后旗（朝鲁吐镇、甘旗卡镇、伊胡塔镇）、库伦旗（额勒顺镇、三家子镇）。

水系名称 / 河长：西辽河支流；只有一级河流，河流总长度为 27.98km。

河段生境类型：非限制性中度蜿蜒支流。

社会经济压力（2010 年）：①土地利用。以草地为主，占该区面积的 74.32%，耕地占 15.41%，林地占 1.30%，居住用地占 0.86%。②人口。区域总人口为 14 458 人，每平方千米约为 16 人。③ GDP。区域 GDP 为 42 105.5 万元，每平方千米 GDP 为 47.90 万元。

现状：水化学特征。TP 为 0.06mg/L，COD 为 46.47mg/L。

5.2.43 奈曼旗西辽河水资源供给功能区（Ⅱ-02-01-01）

面积：1146.51km^2。

行政区：通辽市的开鲁县（大榆树镇、东来镇、黑龙坝镇、吉日嘎郎吐镇、开鲁镇、麦新镇）、科尔沁区（丰田镇、河西镇、建国街道、民主镇、西六方镇、余粮堡镇、育新镇）、科尔沁左翼后旗（巴彦毛都苏木）、奈曼旗（八仙筒镇、东明镇、六号农场、明仁苏木、治安镇）。

水系名称 / 河长：西辽河、红河；以六级河流为主，河流总长度为 204.05km，其中一级河流长 54.81km，三级河流长 5.32km，四级河流长 8.40km，六级河流长 135.51km。

河段生境类型：非限制性低度蜿蜒干流，季节性河流。

生态功能：自然保护功能区。

服务功能：饮用水功能、农业用水功能、非接触性休闲娱乐功能、水力发电功能。

社会经济压力（2010 年）：①土地利用。以耕地为主，占该区面积的 67.54%，草地占 22.81%，居住用地占 3.36%，林地占 2.25%，河流占 0.69%。②人口。区域总人口为 57 098 人，每平方千米约为 50 人。③ GDP。区域 GDP 为 272 200.83 万元，每平方千米 GDP 为 237.42 万元。

现状：生境。孟家段水库湿地生态系统县级保护区。

5.2.44 阿鲁科尔沁旗西拉木伦河非限制性干流区（Ⅱ-02-01-02）

面积：2769.49km^2。

行政区：①赤峰市的阿鲁科尔沁旗（巴拉奇如德苏木、绍根镇）、巴林右旗（宝日勿苏镇、查干诺尔镇、西拉沐沦苏木）、翁牛特旗（白音他拉苏木、大兴农场、海拉苏镇）；②通辽市的开鲁县（大榆树镇、黑龙坝镇、麦新镇、义和塔拉镇）、奈曼旗（八仙筒镇）。

水系名称 / 河长：西拉木伦河、幸福河灌渠、台河、新开河；以六级河流为主，河流总长度为 260.93km，其中一级河流长 49.30km，二级河流长 0.51km，三级河流长 75.53km，五级河流长 9.12km，六级河流长 126.48km。

河段生境类型：非限制性低度蜿蜒干流、非限制性低度蜿蜒支流，季节性河流。

服务功能：农业用水功能、工业用水功能、接触性休闲娱乐功能、非接触性休闲娱乐功能、地下水补给功能、水质净化功能。

社会经济压力（2010 年）：①土地利用。以草地为主，占该区面积的 60.15%，耕地占 30.19%，林地占 3.32%，河流占 2.22%，居住用地占 1.83%。②人口。区域总人口为 114 897 人，每平方千米约为 41 人。③ GDP。区域 GDP 为 297 476 万元，每平方千米 GDP 为 107.41 万元。

现状如下。

1）物种。①鱼类：优势种有鲫、棒花鮈、麦穗鱼、北方须鳅、波氏吻鰕虎鱼；②大型底栖动物：优势种有摇蚊、长跗摇蚊；③藻类：优势种有谷皮菱形藻、淡绿舟形藻帕米尔变种、淡绿舟形藻头端变型、简单舟形藻、系带舟形藻细头变种，敏感种有 *Navicula tenelloides*、*Navicula bryophila*、胡斯特桥弯藻、短小舟形藻、*Pinnularia obscura*、近缘桥弯藻。

2）群落。①鱼类：调查样点 1 个，物种数为 9 种（Ⅲ级），香农 – 维纳多样性指数为 1.00（Ⅳ级），鱼类生物完整性指数为 50.62（Ⅲ级）；②大型底栖动物：调查样点 8 个，物种数为 3 种（Ⅵ级），EPT 物种数为 0（Ⅴ级），香农 – 维纳多样性指数为 0.59（Ⅵ级），底栖动物完整性指数（B-IBI）为 0.94（Ⅵ级），BMWP 指数为 9（Ⅵ级），BI 为 8.22（Ⅴ级）；③藻类：调查样点 1 个，物种数为 21 种（Ⅲ级），香农 – 维纳多样性指数为 2.78（Ⅳ级），A-IBI 为 7.04（Ⅲ

级），IBD 为 11.3（Ⅳ级），BP 为 0.32（Ⅳ级），敏感种分类单元数为 6，可运动硅藻百分比为 96%，具柄硅藻百分比为 0。

3）水化学特征。DO 为 6.66mg/L，NH_3-N 为 0.28mg/L，TP 为 0.10mg/L，COD 为 9.26mg/L。

4）河流健康指数。根据基本水质、营养盐、藻类、底栖动物、鱼类综合评价，河流健康等级为差（综合评分为 0.39）。

保护目标：群落。①鱼类：总物种数Ⅱ级（11 ～ 13 种），香农－维纳多样性指数（F-IBI）Ⅲ级（1.18 ～ 1.61），鱼类生物完整性指数Ⅱ级（61.75 ～ 73.23）；②大型底栖动物：物种丰富度Ⅳ级（9 ～ 13 种），EPT 物种数Ⅳ级（2 ～ 3），香农 - 维纳多样性指数Ⅳ级（1.66 ～ 1.98），底栖动物完整性指数（B-IBI）Ⅳ级（2.46 ～ 3.16），BMWP 指数Ⅳ级（34 ～ 37），BI Ⅳ级（6.56 ～ 7.08）；③藻类：总物种数Ⅱ级（27 ～ 33 种），香农－维纳多样性指数Ⅲ级（2.83 ～ 3.62），A-IBI 为Ⅱ级（8.13 ～ 10.84），IBD 为Ⅲ级（12.76 ～ 16.37），BP 为Ⅲ级（0.46 ～ 0.62）。

5.2.45　翁牛特旗老哈河生物多样性维持功能区（Ⅱ-02-02-01）

面积：6585.96km^2。

行政区：①赤峰市的敖汉旗（敖汉种羊场、敖润苏莫苏木、长胜镇、古鲁板蒿乡、玛尼罕乡、萨力巴乡）、巴林右旗（西拉沐沦苏木）、松山区（哈拉道口镇）、翁牛特旗（阿什罕苏木、白音他拉苏木、白音套海苏木、大兴农场、海拉苏镇、解放营子乡、乌丹镇、乌敦套海镇、梧桐花镇）；②通辽市奈曼旗（八仙筒镇、白音他拉苏木、大沁他拉镇）。

水系名称 / 河长：老哈河、红山水库；以一级河流为主，河流总长度为 478.98km，其中一级河流长 206.07km，二级河流长 91.45km，五级河流长 181.46km。

河段生境类型：非限制性低度蜿蜒支流、非限制性中度蜿蜒干流。

生态功能：生物多样性维持功能、自然保护功能。

服务功能：农业用水功能、工业用水功能、接触性休闲娱乐功能、非接触性休闲娱乐功能、地下水补给功能。

社会经济压力（2010 年）：①土地利用。以草地为主，占该区面积的 48.56%，耕地占 23.28%，林地占 4.65%，居住用地占 1.12%，河流占 0.17%。②人口。区域总人口为 200 767 人，每平方千米约为 30 人。③ GDP。区域 GDP 为 367 158 万元，每平方千米 GDP 为 55.75 万元。

现状如下。

1）物种。①鱼类：优势种有鲫、兴凯鱊、棒花鱼、东北雅罗鱼、青鳉，敏感种有中华多刺鱼、青鳉；②大型底栖动物，优势种有钩虾、*Acanthomysis* sp.、*Bithynia fuchsiana*，敏感种有 *Cincticostella orientalis*、*Cipangopaludina cahayensis*，伞护种有钩虾、石蛭；③藻类：优势种有鼠形窗纹藻（*Epithemia sorex*）、尖针杆藻放射变种（*Synedra acusvar* var. *radians*）、拉普兰脆杆藻、北方羽纹藻（原变种）（*Pinnularia borealis* var. *borealis*）、窄异极藻，敏感种有钝脆杆藻、羽纹脆杆藻、*Navicula tenelloides*、*Navicula bryophila*、窄异极藻、胡斯特桥弯藻、山地异极藻瑞典变种（*Gomphonema montana* var. *suecica* Grun）、布雷姆桥弯藻、橄榄绿色异极藻、小桥弯藻。

2）群落。①鱼类：调查样点 1 个，物种数为 14 种（Ⅰ级），香农－维纳多样性指数为 1.28（Ⅲ级），鱼类生物完整性指数为 28.56（Ⅴ级）；②大型底栖动物：调查样点 1 个，物种数为 15 种（Ⅲ级），EPT 物种数为 0（Ⅴ级），香农－维纳多样性指数为 1.67（Ⅳ级），底栖动物完整性指数（B-IBI）为 3.97（Ⅱ级），BMWP 指数为 64（Ⅱ级），BI 为 6.73（Ⅳ级）；③藻类：调查样点 1 个，物种数为 40 种（Ⅰ级），香农－维纳多样性指数为 4.49（Ⅰ级），A-IBI 为 9.40（Ⅱ级），IBD 为 14.3（Ⅲ级），BP 为 0.12（Ⅴ级），敏感种分类单元数为 10，可运动硅藻百分比为 18%，具柄硅藻百分比为 12%。

3）水化学特征。DO 为 4.32mg/L，NH_3-N 为 0.58mg/L，TP 为 0.12mg/L，COD 为 8.66mg/L。

4）生境。五牌子湿地生态系统及珍禽县级保护区。

5）河流健康指数。根据基本水质、营养盐、藻类、底栖动物、鱼类综合评价，河流健康等级为一般（综合评分为 0.49）。

保护目标：群落。①鱼类：总物种数Ⅰ级（≥ 14 种），香农－维纳多样性指数Ⅱ级（1.61 ～ 2.05），鱼类生物完整性指数Ⅳ级（38.80 ～ 50.27）；②大型底栖动物：物种丰富度Ⅳ级（9 ～ 13 种），EPT 物种数Ⅳ级（2 ～ 3），香农－维纳多样性指数Ⅳ级（1.66 ～ 1.98），底栖动物完整性指数（B-IBI）Ⅳ级（2.46 ～ 3.16），BMWP 指数Ⅳ级（34 ～ 37），BI Ⅳ级（6.56 ～ 7.08）；③藻类：总物种数Ⅰ级（≥ 34 种），香农－维纳多样性指数Ⅰ级（≥ 4.44），A-IBI 为Ⅰ级（≥ 10.85），IBD 为Ⅱ级（16.37 ～ 19.99），BP 为Ⅳ级（0.29 ～ 0.45）。

5.2.46 奈曼旗教来河非限制性支流区（Ⅱ-02-03-01）

面积：2867.49km^2。

行政区：通辽市的开鲁县（东来镇）、科尔沁区（余粮堡镇）、科尔沁左翼后旗（巴彦毛都苏木、朝鲁吐镇）、库伦旗（额勒顺镇、茫汗苏木）、奈曼旗（八仙筒镇、白音他拉苏木、大沁他拉镇、东明镇、固日班花苏木、六号农场、明仁苏木、治安镇）。

水系名称 / 河长：教来河；以一级河流为主，河流总长度为 407.07km，一级河流长 201.30km，二级河流长 44.36km，三级河流长 6.43km，四级河流长 154.98km。

河段生境类型：非限制性低度蜿蜒支流，季节性河流。

生态功能：自然保护功能。

服务功能：农业用水功能、工业用水功能、非接触性休闲娱乐功能。

社会经济压力（2010 年）：①土地利用。以草地为主，占该区面积的 58.48%，耕地占 31.29%，林地占 2.21%，居住用地占 2.11%，河流占 0.01%。②人口。区域总人口为 130 549 人，每平方千米约为 46 人。③ GDP。区域 GDP 为 288 759 万元，每平方千米 GDP 为 100.70 万元。

现状：生境。小塔子水库湿地生态系统县级保护区。

5.2.47　库伦旗教来河非限制性支流区（Ⅱ-02-03-02）

面积：2199.85km^2。

行政区：通辽市的库伦旗（额勒顺镇、哈尔稿苏木、六家子镇、茫汗苏木）、奈曼旗（大沁他拉镇、东明镇、固日班花苏木、黄花塔拉苏木、新镇、治安镇）。

水系名称 / 河长：教来河支流；以一级河流为主，河流总长度为 177.10km，其中一级河流长 148.43km，二级河流长 28.66km。

河段生境类型：非限制性高度蜿蜒支流，季节性河流。

社会经济压力（2010 年）：①土地利用。以草地为主，占该区面积的 79.13%，耕地占 13.80%，林地占 0.60%，居住用地占 0.58%。②人口。区域总人口为 60 945 人，每平方千米约为 28 人。③ GDP。区域 GDP 为 165 064 万元，每平方千米 GDP 为 75.03 万元。

5.2.48　敖汉旗孟克河中度蜿蜒支流区（Ⅱ-02-03-03）

面积：718.27km^2。

行政区：①赤峰市敖汉旗（敖汉种羊场、敖润苏莫苏木、长胜镇、木头营子乡）；②通辽市奈曼旗（大沁他拉镇）。

水系名称 / 河长：孟克河；以一级和二级河流为主，河流总长度为 90.25km，其中一级河流长 44.83km，二级河流长 44.45km，三级河流长 0.71km，四级河流长 0.26km。

河段生境类型：非限制性中度蜿蜒支流，季节性河流。

服务功能：非接触性休闲娱乐功能、地下水补给功能、泥沙输送功能。

社会经济压力（2010 年）：①土地利用。以草地为主，占该区面积的 61.00%，耕地占 29.84%，居住用地占 5.32%，林地占 1.44%。②人口。区域总人口为 140 154 人，每平方千米约为 195 人。③ GDP。区域 GDP 为 140 995 万元，每平方千米 GDP 为 196.30 万元。

5.2.49 敖汉旗孟克河教来河顺直河流区（Ⅱ-02-03-04）

面积：1939.76km^2。

行政区：①赤峰市敖汉旗（敖汉种羊场、长胜镇、古鲁板蒿乡、玛尼罕乡、木头营子乡、牛古吐乡、下洼镇）。②通辽市奈曼旗（大沁他拉镇、固日班花苏木、黄花塔拉苏木、新镇、义隆永镇）。

水系名称 / 河长：孟克河、教来河；以三级河流为主，河流总长度为 217.04km，其中一级河流长 57.12km，二级河流长 32.66km，三级河流长 118.46km，四级河流长 8.80km。

河段生境类型：非限制性低度蜿蜒支流，季节性河流。

生态功能：自然保护功能。

服务功能：农业用水功能、工业用水功能、地下水补给功能、泥沙输送功能、水力发电功能。

社会经济压力（2010 年）：①土地利用。以耕地为主，占该区面积的 71.31%，草地占 21.10%，居住用地占 3.41%，林地占 2.31%，河流占 0.04%。②人口。区域总人口为 142 518 人，每平方千米约为 73 人。③ GDP。区域 GDP 为 271 230 万元，每平方千米 GDP 为 139.83 万元。

现状：生境。舍力虎水库湿地生态系统县级保护区。

5.2.50 敖汉旗孟克河教来河中度蜿蜒支流区（Ⅱ-02-03-05）

面积：1441.60km^2。

行政区：①赤峰市敖汉旗（敖汉种羊场、宝国吐乡、贝子府镇、长胜镇、丰收乡、古鲁板蒿乡、玛尼罕乡、木头营子乡、牛古吐乡、萨力巴乡、下洼镇、新惠镇）；②通辽市奈曼旗（义隆永镇）。

水系名称 / 河长：孟克河、教来河；以一级河流为主，河流总长度为 239.77km，其中一级河流长 170.12km，二级河流长 49.25km，三级河流长 20.41km。

河段生境类型：非限制性中度蜿蜒支流，季节性河流。

服务功能：农业用水功能、接触性休闲娱乐功能、泥沙输送功能。

社会经济压力（2010 年）：①土地利用。以耕地为主，占该区面积的 76.82%；林地占 13.15%，草地占 7.14%，居住用地占 2.39%，河流占 0.12%。②人口。区域总人口为 71 489 人，每平方千米约为 50 人。③ GDP。区域 GDP 为 135 897 万元，每平方千米 GDP 为 94.27 万元。

5.2.51 库伦旗柳河生物多样性维持功能区（Ⅲ-01-01-01）

面积：2125.59km^2。

行政区：①阜新市的阜新蒙古族自治县（旧庙镇、平安地镇）、彰武县（大冷蒙古族乡、满堂红乡、四堡子乡）；②通辽市的科尔沁左翼后旗（甘旗卡镇）、库伦旗（白音花苏木、额勒顺镇、哈尔稿苏木、库伦镇、茫汗苏木、三家子镇、先进苏木）。

水系名称/河长：养畜牧河、铁牛河、新开河；以一级河流为主，河流总长度为329.22km，其中一级河流长140.92km，二级河流长39.99km，三级河流长124.15km，四级河流长24.16km。

河段生境类型：非限制性中度蜿蜒支流。

生态功能：生物多样性维持功能、自然保护功能、优良生境保护功能。

服务功能：饮用水功能、农业用水功能、工业用水功能、接触性休闲娱乐功能、非接触性休闲娱乐功能、泥沙输送功能、水力发电功能。

社会经济压力（2010年）：①土地利用。以耕地为主，占该区面积的50.73%，草地占25.85%，林地占12.12%，居住用地占2.12%，河流占0.76%。②人口。区域总人口为106 342人，每平方千米约为50人。③ GDP。区域GDP为200 258万元，每平方千米GDP为94.21万元。

现状如下。

1）物种。①鱼类：优势种有鲫、棒花鱼、麦穗鱼、宽鳍鱲、黑龙江鳑鲏、北方须鳅、褐吻鰕虎鱼、高体鮈、波氏吻鰕虎鱼、肉犁克丽鰕虎鱼，敏感种有北方花鳅；②大型底栖动物：优势种有细蜉、钩虾、热水四节蜉、二翅蜉、摇蚊、椭圆萝卜螺、划蝽，敏感种有扁蚴蜉、盖蝽、显春蜓，伞护种有钩虾、苏氏尾鳃蚓、椭圆萝卜螺；③藻类：优势种有小片菱形藻（*Nitzschia frustulum*）、急尖舟形藻（*Navicula cuspidata*）、尖针杆藻（*Synedra acusvar*）、平卧桥弯藻（*Cymbella prostrata*）、粗壮双菱藻（*Surirella robusta*）、小片菱形藻很小变种、驼峰棒杆藻（*Rhopalodia gibberula*）、施密斯胸膈藻（*Mastogloia smithii*）、线形菱形藻、霍弗里菱形藻（*Nitzschia heuflerana*）、尖端菱形藻（*Nitzschia acula*）、简单舟形藻、双头舟形藻（*Navicula dicephala*）、短小舟形藻、披针曲壳藻（*Achnanthes lanceolata*）、*Pinnularia* sp.，敏感种有短小舟形藻、膨大桥弯藻、胀大桥弯藻（*Cymbella turgidula*）、平卧桥弯藻、近缘桥弯藻、羽纹藻、施密斯胸膈藻、高山桥弯藻（*Cymbella alpina*）、箱形桥弯藻（*Cymbella cistula*）、简单舟形藻、线形菱形藻、霍弗里菱形藻、变绿脆杆藻（*Fragilaria virescens*）。

2）群落。①鱼类：调查样点4个，物种数为8～14种（Ⅰ～Ⅲ级），香农－维纳多样性指数为1.63～2.00（Ⅱ级），鱼类生物完整性指数为41.55～59.98（Ⅲ～Ⅳ级）；②大型底栖动物：调查样点4个，物种数为7～21种（Ⅱ～Ⅴ级），EPT物种数为0～6种（Ⅱ～Ⅴ级），香农－维纳多样性指数为0.82～2.88（Ⅰ～Ⅵ级），底栖动物完整性指数（B-IBI）为0.51～4.27（Ⅱ～Ⅵ级），BMWP指数为34～79（Ⅰ～Ⅳ级），BI为7.04～7.38（Ⅳ～Ⅵ级）；③藻类：调查样点4个，物种数为15～28种（Ⅱ～Ⅳ级），香农－维纳多样性指数为3.56～4.44（Ⅰ～Ⅲ

级），A-IBI 为 6.22 ～ 7.20（Ⅲ级），IBD 为 10.8 ～ 13.3（Ⅲ～Ⅳ级），BP 为 0.10 ～ 0.37（Ⅳ～Ⅵ级），敏感种分类单元数为 5 ～ 6，可运动硅藻百分比为 61% ～ 98%，具柄硅藻百分比为 0 ～ 6%。

3）水化学特征。DO 为 8.50 ～ 10.41mg/L，NH_3-N 均为 0.03mg/L，TP 为 0.04 ～ 0.20mg/L，COD 为 3.89 ～ 11.64mg/L。

4）生境。老鹰窝山天然针阔混交林省级保护区，莲花吐针阔混交林市级保护区，大青沟沙地原生森林生态系统和天然阔叶林国家级保护区。

5）河流健康指数。根据基本水质、营养盐、藻类、底栖动物、鱼类综合评价，河流健康等级为一般～良（综合评分为 0.44 ～ 0.71）。

保护目标如下。

1）物种。大型底栖动物：预测种有钩虾。

2）群落。①鱼类：总物种数Ⅱ（11 ～ 13 种），香农－维纳多样性指数Ⅰ级（≥ 2.05），鱼类生物完整性指数Ⅱ级（61.75 ～ 73.23）；②大型底栖动物：物种丰富度Ⅱ级（18 ～ 22 种），EPT 物种数Ⅱ级（6 ～ 15），香农－维纳多样性指数Ⅱ级（2.31 ～ 2.63），底栖动物完整性指数（B-IBI）Ⅱ级（3.85 ～ 4.54），BMWP 指数Ⅱ级（48 ～ 74），BI Ⅱ级（4.51 ～ 5.70）；③藻类：总物种数Ⅱ级（27 ～ 33 种），香农－维纳多样性指数Ⅴ级（1.23 ～ 2.02），A-IBI 为Ⅳ级（2.71 ～ 5.41），IBD 为Ⅴ级（5.52 ～ 9.13），BP 为Ⅳ级（0.29 ～ 0.45）。

5.2.52 库伦旗养畜牧河新开河生物多样性维持功能区（Ⅲ-01-01-02）

面积：2931.24km^2。

行政区：①阜新市阜新蒙古族自治县（八家子乡、福兴地镇、哈达户稍乡、旧庙镇、平安地镇、他本扎兰镇、扎兰营子乡）。②通辽市的库伦旗（白音花苏木、哈尔稿苏木、扣河子镇、六家子镇、茫汗苏木、水泉镇、先进苏木）、奈曼旗（固日班花苏木、青龙山镇、新镇）。

水系名称 / 河长：养畜牧河、新开河；以一级河流为主，河流总长度为 469.19km，其中一级河流长 237.42km，二级河流长 158.86km，三级河流长 72.91km。

河段生境类型：非限制性低度蜿蜒支流、非限制性中度蜿蜒支流。

生态功能：生物多样性维持功能。

服务功能：饮用水功能、工业用水功能、接触性休闲娱乐功能、非接触性休闲娱乐功能。

社会经济压力（2010 年）：①土地利用。以耕地为主，占该区面积的 80.44%，林地占 10.71%，草地占 3.67%，居住用地占 3.08%，河流占 1.04%。②人口。区域总人口为 151 147 人，每平方千米约为 52 人。③ GDP。区域 GDP 为 378 476 万元，每平方千米 GDP 为 129.12 万元。

现状如下。

1）物种。①鱼类：优势种有洛氏鱥、棒花鱼、宽鳍鱲、北方须鳅、泥鳅，敏感种有洛氏鱥、彩鳑鲏；②大型底栖动物：物种有扁蜷、直突摇蚊、无突摇蚊、钩虾，伞护种有钩虾；③藻类：优势种有小片菱形藻、急尖舟形藻、近缘桥弯藻、尖针杆藻、近缘桥弯藻，敏感种有膨大桥弯藻、胀大桥弯藻、平卧桥弯藻、近缘桥弯藻、羽纹藻。

2）群落。①鱼类：调查样点 1 个，物种数为 10 种（Ⅲ级），香农 – 维纳多样性指数为 2.04（Ⅱ级），鱼类生物完整性指数为 43.20（Ⅳ级）；②大型底栖动物：调查样点 1 个，物种数为 4 种（Ⅵ级），EPT 物种数为 0（Ⅴ级），香农 – 维纳多样性指数为 1.72（Ⅳ级），底栖动物完整性指数（B-IBI）为 0.85（Ⅵ级），BMWP 指数为 13（Ⅵ级），BI 为 7.06（Ⅳ级）；③藻类：调查样点 1 个，物种数为 18 种（Ⅳ级），香农 – 维纳多样性指数为 3.71（Ⅱ级），A-IBI 为 9.22（Ⅱ级），IBD 为 13.5（Ⅲ级），BP 为 0.31（Ⅳ级），敏感种分类单元数为 5，可运动硅藻百分比为 43%，具柄硅藻百分比为 5%。

3）水化学特征。DO 为 11.39mg/L，NH_3-N 为 0.02mg/L，TP 为 0.05mg/L，COD 为 4.98mg/L。

4）河流健康指数。根据基本水质、营养盐、藻类、底栖动物、鱼类综合评价，河流健康等级为差（综合评分为 0.39）。

保护目标如下。

1）物种。①大型底栖动物：预测种有钩虾。

2）群落。①鱼类：总物种数Ⅱ级（11 ～ 13 种），香农 – 维纳多样性指数Ⅰ级（≥ 2.05），鱼类生物完整性指数Ⅲ级（50.27 ～ 61.75）；②大型底栖动物：物种丰富度Ⅱ级（18 ～ 22 种），EPT 物种数Ⅱ级（6 ～ 15），香农 – 维纳多样性指数Ⅱ级（2.31 ～ 2.63），底栖动物完整性指数（B-IBI）Ⅱ级（3.85 ～ 4.54），BMWP 指数Ⅱ级（48 ～ 74），BI Ⅱ级（4.51 ～ 5.70）；③藻类：总物种数Ⅱ级（27 ～ 33 种），香农 – 维纳多样性指数Ⅰ级（≥ 4.44），A-IBI 为Ⅰ级（≥ 10.85），IBD 为Ⅱ级（16.38 ～ 19.99），BP 为Ⅱ级（0.46 ～ 0.62）。

5.2.53 公主岭市东辽河景观娱乐功能区（Ⅲ-02-01-01）

面积：220.12km^2。

行政区：四平市的公主岭市（朝阳坡镇、二十家子满族镇、刘房子镇、南崴子镇、铁北街道）、梨树县（东河镇）、伊通满族自治县（黄岭子镇、靠山镇）。

水系名称 / 河长：东辽河支流；以一级河流为主，河流总长度为 64.28km，其中一级河流长 41.57km，二级河流长 22.41，四级河流长 0.30km。

河段生境类型：非限制性中度蜿蜒支流、非限制性低度蜿蜒支流。

服务功能：地下水补给功能、接触性休闲娱乐功能。

社会经济压力（2010 年）：①土地利用：以耕地为主，占该区面积的 71.36%，居住用地占 14.15%，林地占 11.62%，河流占 1.38%，草地占 0.25%。②人口。区域总人口为 123 006 人，每平方千米约为 559 人。③ GDP。区域 GDP 为 16 887.1 万元，每平方千米 GDP 为 76.72 万元。

现状：水化学特征。DO 为 5.63mg/L，NH_3-N 为 1.60mg/L，TP 为 0.99mg/L，COD 为 15.48mg/L。

5.2.54 公主岭市卡伦河生物多样性维持功能区（Ⅲ-02-01-02）

面积：352.63km^2。

行政区：四平市的公主岭市（朝阳坡镇、黑林子镇、刘房子镇、陶家屯镇、铁北街道）、伊通满族自治县（黄岭子镇、景台镇、靠山镇）。

水系名称 / 河长：卡伦河；以一级河流为主，河流总长度为 121.28km，其中一级河流长 72.77km，二级河流长 48.51km。

河段生境类型：部分限制性低度蜿蜒支流、非限制性低度蜿蜒支流。

生态功能：生物多样性维持功能。

社会经济压力（2010 年）：①土地利用。以耕地为主，占该区面积的 68.97%，林地占 16.93%，居住用地占 11.09%。②人口。区域总人口为 36 185 人，每平方千米约为 103 人。③ GDP。区域 GDP 为 95 060.5 万元，每平方千米 GDP 为 269.57 万元。

5.2.55 公主岭市卡伦河蜿蜒河流区（Ⅲ-02-01-03）

面积：179.61km^2。

行政区：四平市的公主岭市（朝阳坡镇、大榆树镇、黑林子镇）、梨树县（双河乡）。

水系名称 / 河长：卡伦河；以三级河流为主，河流总长度为 44.02km，其中一级河流长 20.55km，二级河流长 0.87km，三级河流长 22.60km。

河段生境类型：非限制性低度蜿蜒支流、非限制性中度蜿蜒支流。

服务功能：接触性休闲娱乐功能、地下水补给功能。

社会经济压力（2010 年）：①土地利用：以耕地为主，占该区面积的 77.54%，居住用地占 13.16%，林地占 8.80%，河流占 0.51%。②人口。区域总人口为 26 160 人，每平方千米约为 146 人。③ GDP。区域 GDP 为 12 986.7 万元，每平方千米 GDP 为 72.30 万元。

现状如下。

1）物种。鱼类：优势种有鲫、鳘、麦穗鱼、泥鳅、大鳞副泥鳅。

2）群落。鱼类：调查样点 1 个，物种数为 6 种（Ⅳ级），香农 – 维纳多样性指数为 0.95（Ⅳ级），鱼类生物完整性指数为 27.52（Ⅴ级）。

3）水化学特征。DO 为 6.46mg/L，NH_3-N 为 2.22mg/L，TP 为 0.45mg/L，COD 为 14.02mg/L。

4）河流健康指数。根据基本水质、营养盐、藻类、底栖动物、鱼类综合评价，河流健康等级为极差（综合评分为 0.09）。

保护目标：群落。鱼类：总物种数Ⅲ级（8 ～ 10 种），香农 – 维纳多样性指数Ⅲ级（1.18 ～ 1.61），鱼类生物完整性指数Ⅳ级（38.80 ～ 50.27）。

5.2.56 公主岭市小辽河地下水补给功能区（Ⅲ-02-01-04）

面积：1670.98km^2。

行政区：①四平市的公主岭市（八屋镇、玻璃城子镇、大榆树镇、黑林子镇、花山乡、怀德镇、毛城子镇、秦家屯镇、十屋镇、双龙镇、杨大场所子镇）、梨树县（双河乡、小城子镇）；②松原市长岭县（东岭乡、海青乡、利发盛镇、前进乡、三县堡乡）。

水系名称 / 河长：柳河、小辽河；以一级河流为主，河流总长度为 333.63km，其中一级河流长 195.40km，二级河流长 78.22km，三级河流长 60.02km。

河段生境类型：非限制性低度蜿蜒支流、非限制性中度蜿蜒支流。

服务功能：接触性休闲娱乐功能、地下水补给功能。

社会经济压力（2010 年）：①土地利用。以耕地为主，占该区面积的 83.60%，居住用地占 8.90%，林地占 6.06%，河流占 0.55%，草地占 0.16%。②人口。区域总人口为 246 805 人，每平方千米约为 148 人。③ GDP。区域 GDP 为 194 759 万元，每平方千米 GDP 为 116.55 万元。

现状如下。

1）物种。①鱼类：优势种有鲫、棒花鱼、麦穗鱼、泥鳅、褐吻鰕虎鱼、纵纹北鳅、肉犁克丽鰕虎鱼、青鳉、黄蚴、葛氏鲈塘醴、北方须鳅、大鳞副泥鳅；②大型底栖动物：优势种有扇蟌、摇蚊、长跗摇蚊，伞护种有石蛭；③藻类：优势种有放射舟形藻柔弱变种、偏肿桥弯藻半环变种、瞳孔舟形藻、窄异极藻、小桥弯藻、小头桥弯藻、谷皮菱形藻、短线脆杆藻，敏感种有窄异极藻、小头桥弯藻、小桥弯藻、近缘桥弯藻、偏肿桥弯藻半环变种、短线脆杆藻、两尖菱板藻南北方变种。

2）群落。①鱼类：调查样点 5 个，物种数为 3 ～ 10 种（Ⅲ～Ⅴ级），香农 – 维纳多样性指数为 0.36 ～ 1.94（Ⅱ～Ⅴ级），鱼类生物完整性指数为 32.23 ～ 67.01（Ⅱ～Ⅴ级）；②大型底栖动物：调查样点 1 个，物种数为 9 种（Ⅳ级），EPT 物种数 1 种（Ⅴ级），香农 – 维纳多样性指数为 1.94（Ⅳ级），底栖动物完整性指数（B-IBI）为 1.25（Ⅵ级），BMWP 指数为 32（Ⅴ级），BI 为 6.02（Ⅳ级）；③藻类：调查样点 2 个，物种数分别为 9 种、12 种（Ⅳ、Ⅴ级），香农－维纳多样性指数分别为 2.07、2.56（Ⅳ级），A-IBI 分别为 8.59、11.28（Ⅰ、Ⅱ级），IBD 分别为 15.1、20.0（Ⅰ、Ⅲ级），BP 分别为 0.48、0.61（Ⅲ级），敏感种分类单元数为 5 种，可运动硅藻百分比分别为 37%、38%，具柄硅藻百分比分别为 2%、7%。

3）水化学特征。DO 为 6.37 ～ 9.10mg/L，NH_3-N 为 0.17 ～ 1.09mg/L，TP 为 0.11 ～ 0.67mg/L，COD 为 1.22 ～ 8.36mg/L。

4）河流健康指数。根据基本水质、营养盐、藻类、底栖动物、鱼类综合评价，河流健康等级为极差～一般（综合评分为 0.09 ～ 0.44）。

保护目标：群落。①鱼类：总物种数Ⅲ级（8 ～ 10 种），香农－维纳多样性指数Ⅱ级（1.61 ～ 2.05），鱼类生物完整性指数Ⅱ级（61.75 ～ 73.23）；②大型底栖动物：物种丰富度Ⅳ级（9 ～ 13 种），EPT 物种数Ⅳ级（2 ～ 3），香农－维纳多样性指数Ⅳ级（1.66 ～ 1.98），底栖动物完整性指数（B-IBI）Ⅳ级（2.46 ～ 3.16），BMWP 指数Ⅳ级（34 ～ 37），BI Ⅳ级（6.56 ～ 7.08）；③藻类：总物种数Ⅲ级（19 ～ 26 种），香农－维纳多样性指数Ⅲ级（2.83 ～ 3.62），A-IBI 为Ⅲ级（5.42 ～ 8.12），IBD 为Ⅰ级（≥ 20.00），BP 为Ⅱ级（0.63 ～ 0.79）。

5.2.57 双辽市东辽河支流顺直河流区（Ⅲ-02-01-05）

面积：1009.70km^2。

行政区：①四平市的公主岭市（玻璃城子镇、桑树台镇）、梨树县（刘家馆镇）、双辽市（东明镇、服先镇、红旗镇、柳条乡、双山镇、王奔镇、卧虎镇、新立乡、兴隆镇、永加乡）；②松原市长岭县（东岭乡、前进乡）；③通辽市科尔沁左翼后旗（向阳乡）。

水系名称 / 河长：东辽河支流；以一级河流为主，河流总长度为 93.87km，其中一级河流长 63.59km，二级河流长 30.05km，四级河流长 0.22km。

河段生境类型：非限制性低度蜿蜒支流。

服务功能：农业用水功能。

社会经济压力（2010 年）：①土地利用。以耕地为主，占该区面积的 81.93%，居住用地占 8.70%，林地占 7.00%，草地占 0.20%，河流占 0.04%。②人口。区域总人口为 102 532 人，每平方千米约为 102 人。③ GDP。区域 GDP 为 327 020 万元，每平方千米 GDP 为 323.88 万元。

现状如下。

1）物种。鱼类：优势种有鲫、䱗、棒花鱼、麦穗鱼、泥鳅。

2）群落。鱼类：调查样点 1 个，物种数为 8 种（Ⅲ级），香农－维纳多样性指数为 1.38（Ⅲ

级），鱼类生物完整性指数为 27.99（Ⅴ级）。

3）水化学特征。DO 为 6.18mg/L，NH_3-N 为 0.43mg/L，TP 为 0.03mg/L，COD 为 24.50mg/L。

4）河流健康指数。根据基本水质、营养盐、藻类、底栖动物、鱼类综合评价，河流健康等级为极差（综合评分为 0.09）。

保护目标：群落。鱼类：总物种数Ⅱ级（11 ～ 13 种），香农－维纳多样性指数Ⅱ级（1.61 ～ 2.05），鱼类生物完整性指数Ⅳ级（38.80 ～ 50.27）。

5.2.58　公主岭市东辽河水资源供给功能区（Ⅲ-02-02-01）

面积：1407.16km^2。

行政区：①四平市的公主岭市（八屋镇、玻璃城子镇、朝阳坡镇、大榆树镇、二十家子满族镇、刘房子镇、南崴子镇、秦家屯镇、桑树台镇、十屋镇、铁北街道）、梨树县（蔡家镇、东河镇、孤家子镇、郭家店镇、刘家馆镇、孟家岭镇、沈洋镇、十家堡镇、双河乡、太平镇、小城子镇、小宽镇）、双辽市（柳条乡、新立乡）、铁东区（石岭镇）、伊通满族自治县（黄岭子镇、靠山镇）；②松原市长岭县（前进乡）。

水系名称 / 河长：东辽河；以一级河流为主，河流总长度为 328.86km，其中一级河流长 173.73km，二级河流长 14.88km，三级河流长 0.01km，四级河流长 140.24km。

河段生境类型：非限制性低度蜿蜒干流、非限制性低度蜿蜒支流。

生态功能：生物多样性维持功能。

服务功能：农业用水功能、接触性休闲娱乐功能、非接触性休闲娱乐功能、地下水补给功能。

社会经济压力（2010 年）：①土地利用。以耕地为主，占该区面积的 78.05%，居住用地占 9.77%，林地占 9.39%，河流占 0.78%，草地占 0.15%。②人口。区域总人口为 412 500 人，每平方千米约为 293 人。③ GDP。区域 GDP 为 1 930 510 万元，每平方千米 GDP 为 1371.92 万元。

现状如下。

1）物种。①鱼类：优势种有鲫、兴凯鱊、棒花鱼、清徐胡鮈、彩鳑鲏、波氏吻鰕虎鱼、棒花鮈、泥鳅、褐吻鰕虎鱼、北方须鳅、大鳞副泥鳅、䱗，敏感种有彩鳑鲏、北方花鳅、凌源鮈，经济物种有怀头鲇；②大型底栖动物：钩虾、细蜉、*Hydropsyche kozhantschikovi*、耳萝卜螺、摇蚊、长跗摇蚊、瘤拟黑螺、直突摇蚊、苏氏尾鳃蚓、霍甫水丝蚓、石蛭，敏感种有缅春蜓、扁舌蛭，伞护种有钩虾、苏氏尾鳃蚓、石蛭；③藻类：优势种有简单舟形藻、淡绿舟形藻头端变型、近缘桥弯藻、短小曲壳藻（原变种）、扁圆卵形藻、斯潘泽尔布纹藻、淡绿舟形藻帕米尔变种、尖布纹藻（*Gyrosigma acuminatum*）、放射舟形藻（*Navicula radisa*）、多变菱

第二部分　论　述

形藻（*Nitzschia commutata*）、两尖菱板藻南北方变种、尖针杆藻放射变种、近缘曲壳藻，敏感种有近缘桥弯藻、淡绿舟形藻头端变型、短小曲壳藻（原变种）、扁圆卵形藻、尖布纹藻、淡绿舟形藻帕米尔变种、放射舟形藻、斯潘泽尔布纹藻、多变菱形藻、两尖菱板藻南北方变种、尖针杆藻放射变种、近缘曲壳藻。

2）群落。①鱼类：调查样点 6 个，物种数为 9 ～ 14 种（Ⅰ～Ⅳ级），香农 – 维纳多样性指数为 1.43 ～ 1.97（Ⅱ～Ⅲ级），鱼类生物完整性指数为 34.61 ～ 55.60（Ⅲ～Ⅴ级）；②大型底栖动物：调查样点 4 个，物种数为 1 ～ 8 种（Ⅴ～Ⅵ级），EPT 物种数为 0 ～ 1 种（Ⅴ级），香农 – 维纳多样性指数为 0 ～ 2.48（Ⅱ～Ⅵ级），底栖动物完整性指数（B-IBI）为 0.05 ～ 2.09（Ⅴ～Ⅵ级），BMWP 指数为 6 ～ 31（Ⅴ级），BI 为 6.11 ～ 7.54（Ⅲ～Ⅵ级）；③藻类：调查样点 3 个，物种数为 3 ～ 7 种（Ⅴ级），香农 – 维纳多样性指数为 1.15 ～ 2.44（Ⅳ～Ⅵ级），A-IBI 为 6.60 ～ 10.23（Ⅱ～Ⅲ级），IBD 为 11.1 ～ 19.3（Ⅱ～Ⅳ级），BP 为 0.40（Ⅳ级），敏感种分类单元数为 3 ～ 5，可运动硅藻百分比为 0 ～ 63%，具柄硅藻百分比为 0 ～ 14%。

3）水化学特征。DO 为 7.29 ～ 11.94mg/L，NH_3-N 为 0.24 ～ 1.54mg/L，TP 为 0.01 ～ 0.27mg/L，COD 为 2.32 ～ 21.04mg/L。

4）河流健康指数。根据基本水质、营养盐、藻类、底栖动物、鱼类综合评价，河流健康等级为极差～差（综合评分为 0.11 ～ 0.32）。

保护目标：群落。①鱼类：总物种数Ⅰ级（≥ 14 种），香农 – 维纳多样性指数Ⅰ级（≥ 2.05），鱼类生物完整性指数Ⅲ级（50.27 ～ 61.75）；②大型底栖动物：物种丰富度Ⅳ级（9 ～ 13 种），EPT 物种数Ⅳ级（2 ～ 3），香农 – 维纳多样性指数Ⅳ级（1.66 ～ 1.98），底栖动物完整性指数（B-IBI）Ⅳ级（2.46 ～ 3.16），BMWP 指数Ⅳ级（34 ～ 37），BI Ⅳ级（6.56 ～ 7.08）；③藻类：总物种数Ⅳ级（11 ～ 18 种），香农 – 维纳多样性指数Ⅲ级（2.83 ～ 3.62），A-IBI 为Ⅲ级（5.42 ～ 8.12），IBD 为Ⅴ级（16.38 ～ 19.99），BP 为Ⅲ级（0.46 ～ 0.62）。

5.2.59 昌图县东辽河水资源供给功能区（Ⅲ-02-02-02）

面积：788.33km^2。

行政区：①沈阳市康平县（山东屯乡）；②四平市的梨树县（刘家馆镇）、双辽市（东明镇、柳条乡、王奔镇）；③铁岭市昌图县（长发乡、傅家镇、古榆树镇、七家子镇、三江口镇）；④通辽市科尔沁左翼后旗（双胜镇、向阳乡）。

水系名称 / 河长：东辽河；只有四级河流，河流总长度为 122.87km。

河段生境类型：非限制性高度蜿蜒干流。

服务功能：农业用水功能、接触性休闲娱乐功能、非接触性休闲娱乐功能。

社会经济压力（2010 年）：①土地利用。以耕地为主，占该区面积的 87.65%，居住用地占 6.59%，林地占 3.52%，草地占 0.82%，河流占 0.74%。②人口。区域总人口为 114 422 人，每平方千米约为 145 人。③ GDP。区域 GDP 为 700 293 万元，每平方千米 GDP 为 888.33 万元。

现状如下。

1）物种。①鱼类：优势种有鲫、棒花鱼、清徐胡鮈、北方须鳅、泥鳅、波氏吻𫚥虎鱼、兴凯鱊、彩鳑鲏，敏感种有彩鳑鲏，经济物种有怀头鲇；②大型底栖动物：物种有短脉纹石蛾、原二翅蜉、细蜉、摇蚊、原蚋，敏感种有贝蠓，伞护种有短脉纹石蛾；③藻类：优势种有谷皮菱形藻、尖布纹藻、窄异极藻、近缘曲壳藻、窄双菱藻（*Surirella anguatata*）、肘状针杆藻（*Synedra ulna*）、斯潘泽尔布纹藻、西藏双菱藻（*Surirella tibetica*）、放射舟形藻，敏感种有窄异极藻、高山美壁藻、纤细异极藻（原变种）、短小舟形藻、近缘桥弯藻、肘状针杆藻、斯潘泽尔布纹藻、西藏双菱藻、放射舟形藻。

2）群落。①鱼类：调查样点 2 个，物种数分别为 11 种、13 种（Ⅱ级），香农－维纳多样性指数分别为 1.33、2.02（Ⅱ、Ⅲ级），鱼类生物完整性指数分别为 38.55、44.90（Ⅳ、Ⅴ级）；②大型底栖动物：调查样点 1 个，物种数为 7 种（Ⅴ级），EPT 物种数为 3 种（Ⅲ级），香农－维纳多样性指数为 2.30（Ⅲ级），底栖动物完整性指数（B-IBI）为 3.74（Ⅲ级），BMWP 指数为 35（Ⅳ级），BI 为 5.76（Ⅲ级）；③藻类：调查样点 2 个，物种数分别为 4 种、23 种（Ⅲ、Ⅴ级），香农－维纳多样性指数分别为 1.59、3.71（Ⅱ、Ⅴ级），A-IBI 分别为 6.15、6.96（Ⅲ级），IBD 分别为 10.2、10.7（Ⅳ级），BP 分别为 0.29、0.56（Ⅲ～Ⅳ级），敏感种分类单元数分别为 4、5，可运动硅藻百分比分别为 16%、36%，具柄硅藻百分比分别为 0、17%。

3）水化学特征。DO 为 7.55mg/L、7.82mg/L，NH_3-N 为 0.21mg/L、0.42mg/L，TP 为 0.08mg/L、1.12mg/L，COD 为 4.51mg/L、17.31mg/L。

4）河流健康指数。根据基本水质、营养盐、藻类、底栖动物、鱼类综合评价，河流健康等级为极差～一般（综合评分为 0.16 ～ 0.56）。

保护目标：群落。①鱼类：总物种数Ⅰ级（≥ 14 种），香农－维纳多样性指数Ⅰ级（≥ 2.05），鱼类生物完整性指数Ⅲ级（50.27 ～ 61.75）；②大型底栖动物：物种丰富度Ⅳ级（9 ～ 13 种），EPT 物种数Ⅳ级（2 ～ 3），香农－维纳多样性指数Ⅳ级（1.66 ～ 1.98），底栖动物完整性指数（B-IBI）Ⅳ级（2.46 ～ 3.16），BMWP 指数Ⅳ级（34 ～ 37），BI Ⅳ级（6.56 ～ 7.08）；③藻类：总物种数Ⅲ级（19 ～ 26 种），香农－维纳多样性指数Ⅲ级（2.83 ～ 3.62），A-IBI 为Ⅱ级（8.13 ～ 10.84），IBD 为Ⅲ级（12.76 ～ 16.37），BP 为Ⅲ级（0.46 ～ 0.62）。

5.2.60 梨树县东辽河支流地下水补给功能区（Ⅲ-02-03-01）

面积：740.57km^2。

行政区：四平市梨树县（东河镇、孤家子镇、郭家店镇、金山乡、泉眼岭乡、双河乡、太平镇、小城子镇、小宽镇）。

水系名称 / 河长：新江；以一级河流为主，河流总长度为 148.65km，其中一级河流长 132.59km，二级河流长 16.06km。

河段生境类型：非限制性中度蜿蜒支流、非限制性低度蜿蜒支流。

生态功能：生物多样性维持功能。

服务功能：地下水补给功能。

社会经济压力（2010 年）：①土地利用：以耕地为主，占该区面积的 87.73%，居住用地占 9.74%，林地占 2.09%，草地占 0.02%。②人口。区域总人口为 248 602 人，每平方千米约为 336 人。③ GDP。区域 GDP 为 48 228.2 万元，每平方千米 GDP 为 65.12 万元。

5.2.61 梨树县五干渠优良生境功能区（Ⅲ-02-03-02）

面积：1041.21km^2。

行政区：①四平市的梨树县（白山乡、孤家子镇、郭家店镇、金山乡、林海镇、刘家馆镇、泉眼岭乡、沈洋镇、胜利乡、四树树乡、太平镇、榆树台镇）、双辽市（东明镇）；②铁岭市昌图县（傅家镇、三江口镇）。

水系名称 / 河长：五干渠；以一级河流为主，河流总长度为 139.81km，其中一级河流长 66.88km，二级河流长 55.97km，三级河流长 16.96km。

河段生境类型：非限制性低度蜿蜒支流、非限制性高度蜿蜒支流。

生态功能：优良生境保护功能。

服务功能：接触性休闲娱乐功能、地下水补给功能。

社会经济压力（2010 年）：①土地利用。以耕地为主，占该区面积的 87.42%，居住用地占 6.70%，林地占 5.54%，草地占 0.03%。②人口。区域总人口为 167 368 人，每平方千米约为 161 人。③ GDP。区域 GDP 为 633 764 万元，每平方千米 GDP 为 608.68 万元。

现状如下。

1）物种。①鱼类：主要物种有鲫、棒花鱼、北方须鳅、褐吻鰕虎鱼、葛氏鲈塘鳢、泥鳅、纵纹北鳅、黄黝、大鳞副泥鳅；②大型底栖动物：摇蚊、长跗摇蚊、赤豆螺，敏感种有贝蠓、水螟；③藻类：优势种有淡绿舟形藻头端变型、简单舟形藻、近缘曲壳藻、橄榄绿色异极藻、窄异极藻、扁圆卵形藻、梅尼小环藻、短小曲壳藻（原变种）、弯曲桥弯藻、放射舟形藻柔弱变种、伪峭壁舟形藻、偏肿桥弯藻（*Cymbella ventricosa*）、普通菱形藻缩短变种，敏感种有短线脆杆藻、窄异极藻、橄榄绿色异极藻、系带舟形藻细头变种、披针形曲壳藻头端变型、小形异极藻细小变种、二齿脆杆藻、弯曲桥弯藻、短小曲壳藻（原变种）、放射舟形藻柔弱变种、伪峭壁舟形藻、偏肿桥弯藻、简单舟形藻、普通菱形藻缩短变种。

2）群落。①鱼类：调查样点 3 个，物种数为 6 ～ 11 种（Ⅱ～Ⅳ级），香农－维纳多样性指数为 1 ～ 1.96（Ⅱ～Ⅳ级），鱼类生物完整性指数为 54.28 ～ 67.76（Ⅱ～Ⅲ级）；②大型底栖动物：调查样点 1 个，物种数为 14 种（Ⅲ级），EPT 物种数为 1（Ⅴ级），香农－维纳多样性指数为 1.34（Ⅴ级），底栖动物完整性指数（B-IBI）为 1.15（Ⅵ级），BMWP 指数为 59（Ⅱ级），BI 为 8.12（Ⅵ级）；③藻类：调查样点 3 个，物种数为 5 ～ 14 种（Ⅳ～Ⅴ级），香农－维纳多样性指数为 0.71 ～ 3.42（Ⅲ～Ⅵ级），A-IBI 为 5.96 ～ 8.21（Ⅱ～Ⅲ级），IBD 为 8.5 ～ 15.7（Ⅲ～Ⅴ级），BP 为 0.14 ～ 0.44（Ⅳ～Ⅴ级），敏感种分类单元数为 5，可运动硅藻百分比为 21% ～ 45%，具柄硅藻百分比为 0 ～ 35%。

3）水化学特征。DO 为 5.44 ～ 8.99mg/L，NH_3-N 为 0.16 ～ 0.88mg/L，TP 为 0.15 ～ 0.83mg/L，COD 为 4.93 ～ 20.45mg/L。

4）河流健康指数。根据基本水质、营养盐、藻类、底栖动物、鱼类综合评价，河流健康等级为差～一般（综合评分为 0.21 ～ 0.41）。

保护目标：群落。①鱼类：总物种数Ⅱ级（11 ～ 13 种），香农－维纳多样性指数Ⅱ级（1.61 ～ 2.05），鱼类生物完整性指数Ⅱ级（61.75 ～ 73.23）；②大型底栖动物：物种丰富度Ⅳ级（9 ～ 13 种），EPT 物种数Ⅳ级（2 ～ 3），香农－维纳多样性指数Ⅳ级（1.66 ～ 1.98），底栖动物完整性指数（B-IBI）Ⅳ级（2.46 ～ 3.16），BMWP 指数Ⅳ级（34 ～ 37），BI Ⅳ级（6.56 ～ 7.08）；③藻类：总物种数Ⅲ级（19 ～ 26 种），香农－维纳多样性指数Ⅲ级（2.83 ～ 3.62），A-IBI 为Ⅱ级（8.13 ～ 10.84），IBD 为Ⅲ级（12.76 ～ 16.37），BP 为Ⅳ级（0.29 ～ 0.45）。

5.2.62 梨树县招苏台河地下水补给功能区（Ⅲ-02-04-01）

面积：790.32km^2。

行政区：四平市的梨树县（白山乡、郭家店镇、喇嘛甸镇、梨树镇、孟家岭镇、胜利乡、十家堡镇、四树树乡、太平镇、榆树台镇）、铁东区（平南街道、石岭镇）、铁西区（铁东区街道）。

水系名称 / 河长：招苏台河；以一级河流为主，河流总长度为 197.69km，其中一级河流长 133.13km，二级河流长 64.56km。

河段生境类型：非限制性中度蜿蜒支流。

服务功能：饮用水功能、农业用水功能、地下水补给功能。

社会经济压力（2010 年）：①土地利用。以耕地为主，占该区面积的 80.34%，居住用地占 10.80%，林地占 7.68%，草地占 0.04%。②人口。区域总人口为 258 096 人，每平方千米约为 327 人。③ GDP。区域 GDP 为 435 695 万元，每平方千米 GDP 为 551.29 万元。

现状如下。

1）物种。①鱼类：优势种有麦穗鱼、泥鳅、纵纹北鳅、黄黝、棒花鱼、棒花鮈、大鳞副泥鳅、子陵吻鰕虎、鲫、北方须鳅、波氏吻鰕虎鱼；②大型底栖动物：优势种有摇蚊、长跗摇蚊、苏氏尾鳃蚓、霍甫水丝蚓，敏感种有盖蝽，伞护种有苏氏尾鳃蚓、椭圆萝卜螺、石蛭；③藻类：优势种有小片菱形藻、简单舟形藻、小片菱形藻很小变种、*Navicula* sp.、峭壁舟形藻（*Navicula muralis*）、急尖舟形藻、钝脆杆藻、小型异极藻（*Gomphonema parvulum*）、普通等片藻、线形菱形藻、隐头舟形藻、小型舟形藻，敏感种有山地异极藻（*Gomphonema montanum*）、变绿脆杆藻中狭变种、钝脆杆藻、平卧桥弯藻、简单舟形藻、窄异极藻、变绿脆杆藻长圆变种（*Fragilaria virescens* var. *oblongella*）、膨大桥弯藻、两头桥弯藻（*Cymbella amphicephala*）、优美桥弯藻、膨大桥弯藻、箱形桥弯藻、线形菱形藻。

2）群落。①鱼类：调查样点 3 个，物种数为 4 ～ 7 种（Ⅳ～Ⅴ级），香农－维纳多样性指数为 0.76 ～ 1.60（Ⅲ～Ⅳ级），鱼类生物完整性指数为 34.17 ～ 46.38（Ⅳ～Ⅴ级）；②大型底栖动物：调查样点 3 个，物种数为 7 ～ 12 种（Ⅳ～Ⅴ级），EPT 物种数为 0 ～ 2 种（Ⅳ～Ⅴ级），香农－维纳多样性指数为 1.91 ～ 2.05（Ⅲ～Ⅳ级），底栖动物完整性指数（B-IBI）为 1.18 ～ 1.47（Ⅵ级），BMWP 指数为 13 ～ 43（Ⅲ～Ⅵ级），BI 为 6.90 ～ 8.95（Ⅲ～Ⅵ级）；③藻类：调查样点 3 个，物种数为 20 ～ 36 种（Ⅰ～Ⅲ级），香农－维纳多样性指数为 3.90 ～ 4.82（Ⅰ～Ⅱ级），A-IBI 为 7.09 ～ 9.10（Ⅱ～Ⅲ级），IBD 为 12.9 ～ 15.4（Ⅲ级），BP 为 0.14 ～ 0.27（Ⅴ级），敏感种分类单元数为 5，可运动硅藻百分比为 67% ～ 87%，具柄硅藻百分比为 0 ～ 6%。

3）水化学特征。DO 为 7.12 ～ 8.66mg/L，NH_3-N 为 0.03 ～ 0.09mg/L，TP 为 0.21 ～ 0.32mg/L，COD 为 5.52 ～ 6.22mg/L。

4）河流健康指数。根据基本水质、营养盐、藻类、底栖动物、鱼类综合评价，河流健康等级为一般（综合评分为 0.44 ～ 0.48）。

保护目标：群落。①鱼类：总物种数Ⅲ级（8 ～ 10 种），香农－维纳多样性指数Ⅱ级（1.61 ～ 2.05），鱼类生物完整性指数Ⅲ级（50.27 ～ 61.75）；②大型底栖动物：物种丰富度Ⅳ级（9 ～ 13 种），EPT 物种数Ⅳ级（2 ～ 3），香农－维纳多样性指数Ⅳ级（1.66 ～ 1.98），底栖动物完整性指数（B-IBI）Ⅳ级（2.46 ～ 3.16），BMWP 指数Ⅳ级（34 ～ 37），BI Ⅳ级（6.56 ～ 7.08）；③藻类：总物种数Ⅰ级（≥ 34 种），香农－维纳多样性指数Ⅰ级（≥ 4.44），A-IBI 为Ⅱ级（8.13 ～ 10.84），IBD 为Ⅱ级（16.38 ～ 19.99），BP 为Ⅳ级（0.29 ～ 0.45）。

5.2.63　梨树县招苏台河优良生境功能区（Ⅲ-02-04-02）

面积：486.42km^2。

行政区：①四平市梨树县（喇嘛甸镇、林海镇、胜利乡、四树树乡、榆树台镇）；②铁岭市昌图县（八面城镇、傅家镇、曲家店乡、三江口镇）。

水系名称 / 河长：招苏台河；以一级河流为主，河流总长度为 93.18km，其中一级河流长 53.73km，二级河流长 3.82km，三级河流长 35.63km。

河段生境类型：非限制性低度蜿蜒支流。

生态功能：优良生境保护功能。

服务功能：工业用水功能、接触性休闲娱乐功能、地下水补给功能。

社会经济压力（2010 年）：①土地利用。以耕地为主，占该区面积的 88.22%，居住用地占 6.36%，林地占 5.02%，河流占 0.16%，草地占 0.15%。②人口。区域总人口为 57 489 人，每平方千米约为 118 人。③ GDP。区域 GDP 为 57 129.5 万元，每平方千米 GDP 为 117.45 万元。

现状如下。

1）物种。①鱼类：主要物种有鲫、棒花鱼、麦穗鱼、波氏吻鰕虎鱼、黄鮈；②大型底栖动物：优势种有苏氏尾鳃蚓、霍甫水丝蚓，伞护种有苏氏尾鳃蚓；③藻类：优势种有线形菱形藻、小片菱形藻、钝脆杆藻、小型异极藻、肘状针杆藻，敏感种有钝脆杆藻、橄榄绿色异极藻、膨大桥弯藻、埃伦拜格桥弯藻（*Cymbella ehrenbergii*）、线形菱形藻。

2）群落。①鱼类：调查样点 1 个，物种数为 6 种（Ⅳ级），香农 – 维纳多样性指数为 1.20（Ⅲ级），鱼类生物完整性指数为 30.01（Ⅴ级）；②大型底栖动物：调查样点 1 个，物种数为 3 种（Ⅵ级），EPT 物种数为 0（Ⅴ级），香农 – 维纳多样性指数为 0.62（Ⅵ级），底栖动物完整性指数（B-IBI）为 0.30（Ⅵ级），BMWP 指数为 4（Ⅵ级），BI 为 9.65（Ⅵ级）；③藻类：调查样点 1 个，物种数为 14 种（Ⅳ级），香农 – 维纳多样性指数为 3.48（Ⅲ级），A-IBI 为 9.39（Ⅱ级），IBD 为 18.40（Ⅱ级），BP 为 0.19（Ⅴ级），敏感种分类单元数为 5，可运动硅藻百分比为 47%，具柄硅藻百分比为 21%。

3）水化学特征。DO 为 7.61mg/L，NH_3-N 为 00.08mg/L，TP 为 0.07mg/L，COD 为 2.33mg/L。

4）河流健康指数。根据基本水质、营养盐、藻类、底栖动物、鱼类综合评价，河流健康等级为差（综合评分为 0.38）。

保护目标：群落。①鱼类：总物种数Ⅲ级（8 ～ 10 种），香农 – 维纳多样性指数Ⅱ级（1.61 ～ 2.05），鱼类生物完整性指数Ⅳ级（38.80 ～ 50.27）；②大型底栖动物：物种丰富度Ⅳ级（9 ～ 13 种），EPT 物种数Ⅳ级（2 ～ 3），香农 – 维纳多样性指数Ⅳ级（1.66 ～ 1.98），底栖动物完整性指数（B-IBI）Ⅳ级（2.46 ～ 3.16），BMWP 指数Ⅳ级（34 ～ 37），BI Ⅳ级

（6.56～7.08）；③藻类：总物种数Ⅲ级（19～26种），香农维纳多样性指数Ⅱ级（3.63～4.43），A-IBI为Ⅰ级（≥10.85），IBD为Ⅴ级（≥20.00），BP为Ⅳ级（0.29～0.45）。

5.2.64 昌图县招苏台河水资源供给功能区（Ⅲ-02-04-03）

面积：3095.22km^2。

行政区：①四平市的梨树县（喇嘛甸镇、梨树镇、十家堡镇）、铁东区（平南街道、山门镇、石岭镇、叶赫满族镇）、铁西区（地直街道、铁东区街道）；②铁岭市的昌图县（八面城镇、宝力镇、昌图站乡、长发乡、朝阳镇、鴜鹭树镇、大洼镇、大兴乡、东嘎镇、傅家镇、古榆树镇、后窑乡、金家镇、老城镇、老四平镇、毛家店镇、平安堡乡、七家子镇、前双井镇、曲家店乡、泉头满族镇、双庙子镇、四合镇、四面城镇、太平乡、头道镇、下二台乡）、开原市（莲花镇、威远堡镇）。

水系名称/河长：条子河、招苏台河、二道河；以一级河流为主，河流总长度为762.70km，其中一级河流长398.07，二级河流长142.20km，三级河流长147.44km，四级河流长74.99km。

河段生境类型：非限制性中度蜿蜒支流、非限制性高度蜿蜒支流、非限制性低度蜿蜒支流。

生态功能：自然保护功能。

服务功能：饮用水功能、农业用水功能、工业用水功能、接触性休闲娱乐功能、非接触性休闲娱乐功能、地下水补给功能。

社会经济压力（2010年）：①土地利用。以耕地为主，占该区面积的80.65%，林地占9.53%，居住用地占8.23%，河流占0.26%，草地占0.10%。②人口。区域总人口为1 013 300人，每平方千米约为327人。③GDP。区域GDP为1 193 550万元，每平方千米GDP为385.61万元。

现状如下。

1）物种。①鱼类：优势种有鲫、麦穗鱼、泥鳅、纵纹北鳅、黄蚴、棒花鱼、大鳞副泥鳅、肉犁克丽鰕虎鱼、青鳉、鰲、草鱼、葛氏鲈塘鳢、马口鱼、棒花鮈、北方须鳅、彩鳑鲏、波氏吻鰕虎鱼、鲂、鲇，敏感种有彩鳑鲏，经济物种有怀头鲇；②大型底栖动物：优势种有摇蚊、*Hydropsyche kozhantschikovi*、华艳色蟌、热水四节蜉、缅春蜓、苏氏尾鳃蚓、钩虾、纹石蛾、细蜉、二翅蜉、扇蟌、动蜉、霍甫水丝蚓、豆龙虱、原二翅蜉、*Baetis flavistriga*、无突摇蚊、雅丝扁蚴蜉、划蝽、长跗摇蚊、耳萝卜螺，敏感种有盖蝽、扁蚴蜉、显春蜓、缅春蜓、扁舌蛭，伞护种有苏氏尾鳃蚓、钩虾、短脉纹石蛾、椭圆萝卜螺、石蛭；③藻类：优势种有线形菱形藻、小片菱形藻、谷皮菱形藻、库津菱形藻（*Nitzschia kuetzingiana*）、*Cyclotella* sp.、隐头舟形藻、罗曼菱形藻（*Nitzschia romana*）、放射舟形藻、顶生舟形藻（*Navicula terminata*）、针形菱形藻（*Nitzschia acicularis*）、简单舟形藻、急尖舟形藻、小型异极藻、优美桥弯藻、钝脆杆藻、肘状针杆藻、小头（端）菱形藻（*Nitzschia microcephala*）、霍弗里菱形藻、小片菱形藻很小变种、偏肿桥弯藻、普通等片藻、丝状菱形藻（*Nitzschia filiformis*），敏感种有线形菱形藻、小环藻、霍弗里菱形藻、库津菱形藻、谷皮菱形藻、放射舟形藻、系带舟形藻（*Navicula cincta*）、瞳孔舟形藻、简单舟形藻、近缘桥弯藻、优美桥弯藻、橄榄绿色异极藻、布雷姆桥弯藻、钝脆杆藻、羽纹藻、细长桥弯藻（*Cymbella gracilis*）。

2）群落。①鱼类：调查样点 11 个，物种数为 1 ～ 13 种（Ⅱ～Ⅵ级），香农－维纳多样性指数为 0 ～ 2.13（Ⅰ～Ⅵ级），鱼类生物完整性指数为 0.08 ～ 80.81（Ⅰ～Ⅵ级）；②大型底栖动物：调查样点 11 个，物种数为 2 ～ 21 种（Ⅱ～Ⅵ级），EPT 物种数为 0 ～ 5 种（Ⅲ～Ⅴ级），香农－维纳多样性指数为 0.15 ～ 3.73（Ⅰ～Ⅵ级），底栖动物完整性指数（B-IBI）为 0.12 ～ 4.67（Ⅰ～Ⅵ级），BMWP 指数为 3 ～ 98（Ⅰ～Ⅵ级），BI 为 5.01 ～ 9.88（Ⅱ～Ⅵ级）；③藻类：调查样点 11 个，物种数为 8 ～ 22 种（Ⅲ～Ⅴ级），香农－维纳多样性指数为 1.80 ～ 4.29（Ⅱ～Ⅴ级），A-IBI 为 3.24 ～ 9.54（Ⅱ～Ⅳ级），IBD 为 1.8 ～ 16.0（Ⅲ～Ⅵ级），BP 为 0.16 ～ 0.58（Ⅲ～Ⅴ级），敏感种分类单元数为 5，可运动硅藻百分比为 66% ～ 99%，具柄硅藻百分比为 0 ～ 11%。

3）水化学特征。DO 为 3.49 ～ 9.48mg/L，NH_3-N 为 0.03 ～ 0.71mg/L，TP 为 0.14 ～ 2.92mg/L，COD 为 4.50 ～ 14.82mg/L。

4）生境。红山水库饮用水源地及森林生态系统县级保护区，付家樟子松樟子松母树林县级保护区，四平山门中生代火山中生代白垩流纹岩火山构造及典型火山地貌省级保护区。

5）河流健康指数。根据基本水质、营养盐、藻类、底栖动物、鱼类综合评价，河流健康等级为差～良（综合评分为 0.23 ～ 0.64）。

保护目标：群落。①鱼类：总物种数Ⅱ级（11 ～ 13 种），香农－维纳多样性指数Ⅱ级（1.61 ～ 2.05），鱼类生物完整性指数Ⅲ级（50.27 ～ 61.75）；②大型底栖动物：物种丰富度Ⅳ级（9 ～ 13 种），EPT 物种数Ⅳ级（2 ～ 3），香农－维纳多样性指数Ⅳ级（1.66 ～ 1.98），底栖动物完整性指数（B-IBI）Ⅳ级（2.46 ～ 3.16），BMWP 指数Ⅳ级（34 ～ 37），BI Ⅳ级（6.56 ～ 7.08）；③藻类：总物种数Ⅲ级（19 ～ 26 种），香农－维纳多样性指数Ⅱ级（3.63 ～ 4.43），A-IBI 为Ⅳ级（8.13 ～ 10.84），IBD 为Ⅲ级（12.76 ～ 16.37），BP 为Ⅲ级（0.46 ～ 0.62）。

5.2.65　彰武县苇塘河生物多样性维持功能区（Ⅲ-03-01-01）

面积：1633.54km^2。

行政区：①阜新市的阜新蒙古族自治县（大固本镇、建设镇、老河土乡、泡子镇、平安地镇、十家子镇、塔营子乡）、彰武县（丰田乡、哈尔套镇、两家子乡、满堂红乡、平安乡、双庙乡、四堡子乡、五峰镇）；②锦州市黑山县（半拉门镇、姜屯镇、饶阳河镇、小东镇、新兴镇）；③沈阳市新民市（大红旗镇、红旗乡、金五台子乡、梁山镇、姚堡乡）。

水系名称 / 河长：饶阳河、苇塘河；以三级和一级河流为主，河流总长度为 298.04km，其中一级河流长 101.72km，二级河流长 86.49km，三级河流长 109.83km。

河段生境类型：非限制性高度蜿蜒支流、非限制性中度蜿蜒支流。

生态功能：生物多样性维持功能、鱼类洄游通道功能、水生生物种质资源保护功能、自然保护功能、优良生境保护功能。

服务功能：饮用水功能、农业用水功能、接触性休闲娱乐功能、非接触性休闲娱乐功能、泥沙输送功能。

社会经济压力（2010 年）：①土地利用。以耕地为主，占该区面积的 79.41%，林地占 13.22%，居住用地占 5.83%，河流占 0.81%，草地占 0.30%。②人口。区域总人口为 158 308 人，每平方千米约为 97 人。③ GDP。区域 GDP 为 392 429 万元，每平方千米 GDP 为 240.23 万元。

现状如下。

1）物种。①鱼类：主要物种有鲫、棒花鱼、麦穗鱼、泥鳅、葛氏鲈塘鳢、马口鱼、高体𫚔、子陵吻虾虎、波氏吻虾虎鱼，经济物种有怀头鲇；②大型底栖动物：优势种有扁蜉、细蜉、*Hydropsyche kozhantschikovi*、摇蚊、热水四节蜉、钩虾、赤豆螺、耳萝卜螺，敏感种有盖蝽、缅春蜓、扁舌蛭、扁蚴蜉，伞护种有钩虾、短脉纹石蛾、椭圆萝卜螺、石蛭；③藻类：优势种有小片菱形藻、谷皮菱形藻、急尖舟形藻、小型异极藻、变异直链藻、简单舟形藻、小片菱形藻很小变种、双头舟形藻、线形菱形藻、小头（端）菱形藻，敏感种有钝脆杆藻、橄榄绿色异极藻、简单舟形藻、谷皮菱形藻、放射舟形藻、平卧桥弯藻、近缘桥弯藻、羽纹藻、线形菱形藻、小环藻、瞳孔舟形藻、小片菱形藻。

2）群落。①鱼类：调查样点 3 个，物种数为 5 ～ 10 种（Ⅲ～Ⅳ级），香农－维纳多样性指数为 0.76 ～ 1.66（Ⅱ～Ⅳ级），鱼类生物完整性指数为 54.61 ～ 74.02（Ⅰ～Ⅲ级）；②大型底栖动物：调查样点 3 个，物种数为 17 ～ 20 种（Ⅱ～Ⅲ级），EPT 物种数为 5 ～ 11 种（Ⅱ～Ⅲ级），香农－维纳多样性指数为 2.38 ～ 3.08（Ⅰ～Ⅱ级），底栖动物完整性指数（B-IBI）为 3.01 ～ 5.64（Ⅰ～Ⅳ级），BMWP 指数为 77 ～ 98（Ⅰ级），BI 为 6.86 ～ 7.37（Ⅳ～Ⅵ级）；③藻类：调查样点 3 个，物种数为 12 ～ 20 种（Ⅲ～Ⅳ级），香农－维纳多样性指数为 3.38 ～ 4.10（Ⅱ～Ⅲ级），A-IBI 为 3.39 ～ 9.33（Ⅱ～Ⅳ级），IBD 为 10.5 ～ 13.1（Ⅲ～Ⅳ级），BP 为 0.22 ～ 0.50（Ⅲ～Ⅴ级），敏感种分类单元数为 5，可运动硅藻百分比为 72% ～ 94%，具柄硅藻百分比为 3% ～ 8%。

3）水化学特征。DO 为 7.26 ～ 13.58mg/L，NH_3-N 为 0.02 ～ 0.06mg/L，TP 为 0.03 ～

0.09mg/L，COD 为 2.74 ～ 41.88mg/L。

4）生境。黑山饶阳河湿地生态系统及迁徙鸟类市级保护区。

5）河流健康指数：根据基本水质、营养盐、藻类、底栖动物、鱼类综合评价，河流健康等级为一般～良（综合评分为 0.51 ～ 0.68）。

保护目标如下。

1）物种。①鱼类：潜在种有鳗鲡；②大型底栖动物：预测种有 *Novaculina* sp.、钩虾、河蚬（*Corbicula fluminea*）。

2）群落。①鱼类：总物种数Ⅱ级（11 ～ 13 种），香农－维纳多样性指数Ⅲ级（1.18 ～ 1.61），鱼类生物完整性指数Ⅰ级（≥ 73.23）；②大型底栖动物：物种丰富度Ⅱ级（18 ～ 22 种），EPT 物种数Ⅱ级（6 ～ 15），香农－维纳多样性指数Ⅱ级（2.31 ～ 2.63），底栖动物完整性指数（B-IBI）Ⅱ级（3.85 ～ 4.54），BMWP 指数Ⅱ级（48 ～ 74），BI Ⅱ级（4.51 ～ 5.70）；③藻类：总物种数Ⅱ级（27 ～ 33 种），香农－维纳多样性指数Ⅰ级（≥ 4.44），A-IBI 为Ⅱ级（8.13 ～ 10.84），IBD 为Ⅲ级（12.76 ～ 16.37），BP 为Ⅲ级（0.46 ～ 0.62）。

5.2.66 阜新蒙古族自治县二道河优良生境功能区（Ⅲ-03-01-02）

面积：468.80km^2。

行政区：阜新市的阜新蒙古族自治县（大巴镇、大固本镇、建设镇、老河土乡、泡子镇、沙拉镇、务欢池镇、扎兰营子乡、招束沟乡）、彰武县（五峰镇）。

水系名称 / 河长：二道河；以一级河流为主，河流总长度为 76.84km，其中一级河流长 41.88km，二级河流长 34.21km，三级河流长 0.75km。

河段生境类型：非限制性中度蜿蜒支流、非限制性低度蜿蜒支流。

生态功能：优良生境保护功能。

服务功能：饮用水功能、农业用水功能、泥沙输送功能。

社会经济压力（2010 年）：①土地利用。以耕地为主，占该区面积的 75.28%；林地占 16.06%，居住用地占 6.43%，河流占 1.24%，草地占 0.26%。②人口。区域总人口为 46 253 人，每平方千米约为 99 人。③ GDP。区域 GDP 为 65 356.3 万元，每平方千米 GDP 为 139.41 万元。

现状如下。

1）物种。①鱼类：优势种有鲫、马口鱼、高体鮈、麦穗鱼、北方须鳅，敏感种有北方花鳅，经济物种有怀头鲇；②大型底栖动物：优势种有 *Hydropsyche kozhantschikovi*、热水四节蜉、细蜉、摇蚊，敏感种有扁蚴蜉，伞护种有短脉纹石蛾、苏氏尾鳃蚓；③藻类：优势种有小片菱形藻、小型异极藻、放射舟形藻、扁圆卵形藻、缠结异极藻（*Gomphonema intricatum*），敏感种有箱形桥弯藻、简单舟形藻、谷皮菱形藻、放射舟形藻、系带舟形藻。

2）群落。①鱼类：调查样点 1 个，物种数为 13 种（Ⅱ级），香农－维纳多样性指数为 1.99（Ⅱ级），鱼类生物完整性指数为 65.29（Ⅱ级）；②大型底栖动物：调查样点 1 个，物种数为 25 种（Ⅰ级），EPT 物种数 13 种（Ⅱ级），香农－维纳多样性指数为 3.24（Ⅰ级），底栖动物完整性指数（B-IBI）为 6.17（Ⅰ级），BMWP 指数为 132（Ⅰ级），BI 为 6.74（Ⅳ级）；③藻类：调查样点 1 个，物种数为 20 种（Ⅲ级），香农－维纳多样性指数为 4.10（Ⅱ级），A-IBI 为 4.78（Ⅳ级），IBD 为 13.1（Ⅲ级），BP 为 0.22（Ⅴ级），敏感种分类单元数为 5，可运动硅藻百分比为 39%，具柄硅藻百分比为 44%。

3）水化学特征。DO 为 10.14mg/L，NH_3-N 为 0.03mg/L，TP 为 0.03mg/L，COD 为 3.22mg/L。

4）河流健康指数。根据基本水质、营养盐、藻类、底栖动物、鱼类综合评价，河流健康等级为良（综合评分为 0.61）。

保护目标如下。

1）物种。大型底栖动物：预测种有钩虾。

2）群落。①鱼类：总物种数Ⅰ级（≥ 14 种），香农－维纳多样性指数Ⅰ级（≥ 2.05），鱼类生物完整性指数Ⅰ级（≥ 73.23）；②大型底栖动物：物种丰富度Ⅱ级（18 ～ 22 种），EPT 物种数Ⅱ级（6 ～ 15），香农－维纳多样性指数Ⅱ级（2.31 ～ 2.63），底栖动物完整性指数（B-IBI）Ⅱ级（3.85 ～ 4.54），BMWP 指数Ⅱ级（48 ～ 74），BI Ⅱ级（4.51 ～ 5.70）；③藻类：总物种数Ⅱ级（27 ～ 33 种），香农－维纳多样性指数Ⅴ级（≥ 4.44），A-IBI 为Ⅲ级（5.42 ～ 8.12），IBD 为Ⅱ级（16.38 ～ 19.99），BP 为Ⅳ级（0.29 ～ 0.45）。

5.2.67　阜新蒙古族自治县八道河生物多样性维持功能区（Ⅲ-03-01-03）

面积：2007.09km^2。

行政区：①阜新市的阜新蒙古族自治县（苍土乡、大巴镇、大固本镇、富荣镇、哈达户稍乡、建设镇、旧庙镇、老河土乡、泡子镇、平安地镇、沙拉镇、十家子镇、他本扎兰镇、塔营子乡、务欢池镇、扎兰营子乡、招束沟乡）、阜新市辖区（长营子镇、水泉镇）；②锦州市黑山县（半拉门镇、胡家镇、励家镇、六合乡、饶阳河镇、无梁殿镇、小东镇、新立屯镇、薛屯乡）；③沈阳市新民市（红旗乡）。

水系名称 / 河长：饶阳河、细河、八道河；以一级河流为主，河流总长度为 307.20km，其中一级河流长 223.35km，二级河流长 83.85km。

河段生境类型：非限制性低度蜿蜒支流。

生态功能：生物多样性维持功能、优良生境保护功能。

服务功能：饮用水功能、农业用水功能、非接触性休闲娱乐功能、泥沙输送功能。

社会经济压力（2010 年）：①土地利用。以耕地为主，占该区面积的 74.19%，林地占 16.52%，居住用地占 6.71%，河流占 0.80%，草地占 0.23%。②人口。区域总人口为 367 907 人，每平方千米约为 183 人。③ GDP。区域 GDP 为 567 033 万元，每平方千米 GDP 为 282.51 万元。

现状如下。

1）物种。①鱼类：优势种有鲫、棒花鱼、彩鳑鲏、波氏吻鰕虎鱼、肉犁克丽鰕虎鱼，敏感种有彩鳑鲏；②大型底栖动物：优势种有 *Hydropsyche kozhantschikovi*、热水四节蜉、细蜉、摇蚊、钩虾，伞护种有短脉纹石蛾、钩虾、椭圆萝卜螺、石蛭；③藻类：优势种有小片菱形藻、急尖舟形藻、扁圆卵形藻、丝状舟形藻（*Navicula confervacea*）、近杆状舟形藻（*Navicula subbacillum*），敏感种有窄异极藻、钝脆杆藻、简单舟形藻、线形菱形藻、小环藻。

2）群落。①鱼类：调查样点 1 个，物种数为 12 种（Ⅱ级），香农 – 维纳多样性指数为 1.95（Ⅱ级），鱼类生物完整性指数为 68.34（Ⅱ级）；②大型底栖动物：调查样点 1 个，物种数为 28 种（Ⅰ级），EPT 物种数为 12 种（Ⅱ级），香农 – 维纳多样性指数为 3.55（Ⅰ级），底栖动物完整性指数（B-IBI）为 6.74（Ⅰ级），BMWP 指数为 135（Ⅰ级），BI 为 6.05（Ⅲ级）；③藻类：调查样点 1 个，物种数为 22 种（Ⅲ级），香农 – 维纳多样性指数为 4.28（Ⅱ级），A-IBI 为 6.61（Ⅲ级），IBD 为 9.4（Ⅳ级），BP 为 0.17（Ⅴ级），敏感种分类单元数为 5，可运动硅藻百分比为 82%，具柄硅藻百分比为 3%。

3）水化学特征。DO 为 8.77mg/L，NH_3-N 为 0.06mg/L，TP 为 0.02mg/L，COD 为 2.54mg/L。

4）河流健康指数。根据基本水质、营养盐、藻类、底栖动物、鱼类综合评价，河流健康等级为良（综合评分为 0.68）。

保护目标如下。

1）物种。①鱼类：潜在种有刀鲚；②大型底栖动物：预测种有钩虾。

2）群落。①鱼类：总物种数Ⅰ级（≥ 14 种），香农 – 维纳多样性指数Ⅰ级（≥ 2.05），鱼类生物完整性指数Ⅰ级（≥ 73.23）；②大型底栖动物：物种丰富度Ⅱ级（18 ～ 22 种），EPT 物种数Ⅱ级（6 ～ 15），香农 – 维纳多样性指数Ⅱ级（2.31 ～ 2.63），底栖动物完整性指数（B-IBI）Ⅱ级（3.85 ～ 4.54），BMWP 指数Ⅱ级（48 ～ 74），BI Ⅱ级（4.51 ～ 5.70）；③藻类：总物种数Ⅱ级（27 ～ 33 种），香农 – 维纳多样性指数Ⅰ级（≥ 4.44），A-IBI 为Ⅱ级（8.13 ～ 10.84），IBD 为Ⅲ级（12.76 ～ 16.37），BP 为Ⅳ级（0.29 ～ 0.45）。

5.2.68 黑山县东沙河水资源供给功能区（Ⅲ-03-01-04）

面积：1188.37km^2。

行政区：①阜新市的阜新蒙古族自治县（大巴镇、大板镇、富荣镇、国华乡）、阜新市市辖区（水泉镇）；②锦州市的北镇市（高山子镇、柳家乡）、黑山县（八道壕镇、常兴镇、大虎山镇、段家乡、芳山镇、胡家镇、六合乡、饶阳河镇、四家子镇、太和镇、无梁殿镇、新立屯镇、薛屯乡、羊肠河镇、镇安满族乡）。

水系名称/河长：羊肠河、东沙河；以一级河流为主，河流总长度为160.04km，其中一级河流长89.01km，二级河流长20.02km，三级河流长51.01km。

河段生境类型：非限制性低度蜿蜒支流、非限制性高度蜿蜒支流。

生态功能：鱼类洄游通道功能、水生生物种质资源保护功能、自然保护功能、优良生境保护功能。

服务功能：饮用水功能、农业用水功能、工业用水功能、接触性休闲娱乐功能、泥沙输送功能。

社会经济压力（2010年）：①土地利用。以耕地为主，占该区面积的70.61%，林地占17.39%，居住用地占9.48%，河流占0.80%，草地占0.03%。②人口。区域总人口为310 152人，每平方千米约为261人。③GDP。区域GDP为479 004万元，每平方千米GDP为403.08万元。

现状如下。

1）物种。①鱼类：优势种有鲫、䱗、兴凯鱊、红鳍原鲌、波氏吻鰕虎鱼、棒花鱼、麦穗鱼、彩鳑鲏、泥鳅，敏感种有彩鳑鲏，经济物种有红鳍原鲌、怀头鲇、乌鳢；②大型底栖动物：优势种有细蜉、短脉纹石蛾、摇蚊、*Hydropsyche kozhantschikovi*、钩虾，敏感种有扁舌蛭，伞护种有钩虾、短脉纹石蛾、苏氏尾鳃蚓、石蛭；③藻类：优势种有小型异极藻、箱形桥弯藻、梅尼小环藻、粗壮双菱藻、肘状针杆藻、线形菱形藻、急尖舟形藻、小头（端）菱形藻、扁圆卵形藻，敏感种有钝脆杆藻、高山桥弯藻、羽纹藻、箱形桥弯藻、简单舟形藻、短小舟形藻、橄榄绿色异极藻、线形菱形藻、小环藻。

2）群落。①鱼类：调查样点2个，物种数均为11种（Ⅱ级），香农－维纳多样性指数分别为1.43、1.87（Ⅱ、Ⅲ级），鱼类生物完整性指数分别为31.24、35.20（Ⅴ级）；②大型底栖动物：调查样点2个，物种数分别为8种、21种（Ⅱ、Ⅴ级），EPT物种数分别为3种、10种（Ⅱ、Ⅲ级），香农－维纳多样性指数分别为1.98、2.33（Ⅱ、Ⅲ级），底栖动物完整性指数（B-IBI）分别为3.05、6.09（Ⅰ、Ⅳ级），BMWP指数分别为42、101（Ⅰ、Ⅲ级），BI分别为5.52、7.35（Ⅱ～Ⅵ级）；③藻类：调查样点2个，物种数分别为23种、25种（Ⅲ级），香农－维纳多样性指数分别为4.21、4.26（Ⅱ级），A-IBI分别为4.51、7.55（Ⅲ、Ⅳ级），IBD分别为10.2、10.4（Ⅳ级），BP为0.14、0.20（Ⅴ级），敏感种分类单元数分别为5，可运动硅藻百分比分别为45%、58%，具柄硅藻百分比分别为7%、14%。

3）水化学特征。DO 为 9.92mg/L、10.69mg/L，NH_3-N 均为 0.02mg/L，TP 均为 0.09mg/L，COD 为 1.92mg/L、3.02mg/L。

4）生境。海棠山森林生态系统国家级保护区。

5）河流健康指数。根据基本水质、营养盐、藻类、底栖动物、鱼类综合评价，河流健康等级为一般（综合评分为 0.54 ～ 0.59）。

保护目标如下。

1）物种。①鱼类：潜在种有刀鲚、鳗鲡；②大型底栖动物：预测种有中华绒螯蟹（*Eriocheir sinensis*）。

2）群落。①鱼类：总物种数Ⅰ级（≥ 14 种），香农 – 维纳多样性指数Ⅰ级（≥ 2.05），鱼类生物完整性指数Ⅳ级（38.80 ～ 50.27）；②大型底栖动物：物种丰富度Ⅱ级（18 ～ 22 种），EPT 物种数Ⅱ级（6 ～ 15），香农 – 维纳多样性指数Ⅱ级（2.31 ～ 2.63），底栖动物完整性指数（B-IBI）Ⅱ级（3.85 ～ 4.54），BMWP 指数Ⅱ级（48 ～ 74），BI Ⅱ级（4.51 ～ 5.70）；③藻类：总物种数Ⅱ级（27 ～ 33 种），香农 – 维纳多样性指数Ⅰ级（≥ 4.44），A-IBI 为Ⅱ级（8.13 ～ 10.84），IBD 为Ⅲ级（12.76 ～ 16.37），BP 为Ⅳ级（0.29 ～ 0.45）。

5.2.69 黑山县饶阳河鱼类三场一通道功能区（Ⅲ-03-01-05）

面积：673.21km^2。

行政区：①鞍山市台安县（桓洞镇、桑林镇）；②锦州市的北镇市（柳家乡、吴家乡）、黑山县（半拉门镇、常兴镇、大兴乡、胡家镇、姜屯镇、励家镇、饶阳河镇、四家子镇、新兴镇）；③盘锦市盘山县（陈家乡、大荒乡、高升镇）。

水系名称 / 河长：饶阳河；以一级河流为主，河流总长度为 103.67km，其中一级河流长 49.37km，三级河流长 42.96km，四级河流长 11.34km。

河段生境类型：非限制性低度蜿蜒支流。

生态功能：鱼类洄游通道功能、水生生物种质资源保护功能。

服务功能：饮用水功能、农业用水功能、工业用水功能、接触性休闲娱乐功能、非接触性休闲娱乐功能、泥沙输送功能。

社会经济压力（2010 年）：①土地利用。以耕地为主，占该区面积的 82.53%，居住用地占 9.52%，林地占 4.77%，河流占 0.49%。②人口。区域总人口为 101 784 人，每平方千米约为 151 人。③ GDP。区域 GDP 为 407 798 万元，每平方千米 GDP 为 605.75 万元。

现状如下。

1）物种。①鱼类：主要物种有鲫、鳘、兴凯鱊、高体鮈、波氏吻鰕虎鱼、棒花鱼、彩鳑鲅，敏感种有彩鳑鲏，经济物种有红鳍原鲌、怀头鲇；②大型底栖动物：优势种有热水四节蜉、短脉纹石蛾、二翅蜉、摇蚊、细蜉、划蝽、钩虾，敏感种有盖蝽，伞护种有钩虾、短脉纹石蛾、苏氏尾鳃蚓；③藻类：优势种有线形菱形藻、小环藻、霍弗里菱形藻、披针曲壳藻、波罗的海双眉藻（*Amphora baltica*）、小片菱形藻、小型异极藻、小头（端）菱形藻、缠结异极藻，敏感种有膨大桥弯藻、羽纹藻、线形菱形藻、小环藻、霍弗里菱形藻、箱形桥弯藻、简单舟形藻、线形菱形藻。

2）群落。①鱼类：调查样点 2 个，物种数均为 13 种（Ⅱ级），香农－维纳多样性指数分别为 1.77、2.08（Ⅰ、Ⅱ级），鱼类生物完整性指数分别为 48.66、62.22（Ⅱ、Ⅳ级）；②大型底栖动物：调查样点 2 个，物种数分别为 10 种、13 种（Ⅲ、Ⅳ级），EPT 物种数分别为 4 种、6 种（Ⅱ、Ⅲ级），香农－维纳多样性指数分别为 2.28、2.51（Ⅱ、Ⅲ级），底栖动物完整性指数（B-IBI）分别为 3.29、3.92（Ⅱ、Ⅲ级），BMWP 指数分别为 50、53（Ⅱ级），BI 分别为 6.98、7.35（Ⅳ、Ⅵ级）；③藻类：调查样点 2 个，物种数分别为 16 种、20 种（Ⅲ、Ⅳ级），香农－维纳多样性指数分别为 3.75、3.99（Ⅱ级），A-IBI 分别为 4.83、6.26（Ⅲ、Ⅳ级），IBD 分别为 10.2、11.7（Ⅳ级），BP 分别为 0.33、0.60（Ⅲ～Ⅳ级），敏感种分类单元数均为 5，可运动硅藻百分比分别为 71%、88%，具柄硅藻百分比分别为 2%、12%。

3）水化学特征。DO 为 7.78mg/L、10.31mg/L，NH_3-N 为 0.03mg/L、0.05mg/L，TP 为 0.11mg/L、0.12mg/L，COD 为 3.78mg/L、4.50mg/L。

4）河流健康指数：根据基本水质、营养盐、藻类、底栖动物、鱼类综合评价，河流健康等级为一般～良（综合评分为 0.56 ～ 0.65）。

保护目标如下。

1）物种。①鱼类：潜在种有刀鲚、鳗鲡；②大型底栖动物：预测种有钩虾、中华绒螯蟹。

2）群落。①鱼类：总物种数Ⅰ级（≥ 14 种），香农－维纳多样性指数Ⅰ级（≥ 2.05），鱼类生物完整性指数Ⅱ级（61.75 ～ 73.23）；②大型底栖动物：物种丰富度Ⅲ级（13 ～ 18 种），EPT 物种数Ⅲ级（3 ～ 6），香农－维纳多样性指数Ⅲ级（1.98 ～ 2.31），底栖动物完整性指数（B-IBI）Ⅲ级（3.16 ～ 3.85），BMWP 指数Ⅲ级（37 ～ 48），BI Ⅲ级（5.70 ～ 6.56）；③藻类：总物种数Ⅱ级（27 ～ 33 种），香农－维纳多样性指数Ⅰ级（≥ 4.44），A-IBI 为Ⅱ级（8.13 ～ 10.84），IBD 为Ⅲ级（12.76 ～ 16.37），BP 为Ⅱ级（0.63 ～ 0.79）。

5.2.70 北宁市饶阳河支流鱼类三场一通道功能区（Ⅲ-03-01-06）

面积：1044.47km^2。

行政区：①阜新市阜新蒙古族自治县（大板镇、国华乡）；②锦州市的北镇市（大市镇、富屯乡、高山子镇、窟窿台镇、柳家乡、青堆子满族镇、汪家坟乡、吴家乡、正安镇）、黑山县（八道壕镇、白厂门满族镇、段家乡、芳山镇、太和镇、羊肠河镇、镇安满族乡）。

水系名称 / 河长：羊肠河；以二级河流为主，河流总长度为 157.65km，其中一级河流长 62.62km，二级河流长 95.03km。

河段生境类型：非限制性复式河道支流、非限制性中度蜿蜒支流。

生态功能：鱼类洄游通道功能。

服务功能：农业用水功能、泥沙输送功能。

社会经济压力（2010 年）：①土地利用。以耕地为主，占该区面积的 68.89%，林地占 20.49%，居住用地占 8.10%，河流占 1.29%，草地占 0.07%。②人口。区域总人口为 240 718 人，每平方千米约为 230 人。③ GDP。区域 GDP 为 541 847 万元，每平方千米 GDP 为 518.78 万元。

现状如下。

1）物种。①鱼类。优势种有鲫、兴凯鱊、棒花鱼、麦穗鱼、波氏吻鰕虎鱼，敏感种有彩鳑鲏，经济物种有红鳍原鲌、怀头鲇；②大型底栖动物：钩虾、苏氏尾鳃蚓，敏感种有扁舌蛭，伞护种有钩虾、苏氏尾鳃蚓；③藻类：优势种有谷皮菱形藻、小型异极藻、近杆状舟形藻、膨大桥弯藻、颗粒直链藻（*Melosira granulata*），敏感种有椭圆双壁藻（*Diploneis elliptica*）、膨大桥弯藻、箱形桥弯藻、线形菱形藻、谷皮菱形藻。

2）群落。①鱼类：调查样点 1 个，物种数为 12 种（Ⅱ级），香农 – 维纳多样性指数为 1.79（Ⅱ级），鱼类生物完整性指数为 43.63（Ⅳ级）；②大型底栖动物：调查样点 1 个，物种数为 13 种（Ⅲ级），EPT 物种数为 4 种（Ⅲ级），香农 – 维纳多样性指数为 1.34（Ⅴ级），底栖动物完整性指数（B-IBI）为 1.86（Ⅴ级），BMWP 指数为 50（Ⅱ级），BI 为 9.12（Ⅵ级）；③藻类：调查样点 1 个，物种数为 25 种（Ⅲ级），香农 – 维纳多样性指数为 4.30（Ⅱ级），A-IBI 为 8.02（Ⅲ级），IBD 为 8.9（Ⅴ级），BP 为 0.15（Ⅴ级），敏感种分类单元数为 5，可运动硅藻百分比为 51%，具柄硅藻百分比为 14%。

3）水化学特征。DO 为 11.35mg/L，NH_3-N 为 0.03mg/L，TP 为 0.21mg/L，COD 为 1.99mg/L。

4）河流健康指数。根据基本水质、营养盐、藻类、底栖动物、鱼类综合评价，河流健康等级为一般（综合评分为 0.50）。

保护目标如下。

1）物种。①鱼类：潜在种有刀鲚、鳗鲡；②大型底栖动物：预测种有钩虾、中华绒螯蟹。

2）群落。①鱼类：总物种数Ⅰ级（≥ 14 种），香农 – 维纳多样性指数Ⅰ级（≥ 2.05），鱼类生物完整性指数Ⅲ级（50.27 ～ 61.75）；②大型底栖动物：物种丰富度Ⅳ级（9 ～ 13 种），

EPT 物种数Ⅳ级（2 ～ 3），香农－维纳多样性指数Ⅳ级（1.66 ～ 1.98），底栖动物完整性指数（B-IBI）Ⅳ级（2.46 ～ 3.16），BMWP 指数Ⅳ级（34 ～ 37），BI Ⅳ级（6.56 ～ 7.08）；③藻类：总物种数Ⅰ级（≥ 34 种），香农－维纳多样性指数Ⅰ级（≥ 4.44），A-IBI 为Ⅱ级（8.13 ～ 10.84），IBD 为Ⅳ级（9.14 ～ 12.75），BP 为Ⅳ级（0.29 ～ 0.45）。

5.2.71　康平县辽河支流优良生境功能区（Ⅲ-03-02-01）

面积：2052.55km^2。

行政区：①沈阳市的法库县（慈恩寺乡、孟家乡、四家子蒙古族乡）、康平县（北四家子乡、东关屯镇、二牛所口镇、方家屯镇、海州窝堡乡、郝官屯镇、两家子乡、山东屯乡、胜利乡、西关屯、小城子镇）；②通辽市科尔沁左翼后旗（常胜镇、甘旗卡镇、公河来苏木、海斯改苏木、浩坦苏木、吉尔嘎朗镇、散都镇）。

水系名称 / 河长：辽河支流以一级河流为主，河流总长度为 266.43km，其中一级河流长 158.53km，二级河流长 99.95km，三级河流长 7.96km。

河段生境类型：非限制性低度蜿蜒支流。

生态功能：鱼类洄游通道功能、自然保护功能、优良生境保护功能。

服务功能：饮用水功能、农业用水功能、接触性休闲娱乐功能、非接触性休闲娱乐功能。

社会经济压力（2010 年）：①土地利用。以耕地为主，占该区面积的 64.42%，草地占 16.71%，居住用地占 4.42%，林地占 2.92%，河流占 0.03%。②人口。区域总人口为 280 193 人，每平方千米约为 137 人。③ GDP。区域 GDP 为 896 348 万元，每平方千米 GDP 为 436.70 万元。

现状：生境。石人山天然及次生林生态系统和野生动植物市级保护区，卧龙湖湿地生态系统及鸟类省级保护区。

5.2.72　康平县秀水河优良生境功能区（Ⅲ-03-02-02）

面积：3282.87km^2。

行政区：①阜新市彰武县（阿尔乡镇、大四家子乡、后新秋镇、四合城乡、苇子沟、章古台镇）；②沈阳市的法库县（包家屯乡、登仕堡子镇、丁家房镇、双台子乡、四家子蒙古族乡、卧牛石乡、五台子乡、秀水河子镇、叶茂台镇）、康平县（东升乡、二牛所口镇、方家屯镇、柳树屯、沙金台蒙古族满族乡、西关屯、张强镇）、新民市（大柳屯镇、东蛇山子乡、公主屯镇、陶家屯乡、新农村乡）；③通辽市科尔沁左翼后旗（常胜镇、甘旗卡镇、公河来苏木、海斯改苏木、散都镇）。

水系名称 / 河长：秀水河、马莲河、老窑河；以一级河流为主，河流总长度为

503.07km，其中一级河流长 283.91km，二级河流长 98.58km，三级河流长 84.79km，四级河流长 35.79km。

河段生境类型：非限制性低度蜿蜒支流、非限制性中度蜿蜒支流、非限制性高度蜿蜒支流。

生态功能：鱼类洄游通道功能、生物多样性维持功能、水生生物种质资源保护功能、自然保护功能、优良生境保护功能。

服务功能：饮用水功能、农业用水功能、接触性休闲娱乐功能、非接触性休闲娱乐功能、水力发电功能。

社会经济压力（2010 年）：①土地利用：以耕地为主，占该区面积的 62.46%，林地占 9.22%，草地占 19.73%，居住用地占 4.77%。②人口。区域总人口为 339 497 人，每平方千米约为 103 人。③ GDP。区域 GDP 为 1 443 140 万元，每平方千米 GDP 为 439.60 万元。

现状如下。

1）物种。①鱼类：优势种有鲫、鳌、棒花鱼、麦穗鱼、波氏吻鰕虎鱼、兴凯鱊、青鳉、泥鳅、大鳞副泥鳅、高体鮈、子陵吻鰕虎、鲇、红鳍原鲌、棒花鮈、鲢，敏感种有彩鳑鲏，经济物种有红鳍原鲌、怀头鲇；②大型底栖动物：优势种有短脉纹石蛾、摇蚊、*Hydropsyche kozhantschikovi*、旋螺、细蜉、华艳色蟌、耳萝卜螺、纹石蚕、钩虾、划蝽、原蚋，敏感种有扁舌蛭、盖蝽，伞护种有短脉纹石蛾、石蛭、钩虾、苏氏尾鳃蚓；③藻类：优势种有爆裂针杆藻（*Synedra rumpens*）、布雷姆桥弯藻、放射舟形藻、谷皮菱形藻、霍弗里菱形藻、急尖舟形藻、尖针杆藻、近缘桥弯藻、线形菱形藻、相对舟形藻（*Navicula adversa*）、小环藻、小片菱形藻、小头（端）菱形藻、隐头舟形藻、针形菱形藻、舟形藻，敏感种有钝脆杆藻、放射舟形藻、高山桥弯藻、谷皮菱形藻、霍弗里菱形藻、急尖舟形藻、简单舟形藻、近缘桥弯藻、膨大桥弯藻、双头舟形藻、瞳孔舟形藻、线形菱形藻、箱形桥弯藻、小环藻、羽纹藻。

2）群落。①鱼类：调查样点 7 个，物种数为 10 ～ 14 种（Ⅰ～Ⅳ级），香农 – 维纳多样性指数为 1.60 ～ 2.14（Ⅰ～Ⅲ级），鱼类生物完整性指数为 37.13 ～ 64.69（Ⅱ～Ⅴ级）；②大型底栖动物：调查样点 7 个，物种数为 7 ～ 16 种（Ⅲ～Ⅴ级），EPT 物种数为 1 ～ 5 种（Ⅲ～Ⅴ级），香农 – 维纳多样性指数为 1.74 ～ 2.31（Ⅱ～Ⅳ级），底栖动物完整性指数（B-IBI）为 1.68 ～ 4.56（Ⅰ～Ⅵ级），BMWP 指数为 30 ～ 60（Ⅱ～Ⅴ级），BI 为 4.89 ～ 8.21（Ⅱ～Ⅵ级）；③藻类：调查样点 7 个，物种数为 15 ～ 34 种（Ⅰ～Ⅳ级），香农 – 维纳多样性指数为 3.59 ～ 4.78（Ⅰ～Ⅲ级），A-IBI 为 3.30 ～ 8.14（Ⅱ～Ⅳ级），IBD 为 5.5 ～ 12.5（Ⅳ～Ⅵ级），BP 为 0.13 ～ 0.79（Ⅱ～Ⅴ级），敏感种分类单元数为 5，可运动硅藻百分比为 58% ～ 95%，具柄硅藻百分比为 0 ～ 4%。

3）水化学特征。DO 为 8.38 ～ 13.22 mg/L，NH_3-N 为 0.03 ～ 0.11mg/L，TP 为 0.07 ～

0.31mg/L，COD 为 3.96 ～ 9.78mg/L。

4）生境。巴尔虎山天然次生林市级保护区，彰武千佛山油松、樟松、五角枫等森林生态系统及古生物遗迹县级保护区，麦里天然阔叶林县级保护区。

5）河流健康指数：根据基本水质、营养盐、藻类、底栖动物、鱼类综合评价，河流健康等级为一般（综合评分为 0.41 ～ 0.60）。

保护目标如下。

1）物种。①鱼类：潜在种有刀鲚、怀头鲇；②大型底栖动物：预测种有淡水蛭、河蚬。

2）群落。①鱼类：总物种数Ⅰ级（≥ 14 种），香农－维纳多样性指数Ⅰ级（≥ 2.05），鱼类生物完整性指数Ⅱ级（61.75 ～ 73.23）；②大型底栖动物：物种丰富度Ⅳ级（9 ～ 13 种），EPT 物种数Ⅳ级（2 ～ 3），香农－维纳多样性指数Ⅳ级（1.66 ～ 1.98），底栖动物完整性指数（B-IBI）Ⅳ级（2.46 ～ 3.16），BMWP 指数Ⅳ级（34 ～ 37），BI Ⅳ级（6.56 ～ 7.08）；③藻类：总物种数Ⅱ级（27 ～ 33 种），香农－维纳多样性指数Ⅰ级（≥ 4.44），A-IBI 为Ⅱ级（8.13 ～ 10.84），IBD 为Ⅲ级（12.76 ～ 16.37），BP 为Ⅲ级（0.46 ～ 0.62）。

5.2.73　彰武县养息牧河优良生境功能区（Ⅲ-03-02-03）

面积：2072.15km^2。

行政区：①阜新市彰武县（阿尔乡镇、城郊乡、大德乡、大冷蒙古族乡、大四家子乡、东六家子满族蒙古族镇、二道河子蒙古族乡、冯家镇、后新秋镇、前福兴地乡、四合城乡、苇子沟乡、西六家子乡、兴隆堡乡、兴隆山乡、章古台镇）。②沈阳市的法库县（包家屯乡、叶茂台镇）、康平县（沙金台蒙古族满族乡）、新民市（城郊乡、大柳屯镇、高台子乡、公主屯镇、新农村乡、兴隆镇、于家窝堡乡）；③通辽市科尔沁左翼后旗（甘旗卡镇）。

水系名称 / 河长：二道河、地河、三道河、老龙湾、养息牧河；以一级河流为主，河流总长度为 379.90km，其中一级河流长 219.95km，二级河流长 97.11km，三级河流长 62.74km，六级河流长 0.10km。

河段生境类型：非限制性中度蜿蜒支流、非限制性低度蜿蜒支流、非限制性复式河道支流。

生态功能：鱼类洄游通道功能、生物多样性维持功能、水生生物种质资源保护功能、自然保护功能、优良生境保护功能。

服务功能：饮用水功能、农业用水功能、接触性休闲娱乐功能、非接触性休闲娱乐功能、水质净化功能。

社会经济压力（2010 年）：①土地利用。以耕地为主，占该区面积的 67.38%，林地占 20.09%，居住用地占 5.55%，草地占 5.27%，河流占 0.38%。②人口。区域总人口为 325 859 人，每平方千米约为 157 人。③ GDP。区域 GDP 为 862 994 万元，每平方千米 GDP 为 416.47 万元。

现状如下。

1）物种。①鱼类：主要物种有鲫、棒花鱼、麦穗鱼、泥鳅、青鳉、鳌、高体鮈、波氏吻鰕虎鱼、兴凯鱊、彩鳑鲏、子陵吻鰕虎、葛氏鲈塘鳢，敏感种有彩鳑鲏，经济物种有红鳍原鲌、怀头鲇；②大型底栖动物：主要物种有豆龙虱、扁蜉、*Hydropsyche kozhantschikovi*、二翅蜉、细蜉、摇蚊、热水四节蜉、长跗摇蚊、钩虾、*Baetis flavistriga*、赤豆螺、划蝽、耳萝卜螺、原蚋、直突摇蚊，敏感种有盖蝽、扁舌蛭，伞护种有钩虾、石蛭、椭圆萝卜螺；③藻类：优势种有爆裂针杆藻、放射舟形藻、橄榄绿色异极藻、高山桥弯藻、谷皮菱形藻、喙头舟形藻（*Navicula rhynchocephala*）、急尖舟形藻、尖端菱形藻、近缘桥弯藻、梅尼小环藻、双头舟形藻、线形菱形藻、小环藻、小片菱形藻、小片菱形藻很小变种、隐头舟形藻、针形菱形藻，敏感种有短小舟形藻、放射舟形藻、高山桥弯藻、谷皮菱形藻、霍弗里菱形藻、急尖舟形藻、尖端菱形藻、近缘桥弯藻、膨大桥弯藻、平卧桥弯藻、石生曲壳藻（*Achnanthes rupestris*）、椭圆双壁藻、纤细异极藻（*Gomphonema gracile*）、线形菱形藻、箱形桥弯藻、小环藻、小片菱形藻、羽纹藻。

2）群落。①鱼类：调查样点 7 个，物种数为 5 ～ 17 种（Ⅰ～Ⅳ级），香农－维纳多样性指数为 1.32 ～ 2.05（Ⅰ～Ⅲ级），鱼类生物完整性指数为 42.58 ～ 62.51（Ⅱ～Ⅳ级）；②大型底栖动物：调查样点 7 个，物种数为 7 ～ 21 种（Ⅱ～Ⅴ级），EPT 物种数为 0 ～ 5 种（Ⅲ～Ⅴ级），香农－维纳多样性指数为 1.21 ～ 2.76（Ⅰ～Ⅵ级），底栖动物完整性指数（B-IBI）为 0.84 ～ 4.60（Ⅰ～Ⅵ级），BMWP 指数为 29 ～ 93（Ⅰ～Ⅴ级），BI 为 5.65 ～ 8.28（Ⅱ～Ⅵ级）；③藻类：调查样点 7 个，物种数为 6 ～ 38 种（Ⅰ～Ⅴ级），香农－维纳多样性指数为 2.44 ～ 4.72（Ⅰ～Ⅳ级），A-IBI 为 3.68 ～ 8.37（Ⅱ～Ⅳ级），IBD 为 6.8 ～ 17.1（Ⅱ～Ⅴ级），BP 为 0.11 ～ 0.55（Ⅲ～Ⅵ级），敏感种分类单元数为 5 ～ 6，可运动硅藻百分比为 47% ～ 99%，具柄硅藻百分比为 0 ～ 6%。

3）水化学特征。DO 为 2.80 ～ 13.97mg/L，NH_3-N 为 0.02 ～ 0.16mg/L，TP 为 0.08 ～ 1.09mg/L，COD 为 5.57 ～ 17.94mg/L。

4）生境。章古台沙地森林生态系统国家级保护区。

5）河流健康指数。根据基本水质、营养盐、藻类、底栖动物、鱼类综合评价，河流健康等级为一般～良（综合评分为 0.42 ～ 0.63）。

保护目标如下。

1）物种。①鱼类：潜在种有刀鲚、怀头鲇、乌鳢；②大型底栖动物：预测种有淡水蛭、钩虾、河蚬。

2）群落。①鱼类：总物种数Ⅱ级（11 ～ 13 种），香农－维纳多样性指数Ⅱ级（1.61 ～ 2.05），鱼类生物完整性指数Ⅱ级（61.75 ～ 73.23）；②大型底栖动物：物种丰富度Ⅲ级（13 ～ 18 种），

EPT 物种数Ⅲ级（3 ～ 6），香农 – 维纳多样性指数Ⅲ级（1.98 ～ 2.31），底栖动物完整性指数（B-IBI）Ⅲ级（3.16 ～ 3.85），BMWP 指数Ⅲ级（37 ～ 48），BI Ⅲ级（5.70 ～ 6.56）；③藻类：总物种数Ⅱ级（27 ～ 33 种），香农 – 维纳多样性指数Ⅰ级（≥ 4.44），A-IBI 为Ⅱ级（8.13 ～ 10.84），IBD 为Ⅱ级（16.38 ～ 19.99），BP 为Ⅲ级（0.46 ～ 0.62）。

5.2.74　彰武县柳河生物多样性维持功能区（Ⅲ-03-02-04）

面积：1791.36km^2。

行政区：①阜新市彰武县（阿尔乡镇、城郊乡、大冷蒙古族乡、丰田乡、冯家镇、两家子乡、满堂红乡、前福兴地乡、双庙乡、五峰镇、西六家子乡、兴隆山乡）；②沈阳市新民市（城郊乡、大红旗镇、大柳屯镇、高台子乡、梁山镇、兴隆堡镇、姚堡乡、于家窝堡乡、张家屯乡、周坨子乡）；③通辽市科尔沁左翼后旗（甘旗卡镇）。

水系名称 / 河长：柳河、二龙湾；以一级河流为主，河流总长度为 283.09km，其中一级河流长 134.25km，二级河流长 35.50km，四级河流长 113.34km。

河段生境类型：非限制性低度蜿蜒支流、非限制性复式河道干流。

生态功能：鱼类洄游通道功能、生物多样性维持功能、水生生物种质资源保护功能、自然保护功能、优良生境保护功能。

服务功能：饮用水功能、农业用水功能、工业用水功能、接触性休闲娱乐功能、非接触性休闲娱乐功能、泥沙输送功能。

社会经济压力（2010 年）：①土地利用。以耕地为主，占该区面积的 66.25%，林地占 20.43%，居住用地占 6.45%，草地占 3.32%，河流占 2.66%。②人口。区域总人口为 346 620 人，每平方千米约为 194 人。③ GDP。区域 GDP 为 804 900 万元，每平方千米 GDP 为 449.32 万元。

现状如下。

1）物种。①鱼类：主要物种有棒花鱼、清徐胡鮈、麦穗鱼、北方须鳅、肉犁克丽鰕虎鱼、细体鮈、泥鳅、大鳞副泥鳅、鲫、鳌、高体鮈，经济物种有红鳍原鲌；②大型底栖动物：主要物种有扇蟌、热水四节蜉、细蜉、原二翅蜉、雅丝扁蚴蜉、四节蜉、溪泥甲科、斜纹似动蜉、钩虾、东方蜉、摇蚊、椭圆萝卜螺、长跗摇蚊、石蛭、赤豆螺，敏感种有扁蚴蜉，伞护种有钩虾、椭圆萝卜螺、石蛭；③藻类：优势种有扁圆卵形藻、缠结异极藻、变异直链藻、短小舟形藻、近缘桥弯藻、线形菱形藻、小片菱形藻、小片菱形藻很小变种、显喙舟形藻（*Navicula perrostrata*）、急尖舟形藻、简单舟形藻、小头（端）菱形藻、小环藻，敏感种有短小舟形藻、纤细异极藻、椭圆双壁藻、平卧桥弯藻、近缘桥弯藻、高山桥弯藻、简单舟形藻、线形菱形藻、小环藻、霍弗里菱形藻。

2）群落。①鱼类：调查样点 4 个，物种数为 10 ～ 14 种（Ⅰ～Ⅲ级），香农－维纳多样性指数为 1.72 ～ 2.20（Ⅰ～Ⅱ级），鱼类生物完整性指数为 54.45 ～ 69.55（Ⅱ～Ⅲ级）；②大型底栖动物：调查样点 4 个，物种数为 8 ～ 18 种（Ⅱ～Ⅴ级），EPT 物种数为 4 ～ 8 种（Ⅱ～Ⅲ级），香农－维纳多样性指数为 1.67 ～ 3.52（Ⅰ～Ⅳ级），底栖动物完整性指数（B-IBI）为 3.24 ～ 4.10（Ⅱ～Ⅲ级），BMWP 指数为 49 ～ 107（Ⅰ～Ⅱ级），BI 为 6.31 ～ 6.94（Ⅲ～Ⅳ级）；③藻类：调查样点 4 个，物种数为 19 ～ 30 种（Ⅱ～Ⅲ级），香农－维纳多样性指数为 3.61 ～ 4.68（Ⅰ～Ⅲ级），A-IBI 为 4.41 ～ 8.86（Ⅱ～Ⅳ级），IBD 为 7.2 ～ 12.1（Ⅳ～Ⅴ级），BP 为 0.14 ～ 0.44（Ⅳ～Ⅴ级），敏感种分类单元数为 5，可运动硅藻百分比为 47% ～ 94%，具柄硅藻百分比为 0 ～ 15%。

3）水化学特征。DO 为 8.95 ～ 11.33mg/L，NH_3-N 为 0.02 ～ 0.27mg/L，TP 为 0.07 ～ 0.27mg/L，COD 为 4.34 ～ 7.73mg/L。

4）生境。彰武高山台森林生态系统县级保护区。

5）河流健康指数。根据基本水质、营养盐、藻类、底栖动物、鱼类综合评价，河流健康等级为一般～良（综合评分为 0.59 ～ 0.67）。

保护目标如下。

1）物种。①鱼类：潜在种有刀鲚、怀头鲇、鳗鲡、乌鳢；②大型底栖动物：预测种有钩虾。

2）群落。①鱼类：总物种数Ⅰ级（≥ 14 种），香农－维纳多样性指数Ⅰ级（≥ 2.05），鱼类生物完整性指数Ⅰ级（≥ 73.23）；②大型底栖动物：物种丰富度Ⅲ级（13 ～ 18 种），EPT 物种数Ⅲ级（3 ～ 6），香农－维纳多样性指数Ⅲ级（1.98 ～ 2.31），底栖动物完整性指数（B-IBI）Ⅲ级（3.16 ～ 3.85），BMWP 指数Ⅲ级（37 ～ 48），BI Ⅲ级（5.70 ～ 6.56）；③藻类：总物种数Ⅱ级（27 ～ 33 种），香农－维纳多样性指数Ⅰ级（≥ 4.44），A-IBI 为Ⅱ级（8.13 ～ 10.84），IBD 为Ⅲ级（12.76 ～ 16.37），BP 为Ⅲ级（0.46 ～ 0.62）。

5.2.75 台安县双台子河支流鱼类三场一通道功能区（Ⅲ-03-02-05）

面积：1080.90km^2。

行政区：①鞍山市台安县（富家镇、桓洞镇、桑林镇、台安镇、西佛镇、新华镇、新开河镇、新台镇）；②锦州市黑山县（饶阳河镇、新兴镇）；③盘锦市盘山县（陈家乡、高升镇）；④沈阳市的辽中县（大黑岗子乡、老大房镇、满都户镇、牛心坨乡）、新民市（大红旗镇、金五台子乡、兴隆堡镇）。

水系名称 / 河长：双台子河支流；以一级河流为主，河流总长度为 234.39km，其中一级河流长 125.46km，二级河流长 104.89km，三级河流长 4.04km。

河段生境类型：非限制性低度蜿蜒支流。

生态功能：濒危物种生境保护功能、鱼类洄游通道功能、水生生物种质资源保护功能、自然保护功能。

服务功能：农业用水功能、接触性休闲娱乐功能、非接触性休闲娱乐功能、泥沙输送功能。

社会经济压力（2010 年）：①土地利用。以耕地为主，占该区面积的 82.42%；居住用地占 9.70%，林地占 5.50%。②人口。区域总人口为 247 535 人，每平方千米约为 229 人。③ GDP。区域 GDP 为 1 223 540 万元，每平方千米 GDP 为 1 131.96 万元。

现状如下。

1）物种。①鱼类：主要物种有鲫、棒花鱼、麦穗鱼、葛氏鲈塘鳢、青鳉；②大型底栖动物：优势种有细蜉、钩虾、赤豆螺、苏氏尾鳃蚓，敏感种有盖蝽、扁舌蛭，伞护种有钩虾、苏氏尾鳃蚓、石蛭；③藻类：优势种有线形菱形藻、小片菱形藻、谷皮菱形藻、小头（端）菱形藻、小环藻，敏感种有简单舟形藻、线形菱形藻、小环藻、霍弗里菱形藻、谷皮菱形藻。

2）群落。①鱼类：调查样点 1 个，物种数为 5 种（Ⅳ级），香农 – 维纳多样性指数为 1.42（Ⅲ级），鱼类生物完整性指数为 48.15（Ⅳ级）；②大型底栖动物：调查样点 1 个，物种数为 15 种（Ⅲ级），EPT 物种数为 2 种（Ⅳ级），香农 – 维纳多样性指数为 2.57（Ⅱ级），底栖动物完整性指数（B-IBI）为 2.22（Ⅴ级），BMWP 指数为 65（Ⅱ级），BI 为 7.62（Ⅵ级）；③藻类：调查样点 1 个，物种数为 11 种（Ⅳ级），香农 – 维纳多样性指数为 2.92（Ⅲ级），A-IBI 为 3.35（Ⅳ级），IBD 为 8.5（Ⅴ级），BP 为 0.74（Ⅱ级），敏感种分类单元数为 5，可运动硅藻百分比为 98%，具柄硅藻百分比为 0。

3）水化学特征。DO 为 4.56 mg/L，NH_3-N 为 0.02mg/L，TP 为 0.07mg/L，COD 为 4.42mg/L。

4）生境。西平防风固沙林及野生动植物市级保护区。

5）河流健康指数。根据基本水质、营养盐、藻类、底栖动物、鱼类综合评价，河流健康等级为一般（综合评分为 0.47）。

保护目标如下。

1）物种。①鱼类：潜在种有刀鲚、怀头鲇、鳗鲡、翘嘴红鲌、乌鳢；②大型底栖动物：预测种有淡水蛏、钩虾、河蚬、中华绒螯蟹。

2）群落。①鱼类：总物种数Ⅲ级（8 ～ 10 种），香农 – 维纳多样性指数Ⅱ级（1.61 ～ 2.05），鱼类生物完整性指数Ⅲ级（50.27 ～ 61.75）；②大型底栖动物：物种丰富度Ⅲ级（13 ～ 18 种），EPT 物种数Ⅲ级（3 ～ 6），香农 – 维纳多样性指数Ⅲ级（1.98 ～ 2.31），底栖动物完整性指数（B-IBI）Ⅲ级（3.16 ～ 3.85），BMWP 指数Ⅲ级（37 ～ 48），BI Ⅲ级（5.70 ～ 6.56）；③藻类：总物种数Ⅲ级（19 ～ 26 种），香农 – 维纳多样性指数Ⅱ级（3.63 ～ 4.43），A-IBI

为Ⅲ级（5.42 ～ 8.12），IBD 为Ⅳ级（9.14 ～ 12.75），BP 为Ⅰ级（≥ 0.80）。

5.2.76 昌图县亮中河水资源供给功能区（Ⅲ-03-03-01）

面积：957.65km^2。

行政区：①沈阳市法库县（柏家沟镇）；②铁岭市的昌图县（昌图站乡、长岭子乡、大兴乡、金家镇、老城镇、两家子镇、亮中桥镇、马仲河镇、泉头满族镇、十八家子乡、太平乡、头道镇）、开原市（古城堡乡、金沟子镇、庆云堡镇、威远堡镇）。

水系名称 / 河长：亮中河、运粮河；以一级河流为主，河流总长度为 296.56km，其中一级河流长 186.98km，二级河流长 109.58km。

河段生境类型：非限制性中度蜿蜒支流、非限制性低度蜿蜒支流。

生态功能：鱼类洄游通道功能、自然保护功能区。

服务功能：农业用水功能、非接触性休闲娱乐功能、地下水补给功能。

社会经济压力（2010 年）：①土地利用。以耕地为主，占该区面积的 89.58%；林地占 1.60%，河流占 0.65%，草地占 0.07%，居住用地占 6.72%。②人口。区域总人口为 295 843 人，每平方千米约为 309 人。③ GDP。区域 GDP 为 936 536 万元，每平方千米 GDP 为 977.95 万元。

现状如下。

1）物种。①鱼类：优势种有鲫、鲤、鳌、兴凯鱊、棒花鮈、鲇、棒花鱼、麦穗鱼、彩鳑鲏、子陵吻鰕虎、肉犁克丽鰕虎鱼、青鳉、黄蚴、北方花鳅，敏感种有彩鳑鲏、北方花鳅，经济物种红鳍原鲌、怀头鲇；②大型底栖动物：优势种有钩虾、扇蟌、摇蚊、苏氏尾鳃蚓、热水四节蜉、划蝽，敏感种有盖蝽、扁舌蛭，伞护种有钩虾、苏氏尾鳃蚓、石蛭；③藻类：优势种有针形菱形藻、谷皮菱形藻、线形菱形藻、缢缩菱形藻（*Nitzschia constricta*）、羽纹藻、小片菱形藻、急尖舟形藻、隐头舟形藻、小环藻、库津小环藻，敏感种有谷皮菱形藻、近缘桥弯藻、尖布纹藻、锉刀状布纹藻（*Gyrosigma scalproides*）、洛伦菱形藻（*Nitzschia lorenziana*）、不联合舟形藻（*Navicula insociabilis*）、膨大桥弯藻、简单舟形藻、线形菱形藻、小环藻、霍弗里菱形藻、系带舟形藻。

2）群落。①鱼类：调查样点 4 个，物种数为 7 ～ 12 种（Ⅱ～Ⅳ级），香农 – 维纳多样性指数为 0.89 ～ 1.63（Ⅱ～Ⅳ级），鱼类生物完整性指数为 38.15 ～ 54.41（Ⅲ～Ⅴ级）；②大型底栖动物：调查样点 4 个，物种数为 2 ～ 13 种（Ⅲ～Ⅵ级），EPT 物种数为 0 ～ 2 种（Ⅳ～Ⅴ级），香农 – 维纳多样性指数为 0.29 ～ 2.72（Ⅰ～Ⅵ级），底栖动物完整性指数（B-IBI）为 0.16 ～ 1.84（Ⅴ～Ⅵ级），BMWP 指数为 8 ～ 54（Ⅱ～Ⅵ级），BI 为 7.04 ～ 9.34（Ⅴ～Ⅵ级）；③藻类：调查样点 4 个，物种数为 9 ～ 20 种（Ⅲ～Ⅴ级），香农 – 维纳多样性指数为 2.59 ～ 4.09（Ⅱ～Ⅳ

第二部分 论 述

级），A-IBI 为 4.20 ～ 6.90（Ⅲ～Ⅳ级），IBD 为 5.8 ～ 10.6（Ⅳ～Ⅴ级），BP 为 0.29 ～ 0.38（Ⅳ级），敏感种分类单元数为 5，可运动硅藻百分比为 68% ～ 89%，具柄硅藻百分比为 0 ～ 6%。

3）水化学特征。DO 为 5.08 ～ 8.08mg/L，NH_3-N 为 0.02 ～ 0.12mg/L，TP 为 0.14 ～ 0.38mg/L，COD 为 4.37 ～ 10.86mg/L。

4）生境。肖家沟水源地和兴安岭植物区系天然次生林县级保护区。

5）河流健康指数：根据基本水质、营养盐、藻类、底栖动物、鱼类综合评价，河流健康等级为差～一般（综合评分为 0.40 ～ 0.53）。

保护目标如下。

1）物种。鱼类：潜在种有刀鲚、乌鳢。

2）群落：①鱼类：总物种数Ⅱ级（11 ～ 13 种），香农－维纳多样性指数Ⅱ级（1.61 ～ 2.05），鱼类生物完整性指数Ⅲ级（50.27 ～ 61.75）；②大型底栖动物：物种丰富度Ⅳ级（9 ～ 13 种），EPT 物种数Ⅳ级（2 ～ 3），香农－维纳多样性指数Ⅳ级（1.66 ～ 1.98），底栖动物完整性指数（B-IBI）Ⅳ级（2.46 ～ 3.16），BMWP 指数Ⅳ级（34 ～ 37），BI Ⅳ级（6.56 ～ 7.08）；③藻类：总物种数Ⅱ级（27 ～ 33 种），香农－维纳多样性指数Ⅱ级（3.63 ～ 4.43），A-IBI 为Ⅲ级（5.42 ～ 8.12），IBD 为Ⅳ级（9.14 ～ 12.75），BP 为Ⅲ级（0.46 ～ 0.62）。

5.2.77　开原市辽河生物多样性维持功能区（Ⅲ-03-03-02）

面积：1273.25km^2。

行政区：①沈阳市的法库县（柏家沟镇、和平乡）、康平县（北四家子乡、郝官屯镇、两家子乡、山东屯乡）；②铁岭市的昌图县（长发乡、长岭子乡、后窑乡、两家子镇、七家子镇）、调兵山市（大明镇、孤山子镇、铁法镇、晓明镇）、开原市（靠山镇、老城镇、马家寨乡、庆云堡镇、松山堡乡、业民镇、中固镇）、清河区（城郊乡、聂家满族乡）、铁岭县（阿吉镇、蔡牛乡、凡河镇、平顶堡镇、双井子乡、熊官屯乡、镇西堡镇）、银州区（龙山乡）。

水系名称 / 河长：沙河、沙子河、辽河；以六级河流为主，河流总长度为 320.02km，其中一级河流长 128.57km，二级河流长 33.97km，三级河流长 2.08km，六级河流长 155.40km。

河段生境类型：部分限制性低度蜿蜒支流、非限制性高度蜿蜒干流、非限制性中度蜿蜒支流、非限制性中度蜿蜒干流。

生态功能：鱼类洄游通道功能、生物多样性维持功能、水生生物种质资源保护功能、优良生境保护功能。

服务功能：饮用水功能、农业用水功能、接触性休闲娱乐功能、非接触性休闲娱乐功能、地下水补给功能、水质净化功能、航运功能。

社会经济压力（2010 年）：①土地利用。以耕地为主，占该区面积的 59.63%，林地占 27.04%，居住用地占 7.64%，河流占 1.45%，草地占 0.94%。②人口。区域总人口为 272 144 人，每平方千米约为 214 人。③ GDP。区域 GDP 为 1 711 030 万元，每平方千米 GDP 为 1 343.83 万元。

现状如下。

1）物种。①鱼类：优势种有鲫、䱗、兴凯鱊、棒花鱼、棒花鮈、波氏吻鰕虎鱼、彩鳑鲏、潘氏鳅鮀（*Gobiobotia pappenheimi*）、北方花鳅、鲇、红鳍原鲌、高体鮈、鲤、马口鱼、鲢、犬首鮈、宽鳍鱲、泥鳅、麦穗鱼、黄蚴，敏感种有彩鳑鲏、北方花鳅、池沼公鱼、犬首鮈，珍稀濒危物种有东北雅罗鱼，特有种有池沼公鱼，经济物种有红鳍原鲌、怀头鲇；②大型底栖动物：优势种有钩虾、华艳色蟌、短脉纹石蛾、扇蟌、缅春蜓、*Hydropsyche kozhantschikovi*、摇蚊、细蜉、苏氏尾鳃蚓，敏感种有缅春蜓、扁舌蛭、扁蚴蜉、盖蝽，伞护种有钩虾、短脉纹石蛾、朝大蚊、苏氏尾鳃蚓、石蛭、椭圆萝卜螺；③藻类：优势种有变异直链藻、放射舟形藻、谷皮菱形藻、喙头舟形藻、霍弗里菱形藻、急尖舟形藻、简单舟形藻、颗粒直链藻、库津小环藻、梅尼小环藻、膨大桥弯藻、威蓝色双眉藻（*Amphora veneta*）、系带舟形藻、线形菱形藻、箱形桥弯藻、小环藻、小片菱形藻、小头（端）菱形藻、延长等片藻细弱变种、缢缩菱形藻、隐头舟形藻、羽纹藻、窄异极藻、针形菱形藻、肘状针杆藻，敏感种有小型异极藻、北方桥弯藻（*Cymbella borealis*）、变绿脆杆藻、长菱板藻（*Hantzschia elongata*）、锉刀状布纹藻、顶生舟形藻、钝脆杆藻、钝脆杆藻中狭变种、放射舟形藻、盖尤曼桥弯藻、谷皮菱形藻、尖布纹藻、简单舟形藻、近缘桥弯藻、类钝舟形藻（*Navicula muticoides*）、卵圆双眉藻、洛伦菱形藻、膨大桥弯藻、披针曲壳藻、线形菱形藻、箱形桥弯藻、小环藻、小片菱形藻、窄异极藻、针形菱形藻、中型脆杆藻（*Fragilaria intermedia*）、肘状针杆藻。

2）群落。①鱼类：调查样点 10 个，物种数为 5 ～ 16 种（Ⅰ～Ⅳ级），香农 - 维纳多样性指数为 1.06 ～ 2.09（Ⅰ～Ⅳ级），鱼类生物完整性指数为 30.57 ～ 54.50（Ⅲ～Ⅴ级）；②大型底栖动物：调查样点 4 个，物种数为 3 ～ 20 种（Ⅱ～Ⅵ级），EPT 物种数为 2 ～ 9 种（Ⅱ～Ⅳ级），香农 - 维纳多样性指数为 0.26 ～ 3.34（Ⅰ～Ⅵ级），底栖动物完整性指数（B-IBI）为 0.52 ～ 5.50（Ⅰ～Ⅵ级），BMWP 指数为 17 ～ 106（Ⅰ～Ⅵ级），BI 为 4.97 ～ 7.37（Ⅱ～Ⅵ级）；③藻类：调查样点 11 个，物种数为 9 ～ 31 种（Ⅱ～Ⅴ级），香农 - 维纳多样性指数为 2.43 ～ 4.18（Ⅱ～Ⅳ级），A-IBI 为 3.12 ～ 8.04（Ⅲ～Ⅳ级），IBD 为 4.6 ～ 11.5（Ⅳ～Ⅵ级），BP 为 0.12 ～ 0.46（Ⅲ～Ⅴ级），敏感种分类单元数为 5，可运动硅藻百分比为 40% ～ 98%，具柄硅藻百分比为 0 ～ 10%。

3）水化学特征。DO 为 8.01 ～ 8.77mg/L，NH_3-N 为 0.01 ～ 0.33mg/L，TP 为 0.08 ～ 0.85mg/L，

COD 为 3.10 ～ 40.68mg/L。

4）河流健康指数。根据基本水质、营养盐、藻类、底栖动物、鱼类综合评价，河流健康等级为极差～一般（综合评分为 0.16 ～ 0.58）。

保护目标如下。

1）物种。①鱼类：潜在种有刀鲚、乌鳢；②大型底栖动物：预测种有淡水蛏、河蚬。

2）群落。①鱼类：总物种数Ⅱ级（11 ～ 13 种），香农 – 维纳多样性指数Ⅱ级（1.61 ～ 2.05），鱼类生物完整性指数Ⅲ级（50.27 ～ 61.75）；②大型底栖动物：物种丰富度Ⅳ级（9 ～ 13 种），EPT 物种数Ⅳ级（2 ～ 3），香农 – 维纳多样性指数Ⅳ级（1.66 ～ 1.98），底栖动物完整性指数（B-IBI）Ⅳ级（2.46 ～ 3.16），BMWP 指数Ⅳ级（34 ～ 37），BI Ⅳ级（6.56 ～ 7.08）；③藻类：总物种数Ⅱ级（27 ～ 33 种），香农 – 维纳多样性指数Ⅱ级（3.63 ～ 4.43），A-IBI 为Ⅱ级（8.13 ～ 10.84），IBD 为Ⅳ级（9.14 ～ 12.75），BP 为Ⅳ级（0.29 ～ 0.45）。

5.2.78 法库县王河水资源供给功能区（Ⅲ-03-03-03）

面积：1368.87km^2。

行政区：①沈阳市的法库县（柏家沟镇、慈恩寺乡、大孤家子镇、丁家房镇、冯贝堡乡、和平乡、红五月乡、孟家乡、十间房乡、双台子乡、四家子蒙古族乡、五台子乡、依牛堡子乡）、康平县（东关屯镇、郝官屯镇、西关屯）；②铁岭市的调兵山市（大明镇、孤山子镇、铁法镇、晓明镇）、开原市（庆云堡镇）、铁岭县（阿吉镇、蔡牛乡、双井子乡、镇西堡镇）。

水系名称 / 河长：王河、泡子沿水库；以一级河流为主，河流总长度为 233.63km，其中一级河流长 187.85km，二级河流长 44.70km，六级河流长 1.09km。

河段生境类型：非限制性中度蜿蜒支流。

生态功能：鱼类洄游通道功能、水生生物种质资源保护功能、自然保护功能。

服务功能：饮用水功能、农业用水功能、地下水补给功能、水力发电功能、航运功能。

社会经济压力（2010 年）：①土地利用。以耕地为主，占该区面积的 79.04%；林地占 6.12%，居住用地占 10.41%，草地占 0.76%，河流占 0.05%。②人口。区域总人口为 454 934 人，每平方千米约为 332 人。③ GDP。区域 GDP 为 1 999 520 万元，每平方千米 GDP 为 1460.71 万元。

现状如下：

1）物种。①鱼类：优势种有鲫、棒花鱼、彩鳑鲏、肉犁克丽鰕虎鱼、青鳉、䱗、兴凯鱊、彩鳑鲏，敏感种有彩鳑鲏；②大型底栖动物：优势种有钩虾、扇蟌、长跗摇蚊、二翅蜉、黾蝽、细蜉、豆龙虱、赤豆螺、划蝽、Nepidae，敏感种有盖蝽，伞护种有钩虾、三斑小蜉、苏氏尾鳃蚓、椭圆萝卜螺；③藻类：优势种有线形菱形藻、小片菱形藻、急尖舟形藻、隐头舟形藻、小环藻、谷皮菱形藻、近缘桥弯藻、高山桥弯藻、箱形桥弯藻、针形菱形藻、类“S”菱形藻（*Nitzschia sigmoides*）、柔弱菱形藻（*Nitzschia debilis*）、尖针杆藻，敏感种有橄榄绿色异极藻、膨大桥弯藻、简单舟形藻、线形菱形藻、小环藻、谷皮菱形藻、小片菱形藻、急尖舟形藻、顶生舟形藻、椭圆双壁藻、近缘桥弯藻、高山桥弯藻、羽纹藻。

2）群落。①鱼类：调查样点 3 个，物种数为 5 ～ 11 种（Ⅱ～Ⅳ级），香农 – 维纳多样性指数为 1.06 ～ 1.94（Ⅱ～Ⅳ级），鱼类生物完整性指数为 17.70 ～ 67.13（Ⅱ～Ⅵ级）；②大型底栖动物：调查样点 3 个，物种数为 7 ～ 13 种（Ⅲ～Ⅴ级），EPT 物种数为 0 ～ 4 种（Ⅲ～Ⅴ级），香农 – 维纳多样性指数为 0.89 ～ 3.13（Ⅰ～Ⅵ级），底栖动物完整性指数（B-IBI）为 0.51 ～ 2.53（Ⅳ～Ⅵ级），BMWP 指数为 25 ～ 71（Ⅱ～Ⅵ级），BI 为 6.76 ～ 7.45（Ⅳ～Ⅵ级）；③藻类：调查样点 3 个，物种数为 6 ～ 34 种（Ⅰ～Ⅴ级），香农 – 维纳多样性指数为 2.42 ～ 4.78（Ⅰ～Ⅳ级），A-IBI 为 5.31 ～ 7.53（Ⅲ～Ⅳ级），IBD 为 9.5 ～ 11.8（Ⅳ级），BP 为 0.12 ～ 0.63（Ⅱ～Ⅴ级），敏感种分类单元数为 5 ～ 6，可运动硅藻百分比为 52% ～ 89%，具柄硅藻百分比为 5% ～ 10%。

3）水化学特征。NH_3-N 为 0.08 ～ 0.16mg/L，TP 为 0.11 ～ 0.54mg/L，COD 为 5.81 ～ 10.44mg/L。

4）生境。法库五龙山森林、水源涵养区及珍稀动植物市级保护区。

5）河流健康指数。根据基本水质、营养盐、藻类、底栖动物、鱼类综合评价，河流健康等级为一般（综合评分为 0.48 ～ 0.49）。

保护目标如下。

1）物种。①鱼类：潜在种有刀鲚、乌鳢；②大型底栖动物：预测种有钩虾。

2）群落。①鱼类：总物种数Ⅱ级（11 ～ 13 种），香农 – 维纳多样性指数Ⅱ级（1.61 ～ 2.05），鱼类生物完整性指数Ⅲ级（50.27 ～ 61.75）；②大型底栖动物：物种丰富度Ⅳ级（9 ～ 13 种），EPT 物种数Ⅳ级（2 ～ 3），香农 – 维纳多样性指数Ⅳ级（1.66 ～ 1.98），底栖动物完整性指数（B-IBI）Ⅳ级（2.46 ～ 3.16），BMWP 指数Ⅳ级（34 ～ 37），BI Ⅳ级（6.56 ～ 7.08）；③藻类：总物种数Ⅱ级（27 ～ 33 种），香农 – 维纳多样性指数Ⅰ级（≥ 4.44），A-IBI 为Ⅱ级（8.13 ～ 10.84），IBD 为Ⅲ级（12.76 ～ 16.37），BP 为Ⅲ级（0.46 ～ 0.62）。

5.2.79　铁岭县辽河生物多样性维持功能区（Ⅲ-03-03-04）

面积：201.40km^2。

行政区：①沈阳市的法库县（大孤家子镇、三面船镇、依牛堡子乡）、沈北新区（黄家锡伯族乡）；②铁岭市铁岭县（阿吉镇、蔡牛乡、凡河镇、新台子镇）。

水系名称 / 河长：辽河；以六级河流为主，河流总长度为 42.31km，其中二级河流长 4.70km，六级河流长 37.61km。

河段生境类型：非限制性高度蜿蜒干流。

生态功能：生物多样性维持功能、鱼类洄游通道功能、水生生物种质资源保护功能。

服务功能：饮用水功能、农业用水功能、工业用水功能、接触性休闲娱乐功能、非接触性休闲娱乐功能、水力发电功能、航运功能。

社会经济压力（2010 年）：①土地利用。以耕地为主，占该区面积的 71.99%，居住用地占 10.96%，河流占 4.51%，草地占 4.39%，林地占 0.83%。②人口。区域总人口为 58 230 人，每平方千米约为 289 人。③ GDP。区域 GDP 为 329 757 万元，每平方千米 GDP 为 1637.35 万元。

现状如下。

1）物种。①鱼类：优势种有鲫、䱗、兴凯鱊、棒花鮈、彩鳑鲏、棒花鱼、波氏吻鰕虎鱼、鲇、清徐胡鮈，敏感种有彩鳑鲏，经济物种有红鳍原鲌、怀头鲇；②大型底栖动物：*Hydropsyche kozhantschikovi*、细蜉、划蝽、钩虾、苏氏尾鳃蚓、霍甫水丝蚓，敏感种有显春蜓、缅春蜓、扁蚴蜉，伞护种有短脉纹石蛾、钩虾、苏氏尾鳃蚓、石蛭；③藻类：优势种有谷皮菱形藻、放射舟形藻、针形菱形藻、膨大桥弯藻、小环藻、线形菱形藻、小型异极藻、库津小环藻、肘状针杆藻、瞳孔舟形藻、简单舟形藻、卵圆双菱藻、小片菱形藻、变异直链藻、霍弗里菱形藻，敏感种有窄菱形藻尖（端）变种、美丽双壁藻、橄榄绿色异极藻、胡斯特桥弯藻、膨大桥弯藻、窄异极藻、小型异极藻、谷皮菱形藻、肘状针杆藻、小片菱形藻、高山桥弯藻、羽纹脆杆藻三角形变种（*Fragilaria pinnata* var.*trigona*）、小环藻、羽纹藻、简单舟形藻、线形菱形藻、谷皮菱形藻。

2）群落。①鱼类：调查样点 4 个，物种数为 10 ～ 13 种（Ⅱ～Ⅲ级），香农－维纳多样性指数为 1.17 ～ 1.99（Ⅱ～Ⅳ级），鱼类生物完整性指数为 38.50 ～ 50.20（Ⅲ～Ⅴ级）；②大型底栖动物：调查样点 2 个，物种数分别为 4 种、11 种（Ⅳ、Ⅴ级），EPT 物种数分别为 1 种、4 种（Ⅲ、Ⅴ级），香农－维纳多样性指数分别为 1.50、2.10（Ⅲ、Ⅴ级），底栖动物完整性指数（B-IBI）分别为 0.98、2.99（Ⅳ、Ⅵ级），BMWP 指数分别为 15、37（Ⅱ、Ⅵ级），BI 分别为 7.20、7.98（Ⅴ、Ⅵ级）；③藻类：调查样点 4 个，物种数为 10 ～ 32 种（Ⅱ～Ⅴ级），香农－维纳多样性指数为 3.11 ～ 4.29（Ⅱ～Ⅲ级），A-IBI 为 4.93 ～ 9.10（Ⅱ～Ⅳ级），IBD 为 8.4 ～ 14.0（Ⅲ～Ⅴ级），BP 为 0.16 ～ 0.36（Ⅳ～Ⅴ级），敏感种分类单元数为 5，可运动硅藻百分比为 40% ～ 94%，具柄硅藻百分比为 1% ～ 22%。

3）水化学特征。DO 为 8.00 ～ 8.93mg/L，NH_3-N 为 0.01 ～ 0.14mg/L，TP 为 0.10 ～ 0.17mg/L，COD 为 3.84 ～ 9.96mg/L。

4）河流健康指数。根据基本水质、营养盐、藻类、底栖动物、鱼类综合评价，河流健康等级为差～一般（综合评分为 0.25 ～ 0.59）。

保护目标如下。

1）物种。鱼类：潜在种有刀鲚、乌鳢。

2）群落。①鱼类：总物种数Ⅰ级（≥ 14 种），香农 - 维纳多样性指数Ⅰ级（≥ 2.05），鱼类生物完整性指数Ⅲ级（50.27 ～ 61.75）；②大型底栖动物：物种丰富度Ⅳ级（9 ～ 13 种），EPT 物种数Ⅳ级（2 ～ 3），香农 - 维纳多样性指数Ⅳ级（1.66 ～ 1.98），底栖动物完整性指数（B-IBI）Ⅳ级（2.46 ～ 3.16），BMWP 指数Ⅳ级（34 ～ 37），BI Ⅳ级（6.56 ～ 7.08）；③藻类：总物种数Ⅱ级（27 ～ 33 种），香农 - 维纳多样性指数Ⅰ级（≥ 4.44），A-IBI 为Ⅱ级（8.13 ～ 10.84），IBD 为Ⅴ级（5.52 ～ 9.13），BP 为Ⅳ级（0.29 ～ 0.45）。

5.2.80　沈阳市万泉河水资源供给功能区（Ⅲ-03-03-05）

面积：625.16km^2。

行政区：①沈阳市沈北新区（黄家锡伯族乡、马刚乡、清水台镇、石佛朝鲜族锡伯族乡、新城子乡、兴隆台锡伯族镇）；②铁岭市的铁岭县（阿吉镇、催阵堡乡、凡河镇、横道河子满族乡、新台子镇、腰堡镇）、银州区（龙山乡）。

水系名称 / 河长：万泉河；以一级河流为主，河流总长度为 129.58km，其中一级河流长 88.19km，二级河流长 30.51km，三级河流长 10.88km。

河段生境类型：非限制性中度蜿蜒支流、非限制性高度蜿蜒支流、非限制性低度蜿蜒支流。

生态功能：水生生物种质资源保护功能。

服务功能：饮用水功能、农业用水功能、接触性休闲娱乐功能。

社会经济压力（2010 年）：①土地利用。以耕地为主，占该区面积的 70.44%，林地占 12.94%，居住用地占 12.04%，草地占 0.54%，河流占 0.10%。②人口。区域总人口为 265 472 人，每平方千米约为 425 人。③ GDP。区域 GDP 为 1 910 180 万元，每平方千米 GDP 为 3055.53 万元。

现状如下。

1）物种。①鱼类：优势种有鲫、䱗、棒花鱼、麦穗鱼、东北雅罗鱼、黄蚴，敏感种有彩鳑鲏，珍稀濒危物种有东北雅罗鱼；②大型底栖动物：优势种有摇蚊、长跗摇蚊、耳萝卜螺、扁舌蛭，敏感种有扁舌蛭，伞护种有椭圆萝卜螺、苏氏尾鳃蚓；③藻类：优势种有简单舟形藻、小片菱形藻、谷皮菱形藻、放射舟形藻、小环藻，敏感种有简单舟形藻、线形菱形藻、小环藻、谷皮菱形藻、放射舟形藻。

2）群落。①鱼类：调查样点 1 个，物种数为 12 种（Ⅱ级），香农 - 维纳多样性指数为 1.53（Ⅲ级），鱼类生物完整性指数为 43.25（Ⅳ级）；②大型底栖动物：调查样点 1 个，物种数为

8 种（Ⅴ级），EPT 物种数为 0（Ⅴ级），香农 – 维纳多样性指数为 1.61（Ⅴ级），底栖动物完整性指数（B-IBI）为 0.79（Ⅵ级），BMWP 指数为 25（Ⅵ级），BI 为 8.20（Ⅵ级）；③藻类：调查样点 1 个，物种数为 24 种（Ⅲ级），香农 – 维纳多样性指数为 4.09（Ⅱ级），A-IBI 为 7.50（Ⅲ级），IBD 为 13.2（Ⅲ级），BP 为 0.21（Ⅴ级），敏感种分类单元数为 5，可运动硅藻百分比为 61%，具柄硅藻百分比为 7%。

3）水化学特征。NH_3-N 为 0.10mg/L，TP 为 0.17mg/L，COD 为 8.10mg/L。

4）河流健康指数。根据基本水质、营养盐、藻类、底栖动物、鱼类综合评价，河流健康等级为一般（综合评分为 0.49）。

保护目标如下。

1）物种：鱼类：潜在种有刀鲚、乌鳢。

2）群落：①鱼类：总物种数Ⅰ级（≥ 14 种），香农 – 维纳多样性指数Ⅱ级（1.61 ～ 2.05），鱼类生物完整性指数Ⅲ级（50.27 ～ 61.75）；②大型底栖动物：物种丰富度Ⅲ级（13 ～ 18 种），EPT 物种数Ⅲ级（3 ～ 6），香农 – 维纳多样性指数Ⅲ级（1.98 ～ 2.31），底栖动物完整性指数（B-IBI）Ⅲ级（3.16 ～ 3.85），BMWP 指数Ⅲ级（37 ～ 48），BI Ⅲ级（5.70 ～ 6.56）；③藻类：总物种数Ⅱ级（27 ～ 33 种），香农 – 维纳多样性指数Ⅰ级（≥ 4.44），A-IBI 为Ⅳ级（8.13 ～ 10.84），IBD 为Ⅱ级（16.38 ～ 19.99），BP 为Ⅳ级（0.29 ～ 0.45）。

5.2.81 新民市辽河生物多样性维持功能区（Ⅲ-03-03-06）

面积：1044.61km^2。

行政区：沈阳市的法库县（大孤家子镇、登仕堡子镇、丁家房镇、三面船镇、依牛堡子乡）、辽中县（大黑岗子乡、老大房镇、冷子堡镇）、沈北新区（黄家锡伯族乡、石佛朝鲜族锡伯族乡）、新民市（城郊乡、大红旗镇、东蛇山子乡、高台子乡、公主屯镇、金五台子乡、罗家房乡、前当堡镇、三道岗子乡、陶家屯乡、新农村乡、兴隆堡镇、兴隆镇、张家屯乡）。

水系名称 / 河长：辽河；以六级河流为主，河流总长度为 178.43km，其中一级河流长 59.34km，四级河流长 0.04km，六级河流长 119.05km。

河段生境类型：非限制性高度蜿蜒干流、非限制性复式河道干流、非限制性低度蜿蜒支流。

生态功能：生物多样性维持功能、鱼类洄游通道功能、水生生物种质资源保护功能、优良生境保护功能。

服务功能：饮用水功能、农业用水功能、工业用水功能、接触性休闲娱乐功能、非接触性休闲娱乐功能、泥沙输送功能、航运功能。

社会经济压力（2010 年）：①土地利用。以耕地为主，占该区面积的 76.06%，居住用地占 9.17%，林地占 5.13%，河流占 2.44%，草地占 2.31%；②人口。区域总人口为 207 575 人，每平方千米约为 199 人。③ GDP。区域 GDP 为 984 364 万元，每平方千米 GDP 为 942.33 万元。

现状如下。

1）物种：①鱼类：优势种有鲫、䱗、红鳍原鲌、棒花鮈、鳙、彩鳑鲏、子陵吻鰕虎、马口鱼、兴凯鱊、清徐胡鮈、细体鮈、波氏吻鰕虎鱼、宽鳍鱲、泥鳅、北方花鳅、纵纹北鳅、褐栉鰕虎鱼，敏感种有彩鳑鲏、北方花鳅，特有种有辽宁棒花鱼，经济物种有红鳍原鲌、乌鳢、怀头鲇；②大型底栖动物：优势种有钩虾、短脉纹石蛾、二翅蜉、*Chironominae*、细蜉、摇蚊、寡毛纲，敏感种有缅春蜓，伞护种有钩虾、短脉纹石蛾、三斑小蜉、椭圆萝卜螺、苏氏尾鳃蚓；③藻类：优势种有线形菱形藻、谷皮菱形藻、小环藻、喙头舟形藻、系带舟形藻、针形菱形藻、隐头舟形藻、钝脆杆藻、羽纹藻、膨大桥弯藻、泉生菱形藻（*Nitzschia fonticola*）、尖布纹藻、北方羽纹藻（*Pinnularia borealis*）、锉刀状布纹藻、链形小环藻（*Cyclotella catenata*）、普通等片藻伸长变种（*Diatoma vulgare* var. *producta*）、简单舟形藻、变异直链藻、肘状针杆藻、小片菱形藻，敏感种有小型异极藻、小环藻、谷皮菱形藻、放射舟形藻、系带舟形藻、钝脆杆藻、披针曲壳藻、针形菱形藻、峭壁舟形藻、胡斯特桥弯藻、膨大桥弯藻、忽视舟形藻（*Navicula omissa*）、简单舟形藻、北方桥弯藻、肘状针杆藻、小片菱形藻、锉刀状布纹藻、英吉利舟形藻（*Navicula anglica*）、偏肿桥弯藻半环变种。

2）群落。①鱼类：调查样点 6 个，物种数为 7 ～ 13 种（Ⅱ～Ⅳ级），香农 - 维纳多样性指数为 1.17 ～ 1.86（Ⅱ～Ⅳ级），鱼类生物完整性指数为 39.30 ～ 66.92（Ⅱ～Ⅳ级）；②大型底栖动物：调查样点 4 个，物种数为 4 ～ 17 种（Ⅲ～Ⅵ级），EPT 物种数为 0 ～ 9 种（Ⅱ～Ⅴ级），香农 - 维纳多样性指数为 0.79 ～ 2.64（Ⅰ～Ⅵ级），底栖动物完整性指数（B-IBI）为 0.62 ～ 5.62（Ⅰ～Ⅵ级），BMWP 指数为 6 ～ 89（Ⅰ～Ⅵ级），BI 为 5.77 ～ 7.79（Ⅲ～Ⅵ级）；③藻类：调查样点 6 个，物种数为 8 ～ 16 种（Ⅳ～Ⅴ级），香农 - 维纳多样性指数为 2.39 ～ 3.78（Ⅱ～Ⅳ级），A-IBI 为 6.18 ～ 10.04（Ⅱ～Ⅲ级），IBD 为 8.7 ～ 16.3（Ⅲ～Ⅴ级），BP 为 0.14 ～ 0.30（Ⅳ～Ⅴ级），敏感种分类单元数为 5，可运动硅藻百分比为 26% ～ 74%，具柄硅藻百分比为 0 ～ 7%。

3）水化学特征。DO 为 8.11 ～ 8.91mg/L，NH_3-N 为 0.01 ～ 0.02mg/L，TP 为 0.11 ～ 0.15mg/L，COD 为 1.98 ～ 9.90mg/L。

4）河流健康指数。根据基本水质、营养盐、藻类、底栖动物、鱼类综合评价，河流健康等级为极差～良（综合评分为 0.14 ～ 0.63）。

保护目标如下。

1）物种。①鱼类：潜在种有刀鲚、怀头鲇、鳗鲡、翘嘴红鲌、乌鳢；②大型底栖动物：

第二部分 论 述

预测种有钩虾。

2）群落。①鱼类：总物种数Ⅰ级（≥ 14 种），香农－维纳多样性指数Ⅱ级（1.61 ～ 2.05），鱼类生物完整性指数Ⅲ级（50.27 ～ 61.75）；②大型底栖动物：物种丰富度Ⅳ级（9 ～ 13 种），EPT 物种数Ⅳ级（2 ～ 3），香农－维纳多样性指数Ⅳ级（1.66 ～ 1.98），底栖动物完整性指数（B-IBI）Ⅳ级（2.46 ～ 3.16），BMWP 指数Ⅳ级（34 ～ 37），BI Ⅳ级（6.56 ～ 7.08）；③藻类：总物种数Ⅲ级（19 ～ 26 种），香农－维纳多样性指数Ⅱ级（3.63 ～ 4.43），A-IBI 为Ⅱ级（8.13 ～ 10.84），IBD 为Ⅲ级（12.76 ～ 16.37），BP 为Ⅳ级（0.29 ～ 0.45）。

5.2.82 台安县辽河鱼类三场一通道功能区（Ⅲ-03-03-07）

面积：654.22km^2。

行政区：①鞍山市台安县（达牛镇、大张镇、富家镇、桓洞镇、台安镇、桑树林子乡、西佛镇、新华镇、新开河镇）；②盘锦市盘山县（坝墙子镇、陈家乡、沙岭镇、吴家乡）；③沈阳市的辽中县（大黑岗子乡、老大房镇、冷子堡镇、六间房乡、满都户镇、牛心坨乡、蒲东街道、养士堡乡、于家房镇、朱家房镇）、新民市（金五台子乡）。

水系名称 / 河长：辽河；以六级河流为主，河流总长度为 156.58km，其中一级河流长 27.03km，三级河流长 0.20km，六级河流长 129.35km。

河段生境类型：非限制性高度蜿蜒干流。

生态功能：濒危物种生境保护功能、鱼类洄游通道功能、水生生物种质资源保护功能、优良生境保护。

服务功能：饮用水功能、农业用水功能、工业用水功能、接触性休闲娱乐功能、非接触性休闲娱乐功能、泥沙输送功能、航运功能。

社会经济压力（2010 年）：①土地利用。以耕地为主，占该区面积的 80.48%，居住用地占 9.60%，林地占 3.88%，河流占 2.19%，草地占 0.01%。②人口。区域总人口为 178 058 人，每平方千米约为 272 人。③ GDP。区域 GDP 为 846 644 万元，每平方千米 GDP 为 1294.13 万元。

现状如下。

1）物种。①鱼类：优势种有鲫、鳌、马口鱼、兴凯鱊、细体鮈、高体鮈、红鳍原鲌、棒花鮈、鲇、波氏吻鰕虎鱼、彩鳑鲏、肉犁克丽鰕虎鱼，敏感种有彩鳑鲏，经济物种有红鳍原鲌、怀头鲇、乌鳢；②大型底栖动物：优势种有缅春蜓、扁蚴蜉，敏感种共有缅春蜓、扁蚴蜉，伞护种有钩虾、短脉纹石蛾；③藻类：优势种有链形小环藻、颗粒直链藻、谷皮菱形藻、偏肿桥弯藻、峭壁舟形藻、库津小环藻、线形菱形藻、小片菱形藻、膨大桥弯藻、库津菱形藻、针形菱形藻、类钝舟形藻、变异直链藻、小环藻、小型舟形藻、小片菱形藻很小变种、近缘桥弯藻、隐头舟形藻威蓝变种（*Navicula cryptocephala* var. *venta*）、系带舟形藻、两尖菱板藻（*Hantzschia amphioxys*）、假舟形藻（*Navicula notha*），敏感种有谷皮菱形藻、小片菱形藻、尖布纹藻、偏肿桥弯藻、两尖菱板藻、钝脆杆藻、膨大桥弯藻、肘状针杆藻、胡斯特桥弯藻、缢缩异极藻（*Gomphonema constrictum*）、箱形桥弯藻、类钝舟形藻、小环藻、近缘桥弯藻、小型舟形藻、瞳孔舟形藻、北方桥弯藻、优美舟形藻（*Navicula delicatula*）、假舟形藻、系带舟形藻。

2）群落。①鱼类：调查样点5个，物种数为8～9种（Ⅲ级），香农－维纳多样性指数为1.00～1.57（Ⅲ～Ⅳ级），鱼类生物完整性指数为43.11～64.67（Ⅱ～Ⅳ级）；②大型底栖动物：调查样点4个，物种数为1～8种（Ⅴ～Ⅵ级），EPT物种数为0～5种（Ⅲ～Ⅴ级），香农－维纳多样性指数为0～2.21（Ⅲ～Ⅵ级），底栖动物完整性指数（B-IBI）为0.05～4.46（Ⅱ～Ⅵ级），BMWP指数为6～53（Ⅱ～Ⅵ级），BI为4.87～7.45（Ⅱ～Ⅵ级）；③藻类：调查样点5个，物种数为6～15种（Ⅳ～Ⅴ级），香农－维纳多样性指数为2.28～3.04（Ⅲ～Ⅳ级），A-IBI为5.88～8.79（Ⅱ～Ⅲ级），IBD为9.4～15.3（Ⅲ～Ⅳ级），BP为0.24～0.35（Ⅳ～Ⅴ级），敏感种分类单元数为5，可运动硅藻百分比为38%～88%，具柄硅藻百分比为0～5%。

3）水化学特征。DO为7.72～8.49mg/L，NH_3-N为0.02～0.04mg/L，TP为0.09～0.13mg/L，COD为0.69～5.52mg/L。

4）河流健康指数。根据基本水质、营养盐、藻类、底栖动物、鱼类综合评价，河流健康等级为差～一般（综合评分为0.20～0.55）。

保护目标如下。

1）物种。①鱼类：潜在种有刀鲚、怀头鲇、鳗鲡、翘嘴红鲌、乌鳢；②大型底栖动物：预测种有中华绒螯蟹。

2）群落。①鱼类：总物种数Ⅱ级（11～13种），香农－维纳多样性指数Ⅱ级（1.61～2.05），鱼类生物完整性指数Ⅱ级（61.75～73.23）；②大型底栖动物：物种丰富度Ⅳ级（9～13种），EPT物种数Ⅳ级（2～3），香农－维纳多样性指数Ⅳ级（1.66～1.98），底栖动物完整性指数（B-IBI）Ⅳ级（2.46～3.16），BMWP指数Ⅳ级（34～37），BI Ⅳ级（6.56～7.08）；③藻类：总物种数Ⅲ级（19～26种），香农－维纳多样性指数Ⅲ级（2.83～3.62），A-IBI为Ⅱ级（8.13～10.84），IBD为Ⅲ级（12.76～16.37），BP为Ⅳ级（0.29～0.45）。

5.2.83 昌图县招苏台河生物多样性维持功能区（Ⅲ-03-04-01）

面积：129.64km^2。

行政区：铁岭市昌图县（宝力镇、长岭子乡、后窑乡、金家镇、两家子镇）。

水系名称／河长：招苏台河；只有四级河流，河流总长度为42.08km。

河段生境类型：非限制性高度蜿蜒干流。

生态功能：生物多样性维持功能、鱼类洄游通道功能。

服务功能：农业用水功能、接触性休闲娱乐功能、非接触性休闲娱乐功能。

社会经济压力（2010 年）：①土地利用：以耕地为主，占该区面积的 89.83%，居住用地占 6.86%，河流占 1.95%。②人口。区域总人口为 79 014 人，每平方千米约为 609 人。③ GDP。区域 GDP 为 71 344.8 万元，每平方千米 GDP 为 550.32 万元。

现状如下。

1）物种。①鱼类：优势种有鲫、䱗、棒花鱼、棒花鮈、麦穗鱼、彩鳑鲏，敏感种有彩鳑鲏、北方花鳅；②大型底栖动物：伞护种有钩虾、椭圆萝卜螺；③藻类：优势种有小片菱形藻、谷皮菱形藻、针形菱形藻、优美桥弯藻、肘状针杆藻，敏感种有谷皮菱形藻、小片菱形藻、针形菱形藻、两尖菱板藻、近盐生双菱藻（*Surirella subsalsa*）。

2）群落。①鱼类。调查样点 1 个，物种数为 10 种（Ⅲ级），香农 – 维纳多样性指数为 1.64（Ⅱ级），鱼类生物完整性指数为 33.27（Ⅴ级）；②大型底栖动物：调查样点 1 个，物种数为 14 种（Ⅲ级），EPT 物种数为 6 种（Ⅱ级），香农 – 维纳多样性指数为 2.42（Ⅱ级），底栖动物完整性指数（B-IBI）为 2.21（Ⅴ级），BMWP 指数为 79（Ⅰ级），BI 为 8.11（Ⅵ级）；③藻类：调查样点 1 个，物种数为 6 种（Ⅴ级），香农 – 维纳多样性指数为 2.12（Ⅳ级），A-IBI 为 4.54（Ⅳ级），IBD 为 6.9（Ⅴ级），BP 为 0.33（Ⅳ级），敏感种分类单元数为 5，可运动硅藻百分比为 80%，具柄硅藻百分比为 0。

3）水化学特征。DO 为 7.4mg/L，NH_3-N 为 0.14mg/L，TP 为 0.22mg/L，COD 为 5.52mg/L。

4）河流健康指数。根据基本水质、营养盐、藻类、底栖动物、鱼类综合评价，河流健康等级为一般（综合评分为 0.47）。

保护目标如下。

1）物种。鱼类：潜在种有刀鲚、乌鳢。

2）群落。①鱼类：总物种数Ⅱ级（11 ～ 13 种），香农 – 维纳多样性指数Ⅰ级（≥ 2.05），鱼类生物完整性指数Ⅳ级（38.80 ～ 50.27）；②大型底栖动物：物种丰富度Ⅳ级（9 ～ 13 种），EPT 物种数Ⅳ级（2 ～ 3），香农 – 维纳多样性指数Ⅳ级（1.66 ～ 1.98），底栖动物完整性指数（B-IBI）Ⅳ级（2.46 ～ 3.16），BMWP 指数Ⅳ级（34 ～ 37），BI Ⅳ级（6.56 ～ 7.08）；③藻类：总物种数Ⅴ级（3 ～ 10 种），香农 – 维纳多样性指数Ⅲ级（2.83 ～ 3.62），A-IBI 为Ⅲ级（5.42 ～ 8.12），IBD 为Ⅳ级（9.14 ～ 12.75），BP 为Ⅲ级（0.46 ～ 0.62）。

5.2.84　昌图县马仲河水资源供给功能区（Ⅲ-03-05-01）

面积：245.45km^2。

行政区：铁岭市昌图县（昌图站乡、老城镇、马仲河镇、泉头满族镇）、开原市（城东乡、金沟子镇、老城镇、威远堡镇）。

水系名称 / 河长：马仲河、八一水库；以一级河流为主，河流总长度为 87.47km，其中一级河流长 73.89km，二级河流长 13.58km。

河段生境类型：非限制性中度蜿蜒支流、非限制性低度蜿蜒支流。

服务功能：农业用水功能。

社会经济压力（2010 年）：①土地利用。以耕地为主，占该区面积的 76.59%，林地占 10.38%，居住用地占 9.73%，草地占 0.06%，河流占 0.05%。②人口。区域总人口为 223 615 人，每平方千米约为 911 人。③ GDP。区域 GDP 为 335 912 万元，每平方千米 GDP 为 1368.57 万元。

现状如下。

1）物种。①鱼类：优势种有棒花鱼、麦穗鱼、彩鳑鲏、黄鲂、青鳉，敏感种有彩鳑鲏；②大型底栖动物：伞护种有苏氏尾鳃蚓、石蛭；③藻类：优势种有简单舟形藻、线形菱形藻、小片菱形藻、谷皮菱形藻、隐头舟形藻，敏感种有简单舟形藻、线形菱形藻、小环藻、霍弗里菱形藻、谷皮菱形藻。

2）群落。①鱼类：调查样点 1 个，物种数为 9 种（Ⅲ级），香农－维纳多样性指数为 1.07（Ⅳ级），鱼类生物完整性指数为 73.33（Ⅰ级）；②大型底栖动物：调查样点 1 个，物种数为 10 种（Ⅳ级），EPT 物种数为 2 种（Ⅳ级），香农－维纳多样性指数为 2.47（Ⅱ级），底栖动物完整性指数（B-IBI）为 2.15（Ⅴ级），BMWP 指数为 30（Ⅴ级），BI 为 8.47（Ⅵ级）；③藻类：调查样点 1 个，物种数为 17 种（Ⅳ级），香农－维纳多样性指数为 3.75（Ⅱ级），A-IBI 为 5.54（Ⅲ级），IBD 为 8.9（Ⅴ级），BP 为 0.56（Ⅲ级），敏感种分类单元数为 5，可运动硅藻百分比为 93%，具柄硅藻百分比为 2%。

3）水化学特征。DO 为 7.61mg/L，NH_3-N 为 0.04mg/L，TP 为 0.79mg/L，COD 为 4.39mg/L。

4）河流健康指数。根据基本水质、营养盐、藻类、底栖动物、鱼类综合评价，河流健康等级为一般（综合评分为 0.50）。

保护目标：群落。①鱼类：总物种数Ⅱ级（11 ～ 13 种），香农－维纳多样性指数Ⅲ级（1.18 ～ 1.61），鱼类生物完整性指数Ⅰ级（≥ 73.23）；②大型底栖动物：物种丰富度Ⅳ级（9 ～ 13 种），EPT 物种数Ⅳ级（2 ～ 3），香农－维纳多样性指数Ⅳ级（1.66 ～ 1.98），底栖动物完整性指数（B-IBI）Ⅳ级（2.46 ～ 3.16），BMWP 指数Ⅳ级（34 ～ 37），BI Ⅳ级（6.56 ～ 7.08）；③藻类：总物种数Ⅱ级（27 ～ 33 种），香农－维纳多样性指数Ⅰ级（≥ 4.44），A-IBI 为Ⅱ级（8.13 ～ 10.84），IBD 为Ⅳ级（9.14 ～ 12.75），BP 为Ⅱ级（0.63 ～ 0.79）。

5.2.85　开原市清河景观娱乐功能区（Ⅲ-03-05-02）

面积：80.37km^2。

行政区：铁岭市的开原市（古城堡乡、金沟子镇、老城镇、业民镇）、清河区（城郊乡、张相镇）。

水系名称 / 河长：清河支流；只有一级河流，河流总长度为 21.67km。

河段生境类型：非限制性高度蜿蜒支流。

生态功能：生物多样性维持功能、优良生境保护功能。

服务功能：地下水补给功能、接触性休闲娱乐功能。

社会经济压力（2010 年）：①土地利用。以耕地为主，占该区面积的 62.47%，居住用地占 31.90%，河流占 1.13%，林地占 0.68%。②人口。区域总人口为 209 318 人，每平方千米约为 2604 人。③ GDP。区域 GDP 为 499 238 万元，每平方千米 GDP 为 6211.44 万元。

现状如下。

1）物种。①鱼类：优势种有马口鱼、犬首鮈、宽鳍鱲、北方花鳅、波氏吻鰕虎鱼，敏感种有犬首鮈、北方花鳅，经济物种有怀头鲇；②大型底栖动物：伞护种有钩虾；③藻类：优势种有爆裂针杆藻、尖端菱形藻、环状扇形藻（*Meridium circulare*）、箱形桥弯藻、急尖舟形藻，敏感种有平卧桥弯藻、小片菱形藻、尖端菱形藻、急尖舟形藻、小型异极藻。

2）群落。①鱼类：调查样点 1 个，物种数为 12 种数（Ⅱ级），香农 – 维纳多样性指数为 1.92（Ⅱ级），鱼类生物完整性指数为 53.42（Ⅲ级）；②大型底栖动物：调查样点 1 个，物种数为 2 种（Ⅵ级），EPT 物种数为 0（Ⅴ级），香农 – 维纳多样性指数为 0.92（Ⅵ级），底栖动物完整性指数（B-IBI）为 0.53（Ⅵ级），BMWP 指数为 9（Ⅵ级），BI 为 7.10（Ⅵ级）；③藻类：调查样点 1 个，物种数为 10 种（Ⅴ级），香农 – 维纳多样性指数为 2.55（Ⅳ级），A-IBI 为 9.49（Ⅱ级），IBD 为 15.5（Ⅲ级），BP 为 0.17（Ⅴ级），敏感种分类单元数为 5，可运动硅藻百分比为 38%，具柄硅藻百分比为 10%。

3）水化学特征。DO 为 9.04mg/L，NH_3-N 为 0.02mg/L，TP 为 0.22mg/L，COD 为 6.66mg/L。

4）河流健康指数。根据基本水质、营养盐、藻类、底栖动物、鱼类综合评价，河流健康等级为差（综合评分为 0.39）。

保护目标如下。

1）物种。鱼类：潜在种有乌鳢。

2）群落。①鱼类：总物种数Ⅰ级（≥ 14 种），香农 – 维纳多样性指数Ⅰ级（≥ 2.05），鱼类生物完整性指数Ⅱ级（61.75 ～ 73.23）；②大型底栖动物：物种丰富度Ⅲ级（13 ～ 18 种），EPT 物种数Ⅲ级（3 ～ 6），香农 – 维纳多样性指数Ⅲ级（1.98 ～ 2.31），底栖动物完整性指数（B-IBI）Ⅲ级（3.16～3.85），BMWP 指数Ⅲ级（37～48），BI Ⅲ级（5.70～6.56）；③藻类：总物种数Ⅲ级（19～26 种），香农－维纳多样性指数Ⅲ级（2.83～3.62），A-IBI 为Ⅰ级（≥ 10.85），IBD 为Ⅱ级（16.38～19.99），BP 为Ⅳ级（0.29～0.45）。

5.2.86 开原市清河水资源供给功能区（Ⅲ-03-05-03）

面积：166.82km^2。

行政区：铁岭市开原市（古城堡乡、金沟子镇、老城镇、庆云堡镇、业民镇）。

水系名称 / 河长：马仲河、清河；以四级河流为主，河流总长度为 47km，其中二级河流长 16.24km，四级河流长 30.76km。

河段生境类型：非限制性中度蜿蜒干流、非限制性中度蜿蜒支流。

生态功能：生物多样性维持功能、优良生境保护功能。

服务功能：农业用水功能、工业用水功能、接触性休闲娱乐功能、非接触性休闲娱乐功能、地下水补给功能、航运功能。

社会经济压力（2010 年）：①土地利用。以耕地为主，占该区面积的 80.86%，居住用地占 7.50%，林地占 4.83%，河流占 2.54%。②人口。区域总人口为 39 922 人，每平方千米约为 239 人。③ GDP。区域 GDP 为 280 794 万元，每平方千米 GDP 为 1683.22 万元。

现状如下。

1）物种。①鱼类：优势种有鲫、兴凯鱊、棒花鱼、清徐胡鮈、子陵吻鰕虎，敏感种有犬首鮈、北方花鳅；②大型底栖动物：伞护种有钩虾、苏氏尾鳃蚓；③藻类：优势种有线形菱形藻、小片菱形藻、谷皮菱形藻、系带舟形藻、库津小环藻，敏感种有椭圆双壁藻、线形菱形藻、谷皮菱形藻、系带舟形藻、瞳孔舟形藻。

2）群落。①鱼类：调查样点 1 个，物种数为 12 种（Ⅱ级），香农－维纳多样性指数为 1.79（Ⅱ级），鱼类生物完整性指数为 51.77（Ⅲ级）；②大型底栖动物：调查样点 1 个，物种数为 6 种（Ⅴ级），EPT 物种数为 1 种（Ⅴ级），香农－维纳多样性指数为 2.52（Ⅱ级），底栖动物完整性指数（B-IBI）为 1.74（Ⅵ级），BMWP 指数为 17（Ⅵ级），BI 为 7.55（Ⅵ级）；③藻类：调查样点 1 个，物种数为 19 种（Ⅲ级），香农－维纳多样性指数为 3.94（Ⅱ级），A-IBI 为 6.56（Ⅲ级），IBD 为 10.7（Ⅳ级），BP 为 0.21（Ⅴ级），敏感种分类单元数为 5，可运动硅藻百分比为 85%，具柄硅藻百分比为 1%。

3）水化学特征。DO 为 7.66mg/L，NH_3-N 为 0.03mg/L，TP 为 0.35mg/L，COD 为 7.86mg/L。

4）河流健康指数。根据基本水质、营养盐、藻类、底栖动物、鱼类综合评价，河流健康等级为一般（综合评分为 0.44）。

保护目标如下。

1）物种。①鱼类：潜在种有刀鲚、乌鳢；②大型底栖动物：预测种有钩虾。

2）群落。①鱼类：总物种数Ⅰ级（≥ 14 种），香农－维纳多样性指数Ⅰ级（≥ 2.05），鱼类生物完整性指数Ⅱ级（61.75 ～ 73.23）；②大型底栖动物：物种丰富度Ⅲ级（13 ～ 18 种），EPT 物种数Ⅲ级（3 ～ 6），香农－维纳多样性指数Ⅲ级（1.98 ～ 2.31），底栖动物完整性指数（B-IBI）Ⅲ级（3.16 ～ 3.85），BMWP 指数Ⅲ级（37 ～ 48），BI Ⅲ级（5.70 ～ 6.56）；③藻类：总物种数Ⅲ级（19 ～ 26 种），香农－维纳多样性指数Ⅰ级（≥ 4.44），A-IBI 为Ⅱ级（8.13 ～ 10.84），IBD 为Ⅲ级（12.76 ～ 16.37），BP 为Ⅳ级（0.29 ～ 0.45）。

5.2.87 铁岭县柴河生物多样性维持功能区（Ⅲ-03-06-01）

面积：532.20km^2。

行政区：铁岭市的开原市（黄旗寨满族乡、靠山镇、马家寨乡、松山堡乡）、铁岭县（蔡牛乡、大甸子镇、凡河镇、平顶堡镇、熊官屯乡、镇西堡镇）、银州区（龙山乡）。

水系名称 / 河长：柴河、柴河水库；以一级河流和三级河流为主，河流总长度为 126.52km，其中一级河流长 65.54km，三级河流长 60.82km，六级河流长 0.16km。

河段生境类型：非限制性低度蜿蜒支流、限制性高度蜿蜒支流、部分限制性中度蜿蜒支流。

生态功能：生物多样性维持功能、水生生物种质资源保护功能、优良生境保护功能。

服务功能：饮用水功能、农业用水功能、工业用水功能、接触性休闲娱乐功能、地下水补给功能。

社会经济压力（2010 年）：①土地利用。以林地为主，占该区面积的 52.53%，耕地占 28.08%，居住用地占 12.25%，草地占 0.98%，河流占 0.69%。②人口。区域总人口为 339 701 人，每平方千米约为 638 人。③ GDP。区域 GDP 为 854 152 万元，每平方千米 GDP 为 1604.95 万元。

现状如下。

1）物种。①鱼类：优势种有似鮈、清徐胡鮈、宽鳍鱲、北方花鳅、子陵吻鰕虎、麦穗鱼、北方须鳅，敏感种有洛氏鱥、犬首鮈、北方花鳅；②大型底栖动物：优势种有环尾春蜓、扁舌蛭、显春蜓、缅春蜓，敏感种有环尾春蜓、扁舌蛭、显春蜓、缅春蜓，伞护种有宽叶高翔蜉、短脉纹石蛾、红锯形蜉、三斑小蜉、钩虾、苏氏尾鳃蚓、石蛭；③藻类：优势种有小片菱形藻、急尖舟形藻、扁圆卵形藻、膨大桥弯藻、隐头舟形藻、针形菱形藻、小头（端）菱形藻、喙头舟形藻，敏感种有钝脆杆藻、橄榄绿色异极藻、膨大桥弯藻、埃伦拜格桥弯藻、近缘桥弯藻、羽纹藻、简单舟形藻、线形菱形藻、小环藻、谷皮菱形藻。

2）群落。①鱼类：调查样点 2 个，物种数分别为 10 种、14 种（Ⅰ、Ⅲ级），香农－维纳多样性指数分别为 1.33、2.18（Ⅰ、Ⅲ级），鱼类生物完整性指数分别为 48.17、51.23（Ⅲ、Ⅳ级）；②大型底栖动物：调查样点 2 个，物种数分别为 21 种、30 种（Ⅰ、Ⅱ级），EPT 物种数分别为 9 种、13 种（Ⅱ级），香农 - 维纳多样性指数为 2.22、3.77（Ⅰ、Ⅲ级），底栖动物完整性指数（B-IBI）分别为 6.01、6.40（Ⅰ级），BMWP 指数分别为 98、179（Ⅰ级），BI 分别为 4.20、5.10（Ⅰ、Ⅱ级）；③藻类：调查样点 2 个，物种数分别为 26 种、35 种（Ⅰ、Ⅲ级），香农 - 维纳多样性指数分别为 4.44、4.53（Ⅰ级），A-IBI 分别为 4.61、5.27（Ⅳ级），IBD 分别为 8.5、12.5（Ⅳ～Ⅴ级），BP 分别为 0.20、0.37（Ⅳ～Ⅴ级），敏感种分类单元数分别为 5、6，可运动硅藻百分比分别为 65%、68%，具柄硅藻百分比分别为 2%、9%。

3）水化学特征。NH_3-N 为 0.05mg/L、0.25mg/L，TP 为 0.05mg/L、0.10mg/L，COD 为 3.89mg/L、4.74mg/L。

4）河流健康指数。根据基本水质、营养盐、藻类、底栖动物、鱼类综合评价，河流健康等级为良（综合评分为 0.61 ～ 0.64）。

保护目标如下。

1）物种：鱼类：潜在种有刀鲚、乌鳢。

2）群落。①鱼类：总物种数Ⅰ级（≥ 14 种），香农 - 维纳多样性指数Ⅰ级（≥ 2.05），鱼类生物完整性指数Ⅲ级（50.27 ～ 61.75）；②大型底栖动物：物种丰富度Ⅱ级（18 ～ 22 种），EPT 物种数Ⅱ级（6 ～ 15），香农 - 维纳多样性指数Ⅱ级（2.31 ～ 2.63），底栖动物完整性指数（B-IBI）Ⅱ级（3.85 ～ 4.54），BMWP 指数Ⅱ级（48 ～ 74），BI Ⅱ级（4.51 ～ 5.70）；③藻类：总物种数Ⅰ级（≥ 34 种），香农 - 维纳多样性指数Ⅲ级（≥ 4.44），A-IBI 为Ⅳ级（5.42 ～ 8.12），IBD 为Ⅲ级（12.76 ～ 16.37），BP 为Ⅳ级（0.29 ～ 0.45）。

5.2.88　开原市柴河优良生境功能区（Ⅲ-03-06-02）

面积：211.54km²。

行政区：①抚顺市清原满族自治县（北三家乡、夏家堡镇）；②铁岭市的开原市（黄旗寨满族乡、靠山镇、上肥地满族乡）、铁岭县（白旗寨满族乡、鸡冠山乡）。

水系名称 / 河长：柴河支流；以一级河流为主，河流总长度为 45.19km，其中一级河流长 29.75km，二级河流长 15.36km，三级河流长 0.08km。

河段生境类型：部分限制性低度蜿蜒支流。

生态功能：濒危物种生境保护功能、优良生境保护功能。

服务功能：饮用水功能、农业用水功能。

社会经济压力（2010 年）：①土地利用。以林地为主，占该区面积的 82.55%，耕地占

14.27%，草地占 1.25%，河流占 0.48%，居住用地占 1.45%。②人口。区域总人口为 4554 人，每平方千米约为 22 人。③ GDP。区域 GDP 为 49 507.2 万元，每平方千米 GDP 为 234.03 万元。

5.2.89 铁岭县凡河优良生境功能区（Ⅲ-03-07-01）

面积：980.62km^2。

行政区：抚顺市的抚顺县（哈达乡、章党镇）、清原满族自治县（北三家乡、红透山镇、南口前镇），铁岭市的开原市（黄旗寨满族乡、靠山镇）、铁岭县（阿吉镇、白旗寨满族乡、蔡牛乡、催阵堡乡、大甸子镇、凡河镇、横道河子满族乡、鸡冠山乡、熊官屯乡、腰堡镇）、银州区（龙山乡）。

水系名称 / 河长：凡河、榛子岭水库；以一级河流为主，河流总长度为 300.62km，其中一级河流长 201.74km，二级河流长 11.10km，三级河流长 87.77km。

河段生境类型：部分限制性低度蜿蜒支流、部分限制性中度蜿蜒支流。

生态功能：生物多样性维持功能、水生生物种质资源保护功能、自然保护功能、优良生境保护功能。

服务功能：饮用水功能、农业用水功能、接触性休闲娱乐功能、非接触性休闲娱乐功能、地下水补给功能、水力发电功能、航运功能。

社会经济压力（2010 年）：①土地利用。以林地为主，占该区面积的 62.47%，耕地占 29.34%，居住用地占 4.85%，草地占 0.86%，河流占 0.72%。②人口。区域总人口为 73 198 人，每平方千米约为 75 人。③ GDP。区域 GDP 为 573 800 万元，每平方千米 GDP 为 585.14 万元。

现状如下。

1）物种。①鱼类：主要物种有鲫、洛氏鱥、棒花鱼、犬首鮈、清徐胡鮈、麦穗鱼、彩鳑鲏、北方须鳅、泥鳅、宽鳍鱲、鳘、波氏吻鰕虎鱼，敏感种有洛氏鱥、犬首鮈、彩鳑鲏、北方花鳅、池沼公鱼，珍稀濒危物种有东北雅罗鱼，特有物种有池沼公鱼；②大型底栖动物：优势种有扁舌蛭、扁蜉蝣，敏感种有扁舌蛭、扁蜉蝣，伞护种有三斑小蜉、红锯形蜉、钩虾、朝大蚊、苏氏尾鳃蚓、石蛭；③藻类：优势种有谷皮菱形藻、急尖舟形藻、普通等片藻、偏肿桥弯藻、小环藻、小片菱形藻、扁圆卵形藻，敏感种有优美桥弯藻、膨大桥弯藻、线形菱形藻、小环藻、谷皮菱形藻、羽纹藻、简单舟形藻、瞳孔舟形藻、放射舟形藻。

2）群落。①鱼类：调查样点 3 个，物种数为 9 ～ 15 种（Ⅰ～Ⅲ级），香农 – 维纳多样性指数为 1.21 ～ 1.76（Ⅰ～Ⅲ级），鱼类生物完整性指数为 34.70 ～ 55.60（Ⅲ～Ⅳ级）；②大型底栖动物：调查样点 3 个，物种数为 2 ～ 17 种（Ⅲ～Ⅵ级），EPT 物种数为 0 ～ 7 种（Ⅱ～Ⅴ级），香农 – 维纳多样性指数为 0.17 ～ 1.81（Ⅳ～Ⅵ级），底栖动物完整性指数（B-IBI）为 0.13 ～ 4.77

（Ⅰ～Ⅵ级），BMWP 指数为 11 ～ 96（Ⅰ～Ⅵ级），BI 为 4.72 ～ 7.34（Ⅱ～Ⅵ级）；③藻类：调查样点 3 个，物种数为 18 ～ 27 种（Ⅱ～Ⅳ级），香农－维纳多样性指数为 3.67 ～ 4.51（Ⅰ～Ⅱ级），A-IBI 为 5.71 ～ 8.83（Ⅱ～Ⅲ级），IBD 为 7.4 ～ 11.8（Ⅳ～Ⅴ级），BP 为 0.17 ～ 0.39（Ⅳ～Ⅴ级），敏感种分类单元数为 5，可运动硅藻百分比为 27% ～ 61%，具柄硅藻百分比为 4% ～ 7%。

3）水化学特征。NH_3-N 为 0.03 ～ 0.11mg/L，TP 为 0.10 ～ 0.15mg/L，COD 为 9.36 ～ 13.50mg/L。

4）生境。榛子岭森林生态系统县级保护区、凡河内陆湿地生态系统及水源涵养林省级保护区。

5）河流健康指数。根据基本水质、营养盐、藻类、底栖动物、鱼类综合评价，河流健康等级为一般～良（综合评分为 0.43 ～ 0.65）。

保护目标如下。

1）物种。①鱼类：潜在种有刀鲚、辽宁棒花鱼、乌鳢；②大型底栖动物：预测种有淡水蛭、河蚬。

2）群落。①鱼类：总物种数Ⅰ级（≥ 14 种），香农－维纳多样性指数Ⅱ级（1.61 ～ 2.05），鱼类生物完整性指数Ⅲ级（50.27 ～ 61.75）；②大型底栖动物：物种丰富度Ⅲ级（13 ～ 18 种），EPT 物种数Ⅲ级（3 ～ 6），香农－维纳多样性指数Ⅲ级（1.98 ～ 2.31），底栖动物完整性指数（B-IBI）Ⅲ级（3.16 ～ 3.85），BMWP 指数Ⅲ级（37 ～ 48），BI Ⅲ级（5.70 ～ 6.56）；③藻类：总物种数Ⅱ级（27 ～ 33 种），香农－维纳多样性指数Ⅰ级（≥ 4.44），A-IBI 为Ⅱ级（8.13 ～ 10.84），IBD 为Ⅲ级（12.76 ～ 16.37），BP 为Ⅲ级（0.46 ～ 0.62）。

5.2.90　新民市蒲河水资源供给功能区（Ⅲ-04-01-01）

面积：1406.42km^2。

行政区：①辽阳市灯塔市（五星镇）；②沈阳市的辽中县（长滩镇、茨榆坨镇、冷子堡镇、刘二堡镇、六间房乡、潘家堡乡、蒲东街道、四方台镇、乌伯牛乡、新民屯镇、杨士岗镇、养士堡乡、朱家房镇）、沈北新区（黄家锡伯族乡、沈北新区、石佛朝鲜族锡伯族乡、新城子乡、兴隆台锡伯族镇、尹家乡）、新民市（法哈牛镇、罗家房乡、前当堡镇、三道岗子乡、兴隆堡镇、兴隆镇、张家屯乡）、于洪区（大兴街道、高花乡、老边乡）。

水系名称 / 河长：蒲河；以一级河流为主，河流总长度为 221.75km，其中一级河流长 131.32km，二级河流长 26.63km，三级河流长 63.80km。

河段生境类型：非限制性中度蜿蜒支流。

生态功能：水生生物种质资源保护功能。

服务功能：农业用水功能、接触性休闲娱乐功能、非接触性休闲娱乐功能、水质净化功能。

社会经济压力（2010 年）：①土地利用。以耕地为主，占该区面积的 78.17%，居住用地占 11.43%，林地占 5.03%，河流占 0.19%。②人口。区域总人口为 403 458 人，每平方千米约为 287 人。③ GDP。区域 GDP 为 2 280 600 万元，每平方千米 GDP 为 1621.56 万元。

现状如下。

1）物种。①鱼类：物种有鲫、麦穗鱼、青鳉、彩鳑鲏、黄鲂；②大型底栖动物：主要物种有 Chironominae、Orthocladinae、寡毛纲、石蛭、水蝇，伞护种有石蛭；③藻类：优势种有梅尼小环藻、钝脆杆藻、简单舟形藻、小片菱形藻、系带舟形藻细头变种，敏感种有窄异极藻、小型异极藻、钝脆杆藻、钝脆杆藻披针状变种、钝脆杆藻中狭变种。

2）群落。①鱼类：调查样点 1 个，物种数为 5 种（Ⅳ级），香农－维纳多样性指数为 1.47（Ⅲ级），鱼类生物完整性指数为 36.34（Ⅴ级）；②大型底栖动物：调查样点 1 个，物种数为 7 种（Ⅴ级），EPT 物种数为 0（Ⅴ级），香农－维纳多样性指数为 2.36（Ⅱ级），底栖动物完整性指数（B-IBI）为 2.51（Ⅳ级），BMWP 指数为 6（Ⅵ级），BI 为 6.05（Ⅲ级）；③藻类：调查样点 1 个，物种数为 16 种（Ⅳ级），香农－维纳多样性指数为 3.05（Ⅲ级），A-IBI 为 9.28（Ⅱ级），IBD 为 15.5（Ⅲ级），BP 为 0.22（Ⅴ级），敏感种分类单元数为 5，可运动硅藻百分比为 44%，具柄硅藻百分比为 2%。

3）水化学特征。TP 为 1.64mg/L，COD 为 11.00mg/L。

4）河流健康指数。根据基本水质、营养盐、藻类、底栖动物、鱼类综合评价，河流健康等级为差（综合评分为 0.28）。

保护目标如下。

1）物种。①鱼类：潜在种有刀鲚、怀头鲇、鳗鲡、乌鳢；②大型底栖动物：预测种有钩虾、中华绒螯蟹。

2）群落。①鱼类：总物种数Ⅲ级（8～10 种），香农－维纳多样性指数Ⅱ级（1.61～2.05），鱼类生物完整性指数Ⅳ级（38.80～50.27）；②大型底栖动物：物种丰富度Ⅴ级（5～9 种），EPT 物种数Ⅳ级（2～3），香农－维纳多样性指数Ⅴ级（1.34～1.66），底栖动物完整性指数（B-IBI）Ⅴ级（1.77～2.46），BMWP 指数Ⅴ级（27～34），BI Ⅴ级（7.08～7.26）；③藻类：总物种数Ⅱ级（27～33 种），香农－维纳多样性指数Ⅱ级（3.63～4.43），A-IBI 为Ⅰ级（≥ 10.85），IBD 为Ⅱ级（16.38～19.99），BP 为Ⅳ级（0.29～0.45）。

5.2.91 沈阳市蒲河景观娱乐功能区（Ⅲ-04-01-02）

面积：1318.96km^2。

行政区：①抚顺市顺城区（会元乡）；②沈阳市的浑南区（汪家镇）、辽中县（杨士岗镇）、沈北新区（马刚乡、清水台镇、沈北新区、新城子乡、尹家乡）、沈阳市市辖区（长白乡、城东湖街道、丰乐街道、上园街道、文官屯村）、新民市（法哈牛镇、胡台镇、兴隆堡镇、张家屯乡、于洪区（大兴街道、高花乡、老边乡、铁西区）；③铁岭市铁岭县（催阵堡乡、横道河子满族乡）。

水系名称 / 河长：蒲河；以一级河流为主，河流总长度为 240.38km，其中一级河流长 123.05km，二级河流长 80.61km，三级河流长 36.72km。

河段生境类型：非限制性中度蜿蜒支流。

生态功能：鱼类洄游通道功能、自然保护功能区。

服务功能：农业用水功能、接触性休闲娱乐功能。

社会经济压力（2010 年）：①土地利用。以耕地为主，占该区面积的 50.13%，居住用地占 30.57%，林地占 12.80%，河流占 0.49%，草地占 0.12%。②人口。区域总人口为 2 936 570 人，每平方千米约为 2226 人。③ GDP。区域 GDP 为 5 985 490 万元，每平方千米 GDP 为 4538.04 万元。

现状如下。

1）物种。①鱼类：物种有洛氏鱥、宽鳍鱲、北方须鳅、北方花鳅、彩鳑鲏、鲫、麦穗鱼、䱗、兴凯鱊、葛氏鲈塘鳢，敏感种有北方花鳅；②大型底栖动物：优势种有 Orthocladinae、寡毛纲、Tanypodiinae、苏氏尾鳃蚓、椭圆萝卜螺，伞护种有红锯形蜉、苏氏尾鳃蚓、Ceratopogoniidae、朝大蚊、椭圆萝卜螺；③藻类：优势种有环状扇形藻缢缩变种、变异直链藻、池生菱形藻（*Nitzschia stagnorum*）、钝脆杆藻、环状扇形藻、霍弗里菱形藻、急尖舟形藻西藏变种、简单舟形藻、卵圆双菱藻、卵圆双菱藻盐生变种（*Surirella ovalis* var. *salina*）、系带舟形藻细头变种、线形菱形藻、相对舟形藻、小片菱形藻、延长等片藻细弱变种、隐头舟形藻中型变种、针形菱形藻，敏感种有窄菱形藻尖（端）变种（形）、短小舟形藻、钝脆杆藻、橄榄绿色异极藻、胡斯特桥弯藻、急尖舟形藻西藏变种、两头桥弯藻、偏肿异极藻、山地异极藻近棒状变种、适意舟形藻、沃切里脆杆藻（*Fragilaria vaucheriae*）、系带舟形藻细头变种、小胎座舟形藻喙头变种（型）、小型异极藻、新月形桥弯藻、隐头舟形藻威蓝变种、隐头舟形藻中型变种、窄异极藻、针形菱形藻。

2）群落。①鱼类：调查样点 4 个，物种数为 3 ～ 10 种（Ⅲ～Ⅴ级），香农 – 维纳多样性指数为 0.31 ～ 1.68（Ⅱ～Ⅴ级），鱼类生物完整性指数为 34.31 ～ 63.78（Ⅱ～Ⅴ级）；②大型底栖动物：调查样点 4 个，物种数为 2 ～ 9 种（Ⅳ～Ⅵ级），EPT 物种数为 0 ～ 2 种（Ⅳ～Ⅴ级），香农 – 维纳多样性指数为 0.51 ～ 2.09（Ⅱ～Ⅴ级），底栖动物完整性指数（B-IBI）为 1.20 ～ 2.48（Ⅳ～Ⅵ级），BMWP 指数为 1 ～ 17（Ⅴ级），BI 为 5.81 ～ 8.44（Ⅲ～Ⅵ级）；③藻类：调

查样点 4 个，物种数为 6 ～ 30 种（Ⅱ～Ⅴ级），香农－维纳多样性指数为 2.06 ～ 4.41（Ⅱ～Ⅳ级），A-IBI 为 7.08 ～ 9.81（Ⅱ～Ⅲ级），IBD 为 12.1 ～ 15.2（Ⅲ～Ⅳ级），BP 为 0.12 ～ 0.55（Ⅲ～Ⅴ级），敏感种分类单元数为 5 ～ 8，可运动硅藻百分比为 33% ～ 94%，具柄硅藻百分比为 0 ～ 12%。

3）水化学特征。TP 为 0.02 ～ 1.89mg/L，COD 为 2.70 ～ 12.00mg/L。

4）生境。仙子湖水生生态系统市级保护区。

5）河流健康指数。根据基本水质、营养盐、藻类、底栖动物、鱼类综合评价，河流健康等级为差～一般（综合评分为 0.22 ～ 0.49）。

保护目标如下。

1）物种。鱼类：潜在种有鳗鲡、乌鳢。

2）群落。①鱼类：总物种数Ⅲ级（8 ～ 10 种），香农－维纳多样性指数Ⅲ级（1.18 ～ 1.61），鱼类生物完整性指数Ⅲ级（50.27 ～ 61.75）；②大型底栖动物：物种丰富度Ⅲ级（13 ～ 18 种），EPT 物种数Ⅲ级（3 ～ 6），香农－维纳多样性指数Ⅲ级（1.98 ～ 2.31），底栖动物完整性指数（B-IBI）Ⅲ级（3.16 ～ 3.85），BMWP 指数Ⅲ级（37 ～ 48），BI Ⅲ级（5.70 ～ 6.56）；③藻类：总物种数Ⅱ级（27 ～ 33 种），香农－维纳多样性指数Ⅱ级（3.63 ～ 4.43），A-IBI 为Ⅰ级（≥ 10.85），IBD 为Ⅴ级（16.38 ～ 19.99），BP 为Ⅲ级（0.46 ～ 0.62）。

5.2.92　抚顺县章党河本土特有物种生境功能区（Ⅲ-04-02-01）

面积：278.89km^2。

行政区：①抚顺市的东洲区（东洲区）、抚顺县（哈达乡、章党镇）、顺城区（会元乡）；②铁岭市铁岭县（白旗寨满族乡、催阵堡乡、大甸子镇、横道河子满族乡、鸡冠山乡）。

水系名称 / 河长：章党河；以一级河流为主，河流总长度为 65.63km，其中一级河流长 47.36km，二级河流长 18.27km。

河段生境类型：部分限制性低度蜿蜒支流。

生态功能：本土特有物种生境保护功能。

服务功能：农业用水功能。

社会经济压力（2010 年）：①土地利用。以林地为主，占该区面积的 65.49%，耕地占 28.73%，居住用地占 4.18%，河流占 0.36%，草地占 0.26%。②人口。区域总人口为 43 064 人，每平方千米约为 154 人。③ GDP。区域 GDP 为 235 519 万元，每平方千米 GDP 为 844.49 万元。

现状如下。

1）物种。①鱼类：优势种有洛氏鱥、鲫、麦穗鱼、宽鳍鱲、棒花鱼，珍稀濒危物种有东北雅罗鱼；②大型底栖动物：优势种有 Orthocladinae、寡毛纲、东方蜉，伞护种有短脉纹石蛾、石蛭；③藻类：优势种有简单舟形藻、小片菱形藻细变种（*Nitzschia frustulum* var. *gracialis*）、普通等片藻、延长等片藻细弱变种、针形菱形藻，敏感种有钝脆杆藻、胡斯特桥弯藻、弯月形舟形藻（*Navicula meniscuIus*）、小型异极藻、小型异极藻近椭圆变种。

2）群落：①鱼类：调查样点 1 个，物种数为 10 种（Ⅲ级），香农－维纳多样性指数为 1.17（Ⅳ级），鱼类生物完整性指数为 57.78（Ⅲ级）；②大型底栖动物：调查样点 1 个，物种数为 7 种（Ⅴ级），EPT 物种数为 2 种（Ⅳ级），香农－维纳多样性指数为 1.78（Ⅳ级），底栖动物完整性指数（B-IBI）为 2.07（Ⅴ级），BMWP 指数为 24（Ⅴ级），BI 为 6.33（Ⅲ级）；③藻类：调查样点 1 个，物种数为 21 种（Ⅲ级），香农－维纳多样性指数为 3.57（Ⅲ级），A-IBI 为 10.44（Ⅱ级），IBD 为 17.3（Ⅱ级），BP 为 0.33（Ⅳ级），敏感种分类单元数为 5，可运动硅藻百分比为 68%，具柄硅藻百分比为 4%。

3）水化学特征。TP 为 0.02mg/L，COD 为 2.50mg/L。

4）河流健康指数。根据基本水质、营养盐、藻类、底栖动物、鱼类综合评价，河流健康等级为差（综合评分为 0.38）。

保护目标如下。

1）物种。鱼类：潜在种有辽宁棒花鱼。

2）群落。①鱼类：总物种数Ⅱ级（11 ～ 13 种），香农－维纳多样性指数Ⅲ级（1.18 ～ 1.61），鱼类生物完整性指数Ⅱ级（61.75 ～ 73.23）；②大型底栖动物：物种丰富度Ⅰ级（≥ 22 种），EPT 物种数Ⅰ级（≥ 15），香农－维纳多样性指数Ⅰ级（≥ 2.63），底栖动物完整性指数（B-IBI）Ⅰ级（≥ 4.54），BMWP 指数Ⅰ级（≥ 74），BI 为Ⅰ级（≤ 4.51）；③藻类：总物种数Ⅱ级（27 ～ 33 种），香农－维纳多样性指数Ⅱ级（3.63 ～ 4.43），A-IBI 为Ⅰ级（≥ 10.85），IBD 为Ⅰ级（≥ 20.00），BP 为Ⅲ级（0.46 ～ 0.62）。

5.2.93　抚顺市浑河景观娱乐功能区（Ⅲ-04-02-02）

面积：371.39km^2。

行政区：①抚顺市的东洲区（东洲区、碾盘乡、千金乡）、抚顺县（哈达乡、章党镇）、顺城区（会元乡、前甸镇）、望花区（李石镇）、新抚区；②铁岭市铁岭县（横道河子满族乡）。

水系名称 / 河长：浑河；以一级河流为主，河流总长度为 123.20km，其中一级河流长 93.03km，二级河流长 6.86km，五级河流长 23.31km。

河段生境类型：部分限制性低度蜿蜒支流。

生态功能：生物多样性维持功能。

服务功能：饮用水功能、工业用水功能、接触性休闲娱乐功能、非接触性休闲娱乐功能、地下水补给功能、水力发电功能。

社会经济压力（2010 年）：①土地利用。以林地和耕地为主，分别占该区面积的 45.88% 和 30.59%，居住用地占 18.16%，河流占 1.72%，草地占 1.29%。②人口。区域总人口为 895 890 人，每平方千米约为 2412 人。③ GDP。区域 GDP 为 2 658 470 万元，每平方千米 GDP 7158.16 万元。

现状如下。

1）物种。①鱼类：优势种有鲫、麦穗鱼、宽鳍鱲、辽宁棒花鱼、中华鳑鲏，珍稀濒危物种有东北雅罗鱼，特有物种有辽宁棒花鱼；②大型底栖动物：有 Chironominae、Orthocladinae、*Suwallia* sp.、寡毛纲、钩虾、扇蟌，伞护种有钩虾；③藻类：优势种有简单舟形藻、沃切里脆杆藻、变异直链藻、系带舟形藻细头变种、钝脆杆藻，敏感种有钝脆杆藻、胡斯特桥弯藻、小型异极藻、窄异极藻、钝脆杆藻中狭变种。

2）群落。①鱼类：调查样点 1 个，物种数为 9 种（Ⅲ级），香农 – 维纳多样性指数为 1.71（Ⅱ级），鱼类生物完整性指数为 32.21（Ⅴ级）；②大型底栖动物：调查样点 1 个，物种数为 6 种（Ⅴ级），EPT 物种数为 1 种（Ⅴ级），香农 – 维纳多样性指数为 2.41（Ⅳ级），底栖动物完整性指数（B-IBI）为 3.66（Ⅲ级），BMWP 指数为 25（Ⅴ级），BI 为 5.62（Ⅱ级）；③藻类：调查样点 1 个，物种数为 37 种（Ⅰ级），香农 – 维纳多样性指数为 4.45（Ⅰ级），A-IBI 为 9.53（Ⅱ级），IBD 为 14.6（Ⅲ级），BP 为 0.24（Ⅴ级），敏感种分类单元数为 5，可运动硅藻百分比为 49%，具柄硅藻百分比为 4%。

3）水化学特征。TP 为 0.02mg/L，COD 为 3.90mg/L。

4）河流健康指数。根据基本水质、营养盐、藻类、底栖动物、鱼类综合评价，河流健康等级为一般（综合评分为 0.46）。

保护目标如下。

1）物种。鱼类：潜在种有辽宁棒花鱼、乌鳢。

2）群落。①鱼类：总物种数Ⅱ级（11 ～ 13 种），香农 – 维纳多样性指数Ⅰ级（≥ 2.05），鱼类生物完整性指数Ⅳ级（38.80 ～ 50.27）；②大型底栖动物：物种丰富度Ⅱ级（18 ～ 22 种），EPT 物种数Ⅱ级（6 ～ 15），香农 – 维纳多样性指数Ⅱ级（2.31 ～ 2.63），底栖动物完整性指数（B-IBI）Ⅱ级（3.85 ～ 4.54），BMWP 指数Ⅰ级（48 ～ 74），BI Ⅱ级（4.51 ～ 5.70）；③藻类：总物种数Ⅰ级（≥ 34 种），香农 – 维纳多样性指数Ⅰ级（≥ 4.44），A-IBI 为Ⅰ级（≥ 10.85），IBD 为Ⅱ级（16.38 ～ 19.99），BP 为Ⅳ级（0.29 ～ 0.45）。

5.2.94 沈阳市浑河水资源供给功能区（Ⅲ-04-02-03）

面积：2039.14km^2。

行政区：①鞍山市的海城市（高坨镇、牛庄镇、温香镇、西四镇）、台安县（达牛镇、大张镇、富家镇、高力房镇、黄沙坨镇、韭菜台镇、棠树林子乡）；②抚顺市的顺城区（会元乡）、望花区（李石镇）；③辽阳市灯塔市（单庄子镇、沈旦堡镇、五星镇）、辽阳县（唐马寨镇、小北河镇）；④盘锦市盘山县（古城子镇、沙岭镇）；⑤沈阳市的浑南区（汪家镇）、辽中县（长滩镇、茨榆坨镇、六间房乡、满都户镇、蒲东街道、四方台镇、乌伯牛乡、新民屯镇、养士堡乡、于家房镇、朱家房镇）、沈北新区（马刚乡、沈北新区）、市辖区（长白乡、城东湖街道、丰乐街道、上园街道）、苏家屯区（八一镇、大淑堡乡、王纲堡乡、姚千户屯镇、永乐乡）、于洪区（高花乡、铁西区）；⑥铁岭市铁岭县（横道河子满族乡）。

水系名称/河长：浑河、细河；以一级河流为主，河流总长度为492.11km，其中一级河流长296.89km，二级河流长13.04km，五级河流长178.71km，六级河流长3.47km。

河段生境类型：非限制性高度蜿蜒支流、非限制性中度蜿蜒干流。

生态功能：濒危物种生境保护功能、水生生物种质资源保护功能、自然保护功能区。

服务功能：饮用水功能、农业用水功能、工业用水功能、接触性休闲娱乐功能、非接触性休闲娱乐功能、地下水补给功能、水质净化功能。

社会经济压力（2010年）：①土地利用。以耕地为主，占该区面积的67.11%，居住用地占16.96%，林地占11.51%，河流占2.19%，草地占0.04%。②人口。区域总人口为939 422人，每平方千米约为461人。③ GDP：区域GDP为5 286 590万元，每平方千米GDP为2592.56万元。

现状如下。

1）物种。①鱼类：优势种有洛氏鱥、鲫、东北雅罗鱼、泥鳅、纵纹北鳅、宽鳍鱲、䱗、棒花鱼、彩鳑鲏、麦穗鱼、黄蚴、北方须鳅、青鳉、褐栉鰕虎鱼、中华鳑鲏、鲤、日本鱥，珍稀濒危物种有东北雅罗鱼；②大型底栖动物：优势种有Orthocladinae、钩虾、Chironominae、寡毛纲、石蛭、扁旋螺、赤豆螺、*Suwallia* sp.、线虫、Ceratopogoniidae、铜锈环棱螺、*Dolichopus* sp.、苏氏尾鳃蚓、大蚊、Dolichopodidae、*Syncaris* sp.、六纹尾蟌，伞护种有Ceratopogoniidae、钩虾、*Dolichopus* sp.、苏氏尾鳃蚓、石蛭；③藻类：优势种有变异直链藻、钝脆杆藻、汉茨菱形藻（*Nitzschia hantzschiana*）、胡斯特桥弯藻、喙头舟形藻、霍弗里菱形藻、简单舟形藻、颗粒直链藻、颗粒直链藻最窄/极狭/极窄变种、卵圆双菱藻、螺旋颗粒直链藻、梅尼小环藻、美丽星杆藻（*Asterionella formosa*）、偏肿桥弯藻、普通菱形藻、沃切里脆杆藻、线形菱形藻、小片菱形藻、小片菱形藻细变种、小型异极藻、延长等片藻细弱变种、窄异极藻、肘状针杆藻、肘状针杆藻尖喙变种（*Synedra ulna* var. *oxyrhynchus*），敏感种有贝格舟形藻（*Navicula begeri*）、短小舟形藻、钝脆杆藻、钝脆杆藻中狭变种、盖尤曼桥弯藻、橄榄绿色异极藻、汉茨菱形藻、胡斯特桥弯藻、尖细异极藻塔状变种、尖针杆藻放射变种、尖针杆藻极狭变种、简单舟形藻、近缘桥弯藻、具球异极藻（*Gomphonema sphaerophorum*）、美丽双壁藻、膨大桥弯藻、偏肿桥弯藻半环变种、普通菱形藻、弯曲菱形藻平片变种（*Nitzschia sinuata* var. *tabellaria*）、沃切里脆杆藻、小桥弯藻、小胎座舟形藻喙头变种（型）、小型异极藻、小型异极藻近椭圆变种、小型舟形藻、新月形桥弯藻、隐头舟形藻威蓝变种、窄菱形藻尖变种、窄异极藻、中型脆杆藻、肿大桥弯藻（*Cymbella tumidula*）、肘状针杆藻、肘状针杆藻丹麦变种（*Synedra ulna* var. *danica*）。

2）群落。①鱼类：调查样点 13 个，物种数为 1 ～ 12 种（Ⅱ～Ⅵ级），香农 - 维纳多样性指数为 0 ～ 1.55（Ⅲ～Ⅵ级），鱼类生物完整性指数为 15.39 ～ 66.97（Ⅱ～Ⅵ级）；②大型底栖动物：调查样点 13 个，物种数为 0 ～ 6 种（Ⅴ～Ⅵ级），EPT 物种数为 0 ～ 1 种（Ⅴ级），香农 - 维纳多样性指数为 0 ～ 2.22（Ⅲ～Ⅵ级），底栖动物完整性指数（B-IBI）为 1.77 ～ 3.37（Ⅲ～Ⅴ级），BMWP 指数为 0 ～ 22（Ⅵ级），BI 为 0 ～ 7.91（Ⅰ～Ⅵ级）；③藻类：调查样点 13 个，物种数为 11 ～ 40 种（Ⅰ～Ⅳ级），香农 - 维纳多样性指数为 2.63 ～ 3.97（Ⅱ～Ⅳ级），A-IBI 为 5.72 ～ 9.19（Ⅱ～Ⅲ级），IBD 为 8.8 ～ 15.4（Ⅲ～Ⅴ级），BP 为 0.13 ～ 0.49（Ⅲ～Ⅴ级），敏感种分类单元数为 5 ～ 7，可运动硅藻百分比为 7% ～ 85%，具柄硅藻百分比为 0 ～ 40%。

3）水化学特征。TP 为 0.01 ～ 1.68mg/L，COD 为 3.60 ～ 11.10mg/L。

4）生境。三岔河湿地生态系统及珍稀野生动植物县级保护区，大麦科内陆湿地生态系统与野生动植物资源省级保护区，滑石台“陨石”地质遗迹省级保护区。

5）河流健康指数。根据基本水质、营养盐、藻类、底栖动物、鱼类综合评价，河流健康等级为极差～一般（综合评分为 0.18 ～ 0.45）。

保护目标如下。

1）物种。①鱼类：潜在种有刀鲚、怀头鲇、乌鳢；②大型底栖动物：预测种有钩虾、中华绒螯蟹。

2）群落。①鱼类：总物种数Ⅲ级（8 ～ 10 种），香农 - 维纳多样性指数Ⅲ级（1.18 ～ 1.61），鱼类生物完整性指数Ⅳ级（38.80 ～ 50.27）；②大型底栖动物：物种丰富度Ⅳ级（9 ～ 13 种），EPT 物种数Ⅳ级（2 ～ 3），香农 - 维纳多样性指数Ⅳ级（1.66 ～ 1.98），底栖动物完整性指数（B-IBI）Ⅳ级（2.46 ～ 3.16），BMWP 指数Ⅳ级（34 ～ 37），BI Ⅳ级（6.56 ～ 7.08）；③藻类：总物种数Ⅱ级（27 ～ 33 种），香农 - 维纳多样性指数Ⅱ级（3.63 ～ 4.43），A-IBI 为Ⅱ级（8.13 ～ 10.84），IBD 为Ⅲ级（12.76 ～ 16.37），BP 为Ⅳ级（0.29 ～ 0.45）。

5.2.95 沈阳市浑河景观娱乐功能区（Ⅲ-04-02-04）

面积：166.25km^2。

行政区：沈阳市的浑南区（汪家镇）、市辖区（长白乡、城东湖街道、丰乐街道、上园街道）、苏家屯区（大淑堡乡）、于洪区（铁西区）。

水系名称 / 河长：浑河；以一级河流为主，河流总长度为 46.25km，其中一级河流长 26.32km，五级河流长 19.93km。

河段生境类型：非限制性中度蜿蜒支流。

服务功能：工业用水功能、接触性休闲娱乐功能、非接触性休闲娱乐功能。

社会经济压力（2010 年）：①土地利用。以居住用地为主，占该区面积的 65.93%，耕地占 17.82%，林地占 6.85%，河流占 5.19%，草地占 0.20%。②人口。区域总人口为 1 478 330 人，每平方千米约为 8892 人。③ GDP。区域 GDP 为 1 258 690 万元，每平方千米 GDP 为 7571.07 万元。

现状如下。

1）物种。①鱼类：优势种有麦穗鱼、鳘、兴凯鱊、中华鳑鲏、彩鳑鲏；②大型底栖动物：有 Chironominae、Orthocladinae、寡毛纲、石蛭、*Placobdella* sp.、*Dolichopus* sp.、*Acanthomysis* sp.，伞护种有 *Dolichopus* sp.、石蛭；③藻类：优势种有简单舟形藻、钝脆杆藻、小片菱形藻、窄异极藻、梅尼小环藻，敏感种有钝脆杆藻、窄异极藻、卵形藻型舟形藻、中型脆杆藻、偏肿桥弯藻半环变种。

2）群落。①鱼类：调查样点 1 个，物种数为 7 种（Ⅳ级），香农－维纳多样性指数为 1.55（Ⅲ级），鱼类生物完整性指数为 34.13（Ⅴ级）；②大型底栖动物：调查样点 1 个，物种数为 7 种（Ⅴ级），EPT 物种数为 0（Ⅴ级），香农－维纳多样性指数为 2.50（Ⅲ级），底栖动物完整性指数（B-IBI）为 2.70（Ⅳ级），BMWP 指数为 9（Ⅵ级），BI 为 7.06（Ⅳ级）；③藻类：调查样点 1 个，物种数为 22 种（Ⅲ级），香农－维纳多样性指数为 3.55（Ⅲ级），A-IBI 为 10.23（Ⅱ级），IBD 为 16.9（Ⅱ级），BP 为 0.20（Ⅴ级），敏感种分类单元数为 5，可运动硅藻百分比为 58%，具柄硅藻百分比为 12%。

3）水化学特征。TP 为 0.05mg/L，COD 为 3.50mg/L。

4）河流健康指数。根据基本水质、营养盐、藻类、底栖动物、鱼类综合评价，河流健康等级为差（综合评分为 0.30）。

保护目标如下。

1）物种。鱼类：潜在种有乌鳢。

2）群落。①鱼类：总物种数Ⅲ级（8～10 种），香农－维纳多样性指数Ⅱ级（1.61～2.05），鱼类生物完整性指数Ⅳ级（38.80～50.27）；②大型底栖动物：物种丰富度Ⅱ级（18～22种），EPT物种数Ⅱ级（6～15），香农－维纳多样性指数Ⅱ级（2.31～2.63），底栖动物完整性指数（B-IBI）Ⅱ级（3.85～4.54），BMWP指数Ⅱ级（48～74），BI为Ⅱ级（4.51～5.70）；③藻类：总物种数Ⅱ级（27～33种），香农－维纳多样性指数Ⅱ级（3.63～4.43），A-IBI为Ⅰ级（≥10.85），IBD为Ⅰ级（≥20.00），BP为Ⅳ级（0.29～0.45）。

5.2.96 灯塔市浑河支流水资源供给功能区（Ⅲ-04-02-05）

面积：600.34km^2。

行政区：①辽阳市的灯塔市（单庄子镇、柳条寨镇、沈旦堡镇、王家镇、五星镇）、辽阳县（黄泥洼镇、沙岭镇、小北河镇）；②沈阳市的浑南区（汪家镇）、市辖区（长白乡）、苏家屯区（八一镇、大淑堡乡、红菱堡镇、沙河堡镇、佟沟乡、王纲堡乡、永乐乡）。

水系名称／河长：浑河支流；以二级和一级河流为主，河流总长度为115.88km，其中一级河流长57.51km，二级河流长58.36km。

河段生境类型：非限制性中度蜿蜒支流。

生态功能：濒危物种生境保护功能。

服务功能：农业用水功能。

社会经济压力（2010年）：①土地利用。以耕地为主，占该区面积的74.73%，居住用地占18.92%，林地占1.89%，草地占0.09%，河流占0.27%。②人口。区域总人口为390 514人，每平方千米约为650人。③GDP。区域GDP为1 605 840万元，每平方千米GDP为2674.91万元。

5.2.97 辽阳县柳濠河水资源供给功能区（Ⅲ-04-03-01）

面积：515.66km^2。

行政区：①鞍山市辖区（大阳气镇、立山区、齐大山镇）；②辽阳市辖区（东京陵乡、东兴街道、望水台乡）、辽阳县（黄泥洼镇、兰家镇、柳壕镇、沙岭镇、首山镇、唐马寨镇）。

水系名称／河长：柳濠河、柳濠河兵马河、柳濠河北地河；以一级河流为主，河流总长度为87.47km，其中一级河流长62.77km，二级河流长24.70km。

河段生境类型：非限制性高度蜿蜒支流。

生态功能：濒危物种生境保护功能。

服务功能：农业用水功能、水质净化功能。

社会经济压力（2010年）：①土地利用。以耕地为主，占该区面积的62.72%，居住用地占25.68%，林地占5.73%，草地占1.16%，河流占0.25%。②人口。区域总人口为850 842人，每平方千米约为 1650 人。③ GDP。区域 GDP 为 3 037 980 万元，每平方千米 GDP 为 5891.44 万元。

5.2.98 鞍山市沙河景观娱乐功能区（Ⅲ-04-03-02）

面积：364.88km²。

行政区：①鞍山市辖区（大阳气镇、东鞍山镇、立山区、齐大山镇、千山区、铁西区）；②辽阳市辽阳县（柳壕镇、穆家镇、唐马寨镇）。

水系名称 / 河长：沙河、运粮河；以一级河流和三级河流为主，河流总长度为 74.32km，其中一级河流长 39.07km，三级河流长 35.10km，五级河流长 0.15km。

河段生境类型：非限制性高度蜿蜒支流、非限制性低度蜿蜒支流。

生态功能：濒危物种生境保护功能、鱼类洄游通道功能。

服务功能：农业用水功能、接触性休闲娱乐功能、地下水补给功能。

社会经济压力（2010 年）：①土地利用。以耕地为主，占该区面积的 52.51%，居住用地占 35.06%，林地占 5.10%，河流占 0.84%，草地占 0.51%。②人口。区域总人口为 1 567 990 人，每平方千米约 4297 人。③ GDP。区域 GDP 为 2 119 160 万元，每平方千米 GDP 为 5807.83 万元。

现状如下。

1）物种。①鱼类：有鲫、青鳉、棒花鱼；②大型底栖动物：优势种有扁旋螺、寡毛纲，敏感种有条纹角石蛾，伞护种有朝大蚊、*Hydropsyche nevae*；③藻类：优势种有简单舟形藻、梅尼小环藻、相对舟形藻、显喙舟形藻、短小舟形藻、高舟形藻、法兰西舟形藻（*Navicula falaisensis*）、多维舟形藻（*Navicula vitabunda*）、窄异极藻伸长变种，敏感种有钝脆杆藻、胡斯特桥弯藻、短小舟形藻、窄异极藻、相对舟形藻、高舟形藻、梅尼小环藻、法兰西舟形藻、多维舟形藻、窄异极藻伸长变种。

2）群落。①鱼类：调查样点 1 个，物种数为 3 种（Ⅴ级），香农－维纳多样性指数为 1（Ⅳ级），鱼类生物完整性指数为 27.78（Ⅴ级）；②大型底栖动物：调查样点 3 个，物种数为 2 ～ 6 种（Ⅴ～Ⅵ级），EPT 物种数为 0 ～ 3 种（Ⅲ～Ⅴ级），香农－维纳多样性指数为 0.02 ～ 0.72（Ⅵ级），底栖动物完整性指数（B-IBI）为 1.49 ～ 2.97（Ⅳ～Ⅵ级），BMWP 指数为 4 ～ 12（Ⅵ级），BI 为 7.40 ～ 8.00（Ⅵ级）；③藻类：调查样点 2 个，物种数为 10 种、11 种（Ⅳ、Ⅴ级），香农－维纳多样性指数为 1.64、1.90（Ⅴ级），A-IBI 为 4.12、4.45（Ⅳ级），IBD 为 6.6、7.0（Ⅴ级），BP 为 0.20、0.56（Ⅲ、Ⅴ级），敏感种分类单元数为 5，可运动硅藻百分比为 65%、85%，具柄硅藻百分比为 0、1%。

3）水化学特征。TP 为 0.29 ～ 0.81mg/L，COD 为 6.80 ～ 9.85mg/L。

4）河流健康指数。根据基本水质、营养盐、藻类、底栖动物、鱼类综合评价，河流健康等级为极差～差（综合评分为 0.02 ～ 0.20）。

保护目标如下。

1）物种。①鱼类：潜在种有刀鲚、乌鳢；②大型底栖动物：预测种有圆顶珠蚌、中华绒螯蟹。

2）群落。①鱼类：总物种数Ⅳ级（5 ～ 7 种），香农－维纳多样性指数Ⅲ级（1.18 ～ 1.61），鱼类生物完整性指数Ⅳ级（38.80 ～ 50.27）；②大型底栖动物：物种丰富度Ⅳ级（9 ～ 13 种），EPT 物种数Ⅳ级（2 ～ 3），香农－维纳多样性指数Ⅳ级（1.66 ～ 1.98），底栖动物完整性指数（B-IBI）Ⅳ级（2.46 ～ 3.16），BMWP 指数Ⅳ级（34 ～ 37），BI 为Ⅳ级（6.56 ～ 7.08）；③藻类：总物种数Ⅲ级（19 ～ 26 种），香农－维纳多样性指数Ⅳ级（2.03 ～ 2.82），A-IBI 为Ⅲ级（5.42 ～ 8.12），IBD 为Ⅳ级（9.14 ～ 12.75），BP 为Ⅲ级（0.46 ～ 0.62）。

5.2.99 鞍山市沙河地下水补给功能区（Ⅲ-04-03-03）

面积：283.44km^2。

行政区：①鞍山市辖区（大孤山镇、东鞍山镇、立山区、齐大山镇、千山区）；②辽阳市的弓长岭区（汤河镇）、辽阳县（八会镇、兰家镇、下达河乡、小屯镇）。

水系名称 / 河长：沙河、南沙河大孤山支流；以一级河流为主，河流总长度为 62.12km，其中一级河流长 49.52km，二级河流长 12.60km。

河段生境类型：部分限制性低度蜿蜒支流、非限制性中度蜿蜒支流。

生态功能：优良生境保护功能。

服务功能：地下水补给功能、农业用水功能、接触性休闲娱乐功能。

社会经济压力（2010 年）：①土地利用。以林地为主，占该区面积的 56.04%，耕地占 18.97%，居住用地占 13.61%，采矿场占 7.10%，草地占 0.47%。②人口。区域总人口为 74 918 人，每平方千米约 264 人。③ GDP。区域 GDP 为 678 067 万元，每平方千米 GDP 为 2392.27 万元。

现状如下。

1）物种。①鱼类：优势种有洛氏鱥、麦穗鱼、北方须鳅、纵纹北鳅、鲫、青鳉；②大型底栖动物：优势种有钩虾、*Ampumixis* sp.、Orthocladinae、寡毛纲、Chironominae、*Beatis thermicus*、*Serratella setigera*、Ceratopogoniidae、三斑小蜉，敏感种有舌石蚕，伞护种有 Ceratopogoniidae、*Serratella setigera*、钩虾、三斑小蜉、*Dolichopus* sp.、苏氏尾鳃蚓；③藻类：优势种有扁圆卵形藻、变绿脆杆藻、变异直链藻、草鞋形波缘藻（*Cymatopleura solea*）、钝脆杆藻、海地曲壳藻、喙头舟形藻、霍弗里菱形藻、近缘桥弯藻、梅尼小环藻、偏肿桥弯藻、普通菱形藻、柔软双菱藻、小片菱形藻、盐生舟形藻、针形菱形藻、肘状针杆藻、肘状针杆藻匙形变种、肘状针杆藻尖喙变种，敏感种有扁圆卵形藻、变绿脆杆藻、钝脆杆藻、钝脆杆藻中狭变种、弧形蛾眉藻两尖变种、尖针杆藻、近缘桥弯藻、卵圆双菱藻盐生变种、平卧桥弯藻、相对舟形藻、小型异极藻、盐生舟形藻、窄异极藻、针形菱形藻、肿胀桥弯藻、肘状针杆藻匙形变种。

2）群落。①鱼类：调查样点 3 个，物种数为 2 ～ 4 种（Ⅴ级），香农 – 维纳多样性指数为 0.69 ～ 0.77（Ⅳ～Ⅴ级），鱼类生物完整性指数为 22.24 ～ 62.77（Ⅱ～Ⅵ级）；②大型底栖动物：调查样点 5 个，物种数为 2 ～ 12 种（Ⅳ～Ⅵ级），EPT 物种数为 1 ～ 4 种（Ⅲ～Ⅴ级），香农 – 维纳多样性指数为 0.09 ～ 2.19（Ⅲ～Ⅵ级），底栖动物完整性指数（B-IBI）为 1.80 ～ 3.59（Ⅲ～Ⅴ级），BMWP 指数为 7 ～ 41（Ⅲ～Ⅵ级），BI 为 4.04 ～ 7.93（Ⅰ～Ⅵ级）；③藻类：调查样点 3 个，物种数为 10 ～ 11 种（Ⅳ～Ⅴ级），香农 – 维纳多样性指数为 1.90 ～ 13.20（Ⅰ～Ⅴ级），A-IBI 为 0.00 ～ 12.20（Ⅰ～Ⅴ级），IBD 为 7.0 ～ 11.2（Ⅳ～Ⅴ级），BP 为 0.28（Ⅴ级），敏感种分类单元数为 1 ～ 5，可运动硅藻百分比为 6%，具柄硅藻百分比为 76%。

3）水化学特征。TP 为 0.01 ～ 0.83mg/L，COD 为 1.80 ～ 4.80mg/L。

4）河流健康指数。根据基本水质、营养盐、藻类、底栖动物、鱼类综合评价，河流健康等级为极差～差（综合评分为 0.06 ～ 0.29）。

保护目标如下。

1）物种。①鱼类：潜在种有花杜父鱼；②大型底栖动物：预测种有中华绒螯蟹。

2）群落。①鱼类：总物种数Ⅳ级（5 ～ 7 种），香农 – 维纳多样性指数Ⅳ级（0.75 ～ 1.18），鱼类生物完整性指数Ⅳ级（38.80 ～ 50.27）；②大型底栖动物：物种丰富度Ⅱ级（18 ～ 22 种），EPT 物种数Ⅱ级（6 ～ 15），香农 – 维纳多样性指数Ⅱ级（2.31 ～ 2.63），底栖动物完整性指数（B-IBI）Ⅱ级（3.85 ～ 4.54），BMWP 指数Ⅱ级（48 ～ 74），BI 为Ⅱ级（4.51 ～ 5.70）；③藻类：总物种数Ⅲ级（19 ～ 26 种），香农 – 维纳多样性指数Ⅰ级（≥ 4.44），A-IBI 为Ⅲ级（5.42 ～ 8.12），IBD 为Ⅲ级（12.76 ～ 16.37），BP 为Ⅳ级（0.29 ～ 0.45）。

5.2.100　鞍山市太子河支流水资源供给功能区（Ⅲ-04-03-04）

面积：109.88km^2。

行政区：①鞍山市的市辖区（大阳气镇、千山区）、海城市（东四方台镇）；②辽阳市辽阳县（穆家镇、唐马寨镇）。

水系名称 / 河长：太子河支流；只有二级河流，河流总长度为 31.72km。

河段生境类型：非限制性高度蜿蜒支流。

生态功能：生物多样性维持功能。

服务功能：农业用水功能、地下水补给功能、水质净化功能。

社会经济压力（2010 年）：①土地利用。以耕地为主，占该区面积的 49.72%，居住用地占 36.97%，林地占 9.30%，草地占 0.13%，河流占 0.01%。②人口。区域总人口为 192 290 人，每平方千米约为 1750 人。③ GDP。区域 GDP 为 639 955 万元，每平方千米 GDP 为 5824.13 万元。

现状如下。

1）物种。①鱼类：有棒花鱼、凌源鮈、犬首鮈、兴凯鱊，敏感种有凌源鮈、犬首鮈；②大型底栖动物：优势种有寡毛纲、Chironominae，伞护种有 Ceratopogoniidae、钩虾；③藻类：优势种有扭曲小环藻、肘状针杆藻、谷皮菱形藻、颗粒直链藻、变异直链藻，敏感种有扭曲小环藻、肘状针杆藻、谷皮菱形藻、颗粒直链藻、变异直链藻。

2）群落。①鱼类：调查样点 1 个，物种数为 4 种（Ⅴ级），香农－维纳多样性指数为 1.20（Ⅲ级），鱼类生物完整性指数为 42.16（Ⅳ级）；②大型底栖动物：调查样点 3 个，物种数为 3 ～ 7 种（Ⅴ～Ⅵ级），EPT 物种数为 0 ～ 1 种（Ⅴ级），香农－维纳多样性指数为 0.16 ～ 0.64（Ⅵ级），底栖动物完整性指数（B-IBI）为 1.64 ～ 2.04（Ⅴ～Ⅵ级），BMWP 指数为 3 ～ 13（Ⅵ级），BI 为 7.74 ～ 7.95（Ⅵ级）；③藻类：调查样点 3 个，物种数为 1 ～ 3 种（Ⅴ～Ⅵ级），香农－维纳多样性指数为 0.75 ～ 1.56（Ⅴ～Ⅵ级），A-IBI 为 2.50 ～ 4.78（Ⅳ～Ⅴ级），IBD 为 5.0 ～ 8.0（Ⅴ～Ⅵ级），BP 为 0.20 ～ 0.60（Ⅲ～Ⅴ级），敏感种分类单元数为 2 ～ 3，可运动硅藻百分比为 29% ～ 100%，具柄硅藻百分比为 0。

3）水化学特征。TP 为 0.18 ～ 1.51mg/L，COD 为 6.35 ～ 17.20mg/L。

4）河流健康指数。根据基本水质、营养盐、藻类、底栖动物、鱼类综合评价，河流健康等级为极差（综合评分为 0.08 ～ 0.16）。

保护目标如下。

1）物种。①鱼类：潜在种有刀鲚；②大型底栖动物：预测种有中华绒螯蟹。

2）群落。①鱼类：总物种数Ⅳ级（5 ～ 7 种），香农－维纳多样性指数Ⅱ级（1.61 ～ 2.05），鱼类生物完整性指数Ⅲ级（50.27 ～ 61.75）；②大型底栖动物：物种丰富度Ⅳ级（9 ～ 13 种），EPT 物种数Ⅳ级（2 ～ 3），香农－维纳多样性指数Ⅳ级（1.66 ～ 1.98），底栖动物完整性指数（B-IBI）Ⅳ级（2.46 ～ 3.16），BMWP 指数Ⅳ级（34 ～ 37），BI 为Ⅳ级（6.56 ～ 7.08）；③藻类：总物种数Ⅴ级（3 ～ 10 种），香农－维纳多样性指数Ⅴ级（1.23 ～ 2.02），A-IBI 为Ⅲ级（5.42 ～ 8.12），IBD 为Ⅳ级（9.14 ～ 12.75），BP 为Ⅳ级（0.46 ～ 0.62）。

5.2.101　鞍山市太子河支流优良生境功能区（Ⅲ-04-03-05）

面积：204.26km^2。

行政区：①鞍山市的市辖区（东鞍山镇、千山区、汤岗子镇）、海城市（大屯镇、甘泉镇、什司县镇）；②辽阳市辽阳县（八会镇、隆昌镇）。

水系名称 / 河长：太子河源头河流；只有一级河流，河流总长度为 43.54km。

河段生境类型：非限制性高度蜿蜒支流、非限制性低度蜿蜒支流。

生态功能：优良生境保护功能。

服务功能：农业用水功能、地下水补给功能。

社会经济压力（2010 年）：①土地利用。以林地为主，占该区面积的 55.04%，耕地占 30.37%，居住用地占 7.87%，采矿场占 3.75%，草地占 1.75%。②人口。区域总人口为 21 099 人，每平方千米约为 103 人。③ GDP。区域 GDP 为 392 389 万元，每平方千米 GDP 为 1921.03 万元。

5.2.102　海城市太子河支流水资源供给功能区（Ⅲ-04-03-06）

面积：666.87km^2。

行政区：①鞍山市的市辖区（千山区、汤岗子镇）、海城市（八里镇、东四方台镇、东四镇、甘泉镇、耿庄镇、马风镇、南台镇、什司县镇、王石镇、望台镇）；②辽阳市辽阳县（隆昌镇）。

水系名称 / 河长：海城五道河；以一级河流为主，河流总长度为 110.37km，其中一级河流长 74.98km，二级河流长 33.72km，三级河流长 1.67km。

河段生境类型：非限制性中度蜿蜒支流、部分限制性中度蜿蜒支流、非限制性低度蜿蜒支流。

生态功能：鱼类洄游通道功能、优良生境保护功能。

服务功能：农业用水功能、接触性休闲娱乐功能、非接触性休闲娱乐功能。

社会经济压力（2010 年）：①土地利用。以耕地为主，占该区面积的 58.72%，林地占 20.66%，居住用地占 19.07%，草地占 0.15%，河流占 0.02%。②人口。区域总人口为 390 050 人，每平方千米约为 585 人。③ GDP。区域 GDP 为 1 952 460 万元，每平方千米 GDP 为 2927.80 万元。

现状如下。

1）物种。①鱼类：有鲫、日本鳗；②大型底栖动物：优势种有寡毛纲；③藻类：优势种有变异直链藻、颗粒直链藻、谷皮菱形藻、广缘小环藻、尖针杆藻、盐生舟形藻、肘状针杆藻，敏感种有变异直链藻、颗粒直链藻、胡斯特桥弯藻、广缘小环藻、偏肿桥弯藻、尖针杆藻、肘状针杆藻。

2）群落。①鱼类：调查样点 1 个，物种数为 2 种（Ⅴ级），香农 – 维纳多样性指数为 0.64（Ⅴ级），鱼类生物完整性指数为 30.18（Ⅴ级）；②大型底栖动物：调查样点 2 个，物种数分别为 4 种、6 种（Ⅴ、Ⅵ级），EPT 物种数分别为 0、1 种（Ⅴ级），香农－维纳多样性指数分别为 0.05、0.11（Ⅵ级），底栖动物完整性指数（B-IBI）分别为 1.56、1.57（Ⅵ级），BMWP 指数分别为 3、21（Ⅵ级），BI 分别为 7.97、7.99（Ⅵ级）；③藻类：调查样点 2 个，物种数分别为 2 种、10 种（Ⅴ、Ⅵ级），香农－维纳多样性指数分别为 1、2.09（Ⅳ、Ⅵ级），A-IBI 分别为 4.15、6.35（Ⅲ、Ⅳ级），IBD 分别为 6.2、11.7（Ⅳ、Ⅴ级），BP 分别为 0.37、0.58（Ⅲ、Ⅳ级），敏感种分类单元数分别为 2、5，可运动硅藻百分比为 63%，具柄硅藻百分比为 0。

3）水化学特征。TP 为 0.12mg/L、2.63mg/L，COD 为 7.80mg/L、22.10mg/L。

4）河流健康指数。根据基本水质、营养盐、藻类、底栖动物、鱼类综合评价，河流健康等级为极差～差（综合评分为 0.05 ～ 0.31）。

保护目标如下。

1）物种。①鱼类：潜在种有刀鲚、花杜父鱼；②大型底栖动物：预测种有背角无齿蚌（*Anodonta woodiana*）、中华绒螯蟹。

2）群落。①鱼类：总物种数Ⅳ级（5 ～ 7 种），香农－维纳多样性指数Ⅳ级（0.75 ～ 1.18），鱼类生物完整性指数Ⅳ级（38.80 ～ 50.27）；②大型底栖动物：物种丰富度Ⅳ级（9 ～ 13 种），EPT 物种数Ⅳ级（2 ～ 3），香农－维纳多样性指数Ⅳ级（1.66 ～ 1.98），底栖动物完整性指数（B-IBI）Ⅳ级（2.46 ～ 3.16），BMWP 指数Ⅳ级（34 ～ 37），BI 为Ⅳ级（6.56 ～ 7.08）；③藻类：总物种数Ⅴ级（3 ～ 10 种），香农－维纳多样性指数Ⅳ级（2.03 ～ 2.82），A-IBI 为Ⅲ级（5.42 ～ 8.12），IBD 为Ⅴ级（9.14 ～ 12.75），BP 为Ⅱ级（0.63 ～ 0.79）。

5.2.103　抚顺县浑河支流生物多样性维持功能区（Ⅲ-04-04-01）

面积：706.11km^2。

行政区：①本溪市本溪满族自治县（偏岭镇）；②抚顺市的东洲区：（洲区、碾盘乡、千金乡）、抚顺县（海浪乡、救兵乡、拉古满族乡、石文镇）、顺城区（会元乡、顺城区）、望花区（李石镇、塔峪镇）、新抚区；③沈阳市的浑南区（汪家镇、王滨沟乡）、苏家屯区（白清寨乡）。

水系名称 / 河长：浑河支流；以一级河流为主，河流总长度为 189.70km，其中一级河流长 107.38km，二级河流长 75.99km，三级河流长 6.33km。

河段生境类型：部分限制性低度蜿蜒支流、非限制性低度蜿蜒支流、非限制性中度蜿蜒支流。

生态功能：本土特有物种生境保护功能、生物多样性维持功能。

服务功能：接触性休闲娱乐功能、地下水补给功能。

社会经济压力（2010 年）：①土地利用。以耕地为主，占该区面积的 51.82%，林地占 32.26%，居住用地占 11.96%，采矿场占 1.98%，河流占 0.55%，草地占 0.20%。②人口。区域总人口为 361 315 人，每平方千米约为 512 人。③ GDP。区域 GDP 为 1 874 590 万元，每平方千米 GDP 为 2654.81 万元。

现状如下。

1）物种。①鱼类：优势种有洛氏鱥、泥鳅、北方须鳅、纵纹北鳅、黄蚴、鲫、麦穗鱼、宽鳍鱲、棒花鱼、辽宁棒花鱼、褐栉鰕虎鱼、马口鱼，特有物种有辽宁棒花鱼、辽河突吻鮈；②大型底栖动物：优势种有 Chironominae、Orthocladinae、寡毛纲、短脉纹石蛾、Tanypodiinae、钩虾、山瘤虻、大蚊、*Hydrophorus* sp.，伞护种有短脉纹石蛾、钩虾、红锯形蜉、Ceratopogoniidae、椭圆萝卜螺；③藻类：优势种有谷皮菱形藻、环状扇形藻、偏肿桥弯藻、喙头舟形藻、泉生菱形藻、尖针杆藻、钝脆杆藻、肘状针杆藻、双菱藻、极细微曲壳藻隐头变种、变异直链藻、两栖菱形藻（*Nitzschia amphbia*）、淡绿舟形藻（*Navicula viridula*）、急尖舟形藻模糊变种、近缘桥弯藻、扁圆卵形藻、扭曲小环藻，敏感种有胡斯特桥弯藻、肿大桥弯藻、箱形桥弯藻、偏肿桥弯藻、具球异极藻、钝脆杆藻、肘状针杆藻、拟螺形菱形藻、尖针杆藻、弯曲菱形藻平片变种、近缘桥弯藻、两栖菱形藻、淡绿舟形藻、扁圆卵形藻、扭曲小环藻、谷皮菱形藻。

2）群落。①鱼类：调查样点 5 个，物种数为 5 ～ 14 种（Ⅰ～Ⅳ级），香农－维纳多样性指数为 0.88 ～ 1.97（Ⅱ～Ⅴ级），鱼类生物完整性指数为 39.12 ～ 67.18（Ⅱ～Ⅴ级）；②大型底栖动物：调查样点 5 个，物种数为 0 ～ 13 种（Ⅲ～Ⅵ级），EPT 物种数为 0 ～ 5 种（Ⅲ～Ⅴ级），香农－维纳多样性指数为 0.85 ～ 2.13（Ⅲ～Ⅵ级），底栖动物完整性指数（B-IBI）为 2 ～ 3.33（Ⅲ～Ⅴ级），BMWP 指数为 0 ～ 37（Ⅲ～Ⅵ级），BI 为 0 ～ 7.45（Ⅰ～Ⅵ级）；③藻类：调查样点 5 个，物种数为 2 ～ 17 种（Ⅳ～Ⅵ级），香农－维纳多样性指数为 0.75 ～ 3.31（Ⅲ～Ⅵ级），A-IBI 为 2.88 ～ 9.48（Ⅱ～Ⅳ级），IBD 为 5.0 ～ 16.3（Ⅲ～Ⅵ级），BP 为 0.21 ～ 0.29（Ⅳ～Ⅴ级），敏感种分类单元数为 3 ～ 5，可运动硅藻百分比为 13% ～ 80%，具柄硅藻百分比为 0 ～ 19%。

3）水化学特征。TP 为 0.01 ～ 0.15mg/L，COD 为 2.80 ～ 3.40mg/L。

4）河流健康指数。根据基本水质、营养盐、藻类、底栖动物、鱼类综合评价，河流健康等级为差～一般（综合评分为 0.31 ～ 0.49）。

保护目标如下。

1）物种。鱼类：潜在种有辽宁棒花鱼、乌鳢。

2）群落。①鱼类：总物种数Ⅱ级（11 ～ 13 种），香农－维纳多样性指数Ⅱ级（1.61 ～ 2.05），鱼类生物完整性指数Ⅱ级（61.75 ～ 73.23）；②大型底栖动物：物种丰富度Ⅲ级（13 ～ 18 种），

EPT 物种数Ⅲ级（3 ～ 6），香农 - 维纳多样性指数Ⅲ级（1.98 ～ 2.31），底栖动物完整性指数（B-IBI）Ⅲ级（3.16 ～ 3.85），BMWP 指数Ⅲ级（37 ～ 48），BI 为Ⅲ级（5.70 ～ 6.56）；③藻类：总物种数Ⅲ级（19 ～ 26 种），香农 - 维纳多样性指数Ⅴ级（3.63 ～ 4.43），A-IBI 为Ⅰ级（≥ 10.85），IBD 为Ⅱ级（16.38 ～ 19.99），BP 为Ⅳ级（0.29 ～ 0.45）。

5.2.104 抚顺县浑河支流优良生境功能区（Ⅲ-04-04-02）

面积：534.22km^2。

行政区：①本溪市本溪满族自治县（偏岭镇、清河城镇）；②抚顺市的东洲区（东洲区、碾盘乡、千金乡）、抚顺县（后安镇、救兵乡、兰山乡、石文镇、峡河乡）、顺城区（前甸镇）、新抚区。

水系名称 / 河长：浑河支流；以一级河流为主，河流总长度为 143.14km，其中一级河流长 77.53km，二级河流长 43.47km，三级河流长 22.14km。

河段生境类型：部分限制性低度蜿蜒支流。

生态功能：优良生境保护功能、本土特有物种生境保护功能、生物多样性维持功能。

服务功能：接触性休闲娱乐功能、地下水补给功能、水力发电功能。

社会经济压力（2010 年）：①土地利用。以林地为主，占该区面积的 66.69%，耕地占 24.19%，居住用地占 6.04%，草地占 1.78%，河流占 0.59%。②人口。区域总人口为 142 335 人，每平方千米约为 266 人。③ GDP。区域 GDP 为 738 388 万元，每平方千米 GDP 为 1382.18 万元。

现状如下。

1）物种。①鱼类：优势种有洛氏鱥、麦穗鱼、北方须鳅、北方花鳅、纵纹北鳅、鲫、宽鳍鱲、棒花鱼、辽宁棒花鱼、彩鳑鲏，敏感种有北方花鳅、犬首鮈，特有物种有辽宁棒花鱼、辽河突吻鮈；②大型底栖动物：优势种有 Orthocladinae、寡毛纲、原蚋、短脉纹石蛾、东方蜉、*Beatis thermicus*、椭圆萝卜螺、苏氏尾鳃蚓，敏感种有条纹角石蛾，伞护种有短脉纹石蛾、*Hydropsyche orientalis*、宽叶高翔蜉、椭圆萝卜螺、红锯形蜉、苏氏尾鳃蚓、三斑小蜉、朝大蚊、钩虾；③藻类：优势种有高舟形藻、胡斯特桥弯藻、小片菱形藻细变种、中型脆杆藻、霍克曲壳藻（*Achnanthes hauckiana*）、窄异极藻、橄榄绿色异极藻、小片菱形藻、卵圆双菱藻、肘状针杆藻，敏感种有窄异极藻、窄菱形藻尖变种、小型异极藻、肿大桥弯藻、胡斯特桥弯藻、窄异极藻伸长变种、偏肿异极藻、橄榄绿色异极藻、劣味舟形藻、弯月形舟形藻。

2）群落。①鱼类：调查样点 2 个，物种数分别为 7 种、14 种（Ⅰ、Ⅳ级），香农 - 维纳多样性指数分别为 0.58、1.74（Ⅱ、Ⅴ级），鱼类生物完整性指数分别为 38.97、66.05（Ⅱ、Ⅳ级）；②大型底栖动物：调查样点 2 个，物种数分别为 10 种、19 种（Ⅱ、Ⅳ级），EPT 物种数分别为 4 种、10 种（Ⅱ、Ⅲ级），香农－维纳多样性指数分别为 1.83、2.65（Ⅰ、Ⅳ级），底栖动物完整性指数（B-IBI）分别为 4.03、4.35（Ⅱ级），BMWP 指数分别为 30、58（Ⅱ、Ⅴ级），BI 分别为 5.66、5.78（Ⅱ、Ⅲ级）；③藻类：调查样点 2 个，物种数分别为 10 种、25 种（Ⅲ、Ⅴ级），香农－维纳多样性指数分别为 1.62、2.16（Ⅳ、Ⅴ级），A-IBI 分别为 7.16、11.08（Ⅰ、Ⅲ级），IBD 分别为 12.70、20（Ⅰ、Ⅳ级），BP 分别为 0.33、0.68（Ⅱ、Ⅳ级），敏感种分类单元数分别为 5、6，可运动硅藻百分比分别为 4%、14%，具柄硅藻百分比均为 2%。

3）水化学特征。TP 为 0.02mg/L、0.12mg/L，COD 为 2.20mg/L、2.40mg/L。

4）河流健康指数。根据基本水质、营养盐、藻类、底栖动物、鱼类综合评价，河流健康等级为一般（综合评分为 0.46 ～ 0.49）。

保护目标如下。

1）物种。鱼类：潜在种有东北七鳃鳗、辽宁棒花鱼、乌鳢。

2）群落。①鱼类：总物种数Ⅰ级（≥ 14 种），香农－维纳多样性指数Ⅲ级（1.18 ～ 1.61），鱼类生物完整性指数Ⅱ级（61.75 ～ 73.23）；②大型底栖动物：物种丰富度Ⅰ级（≥ 22 种），EPT 物种数Ⅰ级（≥ 15），香农－维纳多样性指数Ⅰ级（≥ 2.63），底栖动物完整性指数（B-IBI）Ⅰ级（≥ 4.54），BMWP 指数Ⅰ级（≥ 74），BI 为Ⅰ级（≤ 4.51）；③藻类：总物种数Ⅱ级（27 ～ 33 种），香农－维纳多样性指数Ⅳ级（2.03 ～ 2.82），A-IBI 为Ⅰ级（≥ 10.85），IBD 为Ⅱ级（16.38 ～ 19.99），BP 为Ⅱ级（0.63 ～ 0.79）。

5.2.105 沈阳市沙河生物多样性维持功能区（Ⅲ-04-05-01）

面积：636.45km^2。

行政区：①本溪市的本溪满族自治县（偏岭镇）、明山区（高台子镇）、溪湖区（火连寨回族满族镇、石桥子镇、歪头山镇、张其寨乡）；②抚顺市抚顺县（海浪乡、拉古满族乡、石文镇）；③辽阳市灯塔市（柳河子镇、柳条寨镇）；④沈阳市的浑南区（汪家镇）、苏家屯区（八一镇、白清寨乡、陈相屯镇、大沟乡、大淑堡乡、红菱堡镇、沙河堡镇、佟沟乡、姚千户屯镇）。

水系名称 / 河长：沙河、北沙河东支；以一级河流为主，河流总长度为 187.43km，其中一级河流长 102.42km，二级河流长 25.38km，三级河流长 59.63km。

河段生境类型：非限制性低度蜿蜒支流、部分限制性低度蜿蜒支流。

生态功能：生物多样性维持功能、濒危物种生境保护功能、本土特有物种生境保护功能、自然保护功能、优良生境保护功能。

服务功能：农业用水功能、接触性休闲娱乐功能、地下水补给功能。

社会经济压力（2010年）：①土地利用。以耕地和林地为主，分别占该区面积的48.62%和35.86%，居住用地占11.41%，河流占0.90%，草地占0.37%。②人口。区域总人口为106 812人，每平方千米约为168人。③GDP。区域GDP为1 373 980万元，每平方千米GDP为2158.82万元。

现状如下。

1）物种。①鱼类：优势种有鲫、麦穗鱼、青鳉、棒花鱼、泥鳅、褐栉鰕虎鱼、彩鳑鲏、宽鳍鱲、洛氏鱥、北方须鳅、马口鱼、𩾌、黄蚴，特有物种有辽宁棒花鱼；②大型底栖动物：优势种有Chironominae、Orthocladinae、寡毛纲、*Beatis thermicus*、石蛭、*Syncaris* sp.、*Placobdella* sp.、Tanypodiinae、短脉纹石蛾、山瘤虻，敏感种有印度大田鳖、圆顶珠蚌，伞护种有苏氏尾鳃蚓、短脉纹石蛾、Ceratopogoniidae、红锯形蜉、*Serratella setigera*、石蛭、*Hydropsyche orientalis*、钩虾、三斑小蜉、朝大蚊；③藻类：优势种有变绿脆杆藻、变异直链藻、短小舟形藻、钝脆杆藻、谷皮菱形藻、海地曲壳藻、胡斯特桥弯藻、环状扇形藻、环状扇形藻缢缩变种、霍弗里菱形藻、极细微曲壳藻隐头变种、尖针杆藻极狭变种、具球异极藻、颗粒直链藻、梅尼小环藻、偏肿桥弯藻、普通等片藻、普通等片藻卵圆变种、普通等片藻伸长变种、普通等片藻线形变种、普通菱形藻、*Cymbella* sp.、双生双楔藻、微型舟形藻、箱形桥弯藻、小片菱形藻、双菱藻、中型脆杆藻、肘状针杆藻、肘状针杆藻匙形变种、肘状针杆藻尖喙变种，敏感种有短小舟形藻、变绿脆杆藻、钝脆杆藻、橄榄绿色异极藻、海地曲壳藻、汉茨菱形藻、胡斯特桥弯藻、霍克曲壳藻、尖针杆藻、具球异极藻、拟螺形菱形藻、扭曲小环藻、膨胀桥弯藻、偏肿桥弯藻、普通菱形藻、切断桥弯藻（*Cymbella excisa*）、箱形桥弯藻、小型异极藻、新月形桥弯藻、眼斑小环藻（*Cyclotella ocellata*）、缢缩异极藻头端变种膨大变型、窄异极藻、窄异极藻伸长变种、肿大桥弯藻、肘状针杆藻匙形变种、珠峰桥弯藻（*Cymbella jolmolungnensis*）。

2）群落。①鱼类：调查样点11个，物种数为1～9种（Ⅲ～Ⅵ级），香农－维纳多样性指数为0～1.81（Ⅱ～Ⅵ级），鱼类生物完整性指数为28.57～63.15（Ⅱ～Ⅴ级）；②大型底栖动物：调查样点12个，物种数为2～13种（Ⅲ～Ⅵ级），EPT物种数为0～5种（Ⅲ～Ⅴ级），香农－维纳多样性指数为0.56～2.56（Ⅱ～Ⅵ级），底栖动物完整性指数（B-IBI）为0.96～3.18（Ⅲ～Ⅵ级），BMWP指数为1～43（Ⅲ～Ⅵ级），BI为5.82～8（Ⅲ～Ⅵ级）；③藻类：调查样点11个，物种数为8～19种（Ⅲ～Ⅴ级），香农－维纳多样性指数为1.04～12.90（Ⅰ～Ⅵ级），A-IBI为0.00～11.60（Ⅰ～Ⅴ级），IBD为10.7～18.4（Ⅱ～Ⅳ级），BP为0.13～0.83（Ⅰ～Ⅴ级），敏感种分类单元数为5～7，可运动硅藻百分比为6%～66%，具柄硅藻百分比为0～83%。

3）水化学特征。TP为0.01～0.60mg/L，COD为2.50～4.55mg/L。

4）生境。张其寨森林县级保护区，白清寨森林及野生动物市级保护区。

5）河流健康指数：根据基本水质、营养盐、藻类、底栖动物、鱼类综合评价，河流健康等级为极差～一般（综合评分为 0.10 ～ 0.46）。

保护目标如下。

1）物种。①鱼类：潜在种有辽宁棒花鱼；②大型底栖动物：预测种有圆顶珠蚌。

2）群落。①鱼类：总物种数Ⅲ级（8 ～ 10 种），香农－维纳多样性指数Ⅲ级（1.18 ～ 1.61），鱼类生物完整性指数Ⅲ级（50.27 ～ 61.75）；②大型底栖动物：物种丰富度Ⅱ级（18 ～ 22 种），EPT 物种数Ⅰ级（6 ～ 15），香农－维纳多样性指数Ⅱ级（2.31 ～ 2.63），底栖动物完整性指数（B-IBI）Ⅱ级（3.85 ～ 4.54），BMWP 指数Ⅰ级（48 ～ 74），BI 为Ⅰ级（4.51 ～ 5.70）；③藻类：总物种数Ⅲ级（19 ～ 26 种），香农－维纳多样性指数Ⅰ级（≥ 4.44），A-IBI 为Ⅱ级（8.13 ～ 10.84），IBD 为Ⅱ级（16.38 ～ 19.99），BP 为Ⅱ级（0.63 ～ 0.79）。

5.2.106　灯塔市十里河地下水补给功能区（Ⅲ-04-05-02）

面积：747.48km^2。

行政区：①本溪市溪湖区（石桥子镇、歪头山镇）；②辽阳市的灯塔市（大河南镇、单庄子镇、铧子镇、柳河子镇、柳条寨镇、沙浒镇、邵二台镇、王家镇、西大窑镇、西马峰镇、张台子镇）、市辖区（东京陵乡、庆阳街道）；③沈阳市苏家屯区（陈相屯镇、大沟乡、红菱堡镇、沙河堡镇、十里河镇、姚千户屯镇）。

水系名称 / 河长：北沙河十里河、北沙河戈西河、北沙河马峰河；以一级河流为主，河流长度为 120.63km，其中一级河流长 80.33km，二级河流长 20.87km，三级河流长 19.43km。

河段生境类型：非限制性中度蜿蜒支流。

生态功能：濒危物种生境保护功能。

服务功能：接触性休闲娱乐功能、非接触性休闲娱乐功能、地下水补给功能。

社会经济压力（2010 年）：①土地利用。以耕地为主，占该区面积的 66.03%，居住用地占 16.07%，林地占 12.47%，采矿场占 2.70%，草地占 0.41%，河流占 0.37%。②人口。区域总人口为 348 405 人，每平方千米约为 466 人。③ GDP。区域 GDP 为 1 434 130 万元，每平方千米 GDP 为 1918.62 万元。

5.2.107　灯塔市沙河水资源供给功能区（Ⅲ-04-05-03）

面积：58.49km^2。

行政区：辽阳市灯塔市（单庄子镇、柳条寨镇、邵二台镇、王家镇、西马峰镇）。

水系名称 / 河长：沙河；只有四级河流，河流总长度为 26.37km。

河段生境类型：非限制性中度蜿蜒干流。

生态功能：濒危物种生境保护功能。

服务功能：饮用水功能、农业用水功能、接触性休闲娱乐功能、非接触性休闲娱乐功能。

社会经济压力（2010 年）：①土地利用。以耕地为主，占该区面积的 65.39%，林地占 5.68%，草地占 0.14%，河流占 2.57%，居住用地占 19.72%。②人口。区域总人口为 22 678 人，每平方千米约为 388 人。③ GDP。区域 GDP 为 89 974.5 万元，每平方千米 GDP 为 1538.29 万元。

现状如下。

1）物种。①鱼类：优势种有棒花鱼、泥鳅、鲫、鳘；②大型底栖动物：优势种有 Chironominae、Orthocladinae、寡毛纲、苏氏尾鳃蚓、白斑毛黑大蚊、铜锈环棱螺，伞护种有苏氏尾鳃蚓、钩虾、苏氏尾鳃蚓；③藻类：优势种有肘状针杆藻、*Navicula capitatoradiata* Germain、*Navicula cincta* (Ehrenberg) Ralfs in Pritchard.、变异直链藻、草鞋形波缘藻、锉刀形布纹藻、谷皮菱形藻、尖布纹藻、近缘桥弯藻、具球异极藻、颗粒直链藻、梅尼小环藻、扭曲小环藻、脐形菱形藻、椭圆波缘藻（*Cymatopleura elliptica*）、弯曲菱形藻平片变种、线行菱形藻、盐生舟形藻、窄舟形藻、肿胀桥弯藻、肘状针杆藻、肘状针杆藻凹入变种、肘状针杆藻尖喙变种缢缩变型，敏感种有肘状针杆藻、扁圆卵形藻、草鞋形波缘藻、钝脆杆藻、橄榄绿色异极藻、尖针杆藻、近缘桥弯藻、具球异极藻、类菱形肋缝藻、卵形双菱藻羽纹变种（*Surirella ovalis* var. *pinnata*）、扭曲小环藻、双头舟形藻、椭圆波缘藻、椭圆双壁藻（*Diploneis elliptica*）、弯曲菱形藻平片变种、窄舟形藻、肿胀桥弯藻、肘状针杆藻、肘状针杆藻凹入变种。

2）群落。①鱼类：调查样点 4 个，物种数为 1 ～ 2 种（Ⅴ～Ⅵ级），香农 – 维纳多样性指数为 0 ～ 0.64（Ⅴ～Ⅵ级），鱼类生物完整性指数为 11.13 ～ 49.21（Ⅳ～Ⅵ级）；②大型底栖动物：调查样点 6 个，物种数为 1 ～ 9 种（Ⅳ～Ⅵ级），EPT 物种数为 0 ～ 1 种（Ⅴ级），香农 – 维纳多样性指数为 0 ～ 1.62（Ⅴ～Ⅵ级），底栖动物完整性指数（B-IBI）为 1.32 ～ 2.90（Ⅳ～Ⅵ级），BMWP 指数为 1 ～ 18（Ⅵ级），BI 为 6.81 ～ 8.01（Ⅳ～Ⅵ级）；③藻类：调查样点 6 个，物种数为 11 ～ 26 种（Ⅲ～Ⅳ级），香农 – 维纳多样性指数为 1.89 ～ 3.93（Ⅱ～Ⅴ级），A-IBI 为 0 ～ 8.92（Ⅱ～Ⅴ级），IBD 为 6.3 ～ 16.7（Ⅱ～Ⅴ级），BP 为 0.09 ～ 0.45（Ⅳ～Ⅵ级），敏感种分类单元数为 3 ～ 5，可运动硅藻百分比为 15% ～ 66%，具柄硅藻百分比为 1% ～ 28%。

3）水化学特征。TP 为 0.15 ～ 0.35mg/L，COD 为 4.10 ～ 7.30mg/L。

4）河流健康指数。根据基本水质、营养盐、藻类、底栖动物、鱼类综合评价，河流健康等级为极差～差（综合评分为 0.09 ～ 0.23）。

保护目标如下。

1）物种。①鱼类：潜在种有乌鳢；②大型底栖动物：预测种有圆顶珠蚌。

2）群落。①鱼类：总物种数Ⅴ级（2～4种），香农－维纳多样性指数Ⅳ级（0.75～1.18），鱼类生物完整性指数Ⅳ级（38.80～50.27）；②大型底栖动物：物种丰富度Ⅳ级（9～13种），EPT物种数Ⅳ级（2～3），香农－维纳多样性指数Ⅳ级（1.66～1.98），底栖动物完整性指数（B-IBI）Ⅳ级（2.46～3.16），BMWP指数Ⅳ级（34～37），BI为Ⅳ级（6.56～7.08）；③藻类：总物种数Ⅱ级（27～33种），香农－维纳多样性指数Ⅱ级（3.63～4.43），A-IBI为Ⅲ级（5.42～8.12），IBD为Ⅲ级（12.76～16.37），BP为Ⅳ级（0.29～0.45）。

5.2.108 辽阳县汤河支流景观娱乐功能区（Ⅲ-04-06-01）

面积：117.06km^2。

行政区：辽阳市的弓长岭区（汤河镇）、市辖区（东京陵乡）、辽阳县（兰家镇、小屯镇）。

水系名称/河长：汤河支流；只有一级河流，河流总长度为18.97km。

河段生境类型：部分限制性高度蜿蜒支流。

服务功能：非接触性休闲娱乐功能、地下水补给功能。

社会经济压力（2010年）：①土地利用。以林地为主，占该区面积的52.93%，耕地占27.08%，居住用地占17.57%，草地占0.51%，河流占0.04%。②人口。区域总人口为40 232人，每平方千米约为344人。③GDP。区域GDP为383 580万元，每平方千米GDP为3276.78万元。

5.2.109 辽阳市太子河景观娱乐功能区（Ⅲ-04-06-02）

面积：104.30km^2。

行政区：辽阳市的灯塔市（王家镇、西马峰镇）、市辖区（东京陵乡、东兴街道、望水台乡）、辽阳县（兰家镇、沙岭镇、小屯镇）。

水系名称/河长：太子河；只有五级河流，河流总长度为30.55km。

河段生境类型：非限制性中度蜿蜒干流。

生态功能：濒危物种生境保护功能。

服务功能：饮用水功能、工业用水功能、接触性休闲娱乐功能、非接触性休闲娱乐功能、水质净化功能。

社会经济压力（2010年）：①土地利用。以耕地和居住用地为主，分别占该区面积的37.55%和34.39%，林地占15.71%，河流占6.06%，草地占2.49%。②人口。区域总人口为179 008人，每平方千米约为1716人。③GDP。区域GDP为1 166 250万元，每平方千米GDP为11 181.69万元。

现状如下。

1）物种。①鱼类：有洛氏鱥、麦穗鱼、北方须鳅、北方花鳅、凌源鮈、宽鳍鱲、兴凯鱊、鲫、棒花鱼，敏感种有北方花鳅、凌源鮈；②大型底栖动物：优势种有 Chironominae、寡毛纲、Orthocladinae、石蛭、Tanypodiinae、*Hydropsyche nevae*、短脉纹石蛾，伞护种有短脉纹石蛾、石蛭、*Hydropsyche orientalis*、椭圆萝卜螺、*Hydropsyche nevae*、朝大蚊、钩虾；③藻类：优势种有胡斯特桥弯藻、谷皮菱形藻、普通等片藻、具球异极藻、变异直链藻、尖针杆藻、钝脆杆藻、肘状针杆藻、偏肿桥弯藻、线形舟形藻，敏感种有胡斯特桥弯藻、橄榄绿色异极藻、箱形桥弯藻、偏肿桥弯藻、具球异极藻、钝脆杆藻、肘状针杆藻、拟螺形菱形藻。

2）群落。①鱼类：调查样点 3 个，物种数为 2 ～ 9 种（Ⅲ～Ⅴ级），香农－维纳多样性指数为 0.64 ～ 1.73（Ⅱ～Ⅴ级），鱼类生物完整性指数为 20.65 ～ 63.44（Ⅱ～Ⅵ级）；②大型底栖动物：调查样点 3 个，物种数为 4 ～ 22 种（Ⅰ～Ⅵ级），EPT 物种数为 0 ～ 10（Ⅱ～Ⅴ级），香农－维纳多样性指数为 0.67 ～ 2.71（Ⅰ～Ⅵ级），底栖动物完整性指数（B-IBI）为 1.56 ～ 4.52（Ⅱ～Ⅵ级），BMWP 指数为 6 ～ 74（Ⅰ～Ⅵ级），BI 为 5.41 ～ 7.94（Ⅱ～Ⅵ级）；③藻类：调查样点 3 个，物种数为 8 ～ 19 种（Ⅲ～Ⅴ级），香农－维纳多样性指数为 2.60 ～ 3.33（Ⅲ～Ⅳ级），A-IBI 为 7.87 ～ 9.48（Ⅱ～Ⅲ级），IBD 为 12.4 ～ 16.3（Ⅲ～Ⅳ级），BP 为 0.16 ～ 0.30（Ⅳ～Ⅴ级），敏感种分类单元数均为 5，可运动硅藻百分比为 13% ～ 40%，具柄硅藻百分比为 1% ～ 9%。

3）水化学特征。TP 为 0.03 ～ 0.14mg/L，COD 为 2.75 ～ 3.40mg/L。

4）河流健康指数。根据基本水质、营养盐、藻类、底栖动物、鱼类综合评价，河流健康等级为差～一般（综合评分为 0.27 ～ 0.55）。

保护目标如下。

1）物种。①鱼类：潜在种有乌鳢；②大型底栖动物：预测种有圆顶珠蚌。

2）群落。①鱼类：总物种数Ⅲ级（8 ～ 10 种），香农－维纳多样性指数Ⅲ级（1.18 ～ 1.61），鱼类生物完整性指数Ⅲ级（50.27 ～ 61.75）；②大型底栖动物：物种丰富度Ⅱ级（18 ～ 22 种），EPT 物种数Ⅱ级（6 ～ 15），香农－维纳多样性指数Ⅱ级（2.31 ～ 2.63），底栖动物完整性指数（B-IBI）Ⅱ级（3.85 ～ 4.54），BMWP 指数Ⅱ级（48 ～ 74），BI 为Ⅱ级（4.51 ～ 5.70）；③藻类：总物种数Ⅲ级（19 ～ 26 种），香农－维纳多样性指数Ⅱ级（3.63 ～ 4.43），A-IBI 为Ⅰ级（≥ 10.85），IBD 为Ⅱ级（16.38 ～ 19.99），BP 为Ⅳ级（0.29 ～ 0.45）。

5.2.110　辽阳县太子河水资源供给功能区（Ⅲ-04-06-03）

面积：347.33km^2。

行政区：①鞍山市海城市（东四方台镇、高坨镇、耿庄镇、牛庄镇、望台镇、温香镇、西四镇）；②辽阳市的灯塔市（王家镇、五星镇）、辽阳县（黄泥洼镇、柳壕镇、穆家镇、沙岭镇、唐马寨镇、小北河镇）。

水系名称 / 河长：太子河；以五级河流为主，河流总长度为 91.72km，其中五级河流长 91.68km，六级河流长 0.04km。

河段生境类型：非限制性中度蜿蜒干流。

生态功能：濒危物种生境保护功能。

服务功能：农业用水功能、工业用水功能、接触性休闲娱乐功能、非接触性休闲娱乐功能、地下水补给功能、航运功能。

社会经济压力（2010 年）：①土地利用。以耕地为主，占该区面积的 76.89%，居住用地占 10.85%，林地占 5.05%，河流占 4.09%，草地占 0.04%。②人口。区域总人口为 136 403 人，每平方千米约为 393 人。③ GDP。区域 GDP 为 701 887 万元，每平方千米 GDP 为 2020.81 万元。

现状如下。

1）物种。①鱼类：优势种有鲫、宽鳍鱲、鳘、兴凯鱊、彩鳑鲏、犬首鮈、棒花鮈、泥鳅、棒花鱼、沙塘鳢，敏感种有犬首鮈、沙塘鳢，敏感指示种有鸭绿江沙塘鳢；②大型底栖动物：优势种有 Tanypodiinae、寡毛纲、Chironominae、Ceratopogoniidae，敏感种有 *Stylurus* sp.、舌石蚕，伞护种有钩虾、朝大蚊、短脉纹石蛾、苏氏尾鳃蚓；③藻类：优势种有谷皮菱形藻、扁圆卵形藻、变异直链藻、淡绿舟形藻、淡绿舟形藻头端变型、二头舟形藻埃尔金变种、谷皮菱形藻、喙头舟形藻、急尖舟形藻模糊变种、尖针杆藻、近缘桥弯藻、两栖菱形藻、卵形双菱藻羽纹变种、梅尼小环藻、扭曲小环藻、偏肿桥弯藻、小胎座舟形藻喙头变种、小型异极藻近椭圆变种、盐生舟形藻、肘状针杆藻、肘状针杆藻尖喙变种缢缩变型，敏感种有广缘小环藻、扁圆卵形藻、变异直链藻、淡绿舟形藻、短小曲壳藻（*Achnanthes exigua*）、钝脆杆藻、多石舟形藻、二头舟形藻埃尔金变种、谷皮菱形藻、胡斯特桥弯藻、尖针杆藻、近缘桥弯藻、两栖菱形藻、卵形双菱藻羽纹变种、扭曲小环藻、偏肿桥弯藻、普通等片藻线形变种、适意舟形藻、弯曲菱形藻平片变种、小胎座舟形藻喙头变种、小型异极藻近椭圆变种、一种冠盘藻、肘状针杆藻。

2）群落。①鱼类：调查样点 6 个，物种数为 3 ～ 6 种（Ⅳ～Ⅴ级），香农 – 维纳多样性指数为 0.83 ～ 1.37（Ⅲ～Ⅳ级），鱼类生物完整性指数为 13.18 ～ 37.24（Ⅴ～Ⅵ级）；②大型底栖动物：调查样点 6 个，物种数为 3 ～ 7 种（Ⅴ～Ⅵ级），EPT 物种数为 0 ～ 2（Ⅳ～Ⅴ级），香农 – 维纳多样性指数为 0.06 ～ 1.15（Ⅵ级），底栖动物完整性指数（B-IBI）为 0.84 ～ 2.04（Ⅴ～Ⅵ级），BMWP 指数为 3 ～ 19（Ⅵ级），BI 为 5.96 ～ 7.99（Ⅲ～Ⅵ级）；③藻类：调查样点 6 个，物种数为 4 ～ 16 种（Ⅳ～Ⅴ级），香农 – 维纳多样性指数为 2 ～ 2.96（Ⅲ～Ⅴ级），

A-IBI 为 0 ～ 6.70（Ⅲ～Ⅴ级），IBD 为 7.8 ～ 10.7（Ⅳ～Ⅴ级），BP 为 0.19 ～ 0.79（Ⅱ～Ⅴ级），敏感种分类单元数为 4 ～ 5，可运动硅藻百分比为 36% ～ 66%，具柄硅藻百分比为 0 ～ 4%。

3）水化学特征。TP 为 0.12 ～ 0.51mg/L，COD 为 5.10 ～ 7.80mg/L。

4）河流健康指数。根据基本水质、营养盐、藻类、底栖动物、鱼类综合评价，河流健康等级为极差～差（综合评分为 0.01 ～ 0.32）。

保护目标如下。

1）物种。①鱼类：潜在种有刀鲚、乌鳢；②大型底栖动物：预测种有背角无齿蚌、圆顶珠蚌、中华绒螯蟹。

2）群落。①鱼类：总物种数Ⅳ级（5 ～ 7 种），香农－维纳多样性指数Ⅲ级（1.18 ～ 1.61），鱼类生物完整性指数Ⅳ级（38.80 ～ 50.27）；②大型底栖动物：物种丰富度Ⅳ级（9 ～ 13 种），EPT 物种数Ⅳ级（2 ～ 3），香农－维纳多样性指数Ⅳ级（1.66 ～ 1.98），底栖动物完整性指数（B-IBI）Ⅳ级（2.46 ～ 3.16），BMWP 指数Ⅳ级（34 ～ 37），BI 为Ⅳ级（6.56 ～ 7.08）；③藻类：总物种数Ⅲ级（19 ～ 26 种），香农－维纳多样性指数Ⅲ级（2.83 ～ 3.62），A-IBI 为Ⅳ级（8.13 ～ 10.84），IBD 为Ⅳ级（9.14 ～ 12.75），BP 为Ⅲ级（0.46 ～ 0.62）。

5.2.111 海城市海城河水资源供给功能区（Ⅲ-04-07-01）

面积：109.93km^2。

行政区：①鞍山市海城市（东四镇、感王镇、牛庄镇、王石镇、望台镇、中小镇）；②营口市大石桥市（旗口镇）。

水系名称 / 河长：海城河；以三级河流为主，河流总长度为 28.40km，其中一级河流长 11.93km，三级河流长 16.47km。

河段生境类型：非限制性中度蜿蜒支流。

生态功能：鱼类洄游通道功能。

服务功能：农业用水功能、接触性休闲娱乐功能。

社会经济压力（2010 年）：①土地利用。以耕地为主，占该区面积的 56.78%，居住用地占 40.28%，河流占 0.85%，林地占 0.31%。②人口。区域总人口为 100 472 人，每平方千米约为 914 人。③ GDP。区域 GDP 为 450 558 万元，每平方千米 GDP 为 4098.59 万元。

现状如下。

1）物种。①大型底栖动物：优势种有寡毛纲、水跳虫、Culicidae；②藻类：优势种有梅尼小环藻、沃切里脆杆藻、变异直链藻、橄榄绿色异极藻、草鞋形波缘藻、细端菱形藻、扁圆卵形藻、扁圆卵形藻线形变种、淡绿舟形藻、粗条菱形藻、相对舟形藻、中型脆杆藻、钝脆杆藻、隐形舟形藻，敏感种有梅尼小环藻、沃切里脆杆藻、变异直链藻、橄榄绿色异极藻、草鞋形波缘藻、近缘桥弯藻、窄舟形藻、小型异极藻、扁圆卵形藻、淡绿舟形藻、钝脆杆藻、钝脆杆藻中狭变种、短小舟形藻、胡斯特桥弯藻、相对舟形藻。

2）群落。①大型底栖动物：调查样点 2 个，物种数分别为 2 种、3 种（Ⅵ级），EPT 物种数分别为 0（Ⅴ级），香农 – 维纳多样性指数分别为 0.25、1.25（Ⅵ级），底栖动物完整性指数（B-IBI）分别为 1.37、2.31（Ⅴ、Ⅵ级），BMWP 指数为 1（Ⅵ级），BI 分别为 8.33、9.92（Ⅵ级）；②藻类：调查样点 3 个，物种数为 7 ～ 17 种（Ⅳ～Ⅴ级），香农 – 维纳多样性指数为 1.92 ～ 2.65（Ⅳ～Ⅴ级），A-IBI 为 1.60 ～ 4.91（Ⅳ～Ⅴ级），IBD 为 1.0 ～ 7.9（Ⅴ～Ⅵ级），BP 为 0.20 ～ 0.68（Ⅱ～Ⅴ级），敏感种分类单元数均为 5，可运动硅藻百分比为 5% ～ 84%，具柄硅藻百分比为 1% ～ 4%。

3）水化学特征。TP 为 0.07 ～ 0.40mg/L，COD 为 0 ～ 35.05mg/L。

4）河流健康指数。根据基本水质、营养盐、藻类、底栖动物、鱼类综合评价，河流健康等级为极差～差（综合评分为 0.07 ～ 0.26）。

保护目标如下。

1）物种。大型底栖动物：预测种有背角无齿蚌。

2）群落。①大型底栖动物：物种丰富度Ⅲ级（13 ～ 18 种），EPT 物种数Ⅲ级（3 ～ 6），香农 – 维纳多样性指数Ⅲ级（1.98 ～ 2.31），底栖动物完整性指数（B-IBI）Ⅲ级（3.16 ～ 3.85），BMWP 指数Ⅲ级（37 ～ 48），BI 为Ⅲ级（5.70 ～ 6.56）；②藻类：总物种数Ⅲ级（19 ～ 26 种），香农 – 维纳多样性指数Ⅲ级（2.83 ～ 3.62），A-IBI 为Ⅲ级（5.42 ～ 8.12），IBD 为Ⅴ级（5.52 ～ 9.13），BP 为Ⅱ级（0.63 ～ 0.79）。

5.2.112　海城市海城河景观娱乐功能区（Ⅲ-04-07-02）

面积：57.37km^2。

行政区：鞍山市海城市（八里镇、东四镇、毛祁镇、王石镇、中小镇）。

水系名称 / 河长：海城河；只有三级河流，河流总长度为 19.21km。

河段生境类型：非限制性低度蜿蜒支流。

生态功能：鱼类洄游通道功能、优良生境保护功能。

服务功能：饮用水功能、农业用水功能、接触性休闲娱乐功能。

社会经济压力（2010 年）：①土地利用。以居住用地为主，占该区面积的 60.37%，耕地占 31.40%，河流占 5.80%，林地占 0.29%。②人口。区域总人口为 157 558 人，每平方千米约为 2746 人。③ GDP。区域 GDP 为 418 802 万元，每平方千米 GDP 为 7300.01 万元。

现状如下。

1）物种。①鱼类：有鲫、宽鳍鱲、兴凯鱊、大鳍鱊；②大型底栖动物：优势种有 Chironominae、寡毛纲、Orthocladinae、赤豆螺、短脉纹石蛾、铜锈环棱螺、*Syncaris* sp.，敏感种有 *Laccophilus* sp.，伞护种有椭圆萝卜螺、短脉纹石蛾、苏氏尾鳃蚓、石蛭；③藻类：优势种有偏肿桥弯藻、普通菱形藻、变异直链藻、渐狭布纹藻、双菱藻、肘状针杆藻匙形变种、扭曲小环藻、颗粒直链藻、具球异极藻、普通等片藻，敏感种有钝脆杆藻、肿大桥弯藻、胡斯特桥弯藻、缢缩异极藻头端变种（*Gomphonema constrictum* var. *capitata*）、小型异极藻、尖针杆藻、肘状针杆藻、环状扇形藻、变绿脆杆藻、箱形桥弯藻。

2）群落。①鱼类：调查样点 1 个，物种数为 4 种（Ⅴ级），香农－维纳多样性指数为 1.15（Ⅳ级），鱼类生物完整性指数为 41.69（Ⅳ级）；②大型底栖动物：调查样点 3 个，物种数为 13 ～ 14 种（Ⅲ级），EPT 物种数为 1 ～ 3 种（Ⅲ～Ⅴ级），香农－维纳多样性指数为 2.06 ～ 3.11（Ⅰ～Ⅲ级），底栖动物完整性指数（B-IBI）为 3.51 ～ 4.44（Ⅱ～Ⅲ级），BMWP 指数为 29 ～ 44（Ⅲ～Ⅴ级），BI 为 5.67 ～ 7.27（Ⅱ～Ⅵ级）；③藻类：调查样点 4 个，物种数为 3 ～ 13 种(Ⅳ～Ⅴ级)，香农－维纳多样性指数为 1.58 ～ 3.20(Ⅲ～Ⅴ级)，A-IBI 为 5.51 ～ 7.69（Ⅲ～Ⅳ级），IBD 为 8.6 ～ 13.8（Ⅲ～Ⅴ级），BP 为 0.33 ～ 0.70（Ⅱ～Ⅳ级），敏感种分类单元数为 0 ～ 5，可运动硅藻百分比为 20% ～ 73%，具柄硅藻百分比为 0 ～ 2%。

3）水化学特征。TP 为 0.03 ～ 0.11mg/L，COD 为 0 ～ 4.90mg/L。

4）河流健康指数。根据基本水质、营养盐、藻类、底栖动物、鱼类综合评价，河流健康等级为极差～差（综合评分为 0.06 ～ 0.29）。

保护目标如下。

1）物种。①鱼类：潜在种有刀鲚；②大型底栖动物：预测种有背角无齿蚌、中华绒螯蟹。

2）群落。①鱼类：总物种数Ⅳ级（5 ～ 7 种），香农－维纳多样性指数Ⅲ级（1.18 ～ 1.61），鱼类生物完整性指数Ⅲ级（50.27 ～ 61.75）；②大型底栖动物：物种丰富度Ⅳ级（9 ～ 13 种），EPT 物种数Ⅳ级（2 ～ 3），香农－维纳多样性指数Ⅳ级（1.66 ～ 1.98），底栖动物完整性指数（B-IBI）Ⅳ级（2.46 ～ 3.16），BMWP 指数Ⅳ级（34 ～ 37），BI 为Ⅳ级（6.56 ～ 7.08）；③藻类：总物种数Ⅲ级（19 ～ 26 种），香农－维纳多样性指数Ⅲ级（2.83 ～ 3.62），A-IBI 为Ⅱ级（8.13 ～ 10.84），IBD 为Ⅲ级（12.76 ～ 16.37），BP 为Ⅱ级（0.63 ～ 0.79）。

5.2.113　海城市海城河饮用水功能区（Ⅲ-04-07-03）

面积：175.80km^2。

行政区：鞍山市海城市（八里镇、岔沟镇、马风镇、牌楼镇、王石镇、析木镇、英落镇）。

水系名称 / 河长：海城河；以一级河流为主，河流总长度为 34.37km，其中一级河流长 20.98km，三级河流长 13.39km。

河段生境类型：非限制性中度蜿蜒支流。

服务功能：饮用水功能、农业用水功能、接触性休闲娱乐功能、地下水补给功能。

社会经济压力（2010 年）：①土地利用。以耕地和林地为主，分别占该区面积的 40.56% 和 35.69%，居住用地占 10.36%，河流占 1.23%，草地占 0.15%。②人口。区域总人口为 40 375 人，每平方千米约为 230 人。③ GDP。区域 GDP 为 450 423 万元，每平方千米 GDP 为 2562.13 万元。

现状如下。

1）物种。①大型底栖动物：Chironominae、寡毛纲、Orthocladinae、短脉纹石蛾、铜锈环棱螺、赤豆螺、*Syncaris* sp.，伞护种有短脉纹石蛾、*Hydropsyche nevae*、红锯形蜉、椭圆萝卜螺、苏氏尾鳃蚓、朝大蚊、石蛭；②藻类：优势种有普通菱形藻、肘状针杆藻匙形变种、胡斯特桥弯藻、具球异极藻、喙头舟形藻、普通等片藻线形变种、普通等片藻、钝脆杆藻、微绿舟形藻、*Surirella* sp.、霍克曲壳藻、扁圆卵形藻、橄榄绿色异极藻、极细微曲壳藻（*Achnanthes minutissima*）、橄榄绿色异极藻石灰质变种，敏感种有橄榄绿色异极藻、弯月形舟形藻、偏肿桥弯藻、胡斯特桥弯藻、箱形桥弯藻、钝脆杆藻、普通菱形藻、淡黄异极藻、橄榄绿色异极藻石灰质变种、极细微曲壳藻、霍克曲壳藻、扁圆卵形藻。

2）群落。①大型底栖动物：调查样点 3 个，物种数为 15 ～ 20 种（Ⅱ～Ⅲ级），EPT 物种数为 3 ～ 8 种（Ⅱ～Ⅲ级），香农 - 维纳多样性指数为 1.74 ～ 2.23（Ⅲ～Ⅳ级），底栖动物完整性指数（B-IBI）为 3.04 ～ 3.98（Ⅱ～Ⅳ级），BMWP 指数为 39 ～ 54（Ⅱ～Ⅲ级），BI 为 6.17 ～ 6.81（Ⅲ～Ⅳ级）；②藻类：调查样点 3 个，物种数为 3 ～ 20 种（Ⅲ～Ⅴ级），香农 - 维纳多样性指数为 1.50 ～ 2.85（Ⅲ～Ⅴ级），A-IBI 为 5.70 ～ 7.85（Ⅲ级），IBD 为 8.8 ～ 14.2（Ⅱ～Ⅲ级），BP 为 0.50 ～ 0.73（Ⅳ～Ⅵ级），敏感种分类单元数为 5，可运动硅藻百分比为 2% ～ 50%，具柄硅藻百分比为 0 ～ 18%。

3）水化学特征。TP 为 0.01 ～ 0.02mg/L，COD 为 0mg/L。

4）河流健康指数。根据基本水质、营养盐、藻类、底栖动物综合评价，河流健康等级为差～一般（综合评分为 0.32 ～ 0.42）。

保护目标如下。

1）物种。大型底栖动物：预测种有背角无齿蚌、中华绒螯蟹。

2）群落。①大型底栖动物：物种丰富度Ⅱ级（18 ～ 22 种），EPT 物种数Ⅱ级（6 ～ 15），香农 - 维纳多样性指数Ⅱ级（2.31 ～ 2.63），底栖动物完整性指数（B-IBI）Ⅱ级（3.85 ～ 4.54），BMWP 指数Ⅱ级（48 ～ 74），BI 为Ⅱ级（4.51 ～ 5.70）；②藻类：总物种数Ⅲ级（19 ～ 26

种），香农－维纳多样性指数Ⅲ级（2.83～3.62），A-IBI 为Ⅱ级（8.13～10.84），IBD 为Ⅲ级（12.76～16.37），BP 为Ⅰ级（≥0.80）。

5.2.114 北宁市西沙河水资源供给功能区（Ⅲ-05-01-01）

面积：2060.22km^2。

行政区：①锦州市的北镇市（鲍家乡、常兴店镇、大市镇、大屯乡、富屯乡、沟帮子镇、广宁乡、窟窿台镇、廖屯镇、闾阳镇、罗罗堡镇、青堆子满族镇、汪家坟乡、吴家乡）、凌海市（安屯乡、白台子乡、东花乡、三台子镇、石山镇、谢屯乡、右卫满族镇）；②盘锦市的盘山县（石新镇、甜水乡、羊圈子镇）、兴隆台区（渤海乡、东郭镇）。

水系名称 / 河长：西沙河；以一级河流为主，河流总长度为 237.17km，其中一级河流长 206.08km，二级河流长 31.09km。

河段生境类型：非限制性低度蜿蜒支流。

生态功能：濒危物种生境保护功能、鱼类洄游通道功能。

服务功能：农业用水功能、非接触性休闲娱乐功能、泥沙输送功能、水质净化功能。

社会经济压力（2010 年）：①土地利用。以耕地为主，占该区面积的 60.87%，林地占 12.22%，居住用地占 9.38%，草地占 0.90%，河流占 0.48%。②人口。区域总人口为 581 130 人，每平方千米约为 282 人。③ GDP。区域 GDP 为 1 313 470 万元，每平方千米 GDP 为 637.54 万元。

现状如下。

1）物种。①鱼类：优势种有鲫、马口鱼、棒花鱼、北方须鳅、波氏吻鰕虎鱼；②大型底栖动物：优势种有 *Hydropsyche kozhantschikovi*、热水四节蜉、摇蚊、直突摇蚊、长跗摇蚊、钩虾，敏感种有缅春蜓，伞护种有钩虾、石蛭；③藻类：优势种有小型异极藻、小片菱形藻很小变种、扁圆卵形藻、膨大桥弯藻、淡绿舟形藻，敏感种有窄异极藻、橄榄绿色异极藻、膨大桥弯藻、箱形桥弯藻、线形菱形藻。

2）群落。①鱼类：调查样点 1 个，物种数为 8 种（Ⅲ级），香农－维纳多样性指数为 1.79（Ⅱ级），鱼类生物完整性指数为 50.02（Ⅳ级）；②大型底栖动物：调查样点 1 个，物种数为 18 种（Ⅱ级），EPT 物种数为 5 种（Ⅲ级），香农－维纳多样性指数为 2.88（Ⅰ级），底栖动物完整性指数（B-IBI）为 4.72（Ⅰ级），BMWP 指数为 72（Ⅱ级），BI 为 6.13（Ⅲ级）；③藻类：调查样点 1 个，物种数为 14 种（Ⅳ级），香农－维纳多样性指数为 2.19（Ⅳ级），A-IBI 为 7.80（Ⅲ级），IBD 为 1.0（Ⅵ级），BP 为 0.22（Ⅴ级），敏感种分类单元数为 5，可运动硅藻百分比为 70%，具柄硅藻百分比为 9%。

3）水化学特征。DO 为 9.32mg/L，NH_3-N 为 0.04mg/L，TP 为 0.13mg/L，COD 为 4.38mg/L。

4）河流健康指数。根据基本水质、营养盐、藻类、底栖动物、鱼类综合评价，河流健康等级为一般（综合评分为 0.51）。

保护目标如下。

1）物种。①鱼类：潜在种有刀鲚、鳗鲡；②大型底栖动物：预测种有钩虾、中华绒螯蟹。

2）群落。①鱼类：总物种数Ⅱ级（11 ～ 13 种），香农－维纳多样性指数Ⅰ级（≥ 2.05），鱼类生物完整性指数Ⅲ级（50.27 ～ 61.75）；②大型底栖动物：物种丰富度Ⅲ级（13 ～ 18 种），EPT 物种数Ⅲ级（3 ～ 6），香农－维纳多样性指数Ⅲ级（1.98 ～ 2.31），底栖动物完整性指数（B-IBI）Ⅲ级（3.16 ～ 3.85），BMWP 指数Ⅲ级（37 ～ 48），BI 为Ⅲ级（5.70 ～ 6.56）；③藻类：总物种数Ⅲ级（19 ～ 26 种），香农－维纳多样性指数Ⅲ级（2.83 ～ 3.62），A-IBI 为Ⅱ级（8.13 ～ 10.84），IBD 为Ⅴ级（5.52 ～ 9.13），BP 为Ⅳ级（0.29 ～ 0.45）。

5.2.115　盘山县西沙河鱼类三场一通道功能区（Ⅲ-05-01-02）

面积：310.66km^2。

行政区：①锦州市北镇市（大屯乡、高山子镇、窟窿台镇、青堆子满族镇、吴家乡）。②盘锦市的盘山县（胡家镇、石新镇、甜水乡、羊圈子镇）、兴隆台区（渤海乡、东郭镇）。

水系名称 / 河长：西沙河；以二级河流为主，河流总长度为 95.54km，其中一级河流长 38.51km，二级河流长 50.78km，三级河流长 6.25km。

河段生境类型：非限制性中度蜿蜒支流、非限制性低度蜿蜒支流。

生态功能：鱼类洄游通道功能。

服务功能：饮用水功能、农业用水功能、接触性休闲娱乐功能、非接触性休闲娱乐功能、泥沙输送功能。

社会经济压力（2010 年）：①土地利用。以耕地为主，占该区面积的 58.60%，居住用地占 5.19%，林地占 3.06%，草地占 0.54%，河流占 0.47%。②人口。区域总人口为 58 833 人，每平方千米约为 189 人。③ GDP。区域 GDP 为 156 634 万元，每平方千米 GDP 为 504.20 万元。

现状如下。

1）物种。①鱼类：优势种有鲫、鳌、棒花鱼、细体鮈、麦穗鱼、彩鳑鲏，敏感种有彩鳑鲏、北方花鳅，经济物种有红鳍原鲌；②大型底栖动物：优势种有摇蚊、长跗摇蚊、划蝽，伞护种有短脉纹石蛾、钩虾；③藻类：优势种有线形菱形藻、小片菱形藻很小变种、尖针杆藻、变异直链藻、肘状针杆藻，敏感种有窄异极藻、线形菱形藻、小环藻、谷皮菱形藻、针形菱形藻。

2）群落。①鱼类：调查样点 1 个，物种数为 10 种（Ⅲ级），香农－维纳多样性指数为 0.89（Ⅳ级），鱼类生物完整性指数为 39.90（Ⅳ级）；②大型底栖动物：调查样点 1 个，物种数为 15 种（Ⅲ级），EPT 物种数为 2 种（Ⅳ级），香农－维纳多样性指数为 1.75（Ⅳ级），底栖动物完整性指数（B-IBI）为 1.90（Ⅴ级），BMWP 指数为 56（Ⅱ级），BI 为 8.59（Ⅵ级）；③藻类：调查样点 1 个，物种数为 19 种（Ⅲ级），香农－维纳多样性指数为 4.01（Ⅱ级），A-IBI 为 7.23（Ⅲ级），IBD 为 10.8（Ⅳ级），BP 为 0.26（Ⅴ级），敏感种分类单元数为 5，可运动硅藻百分比为 34%，具柄硅藻百分比为 10%。

3）水化学特征。DO 为 9.64mg/L，NH_3-N 为 0.92mg/L，TP 为 0.19mg/L，COD 为 2.62mg/L。

4）河流健康指数。根据基本水质、营养盐、藻类、底栖动物、鱼类综合评价，河流健康等级为差（综合评分为 0.37）。

保护目标如下。

1）物种。①鱼类：潜在种有刀鲚、鳗鲡；②大型底栖动物：预测种有钩虾、中华绒螯蟹。

2）群落。①鱼类：总物种数Ⅱ级（11～13 种），香农－维纳多样性指数Ⅲ级（1.18～1.61），鱼类生物完整性指数Ⅲ级（50.27～61.75）；②大型底栖动物：物种丰富度Ⅳ级（9～13 种），EPT 物种数Ⅳ级（2～3），香农－维纳多样性指数Ⅳ级（1.66～1.98），底栖动物完整性指数（B-IBI）Ⅳ级（2.46～3.16），BMWP 指数Ⅳ级（34～37），BI 为Ⅳ级（6.56～7.08）；③藻类：总物种数Ⅱ级（27～33 种），香农－维纳多样性指数Ⅰ级（≥ 4.44），A-IBI 为Ⅱ级（8.13～10.84），IBD 为Ⅲ级（12.76～16.37），BP 为Ⅳ级（0.29～0.45）。

5.2.116 盘山县饶阳河鱼类三场一通道功能区（Ⅲ-05-01-03）

面积：250.52km^2。

行政区：①锦州市北镇市（吴家乡）；②盘锦市的大洼县（新兴镇）、盘山县（大荒乡、高升镇、胡家镇、太平镇、羊圈子镇）、兴隆台区（渤海乡、东郭镇）。

水系名称 / 河长：饶阳河；以四级河流为主，河流总长度为 80.44km，其中一级河流长 23.63km，四级河流长 56.81km。

河段生境类型：非限制性中度蜿蜒干流、非限制性高度蜿蜒支流。

生态功能：濒危物种生境保护功能、鱼类洄游通道功能。

服务功能：农业用水功能、接触性休闲娱乐功能、非接触性休闲娱乐功能、泥沙输送功能。

社会经济压力（2010 年）：①土地利用。以耕地为主，占该区面积的 55.27%，林地几乎没有，草地占 2.06%，河流占 2.04%，居住用地占 9.78%。②人口。区域总人口为 40 866 人，每平方千米约为 163 人。③ GDP。区域 GDP 为 389 069 万元，每平方千米 GDP 为 1553.05 万元。

现状如下。

1）物种。①鱼类：优势种有鲫、鳘、波氏吻鰕虎鱼、鲮、斑鰶，经济物种有红鳍原鲌；

②大型底栖动物：优势种有钩虾，伞护种有钩虾；③藻类：优势种有放射舟形藻、小环藻、肘状针杆藻、膨大桥弯藻、双菱藻，敏感种有膨大桥弯藻、小环藻、谷皮菱形藻、放射舟形藻、针形菱形藻。

2）群落。①鱼类：调查样点 1 个，物种数为 8 种（Ⅲ级），香农－维纳多样性指数为 1.34（Ⅲ级），鱼类生物完整性指数为 50.22（Ⅳ级）；②大型底栖动物：调查样点 1 个，物种数为 1 种（Ⅵ级），EPT 物种数为 0（Ⅴ级），香农－维纳多样性指数为 0（Ⅵ级），底栖动物完整性指数（B-IBI）为 0.05（Ⅵ级），BMWP 指数为 6（Ⅵ级），BI 为 7.40（Ⅵ级）；③藻类：调查样点 1 个，物种数为 13 种（Ⅳ级），香农－维纳多样性指数为 2.69（Ⅳ级），A-IBI 为 6.77（Ⅲ级），IBD 为 9.2（Ⅳ级），BP 为 0.27（Ⅴ级），敏感种分类单元数为 5，可运动硅藻百分比为 33%，具柄硅藻百分比为 3%。

3）水化学特征。DO 为 8.13mg/L，NH_3-N 为 0.05mg/L，TP 为 0.21mg/L，COD 为 3.83mg/L。

4）河流健康指数。根据基本水质、营养盐、藻类、底栖动物、鱼类综合评价，河流健康等级为差（综合评分为 0.29）。

保护目标如下。

1）物种。①鱼类：潜在种有刀鲚、鳗鲡；②大型底栖动物：预测种有钩虾、中华绒螯蟹。

2）群落。①鱼类：总物种数Ⅱ级（11～13 种），香农－维纳多样性指数Ⅱ级（1.61～2.05），鱼类生物完整性指数Ⅲ级（50.27～61.75）；②大型底栖动物：物种丰富度Ⅴ级（5～9 种），EPT 物种数Ⅴ级（＜2），香农－维纳多样性指数Ⅴ级（1.34～1.66），底栖动物完整性指数（B-IBI）Ⅴ级（1.77～2.46），BMWP 指数Ⅴ级（27～34），BI 为Ⅴ级（7.08～7.26）；③藻类：总物种数Ⅲ级（19～26 种），香农－维纳多样性指数Ⅲ级（2.83～3.62），A-IBI 为Ⅱ级（8.13～10.84），IBD 为Ⅲ级（12.76～16.37），BP 为Ⅳ级（0.29～0.45）。

5.2.117　盘锦市双台子河鱼类三场一通道功能区（Ⅲ-05-02-01）

面积：872.03km^2。

行政区：盘锦市的大洼县（清水镇、唐家乡、田家镇、王家乡、新立镇、新兴镇、赵圈河乡）、盘山县（坝墙子镇、陈家乡、大荒乡、高升镇、太平镇、吴家乡）、双台子区（胜利街道）、兴隆台区（渤海乡、东郭镇）。

水系名称 / 河长：双台子河；以一级河流为主，河流总长度为 150.76km，其中一级河流长 72.19km，二级河流长 17.73，四级河流长 0.03km，六级河流长 60.81km。

河段生境类型：非限制性高度蜿蜒干流、非限制性中度蜿蜒支流。

生态功能：濒危物种生境保护功能、鱼类产卵场－育幼场－索饵场功能、鱼类洄游通道功能、水生生物种质资源保护功能、自然保护功能。

服务功能：饮用水功能、农业用水功能、工业用水功能、接触性休闲娱乐功能、非接触性休闲娱乐功能、泥沙输送功能、航运功能。

社会经济压力（2010 年）：①土地利用。以耕地为主，占该区面积的 65.13%，居住用地占 20.90%，河流占 1.76%，草地占 0.2%。②人口。区域总人口为 795 527 人，每平方千米约为 912 人。③ GDP。区域 GDP 为 3 451 340 万元，每平方千米 GDP 为 3957.82 万元。

现状如下。

1）物种。①鱼类：优势种有鲫、鳌、兴凯鱊、高体鮈、彩鳑鲏、棒花鱼、泥鳅、波氏吻鰕虎鱼、鲤、红鳍原鲌、鲢、鲮，敏感种有彩鳑鲏；②大型底栖动物：优势种有摇蚊、钩虾，伞护种有钩虾；③藻类：优势种有小片菱形藻、颗粒直链藻、肘状针杆藻缢缩变种（*Synedra ulna* var. *contracta*）、隐头舟形藻、小型异极藻、谷皮菱形藻、窄异极藻、瞳孔舟形藻、线形菱形藻、系带舟形藻、长菱板藻，敏感种有小型异极藻、肘状针杆藻、小片菱形藻、偏肿桥弯藻、隐头舟形藻、谷皮菱形藻、窄异极藻、瞳孔舟形藻、线形菱形藻、系带舟形藻、长菱板藻。

2）群落。①鱼类：调查样点 3 个，物种数为 6 ～ 7 种（Ⅳ级），香农 – 维纳多样性指数为 0.84 ～ 1.31（Ⅲ～Ⅳ级），鱼类生物完整性指数为 23.01 ～ 32.49（Ⅴ～Ⅵ级）；②大型底栖动物：调查样点 1 个，物种数为 2 种（Ⅵ级），EPT 物种数为 0（Ⅴ级），香农 – 维纳多样性指数为 0.41（Ⅵ级），底栖动物完整性指数（B-IBI）为 0.20（Ⅵ级），BMWP 指数为 8（Ⅵ级），BI 为 7.54（Ⅵ级）；③藻类：调查样点 3 个，物种数为 3 ～ 8 种（Ⅴ级），香农 – 维纳多样性指数为 0.95 ～ 2.64（Ⅳ～Ⅴ级），A-IBI 为 2.98 ～ 9.22（Ⅱ～Ⅳ级），IBD 为 5.0 ～ 15.8（Ⅲ～Ⅵ级），BP 为 0.36 ～ 0.76（Ⅱ～Ⅳ级），敏感种分类单元数为 3 ～ 5，可运动硅藻百分比为 46% ～ 96%，具柄硅藻百分比为 4% ～ 14%。

3）水化学特征。DO 为 6.86 ～ 7.49mg/L，NH_3-N 为 0.02 ～ 0.03mg/L，TP 为 0.12 ～ 1.56mg/L，COD 为 6.48 ～ 8.52mg/L。

4）生境。双台河口丹顶鹤、黑嘴鸥珍稀水禽及沿海湿地生态系统国家级保护区。

5）河流健康指数。根据基本水质、营养盐、藻类、底栖动物、鱼类综合评价，河流健康等级为极差～差（综合评分为 0.12 ～ 0.33）。

保护目标如下。

1）物种。①鱼类：潜在种有刀鲚、怀头鲇、鳗鲡、翘嘴红鲌、乌鳢；②大型底栖动物：预测种有钩虾、中华绒螯蟹。

2）群落。①鱼类：总物种数Ⅲ级（8 ～ 10 种），香农 – 维纳多样性指数Ⅲ级（1.18 ～ 1.61），鱼类生物完整性指数Ⅴ级（27.32 ～ 38.80）；②大型底栖动物：物种丰富度Ⅳ级（9 ～ 13 种），EPT 物种数Ⅳ级（2 ～ 3），香农 – 维纳多样性指数Ⅳ级（1.66 ～ 1.98），底栖动物完整性指数（B-IBI）Ⅳ级（2.46 ～ 3.16），BMWP 指数Ⅳ级（34 ～ 37），BI 为Ⅳ级（6.56 ～ 7.08）；③藻类：总物种数Ⅴ级（3 ～ 10 种），香农 – 维纳多样性指数Ⅳ级（2.03 ～ 2.82），A-IBI 为Ⅱ级（8.13 ～ 10.84），IBD 为Ⅲ级（12.76 ～ 16.37），BP 为Ⅱ级（0.63 ～ 0.79）。

5.2.118　盘山县大辽河鱼类三场一通道功能区（Ⅲ-05-03-01）

面积：610.24km^2。

行政区：①鞍山市海城市（牛庄镇、西四镇、中小镇）；②盘锦市的大洼县（东风镇、平安乡、唐家乡、西安镇、新开镇、新立镇）、盘山县（坝墙子镇、古城子镇、沙岭镇）；③营口市大石桥市（沟沿镇、旗口镇）。

水系名称 / 河长：大辽河；以一级河流为主，河流总长度为 123.37km，其中一级河流长 62.76km，二级河流长 23.92km，六级河流长 36.69km。

河段生境类型：非限制性低度蜿蜒支流、非限制性中度蜿蜒支流。

生态功能：濒危物种生境保护功能、鱼类洄游通道功能。

服务功能：农业用水功能、工业用水功能、接触性休闲娱乐功能、非接触性休闲娱乐功能、航运功能。

社会经济压力（2010 年）：①土地利用。以耕地为主，占该区面积的 84.67%，居住用地占 12.11%，河流占 1.18%，林地占 0.40%。②人口。区域总人口为 268 214 人，每平方千米约为 440 人。③ GDP。区域 GDP 为 1 156 500 万元，每平方千米 GDP 为 1895.16 万元。

现状如下。

1）物种。①鱼类：有鲫、鳘；②大型底栖动物：优势种有霍甫水丝蚓、寡毛纲、湖沼管水蚓、苏氏尾鳃蚓、软铗小摇蚊、扁股异腹腮摇蚊，伞护种有钩虾、苏氏尾鳃蚓；③藻类：优势种有颗粒直链藻最窄变种、扭曲小环藻、尖针杆藻、小头舟形藻、卵形藻型舟形藻，敏感种有弯菱形藻、卵形藻型舟形藻、尖针杆藻、扭曲小环藻、小头舟形藻。

2）群落。①鱼类：调查样点 1 个，物种数为 2 种（Ⅴ级），香农 – 维纳多样性指数为 0.53（Ⅴ级），鱼类生物完整性指数为 24.25（Ⅵ级）；②大型底栖动物：调查样点 5 个，物种数为 2 ～ 10 种（Ⅳ～Ⅵ级），EPT 物种数为 0（Ⅴ级），香农 – 维纳多样性指数为 0.15 ～ 1.38（Ⅴ～Ⅵ级），底栖动物完整性指数（B-IBI）为 1.22（Ⅵ级），BMWP 指数为 3（Ⅵ级），BI 为 2.00 ～ 7.98（Ⅰ～Ⅵ级）；③藻类：调查样点 1 个，物种数为 7 种（Ⅴ级），香农 – 维纳多样性指数为 2.72（Ⅳ级），A-IBI 为 8.11（Ⅲ级），IBD 为 13.5（Ⅲ级），敏感种分类单元数为 5，可运动硅藻百分比为 40%，具柄硅藻百分比为 0。

3）水化学特征。TP 为 0.07 ～ 0.31mg/L，COD 为 0 ～ 7.00mg/L。

4）河流健康指数。根据基本水质、营养盐、藻类、底栖动物、鱼类综合评价，河流健康等级为极差～差（综合评分为 0.01 ～ 0.22）。

保护目标如下。

1）物种。①鱼类：潜在种有刀鲚、鳗鲡；②大型底栖动物：预测种有中华绒螯蟹。

2）群落。①鱼类：总物种数Ⅳ级（5 ～ 7 种），香农－维纳多样性指数Ⅳ级（0.75 ～ 1.18），鱼类生物完整性指数Ⅴ级（27.32 ～ 38.80）；②大型底栖动物：物种丰富度Ⅳ级（9 ～ 13 种），EPT 物种数Ⅳ级（2 ～ 3），香农－维纳多样性指数Ⅴ级（1.34 ～ 1.66），底栖动物完整性指数（B-IBI）Ⅴ级（1.77 ～ 2.46），BMWP 指数Ⅵ级（<27），BI 为Ⅱ级（4.51 ～ 5.70）；③藻类：总物种数Ⅲ级（19 ～ 26 种），香农－维纳多样性指数Ⅲ级（2.83 ～ 3.62），A-IBI 为Ⅱ级（8.13 ～ 10.84），IBD 为Ⅱ级（16.38 ～ 19.99）。

5.2.119 大石桥市虎庄河水资源供给功能区（Ⅲ-05-03-02）

面积：843.98km^2。

行政区：①鞍山市海城市（八里镇、东四镇、感王镇、毛祁镇、牌楼镇、西四镇、英落镇、中小镇）；②盘锦市大洼县（荣兴朝鲜族乡）。③营口市的大石桥市（高坎镇、沟沿镇、虎庄镇、旗口镇、水源镇）、老边区（二道镇）、站前区。

水系名称 / 河长：新解放河、六股道河、虎庄河、老边河、路南河、营柳运河；以一级河流为主，河流总长度为 207.42km，其中一级河流长 129.83km，二级河流长 63.81km，三级河流长 13.21km，六级河流长 0.57km。

河段生境类型：非限制性低度蜿蜒支流。

生态功能：濒危物种生境保护功能、鱼类洄游通道功能。

服务功能：农业用水功能、接触性休闲娱乐功能、水质净化功能。

社会经济压力（2010 年）：①土地利用。以耕地为主，占该区面积的 64.70%，居住用地占 21.96%，林地占 6.35%，河流占 0.40%。②人口。区域总人口为 518 146 人，每平方千米约为 614 人。③ GDP。区域 GDP 为 3 153 350 万元，每平方千米 GDP 为 3736.29 万元。

现状：水化学特征。TP 为 0.07 ～ 0.08mg/L，COD 为 0mg/L。

5.2.120 大洼县大辽河鱼类三场一通道功能区（Ⅲ-05-03-03）

面积：735.73km^2。

行政区：①盘锦市大洼县（东风镇、平安乡、清水镇、荣兴朝鲜族乡、唐家乡、田庄台镇、王家乡、西安镇、榆树乡、赵圈河乡）；②营口市的大石桥市（沟沿镇、旗口镇、水源镇）、西市区（西市区）、站前区。

水系名称/河长：大辽河、老虎头河、青天河；以一级河流和六级河流为主，河流总长度为 139.74km，其中一级河流长 64.14km，二级河流长 12.36km，六级河流长 63.24km。

河段生境类型：非限制性低度蜿蜒支流、非限制性中度蜿蜒干流、非限制性高度蜿蜒支流。

生态功能：濒危物种生境保护功能、鱼类洄游通道功能。

服务功能：农业用水功能、工业用水功能、接触性休闲娱乐功能、非接触性休闲娱乐功能、水质净化功能、水力发电功能、航运功能。

社会经济压力（2010 年）：①土地利用。以耕地为主，占该区面积的 64.13%，居住用地占 16.50%，河流占 3.47%，林地占 0.15%。②人口。区域总人口为 358 237 人，每平方千米约为 487 人。③ GDP。区域 GDP 为 1 889 300 万元，每平方千米 GDP 为 2567.93 万元。

现状如下。

1）物种。①大型底栖动物：优势种有霍甫水丝蚓、闪蚬、泥螺、正颤蚓、钩虾、三带环足摇蚊、湖沼管水蚓。

2）群落。①大型底栖动物：调查样点 7 个，物种数为 1 ～ 2 种（Ⅵ级），EPT 物种数为 0（Ⅴ级），香农 - 维纳多样性指数为 0.00 ～ 0.69（Ⅵ级），BI 指数为 1.00 ～ 2.00（Ⅰ级）。

3）水化学特征。TP 为 0.05 ～ 0.21mg/L，COD 为 0mg/L。

保护目标：物种。大型底栖动物：预测种有中华绒螯蟹。

5.2.121　伊通满族自治县东辽河水资源供给功能区（Ⅲ-06-01-01）

面积：1020.30km^2。

行政区：①辽源市东辽县（甲山乡、建安镇、金州乡、去顶镇、椅山乡、足民乡）；②四平市的公主岭市（二十家子满族镇）、铁东区（石岭镇）、伊通满族自治县（大孤山镇、黄岭子镇、靠山镇、三道乡、西苇镇、小孤山镇）。

水系名称/河长：东辽河源头河流；以一级河流为主，河流总长度为 293.25km，其中一级河流长 179.82km，二级河流长 82.49km，三级河流长 30.94km。

河段生境类型：部分限制性低度蜿蜒支流、非限制性中度蜿蜒支流、非限制性低度蜿蜒支流。

生态功能：自然保护功能。

服务功能：接触性休闲娱乐功能、水力发电功能。

社会经济压力（2010 年）：①土地利用。以耕地为主，占该区面积的 64.74%，林地占

22.65%，居住用地占 3.29%，河流占 0.22%。②人口。区域总人口为 118 267 人，每平方千米约为 116 人。③ GDP。区域 GDP 为 2 165 000 万元，每平方千米 GDP 为 2121.92 万元。

现状如下。

1）物种。①鱼类：优势种有鲫、北方须鳅、泥鳅、褐吻鰕虎鱼、波氏吻鰕虎鱼、䱗、棒花鱼、棒花鮈，经济物种有怀头鲇；②大型底栖动物：优势种有原二翅蜉、显春蜓、长泥甲、钩虾、摇蚊、长跗摇蚊、原蚋，敏感种有显春蜓，伞护种有短脉纹石蛾、钩虾；③藻类：优势种有淡绿舟形藻头端变型、瞳孔舟形藻、谷皮菱形藻、简单舟形藻、近缘桥弯藻，敏感种有近缘桥弯藻、梅尼小环藻、淡绿舟形藻头端变型、简单舟形藻、*Gomphonema* sp.。

2）群落。①鱼类：调查样点 2 个，物种数均为 7 种（Ⅳ级），香农－维纳多样性指数分别为 1.51、1.71（Ⅱ、Ⅲ级），鱼类生物完整性指数分别为 35.72、37.97（Ⅴ级）；②大型底栖动物：调查样点 2 个，物种数分别为 7 种、9 种（Ⅳ、Ⅴ级），EPT 物种数为 1 种、2 种（Ⅳ、Ⅴ级），香农－维纳多样性指数分别为 1.24、2.33（Ⅱ、Ⅵ级），底栖动物完整性指数（B-IBI）分别为 1.67、2.06（Ⅴ、Ⅵ级），BMWP 指数分别为 38、52（Ⅱ、Ⅲ级），BI 分别为 6.58、6.74（Ⅳ级）；③藻类：调查样点 1 个，物种数为 8 种（Ⅴ级），香农－维纳多样性指数为 2.59（Ⅳ级），A-IBI 为 5.20（Ⅳ级），IBD 为 7.8（Ⅴ级），BP 为 0.30（Ⅳ级），敏感种分类单元数为 5，可运动硅藻百分比为 93%，具柄硅藻百分比为 0。

3）水化学特征。DO 为 5.81 ～ 5.96mg/L，NH_3-N 为 0.23 ～ 0.33mg/L，TP 为 0.02 ～ 0.03mg/L，COD 为 0.85 ～ 23.43mg/L。

4）生境。伊通火山群基性玄武岩“侵出式”火山地质遗迹和火山景观国家级保护区。

5）河流健康指数。根据基本水质、营养盐、藻类、底栖动物、鱼类综合评价，河流健康等级为差～一般（综合评分为 0.35 ～ 0.46）。

保护目标：群落。①鱼类：总物种数Ⅲ级（8 ～ 10 种），香农－维纳多样性指数Ⅱ级（1.61 ～ 2.05），鱼类生物完整性指数Ⅳ级（38.80 ～ 50.27）；②大型底栖动物：物种丰富度Ⅳ级（9 ～ 13 种），EPT 物种数Ⅳ级（2 ～ 3），香农－维纳多样性指数Ⅳ级（1.66 ～ 1.98），底栖动物完整性指数（B-IBI）Ⅳ级（2.46 ～ 3.16），BMWP 指数Ⅳ级（34 ～ 37），BI 为Ⅳ级（6.56 ～ 7.08）；③藻类：总物种数Ⅲ级（19 ～ 26 种），香农－维纳多样性指数Ⅲ级（2.83～3.62），A-IBI 为Ⅲ级（5.42～8.12），IBD 为Ⅳ级（9.14～12.75），BP 为Ⅲ级（0.46～0.62）。

5.2.122　西丰县东辽河生物多样性维持功能区（Ⅲ-06-02-01）

面积：807.38km^2。

行政区：①辽源市的东辽县（安恕镇、甲山乡、金岗镇、平岗镇、去顶镇、泉太镇）、龙山区（工农乡）、西安区（富国街道）；②四平市的公主岭市（二十家子满族镇）、梨树县（孟家岭镇、十家堡镇）、铁东区（石岭镇、叶赫满族镇）、伊通满族自治县（小孤山镇）；③铁岭市西丰县（柏榆乡、德兴满族乡、乐善乡、平岗镇、陶然乡、天德镇）。

水系名称 / 河长：猪咀河、东辽河；以一级河流为主，河流总长度为 252.59km，其中一级河流长 162.58km，二级河流长 32.17km，四级河流长 57.84km。

河段生境类型：部分限制性低度蜿蜒支流、非限制性低度蜿蜒支流。

生态功能：生物多样性维持功能、优良生境保护功能。

服务功能：饮用水功能、农业用水功能、接触性休闲娱乐功能、非接触性休闲娱乐功能。

社会经济压力（2010 年）：①土地利用。以耕地和林地为主，分别占该区面积的 46.77% 和 42.63%，居住用地占 5.52%，草地占 0.44%，河流占 0.01%。②人口。区域总人口为 197 342 人，每平方千米约为 244 人。③ GDP。区域 GDP 为 800 813 万元，每平方千米 GDP 为 991.87 万元。

现状如下。

1）物种。①鱼类：主要物种有洛氏鱥、北方须鳅、子陵吻鰕虎、褐吻鰕虎鱼、波氏吻鰕虎鱼、马口鱼、泥鳅、大鳞副泥鳅、棒花鱼、麦穗鱼，敏感种有洛氏鱥、北方花鳅，经济物种有怀头鲇；②大型底栖动物：优势种有热水四节蜉、摇蚊、短脉纹石蛾、长跗摇蚊、苏氏尾鳃蚓、钩虾、霍甫水丝蚓、水丝蚓，敏感种有中华圆田螺、线虫，伞护种有宽叶高翔蜉、短脉纹石蛾、钩虾、苏氏尾鳃蚓、石蛭；③藻类：优势种有谷皮菱形藻、淡绿舟形藻头端变型、短线脆杆藻、窄异极藻、梅尼小环藻、普通菱形藻缩短变种，敏感种有短线脆杆藻、窄异极藻、纤细异极藻（原变种）、近缘桥弯藻、近缘曲壳藻、普通菱形藻缩短变种、谷皮菱形藻。

2）群落。①鱼类：调查样点 4 个，物种数为 8 ～ 14 种（Ⅰ～Ⅲ级），香农 - 维纳多样性指数为 1.08 ～ 1.88（Ⅱ～Ⅳ级），鱼类生物完整性指数为 49.63 ～ 65.93（Ⅱ～Ⅳ级）；②大型底栖动物：调查样点 4 个，物种数为 10 ～ 13 种（Ⅲ～Ⅳ级），EPT 物种数为 2 ～ 4 种（Ⅲ～Ⅳ级），香农 - 维纳多样性指数为 1.76 ～ 2.46（Ⅱ～Ⅳ级），底栖动物完整性指数（B-IBI）为 1.91 ～ 2.72（Ⅳ～Ⅴ级），BMWP 指数为 30 ～ 62（Ⅱ～Ⅴ级），BI 为 6.88 ～ 8.46（Ⅳ～Ⅵ级）；③藻类：调查样点 2 个，物种数分别为 3 种、15 种（Ⅳ、Ⅴ级），香农 - 维纳多样性指数分别为 1.53、3.64（Ⅱ、Ⅴ级），A-IBI 分别为 5.02、6.72（Ⅲ、Ⅳ级），IBD 分别为 8.5、9.8（Ⅳ、Ⅴ级），BP 分别为 0.32、0.46（Ⅲ、Ⅳ级），敏感种分类单元数分别为 3、5，可运动硅藻百分比分别为 47%、54%，具柄硅藻百分比分别为 0、12%。

3）水化学特征。DO 为 5.87 ～ 7.70mg/L，NH_3-N 为 0.25 ～ 1.74mg/L，TP 为 0.03 ～ 4.32mg/L，COD 为 2.68 ～ 63.84mg/L。

4）河流健康指数。根据基本水质、营养盐、藻类、底栖动物、鱼类综合评价，河流健康

第二部分 论述

等级为差～一般（综合评分为 0.34 ～ 0.58）。

保护目标：群落。①鱼类：总物种数Ⅰ级（≥14 种），香农－维纳多样性指数Ⅰ级（≥2.05），鱼类生物完整性指数Ⅱ级（61.75 ～ 73.23）；②大型底栖动物：物种丰富度Ⅲ级（13 ～ 18 种），EPT 物种数Ⅲ级（3 ～ 6），香农－维纳多样性指数Ⅲ级（1.98 ～ 2.31），底栖动物完整性指数（B-IBI）Ⅲ级（3.16 ～ 3.85），BMWP 指数Ⅲ级（37 ～ 48），BI 为Ⅲ级（5.70 ～ 6.56）；③藻类：总物种数Ⅲ级（19 ～ 26 种），香农－维纳多样性指数Ⅲ级（2.83 ～ 3.62），A-IBI 为Ⅱ级（8.13 ～ 10.84），IBD 为Ⅲ级（12.76 ～ 16.37），BP 为Ⅲ级（0.46 ～ 0.62）。

5.2.123 辽源市东辽河景观娱乐功能区（Ⅲ-06-02-02）

面积：127.91km^2。

行政区：辽源市的东辽县（金岗镇、凌云乡）、龙山区（工农乡、寿山镇）、西安区（富国街道）。

水系名称 / 河长：太平河、梨树河；以四级和一级河流为主，河流总长度为 48.72km，其中一级河流长 16.24km，二级河流长 9.23km，三级河流长 6.54km，四级河流长 16.71km。

河段生境类型：非限制性低度蜿蜒支流、非限制性低度蜿蜒干流。

服务功能：饮用水功能、农业用水功能、工业用水功能、接触性休闲娱乐功能。

社会经济压力（2010 年）：①土地利用。以居住用地和耕地为主，分别占该区面积的 35.77% 和 32.87%，林地占 29.09%，草地占 0.01%。②人口。区域总人口为 373 342 人，每平方千米约为 2919 人。③ GDP。区域 GDP 为 370 947 万元，每平方千米 GDP 为 2900.06 万元。

5.2.124 东辽县东辽河优良生境功能区（Ⅲ-06-02-03）

面积：1931.96km^2。

行政区：①辽源市的东辽县（安恕镇、甲山乡、建安镇、金岗镇、金州乡、辽河源镇、凌云乡、平岗镇、去顶镇、泉太镇、渭津镇、椅山乡、足民乡）、龙山区（工农乡、寿山镇）、西安区（富国街道），②四平市伊通满族自治县（西苇镇）。③铁岭市西丰县（乐善乡、平岗镇、陶然乡、天德镇、振兴镇）。

水系名称 / 河长：东辽河、登杆河、拉津河、太平河、梨树河；以一级河流为主，河流总长度为 576.60km，其中一级河流长 386.43km，二级河流长 144.95km，三级河流长 40.54km，四级河流长 4.68km。

河段生境类型：非限制性低度蜿蜒支流、部分限制性低度蜿蜒支流。

生态功能：优良生境保护功能。

服务功能：饮用水功能、农业用水功能、工业用水功能、接触性休闲娱乐功能、水力发电功能。

社会经济压力（2010 年）：①土地利用。以耕地和林地为主，分别占该区面积的 48.33% 和 43.03%，居住用地占 5.49%。②人口。区域总人口为 282 757 人，每平方千米约为 146 人。③ GDP。区域 GDP 为 644 960 万元，每平方千米 GDP 为 333.84 万元。

现状如下。

1）物种。①鱼类：优势种有棒花鱼、麦穗鱼、北方须鳅、泥鳅、褐吻鰕虎鱼、鲫、大鳞副、洛氏鱥、凌源鮈，敏感种有洛氏鱥、凌源鮈，珍稀濒危物种有东北雅罗鱼；②大型底栖动物：摇蚊、*Hydropsyche kozhantschikovi*、短脉纹石蛾、热水四节蜉、长跗摇蚊、原二翅蜉、无突摇蚊、钩虾、三斑小蜉、中华圆田螺、霍甫水丝蚓、水丝蚓，敏感种有圆花蚤、中华圆田螺，伞护种有钩虾、短脉纹石蛾、苏氏尾鳃蚓、三斑小蜉、石蛭；③藻类：优势种有 *Navicula tenelloides*、伪峭壁舟形藻、高舟形藻、放射舟形藻柔弱变种、西藏双菱藻、谷皮菱形藻、简单舟形藻、淡绿舟形藻头端变型、瞳孔舟形藻、梅尼小环藻、窄异极藻、变异直链藻、库津小环藻、普通等片藻、*Nitzschia paleacea*、小片菱形藻很小变种，敏感种有 *Navicula tenelloides*、伪峭壁舟形藻、高舟形藻、放射舟形藻柔弱变种、西藏双菱藻、窄异极藻、淡绿舟形藻头端变型、放射舟形藻、简单舟形藻、瞳孔舟形藻、短线脆杆藻、小头桥弯藻、小桥弯藻、近缘桥弯藻、膨胀桥弯藻、短小舟形藻、二齿脆杆藻。

2）群落。①鱼类：调查样点 4 个，物种数为 7 ～ 13 种（Ⅱ～Ⅳ级），香农 – 维纳多样性指数为 1.56 ～ 1.99（Ⅱ～Ⅲ级），鱼类生物完整性指数为 25.13 ～ 49.84（Ⅳ～Ⅵ级）；②大型底栖动物：调查样点 6 个，物种数为 5 ～ 17 种（Ⅲ～Ⅴ级），EPT 物种数为 0 ～ 6 种（Ⅱ～Ⅴ级），香农 – 维纳多样性指数为 1.09 ～ 2.75（Ⅰ～Ⅵ级），底栖动物完整性指数（B-IBI）为 0.59 ～ 4.27（Ⅱ～Ⅵ级），BMWP 指数为 13 ～ 71（Ⅱ～Ⅵ级），BI 为 5.98 ～ 8.29（Ⅲ～Ⅵ级）；③藻类：调查样点 5 个，物种数为 1 ～ 24 种（Ⅲ～Ⅵ级），香农 – 维纳多样性指数为 1.73 ～ 3.23（Ⅲ～Ⅴ级），A-IBI 为 0.50 ～ 8.62（Ⅱ～Ⅴ级），IBD 为 1.0 ～ 15.5（Ⅲ～Ⅵ级），BP 为 0.21 ～ 1.00（Ⅰ～Ⅴ级），敏感种分类单元数为 1 ～ 6，可运动硅藻百分比为 16% ～ 100%，具柄硅藻百分比为 0 ～ 8%。

3）水化学特征。DO 为 2.72 ～ 10.50mg/L，NH_3-N 为 0.27 ～ 1.11mg/L，TP 为 0.02 ～ 0.36mg/L，COD 为 4.63 ～ 35.59mg/L。

4）河流健康指数。根据基本水质、营养盐、藻类、底栖动物、鱼类综合评价，河流健康等级为极差～一般（综合评分为 0.07 ～ 0.42）。

保护目标：群落。①鱼类：总物种数Ⅱ级（11 ～ 13 种），香农 – 维纳多样性指数Ⅰ级（≥ 2.05），鱼类生物完整性指数Ⅲ级（50.27 ～ 61.75）；②大型底栖动物：物种丰富度Ⅲ

级（13～18种），EPT物种数Ⅲ级（3～6），香农－维纳多样性指数Ⅲ级（1.98～2.31），底栖动物完整性指数（B-IBI）Ⅲ级（3.16～3.85），BMWP指数Ⅲ级（37～48），BI为Ⅲ级（5.70～6.56）；③藻类：总物种数Ⅲ级（19～26种），香农－维纳多样性指数Ⅲ级（2.83～3.62），A-IBI为Ⅱ级（8.13～10.84），IBD为Ⅲ级（12.76～16.37），BP为Ⅱ级（0.63～0.79）。

5.2.125　西丰县寇河生物多样性维持功能区（Ⅳ-01-01-01）

面积：1764.53km^2。

行政区：①辽源市东辽县（安恕镇、金岗镇、平岗镇）；②四平市铁东区（山门镇、石岭镇、叶赫满族镇）；③铁岭市的昌图县（昌图站乡、泉头满族镇、下二台乡）、开原市（莲花镇、威远堡镇）、西丰县（柏榆乡、成平满族乡、德兴满族乡、钓鱼乡、房木镇、郜家店镇、更刻乡、金星满族乡、乐善乡、明德满族乡、陶然乡、天德镇、营厂满族乡、振兴镇）。

水系名称/河长：艾青河、寇河、小寇河、大寇河、南城子水库；以一级河流为主，河流总长度为563.02km，其中一级河流长385.01km，二级河流长118.40km，三级河流长59.61km。

河段生境类型：部分限制性低度蜿蜒支流。

生态功能：生物多样性维持功能、自然保护功能、优良生境保护功能。

服务功能：饮用水功能、农业用水功能、接触性休闲娱乐功能、非接触性休闲娱乐功能、水质净化功能、水力发电功能。

社会经济压力（2010年）：①土地利用。以林地为主，占该区面积的62.05%；耕地占32.53%，居住用地占1.93%，草地占1.48%，河流占0.05%。②人口。区域总人口为233 960人，每平方千米约为133人。③GDP。区域GDP为464 753万元，每平方千米GDP为263.39万元。

现状如下。

1）物种。①鱼类：优势种有洛氏鱥、棒花鱼、犬首鮈、宽鳍鱲、北方须鳅、鲫、兴凯鱊、麦穗鱼、波氏吻鰕虎鱼、子陵吻鰕虎、清徐胡鮈、东北雅罗鱼、泥鳅，敏感种有洛氏鱥、犬首鮈、北方花鳅、彩鳑鲏，珍稀濒危物种有东北雅罗鱼；②大型底栖动物：优势种有三斑小蜉、热水四节蜉、短脉纹石蛾、*Hydropsyche kozhantschikovi*、*Ephemerella setigera*、钩虾、摇蚊、苏氏尾鳃蚓、宽叶高翔蜉、直突摇蚊、长跗摇蚊、石蛭，敏感种有贝蠓、显春蜓、缅春蜓，伞护种有三斑小蜉、短脉纹石蛾、苏氏尾鳃蚓、钩虾、宽叶高翔蜉、石蛭、红锯形蜉；③藻类：优势种有线形菱形藻、小片菱形藻、谷皮菱形藻、小型异极藻、针形菱形藻、急尖舟形藻、隐头舟形藻、谷皮菱形藻、双头舟形藻、尖端菱形藻、尖针杆藻、简单舟形藻、钝脆杆藻、双头舟形藻、橄榄绿色异极藻、箱形桥弯藻、船型舟形藻（*Navicula cymbula*）、缠结异极藻，敏感种有线形菱形藻、小环藻、谷皮菱形藻、瞳孔舟形藻、小型异极藻、橄榄绿色异极藻、羽纹藻、简单舟形藻、霍弗里菱形藻、近缘桥弯藻、具节羽纹藻（*Pinnularia nodosa*）、小舟形藻（*Navicula tuscula*）、钝脆杆藻、优美桥弯藻、箱形桥弯藻。

2）群落。①鱼类：调查样点 6 个，物种数为 11 ～ 16 种（Ⅰ～Ⅱ级），香农－维纳多样性指数为 1.71 ～ 2.34（Ⅰ～Ⅱ级），鱼类生物完整性指数为 42.56 ～ 58.62（Ⅲ～Ⅳ级）；②大型底栖动物：调查样点 6 个，物种数为 9 ～ 18 种（Ⅱ～Ⅳ级），EPT 物种数为 3 ～ 8 种（Ⅱ～Ⅲ级），香农－维纳多样性指数为 1.17 ～ 3.30（Ⅰ～Ⅵ级），底栖动物完整性指数（B-IBI）为 3.15 ～ 5.46（Ⅰ～Ⅳ级），BMWP 指数为 36 ～ 97（Ⅰ～Ⅳ级），BI 为 3.61 ～ 6.43（Ⅰ～Ⅲ级）；③藻类：调查样点 6 个，物种数为 13 ～ 28 种（Ⅱ～Ⅳ级），香农－维纳多样性指数为 3.34 ～ 4.48（Ⅰ～Ⅲ级），A-IBI 为 4.61 ～ 8.70（Ⅲ～Ⅳ级），IBD 为 8.5 ～ 13.0（Ⅲ～Ⅴ级），BP 为 0.12 ～ 0.56（Ⅲ～Ⅴ级），敏感种分类单元数约为 5，可运动硅藻百分比为 49% ～ 94%，具柄硅藻百分比为 0 ～ 11%。

3）水化学特征。DO 为 8.72mg/L，NH_3-N 为 0.01 ～ 0.13mg/L，TP 为 0.18 ～ 0.32mg/L，COD 为 3.12 ～ 9.65mg/L。

4）生境。冰砬山森林生态系统县级保护区，寇河湿地与水源林湿地生态系统及水资源县级保护区。

5）河流健康指数。根据基本水质、营养盐、藻类、底栖动物、鱼类综合评价，河流健康等级为一般～良（综合评分为 0.55 ～ 0.65）。

保护目标：群落。①鱼类：总物种数Ⅰ级（≥ 14 种），香农－维纳多样性指数Ⅰ级（≥ 2.05），鱼类生物完整性指数Ⅲ级（50.27 ～ 61.75）；②大型底栖动物：物种丰富度Ⅲ级（13 ～ 18 种），EPT 物种数Ⅲ级（3 ～ 6），香农－维纳多样性指数Ⅲ级（1.98 ～ 2.31），底栖动物完整性指数（B-IBI）Ⅲ级（3.16 ～ 3.85），BMWP 指数Ⅲ级（37 ～ 48），BI 为Ⅲ级（5.70 ～ 6.56）；③藻类：总物种数Ⅱ级（27 ～ 33 种），香农－维纳多样性指数Ⅰ级（≥ 4.44），A-IBI 为Ⅱ级（8.13 ～ 10.84），IBD 为Ⅲ级（12.76 ～ 16.37），BP 为Ⅲ级（0.46 ～ 0.62）。

5.2.126 开原市寇河地下水供给功能区（Ⅳ-01-01-02）

面积：268.70km^2。

行政区：铁岭市的昌图县（昌图站乡）、开原市（城东乡、老城镇、威远堡镇）、清河区（城郊乡、杨木林子乡）、西丰县（成平满族乡、郜家店镇）。

水系名称 / 河长：寇河；以一级河流为主，河流总长度为 94.08km，其中一级河流长 50.19km，二级河流长 8.18km，三级河流长 32.32km，四级河流长 3.39km。

河段生境类型：非限制性低度蜿蜒支流、非限制性中度蜿蜒支流。

生态功能：生物多样性维持功能、优良生境保护功能。

服务功能：饮用水功能、农业用水功能、接触性休闲娱乐功能、地下水补给功能。

社会经济压力（2010 年）：①土地利用。以耕地为主，占该区面积的 56.84%，林地占 33.26%，居住用地占 5.82%，河流占 1.29%，草地占 0.49%。②人口。区域总人口为 163 167 人，每平方千米约为 607 人。③ GDP。区域 GDP 为 593 296 万元，每平方千米 GDP 为 2208.02 万元。

现状如下。

1）物种。①鱼类：优势种有棒花鱼、似鮈、清徐胡鮈、宽鳍鱲、子陵吻鰕虎，敏感种有北方花鳅，经济物种有怀头鲇；②大型底栖动物：优势种有 *Hydropsyche kozhantschikovi*、扁蜉蝣、摇蚊、石蛭，敏感种有扁蜉蝣，伞护种有钩虾、石蛭；③藻类：优势种有缢缩异极藻、近缘桥弯藻、窄异极藻、扁圆卵形藻、尖针杆藻，敏感种有窄异极藻、纤细异极藻、优美桥弯藻、变绿脆杆藻中狭变种、橄榄绿色异极藻、羽纹藻。

2）群落。①鱼类：调查样点 1 个，物种数为 12 种（Ⅱ级），香农 – 维纳多样性指数为 1.86（Ⅱ级），鱼类生物完整性指数为 48.48（Ⅳ级）；②大型底栖动物：调查样点 1 个，物种数为 11 种（Ⅳ级），EPT 物种数为 5 种（Ⅲ级），香农 – 维纳多样性指数为 2.98（Ⅰ级），底栖动物完整性指数（B-IBI）为 4（Ⅱ级），BMWP 指数为 53（Ⅱ级），BI 为 5.74（Ⅲ级）；③藻类：调查样点 1 个，物种数为 38 种（Ⅰ级），香农 – 维纳多样性指数为 4.69（Ⅰ级），A-IBI 为 5.07（Ⅳ级），IBD 为 12（Ⅳ级），BP 为 0.22（Ⅴ级），敏感种分类单元数为 6，可运动硅藻百分比为 16%，具柄硅藻百分比为 26%。

3）水化学特征。DO 为 7.49mg/L，NH_3-N 为 0.02mg/L，TP 为 0.43mg/L，COD 为 4.06mg/L。

4）河流健康指数。根据基本水质、营养盐、藻类、底栖动物、鱼类综合评价，河流健康等级为良（综合评分为 0.61）。

保护目标：群落。①鱼类：总物种数Ⅰ级（≥ 14 种），香农 – 维纳多样性指数Ⅰ级（≥ 2.05），鱼类生物完整性指数Ⅲ级（50.27 ～ 61.75）；②大型底栖动物：物种丰富度Ⅰ级（≥ 22 种），EPT 物种数Ⅰ级（≥ 15），香农 – 维纳多样性指数Ⅰ级（≥ 2.63），底栖动物完整性指数（B-IBI）Ⅰ级（≥ 4.54），BMWP 指数Ⅲ级（≥ 74），BI 为Ⅰ级（≤ 4.51）；③藻类：总物种数Ⅰ级（≥ 34 种），香农 – 维纳多样性指数Ⅰ级（≥ 4.44），A-IBI 为Ⅲ级（5.42 ～ 8.12），IBD 为Ⅲ级（12.76 ～ 16.37），BP 为Ⅳ级（0.29 ～ 0.45）。

5.2.127　西丰县寇河支流优良生境功能区（Ⅳ-01-01-03）

面积：172.69km^2。

行政区：铁岭市的开原市（威远堡镇）、清河区（杨木林子乡）、西丰县（成平满族乡、部家店镇）。

水系名称 / 河长：寇河支流；以一级河流为主，河流总长度为 52.75km，其中一级河流长 48.26km，二级河流长 4.49km。

河段生境类型：部分限制性低度蜿蜒支流。

生态功能：生物多样性维持功能、优良生境保护功能。

社会经济压力（2010 年）：①土地利用。以林地为主，占该区面积的 76.29%；耕地占 19.33%，草地占 2.82%，居住用地占 1.40%。②人口。区域总人口为 9150 人，每平方千米约为 53 人。③ GDP。区域 GDP 为 26 763.3 万元，每平方千米 GDP 为 154.98 万元。

5.2.128 开原市清河生物多样性维持功能区（Ⅳ-01-01-04）

面积：548.84km^2。

行政区：铁岭市的开原市（八棵树镇、老城镇、上肥地满族乡、威远堡镇）、清河区（城郊乡、聂家满族乡、杨木林子乡、张相镇）、西丰县（成平满族乡、房木镇、部家店镇）。

水系名称 / 河长：苔碧河、清河、清河水库；以一级河流为主，河流总长度为 172.30km，其中一级河流长 120.36km，三级河流长 0.34km，四级河流长 51.60km。

河段生境类型：部分限制性低度蜿蜒支流。

生态功能：生物多样性维持功能、优良生境保护功能。

服务功能：饮用水功能、农业用水功能、工业用水功能、接触性休闲娱乐功能、非接触性休闲娱乐功能、地下水补给功能、水力发电功能。

社会经济压力（2010 年）：①土地利用。以林地为主，占该区面积的 61.98%，耕地占 25.15%，居住用地占 3.29%，草地占 1.67%，河流占 0.33%。②人口。区域总人口为 77 227 人，每平方千米约为 141 人。③ GDP。区域 GDP 为 429 070 万元，每平方千米 GDP 为 781.78 万元。

现状如下。

1）物种。①鱼类：主要物种有鲫、棒花鱼、宽鳍鱲、北方花鳅、泥鳅、马口鱼、棒花鮈、池沼公鱼，敏感种有洛氏鱥、北方花鳅、池沼公鱼，珍稀濒危物种有东北雅罗鱼，特有物种有池沼公鱼；②大型底栖动物：有纹石蛾 *Hydropsyche kozhantschikovi*、钩虾、热水四节蜉、耳萝卜螺、扁蚴蜉、苏氏尾鳃蚓、*Ephemerella setigera*、石蛭、摇蚊、扁舌蛭、长跗摇蚊、贝蠓，敏感种有贝蠓、扁舌蛭，伞护种有三斑小蜉、苏氏尾鳃蚓、钩虾、石蛭；③藻类：优势种有线形菱形藻、小片菱形藻、谷皮菱形藻、针形菱形藻、小头（端）菱形藻、小片菱形藻很小变种、弯曲桥弯藻、普通等片藻、膨大桥弯藻，敏感种有简单舟形藻、线形菱形藻、小环藻、谷皮菱形藻、放射舟形藻、膨大桥弯藻、近缘桥弯藻、羽纹藻、线形菱形藻。

2）群落。①鱼类：调查样点 2 个，物种数分别为 10 种、14 种（Ⅰ、Ⅲ级），香农－维纳多样性指数分别为 1.83、2.23（Ⅰ、Ⅱ级），鱼类生物完整性指数分别为 35.37、55.15（Ⅲ、Ⅴ级）；②大型底栖动物：调查样点 2 个，物种数分别为 8 种、12 种（Ⅳ、Ⅴ级），EPT 物种数分别为 1、7 种（Ⅱ、Ⅴ级），香农－维纳多样性指数分别为 2.30、3.06（Ⅰ、Ⅲ级），底栖动物完整性指数（B-IBI）为 1.74、4.48（Ⅱ、Ⅵ级），BMWP 指数分别为 30、81（Ⅰ、Ⅴ级），BI 分别为 4.57、7.57（Ⅱ、Ⅵ级）；③藻类：调查样点 2 个，物种数分别为 11 种、26 种（Ⅲ、Ⅳ级），香农－维纳多样性指数分别为 3.13、4.43（Ⅱ、Ⅲ级），A-IBI 分别为 4.78、4.92（Ⅳ级），IBD 分别为 8.2、13.3（Ⅲ、Ⅴ级），BP 分别为 0.33、0.43（Ⅳ级），敏感种分类单元数均为 5，可运动硅藻百分比分别为 73%、97%，具柄硅藻百分比分别为 1%、2%。

3）水化学特征。NH_3-N 为 0.06mg/L、0.28mg/L，TP 为 0.25mg/L、0.62mg/L，COD 为 4.42mg/L、5.11mg/L。

4）河流健康指数。根据基本水质、营养盐、藻类、底栖动物、鱼类综合评价，河流健康等级为一般（综合评分为 0.48 ～ 0.56）。

保护目标：群落。①鱼类：总物种数Ⅰ级（≥ 14 种），香农－维纳多样性指数Ⅰ级（≥ 2.05），鱼类生物完整性指数Ⅲ级（50.27 ～ 61.75）；②大型底栖动物：物种丰富度Ⅲ级（13 ～ 18 种），EPT 物种数Ⅲ级（3 ～ 6），香农－维纳多样性指数Ⅲ级（1.98 ～ 2.31），底栖动物完整性指数（B-IBI）Ⅲ级（3.16 ～ 3.85），BMWP 指数Ⅲ级（37 ～ 48），BI 为Ⅲ级（5.70 ～ 6.56）；③藻类：总物种数Ⅱ级（27 ～ 33 种），香农－维纳多样性指数Ⅰ级（≥ 4.44），A-IBI 为Ⅲ级（5.42 ～ 8.12），IBD 为Ⅲ级（12.76 ～ 16.37），BP 为Ⅲ级（0.46 ～ 0.62）。

5.2.129 西丰县清河珍稀濒危物种生境功能区（Ⅳ-01-01-05）

面积：1952.49km^2。

行政区：①抚顺市清原满族自治县（草市镇、大孤家镇、斗虎屯镇、枸乃甸乡、土口子乡、夏家堡镇、英额门镇）；②铁岭市的开原市（八棵树镇、李家台乡、林丰满族乡、上肥地满族乡）、西丰县（房木镇、郜家店镇、更刻乡、金星满族乡、乐善乡、凉泉镇、营厂满族乡、振兴镇）。

水系名称 / 河长：碾盘河、阿拉河、大妞河、清河；以一级河流为主，河流总长度为 567.31km，其中一级河流长 357.48km，二级河流长 110.95km，三级河流长 79.70km，四级河流长 19.18km。

河段生境类型：部分限制性低度蜿蜒支流。

生态功能：濒危物种生境保护功能、生物多样性维持功能、优良生境保护功能。

服务功能：接触性休闲娱乐功能、饮用水功能。

社会经济压力（2010 年）：①土地利用。以林地为主，占该区面积的 71.13%，耕地占 25.33%，草地占 1.49%，居住用地占 1.45%，河流占 0.33%。②人口。区域总人口为 141 500 人，每平方千米约为 72 人。③ GDP。区域 GDP 为 595 286 万元，每平方千米 GDP 为 304.89 万元。

现状如下。

1）物种。①鱼类：优势种有东北七鳃鳗、鲫、洛氏鱥、清徐胡鮈、北方须鳅、马口鱼、宽鳍鱲、棒花鱼、泥鳅，敏感种有洛氏鱥、犬首鮈、北方花鳅，珍稀濒危物种有东北七鳃鳗、东北雅罗鱼，特有物种有东北七鳃鳗；②大型底栖动物：优势种有 *Hydropsyche kozhantschikovi*、热水四节蜉、三斑小蜉、宽叶高翔蜉、原二翅蜉、二翅蜉、*Ephemerella setigera*、红锯形蜉、摇蚊、直突摇蚊、长跗摇蚊、无突摇蚊、细蜉、山瘤虻，敏感种有显春蜓、缅春蜓、贝蠓，伞护种有宽叶高翔蜉、红锯形蜉、三斑小蜉、石蛭、朝大蚊；③藻类：优势种有小片菱形藻、谷皮菱形藻、急尖舟形藻、近缘桥弯藻、扁圆卵形藻、隐头舟形藻、放射舟形藻、小片菱形藻很小变种、系带舟形藻、简单舟形藻、双头舟形藻、显喙舟形藻、线形菱形藻、钝脆杆藻、针形菱形藻、双头舟形藻、小头（端）菱形藻，敏感种有膨大桥弯藻、近缘桥弯藻、简单舟形藻、谷皮菱形藻、系带舟形藻、线形菱形藻、放射舟形藻、近盐生双菱藻、胡斯特桥弯藻、短线脆杆藻、羽纹藻、小片菱形藻、针形菱形藻、窄异极藻、变绿脆杆藻、小环藻。

2）群落。①鱼类：调查样点 6 个，物种数为 11 ～ 17 种（Ⅰ～Ⅱ级），香农－维纳多样性指数为 1.99 ～ 2.35（Ⅰ～Ⅱ级），鱼类生物完整性指数为 36.69 ～ 63.42（Ⅱ～Ⅴ级）；②大型底栖动物：调查样点 6 个，物种数为 7 ～ 13 种（Ⅲ～Ⅴ级），EPT 物种数为 3 ～ 8 种（Ⅱ～Ⅲ级），香农－维纳多样性指数为 2.37 ～ 3.15（Ⅰ～Ⅱ级），底栖动物完整性指数（B-IBI）为 3.18 ～ 5.04（Ⅰ～Ⅲ级），BMWP 指数为 30 ～ 81（Ⅰ～Ⅴ级），BI 为 4.43 ～ 6.15（Ⅰ～Ⅲ级）；③藻类：调查样点 6 个，物种数为 9 ～ 22 种（Ⅲ～Ⅴ级），香农－维纳多样性指数为 2.90 ～ 4.06（Ⅱ～Ⅲ级），A-IBI 为 3.70 ～ 7.56（Ⅲ～Ⅳ级），IBD 为 4.5 ～ 18.2（Ⅱ～Ⅴ级），BP 为 0.19 ～ 0.46（Ⅲ～Ⅴ级），敏感种分类单元数为 5，可运动硅藻百分比为 71% ～ 99%，具柄硅藻百分比为 1% ～ 5%。

3）水化学特征。NH_3-N 为 0.02 ～ 0.12mg/L，TP 为 0.17 ～ 0.22mg/L，COD 为 2.08 ～ 4.32mg/L。

4）河流健康指数。根据基本水质、营养盐、藻类、底栖动物、鱼类综合评价，河流健康等级为一般～良（综合评分为 0.51 ～ 0.63）。

保护目标如下。

1）物种。①鱼类：潜在种有东北七鳃鳗、雷氏七鳃鳗、辽宁棒花鱼。

2）群落。①鱼类：总物种数Ⅰ级（≥ 14 种），香农－维纳多样性指数Ⅰ级（≥ 2.05），鱼类生物完整性指数Ⅱ级（61.75 ～ 73.23）；②大型底栖动物：物种丰富度Ⅱ级（18 ～ 22 种），EPT 物种数Ⅱ级（6 ～ 15），香农－维纳多样性指数Ⅱ级（2.31 ～ 2.63），底栖动物完整性指数（B-IBI）Ⅱ级（3.85 ～ 4.54），BMWP 指数Ⅱ级（48 ～ 74），BI 为Ⅱ级（4.51 ～ 5.70）；③藻类：总物种数Ⅲ级（19 ～ 26 种），香农－维纳多样性指数Ⅱ级（3.63 ～ 4.43），A-IBI 为Ⅱ级（8.13 ～ 10.84），IBD 为Ⅲ级（12.76 ～ 16.37），BP 为Ⅲ级（0.46 ～ 0.62）。

5.2.130　开原市柴河生物多样性维持功能区（Ⅳ-01-02-01）

面积：186.48km^2。

行政区：铁岭市的开原市（黄旗寨满族乡、靠山镇、上肥地满族乡、松山堡乡）、清河区（聂家满族乡）。

水系名称 / 河长：柴河；以一级河流为主，河流总长度为 54.87km，其中一级河流长 34.86km，三级河流长 20.01km。

河段生境类型：部分限制性中度蜿蜒支流、非限制性低度蜿蜒支流、部分限制性低度蜿蜒支流。

生态功能：生物多样性维持功能、自然保护功能、优良生境保护功能。

服务功能：饮用水功能、农业用水功能、接触性休闲娱乐功能。

社会经济压力（2010 年）：①土地利用。以林地为主，占该区面积的 70.59%；耕地占 23.08%，居住用地占 2.82%，草地占 2.23%，河流占 1.24%。②人口。区域总人口为 5956 人，每平方千米约为 32 人。③ GDP。区域 GDP 为 63 107.9 万元，每平方千米 GDP 为 338.42 万元。

现状如下。

1）物种。①鱼类：优势种有鲫、棒花鱼、宽鳍鱲、北方花鳅、泥鳅，敏感种有洛氏鱥、北方花鳅，珍稀濒危物种有东北七鳃鳗，特有种有东北七鳃鳗；②大型底栖动物：优势种有缅春蜓、*Hydropsyche kozhantschikovi*、东方蜉、摇蚊、长跗摇蚊，敏感种有缅春蜓，伞护种有钩虾、椭圆萝卜螺；③藻类：优势种有简单舟形藻、急尖舟形藻、梅尼小环藻、矮小舟形藻（*Navicula pygmaea*）、淡绿舟形藻，敏感种有短线脆杆藻、橄榄绿色异极藻、窄菱形藻（*Nitzschia angustata*）、羽纹藻、简单舟形藻。

2）群落。①鱼类：调查样点 1 个，物种数为 14 种（Ⅰ级），香农－维纳多样性指数为 2.18（Ⅰ级），鱼类生物完整性指数为 54.58（Ⅲ级）；②大型底栖动物：调查样点 1 个，物种数为 10 种（Ⅳ级），EPT 物种数为 3 种（Ⅲ级），香农－维纳多样性指数为 2.96（Ⅰ级），底栖动物完整性指数（B-IBI）为 3.03（Ⅳ级），BMWP 指数为 56（Ⅱ级），BI 为 4.95（Ⅱ级）；

③藻类：调查样点 1 个，物种数为 34 种（Ⅰ级），香农－维纳多样性指数为 4.64（Ⅰ级），A-IBI 为 6.00（Ⅲ级），IBD 为 8.6（Ⅴ级），BP 为 0.28（Ⅴ级），敏感种分类单元数为 5，可运动硅藻百分比为 55%，具柄硅藻百分比为 7%。

3）水化学特征。NH_3-N 为 0.03mg/L，TP 为 0.09mg/L，COD 为 3.14mg/L。

4）生境。曾家寨苍鹭苍鹭及森林生态系统县级保护区。

5）河流健康指数。根据基本水质、营养盐、藻类、底栖动物、鱼类综合评价，河流健康等级为良（综合评分为 0.64）。

保护目标如下。

1）群落。①鱼类：总物种数Ⅰ级（≥ 14 种），香农－维纳多样性指数Ⅰ级（≥ 2.05），鱼类生物完整性指数Ⅱ级（61.75 ～ 73.23）；②大型底栖动物：物种丰富度Ⅲ级（13 ～ 18 种），EPT 物种数Ⅲ级（3 ～ 6），香农－维纳多样性指数Ⅲ级（1.98 ～ 2.31），底栖动物完整性指数（B-IBI）Ⅲ级（3.16 ～ 3.85），BMWP 指数Ⅲ级（37 ～ 48），BI 为Ⅲ级（5.70 ～ 6.56）；③藻类：总物种数Ⅰ级（≥ 34 种），香农－维纳多样性指数Ⅰ级（≥ 4.44），A-IBI 为Ⅱ级（8.13 ～ 10.84），IBD 为Ⅳ级（9.14 ～ 12.75），BP 为Ⅳ级（0.29 ～ 0.45）。

5.2.131 清原满族自治县柴河珍稀濒危物种生境功能区（Ⅳ-01-02-02）

面积：596.78km^2。

行政区：①抚顺市清原满族自治县（北三家乡、大孤家镇、枸乃甸乡、夏家堡镇、英额门镇）；②铁岭市的开原市（八棵树镇、李家台乡、上肥地满族乡）、清河区（聂家满族乡）。

水系名称 / 河长：柴河；以一级河流为主，河流总长度为 186.95km，其中一级河流长 132.36km，二级河流长 24.84km，三级河流长 29.75km。

河段生境类型：部分限制性低度蜿蜒支流、部分限制性中度蜿蜒支流。

生态功能：濒危物种生境保护功能、优良生境保护。

服务功能：饮用水功能、接触性休闲娱乐功能。

社会经济压力（2010 年）：①土地利用：以林地为主，占该区面积的 77.85%，耕地占 18.24%，草地占 2.06%，居住用地占 1.26%，河流占 0.49%。②人口。区域总人口为 32 493 人，每平方千米约为 54 人。③ GDP。区域 GDP 为 147 178 万元，每平方千米 GDP 为 246.62 万元。

现状：水化学特征。NH_3-N 为 0.04mg/L，TP 为 0.07mg/L，COD 为 3.22mg/L。

5.2.132 抚顺县浑河饮用水功能区（Ⅳ-01-03-01）

面积：800.00km^2。

行政区：本溪市本溪满族自治县（清河城镇）、抚顺市的东洲区（碾盘乡）、抚顺县（哈达乡、后安镇、救兵乡、兰山乡、马圈子乡、章党镇）、新宾满族自治县（南杂木镇、苇子峪镇）。

水系名称/河长：浑河、大伙房水库；以一级河流为主，河流总长度为 206.32km，其中一级河流长 96.11km，二级河流长 40.44km，三级河流长 14.81km，五级河流长 54.96km。

河段生境类型：部分限制性低度蜿蜒支流、限制性高度蜿蜒干流。

生态功能：本土特有物种生境保护功能、生物多样性维持功能、自然保护功能。

服务功能：饮用水功能、农业用水功能、接触性休闲娱乐功能、非接触性休闲娱乐功能、地下水补给功能。

社会经济压力（2010 年）：①土地利用。以林地为主，占该区面积的 76.21%；耕地占 14.11%，居住用地占 1.14%，草地占 0.82%，河流占 0.48%。②人口。区域总人口为 31 780 人，每平方千米约为 40 人。③ GDP。区域 GDP 为 193 521 万元，每平方千米 GDP 为 241.90 万元。

现状如下。

1）物种。①鱼类：优势种有洛氏鱥、麦穗鱼、宽鳍鱲、棒花鱼、泥鳅、北方须鳅、北方花鳅、鲫、中华多刺鱼、兴凯鱊、中华鳑鲏、黄蚴，敏感种有北方花鳅、中华多刺鱼，特有种有辽宁棒花鱼；②大型底栖动物：优势种有 *Orthocladinae*、短脉纹石蛾、红锯形蜉，敏感种有条纹角石蛾、*Glossosoma altaicum*，伞护种有短脉纹石蛾、Ceratopogoniidae、*Hydropsyche orientalis*、*Dolichopus* sp.、红锯形蜉、石蛭、朝大蚊；③藻类：优势种有弧形蛾眉藻（*Ceratoneis arcus*）、胡斯特桥弯藻、沃切里脆杆藻、环状扇形藻缢缩变种、钝脆杆藻中狭变种、钝脆杆藻、近线形菱形藻（*Nitzschia sublinearis*）、霍弗里菱形藻、小片菱形藻，敏感种有胡斯特桥弯藻、小型异极藻、钝脆杆藻中狭变种、小型异极藻近椭圆变种、橄榄绿色异极藻、窄菱形藻、钝脆杆藻、新月形桥弯藻、小型异极藻、窄异极藻。

2）群落。①鱼类：调查样点 2 个，物种数分别为 6 种、9 种（Ⅲ、Ⅳ级），香农－维纳多样性指数为 0.57、1.67（Ⅱ、Ⅴ级），鱼类生物完整性指数分别为 42.61、68.04（Ⅱ、Ⅳ级）；②大型底栖动物：调查样点 2 个，物种数分别为 11 种、14 种（Ⅲ、Ⅳ级），EPT 物种数分别为 2 种、8 种（Ⅱ、Ⅳ级），香农－维纳多样性指数分别为 0.51、1.77（Ⅳ、Ⅵ级），底栖动物完整性指数（B-IBI）分别为 1.15、2.92（Ⅳ、Ⅵ级），BMWP 指数分别为 26、28（Ⅴ、Ⅵ级），BI 分别为 5.39、5.99（Ⅱ、Ⅲ级）；③藻类：调查样点 2 个，物种数分别为 23 种、41 种（Ⅰ～Ⅲ级），香农－维纳多样性指数分别为 3.42、4.06（Ⅱ、Ⅲ级），A-IBI 分别为 11.38、11.71（Ⅰ级），IBD 分别为 18.7、20.0（Ⅰ、Ⅱ级），BP 分别为 0、0.19（Ⅴ、Ⅵ级），敏感种分类单元数分别为 5、6，可运动硅藻百分比分别为 9%、93%，具柄硅藻百分比分别为 4%、17%。

3）水化学特征。TP 为 0.27mg/L、0.46mg/L，COD 为 2.40mg/L、3.50mg/L。

4）生境。三块石华北、长白植物区系交汇地带森林生态系统省级保护区，大伙房水库水源水源涵养林省级保护区。

5）河流健康指数。根据基本水质、营养盐、藻类、底栖动物、鱼类综合评价，河流健康等级为差和一般（综合评分为 0.30 ～ 0.41）。

保护目标如下。

1）物种。鱼类：潜在种有东北七鳃鳗、辽宁棒花鱼。

2）群落。①鱼类：总物种数Ⅱ级（11 ～ 13 种），香农－维纳多样性指数Ⅲ级（1.18 ～ 1.61），鱼类生物完整性指数Ⅱ级（61.75 ～ 73.23）；②大型底栖动物：物种丰富度Ⅰ级（≥ 22 种），EPT 物种数Ⅰ级（≥ 15），香农－维纳多样性指数Ⅰ级（≥ 2.63），底栖动物完整性指数（B-IBI）Ⅰ级（≥ 4.54），BMWP 指数Ⅰ级（≥ 74），BI 为Ⅰ级（≤ 4.51）；③藻类：总物种数Ⅰ级（≥ 34 种），香农－维纳多样性指数Ⅰ级（≥ 4.44），A-IBI 为Ⅰ级（≥ 10.85），IBD 为Ⅰ级（≥ 20.00），BP 为Ⅳ级（0.29 ～ 0.45）。

5.2.133 新宾满族自治县浑河生物多样性维持功能区（Ⅳ-01-03-02）

面积：2190.43km^2。

行政区：①抚顺市的抚顺县（哈达乡、后安镇、章党镇）、清原满族自治县（敖家堡乡、北三家乡、大苏河乡、斗虎屯镇、枸乃甸乡、红透山镇、南口前镇、夏家堡镇）、新宾满族自治县（木奇镇、南杂木镇、苇子峪镇、永陵镇、榆树乡）；②铁岭市的开原市（黄旗寨满族乡）、铁岭县（白旗寨满族乡）。

水系名称 / 河长：浑河、苏子河、大伙房水库；以一级河流为主，河流总长度为 620.35km，其中一级河流长 365.04km，二级河流长 89.99km，三级河流长 1.11km，四级河流长 164.21km。

河段生境类型：部分限制性低度蜿蜒支流、部分限制性中度蜿蜒支流。

生态功能：濒危物种生境保护功能、土特有物种生境保护功能、鱼类产卵场－育幼场－索饵场功能、生物多样性维持功能、自然保护功能、优良生境保护功能。

服务功能：饮用水功能、农业用水功能、接触性休闲娱乐功能、非接触性休闲娱乐功能。

社会经济压力（2010 年）：①土地利用。以林地为主，占该区面积的 76.76%，耕地占 18.42%，草地占 1.62%，居住用地占 1.72%，河流占 0.64%。②人口。区域总人口为 147 254 人，每平方千米约为 67 人。③ GDP。区域 GDP 为 578 117 万元，每平方千米 GDP 为 263.93 万元。

现状如下。

1）物种。①鱼类：优势种有洛氏鱥、棒花鱼、东北雅罗鱼、北方须鳅、纵纹北鳅、褐栉鰕虎鱼、麦穗鱼、中华多刺鱼、鲫、宽鳍鱲、辽宁棒花鱼、清徐胡鮈、犬首鮈、马口鱼、彩鳑鲏、泥鳅、北方花鳅，敏感种有北方花鳅、中华多刺鱼、犬首鮈、池沼公鱼、凌源鮈、中华多刺鱼，珍稀濒危物种有东北雅罗鱼、东北七鳃鳗，特有种有东北七鳃鳗、辽宁棒花鱼、辽河突吻鮈、池沼公鱼；②大型底栖动物：优势种有 Chironominae、Orthocladinae、*Suwallia* sp.、*Hydropsyche nevae*、*Beatis thermicus*、寡毛纲、东方蜉、短脉纹石蛾、*Hydropsyche orientalis*、朝大蚊、三斑小蜉、石蛭、Tanypodiinae、*Dolichopus* sp.、Ceratopogoniidae、山瘤虻、钩虾、红锯形蜉、舌石蚕、*Stylurus* sp.、*Dolichopodidae*、椭圆萝卜螺、*Simulium* sp.、马奇异春蜓（*Anisogomphus maacki*）、凸旋螺、淡水三角涡虫、*Hydrophilidae*、*Hydropsyche kozhantschikovi*，敏感种有条纹角石蛾、*Stylurus* sp.、贝蠓、舌石蚕、*Rhyacophila* sp.、*Drunella basalis*，伞护种有朝大蚊、Ceratopogoniidae、短脉纹石蛾、*Dolichopus* sp.、宽叶高翔蜉、三斑小蜉、钩虾、*Hydropsyche nevae*、*Hydropsyche orientalis*、石蛭、椭圆萝卜螺、红锯形蜉、*Serratella setigera*；③藻类：优势种有爆裂针杆藻梅尼变种、变异直链藻、长圆舟形藻（*Navicula oblonga*）、钝脆杆藻中狭变种、法兰西舟形藻、橄榄绿色异极藻、弧形蛾眉藻、胡斯特桥弯藻、环状扇形藻、环状扇形藻缢缩变种、霍弗里菱形藻、简单舟形藻、连接脆杆藻二结变种、两头针杆藻、卵圆双菱藻、梅尼小环藻、膨大桥弯藻、偏肿桥弯藻半环变种、普通等片藻、沃切里脆杆藻、小片菱形藻、肘状针杆藻，敏感种有变绿脆杆藻、钝脆杆藻、钝脆杆藻披针状变种、钝脆杆藻中狭变种、橄榄绿色异极藻、高山美壁藻、很（极）小桥弯藻、胡斯特桥弯藻、环状扇形藻、环状扇形藻缢缩变种、近缘桥弯藻、两头桥弯藻、膨大桥弯藻、山地异极藻近棒状变种、弯曲桥弯藻、沃切里脆杆藻、小桥弯藻、小型异极藻、小型异极藻近椭圆变种、小型异极藻细小变种、新月形桥弯藻、羽状脆杆藻胀大变种、窄异极藻、中型脆杆藻、肿大桥弯藻、肘状针杆藻。

2）群落。①鱼类：调查样点 12 个，物种数为 5 ～ 17 种（Ⅰ～Ⅳ级），香农 – 维纳多样性指数为 0.36 ～ 1.64（Ⅱ～Ⅴ级），鱼类生物完整性指数为 38.73 ～ 69.60（Ⅱ～Ⅴ级）；②大型底栖动物：调查样点 12 个，物种数为 6 ～ 22 种（Ⅰ～Ⅴ级），EPT 物种数为 2 ～ 12 种（Ⅱ～Ⅳ级），香农 – 维纳多样性指数为 1.26 ～ 4.12（Ⅰ～Ⅵ级），底栖动物完整性指数（B-IBI）为 1.36 ～ 6.04（Ⅰ～Ⅵ级），BMWP 指数为 17 ～ 74（Ⅰ～Ⅵ级），BI 为 3.29 ～ 7.15（Ⅰ～Ⅴ级）；③藻类：调查样点 12 个，物种数为 7 ～ 45 种（Ⅰ～Ⅴ级），香农 – 维纳多样性指数为 1.99 ～ 4.71（Ⅰ～Ⅴ级），A-IBI 为 8.78 ～ 11.14（Ⅰ～Ⅱ级），IBD 为 14.00 ～ 20.00（Ⅰ～Ⅲ级），BP 为 0.11 ～ 0.47（Ⅲ～Ⅵ级），敏感种分类单元数为 5 ～ 8 种，可运动硅藻百分比为 1% ～ 66%，具柄硅藻百分比为 0 ～ 15%。

3）水化学特征。TP 为 0.01 ～ 0.16mg/L，COD 为 2.50 ～ 6.00mg/L。

4）生境。猴石华北、长白植物区系交汇地带森林生态系统省级保护区。

5）河流健康指数。根据基本水质、营养盐、藻类、底栖动物、鱼类综合评价，河流健康等级为差～一般（综合评分为 0.29 ～ 0.47）。

保护目标如下。

1）物种。①鱼类：潜在种有东北七鳃鳗、花杜父鱼、雷氏七鳃鳗、辽宁棒花鱼。

2）群落。①鱼类：总物种数Ⅰ级（≥ 14 种），香农－维纳多样性指数Ⅲ级（1.18 ～ 1.61），鱼类生物完整性指数Ⅱ级（61.75 ～ 73.23）；②大型底栖动物：物种丰富度Ⅰ级（≥ 22 种），EPT 物种数Ⅰ级（≥ 15），香农－维纳多样性指数Ⅰ级（≥ 2.63），底栖动物完整性指数（B-IBI）Ⅰ级（≥ 4.54），BMWP 指数Ⅰ级（≥ 74），BI 为Ⅰ级（≤ 4.51）；③藻类：总物种数Ⅱ级（27 ～ 33 种），香农－维纳多样性指数Ⅱ级（3.63 ～ 4.43），A-IBI 为Ⅰ级（≥ 10.85），IBD 为Ⅱ级（16.38 ～ 19.99），BP 为Ⅳ级（0.29 ～ 0.45）。

5.2.134　清原满族自治县红河苏子河珍稀濒危物种生境功能区（Ⅳ-01-03-03）

面积：2460.63km^2。

行政区：抚顺市的清原满族自治县（敖家堡乡、草市镇、大苏河乡、斗虎屯镇、枸乃甸乡、南口前镇、南山城镇、湾甸子镇、夏家堡镇、英额门镇）、新宾满族自治县（红升乡、木奇镇、平顶山镇、苇子峪镇、新宾镇、永陵镇、榆树乡）。

水系名称 / 河长：苏子河、红河、浑河；以一级河流为主，河流总长度为 863.73km，其中一级河流长 539.97km，二级河流长 171.95km，三级河流长 97.28km，四级河流长 54.53km。

河段生境类型：部分限制性低度蜿蜒支流。

生态功能：濒危物种生境保护功能、本土特有物种生境保护功能、鱼类产卵场－育幼场－索饵场功能、自然保护功能区。

服务功能：饮用水功能、农业用水功能、工业用水功能、接触性休闲娱乐功能、非接触性休闲娱乐功能、水力发电功能。

社会经济压力（2010 年）：①土地利用。以林地为主，占该区面积的 76.16%，耕地占 19.91%，草地占 1.54%，居住用地占 1.50%，河流占 0.44%。②人口。区域总人口为 288 553 人，每平方千米约为 117 人。③ GDP。区域 GDP 为 485 459 万元，每平方千米 GDP 为 197.29 万元。

现状如下。

1）物种。①鱼类：优势种有池沼公鱼、洛氏鱥、麦穗鱼、棒花鱼、北方须鳅、北方花鳅、中华多刺鱼、鲫、辽宁棒花鱼、东北雅罗鱼、泥鳅、彩鳑鲏、黄黝、中华鳑鲏、宽鳍鱲、犬首鮈、纵纹北鳅、清徐胡鮈，敏感种有池沼公鱼、北方花鳅、中华多刺鱼、犬首鮈，珍稀濒危物种有东北七鳃鳗、东北雅罗鱼，特有种有池沼公鱼、东北七鳃鳗、辽宁棒花鱼、辽河突吻鮈；②大型底栖动物：优势种有朝大蚊、贝蠓、Ceratopogoniidae、短脉纹石蛾、Chironominae、Dolichopodidae、*Dolichopus* sp.、*Drunella basalis*、宽叶高翔蜉、东方蜉、三斑小蜉、舌石蚕、白斑毛黑大蚊、山瘤虻、圆花蚤、*Hydrophilidae*、*Hydropsyche nevae*、*Hydropsyche orientalis*、石蛭、*Odontomyia* sp.、Orthocladinae、*Placobdella* sp.、*Prosimulium daisetsense*、原蚋、红锯形蜉、*Serratella setigera*、*Simulium* sp.、大蚊、寡毛纲，敏感种有贝蠓、*Cinctico-stella orientalis*、*Drunella basalis*、舌石蚕、*Hydrocyphon* spp.、*Rhyacophila brevicephala*、条纹角石蛾，伞护种有朝大蚊、Ceratopogoniidae、短脉纹石蛾、*Dolichopus* sp.、宽叶高翔蜉、三斑小蜉、钩虾、*Hydropsyche nevae*、*Hydropsyche orientalis*、石蛭、椭圆萝卜螺、红锯形蜉、*Serratella setigera*；③藻类：优势种有变异直链藻、池生菱形藻、钝脆杆藻、钝脆杆藻中狭变种、法兰西舟形藻披针（线）形（状）变种、芬兰直链藻、高舟形藻、弧形蛾眉藻、胡斯特桥弯藻、环状扇形藻、环状扇形藻缢缩变种、极细微曲壳藻隐头变种、简单舟形藻、卵圆双菱藻、膨大桥弯藻、弯曲桥弯藻、沃切里脆杆藻、系带舟形藻细头变种、小片菱形藻、小桥弯藻、小头端菱形藻（*Nitzschia capitellata*）、小型异极藻近椭圆变种、延长等片藻细弱变种、*Nitzschia* sp.、隐头舟形藻威蓝变种、中型脆杆藻、肘状针杆藻，敏感种有钝脆杆藻、钝脆杆藻披针状变种、钝脆杆藻中狭变种、盖尤曼桥弯藻、橄榄绿色异极藻、高山美壁藻、高舟形藻、汉茨菱形藻、胡斯特桥弯藻、环状扇形藻、环状扇形藻缢缩变种、极细微曲壳藻隐头变种、简单舟形藻、近缘桥弯藻、卵形藻型舟形藻、卵圆双菱藻、膨大桥弯藻、偏肿桥弯藻半环变种、平片针杆藻、山地异极藻近棒状变种、泰尔盖斯特异极藻、弯曲桥弯藻、系带舟形藻细头变种、小桥弯藻、小型异极藻、小型异极藻近椭圆变种、隐头舟形藻威蓝变种、窄异极藻、窄异极藻伸长变种、中型脆杆藻、肿大桥弯藻、肘状针杆藻。

2）群落。①鱼类：调查样点 18 个，物种数为 2 ～ 13 种（Ⅱ～Ⅴ级），香农 – 维纳多样性指数为 0.11 ～ 1.57（Ⅲ～Ⅵ级），鱼类生物完整性指数为 33.41 ～ 66.22（Ⅱ～Ⅴ级）；②大型底栖动物：调查样点 18 个，物种数为 2 ～ 26 种（Ⅰ～Ⅵ级），EPT 物种数为 0 ～ 12 种（Ⅱ～Ⅴ级），香农 – 维纳多样性指数为 0.81 ～ 3.56（Ⅰ～Ⅵ级），底栖动物完整性指数（B-IBI）为 1.82 ～ 4.92（Ⅰ～Ⅴ级），BMWP 指数为 1 ～ 62（Ⅱ～Ⅵ级），BI 为 2.86 ～ 7.08（Ⅰ～Ⅳ级）；③藻类：调查样点 17 个，物种数为 1 ～ 41 种（Ⅰ～Ⅵ级），香农 – 维纳多样性指数为 1.46 ～ 4.49（Ⅰ～Ⅴ级），A-IBI 为 0.50 ～ 11.51（Ⅰ～Ⅴ级），IBD 为 1.00 ～ 20.00（Ⅰ～Ⅵ级），

BP 为 0 ～ 0.70（Ⅱ～Ⅵ级），敏感种分类单元数为 2 ～ 8，可运动硅藻百分比为 5% ～ 75%，具柄硅藻百分比为 0 ～ 14%。

3）水化学特征。TP 为 0.01 ～ 0.42mg/L，COD 为 1.50 ～ 11.10mg/L。

4）生境。浑河源华北、长白植物区系交汇地带森林生态系统省级保护区。

5）河流健康指数。根据基本水质、营养盐、藻类、底栖动物、鱼类综合评价，河流健康等级为差～一般（综合评分为 0.26 ～ 0.47）。

保护目标如下。

1）物种。鱼类：潜在种有东北七鳃鳗、花杜父鱼、雷氏七鳃鳗、辽宁棒花鱼、细鳞鲑。

2）群落。①鱼类：总物种数Ⅱ级（11 ～ 13 种），香农 – 维纳多样性指数Ⅲ级（1.18 ～ 1.61），鱼类生物完整性指数Ⅱ级（61.75 ～ 73.23）；②大型底栖动物：物种丰富度Ⅰ级（≥ 22 种），EPT 物种数Ⅰ级（≥ 15），香农 – 维纳多样性指数Ⅰ级（≥ 2.63），底栖动物完整性指数（B-IBI）Ⅰ级（≥ 4.54），BMWP 指数Ⅰ级（≥ 74），BI 为Ⅰ级（≤ 4.51）；③藻类：总物种数Ⅱ级（27 ～ 33 种），香农 – 维纳多样性指数Ⅱ级（3.63 ～ 4.43），A-IBI 为Ⅰ级（≥ 10.85），IBD 为Ⅱ级（16.38 ～ 19.99），BP 为Ⅲ级（0.46 ～ 0.62）。

5.2.135 本溪市太子河支流优良生境功能区（Ⅳ-01-04-01）

面积：122.64km^2。

行政区：本溪市的本溪满族自治县（偏岭镇）、明山区（高台子镇）、溪湖区（火连寨回族满族镇、石桥子镇、张其寨乡）。

水系名称 / 河长：太子河支流；以一级河流为主，河流总长度为 35.82km，其中一级河流长 23.84km，二级河流长 11.98km。

河段生境类型：部分限制性低度蜿蜒支流。

生态功能：优良生境保护功能、濒危物种栖息地保护功能、本土特有物种生境保护功能、生物多样性维持功能。

服务功能：饮用水功能。

社会经济压力（2010 年）：①土地利用。以林地为主，占该区面积的 76.43%，耕地占 16.75%，居住用地占 2.89%，草地占 1.84%。②人口。区域总人口为 6851 人，每平方千米约为 56 人。③ GDP。区域 GDP 为 101 573 万元，每平方千米 GDP 为 828.22 万元。

5.2.136 本溪满族自治县小夹河生物多样性维持功能区（Ⅳ-01-04-02）

面积：197.35km^2。

行政区：①本溪市的本溪满族自治县（偏岭镇）、明山区（高台子镇）、溪湖区（张其寨乡）。

②抚顺市抚顺县（救兵乡、石文镇、峡河乡）。

水系名称/河长：小夹河；以一级河流为主，河流总长度为59.47km，其中一级河流长35.59km，二级河流长13.55km，三级河流长10.33km。

河段生境类型：部分限制性低度蜿蜒支流。

生态功能：濒危物种生境保护功能、本土特有物种生境保护功能、生物多样性维持功能。

服务功能：接触性休闲娱乐功能、水力发电功能。

社会经济压力（2010年）：①土地利用。以林地为主，占该区面积的80.33%；耕地占14.66%，草地占2.22%，居住用地占1.16%，河流占0.35%。②人口。区域总人口为3063人，每平方千米约为16人。③GDP。区域GDP为43 440.7万元，每平方千米GDP为220.12万元。

现状如下。

1）物种。①鱼类：优势种有洛氏鱥、棒花鱼、北方须鳅、北方花鳅、褐栉鰕虎鱼，敏感种有北方花鳅；②大型底栖动物：优势种有Chironominae、扁旋螺、*Hydropsyche nevae*、短脉纹石蛾、椭圆萝卜螺，敏感种有日本瘤石蛾，伞护种有短脉纹石蛾、*Hydropsyche orientalis*、宽叶高翔蜉、红锯形蜉、Ceratopogoniidae、朝大蚊、钩虾、椭圆萝卜螺；③藻类：优势种有偏肿桥弯藻、胡斯特桥弯藻、普通等片藻、肘状针杆藻、普通等片藻线形变种，敏感种有胡斯特桥弯藻、箱形桥弯藻、偏肿桥弯藻、环状扇形藻、具球异极藻。

2）群落。①鱼类：调查样点1个，物种数为7种（Ⅳ级），香农–维纳多样性指数为1.42（Ⅲ级），鱼类生物完整性指数为67.77（Ⅱ级）；②大型底栖动物：调查样点1个，物种数为24种（Ⅰ级），EPT物种数为12种（Ⅱ级），香农–维纳多样性指数为3.42（Ⅰ级），底栖动物完整性指数（B-IBI）为5.32（Ⅰ级），BMWP指数为67（Ⅱ级），BI为4.80（Ⅱ级）；③藻类：调查样点1个，物种数为13种（Ⅳ级），香农–维纳多样性指数为2.14（Ⅳ级），A-IBI为9.42（Ⅱ级），IBD为16.7（Ⅱ级），BP为0.19（Ⅴ级），敏感种分类单元数为5，可运动硅藻百分比为1%，具柄硅藻百分比为1%。

3）水化学特征。TP为0.13mg/L，COD为2.50mg/L。

4）河流健康指数。根据基本水质、营养盐、藻类、底栖动物、鱼类综合评价，河流健康等级为一般（综合评分为0.46）。

保护目标如下。

1）物种。①鱼类：潜在种有辽宁棒花鱼、乌鳢；②大型底栖动物：预测种有圆顶珠蚌。

2）群落。①鱼类：总物种数Ⅲ级（8～10种），香农–维纳多样性指数Ⅱ级（1.61～2.05），鱼类生物完整性指数Ⅰ级（≥73.23）；②大型底栖动物：物种丰富度Ⅰ

级（≥ 22 种），EPT 物种数Ⅰ级（≥ 15），香农－维纳多样性指数Ⅰ级（≥ 2.63），底栖动物完整性指数（B-IBI）Ⅰ级（≥ 4.54），BMWP 指数Ⅰ级（≥ 74），BI 为Ⅰ级（≤ 4.51）；③藻类：总物种数Ⅲ级（19 ～ 26 种），香农－维纳多样性指数Ⅲ级（2.83 ～ 3.62），A-IBI 为Ⅰ级（≥ 10.85），IBD 为Ⅰ级（≥ 20.00），BP 为Ⅳ级（0.29 ～ 0.45）。

5.2.137　本溪满族自治县五道河优良生境功能区（Ⅳ-01-04-03）

面积：128.38km^2。

行政区：①本溪市本溪满族自治县（偏岭镇、泉水镇）；②抚顺市抚顺县（救兵乡）。

水系名称 / 河长：太子河支流；以一级河流为主，河流总长度为 39.41km，一级河流长 26.04km，二级河流长 13.37km。

河段生境类型：部分限制性低度蜿蜒支流、部分限制性中度蜿蜒支流。

生态功能：濒危物种生境保护功能、本土特有物种生境保护功能、生物多样性维持功能、优良生境保护功能。

社会经济压力（2010 年）：①土地利用。以林地为主，占该区面积的 85.89%，耕地占 8.28%，草地占 4.35%，河流占 1.02%，居住用地占 0.45%。②人口。区域总人口为 2090 人，每平方千米约为 16 人。③ GDP。区域 GDP 为 26 039.5 万元，每平方千米 GDP 为 202.83 万元。

现状如下。

1）物种。①鱼类：优势种有洛氏鱥、麦穗鱼、宽鳍鱲、北方花鳅、清徐胡鮈，敏感种有北方花鳅、中华多刺鱼、凌源鮈，特有种有辽宁棒花鱼、辽河突吻鮈，经济物种有怀头鲇；②大型底栖动物：Chironominae、Orthocladinae、短脉纹石蛾、东方蜉、*Beatis thermicus*、椭圆萝卜螺、红锯形蜉、桃碧扁蚴蜉，敏感种有条纹角石蛾，伞护种有短脉纹石蛾、*Hydropsyche nevae*、红锯形蜉、椭圆萝卜螺；③藻类：优势种有普通等片藻、钝脆杆藻中狭变种、胡斯特桥弯藻、肘状针杆藻缢缩（中狭）变种、沃切里脆杆藻，敏感种有胡斯特桥弯藻、钝脆杆藻中狭变种、窄异极藻、尖细异极藻塔状变种、山地异极藻近棒状变种。

2）群落。①鱼类：调查样点 1 个，物种数为 18 种（Ⅰ级），香农－维纳多样性指数为 2.09（Ⅰ级），鱼类生物完整性指数为 64.63（Ⅱ级）；②大型底栖动物：调查样点 1 个，物种数为 14 种（Ⅲ级），EPT 物种数为 8 种（Ⅱ级），香农－维纳多样性指数为 3.29（Ⅰ级），底栖动物完整性指数（B-IBI）为 5.06（Ⅰ级），BMWP 指数为 55（Ⅱ级），BI 为 4.22（Ⅰ级）；③藻类：调查样点 1 个，物种数为 7 种（Ⅴ级），香农－维纳多样性指数为 1.10（Ⅵ级），A-IBI 为 10.55（Ⅱ级），IBD 为 20.0（Ⅰ级），BP 为 0.14（Ⅴ级），敏感种分类单元数为 5，可运动硅藻百分比为 29%，具柄硅藻百分比为 3%。

3）水化学特征。TP 为 0.01mg/L，COD 为 2.30mg/L。

4）河流健康指数。根据基本水质、营养盐、藻类、底栖动物、鱼类综合评价，河流健康等级为一般（综合评分为 0.49）。

保护目标如下。

1）物种。①鱼类：潜在种有东北七鳃鳗、花杜父鱼、辽宁棒花鱼；②大型底栖动物：预测种有圆顶珠蚌。

2）群落。①鱼类：总物种数Ⅰ级（≥ 14 种），香农－维纳多样性指数Ⅰ级（≥ 2.05），鱼类生物完整性指数Ⅰ级（≥ 73.23）；②大型底栖动物：物种丰富度Ⅰ级（≥ 22 种），EPT 物种数Ⅰ级（≥ 15），香农－维纳多样性指数Ⅰ级（≥ 2.63），底栖动物完整性指数（B-IBI）Ⅰ级（≥ 4.54），BMWP 指数Ⅰ级（≥ 74），BI 为Ⅰ级（≤ 4.51）；③藻类：总物种数Ⅲ级（19 ～ 26 种），香农－维纳多样性指数Ⅴ级（1.23 ～ 2.02），A-IBI 为Ⅰ级（≥ 10.85），IBD 为Ⅰ级（≥ 20.00），BP 为Ⅳ级（0.29 ～ 0.45）。

5.2.138 本溪满族自治县清河源头生物多样性维持功能区（Ⅳ-01-04-04）

面积：375.97km^2。

行政区：①本溪市本溪满族自治县（偏岭镇、清河城镇、泉水镇）；②抚顺市抚顺县（后安镇、救兵乡、马圈子乡）、新宾满族自治县（苇子峪镇、下夹河乡）。

水系名称 / 河长：清河；以一级河流为主，河流总长度为 67.34km，其中一级河流长 51.50km，二级河流长 8.59km，三级河流长 6.97km，五级河流长 0.28km。

河段生境类型：部分限制性低度蜿蜒支流、部分限制性中度蜿蜒支流。

生态功能：濒危物种生境保护功能、本土特有物种生境保护功能、鱼类产卵场－育幼场－索饵场功能、生物多样性维持功能、优良生境保护。

服务功能：接触性休闲娱乐功能。

社会经济压力（2010 年）：①土地利用。以林地为主，占该区面积的 84.79%，耕地占 12.71%，居住用地占 1.25%，草地占 0.36%。②人口。区域总人口为 8087 人，每平方千米约为 22 人。③ GDP。区域 GDP 为 74 149.5 万元，每平方千米 GDP 为 197.22 万元。

现状如下。

1）物种。①鱼类：有洛氏鱥、北方须鳅、北方花鳅、纵纹北鳅，敏感种有北方花鳅；②大型底栖动物：优势种有 Chironominae、Orthocladinae、朝大蚊、Tanypodiinae、*Beatis thermicus*、宽叶高翔蜉、三斑小蜉，敏感种有条纹角石蛾、舌石蚕、*Glossosoma altaicum*，伞护种有 Ceratopogoniidae、苏氏尾鳃蚓；③藻类：优势种有弧形蛾眉藻、胡斯特桥弯藻、环状扇形藻、变异直链藻、偏肿桥弯藻，敏感种有胡斯特桥弯藻、短线脆杆藻、偏肿桥弯藻、具球异极藻、草鞋形波缘藻。

2）群落。①鱼类：调查样点 1 个，物种数为 4 种（Ⅴ级），香农－维纳多样性指数为 0.85（Ⅳ级），鱼类生物完整性指数为 64.13（Ⅱ级）；②大型底栖动物：调查样点 1 个，物种数为 26 种（Ⅰ级），EPT 物种数为 16 种（Ⅰ级），香农－维纳多样性指数为 3.32（Ⅰ级），底栖动物完整性指数（B-IBI）为 4.99（Ⅰ级），BMWP 指数为 62（Ⅱ级），BI 为 4.50（Ⅰ级）；③藻类：调查样点 1 个，物种数为 7 种（Ⅴ级），香农－维纳多样性指数为 1.10（Ⅵ级），A-IBI 为 10.55（Ⅱ级），IBD 为 20.0（Ⅰ级），BP 为 0.16（Ⅴ级），敏感种分类单元数为 5，可运动硅藻百分比为 0，具柄硅藻百分比为 1%。

3）水化学特征。TP 为 0.11mg/L，COD 为 2.35mg/L。

4）河流健康指数。根据基本水质、营养盐、藻类、底栖动物、鱼类综合评价，河流健康等级为一般（综合评分为 0.46）。

保护目标如下。

1）物种。鱼类：潜在种有东北七鳃鳗、花杜父鱼、辽宁棒花鱼。

2）群落。①鱼类：总物种数Ⅳ级（5 ～ 7 种），香农－维纳多样性指数Ⅲ级（1.18 ～ 1.61），鱼类生物完整性指数Ⅰ级（≥ 73.23）；②大型底栖动物：物种丰富度Ⅰ级（≥ 22 种），EPT 物种数Ⅰ级（≥ 15），香农－维纳多样性指数Ⅰ级（≥ 2.63），底栖动物完整性指数（B-IBI）Ⅰ级（≥ 4.54），BMWP 指数Ⅰ级（≥ 74），BI 为Ⅰ级（≤ 4.51）；③藻类：总物种数Ⅲ级（19 ～ 26 种），香农－维纳多样性指数Ⅴ级（1.23 ～ 2.02），A-IBI 为Ⅰ级（≥ 10.85），IBD 为Ⅰ级（≥ 20.00），BP 为Ⅳ级（0.29 ～ 0.45）。

5.2.139　灯塔市太子河生物多样性维持功能区（Ⅳ-01-05-01）

面积：567.34km^2。

行政区：①本溪市的明山区（高台子镇、卧龙镇）、南芬区（南芬乡、思山岭）、平山区（北台镇、桥头镇）、溪湖区（东风镇、火连寨回族满族镇、石桥子镇）；②辽阳市的灯塔市（关门山、铧子镇、柳河子镇、沙浒镇、西大窑镇）、弓长岭区（弓长岭镇）、市辖区（东京陵乡）、辽阳县（寒岭镇、小屯镇）。

水系名称 / 河长：太子河、参窝水库；以五级河流为主，河流总长度为 161.03km，其中一级河流长 43.96km，二级河流长 18.12km，三级河流长 25.99km，五级河流长 72.96km。

河段生境类型：部分限制性中度蜿蜒支流、部分限制性高度蜿蜒干流、限制性高度蜿蜒干流。

生态功能：濒危物种生境保护功能、本土特有物种生境保护功能、生物多样性维持功能、自然保护功能、优良生境保护功能。

服务功能：饮用水功能、农业用水功能、工业用水功能、接触性休闲娱乐功能、非接触性休闲娱乐功能、地下水补给功能、水质净化功能、水力发电功能。

社会经济压力（2010 年）：①土地利用。以林地为主，占该区面积的 55.78%，耕地占 23.68%，居住用地占 6.20%，采矿场占 4.06%，草地占 1.06%，河流占 1.06%。②人口。区域总人口为 180 019 人，每平方千米约为 317 人。③ GDP。区域 GDP 为 991 675 万元，每平方千米 GDP 为 1747.94 万元。

现状如下。

1）物种。①鱼类：优势种有䱗、银色银鮈、洛氏鱥、宽鳍鱲、棒花鱼、辽宁棒花鱼、北方须鳅、麦穗鱼、褐栉鰕虎鱼、凌源鮈、泥鳅、北方花鳅、鲫、兴凯鱊，敏感种有北方花鳅、犬首鮈、凌源鮈，特有物种有辽宁棒花鱼；②大型底栖动物：优势种有朝大蚊、*Beatis thermicus*、短脉纹石蛾、Chironominae、淡水三角涡虫、*Ecdyonurus viridis*、*Hydropsyche nevae*、*Hydropsyche orientalis*、Orthocladinae、椭圆萝卜螺、蚜蝇科、*Tanypodiinae*、寡毛纲，敏感种有日本等蜉，伞护种有朝大蚊、四节蜉、苏氏尾鳃蚓、Ceratopogoniidae、短脉纹石蛾、宽叶高翔蜉、三斑小蜉、钩虾、*Hydropsyche nevae*、*Hydropsyche orientalis*、石蛭、椭圆萝卜螺、红锯形蜉、*Serratella setigera*；③藻类：优势种有极细微曲壳藻、*Cymbella turgidula*、扁圆卵形藻、扁圆卵形藻线形变种、变异直链藻、缠结异极藻矮小变种、短小舟形藻、钝脆杆藻、橄榄绿色异极藻、谷皮菱形藻、胡斯特桥弯藻、喙头舟形藻、尖针杆藻、具球异极藻、两头针杆藻、扭曲小环藻、偏肿桥弯藻、平卧桥弯藻、普通等片藻、普通等片藻线形变种、微绿舟形藻、小型异极藻、肘状针杆藻、肘状针杆藻尖喙变种缢缩变型，敏感种有扭曲小环藻、缠结异极藻矮小变种、短线脆杆藻、短小舟形藻、钝脆杆藻、橄榄绿色异极藻、汉氏桥弯藻、胡斯特桥弯藻、尖针杆藻、近缘桥弯藻、具球异极藻、克劳斯菱形藻（*Nitzschia clausii*）、卵形双菱藻羽纹变种、偏肿桥弯藻、平卧桥弯藻、普通等片藻线形变种、普通菱形藻、弯曲菱形藻平片变种、小型异极藻、一种冠盘藻、窄菱形藻。

2）群落。①鱼类：调查样点 6 个，物种数为 2 ～ 9 种（Ⅲ～Ⅴ级），香农 - 维纳多样性指数为 0.69 ～ 1.88（Ⅱ～Ⅴ级），鱼类生物完整性指数为 23.19 ～ 67.61（Ⅱ～Ⅵ级）；②大型底栖动物：调查样点 8 个，物种数为 8 ～ 31 种（Ⅰ～Ⅴ级），EPT 物种数为 1 ～ 16 种（Ⅰ～Ⅴ级），香农 - 维纳多样性指数为 1.38 ～ 2.87（Ⅰ～Ⅴ级），底栖动物完整性指数（B-IBI）为 2.35 ～ 5.87（Ⅰ～Ⅴ级），BMWP 指数为 12 ～ 101（Ⅰ～Ⅵ级），BI 为 4.24 ～ 7.46（Ⅰ～Ⅵ级）；③藻类：调查样点 9 个，物种数为 6 ～ 22 种（Ⅲ～Ⅴ级），香农 - 维纳多样性指数为 1.64 ～ 3.40（Ⅲ～Ⅴ级），A-IBI 为 5.17 ～ 9.29（Ⅱ～Ⅳ级），IBD 为 8.7 ～ 16.3（Ⅲ～Ⅴ级），BP 为 0.07 ～ 0.85（Ⅰ～Ⅵ

级），敏感种分类单元数为 5 ～ 7，可运动硅藻百分比为 3% ～ 49%，具柄硅藻百分比为 0 ～ 30%。

3）水化学特征。TP 为 0 ～ 0.60mg/L，COD 为 0 ～ 8.25mg/L。

4）生境。辽阳双河森林生态系统、水源地市级保护区，平山白石砬子森林县级保护区，溪湖东风森林县级保护区。

5）河流健康指数。根据基本水质、营养盐、藻类、底栖动物、鱼类综合评价，河流健康等级为极差～一般（综合评分为 0.11 ～ 0.54）。

保护目标如下。

1）物种。①鱼类：潜在种有东北七鳃鳗、花杜父鱼、辽宁棒花鱼、乌鳢；②大型底栖动物：预测种有圆顶珠蚌。

2）群落。①鱼类：总物种数Ⅲ级（8 ～ 10 种），香农 – 维纳多样性指数Ⅱ级（1.61 ～ 2.05），鱼类生物完整性指数Ⅲ级（50.27 ～ 61.75）；②大型底栖动物：物种丰富度Ⅰ级（≥ 22 种），EPT 物种数Ⅰ级（≥ 15），香农 – 维纳多样性指数Ⅰ级（≥ 2.63），底栖动物完整性指数（B-IBI）Ⅰ级（≥ 4.54），BMWP 指数Ⅰ级（≥ 74），BI 为Ⅰ级（≤ 4.51）；③藻类：总物种数Ⅲ级（19 ～ 26 种），香农 – 维纳多样性指数Ⅲ级（2.83 ～ 3.62），A-IBI 为Ⅰ级（≥ 10.85），IBD 为Ⅱ级（16.38 ～ 19.99），BP 为Ⅳ级（0.29 ～ 0.45）。

5.2.140 本溪市太子河景观娱乐功能区（Ⅳ-01-05-02）

面积：68.58km^2。

行政区：本溪市明山区（高台子镇、卧龙镇）、南芬区（思山岭）、平山区（北台镇）、溪湖区（东风镇、火连寨回族满族镇）。

水系名称 / 河长：太子河；只有五级河流，河流总长度为 12.36km。

河段生境类型：非限制性低度蜿蜒干流。

生态功能：濒危物种生境保护功能、本土特有物种生境保护功能。

服务功能：工业用水功能、接触性休闲娱乐功能、非接触性休闲娱乐功能、水质净化功能。

社会经济压力（2010 年）：①土地利用。以林地和居住用地为主，分别占该区面积的 46.23% 和 30.23%，耕地占 17.32%，河流占 3.24%。②人口。区域总人口为 483 058 人，每平方千米约为 7044 人。③ GDP。区域 GDP 为 1 243 610 万元，每平方千米 GDP 为 18 133.71 万元。

现状：水化学特征。TP 为 0.54mg/L，COD 为 16.10mg/L。

5.2.141 本溪满族自治县太子河本土特有物种生境功能区（Ⅳ-01-05-03）

面积：792.09km^2。

行政区：①本溪市本溪满族自治县（南甸子镇、偏岭镇、清河城镇、泉水镇）、明山区（高台子镇、卧龙镇）、南芬区（思山岭）、平山区（北台镇）；②抚顺市新宾满族自治县（下夹河乡）。

水系名称 / 河长：太子河、观音阁水库；以五级河流为主，河流总长度为 197.50km，其中一级河流长 69.90km，二级河流长 11.05km，三级河流长 0.05km，五级河流长 116.50km。

河段生境类型：部分限制性低度蜿蜒支流、限制性高度蜿蜒干流、部分限制性高度蜿蜒干流。

生态功能：濒危物种生境保护功能、本土特有物种生境保护功能、鱼类产卵场 – 育幼场 – 索饵场功能、生物多样性维持功能、优良生境保护功能。

服务功能：饮用水功能、农业用水功能、工业用水功能、接触性休闲娱乐功能、非接触性休闲娱乐功能、水力发电功能。

社会经济压力（2010 年）：①土地利用。以林地为主，占该区面积的 77.58%，草地占 0.63%，耕地占 9.74%，河流占 1.06%，居住用地占 4.51%。②人口。区域总人口为 270 205 人，每平方千米约为 341 人。③ GDP。区域 GDP 为 923 776 万元，每平方千米 GDP 为 1166.25 万元。

现状如下。

1）物种。①鱼类：优势种有洛氏鱥、宽鳍鱲、泥鳅、北方须鳅、褐栉鰕虎鱼、北方花鳅、棒花鱼、犬首鮈，敏感种有北方花鳅、凌源鮈、中华多刺鱼、沙塘鳢，特有种有辽宁棒花鱼，敏感指示种有鸭绿江沙塘鳢；②大型底栖动物：优势种有钩虾、朝大蚊、*Beatis thermicus*、短脉纹石蛾、Chironominae、淡水三角涡虫、*Hydropsyche orientalis*、Orthocladinae、寡毛纲，敏感种有 *Drunella basalis*、舌石蚕、日本瘤石蛾、日本等蜉、*Potamanthus huoshanensis*、*Rhyacophila* sp.、条纹角石蛾、圆顶珠蚌，伞护种有朝大蚊、苏氏尾鳃蚓、Ceratopogoniidae、短脉纹石蛾、宽叶高翔蜉、钩虾、*Hydropsyche orientalis*、石蛭、椭圆萝卜螺、红锯形蜉；③藻类：优势种有偏肿桥弯藻、胡斯特桥弯藻、肘状针杆藻尖喙变种缢缩变型、普通等片藻线形变种、极细微曲壳藻隐头变种、双生双楔藻、普通等片藻、喙头舟形藻、颗粒直链藻最窄变种、短线脆杆藻、纤细异极藻较大变种、谷皮菱形藻，敏感种有胡斯特桥弯藻、扁圆卵形藻、短线脆杆藻、钝脆杆藻、橄榄绿色异极藻、近缘桥弯藻、偏肿桥弯藻、切断桥弯藻、绒毛平板藻（*Tebellaria flocculosa*）、双生双楔藻、弯曲菱形藻平片变种、箱形桥弯藻、新月形桥弯藻、肿大桥弯藻。

2）群落。①鱼类：调查样点 6 个，物种数为 2 ～ 13 种（Ⅱ～Ⅴ级），香农 – 维纳多样性指数为 0.64 ～ 1.84（Ⅱ～Ⅴ级），鱼类生物完整性指数为 30.62 ～ 72.21（Ⅱ～Ⅴ级）；②大型底栖动物：调查样点 6 个，物种数为 13 ～ 35 种（Ⅰ～Ⅲ级），EPT 物种数为 3 ～ 22 种（Ⅰ～Ⅲ级），香农 – 维纳多样性指数为 1.39 ～ 3.42（Ⅰ～Ⅴ级），底栖动物完整性指数（B-IBI）为 2.60 ～ 6.79（Ⅰ～Ⅳ级），BMWP 指数为 40 ～ 108（Ⅰ～Ⅲ级），BI 为 4.30 ～ 6.43（Ⅰ～Ⅲ级）；③藻类：

调查样点6个，物种数为9～21种（Ⅲ～Ⅴ级），香农－维纳多样性指数为1.14～3.52（Ⅲ～Ⅵ级），A-IBI为8.61～9.86（Ⅱ级），IBD为13.7～17.6（Ⅱ～Ⅲ级），BP为0.16～0.83（Ⅰ～Ⅴ级），敏感种分类单元数均为5，可运动硅藻百分比为0～21%，具柄硅藻百分比为1%～30%。

3）水化学特征。TP为0.01～0.06mg/L，COD为2.15～4.60mg/L。

4）河流健康指数。根据基本水质、营养盐、藻类、底栖动物、鱼类综合评价，河流健康等级为差～良（综合评分为0.39～0.62）。

保护目标如下。

1）物种。①鱼类：潜在种有东北七鳃鳗、花杜父鱼、辽宁棒花鱼、鸭绿江沙塘鳢、乌鳢；②大型底栖动物：预测种有圆顶珠蚌。

2）群落。①鱼类：总物种数Ⅱ级（11～13种），香农－维纳多样性指数Ⅲ级（1.18～1.61），鱼类生物完整性指数Ⅱ级（61.75～73.23）；②大型底栖动物：物种丰富度Ⅰ级（≥22种），EPT物种数Ⅰ级（≥15），香农－维纳多样性指数Ⅰ级（≥2.63），底栖动物完整性指数（B-IBI）Ⅰ级（≥4.54），BMWP指数Ⅰ级（≥74），BI为Ⅰ级（≤4.51）；③藻类：总物种数Ⅱ级（27～33种），香农－维纳多样性指数Ⅲ级（2.83～3.62），A-IBI为Ⅰ级（≥10.85），IBD为Ⅱ级（16.38～19.99），BP为Ⅲ级（0.46～0.62）。

5.2.142 本溪满族自治县太子河干流优良生境功能区（Ⅳ-01-05-04）

面积：26.65km^2。

行政区：本溪市本溪满族自治县（南甸子镇、泉水镇、田师付镇）。

水系名称/河长：太子河；只有四级河流，河流总长度为8.38km。

河段生境类型：限制性高度蜿蜒支流。

生态功能：濒危物种生境保护功能、本土特有物种生境保护功能、生物多样性维持功能、优良生境保护功能。

服务功能：接触性休闲娱乐功能、非接触性休闲娱乐功能。

社会经济压力（2010年）：①土地利用。以林地为主，占该区面积的60.96%，耕地占19.21%，水库/坑塘占15.63%，居住用地占2.13%，草地占0.85%。②人口。区域总人口为1444人，每平方千米约为54人。③GDP。区域GDP为19 458.5万元，每平方千米GDP为730.10万元。

5.2.143 辽阳县汤河珍稀濒危物种生境功能区（Ⅳ-01-06-01）

面积：918.99km^2。

行政区：①鞍山市的市辖区（千山区）、海城市（接文镇、马风镇、什司县镇）；②辽阳市的弓长岭区（安平乡、弓长岭镇、汤河镇）、辽阳县（八会镇、寒岭镇、河栏镇、兰家镇、隆昌镇、水泉满族乡、塔子岭乡、下达河乡、小屯镇）。

水系名称/河长：汤河、汤河下达河、汤河水库；以一级河流为主，河流总长度为134.11km，其中一级河流长64.72km，二级河流长30.29km，三级河流长39.10km。

河段生境类型：部分限制性中度蜿蜒支流。

生态功能：濒危物种生境保护功能、本土特有物种生境保护功能、鱼类产卵场－育幼场－索饵场功能、自然保护功能、优良生境保护功能。

服务功能：饮用水功能、农业用水功能、接触性休闲娱乐功能、非接触性休闲娱乐功能、地下水补给功能、水力发电功能。

社会经济压力（2010年）：①土地利用。以林地为主，占该区面积的70.65%，耕地占18.70%，居住用地占4.10%，草地占1.22%，河流占0.67%。②人口。区域总人口为68 564人，每平方千米约为75人。③ GDP。区域GDP为477 470万元，每平方千米GDP为519.56万元。

现状如下。

1）物种。①鱼类：优势种有鲫、麦穗鱼、宽鳍鱲、棒花鱼、彩鳑鲏、北方须鳅、北方花鳅、褐栉鰕虎鱼、洛氏鱥、辽宁棒花鱼、泥鳅、兴凯银鮈、纵纹北鳅、青鳉、辽河突吻鮈、兴凯鱊、葛氏鲈塘醴、黄蚴，敏感种有北方花鳅、沙塘鳢，特有物种有辽宁棒花鱼、兴凯银鮈、辽河突吻鮈，敏感指示种有鸭绿江沙塘鳢；②大型底栖动物：优势种有朝大蚊、*Beatis thermicus*、苏氏尾鳃蚓、短脉纹石蛾、Chironominae、*Ecdyonurus viridis*、宽叶高翔蜉、石蛭、Orthocladinae、红锯形蜉、*Serratella setigera*、大蚊、水跳虫、寡毛纲，敏感种有*Choroterpes altioculus*、贝蠓，伞护种有朝大蚊、四节蜉、苏氏尾鳃蚓、Ceratopogoniidae、短脉纹石蛾、*Dolichopus* sp.、宽叶高翔蜉、三斑小蜉、钩虾、*Hydropsyche nevae*、*Hydropsyche orientalis*、石蛭、椭圆萝卜螺、红锯形蜉、*Serratella setigera*；③藻类：优势种有变异直链藻、长圆舟形藻、池生菱形藻、淡黄异极藻、短角美壁藻最窄变种、短小舟形藻、钝脆杆藻、法兰西舟形藻、海地曲壳藻、胡斯特桥弯藻、喙头针杆藻、极细微曲壳藻隐头变种、尖针杆藻、近缘桥弯藻、颗粒直链藻最窄变种、两头针杆藻、普通等片藻、普通等片藻线形变种、小舟形藻、新月形桥弯藻、缢缩异极藻、肘状针杆藻、肘状针杆藻尖喙变种缢缩变型、珠峰桥弯藻，敏感种有变绿脆杆藻、淡黄异极藻、短角美壁藻最窄变种、短线脆杆藻、短小舟形藻、钝脆杆藻、钝脆杆藻中狭变种、海地曲壳藻、胡斯特桥弯藻、环状扇形藻、喙头针杆藻、尖细异极藻（*Gomphonema acuminatum*）、近缘桥弯藻、具球异极藻、两头针杆藻、拟螺形菱形藻、扭曲小环藻、膨胀桥弯藻、偏（扁）喙舟形藻、偏肿桥弯藻、微细桥弯藻、箱形桥弯藻、小桥弯藻、新月形桥弯藻、眼斑小环藻、缢缩异极藻、缢缩异极藻头端变种、窄异极藻伸长变种、中型羽纹藻、肿大桥弯藻、肘状针杆藻、肘状针杆藻丹麦变种、珠峰桥弯藻。

2）群落。①鱼类：调查样点 19 个，物种数为 3 ～ 13 种（Ⅱ～Ⅴ级），香农－维纳多样性指数为 0.61 ～ 1.97（Ⅱ～Ⅴ级），鱼类生物完整性指数为 29.99 ～ 65.05（Ⅱ～Ⅴ级）；②大型底栖动物：调查样点 19 个，物种数为 8 ～ 22 种（Ⅰ～Ⅴ级），EPT 物种数为 1 ～ 9 种（Ⅱ～Ⅴ级），香农－维纳多样性指数为 1.10 ～ 3.01（Ⅰ～Ⅵ级），底栖动物完整性指数（B-IBI）为 1.61 ～ 4.68（Ⅰ～Ⅵ级），BMWP 指数为 10 ～ 63（Ⅱ～Ⅵ级），BI 为 4.60 ～ 7.60（Ⅱ～Ⅵ级）；③藻类：调查样点 19 个，物种数为 2 ～ 25 种（Ⅲ～Ⅵ级），香农－维纳多样性指数为 2.20 ～ 3.64（Ⅱ～Ⅳ级），A-IBI 为 0.00 ～ 11.34（Ⅰ～Ⅴ级），IBD 为 12.3 ～ 20.0（Ⅰ～Ⅳ级），BP 为 0.17 ～ 0.71（Ⅱ～Ⅴ级），敏感种分类单元数为 0 ～ 6 种，可运动硅藻百分比为 0 ～ 25%，具柄硅藻百分比为 0 ～ 54%。

3）水化学特征。TP 为 0.03 ～ 0.29mg/L，COD 为 1.90 ～ 4.50mg/L。

4）生境。辽阳金宝湾森林及野生动物市级保护区，汤河饮用水源饮用水源地市级保护区。

5）河流健康指数：根据基本水质、营养盐、藻类、底栖动物、鱼类综合评价，河流健康等级为差～一般（综合评分为 0.24 ～ 0.54）。

保护目标如下。

1）物种。①鱼类：潜在种有东北七鳃鳗、花杜父鱼、辽宁棒花鱼、鸭绿江沙塘鳢、乌鳢；②大型底栖动物：预测种有背角无齿蚌。

2）群落。①鱼类：总物种数Ⅱ级（11 ～ 13 种），香农－维纳多样性指数Ⅱ级（1.61 ～ 2.05），鱼类生物完整性指数Ⅲ级（50.27 ～ 61.75）；②大型底栖动物：物种丰富度Ⅰ级（≥ 22 种），EPT 物种数Ⅰ级（≥ 15），香农－维纳多样性指数Ⅰ级（≥ 2.63），底栖动物完整性指数（B-IBI）Ⅰ级（≥ 4.54），BMWP 指数Ⅰ级（≥ 74），BI 为Ⅰ级（≤ 4.51）；③藻类：总物种数Ⅲ级（19 ～ 26 种），香农－维纳多样性指数Ⅱ级（3.63 ～ 4.43），A-IBI 为Ⅱ级（8.13 ～ 10.84），IBD 为Ⅱ级（16.38 ～ 19.99），BP 为Ⅲ级（0.46 ～ 0.62）。

5.2.144 海城市海城河优良生境功能区（Ⅳ-01-06-02）

面积：849.81km^2。

行政区：①鞍山市海城市（岔沟镇、孤山满族镇、接文镇、马风镇、什司县镇、析木镇、英落镇）；②辽阳市辽阳县（隆昌镇、塔子岭乡）。

水系名称 / 河长：海城河；以一级河流为主，河流总长度为 207.84km，其中一级河流长 132.10km，二级河流长 69.61km，三级河流长 6.13km。

河段生境类型：部分限制性低度蜿蜒支流。

生态功能：本土特有物种生境保护功能、生物多样性维持功能、优良生境保护功能。

服务功能：接触性休闲娱乐功能。

社会经济压力（2010 年）：①土地利用。以林地为主，占该区面积的 65.41%，耕地占 28.71%，草地占 2.49%，居住用地占 1.43%，河流占 0.80%。②人口。区域总人口为 36 467 人，每平方千米约为 43 人。③ GDP。区域 GDP 为 538 235 万元，每平方千米 GDP 为 633.36 万元。

现状如下。

1）物种。①鱼类：优势种有池沼公鱼、洛氏鱥、麦穗鱼、棒花鱼、北方须鳅、鲫、宽鳍鱲、北方花鳅、褐栉鰕虎鱼、暗纹鰕虎鱼、辽宁棒花鱼、泥鳅、纵纹北鳅，敏感种有池沼公鱼、北方花鳅，珍稀濒危物种有东北雅罗鱼，特有物种有辽宁棒花鱼；②大型底栖动物：优势种有钩虾、朝大蚊、日本花翅蜉（*Baetiella japonica*）、*Beatis thermicus*、短脉纹石蛾、Chironominae、Dolichopodidae、淡水三角涡虫、*Ecdyonurus viridis*、宽叶高翔蜉、东方蜉、三斑小蜉、白斑毛黑大蚊、*Hydropsyche orientalis*、纹石蛾、*Ormosia* sp.、Orthocladinae、椭圆萝卜螺、红锯形蜉、*Syncaris* sp.、Tanypodiinae、寡毛纲，敏感种有贝蠓、日本瘤石蛾、舌石蚕、*Blephericera* sp.，伞护种有朝大蚊、四节蜉、苏氏尾鳃蚓、Ceratopogoniidae、短脉纹石蛾、宽叶高翔蜉、三斑小蜉、钩虾、*Hydropsyche nevae*、*Hydropsyche orientalis*、石蛭、椭圆萝卜螺、红锯形蜉、*Serratella setigera*；③藻类：优势种有 *Eunotia paludosa*、*Navicula tenelloides*、扁圆卵形藻、扁圆卵形藻线形变种、变异直链藻、缠结异极藻矮小变种、钝脆杆藻、谷皮菱形藻、弧形蛾眉藻、胡斯特桥弯藻、喙头舟形藻 、尖角异极藻、简单舟形藻、近缘桥弯藻、类菱形肋缝藻、连接脆杆藻近盐生变种、卵圆双菱藻、卵圆双菱藻盐生变种、偏肿桥弯藻、普通等片藻、普通等片藻线形变种、细端菱形藻、小片菱形藻、盐生舟形藻、窄舟形藻、肿胀桥弯藻、肘状针杆藻、肘状针杆藻凹入变种，敏感种有 *Navicula tenelloides*、*Pinnularia obscura*、扁圆卵形藻、钝脆杆藻、盖尤曼桥弯藻、橄榄绿色异极藻、橄榄绿异极藻、高山美壁藻、胡斯特桥弯藻、尖针杆藻、近缘桥弯藻、具球异极藻、类菱形肋缝藻、连接脆杆藻近盐生变种、披针形脆杆藻、偏肿桥弯藻、平卧桥弯藻、弯曲菱形藻平片变种、狭辐节脆杆藻、箱形桥弯藻、小桥弯藻、小型异极藻、新月形桥弯藻、羽纹脆杆藻、窄菱形藻、中型脆杆藻、肿大桥弯藻、肿胀桥弯藻、肘状针杆藻。

2）群落：①鱼类。调查样点 4 个，物种数为 5 ～ 10 种（Ⅲ～Ⅳ级），香农 – 维纳多样性指数为 1.06 ～ 1.21（Ⅲ～Ⅳ级），鱼类生物完整性指数为 36.31 ～ 61.78（Ⅱ～Ⅴ级）；②大型底栖动物：调查样点 13 个，物种数为 7 ～ 34 种（Ⅰ～Ⅴ级），EPT 物种数为 1 ～ 16 种（Ⅰ～Ⅴ级），香农 – 维纳多样性指数为 1.54 ～ 3.42（Ⅰ～Ⅵ级），底栖动物完整性指数（B-IBI）

为 2.70 ～ 5.65（Ⅰ～Ⅳ级），BMWP 指数为 12 ～ 115（Ⅰ～Ⅵ级），BI 为 2.86 ～ 6.30（Ⅰ～Ⅲ级）；③藻类：调查样点 13 个，物种数为 7 ～ 34 种（Ⅰ～Ⅴ级），香农－维纳多样性指数为 2.09 ～ 3.92（Ⅱ～Ⅳ级），A-IBI 为 1.82 ～ 11.51（Ⅰ～Ⅴ级），IBD 为 1.0 ～ 19.1（Ⅱ～Ⅵ级），BP 为 0.10 ～ 0.99（Ⅰ～Ⅵ级），敏感种分类单元数为 5 ～ 8，可运动硅藻百分比为 1% ～ 56%，具柄硅藻百分比为 0 ～ 38%。

3）水化学特征。TP 为 0.01 ～ 0.12mg/L，COD 为 0 ～ 2.20mg/L。

4）河流健康指数。根据基本水质、营养盐、藻类、底栖动物、鱼类综合评价，河流健康等级为差～良（综合评分为 0.21 ～ 0.63）。

保护目标如下。

1）物种。①鱼类：潜在种有花杜父鱼、辽宁棒花鱼、鸭绿江沙塘鳢；②大型底栖动物：预测种有背角无齿蚌。

2）群落。①鱼类：总物种数Ⅲ级（8 ～ 10 种），香农－维纳多样性指数Ⅲ级（1.18 ～ 1.61），鱼类生物完整性指数Ⅱ级（61.75 ～ 73.23）；②大型底栖动物：物种丰富度Ⅰ级（≥ 22 种），EPT 物种数Ⅰ级（≥ 15），香农－维纳多样性指数Ⅰ级（≥ 2.63），底栖动物完整性指数（B-IBI）Ⅰ级（≥ 4.54），BMWP 指数Ⅰ级（≥ 74），BI 为Ⅰ级（≤ 4.51）；③藻类：总物种数Ⅱ级（27 ～ 33 种），香农－维纳多样性指数Ⅱ级（3.63 ～ 4.43），A-IBI 为Ⅱ级（8.13 ～ 10.84），IBD 为Ⅱ级（16.38 ～ 19.99），BP 为Ⅱ级（0.63 ～ 0.79）。

5.2.145 海城市海城河生物多样性维持功能区（Ⅳ-01-06-03）

面积：38.14km^2。

行政区：鞍山市海城市（八里镇、马风镇、牌楼镇、析木镇）。

水系名称 / 河长：海城河；只有三级河流，河流总长度为 9.58km。

河段生境类型：部分限制性中度蜿蜒支流。

服务功能：农业用水功能、接触性休闲娱乐功能。

社会经济压力（2010 年）：①土地利用。以耕地为主，占该区面积的 49.34%，林地占 34.44%，河流占 3.92%，居住用地占 1.14%。②人口。区域总人口为 3930 人，每平方千米为 103.04 人。③ GDP。区域 GDP 为 110 094 万元，每平方千米 GDP 为 2886.55 万元。

现状如下。

1）物种。①大型底栖动物：优势种有 Chironominae、Orthocladinae、寡毛纲、苏氏尾鳃蚓，敏感种有 *Laccophilus* sp.，伞护种有短脉纹石蛾、*Hydropsyche orientalis*、苏氏尾鳃蚓、*Serratella setigera*、石蛭、朝大蚊、椭圆萝卜螺；②藻类：优势种有普通等片藻、近缘桥弯藻、尖布纹藻、柔软双菱藻、肘状针杆藻、肿胀桥弯藻、缠结异极藻矮小变种、扁圆卵形藻线形变种，敏感种有普通等片藻、近缘桥弯藻、尖布纹藻、柔软双菱藻、肿胀桥弯藻、平卧桥弯藻、羽纹脆杆藻、类菱形肋缝藻。

2）群落。①大型底栖动物：调查样点2个，物种数分别为14种、16种（Ⅲ级），EPT物种数分别为4种、6种（Ⅱ、Ⅲ级），香农－维纳多样性指数为1.25、2.82（Ⅰ、Ⅵ级），底栖动物完整性指数（B-IBI）分别为2.45、4.03（Ⅱ、Ⅴ级），BMWP指数分别为39、49（Ⅱ、Ⅲ级），BI分别为5.99、6.52（Ⅲ级）；②藻类：调查样点2个，物种数分别为4种、17种（Ⅳ、Ⅴ级），香农－维纳多样性指数分别为1.81、2.96（Ⅲ～Ⅴ级），A-IBI分别为8.68、9.86（Ⅱ级），IBD分别为14.4、17.9（Ⅱ、Ⅲ级），BP分别为0.84、0.85（Ⅰ级），敏感种分类单元数分别为4、5，可运动硅藻百分比分别为2%、13%，具柄硅藻百分比分别为0、16%。

3）水化学特征。TP为0.01mg/L、0.12mg/L，COD均为0mg/L。

4）河流健康指数。根据基本水质、营养盐、藻类、底栖动物、鱼类综合评价，河流健康等级为差（综合评分为0.27～0.37）。

保护目标如下。

1）物种。大型底栖动物：预测种有背角无齿蚌、中华绒螯蟹。

2）群落。①大型底栖动物：物种丰富度Ⅰ级（≥22种），EPT物种数Ⅰ级（≥15），香农－维纳多样性指数Ⅰ级（≥2.63），底栖动物完整性指数（B-IBI）Ⅰ级（≥4.54），BMWP指数Ⅰ级（≥74），BI为Ⅰ级（≤4.51）；②藻类：总物种数Ⅲ级（19～26种），香农－维纳多样性指数Ⅲ级（2.83～3.62），A-IBI为Ⅰ级（≥10.85），IBD为Ⅱ级（16.38～19.99），BP为Ⅰ级（≥0.80）。

5.2.146 新宾满族自治县太子河本土特有物种生境功能区（Ⅳ-02-01-01）

面积：1181.71km^2。

行政区：①本溪市本溪满族自治县（东营坊乡、碱厂镇、南甸子镇、清河城镇）；②抚顺市抚顺县（后安镇、马圈子乡）、新宾满族自治县（大四平镇、木奇镇、平顶山镇、苇子峪镇、下夹河乡、榆树乡）。

水系名称/河长：太子河；以一级河流为主，河流总长度为253.30km，其中一级河流长156.43km，二级河流长39.78km，三级河流长33.79km，四级河流长23.30km。

河段生境类型：部分限制性低度蜿蜒支流。

生态功能：濒危物种生境保护功能、本土特有物种生境保护功能、生物多样性维持功能、优良生境保护功能。

服务功能：接触性休闲娱乐功能、非接触性休闲娱乐功能。

社会经济压力（2010 年）：①土地利用。以林地为主，占该区面积的 76.34%，耕地占 19.87%，草地占 1.95%，河流占 1.48%，居住用地占 1.05%。②人口。区域总人口为 30 778 人，每平方千米为 26.05 人。③ GDP。区域 GDP 为 167 472 万元，每平方千米 GDP 为 141.72 万元。

现状如下。

1）物种。①鱼类：优势种有洛氏鱥、麦穗鱼、泥鳅、北方须鳅、北方花鳅、褐栉鰕虎鱼、鲫、东北雅罗鱼、兴凯银鮈、宽鳍鱲、棒花鱼、辽宁棒花鱼、泥鳅、沙塘鳢、彩鳑鲏、东北七鳃鳗、棒花鮈，敏感种有北方花鳅、沙塘鳢，珍稀濒危物种有东北雅罗鱼、东北七鳃鳗，特有物种有兴凯银鮈、东北七鳃鳗、辽宁棒花鱼，敏感指示种有鸭绿江沙塘鳢；②大型底栖动物：优势种有朝大蚊、日本花翅蜉、*Beatis thermicus*、短脉纹石蛾、Chironominae、*Choroterpes altioculus*、淡水三角涡虫、宽叶高翔蜉、东方蜉、*Glossosoma altaicum*、舌石蚕、*Hydropsyche nevae*、*Hydropsyche orientalis*、Orthocladinae、*Potamanthus huoshanensis*、*Psychomyia* sp.、红锯形蜉、*Serratella setigera*、*Simulium* sp.、条纹角石蛾、Tanypodiinae、扁旋螺、寡毛纲，敏感种有 *Choroterpes altioculus*、*Cipangopaludina cahayensis*、*Drunella basalis*、*Ecdyonurus bajkovae*、奇埠扁蚴蜉、*Glossosoma altaicum*、舌石蚕、日本瘤石蛾、日本等蜉、*Isoperla* sp.、*Matrona cornelia*、*Megrcys ochracea*、*Paraleptophlebia japonica*、*Potamanthus huoshanensis*、*Rhyacophila kawamurae*、*Rhyacophila* sp.、*Simulium yonagoense*、条纹角石蛾、*Stylurus* sp.、圆顶珠蚌，伞护种有朝大蚊、四节蜉、苏氏尾鳃蚓、Ceratopogoniidae、短脉纹石蛾、*Dolichopus* sp.、宽叶高翔蜉、三斑小蜉、钩虾、*Hydropsyche nevae*、*Hydropsyche orientalis*、石蛭、椭圆萝卜螺、红锯形蜉、*Serratella setigera*；③藻类：优势种有 *Achnanthes biasoletliana* var. *biasoletliana*、*Achnanthes kranzii*、*Achnanthes kranzii*、*Frustulia rbomboides* var. *crassinervia*、*Navicula angusta*、*Navicula capitatoradiata*、系带舟形藻、扁圆卵形藻、扁圆卵形藻线形变种、缠结异极藻矮小变种、缠结异极藻颤动变种、钝脆杆藻、谷皮菱形藻、汉氏桥弯藻、胡斯特桥弯藻、喙头舟形藻、极细微曲壳藻隐头变种、尖异极藻（*Gomphonema acuminatum*）、梅尼小环藻、偏肿桥弯藻、普通等片藻、普通等片藻线形变种、弯曲菱形藻平片变种、细齿菱形藻（*Nitzschia denticula*）、箱形桥弯藻、小型异极藻、盐生舟形藻、肘状针杆藻、肘状针杆藻尖喙变种缢缩变型，敏感种有 *Achnanthes kranzi*、*Frustulia rbomboides* var. *crassinervia*、*Naviculaangusta*、*Neidium binodeformis*、*Nitzschia perminuta*、扁圆卵形藻、扁圆卵形藻线形变种、短线脆杆藻、钝脆杆藻、橄榄绿色异极藻微小变种、橄榄绿异极藻、汉氏桥弯藻、胡斯特桥弯藻、近缘桥弯藻、梅尼小环藻、偏肿桥弯藻、平卧桥弯藻、普通等片藻、绒毛平板藻、嗜苔藓舟形藻（*Navicula bryophila*）、弯曲菱形藻平片变种、细齿菱形藻、箱形桥弯藻、小型异极藻、新月形桥弯藻、

窄菱形藻、肿胀桥弯藻。

2）群落。①鱼类：调查样点 8 个，物种数为 4 ～ 13 种（Ⅱ～Ⅴ级），香农－维纳多样性指数为 0.20 ～ 2.16（Ⅰ～Ⅵ级），鱼类生物完整性指数为 60.86 ～ 67.74（Ⅱ～Ⅲ级）；②大型底栖动物：调查样点 21 个，物种数为 11 ～ 49 种（Ⅰ～Ⅳ级），EPT 物种数为 3 ～ 27 种（Ⅰ～Ⅲ级），香农－维纳多样性指数为 1.90 ～ 4.35（Ⅰ～Ⅳ级），底栖动物完整性指数（B-IBI）为 3.42 ～ 7.43（Ⅰ～Ⅲ级），BMWP 指数为 30 ～ 158（Ⅰ～Ⅴ级），BI 为 3.80 ～ 6.77（Ⅰ～Ⅳ级）；③藻类：调查样点 23 个，物种数为 1 ～ 21 种（Ⅲ～Ⅵ级），香农－维纳多样性指数为 1.13 ～ 3.43（Ⅲ～Ⅵ级），A-IBI 为 0 ～ 10.79（Ⅰ～Ⅴ级），IBD 为 1.0 ～ 20.0（Ⅰ～Ⅵ级），BP 为 0.04 ～ 0.93（Ⅰ～Ⅵ级），敏感种分类单元数为 4 ～ 8，可运动硅藻百分比为 0 ～ 67%，具柄硅藻百分比为 5% ～ 58%。

3）水化学特征。TP 为 0 ～ 0.51mg/L，COD 为 0 ～ 3.05mg/L。

4）河流健康指数。根据基本水质、营养盐、藻类、底栖动物、鱼类综合评价，河流健康等级为极差～良（综合评分为 0.09 ～ 0.65）。

保护目标如下。

1）物种。①鱼类：潜在种有东北七鳃鳗、花杜父鱼、辽宁棒花鱼、鸭绿江沙塘鳢、细鳞鲑；②大型底栖动物：预测种有圆顶珠蚌。

2）群落。①鱼类：总物种数Ⅱ级（11 ～ 13 种），香农－维纳多样性指数Ⅲ级（1.18 ～ 1.61），鱼类生物完整性指数Ⅰ级（≥ 73.23）；②大型底栖动物：物种丰富度Ⅰ级（≥ 22 种），EPT 物种数Ⅰ级（≥ 15），香农－维纳多样性指数Ⅰ级（≥ 2.63），底栖动物完整性指数（B-IBI）Ⅰ级（≥ 4.54），BMWP 指数Ⅰ级（≥ 74），BI 为Ⅰ级（≤ 4.51）；③藻类：总物种数Ⅲ级（19 ～ 26 种），香农－维纳多样性指数Ⅲ级（2.83 ～ 3.62），A-IBI 为Ⅱ级（8.13 ～ 10.84），IBD 为Ⅰ级（≥ 20.00），BP 为Ⅱ级（0.63 ～ 0.79）。

5.2.147 本溪满族自治县太子河南支优良生境功能区（Ⅳ-02-01-02）

面积：949.46km^2。

行政区：①本溪市本溪满族自治县（草河掌镇、东营坊乡、碱厂镇、南甸子镇、泉水镇、田师付镇）；②抚顺市新宾满族自治县（大四平镇、下夹河乡）。

水系名称 / 河长：太子河、沙松河；以一级河流为主，河流总长度为 277.40km，其中一级河流长 162.62km，二级河流长 53.89km，三级河流长 29.13km，四级河流长 31.76km。

河段生境类型：部分限制性低度蜿蜒支流、限制性低度蜿蜒支流。

生态功能：濒危物种生境保护功能、本土特有物种生境保护功能、生物多样性维持功能、优良生境保护功能。

服务功能：饮用水功能、接触性休闲娱乐功能、非接触性休闲娱乐功能。

社会经济压力（2010 年）：①土地利用。以林地为主，占该区面积的 82.63%，耕地占 13.83%，居住用地占 2.37%，河流占 0.60%，草地占 0.04%。②人口。区域总人口为 107 613 人，每平方千米为 113.34 人。③ GDP。区域 GDP 为 388 966 万元，每平方千米 GDP 为 409.67 万元。

现状如下。

1）物种。①鱼类：优势种有洛氏鱥、北方须鳅、北方花鳅、纵纹北鳅、沙塘鳢、泥鳅、宽鳍鱲、褐栉鰕虎鱼、兴凯银鮈，敏感种有北方花鳅、沙塘鳢，特有物种有辽宁棒花鱼、兴凯银鮈，敏感指示种有鸭绿江沙塘鳢；②大型底栖动物：优势种有钩虾、朝大蚊、日本花翅蜉、*Baetis bicaudatus*、*Beatis thermicus*、短脉纹石蛾、Chironominae、*Drunella basalis*、淡水三角涡虫、*Ecdyonurus bajkovae*、奇埠扁蚴蜉、*Ecdyonurus viridis*、宽叶高翔蜉、*Ephemera strigata*、*Hydropsyche nevae*、*Hydropsyche orientalis*、*Homphylax* sp.、*Limnephilus* sp.、*Neoperla* sp.、Orthocladinae、大山石蝇、*Paraleptophlebia japonica*、木曾裸齿角石蛾、红锯形蜉、条纹角石蛾、*Suwallia* sp.、Tanypodiinae、寡毛纲，敏感种有 *Baetis bicaudatus*、*Blephoricera* sp.、*Choroterpes altioculus*、*Cincticostella orientalis*、*Drunella basalis*、*Ecdyonurus bajkovae*、奇埠扁蚴蜉、真扁泥甲、*Glossosoma altaicum*、舌石蚕、*Hydrocyphon* sp.、日本等蜉、*Isoperla* sp.、印度大田鳖、*Megrcys ochracea*、大山石蝇、*Paraleptophlebia japonica*、*Potamanthus huoshanensis*、*Rhyacophila brevicephala*、*Rhyacophila kawamurae*、*Rhyacophila* sp.、*Simulium yonagoense*、条纹角石蛾，伞护种有朝大蚊、四节蜉、Ceratopogoniidae、短脉纹石蛾、*Dolichopus* sp.、宽叶高翔蜉、三斑小蜉、钩虾、*Hydropsyche nevae*、*Hydropsyche orientalis*、石蛭、椭圆萝卜螺、红锯形蜉、*Serratella setigera*；③藻类：优势种有 *Achnanthes kranzii*、*Achnanthes taeniata*、*Cymbella sinuate*、*Cymbella subhelvetica*、*Fragilaria acus* var. arcus、*Gomphonema clavatum*、*Navicula cincta*、扁圆卵形藻、扁圆卵形藻线形变种、变异直链藻、缠结异极藻矮小变种、橄榄绿异极藻、汉氏桥弯藻、弧形蛾眉藻、胡斯特桥弯藻、极细微曲壳藻隐头变种、近缘桥弯藻、具球异极藻、颗粒直链藻、小型异极藻、隐头舟形藻、窄异极藻、扁圆卵形藻、肿大桥弯藻、肘状针杆藻、肘状针杆藻尖喙变种缢缩变型、肘状针杆藻缢缩变种，敏感种有胡斯特桥弯藻、*Achnanthes kranzii*、*Cymbella sinuate*、*Cymbellasubhelvetica*、*Fragilaria acus*、*Gomphonema clavatum*、系带舟形藻、扁圆卵形藻、变异直链藻、短线脆杆藻、短小舟形藻、钝脆杆藻、橄榄绿异极藻、汉氏桥弯藻、胡斯特桥弯藻、环状扇形藻、尖针杆藻、近缘桥弯藻、颗粒直链藻、膨胀桥弯藻、偏肿桥弯藻、平卧桥弯藻、绒毛平板藻、微绿舟形藻、隐头舟形藻、窄异极藻、肿胀桥弯藻、肘状针杆藻。

2）群落。①鱼类：调查样点 5 个，物种数为 3 ～ 10 种（Ⅲ～Ⅴ级），香农 - 维纳多样性指数为 0.31 ～ 1.79（Ⅱ～Ⅴ级），鱼类生物完整性指数为 53.07 ～ 64.44（Ⅱ～Ⅲ级）；②大型底栖动物：调查样点 18 个，物种数为 20 ～ 48 种（Ⅰ～Ⅱ级），EPT 物种数为 12 ～ 29 种（Ⅰ～Ⅱ级），香农－维纳多样性指数为 1.90 ～ 4.55（Ⅰ～Ⅳ级），底栖动物完整性指数（B-IBI）为 4.55 ～ 7.15（Ⅰ级），BMWP 指数为 57 ～ 168（Ⅰ～Ⅱ级），BI 为 1.64 ～ 5.98（Ⅰ～Ⅲ级）；③藻类：调查样点 20 个，物种数为 6 ～ 16 种（Ⅳ～Ⅴ级），香农－维纳多样性指数为 1.75 ～ 3.50（Ⅲ～Ⅴ级），A-IBI 为 5.81 ～ 9.75（Ⅱ～Ⅲ级），IBD 为 9.2 ～ 16.7（Ⅱ～Ⅳ级），BP 为 0.23 ～ 0.90（Ⅰ～Ⅵ级），敏感种分类单元数为 2 ～ 6，可运动硅藻百分比为 0 ～ 10%，具柄硅藻百分比为 0 ～ 82%。

3）水化学特征。TP 为 0.01 ～ 0.09mg/L，COD 为 0 ～ 3.70mg/L。

4）河流健康指数。根据基本水质、营养盐、藻类、底栖动物、鱼类综合评价，河流健康等级为极差～一般（综合评分为 0.07 ～ 0.53）。

保护目标如下。

1）物种。①鱼类：潜在种有东北七鳃鳗、花杜父鱼、辽宁棒花鱼、鸭绿江沙塘鳢、细鳞鲑；②大型底栖动物：预测种有圆顶珠蚌。

2）群落。①鱼类：总物种数Ⅲ级（8 ～ 10 种），香农－维纳多样性指数Ⅲ级（1.18 ～ 1.61），鱼类生物完整性指数Ⅱ级（61.75 ～ 73.23）；②大型底栖动物：物种丰富度Ⅰ级（≥ 22 种），EPT 物种数Ⅰ级（≥ 15），香农－维纳多样性指数Ⅰ级（≥ 2.63），底栖动物完整性指数（B-IBI）Ⅰ级（≥ 4.54），BMWP 指数Ⅰ级（≥ 74），BI 为Ⅰ级（≤ 4.51）；③藻类：总物种数Ⅲ级（19 ～ 26 种），香农－维纳多样性指数Ⅱ级（3.63 ～ 4.43），A-IBI 为Ⅰ级（≥ 10.85），IBD 为Ⅱ级（16.38 ～ 19.99），BP 为Ⅲ级（0.46 ～ 0.62）。

5.2.148 本溪满族自治县细河优良生境功能区（Ⅳ-02-01-03）

面积：1512.54km^2。

行政区：①本溪市的本溪满族自治县（草河口镇、草河掌镇、连山关镇、泉水镇、下马塘满族镇）、明山区（卧龙镇）、南芬区（南芬乡、思山岭）、平山区（北台镇、桥头镇）；②丹东市凤城市（青城子镇）；③辽阳市辽阳县（寒岭镇、水泉满族乡）。

水系名称 / 河长：汤河、细河、细河三道河；以一级河流为主，河流总长度为 395.65km，其中一级河流长 229.22km，二级河流长 117.47km，三级河流长 48.96km。

河段生境类型：部分限制性低度蜿蜒支流、部分限制性高度蜿蜒支流。

生态功能：濒危物种生境保护功能、本土特有物种生境保护功能、生物多样性维持功能、优良生境保护功能。

服务功能：饮用水功能、工业用水功能、接触性休闲娱乐功能、水力发电功能。

社会经济压力（2010年）：①土地利用。以林地为主，占该区面积的86.90%，耕地占8.53%，居住用地占1.60%，采矿场占1.12%，草地占0.83%，河流占0.32%。②人口。区域总人口为158 234人，每平方千米为104.61人。③ GDP。区域GDP为693 898万元，每平方千米GDP为458.76万元。

现状如下。

1）物种。①鱼类：优势种有洛氏鱥、棒花鱼、北方须鳅、褐栉鰕虎鱼、沙塘鳢、北方花鳅、兴凯银鮈、宽鳍鱲、犬首鮈、似鮈、麦穗鱼、东北七鳃鳗、泥鳅、东北雅罗鱼、辽宁棒花鱼、中华多刺鱼、黄蚴，敏感种有北方花鳅、犬首鮈、沙塘鳢、中华多刺鱼，珍稀濒危物种有东北七鳃鳗、东北雅罗鱼，特有物种有辽宁棒花鱼、兴凯银鮈、东北七鳃鳗，敏感指示种有鸭绿江沙塘鳢；②大型底栖动物：优势种有朝大蚊、日本花翅蜉、*Beatis thermicus*、短脉纹石蛾、Chironominae、*Cincticostella orientalis*、*Drunella basalis*、奇埠扁蚴蜉、*Ecdyonurus* sp.、*Ecdyonurus viridis*、宽叶高翔蜉、东方蜉、*Ephemera strigata*、三斑小蜉、*Hydropsyche kozhantschikovi*、*Hydropsyche nevae*、*Hydropsyche orientalis*、日本等蜉、石蛭、Orthocladinae、*Psychomyia* sp.、椭圆萝卜螺、红锯形蜉、*Serratella setigera*、*Simulium* sp.、条纹角石蛾、Tanypodiinae、扁旋螺、寡毛纲，敏感种有*Bezzia* spp.、*Blephericera* sp.、*Choroterpes altioculus*、*Cincticostella orientalis*、*Drunella basalis*、奇埠扁蚴蜉、真扁泥甲、*Glossosoma altaicum*、舌石蚕、日本瘤石蛾、*Hydrocyphon* spp.、日本等蜉、*Isoperla* sp.、印度大田鳖、大山石蝇、*Paraleptophlebia japonica*、*Potamanthus huoshanensis*、*Rhyacophila brevicephala*、*Rhyacophila kawamurae*、*Simulium yonagoense*、条纹角石蛾、*Stylurus* sp.，伞护种有朝大蚊、*Baetis* sp.、苏氏尾鳃蚓、Ceratopogoniidae、短脉纹石蛾、宽叶高翔蜉、三斑小蜉、钩虾、*Hydropsyche nevae*、*Hydropsyche orientalis*、石蛭、椭圆萝卜螺、红锯形蜉、*Serratella setigera*；③藻类：优势种有*Achnanthes biasoletliana Grunow* var. *biasoletliana*、极细微曲壳藻、*Cymbella versxhiedene*、*Gomphonema anjae*、*Navicula capitatoradiata*、系带舟形藻、扁喙舟形藻、扁圆卵形藻、扁圆卵形藻线形变种、缠结异极藻矮小变种、长圆舟形藻、锉刀状布纹藻、冬生等片藻小型变种、谷皮菱形藻、广缘小环藻、汉氏桥弯藻、弧形蛾眉藻两尖变种、胡斯特桥弯藻、环状扇形藻缢缩变种、喙头舟形藻、极细微曲壳藻隐头变种、尖针杆藻极狭变种、近缘桥弯藻、具球异极藻、颗粒直链藻、卵形双菱藻羽纹变种、扭曲小环藻、膨胀桥弯藻、偏肿桥弯藻、平卧桥弯藻、普通等片藻、普通等片藻线形变种、普通菱形藻、三点舟形藻、丝状舟形藻、微绿舟形藻、箱形桥弯藻、小头舟形藻、小型异极藻、新月形桥弯藻、盐生舟形藻、桥弯藻、缢缩异极藻、隐头舟形藻威蓝变种、肿胀桥弯藻、肘状针杆藻、肘状针杆藻凹入变种、肘状针杆藻匙形变种、肘状针杆藻尖喙变种、肘状针杆藻尖喙变种缢缩变型、珠峰桥弯藻，敏感种有*Achnanthes* *biasoletliana*、*Cymbella versxhiedene*、*Gomphonema anjae*、系带舟形藻、扁圆卵形藻、扁圆卵形藻线形变种、冬生等片藻小型变种、短线脆杆藻、短小曲壳藻、钝脆杆藻、橄榄绿色异极藻、广缘小环藻、汉氏桥弯藻、弧形蛾眉藻两尖变种、胡斯特桥弯藻、环状扇形藻缢缩变种、极细微曲壳藻、尖针杆藻、近缘桥弯藻、具球异极藻、拟螺形菱形藻、扭曲小环藻、膨胀桥弯藻、偏肿桥弯藻、平卧桥弯藻、普通等片藻、切断桥弯藻、三点舟形藻、弯曲菱形藻平片变种、微绿舟形藻、细长舟形藻（*Navicula gracilis*）、狭辐节脆杆藻、箱形桥弯藻、小头舟形藻、小型异极藻、新月形桥弯藻、羽纹脆杆藻、窄菱形藻、肿胀桥弯藻、肘状针杆藻、肘状针杆藻匙形变种、肘状针杆藻尖喙变种、珠峰桥弯藻。

2）群落。①鱼类：调查样点 19 个，物种数为 3 ～ 11 种（Ⅱ～Ⅴ级），香农 - 维纳多样性指数为 0.44 ～ 1.88（Ⅱ～Ⅴ级），鱼类生物完整性指数为 32.65 ～ 64.57（Ⅱ～Ⅴ级）；②大型底栖动物：调查样点 40 个，物种数为 11 ～ 42 种（Ⅰ～Ⅳ级），EPT 物种数为 1 ～ 25 种（Ⅰ～Ⅴ级），香农 - 维纳多样性指数为 1.08 ～ 4.01（Ⅰ～Ⅵ级），底栖动物完整性指数（B-IBI）为 2.71 ～ 7.23（Ⅰ～Ⅳ级），BMWP 指数为 27 ～ 135（Ⅰ～Ⅴ级），BI 为 2.99 ～ 6.81（Ⅰ～Ⅳ级）；③藻类：调查样点 43 个，物种数为 1 ～ 22 种（Ⅲ～Ⅵ级），香农 - 维纳多样性指数为 1.19 ～ 3.64（Ⅱ～Ⅵ级），A-IBI 为 0 ～ 10.98（Ⅰ～Ⅴ级），IBD 为 1.0 ～ 20.0（Ⅰ～Ⅵ级），BP 为 0 ～ 1.00（Ⅰ～Ⅵ级），敏感种分类单元数为 2 ～ 6，可运动硅藻百分比为 0 ～ 75%，具柄硅藻百分比为 0 ～ 71%。

3）水化学特征。TP 为 0 ～ 1.63mg/L，COD 为 0 ～ 5.65mg/L。

4）河流健康指数。根据基本水质、营养盐、藻类、底栖动物、鱼类综合评价，河流健康等级为极差～一般（综合评分为 0.05 ～ 0.56）。

保护目标如下。

1）物种。①鱼类：潜在种有东北七鳃鳗、花杜父鱼、辽宁棒花鱼、鸭绿江沙塘鳢；②大型底栖动物：预测种有圆顶珠蚌。

2）群落。①鱼类：总物种数Ⅲ级（8 ～ 10 种），香农 - 维纳多样性指数Ⅲ级（1.18 ～ 1.61），鱼类生物完整性指数Ⅱ级（61.75 ～ 73.23）；②大型底栖动物：物种丰富度Ⅰ级（≥ 22 种），EPT 物种数Ⅰ级（≥ 15），香农 - 维纳多样性指数Ⅰ级（≥ 2.63），底栖动物完整性指数（B-IBI）Ⅰ级（≥ 4.54），BMWP 指数Ⅰ级（≥ 74），BI 为Ⅰ级（≤ 4.51）；③藻类：总物种数Ⅲ级（19 ～ 26 种），香农 - 维纳多样性指数Ⅲ级（2.83 ～ 3.62），A-IBI 为Ⅱ级（8.13 ～ 10.84），IBD 为Ⅱ级（16.38 ～ 19.99），BP 为Ⅱ级（0.63 ～ 0.79）。

5.2.149 辽阳县蓝河汤河二道河本土特有物种生境功能区（Ⅳ-02-02-01）

面积：993.42km^2。

行政区：①本溪市本溪满族自治县（连山关镇、下马塘满族镇）、南芬区（南芬乡）、平山区（北台镇、桥头镇）；②丹东市凤城市（青城子镇）。③辽阳市的弓长岭区（安平乡、弓长岭镇）、辽阳县（八会镇、寒岭镇、河栏镇、隆昌镇、水泉满族乡、塔子岭乡、下达河乡）。

水系名称 / 河长：蓝河、汤河二道河；以一级河流为主，河流总长度为 216.66km，其中一级河流长 129.10km，二级河流长 87.56km。

河段生境类型：部分限制性中度蜿蜒支流。

生态功能：濒危物种生境保护功能、本土特有物种生境保护功能、鱼类产卵场 – 育幼场 – 索饵场功能、生物多样性维持功能、优良生境保护功能。

服务功能：接触性休闲娱乐功能。

社会经济压力（2010 年）：①土地利用。以林地为主，占该区面积的 80.43%，耕地占 14.49%，采矿场 1.63%，居住用地占 1.59%，草地占 1.40%，河流占 0.16%。②人口。区域总人口为 45 672 人，每平方千米为 45.97 人。③ GDP。区域 GDP 为 254 666 万元，每平方千米 GDP 为 256.35 万元。

现状如下。

1）物种。①鱼类：优势种有洛氏鱥、棒花鱼、辽宁棒花鱼、北方须鳅、北方花鳅、犬首鮈、泥鳅、沙塘鳢、纵纹北鳅、东北七鳃鳗、麦穗鱼、鲇、东北雅罗鱼、宽鳍鱲、鲫、兴凯银鮈，敏感种有北方花鳅、犬首鮈、沙塘鳢、凌源鮈，珍稀濒危物种有东北七鳃鳗、东北雅罗鱼，特有物种有东北七鳃鳗、辽宁棒花鱼，兴凯银鮈，敏感指示种有鸭绿江沙塘鳢，经济物种有怀头鲇；②大型底栖动物：优势种有 *Ampumixis* sp.、朝大蚊、伪鹬虻、热水四节蜉、短脉纹石蛾、Chironominae、Diamesinae、Dolichopodidae、*Dolichopus* sp.、淡水三角涡虫、宽叶高翔蜉、三斑小蜉、*Glossosoma altaicum*、白斑毛黑大蚊、山瘤虻、*Hydropsyche nevae*、*Ormosia* sp.、Orthocladinae、*Serratella setigera*、*Tomocerus* sp.、扁旋螺、寡毛纲，敏感种有 *Drunella basalis*、奇埠扁蚴蜉、*Glossosoma altaicum*、舌石蚕、日本瘤石蛾、大山石蝇、*Paraleptophlebia japonica*、*Rhyacophila brevicephala*、条纹角石蛾，伞护种有朝大蚊、苏氏尾鳃蚓、Ceratopogoniidae、短脉纹石蛾、*Dolichopus* sp.、宽叶高翔蜉、三斑小蜉、钩虾、*Hydropsyche nevae*、*Hydropsyche orientalis*、石蛭、椭圆萝卜螺、红锯形蜉、*Serratella setigera*；③藻类：优势种有 *Achnanthes kranzii*、*Cymbella versxhiedene*、*Navicula capitatoradiata*、*Navicula cincta*、扁圆卵形藻、扁圆卵形藻线形变种、变异直链藻、缠结异极藻矮小变种、长圆舟形藻、池生菱形藻、短角美壁藻最窄变种、短线脆杆藻、钝脆杆藻、钝脆杆藻中狭变种、谷皮菱形藻、海地曲壳藻、汉氏桥弯藻、弧形蛾眉藻、胡斯特桥弯藻、喙头舟形藻、极细微曲壳藻隐头变种、尖角异极藻、简单舟形藻、渐狭布纹藻、近缘桥弯藻、两头针杆藻、念珠状等片藻、偏肿桥弯藻、平片针杆藻、平卧桥弯藻、普通等片藻、普通等片藻线形变种、桥弯藻、三点舟形藻、细长舟形藻、细端菱形藻、线行菱形藻、箱形桥弯藻、小型异极藻、小舟形藻、新月形桥弯藻、延长等片藻细弱变种、针状菱形藻、肘状针杆藻、肘状针杆藻丹麦变种、肘状针杆藻尖喙变种、肘状针杆藻缢缩变种、珠峰桥弯藻，敏感种有 *Achnanthes kranzii*、*Cymbella typenprap*、扁圆卵形藻、变绿脆杆藻、变绿脆杆藻中狭变种、布雷姆桥弯藻、锉刀形布纹藻、短线脆杆藻、短小舟形藻、钝脆杆藻、钝脆杆藻披针状变种、钝脆杆藻中狭变种、橄榄绿色异极藻、汉氏桥弯藻、胡斯特桥弯藻、环状扇形藻、尖细异极藻、简单舟形藻、近缘桥弯藻、具球异极藻、膨胀桥弯藻、偏肿桥弯藻、偏肿桥弯藻半环变种、平卧桥弯藻、奇异楔形藻、三点舟形藻、嗜苔藓舟形藻、微绿舟形藻、线行菱形藻、箱形桥弯藻、小桥弯藻、小型异极藻、小型异极藻细小变种、新月形桥弯藻、眼斑小环藻、缢缩异极藻头端变种膨大变型、优美桥弯藻、羽纹脆杆藻、窄双菱藻、肿大桥弯藻、肿胀桥弯藻、肘状针杆藻丹麦变种、肘状针杆藻缢缩变种。

2）群落。①鱼类：调查样点 28 个，物种数为 2 ～ 10 种（Ⅲ～Ⅴ级），香农 - 维纳多样性指数为 0.42 ～ 1.85（Ⅱ～Ⅴ级），鱼类生物完整性指数为 36.41 ～ 67.36（Ⅱ～Ⅴ级）；②大型底栖动物：调查样点 30 个，物种数为 0 ～ 31 种（Ⅰ～Ⅵ级），EPT 物种数为 0 ～ 18（Ⅰ～Ⅴ级），香农 - 维纳多样性指数为 0 ～ 3.29（Ⅰ～Ⅵ级），底栖动物完整性指数（B-IBI）为 1.14 ～ 5.38（Ⅰ～Ⅵ级），BMWP 指数为 0 ～ 68（Ⅱ～Ⅵ级），BI 为 0 ～ 8.00（Ⅰ～Ⅵ级）；③藻类：调查样点 30 个，物种数为 1 ～ 35 种（Ⅰ～Ⅵ级），香农 - 维纳多样性指数为 0.34 ～ 3.64（Ⅱ～Ⅵ级），A-IBI 为 10.02 ～ 11.25（Ⅰ～Ⅱ级），IBD 为 1.0 ～ 20.0（Ⅰ～Ⅵ级），BP 为 0 ～ 0.94（Ⅰ～Ⅵ级），敏感种分类单元数为 1 ～ 8，可运动硅藻百分比为 0 ～ 37%，具柄硅藻百分比为 0 ～ 56%。

3）水化学特征。TP 为 0 ～ 0.94mg/L，COD 为 0.70 ～ 12.50mg/L。

4）河流健康指数。根据基本水质、营养盐、藻类、底栖动物、鱼类综合评价，河流健康等级为极差～一般（综合评分为 0.02 ～ 0.51）。

保护目标如下。

1）物种。①鱼类：潜在种有东北七鳃鳗、花杜父鱼、辽宁棒花鱼、鸭绿江沙塘鳢。

2）群落。①鱼类：总物种数Ⅲ级（8 ～ 10 种），香农 - 维纳多样性指数Ⅲ级（1.18 ～ 1.61），鱼类生物完整性指数Ⅱ级（61.75 ～ 73.23）；②大型底栖动物：物种丰富度Ⅰ级（≥ 22 种），EPT 物种数Ⅰ级（≥ 15），香农 - 维纳多样性指数Ⅰ级（≥ 2.63），底栖动物完整性指数（B-IBI）Ⅰ级（≥ 4.54），BMWP 指数Ⅰ级（≥ 74），BI 为Ⅰ级（≤ 4.51）；③藻类：总物种数Ⅲ级（19 ～ 26 种），香农 - 维纳多样性指数Ⅲ级（2.83 ～ 3.62），A-IBI 为Ⅰ级（≥ 10.85），IBD 为Ⅱ级（16.38 ～ 19.99），BP 为Ⅲ级（0.46 ～ 0.62）。

参考文献

党连文 . 2011. 辽河流域水资源综合规划概要 . 中国水利 ,(23)：102.

解玉浩 .2007. 东北地区淡水鱼类 . 沈阳：辽宁科学技术出版社 .

辽宁省环境监测实验中心 .2014. 辽河流域底栖动物监测 . 北京：中国环境出版社 .

刘婵馨，秦克静 .1987. 辽宁动物志——鱼类 . 沈阳：辽宁科学技术出版社 .

齐钟彦 .1999. 新拉汉无脊椎动物名称 . 北京：科学出版社 .

王伟，王冰，何旭颖 , 等 .2013. 太子河鱼类群落结构空间分布特征 . 环境科学研究，26(5)：494-501.

张巍巍，李元胜 .2015. 中国昆虫生态大图鉴 . 重庆：重庆大学出版社 .

胡鸿均，魏印心 . 2006. 中国淡水藻类——系统、分类及生态 . 北京：科学出版社 .

林碧琴，李法云 . 2013. 辽宁淡水硅藻 . 辽宁：辽宁科学技术出版社 .

《中国河湖大典》编纂委员会 . 2014. 中国河湖大典——黑龙江、辽河卷 . 北京：中国水利水电出版社 .

水利部松辽水利委员会 . 2000. 辽河志 . 第二卷 . 长春：吉林人民出版社 .

水利部松辽水利委员会 . 2002. 辽河志 . 第三卷 . 长春：吉林人民出版社 .

水利部松辽水利委员会 . 2003. 辽河志 . 第四卷 . 长春：吉林人民出版社 .

水利部松辽水利委员会 . 2004. 辽河志 . 第一卷 . 长春：吉林人民出版社 .

渠晓东，刘志刚，张远 . 2012. 标准化方法筛选参照点构建大型底栖动物生物完整性指数 . 生态学报，32(15)：4661-4672.

Breine, Simoens I, Goethals P, et al. 2004. A fish-based index of biotic integrity for upstream brooks in Flanders (Belgium). Hydrobiologia, 522：133-148.

Bozzetti M, Schulz U H. 2004. An index of biotic integrity based on fish assemblages for subtropical streams in southern Brazil. Hydrobiologia, 529：133-144.

Higgins J V, Bryer M T, Khour Y M, et al. 2005. A freshwater classification approach for biodiversity conservation planning. Conservation Biology, 19(2)：432-445.

Vannote R L, Minshall G W, Cummins K W, et al. 1980. The river continuum concept. Canadian Journal of Fisheries and Aquatic Sciences, 37(1)： 130-137.

附 录

辽河流域鱼类物种名录

中文名	拉丁名	门	纲	目	科	属
辽宁棒花鱼	*Abbottina liaoningensis*	脊索动物门 Chordata	硬骨鱼纲 Osteichthyes	鲤形目 Cypriniformes	鲤科 Cyprinidae	棒花鱼属 *Abbottina*
棒花鱼	*Abbottina rivularis*	脊索动物门 Chordata	硬骨鱼纲 Osteichthyes	鲤形目 Cypriniformes	鲤科 Cyprinidae	棒花鱼属 *Abbottina*
兴凯鱊	*Acheilognathus chankaensis*	脊索动物门 Chordata	硬骨鱼纲 Osteichthyes	鲤形目 Cypriniformes	鲤科 Cyprinidae	鱊属 *Acheilognathus*
大鳍鱊	*Acheilognathus macropterus*	脊索动物门 Chordata	硬骨鱼纲 Osteichthyes	鲤形目 Cypriniformes	鲤科 Cyprinidae	鱊属 *Acheilognathus*
鳗鲡	*Anguilla japonica*	脊索动物门 Chordata	硬骨鱼纲 Osteichthyes	鳗鲡目 Anguilliformes	鳗鲡科 Anguillidae	鳗鲡属 *Anguilla*
鳙	*Aristichthys nobilis*	脊索动物门 Chordata	硬骨鱼纲 Osteichthyes	鲤形目 Cypriniformes	鲤科 Cyprinidae	鳙属 *Aristichthys*
北方须鳅	*Barbatula nuda*	脊索动物门 Chordata	硬骨鱼纲 Osteichthyes	鲤形目 Cypriniformes	鳅科 Cobitidae	须鳅属 *Barbatula*
细鳞鲑	*Brachymystax lenok*	脊索动物门 Chordata	硬骨鱼纲 Osteichthyes	鲑形目 Salmoniformes	鲑科 Salmonidae	细鳞鲑属 *Brachymystax*
鲫	*Carassius auratus*	脊索动物门 Chordata	硬骨鱼纲 Osteichthyes	鲤形目 Cypriniformes	鲤科 Cyprinidae	鲫属 *Carassius*
乌鳢	*Channa argus*	脊索动物门 Chordata	硬骨鱼纲 Osteichthyes	鲈形目 Perciformes	鳢科 Channidae	鳢属 *Channa*
肉犁克丽鰕虎鱼	*Chloea sarchynnis*	脊索动物门 Chordata	硬骨鱼纲 Osteichthyes	鲈形目 Perciformes	鰕虎鱼科 Gobiidae	克丽鰕虎鱼属 *Chloea*
北方花鳅	*Cobitis granoci*	脊索动物门 Chordata	硬骨鱼纲 Osteichthyes	鲤形目 Cypriniformes	鳅科 Cobitidae	花鳅属 *Cobitis*
刀鲚	*Coilia nasus*	脊索动物门 Chordata	硬骨鱼纲 Osteichthyes	鲱形目 Clupeiformes	鲱科 Clupeidae	鲚属 *Coilia*
杂色杜父鱼	*Cottus poecilopus*	脊索动物门 Chordata	硬骨鱼纲 Osteichthyes	鲉形目 Scorpaeniformes	杜父鱼科 Cottidae	杜父鱼属 *Cottus*
褐栉鰕虎鱼	*Ctenogobius brunneus*	脊索动物门 Chordata	硬骨鱼纲 Osteichthyes	鲈形目 Perciformes	鰕虎鱼科 Gobiidae	栉鰕虎鱼属 *Ctenogobius*
草鱼	*Ctenopharyngodon idellus*	脊索动物门 Chordata	硬骨鱼纲 Osteichthyes	鲤形目 Cypriniformes	鲤科 Cyprinidae	草鱼属 *Ctenopharyngodon*

续表

中文名	拉丁名	门	纲	目	科	属
翘嘴红鲌	*Culter alburnus*	脊索动物门 Chordata	硬骨鱼纲 Osteichthyes	鲤形目 Cypriniformes	鲤科 Cyprinidae	鲌属 *Culter*
红鳍原鲌	*Cultrichthys erythropterus*	脊索动物门 Chordata	硬骨鱼纲 Osteichthyes	鲤形目 Cypriniformes	鲤科 Cyprinidae	原鲌属 *Cultrichthys*
鲤	*Cyprinus carpio*	脊索动物门 Chordata	硬骨鱼纲 Osteichthyes	鲤形目 Cypriniformes	鲤科 Cyprinidae	鲤属 *Cyprinus*
犬首鮈	*Gobio cynocephalus*	脊索动物门 Chordata	硬骨鱼纲 Osteichthyes	鲤形目 Cypriniformes	鲤科 Cyprinidae	鮈属 *Gobio*
凌源鮈	*Gobio lingyuanensis*	脊索动物门 Chordata	硬骨鱼纲 Osteichthyes	鲤形目 Cypriniformes	鲤科 Cyprinidae	鮈属 *Gobio*
棒花鮈	*Gobio rivuloides*	脊索动物门 Chordata	硬骨鱼纲 Osteichthyes	鲤形目 Cypriniformes	鲤科 Cyprinidae	鮈属 *Gobio*
高体鮈	*Gobio soldatovi*	脊索动物门 Chordata	硬骨鱼纲 Osteichthyes	鲤形目 Cypriniformes	鲤科 Cyprinidae	鮈属 *Gobio*
细体鮈	*Gobio tenuicorpus*	脊索动物门 Chordata	硬骨鱼纲 Osteichthyes	鲤形目 Cypriniformes	鲤科 Cyprinidae	鮈属 Gobio
潘氏鳅鮀	*Gobiobotia pappenheimi*	脊索动物门 Chordata	硬骨鱼纲 Osteichthyes	鲤形目 Cypriniformes	鲤科 Cyprinidae	鳅鮀属 *Gobiobotia*
鰲	*Hemiculter leucisculus*	脊索动物门 Chordata	硬骨鱼纲 Osteichthyes	鲤形目 Cypriniformes	鲤科 Cyprinidae	鰲 属 *Hemiculter*
清徐胡鮈	*Huigobio chinssuensis*	脊索动物门 Chordata	硬骨鱼纲 Osteichthyes	鲤形目 Cypriniformes	鲤科 Cyprinidae	胡鮈属 *Huigobio*
池沼公鱼	*Hypomesus olidus*	脊索动物门 Chordata	硬骨鱼纲 Osteichthyes	鲑形目 Salmoniformes	胡瓜鱼科 Osmeridae	公鱼属 *Hypomesus*
鲢	*Hypophthalmichthys molitrix*	脊索动物门 Chordata	硬骨鱼纲 Osteichthyes	鲤形目 Cypriniformes	鲤科 Cyprinidae	鲢属 *Hypophthalmichthys*
日本鱵	*Hyporhamphus sajori*	脊索动物门 Chordata	硬骨鱼纲 Osteichthyes	鳉形目 Cyprinodontiformes	鱵鱼科 Hemiramphidae	下鱵鱼属 *Hyporhamphus*
黄蚴	*Hypseleotris swinhonis*	脊索动物门 Chordata	硬骨鱼纲 Osteichthyes	鲈形目 Perciformes	塘鳢科 Eleotridae	黄蚴属 *Hypseleotris*
斑鰶	*Konosirus punctatus*	脊索动物门 Chordata	硬骨鱼纲 Osteichthyes	鲱形目 Clupeiformes	鲱科 Clupeidae	斑鰶属 *Konosirus*
东北七鳃鳗	*Lampetra morii*	脊索动物门 Chordata	圆口纲 Cyclostomata	七鳃鳗目 Petromyzoniformes	七鳃鳗科 Petromyzonidae	七鳃鳗属 *Lampetra*
雷氏七鳃鳗	*Lampetra reissneri*	脊索动物门 Chordata	圆口纲 Cyclostomata	七鳃鳗目 Petromyzoniformes	七鳃鳗科 Petromyzonidae	七鳃鳗属 *Lampetra*
纵纹北鳅	*Lefua costata*	脊索动物门 Chordata	硬骨鱼纲 Osteichthyes	鲤形目 Cypriniformes	鳅科 Cobitidae	北鳅属 *Lefua*
东北雅罗鱼	*Leuciscus waleckii*	脊索动物门 Chordata	硬骨鱼纲 Osteichthyes	鲤形目 Cypriniformes	鲤科 Cyprinidae	雅罗鱼属 *Leuciscus*

续表

中文名	拉丁名	门	纲	目	科	属
鲮	*Liza haematocheila*	脊索动物门 Chordata	硬骨鱼纲 Osteichthyes	鲻形目 Mugiliformes	鲻科 Mugilidae	鲮 *Liza*
鲂	*Megalobrama terminalis*	脊索动物门 Chordata	硬骨鱼纲 Osteichthyes	鲤形目 Cypriniformes	鲤科 Cyprinidae	鲂属 *Megalobrama*
泥鳅	*Misgurnus anguillicaudatus*	脊索动物门 Chordata	硬骨鱼纲 Osteichthyes	鲤形目 Cypriniformes	鳅科 Cobitidae	泥鳅属 *Misgurnus*
沙塘鳢	*Odontobutis obscura*	脊索动物门 Chordata	硬骨鱼纲 Osteichthyes	鲈形目 Perciformes	塘鳢科 Eleotridae	沙塘鳢属 *Odontobutis*
鸭绿江沙塘鳢	*Odontobutis yalu-ensis*	脊索动物门 Chordata	硬骨鱼纲 Osteichthyes	鲈形目 Perciformes	塘鳢科 Eleotridae	沙塘鳢属 *Odontobutis*
马口鱼	*Opsariichthys bidens*	脊索动物门 Chordata	硬骨鱼纲 Osteichthyes	鲤形目 Cypriniformes	鲤科 Cyprinidae	马口鱼属 *Opsariichthys*
青鳉	*Oryzias latipes*	脊索动物门 Chordata	硬骨鱼纲 Osteichthyes	鳉形目 Cyprinodontiformes	鳉科 Cyprinodontidae	青鳉属 *Oryzias*
大鳞副泥鳅	*Paramisgurnus dabryanus*	脊索动物门 Chordata	硬骨鱼纲 Osteichthyes	鲤形目 Cypriniformes	鳅科 Cobitidae	副泥鳅属 *Paramisgurnus*
葛氏鲈塘醴	*Perccottus glehni*	脊索动物门 Chordata	硬骨鱼纲 Osteichthyes	鲈形目 Perciformes	塘鳢科 Eleotridae	鲈塘醴属 *Perccottus*
洛氏鱥	*Phoxinus lagowskii*	脊索动物门 Chordata	硬骨鱼纲 Osteichthyes	鲤形目 Cypriniformes	鲤科 Cyprinidae	鱥属 *Phoxinus*
似鮈	*Pseudogobio vail-lanti*	脊索动物门 Chordata	硬骨鱼纲 Osteichthyes	鲤形目 Cypriniformes	鲤科 Cyprinidae	似鮈 *Pseudogobio*
麦穗鱼	*Pseudorasbora parva*	脊索动物门 Chordata	硬骨鱼纲 Osteichthyes	鲤形目 Cypriniformes	鲤科 Cyprinidae	麦穗鱼属 *Pseudorasbora*
中华多刺鱼	*Pungitius pungitius*	脊索动物门 Chordata	硬骨鱼纲 Osteichthyes	刺鱼目 Gasterosteiformes	刺鱼科 Gasterosteidae	多刺鱼属 *Pungitius*
波氏吻鰕虎鱼	*Rhinogobius cliffordpopei*	脊索动物门 Chordata	硬骨鱼纲 Osteichthyes	鲈形目 Perciformes	鰕虎鱼科 Gobiidae	吻鰕虎鱼属 *Rhinogobius*
子陵吻鰕虎	*Rhinogobius giurinus*	脊索动物门 Chordata	硬骨鱼纲 Osteichthyes	鲈形目 Perciformes	鰕虎鱼科 Gobiidae	吻鰕虎鱼属 *Rhinogobius*
彩鳑鲏	*Rhodeus lighti*	脊索动物门 Chordata	硬骨鱼纲 Osteichthyes	鲤形目 Cypriniformes	鲤科 Cyprinidae	鳑鲏属 *Rhodeus*
黑龙江鳑鲏	*Rhodeus sericeus*	脊索动物门 Chordata	硬骨鱼纲 Osteichthyes	鲤形目 Cypriniformes	鲤科 Cyprinidae	鳑鲏属 *Rhodeus*
中华鳑鲏	*Rhodeus sinensis*	脊索动物门 Chordata	硬骨鱼纲 Osteichthyes	鲤形目 Cypriniformes	鲤科 Cyprinidae	鳑鲏属 *Rhodeus*
辽河突吻鮈	*Rostrogobio liaohensis*	脊索动物门 Chordata	硬骨鱼纲 Osteichthyes	鲤形目 Cypriniformes	鲤科 Cyprinidae	突吻鮈属 *Rostrogobio*
鲇	*Silurus asotus*	脊索动物门 Chordata	硬骨鱼纲 Osteichthyes	鲇形目 Siluriformes	鲇科 Siluridae	鲇属 *Silurus*
怀头鲇	*Silurus soldatovi*	脊索动物门 Chordata	硬骨鱼纲 Osteichthyes	鲇形目 Siluriformes	鲇科 Siluridae	鲇属 *Silurus*

续表

中文名	拉丁名	门	纲	目	科	属
银鮈	*Squalidus argentatus*	脊索动物门 Chordata	硬骨鱼纲 Osteichthyes	鲤形目 Cypriniformes	鲤科 Cyprinidae	银鮈属 *Squalidus*
兴凯银鮈	*Squalidus chankaensis*	脊索动物门 Chordata	硬骨鱼纲 Osteichthyes	鲤形目 Cypriniformes	鲤科 Cyprinidae	银鮈属 *Squalidus*
暗缟鰕虎鱼	*Tridentiger obscurus*	脊索动物门 Chordata	硬骨鱼纲 Osteichthyes	鲈形目 Perciformes	鰕虎鱼科 Gobiidae	缟鰕虎鱼属 *Tridentiger*
达里湖高原鳅	*Triplophysa dalaica*	脊索动物门 Chordata	硬骨鱼纲 Osteichthyes	鲤形目 Cypriniformes	鳅科 Cobitidae	高原鳅属 *Triplophysa*
宽鳍鱲	*Zacco platypus*	脊索动物门 Chordata	硬骨鱼纲 Osteichthyes	鲤形目 Cypriniformes	鲤科 Cyprinidae	鱲属 Zacco

辽河流域大型底栖动物物种名录

中文名	拉丁名	门	纲	目	科	属
	Ablabesmyia sp.	节肢动物门 Arthropoda	昆虫纲 Insecta	双翅目 Diptera	摇蚊科 Chironomidae	无突摇蚊属 *Ablabesmyia*
	Acanthomysis sp.	节肢动物门 Arthropoda	软甲纲 Malacostraca	糠虾目 Mysidacea	糠虾科 Mysidae	刺糠虾属 *Acanthomysis*
	Aeschna sp.	节肢动物门 Arthropoda	昆虫纲 Insecta	蜻蜓目 Odonata	蜓科 Aeshnidae	蜓属 *Aeschna*
	Agabus sp.	节肢动物门 Arthropoda	昆虫纲 Insecta	鞘翅目 Coleoptera	龙虱科 Dytiscidae	豆龙虱属 *Agabus*
	Ampumixis sp.	节肢动物门 Arthropoda	昆虫纲 Insecta	鞘翅目 Coleoptera	溪泥甲科 Elmidae	溪泥甲属 *Ampumixis*
马奇异春蜓	*Anisogomphus maacki*	节肢动物门 Arthropoda	昆虫纲 Insecta	蜻蜓目 Odonata	春蜓科 Gomphidae	异春蜓属 *Anisogomphus*
背角无齿蚌	*Anodonta woodiana*	软体动物门 Mollusca	瓣鳃纲 Lamellibranchia	蚌目 Unionoida	蚌科 Unionidae	无齿蚌属 *Anodonta*
	Antocha sp.	节肢动物门 Arthropoda	昆虫纲 Insecta	双翅目 Diptera	大蚊科 Tipulidae	朝大蚊属 *Antocha*
	Aphelocheirus sp.	节肢动物门 Arthropoda	昆虫纲 Insecta	半翅目 Hemiptera	盖蝽科 Aplelocheiridae	盖蝽属 *Aphelocheirus*
	Atherix sp.	节肢动物门 Arthropoda	昆虫纲 Insecta	双翅目 Diptera	伪鹬虻科 Athericidae	伪鹬虻属 *Atherix*
湖沼管水蚓	*Aulodrilus limnobius*	环节动物门 Annelida	寡毛纲 Oligochaeta	颤蚓目 Tubificida	颤蚓科 Tubificidae	管水蚓 *Aulodrilus*
日本花翅蜉	*Baetiella japonica*	节肢动物门 Arthropoda	昆虫纲 Insecta	蜉蝣目 Ephemeroptera	四节蜉科 Baetidae	花翅蜉属 *Baetiella*
	Baetiella tuberculata	节肢动物门 Arthropoda	昆虫纲 Insecta	蜉蝣目 Ephemeroptera	四节蜉科 Baetidae	花翅蜉属 *Baetiella*
	Baetis bicaudatus	节肢动物门 Arthropoda	昆虫纲 Insecta	蜉蝣目 Ephemeroptera	四节蜉科 Baetidae	四节蜉属 *Baetis*
	Baetis flavistriga	节肢动物门 Arthropoda	昆虫纲 Insecta	蜉蝣目 Ephemeroptera	四节蜉科 Baetidae	四节蜉属 *Baetis*
	Baetis sp.	节肢动物门 Arthropoda	昆虫纲 Insecta	蜉蝣目 Ephemeroptera	四节蜉科 Baetidae	四节蜉属 *Baetis*
热水四节蜉	*Baetis thermicus*	节肢动物门 Arthropoda	昆虫纲 Insecta	蜉蝣目 Ephemeroptera	四节蜉科 Baetidae	四节蜉属 *Baetis*
铜锈环棱螺	*Bellamya aeruginosa*	软体动物门 Mollusca	腹足纲 Gastropoda	中腹足目 Mesogastropoda	田螺科 Viviparidae	环棱螺属 *Bellamya*
	Bezzia sp.	节肢动物门 Arthropoda	昆虫纲 Insecta	双翅目 Diptera	蠓科 Ceratopogoniidae	贝蠓属 *Bezzia*

续表

中文名	拉丁名	门	纲	目	科	属
赤豆螺	*Bithynia fuchsiana*	软体动物门 Mollusca	腹足纲 Gastropoda	中腹足目 Mesogastropoda	豆螺科 Bithyniidae	豆螺属 *Bithynia*
	Blepharicera sp.	节肢动物门 Arthropoda	昆虫纲 Insecta	半翅目 Hemiptera	负子蝽科 Belostomatidae	*Blepharicera*
	Brachycentrus sp.	节肢动物门 Arthropoda	昆虫纲 Insecta	毛翅目 Trichoptera	短石蛾科 Brachycentridae	短石蛾属 *Brachycentrus*
苏氏尾鳃蚓	*Branchiura sowerbyi*	环节动物门 Annelida	寡毛纲 Oligochaeta	颤蚓目 Tubificida	颤蚓科 Tubificidae	尾鳃蚓属 *Branchiura*
泥螺	*Bullacta exarata*	软体动物门 Mollusca	腹足纲 Gastropoda	头楯目 Cephalaspidae	阿地螺科 Atyidae	泥螺属 *Bullacta*
	Burmagomphus sp.	节肢动物门 Arthropoda	昆虫纲 Insecta	蜻蜓目 Odonata	春蜓科 Gomphidae	缅春蜓属 *Burmagomphus*
	Caenis sp.	节肢动物门 Arthropoda	昆虫纲 Insecta	蜉蝣目 Ephemeroptera	细蜉科 Caenidae	细蜉属 *Caenis*
	Ceratopogoniidae	节肢动物门 Arthropoda	昆虫纲 Insecta	双翅目 Diptera	蠓科 Ceratopogoniidae	
六纹尾蟌	*Cercion sexlineatum*	节肢动物门 Arthropoda	昆虫纲 Insecta	蜻蜓目 Odonata	蟌科 Coenagrionidae	尾蟌属 *Cercion*
	Cheumatopsyche criseyde	节肢动物门 Arthropoda	昆虫纲 Insecta	毛翅目 Trichoptera	纹蛾科 Hydropsychinae	短脉纹石蛾属 *Cheumatopsyche*
	Cheumatopsyche sp.	节肢动物门 Arthropoda	昆虫纲 Insecta	毛翅目 Trichoptera	纹蛾科 Hydropsychinae	短脉纹石蛾属 *Cheumatopsyche*
	Chironominae	节肢动物门 Arthropoda	昆虫纲 Insecta	双翅目 Diptera	摇蚊科 Chironomidae	
	Chironomus sp.	节肢动物门 Arthropoda	昆虫纲 Insecta	双翅目 Diptera	摇蚊科 Chironomidae	摇蚊属 *Chironomus*
	Choroterpes altioculus	节肢动物门 Arthropoda	昆虫纲 Insecta	蜉蝣目 Ephemeroptera	细裳蜉科 Leptophlebiidae	宽基蜉 *Choroterpes*
	Cincticostella orientalis	节肢动物门 Arthropoda	昆虫纲 Insecta	蜉蝣目 Ephemeroptera	小蜉科 Ephemerellidae	带肋蜉属 *Cincticostella*
	Cinygma lyriformis	节肢动物门 Arthropoda	昆虫纲 Insecta	蜉蝣目 Ephemeroptera	扁蜉科 Heptageniidae	动蜉属 *Cinygma*
斜纹似动蜉	*Cinygmina obliquistrita*	节肢动物门 Arthropoda	昆虫纲 Insecta	蜉蝣目 Ephemeroptera	扁蜉科 Heptageniidae	似动蜉属 *Cinygmina*
中华圆田螺	*Cipangopaludina cathayensis*	软体动物门 Mollusca	腹足纲 Gastropoda	中腹足目 Mesogastropoda	田螺科 Viviparidae	圆田螺属 *Cipangopaludina*
	Cloeon sp.	节肢动物门 Arthropoda	昆虫纲 Insecta	蜉蝣目 Ephemeroptera	四节蜉科 Baetidae	二翅蜉属 *Cloeon*

续表

中文名	拉丁名	门	纲	目	科	属
河蚬	*Corbicula fluminea*	软体动物门 Mollusca	瓣鳃纲 Lamellibranchia	蚌目 U nionoida	蚬科 Corbiculidae	蚬属 *Corbicula*
闪蚬	*Corbicula nitens*	软体动物门 Mollusca	瓣鳃纲 Lamellibranchia	蚌目 U nionoida	蚬科 Corbiculidae	蚬属 *Corbicula*
三带环足摇蚊	*Cricotopus trifasciatus*	节肢动物门 Arthropoda	昆虫纲 Insecta	双翅目 Diptera	摇蚊科 Chironomidae	环足摇蚊属 *Cricotopus*
	Culicidae	节肢动物门 Arthropoda	昆虫纲 Insecta	双翅目 Diptera	蚊科 Culicidae	
	Diamesinae	节肢动物门 Arthropoda	昆虫纲 Insecta	双翅目 Diptera	摇蚊科 Chironomidae	
	Dolichopodidae	节肢动物门 Arthropoda	昆虫纲 Insecta	双翅目 Diptera	长足虻科 Dolichopodidae	
	Dolichopus sp.	节肢动物门 Arthropoda	昆虫纲 Insecta	双翅目 Diptera	长足虻科 Dolichopodidae	长足虻属 *Dolichopus*
	Drunella basalis	节肢动物门 Arthropoda	昆虫纲 Insecta	蜉蝣目 Ephemeroptera	小蜉科 Ephemerellidae	弯握蜉属 *Drunella*
	Dugesia sp.	扁形动物门 Platyhelminthes	涡虫纲 Turbellaria	三肠目 Tricladida	三角涡虫科 Dugesiidae	三角涡虫属 *Dugesia*
	Ecdyonurus bajkovae	节肢动物门 Arthropoda	昆虫纲 Insecta	蜉蝣目 Ephemeroptera	扁蜉科 Heptageniidae	扁蚴蜉属 *Ecdyonurus*
奇埠扁蚴蜉	*Ecdyonurus kibunensis*	节肢动物门 Arthropoda	昆虫纲 Insecta	蜉蝣目 Ephemeroptera	扁蜉科 Heptageniidae	扁蚴蜉属 *Ecdyonurus*
	Ecdyonurus sp.	节肢动物门 Arthropoda	昆虫纲 Insecta	蜉蝣目 Ephemeroptera	扁蜉科 Heptageniidae	扁蚴蜉属 *Ecdyonurus*
	Ecdyonurus tigris	节肢动物门 Arthropoda	昆虫纲 Insecta	蜉蝣目 Ephemeroptera	扁蜉科 Heptageniidae	扁蚴蜉属 *Ecdyonurus*
桃碧扁蚴蜉	*Ecdyonurus tobiironis*	节肢动物门 Arthropoda	昆虫纲 Insecta	蜉蝣目 Ephemeroptera	扁蜉科 Heptageniidae	扁蚴蜉属 *Ecdyonurus*
	Ecdyonurus viridis	节肢动物门 Arthropoda	昆虫纲 Insecta	蜉蝣目 Ephemeroptera	扁蜉科 Heptageniidae	扁蚴蜉属 *Ecdyonurus*
雅丝扁蚴蜉	*Ecdyonurus yoshidae*	节肢动物门 Arthropoda	昆虫纲 Insecta	蜉蝣目 Ephemeroptera	扁蜉科 Heptageniidae	扁蚴蜉属 *Ecdyonurus*
扁股异腹腮摇蚊	*Einfeldia pagana*	节肢动物门 Arthropoda	昆虫纲 Insecta	双翅目 Diptera	摇蚊科 Chironomidae	异腹腮摇蚊属 *Einfeldia*
	Elmidae	节肢动物门 Arthropoda	昆虫纲 Insecta	鞘翅目 Coleoptera	溪泥甲科 Elmidae	
宽叶高翔蜉	*Epeorus latifolium*	节肢动物门 Arthropoda	昆虫纲 Insecta	蜉蝣目 Ephemeroptera	扁蜉科 Heptageniidae	高翔蜉 *Epeorus*
东方蜉	*Ephemera orientalis*	节肢动物门 Arthropoda	昆虫纲 Insecta	蜉蝣目 Ephemeroptera	蜉蝣科 Ephemeridae	蜉蝣属 *Ephemera*
	Ephemera strigata	节肢动物门 Arthropoda	昆虫纲 Insecta	蜉蝣目 Ephemeroptera	蜉蝣科 Ephemeridae	蜉蝣属 *Ephemera*
三斑小蜉	*Ephemerella atagosana*	节肢动物门 Arthropoda	昆虫纲 Insecta	蜉蝣目 Ephemeroptera	小蜉科 Ephemerellidae	小蜉属 *Ephemerella*

续表

中文名	拉丁名	门	纲	目	科	属
	Ephemerella setigera	节肢动物门 Arthropoda	昆虫纲 Insecta	蜉蝣目 Ephemeroptera	小蜉科 Ephemerellidae	小蜉属 *Ephemerella*
	Ephydra sp.	节肢动物门 Arthropoda	昆虫纲 Insecta	双翅目 Diptera	舞虻科 Empididae	水蝇属 *Ephydra*
中华绒螯蟹	*Eriocheir sinensis*	节肢动物门 Arthropoda	软甲纲 Malacostraca	十足目 Decapoda	方蟹科 Grapsidae	绒螯蟹属 *Eriocheir*
	Eubrianax sp.	节肢动物门 Arthropoda	昆虫纲 Insecta	鞘翅目 Coleoptera	扁泥甲科 Psephenidae	真扁泥甲属 *Eubrianax*
	Gammarus sp.	节肢动物门 Arthropoda	甲壳纲 Crustacea	端足目 Amphipoda	钩虾科 Gammaridae	钩虾属 *Gammarus*
	Glossiphonia sp.	环节动物门 Annelida	蛭纲 Hirudinea	吻蛭目 Rhynchobdellida	舌蛭科 Glossiphoniidae	舌蛭属 *Glossiphonia*
	Glossosoma altaicum	节肢动物门 Arthropoda	昆虫纲 Insecta	毛翅目 Trichoptera	舌石蛾科 Glossosomatidae	舌石蛾属 *Glossosoma*
	Glossosoma sp.	节肢动物门 Arthropoda	昆虫纲 Insecta	毛翅目 Trichoptera	舌石蛾科 Glossosomatidae	舌石蛾属 *Glossosoma*
日本瘤石蛾	*Goera japonica*	节肢动物门 Arthropoda	昆虫纲 Insecta	毛翅目 Trichoptera	瘤石蛾科 Goeridae	瘤石蛾属 *Goera*
扁旋螺	*Gyraulus compressus*	软体动物门 Mollusca	腹足纲 Gastropoda	基眼目 Basommatophora	扁卷螺科 Planorbidae	旋螺属 *Gyraulus*
凸旋螺	*Gyraulus convexiusculus*	软体动物门 Mollusca	腹足纲 Gastropoda	基眼目 Basommatophora	扁卷螺科 Planorbidae	旋螺属 *Gyraulus*
	Gyraulus sp.	软体动物门 Mollusca	腹足纲 Gastropoda	基眼目 Basommatophora	扁卷螺科 Planorbidae	旋螺属 *Gyraulus*
	Heterocerus sp.	节肢动物门 Arthropoda	昆虫纲 Insecta	鞘翅目 Coleoptera	长泥甲科 Heteroceridae	*Heterocerus*
	Hexatoma sp.	节肢动物门 Arthropoda	昆虫纲 Insecta	双翅目 Diptera	大蚊科 Tipulidae	黑大蚊 *Hexatoma*
山瘤虻	*Hybomitra montana*	节肢动物门 Arthropoda	昆虫纲 Insecta	双翅目 Diptera	虻科 Tabanidae	瘤虻属 *Hybomitra*
	Hydrocyphon sp.	节肢动物门 Arthropoda	昆虫纲 Insecta	鞘翅目 Coleoptera	沼甲科 Scirtidae	*Hydrocyphon*
	Hydrophilidae	节肢动物门 Arthropoda	昆虫纲 Insecta	鞘翅目 Coleoptera	牙甲科 Hydrophilidae	
	Hydrophorus sp.	节肢动物门 Arthropoda	昆虫纲 Insecta	双翅目 Diptera	长足虻科 Dolichopodidae	长足虻属 *Hydrophorus*
	Hydropsyche kozhantschikovi	节肢动物门 Arthropoda	昆虫纲 Insecta	毛翅目 Trichoptera	纹蛾科 Hydropsychidae	纹石蛾属 *Hydropsyche*
	Hydropsyche nevae	节肢动物门 Arthropoda	昆虫纲 Insecta	毛翅目 Trichoptera	纹蛾科 Hydropsychidae	纹石蛾属 *Hydropsyche*
	Hydropsyche orientalis	节肢动物门 Arthropoda	昆虫纲 Insecta	毛翅目 Trichoptera	纹蛾科 Hydropsychidae	纹石蛾属 *Hydropsyche*

续表

中文名	拉丁名	门	纲	目	科	属
	Hydropsyche sp.	节肢动物门 Arthropoda	昆虫纲 Insecta	毛翅目 Trichoptera	纹蛾科 Hydropsychidae	纹石蛾属 *Hydropsyche*
日本等蜉	*Isonychia japonica*	节肢动物门 Arthropoda	昆虫纲 Insecta	蜉蝣目 Ephemeroptera	等蜉科 Isonychiidae	等蜉属 *Isonychia*
	Isoperla sp.	节肢动物门 Arthropoda	昆虫纲 Insecta	襀翅目 Plecoptera	网襀科 Perlodidae	石蝇属 *Isoperla*
	Laccophilus lewisius	节肢动物门 Arthropoda	昆虫纲 Insecta	鞘翅目 Coleoptera	龙虱科 Dytiscidae	粒龙虱属 *Laccophilus*
	Laccophilus sp.	节肢动物门 Arthropoda	昆虫纲 Insecta	鞘翅目 Coleoptera	龙虱科 Dytiscidae	粒龙虱属 *Laccophilus*
	Lamelligomphus sp.	节肢动物门 Arthropoda	昆虫纲 Insecta	蜻蜓目 Odonata	春蜓科 Gomphidae	环尾春蜓属 *Lamelligomphus*
	Larsia sp.	节肢动物门 Arthropoda	昆虫纲 Insecta	双翅目 Diptera	摇蚊科 Chironomidae	拉长足摇蚊属 *Larsia*
	Lepidostoma sp.	节肢动物门 Arthropoda	昆虫纲 Insecta	毛翅目 Trichoptera	鳞石蛾科 Lepidostomatidae	鳞石蛾属 *Lepidostoma*
印度大田鳖	*Lethocerus indicus*	节肢动物门 Arthropoda	昆虫纲 Insecta	半翅目 Hemiptera	负子蝽科 Belostomatidae	田鳖属 *Lethocerus*
	Limnephilidae	节肢动物门 Arthropoda	昆虫纲 Insecta	毛翅目 Trichoptera	沼石蛾科 Limnephilidae	
	Limnephilus sp.	节肢动物门 Arthropoda	昆虫纲 Insecta	毛翅目 Trichoptera	沼石蛾科 Limnephilidae	沼石蛾属 *Limnephilus*
霍甫水丝蚓	*Limnodrilus hoffmeisteri*	环节动物门 Annelida	寡毛纲 Oligochaeta	颤蚓目 Tubificida	颤蚓科 Tubificidae	水丝蚓属 *Limnodrilus*
	Limnodrilus sp.	环节动物门 Annelida	寡毛纲 Oligochaeta	颤蚓目 Tubificida	颤蚓目 Tubificidae	水丝蚓属 *Limnodrilus*
	Limnogonus fossarum	节肢动物门 Arthropoda	昆虫纲 Insecta	半翅目 Hemiptera	黾蝽科 Gerridae	*Limnogonus*
	Limnogonus sp.	节肢动物门 Arthropoda	昆虫纲 Insecta	半翅目 Hemiptera	黾蝽科 Gerridae	*Limnogonus*
	Matrona cornelia	节肢动物门 Arthropoda	昆虫纲 Insecta	蜻蜓目 Odonata	色蟌科 Calopterygidae	眉色蟌属 *Matrona*
	Megrcys ochracea	节肢动物门 Arthropoda	昆虫纲 Insecta	襀翅目 Plecoptera	网襀科 Perlodidae	*Megrcys*
瘤拟黑螺	*Melanoides tuberculata*	软体动物门 Mollusca	腹足纲 Gastropoda	新进腹足 Caenogastropoda	走螺科 Thiaridae	拟黑螺属 *Melanoides*
软铗小摇蚊	*Microchironomus tener*	节肢动物门 Arthropoda	昆虫纲 Insecta	双翅目 Diptera	摇蚊科 Chironomidae	小摇蚊属 *Microchironomus*
	Nematoda	袋形动物门 Aschelminthes	线虫纲 Nematoda			
	Neoperla sp.	节肢动物门 Arthropoda	昆虫纲 Insecta	襀翅目 Plecoptera	石蝇科 Perlidae	新襀属 *Neoperla*

续表

中文名	拉丁名	门	纲	目	科	属
	Nephelopsis sp.	环节动物门 Annelida	蛭纲 Hirudinea	无吻蛭目 Arhynchobdellida	石蛭科 Erpobdellidae	石蛭属 *Nephelopsis*
	Nepidae	节肢动物门 Arthropoda	昆虫纲 Insecta	半翅目 Hemiptera	蝎蝽科 Nepidae	
华艳色蟌	*Neurobasis chinensis*	节肢动物门 Arthropoda	昆虫纲 Insecta	蜻蜓目 Odonata	色蟌科 Calopterygidae	艳色蟌属 *Neurobasis*
	Novaculina sp.	软体动物门 Mollusca	双壳纲 Bivalvia	真瓣鳃目 Eulamellibranchia	蛙科 Solecurtidae	淡水蛏属 *Novaculina*
	Odontomyia sp.	节肢动物门 Arthropoda	昆虫纲 Insecta	双翅目 Diptera	水虻科 Stratiomyidae	短角水虻属 *Odontomyia*
	Oecetis sp.	节肢动物门 Arthropoda	昆虫纲 Insecta	毛翅目 Trichoptera	鳞石蛾科 Lepidostomatidae	栖长角石蛾属 *Oecetis*
	Oligochaeta	环节动物门 Annelida	寡毛纲 Oligochaeta			
	Ormosia sp.	节肢动物门 Arthropoda	昆虫纲 Insecta	双翅目 Diptera	大蚊科 Tipulidae	*Ormosia*
	Orthocladinae	节肢动物门 Arthropoda	昆虫纲 Insecta	双翅目 Diptera	摇蚊科 Chironomidae	
	Oyamia sp.	节肢动物门 Arthropoda	昆虫纲 Insecta	襀翅目 Plecoptera	石蝇科 Perlidae	大山石蝇属 *Oyamia*
	Paraleptophlebia japonica	节肢动物门 Arthropoda	昆虫纲 Insecta	蜉蝣目 Ephemeroptera	细裳蜉科 Leptophlebiidae	拟细裳蜉属 *Paraleptophlebia*
	Phaenandrogomphus sp.	节肢动物门 Arthropoda	昆虫纲 Insecta	蜻蜓目 Odonata	春蜓科 Gomphidae	显春蜓 *Phaenandrogomphus*
	Placobdella sp.	环节动物门 Annelida	蛭纲 Hirudinea	吻蛭目 Rhynchobdellida	舌蛭科 Glossiphoniidae	盾蛭属 *Placobdella*
	Platycnemis sp.	节肢动物门 Arthropoda	昆虫纲 Insecta	蜻蜓目 Odonata	扇蟌科 Platycnemididae	扇蟌属 *Platycnemis*
霍山河花蜉	*Potamanthus huoshanensis*	节肢动物门 Arthropoda	昆虫纲 Insecta	蜉蝣目 Ephemeroptera	河花蜉科 Potamanthidae	河花蜉属 *Potamanthus*
	Potamomusa sp.	节肢动物门 Arthropoda	昆虫纲 Insecta	鳞翅目 Lepidoptera	草螟科 Crambidae	*Potamomusa*
	Procloeon sp.	节肢动物门 Arthropoda	昆虫纲 Insecta	蜉蝣目 Ephemeroptera	四节蜉科 Baetidae	原二翅蜉属 *Procloeon*
	Prosimulium daisetsense	节肢动物门 Arthropoda	昆虫纲 Insecta	双翅目 Diptera	沼甲科 Simulidae	原蚋属 *Prosimulium*
	Prosimulium sp.	节肢动物门 Arthropoda	昆虫纲 Insecta	双翅目 Diptera	沼甲科 Simulidae	原蚋属 *Prosimulium*
木曾裸齿角石蛾	*Psilotreta kisoensis*	节肢动物门 Arthropoda	昆虫纲 Insecta	毛翅目 Trichoptera	齿角石蛾科 Odontoceridae	裸齿角石蛾属 *Psilotreta*
	Psychomyia sp.	节肢动物门 Arthropoda	昆虫纲 Insecta	毛翅目 Trichoptera	碟石蛾科 Psychomyiidae	碟石蛾属 *Psychomyia*
耳萝卜螺	*Radix auricularia*	软体动物门 Mollusca	腹足纲 Gastropoda	基眼目 Basommatophora	椎实螺科 Lymnaeidae	萝卜螺属 *Radix*

续表

中文名	拉丁名	门	纲	目	科	属
椭圆萝卜螺	*Radix swinhoei*	软体动物门 Mollusca	腹足纲 Gastropoda	基眼目 Basommatophora	椎实螺科 Lymnaeidae	萝卜螺属 *Radix*
	Rhyacophila brevicephala	节肢动物门 Arthropoda	昆虫纲 Insecta	毛翅目 Trichoptera	原石蛾科 Rhyacophilidae	原石蛾属 *Rhyacophila*
	Rhyacophila kawamurae	节肢动物门 Arthropoda	昆虫纲 Insecta	毛翅目 Trichoptera	原石蛾科 Rhyacophilidae	原石蛾属 *Rhyacophila*
	Rhyacophila sp.	节肢动物门 Arthropoda	昆虫纲 Insecta	毛翅目 Trichoptera	原石蛾科 Rhyacophilidae	原石蛾属 *Rhyacophila*
红锯形蜉	*Serratella rufa*	节肢动物门 Arthropoda	昆虫纲 Insecta	蜉蝣目 Ephemeroptera	小蜉科 Ephemerellidae	锯形蜉属 *Serratella*
	Serratella setigera	节肢动物门 Arthropoda	昆虫纲 Insecta	蜉蝣目 Ephemeroptera	小蜉科 Ephemerellidae	锯形蜉属 *Serratella*
	Sigara sp.	节肢动物门 Arthropoda	昆虫纲 Insecta	半翅目 Hemiptera	划蝽科 Corixidae	划蝽属 *Sigara*
	Simulium sp.	节肢动物门 Arthropoda	昆虫纲 Insecta	双翅目 Diptera	沼甲科 Simulidae	蚋属 *Simulium*
	Simulium yonagoense	节肢动物门 Arthropoda	昆虫纲 Insecta	双翅目 Diptera	沼甲科 Simulidae	蚋属 *Simulium*
条纹角石蛾	*Stenopsyche marmorata*	节肢动物门 Arthropoda	昆虫纲 Insecta	毛翅目 Trichoptera	角石蛾科 Stenopsychidae	角石蛾属 *Stenopsyche*
	Stylurus sp.	节肢动物门 Arthropoda	昆虫纲 Insecta	蜻蜓目 Odonata	春蜓科 Gomphidae	扩腹春蜓属 *Stylurus*
	Syncaris sp.	节肢动物门 Arthropoda	甲壳纲 Crustacea	十足目 Decopoda	指虾科 Atyidae	*Syncaris*
	Syrphidae	节肢动物门 Arthropoda	昆虫纲 Insecta	双翅目 Diptera	食蚜蝇科 Syrphidae	
	Tanypodiinae	节肢动物门 Arthropoda	昆虫纲 Insecta	双翅目 Diptera	摇蚊科 Chironomidae	
	Tanytarsus sp.	节肢动物门 Arthropoda	昆虫纲 Insecta	双翅目 Diptera	摇蚊科 Chironomidae	长跗摇蚊属 *Tanytarsus*
	Tipula sp.	节肢动物门 Arthropoda	昆虫纲 Insecta	双翅目 Diptera	大蚊科 Tipulidae	大蚊属 *Tipula*
	Tomocerus sp.	节肢动物门 Arthropoda	昆虫纲 Insecta	鞘翅目 Collembola	长角（虫兆）科 Entomobryidae	*Tomocerus*
	Trigomphus malampus	节肢动物门 Arthropoda	昆虫纲 Insecta	蜻蜓目 Odonata	春蜓科 Gomphidae	棘尾春蜓属 *Trigomphus*
正颤蚓	*Tubifex tubifex*	环节动物门 Annelida	寡毛纲 Oligochaeta	颤蚓目 Tubificida	颤蚓科 Tubificidae	颤蚓属 *Tubifex*
圆顶珠蚌	*Unio douglasiae*	软体动物门 Mollusca	瓣鳃纲 Lamellibranchia	蚌目 Unionoida	蚌科 Unionidae	珠蚌属 *Unio*

中文名	拉丁名	门	纲	目	科	属
披针形曲壳藻头端变型	*Achnacthes lanceolata* f. *capitata*	硅藻门 Bacillariophyta	羽纹纲 Pennatae	单壳缝目 Monoraphidinales	曲壳藻科 Achnantheaceae	曲壳藻属 *Achnanthes*
近缘曲壳藻	*Achnanthes affinis*	硅藻门 Bacillariophyta	羽纹纲 Pennatae	单壳缝目 Monoraphidinales	曲壳藻科 Achnantheaceae	曲壳藻属 *Achnanthes*
比亚索莱蒂曲克藻	*Achnanthes biasolettiana*	硅藻门 Bacillariophyta	羽纹纲 Pennatae	单壳缝目 Monoraphidales	曲壳藻科 Achnantheaceae	曲壳藻属 *Achnanthes*
比亚索莱蒂曲克藻（原变种）	*Achnanthes biasolettiana* var. *biasolettiana*	硅藻门 Bacillariophyta	羽纹纲 Pennatae	单壳缝目 Monoraphidales	曲壳藻科 Achnantheaceae	曲壳藻属 *Achnanthes*
短小曲壳藻	*Achnanthes exigua*	硅藻门 Bacillariophyta	羽纹纲 Pennatae	单壳缝目 Monoraphidales	曲壳藻科 Achnantheaceae	曲壳藻属 *Achnanthes*
短小曲壳藻（原变种）	*Achnanthes exigua* var. *exigua*	硅藻门 Bacillariophyta	羽纹纲 Pennatae	单壳缝目 Monoraphidales	曲壳藻科 Achnantheaceae	曲壳藻属 *Achnanthes*
霍克曲壳藻	*Achnanthes hauckiana*	硅藻门 Bacillariophyta	羽纹纲 Pennatae	单壳缝目 Monoraphidinales	曲壳藻科 Achnantheaceae	曲壳藻属 *Achnanthes*
海地曲壳藻	*Achnanthes heideni*	硅藻门 Bacillariophyta	羽纹纲 Pennatae	单壳缝目 Monoraphidales	曲壳藻科 Achnantheaceae	曲壳藻属 *Achnanthes*
	Achnanthes kranzii	硅藻门 Bacillariophyta	羽纹纲 Pennatae	单壳缝目 Monoraphidinales	曲壳藻科 Achnantheaceae	曲壳藻属 *Achnanthes*
披针形曲壳藻	*Achnanthes lanceolata*	硅藻门 Bacillariophyta	羽纹纲 Pennatae	单壳缝目 Monoraphidinales	曲壳藻科 Achnantheaceae	曲壳藻属 *Achnanthes*
小头曲壳藻	*Achnanthes microcephala*	硅藻门 Bacillariophyta	羽纹纲 Pennatae	单壳缝目 Monoraphidales	曲壳藻科 Achnantheaceae	曲壳藻属 *Achnanthes*
极细微曲壳藻	*Achnanthes minutissima*	硅藻门 Bacillariophyta	羽纹纲 Pennatae	单壳缝目 Monoraphidinales	曲壳藻科 Achnantheaceae	曲壳藻属 *Achnanthes*
极细微曲壳藻隐头变种	*Achnanthes minutissima* var. *cryptocephala*	硅藻门 Bacillariophyta	羽纹纲 Pennatae	单壳缝目 Monoraphidinales	曲壳藻科 Achnantheaceae	曲壳藻属 *Achnanthes*
石生曲壳藻	*Achnanthes rupestris*	硅藻门 Bacillariophyta	羽纹纲 Pennatae	单壳缝目 Monoraphidinales	曲壳藻科 Achnantheaceae	曲壳藻属 *Achnanthes*
带状曲壳藻	*Achnanthes taeniata*	硅藻门 Bacillariophyta	羽纹纲 Pennatae	单壳缝目 Monoraphidales	曲壳藻科 Achnantheaceae	曲壳藻属 *Achnanthes*
波罗的海双眉藻	*Amphora baltica*	硅藻门 Bacillariophyta	羽纹纲 Pennatae	双壳缝目 Biraphidnales	桥弯藻科 Cymbellaceae	双眉藻属 *Amphora*
卵圆双眉藻	*Amphora ovalis*	硅藻门 Bacillariophyta	羽纹纲 Pennatae	双壳缝目 Biraphidnales	桥弯藻科 Cymbellaceae	双眉藻属 *Amphora*

续表

中文名	拉丁名	门	纲	目	科	属
威蓝色双眉藻	Amphora veneta	硅藻门 Bacillariophyta	羽纹纲 Pennatae	双壳缝目 Biraphidnales	桥弯藻科 Cymbellaceae	双眉藻属 *Amphora*
美丽星杆藻	*Asterionella formosa*	硅藻门 Bacillariophyta	羽纹纲 Pennatae	无壳缝目 Araphidiales	脆杆藻科 Fragilariaceae	星杆藻属 *Asterioella*
高山美壁藻	*Caloneis alpestris*	硅藻门 Bacillariophyta	羽纹纲 Pennatae	双壳缝目 Biraphidinales	舟形藻科 Naviculaceae	美壁藻属 *Caloneis*
短角美壁藻最窄变种	*Caloneis silicula*	硅藻门 Bacillariophyta	羽纹纲 Pennatae	双壳缝目 Biraphidinales	舟形藻科 Naviculaceae	美壁藻属 *Caloneis*
弧形蛾眉藻	*Ceratoneis arcus*	硅藻门 Bacillariophyta	羽纹纲 Pennatae	无壳缝目 Araphidiales	脆杆藻科 Fragilariaceae	蛾眉藻属 *Ceratoneis*
弧形蛾眉藻两尖变种	*Ceratoneis arcus* var. *amphioxys*	硅藻门 Bacillariophyta	羽纹纲 Pennatae	无壳缝目 Araphidiales	脆杆藻科 Fragilariaceae	蛾眉藻属 *Ceratoneis*
扁圆卵形藻	*Cocconeis placentula*	硅藻门 Bacillariophyta	羽纹纲 Pennatae	单壳缝目 Monoraphidales	曲壳藻科 Achnantheaceae	卵形藻属 *Cocconeis*
扁圆卵形藻线形变种	*Cocconeis placentula* var. *linearis*	硅藻门 Bacillariophyta	羽纹纲 Pennatae	单壳缝目 Monoraphidales	曲壳藻科 Achnantheaceae	卵形藻属 *Cocconeis*
广缘小环藻	*Cyclotella bodanica*	硅藻门 Bacillariophyta	中心纲 Centricae	圆筛藻目 Coscinodiscales	圆筛藻科 Coscinodiscaceae	小环藻属 *Cyclotella*
链形小环藻	*Cyclotella catenata*	硅藻门 Bacillariophyta	中心纲 Centricae	圆筛藻目 Coscinodiscales	圆筛藻科 Coscinodiscaceae	小环藻属 *Cyclotella*
扭曲小环藻	*Cyclotella comta*	硅藻门 Bacillariophyta	中心纲 Centricae	圆筛藻目 Coscinodiscales	圆筛藻科 Coscinodiscaceae	小环藻属 *Cyclotella*
库津小环藻	*Cyclotella kuetzingiana*	硅藻门 Bacillariophyta	中心纲 Centricae	圆筛藻目 Coscinodiscales	圆筛藻科 Coscinodiscaceae	小环藻属 *Cyclotella*
库津小环藻辐纹变种	*Cyclotella kuetzingiana* var. *radiosa*	硅藻门 Bacillariophyta	中心纲 Centricae	圆筛藻目 Coscinodiscales	圆筛藻科 Coscinodiscaceae	小环藻属 *Cyclotella*
梅尼小环藻	*Cyclotella meneghiniana*	硅藻门 Bacillariophyta	中心纲 Centricae	圆筛藻目 Coscinodiscales	圆筛藻科 Coscinodiscaceae	小环藻属 *Cyclotella*
眼斑小环藻	*Cyclotella ocellata*	硅藻门 Bacillariophyta	中心纲 Centricae	圆筛藻目 Cosconodiscales	圆筛藻科 Coscinodiscaceae	小环藻属 *Cyclotella*
	Cyclotella sp.	硅藻门 Bacillariophyta	中心纲 Centricae	圆筛藻目 Cosconodiscales	圆筛藻科 Coscinodiscaceae	小环藻属 *Cyclotella*
椭圆波缘藻	*Cymatopleura elliptica*	硅藻门 Bacillariophyta	羽纹纲 Pennatae	双菱藻目 Surirellales	双菱藻科 Surirellaceae	波缘藻属 *Cymatopleura*
草鞋形波缘藻	*Cymatopleura solea*	硅藻门 Bacillariophyta	羽纹纲 Pennatae	双菱藻目 Surirellales	双菱藻科 Surirellaceae	波缘藻属 *Cymatopleura*
近缘桥弯藻	*Cymbella affinis*	硅藻门 Bacillariophyta	羽纹纲 Pennatae	双壳缝目 Biraphidinales	桥弯藻科 Cymbellaceae	桥弯藻属 *Cymbella*

续表

中文名	拉丁名	门	纲	目	科	属
高山桥弯藻	*Cymbella alpina*	硅藻门 Bacillariophyta	羽纹纲 Pennatae	双壳缝目 Biraphidnales	桥弯藻科 Cymbellaceae	桥弯藻属 *Cymbella*
两头桥弯藻	*Cymbella amphicephala*	硅藻门 Bacillariophyta	羽纹纲 Pennatae	双壳缝目 Biraphidinales	桥弯藻科 Cymbellaceae	桥弯藻属 *Cymbella*
北方桥弯藻	*Cymbella borealis*	硅藻门 Bacillariophyta	羽纹纲 Pennatae	双壳缝目 Biraphidnales	桥弯藻科 Cymbellaceae	桥弯藻属 *Cymbella*
布雷姆桥弯藻	*Cymbella bremii*	硅藻门 Bacillariophyta	羽纹纲 Pennatae	双壳缝目 Biraphidnales	桥弯藻科 Cymbellaceae	桥弯藻属 *Cymbella*
箱形桥弯藻	*Cymbella cistula*	硅藻门 Bacillariophyta	羽纹纲 Pennatae	双壳缝目 Biraphidnales	桥弯藻科 Cymbellaceae	桥弯藻属 *Cymbella*
新月形桥弯藻	*Cymbella cymbiformis*	硅藻门 Bacillariophyta	羽纹纲 Pennatae	双壳缝目 Biraphidnales	桥弯藻科 Cymbellaceae	桥弯藻属 *Cymbella*
优美桥弯藻	*Cymbella delicatula*	硅藻门 Bacillariophyta	羽纹纲 Pennatae	双壳缝目 Biraphidnales	桥弯藻科 Cymbellaceae	桥弯藻属 *Cymbella*
埃伦拜格桥弯藻	*Cymbella ehrenbergii*	硅藻门 Bacillariophyta	羽纹纲 Pennatae	双壳缝目 Biraphidnales	桥弯藻科 Cymbellaceae	桥弯藻属 *Cymbella*
切断桥弯藻	*Cymbella excisa*	硅藻门 Bacillariophyta	羽纹纲 Pennatae	双壳缝目 Biraphidinales	桥弯藻科 Cymbellaceae	桥弯藻属 *Cymbella*
盖尤曼桥弯藻	*Cymbella gaeumanni*	硅藻门 Bacillariophyta	羽纹纲 Pennatae	双壳缝目 Biraphidnales	桥弯藻科 Cymbellaceae	桥弯藻属 *Cymbella*
细长桥弯藻	*Cymbella gracilis*	硅藻门 Bacillariophyta	羽纹纲 Pennatae	双壳缝目 Biraphidnales	桥弯藻科 Cymbellaceae	桥弯藻属 *Cymbella*
胡斯特桥弯藻	*Cymbella hustedtii*	硅藻门 Bacillariophyta	羽纹纲 Pennatae	双壳缝目 Biraphidinales	桥弯藻科 Cymbellaceae	桥弯藻属 *Cymbella*
珠峰桥弯藻	*Cymbella jolmolungnensis*	硅藻门 Bacillariophyta	羽纹纲 Pennatae	双壳缝目 Biraphidnales	桥弯藻科 Cymbellaceae	桥弯藻属 *Cymbella*
小头桥弯藻	*Cymbella microcephala*	硅藻门 Bacillariophyta	羽纹纲 Pennatae	双壳缝目 Biraphidnales	桥弯藻科 Cymbellaceae	桥弯藻属 *Cymbella*
很小桥弯藻	*Cymbella perpusilla*	硅藻门 Bacillariophyta	羽纹纲 Pennatae	双壳缝目 Biraphidinales	桥弯藻科 Cymbellaceae	桥弯藻属 *Cymbella*
平卧桥弯藻	*Cymbella prostrata*	硅藻门 Bacillariophyta	羽纹纲 Pennatae	双壳缝目 Biraphidinales	桥弯藻科 Cymbellaceae	桥弯藻属 *Cymbella*
小桥弯藻	*Cymbella pusilla*	硅藻门 Bacillariophyta	羽纹纲 Pennatae	双壳缝目 Biraphidnales	桥弯藻科 Cymbellaceae	桥弯藻属 *Cymbella*
岩生桥弯藻	*Cymbella rupicola*	硅藻门 Bacillariophyta	羽纹纲 Pennatae	双壳缝目 Biraphidnales	桥弯藻科 Cymbellaceae	桥弯藻属 *Cymbella*
弯曲桥弯藻	*Cymbella sinuata*	硅藻门 Bacillariophyta	羽纹纲 Pennatae	双壳缝目 Biraphidnales	桥弯藻科 Cymbellaceae	桥弯藻属 *Cymbella*
	Cymbella sp.	硅藻门 Bacillariophyta	羽纹纲 Pennatae	双壳缝目 Biraphidinales	桥弯藻科 Cymbellaceae	桥弯藻属 *Cymbella*
近淡黄桥弯藻	*Cymbella subhelvetica*	硅藻门 Bacillariophyta	羽纹纲 Pennatae	双壳缝目 Biraphidnales	桥弯藻科 Cymbellaceae	桥弯藻属 *Cymbella*

续表

中文名	拉丁名	门	纲	目	科	属
膨胀桥弯藻	*Cymbella tumida*	硅藻门 Bacillariophyta	羽纹纲 Pennatae	双壳缝目 Biraphidinales	桥弯藻科 Cymbellaceae	桥弯藻属 *Cymbella*
肿胀桥弯藻	*Cymbella tumida*	硅藻门 Bacillariophyta	羽纹纲 Pennatae	双壳缝目 Biraphidinales	桥弯藻科 Cymbellaceae	桥弯藻属 *Cymbella*
肿大桥弯藻	*Cymbella tumidula*	硅藻门 Bacillariophyta	羽纹纲 Pennatae	双壳缝目 Biraphidnales	桥弯藻科 Cymbellaceae	桥弯藻属 *Cymbella*
膨大桥弯藻	*Cymbella turgida*	硅藻门 Bacillariophyta	羽纹纲 Pennatae	双壳缝目 Biraphidinales	桥弯藻科 Cymbellaceae	桥弯藻属 *Cymbella*
胀大桥弯藻	*Cymbella turgidula*	硅藻门 Bacillariophyta	羽纹纲 Pennatae	双壳缝目 Biraphidnales	桥弯藻科 Cymbellaceae	桥弯藻属 *Cymbella*
	Cymbella typenprap	硅藻门 Bacillariophyta	羽纹纲 Pennatae	双壳缝目 Biraphidnales	桥弯藻科 Cymbellaceae	桥弯藻属 *Cymbella*
偏肿桥弯藻	*Cymbella ventricosa*	硅藻门 Bacillariophyta	羽纹纲 Pennatae	双壳缝目 Biraphidinales	桥弯藻科 Cymbellaceae	桥弯藻属 *Cymbella*
偏肿桥弯藻半环变种	*Cymbella ventricosa* var. *semicircularis*	硅藻门 Bacillariophyta	羽纹纲 Pennatae	双壳缝目 Biraphidinales	桥弯藻科 Cymbellaceae	桥弯藻属 *Cymbella*
	Cymbella versxhiedene	硅藻门 Bacillariophyta	羽纹纲 Pennatae	双壳缝目 Biraphidnales	桥弯藻科 Cymbellaceae	桥弯藻属 *Cymbella*
汉氏桥弯藻	*Cymbella hantz schiana*	硅藻门 Bacillariophyta	羽纹纲 Pennatae	双壳缝目 Biraphidnales	桥弯藻科 Cymbellaceae	桥弯藻属 *Cymbella*
双头等片藻	*Diatoma anceps*	硅藻门 Bacillariophyta	羽纹纲 Pennatae	无壳缝目 Araphidiales	脆杆藻科 Fragilariaceae	等片藻属 *Diatoma*
延长等片藻细弱变种	*Diatoma elongatum* var. *tenuis*	硅藻门 Bacillariophyta	羽纹纲 Pennatae	无壳缝目 Araphidiales	脆杆藻科 Fragilariaceae	等片藻属 *Diatoma*
冬生等片藻	*Diatoma hiemale*	硅藻门 Bacillariophyta	羽纹纲 Pennatae	无壳缝目 Araphidiales	脆杆藻科 Fragilariaceae	等片藻属 *Diatoma*
冬生等片藻小型变种	*Diatoma hiemale* var. *minor*	硅藻门 Bacillariophyta	羽纹纲 Pennatae	无壳缝目 Araphidiales	脆杆藻科 Fragilariaceae	等片藻属 *Diatoma*
念珠状等片藻	*Diatoma moniliformis*	硅藻门 Bacillariophyta	羽纹纲 Pennatae	无壳缝目 Araphidiales	脆杆藻科 Fragilariaceae	等片藻属 *Diatoma*
普通等片藻	*Diatoma vulgare*	硅藻门 Bacillariophyta	羽纹纲 Pennatae	无壳缝目 Araphidiales	脆杆藻科 Fragilariaceae	等片藻属 *Diatoma*
普通等片藻线形变种	*Diatoma vulgare* var. *linearis*	硅藻门 Bacillariophyta	羽纹纲 Pennatae	无壳缝目 Araphidiales	脆杆藻科 Fragilariaceae	等片藻属 *Diatoma*
普通等片藻伸长变种	*Diatoma vulgare* var. *producta*	硅藻门 Bacillariophyta	羽纹纲 Pennatae	无壳缝目 Araphidiales	脆杆藻科 Fragilariaceae	等片藻属 *Diatoma*

续表

中文名	拉丁名	门	纲	目	科	属
普通等片藻卵圆变种	*Diatoma vulgare* var. *ovalis*	硅藻门 Bacillariophyta	羽纹纲 Pennatae	无壳缝目 Araphidiales	脆杆藻科 Fragilariaceae	等片藻属 *Diatoma*
双生双楔藻	*Didymosphenia geminata*	硅藻门 Bacillariophyta	羽纹纲 Pennatae	双壳缝目 Biraphidinales	异极藻科 Gomphonemaceae	双楔藻属 *Didymosphenia*
椭圆双壁藻	*Diploneis elliptica*	硅藻门 Bacillariophyta	羽纹纲 Pennatae	双壳缝目 Biraphidinales	舟形藻科 Naviculaceae	双壁藻属 *Diploneis*
美丽双壁藻	*Diploneis puella*	硅藻门 Bacillariophyta	羽纹纲 Pennatae	双壳缝目 Biraphidinales	舟形藻科 Naviculaceae	双壁藻属 *Diploneis*
鼠形窗纹藻	*Epithemia sorex*	硅藻门 Bacillariophyta	羽纹纲 Pennatae	双菱藻目 Surirellales	窗纹藻科 Epithemiaceae	窗纹藻属 *Epithemia*
沼地短缝藻	*Eunotia paludosa*	硅藻门 Bacillariophyta	羽纹纲 Pennatae	拟壳缝目 Raphidionales	短缝藻科 Eunotiaceae	短缝藻属 *Eunotia*
	Fragilaria acus	硅藻门 Bacillariophyta	羽纹纲 Pennatae	无壳缝目 Araphidiales	脆杆藻科 Fragilariaceae	脆杆藻属 *Fragilaria*
	Fragilaria acus var. *arcus*	硅藻门 Bacillariophyta	羽纹纲 Pennatae	无壳缝目 Araphidiales	脆杆藻科 Fragilariaceae	脆杆藻属 *Fragilaria*
二齿脆杆藻	*Fragilaria bidens*	硅藻门 Bacillariophyta	羽纹纲 Pennatae	无壳缝目 Araphidiales	脆杆藻科 Fragilariaceae	脆杆藻属 *Fragilaria*
短线脆杆藻	*Fragilaria brevistriata*	硅藻门 Bacillariophyta	羽纹纲 Pennatae	无壳缝目 Araphidiales	脆杆藻科 Fragilariaceae	脆杆藻属 *Fragilaria*
钝脆杆藻	*Fragilaria capucina*	硅藻门 Bacillariophyta	羽纹纲 Pennatae	无壳缝目 Araphidiales	脆杆藻科 Fragilariaceae	脆杆藻属 *Fragilaria*
钝脆杆藻披针状变种	*Fragilaria capucina* var. *lanceolata*	硅藻门 Bacillariophyta	羽纹纲 Pennatae	无壳缝目 Araphidiales	脆杆藻科 Fragilariaceae	脆杆藻属 *Fragilaria*
钝脆杆藻中狭变种	*Fragilaria capucina* var. *mesolepta*	硅藻门 Bacillariophyta	羽纹纲 Pennatae	无壳缝目 Araphidiales	脆杆藻科 Fragilariaceae	脆杆藻属 *Fragilaria*
连接脆杆藻近盐生变种	*Fragilaria constriens* var. *subsalina*	硅藻门 Bacillariophyta	羽纹纲 Pennatae	无壳缝目 Araphidiales	脆杆藻科 Fragilariaceae	脆杆藻属 *Fragilaria*
连接脆杆藻二结变种	*Fragilaria construens* var. *binodis*	硅藻门 Bacillariophyta	羽纹纲 Pennatae	无壳缝目 Araphidiales	脆杆藻科 Fragilariaceae	脆杆藻属 *Fragilaria*
中型脆杆藻	*Fragilaria intermedia*	硅藻门 Bacillariophyta	羽纹纲 Pennatae	无壳缝目 Araphidiales	脆杆藻科 Fragilariaceae	脆杆藻属 *Fragilaria*
拉普兰脆杆藻	*Fragilaria lapponica*	硅藻门 Bacillariophyta	羽纹纲 Pennatae	无壳缝目 Araphidiales	脆杆藻科 Fragilariaceae	脆杆藻属 *Fragilaria*
狭辐节脆杆藻	*Fragilaria leptostauron*	硅藻门 Bacillariophyta	羽纹纲 Pennatae	无壳缝目 Araphidiales	脆杆藻科 Fragilariaceae	脆杆藻属 *Fragilaria*

续表

中文名	拉丁名	门	纲	目	科	属
羽纹脆杆藻	*Fragilaria pinnata*	硅藻门 Bacillariophyta	羽纹纲 Pennatae	无壳缝目 Araphidiales	脆杆藻科 Fragilariaceae	脆杆藻属 *Fragilaria*
羽纹脆杆藻三角形变种	*Fragilaria pinnata* var. *trigona*	硅藻门 Bacillariophyta	羽纹纲 Pennatae	无壳缝目 Araphidiales	脆杆藻科 Fragilariaceae	脆杆藻属 *Fragilaria*
羽状脆杆藻胀大变种	*Fragilaria pinnata* var. *turgidula*	硅藻门 Bacillariophyta	羽纹纲 Pennatae	无壳缝目 Araphidiales	脆杆藻科 Fragilariaceae	脆杆藻属 *Fragilaria*
沃切里脆杆藻	*Fragilaria vaucheriae*	硅藻门 Bacillariophyta	羽纹纲 Pennatae	无壳缝目 Araphidiales	脆杆藻科 Fragilariaceae	脆杆藻属 *Fragilaria*
变绿脆杆藻	*Fragilaria virescens*	硅藻门 Bacillariophyta	羽纹纲 Pennatae	无壳缝目 Araphidiales	脆杆藻科 Fragilariaceae	脆杆藻属 *Fragilaria*
变绿脆杆藻中狭变种	*Fragilaria virescens* var. *mesolepta*	硅藻门 Bacillariophyta	羽纹纲 Pennatae	无壳缝目 Araphidiales	脆杆藻科 Fragilariaceae	脆杆藻属 *Fragilaria*
变绿脆杆藻长圆变种	*Fragilaria virescens* var. *oblongella*	硅藻门 Bacillariophyta	羽纹纲 Pennatae	无壳缝目 Araphidiales	脆杆藻科 Fragilariaceae	脆杆藻属 *Fragilaria*
	Frustulia rbomboides var. *crassinervia*	硅藻门 Bacillariophyta	羽纹纲 Pennatae	双壳缝目 Biraphidnales	舟形藻科 Naviculaceae	肋缝藻属 *Frustulia*
类菱形肋缝藻	*Frustulia rhomboides*	硅藻门 Bacillariophyta	羽纹纲 Pennatae	双壳缝目 Biraphidinales	舟形藻科 Naviculaceae	肋缝藻属 *Frustulia*
尖细异极藻	*Gomphonema acuminatum*	硅藻门 Bacillariophyta	羽纹纲 Pennatae	双壳缝目 Biraphidinales	异极藻科 Gomphonemaceae	异极藻属 *Gomphonema*
尖细异极藻塔状变种	*Gomphonema acuminatum* var. *turris*	硅藻门 Bacillariophyta	羽纹纲 Pennatae	双壳缝目 Biraphidinales	异极藻科 Gomphonemaceae	异极藻属 *Gomphonema*
尖角异极藻	Gomphonema acutiusc-ulum	硅藻门 Bacillariophyta	羽纹纲 Pennatae	双壳缝目 Biraphidinales	异极藻科 Gomphonemaceae	异极藻属 *Gomphonema*
窄异极藻	Gomphonema angus-tatum	硅藻门 Bacillariophyta	羽纹纲 Pennatae	双壳缝目 Biraphidnales	异极藻科 Gomphonemaceae	异极藻属 *Gomphonema*
窄异极藻伸长变种	*Gomphonema angustaum* var. *producta*	硅藻门 Bacillariophyta	羽纹纲 Pennatae	双壳缝目 Biraphidnales	异极藻科 Gomphonemaceae	异极藻属 *Gomphonema*
	Gomphonema anjae	硅藻门 Bacillariophyta	羽纹纲 Pennatae	双壳缝目 Biraphidnales	异极藻科 Gomphonemaceae	异极藻属 *Gomphonema*
	Gomphonema clavatum	硅藻门 Bacillariophyta	羽纹纲 Pennatae	双壳缝目 Biraphidnales	异极藻科 Gomphonemaceae	异极藻属 *Gomphonema*
缢缩异极藻	Gomphonema constrictum	硅藻门 Bacillariophyta	羽纹纲 Pennatae	双壳缝目 Biraphidnales	异极藻科 Gomphonemaceae	异极藻属 *Gomphonema*

续表

中文名	拉丁名	门	纲	目	科	属
缢缩异极藻头端变种	*Gomphonema constrictum* var. *capitatum*	硅藻门 Bacillariophyta	羽纹纲 Pennatae	双壳缝目 Biraphidnales	异极藻科 Gomphonemaceae	异极藻属 *Gomphonema*
缢缩异极藻头端变种膨大变型	*Gomphonema constrictum* var. *capitatum* f. *turgidum*	硅藻门 Bacillariophyta	羽纹纲 Pennatae	双壳缝目 Biraphidnales	异极藻科 Gomphonemaceae	异极藻属 *Gomphonema*
纤细异极藻	*Gomphonema gracile*	硅藻门 Bacillariophyta	羽纹纲 Pennatae	双壳缝目 Biraphidnales	异极藻科 Gomphonemaceae	异极藻属 *Gomphonema*
纤细异极藻（原变种）	*Gomphonema gracile* var. *gracile*	硅藻门 Bacillariophyta	羽纹纲 Pennatae	双壳缝目 Biraphidnales	异极藻科 Gomphonemaceae	异极藻属 *Gomphonema*
纤细异极藻较大变种	*Gomphonema gracile* var. *major*	硅藻门 Bacillariophyta	羽纹纲 Pennatae	双壳缝目 Biraphidnales	异极藻科 Gomphonemaceae	异极藻属 *Gomphonema*
淡黄异极藻	*Gomphonema helveticum*	硅藻门 Bacillariophyta	羽纹纲 Pennatae	双壳缝目 Biraphidnales	异极藻科 Gomphonemaceae	异极藻属 *Gomphonema*
缠结异极藻	*Gomphonema intricatum*	硅藻门 Bacillariophyta	羽纹纲 Pennatae	双壳缝目 Biraphidnales	异极藻科 Gomphonemaceae	异极藻属 *Gomphonema*
缠结异极藻颤动变种	*Gomphonema intricatum* var. *vibrio*	硅藻门 Bacillariophyta	羽纹纲 Pennatae	双壳缝目 Biraphidnales	异极藻科 Gomphonemaceae	异极藻属 *Gomphonema*
缠结异极藻矮小变种	*Gomphonema intricatum* var. *pumila*	硅藻门 Bacillariophyta	羽纹纲 Pennatae	双壳缝目 Biraphidnales	异极藻科 Gomphonemaceae	异极藻属 *Gomphonema*
山地异极藻	*Gomphonema montanum*	硅藻门 Bacillariophyta	羽纹纲 Pennatae	双壳缝目 Biraphidinales	异极藻科 Gomphonemaceae	异极藻属 *Gomphonema*
山地异极藻近棒状变种	*Gomphonema montanum* var. *subclavatum*	硅藻门 Bacillariophyta	羽纹纲 Pennatae	双壳缝目 Biraphidinales	异极藻科 Gomphonemaceae	异极藻属 *Gomphonema*
山地异极藻瑞典变种	*Gomphonema montanum* var. *suecica*	硅藻门 Bacillariophyta	羽纹纲 Pennatae	双壳缝目 Biraphidinales	异极藻科 Gomphonemaceae	异极藻属 *Gomphonema*
橄榄绿色异极藻	*Gomphonema olivaceum*	硅藻门 Bacillariophyta	羽纹纲 Pennatae	双壳缝目 Biraphidnales	异极藻科 Gomphonemaceae	异极藻属 *Gomphonema*
橄榄绿色异极藻微小变种	*Gomphonema olivaceum* var. *pusillum*	硅藻门 Bacillariophyta	羽纹纲 Pennatae	双壳缝目 Biraphidnales	异极藻科 Gomphonemaceae	异极藻属 *Gomphonema*
橄榄绿色异极藻石灰质变种	*Gomphonema olivaceum* var. *calcarea*	硅藻门 Bacillariophyta	羽纹纲 Pennatae	双壳缝目 Biraphidnales	异极藻科 Gomphonemaceae	异极藻属 *Gomphonema*
小形异极藻	*Gomphonema parvulum*	硅藻门 Bacillariophyta	羽纹纲 Pennatae	双壳缝目 Biraphidnales	异极藻科 Gomphonemaceae	异极藻属 *Gomphonema*

续表

中文名	拉丁名	门	纲	目	科	属
小形异极藻细小变种	*Gomphonema parvulum* var. *micropus*	硅藻门 Bacillariophyta	羽纹纲 Pennatae	双壳缝目 Biraphidnales	异极藻科 Gomphonemaceae	异极藻属 *Gomphonema*
小形异极藻近椭圆变种	*Gomphonema parvulum* var. *subellipticum*	硅藻门 Bacillariophyta	羽纹纲 Pennatae	双壳缝目 Biraphidnales	异极藻科 Gomphonemaceae	异极藻属 *Gomphonema*
	Gomphonema sp.	硅藻门 Bacillariophyta	羽纹纲 Pennatae	双壳缝目 Biraphidnales	异极藻科 Gomphonemaceae	异极藻属 *Gomphonema*
具球异极藻	*Gomphonema sphaerophorum*	硅藻门 Bacillariophyta	羽纹纲 Pennatae	双壳缝目 Biraphidinales	异极藻科 Gomphonemaceae	异极藻属 *Gomphonema*
泰尔盖斯特异极藻	*Gomphonema tergestium*	硅藻门 Bacillariophyta	羽纹纲 Pennatae	双壳缝目 Biraphidnales	异极藻科 Gomphonemaceae	异极藻属 *Gomphonema*
偏肿异极藻	*Gomphonema ventricosum*	硅藻门 Bacillariophyta	羽纹纲 Pennatae	双壳缝目 Biraphidinales	异极藻科 Gomphonemaceae	异极藻属 *Gomphonema*
尖布纹藻	*Gyrosigma acuminatum*	硅藻门 Bacillariophyta	羽纹纲 Pennatae	双壳缝目 Biraphidinales	舟形藻科 Naviculaceae	布纹藻属 *Gyrosigma*
渐狭布纹藻	*Gyrosigma attenuatum*	硅藻门 Bacillariophyta	羽纹纲 Pennatae	双壳缝目 Biraphidinales	舟形藻科 Naviculaceae	布纹藻属 *Gyrosigma*
锉刀状布纹藻	*Gyrosigma scalproides*	硅藻门 Bacillariophyta	羽纹纲 Pennatae	双壳缝目 Biraphidnales	舟形藻科 Naviculaceae	布纹藻属 *Gyrosigma*
斯潘泽尔布纹藻	*Gyrosigma spencerii*	硅藻门 Bacillariophyta	羽纹纲 Pennatae	双壳缝目 Biraphidnales	舟形藻科 Naviculaceae	布纹藻属 *Gyrosigma*
两尖菱板藻	*Hantzschia amphioxys*	硅藻门 Bacillariophyta	羽纹纲 Pennatae	双菱藻目 Surirellales	菱形藻科 Nitzschiaceae	菱板藻属 *Hantzschia*
两尖菱板藻南北方变种	*Hantzschia amphioxys* var. *austroborealis*	硅藻门 Bacillariophyta	羽纹纲 Pennatae	双菱藻目 Surirellales	菱形藻科 Nitzschiaceae	菱板藻属 *Hantzschia*
长菱板藻	Hantzschia elongata	硅藻门 Bacillariophyta	羽纹纲 Pennatae	双菱藻目 Surirellales	菱形藻科 Nitzschiaceae	菱板藻属 *Hantzschia*
奇异楔形藻	*Licmophora paradoxa*	硅藻门 Bacillariophyta	羽纹纲 Pennatae	无壳缝目 Araphidiales	平板藻科 Tabellariaceae	楔形藻属 *Licmophora*
施密斯胸隔藻	*Mastogloia smithii*	硅藻门 Bacillariophyta	羽纹纲 Pennatae	双壳缝目 Biraphidinales	舟形藻科 Naviculaceae	胸隔藻属 *Mastogloia*
芬兰直链藻	*Melosira fennoscandica*	硅藻门 Bacillariophyta	中心纲 Centricae	圆筛藻目 Coscinodiscales	圆筛藻科 Coscinodiscaceae	直链藻属 *Melosirs*
颗粒直链藻	*Melosira granulata*	硅藻门 Bacillariophyta	中心纲 Centricae	圆筛藻目 Coscinodiscales	圆筛藻科 Coscinodiscaceae	直链藻属 *Melosirs*
颗粒直链藻极狭变种	*Melosira granulata* var. *angustissima*	硅藻门 Bacillariophyta	中心纲 Centricae	圆筛藻目 Coscinodiscales	圆筛藻科 Coscinodiscaceae	直链藻属 *Melosirs*

续表

中文名	拉丁名	门	纲	目	科	属
颗粒直链藻极狭变种螺旋变型	*Melosira granulata* var. *angustissima* f. *spiralis*	硅藻门 Bacillariophyta	中心纲 Centricae	圆筛藻目 Coscinodiscales	圆筛藻科 Coscinodiscaceae	直链藻属 *Melosirs*
颗粒直链藻最窄变种	*Melosira granulata var. angustisima*	硅藻门 Bacillariophyta	中心纲 Centricae	圆筛藻目 Coscinodiscales	圆筛藻科 Coscinodiscaceae	直链藻属 *Melosirs*
变异直链藻	*Melosirs varians*	硅藻门 Bacillariophyta	中心纲 Centricae	圆筛藻目 Coscinodiscales	圆筛藻科 Coscinodiscaceae	直链藻属 *Melosirs*
环状扇形藻	*Meridium circulare*	硅藻门 Bacillariophyta	羽纹纲 Pennatae	无壳缝目 Araphidiales	脆杆藻科 Fragilariaceae	扇形藻属 *Meridion*
环状扇形藻缢缩变种	*Meridium circulare* var. *constricta*	硅藻门 Bacillariophyta	羽纹纲 Pennatae	无壳缝目 Araphidiales	脆杆藻科 Fragilariaceae	扇形藻属 *Meridion*
适意舟形藻	*Navicula acceptata*	硅藻门 Bacillariophyta	羽纹纲 Pennatae	双壳缝目 Biraphidinales	舟形藻科 Naviculaceae	舟形藻属 *Navicula*
相对舟形藻	*Navicula adversa*	硅藻门 Bacillariophyta	羽纹纲 Pennatae	双壳缝目 Biraphidinales	舟形藻科 Naviculaceae	舟形藻属 *Navicula*
英吉利舟形藻	*Navicula anglica*	硅藻门 Bacillariophyta	羽纹纲 Pennatae	双壳缝目 Biraphidinales	舟形藻科 Naviculaceae	舟形藻属 *Navicula*
窄舟形藻	*Navicula angusta*	硅藻门 Bacillariophyta	羽纹纲 Pennatae	双壳缝目 Biraphidinales	舟形藻科 Naviculaceae	舟形藻属 *Navicula*
贝格舟形藻	*Navicula begeri*	硅藻门 Bacillariophyta	羽纹纲 Pennatae	双壳缝目 Biraphidnales	舟形藻科 Naviculaceae	舟形藻属 *Navicula*
嗜苔藓舟形藻	*Navicula bryophila*	硅藻门 Bacillariophyta	羽纹纲 Pennatae	双壳缝目 Biraphidinales	舟形藻科 Naviculaceae	舟形藻属 *Navicula*
小头舟形藻	*Navicula capitata*	硅藻门 Bacillariophyta	羽纹纲 Pennatae	双壳缝目 Biraphidinales	舟形藻科 Naviculaceae	舟形藻属 *Navicula*
辐头舟形藻	Navicula capitatoradiata	硅藻门 Bacillariophyta	羽纹纲 Pennatae	双壳缝目 Biraphidnales	舟形藻科 Naviculaceae	舟形藻属 *Navicula*
系带舟形藻	*Navicula cincta*	硅藻门 Bacillariophyta	羽纹纲 Pennatae	双壳缝目 Biraphidinales	舟形藻科 Naviculaceae	舟形藻属 *Navicula*
系带舟形藻细头变种	*Navicula cincta* var. *leptocephala*	硅藻门 Bacillariophyta	羽纹纲 Pennatae	双壳缝目 Biraphidinales	舟形藻科 Naviculaceae	舟形藻属 *Navicula*
卵形藻形舟形藻	*Navicula cocconeiformis*	硅藻门 Bacillariophyta	羽纹纲 Pennatae	双壳缝目 Biraphidinales	舟形藻科 Naviculaceae	舟形藻属 *Navicula*
丝状舟形藻	*Navicula confervacea*	硅藻门 Bacillariophyta	羽纹纲 Pennatae	双壳缝目 Biraphidnales	舟形藻科 Naviculaceae	舟形藻属 *Navicula*
隐头舟形藻	*Navicula cryptocephala*	硅藻门 Bacillariophyta	羽纹纲 Pennatae	双壳缝目 Biraphidinales	舟形藻科 Naviculaceae	舟形藻属 *Navicula*

续表

中文名	拉丁名	门	纲	目	科	属
隐头舟形藻中型变种	*Navicula cryptocephala* var. *i ntermedia*	硅藻门 Bacillariophyta	羽纹纲 Pennatae	双壳缝目 Biraphidinales	舟形藻科 Naviculaceae	舟形藻属 *Navicula*
隐头舟形藻威蓝变种	*Navicula cryptocephala* var. *veneta*	硅藻门 Bacillariophyta	羽纹纲 Pennatae	双壳缝目 Biraphidinales	舟形藻科 Naviculaceae	舟形藻属 *Navicula*
急尖舟形藻	*Navicula cuspidata*	硅藻门 Bacillariophyta	羽纹纲 Pennatae	双壳缝目 Biraphidinales	舟形藻科 Naviculaceae	舟形藻属 *Navicula*
急尖舟形藻模糊变种	*Navicula cuspidata* var. *ambigus*	硅藻门 Bacillariophyta	羽纹纲 Pennatae	双壳缝目 Biraphidinales	舟形藻科 Naviculaceae	舟形藻属 *Navicula*
急尖舟形藻西藏变种	*Navicula cuspidata* var. *tibetica*	硅藻门 Bacillariophyta	羽纹纲 Pennatae	双壳缝目 Biraphidinales	舟形藻科 Naviculaceae	舟形藻属 *Navicula*
船形舟形藻	*Navicula cymbula*	硅藻门 Bacillariophyta	羽纹纲 Pennatae	双壳缝目 Biraphidnales	舟形藻科 Naviculaceae	舟形藻属 *Navicula*
优美舟形藻	*Navicula delicatula*	硅藻门 Bacillariophyta	羽纹纲 Pennatae	双壳缝目 Biraphidinales	舟形藻科 Naviculaceae	舟形藻属 *Navicula*
二头舟形藻	*Navicula dicephala*	硅藻门 Bacillariophyta	羽纹纲 Pennatae	双壳缝目 Biraphidinales	舟形藻科 Naviculaceae	舟形藻属 *Navicula*
二头舟形藻埃尔金变种	*Navicula dicephala* var. *elginensis*	硅藻门 Bacillariophyta	羽纹纲 Pennatae	双壳缝目 Biraphidnales	舟形藻科 Naviculaceae	舟形藻属 *Navicula*
高舟形藻	*Navicula excelsa*	硅藻门 Bacillariophyta	羽纹纲 Pennatae	双壳缝目 Biraphidnales	舟形藻科 Naviculaceae	舟形藻属 *Navicula*
短小舟形藻	*Navicula exigua*	硅藻门 Bacillariophyta	羽纹纲 Pennatae	双壳缝目 Biraphidnales	舟形藻科 Naviculaceae	舟形藻属 *Navicula*
法兰西舟形藻	*Navicula falaisiensis*	硅藻门 Bacillariophyta	羽纹纲 Pennatae	双壳缝目 Biraphidnales	舟形藻科 Naviculaceae	舟形藻属 *Navicula*
法兰西舟形藻披针形变种	*Navicula falaisiensis* var. *lanceola*	硅藻门 Bacillariophyta	羽纹纲 Pennatae	双壳缝目 Biraphidnales	舟形藻科 Naviculaceae	舟形藻属 *Navicula*
细长舟形藻	*Navicula gracilis*	硅藻门 Bacillariophyta	羽纹纲 Pennatae	双壳缝目 Biraphidinales	舟形藻科 Naviculaceae	舟形藻属 *Navicula*
劣味舟形藻	*Navicula ingrata*	硅藻门 Bacillariophyta	羽纹纲 Pennatae	双壳缝目 Biraphidinales	舟形藻科 Naviculaceae	舟形藻属 *Navicula*
不联合舟形藻	*Navicula insociabilis*	硅藻门 Bacillariophyta	羽纹纲 Pennatae	双壳缝目 Biraphidnales	舟形藻科 Naviculaceae	舟形藻属 *Navicula*
多石舟形藻	*Navicula lapedosa*	硅藻门 Bacillariophyta	羽纹纲 Pennatae	双壳缝目 Biraphidnales	舟形藻科 Naviculaceae	舟形藻属 *Navicula*
偏喙舟形藻	*Navicula laterostriata*	硅藻门 Bacillariophyta	羽纹纲 Pennatae	双壳缝目 Biraphidinales	舟形藻科 Naviculaceae	舟形藻属 *Navicula*

续表

中文名	拉丁名	门	纲	目	科	属
弯月形舟形藻	*Navicula menisculus*	硅藻门 Bacillariophyta	羽纹纲 Pennatae	双壳缝目 Biraphidinales	舟形藻科 Naviculaceae	舟形藻属 *Navicula*
小型舟形藻	*Navicula minuscula*	硅藻门 Bacillariophyta	羽纹纲 Pennatae	双壳缝目 Biraphidinales	舟形藻科 Naviculaceae	舟形藻属 *Navicula*
峭壁舟形藻	*Navicula muralis*	硅藻门 Bacillariophyta	羽纹纲 Pennatae	双壳缝目 Biraphidinales	舟形藻科 Naviculaceae	舟形藻属 *Navicula*
类钝舟形藻	*Navicula muticoides*	硅藻门 Bacillariophyta	羽纹纲 Pennatae	双壳缝目 Biraphidinales	舟形藻科 Naviculaceae	舟形藻属 *Navicula*
假舟形藻	*Navicula notha*	硅藻门 Bacillariophyta	羽纹纲 Pennatae	双壳缝目 Biraphidinales	舟形藻科 Naviculaceae	舟形藻属 *Navicula*
长圆舟形藻	*Navicula oblonga*	硅藻门 Bacillariophyta	羽纹纲 Pennatae	双壳缝目 Biraphidinales	舟形藻科 Naviculaceae	舟形藻属 *Navicula*
忽视舟形藻	*Navicula omissa*	硅藻门 Bacillariophyta	羽纹纲 Pennatae	双壳缝目 Biraphidinales	舟形藻科 Naviculaceae	舟形藻属 *Navicula*
极小舟形藻	*Navicula perminute*	硅藻门 Bacillariophyta	羽纹纲 Pennatae	双壳缝目 Biraphidnales	舟形藻科 Naviculaceae	舟形藻属 *Navicula*
显喙舟形藻	*Navicula perrostrata*	硅藻门 Bacillariophyta	羽纹纲 Pennatae	双壳缝目 Biraphidinales	舟形藻科 Naviculaceae	舟形藻属 *Navicula*
小胎座舟形藻喙头变型	*Navicula placentula* f. *rostrata*	硅藻门 Bacillariophyta	羽纹纲 Pennatae	双壳缝目 Biraphidinales	舟形藻科 Naviculaceae	舟形藻属 *Navicula*
扁喙舟形藻	*Navicula platystoma*	硅藻门 Bacillariophyta	羽纹纲 Pennatae	双壳缝目 Biraphidnales	舟形藻科 Naviculaceae	舟形藻属 *Navicula*
伪峭壁舟形藻	*Navicula pseudomuralis*	硅藻门 Bacillariophyta	羽纹纲 Pennatae	双壳缝目 Biraphidinales	舟形藻科 Naviculaceae	舟形藻属 *Navicula*
瞳孔舟形藻	*Navicula pupula*	硅藻门 Bacillariophyta	羽纹纲 Pennatae	双壳缝目 Biraphidnales	舟形藻科 Naviculaceae	舟形藻属 *Navicula*
矮小舟形藻	*Navicula pygmaea*	硅藻门 Bacillariophyta	羽纹纲 Pennatae	双壳缝目 Biraphidnales	舟形藻科 Naviculaceae	舟形藻属 *Navicula*
放射舟形藻	*Navicula radiosa*	硅藻门 Bacillariophyta	羽纹纲 Pennatae	双壳缝目 Biraphidnales	舟形藻科 Naviculaceae	舟形藻属 *Navicula*
放射舟形藻柔弱变种	*Navicula radiosa* var. *tenella*	硅藻门 Bacillariophyta	羽纹纲 Pennatae	双壳缝目 Biraphidnales	舟形藻科 Naviculaceae	舟形藻属 *Navicula*
隐形舟形藻	*Navicula recondita*	硅藻门 Bacillariophyta	羽纹纲 Pennatae	双壳缝目 Biraphidinales	舟形藻科 Naviculaceae	舟形藻属 *Navicula*
喙头舟形藻	*Navicula rhynchocephala*	硅藻门 Bacillariophyta	羽纹纲 Pennatae	双壳缝目 Biraphidinales	舟形藻科 Naviculaceae	舟形藻属 *Navicula*
盐生舟形藻	*Navicula salinarum*	硅藻门 Bacillariophyta	羽纹纲 Pennatae	双壳缝目 Biraphidinales	舟形藻科 Naviculaceae	舟形藻属 *Navicula*
简单舟形藻	*Navicula simplex*	硅藻门 Bacillariophyta	羽纹纲 Pennatae	双壳缝目 Biraphidinales	舟形藻科 Naviculaceae	舟形藻属 *Navicula*

续表

中文名	拉丁名	门	纲	目	科	属
	Navicula sp.	硅藻门 Bacillariophyta	羽纹纲 Pennatae	双壳缝目 Biraphidnales	舟形藻科 Naviculaceae	舟形藻属 *Navicula*
近杆状舟形藻	*Navicula subbacillum*	硅藻门 Bacillariophyta	羽纹纲 Pennatae	双壳缝目 Biraphidinales	舟形藻科 Naviculaceae	舟形藻属 *Navicula*
	Navicula tenelloides	硅藻门 Bacillariophyta	羽纹纲 Pennatae	双壳缝目 Biraphidnales	舟形藻科 Naviculaceae	舟形藻属 *Navicula*
顶生舟形藻	*Navicula terminuta*	硅藻门 Bacillariophyta	羽纹纲 Pennatae	双壳缝目 Biraphidnales	舟形藻科 Naviculaceae	舟形藻属 *Navicula*
三齿舟形藻	*Navicula tridentula*	硅藻门 Bacillariophyta	羽纹纲 Pennatae	双壳缝目 Biraphidinales	舟形藻科 Naviculaceae	舟形藻属 *Navicula*
小舟形藻	Navicula tuscula	硅藻门 Bacillariophyta	羽纹纲 Pennatae	双壳缝目 Biraphidinales	舟形藻科 Naviculaceae	舟形藻属 *Navicula*
淡绿舟形藻	*Navicula viridula*	硅藻门 Bacillariophyta	羽纹纲 Pennatae	双壳缝目 Biraphidnales	舟形藻科 Naviculaceae	舟形藻属 *Navicula*
微绿舟形藻	*Navicula viridula*	硅藻门 Bacillariophyta	羽纹纲 Pennatae	双壳缝目 Biraphidinales	舟形藻科 Naviculaceae	舟形藻属 *Navicula*
淡绿舟形藻头端变型	*Navicula viridula* f. *capitata*	硅藻门 Bacillariophyta	羽纹纲 Pennatae	双壳缝目 Biraphidnales	舟形藻科 Naviculaceae	舟形藻属 *Navicula*
淡绿舟形藻帕米尔变种	*Navicula viridula* var. *parmirensis*	硅藻门 Bacillariophyta	羽纹纲 Pennatae	双壳缝目 Biraphidnales	舟形藻科 Naviculaceae	舟形藻属 *Navicula*
多维舟形藻	*Navicula vitabunda*	硅藻门 Bacillariophyta	羽纹纲 Pennatae	双壳缝目 Biraphidnales	舟形藻科 Naviculaceae	舟形藻属 *Navicula*
	Neidium binodeformis	硅藻门 Bacillariophyta	羽纹纲 Pennatae	双壳缝目 Biraphidnales	舟形藻科 Naviculaceae	长蓖藻属 *Neidium*
线行菱形藻	*Nitzschia linearis*	硅藻门 Bacillariophyta	羽纹纲 Pennatae	双菱藻目 Surirellales	菱形藻科 Nitzschiaceae	菱形藻属 *Nitzschia*
粗条菱形藻	*Nitzschia valdestriata*	硅藻门 Bacillariophyta	羽纹纲 Pennatae	双菱藻目 Surirellales	菱形藻科 Nitzschiaceae	菱形藻属 *Nitzschia*
针形菱形藻	*Nitzschia acicularis*	硅藻门 Bacillariophyta	羽纹纲 Pennatae	双菱藻目 Surirellales	菱形藻科 Nitzschiaceae	菱形藻属 *Nitzschia*
尖端菱形藻	*Nitzschia acuta*	硅藻门 Bacillariophyta	羽纹纲 Pennatae	双菱藻目 Surirellales	菱形藻科 Nitzschiaceae	菱形藻属 *Nitzschia*
两栖菱形藻	*Nitzschia amphibia*	硅藻门 Bacillariophyta	羽纹纲 Pennatae	双菱藻目 Surirellales	菱形藻科 Nitzschiaceae	菱形藻属 *Nitzschia*
窄菱形藻	*Nitzschia angustata*	硅藻门 Bacillariophyta	羽纹纲 Pennatae	双菱藻目 Surirellales	菱形藻科 Nitzschiaceae	菱形藻属 *Nitzschia*
窄菱形藻尖端变种	*Nitzschia angustata* var. *acuta*	硅藻门 Bacillariophyta	羽纹纲 Pennatae	双菱藻目 Surirellales	菱形藻科 Nitzschiaceae	菱形藻属 *Nitzschia*

续表

中文名	拉丁名	门	纲	目	科	属
小头端菱形藻	*Nitzschia capitellata*	硅藻门 Bacillariophyta	羽纹纲 Pennatae	双菱藻目 Surirellales	菱形藻科 Nitzschiaceae	菱形藻属 *Nitzschia*
克劳斯菱形藻	*Nitzschia clausii*	硅藻门 Bacillariophyta	羽纹纲 Pennatae	双菱藻目 Surirellales	菱形藻科 Nitzschiaceae	菱形藻属 *Nitzschia*
普通菱形藻	Nitzschia communis	硅藻门 Bacillariophyta	羽纹纲 Pennatae	双菱藻目 Surirellales	菱形藻科 Nitzschiaceae	菱形藻属 *Nitzschia*
普通菱形藻缩短变种	*Nitzschia communis* var. *abbreviata*	硅藻门 Bacillariophyta	羽纹纲 Pennatae	双菱藻目 Surirellales	菱形藻科 Nitzschiaceae	菱形藻属 *Nitzschia*
多变菱形藻	*Nitzschia commutata*	硅藻门 Bacillariophyta	羽纹纲 Pennatae	双菱藻目 Surirellales	菱形藻科 Nitzschiaceae	菱形藻属 *Nitzschia*
缢缩菱形藻	*Nitzschia constricta*	硅藻门 Bacillariophyta	羽纹纲 Pennatae	双菱藻目 Surirellales	菱形藻科 Nitzschiaceae	菱形藻属 *Nitzschia*
柔弱菱形藻	*Nitzschia debilis*	硅藻门 Bacillariophyta	羽纹纲 Pennatae	双菱藻目 Surirellales	菱形藻科 Nitzschiaceae	菱形藻属 *Nitzschia*
细齿菱形藻	*Nitzschia denticula*	硅藻门 Bacillariophyta	羽纹纲 Pennatae	双菱藻目 Surirellales	菱形藻科 Nitzschiaceae	菱形藻属 *Nitzschia*
细端菱形藻	*Nitzschia dissipata*	硅藻门 Bacillariophyta	羽纹纲 Pennatae	双菱藻目 Surirellales	菱形藻科 Nitzschiaceae	菱形藻属 *Nitzschia*
丝状菱形藻	*Nitzschia filiformis*	硅藻门 Bacillariophyta	羽纹纲 Pennatae	双菱藻目 Surirellales	菱形藻科 Nitzschiaceae	菱形藻属 *Nitzschia*
泉生菱形藻	*Nitzschia fonticola*	硅藻门 Bacillariophyta	羽纹纲 Pennatae	双菱藻目 Surirellales	菱形藻科 Nitzschiaceae	菱形藻属 *Nitzschia*
小片菱形藻	*Nitzschia frustulum*	硅藻门 Bacillariophyta	羽纹纲 Pennatae	双菱藻目 Surirellales	菱形藻科 Nitzschiaceae	菱形藻属 *Nitzschia*
小片菱形藻细变种	*Nitzschia frustulum* var. *gracialis*	硅藻门 Bacillariophyta	羽纹纲 Pennatae	双菱藻目 Surirellales	菱形藻科 Nitzschiaceae	菱形藻属 *Nitzschia*
小片菱形藻细微变种	*Nitzschia frustulum* var. *perminuta*	硅藻门 Bacillariophyta	羽纹纲 Pennatae	双菱藻目 Surirellales	菱形藻科 Nitzschiaceae	菱形藻属 *Nitzschia*
小片菱形藻很小变种	*Nitzschia frustulum* var. *perpusilla*	硅藻门 Bacillariophyta	羽纹纲 Pennatae	双菱藻目 Surirellales	菱形藻科 Nitzschiaceae	菱形藻属 *Nitzschia*
汉茨菱形藻	*Nitzschia hantzschiana*	硅藻门 Bacillariophyta	羽纹纲 Pennatae	双菱藻目 Surirellales	菱形藻科 Nitzschiaceae	菱形藻属 *Nitzschia*
霍弗里菱形藻	*Nitzschia heuflerana*	硅藻门 Bacillariophyta	羽纹纲 Pennatae	双菱藻目 Surirellales	菱形藻科 Nitzschiaceae	菱形藻属 *Nitzschia*
库津菱形藻	*Nitzschia kuetzingiana*	硅藻门 Bacillariophyta	羽纹纲 Pennatae	双菱藻目 Surirellales	菱形藻科 Nitzschiaceae	菱形藻属 *Nitzschia*
洛伦菱形藻	*Nitischia lorenziana*	硅藻门 Bacillariophyta	羽纹纲 Pennatae	双菱藻目 Surirellales	菱形藻科 Nitzschiaceae	菱形藻属 *Nitzschia*

续表

中文名	拉丁名	门	纲	目	科	属
小头菱形藻	*Nitzschia microcephala*	硅藻门 Bacillariophyta	羽纹纲 Pennatae	双菱藻目 Surirellales	菱形藻科 Nitzschiaceae	菱形藻属 *Nitzschia*
谷皮菱形藻	*Nitzschia palea*	硅藻门 Bacillariophyta	羽纹纲 Pennatae	双菱藻目 Surirellales	菱形藻科 Nitzschiaceae	菱形藻属 *Nitzschia*
稻皮菱形藻	*Nitzschia paleacea*	硅藻门 Bacillariophyta	羽纹纲 Pennatae	双菱藻目 Surirellales	菱形藻科 Nitzschiaceae	菱形藻属 *Nitzschia*
	Nitzschia perminuta	硅藻门 Bacillariophyta	羽纹纲 Pennatae	双菱藻目 Surirellales	菱形藻科 Nitzschiaceae	菱形藻属 *Nitzschia*
罗曼菱形藻	*Nitzschia romana*	硅藻门 Bacillariophyta	羽纹纲 Pennatae	双菱藻目 Surirellales	菱形藻科 Nitzschiaceae	菱形藻属 *Nitzschia*
弯菱形藻	*Nitzchia sigma*	硅藻门 Bacillariophyta	羽纹纲 Pennatae	双菱藻目 Surirellales	菱形藻科 Nitzschiaceae	菱形藻属 *Nitzschia*
类“S”菱形藻	*Nitzschia sigmoidea*	硅藻门 Bacillariophyta	羽纹纲 Pennatae	双菱藻目 Surirellales	菱形藻科 Nitzschiaceae	菱形藻属 *Nitzschia*
拟螺形菱形藻	*Nitzschia sigmoidea*	硅藻门 Bacillariophyta	羽纹纲 Pennatae	双菱藻目 Surirellales	菱形藻科 Nitzschiaceae	菱形藻属 *Nitzschia*
弯曲菱形藻平片变种	*Nitzschia sinuata* var. *tabellaria*	硅藻门 Bacillariophyta	羽纹纲 Pennatae	双菱藻目 Surirellales	菱形藻科 Nitzschiaceae	菱形藻属 *Nitzschia*
	Nitzschia sp.	硅藻门 Bacillariophyta	羽纹纲 Pennatae	双菱藻目 Surirellales	菱形藻科 Nitzschiaceae	菱形藻属 *Nitzschia*
池生菱形藻	*Nitzschia stagnorum*	硅藻门 Bacillariophyta	羽纹纲 Pennatae	双菱藻目 Surirellales	菱形藻科 Nitzschiaceae	菱形藻属 *Nitzschia*
近线形菱形藻	*Nitzschia sublinearis*	硅藻门 Bacillariophyta	羽纹纲 Pennatae	双菱藻目 Surirellales	菱形藻科 Nitzschiaceae	菱形藻属 *Nitzschia*
脐形菱形藻	*Nitzschia umbonata*	硅藻门 Bacillariophyta	羽纹纲 Pennatae	双菱藻目 Surirellales	菱形藻科 Nitzschiaceae	菱形藻属 *Nitzschia*
北方羽纹藻	*Pinnularia borealis*	硅藻门 Bacillariophyta	羽纹纲 Pennatae	双壳缝目 Biraphidnales	舟形藻科 Naviculaceae	羽纹藻属 *Pinnularia*
北方羽纹藻（原变种）	*Pinnularia borealis* var. *borealis*	硅藻门 Bacillariophyta	羽纹纲 Pennatae	双壳缝目 Biraphidnales	舟形藻科 Naviculaceae	羽纹藻属 *Pinnularia*
具节羽纹藻	*Pinnularia nodosa*	硅藻门 Bacillariophyta	羽纹纲 Pennatae	双壳缝目 Biraphidinales	舟形藻科 Naviculaceae	羽纹藻属 *Pinnularia*
	Pinnularia obscura	硅藻门 Bacillariophyta	羽纹纲 Pennatae	双壳缝目 Biraphidnales	舟形藻科 Naviculaceae	羽纹藻属 *Pinnularia*
	Pinnularia sp.	硅藻门 Bacillariophyta	羽纹纲 Pennatae	双壳缝目 Biraphidnales	舟形藻科 Naviculaceae	羽纹藻属 *Pinnularia*
驼峰棒杆藻	*Rhopalodia gibberula*	硅藻门 Bacillariophyta	羽纹纲 Pennatae	双菱藻目 Surirellales	窗纹藻科 Epithemiaceae	棒杆藻属 *Rhopalodia*
	Stephanodiscus sp.	硅藻门 Bacillariophyta	中心纲 Centricae	圆筛藻目 Coscinodiscales	圆筛藻科 Coscinodiscaceae	冠盘藻属 *Stephanodiscus*
窄双菱藻	*Surirella angustata*	硅藻门 Bacillariophyta	羽纹纲 Pennatae	双菱藻目 Surirellales	双菱藻科 Surirellaceae	双菱藻属 *Surirella*

续表

中文名	拉丁名	门	纲	目	科	属
卵圆双菱藻盐生变种	*Surirella ovalis* var. *salina*	硅藻门 Bacillariophyta	羽纹纲 Pennatae	双菱藻目 Surirellales	双菱藻科 Surirellaceae	双菱藻属 *Surirella*
卵形双菱藻羽纹变种	*Surirella ovata* var. *pinnata*	硅藻门 Bacillariophyta	羽纹纲 Pennatae	双菱藻目 Surirellales	双菱藻科 Surirellaceae	双菱藻属 *Surirella*
粗壮双菱藻	Surirella robusta	硅藻门 Bacillariophyta	羽纹纲 Pennatae	双菱藻目 Surirellales	双菱藻科 Surirellaceae	双菱藻属 *Surirella*
	Surirella sp.	硅藻门 Bacillariophyta	羽纹纲 Pennatae	双菱藻目 Surirellales	双菱藻科 Surirellaceae	双菱藻属 *Surirella*
近盐生双菱藻	*Surirella subsalsa*	硅藻门 Bacillariophyta	羽纹纲 Pennatae	双菱藻目 Surirellales	双菱藻科 Surirellaceae	双菱藻属 *Surirella*
软双菱藻	*Surirella tenera*	硅藻门 Bacillariophyta	羽纹纲 Pennatae	双菱藻目 Surirellales	双菱藻科 Surirellaceae	双菱藻属 *Surirella*
西藏双菱藻	*Surirella tibetica*	硅藻门 Bacillariophyta	羽纹纲 Pennatae	双菱藻目 Surirellales	双菱藻科 Surirellaceae	双菱藻属 *Surirella*
尖针杆藻	*Synedra acus*	硅藻门 Bacillariophyta	羽纹纲 Pennatae	无壳缝目 Araphidiales	脆杆藻科 Fragilariaceae	针杆藻属 *Synedra*
尖针杆藻放射变种	*Synedra acus* var. *radians*	硅藻门 Bacillariophyta	羽纹纲 Pennatae	无壳缝目 Araphidiales	脆杆藻科 Fragilariaceae	针杆藻属 *Synedra*
尖针杆藻极狭变种	*Synedra acus* var. *angustissima*	硅藻门 Bacillariophyta	羽纹纲 Pennatae	无壳缝目 Araphidiales	脆杆藻科 Fragilariaceae	针杆藻属 *Synedra*
爆裂针杆藻	*Synedra rumpens*	硅藻门 Bacillariophyta	羽纹纲 Pennatae	无壳缝目 Araphidiales	脆杆藻科 Fragilariaceae	针杆藻属 *Synedra*
爆裂针杆藻梅尼变种	*Synedra rumpens* var. *meneghiniana*	硅藻门 Bacillariophyta	羽纹纲 Pennatae	无壳缝目 Araphidiales	脆杆藻科 Fragilariaceae	针杆藻属 *Synedra*
平片针杆藻	*Synedra tabulata*	硅藻门 Bacillariophyta	羽纹纲 Pennatae	无壳缝目 Araphidiales	脆杆藻科 Fragilariaceae	针杆藻属 *Synedra*
肘状针杆藻	*Synedra ulna*	硅藻门 Bacillariophyta	羽纹纲 Pennatae	无壳缝目 Araphidiales	脆杆藻科 Fragilariaceae	针杆藻属 *Synedra*
肘状针杆藻丹麦变种	*Synedra ulna* var. *danica*	硅藻门 Bacillariophyta	羽纹纲 Pennatae	无壳缝目 Araphidiales	脆杆藻科 Fragilariaceae	针杆藻属 *Synedra*
肘状针杆藻凹入变种	*Synedra ulna* var. *impressa*	硅藻门 Bacillariophyta	羽纹纲 Pennatae	无壳缝目 Araphidiales	脆杆藻科 Fragilariaceae	针杆藻属 *Synedra*
肘状针杆藻尖喙变种缢缩变型	*Synedra ulna* var. *oxyrhynchus* f. *constracta*	硅藻门 Bacillariophyta	羽纹纲 Pennatae	无壳缝目 Araphidiales	脆杆藻科 Fragilariaceae	针杆藻属 *Synedra*

续表

中文名	拉丁名	门	纲	目	科	属
肘状针杆藻匙形变种	*Synedra ulna* var. *spathulifera*	硅藻门 Bacillariophyta	羽纹纲 Pennatae	无壳缝目 Araphidiales	脆杆藻科 Fragilariaceae	针杆藻属 *Synedra*
肘状针杆藻缢缩变种	*Synedra ulna* var. *constracta*	硅藻门 Bacillariophyta	羽纹纲 Pennatae	无壳缝目 Araphidiales	脆杆藻科 Fragilariaceae	针杆藻属 *Synedra*
肘状针杆藻尖喙变种	*Synedra ulna* var. *oxyrhynchus*	硅藻门 Bacillariophyta	羽纹纲 Pennatae	无壳缝目 Araphidiales	脆杆藻科 Fragilariaceae	针杆藻属 *Synedra*
喙头针杆藻		硅藻门 Bacillariophyta	羽纹纲 Pennatae	无壳缝目 Araphidiales	脆杆藻科 Fragilariaceae	针杆藻属 *Synedra*
绒毛平板藻	*Tebellaria flocculosa*	硅藻门 Bacillariophyta	羽纹纲 Pennatae	无壳缝目 Araphidiales	脆杆藻科 Fragilariaceae	平板藻属 *Tabellaria*